彩图1-1 纸窗土温室黄瓜（上）、架豆（下）栽培
20世纪50年代初期

彩图1-2 庞各庄现代大型连栋温室番茄长季节栽培 2017

彩图2-1　给温室黄瓜绑蔓　朱其杰　1960

彩图2-3　瀛海庄麦糠栽培五色韭　刘德才　2019

彩图2-2　国画"温室黄瓜"　俞致贞　1964

彩图2-4　小汤山沙培五色韭　徐国明　2012

彩图2-5　小汤山沙培五色韭产品　徐国明　2009

彩图3-1 南郊农场苇毛盖韭栽培 1984

彩图3-2 稻草风障薄膜草帘覆盖菠菜栽培 吴德正 1984

彩图3-3 简易小拱棚西瓜栽培 2019

彩图3-4 衙门口村板打墙建造改良阳畦 1984

彩图3-5 水泥竹片结构改良阳畦 1987

彩图3-6 钢架结构改良阳畦芹菜栽培 1988

彩图3-7 改良阳畦芹菜越冬外观 1990

彩图3-8 改良阳畦芹菜夏秋生长状 1987

彩图3-9　海淀区玉泉山下蔬菜设施　1988

彩图3-10　东升公社大钟寺大棚队　1979

彩图3-11　塑料大棚与中小棚配套　1989

彩图3-12　卢沟桥乡西局温室与大棚配套　1988

彩图3-13　薄膜送到大棚两侧准备扣膜　2019

彩图3-15　春大棚早熟油菜加温栽培　1986

彩图3-14　春大棚黄瓜加温炉火　1987

彩图3-16 春大棚早熟生菜加温栽培 1986

彩图3-17 大兴春大棚茄子多层覆盖栽培 2015

彩图3-18 南苑槐房春大棚番茄 1987

彩图3-19 卢沟桥春大棚黄瓜栽培长势 1986

彩图3-20 水泥竹木结构大棚骨架 2019

彩图3-21 大棚间充分利用 2019

彩图3-22 小汤山大棚番茄越夏栽培状况 2011

彩图3-23 小黄垡春大棚黄瓜长势 2018

彩图3-24 大棚越夏黄瓜栽培平畦灌水 2016

彩图3-25 于地秋大棚番茄长势 2018

彩图3-26 大棚生姜栽培 林 源 2018

彩图3-27 春大棚西葫芦栽培 2019

彩图3-28 春大棚西瓜吊蔓栽培 2011

彩图3-29 闫家渠春大棚黄瓜栽培 2019

彩图3-30 采育大棚冬茬生产油菜 2018

彩图3-31 春大棚大白菜早熟栽培 刘福娟 2018

彩图3-32　薄膜加温温室外观　1988

彩图3-33　温室加温火炉　1987

彩图3-34　薄膜加温温室栽培番茄　1989

彩图3-35　技术人员观摩冬茬温室黄瓜　1988

彩图3-36　地热三折式薄膜温室栽培黄瓜　1989

彩图3-37　斜屋面薄膜温室冬茬番茄栽培　1987

彩图3-38　南苑乡三折式薄膜日光温室　1986

彩图3-39　楼子庄加温温室黄瓜铺酿热物　1988

彩图3-40　小汤山节能型日光温室外观　1996

彩图3-41　密云新王庄日光温室外观　2019

彩图3-42　大兴东段务日光温室外观　2018

彩图3-43　日光温室电加热储水装备　2016

彩图3-44　日光温室太阳能加温装备　2019

彩图3-45　日光温室多层覆盖冬茬栽培黄瓜　2017

彩图3-46　日光温室黄瓜多层覆盖栽培　2017

彩图3-47　房山夏季温室表面撒土遮阳降温　2019

彩图3-48　日光温室冬季草莓用反光幕增强光照　2019

彩图3-49　建造日光温室砖夹土山墙　王铁臣　2007

彩图3-50　正在建造的日光温室　2018

彩图3-51　制作温室外墙保温　2018

彩图3-52　日光温室后墙披土保温　2018

彩图3-53　日光温室后屋顶及墙护围保温　2018

彩图3-54　温室前沿安置保温隔热板　2009

彩图3-55　给日光温室配置外保温被　2009

彩图3-56　雪后及时清扫采光面和前底脚　2010

彩图3-57　大兴日光温室冬茬番茄采收　2018

彩图3-58　密云李德成日光温室黄瓜高产栽培　肖春利　2012

彩图3-59　日光温室冬季黄瓜补光栽培　2015

彩图3-60　长子营日光温室茄子栽培　2019

彩图3-61　大孙各庄日光温室大椒栽培　2019

彩图3-62　南口日光温室黄瓜栽培　2018

彩图3-63　日光温室冬季豆角栽培　2018

彩图3-64　特菜大观园日光温室冬季韭菜栽培　2009

彩图3-65　庙洼营日光温室冰菜栽培　2018

彩图3-66　潹县日光温室冬季油麦菜栽培　2010

彩图3-67　日光温室生姜栽培　2020

彩图3-68　日光温室冬季球茎茴香栽培　2010

彩图3-69　日光温室冬季结球生菜栽培　2017

彩图3-70　沿河日光温室芋头栽培　2018

彩图3-71　日光温室食用菊花栽培　司力珊　2004

彩图3-72　顺义日光温室冬茬马铃薯补光栽培　2017

彩图3-73　怀柔日光温室红龙果栽培　2011

彩图3-74　日光温室生菜观赏采摘栽培　2011

彩图3-75　老宋瓜园温室西瓜树式栽培　2007

彩图3-76　日光温室药用蔬菜观赏栽培　2008

彩图3-77　田从河日光温室草莓立体栽培　2019

彩图3-78　小汤山日光温室木瓜栽培　2006

彩图3-79　地膜与小拱棚覆盖西瓜　2010

彩图3-80　春大棚地膜黄瓜栽培　2019

彩图3-81　地膜彩色甜椒待收获　2006

彩图3-82　日光温室地膜番茄栽培　2012

彩图4-1　玉渊潭大型连栋温室外景　蔬菜处　1978

彩图4-2　玉渊潭大温室采收　郑书福　1978

彩图4-3　巨山农场连栋温室番茄收获　李乃光　1997

彩图4-4　顺义三高连栋温室水培生菜工厂　1998

彩图4-5　锦绣大地连栋温室水培生菜工厂　2000

彩图4-6　建设中的光伏板连栋温室　李乃光　2016

彩图4-7　现代温室的沼气加温装备　李乃光　1998

彩图4-8　庞各庄5公顷栋温室外景　刘湘伟　2017

彩图4-9　大型连栋温室配肥灌溉设备　2019

彩图4-11　连栋温室供暖立体分层装备　2016

彩图4-10　二氧化碳收集利用设备　2019

彩图4-12　玻璃屋面清洗机器人　徐　丹　2019

彩图4-13　温室遮阳、保温双层幕布　王艳芳　2018

彩图4-14　番茄三头吊蔓及一钩一带　杨夕同　2010

彩图4-15　现代连栋温室番茄生产内景　2017.3

彩图4-16　连栋温室番茄长季节栽培大型果长势　2017

彩图4-17　连栋温室樱桃番茄冬季补光处理栽培　2019

彩图4-18　夏季高温番茄果实发生的着色不正常　2018

彩图4-19　深液流栽培生菜（左地、右架）雷喜红　2018

彩图4-20　连栋温室生菜栽培　徐　丹　2018

彩图4-21　菜鲜果美超市番茄　2023

彩图5-1　软化菊苣商品

彩图5-2　阳畦培土软化菊苣　曹之富

彩图5-3　香豌豆芽苗　王德槟

彩图5-4　香椿芽苗　王德槟

彩图5-5　空心菜芽苗　曹　华

彩图5-6　豌豆芽苗　王德槟

彩图5-7　豌豆发芽　2018

彩图5-8　豌豆芽苗的根系状　2018

彩图5-9　阶梯式培育芽苗菜　2018

彩图5-10　荞麦芽苗菜　2018

彩图5-11　豌豆芽苗立体栽培　2018

彩图5-12　芽苗菜（自左起为萝卜芽、苜蓿芽、豌豆芽）　断　然

彩图5-13　孵化箱豆芽卸入清洗流水线

彩图5-14　红香椿芽

彩图5-15　槽培芽苗菜　2019

彩图5-16　温室槽培芽苗菜　2019

彩图5-17　苗床培育芽苗菜　2013

彩图5-18　温室囤香椿芽　曹之富

彩图5-19　芽苗菜培育车间　张桂琴

彩图5-20　豌豆苗立体栽培　2013

彩图5-21　豆芽培育孵化及喷淋设备　刘保平　2019

彩图5-22　技术人员观察豆芽状况　顺鑫　2019

彩图5-23　豆芽菜清洗流水线　王铭堂

彩图5-24　水培菊苣车间生长状　2012

彩图5-25　菊苣菜根外埠机械化种植　关　斌

彩图5-26　水培软化菊苣　徐　凯　2008

彩图5-27　菊苣水培三天生长状　2009

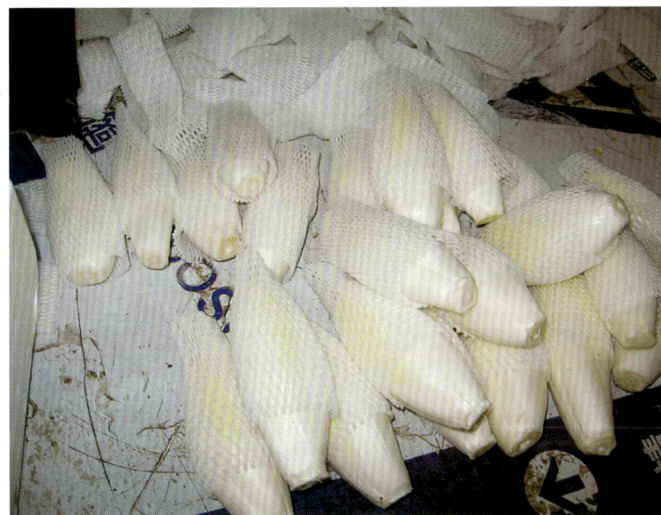
彩图5-28　菊苣产品包装　2008

彩图6-1　专家考察半地下式砖栽平菇生产

彩图6-2　林地小拱棚香菇栽培　韦　强　2005

彩图6-3　林地一面坡小拱棚栗蘑栽培　2010

彩图6-4　大跨度大棚平菇栽培　2018

彩图6-5　日光温室平菇立体栽培　2016

彩图6-6　栽培双孢菇菇房外观　2010

彩图6-7　培养料制作　2017

彩图6-8　运输惊菌后出菇状　2010

彩图6-9 大棚香菇高产品种"168"出菇状 2010

彩图6-10 墙式袋栽一头出菇状 2013

彩图6-11 日光温室栽培平菇通风口 2019

彩图6-12 杏鲍菇二次覆土后出菇状 2013

彩图6-13 采收双孢菇 2011

彩图6-14 采收平菇 2018

彩图6-15 猪肚菇与番茄共生栽培 2010

彩图6-16 密云双孢菇工厂车间（菇房）内景 2011

彩图6-17 白灵菇车间（菇房）出菇状 2012

彩图6-18 杏鲍菇车间（菇房）出菇状 2012

彩图6-19　工厂化杏鲍菇车间（菇房）内景　2021

彩图6-20　工厂化金针菇车间（菇房）内景　2021

彩图6-21　菌棒培养库状况　2012

彩图6-22　工厂化金针菇生长状　2021

彩图6-23　工厂化杏鲍菇生长状　2021

彩图6-24　科技人员观察双孢菇长势　2012

彩图6-25 工厂化双孢菇生长状 2011

彩图6-26 通州召开蘑菇文化节 2013

彩图6-27 技术推广培训菇农 郎建利 2008

彩图6-28 榆黄菇 2013

彩图6-29 木耳吊栽 王宝东 2013

彩图6-30 木耳栽培 2013

彩图6-31 蟹黄菇 2013

彩图6-32 食用菌新品种观摩 2012

彩图7-1　中日西局园艺场水培叶类蔬菜　1987

彩图7-2　小汤山水培豆瓣菜　1988

彩图7-4　管道水培紫叶生菜　2011

彩图7-3　立柱式水培蔬菜　2003

彩图7-5　小汤山连栋温室甜瓜无土栽培　2020

彩图7-6　昌平有机基质袋培番茄　2011

彩图7-7　小汤山有机基质箱培叶类菜　2011

彩图7-8　连栋温室甜瓜基质栽培生长状　2008

彩图7-9　密云日光温室水培韭菜长势　2014

彩图7-10　椰糠条上定植番茄　2018

彩图7-11　椰糠水培大中果鲜食番茄生长状　2017

彩图7-12　椰糠水培樱桃番茄成熟状　2017

彩图7-13　水培生菜长势　陈宗光　2018

彩图7-14　浅液流水培生菜根系状　雷喜红　2018

彩图7-15　河南寨水培叶菜长势　雷西红　2017

彩图7-16　A形架雾气培叶类蔬菜　曹之富　2013

彩图7-17　雾气培叶菜根系状　曹之富　2015

彩图7-18　沿河水培黄瓜生长状　2014

彩图7-19　大棚黄瓜基质栽培生长状　2021

彩图7-20　大棚番茄基质栽培生长状　2021

彩图7-21　基质槽培马铃薯薯块被掘　2019

彩图7-22　基质槽培绿菜花　2020

彩图7-23　大孙各庄基质槽培越冬番茄　2018

彩图7-24　圣水头基质槽培越冬黄瓜　2018

彩图7-25　大兴槽培越冬辣椒　郭铁山　2020

彩图7-26　人们参观土沟基质培番茄树　曹华　2008

彩图8-1　黄瓜点播、抓土堆　20世纪50年代

彩图8-2　温室囤番茄土坨苗　20世纪50年代

彩图8-3　薄膜简易阳畦育露地茄子苗　1988

彩图8-4　营养土方切割刀　1988

彩图8-5　黄瓜点播、抓土堆　李乃光　1989

彩图8-6　加温温室育成的营养土方黄瓜苗　1986

彩图8-7　加温温室育大棚番茄、茄子苗　1990

彩图8-8　太阳宫十字口村温室育大棚黄瓜苗　1990

彩图8-9　小汤山地热温室育大棚甜椒苗　1990

彩图8-10　南苑成寿寺地热线与穴盘配套育苗　1986

彩图8-11　秋大棚番茄双株土坨苗　1986

彩图8-12　成寿寺机制营养方春大棚黄瓜苗　1988

彩图8-13　秋大棚番茄裸根苗　2016

彩图8-14　工厂化穴盘番茄双头苗　徐丹　2022

彩图8-15　秋大棚番茄小拱棚平畦育苗　2019

彩图8-16　丸粒化的蔬菜种子　1988

彩图8-17　现代育苗主要基质（左草炭、中珍珠岩、右蛭石）　1988

彩图8-18　欧共体援建的朝阳育苗场已投产　1990

彩图8-19　脱毒甘薯苗　李仁崑　2009

彩图8-20　科管人员考察花乡穴盘育苗　1989

彩图8-21　播种机播种环节　2019

彩图8-22 穴盘黄瓜苗 1988

彩图8-23 穴盘番茄苗 1988

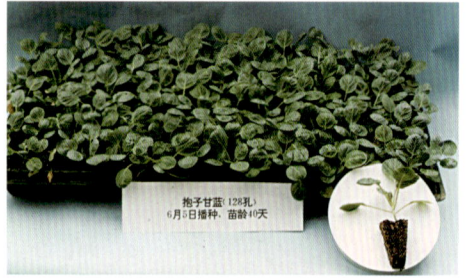

彩图8-24 穴盘抱子甘蓝苗 1988

彩图8-25 穴盘茄子苗 1988

彩图8-26 穴盘甘蓝苗 1988

彩图8-27 穴盘甜瓜苗 1988

彩图8-28 小汤山特菜大观园工厂化培育黄瓜苗 2013

彩图8-29　工厂化培育芹菜苗　2013

彩图8-30　工厂化培育辣椒苗　2013

彩图8-31　潮汐式培育生菜苗　2018

彩图8-32　极星潮汐灌溉蔬菜育苗床　2018

彩图8-33　海绵块育苗　2018

彩图8-34　岩棉塞育工厂化番茄苗　2018

彩图8-35　日光温室竹排支架穴盘育苗　2013

彩图8-36　日光温室育苗床架　2019

彩图8-37　日光温室穴盘育苗播后平置状　2020

彩图8-38　日光温室育苗与栽培轮作　2020

彩图8-39　大跨度日光温室早春育苗内景　刘福娟　2019

彩图8-40　黄瓜贴接育苗　2017

彩图8-41　茄子接穗多次利用嫁接育苗　2018

彩图8-42　庞各庄自制菜苗运输车

彩图8-43　蔬菜专家考察穴盘蔬菜苗　2019

彩图9-1 自制泥盆早春覆盖栽培 吴德正 1980

彩图9-2 玉米秸秆覆盖蔬菜越冬 2018

彩图9-3 南郊农场瀛海分场苇毛、薄膜盖韭 1984

彩图9-4 三折式温室白天打开蒲席与草帘状 1988

彩图9-5 日光温室白天保温被揭开卷起状 2019

彩图9-6 日光温室覆盖遮阳网与防虫网 2018

彩图9-7 遮阳涂料喷涂温室表层 2005

彩图9-8 机械作畦铺膜定植蔬菜 2016

彩图9-9　基质槽培番茄铺园艺地布防草　2018

彩图9-10　保温被兼遮阳网白天临时覆盖　2019

彩图9-11　温室用聚氨酯泡沫填缝剂弥缝保温　2020

彩图10-1　温室环境控制设备　2020

彩图10-2　小拱棚覆盖不同薄膜测试其性能　2017

彩图10-3　为温室植物提供温度、营养的管道　2017

彩图11-1 菜地所需的肥料堆 民国时期

彩图11-2 顺义有机肥堆制现场 2015

彩图11-3 温室换茬前备有机肥 2018

彩图11-4 春大棚冬前备有机肥 2018

彩图11-5 大棚冬前沟施有机肥 2018

彩图11-6 大棚早春铺施有机肥作底肥 2019

彩图11-7 日光温室商品有机肥作底肥 2016

彩图11-8　春大棚起垄前撒施化肥作底肥

彩图11-10　机械起垄将化肥埋入高畦畦底

彩图11-9　穴施种肥　赵凯丽　2020

彩图11-11　无土栽培用商品基质　2018

彩图12-1　平畦灌溉蔬菜　民国时期

彩图12-2　阜成门外菜园的水车　民国时期

彩图12-3　辘轳汲水灌溉蔬菜　民国时期

彩图12-4　六郎庄春大棚黄瓜水稳苗定植　1987

彩图12-5　大棚叶类蔬菜平畦灌溉栽培　2019

彩图12-6　小汤山基质槽培微灌配肥桶　2008

彩图12-7　西局中日设施园艺场膜下软管灌溉　1987

彩图12-8　大棚番茄膜下沟灌塑料软管送水　2010

彩图12-9　秋棚番茄微喷栽培　2018

彩图12-10　大棚番茄滴灌栽培长势状　2008

彩图12-11　无土栽培番茄水肥一体化设备　2016

彩图12-12　日光温室育苗人工灌溉浇水　2016

彩图12-13　行走式育苗灌溉设备　2013

彩图13-1　黄瓜霜霉病

彩图13-2　甜瓜斑潜蝇

彩图13-3　斑潜蝇幼虫成虫和蛹

彩图13-4　番茄晚疫病受害叶片

彩图13-5　番茄晚疫病受害果实

彩图13-6　番茄叶霉病

彩图13-7 黄瓜果实上放大的红蜘蛛

彩图13-8 红蜘蛛为害瓜条状

彩图13-9 红蜘蛛为害菜豆叶片状

彩图13-11 西花蓟马为害黄瓜（左叶片为害状，右瓜条为害状）

彩图13-10 西花蓟马为害番茄果实状 2017

彩图13-12 黄化曲叶病毒病（左叶片，右植株）

彩图13-13 番茄条斑病毒病畸形果

彩图13-14　根结线虫危害番茄根系

彩图13-15　根结线虫危害番茄植株

彩图13-16　番茄灰霉病侵染果实

彩图13-17　黄瓜菌核病

彩图13-18　芹菜叶斑病侵染叶片

彩图13-19　烟粉虱为害茄子

彩图13-20　小菜蛾为害状

彩图13-21　烟粉虱为害黄瓜叶片

彩图13-22　蚜虫为害韭菜

彩图13-23　蚜虫为害茄子

彩图13-24　蚜虫为害黄瓜

彩图13-25　蚜虫为害辣椒

彩图13-26　高温闷棚与硫黄熏蒸灭菌

彩图13-27　种植前用辣根素消毒

彩图13-28　定植前秧苗浸蘸药液预防病虫

彩图13-29　色板诱杀害虫

彩图13-30　物理灯具诱杀虫害

彩图13-31　新王庄室外太阳能诱虫灯

彩图13-32　瓢虫吃蚜虫　张令军

彩图13-33　植物生长期间用电热熏蒸器熏蒸防病

彩图13-34　背负式手动喷雾器施药

彩图13-35　温室黄瓜超高效常温烟雾施药

北京
蔬菜设施园艺

王树忠 ◎ 主编

中国农业出版社
北京

《北京蔬菜设施园艺》编者名单

主　编　王树忠
副主编　陈殿奎　祝　旅　王耀林　王永泉
编　者　（以姓氏笔画为序）

王永泉　王树忠　王耀林　邓德江　李新旭　张振贤

张德纯　陈殿奎　郑建秋　胡晓艳　祝　旅　贾小红

高丽红　曹玲玲　蒋卫杰　程　明　雷西红

主编简介

王树忠，河北磁县人。1955年生，农业技术推广研究员，中共党员。

1982年1月毕业于北京农业大学园艺系蔬菜专业，之后在北京市蔬菜生产部门与技术推广领域，一直从事蔬菜生产技术的试验研究、示范推广、技术制定与指导等工作。曾主持过北京市大白菜综合高产栽培技术示范推广、春大棚蔬菜高产技术推广、远郊蔬菜基地建设开发、北京节能型日光温室技术试验研究与示范推广等重点技术工作；参与过国家级蔬菜科技重大项目的实施；曾论证、立项、制定、实施过北京现代化大型连栋温室蔬菜生产技术试验研究与示范工作，为北京市蔬菜周年生产与保障供应作出了突出贡献。获得过国家级、省部级、市级科技成果奖励，曾被聘为北京市人民政府专家技术顾问团成员。1994年荣获北京市有突出贡献专家称号，1995年荣获人事部中青年有突出贡献专家称号，1996年获国务院政府特殊津贴专家荣誉。曾任北京市农业技术推广站站长。主编了《北京农技推广30年》，参与了绿色证书培训专用教材《蔬菜生产技术》等书籍的编著。

内容简介

本书内容包含十三章。

第一章概述了北京蔬菜设施园艺的发展简史及其意义。

栽培技艺方面的内容有七章：①蔬菜传统设施栽培（风障、阳畦、温床、暖洞子、温室）；②蔬菜塑料薄膜覆盖设施栽培（塑料棚、日光温室、地膜覆盖）；③蔬菜大型连栋温室栽培；④芽苗菜设施栽培；⑤食用菌设施栽培；⑥蔬菜设施无土栽培；⑦蔬菜设施育苗。这七章分别较详细地介绍了它们的发展简史、发展历程、设施类型、关键技术、科技成果、设施蔬菜生产的区位分布、名特优蔬菜产品生产技艺、高产典型案例等。

栽培管理方面的内容有四章：①设施蔬菜施肥（设施土壤环境特点、肥料种类、施用方法）；②设施蔬菜灌溉（设施环境与灌溉、灌溉原则、灌溉方法）；③设施蔬菜病虫害防治（设施环境与病虫害、主要病虫及其危害、综合防治技术）；④蔬菜栽培设施的环境及其调节。

此外，第九章介绍了蔬菜设施覆盖材料的种类和功能。

该书集实用性、科普性、资料性于一体，可供科研人员、专业技术人员、管理人员和农业院校师生等阅读参考。

蔬菜是一种季节性很强的农产品，主要表现为其生产的周期性和季节性。一般情况下，周期或季节间如衔接不好，就会出现蔬菜生产的季节性与消费需求的均衡性之间的矛盾。

北京地处华北，无霜期短，难以实现蔬菜的周年生产与供应。但在漫长的蔬菜生产实践中，人们逐步摆脱大自然的束缚，利用保护设备创造了较适宜蔬菜作物生长发育的环境条件进行反季节生产，延长了新鲜蔬菜的供应期，增加了蔬菜产量及花色品种。

北京地区设施蔬菜栽培源于金代，距今已有近900年的历史。历代菜农创建了多种多样的防寒、保温栽培设施，积累了丰富的栽培管理经验并代代相传。至20世纪60年代，北京郊区在延续传统设施栽培的基础上，利用风障、阳畦和"北京温室"为主的设施栽培蔬菜，有效地缓解了北京冬春季蔬菜"淡季"供应问题；进入20世纪70年代以来，随着科技进步，大量工业资材和工业技术被广泛地应用于设施蔬菜生产，北京蔬菜设施园艺逐步形成了以塑料薄膜地面覆盖与大中小棚、日光温室、大型连栋温室为主体的设施蔬菜栽培体系，并逐步向规模化、规范化、工厂化的城郊型现代农业发展。

北京市政府对蔬菜的生产、消费、流通十分重视，把发展设施蔬菜生产放在郊区副食品生产的重要地位；通过政策引导、支持，实施"菜篮子"工程。北京商品蔬菜数量充足、供应均衡、花色品种多样、营养丰富、卫生安全，呈现一派繁荣景象。实践证明，北京设施蔬菜生产对北京发展蔬菜等副食品生产，保证市场供应，改善和提高市民的生活水平发挥了举足轻重的作用。

北京设施蔬菜的栽培管理技术水平在全国具有一定的代表性。京郊菜农生产实践中创造的栽培管理技艺及经验，经过科技人员的提炼总结，并利用现代科学理论进行解读，通过示范、推广，有效地促进了设施生产发展。同时，科技人员对设施蔬菜生产中存在的问题和国外现代设施蔬菜科技发展趋势，广泛开展了实用性、前瞻性研究，并取得了一些成果。这些经验和科技成果，是北京蔬菜产业的宝贵财富，有必要系统、全面、科学地加以总结，并进行传承。

2016年，北京市农业技术推广站、北京市农业科学院蔬菜研究所、中国农业科学院蔬菜花卉研究所等单位部分技术工作者，参加北京市农林科学院植物营养与资源研究所召开的关于郊区设施蔬菜产业发展史的咨询会议，引发了对回顾北京设施蔬菜的兴起与发展之路的思考。此后，陈殿奎先生建议由王树忠来主编一部有关北京设施蔬菜的书籍，以记载设施蔬菜产业一路走来的技术成效及经验，期望给后来者以启迪。

2017年，在梳理北京设施蔬菜生产发展过程的基础上，王树忠提出了书籍的初步编写方针、大纲、内容；邀约陈殿奎、祝旅、王耀林、王永泉等，多次座谈讨论、修改并形成共识；商定了主编、副主编，以进行协调、审稿、定稿工作，聘请相关技术专家进行撰稿。在祝旅先生建议下，确立书名为《北京蔬菜设施园艺》。

本书编写的指导思想是：反映北京设施蔬菜生产的历史进程和现状；突出北京设施蔬菜栽培的独特技术及经验；记载北京蔬菜设施园艺产业发展中取得的科技成果；肯定北京发展蔬菜产业的方针政策对保障、促进、激励蔬菜设施园艺发展的重要作用。

设施蔬菜栽培涉及的内容较广，涵盖设施类型、栽培管理理论与技艺、设施小气候环境的调节与控制，以及栽培设施的设计、建造、建筑工程材料等诸多方面。本书的写作立意和选题，重点立足于栽培设施的应用，对工程建造方面的内容仅设立了"设施覆盖材料"一章。

本书采用叙事性、回顾性的写作方式，总计设立了十三章和三个附录。

关于栽培技艺方面的有七章。内容包括：发展简史、发展历程、设施类型、关键技术、研发的科技新成果、设施蔬菜生产的区位分布、名特优蔬菜产品生产技艺、高产典型案例等。关于栽培管理方面的有蔬菜栽培设施的环境及其调节、设施蔬菜施肥、设施蔬菜灌溉、设施蔬菜病虫害防治等四章。"设施蔬菜软化栽培"是设施栽培的一种特殊方式，因其栽培方法和产品已在本书其他相关章节中进行了介绍，为避免重复，没有专门设立章节。三个附录记述了北京发展蔬菜生产方针政策及演变、设施蔬菜名人、北京蔬菜生产相关统计数据等。

在北京蔬菜传统设施栽培章节，选用170余幅图片，再现了20世纪50—60年代北京地区沿用的民国时期蔬菜栽培设施，如简易地面覆盖、风障、冷（温）床、暖室、北京温室（小洞子）等在设计、建造、栽培管理等方面的生动场景。这些传统的栽培设施，在建造上因陋就简、就地取材、成本低廉；在栽培管理上精耕细作、以较少的能源消耗，在低温严寒时节生产出多种新鲜蔬菜，是北京设施蔬菜生产的突出特点，是悠久中华农耕文化的重要组成部分。原北京农业大学、农业部电影队 20 世纪 50 年代前期拍摄，中国农业科学院蔬菜花卉研究所提供的这些图片资料，绝大部分是第一次公开发表，而且其中许多栽培设施已经退出历史舞台，因而具有较高的史料价值。

本书也可以说是一部北京设施蔬菜产业及科学研究的发展史。作为首都，北京有较为健全和较高研究实力的蔬菜科学研究、教学及技术推广机构。这些机构针对设施蔬菜产业发展中存在的问题及蔬菜消费市场发展的需求，开展了大量的科学研究，取得了一批具有自主知识产权的重大科学技术成果。这些机构通过不断创新、消化吸收、推广应用，迅速转化为生产力，支撑、促进并引领了北京设施蔬菜的生产发展。

蔬菜作为一类重要食物，其众多的种类、独特的形态、丰富的色泽，其娇嫩清香、多汁、甜脆的不同口感，被烹饪大师创造出了无数的美味佳肴，为百姓生活增添了无限乐趣。蔬菜是中国饮食文化重要的组成部分。

本书在相关章节中引用了中国古农书中记载的传统蔬菜设施建造、传统蔬菜栽培方法，及对培育出的反季节蔬菜的形态、品质、用途等进行描述的史料，是了解北京设施蔬菜发展史的重要依据；一些文人雅士或学者在他们的诗、词、游记中，往往把蔬菜，尤其是设施蔬菜作为倾注无限情感的载体，作为忧国、思乡的精神寄托，或者表达了对大自然、对乡村田园之美的赞颂。编者尽可能收集了一些名人佳作于书中，供读者欣赏。

北京设施蔬菜产业发展，离不开政府制定的方针政策的引导和支持。对此，本书专门立题撰稿并附加在附录中，对相关政策和规定在蔬菜生产合作化、统购包销、生产基地建设、商品流通体系建设、生产激励政策、依据蔬菜市场变化进行的政策调整、实施"菜篮子"工程等几个方面所起的作用进行了梳理，希望能对读者全面了解北京设施蔬菜产业的发展有所帮助。

在本书编写过程中，搜集、查阅了大量历史资料与文献；造访了朝阳区双桥农场耿玉恒，海淀区四季青镇科技站郭继坤、老营房村王进才，丰台区卢沟桥街道科技站王振林、南苑街道农业公司高世良，南郊农场蔬菜办公室吴德正，北京平谷区放光村李广顺等劳动模范、生产能手。他们回顾了当年在发展设施蔬菜生产中取得的宝贵经验、从事生产管理的经历，内容鲜活而生动。

张福墁、王贺祥、李明远、燕继晔、刘宇、邹国元、李武、张一帆、王克武、李红岭、叶彩华等专家、学者对本书编写及书稿内容提出了很多意见和建议，或提供了资料，在此一并表示感谢！

本书是一本反映北京设施蔬菜产业发展历程的技术性专著，真实地反映了不同时期北京设施蔬菜的生产现状和技术水平，给未来设施蔬菜的发展提供了借鉴经验，启迪广大蔬菜科技工作者思考。

本书集实用性、科普性、资料性于一体，并配有300余幅彩色照片、700余幅黑白照片，可供科研人员、专业技术或管理人员、农业院校师生等阅读参考。

由于时间仓促，受收集的资料和编者水平限制，错误遗漏在所难免，敬请读者指正。

编　　者

2021 年 4 月

前言

第一章

>>> 概 述

中国农业有着悠久的发展历史。

在农业生产漫长的发展历程中，随着社会的进步，蔬菜、果树和观赏植物的栽培逐渐形成了一个较为独特的农业分支，这就是"园艺业"。它不仅具有重要的生产意义和经济意义，与人们的生活息息相关，而且园艺业是植物或农业与工业技术、文化、艺术结合的突出例子。它除了具有生产与经济意义外，还具有美化环境、愉悦心身、陶冶情操、促进文明等功效，因而备受人们的喜爱和关注，古今中外，概莫能外。

本书取名为《北京蔬菜设施园艺》。所谓"园艺"，就是种植和培育蔬菜、果树、花卉、观赏树木等的技术，这是一种比其他方式更为集约的栽培经营方式。"设施"二字的释意是为进行某种工作或满足某种需要而建立起来的机构、系统、组织、建筑等，因而，"蔬菜设施"就是指为进行蔬菜生产所建立起来的栽培技术及管理系统、建筑及其所需的设施内小气候调控仪器设备等。

纵览中国历史各个阶段，在原始农业时期，蔬菜、水果作物常和谷物混种在一起，以后才有所区分。蔬菜、水果被种在大田的周边、住宅旁，即为园圃，园圃可能早在商代就已经出现，而且在这一历史阶段还出现了专门经营园圃的农户。秦汉时期，园圃又进一步被细分，种菜为圃，种果为园。自此，园圃从种植业中分离出来，成为有别于谷物等粮食作物的一个独立生产部门，此后蔬菜、水果开始进入专业化生产阶段，标志着中国农业的进步。

"园"字和"圃"字在汉字中字义相近，指种菜、种花、种果的场地，所以有"菜园""果园""花园"以及"花圃""菜圃""果圃"之说。"艺"是指技能、技术，广义的"园艺"就是通常所指种菜、种花、种植果树的技能，而且还包括种茶、种桑、园林设计建造等。

一切植物都有各自的生长周期，一年生植物的生长周期是春生、夏荣、秋衰、冬枯。在自然状况下，各种植物（包括蔬菜作物）都是依照它自身的生长周期完成或延续它的生命。普通的作物栽培（包括蔬菜作物）也只能根据它们的习性在常规的生长期内施以有限的人为措施，争取获得更好的品质和更高的产量。

中国各地的气候类型复杂多样。北京地处华北，无霜期短，只有170～180天，难以满足蔬菜周年生产与供应的需求。漫长的冬春季节是蔬菜供应的"淡季"，人们只能依靠冬贮的大白菜、萝卜、马铃薯等和腌制的咸菜度过半年之久。因此，在漫长的蔬菜生产实践中，人们逐渐懂得了怎样摆脱大自然的束缚，利用保护设备创造较适宜蔬菜作物生长发育的环境条件进行反季节生产，以延长新鲜蔬菜的供应期，增加产量及花色品种。

保护性栽培，指的是在不适宜蔬菜正常生长发育的寒冷或炎热季节或地区，利用防寒保温、加温或遮阳、降温等设施及设备，人为创造适宜蔬菜生长发育的环境条件，从而获得高产、优质新鲜蔬菜产品的一种生产方式。苏联称之为"保护地栽培"，日本称之为"设施栽培"，中国古代称其为"不时栽培"，其生产出的产品被称为"不时之物"。

依据保护性栽培的目的以及采用的不同保护设施，设施栽培有越冬栽培、促成栽培、软化栽培、抑制栽培、越夏栽培、遮阳栽培、防虫栽培和简易覆盖栽培等多种栽培方式。

按栽培作物的种类、栽培目的划分，包含设施育苗、无土栽培、软化栽培、芽苗菜栽培、食用菌栽培等。

按设施类型划分，有利用秸秆、草、粪、沙石、瓦片、无纺布、寒冷遮阳网、地膜等进行防护的简易覆盖栽培；有风障畦、冷床（阳畦、改良阳畦）、温床（电热温床、酿热温床），有遮阳网、防虫网等网纱覆盖的塑料薄膜棚栽培；还有原始型温室（土洞子、暖窖）、改良型温室、节能型日光温室、大型连栋温室栽培以及蔬菜工厂等。它们在不同的季节、不同的地区，源源不断地向市场提供多种多样的、优质的新鲜蔬菜，大大缓解了冬春和夏季淡季市场的供需矛盾，菜农也从中获得了丰厚的收益。

中国的一些蔬菜栽培专家通常会将所有保护性覆盖栽培称为"保护地栽培"，将其中较大型、具有一定的环境调控设备的日光温室、大型连栋（单栋）温室、塑料大棚栽培等，称为"设施栽培"。

为叙述方便，本书在一般叙述过程中，将所有保护性覆盖栽培统称为"设施栽培"。

蔬菜作物的露地栽培，一般是在适宜的自然气象条件下进行的生产活动。而蔬菜设施栽培管理的实质是协调蔬菜作物、栽培环境、管理者三者关系，即在一定程度上将传统蔬菜栽培技术与工业设施设备、资材、技术紧密结合，以求获得高产优质蔬菜产品的综合性技术。在所有作物栽培方式中蔬菜设施栽培投入较多、技术最为复杂且管理最为集中，可以说是一种精耕细作的"栽培技艺"。

第一节　北京蔬菜设施园艺发展的历史简述

中国的设施蔬菜生产历史悠久，东汉学者卫宏在《诏定古文尚书序》中记载秦始皇"密令冬种瓜于骊山坑谷中温处。瓜实成，诏博士诸生说之，人言不同，乃命就视之。"《汉书·召信臣传》记载，"太官园种冬生葱韭菜茹，覆以屋庑。昼夜燃蕴火，待温气乃生。"这表明秦汉时期，利用温泉或类似温室的设施在冬季栽培蔬菜已经成为事实。

北京地区的原始农业起源于10 000年以前。北京是一座有着3 000多年历史的古都，公元前1045年，北京建城为"蓟"，成为蓟、燕等诸侯国的都城。公元938年以来，北京又先后成为辽陪都、金中都、元大都，以及明、清两朝的国都。

但明晰记载北京地区蔬菜设施生产起源与发展的史料并不多见，宋、元之前各朝各代的相关资料就更加缺乏了。

一、北京蔬菜设施栽培历史源于金代

在中国历史上，宋（960年—1279年）和金（1115年—1234年）两个朝代几乎同期并存于中华大地上。

关于宋代设施蔬菜栽培，据专家查考，久居京师的北宋诗人梅尧臣（1002年—1060年）著有《闻卖韭黄蓼甲》诗，云："百物冻未活，初逢卖菜人。乃知粪土暖，能发萌芽春。柔美已先荐，阳和非不均。芹根守天性，憔悴涧之滨。"

南宋·孟元老《东京梦华录》（1147年）一书，记载了在农历十二月汴梁街市上有新鲜的韭黄、莴苣、兰芽（木兰的嫩芽）、薄荷、马齿苋等出售，"以备除夜之用"。

诗文中的"韭黄、莴苣、兰芽（木兰的嫩芽）、薄荷、马齿苋"等应是软化栽培的产品。古代生产韭黄之类的软化产品，一般有两种方法：一是采用简易覆盖的方法，在阳畦或窖内用马粪、树叶、稻草、麦糠等作覆盖物，进行软化栽培；另一种方法是在有酿热加温的简易温室里进行生产。

《东京梦华录》是一本专门记述北宋时期经济状况的书籍，它曾记述："立冬前五日，'西御园'进冬菜……上至官禁，下及民间，一时收藏……于是车载马驼，充塞道路。"西御园是当时东京城郊的四大菜圃之一，在大地封冻冰霜渐浓的冬季，仍能提供新鲜的蔬菜，只能是利用保护设施生产出来的。

由此可见，早在北宋时期，开封地区确实已经开展较为发达的设施蔬菜栽培了。

金朝是中国历史上由女真族建立的一个王朝，于公元 1127 年灭北宋，1153 年金帝完颜亮将都城南迁燕京，取名中都（即今日北京）。

中国北方天气寒冷，民间冬季室内常用"盘土坯、烧暖炕"的方法来取暖，这种加温取暖的方法被创造性地应用于蔬菜冬季生产。早在唐代，北京西南方向的河北易州（今易县），已有"种蔬坑（kēng）（炕）上而微火煦（音续）之"的栽培尝试。

截至目前，专家还没有查到金代北京地区有关蔬菜设施栽培的史料，但因宋、金同存于中华大地，虽然两朝之间可能存在着各种政治冲突，但民间的经济、文化交流是难以避免的。所以在金代，北京地区引入中原地区的保护性蔬菜栽培方式，与北方常见的"盘土坯、烧暖炕"的加温取暖方法相结合，形成了北方地区的蔬菜设施加温栽培方式。

因而，直至目前，专家认为北京地区蔬菜设施栽培的起点是金代。

二、元代蔬菜设施栽培

元朝统一中国，结束了几个民族政权分立的局面，使农作物和农业技术在全国范围内广泛交流成为可能，蔬菜设施栽培技术也得到较快发展。

元朝自从在大都建都，即在皇城"御苑"内部修建了"窨（yìn）花室"。窨子，即地下室，可见是一种建在地下或半地下的"窨花半屋"栽培设施，是由当时大都城内建造的"半坡屋"发展而来的。"半坡屋"坐北朝南，用纸做采光材料，后墙为土墙或砖墙，利于保温，适宜于冬季生产花卉和蔬菜。元代熊梦祥著《析津志辑佚·风俗》载："半坡屋……於（其）下卖四时生果、蔬菜。"虽然它直接反映的是大都的民居风俗，但也可以说是现今北京一面坡土温室的雏形。

元代著名农学家王祯，在《农书·百谷谱·蔬属·韭》里记有："至冬，移根藏于地屋阴中，培以马粪，暖而即长……，不见风日，其叶黄嫩，谓之韭黄"，以及"就旧畦内，冬月以马粪覆之，于迎阳处，随畦以葛黍篱障之，用遮北风。至春，其芽早出，长可二三寸[①]，则割而易之，以为尝新韭"等内容。这里的"葛黍篱"，是用高粱的秸秆为骨干，再辅以稻草编制而成的风障，置于栽培畦的迎阳处，用来遮挡北风。

这恐怕是北京地区利用风障畦栽培蔬菜的最早记录了。

三、明代蔬菜设施栽培

明朝迁都顺天府后统治的 224 年间，社会生产有了较快的发展，特别是到了明中后期，蔬菜的商品性生产兴起。为了保证皇室和贵族的蔬菜供应，明朝空前强化了管理体制，建立了稳定的蔬菜生产基地。

明代北京地区蔬菜产地主要为官办的御用菜园，主要分布在"嘉蔬署官园"和"南海子"。前者的原址在广安门外大街以南到菜户营一带，后者在今南苑地区。"嘉蔬署官园"当时统称为"官园菜户营"。那里除露地种植多种瓜菜以外，冬春两季还进行设施栽培。

明中叶后，文献中有了比较具体的火室、火炕生产黄瓜、韭黄等记载。明代谢肇淛《五杂俎（zǔ）》说："京师隆冬有黄芽菜、韭黄，盖富室地窖火坑（炕）中所成，贫民不能办也。今大内（指

---

① 寸，非法定计量单位，根据历史资料和传统换算标准，元代的一寸≈3.07 厘米。——编者注

宫廷）进御，每以非时之物为珍，元旦有牡丹花、有新瓜，古人所谓二月中旬进瓜不足道也，其他花果，无时无之，盖置坑中，温火逼之使然。"火室、火坑除生产菘（即白菜）（详见明代李时珍《本草纲目》）、芫荽（详见明代王象晋《二如亭群芳谱》）、椿芽、萝卜外，还栽培牡丹、梅花、芍药等花卉以及桃、李、金橘等果品。

在不断总结前朝设施栽培技术的基础上，明代北京地区蔬菜栽培设施和栽培方式有了进一步发展：按照其结构和使用功能可分为两类：一是纸窗采光、蓄火加温、半地下或地上式温室，主要用于冬春两季蔬菜栽培；二是利用酿热加温的地窖式简易温室，主要用来进行蔬菜的软化栽培。原产于朝鲜的高丽纸明代已传入中国，这种高丽纸质地坚韧，透光性能好，被用作温室采光材料。明代负责宫廷蔬菜供应的"司苑局"，为保证设施栽培所需物料，提到要购买秫秸、芦苇、蒲草和麻，这些都是制作温室覆盖物——蒲席的必备材料。由此可以确认，明代已经出现了用于温室保温的覆盖物——蒲席。

在明代设施蔬菜栽培中，有一种产品叫"黄葱"，黄葱是羊角葱的软化产品。北京地区的菜农将羊角葱剪去老叶，留根，囤于土温室中，长成后叶色金黄，故称黄葱，冬季上市，是制作春饼的配菜。

明代北京地区蔬菜产地之一的"官园菜户营"，有一处著名的设施花卉、蔬菜产地叫草桥。草桥村位于今北京市丰台区花乡。自明代起，这里的农户都以种植花卉和蔬菜为业，除了种植露地蔬菜之外，还在冬季进行设施栽培。据刘侗等著《帝京景物略·城南内外》记载，明代余孺瞻在题为《秋日游草桥》的七言绝句中吟道："蝶衰蜂少草虫辰，老圃如农赛社神。除却菊花俱入窖，人间秋矣地中春。"这里描写的是深秋时节的草桥，因为有技术高超的"老圃（指种花、种菜的老农）"在地窖式温室内种植花卉、蔬菜，所以依然呈现出一派春色。另外该文还记载，每年冬季，草桥在温室里培育出艳丽的牡丹，鲜嫩的椿芽、黄瓜等送进皇宫。

刘侗等著《帝京景物略·城南内外》，可能是关于草桥及附近一带种植花卉、蔬菜的最早记载，此后，该地区一直是北京地区重要的设施花卉、蔬菜种植基地之一。

四、清代蔬菜设施栽培

清朝建都北京 267 年。从康熙、雍正到乾隆三朝都很重视蔬菜生产，在丰台兴建御用菜园 11 处，在圆明园开辟"蔬圃"，并设立专门的"园头"负责管理菜园，以供宫廷之需。清代励宗万著《京城古迹考·丰台》（1745）记载，丰台草桥"……水清土肥，故种植滋茂，春芳秋实，鲜秀如画，诚北地难得之佳壤也"，又是旅游胜地，那里"……半种花卉，半种瓜菜……"

清朝上层统治阶级的代表——宫廷对各种蔬菜产品的"不时日之需"（即在冬春时节对新鲜蔬菜、瓜果的需求），客观上刺激了北京地区的蔬菜设施生产，具体表现在设施形式多种多样，栽培的蔬菜种类多样化。

（1）风障畦　清初，皇城内"丰园"设有夹风障的菜园。1994 年北京古籍出版社出版，由庆桂著《国朝官史续编·西苑》记载的乾隆皇帝诗句"冬菜风障护"可作为佐证。蒋廷锡等《古今图书集成·草木典·蔬部》（1890 年）说，内务府的会计司所辖菜园，一律配给一定数量的蒲帘（即蒲席）和夹篱帐的秫秸（即夹风障和篱笆的秫秸）。1981 年北京古籍出版社出版，由潘荣陛著《帝京岁时纪胜·二月·时品》记载："菠菜于风帐（即风障）下过冬，经春则为鲜赤根菜，……乃仲春之时品也。"这种"时品"的栽培方式就是现在称为"根茬菠菜"的栽培方式。这些史料充分说明在皇家菜园中，风障畦栽培已经较为普遍了。

（2）阳畦　古称"秧畦""洞坑"。它是由风障畦演变而来的：把畦埂加高、增宽，并覆盖蒲席等保温设备而成。阳畦又称"冷床"，即无辅助加温设施（人工加温或酿热物），可用于育苗或生产蔬菜。

（3）火室 清代北京地区用于冬季生产蔬菜或花卉的温室，类型多样，是在前朝"暖洞子""小洞子""火坑""火室"的基础上逐步改进而成的，一般采用"纸糊窗格"方式进行保温采光，同时还以"皆贮暖室，以火烘之"的方式来提高地温和室温。

清光绪三十三年（1907年），日本近代教育家服部宇之吉著《清末北京志资料·农业》（北京燕山出版社，1994）记录了北京土温室结构特点：温室结构很低，用砖造成平房，或以泥土建成。大抵东西长，北、东、西三面砌墙，不留窗户，唯南面使用纸窗，采光取暖。或在温室内生火……用煤球为燃料。种植的蔬菜种类包括黄瓜、菜豆、茄子、香椿、白菜、芹菜等。

清代这种温室主要分布在右安门外草桥、黄土岗一带，在房山等远郊区也可看到"冬月用火坑种韭黄"的景象。

（4）玻璃温室 引进玻璃，用于建造玻璃温室，栽培蔬菜、花卉，始于清朝末期。据近代国学家夏仁虎（1874—1963）在《旧京琐记·城厢》中所记，清末唯有一株梅在贝勒御朗的园中，"坑地炽（燃烧）炭，作玻璃亭以覆之"。

清光绪二十四年（1898年），清廷设置了技术农政机关农工商总局，并建立了京师大学堂，标志着北京地区运用近代农业科学改进农业的开始。清光绪三十一年（1905年），明令取消科举，批准建立京师大学堂农科大学（现中国农业大学前身），是为中央设立农科大学之始。清光绪三十二年（1906年），清廷农工部筹建农事试验场，其旧址位于现北京市西城区西直门外大街137号（为北京动物园使用），当时占地1 062亩[①]。清光绪三十四年（1908年）建成（图1-1），试验场参照德国等欧美样式的玻璃防寒设施，建造了农事试验场的双屋面玻璃农艺温室（图1-2），用于蔬菜栽培等试验。这是北京地区用玻璃建造温室进行蔬菜栽培的最早图文记录。

图1-1 农事试验场大门 1908

图1-2 农事试验场农艺温室 1908

① 亩，非法定计量单位，1亩＝1/15公顷。——编者注

五、民国时期蔬菜设施栽培

甲午战争（1894—1895 年）后，中国各地纷纷筹办学堂，创办农事试验场，编译西方农业科技书籍，开始了近代园艺人才的培养和园艺技术的引进与研究。

直隶农事试验场（1902 年，保定），是中国最早成立的省级农事试验场。此后，山东（1903 年，济南）、奉天（1906 年，沈阳）、吉林（1908 年）等地也相继成立了农事试验场。到 1916 年，在承接前清农事机构的基础上，全国省以上的综合农事试验场已有 18 所。其中 1908 年建成的北京中央农事试验场，设备精良，规模最大。金陵大学、东南大学、中山大学等都设立了园艺试验场，由一些留学归国的学者主持教学与科研工作。

民国时期（1912 年—1949 年），中国近代园艺科技有了初步发展，其标志是各地先后建立起园艺科研机构，一些农业院校也设立了园艺科、系，从事教学与科研活动。

1912 年，北京西郊罗道庄正式设立附属农科大学。1914 年，改农科大学为独立的农业专门学校。1923 年，农业专门学校改称"国立北京农业大学"，设农艺、园艺等 7 个系。学院在罗道庄和卢沟桥两地设立附属农场，罗道庄农场占地 900 亩，其中园艺部分占地 200 余亩，建造新式玻璃温室和软化温室各一座，土温室 10 余栋，以开展促成栽培教学与研究。1928 年，政府南迁，北京农业大学改称"国立北平大学农学院"。

1929 年，中国园艺学会成立。此后，各省、市园艺学会也相继成立，这标志着中国近代园艺科技进入了一个新阶段，已发展形成了初具规模的独立学科。

这一时期，中国的蔬菜科技人员开始涉足蔬菜的杂交育种领域，并注重蔬菜促成栽培研究。但这种良好的发展势头却因为日本发动侵华战争而遭受破坏，科技工作者只好把工作重点放到了传统蔬菜生产经验的推广上。

北京郊区的蔬菜生产温室，据 2009 年徐瑞芬主编的《黄土岗村志》记述："最初的温室是半地下式的，内有加温设备，可供冬季生产蔬菜。"后来一部分发展为前窗用纸糊成直立状的土温室，室内较高，进深较大，属于低温温室。1913—1914 年，又把部分温室进深缩小，将直立纸窗改成与地面约成 70°角的斜纸窗温室，这类温室面积小，低矮，温室采光面加大，加温的蜈蚣火道改为瓦管连接火道，保温性强，昼夜温差小，既可做中温温室，也可做高温温室，适用于各种蔬菜的栽培和蔬菜、花卉的早春育苗。在黄土岗一带，这种最初类型的个别土温室（图 1-3），一直保留至 20 世纪 80 年代。

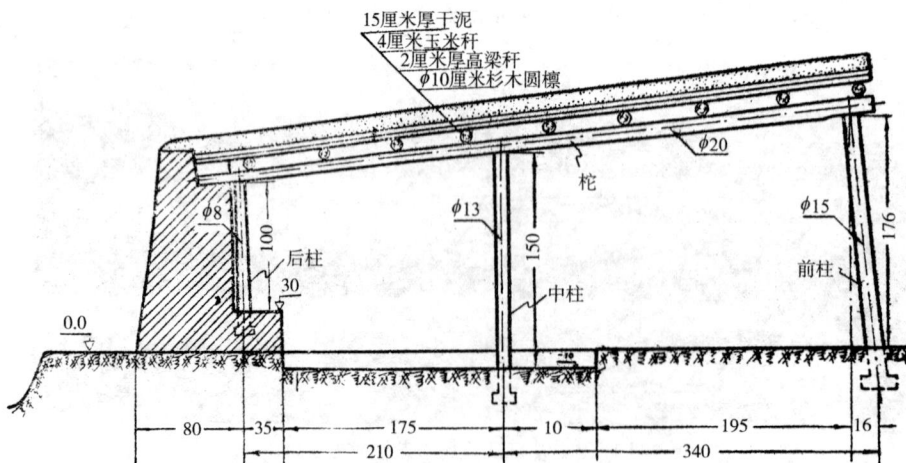

图 1-3a　直纸窗温室

资料来源：引自《黄土岗村志》。

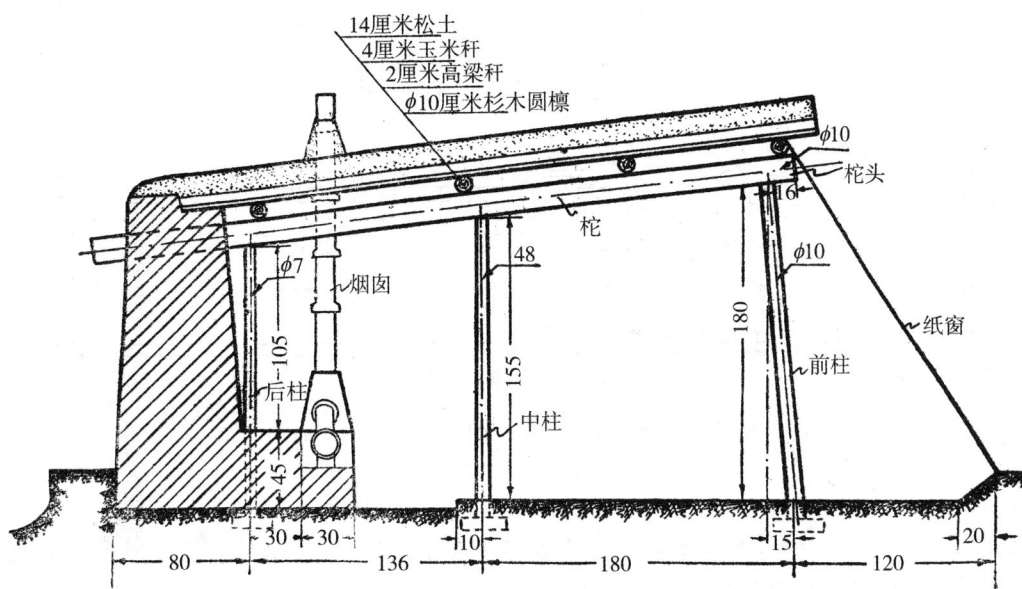

图 1 - 3b　斜纸窗温室

资料来源：引自《黄土岗村志》，2011。

　　1926 年前后，先行者将温室纸窗覆盖材料改成玻璃窗扇。此后，不断地对温室结构进行改良，将玻璃窗扇分成天窗和地窗，火炉改装到北墙脚下，改进温室跨度和高度，提高了室内采光和增温效果，扩大了栽培空间，使温室生产效率得到有效提高。这种温室统称"改良玻璃温室（玻璃窖）"，也称"北京改良式温室"或"北京温室"，由于这种改良温室造价高，所以普及面极小。

　　民国二十八年（1939 年），中华书局出版的陆费执、顾华孙编著的农业丛书《蔬菜园艺》，较详细记载了当时北京的纸窗土温室，类型如下：

　　温室，俗名洞子（熏房），其墙壁通常用土筑之，或用土坯叠之，外涂以石灰之类。室宜南向，唯有东、西、北三面筑墙，南面缺如；室之北面墙仅及肩，东、西二墙，皆南高而北低，长约 6 米，墙之顶端作倾斜形；南面竖以支柱，高约 3 米，每隔 3.33 米竖以支柱，以南北方向置梁于支柱上，梁之北端架于北面之墙上；但支柱要稍进室内约 20 厘米。于南面一端适宜之处，作一出入之门，余悉以纸糊之。又须于支柱之间，用竹竿或蜀黍秆（高粱秆）隔 10 厘米而竖一根，此竿（秆）须以纸周围密缠之，俾纸易于粘着，不为风所鼓荡。自地面起至室之檐下，皆以纸糊之，再于檐下作一窗，使空气流通，高约半米，横因所竖蜀黍秆之距离而定。此窗用纸制之，可以卷伸，俗为卷窗。温室东西之长无限，就各人之意思及需要、面积之大小而定。普通以四五间（每间约 3.33 米）为常见。南面夜间以薄（芦苇和蒲草编织的蒲席）遮蔽之以防寒气之侵入；阴雨时亦然，日中则除去之，使阳光投射，俾室内植物得行同化作用助其生长。

　　自室南面所设纸墙之处，向室宽 2.5 米之处即南北之长，复设纸制之墙壁，东西长 12 米也设纸墙壁，如过大，则一火炉之温热供给不充分。但一端利用土壁时，可省一端纸壁之建造。此层为南北宽 2.5 米、东西长 12 米之纸室（俗称"洞子"，以与整个区别）（图 1-4），洞子北面纸壁之外及其他方面以外之处（在温室内），缘纸壁之下，掘深约 1 米许以为人之通路。于洞子北面纸壁设一门户，可以启闭自由，为人出入之所。户外设适宜之阶级可以出入便利。于洞子东或西之一端设置火炉，以供给洞子内之温度，他端设置一烟囱，以为排烟之所。火炉装置突出洞子之外，以便添加煤炭。烟囱直立于洞子内，自室顶通出，略有增加温度于洞子内之效。

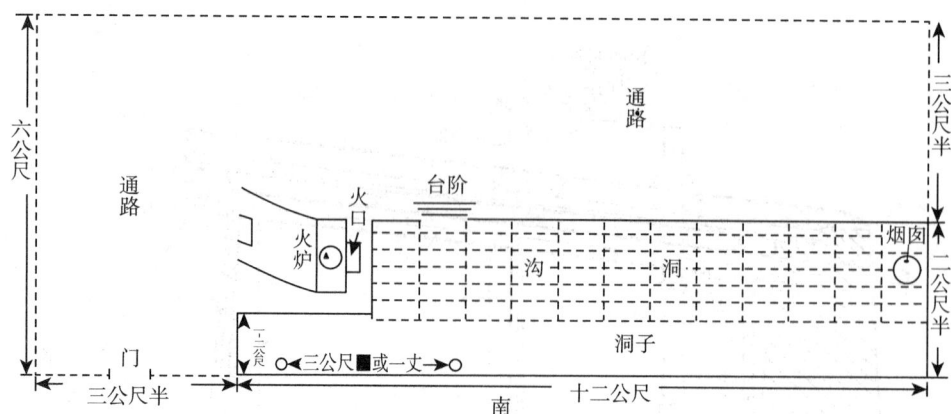

图1-4 北平温室平面布置图 陆费执等 1939

注：1公尺≈1米，1丈≈3.3米。

烟囱之装置多以直径约15厘米之花盆，将底部穿直径6～7厘米之孔，每一对相合叠之使达室顶，其间隙用石灰涂之。或用砖叠成烟囱亦可。

簿之构造，横长4～5米，以苇和蒲草为之，或用蜀黍秆和粟草（即谷草）或麦秆为之亦可，总以将簿竖立于室之南面，使空气流通，不致室内之温度放散于外为主；以兼能倚立不曲坚固耐久者为良。簿厚5厘米，长度无限，以4～7米二人运搬称为合宜，向无定例也。

总体来看，民国时期的北京蔬菜设施栽培，沿用明清以来的传统方式，引进一些先进技术，并不断有所改进。主要的蔬菜设施是原始的纸窗温室，分布于西南郊，菜农俗称"洞子"，坐北朝南，比较低矮，东西北三面是土墙，土屋顶，南面安装纸糊窗户，部分温室的窗户和地面形成70°～80°夹角。有一些改良式玻璃温室，室内东西长每隔3.33米左右（旧制1丈①）为一间，每4间建一座半地下有烟道的火炉加温，也有的采用明火加温，夜间窗户外加盖蒲席保温，用于冬季蔬菜生产。此外，还有风障、风障畦、阳畦（冷床）、改良阳畦、温床等，用于蔬菜育苗和早春促成栽培。

北京温室促成栽培的蔬菜种类主要是黄瓜，还有部分菜豆、豇豆、茄子、辣椒、韭菜（韭黄、囤韭、青韭）、蒜黄、香椿等。生产出的产品也称"洞子货"或称"熏货"。

六、新中国北京蔬菜设施栽培

1949年以来，随着生产关系的改变、生产力的发展和人民生活水平的不断提高，市场对于周年供应多种类新鲜蔬菜的要求越来越迫切。因此，蔬菜设施生产的作用就显得越来越重要，北京温室、北京阳畦蔬菜生产得到较快发展。至20世纪50年代中期，北京冬季温室生产的黄瓜、韭菜、番茄等，在当时的经济消费条件下，除满足本城市居民需求外，还向天津、东北、西北等大中城市少量供应，这种情况一直延续至20世纪80年代中后期。1949年新中国成立至今，北京蔬菜设施栽培生产大体经历了三个重要的发展时期。

（一）总结、提高蔬菜传统设施生产技术时期

20世纪50—60年代，是北京城近郊区总结、提高蔬菜传统设施生产技术的时期。1949年后，为促进国民经济迅速恢复和发展，保障城市蔬菜供应和支持国家大规模经济建设，郊区菜农响应大生产

---

① 丈：长度单位，10尺等于1丈，10丈等于1引。1市丈合$3\frac{1}{3}$米。——编者注

运动的号召，掀起了丰产竞赛活动，积极发展蔬菜生产，涌现出了全国劳动模范、温室生产能手李墨林，番茄生产能手倪殿利、卢振家，黄瓜生产能手王顺明，冬瓜生产能手李善元，等等。

温室生产能手李墨林，自 1942 年起，一直在北平木樨地地主家当雇工，从事温室生产，积累了丰富的经验。只要他走进温室，脱掉上衣，来回走一遍，哈口气一看，就知道蔬菜冷不冷；看看菜叶尖，就知道"热不热"；捏捏菜叶子，听听响声，就知道蔬菜"饿不饿"、要不要增加水分和肥料。1951 年 10 月，他响应党和政府提出的"组织起来，走大家富裕的道路"的号召，先后组成了李墨林温室生产互助组、生产合作社，在政府贷款支持下，新置了 108 间温室（玻璃洞子），以冬春季黄瓜、番茄等蔬菜生产为主（图 1-5）。此后，又带头成立了海淀区第一个蔬菜高级合作社"李墨林温室生产合作社"，当年冬季，平均每间温室产量达到 73 千克。1953 年 8 月，因国家建设征用羊坊店村，离开故土迁到西冉村乡北高庄村，新建玻璃温室 144 间，每间温室产量达到 91.5 千克（黄瓜 45 千克、番茄 41.5 千克），比单干时提高产量 30%，平均每户年收入 1 500 元。

图 1-5 李墨林温室合作社番茄采收

1954 年春节前，合作社温室蔬菜喜获丰收，李墨林挑选了 15 个新鲜番茄和 20 条顶花带刺的黄瓜，送到中南海，表达对毛主席和共产党的感激之情。当时，中共中央办公厅回信给李墨林暖室生产合作社说："你们送给毛主席的礼物——自己生产的黄瓜和番茄，都收到了，谢谢大家的盛意。你们组织起来，走互助合作的道路，在提高生产上获得了显著的成绩，这给首都人民树立了良好的榜样，希望你们继续提高生产技术，改进经营方法，巩固与扩大合作社的组织，为生产更多更好的蔬菜，供应首都人民的需要而努力。"

1954 年 6 月，李默林温室生产合作社扩大为"四季青蔬菜生产合作社"，1958 年扩大成立了"四季青人民公社"，温室达到 1 300 多间，成了名副其实的以生产设施蔬菜而闻名的"四季青"。这也带动了北京郊区温室蔬菜生产的发展。

1954 年 10 月，北京市人民政府农林局印发了《京郊蔬菜全年农事活动简历》小册子，技术人员按照郊区的自然气候条件，总结介绍了二十四节气蔬菜栽培措施，以促进郊区蔬菜生产发展。1954 年 4 月至 1955 年 7 月，农业部和北京市农林水利局组织了北京市郊区蔬菜栽培技术调查组，由京内外 25 个单位、33 名蔬菜科技工作者组成。调查组当时选择了南苑、丰台、海淀三个蔬菜重点区，采取"深入基点、点面结合"的调查方式，参与生产全过程，亲自动手学习菜农的实际操作方法，参加市、区组织的主要生产季节观摩会、经验交流会等，对北京市郊区蔬菜生产经验进行了系统的调查。经整理、研究，编辑出版了《北京市郊区温室栽培》和《北京市郊区阳畦蔬菜栽培》两本设施蔬菜专著。

虽是调查总结的 20 世纪 50 年代中期的现实情况，在一定程度上也反映了民国晚期的京郊蔬菜设施栽培情形。此外，1959 年中国农业科学院蔬菜研究所还编著了《北京、天津、旅大的蔬菜早熟栽培》一书。这些书籍系统地介绍了北京近郊传统蔬菜栽培设施，如风障、阳畦、温室、地面简易覆盖等的类型、构造、性能，以及主要蔬菜作物的栽培技术，还有病虫害防治方法，经营管理经验等。这些调查研究的成果，有效地促进了先进经验的迅速推广，对刚刚建立起来的农村集体经济的巩固和发展，调剂冬春淡季蔬菜和丰富上市蔬菜的花色品种，起到了很大的促进作用。1957 年 3 月，全国农业展览会在京开幕，对北京保护地蔬菜丰产技术进行了介绍与宣传（图 1-6），受到各地蔬菜种植者的欢迎。

1958 年 9 月 22 日，以中国农业科学院华北农业科学研究所园艺系蔬菜研究室和北京市农林水利局彰化农场为基础，在北京市海淀区彰化村，成立了一套机构、两块牌子的中国农业科学院蔬菜研究所（简称"中国农科院蔬菜所"）和北京市农业科学院蔬菜研究所（简称"北京市农科院蔬菜所"）（图 1-7），其后历经两次调整，直至 1978 年 11 月，方各成体系。这一批蔬菜科技工作者，在经济社会条件尚不富裕的年代，服务于"就地生产、就地供应"的蔬菜产销方针，为北京蔬菜生产发展和保障首都蔬菜市场供应作出了重要贡献。

图 1-6　李墨林（右一）向出席全国农业展览会的代表介绍温室生产黄瓜经验
李基禄，1957

图 1-7　中国农业科学院蔬菜研究所和北京市农业科学院蔬菜研究所所址（原彰化农场大门）　1958—1960

1959 年第 4 期《园艺通报》发表的《建国以来保护地蔬菜栽培研究工作的主要成就》一文指出："京郊劳动人民的这些宝贵经验，经在各地试验成功后，现已逐步推广到天津、上海、东北、华北、华中、内蒙古、西北、西藏等地，栽培面积迅速增加，如天津市在 1954 年以前没有温室，阳畦只有 43.8 亩，至 1958 年已有加温温室 340 亩、日光温室 325 亩、阳畦 1 266 亩；包头市以往没有保护地栽培，自1955年开始示范推广工作后，至1958年已有加温及日光温室48.3亩，阳畦及温床48亩；辽宁的温室、阳畦1957年分别为750亩、360亩，1958年即分别增加至1650亩、900亩。"

20世纪50—60年代，重点推广了四季青改良温室冬季蔬菜丰产经验、南苑阳畦番茄和芹菜丰产栽培经验、卢沟桥风障小萝卜栽培等经验，不断革新设施类型，改进种植技术，扩大冬季温室蔬菜生产，较好地调剂了首都冬春淡季蔬菜市场的鲜菜品种。1964年国庆节，著名画家、中央工艺美术学院教授俞致贞，为四季青"温室黄瓜"作画并题词（彩图2-3）："昔日温室生产瓜菜，物稀价昂，只供少数人享受。1949年后，在党的领导下，四季青人民公社改进了生产、扩大了种植面积，社员们以无比的干劲提高了产量，每日可供应大量的清香鲜嫩的瓜菜，在严寒的冬天当广大人民吃到多种多样瓜菜时，同声称赞人民公社好！"

1970年，北京蔬菜温室由1949年的838间发展到7298间，阳畦由1949年的4785畦发展到66691畦，分别增长7.7倍和12.9倍。新材料塑料薄膜覆盖面积达到809亩。

（二）推广应用蔬菜塑料薄膜覆盖栽培技术时期

该时期为20世纪70—80年代。由于国家塑料化学工业的加速发展，塑料制品特别是农用塑料薄膜覆盖材料广泛应用于蔬菜生产，使蔬菜保护地设施的类型结构更趋多样化，建造成本进一步降低，生产水平进一步提高。

北京郊区蔬菜生产使用农用塑料薄膜，始于20世纪50年代中后期，20世纪60年代开始推广应用小型拱圆塑料棚，20世纪70年代初期开始发展塑料大棚、塑料温室。由于塑料薄膜具有许多优良特性，所以被普遍使用来代替玻璃作为温室、阳畦覆盖的采光材料，从而使老式阳畦及一些简易覆盖逐步被性能更好的塑料薄膜拱棚覆盖所代替。至20世纪70年代末期，塑料薄膜地面覆盖栽培技术引入北京，因为其具有增温、保墒效果良好，以及操作简单、投入低、经济效益显著等特点，所以首先在蔬菜生产上试验、示范和应用成功，以后又逐步扩大到其他农作物。这期间，北京蔬菜设施生产发展的特点是：逐步演变形成了以塑料薄膜改良温室、改良阳畦、大中小棚覆盖栽培和地膜覆盖栽培为主体，与传统的阳畦、改良温室、风障畦等相配套的保护地蔬菜生产体系。

北京市蔬菜生产管理和农业科学研究所的蔬菜科技人员，以京郊四季青、东升、小红门、马连道、蒲黄榆等蔬菜生产队为基点，与农民生活在一起，联系蔬菜生产实际，对塑料薄膜应用中存在的问题与发展方向、薄膜透气性、小拱棚、大拱棚、半圆形拱棚的性能以及高产栽培等方面，开展试验研究、调查总结，系统梳理了蔬菜育苗方式、播前种子处理、阳畦及塑料薄膜覆盖育苗技术、营养土块育苗、半温床育苗、露地夏季育苗技术、设施蘑菇栽培的菇房结构与栽培技术以及主要病虫害防治、蔬菜施肥、化学除草剂、生长调节剂、蔬菜机械等大量的生产技术经验，并将这些成果汇总，于1976年12月编辑出版了《北京市蔬菜生产技术手册》一书。

在蔬菜设施面积发展的同期，科研、教学、生产单位相结合，探索与提升蔬菜大棚的高产栽培技术，相继创造出北京郊区春大棚黄瓜、番茄、青椒等单产历史新记录。

20世纪80年代中期，蔬菜产销政策改革加快，由"统购包销"转向"放管结合"，为保障早春、晚秋、夏淡季蔬菜供应，1986—1990年的"七五"期间，大力开展了蔬菜保护地建设，并组织春大棚蔬菜综合丰产技术竞赛，推广了春大棚炉火加温、多层覆盖、抗病良种、培育壮苗、滴灌浇水等综合技术，实现了春大棚蔬菜整体单产水平的提升并促进了蔬菜设施面积的发展。

该时期，北京建造了国产第一座玉渊潭大型连栋温室，国内引进的第一座大型连栋温室在四季青公社建成投产，配有湿帘降温的第一座拱圆形美国连栋温室落户郊区。阳畦育苗向温室育苗、改良阳畦育苗发展，并迅速推广了电热快速育苗；丰台区花乡引进建成了国内第一座现代化穴盘育苗场。该时期研发了蔬菜设施新技术、新设备、新材料，如育苗播种设备、无纺布、遮阳网、微灌设备、二氧化碳发生器、防治病虫烟雾（粉）机、地膜覆盖和温室自动卷帘、通风等机械设备，发展了地热温室，引进了第一座蔬菜植物工厂、第一座双孢菇食用菌工厂、第一套水培豆瓣菜生产设施设备，并自主开发了无土栽培技术等。

至1990年底，北京近郊菜区的设施蔬菜面积发展到40 455亩，使北京地区冬、春淡季蔬菜生产与供应又有了明显改善。1990年12月至1991年4月的冬春季节，保护地生产的高档细菜黄瓜、番茄、茄子、大椒等蔬菜达30多种，上市量为118 740吨，比1985—1986年同期上市量60 820吨增加近一倍，是1972—1973年度冬季新鲜蔬菜上市量9 000吨的13.2倍。

（三）形成蔬菜日光温室设施为主体栽培体系时期

该时期约从20世纪90年代至今。蔬菜日光温室，又称为"节能型日光温室"，是菜农在设施蔬菜生产实践过程中创新形成的。

20世纪80年代中期后，辽宁大连市瓦房店等地，在原有日光温室的基础上，改进温室结构、增加保温设施、采用嫁接技术，在北纬40°地区实现了不用人工补充加温，越冬生产喜温性蔬菜，产品1月上市，一般亩产可达5 000千克或更高。

北京1988—1989年度冬春季节，远郊平谷放光村北京市劳动模范李广顺建造的日光温室，开展冬季喜温性黄瓜生产试验首次获得成功。后经蔬菜科技工作者的不断完善和改进，形成了北京节能型日光温室及其栽培技术成果。由于节能型日光温室以土为主，结构简单、建造成本低、采光保温性能良好，深受远郊区菜农的欢迎。它的出现，打破了北京地区冬春季节不加温不能生产喜温性蔬菜的限制，丰富了冬春淡季蔬菜供应，节省了大量的煤炭资源，降低了蔬菜生产成本，为远郊新菜田的菜农找到了一条致富途径。

1990年起，全国农业技术推广总站主持了"日光温室蔬菜高效节能栽培技术开发"项目，北京市农业技术推广站作为协作组副组长单位之一，大力推进了节能型日光温室技术试验研究与示范推广。1995年6月29日，北京市农业局发布京农菜字〔1995〕第42号文件，决定政府投资兴建大兴礼贤、通县胡各庄、顺义沿河、平谷东高村四个节能型日光温室蔬菜高科技示范园区，这引导了郊区日光温室设施的迅速发展。同期，还组织编著了北京绿色证书培训专用教材《蔬菜生产技术》，培训并普及设施蔬菜技术，逐步形成了以日光温室和钢架大棚为主体的设施蔬菜生产技术体系。2008年6月28日，北京市人民政府京政发〔2008〕30号文件《关于促进设施农业发展的意见》印发，再次掀起了郊区蔬菜设施日光温室、塑料大棚的新发展，到2012年，郊区农业设施总面积达285 890亩。随着北京城乡统筹的发展，耕地趋减，人均国内生产总值（GDP）增加，至2019年春，郊区设施农业面积维持在192 232.5亩，其中日光温室90 019.5亩，大棚91 014亩，大型连栋温室发展到11 199亩。

该时期，北京的科研、教学、生产、推广部门，先后对节能型日光温室的结构类型、建筑及覆盖材料、环境控制相关设备、设施蔬菜高产理论等进行了研究和探索。自2008年起，在促进设施建设的同时，开展了设施蔬菜高产创建与竞赛活动，围绕日光温室、塑料大棚的周年长季节生产，推广了采用优良品种、基质穴盘育苗、嫁接育苗、植株调整（换头、整枝）、滴灌与膜下暗灌、水肥一体化、基质无土栽培、熊蜂授粉、绿色防控病虫害等多项新技术；并运用设施增温块、热风炉、PO膜①、遮阳降温涂料、遮阳网、番茄振荡授粉器、落蔓夹和落蔓器、果穗柄防折环、环流风机、静电除雾降湿、补光灯和植保新器械等省力化设备及器材，调控设施环境，提高了蔬菜设施的土地产出率、资源利用率、劳动生产效率。2009—2010年度，密云区十里堡镇统军庄村日光温室长季节黄瓜，创造了亩产26 654千克的北京历史新纪录，亩收入10.7万元；2013—2014年度，大兴礼贤东段务村张月

---

① PO膜：是英文单词polyolefin的简称，用中文表述就是聚烯烃。通常指乙烯、丙烯或高级烯烃的聚合物。其中以乙烯（PE）及丙烯（PP）最为重要。

强，创造了日光温室长季节番茄亩产 25 084 千克的北京新纪录，亩收入 12.57 万元。此外，大棚越夏黄瓜、越夏甜椒、秋大棚黄瓜等生产纪录相继被打破，大型连栋温室蔬菜无土栽培和工厂化蔬菜栽培进入了新的发展时期。

北京大型连栋温室工厂化蔬菜生产有了突破。2012 年，小汤山特菜大观园连栋温室，首次采用岩棉无土长季节栽培番茄，每平方米产量突破了 30 千克；2017 年大兴宏福农业的大型连栋温室大果番茄，将每平方米产量提升至 41 千克以上。

北京蔬菜设施园艺产业，未来郊区的大型连栋温室工厂化蔬菜、工厂化食用菌、工厂化芽苗菜栽培，其单产水平将进一步提升并可实现持续发展，以解决谁来种菜的难题。郊区的中国特色节能型日光温室、塑料大棚等设施蔬菜栽培，将在保持传统特色与高产特色生产的同时，不断以新的技术与生产方式满足人们的不同消费需求。

大幅度提高劳动生产效率、土地产出率、资源利用率，蔬菜设施园艺的魅力无限，发展前景十分光明。

第二节 北京蔬菜设施园艺发展的意义

北京蔬菜设施园艺，具有满足冬春季补充鲜菜供应、促进菜农增收、体现都市型现代农业的多重作用。此外，极其特殊情况下，也可为城市应急供应提供基本的蔬菜保障产品。

一、补充淡季鲜菜供应

蔬菜是人们每天生活中不可或缺的食物之一，北京蔬菜设施园艺是补充、解决冬春淡季、八九月淡季蔬菜生产与供应的有效手段之一。

自 1949 年 10 月 1 日以来，北京作为国家首都，其蔬菜供应对象由新中国成立初期的 146.5 万人（城区人口）发展至 2019 年的 2 070 万人（全市人口）。20 世纪 50—60 年代，由于受当时经济及交通条件的制约，只有就地发展的少量蔬菜保护地，才能在严寒的冬、春淡季起到调剂蔬菜品种的作用。

北京农谚："清明断雪、谷雨断霜"，断霜后瓜果类蔬菜方可定植生产。以露地蔬菜生产为主体的年代，郊区菜农采用阳畦提早育苗，将露地黄瓜提早于 5 月中下旬采收上市，番茄提早于 6 月中下旬采收上市。但 4—5 月和 8—9 月，一直是瓜、果类蔬菜供应的淡季，"立冬不砍菜，必定受冻害"，立冬后瓜果类蔬菜更不能在露地生产，冬季及早春只能吃储存蔬菜。

自 20 世纪 70 年代起，塑料薄膜覆盖栽培迅速发展，改善了蔬菜生产的局部环境，尤其是蔬菜塑料薄膜温室、大棚、中小棚的发展，明显改善了北京冬春淡季和早春 4、5 月淡季的蔬菜供应状况。温室主要以秋冬茬、冬春茬黄瓜生产为主，中小棚以秋冬茬叶类蔬菜、早春茬果类蔬菜为主，春大棚以黄瓜、秋大棚以番茄生产为主。在刚刚发展蔬菜塑料薄膜大棚的 1971 年，城市供应食菜人口为 372.9 万人，朝阳门内南小街副食店"五一"国际劳动节只上市了 2.5 千克黄瓜，西河沿副食店"五一"国际劳动节仅上市了一筐黄瓜。1975 年，供应食菜人口为 410.5 万人，郊区蔬菜设施发展已超过 1 万亩，其中塑料薄膜大棚发展到 1 400 亩，春大棚黄瓜生产迅速发展，较露地黄瓜提早一个月上市，4 月中下旬即可采摘；当年南小街副食店"五一"国际劳动节上市黄瓜达到 2 500 千克，西河沿副食店"五一"国际劳动节上市黄瓜 5 000 千克。宣武区菜蔬公司 1973—1975 年 4—5 月统计：人们喜爱食用的番茄和黄瓜的数量呈逐年增加趋势（表 1-1），这显示出蔬菜塑料薄膜覆盖生产对补充和解决 4—5 月蔬菜淡季的良好作用。1978 年，全市蔬菜设施生产面积发展到 1.2 万亩，冬春季节（前一年 12 月至翌年 3 月）上市各种鲜菜达到 1 070 万千克，蔬菜市场供应变化明显。

表 1-1　宣武区菜蔬公司 4—5 月番茄、黄瓜上市量

单位：千克

品种	月份	1973 年	1974 年	1975 年
番茄	5 月	2 738	9 668	26 965
黄瓜	4 月	24 100	42 650	83 850
	5 月	789 000	823 000	1 130 000

除秋大棚供应番茄外，塑料中小棚的发展，也为解决北京 5—6 月人们爱吃的番茄供应不足的问题，发挥了主要作用。1981 年生产番茄的郊区中小棚发展到 1 000 多亩，至 1984 年则发展到 5 000 亩，超过了春大棚番茄种植面积，其中，以海淀区面积为最大。中小棚以番茄生产为主的发展模式，使 1981—1984 年连续多年 5 月的市场番茄供应状况有了明显变化，据北京市农业局蔬菜处统计，1980 年上市 630 吨，1981 年上市 1 500 吨，1982 年 4 810 吨，1983 年 5 785 吨，1984 年 3 920 吨。总上市量中约有 70% 为中小棚所生产。此外，中小棚秋冬前茬耐寒类韭菜、芹菜、油菜、小茴香、小萝卜等生产也成为常态。至 1989 年 12 月，郊区蔬菜设施发展至 48 600 亩，其中投入冬季生产面积为 28 000 亩，入冬后 12 月至翌年 3 月可为市场提供各种鲜菜 6 000 万千克。发展设施蔬菜，使北京冬、春淡季的蔬菜供应得到明显改善。

自 20 世纪 90 年代以来，北京节能型日光温室在远郊区县的普遍发展与应用，基本取代了传统加温温室，使冬季生产喜温性黄瓜、番茄、茄子、甜椒、西葫芦和芹菜、韭菜等新鲜蔬菜能力快速提高，从而使得北京冬、春蔬菜淡季供应逐渐向好，新鲜蔬菜日人均供应量持续增加（表 1-2），逐步改变了北京居民冬春季节以大白菜、萝卜、马铃薯"老三样"为当家菜的历史。

表 1-2　20 世纪 90 年代北京郊区设施蔬菜 1 月生产供应鲜菜变化情况

项目	1990 年	1992 年	1994 年	1996 年	1998 年	2000 年
设施蔬菜生产供应量（吨）	33 210	46 400	51 600	72 922	89 145	93 121
设施蔬菜混合均价（元/千克）	0.265 2	0.442 7	0.642 9	0.964 1	1.122 9	1.257 2
全市供应人口（万人）	1 086	1 102	1 125	1 259.4	1 245.6	1 363.6
人均日供应鲜菜（克）	99	136	148	187	239	227

资料来源：蔬菜生产供应量和混合均价，来源于北京市农业局蔬菜处；人口数来源于北京市统计局。

二、增加农民经济收入

设施蔬菜栽培不利的一面是投资较大，因而主要用于"冬春淡季"生产；有利的一面是根据"价值规律"，产品以稀为贵，因而能显著为菜农增加经济收入。

20 世纪 50 年代前期，近郊区菜农在蔬菜生产方面，迅速向收益大的设施蔬菜方向发展。1953 年，近郊区阳畦蔬菜发展至 32 252 畦、温室蔬菜生产发展至 4 676 间，面积分别是 1949 年的 6.7 倍和 5.6 倍。北京市农林局通过对近郊区几种主要农作物年亩投资收益调查比较发现：投资包括种子费、肥料费、用工（含畜力折算）费、农药费、交公粮、设备农具折旧费、燃煤费等，总投资由多到少排序为温室蔬菜、细菜、三大季（两菜一粮）、棉花、花生、玉米；总收益由多到少排序为温室蔬菜、细菜、三大季（两菜一粮）、花生、棉花、玉米；亩纯收益（旧币）由多到少排序为温室蔬菜 725.38 万元、细菜 130.84 万元、三大季 56.68 万元、花生 17.72 万元、棉花 13.77 万元、玉米 3.88 万元，温室蔬菜的纯收益远远高于其他主要作物，这是菜农发展设施蔬菜的主要动力。

在统购包销及高度计划经济时期，菜价要稳定，保护地蔬菜价格受到限制，价值规律的作用相对

减弱，但春季保护地蔬菜价格仍然高于露地蔬菜价格，因此，郊区菜农有一个口号是"春抓产值，秋抓产量"。

至 1986 年，蔬菜部分价格已放开，其后的几年每到元旦、春节期间，温室黄瓜价格曾高达每千克 54 元左右，还供不应求，菜农种植一亩加温温室黄瓜，其产值当时可购买一辆美国进口的小型福特轿车。同期，政府扶持现代化菜田保护地建设，使近郊菜区加温温室冬季鲜菜生产获得了发展，如朝阳区南磨房乡楼梓庄村就形成了 30 多亩规模化温室黄瓜生产。

1998 年 4 月，北京市农业局蔬菜处对京郊保护地与露地蔬菜生产情况进行了对比分析：1997 年，郊区蔬菜占耕地 65 万亩，总产蔬菜 38.9 亿千克，总产值 25.66 亿元。在蔬菜耕地中，露地蔬菜占 49.2 万亩，总产蔬菜 27.7 亿千克，总产值 10.09 亿元，平均亩产值为 2 052 元；保护地蔬菜占 15.8 万亩，总产蔬菜 11.15 亿千克，总产值 15.57 亿元，平均亩产值 9 854 元，是露地蔬菜产值的 4.8 倍。蔬菜设施类型当中，温室：大棚：中小棚的效益之比为 1：0.737：0.902。这一结果表明，蔬菜保护地生产收入远大于露地生产，大力发展设施蔬菜是使农民富裕的最有效措施。

进入 21 世纪以来，尤其是 2008 年奥运会以后，京郊以日光温室、大棚为主体的蔬菜设施，使郊区农民收入获得大幅度增加（表 1-3）。

表 1-3　2005—2013 年北京郊区设施蔬菜总收入

单位：万元

项目	2005 年	2007 年	2009 年	2011 年	2013 年
温室蔬菜	46 316.6	68 355.3	167 222	189 577.2	240 806.5
大棚蔬菜	41 053.5	78 171.6	49 685	66 337.7	82 259.7
中小棚蔬菜	27 207.9	43 064.8	17 865.4	18 005.3	14 803.4
合计	114 578.0	189 591.7	234 772.4	273 920.2	337 869.6

资料来源：数据来源于北京统计局。

三、体现都市型现代农业特征

1993 年 5 月 10 日，北京市政府宣布停止使用粮票，历时 40 年的粮食票证制度终结，标志着短缺经济时代结束。

至 20 世纪 90 年代中期，北京蔬菜基地基本完成了战略性转移，蔬菜生产的"数量保障型"历史任务已经完成，人民生活中的农产品消费也开始由数量型向质量型转变，出口蔬菜、有机蔬菜、绿色蔬菜、无公害蔬菜提上议程并受到青睐，人们在享受蔬菜商品的同时，享受蔬菜的生产过程也逐渐成为时尚。

1997 年 10 月，北京"当家菜"大白菜的产销价格彻底放开，蔬菜产销完全进入了市场经济。此后，北京市政府提出种植业结构调整，发展"设施农业、观光农业、精品农业、籽种农业、加工农业、创汇农业"。近郊朝阳区来广营乡"朝来农艺园"，破天荒地率先打造了集旅游、观赏、休闲、娱乐、体验等功能为一体的蔬菜设施园区，突破了传统农业单一的生产功能，向效益型、生活型、生态型服务转变，将从荷兰引进的可工厂化生产的 60 亩大型连栋温室，转变为"红太阳"生态餐厅，向市民展示现代农业，吸引市民观光旅游、采摘鲜品、用餐购物等。

此后，为满足城市居民的需求，北京郊区打造了如小汤山特菜大观园（图 1-8）、王四营科技示范园区、北京锦绣大地、顺义三高科技农业示范区、大兴长子营镇蔬菜示范园、昌平小汤山现代农业科技示范园区、房山韩村河蔬菜高科技园区和北京金六环、南宫高效农业园、金福艺农、宏福农业等一批蔬菜设施科普观光园区。这些园区以蔬菜设施栽培为载体，向市民展示了现代农业并提供了观光、采摘、科普教育为一体的生态休闲场、观光采摘所。

图 1-8 小汤山特菜大观园

2006 年，北京市农村工作委员会统计，北京市农业观光园发展至 1 230 个，接待人数达到 1 210.6 万人次，经营总收入 10.5 亿元。2013 年，北京昌平区兴寿镇举办了首届"北京农业嘉年华"，以日光温室、大型连栋温室为场所，以草莓、蔬菜、花卉等观赏景观为核心，紧扣创新、协调、绿色、开放、共享的新发展理念，使都市型生态农业发展获得了大幅提升（图 1-9）。至 2015 年，以设施蔬菜为主要内容的郊区农业观光园发展至 1 328 个，年接待游客 4 043 万人次，实现经营收入 39.2 亿元。2019 年，在延庆开园的北京世界园艺博览会的"百蔬园"得到众多参观者的好评。

图 1-9a 采摘番茄优质产品展示 2010

图1-9b 观赏盆栽蔬菜 2014

（王树忠 祝 旅）

本章参考文献 <<<

北京市农林局，北京市农业科学院，1976. 北京市蔬菜生产技术手册 [M]．北京：人民出版社．

北京市农林局蔬菜处，1964. 1964 年北京市蔬菜生产情况：092-001-00242 [A] //北京市农业局，北京市档案馆．
  北京：[出版者不详]．

北京市农林水利局，1955. 北京市温室蔬菜生产情况介绍 [M]．北京：北京出版社．

北京市农业局，1989. 关于冬季蔬菜生产情况的报告：京农（菜字）第77号 [A]．

北京市农业局，1995. 关于建设蔬菜高科技示范园区的请示：京农菜字 [1995] 第42号 [A]．

北京市人民政府农林办公室，1999. 关于扶持设施农业发展的意见：京政农发 [1999] 7号 [A]．

董四留，2001. 北京志：农业卷·种植业志 [M]．北京：北京出版社．

杜青林，2007. 中国农业通史：战国秦汉卷 [M]．北京：中国农业出版社．

丰台区南苑人民公社右安门大队，1960. "淡季不淡，旺季不烂，四季常青，天天供应"的蔬菜生产经验：092-001-
  00140 [A] //北京市蔬菜办公室，北京市档案馆．北京：[出版者不详]．

服部宇之吉，1994. 清末北京志资料 [M]．张宗平，吕永和，译．北京：北京燕山出版社．

胡绪渭，1951. 促成栽培手册 [M]．上海：中华书局．

黄金生，陈殿奎，1994. 保护地蔬菜40年来发展变化 [J]．北京农业科学（增刊）：127-132.

贾定贤，祝旅，等，2001. 走进园艺世界 [M]．济南：山东友谊出版社．

蒋名川，1956. 北京市郊区温室蔬菜栽培 [M]．北京：财政经济出版社．

焦守田，2007. 北京农村年鉴 [M]．北京：中国农业出版社．

梁家勉，1989. 中国农业科学技术史稿 [M]．北京：农业出版社．

陆费执，顾华孙，1939. 蔬菜园艺 [M]．上海：中华书局．

陆子豪，1991. 菜篮子工程指南 [M]．北京：北京出版社．

王培元，1993. 北京农业生产纪事 [M]．北京：北京出版社．

王树忠，黄自兴，1990. 北京冬季节能型日光温室生产试验初报 [J]．蔬菜（5）：4-7.

王树忠，王永泉，2019. 北京蔬菜设施园艺技术发展70年 [J]．蔬菜（9）：1-11.

王炜，闫虹，2009. 老北京公园开放记 [M]．北京：学苑出版社．

徐瑞芬，2009. 黄上岗村志 [M]．北京：北京市丰台区花乡黄土岗村．

徐顺侬，1959. 在蔬菜栽培上应用聚氯乙烯薄膜的方法 [J]．农业科学情况快报（4）：7-8.

杨明华，1984. 北京郊区的商品蔬菜生产基地在稳步发展 [M] //北京市统计局：欣欣向荣的北京. 北京：北京出版社.

杨明华，焦碧兰，孟庆儒，2008. 当代北京菜篮子史话 [M]. 北京：当代中国出版社.

于德源，2014. 北京农业史 [M]. 北京：人民出版社.

岳福洪，1999. 中国农业百科全书：北京卷 [M]. 北京：中国农业出版社.

张平真，2013. 北京地区蔬菜行业发展史 [M]. 北京：中国农业出版社.

赵友福，谢荫明，1999. 京郊五十年 [M]. 北京：北京出版社.

中国农业博物馆，1996. 中国近代农业科技史稿 [M]. 北京：中国农业科技出版社.

中国农业科学院蔬菜花卉研究所，2010. 中国蔬菜栽培学 [M]. 2 版. 北京：中国农业出版社.

中国农业科学院蔬菜研究所，1959. 建国以来保护地蔬菜栽培研究工作的主要成就 [J]. 园艺通报（4）：160 - 162.

周凤鸣，1953. 北京市蔬菜生产的基本情况及解决存在问题的意见：092 - 001 - 00018 [A]. 北京市农林局，北京档案馆. 北京：[出版者不详].

邹祖绅，刘步洲，1956. 北京郊区阳畦蔬菜栽培 [M]. 北京：农业出版社.

第二章
蔬菜传统设施栽培

1949年后，广大劳动人民的生活水平不断提高，对温室、阳畦蔬菜的需求量日益增长，为满足城市冬春鲜菜供应，北京温室、阳畦蔬菜生产得到了迅速恢复和发展。

20世纪50年代初，丰产竞赛中涌现出的温室生产能手李墨林，在政府支持下不断扩大生产互助合作，发展改良式温室，以冬春季黄瓜、番茄等蔬菜生产为主。从秋天开始，他们就翻晒土壤、购煤、购肥料做准备工作。蔬菜生产时，菜农没有温度表，就单凭经验，看天时，小心翼翼地添火炉、施肥、浇水来抚育秧苗。李墨林有着丰富的温室种菜经验，能从秧子的"表情"上，知道瓜秧是渴了还是饿了，冷了还是热了。譬如黄瓜秧子尖发黑，就是渴了，应该赶快浇水；叶子发黄，就是饿了，要马上施肥。"黄瓜要绑，茄子要榜"，他们在黄瓜秧子长到5片叶时，就开始绑架，随着秧子长大，每隔一片叶子绑一下，很有规律地使每4片叶中间长出一条黄瓜。这样白天黑夜不停地一连忙上4~5个月，黄瓜可以收获两季。

1952年，吴耕民在其所著《祖国的蔬菜园艺》一书中说，"火室栽培，我国自古发明，应用已久。……在北京附近仍旧常见到，冬季在火室内除栽培黄瓜外，更熏育菜豆、韭黄、香椿等。室的建筑很简单，农民自行临时建造，不假手于工匠。室向南，东西北三面围以土墙，南面全部用纸窗，以通光线，黄瓜就沿窗下栽培，所以不患光线的不足。室内昼夜以火炕烧火，供给温热，因此室外虽天寒地冻，冷气刺骨，而室内温暖如春夏，瓜豆欣欣向荣。室内和室外一壁之隔，一霎时间，忽自冬而夏，气候大变，如果冬天入火室参观，有些像从寒带忽然跑到热带去的情景。"这种类型的温室在郊区一直延续至20世纪80年代初。

1954年，中国科学院植物研究所孙可群编著《黄瓜促成栽培法》，书中赞扬了伟大的中国劳动人民，在长期的生产实践当中，积累了丰富而宝贵的经验，掌握了许多作物的生长规律，创造了很多成功的栽培技术，北京近郊菜农的黄瓜促成栽培，便是很好的例证。北京近郊菜农的土温室栽培蔬菜方法，仍然是值得推广的。该书详细介绍了北京土温室的建筑方法和熏黄瓜、菜豆、香椿的栽培与管理方法。

1954年10月，北京市人民政府农林局制定印发了《京郊蔬菜全年农事活动简历》，其介绍的主要栽培方式就是"温室栽培、特殊栽培、热盖、冷盖、风障栽培、早熟栽培等"，以大力推广蔬菜设施栽培技术。1955年9月，在北京市蔬菜技术调查组协助下，北京市农林水利局将之前4年来温室生产经验技术交流会、访问、派技术干部蹲点深入整个生产过程的观察、邀请温室生产劳动模范李墨林到各温室生产合作社检查等方式所累积的资料，整理编写了《北京市温室蔬菜生产情况介绍》，并由北京出版社出版发行；1957年又编写出版了《北京市郊区的阳畦蔬菜栽培》。通过政策的扶持、开展丰产竞赛、培训普及技术，使北京土温室尤其是北京改良式温室、北京阳畦的建造技术及其黄瓜、番茄、辣椒、菜豆、香椿、青韭、蒜黄等设施蔬菜栽培技术得到了推广应用，近郊菜区蔬菜设施温室与阳畦逐渐发展，冬春蔬菜淡季的鲜菜品种生产供应有所改善和提升。

1955—1957年，北京农业大学蔬菜教研组聂和民、北京国营西郊农场，各自开展了革新太阳能蔬菜设施的探索，先后对不加温温室（日光温室、改良阳畦）进行了结构改良并进行生产试验，比较了与老式阳畦的温度差异，一致肯定了日光温室在冬寒期间栽培耐寒类蔬菜完全可以生长，比阳畦内栽培的蔬菜生长快、产量高；如果使结果期错过低温时期，栽培喜温性蔬菜也有可能，若冬季栽培喜温性蔬菜，必须提早于露地播种。北京农业大学李玉湘就日光温室在冬季严寒期的利用问题，开展了加温与不加温试验，提出从小雪到惊蛰的100多天，在日光温室内采用加温设备增温有积极意义，其措施就是在靠近玻璃处添置土炉灶，每隔3间设一明火或每隔4间设一有瓦管烟道的暗火，并在炉口处设一挡火砖，以免烤坏玻璃。

1960年春，北京市蔬菜办公室印发丰台区南苑人民公社右安门大队《"淡季不淡，旺季不烂，四季常青，天天供应"的蔬菜生产经验》技术资料，培训菜区农民，推广北京温室、北京阳畦、风障畦蔬菜栽培技术。

1961年，全国劳动模范温室生产能手李墨林，将温室生产队的年年建、年年拆的400余间土打墙温室革新为砖墙温室，并首次创新建造了一座长150米、脊高4米、跨度12米的砖钢结构改良型玻璃大温室（图2-1），绞车一转，10米多长的大蒲苫就能自动卷起。

20世纪60年代，蔬菜塑料薄膜覆盖小拱棚逐渐推广并应用于蔬菜生产。1966年"文化大革命"的爆发及持续，大量科技人员被下放劳动，郊区设施蔬菜生产发展受到影响且基本处于停滞状态。

图2-1　四季青第一座大跨度加温温室　1961

至1970年，近郊菜区的蔬菜传统设施面积总计发展至1 849亩（表2-1），较1949年的141亩增长了约13倍。新发展的蔬菜塑料薄膜覆盖小拱棚技术，生产应用面积达到809亩。

表2-1　1949—1970年北京郊区蔬菜设施栽培面积变化表

年份	加温温室（间/亩）	阳畦（畦/亩）	总计（亩）
1949	838/21	4 785/120	141
1950	1 048/26	4 868/122	148
1951	2 478/62	5 075/127	189
1952	3 417/85	25 397/635	720
1953	4 676/117	32 252/806	923
1954	7 637/191	48 519/1 213	1 404
1955	6 430/161	29 600/730	891
1956	7 033/176	58 000/1 450	1 626
1957	7 166/179	64 400/1 610	1 789

（续）

年份	加温温室（间/亩）	阳畦（畦/亩）	总计（亩）
1958	10 051/251	96 379/2 409	2 660
1959	7 185/180	43 166/1 079	1 259
1960	11 640/291	151 080/3 777	4 068
1962	14 983/375	170 000/4 250	4 625
1963	14 370/359	176 000/4 400	4 759
1964	12 250/252	113 290/2 832	3 084
1965	9 419/235	—	—
1966	8 514/213	116 814/2 920	3 133
1970	7 298/182	66 691/1 667	1 849

资料来源：数字源于北京市农业局生产统计资料（统计时间不一，会有所差异）。温室规格：每间南北宽5米，东西长3.3米，占地面积约16.5米²，栽培面积11米²。阳畦规格：东西长7.3米，南北宽2.3米，栽培面积11米²。

总体来看，20世纪50—60年代，北京地区基本上沿用了民国时期的蔬菜设施栽培方式，并有所创新和改进，形成了以北京阳畦（改良阳畦）、北京温室（纸窗土温室、玻璃土温室、改良温室）、风障畦等传统设施栽培为主的技术体系，并配套简易地面覆盖，这对北京地区蔬菜早熟栽培与供应起到了一定的促进作用，至于它源于何时，已无从查考，应该是历代菜农在长期的生产实践中创造出来的。新的塑料薄膜覆盖材料也开始应用于蔬菜栽培。

该时期蔬菜设施发展虽快，但绝大多数为年年拆建，且在蔬菜生产总面积中占比很小，仅能在严寒冬季及早春淡季起到调剂蔬菜品种单调的作用，整个城市市民的冬春季节蔬菜供应市场，形成了以"大白菜、萝卜、马铃薯"为主和腌菜为辅的供应局面。

第一节　简易覆盖及风障畦栽培

一、简易地面覆盖栽培

20世纪50—60年代的蔬菜简易地面覆盖，是设施蔬菜栽培中的一种比较低级且简单的覆盖形式，即在栽培畦畦面上用玉米（图2-2）、高粱等作物的秸秆（图2-3）或落叶、谷物颖皮、苇毛、牲畜粪便、泥盆或瓦盆（图2-4）、建材瓦片（图2-5）、纸被（图2-6）、纸帽（图2-7）、玻璃（图2-8）、薄膜等保护材料进行蔬菜覆盖生产。

图2-2a　玉米穗衣覆盖栽培

图2-2b　玉米秸秆覆盖栽培

图 2-3a 高粱穗覆盖栽培

图 2-3b 苇毛苫覆盖栽培 1984

图 2-3c 稻草把覆盖栽培

图 2-3d　稻草苫覆盖栽培

图 2-3e　蒲席覆盖栽培

图 2-4　瓦盆覆盖栽培

图 2-5　瓦片覆盖栽培

图 2-6a　牛皮纸被覆盖栽培

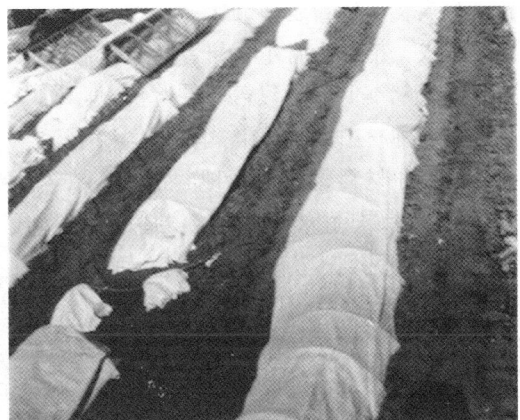

图 2-6b　油纸覆盖栽培

图 2-7　自制纸帽覆盖栽培

图 2-8a　玻璃窗扇架式覆盖栽培

图 2-8b　玻璃框扇架式覆盖栽培

图 2-8c　玻璃片覆盖栽培 1

图 2-8d　玻璃片覆盖栽培 2

图 2-8e　玻璃扇架覆盖栽培

　　覆盖可以使表层土冻结程度减轻，保护越冬植株不致由于温度过低而冻死，特别是覆盖可减少土壤水分的蒸发、保持合适的土壤墒情，避免因土壤缺水而造成越冬植株返青时枯死。同时，覆盖以后地温提高快、植株返青生长早、生长健壮，可以达到提早收获和丰产之目的。由于这种覆盖方式具有取材容易、成本低廉、覆盖简便等优点，所以在北京地区蔬菜生产上曾被广泛应用，菜农在实践中创造了运用多种材料的覆盖形式，举例如下。

　　（1）农业材料覆盖　大地封冻前，在蔬菜栽培畦面上覆盖树叶、秸秆、马粪、稻壳、小麦颖皮（麦糠）等，保护耐寒类蔬菜或浅播的小粒种子（如芹菜、芫荽、韭菜、葱等）安全过冬，至今这些覆盖方式仍能见到。历史上的北京南郊瀛海庄村，在冬春季节就用麦糠、稻糠覆盖栽培五色韭。20世纪50—60年代，天津郊区使用苇毛覆盖蔬菜，别具特色。北京南郊瀛海庄也曾用苇毛盖韭，一直延续至20世纪80年代中后期退出蔬菜生产。

　　（2）工业材料覆盖　在早春傍晚，原始或早期的工业覆盖材料有：①瓦片、玻璃片、瓦盆等扣在已定植的蔬菜幼苗上。例如早晨揭开瓦盆，并将盆放在幼苗的北侧，既可避免白天对幼苗遮光，还可防止西北风或北风吹苗；利用瓦盆进行韭菜软化栽培，则是白天将瓦盆扣严，夜晚揭开通风，就地软化。②纸帽覆盖，用纸折成帽状，上面涂油，覆盖时用树枝或竹片十字交叉，弯成弧形后插入土中。纸帽直径约33厘米，高13～16厘米，周围用土压住，防止被风吹跑，作用类似瓦盆。目前，已经为塑料制品所取代，多用于软化韭菜。③地膜覆盖，20世纪70年代兴起的塑料薄膜覆盖和地膜技术的推广，基本取代了农业和早期工业的传统覆盖材料（图2-9）。

图2-9　塑料薄膜覆盖栽培

二、风障畦栽培

风障畦在北京的应用历史久远。元代王祯《农书》（1313年）中记载："就旧畦内，冬月以马粪覆阳处，随畦以蜀黍篱障之，用遮北风。至春，其芽早出，长可二、三寸（7～10厘米），则割而易之，以为尝新韭。"这说明距今700多年前，北京就已出现了风障畦栽培韭菜。

清光绪三十三年（1907年），日本近代教育家服部宇之吉著，张宗平等译《清末北京志资料·农业》中记载了催熟法："例如菠菜、小白菜，大抵栽种于南向朝阳之土地上，在北面围以芦苇，以防北风，且稍向前方倾斜，兼防霜害。"这描述的就是晚清时期北京的风障畦栽培蔬菜。

民国期间，应用大小风障遮挡西北风已较常见。日伪统治期间的民国二十九年（1940年），国立北京大学农学院中国农村经济研究所研究资料第三号《关于丰台蔬菜、谷物、牛羊的交易状况》中，记载了风障（图2-10，长3.3米用苇子50千克）及其促成栽培方法。

设立风障的栽培畦被称为风障畦。1954年，据北京市农林局统计，郊区早春风障栽培面积为10 050亩，至1969年发展达到12 450亩。风障畦是北京地区冬春季节，设置在与季候风垂直方向的菜畦北面一侧，用竖立的屏障物（芦苇、高粱秆、竹竿等植物秸秆）作篱笆，用荻草、稻草、秫秸等材料作披风制成的一种挡风屏障（风障，图2-11）。夹起的篱笆一般都是向南倾斜，生产上有简单风障畦、普通风障畦（图2-12）。风障的主要用途是阻挡和削弱北风对菜畦的侵袭，能降低和稳定障前风速，同时风障还起到反射阳光的作用，以改善小气候条件，增加畦内气温和地温，进行蔬菜越冬栽培及春季早熟栽培。风障畦性能的有效范围及其生产应用，因风障结构质量和外界气候变化而异。两排风

图2-10　风障畦栽培　1940

障间（间距6.6～6.7米）一般设置四个畦，障子前（南）面的菜畦又分为并一畦、并二畦、并三畦，或称作第一畦、第二畦、第三畦，以此类推，设置风障一般都是在冬季及初春，至立夏时节即拔掉。

图2-11　竖立好的风障背面　　　　　　　　图2-12a　风障阳畦侧面图

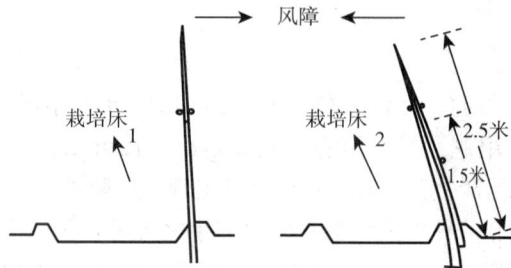

图2-12b　风障畦示意
1. 简单风障畦　2. 普通风障畦

通常利用风障种植的蔬菜，有越冬根茬菜，如根茬菠菜是前一年寒露节前播种，翌年春分时节即上市；韭菜前一年夏至节播种，翌年春分时节上市。有早熟春播菜，如小水萝卜惊蛰播种，谷雨上市；小油菜、小白菜雨水至惊蛰顶凌播种，谷雨上市。

（一）风障的建造

建造风障，一般在晚秋以后开始施工，到初冬冻土之前全部完工。一般每6.6～8.3米长的菜畦风障，需要长2～3.3米的芦苇25～40千克或竹竿40～60根，1.7米左右的荻草或稻草10～25千克，每年大约损耗25%，夏季贮藏得当，可以使用4年左右。

1. 栽风障

封冻之前，在栽培畦的北埂外侧，开挖宽27厘米、深33厘米向南倾斜的篱笆沟、插立篱笆障材（图2-13），填平篱笆沟（图2-14），夹篱笆横腰（图2-15），夹披风（图2-16），培披风土等主要工序。二人一组，每天可以夹30畦（长6.7米、宽1.7米）的风障。施工时，注意每排风障之间的间隔距离，以6.7米左右为宜；风障为东西走向，平行排列，开篱笆沟要深，培土牛子时要高要厚，防止因风使风障前后摇摆而倒伏，障材选用要因地制宜经济适用，竖立要均匀，新旧材料要间隔使用，风障稍稍向南倾斜，与地面成 $70°\sim80°$ 角。

图 2-13　插立篱笆障材

图 2-14　立篱笆填埋篱笆沟

图 2-15　夹篱笆横腰

图 2-16　给篱笆加披风

2. 去风障

春分以后，随太阳升高，要直立风障；清明节过后，外界气温虽然逐渐升高，但西北风还未停止，这时只把披风去掉，留下篱笆，还可起一些遮风作用。立夏过后，西北风已经很少，这时无须再用风障，可及时把风障拆除。

（二）风障的种类、性能及应用

1. 风障的种类

一般分为大风障和小风障。大风障又可根据防风保护的程度分为三种：无披风、有披风、有披风与土墙，都是供普通蔬菜幼苗越冬与早熟栽培用的。小风障只供西瓜、甜瓜和早熟蔬菜栽培之用，有时大小风障间隔使用。

大风障由篱笆与披风两部分构成，所用材料为就地大量生产的芦苇、高粱秆或外购竹竿等作篱笆，高3米左右；披风栽插在篱笆的背阴面，一般用稻草、谷草或荻草（红草）制成，厚度7～10厘米，作用是增加风障的防风保温功能，一般高1.5～2米。根据材料可制成不同种类的风障（图2-17）。

| 图2-17a　芦苇秸秆大风障 | 图2-17b　板障子大风障 | 图2-17c　大风障与小风障 |

2. 风障前面的小气候性能

受太阳高度、前排风障的投影宽度及大气候的变化等影响，风障畦一般可以减弱风速10％～50％；稳定畦面的气流，能提高近地面气温和地温。在1—2月的严寒季节，当露地的地表温度为−17℃时，风障畦内地表温度为−11℃。风障前的温度来源于阳光辐射及障面反射，因此辐射的强度越大，畦温与地温越高；障前冻土层的深度比露地浅，距风障越远冻土层越深。入春后当露地开始解冻7～12厘米时，风障前3米内已完全解冻，比露地提早约20天，畦温比露地高6℃左右，因而可提早播种或定植，促进蔬菜作物早熟、丰产。

风障的防风、防寒保温的有效范围为风障高度的8～12倍，最有效的范围是1.5～2倍。

3. 风障畦的应用

北京地区主要有以下3种。

（1）保护幼苗安全越冬　一些秋播耐寒的葱蒜类（图2-18）、绿叶蔬菜在风障保护下，幼苗可以安全越冬，翌春定植或返青后提早生长，提早收获。

图2-18　风障畦大蒜栽培

（2）保护蔬菜安全越冬早熟栽培　将秋天定植或播种的蔬菜，利用风障保护，加简单覆盖防寒安全越冬，翌年早春转暖，促进生长，提早收获，如韭菜、大蒜、芹菜（图2-19）、菠菜（图2-20）、香菜等。

图2-19a　风障畦芹菜栽培

图2-19b　风障畦根茬芹菜栽培　1990

图2-20　风障畦菠菜栽培

（3）春播或定植蔬菜早熟栽培　耐寒性较强、生长期短的蔬菜可以提前播种，提前收获，并可减少抽薹，保证质量。如小萝卜、小油菜、小茴香、小白菜（图2-21）、茼蒿（图2-22）等，一般在雨水至惊蛰后播种，谷雨前后上市；也有风障上不夹披风的，播种和收获都要推迟几天。瓜果类蔬菜和甘蓝类蔬菜，可提早定植和收获。

至20世纪80年代后期，因苇塘减少，芦苇短缺，加以农用塑料薄膜普及，有些菜农就采用竹竿编成架为依托，再披稻草或旧农膜，传统风障逐渐简化，演变成了简易风障畦（图2-23）。进入21世纪后，随着温室、大棚蔬菜设施的发展，风障畦蔬菜栽培基本退出生产，目前极少见到，已成为历史。

图 2-21 风障畦小白菜早熟栽培

图 2-22 风障畦茼蒿早熟栽培

图 2-23 简易风障畦紫背天葵栽培 1992

三、风障及简易覆盖栽培案例

(一)风障畦青韭早熟栽培

梁家勉先生主编的《中国农业科学技术史稿》(1989 年)告诉我们，韭菜是中国历史上最早人工栽培的四种〔韭、芸（芸，油菜）、瓜（一种果、菜兼用的瓜）、瓠（瓠瓜）〕蔬菜之一，自汉代"温室种韭"记载以来，其栽培历史悠久。

韭菜属多年生宿根植物，耐寒，适应性强，地下根及鳞茎形成后在－40℃的条件下能安全越冬。它凭借地下鳞茎储藏的养料再生出新叶，即使在弱光或无光的条件下也能生长出鲜美可口的嫩黄茎叶。北京农民在长期的劳动实践中利用了韭菜的这些特性，根据一年中的季节变化和人文需求，创造出风障早熟栽培、盖韭栽培、囤韭栽培等一系列设施栽培方法。记载于元代的北京风障栽培韭菜方式，一直沿用至20世纪50—60年代，70年代塑料薄膜大发展后，随着风障的减少该方式逐渐退出生产。

北京风障畦韭菜（图2-24），采用平畦栽培，称为"冷韭"。先要利用一年的时间来培养根株，与露地韭菜的主要区别，就在于多增加一排风障，因此可以比露地栽培的韭菜提早大概10天收获上市，也成为最为广泛采用的栽培方式。但冬春季节风障韭菜的生长，受风障防风保温有效范围的影响，据1956年3月30日在北京国营西郊农场的观察，风障的有效范围约为3.3米（表2-2），所以北京郊区一般是栽一排风障做四排畦，风障间距约6.7米，在四排畦的地面上，只北面两排栽植韭菜，留下两排早春作韭菜上土取土用，到春季另种小白菜、小萝卜或茄果豆类蔬菜以年际间倒茬。具体技术要点如下：

图2-24　风障畦韭菜栽培

表2-2　风障韭菜生长速度观察表（西郊农场）

畦数	行数	韭菜高度（寸）
并一畦	1～2	5～5.5
	3～4	5.5～6
	5～6	5.5～6
	7～8	4.5～5
	9～10	3～3.5
并二畦	1～2	3.5～4
	3～4	3～3.5
	5～6	2.5
	7～8	2～2.5
	9～10	1～1.5
并三畦	1～2	2
	3～4	1.5
	5～6	1.0
	7～8	0.5～1
	9～10	0.5～1

注：风障高2.83米，倾斜角70°；畦宽2.1米；寸为非法定计量单位，1寸=3.33厘米。

1. 品种选择

大青根：又名"马蔺韭"。叶片较宽，产量较高，抽薹迟，花茎少，适于做早春风障畦和冬季阳畦栽培。

大黄苗：叶色淡绿，叶片较宽，再生能力强，产量高，适于露地及风障畦栽培。

2. 栽立风障

栽立风障的具体时间，以韭菜植株是否进入休眠或土壤是否冻结为准，在立冬前后。一般风障高2.5米，披风高1.5～2米。栽植的方法是按照预定的位置，先在韭菜畦之北埂外掘一宽20厘米、深33.3厘米向南倾斜的小沟，然后将芦苇栽好，踏实小沟固定芦苇，再加上披风。

3. 栽培管理

采用沟栽韭菜，一般选择以下几项管理措施。

（1）剔韭　于惊蛰节气前后，韭芽刚刚出土 0.7～1 厘米时，进行剔韭。剔韭的方法是用竹制的扦子，先将韭丛周围的土掘起，宽深各 7 厘米，再将韭丛中每株间的土剔出，另将晒过的土填入，以提高根株周围的土温，促进韭苗生长。剔韭操作的另一个作用是防治韭蛆的危害，因为韭蛆暴露在空气中立刻就会死亡。

（2）加客土　增加客土是延长韭菜寿命的重要措施。因为韭菜有"跳根"的习性，为了满足韭菜新根生长的需求，每年必须在畦面上增加新土（客土）。选用的客土必须经过处理，即在立冬前后，土壤还未冻结前，选干燥、细碎、肥沃的壤土，铺在向阳处经过长期日晒才能使用。

（3）培土　培土工作是随着韭菜的生长分期进行的。当韭菜刚露出畦面时，先浅培一次，韭苗露出畦面 6～7 厘米高时再培一次土，最后一次培土出现的垄背要比垄沟高 17 厘米左右。

4. 收获

风障栽培的韭菜，由于所处位置不同，收割期也不同。靠近风障 1.7 米宽的范围内，可比露地提早 10 天左右收获，距风障 2～2.7 米宽的范围内，比露地早 2～3 天收割。

风障韭菜的收割次数最多为 3 次。拆除风障露地养根期间，尤其夏秋季节，草害严重影响韭菜的植株生长，要及时除草。

（二）南郊瀛海庄麦糠覆盖栽培五色韭

据称，北京麦糠覆盖五色韭栽培，最早在咸丰（1851 年）至同治（1862 年）年间，始产于北京南郊瀛海庄（原国营南郊农场）一带。因韭菜生产经过"闷白""捂黄""出绿""晒红""冻紫"等过程，从根到梢呈现白、黄、绿、红、紫 5 种颜色而得名。五种色彩集于一株，色彩鲜艳，犹如野鸡脖上的羽毛，故古时小贩叫卖时称之为"野鸡脖子"。

五色韭清香脆嫩，纤维少、口味佳，是京城冬令时节的蔬菜佳品。20 世纪 30 年代曾远销东北，20 世纪 80 年代曾出口日本、苏联等国家。20 世纪 50 年代北京郊区的大兴区瀛海庄一带多数农民都有风障畦栽种，最多发展到数百亩。至 20 世纪 80 年代中后期仍有零星种植。

1955 年，原北京市人民政府农林局工作的马大燮先生（后任北京市农林科学院蔬菜研究中心研究员），在华北农业科学研究所主办的《农业科学通讯》上发表了《北京敞韭的栽培介绍》调查研究报告，称"敞韭"也叫"五色韭"，是北京的特产，主要分布在南苑瀛海庄一带。该文详细介绍了北京麦糠覆盖栽培五色韭的特点、栽培技术以及在城市和工矿区冬季和早春蔬菜市场所起的作用，这是目前发现的记录北京五色韭栽培的最早资料。

1956 年，原华北农业科学研究所园艺系蒋名川先生编著了《中国的韭菜》一书，系统地总结了中国韭菜栽培技术，其中韭菜麦糠覆盖（五色韭）栽培是重要的一节。

所谓麦糠覆盖栽培五色韭（图 2-25），是把麦子脱粒后的内外颖覆盖在韭菜根株上保温的一种软化栽培方式。第一年播种育苗，第二年移栽养根，同年冬即可通过培土和覆盖麦糠，并据天气情况

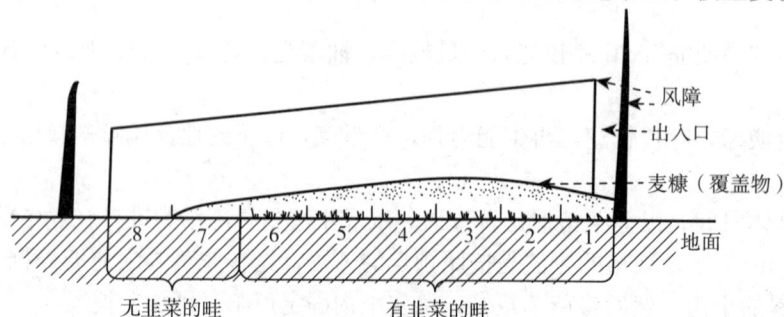

图 2-25　麦糠盖韭软化栽培示意图　马大燮　1955

灵活掌握翻晒麦糠的时间，促使韭菜生长经过培土软化、晾晒和低温作用，呈现出从白到紫五种颜色。其方法俗称："闷白""捂黄""出绿""晒红""冻紫"，管理要点如下：

1. 准备覆盖材料

麦糠（即小麦的颖壳）质地轻且柔软，保温性好。在收割小麦时收集麦糠贮存备用，避免被雨水淋湿。每亩韭菜需 150～200 米³ 麦糠。每年春天覆盖两茬之后，要及时晾干贮存起来冬天再用，可以连续使用 3～4 年。随着科技发展，小麦改用联合收割机收割，麦糠短缺，影响了这一生产方式。此后，有的菜农用"稻芒子"即"稻糠"替代，但效果不如麦糠。

2. 覆盖前的准备工作

11 月中旬，在场地四周架设防寒风障（围障）。每 6～8 个畦架一道东西向大风障，高 2～2.5 米。两头也架设风障，成为一个封闭的覆盖生产小区。设立围障既有利于保温又能防止麦糠被风吹走。

11 月上中旬，韭菜停止生长，要浇一次水，水量要足以保证韭菜整个冬季生长的需要，同时结合追施化肥和农药来防治韭菜蛆。

3. 覆土

11 月下旬，韭菜进入休眠状态，就要把地上部枯叶割除，俗称"刮韭毛"。接着就在畦内普遍覆土，厚度为 3～4 厘米，可用细沙土或用就地过筛的细土。覆土的作用就是软化，软化的叶鞘形成白色，称作"闷白"。

4. 盖麦糠

覆土后要及时盖上麦糠，一般厚度为 30～40 厘米。也可以分两次覆盖，12 月初必须盖完。不栽韭菜的"夹畦"，也同样盖上麦糠，以防"夹畦"的低温影响生产畦。

5. 晾糠

覆盖麦糠 20 天左右，韭菜开始萌发出土。这时就开始翻晒麦糠，俗称"晾糠"，其作用是提高畦面和麦糠的温度，同时散失麦糠中的水分，以防造成韭菜腐烂。晾糠只能在晴天进行，上午 10：00 开始翻晒，用细齿木杈把麦糠全部翻到邻近的畦上，下午 1：00 多再将晾晒过的麦糠复回原畦。第二天以同样的方法翻晒邻近畦的麦糠。这样交替进行。经晾晒后的麦糠，保温效果十分显著。当外界气温降至 −15℃时麦糠下仍能保持 5～7℃。这样反复翻晒、吸热保温，就能促使韭菜生长。盖第二茬时已是 2 月中旬，天气回暖，晾糠的时间可以延长为上午 9：00 至下午 3：00。

6. 晾色

当韭菜长到 7～8 厘米高时，就要根据外界温度情况灵活掌握翻晒麦糠的技术，促使韭菜形成不同的颜色，俗称"晾色"。晾色和晾糠结合进行，方法基本相同。只是晾色的时间较长。头茬韭菜一般从上午 10：00 晾到下午 2：00 左右，使韭菜叶尖冻得发僵才将麦糠盖上。这样晾色 3 天，韭菜叶尖受较长时间低温作用就会出现紫色，俗称"冻紫"。接着邻近的畦晾色也是晾 3 天。"冻紫"之后再继续晾糠。"冻紫"以后的晾糠就不要把麦糠全部翻净，畦内留下 4～5 厘米厚的糠俗称"丢糠"。丢糠的作用是使韭菜下部基本见不到阳光而形成黄色，俗称"捂黄"。"丢糠"的厚度要随着韭菜的长高而逐渐加厚。每次"丢糠"时，只保留 3～5 厘米的叶尖露在外面即可，这样可以使叶尖始终保持紫色，叶梢下部就呈现过度的红色，俗称"晒红"。而在韭菜靠近麦糠表层的区段，受蓄热麦糠的影响，温度也比较高，又可以得到一定阳光的照射，这部位的韭菜就能形成正常的绿色，俗称"出绿"。随着韭菜的逐渐长高和丢糠厚度的增加，红色和绿色部分也逐渐上移，俗称"赶色"。

韭菜经过反复的晾糠、晾色、丢糠、赶色的操作，就形成了白、黄、绿、红、紫 5 种不同的颜色。至翌年 1 月下旬，头茬韭菜长到 20～25 厘米高就可以收割。再经过分级、捆扎、包装就可以上市出售。一般头茬五色韭亩产量可达 600 千克以上。收割第一茬之后，再将覆土搂平，覆上麦糠，继续晾糠、晾色、丢糠、赶色等操作，第二茬生产时气温渐高，每天晾糠或晾色的时间都要比第一茬延长。收割二茬后，天气已回暖，全部撤去麦糠，做一般的栽培青韭管理。第三茬青韭收割后，撤除风障、浇水、追肥、养根，冬天再行覆盖，一般可以连续生产4~5年。

五色韭应是软化蔬菜中的一个特别的品类，它不同于由淡黄、黄白、淡绿色组成的蒜黄、芦笋白、菊苣芽球、葱白、豆芽菜、油菜心、姜芽等，它色彩更丰富，风味更独特。

五色韭的色彩形成，是京郊菜农先人们在充分认识韭菜生物学特性和植物学特征的基础上，仅仅采用麦糠覆盖技术就能在一株韭上"涂抹"出层次分明的五彩色，而这又不同于遗传学上的"嵌合体"，是"种"出来的"艺术品"，体现出我国劳动人民的非凡智慧。

五色韭具有清香脆嫩、纤维少、口味佳等特点，是京城冬令蔬菜佳品。但由于生产五色韭技术性强，用工多，周期长，人力财力投入也较多，首先，冬天露地作业又很辛苦，相比之下，普通盖韭生产使用塑料薄膜覆盖，产量高，操作简便，成本低，用工少，对五色韭的生产构成极大的威胁。其次，京郊菜区农田面积大量减少及机械化的收割，麦糠就地还田，造成麦糠的来源短缺。此外，五色韭销售价格偏低，这些都导致了五色韭的竞争力下降，致使在20世纪80年代以后，五色韭的生产几乎绝迹。

2009年以来，北京市农业技术推广站为挽救这一农业文化遗产，在小汤山特菜大观园和大兴区礼贤镇田园鑫盛园区，采用了口感脆嫩、辛辣味、紫根、耐寒性较弱的"台韭"品种进行"五色韭"培育。在改良阳畦内，自6月起进行养根，不再收获青韭，浇水追肥促进地上部植株旺盛生长以贮存养分，待立冬后韭菜地上部枯萎、养分回根时，将地上枯萎的烂叶清理干净，开始扣棚。扣棚前浇一次清水，浇透，直到第二刀韭收割前不再浇水。扣棚后，上草苫，"品"字形覆盖，方便揭放，出苗之前不必揭膜和草苫。在韭菜苗开始拱土时，向韭菜根部培干沙土（粗沙最好，湿沙降温，细沙留在韭菜叶缝不易清洗），培沙厚1~1.5厘米，以没尖为准，覆盖太深韭菜苗易在沙土里弯曲。每当韭菜苗顶土后再培沙，连续3次。总培沙深度5厘米左右，使韭菜植株1/3埋在沙里。温度管理，一般在-5~5℃之间，前期视天气情况按常规揭膜和草苫，培沙结束后将温度降低，使叶片出现紫色、红色，随后提高温度使叶片转为绿色（图2-26）。其关键是控制温度，不能使韭菜过早变绿，一旦变绿就出不了紫红色。从扣棚到初次采收约需2个月，春节前后收获第一刀五色韭，植株高度20厘米左右，韭菜颜色为白黄红紫绿。割韭时刀伸入沙中，留根高度尽可能低。一茬收获后，将沙土向垄间堆积，当韭菜出苗时，再按头刀韭生产程序进行培沙和温度管理。第二刀五色韭收货后，转为青韭生产。

据悉，河北省山海关等地历史上采用沙土和三层草苫种植五色韭，近年有一些地方采用阳畦盖草苫子、塑料小拱棚盖草苫子培植五色韭，且有一定的面积。从其栽培管理方法上看，靠揭、盖草苫遮阳控制光的强弱，获得的产品五种颜色分布，但与覆盖麦糠韭菜栽培五种颜色层次分明的产品，还是有所不同的。

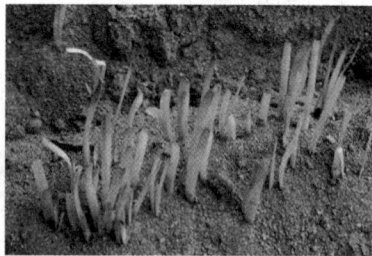

图2-26 沙培五色韭 徐国明 2009

2014年春，刚刚回迁上楼喜迁新居的昔日瀛海地区三槐村农民，为体现农民对党和政府的感激之情，自发组织起一个社区草根诗社，以"传承中华文化，歌颂美好生活"为主题。诗社有会员30余名，平均年龄65岁。几年来，在瀛海镇宣传部、文体中心的指导下，他们创作了大量诗、词、歌、赋、联等作品，《瀛海赋》《五色韭赋》等多个原创作品被《京郊日报》《大兴报》采用，记载曾经的特产珍品"五色韭"。经瀛海庄有多年种植五色韭丰富经验的把式（种植能手）张金成、张树忠、曾连荣等三位80多岁老人的口述，由三槐堂村菜农张春和先生执笔，整理形成了《被遗忘的角落》技术文稿，记载曾经的"五色韭"。2019年1月，瀛海镇东二村刘德才，在其90岁父亲刘浩谭的指导下，承包了一块试验田，利用麦糠覆盖，经连续3年的试验，终于恢复种植成功五色韭（图2-27）。

图 2-27 五色韭翻晒麦糠 刘德才 2019

未来的五色韭生产，将作为一种特色细菜满足个性需求而存在。

（三）东方红社风障畦小萝卜早春栽培

小萝卜（四季萝卜）是根用蔬菜植物中生长最快的一种，播后经 40～60 天即可收获，适于春保护地和风障畦栽培生产。其中风障畦栽培小萝卜（图 2-28）可分期播种。惊蛰播种并一畦（风障与风障之间隔 6.6～6.7 米，一般设置 3 个畦加走道，紧靠风障南部的第一畦称作并一畦，另外称作并二畦、并三畦，靠风障背后遮阳的地方作为走道）；春分播种并二畦；清明播种并三畦。分期收获，陆续供应到小满。小萝卜在种子萌动时遇短期低温，即可通过春化阶段，故早春容易发生早期抽薹现象，应注意适时播种，防止幼苗受冻。因其生长期短，所占营养面积小，可与小茴香混播或与甜豌豆间作栽培，以充分利用土地。

图 2-28 风障畦樱桃萝卜栽培

20 世纪 50 年代，丰台区东方红社（现卢沟桥乡）是小萝卜的主产区域，1956 年春季种植的 800 亩小萝卜中，采用风障栽培的就有 550 亩，占小萝卜种植面积的 69%。1957 年 3 月，全国农业展览会农作物二馆展出的蔬菜部分资料中，就详细介绍了这一"风障小萝卜栽培经验"。

该社小萝卜生产上的特点是：第一，成熟早，正常气候下，4 月下旬即谷雨即可上市，比其他社的小萝卜能早上市 3～4 天；第二，质量好，太平桥村一带所产的小萝卜匀整脆嫩，一向受市场欢迎；

第三，产量高，采用早熟"小锥把"品种，每亩能产 1.2 万把以上（每把 5 个），比一般产量高出将近一倍。这些特点是当地多年生产积累的丰富经验形成的，其主要高产栽培技术是：

1. 采用适宜于风障栽培的品种

风障小萝卜在生产上的要求是提早上市，特别是并一、二畦的收获期，要续接在阳畦小萝卜之后上市，采用早熟、糠心少、耐寒性强、不易抽薹的"小锥把"品种，生长期 45 天左右。惊蛰后播种，谷雨节气后可上市。并三畦播种时，换用不爱糠心、体型大的"大锥把"品种，错开收获日期。

2. 立好风障防风防寒，提早整地施肥

头茬秋菜收获后，在立冬至小雪前施工，封冻前翻耕整地，立好风障，篱笆上要披比较好的秫秸或防风草，增加防寒能力，越冬期间风障畦虽也冻结，但受冻的土层薄，第二年早春化冻早，给提早耕作创造了有利条件。

风障前面的菜地由于距风障远近不同，各部位的温度也不一样。靠近风障的并一畦，受到寒风的影响小，接受太阳的热能较多，因此最早提前化冻，随化冻随整地施肥。二、三畦分期陆续进行。为了提高地温，应及时供给幼苗养分，施用充分腐熟腐殖质较多的堆肥（圈粪、马粪、炕土等）。整地施肥的方法，是先用铁锨在畦内挖出一部分土放到第二畦，作为将来覆土之用，再用四齿（农具）把畦土深刨 1 遍，深 20～23 厘米，铺入堆肥，每畦宽 1.6～1.7 米，施肥 60 千克，用四齿刨翻两次，刨深 13～17 厘米，使粪土掺匀，用耙搂平，用脚踩 1 遍再搂平，即可灌水阴畦，上一层底土，然后播种。

3. 分期播种，保证全苗

风障前土壤化冻期的不同，是排开播种的好条件，整地施肥之后立即播种，一般并一畦在惊蛰后 4～5 天播种，以后每隔 4～5 天或 10～15 天播种 1 次，分 3 次播完。排开播种，利于劳动力使用和收获上市。播种时应注意：

（1）实行浸种催芽 为使种子出土快，把种子用温水（不烫手）浸泡 3～4 小时，捞出后盛在干净瓦盆里，盖好湿布，放在土炕上催芽，每隔 3～4 小时上下翻动 1 次，约 20 小时后，在露出白根时即行播种。

（2）选择中午播种 中午光照强，土温高。播种后上面的覆土也是晒暖的土，这样可以提早出土。播种时先上一层底土，厚 0.5 厘米左右，种子要撒匀（该社用嘴喷籽，保证均匀），覆土一指半至二指厚，要做到厚薄一致，覆土过厚，阳光照射不透，会降低土温，影响幼苗出土，但覆土过薄，表土很容易被风吹干而影响幼苗所需要的水分。该社土壤属黏壤土，覆土厚度一般在 2.5～3 厘米合适。

4. 掌握适宜的密度

小锥把萝卜的叶片短小，叶片数 5～6，根部也较小，适宜密植。大锥把萝卜的叶片较长较大，叶片数 6～7，根部较大，种植密度要大一些。另外，早播气温低，叶片生长较小，晚播气温高，叶片生长得大。据此，小萝卜品种在并一畦时定苗株行距为 6～8 厘米见方，并二畦时距离 8～10 厘米见方，大锥把在并三畦播种时株行距为 10～12 厘米见方。

5. 科学浇水追肥

浇水是小萝卜生长大小、品质好坏的关键因素，浇水过早容易造成叶片的徒长，影响根部的膨大；浇水过晚，影响生长降低品质。因此掌握出苗后的第一次浇水时间极为重要，在小萝卜根部开始膨大、子叶基部表皮破裂以后，即农民所说的"破肚"后浇第一次水。结合浇水用人粪稀追肥，亩施用 15 桶。

小萝卜的根系较少，而叶片的蒸发面积很大，在生长后期，需要很多的水分，水分供应不足时，增加辣味，造成糠心，降低品质。所以根部膨大以后要勤浇水，浇水次数的多少和浇水量的大小与土壤性质、播种期早晚、天气及地下水位高低都有关系。该社菜农第一次水浇过以后，浇水得法，畦土经常保持湿润，产品质量最好。一定要注意防止误水而降低品质。

6. 实时收获，注意整修，保证质量

风障栽培，排开播种分期收获，小萝卜生长期短，成熟后要及时收获，延迟几天收获，就会发生抽薹糠心、纤维增多、质量降低，甚至无法食用的现象，所以萝卜根部生长够大时立即收获，一般在谷雨时节开始收获。

为保证小萝卜的质量，提高其商品价值，除了做到适期收获外，还要注意收货后的整修工作，小萝卜拔收后，摘去须根，每五个一把，捆好后洗干净，分级上市。

第二节　北京阳畦栽培

北京阳畦，是利用太阳的光热增加畦内的温度，通过土框、风障、覆盖物，实现防风保温的一种蔬菜栽培设施，主要用于蔬菜育苗（图2-29）、早熟栽培（图2-30）、制种（图2-31）、软化栽培（图2-32）、假植贮藏（图2-33）等。阳畦，因有别于铺设酿热物或增加辅助人工加温设备的温床，故北京阳畦也称为冷床（图2-34）。

图2-29　阳畦育结球甘蓝苗

图2-30　阳畦早熟黄瓜绑蔓

图 2-31　阳畦蔬菜采种

图 2-32　阳畦小白菜软化栽培

图 2-33a　阳畦小白菜假植栽培

图 2-33b　芹菜假植贮藏

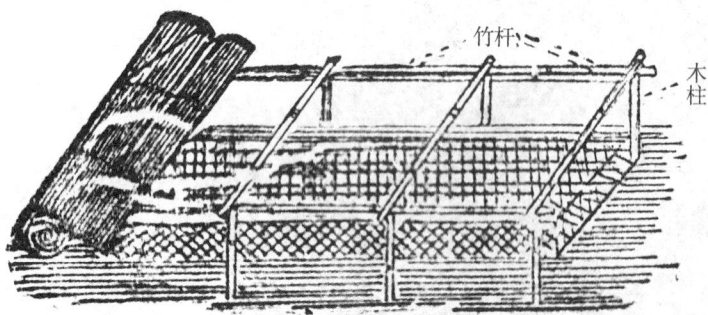

图 2-34a　阳畦（冷床）　1939
资料来源：引自《蔬菜园艺》。

图 2-34b　阳畦　吴德正　1965

　　北京阳畦，是由风障畦逐渐演变而来的。风障畦最早见载于元代王祯的《农书》。数百年来，京郊圃人、菜农在蔬菜生产实践中，逐渐增高增厚风障畦埂，使畦埂成为畦框，并在畦上加盖覆盖物保温，发展成为北京阳畦。

清光绪三十三年（1907年），日本近代教育家服部宇之吉著、张宗平译《清末北京志资料·农业》中记载的叶类菜早熟法："菠菜、小白菜，大抵栽种于南向朝阳之土地上，在北面围以芦苇（风障），以防北风，且稍向前方倾斜，兼防霜害。这种菜畦宽约三四尺[①]至六尺（1～2米），长三十尺（10米），仔细平整土地，使其圃稍低，四周围以数寸高之土，防水进入。在圃中撒播种子，随其生成而逐渐拔割。尚有细者，北面虽同样以芦苇围成垣墙，但苗圃下挖数寸，四周筑成矮壁，将种子插入其中，昼间有阳光，使之沐浴阳光，夜间用草或麦秸覆盖。"这一叙述，描写的应该就是当时的北京阳畦。

北京阳畦，随着蔬菜种植应用玻璃覆盖材料的发展，大约在20世纪30年代，京郊菜农在阳畦盖蒲席的基础上加盖纸窗或玻璃扇，充分利用太阳光的热能，使阳畦的性能进一步提升，成为北京蔬菜栽培的主要设施类型之一。

一、阳畦的类型与构造

（一）阳畦的类型

北京阳畦，根据不同地区的蔬菜种植习惯，分为以下两种类型（图2-35）。

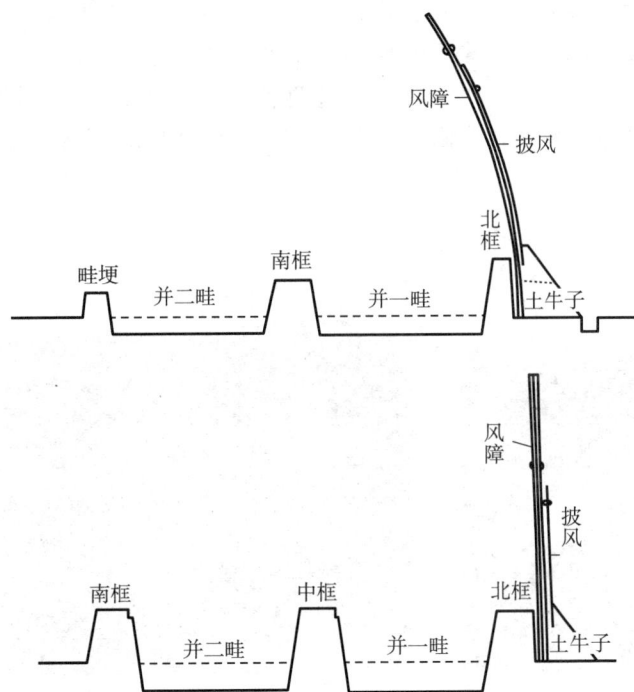

图2-35 阳畦纵剖面模式

注：上为拉席式阳畦，下为卷席式阳畦。

1. 拉席式

这种阳畦的土框，北框比南框高而薄，北框高35～60厘米，南框高20～45厘米，东西两侧与南北两框相接，宽度与南框相同，做成长方形倾斜坡面向南的畦框。蒲席早上由两人相对，双手拉住蒲席的席爪用力拉开（图2-36），傍晚盖上。由于这种畦采光面向阳，简称抢阳畦。这种拉席畦的风障，向南倾斜角度较大。

---

① 尺为非法定计量单位，1尺＝0.333米。——编者注

图 2-36a　拉席式阳畦

图 2-36b　菜农正在拉席覆盖

19 世纪末至 20 世纪初期，"拉席式"阳畦主要分布在南苑右安门外与丰台区万泉寺、三路居、太平桥一带，其应用方式有蔬菜的晚熟栽培、早熟栽培、早春育苗及假植储藏、采种等方面。

2. 卷席式

这种阳畦的南北土框高度几乎相等，框高而厚。北框高 40～60 厘米，宽 35～40 厘米；南框高 40～55 厘米，宽 35 厘米；东西两侧框宽 30 厘米。畦面宽约 1.7 米，长 11.6～12.7 米，土框顶部略呈一水平面，成一个槽形畦框，简称"槽子畦"。管理方法上，蒲席白天卷起放在两端的侧框上，傍晚放开盖在畦面上，故又称"卷席式"阳畦（图 2-37）。卷席畦的风障，比较直立，便于两人卷席操作。

图 2-37a　卷席式阳畦

图 2-37b　菜农正在卷盖蒲席

19 世纪末至 20 世纪初期，槽子畦主要分布在海淀区蓝靛厂、东冉村、西冉村一带，应用方式以番茄、黄瓜的早熟栽培及育苗为主。

3. 改良阳畦

即小冷洞子。又名"戳玻璃""戳玻璃洞子""小暖窖""立壕"等。

20 世纪 20—30 年代以来，郊区菜农在传统阳畦的基础上，适当增高加厚阳畦的北框，把平盖于阳畦畦面的油纸窗扇或玻璃扇改为斜立，使采光面角度加大，形成了最初的原始改良阳畦（图 2-38）。此后，菜农不断改进，将北框筑成高为 33～40 厘米的矮墙，将东西两端山墙改建为"人"字形，高 1.6～1.7 米，约 60°，底宽约 2.8 米。从山墙的顶部起，到后墙的墙顶，筑成一土屋面，用高粱秆或芦苇垫起，上面覆土，总厚 17 厘米左右；屋面下每隔 3.3 米左右，立一木柱，柱上架檩，能支持屋面重量；形成了油纸窗改良阳畦（图2-39）、玻璃窗改良阳畦（图2-40），并应用于早春蔬菜栽培，可比露地生产提早供应30～50天。但到20世纪50年代尚未普及。

图2-38 原始改良阳畦

图2-39 纸窗改良阳畦

图2-40 玻璃窗改良阳畦

1956年，北京农业大学蔬菜教研组聂和民等，根据郊区农民冷洞子的结构及阳畦的优点，设计了新的改良阳畦（图2-41）。其外形与结构，基本等同于小型北京温室，三面有土墙、土屋顶、前

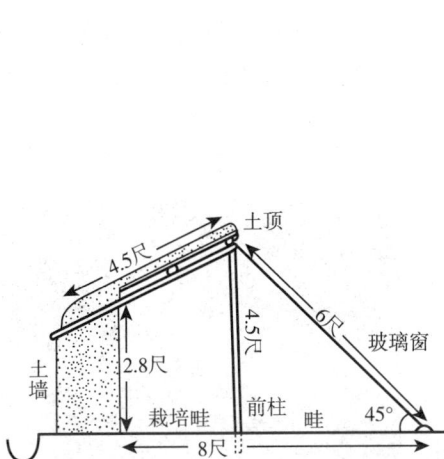

图2-41 不加温温室（改良阳畦）示意图

聂和民 1955

注：1尺约等于0.33米。

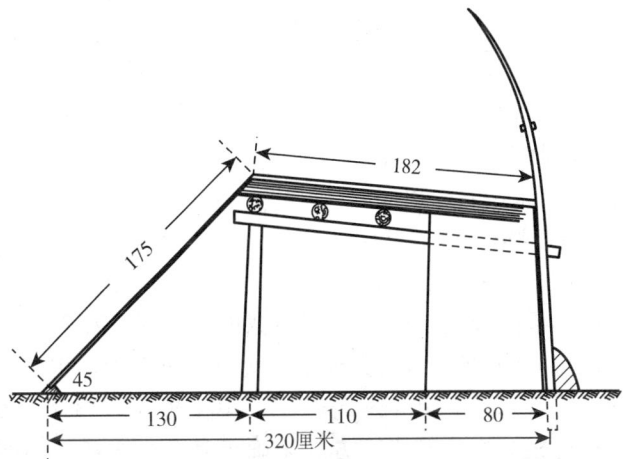

图2-42 小型日光温室示意图

刘步洲 1961

屋面为玻璃窗，蒲席保温。土墙高 93～100 厘米、厚 50 厘米，山墙最高点为 1.5～1.67 米；屋顶由前柱、柁、檩构成棚架及苇子、高粱或玉米秸秆为底，上面覆土；前玻璃窗长 2 米，宽 90 厘米，边框厚 5.6 厘米，宽 4.6 厘米，心框厚宽 3.3 厘米；每扇用 40 厘米×60 厘米的玻璃 6 块，部分窗框，做成活动小窗用以通风；也可用厚 6.7 厘米、宽 5 厘米的方形木条做架，制成活玻璃框。夜晚覆盖长 6.67～7 米、宽 2 米左右，大小与阳畦相同的蒲席。将阳畦后墙提高，改进扩大阳畦的空间，形成了新的改良阳畦。因不采取加温措施，也称为不加温温室或小型日光温室（图 4-42）。

这种改进的改良阳畦，较原有阳畦气候性能更好。室内冬寒期间完全可以生长耐寒类蔬菜，且生长快、产量高。对解决北京冬季新鲜蔬菜的供应起到很大作用，若把结果期错过低温时期，栽培喜温性蔬菜也有可能。

（二）阳畦的构造

阳畦由风障、土框、蒲席、盖玻璃四部分组成。筑造，一般称为打阳畦（图 2-43）。

图 2-43　建造阳畦　1983

1. 风障

风障的建造及角度、厚度、用材等，和风障畦相同，不再赘述。

2. 土框（畦帮）

土框是防止畦内高温向外发散及外界低温侵入的保温主体，也是盖玻璃与蒲席的支架，有时因作物的需要可加高或削低。土框由南北框（也称前后帮）及东西两侧框（又称筒腿子）组成。菜农的标准单个阳畦，一般长 6.66 米（2 丈）、宽 1.66 米（5 尺）。拉席式阳畦一般外缘东西长 6 米、南北宽 2.5 米，阳畦内缘栽培面积 5.5 米×1.7 米，土地利用率 61%。畦帮的宽度都相差不多，一般北帮底部宽 40 厘米左右，顶部宽 20 厘米左右，纵面呈梯形。

3. 玻璃窗扇或玻璃片

玻璃窗扇是畦面上的透明覆盖物。可以用红、白松做成窗框，框的长度与阳畦土框的宽度（内径）相等，或稍长。框宽 60 厘米，每扇窗框镶 3 块或 6 块玻璃。也可以在畦面上竖立木条支架（图 2-44），其上覆盖玻璃片，覆盖的面积可根据季节和应用方式来确定是全畦覆盖、盖半畦或局部覆盖等（图 2-45）。相比之下，覆盖木框会形成一定的阴影，同时除尘也较为费事，覆盖玻璃片虽然畦面光

图 2-44　安装玻璃槽及木条支架

照较好，但操作时较为费工，且玻璃的损破率较大。

4. 蒲席

蒲席又叫"盖席"。蒲席的作用主要是夜间覆盖畦面以保持畦温，有时中午覆盖，以防止强光照射。

阳畦覆盖玻璃再覆盖蒲席，蔬菜栽培者称之为"热盖"（菜农称之为"烤"，育苗的称"烤苗"）；只盖蒲席，不盖玻璃者称之为"冷盖"。采用哪种方式覆盖，视具体用途而定。

二、阳畦的性能及应用

（一）阳畦的性能

阳畦的结构决定了阳畦的性能。风障防风防寒，土框、蒲席、盖玻璃保温，太阳光热无偿提供，给阳畦造成良好小气候环境、保护蔬菜生长和安全越冬提供了极大可能。

1. 光照

北京冬春晴天多，太阳光热是阳畦取之不尽的热源，尤其是在风障前气流稳定的情况下，阳畦的

图 2-45　两平一斜式覆盖玻璃

土框、畦面以及蔬菜作物都能够充分地吸收太阳光热；此外还有大气的热逆辐射（或盖玻璃）来抑制土框和畦面的热扩散、风障阳面向畦面的热反射，因而就提高了阳畦的气温和地温。而光照条件的变化与阳畦所处纬度、季节、昼夜以及天气变化等因素有关。

在没有人工补充光照的条件下，北京地区秋冬季的光照时数和强度，能够满足大多数蔬菜作物对光照的最低要求。

2. 温度

（1）季节变化　在阳畦的栽培季节中，外界气温自处暑到立春前，逐渐下降，立春后又逐渐上升，一般1月至2月间的温度最低，畦内的温度变化基本也是这种趋势（表2-3）。通过人工管理，有玻璃覆盖的阳畦最低温度可达3℃左右，最高温度达到30℃以上，可视蔬菜作物需要进行调节，安排各种蔬菜的生长或假植保鲜。

表 2-3　北京阳畦内地表温度变化表（1953）

单位：℃

月份	没有玻璃阳畦（冷盖）		盖玻璃阳畦（热盖）		露地	
	地表最高	地表最低	地表最高	地表最低	地表最高	地表最低
1	14～18	0～1	23～36	3.5～9	9.6～10	-14.2～-4.2
2	6～30	-2～9	26～34.5	2.5～4.5	1.0～15.3	-17～1.2
3	21～35	2～10	17～34	6～11.5	5.8～21.2	-5.6～6.4

资料来源：引自《北京市郊区阳畦蔬菜栽培》，1956。

（2）昼夜及特殊天气下的温度变化　阳畦内温度特点是昼夜温差大，经常会出现温差达20℃以上的时间段，一般天气越冷，温差越大。

如遇阴雪天气，外温逐渐下降，常使畦内蔬菜作物受到冻害。天气变化与阳畦内地表温度的关系见表2-4。

表2-4 天气变化与阳畦内地表温度的关系

单位:℃

日期（日/月）	露地温度		阳畦温度		天气
	地表最高	地表最低	地表最高	地表最低	
1/3	13.5	1.0	15.8	0.5	晴
2/3	13.0	−9.0	12.5	0	晴
3/3	6.0	−7.0	9.0	−3.9	阴
4/3	3.0	−5.6	—	—	雪
5/3	4.0	−3.0	5.0	−1.6	雪
6/3	4.0	−3.0	—	—	阴
7/3	6.0	−3.0	3.0	−1.2	阴
8/3	12.0	−5.6	18.5	−1	晴
9/3	14.5	−7.0	18.5	0.2	晴

资料来源：为1953年右安门材料；引自《北京市郊区阳畦蔬菜栽培》，1956。

（3）阳畦各部位温度变化 阳畦各部位温度由于土框和风障效益的不同，受光热条件的不同，温度是不同的（表2-5、表2-6、表2-7）。

表2-5 距阳畦北框的床面温度变化

地表温度（℃）	0厘米	20厘米	40厘米	80厘米	100厘米	120厘米	140厘米	160厘米（阴）
	18.6	19.4	19.7	18.6	18.2	14.5	13.0	12.0

注：1954年2月22日13：30—14：00测于北京农业大学，晴无风。

表2-6 距阳畦南框的床面高度各部位温度变化

空间温度（℃）	0厘米	10厘米	15厘米	20厘米	25厘米	30厘米
	18.6	11	10.4	10.4	9.6	8.6

注：1954年2月22日13：30—14：00测于北京农业大学，晴无风。

表2-7 距阳畦北框的床面各部位温度变化（℃）

	0厘米	30厘米	60厘米	90厘米	120厘米	150厘米（阴）	露地
地表温度	23.7	26.0	12.2	17.0	22.3	5	12
地中温度（10厘米）	8.2	9.6	9.9	8.3	9.6	4.7	2

注：1954年3月11日12：30测于西铁匠营，晴，西北风。

（二）阳畦的应用

阳畦的应用是根据阳畦的性能小气候状况与蔬菜作物生长、发育、休眠（贮藏）对环境条件的要求来决定的。各种蔬菜作物对于日照、温度（光热）等条件都有最低以及最适宜的要求，因此，阳畦的应用就是在不适宜蔬菜作物生长发育的季节，根据某种蔬菜作物的生物学特性来安排生产茬次的初级栽培方式。阳畦主要用于为春露地蔬菜育苗，还可在初冬至翌年春夏期间，陆续不断地生产或贮藏各种新鲜蔬菜。

北京郊区的菜农，在有防寒保温完善设施（盖玻璃、双层蒲席、厚披风）的阳畦内，可以在12月上旬（大雪）或者1月上旬（小寒）进行茄果类蔬菜育苗；更可以在秋芹菜收获以后与春番茄定植之前栽培一茬速生的小萝卜、小油菜等。阳畦的应用及栽培方式，即使是没有盖玻璃的阳畦，在秋、冬也可以栽培或贮藏耐寒性强的芹菜、油菜或者乌塌菜。可利用阳畦开展蔬菜育苗、假植贮藏（囤货）、晚熟栽培、早熟栽培、蔬菜采种等几个方面（表2-8）。

表2-8　北京利用阳畦栽培蔬菜的种类和时期

A. 假植贮藏

蔬菜种类	露地播种期	阳畦内假植期	供应期
小萝卜	秋分前	立冬前	冬至—立春
莴苣笋	立秋前	立冬前	冬至—立春
油菜、瓢儿菜	立秋	立冬	大雪—立春
花椰菜	小暑	立冬后	大雪—冬至
球茎甘蓝	大暑后	立冬后	大雪—立春

B. 晚熟栽培

蔬菜种类	露地播种期	阳畦内假植期	供应期
芹菜	小暑	处暑—白露	大雪—雨水
油菜、芥菜、乌塌菜	立秋	白露后	大雪—立春
结球莴苣、花叶莴苣	处暑	秋分	小雪—立春
广东油菜薹		秋分（直播）	大雪—冬至
青蒜苗		白露（直播）	小雪—雨水
花椰菜	立秋前	霜降	小寒—大寒
小萝卜		秋分（直播）	大雪—立春

C. 早熟栽培

蔬菜种类	阳畦内播种期	阳畦内定植期	供应期
小萝卜、白菜、茴香、茼蒿	立春		春分后—清明后
囤韭	谷雨（露地播种）	小雪后	立春—清明
盖韭	谷雨（露地直播）	小暑—大暑	春分—立夏
菜豆	惊蛰		小满
番茄（盖玻璃）	大雪	雨水	小满—夏至
黄瓜（盖玻璃）	立春—雨水	清明	立夏—芒种

D. 蔬菜育苗

蔬菜种类	阳畦播种期	露地定植期	供应期
番茄	雨水	谷雨—立夏	夏至后
辣椒	立春—雨水	谷雨—立夏	夏至后
茄子	雨水—惊蛰	谷雨—立夏	夏至
黄瓜（大刺瓜）	惊蛰	谷雨—立夏	小满—夏至
苦瓜、丝瓜	春分	立夏	小暑—处暑
甘蓝	雨水	清明	夏至
莴笋	寒露	清明	小满—芒种

E. 采种

蔬菜种类	露地播种期	阳畦定植期	种子收获期
油菜、瓢儿菜、芥菜	立秋	白露	芒种前
芹菜	小暑	处暑	立夏—小满
花椰菜	立秋	霜降	夏至
结球莴苣	处暑—白露	寒露	夏至后
黄瓜（大刺瓜）	惊蛰（阳畦播种）	清明后	夏至后

资料来源：引于《北京郊区阳畦蔬菜栽培》，1956。

三、阳畦栽培的基本技术

阳畦栽培的一般管理措施包括：晒土、浸种催芽、播种（定植）、防寒与通风、浇水、中耕上土、施肥等。

（一）阳畦种植准备

1. 晒土

在海淀东西冉村一带，一般在秋季打好畦框之后即将阳畦土刨松翻起，堆靠在畦内北框成一斜坡状进行晒土（图2-46），准备翌年育苗或栽培之用；右安门一带，当冬季芹菜收获后，即将畦土刨起，盖上蒲席，晒土以备用。晒土的目的是通过风化和日晒灭菌，促使畦土熟化，提高土温，以利幼苗生长。

图2-46 阳畦晒土

2. 整地

整地过程包括施基肥（图2-47），翻地、使粪土混匀（图2-48）、平畦等程序（图2-49）。阳畦蔬菜栽培对畦土的平整度要求较严，一般要求整成"平畦"或"跑水畦"，但不论是整成哪种畦，都要求畦面北部比南部低2厘米左右，其原因是阳畦的北半畦温度高，蒸发量大，畦面较低便于吸收更多水分，防止干旱。

图2-47 阳畦施基肥

图2-48 阳畦深刨翻地

图 2-49a　阳畦平地 1

图 2-49b　阳畦平地 2

如阳畦用于育苗，则应做成平畦，平畦灌水可使畦内各部位土壤含水量一致，保证幼苗发芽、出土与生长较为整齐。用于移栽或栽培的畦一般做成慢跑水畦，畦内东西两端相差 5 厘米左右，便于灌水。

（二）播种或定植

北京阳畦栽培主要以秋冬至冬春季节为主；阳畦育苗，一般可分为冬播与春播两类。如番茄促成栽培，在大雪播种，雨水定植；而露地栽培则雨水播种，谷雨定植。

1. 播种

阳畦栽培蔬菜的主要播种方法有撒播、条播和点播三种，其中又有在播种前先浇水，待水渗透以后再播种，其上覆盖过筛的湿润细土称浇"暗水"播种；如先播种后浇水，称浇"明水"播种，具体应采用哪种方法，根据蔬菜种子大小、播种密度、是播干种子、还是播经过浸种催芽的种子而定。需要浸种的种子，要根据种皮厚薄、茸毛多少、种子吸水能力、种子新旧等决定浸种时间，此外浸种一般分为用冷水、温水、热水三种，因水温不同，浸种措施和时间有所不同。

2. 定植（或分苗）

当幼苗逐渐长大，而需要扩大营养面积时，就必须及时定植或分苗移栽（图 2-50）。具体的移栽或定植时期，要看苗子地上部分、根系生长状况决定。移栽一般分带土坨移栽和不带土坨移栽两种方式。前者因其伤根少，缓苗容易，有利于幼苗生长。

起苗前，先将苗床充分浇水，待水下渗之后，立即挖苗起苗（图 2-51），挖苗时根据需要，可带土坨或不带土坨（要提前切好土坨）。把挖出的单株幼苗，按照一定距离开沟或穴栽，栽入畦内。栽植的深度要根据苗子的强弱和蔬菜作物的种类来决定。弱苗可以栽浅一些，以土坨面与畦面相平即可；壮苗可以栽得深一些，埋没土坨即可。茄科蔬菜作物可以栽深一些，瓜类蔬菜作物可以浅栽，正如菜农所说："茄子没脖，黄瓜露坨。"

图 2-50　阳畦移栽分苗

图2-51a　番茄起苗准备定植　　　　　　图2-51b　起苗用挑筐运苗

（三）防寒、通风、透光管理

在阳畦的日常温度管理中，根据外界气候的变化灵活地拉盖蒲席与盖（拉缝）玻璃，以调控畦内的温湿度小气候，使之适合蔬菜作物生长发育的要求。

1. 拉盖蒲席的一般原则

第一阶段在霜降至大雪期间，是"早拉席，晚盖席"；第二阶段在大雪至立春之间，是"晚拉席，早盖席"；第三阶段在立春至立夏之间，是"早拉席，晚盖席"。

在拉盖席的第二阶段管理中，还有一些特殊的管理方法：

如"翻席"管理，是在盖单席时期之末期，天气很冷不允许拉开蒲席，且畦内的蔬菜已显微冻，就必须在正午时将蒲席在原来的位置上翻过来盖，让晒暖了的蒲席芦苇面向下以提高畦温；同时使蒲席的蒲草面由潮湿晒成干暖，经2个小时左右再将蒲席翻过来盖，使蒲草面的热度影响畦内温度以缓和冻害。其次是"晒暖席"管理，在盖双席时期内天气不允许将双席都拉开的情况下，要在正午仅拉开上层席（把蒲席翻在空档间畦上，蒲面朝太阳晒，待下午盖回阳畦），使下层席接受太阳光热量，使暖气投入阳畦内。等到下午最高温开始下降时，立即把上层席盖上，使下层席的热度缓慢下降来防止畦内蔬菜受冻（若天气较好也可在最高温时，拉开下层席或翻晒下层席）。

"搭窝棚"是第三阶段"早拉席，晚盖席"的特殊管理。在春末清明时节，为避免育苗畦或囤苗畦内高温多湿而使幼苗徒长，将覆盖蒲席的南边折起几个窝棚（通风孔，图2-52），便于通风换气，降低畦内的温度和湿度。

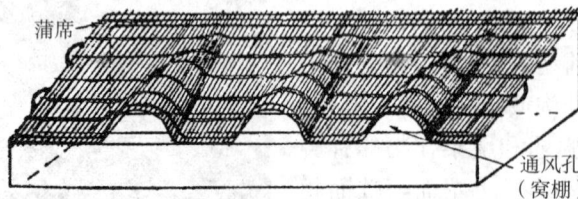

图2-52　蒲席覆盖"搭窝棚"示意

"回席"是遮阳降温措施，春末夏初正午的时候，盖玻璃阳畦内温度过高，有可能造成蔬菜植物徒长，所以有时要盖上蒲席遮阳，避免高温，到下午两点钟左右再拉开蒲席。

"赶席"也是一种调整保温与排湿放风之矛盾的一种方法，比搭窝棚调节效果好。具体做法是，两个人在前面把席拉开，接着两个人就把席盖上，几乎没有时间差。但因太费工，不普遍采用。

2. 拉盖玻璃的一般原则

第一阶段是冬季与早春在上午或中午拉开玻璃缝隙通风，傍晚后盖严玻璃保温，这种操作叫作"拉活缝"（图2-53）。拉活缝时，要根据天气条件的不同，灵活掌握拉开缝隙的位置（由中间到两边，或由里口到外口）或缝隙大小（由小到大，再由大到小，就是天冷拉小缝，天热拉大缝；一天之内上午小缝、中午大缝、下午小缝）；第二阶段是春末与夏初，气温上升，在白天与夜间的玻璃缝隙就固定不盖严了，这叫"拉死缝"（图2-54）。

图2-53a　阳畦覆盖玻璃拉活缝通风

图2-53b　阳畦覆盖玻璃拉活缝通风

图2-54a　阳畦覆盖玻璃拉死缝通风

图2-54b　阳畦菜豆覆盖玻璃拉死缝通风

3. 临时加温措施

遇特殊寒冷天气，温度低至-17～-14℃，尤其连续阴天时，阳畦可临时加温（图2-55），阳畦内放入炭火盆，以维持番茄、黄瓜苗的生命。也可提前在阳畦南口备筑10～13厘米高的土埂，上面放13厘米粗的铁管（或缸瓦管）作火道，东头挖一个坑放简易炉，西头竖一烟筒出烟，中间铁管上要抹泥，靠炉子端泥要抹得更厚一些，临时加温要使畦内温度均匀一致。

图 2-55　阳畦临时加温

（四）阳畦蔬菜灌溉

灌溉是依据作物生长发育各阶段的需要和气候、土壤、地下水位而决定的。灌水量一般每畦（约 11 米³）灌大水时每次约 150 千克，灌小水时（溜一水）每次约 75 千克。按栽培时期分述如下：

（1）播种时期的灌溉　又可分播种前的灌溉与播种后的灌溉，播种前的灌溉称作"暗水（底水）"，播种后的灌溉叫"明水（蒙头水）"，是保证土壤水分供给种子发芽及幼苗生长时需要的。此水一般要大，菜农称作"浇透水"（因一般在移苗前不再灌水）。

（2）移苗时期的灌溉

①起苗水：在移苗或定植前，为了便于起苗，必须在起苗当天或前一天灌一次水。此水宜适中，在起苗时以不碎坨、不粘手为合适。

②定植（移苗）水：移苗或定植后立即浇一水，使床土与根（苗坨）密接，同时为苗供给水分。但灌水量不宜过大，菜农称作"溜一水"。

③缓苗水：移苗后几天灌一水，以促进新根之生长。

（3）施肥后的灌溉（压清水）　菜农一般在施用液肥后必须打一水，以减少土壤溶液浓度，促进根部吸收。

（4）蹲苗水　蹲苗前的一水称作"蹲苗水"，以保证作物在蹲苗时期的水分。

（5）促进果菜类作物果实生长的灌溉　当茄子幼果露出时，需要大量水分，因而必须灌水，此水菜农称作"瞪眼水"。此外，如芸豆有"挂片水"，黄瓜有"膨瓜水"，白菜、萝卜有"开花水""谢花水"等。

（6）叶菜类作物上土软化前的灌溉　在叶菜类作物上土软化前必须充分灌溉，以保证上土期间土壤的水分能供植株的需要。此水一般要大，菜农一般连浇几次透水，称作"浇套水"。

（7）冻水　部分作物在越冬前为了保证越冬时的水分供给以及起到一定的保温作用，必须打一次水。

一般早春天气冷，灌水较少（量与次数都少），后期天气转暖，作物生长也较快需多灌水。灌溉的方法，大约可分两类：即喷壶灌溉或用水车直接引水灌溉。一般冬季或早春（惊蛰前），因天寒用桶和喷壶灌水，到了后期一般是用水车引水灌溉。灌水方式，又可分为全畦、沟灌、穴灌三种。播种期间（尤其小粒种子）及栽培期间的浇水，一般使用全畦灌。定植或移栽时，一般多用沟灌或穴灌。

（五）中耕及上土

1. 中耕

阳畦中耕的主要目的，是为了保墒，其次为了除草及提高土温。中耕一般以不伤根为原则。在苗期当种子发芽出土时常将畦面表土拱起来，叫作"顶锅盖"，这种现象常常消耗幼苗的营养物质，并造成畦土裂缝伤根，故应该用小齿手耙耙碎土皮，帮助幼苗出土，并盖严土缝。在移植缓苗后，用手耙钩子松土使幼根容易伸长。定植缓苗后（打缓苗水后）即可用手锄（或韭镰）浅耕一次。打蹲苗水后，即须深耕一次保墒。以后视蔬菜生长情况决定中耕与否及次数。一般蒿子秆、油菜、小白菜及其他叶菜类等密植的蔬菜，不行中耕。

2. 上土

阳畦栽培蔬菜上土，可分为两类：一类为苗期上土，目的是保护幼苗根部防止倒伏及保墒。另一类为栽培期上土（如韭菜、芹菜等），目的是促进生长与软化等作用。

上土在幼苗期因晚秋天气较冷，在种子刚刚发芽拱土时上土 1 次，以填塞土缝保墒及保护根部。以后在苗期再培土 1～2 次，有防止幼苗徒长倒伏与保墒的作用。幼苗的上土次数与时期，是根据该幼苗生长情况与畦土干湿、天气情况而决定的。一般上土较薄约为 0.3 厘米，最厚不超过 1厘米。

韭菜、芹菜、红头菠菜栽培期间上土，是当植株生长到一定高度时进行的。以后观察植株生长及天气情况而陆续上土 4～5 次（韭菜，隔 1 天 1 次）或 6～9 次（芹菜，2～3 天 1 次），以达到软化及促进生长防止倒伏的效果。

上土，一般要提前准备好过筛土。方法是用木锨或手撒入，木锨撒土使用较多。用木锨上土时，将刨松的土用木锨铲起均匀撒入。手撒是一手拿盛土的簸箕，一手即在簸箕内随取随撒，一直撒到全部畦内达到均匀一致的预定厚度为止。

（六）施肥

1. 肥料的种类及性能

20 世纪 50 年代，北京地区菜农选用肥料时，遵循"都市废物利用、来源丰富、价格低廉"的原则，时称"有机杂肥"，主要有粪肥类、蹄角肥类、骨肥类、豆饼渣肥类、皮毛肥类、垃圾类，其他类如河沟黑泥、土炕土等。这些大都属于含氮肥料，其肥效发挥的快慢，受分解的难易程度影响，而分解的快慢又与土质、地下水位高低有关。右安门一带地下水位高的微碱性土壤，多用鸡毛、皮革、蹄角等难以分解的杂肥，延至 20 世纪 80 年代仍有应用；而东冉村一带地下水位较低的地方，多用马粪、人粪尿等易分解的粪肥。

2. 施肥方法

施肥方法是由所施肥料种类与数量、蔬菜作物根系分布情况、栽培方式等因素决定的。基肥的施用主要有满畦施（大铺粪）、沟施、穴施等，追肥的施用有沟施、点施、满畦施等方法。

至于化学肥料的施用，20 世纪 30 年代已有使用，种类为硫酸铵、过磷酸石灰等，其中硫酸铵使用较多。

（七）阳畦的茬口安排

在丰台区右安门关厢、万泉寺一带的阳畦栽培历史悠久，设备完善，技术熟练，一年中可以生产三至四茬蔬菜。

1. 一年三茬（无玻璃覆盖，第三茬是露地栽培）

```
秋芹菜 ┐        ┌ 春芹菜 ┐        ┌ 番茄（茄子、豇豆）
番茄  ├──────→│ 油菜  ├──────→│
油菜 ┘        └ 番茄 ┘        └ 油菜
```

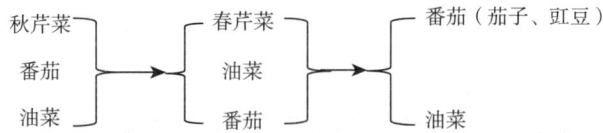

2. 一年四茬（有玻璃覆盖，第一茬不盖玻璃，第二茬、第三茬盖玻璃，第四茬露地栽培）

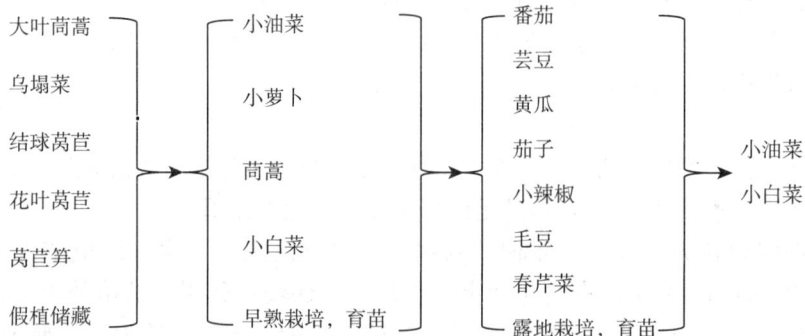

```
大叶茼蒿 ┐        ┌ 小油菜        ┌ 番茄          ┐
乌塌菜  │        │              │ 芸豆          │
结球莴苣 │        │ 小萝卜        │ 黄瓜          │
        ├──────→│ 茼蒿    ──────→│ 茄子           ├──────→ 小油菜
花叶莴苣 │        │              │ 小辣椒         │      小白菜
莴苣笋  │        │ 小白菜        │ 毛豆          │
        │        │              │ 春芹菜         │
假植储藏 ┘        └ 早熟栽培，育苗  └ 露地栽培，育苗  ┘
```

四、阳畦蔬菜栽培案例

（一）阳畦秋芹菜软化栽培

20世纪50年代初，郊区各地均有阳畦栽植芹菜（图2-56）。一般阳畦栽培春芹菜，采取的是密植软化栽培方式，而阳畦秋芹菜则采取的是培土软化方式。其中，尤以南苑区花园乡、右安门外关厢、西铁匠营乡、龙爪树乡、成寿寺乡、小红门乡与丰台区三路居乡、万泉寺乡、太平桥乡居多。其他则零星分布在海淀区东、西冉村乡和蓝靛厂乡。

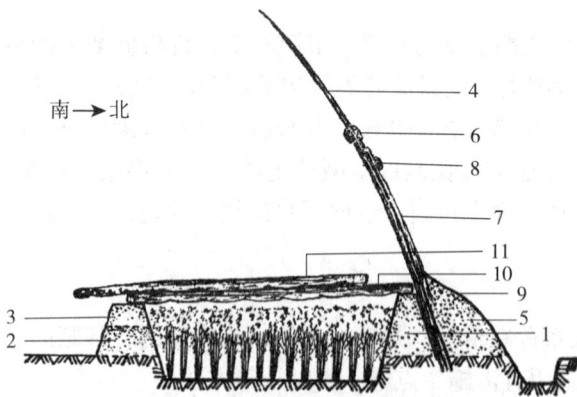

图2-56a　阳畦秋芹菜示意图　纵断面
资料来源：引自《芹菜》，1956。
1. 北帮　2. 南帮　3. 土帮增高部分　4. 篱笆　5. 篱笆土
6. 篱笆横杆　7. 披风　8. 披风横杆　9. 披风土
10. 第一层蒲席　11. 第二层蒲席

图2-56b　阳畦秋芹菜栽培

阳畦秋芹菜栽培方法，基本等同于露地秋芹菜，只是比露地芹菜晚栽半个多月。在炎热夏季利用荫棚播种育苗，到秋季定植在阳畦里，维持较好的温度和湿度，促进芹菜初期的快速生长，后期随着芹菜生长和霜降至小雪前的多次培土，使外叶柄与心叶软化为白色与鹅黄色。冬季寒冷期利用风障、蒲席防寒保温，就地贮藏，叶柄白嫩，风味芳香，品质极佳，产量较高，可陆续供应市场需求，很受欢迎。其栽培管理要点如下：

1. 培土软化

在芹菜生长中后期，不断地用一层一层的土将外叶柄基部与心叶埋起来，使它们见不到太阳光线，形成黄白色的叶柄，同时叶内纤维组织软化，含水量大而脆嫩。

培土适期，是在霜降前后，当阳畦芹菜植株长到23～27厘米、外叶生长渐缓而心叶生长开始旺盛的时候开始培土，一般到小雪前几天心叶停止生长时为止。一共培土6～9次，每次培土厚度超过3厘米，共培土20～30厘米。培土时注意事项：

（1）提前备土　培土所用的土，用阳畦南帮外边（并二畦）的土，土温不要高，干湿要合适，湿度不要大。要提前2～3天过筛备妥（图2-57）。为了减少土壤水分，用镐翻土，铁八齿耙松细，平晾晒土，培土前一天用木锨将潮干土上下内外掺匀备用。

（2）培土时间　宜每天午后叶内无露水的时候上土。阴天下雾、雨雪天都不能培土。

（3）上土前浇水　浇水1～2次，把水肥浇足。前三次上土要轻，用锨上土要向上撒开，让土从上往下落在畦里，避免斜着撒进去压倒、压伤外叶、叶柄、心叶。三次上土以后，外叶、叶柄被土固定，即无被土压伤的危险时，方可多上土。

（4）灵活掌握培土厚度　培土时要根据生长的快慢，灵活掌握上土的厚度，以掩埋住心叶为度。

（5）使用净土　使用无粪的净土。

图2-57　过筛备土

2. 防寒保温

芹菜能抵抗轻霜，寒露后应准备盖席，随时注意气候变化，霜降至立冬之间开始盖蒲席，立冬至小雪之间立好风障，大雪以后，加盖双层蒲席防寒。

蒲席的揭盖要看气候的变化，若天气不好可中午拉下蒲席过一下风，赶出潮气随即盖上。霜降后，上午8时30分拉席、下午5时盖席；立冬前后，上午10时30分拉席、下午4时30分盖席；小雪前后，正午12时拉席、下午3时30分盖席；大雪以后，下午1时拉席、下午2时30分盖席。大雪后必须加盖双席，每天上午约10点钟太阳照满畦时，把上层蒲席拉下来，让阳光照射下层蒲席，到下午1时左右，下层蒲席晒暖时拉下来。盖席时也分两次，下午2时30分盖下一层蒲席，让芹菜直接见光只有1个小时左右，以免受冻。阳光快离开阳畦前，再盖上第二层蒲席。盖双层蒲席时一定要将下层的蒲席盖严。

3. 适时收获

阳畦秋芹菜大雪以后可陆续开始收获，立春后容易抽薹，品质降低变劣，应在立春前收获完毕。收获时，在晴天用铁锨将芹菜连根掘出，抖去根部的土，摘除枯叶，用水洗净，束之成捆，即可上市。一般每畦产量可达70～100千克。

（二）阳畦盖韭栽培

阳畦盖韭（图2-58），20世纪50年代中期南苑右安门一带栽培面积很大，如花园乡

图2-58　阳畦韭菜栽培

（现南二环开阳桥南两侧）第一农业生产合作社，在 400 畦韭菜中，阳畦盖韭即占 3/4。

该村阳畦盖韭采用的是小株密植办法，春季育苗、夏秋养苗、冬季覆盖。若采用培养两年的健壮根株，更有利获得高产。阳畦盖韭的产品供应开始时期是春节至春分前后，其栽培技术要点如下：

1. 品种

适宜作阳畦盖韭的品种应是耐寒性较强，分蘖能力较弱，叶片肥厚宽大，叶鞘粗的品种，当年采用的韭菜品种：

（1）大白根　叶片浅绿色，宽大扁平，叶鞘部绿色，耐寒性中等，产量高。

（2）大青根　见风障畦栽培。

2. 保温设备

阳畦盖韭栽培所用阳畦规格，基本和育苗阳畦相同。所不同的是打土框的顺序，在立秋定植好韭菜后，立冬前土壤还未冻结时再垒土框，一般北框高 33 厘米，南框高 27 厘米，东西两个侧框筑成斜坡形，土框建成后再栽风障和披风。保温覆盖物为蒲席和玻璃窗。

3. 栽培技术

阳畦盖韭栽培分为热盖（盖玻璃加蒲席）和冷盖（只盖蒲席）两种方式，在冬季气温低时进行生产，采取的措施如下。

（1）打冻水　在立冬前后，当韭菜基本休眠后，浇一次冻水，也可灌溉粪水，水量要大，一般深 5～7 厘米。目的是防止根株受冻，维持土壤应有水分并为土壤准备养分。

（2）覆盖物保温防寒　主要为热盖和冷盖两种方式。

阳畦热盖，目的是供应春节韭菜。热盖玻璃前，先盖蒲席使土壤慢慢融化，然后将畦内乱草和韭菜枯叶清除干净并耙平畦面，一般在冬至前后开始盖玻璃，至第一次收获期间可不放风。第二茬生长期间，天气转暖，先提早拉席和延迟盖席，并逐步拉开加大玻璃缝通风。第二茬韭菜收获后，揭去玻璃，清明节除去蒲席。

阳畦冷盖，由大寒到立春陆续开始，春分前后供应。在覆盖蒲席后的 1～2 周内，表土化冻而韭菜尚未出苗前，清除枯叶杂草，先用竹耙子搂 1 遍，划破表土 1～2 厘米，疏松表土，以减少水分蒸发。覆盖蒲席 20～30 天，韭苗即可出土。此后应根据气温变化决定揭盖蒲席的时间。

（3）浇水和施肥　因韭菜耐寒，在覆盖玻璃时，视土壤墒情浇第一次水，并结合浇水撒杀虫药剂防治韭蛆。此后经 20 天左右，当韭菜出土达 3 厘米高时，进行第二次灌溉并为培土做好准备。培土后就不必再进行灌溉，避免土壤板结影响收获。至第二、三茬韭菜生长时也是这样浇水。阳畦冷盖韭菜在培土前充分浇水，第一次水浇完后，过 1～2 天，接着浇第二次水后准备培土。施肥方面，第二茬韭菜生长开以后，每茬苗高约 5 厘米时，应随水每亩施硫酸铵 20～25 千克。

4. 培土

当浇第二次水后，韭菜植株长至 5～7 厘米时，即可以开始培土，将预先准备好的过筛细土，用木锨扬入畦内，每次上土前后，用竹耙子搂一遍，把被土压倒的韭叶扶起，以利韭菜生长。第一次培土要早，在韭苗不足 7 厘米时培土最合适，厚度为 3～4 厘米，及时培土可避免叶鞘生长组织变硬。至收获前共上土 3～6 次，每次厚度 2 厘米左右。为使培土均匀，每次培土先薄撒 1 次，再重复撒 1 次。

5. 收获

到雨水前后，即浇第三次水后 8～10 天，当最高植株长到 33 厘米左右时就可以进行第一茬收获，每畦产量 15 千克左右。第一次收获后 20～25 天收二茬韭，产量比前一茬高 1/3。第三茬、第四茬每畦可收 20～25 千克韭菜。至立冬刨弃韭根。

蒲席覆盖韭菜，是在温度较低的环境中生长的，至收获时 50～60 天，一般到春分前后，韭叶长至 33.3 厘米左右开始收割。其覆土的叶鞘部分为白色，白色上部为黄色，叶片中部为绿色，叶尖有时带紫红色或绿色，因而被称为"花腰盖韭"，颇受市场欢迎。在收割时如果叶鞘黄色部不够长，可不揭蒲席再闷1~2天，菜农称之为"闷黄"，每畦产量一般为12.5千克左右。

阳畦蒲席盖韭一般可以收割3~4次。第二次收割后就不盖蒲席了，生长期也不再覆土，立夏后可以拆除风障。一般每隔30~40天收割1次，第三茬和第四茬的产量为每畦20~25千克，以后还可以收割露地韭菜3~4次。

冬季阳畦冷盖韭菜栽培，再利用当年所培育的韭根，如此连续生产，每隔3~5年轮茬1次。

（三）阳畦烤番茄栽培

20世纪30年代中期，右安门外的花园村，有两三家农户开始试种阳畦早熟番茄。

至20世纪50年代，种植历史约20年。随着阳畦的保护设备逐渐完善，栽培技术改进提高，南苑区的花园、右安门、西铁匠营乡快速发展阳畦热盖番茄（菜农称之为烤番茄，图2-59）和盖番茄（只盖蒲席，也称"冷盖"）或风障前栽培，并向南、向西发展到草桥、三路居、万泉寺、太平桥、马连道等乡，海淀区东、西冉村也有少数农户用卷席式阳畦进行烤番茄。阳畦番茄，是20世纪50—60年代北京初夏番茄供应的主要来源。

图2-59 阳畦烤番茄栽培整枝

1. 品种选择

（1）武魁二号（农研152） 植株矮，不易徒长，节间短，第6片、第7片叶处着生第一穗果，果为圆球形，粉红色，果顶稍尖，果皮较厚，耐运输，味较淡，成熟早，适于阳畦栽培。

（2）秃尖粉（顶头凤） 矮生种，其形状与武魁二号同，但果皮比武魁二号略薄。

（3）苹果青 中熟种，植株高，品质好，味甜，果顶浅红，果基部深绿色。

（4）粉红甜肉 植株大，第9片、第10片叶处着生第一穗果，果实粉红色，扁圆形，味甜。

2. 阳畦育苗

阳畦育苗环境与栽培环境相同，是阳畦烤番茄、盖番茄最合适的育苗方式。育苗阳畦场地准备、播种量、播种方法、苗期管理，详见本章第三部分阳畦管理的基本技术。

3. 阳畦及设备准备

烤番茄的阳畦，要在前作收获后，立即将床土翻起进行晒土，要防止土壤再行冻结，晚间要盖上蒲席。整地作畦施基肥，每畦7.8~8.4米² 铺施马粪与大粪的混合粪50千克，然后用四齿刨两边，使土与粪充分混匀，做平畦或开沟待定植。沟施肥的每畦施用混合粪25~30千克。

装置盖玻璃，在定植前7天左右，将阳畦盖玻璃（玻璃窗）按上。拉席式抢阳畦按玻璃的方法是，先在上筐上刻出玻璃槽并立支架，然后盖玻璃。盖玻璃的形式，一般采用三平式或二平一斜式，其中二平一斜式较好。

4. 定植与管理

（1）适时定植　定植期一般与播种期有关。大雪播种的，在播后90天左右，即惊蛰前后整地定植。大寒播种的，播后75天左右，即清明前后定植。定植时的苗龄以5～7片叶、高10～15厘米尚未见花蕾为宜。定植前要囤苗。

定植时的株行距与整枝方式、品种有关，栽培高秧品种的，双干整枝的株距为40～43厘米，行距43～47厘米。单干整枝的株距为30～37厘米，行距37～40厘米。西铁匠营乡栽培的自封顶小秧番茄品种，双干整枝株距33厘米，行距40厘米；单干整枝株距30厘米，行距33厘米。在定植前1～2天，苗畦内要浇1次水。起苗的同时，要进行选苗，淘汰过于弱小、带病伤的苗子。选出的苗子及时运至定植畦待栽。每畦定植4行，按照株距，采用开沟定植（图2-60），或平畦穴栽（图2-61）的方式，苗坨要和地表相平，深约7厘米，适时浇定植水。

图2-60　阳畦开沟定植番茄

图2-61　阳畦平畦穴栽番茄

（2）中耕蹲苗　蹲苗方法主要是控制灌水和中耕（图2-62），以促进根系生长，茎秆粗壮，增强植株抗性，为后期生长积累养分，实现早开花早结果。方法是先灌1次饱水，然后适时进行中耕两次，头次浅耕3～4厘米深，二次深耕约7厘米深。蹲苗期间，应避免高温，如花园乡第二生产合作社蹲苗期平均最高温度控制在29.3℃，最低温为6.1℃。第一次中耕在定植缓苗水后进行，第二次在灌第二次水后5～6天进行。为避免中耕震动损伤根部，离苗坨3～5厘米处不中耕或浅中耕。中耕时间以晴天为宜。

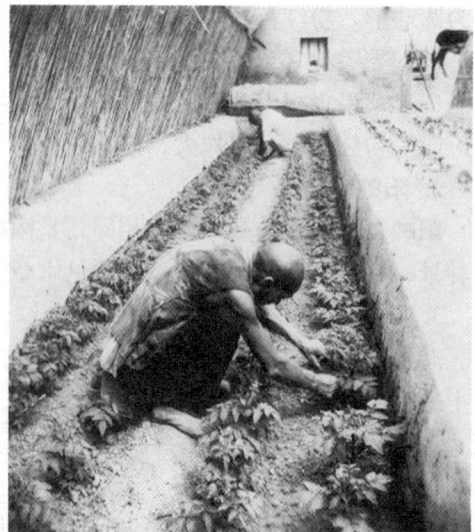

图2-62　阳畦番茄中耕松土

（3）浇水追肥　自定植缓苗水开始，需浇水7～9次，水量以引水灌溉到头为宜。追肥是在第三穗果坐果后，第一穗果实顶部开始发白，将近收获时进行。一般追肥用速效性较持久的腐熟粪稀，每畦施7.5～12.5千克。施用方法是随水流入畦内。追肥之后 2～3 天压清水 1 次，以利植株吸收。

（4）防寒保温与通风换气　定植后及时安上玻璃，将缝封严，提温保温，以促进缓苗。缓苗后随着外界气温逐渐升高，阳畦的管理工作主要是通风换气，逐步撤除防寒保温设备。拉盖蒲席和玻璃扇的管理，应根据外界气温变化、植株生长状况来定。揭盖玻璃扇缝和蒲席的时间，每天由晚拉、早盖，到早拉、晚盖，直至完全撤除。打开玻璃扇缝的大小，则由小到大，直至完全撤除。

（5）搭架与整枝　搭架方式与番茄栽培品种、整枝方式有关。以阳畦番茄栽培较多的单干整枝为例：以"单扦架"最为常见（图 2-63），单扦架是用高粱秆、细竹竿等绑成单架直立，不与其他架材连接的搭架方式，这种搭架方式通风透光效果较好，对以后的管理较为方便；除单扦架外，还有用 3～4 根单扦顶端绑成束的"小架"（图 2-64），或是一行一道的"马架"（图 2-65）栽培。

图 2-63　阳畦番茄插单扦架栽培

图 2-64　阳畦番茄插小架栽培

图 2-65　阳畦番茄"马架"栽培

整枝包括打杈、摘心、打老叶、绑蔓。阳畦番茄栽培有两种整枝方式，一是单干整枝，二是双干整枝。单干整枝可较早成熟，宜密植，株留 2～3 穗花序摘心。双干整枝，除在主干上留 2 穗花序外，在第一穗花序下方叶腋内留下侧芽形成侧枝，侧枝上留 1 穗花序。注意去除无用的侧芽，及时摘心，并摘除第一穗花序下的叶片，以利通风透光。

绑蔓要紧，同时注意尽可能将果穗绑在向阳的一面。

（6）生长素保花保果　施用 2,4-滴或其他生长调节素，目的是为防止落花和促其早熟。施用方法：有"喷花"和"蘸花"两种。用喷射法处理时，注意避免喷射到枝叶上，以免引起卷曲畸形。掌握适宜的施用浓度，在花瓣开放时，或即将开放时施用。

5. 病害防治

阳畦烤番茄，主要病害有叶霉病、生理性日灼（烧）病等。日灼病应通过选择叶量适当的品种，加强水肥管理，使枝叶繁茂，绑蔓时把果穗隐藏在叶片中，打顶时顶层花穗上面留2～3片叶，使果实不被阳光直射，以降低发病率。

6. 采收

阳畦栽培的番茄，一般在开花后40多天果实成熟（播种后130～170天），即可开始采收，一般采收期在小满前后至芒种之间。自收获开始每隔2～3天采收1次，可连续采收30余天。

根据当时南苑区调查，阳畦番茄一般每平方米产量为7.2～8.6千克。

五、阳畦的历史作用

1. 阳畦是北京地区传统的蔬菜生产设施之一

郊区菜农因地制宜，因陋就简，就地取材建成的阳畦，能在外界气温不适宜蔬菜作物生长的冬春两季，为露地栽培蔬菜育苗，或提早生产和供应各种新鲜蔬菜（图2-66）。应该说，这对处于经济贫穷时代的北京蔬菜生产发展，发挥了重要的历史性作用。

图2-66a　阳畦黄瓜栽培

图2-66b　阳畦茄子栽培

图2-66c　阳畦花椰菜栽培

图2-66d　阳畦烤黄瓜绑蔓

图 2-66e　阳畦结球莴苣栽培

图 2-66f　阳畦茼蒿栽培

2. 构造简单，因地制宜，是一种劳动密集型栽培管理过程

从建造阳畦生产床开始就要筑畦框、立风障、翻晒床土、施肥；栽培管理过程包括播种、分苗、囤苗、定植、中耕松土、浇水、施肥、打药（有的蔬菜还需要插架、整枝打杈等）。每天拉盖蒲席和玻璃，以及零星操作，每个劳动力仅能管理 30 个阳畦。菜农们须日夜操劳，精心管理，积累经验，克服各种不利的气象因素（较长时间的低温寡照、风害），防止冻害、冷害的发生，才能获得高产、质优的蔬菜产品。

阳畦设施简陋，劳动强度大，土地利用率和生产效率不高。但在外界气象条件极其不利于蔬菜作物生长的情况下，畦内小气候环境却能满足蔬菜作物最低生长发育需要，并能生产出多种新鲜蔬菜。应该说，阳畦蔬菜是京郊菜农的一项了不起的创造。

3. 退出生产是发展的必然

进入 20 世纪 70—80 年代，随着工业及经济社会的发展，北京郊区的阳畦蔬菜生产迎来了新的挑战：一是菜农弃农择业，"菜把式"青黄不接，难于传承这项繁杂、辛劳、技术性极强的蔬菜生产管理技术；二是塑料薄膜开始用于蔬菜设施栽培，薄膜代替玻璃，形成薄膜改良阳畦（半拱圆形塑料中小棚），它的性能要优于传统的阳畦，导致传统阳畦面积逐渐减少。至 20 世纪 80 年代中后期，一种新的蔬菜栽培设施——节能型日光温室开始在北京郊区蔬菜生产中推广。节能型日光温室的结构、性能与应用，降低了生产成本，改善了生产条件，生产效率基本可以达到加温温室水平，更加优于阳畦和改良阳畦。随着政策大力扶持日光温室的发展，郊区传统阳畦数量迅速减少，到 21 世纪之初，传统阳畦彻底退出了郊区蔬菜生产的历史舞台。

第三节　酿热温床栽培

元代王祯著《农书》中记有韭菜"至冬，移根藏于地屋荫中，培以马粪、暖而即长……"又说："就旧畦内，冬月以马粪覆阳处，随用葛苈篱障之，用遮北风。至春，其芽早出。"这不仅证明当时已有囤韭和风障栽培韭菜的技术，也证明马粪酿热的温床已经成熟并在以后长期的生产实践中应用。

温床，是为寒冷季节提升土壤温度而建造的设施之一，是结构比较完善的育苗床或栽培床。北京的阳畦酿热温床（图 2-67），大都供早春育苗用。20 世纪 50—70 年代，近郊区菜农为克服阳畦冬季育苗温度太低的缺点，将阳畦加深，下边填入酿热物而成半地下式酿热温床。酿热物基本上利用马粪、鸡粪、厩肥（粪草）、稻草、树叶、纺织屑、油饼、米糠等发酵生热（材料不同，发热长短、高低、快慢不同）或掺入其他物品，通过酿热提升土壤温度来进行春早熟瓜类、茄果类蔬菜育苗。

一、酿热温床的类型与建造

（一）酿热温床的结构

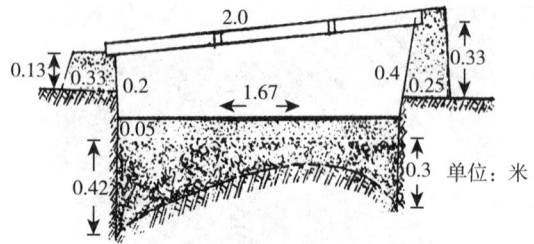

图 2-67　半地下式酿热温床示意图

18 世纪末，我国在引进木框温床后，砖框、混凝土框酿热温床相继出现，其结构不断规范，可分为普通温床、双屋面温床和 3/4 屋形温床等。温床的结构由床框、酿热物、覆盖物三部分组成。北京温床建造于阳畦，为半地下式，长为 6.7 米、宽为 1.67 米，这主要是便于育苗的管理操作，当然也有个别用于蔬菜生产。

（二）酿热温床的制作

首先要考虑热的来源和分布。热的来源有二：一是阳光，二是酿热物。这两种热造成床内距北框 1/3 处最热，距南框附近最冷，北框附近温度居中。所以挖床底应挖成一偏形曲线式，铺酿热物在畦中距北框 1/3 处最薄，南框附近多铺些，才能使苗床温度趋于一致。以新鲜马粪、稻草、落叶、尿水为酿热物，铺施踩实的厚度达到 30～40 厘米，发热时间可有 40 天左右，能保持气温及地温 20℃左右。北京气温回暖快，铺施薄一些只在播种时提高地温也可。一般于播种前 10 天左右，把酿热物备好掺匀，喷水到合适程度，装在畦内，略踩实，厚度达到 15 厘米左右就踩 1 次，铺施好后，罩上玻璃框或薄膜，使其发酵。当温度升到 40～50℃不再上升时，再踩实 1 次，然后上床土，床土要提前掺好备用，用营养土或按阳畦施肥量掺好的土。上床土后要踩实搂平，育苗用厚度为 10～15 厘米，栽培用厚度 17～20 厘米；当土温上升并稳定在 30℃左右时，就可以播种了。

二、酿热温床的性能及应用

（一）酿热温床的性能

温床的性能由温床的结构设备决定。因此温床的防寒保温覆盖物设备、利用阳光设备、持久发热加温设备要齐全，才能获得好的性能。

为提升性能，温床的盖窗要用玻璃、塑料棚布、蜡纸、油纸等，最好用玻璃并注意严密性。酿热物中含有各种微生物，发热起主要作用的是好气性细菌，能否持久发热和温度高低，由好气性细菌繁殖活动情况决定。酿热物碳氮比为（20～30）：1，含水量 70%，并有 10℃左右的温度和适量氧气的时候，细菌繁殖活动就旺盛，发热正常而持久；若碳氮比小于 20：1 时，则发热温度高但不持久；若碳氮比大于 30：1 时，发热温度低而持久。所以酿热物的选择非常重要，根据酿热物材料补充氮素或碳素，使其碳氮比维持在（20～30）：1。依据酿热物能够发热的温度高低，可分为高热酿热物和低热酿热物，高热酿热物有新鲜马粪、新鲜厩肥、各种油饼、米糠、麦麸皮、棉籽皮、纺织屑等；低热酿热物有稻草、麦秸、树叶枯草以及其他农作物秸秆等。选用酿热物时，依据蔬菜作物对温度的要求，就地取材，混合或单一使用。其厚度一般少量的为 17～33 厘米，多量的为 66～83 厘米。

温床因为下边有酿热物，并和底土联系，所以其特点明显：其水分很容易被蒸发而缺水，必须注意底水要浇透，但也不能过大而影响马粪等发热，必要时用喷壶浇水补充。

（二）酿热温床的应用

主要用于蔬菜育苗或栽培。

（1）育苗　温床对出苗有利，多用来育苗。播种前要浇透水，播种方法等同于阳畦育苗。但是在育苗管理上，要注意掌握温湿度，掌握不好苗子易徒长，幼苗细弱。其次温床苗分苗到冷床，地温相差过大，成活率不高或是大量发生猝倒病，所以分苗前一定要降温炼苗。

（2）栽培　温床的地温不够均匀，要根据床内部温差合理配置蔬菜种类，比如床中央栽培瓜果类、茄果类蔬菜；边缘栽培耐寒性不同的叶类蔬菜。

三、酿热温床的历史作用

酿热温床是农业社会和经济极不发达的条件下，在寒冷季节采用的一种提升土壤温度的设施方式，主要用于蔬菜提早育苗，进行蔬菜早熟栽培和促成栽培等。自元代记载时起，在北京蔬菜种植历史上曾起过重要的作用，直至 20 世纪 50—70 年代，对蔬菜提早育苗、促进蔬菜春早熟栽培生产曾发挥过一定作用。

一是酿热温床的酿热物主要是马粪和经过粉碎的作物秸秆，但随着国家工业化的发展，机械化替代畜力，马粪及粮田种植逐步减少，郊区酿热物材料日趋不足；二是酿热物被分解释放的热量有限，床温调节比较困难，填充酿热物时比较费工，这限制了酿热温床的发展；三是 20 世纪 70 年代中期以后，塑料薄膜温室快速发展并用于蔬菜育苗，尤其 1978 年，近郊菜区开始应用简便易行的电热线增温土壤进行蔬菜育苗或生产，导致酿热温床迅速减少并快速退出了历史舞台。

第四节　北京温室栽培

北京温室，是指 20 世纪 50—60 年代在北京郊区蔬菜设施发展过程中，沿用明清及民国期间的单屋面土温室（火室、暖洞子）和有所革新的改良温室，并在冬春季蔬菜生产上较大面积使用的加温温室。在近郊有些菜区，一直沿用至 20 世纪 80 年代。

温室，《汉语大词典》（1994 年版）对这个词条的注释是这样的："暖和的房间"；"宫殿名"。《汉书·霍光传》："独夜设九宾温室，延见姊夫昌邑阚内侯"。刘良注："温室，殿名"。汉书上记载的一座宫殿的名称"温室"，是怎样被用作农作物栽培设施的名称，或者这只是一种巧合，就不得而知了。

中国利用类似温室生产蔬菜作物的历史，已 2 000 余年。比古罗马公元 2～3 世纪设计制造的温室要早 200～300 年。

公元 938 年以来，北京先后成为辽陪都、金中都、元大都，以及明、清两朝的国都，是国家的政治、经济、文化中心。这里的帝王臣僚、达官显贵生活奢华，不满足于享用"应时"农产品，因而催生了在冬春时节"不时之物"即反季节蔬菜、瓜果、花卉的市场需求，"北京温室"就是在这种需求下兴起和发展的。

"北京温室"，史称"半坡屋"，出现于元代熊梦祥著《析津志辑佚·风俗》，它起源于元代官府，以后扩散到民间。它是由民房演变而来的，是现今北京"一面坡温室"或称"单屋面温室"的雏形。

明代清晰记载了"火室""火炕"。清代延续并改进了"火室"，唯南面使用纸窗，采光取暖。或在温室内生火……用煤球为燃料。这种土温室一般在秋天筑造、冬春季使用、夏季拆除。主要分布在右安门外草桥、黄土岗一带，在房山等远郊区也可看到"冬月用火炕种韭黄"的景象。

民国时期，西郊木樨地一带，有个富户于成龙，其父亲 1911 年就开始招徒工进行规模生产经营温室，他接着经营了 37 年，到新中国成立时有纸洞子 200 间、玻璃洞子 200 间，土地改革时被定为"农业资本家"，这就是后来的全国劳模温室生产能手李墨林的初学技术之源头。

民国二十九年（1940 年），日伪政府期间，国立北京大学农学院中国农村经济研究所调查资料第三号，介绍了北京南郊一带的炕式纸窗温室（又称熏房、花洞子，洞子），其结构如下：洞子一般为

16 间，长 53 米左右（旧制 160 尺），每间长为 3.33 米（旧制 10 尺）；温室南北跨度 3.33 米（旧制 10 尺），后墙高近 1.67 米（旧制 5 尺），东西山墙呈梯形，南北底长 3.33 米（旧制 10 尺）、山墙顶长 2.5 米，顶南端高 2.33 米（旧制 7.0 尺）、北端高等同于后墙。温室为板打土墙，由后柱、前柱、柁、檩、木条、泥土层、秫秸、窗坎、炉炕等组成。并因栽培作物种类不同温室结构各有差异，从温度上可分为暖洞子、冷洞子、半温半冷洞子等类型。还介绍了其促成温室黄瓜、茉莉等栽培方法。

20 世纪 50 年代初，新中国的各项事业百废待兴，国家对农业生产资料和商品经营并没有统一的规定和限制，仍以私营自由流通为主。在蔬菜生产供应方面，北京郊区农民可以根据自己的意愿，从事蔬菜生产和经营。"北京温室"，是蔬菜设施中比较高端的一种，延续着民国时期的温室类型发展，严冬季节主要生产黄瓜、番茄、青韭或韭黄、蒜黄，其次是柿子椒（辣椒）、扁豆（菜豆）、香椿、茄子、冬瓜、苋菜等。冬春淡季供应市场，价位较高，效益比较好，有政策支持，使北京温室蔬菜发展迅速（表 2-9）。

表 2-9 北京郊区 1951—1954 年蔬菜温室发展情况

区名	1951 年数量（间）	1952 年数量（间）	1953 年数量（间）	1954 年数量（间）	1954 年比 1952 年增加的比例（%）
丰台区	990.5	1 522	2 153	3 474	128
南苑区	—	338	475	1 215	259
海淀区	1 315	1 467	1 928.5	2 597	77
国有农场	—	60	120	392	553
总计	2 305.5	3 387	4 676.5	7 678	126

资料来源：引自《北京市温室蔬菜生产情况介绍》，北京市农林水利局，北京出版社，1955 年 9 月。
注：每间建筑面积约 16.7 米²。

1954 年底，北京郊区新增温室 2 960 间。其中，改良式温室多分布在海淀、丰台区的东北部，有老营房、蓝靛厂、东冉村、西冉村、黑塔、田村、羊坊店、北蜂窝、太平桥、马连道、三路居、万泉寺一带，主要生产黄瓜、番茄等瓜果类蔬菜。原始类型玻璃温室多分布在当时南苑区的右安门、西铁匠营、花园、草桥、小红门，以生产番茄、黄瓜为主；生产韭菜的纸窗温室多分布在丰台区南半部黄土岗一带的西红门、新发地、新宫、草桥、白盆窑、郭公庄、五圈、马厂、樊家村和丰台东北部的六里桥、靛厂等，主要生产韭菜（韭黄、青韭）。一些乡村既有改良式温室，也有原始型纸窗或玻璃温室。

温室猛增后，1954 年入冬后 12 月至 1955 年春季统计，黄瓜、番茄、蒜黄、青韭四种主要蔬菜上市量为 51.4 万千克，比上年同期增加 33.3%，价格显著下降。由于当期的经济及市场消费水平尚低，造成了温室蔬菜滞销，不少菜社亏损或无盈利。由此，北京设施蔬菜迈开了向天津、东北、西北等外地城市少量供应冬季新鲜蔬菜的步伐。

国家为有计划地发展国民经济，采取逐步变革走"农业生产合作化"的道路，实现了蔬菜有计划生产与供应，比较好地克服了"快马赶不上青菜行"的蔬菜产销矛盾，使蔬菜设施温室生产得以健康发展。如朝阳区星火公社鬼王菴（庵）大队，1956 年建造了 13 间温室，至 1960 年就发展到了 575 间，还成立了温室蔬菜生产专业队，蔬菜单产也不断提高（表 2-10）。20 世纪 60 年代初，四季青公社、国营西郊农场和南郊红星公社的旧宫、西红门等地都有较多的温室。可以说：北京郊区的温室发展进入了良性快速发展阶段，因"文化大革命"影响造成发展滞缓。进入 20 世纪 70 年代以来，逐渐被塑料薄膜温室取代而退出了蔬菜生产应用。

表 2-10　朝阳区星火公社鬼王菴温室生产队历年发展情况

年份	间数（间）	每间平均年产量（千克）	百分比（%）
1956	13	32.5	100
1957	36	45	138
1958	330	75	230.7
1959	566	80	246.1
1960	575	165.4	524.3

资料来源：中国农科院蔬菜花卉研究所档案室。

一、温室的类型与构造

（一）北京温室的类型

一面坡温室的演化，总体可分为原始型温室、改良型温室、节能型日光温室三个发展过程。

20 世纪 50 年代初中期，北京郊区的温室，仍旧保持了原始型土温室、原始型软化温室、改良温室进行冬季蔬菜生产。而改良型温室在海淀区羊坊店一带发展较快，并不断改进提高，同时也对不加温日光温室（改良阳畦）改进提高。北京郊区温室大体上概括为三种类型。

1. 原始型温室

主要是指土温室，又名火室、土洞子、暖洞子等。土温室建造简单，成本较低，室内面积窄小，容易保温，技术容易掌握，但产量较低。经过不断地改良，在类型上多少有些不同。

（1）纸窗土温室　是最初的原始型温室（图 2-68），冬季室内生火，里边只能栽种一行黄瓜、一行香椿。或在靠近前窗约 30 厘米的部位盆栽一排黄瓜，将瓜盆置于立架上，架下再栽一行菜豆等。

（2）玻璃土温室　主要栽培黄瓜、西红柿。菜农把温室前面的油纸窗改良成玻璃窗，但仍为土墙土屋面。菜农限于经济力量，有的只把温室前面纸窗靠地面的一排换成玻璃（图 2-69），条件好的改为玻璃窗温室（图 2-70）。光照好，

图 2-68　原始纸窗土温室

用于生产或育苗，以利于提高土温，促进黄瓜根系发育，在产量上比全部纸窗的温室要高一些。

图 2-69　原始类型土温室（上部油纸下部玻璃）

图 2-70 原始玻璃窗土温室

（3）软化土温室 是北京最古老的原始温室类型，其外形和生产黄瓜、番茄、香椿的纸窗土温室类型基本相同，是由北方农民将房舍前窗加大发展起来的，前屋面纸窗直立，进深较长，栽培床面积较大。无加温设备，寒冷时明火加温，夜间窗外覆盖蒲席保温。室内光照较弱，适宜软化栽培，专用于生产韭黄、青韭，又称"韭菜洞子"（图 2-71）。

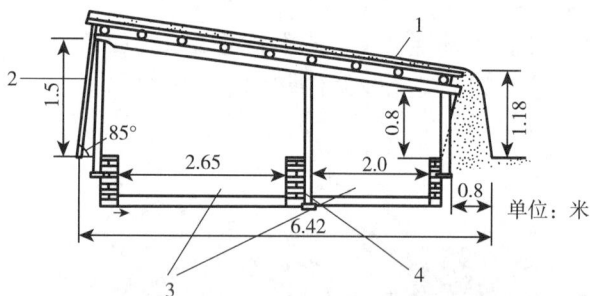

图 2-71a 韭菜软化土温室构造示意图
1. 屋面 2. 覆盖采光材料 3. 栽培床 4. 火道

图 2-71b 半永久软化土温室

这类土温室，都具备加温设备，夜间覆盖蒲苫保温。前两种类型的土温室，其土墙、土屋顶，年年拆建，故又称为"浮洞子"。软化土温室俗称"韭菜洞子、老洞子"等，温室屋顶和土围墙外面，多用花秸泥和石灰抹成，可以连续使用 20 年左右，因此也称固定温室或半永久温室。

2. 改良式温室

改进加高加宽了原始型温室的高度与跨度，在玻璃窗扇基础上，将屋面分成二折式，即天窗三块玻璃，地窗二块玻璃，形成了北京五块玻璃改良温室（图 2-72）。

五块玻璃温室是北京改良温室的代表性温室（图 2-73），较原始型温室的整体空间和栽培面积有了增加（图 2-74），提升了室内作业和栽培的条件。20 世纪 50 年代开始快速发展，全国劳动模范李墨林发展的温室就是这种改良温室（图 2-75）。20 世纪 60 年代，又根据天窗和地窗上镶嵌的玻璃块数多少，试建了地窗为立窗的五块玻璃改良温室（图 2-76）、六块玻璃改良温室（图 2-77）、七块玻璃改良温室等。

改良式温室因结构差异，也各有优缺点。但总体上，北京改良温室，因其小角度的天窗和大角度的地窗，使温室的空间与栽培面积变大，冬春季光照充足，更适合冬春两季栽培黄瓜、番茄、扁豆、柿子椒、茄子、香椿、冬瓜等蔬菜（图 2-78）。

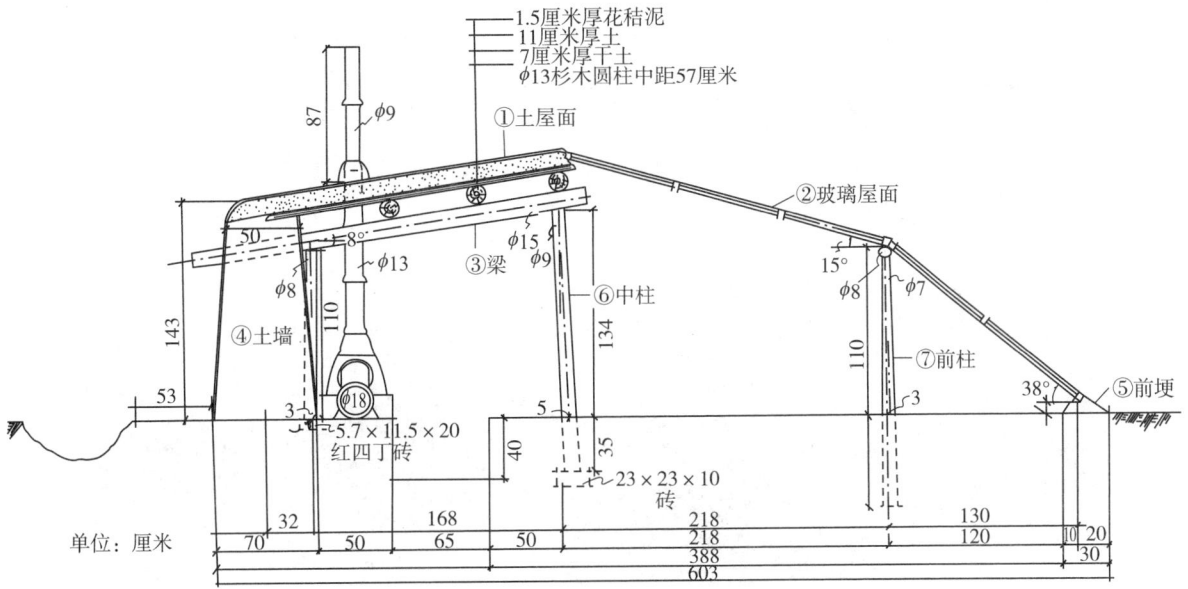

图 2-72　五块玻璃改良温室结构图　蒋名川，1956

图 2-73　五块玻璃改良温室

图 2-74a　改良温室测量柱高

图 2-74b　改良温室内景

图 2-75　四季青温室生产合作社改良温室群　冯文刚　1954

图 2-76　五块玻璃改良温室

图 2-77　六块玻璃改良温室

图 2-78a　温室黄瓜、番茄栽培

图 2-78b　温室番茄生长状

图 2-78c 温室利用后墙栽培

图 2-78d 温室前排番茄、后两排黄瓜共生

3. 日光温室

北京改良阳畦最初也称为小型日光温室。日光温室的结构一直处于变化之中。1957 年秋，北京市国营西郊农场，为解决改良阳畦体积小、操作不方便，果类蔬菜生产秋季播种晚、生产不易成功，春季屋顶遮阳多、作物生长受影响等问题，建造了厚 80 厘米的土墙，高度分别为 1.5 米、1.88 米、2 米和不同跨度的不加温温室，即日光温室。其室内净跨分别为：大型 6.19 米、中型 4.14 米、小型 2.4 米。均采用玻璃覆盖、夜晚蒲席保温方式。蔬菜生产实践证明：不加温的日光温室，仅能用于 4—6 月和 9—11 月生产喜温性蔬菜，12 月至翌年 3 月生产耐寒类蔬菜。尽管如此，综合其保温、采光、生产操作、通风防病等因素，仍得出了大跨度不加温温室（日光温室）为最好的结论。

1962 年，农业部编辑出版的农业生产技术基本知识《蔬菜栽培》一书，将北京的小跨度改良阳畦称为"小型日光温室"（图 2-79），向全国广大农民和农村工作干部介绍了这一农业生产技术。

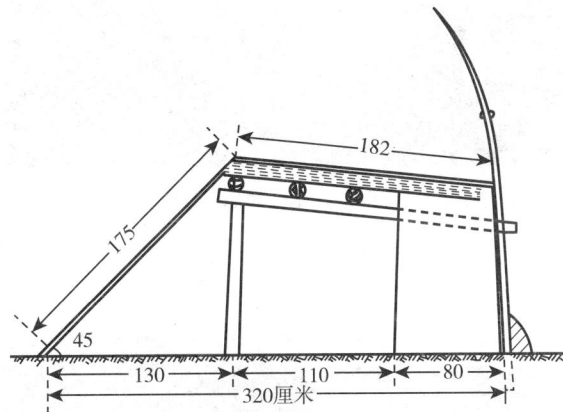

图 2-79 小型日光温室示意图 刘步洲 1961

（二）温室的建造

北京温室，建造规格不尽相同，每间温室东西长 3~3.3 米，南北宽 5.0~6.2 米，面积 15~20 米²。一般每栋温室东西长 48~72 米，宽 6~7 米，含 16~24 间；每四间设置一个火炉。其结构建造，由五个部分组成。

1. 筑土墙

北京传统温室，除个别永久性固定温室的墙壁用砖砌成或灰土打成外，一般温室的后墙和东、西墙都是用上筑成的。后墙高 1.3~1.4 米，墙基厚 70 厘米，墙顶厚 45 厘米。山墙呈"八"字形，最高处 1.8 米。用夯土的方法打筑，施工期一般在秋雨过后至大地封冻之前。用夯砸实地基，先打后墙，再打东、西两侧墙。打墙时，夹板放在夯实的墙基上，按照筑墙厚度立好夹板，然后填土打实（图2-80）。打墙取土时不要过于靠近墙根，从墙外50厘米远的地方取土2/3，自室内取土1/3，取土处作为人行作业道。打好一段墙后再左右或上下移动夹板，继续打墙，直至温室东西侧墙打好后，按规定规格开门（图2-81）。

图2-80a　筑温室北墙（干打垒）

图2-80b　筑温室北墙（干打垒）

图2-81　土温室山墙上的门

2. 立屋架

温室屋顶的架木，用松木或榆木做梁，梁的下面用立柱架起；大梁上面，用杉篙做檩（图2-82）。柱分前、中、后三排。前柱用以支撑玻璃屋面，直径8厘米左右，从地面到屋面高1.1～1.2米，埋入地下0.6米，前柱的高低可决定天窗和地窗角度的大小，既决定光照投射量的强弱，也与操作是否方便有关。中柱支撑土屋面，承担屋面和蒲席的重量，柱高 1.6～1.7 米，直径 10～15 厘米。后柱直径与前柱同，高 1.1 米，后柱与中柱高的差别，决定后屋面的倾斜度以及冬季阳光对后墙的照射和春季屋顶遮阳。梁直径 14 厘米，长 2.6 米。檩长 7 米，分前檩、中檩、后檩，前檩直接架在前柱上，脊檩、中檩和后檩都架在梁上。

图 2-82 温室立好的屋架

立屋架要先立中柱，上梁，支后柱，架脊、中、后檩。屋架施工应特别注意柱基要坚固，中柱和后柱的上部都要面向内有 5～10 厘米的倾斜度，不可与地面垂直，防止屋面向南倾塌。前立柱要在土屋面盖好后进行。

3. 盖屋面

温室土屋面，由秸秆、土、泥组成。先在檩上铺衬垫物芦苇、秫秸或玉米秸（图 2-83），厚 7～8 厘米作衬垫物，再在衬垫物上铺 10～12 厘米厚的土，拍平并踩实，上抹 2～6 厘米的麦秸泥防雨冲刷，改好后的屋面应经得住拉蒲席人踩和站立（图 2-84）。

图 2-83 搭建温室后屋面

图 2-84 已搭好温室的后屋面

玻璃屋面，改良式温室玻璃屋面分为"天窗"和"地窗"两部分。上、下窗扇都是用遇湿不易变形的松木或杉木做成窗框，镶上规格相同的玻璃，安装在做好的温室立架上（图 2-85）。玻璃屋面的顶窗（天窗）较长，为 2.2～2.5 米；一头放在前柱上，和前面倾斜的地窗相连接，另一侧搭在前檐檩上，向上倾斜与地面平面呈 11°～17°角；前面的地窗较短，为 1.5～2.3 米，一边搭在前杠（也称马杠，前柱，腰柱）上，另一边向地面往下倾斜呈 37°~45°角。

图 2-85a　安装温室前屋面玻璃天窗

图 2-85b　安装温室前屋面玻璃地窗

　　安装玻璃屋面后，应及时用泥密封外缝（图 2-86），用纸条在室内密封其缝隙（图 2-87）。要制作安装好温室通风窗（图 2-88），一般四间温室通风天窗、地窗各设置 5 个，且位置相互交错，上下通风窗要错开，不要在一条线上（图 2-89）。天窗通风面积要稍大于地窗通风面积，以减少外界低温的影响。

图 2-86a　密封温室玻璃窗缝隙

图 2-86b　密封温室前低角玻璃窗缝隙

图 2-87　密封温室内部玻璃窗缝隙

图 2-88　安装温室天窗通风窗

图2-89 安装好通风窗的温室

4. 置建火炉

北京传统温室的加温设备，大都是火热加温，最初位于室内中央，黄土岗一带土温室曾采用蜈蚣腿火道加温。加温方法分为明火和暗火两种，明火加温时燃料在炉灶内燃烧，以火焰直接烤暖温室，适用于耐烟的韭菜、蒜黄软化栽培温室（图2-90）；暗火加温，炉子一般位于温室北墙附近筑造（图2-91），燃料在炉内燃烧，其火焰和热通过烟道（火炕）产生辐射热来提高室温，残余的热烟再通过烟囱排出室外，适用于忌烟的茄果豆类和瓜类蔬菜栽培。改良式温室多采用暗火加温。

图2-90 韭菜温室的明火加温炉

图2-91 靠北墙的完整的暗火加温炉子

一般四间温室设置一暗火，完整的温室暗火构造如图2-92所示。炉坑（长1.7米、宽60厘米、深60～70厘米）和炉灶（炉身），用砖和炉条砌成（图2-93）；炉灶、炉膛，其大小可根据不同情况确定；筑造爬火沟（图2-94）、回风窝（图2-95）、坎墙和插火板、座坑和烟囱等。火道采用泥瓦管一条龙式烟道，长9～10米。

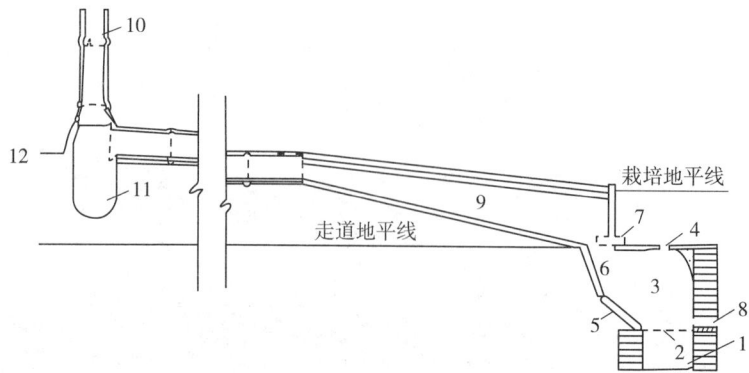

图 2-92　炉灶和一条龙烟道剖面图

资料来源：引自《蔬菜栽培学》，农业出版社，1960。

1. 炉身　2. 炉条　3. 炉膛　4. 炉口　5. 爬火砖　6. 爬火沟　7. 调节砖

8. 搜火口　9. 火道　10. 瓦管　11. 烟囱管　12. 回风窝

图 2-93a　砖砌炉身1

图 2-93b　砖砌炉身2

图 2-93c　砖砌炉身灶与加温火墙1

图 2-93d　砖砌炉身灶与加温火墙2

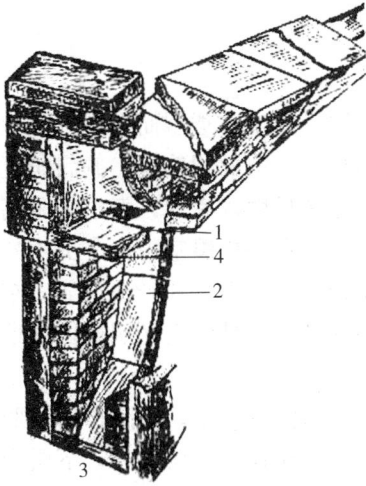

图2-94　灶身爬火沟的构造　蒋名川　1956

1. 爬火沟上口　2. 爬火砖　3. 爬火沟下口　4. 过梁砖

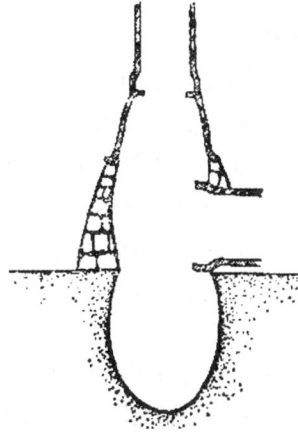

图2-95　挖烟筒的回风窝

火炉的建造技术，是北京温室设施栽培的精华技术之一。早期加温炉子的爬火砖，有折角，两块半砖长，坡度较小，抽火口（挡火口）往火炕、管道方向伸移。四季青合作社李墨林和北京农业大学园艺实验站温室技工杨国华，两人新中国成立前同在木樨地富户于成龙温室打工，所建温室的爬火沟多改为两块砖长，折角较小，似近直坡上去。这种很小折角的爬火沟，抽火力量比有折角的大很多，能听见呼呼响声。

5. 盖蒲席

蒲席是温室保温的主要屏障（图2-96）。一般遵循"早揭晚盖"的原则，严寒季节可双层覆盖，要视天气、作物情况揭盖蒲席。蒲席的编织，详见本书第九章。

图2-96　温室已盖上蒲席

二、温室的性能及应用

北京传统蔬菜温室，都是东西向延伸的单屋面温室，由于其结构及规格不一、热源、保温设备等不同，形成了温室的不同性能和不同应用范围。

（一）温室的性能

1. 光照情况

日光温室和加温温室均为单屋面自然采光。温室内部的光照，因温室类型而有差别。软化栽培温室，不需要充足的光照，所以光照强度很弱。改良温室因结构特点天窗面积较大、倾斜角度小；地窗面积小、倾斜角度大。冬季太阳高度低，阳光大量由角度大的地窗投射入室内；春季太阳高度高，可由天窗、地窗充分投射入室内，总体上光的投射量是比较强的。但在一栋温室内，各部位的光照，也不相同。在同一平面上，前、中、后排光照逐渐减少，加上作物遮阳，后排的光线更弱。东西两边山墙的地方，日照时间短，光照也不足。因此，后排和东西山墙的地方，是温室光照最弱的地方，也是产量最低的地方。

华北农业科学研究所蒋名川等研究的结果表明：在黄瓜三排东西行列中，中间排的光照强度是南排的51.5％，北排又是南排的57.23％。它的垂直光照度，是上层光强，中层次之，下层光弱，尤其是北排的下层光照度仅是上层的32％。特别是冬季连续阴天时，光照不足，黄瓜容易引起化瓜。各排化瓜数目也不同，在20间内，南排化瓜73个、中排105个、北排184个。

2. 温度情况

（1）小型日光温室　在1月晴天中午时间，最高气温可达38℃；在寒冷季节，室内最低温度为0℃左右（比露地高10～20℃）。温度保持范围：平均气温最高为25～27℃，最低为3～5℃，平均地温13℃。

（2）改良式温室　在寒冷季节，最低气温一般不低于15℃（比露地高18～30℃）。室内地温较稳定，一般能保持在16～18℃，严寒季节不低于14℃。温度保持范围：平均最高气温为22～28℃，最低为15～20℃，平均地温15℃。

改良式温室因结构角度和空间大小不同，加以昼夜热源来自不同方向，造成温室内有水平温差和垂直温差，冬季白天栽培床，南边比北边高2～3℃，夜间北边比南边高3～4℃。南边昼夜温差大利于光合作用和营养物质积累而获得增产；北边的昼夜温差小，消耗养分多以致减产。

温光差异，造成冬季黄瓜各排产量不平衡，南排占总产量的51％、中排占31％、北排占18％。

3. 湿度情况

日光温室内空气相对湿度较高（为保温需要，通风量小），一般为70％～90％。改良式加温温室，依据通风强度而经常变化，一般晴天在60％～90％，但阴天在80％～90％或90％以上，必须进行通风来降低湿度，空气相对湿度能控制在50％～70％。

4. 气体排放情况

温室内二氧化碳气体的含量，阴天比晴天高，夜间比白天高。

（二）温室的应用

温室的应用主要是指加温温室的应用，为满足调剂冬春季节喜温性蔬菜供应，通过人工加温以及防寒保温的完善设施设备，使温室内能够达到或满足各种蔬菜作物对于日照、温度（光热）等小气候条件的最低以及最适宜的生长发育要求。

北京温室蔬菜生产时间，以秋、冬、春三个季节为主，以寒冷季节栽培瓜果类菜为重点，可栽培2～3茬。因此，考虑到室内轮作与露地轮作，温室主要的蔬菜茬口安排如下表2-11。

表 2 - 11　温室主要蔬菜茬口安排表

倒茬方式	秋冬季生产（头茬）				冬春季生产（二茬）				夏季生产安排	备注
	种类	播种期	定植期	收获期	种类	播种期	定植期	收获期		
黄瓜—番茄	黄瓜	秋分前后	霜降前后	小雪至大雪	番茄	小雪至大雪	大寒至立春	春分至芒种	休闲或种一茬夏菜	
番茄—黄瓜	番茄	立秋前后	秋分前后	大雪至立春	黄瓜	冬至至小寒	立春至雨水	惊蛰至小满	休闲或种一茬夏菜	
黄瓜—黄瓜	黄瓜	秋分至霜降	霜降至小雪	大雪至雨水	黄瓜	冬至至小寒	立春至雨水	惊蛰至小满	休闲或种一茬夏菜	
黄瓜—茄子	黄瓜	秋分至霜降	霜降至小雪	大雪至雨水	茄子	冬至前后	雨水前后	清明至夏至	休闲或种一茬夏菜	面积小
甜椒—甜椒	甜椒	大暑	白露至秋分	冬至至翌年秋分				继续收获	继续收获	
茄子—茄子	茄子	立秋	秋分	冬至至翌年夏至				继续收获	休闲或种一茬夏菜	面积小
韭菜（多年生）	韭菜	谷雨至立夏	大暑至立秋	冬至至清明					养根	日光温室
菜豆（芸架豆）	芸豆	处暑至白露	—	立冬至冬至	架豆	大寒至立春	—	清明至芒种	—	温室边沿种或间作
冬瓜	冬瓜	寒露	立冬	大寒至立春	冬瓜	大寒	雨水	立夏至小满	—	盆栽，空间利用

资料来源：引自《北京蔬菜生产技术手册》，北京市农科院、北京市农业局，1981。

三、温室运营的基本技术

（一）燃煤加温

日光温室不用加温。北京温室以加温温室为主体，在蔬菜栽培上，加温管理是非常重要的。因为室内的温度过高或过低，直接影响到蔬菜的生长和发育，若措施不当则导致蔬菜植物死亡。

北京地区的菜农，对于加温方法是富有经验的，比如温室劳模李墨林，只要露着双腿或穿着单衣或光着膀子在温室内走一遍，通过皮肤的感觉，就能判断出温室火道火力情况以及室内温度如何，应该如何加大或减小火力，就能满足蔬菜生长和发育的需要。他们从不同的季节、不同的蔬菜种类、不同的生长阶段，来掌握不同的加温方法。

1. 不同季节温度的管理

温室生产从上一年 9 月中下旬起至翌年 5 月止，计有 9 个月的时间，这中间外界气温变化显著不同。20 世纪 50—60 年代，外界 9 月的平均温度在 17.7～20.4℃ 之间，平均最高气温在 24.4～27.5℃ 之间，平均最低气温在 11.6～15.4℃ 之间。而最冷的 1 月，平均气温在 −6.8～−2.7℃ 之间，平均最高气温在 −1.4～3.7℃ 之间，平均最低气温在 −12.9～−7.5℃ 之间。到了 5 月，平均气温在 18.1～22.1℃ 之间，平均最高气温在 24.4～29.2℃ 之间，平均最低气温在 12.0～14.9℃ 之间。这种由高到低、再由低到高的温度变化，致使温室内的温度也随着变化，为保证温室蔬菜正常生产，人工加温就要随着天气变化来加以调节。

具体调节措施，主要是通过炉膛大小、添火、封火、挑火和煤的数量（紧实程度）与质量来控制室内温度（表2-12），以满足作物正常生长发育需要。多数生产者，1天添煤4次。每天下午太阳落山前"挑火"即打开炉盖或稍添点煤；夜间9：00—10：30，添1次煤；凌晨2：00—3：00再添1次煤；早晨太阳上升拉开蒲席前，添一次煤"封火"。而全国劳动模范李墨林温室，则1天添火3次，也取得了连年高产的成绩。

表2-12　加温温室月别燃煤量

月别	节气	燃煤量（一个炉灶）			备注
		日燃煤量（千克）	煤块（%）	煤球（%）	
9月下旬至11月	秋分—立冬前	10～12.5	40	60	从秋分起，隔一火生一火，逐渐把室内炉火生着。自清明节始，隔一火减一火，至小满完全减完
11—12月	立冬—冬至前	15～17.5	50	50	
12—3月	冬至—惊蛰前	25～27.5	70	30	
3—4月	惊蛰—清明	10～12.5	50	50	
4月之后	清明	10～12.5	30～40	60～70	

资料来源：引自《北京市郊区温室蔬菜栽培》，1956。

注：①煤系北京门头沟产甲块无烟煤，煤球用该煤粉末六七成，掺黄土三四成，制成3～4厘米直径大煤球。

②此表系按照黄瓜的生育过程燃煤量计算的，番茄的燃煤量约比黄瓜少1/3。

2. 不同天气温度的管理

一般晴朗天气，阳光充足，室内温度也高，阴天阳光微弱，室内温度自然降低。不少菜农认为阴天温度低，就应该加强火力，来弥补阳光热能不足，这样往往引起蔬菜茎叶徒长，甚至生长软弱。而四季青合作社，对于阴天加温问题是非常重视的，在阴天的时候，室内温度总要比晴天略低4～5℃。这是他们从多年生产实践中得出的经验，在阴天不加高温，这对于提高产量是非常重要的。

因为，阴天的光照强度不足，光合作用比较微弱，所制造的养分也相对较少。如果把温度提高，就必然增强植物的呼吸作用，消耗的营养物质也就增多，这样就造成了徒长或软弱。所以阴天适当降低温室内的温度，是非常科学的，这对所有加温温室的加温管理是有积极的借鉴作用的。

3. 不同蔬菜种类的温度管理

不同的蔬菜植物，具有不同的生物学特性，温室蔬菜栽培主要解决的是喜温性瓜果类蔬菜的寒冷季节生产问题。在这些喜温性蔬菜中，如黄瓜、香椿、冬瓜等，对温度要求是比较高的，而茄子、辣椒、番茄等需要的温度就比较低一些。同一种蔬菜作物，在每一个发育阶段，对温度的要求也是不同的；或因栽培方式的不同，所需要的温度也有差别，比如软化韭菜栽培就需要温度高些，非软化韭菜的栽培就可适当降低。所以温室加温方法，必须根据蔬菜种类等相关条件来进行调节安排。

4. 不同操作过程的温度管理

温室蔬菜栽培需要进行不同的操作管理，比如浇水措施，就需要非常注意。因为冬天地温较低，浇水后，地温更容易下降，所以在每次浇水以后，都要比浇水前升高温度，防止发生低温"沤根"现象。

（二）覆盖防寒

温室蔬菜生产，在严冬季节应高度注意保温防寒的管理。防寒措施可以多方面进行，但主要是利用蒲席覆盖防寒。

栽培软化韭菜及蒜黄的土温室，其蒲席是立在窗前地面上，夜间盖住纸窗或玻璃窗，用来防寒保温；白天，挡在纸窗前面，半遮半盖地保持室内较弱的光线。

改良温室的蒲席，是把蒲席的一端的蒲席爪，固定在温室土屋面东西向拉的铅丝上（横拉铅丝由另用铅丝穿过屋顶钉或捆在室内木檩上），每4间温室，盖5块蒲席，整栋蒲席由东向西依次排列，西边蒲席压着东边蒲席，压茬 30 厘米左右，防止两块蒲席之间有缝隙（图 2-97），防止冬季常刮的西北风钻进屋面影响保温或掀起蒲席。早晨从西向东卷开蒲席，晚上，从东向西盖好蒲席。

图 2-97 温室傍晚盖蒲席从东向西

卷放蒲席的时间，也随着季节不同而有变化。蒲席卷放决定外界气温对温室散热的影响，也决定着日光温室内接受光照时间的长短。因此，在不影响室温的情况下，原则上应尽量早卷晚放，使室内得到较长的光照时间。根据作物对温度要求和季节变化，北京地区卷放蒲席，可分为 6 个阶段：

第一阶段：从白露开始至霜降以后。外界气温尚高，卷放蒲席，以太阳东升和西落，作为卷放蒲席的标准。

第二阶段：从立冬起至小雪以后。这时外界气温逐渐降低，在日出后或日落前各 20 分钟，卷放蒲席。

第三阶段：从大雪起至冬至以后。外界气温更低，从 7：30—8：00 卷席，到 16 点即将蒲席放下。

第四阶段：从冬至起至大寒以后。这是全年气温最低的时期，也是卷席最晚放席最早的时期，大约在 8：30—9：00 卷席，在 15：30 将席放下。

第五阶段：从立春起至清明以后，这时外界气温已高，日出就可卷席，日落就可放下。

第六阶段：到了谷雨，就要停止加温。在刚停止加温时，夜间室温要比未停火前略低，为了维持夜间适当温度，要尽量利用太阳辐射热卷放蒲席，晚上要提前 1.5 小时、早上要延迟 1.5 小时卷放蒲席（表 2-13）。

表 2-13 温室卷放蒲席时间表

月份	节气	室外气温		日照时数（小时）	卷席时间（时）	放席时间（时）
		最高（℃）	最低（℃）			
10	寒露、霜降	18.6	6.2	213.2	7	17：30
11	立冬、小雪	13.3	−0.4	176.0	8	17
12	大雪、冬至	−0.3	−9.6	179.4	9	16
1	小寒、大寒	5.2	−14	149.6	9	16
2	立春、雨水	11.4	−11.4	183.7	8：30	16
3	惊蛰、春分	12.9	−10.2	244.4	8	18
4	清明、谷雨	27.5	1.1	215.1	7	18：30
5	立夏、小满	31.2	8.1	215.9	6：30	19

注：日照时数，根据华北农业科学研究所 1954 年的月日照时数。

生产上，防寒保温卷放蒲席，要依据温室生产及天气变化情况灵活掌握。如某一阶段天气过热或西北风骤起而过冷，就要早卷晚放或晚卷早放。

（三）通风换气

温室蔬菜栽培，室内空气温度湿度容易过高，对蔬菜生长和病虫害发生都有很大影响，用通风换气的措施来调节室内温度和湿度是非常有效的，通风还可解决室内二氧化碳含量不足或过量以及有害气体对蔬菜生长的影响。尤其黄瓜温室，阴天也要适当放风排湿，有利防病。有时为了兼顾放风又不使降温太大，就在前面开窗放风，紧跟着关窗，间隔时间也就是三五分钟。通风换气方法，要根据季节不同而随之变换，具体的通气方法可见本书第十章。

（四）灌溉

温室蔬菜栽培，处于气候寒冷的季节，所以灌溉浇水的技术及方法非常重要。20世纪50年代，由于条件限制，采用两种灌溉方法：一种是引水灌溉，一种是挑水入缸用浇壶灌溉。

冬季温室黄瓜生产大多采用挑水壶浇，可以有效避开水经过垄沟水温下降太大的弊端。还讲究用"新鲜水"，不用留缸过夜的"旧水"。

20世纪50年代中期发展机井，采用引水灌溉的方法，将水汲出后经过室外水沟，进入温室水沟或水缸（箱），再流入栽培床内，如灌溉韭菜就使用该方法。冬季温室黄瓜栽培，最忌灌水过量，要用浇壶灌溉（图2-98）。浇壶的容水量，事先要加以计算（大的浇壶可容水10千克，小的只容水3千克，一般多用6千克的）。育苗用的浇壶，因为苗子小，浇水少，小一点的比较适用。灌溉成株用的浇壶，能容6~7.5千克水即可，过大反倒感觉不便。计算容量的原因，是因为温室灌水，十分细致，每次浇水前，都要计算一下，究竟一壶水浇多少株才合适，绝不能草率从事。栽培黄瓜，一般是用这种灌溉方法。其他蔬菜（韭菜除外）当冬季日照短、土温低时，也用这一方法来进行灌水。

灌水量的多少，受土壤质地、蔬菜种类、生长时期、不同季节等因素的影响，灌水数量应有所差别。

温室蔬菜灌溉时间，以上午为好。如果下午灌溉，易使室内湿度过高，或者从玻璃面上向下滴水，容易影响蔬菜生长或引起病害。

图2-98 温室冬季黄瓜用浇壶灌水

（五）施肥

温室蔬菜栽培投资大，必须获得高额产量才能符合经济原则。获得高产的基本方法，就是充分施肥来满足蔬菜的营养需要。但是软化韭菜和栽培香椿等，一般是很少使用肥料的，施用肥料最多的是黄瓜，其次是番茄。特别是建在大田作物的迹地上的温室，土壤比较瘠薄，更要多施肥。

温室施用的肥料有马粪、人粪干、羊蹄、鸡毛、麻酱渣等，其化学成分见表2-14。

表2-14 温室蔬菜施用肥料成分表

单位：%

名称	氮素	磷（P_2O_5）	钾（K_2O）
马粪	0.78	0.70	1.07
人粪干	1.80	1.87	0.69

（续）

名称	氮素	磷（P_2O_5）	钾（K_2O）
羊蹄	14.80	0.22	3.78
鸡毛	13.38	0.44	0.12
麻酱渣	6.05	4.58	0.36

资料来源：引自《北京市郊区温室蔬菜栽培》，1956。

温室栽培的黄瓜、番茄、架豆等几种蔬菜中，主要使用的肥料是马粪、人粪干和羊蹄、马掌等。马粪是温室栽培的重要肥料，它可以使板结的土壤变得疏松以利于根系发育，并可以增加土壤的保水力使土壤保持湿润有利于水分的供给；马粪施入土壤有助于提升土壤温度，促进微生物活动并释放出二氧化碳气体，利于促进作物光合作用。四季青合作社获得高产的原因之一，就是大量使用马粪。其次使用人粪干，这是速效肥料，无论基肥、追肥或者是配制营养土，都是必需的肥料。羊蹄角和马掌肥料在温室栽培中也是很重要的，它所含的氮素接近15%，比硫酸铵仅少1/4，比麻酱渣多约2.5倍。用作追肥很少有闭塞土壤空隙的毛病，特别是用在不常中耕的黄瓜上具有一定的优越性。

施肥的方法，可分为基肥和追肥。

施用基肥，要充分腐熟铺施。施用追肥，除硫酸铵外，人粪干、羊蹄角、麻酱渣等可用其液体肥料，在施用前一周，就浸在盆中，施用时，加水，按照一定的浓度来使用。施用追肥的时间，要在蔬菜生长最盛时期，如黄瓜、番茄等，都是当果实增长最快的时候，就是施用追肥的时候。

（六）病虫害防治

病虫害防治问题，是温室蔬菜生产的关键技术问题之一，直接影响到能否获得高产。

温室内的小气候，由于进行加温，无论早春晚秋或冬季，都能经常保持在15℃左右，最高时可达30℃以上。而且因蔬菜需要大量的水分，需要不断地进行灌溉；加以室内潮湿空气的排出和室外干燥空气的流入，受到温室通风换气的限制，因此温室晚间经常保持90%左右的湿度，甚至达到饱和，白天也在60%～80%之间。这样的环境，就给病害发生造成了有利条件。

温室蔬菜易发生的病害种类很多：黄瓜方面有霜霉病、白粉病、猝倒病和毒素病等；番茄方面有叶霉病、斑枯病、毒素病等；菜豆方面有角斑病、锈病、毒素病、炭疽病等；此外还有韭菜的枯萎病，辣椒的毒素病，以及茄子的褐色圆星病等。虫害主要有蚜虫、红蜘蛛和蝼蛄、韭蛆等。

这些病虫害虽然给温室生产带来严重威胁，但是如果能采取合理的栽培技术进行预防，也不难将其扑灭。因为温室直接受外界气候的影响较小，可在一定的建筑范围内，进行消毒。这为消灭病害传染源提供了有利条件。防除病虫害的有效方法如下：

（1）种子消毒　用50～54℃热水浸种，是一种简单而经济的办法；注意育苗时氮、磷、钾肥料的适当配合和水、火、风合理控制，促使幼苗健壮。

（2）温室和栽培床土消毒　播种前或定植前3～4天进行。方法有两种：一是喷射可用的杀虫药剂把温室内的屋顶、玻璃、走道及栽培床等都要喷到，然后盖上蒲席，以减少气味的扩散；第二天打开蒲席即可整地、作畦。二是药剂熏蒸，每20间温室用硫黄粉500克、雄黄250克和适量的杀虫杀菌剂。把这些药剂与1千克锯末充分掺匀，然后把混合好的药剂锯末平分20份放在20个容器内（容器一般采用13厘米高、27厘米口径的花盆）。装盆时首先把分好的熏蒸物放入一部分，然后放进几个已经燃烧着的红煤球，再把剩下的熏蒸物放在红煤球上，这时烟雾就开始四散，人即退出，把门关闭，放下蒲席，直到第二天才把门窗全部打开。

（3）生长期间定期及时防除　防除病害的方法有两种：一种方法是用雄黄和锯末混合一起，每20间温室，每次用62.5～93.75克雄黄加125～187.5克锯末；定植后1周即开始熏蒸，一般隔3～5

天熏蒸 1 次；每次熏蒸时间要安排在盖席后 19—21 时进行，如遇阴天、浇水后或黄瓜白粉病发生时都要勤熏（每天 1 次）。一种方法是用铜皂液喷射（图 2-99），铜皂液的杀菌力很强，喷射后不污染叶子，黏着力强，能防治瓜类霜霉病（跑马干）、白粉病、炭疽病及番茄叶斑病等。铜皂液的配制和浓度是：硫酸铜 50 克，水 20～30 千克，肥皂 200～250 克，阿姆尼亚水（氨水）25～30 克。也可以喷波尔多液或 0.2 波美度的石硫合剂。在 20 世纪 60 年代，防白粉病的简单方法，就是在盖蒲席前，在火道瓦管上捏一些硫黄粉，起熏蒸作用，每个火道 3～5 克，每两三天捏 1 次即可。

防止虫害的有效方法。蚜虫（腻虫）防治可喷射鱼藤精：含鱼藤酮 3% 的鱼藤精，稀释 1 200～1 500 倍，用时再加半块中性皂（100 克）。也可用 1.5% 的除虫菊乳剂，兑水 400～500 倍。配制时加中性肥皂。红蜘蛛（火蜘蛛或砂龙）防治可喷射 0.2 波美度的石硫合剂，效果很好。但不能消灭红蜘蛛的卵，所以喷第一次后，隔 6～8 天还要再喷 1 次，连续喷 2～3 次，才能彻底消除。

图 2-99　四季青温室黄瓜喷施铜皂液防病

（七）蒲席的保管

温室蔬菜生产一般到小满就结束。结束后就要陆续拆除温室，拆下来的材料要保管 4 个多月，然后重建，进入下一个生产周期。现在看，这是典型的生态农业，不用硬化土地。

蒲席是温室生产中投入最大的设备之一，又易受潮腐烂，因此要妥善保管，关键是晒干，采用圆锥形或长条形垛藏（图 2-100），尽量延长使用时间，以降低成本。

图 2-100a　圆锥形蒲席　　　　图 2-100b　蒲席越夏垛藏保存　　　　图 2-100c　长条形蒲席贮藏
　　　　　　贮藏垛

四、温室蔬菜栽培案例

（一）温室冬季黄瓜高产栽培

四季青蔬菜生产合作社以温室生产为主。全社共 930 户，有温室 967 间。在劳动模范李墨林的带领下，温室蔬菜生产采取定额管理，实行包工包产，统一安排生产技术，有专门的生产检查小组，统一检查各个阶段的温室生产和技术操作情况。1954 年冬，该社的番茄、黄瓜又获丰产（图 2-101），其中黄瓜平均每间产量达到 123.5 千克，比当地一般温室黄瓜产量高 68％，最高间产量曾达到 189千克（每平方米产 17 千克）。他们获得丰产的主要栽培技术如下：

图 2-101a 四季青合作社社员在采摘番茄

图 2-101b 四季青合作社社员在采摘黄瓜 1959

1. 采用优良品种

该社温室栽培的黄瓜是北京大刺瓜，瓜条长 25～47 厘米或更长，直径 3～5 厘米，瓜把长 5～8厘米，除瓜把外，瓜条有大棱大刺，肉厚，味鲜，品质好，并且结瓜早，结瓜多。一般每条黄瓜重156～200 克，大的有 300～500 克，在温室每株结瓜 3～6 条。侧蔓见瓜后在瓜上留一片叶掐尖，同样可以结瓜。但该品种抗病能力弱，耐热性较差。

2. 培育健壮幼苗

培育健壮幼苗是提高产量的重要环节，四季青温室合作社主任李墨林是劳模，是温室生产能手，培育出来的幼苗，株株健壮，生长快。其育苗方法详见本书第八章。当幼苗长到 4 片叶片时及时定植于温室。

3. 合理施底肥并及时定植

（1）重施底肥 秋天头茬黄瓜栽培，整地要早，未盖玻璃屋之前就进行，提前深翻 26～33厘米，耙平（图 2-102）。整地前，每间温室施入马粪 150 千克、人粪干 100 千克，要做到粪土掺和均匀，一般掺和 3 遍。第二茬黄瓜施肥量则减为头茬的 60％。筑畦，定植前 2～3 天，按东西向分三排开沟，再次集中沟施肥料，在保证植株不受冻的前提下前面一排尽量筑得靠前一点，以增加中、后排的光照条件；畦的高度各有不同，每排差距 4～5 厘米，冬季前排最低，中排次之（一般高 17～20 厘米），后排最高。每间温

图 2-102 提前整地平畦

室三排畦里均匀撒上发酵好的混合粪 113 千克（马粪 80 千克、棉仁饼 20 千克、麻酱渣 13 千克），翻土混合均匀（图 2-103），并做成高畦（图 2-104），高度 10～33 厘米，畦面宽 50 厘米，底宽 70 厘米，畦的南北两个边垒起小埂，畦面每隔 33.3 厘米垒一个小背，隔成一个小池，准备浇水用。

图 2-103a　沟施肥后翻地混匀粪土 1

图 2-103b　沟施肥后翻地混匀粪土 2

图 2-104　做黄瓜高畦

若采用盆栽，用直径约 27 厘米（8 寸）、高约 17 厘米（5 寸）的花盆，内装细沙土，施入豆饼末少量，马掌片 3～4 片置于花盆底部（不要靠近根部）。每盆栽 2 株，盆距 13 厘米（4 寸）排列。

（2）定植　幼苗长到 4 个叶时，选择晴天，把假植小花盆浇一次透水，使"磕盆"时土坨容易脱落。定植时，在高畦池子中心挖一个相当于小花盆大的坑，再用左手把小花盆拿起来，中指插在两个幼苗中间，把盆倒过来用手托着，右手轻轻地一拍，整个土坨就落下来（图 2-105），及时将苗放在挖好的坑里（图 2-106），随手填土，四周轻轻按一下。定植后浇一次透水（图 2-107）。前排定植10 盆、中后排各定植 9～10 盆，每间定植 60 株左右。定植时注意事项有：

图 2-105　黄瓜苗磕盆

图 2-106a　黄瓜定植

图2-106b　黄瓜定植

图2-107　栽苗后浇水

①同育苗一样，所用的底粪要经过适当的配合，肥料的三大要素即氮、磷、钾搭配适宜，并且发酵腐熟，经过捣碎、过筛处理，又和土充分混合，不会发热烧苗或生蛆害苗，利于黄瓜生长。

②根据室外气温的变化，决定温室内作畦的高矮。北京地区温度最低要到-10℃以下，自然也会影响室内的土温下降，对于植株影响很大，甚至沤根不长，该社采用垄高畦的办法，畦越高，吸收的热越多，土温就越高，垄高畦就解决了这个问题。

③及时定植，小心栽苗。在栽苗时，把幼苗栽在南第一排畦，大苗栽在北第三排畦。这样，由于前排光线充足，温度适宜，生长较快，前后排生长就会逐渐一致。

4. 根据生长需要灵活掌握灌溉方法，分期追肥

(1) 根据植株生长情况，看天看地看庄稼灵活浇水　从瓜秧定植到根瓜采收前，不多浇水，进行蹲苗，以免温度低时（阴天）影响根系发育，温度高时又容易徒长；定植后的一遍水浇过以后，在正常气候情况下，第二天要松一松土（锄一次），晒一天，浇一次透水，再锄过来蹲苗。幼苗长到5～6片叶时，一般到坐住根瓜后浇一次催瓜水，这个时候如瓜秧旺就少浇点水，瓜秧不旺，粪大，适当多浇点水。根瓜采收后，植株已高，叶面积大，进入结瓜盛期，需要水分较多，一般隔一两天或每天都要浇水。

(2) 根据天气适当浇水　天气阴沉或降雨雪时，室内温度较低，不能浇水，如果过旱也只能浇小水，以免土壤温度下降。一般是天晴光线好多浇水，连续阴天少浇水或不浇水。浇水的时间一般在晴天的上午10时左右。

(3) 大寒以前的黄瓜少浇水　严寒最冷季节，每次浇水量和浇水的间隔，比立春以后的黄瓜就要少浇水，间隔期也要适当放长一些。如正当盛瓜期，一般在正常气候下，每隔1～2天浇一次透水。春天每天都要浇水。另外，根据地下水位的高低和秋季雨量的多少，浇水也有伸缩节奏。1955年秋因为雨水较多，地下水位高，土壤湿润，浇水量就和往年不同，在结瓜初期每隔一次透水浇一次小水。

一般透水每次每池4株浇水2.5千克，春苗浇水浇水3.5千克；小水每池浇1千克，春苗浇水1.25千克。浇水时先用手打一下畦面，如声音比较发脆，就是缺水；如果声音比较叭叭的，或瓜叶绿色往外背，就是不缺水。每次浇水以立刻渗下去为适中。为了及时供给结瓜期所需要的养分，分期使用追肥，在每个生长过程中，共追肥10～13次。

5. 植株整理

(1) 绑蔓　蹲苗后的第一次水浇过后，就用芦苇或竹竿插立架，瓜秧长到5～6片叶时，开始将根瓜以下的茎往下盘曲一段，用浸过水的马蔺草绑束在支架上（图2-108），增加茎节数和结果数，也可以抑制植株徒长。以后每隔2～3片叶绑一次，绑蔓在中午以后进行，不使瓜蔓受折伤，还要使瓜蔓弯曲上升，不然瓜秧很快长到架顶，瓜蔓短、结瓜少，影响产量。

绑蔓时，要绑在节的下部，绑紧，这样使叶片左右分布，全部向南接收阳光，会减少同株上叶片

图 2-108　给黄瓜绑蔓

的重叠现象，不致影响光合作用。绑蔓时应注意植株长势强弱，长势强的，曲蔓的程度可大一些；长势弱的，曲蔓应小一些，要使每一株茎端的生长点处在同一水平线上（图 2-109），避免高低不同的植株相互遮阳。

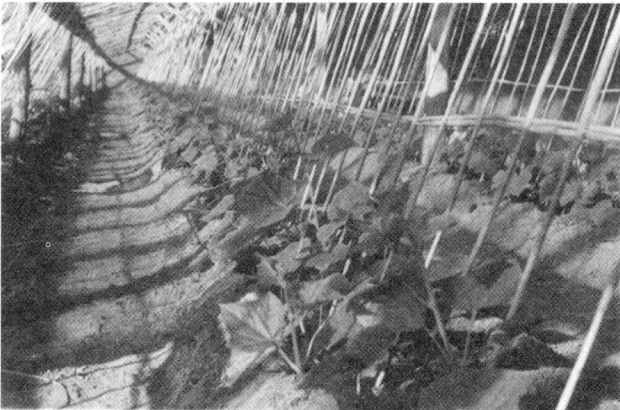

图 2-109a　黄瓜生长呈待绑蔓状

图2-109b　绑蔓后的黄瓜长势

　　（2）摘心　瓜秧爬到架顶时，就把顶尖掐掉。摘心时注意架顶的雌花，从架顶的雌花发现处，上留 1～2 片叶子，以上掐去，杈子上发现瓜后，瓜上留一片叶掐头，促进瓜条生长。为避免瓜须缠绕瓜叶、瓜条妨碍生长和影响光合作用，绑蔓时把卷须打掉。注意在雄花尚未开放时及时摘除。

　　（3）矫正瓜形　温室栽培黄瓜，常有瓜形扭曲现象，影响商品质量。矫正瓜形的方法，根据不同的生长阶段，采用挂坠子法或摽瓜法（图 2-110），使瓜长得直而整齐。

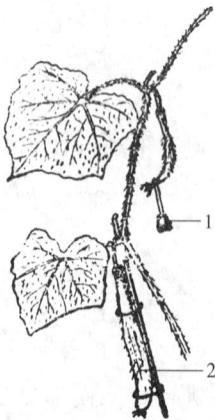

图 2-110a　矫正瓜形
1. 瓜坠　2. 摽瓜

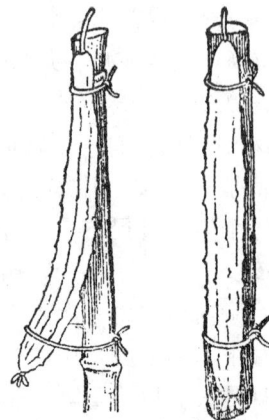

图 2-110b　摽瓜示意图

①挂坠子法：矫正瓜形要从瓜条长到 15 厘米长时开始，因为这时瓜条还小，在瓜条的尖端挂一个重物（坠子），借助重力可将弯曲的瓜条拉直。

坠子是一种黏土泥制的土坨，中央或上面穿一小孔，用火烧红晾凉即可；也可掺和石灰制成，坠子大的重 80 克，小的重 40 克，以线系起。用时挂在弯曲的瓜条上。注意应根据瓜条的弯曲程度来选择坠子的大小或增加个数。

②摽瓜法：当稍有弯曲的瓜条长到 25 厘米左右时，用 30～40 厘米长的高粱秆劈成两半，将髓部贴在瓜条的凸起的部分，基部和顶部分别用马蔺草捆绑（图 2-111），一条瓜可以分 2～3 次摽，使瓜条逐渐变直。摽瓜的时间，应掌握在下午瓜条不太脆时进行。

图 2-111a　给黄瓜摽瓜　　　　　　　　　　　图 2-111b　摽直后的黄瓜瓜条

6. 根据植株生长情况和天气变化，调节室内温度

（1）根据植株生长情况，灵活掌握温度　白天主要靠阳光供给黄瓜需要的光照和温度，夜间温度降低，就用人工加火来解决。在黄瓜整个生长时期里对温度的控制如下：

①播种后至出土前：为了提早出苗、苗株健壮，保持温度在 21～23℃。

②出土后至分苗前：为了使幼苗粗壮，适当降低温度至 18～19℃。

③分苗后至缓苗前：为了使根部早愈合，把温度提高至 20～21℃。

④缓苗后至结瓜初期：维持在 20℃，结瓜期再提高至 24～25℃。

一般夜间的温度都低于白天，平均在 18℃，分苗后至缓苗前和黄瓜膨大时，夜间的温度稍高一些，一般维持在 20～22℃。

如超过所需要的温度时，就要开窗通风，开窗的时间以午前 10 时到午后 3 时为宜，天窗开张的大小和时间长短，要根据当时天气的阴晴、室内温度的高低、湿度的大小等具体情况来决定。放风时要注意风向，如南风或东南风，就把天窗南部的窗口向下斜开。如果北风或西北风，就把天窗的南部向上斜着推开。天气晴朗无风时，天窗可以直上直下地开着。还要注意到开窗时由小到大缓缓地开，关窗时也是逐渐缩小最后关上，不使温度骤然变化，影响植株生长。

（2）晴天长、阴天看　这是该社瓜秧生长粗壮、收获期长、产量高的突出的先进经验。即晴天阳光充足时，让黄瓜继续生长；阴天控制加大，抑制瓜秧生长。这样做是有科学根据的，因为一般作物在充足的阳光下，可以进行强盛的光合作用来制造碳水化合物，供给生长和发育的需要，阴天和夜间适当降低温度（17～18℃），会降低植物的呼吸作用，从而减少碳水化合物的消耗，提高品质增加产量。黄瓜生长盛期，晴天的昼夜温差为 10～13℃。

（3）加火防寒 该社对加火调节温度是灵活掌握的。天气冷了添煤的次数就多，煤的质量好还多添。天气暖和了添煤的次数和用煤量就少，煤的质量也用次的。在 12 月中旬至翌年 2 月这一最冷时期，每天添煤 3 次，早通火，晚封火。一般第一次添煤在凌晨 2～3 时，第二次是从上午 7～8 时开始添煤封火，下午 5～6 时把火通开，到 9～10 时添第三次火。在添第一次和第三次火时，把炉灰搜净，多添好煤，以免午夜和天明前的严寒影响室内温度。

为防止室内温度扩散，夜间还加盖蒲席，一般是在每天太阳照满温室时，把蒲席拉开，太阳平西时又把蒲席放下。如遇雪雨、阴天，拉蒲席的时间就适当提前或拖后。

7. 防治病虫害

温室黄瓜常见的病害有霜霉病（黑毛）、白粉病（白毛），严重威胁着黄瓜的产量。另外，蚜虫（腻虫）、红蜘蛛（火龙）危害也常常发生。该社采取的对策是在黄瓜栽培以前用硫黄等杀虫杀菌药剂熏蒸消毒温室，生产中还按期喷"铜皂液"和"熏蒸雄黄"来预防病害。对蚜虫、红蜘蛛则经常检查，发现后及时除治。

8. 采摘上市

北京大刺瓜，从播种到收获所需要的时间为 55～60 天，20 世纪 50 年代期间，从谢花起到采收，根瓜需要 14～15 天，腰瓜 10～12 天，顶瓜 14～16 天。当瓜条刺尖发白，花刚谢，色黄，果顶形成钝角，果柄带有光泽，顶花带刺时为适时采收期。采收后及时分级（图 2-112），用柳条筐包装上市（图 2-113）。

图 2-112a 黄瓜采收

图 2-112b 黄瓜采收后分级

图 2-113a 装筐（一层湿布一层黄瓜）待售

图 2 - 113b　装筐后待售的番茄、辣椒

　　温室能手李墨林的温室蔬菜技术，受到广泛的赞扬。2000 年 5 月北京市海淀区地方志办公室编辑的《李墨林纪念集》记载：1959 年 1 月，诗人田汉赋诗咏四季青温室冬季蔬菜生产，"一带芦帘卷锦屏，轻轻护住暖房春。外边是朔风如刀枯野草，里边是热风拂面发新椿；黄瓜红柿天天长，韭菜青葱密密生；寒冬能结夏秋果，真不愧名不虚传四季青。"

（二）黄土岗温室半软化囤韭栽培

　　温室囤韭，主要分布在丰台区黄土岗一带。1954 年北京市农林局鲁仁庆对分布在丰台区黄土岗、白盆窑、樊家村、五圈、郭公庄、六里桥、靛厂、郭庄子等乡的"土温室栽培青韭技术"进行了调查。所谓温室囤韭，就是利用露地长成的根株，冬季移入不透阳光的加温温室中促成生长，也称作"熏韭"。又可半软化栽培，其产品叶片淡绿色（青韭），叶鞘白色，中间一段呈现鹅黄色，也可以称之为"三色韭"。这种韭菜叶细质嫩，从品质上看，不如盖韭，但因为生长速度快，成熟期早，所以在保障市场供应上，有一定作用。

1. 温室

　　生产囤韭的温室属于原始型温室（土洞子）。对于这种温室，要求保温性良好，对光照条件的要求不是太高，因为是进行半软化栽培。温室采用半地下式建造，栽培畦要比地面低 50 厘米左右。室内设一个燃煤球火炉，明火加温。在一栋温室中，以中柱为界，每间温室分为南北青韭、黄韭两个栽培区（池子或床）（图 2-114），温室东西方向分为 3～5 间。

图 2 - 114　韭黄、青韭两区生产（左，青韭；右，盖席韭黄）

2. 品种

　　温室囤韭生产使用的专用品种是"铁丝苗"。该品种鳞茎形状上下粗细比较均匀，在囤栽的情况

下，单位面积产量高。

3. 栽培管理

（1）根株培养　温室囤韭虽在冬季生产时间不过两个月，但在露地生长却需7个月以上。夏季露地栽培时，培养根株的土壤必须是良好的沙壤土；每亩施用优质人粪干1 500～2 500千克，或豆饼麻酱渣50千克，才能保证植株生长健壮，从而培养成肥大的鳞茎。

（2）掘挖和埋藏根株　露地栽培的韭菜一般在立冬前后两三天开始掘取根株（图2-115），抖净泥土并埋藏在露地（图2-116）。因为温室囤栽韭菜不是一次就能结束，而是不断栽培不断收获，所以要把暂时不用的韭根贮藏起来。

图2-115　挖掘韭菜根

图2-116　露地埋藏韭根

（3）囤苗前的准备及囤苗　在囤苗前的3～5天，把埋藏的根株掘起运入温室解冻，并进行整理（图2-117）。整理和囤栽的标准是每株鳞茎的基部最好都处在同一水平线上，韭根囤栽后，生长高度才能一致。

图2-117a　整理韭根1

图2-117b　整理韭根2

栽培床深7～10厘米。温室南部的栽培区整体要比北部栽培区低3～5厘米，为的是使韭苗都能接收到室内微弱的阳光。

所谓囤栽（图2-118），就是假植，韭菜软化栽培是假植根株而不是植株。囤栽时根株的须根并不入土，两手紧握一大把根株，整齐地摆放在栽培床面上，直到整个床面挤满为止（图2-119），囤韭必须紧、平、不要卷曲了根株。一个栽培床（池子）可以囤300～350千克根株。

（4）盖席　根株囤满后，接着就浇第一次水，第二天用苇席盖起。盖席的主要目的是使韭苗生长整齐，少受室内气温变化的影响，减少水分蒸发，起到软化栽培的作用。待韭苗长到13厘米左右时可将苇席揭去，即在盖席后第6～9天揭去，具体视温室温度和栽培床湿度而定。要注意揭席的时间，到了下午3:00左右，太阳西斜，光线变弱时将席揭去，少见些阳光，叶绿素未形成，就成了鹅黄色。

图2-118　囤栽韭根

图2-119　囤满韭根的栽培床

（5）培土　温室囤韭是在温度高、光线弱、高度密集的条件下生产的，为防止倒伏和软化叶鞘，需要进行培土作业。选择粉状细沙土，经晒干、过筛，均匀撒入韭菜植株之间（图2-120）。注意防止由于培土造成韭叶因沾染泥土而发生腐烂的情况发生。

（6）温度管理　温室囤韭栽培，为的是加速韭菜生长，收获半软化产品，因此总的温度管理原则是白天温度要低些，夜间温度要高些，不管是阴天还是晴天，温度要同样高。

北京温室韭菜半软化栽培是用明火（火炉）加温。明火加温的好处是升温快，遇有露水，很短时间即可消失。但因没有排烟设备，应加强通风，防止韭菜遭受烟害。

图2-120　囤韭培土

4. 收获

韭菜生长到33～35厘米高时就可收割（图2-121），从囤栽之日算起，经18～20天。第一茬收割，品质最好，风味浓厚，并有白、鹅黄、淡绿三种颜色，每一栽培床产韭黄60～75千克；第二茬可收获45～75千克；第三茬收割的产品品质较差，叶细味淡，产量为每一栽培床30～35千克青韭。经3次收割，其产量在不足9米² 温室里，能产150千克韭菜。

图2-121　收割囤韭

韭菜收割后，清除浮土，放在缸中洗涤（图2-122），随洗随放在木板上戳齐韭菜基部（图2-123），并梳理整齐，捆成1～1.3千克一捆，即可上市（图2-124）。

图 2-122 清洗囤韭的水缸

图 2-123 梳理囤韭

图 2-124 整理好的囤韭待售

北京温室软化韭菜栽培，在大雪至春分供应北京蔬菜市场，比风障畦韭菜栽培和阳畦盖韭的上市时间都要早，为寒冬季节蔬菜市场增添了花色品种。

仅从温室单位面积的产出来看，效益还是很高的。但从使用土地面积看，确有占用土地面积过大的问题。如以 5 间温室的 10 个栽培床来计算，囤栽两次，就需要用 5～6 亩露地所产出的根株，而且囤过的根株用一次就完全废弃，这样年年囤栽，年年培养新的根株，在土地利用和人工成本等方面，存在如何统一经济核算问题。

温室生产半软化产品韭黄的生产，由于其工艺复杂、成本高、价格贵，所以仅能供应少数高端市场。至 20 世纪 60 年代末 70 年代初及以后，随着塑料薄膜覆盖的发展，塑料温室、塑料大中小棚等青韭周年栽培方式的推广应用，"韭菜洞子"半软化囤韭栽培逐步退出而失传。

五、温室的成效和问题

北京温室，是北京传统蔬菜设施中一种设备较为完备、管理技术复杂、要求较高的类型。它在严冬季节能够生产和供应新鲜蔬菜，尤其是黄瓜、番茄、菜豆等喜温蔬菜，改变并丰富了 20 世纪 50 年代及以后北京冬春季蔬菜市场由白菜、马铃薯、萝卜等冬储蔬菜一统天下的局面，调剂了蔬菜品种供应，也利用了冬闲季节富余劳动力，在价值规律作用下，蔬菜温室得以在郊区迅速发展，并对北方地区的冬季蔬菜生产发展，发挥了引领作用。

北京温室是北京传统设施蔬菜栽培中最能体现精耕细作的栽培设施。根据北京四季青合作社李墨林社长 30 余年管理温室的经验，温室黄瓜管理需要抓住"水""火""风"三个关键因素。他说，要学会和没有声息的庄稼"说话"。他一进温室，就会仔细观察黄瓜的茎、叶、花、瓜条等的长相和长势，看瓜条是否尖嘴、弯钩、大肚、峰腰等形状；看叶片的厚薄和前端角大小；摸黄瓜"龙头"（生长点部分）的毛刺软硬和声音；看卷须甩出的"劲头"和粗壮程度；看雄花花瓣角度大小和花色浓淡。他通过看和摸就知道植株的水分、温度和营养状况，并能采取相应的管理措施进行调控；还能根据人体对温室内小环境的感受，来判定何时需要浇水，是沟灌还是用浇壶一株一株浇灌；何时需要加温，添多少煤；什么时候封火，什么时候开窗通风，开多大的风口，是开天窗，还是开地窗；等等。

　　这些经验，虽然不能说具有绝对的准确性，但在那个甚至连最普通的温度计都没有的年代，证明经验是很有效的。其温室蔬菜生产茬口安排和蔬菜作物与"水、火、风"的管理技术之精华，仍将对北京的冬季现代设施蔬菜生产有着有益的启迪作用。

　　北京温室是传统型温室与现代温室之间的一个过渡类型，它存在着当时代难以避免的燃煤量大、对环境污染严重；日常管理用工多；室内小气候差异大、产量不均衡；温室结构墙体保温、构建遮光、空间狭小、有效栽培土地占比不高等许多问题。

　　当新的蔬菜栽培设施，即北京节能型日光温室开始在郊区推广与发展时，北京传统温室就逐步退出了冬春季节蔬菜生产的历史舞台。

（祝　旅）

　　备注：本章 20 世纪 50 年代的照片除注明外，由中国农科院蔬菜花卉研究所提供。

本章参考文献 <<<

北京大学农学院中国农村经济研究所，1940. 关于丰台蔬菜、谷物、牛羊的交易状况［M］//北京大学农学院中国农村经济研究所. 调查资料：第三号. 北京：［出版者不详］.

北京农业大学，1961. 蔬菜栽培学：下卷［M］. 北京：农业出版社.

北京市海淀区地方志办公室，2000. 李墨林纪念集［M］. 北京：北京出版社.

北京市农林局，1957. 北京市郊区的阳畦蔬菜栽培［M］. 北京：北京出版社.

北京市农林水利局，1955. 北京市温室蔬菜生产情况介绍［M］. 北京：北京出版社.

北京市人民政府农林局，1954. 京郊蔬菜全年农事活动简历［Z］. 北京：北京市人民政府农林局.

北京市四季青人民公社温室生产队，1959. 温室蔬菜栽培［M］. 北京：北京出版社.

北京西郊农场，1958. 不加温温室类型试验初步总结［J］. 园艺通报（3）：143-145.

本书编委会，1957. 风障小萝卜栽培经验［M］//全国农业展览会农作物二馆. 蔬菜部分展出典型原始资料汇编. 北京：人民出版社.

本书编委会，1973. 阳畦西红柿秋冬季生产的经验［M］//北京市蔬菜办公室. 北京市蔬菜生产经验汇编. 北京：人民出版社.

董四留，2001. 北京志·农业卷·种植业志［M］. 北京：北京出版社.

丰台区南苑人民公社右安门大队，1960. "淡季不淡，旺季不烂，四季常青，天天供应"的蔬菜生产经验：092-001-00140［A］//北京市蔬菜办公室，北京市档案馆. 北京：［出版者不详］.

服部宇之吉，1994. 清末北京志资料［M］. 张宗平，吕永和，译. 北京：北京燕山出版社.

国家农业部，1963. 蔬菜栽培［M］. 3 版. 北京：农业出版社.

海淀区东升公社试验站，等，1974. 瑞士雪球菜花阳畦采种技术［M］//北京市农业科学研究所情报资料室. 蔬菜资料选编. 北京：［出版者不详］.

蒋名川，师惠芬，1957. 北京黄瓜温室性能的研究［J］. 农业学报，8（3）：330-345.

蒋名川，1956. 北京市郊区温室蔬菜栽培［M］. 北京：财政经济出版社.

蒋名川，1956. 中国的韭菜［M］. 北京：财经出版社.

蒋名川，王培田，1958. 黄瓜［M］. 北京：农业出版社.

李耀华，1954. 软化芹菜栽培法 [J]. 农业科学通讯 (11)：586 - 588.

李玉湘，1959. 日光温室在冬季严寒期的利用 [J]. 北京农业大学学报，5 (1)：17 - 19.

梁家勉，1989. 中国农业科学技术史稿 [M]. 北京：农业出版社.

鲁仁庆，1954. 京郊土温室青韭栽培技术 [J]. 农业科学通讯 (10)：518 - 521.

鲁仁庆，1963. 芹菜 [M]. 北京：北京出版社.

陆费执，顾华孙，1939. 蔬菜园艺 [M]. 上海：中华书局.

马大燮，1955. 北京敞韭的栽培介绍 [J]. 农业科学通讯 (2)：78 - 80.

聂和民，1959. 改良阳畦的结构性能及应用 [J]. 园艺通报 (4)：170 - 172.

蔬菜卷编辑委员会，1990. 中国农业百科全书：蔬菜卷 [M]. 北京：农业出版社.

孙可群，1954. 黄瓜促成栽培法 [M]. 上海：中华书局.

陶国华，尹庆仁，1954. 冷床番茄获得早熟丰产的经验 [J]. 农业科学通讯 (1)：35 - 36.

王培田，陶辛秋，1954. 北京早熟黄瓜栽培技术 [J]. 农业科学通讯 (2)：84 - 86.

王铁钤，1953. 北京市劳模李墨林的温室黄瓜生产经验 [J]. 农业科学通讯 (9)：381 - 383.

王铁钤，1986. 五色韭·韭菜周年生产 [M]. 北京：北京出版社.

王铁钤，等，1955. 京郊远大蔬菜生产合作社早熟茄子的丰产经验 [J]. 农业科学通讯 (7)：385 - 387.

吴耕民，1952. 祖国的蔬菜园艺 [M]. 上海：大中国图书局.

张平真，2013. 北京地区蔬菜行业发展史 [M]. 北京：中国农业出版社.

中国农业科学院蔬菜花卉研究所，2010. 中国蔬菜栽培学 [M]. 2 版. 北京：中国农业出版社.

中国农业科学院蔬菜研究所，1959. 北京、天津、旅大的蔬菜早熟栽培 [M]. 北京：农业出版社.

周凤鸣，1953. 北京市蔬菜生产的基本情况及解决存在问题的意见：092 - 001 - 00018 [A]. 北京市农林局，北京档案馆. 北京：[出版者不详].

邹祖绅，刘步洲，1956. 北京市郊区阳畦蔬菜栽培 [M]. 北京：财政经济出版社.

第三章

>>> 蔬菜塑料薄膜覆盖设施栽培

本章记述的塑料薄膜覆盖设施栽培，包括塑料薄膜棚、塑料薄膜温室和塑料薄膜地面覆盖等内容，以及它们在北京地区的兴起与发展、结构、性能、应用以及高产案例。

北京郊区塑料薄膜覆盖蔬菜，始于1957年。塑料薄膜棚，是指用透明塑料薄膜作为覆盖采光、保温材料的拱圆形、半拱圆形（改良阳畦）、屋脊形棚。在生产上塑料薄膜棚有大型、中型、小型棚之分，但其规格尺寸难以界定，就覆盖面积和空间来说，中型棚介于小型和大型之间。一般来说，小型棚的棚高大多在1.0～1.5米，宽2米左右，内部难以直立行走；大型塑料薄膜棚在生产上简称塑料大棚，棚宽一般在6～12米，高2.5～3.0米，单棚面积在1亩左右；钢结构的塑料大棚单棚面积、空间更大一些，少数能达到10亩以上。塑料大棚和温室相比，具有结构简单、建造和拆装方便、一次性投资较少等优点；与中小棚相比，又具有坚固耐用、棚体空间大，作业方便且可进行一定的机械作业和小气候调节的特点，有利于蔬菜作物生长，使生产效率得到提高。

日光温室发展在中国有近百年的历史，但真正大面积冬季生产喜温性蔬菜取得成功并逐渐普及应用，起始于20世纪80年代中期以后。1986年冬，辽宁省瓦房店农民李永群日光温室和海城式日光温室，在北纬40°～41°地区冬春季不进行人工补充加温，便可生产黄瓜和番茄等喜温果菜。这种温室用塑料薄膜替代玻璃进行采光保温，光和热源来自太阳辐射，夜间的热源也基本上依靠白天贮存的太阳辐射能，所以日光温室仍称为"不加温温室"或"日光温室"。1988—1989年冬春季节，北京郊区平谷县放光村李广顺首次建造的塑料节能型日光温室冬季黄瓜生产获得成功。

塑料薄膜地面覆盖简称"地膜覆盖"，是用专用（厚0.005～0.015毫米）的塑料薄膜（简称"地膜"）紧贴在畦面上进行覆盖栽培的一种简易覆盖方式。地膜的效应主要表现在能提高地温和保水能力、防止地表盐分积累，从而改善膜下土壤的理化性状，有利于蔬菜作物（尤其对根系）的生长发育。

20世纪70—80年代，因蔬菜塑料薄膜覆盖较传统设施具有劳动力投资较低、生产效益高、便于实现省力化管理等特点，北京市近郊菜农具有较高的发展积极性。经过菜农在生产实践中的不断改进和提高，蔬菜科技工作者的试验研究与技术交流，各级政府的蔬菜办公室组织生产考察、技术培训、印发蔬菜生产经验汇编等，引导玻璃覆盖的传统温室和阳畦基本上被塑料薄膜覆盖所取代，形成了以塑料薄膜拱棚、日光温室和地膜覆盖为主体，并与少量传统设施相结合的设施蔬菜栽培技术体系。

1985年5月10日，北京蔬菜产销政策放开，指令性计划调整为指导性计划。1986—1990年，在"立足本市，稳定提高近郊，大力发展远郊，充分利用外埠优势"的蔬菜生产方针指引下，积极建设蔬菜保护地。至1990年底，北京近郊菜区蔬菜设施总面积发展到40 455亩，其中塑料薄膜覆盖设施占比98%以上。远郊大兴、通县、顺义、平谷县新发展的商品菜基地，塑料薄膜覆盖设施达到15 602亩，新发展的节能型日光温室达到894亩。

蔬菜塑料薄膜覆盖，兴起在近郊，快速发展于远郊。1992年中国共产党第十四次代表大会之后，北京蔬菜产销政策由指导性计划转向了市场经济，近郊菜区蔬菜生产退出步伐加快，远郊农民发展设施蔬菜的积极性高涨。在政策与资金大力扶持和市场经济引导下，北京郊区快速形成了以节能型日光温室和塑料大棚为主体的设施蔬菜栽培技术体系，并且不断发展和提升（表3-1）。

表3-1　1970—2019年北京市郊区蔬菜设施发展情况

年份	总面积（亩）	加温温室（亩）	传统阳畦（亩）	塑料中小拱棚（亩）	塑料大棚（亩）	节能型日光温室（亩）	连栋温室（公顷）
1970	2 658	182	1 667	809	—	—	—
1971	3 987	441	2 393	1 149	4	—	—
1972	6 071	563	2 963	2 528	17	—	—
1973	6 409	663	2 956	2 663	127	—	—
1974	8 469	871	2 780	4 048	770	—	—
1975	10 018	941	3 583	4 094	1 400	—	—
1980	15 019	1 875	1 486	5 190	6 468		6.6
1985	25 204	4 879	1 927	10 809	7 589	—	
1988	33 433	8 160	1 159	13 121	10 993	59.3	
1989	37 198	9 430	1 451	14 383	11 934	180.5	
1990	40 455	10 707	2 474	14 587	12 687	—	18
1990*	56 057	13 243	3 713	22 734	16 367	894	
1995*	139 659	9 879	3 251	74 538	29 498	22 493	
2000*	235 994	—	—	82 588	53 657	99 749	29.9
2005**	234 668			91 377	89 476	53 815	
2010**	274 846			59 227	88 961	126 658	383.9
2012**	285 890			48 384	92 766	144 740	
2019**	192 233			—	91 014	90 020	746.6

注：未带＊为近郊区蔬菜设施数；带＊为近、远郊区蔬菜设施数；带＊＊为郊区蔬菜（含花卉）设施数。

第一节　塑料中小棚栽培

一、小拱棚的兴起与演变

1957年春季，北京蔬菜科技工作者徐顺依将日本友人赠送的聚氯乙烯薄膜（时称"玻璃布"），装于阳畦、改良阳畦（日光温室）的玻璃框内替代玻璃覆盖蔬菜，并在露地做成小拱棚覆盖蔬菜，进行了覆盖生产试验并取得了效果。其结果发表在1959年第4期《农业科学情况快报》。

中国农科院蔬菜花卉所档案室1960年7月存放的"早春用塑料薄膜覆盖对番茄早熟丰产及塑料薄膜在农业应用上的广阔前途"油印本资料记载，北京农业大学、北京化工研究院、上海化工厂等单位，当年就开展了塑料薄膜覆盖蔬菜早熟丰产的课题研究。1961—1962年，刘步洲等人，采用玻璃和上海产的玻璃布，覆盖在风障畦的上空，开展了"黄瓜覆盖栽培早熟丰产问题的研究"。在薄膜覆盖形式方面，专家研究认为拱圆形覆盖的保温、保湿性能优于三角形覆盖，拱圆形较三角形覆盖玻璃布温度提高1.5℃、空气相对湿度提高13%（表3-2）。这是因拱圆形透光性较强且覆盖严密所致。拱圆形骨架可利用2米长的竹皮、杨树条、紫穗槐条等，在畦的两侧畦埂处，每隔50～60厘米插入1根，形成弧形小棚拱架。由棚架的一端铺开两幅玻璃布，盖满全畦。两幅玻璃布的各一边，分别在畦埂处用土埋严；另外各一边在棚架顶部接触而稍重叠起来，当畦内温湿度过高时拉开缝隙通风（图3-1）；反之，则严密紧闭，保持温度。拱形覆盖便于就地取材，而三角形覆盖要做木框，成本较高。

他们采用玻璃布即聚氯乙烯薄膜，进行了薄膜覆盖对黄瓜早熟增产的研究，其结果以"黄瓜覆盖栽培早熟丰产问题的研究"一文和"塑料薄膜覆盖对黄瓜早熟增产的效应"一文，分别刊发在 1962 年、1963 年《北京农业大学科学研究年报》上。

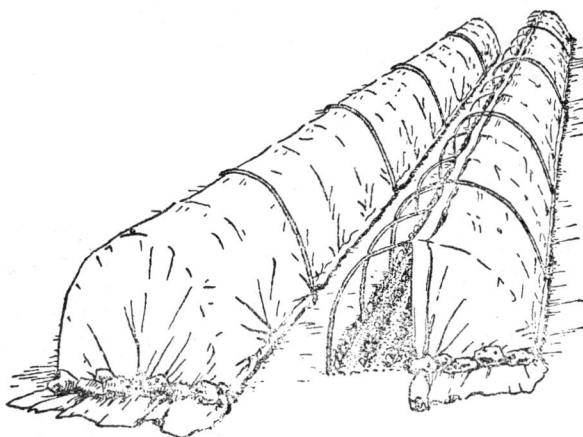

图 3-1　玻璃布覆盖蔬菜　刘步洲　1961

表 3-2　几种不同的覆盖物内温湿度比较

(1960 年 4 月 26—27 日)

项目	改良阳畦玻璃	三角形玻璃	三角形聚氯乙烯	拱圆形聚氯乙烯
温度（℃）	11.4	10	9	10.5
湿度（%）	8	8	85	98

1961 年，北京农业大学蔬菜教研组刘步洲还在丰台区南苑公社西铁营大队，用聚氯乙烯薄膜覆盖塑料小棚进行冬季生产示范，主要生产品种是韭菜；在海淀四季青公社西冉村大队也开展了塑料小拱棚生产冬季蔬菜示范。1963 年冬，北京市农林局在广安门外农业服务所组织技术培训（广安门外手帕胡同，后为北京市菜蔬公司），由刘步洲讲授薄膜覆盖栽培技术。

1964 年春，菜区开始大力推广蔬菜小拱棚覆盖栽培技术。四季青公社当年生产试验，覆盖菜豆比对照早收 10 天，亩产值 788.16 元，比对照 295.2 元增加 160.6%；门头沟公社大峪二队试验，覆盖黄瓜亩产量达到 4 359 千克，比对照区亩产 1 562.5 千克增加 179%，产值比对照增加 222.5%。适当提早定植，应在薄膜覆盖的基础上加盖稻草苫或纸被。

1969 年，南苑公社蒲黄榆大队大力发展拱圆形薄膜覆盖（罩）阳畦，由过去的 100 多个增加到 3 500 个，1971 年又增加到 5 300 个。过去一般要在 5 月中旬才能上市的黄瓜，提前了 1 个多月在 4 月中旬就能上市了。具体做法是：1 月下旬至 2 月初在温床播种，扣玻璃，罩薄膜，苗距 10 厘米见方，不进行分苗。3 月中旬起苗，定植于薄膜阳畦内，薄膜上覆盖草苫，早晨揭开草苫采光增温，晚上盖上草苫保温，这样 4 月中下旬即可收获上市。

朝阳区小红门公社 1969 年成立了科技委员会，主动与科研单位挂钩，邀请北京市农业科学研究所蔬菜室的科技人员来公社蹲点。同时，将生产队的阳畦技术员一律改为蔬菜技术员并保持相对稳定，负责队里的蔬菜技术工作。同时，建立蔬菜试验田，把蔬菜科技作为抓生产的主要内容，在蔬菜生长和科学试验的关键时期，召开科技人员、生产队长、蔬菜技术员"三结合"的现场考察或座谈会等活动，使蔬菜技术的指导、交流学习、生产上有效落实相统一。1970 年，小红门公社蔬菜塑料薄膜覆盖面积由过去的 10 亩猛增到近 80 亩。

1970 年，北京近郊菜区蔬菜塑料薄膜覆盖面积达到 809 亩。

二、小拱棚的结构类型

塑料小拱棚覆盖设施，结构类型分为小型拱圆覆盖和半拱圆形覆盖两种，前期在京郊覆盖面积一直较大，其建造材料主要是水泥、竹材、钢筋或镀锌管材。

（一）小型拱圆覆盖

20世纪60年代中后期，北京在塑料薄膜覆盖蔬菜生产过程中，有的对传统阳畦进行改革，把塑料薄膜固定在阳畦窗框上，采取薄膜罩阳畦，代替玻璃；有的在阳畦南北框或平地畦埂上，每隔30～50厘米顺序插入细竹竿或毛竹片、紫穗槐条搭成弓形骨架，高1米左右。为增强骨架的支撑力，每隔六七米支木柱1根，再用铅丝连接起来，弓形骨架上面覆盖塑料薄膜，用以代替阳畦玻璃木框。夜间在薄膜上盖草帘以代替蒲席保温，有的则在覆盖畦的北侧设置风障以防风保温（图3-2）。

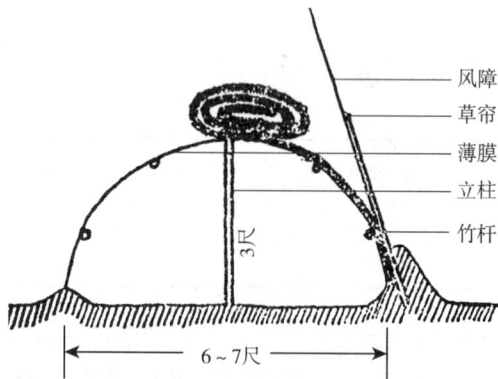

图3-2a　小型拱圆覆盖示意　1972
注：1尺≈33.3厘米。

图3-2b　小型拱圆覆盖　1972

这种平地或畦上支弓子覆盖的方式，称为"小型拱圆覆盖"（小拱棚），是北京蔬菜塑料薄膜覆盖栽培的初期设施。

南苑公社蒲黄榆七队，为调剂早春市场蔬菜品种，仿照韭菜薄膜覆盖提早上市的经验，1971年秋采用小拱棚覆盖根茬芹菜，当年7月26日播种，9月20日定植，入冬时在低温的影响下，植株地上的养分逐渐向根部转移，封冻前插好竹拱架，株高1尺（约33厘米）左右。12月底至翌年1月初，根茬芹菜的外叶基本上都枯萎，而心叶仍保持鲜绿，此时覆盖塑料薄膜和草苫，白天阳光辐射增温，晚上盖草苫保温。返青后加强水肥管理，到1972年3月下旬收获上市，较风障根茬芹菜提早20多天。1972年又覆盖根茬芹菜85个畦，上市期又比1971年提早了3天，平均每畦（长6.3米，宽2.2米）产芹菜98千克。

根茬芹菜覆盖薄膜时间的早晚，与早熟和产量有很大关系。较早覆盖，芹菜的外叶尚未枯萎，则残留的养分不再向根部转移，返青可以提早，但因根部贮藏养分较少，使心叶瘦弱，产量降低；覆盖较晚，则返青推迟，心叶虽较肥大，但生长期又受上市时间的要求而缩短，也影响产量。连续两年小拱棚覆盖根茬芹菜，均未能更早收获上市，其根本原因是覆盖薄膜和草苫的时间问题，造成了芹菜遇冬季外叶枯萎、停止生长回根、再返青生长。

北京市农科院蔬菜所陶安忠、孙学福，对此技术进行总结和改进，将保温覆盖开始时间前提，使芹菜不间断生长，获得了早熟高产。这是北京设施蔬菜技术进步过程中的宝贵经验之一。

北京小型拱圆棚，随着建材选择的多样化，由最初的竹木类型发展成竹木、钢结构类型并举（图3-3）。生产上主要用于春季蔬菜覆盖栽培，夏季期间用于蔬菜育苗或软化栽培。

图3-3a　简易竹片小拱棚　曹之富　2010

图3-3b　竹片塑钢花架小拱棚　1988

图3-3c　镀锌薄壁钢管小拱棚　1987

图3-3d　竹结构小拱棚　吴德正　1980

小型拱圆覆盖设施，用料简单、便于取材，投资少但生产效果好，宜于经济条件较差时或临时短期应用（图3-4）。

图3-4a　小拱棚夏季短期育苗　2019

图3-4b　小拱棚覆盖西瓜早熟栽培　2019

（二）小型半拱圆覆盖

小型拱圆薄膜覆盖，棚内空间小，劳动操作不便，春季覆盖草帘还对栽培畦北侧形成遮阳带；冬季下雪则易在风障下形成积雪而不易清除，影响蔬菜生长一致性。因此，近郊菜区同期不断对阳畦覆盖方式进行创新改革。1970年冬，石景山区下庄生产队稍稍提高了阳畦北框，用竹拱架罩薄膜代替玻璃，草帘代替蒲席，并在阳畦南框下设置火道，开始向半拱圆薄膜覆盖形式的改革阳畦发展（图3-5）。

朝阳区小红门公社，1971 年在薄膜覆盖阳畦的基础上，将阳畦北框改为宽 50 厘米，高 80 厘米的矮土墙防寒。栽培畦面 1.8～2.1 米宽，竹竿拱架中脊高距地面 1 米，竹片固定在北墙的上端，呈半拱圆形薄膜覆盖，上盖草苫保温（图 3-6）；若有临时加温设备，可作一般果菜的冬春生产。这种形式一出现，便受到了当地群众的欢迎，不但克服了拱圆形的缺点，而且还节省了塑料薄膜的用量。公社立即组织现场参观这种改革阳畦，使其得到迅速推广。

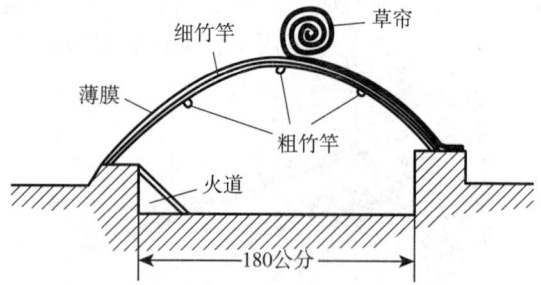

图 3-5　石景山下庄队改革阳畦示意图　1970
注：1 公分＝1 厘米。

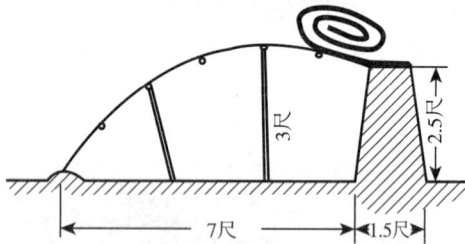

图 3-6a　小红门公社半拱圆覆盖示意图　1972
注：1 尺≈33.3 厘米。

图 3-6b　小红门半拱圆覆盖　1972

这一时期，四季青公社少量保留的玻璃洞子（改良阳畦，图 3-7），也渐用薄膜覆盖。积极创新而来的这种小型半拱圆形薄膜覆盖设施，多是在阳畦或玻璃洞子上发展而来，结构不一，因跨度小，名称多为薄膜小洞子（图 3-8），或改革（良）阳畦（图 3-9）。此后，进一步演变成为菜区栽培的主要设施类型之一，即北京改良阳畦。

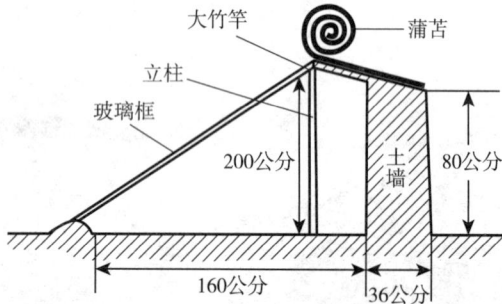

图 3-7　四季青高庄大队温室队玻璃小洞子　1973
注：1 公分＝1 厘米。

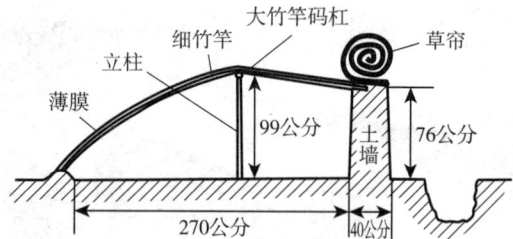

图 3-8a　北高庄薄膜小洞子　1973
注：1 公分＝1 厘米。

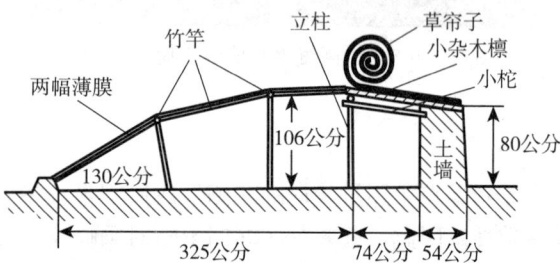

图 3-8b　彰化二队薄膜小洞子　1973
注：1 公分＝1 厘米。

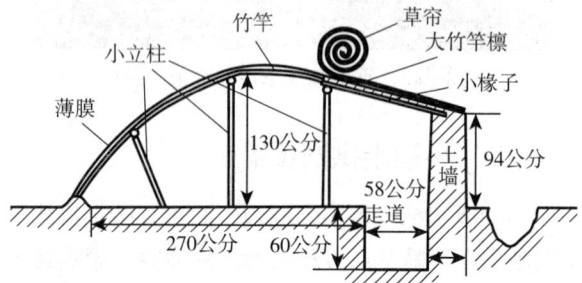

图 3-8c　玉洲潭恩济庄薄膜小洞子　1973

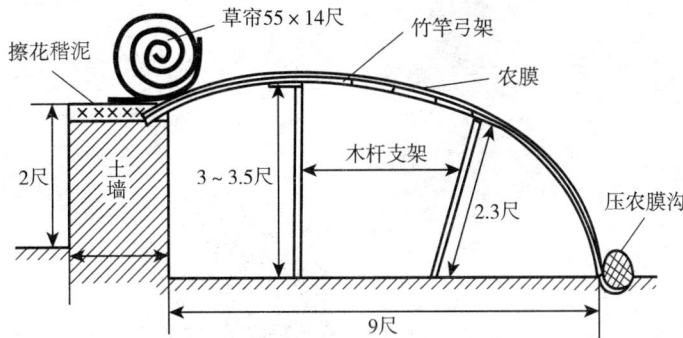

图 3-9　四季青蓝靛厂大街队改良阳畦　1974

注：1 尺≈33.3 厘米。

1975 年早春，北京市农业生产资料公司在近郊菜区大力推广小型半拱圆覆盖的改革（良）阳畦，组织菜农参观小红门公社牌坊大队第三、第七生产队和小红门大队第八生产队改革（良）阳畦育出来的番茄、黄瓜、茄子、辣椒、甘蓝、莴笋、花椰菜等整齐、强壮的幼苗现场；并由海淀区四季青公社蓝靛厂大街生产队、小红门供销社介绍了如何使用改革（良）阳畦育苗和生产的技术经验，以促进改革（良）阳畦普遍发展。

1976 年，北京蔬菜科技人员对这种小型半拱圆覆盖的薄膜改良阳畦进行了性能和应用调查，肯定了这种塑料薄膜的改良阳畦优点明显：棚内操作空间比较大，保温效果较好，温度调节容易，生产用途广泛，建造可繁可简（表 3-3）。这些优点被近郊菜农所认识，因而塑料薄膜改良阳畦快速发展起来。

表 3-3　简易改良阳畦亩用原料表

（南苑公社试验站，1976）

用料	规格	亩用量
竹片		
柱子	1.2 丈（400 厘米）	500 根
铅丝	3.5~4 尺（117~133 厘米）	150 根
草帘	8 #	125 丈（416.6 米）
薄膜	1.2 丈长（400 厘米）	210 块
土墙	4~4.5 尺宽（133~150 厘米）	180 丈（600 米）
竹竿	高 1.3 尺（43 厘米）宽 2.5 尺（83 厘米）	60 丈（200 米）1 500 根

注：1 丈=3.33 米；1 尺=33.3 厘米；1 米=3 尺。

改良阳畦与阳畦相比较，用材简单易取，投资较低。在结构上草帘代替了蒲苦，拱架与薄膜覆盖代替了玻璃覆盖，板打土墙代替了风障。其结构为：墙体为板打墙（图 3-10），墙高 80~100 厘米、上宽 50 厘米，覆盖栽培畦宽 3~3.3 米，拱架由毛竹片、细竹竿或花架（由钢筋焊成与竹竿混用）或全钢架制成，间距 27~33 厘米。钢架棚内不设立柱。骨架上覆盖三幅塑料薄膜，其中南侧的两幅薄膜不黏结，作为放风口。棚外夜间覆盖稻草帘保温，白天草帘卷放在后墙上、夜间盖于薄膜上面，主要用于越冬片菜等栽培（图 3-11），早春茬口栽培瓜果类蔬菜。

图 3 - 10　板打墙水泥竹片结构改良阳畦　1984

图 3 - 11　十里河村改良阳畦越冬栽培　1987

20 世纪 80 年代初，为便于设施蔬菜的生产统计和管理，依据覆盖跨度，北京将半拱圆形覆盖的改良阳畦和中小型拱圆棚统称为"中小棚"。1985 年，近郊菜区中小棚面积发展到 10 809 亩，占比最大为 42.9%，其中改良阳畦发展到 605 亩。1986—1990 年"七五"期间，菜田保护地建设，使中小棚尤其改良阳畦进一步获得发展。到 2003 年，中小棚设施面积达到 17.7 万亩，占到当年郊区农业设施总面积的 50.7%，这种态势一直保持到 2006 年。

三、小棚的性能与应用

（一）小棚的性能

北京的小型拱圆和半拱圆形薄膜覆盖棚，棚内气候性能如下：

1. 光照

小拱棚内的受光情况，与塑料薄膜的质量、薄膜被污染的程度、棚外覆盖物放置的位置以及揭盖早晚都有关系。在实际生产中，由于薄膜表面被污染，膜内又挂满水滴，往往直射光很弱，而散射光较强。

拱圆形小棚外面一般无覆盖物，内部光照分布比较均匀。半拱圆形小棚北侧有墙体，棚外有稻草帘，内部光照分布不均匀，特别是在作物生长到一定高度时，对栽培畦北侧的光照影响更大。因此，利用半拱圆形小棚栽培蔬菜时，在管理上要尽可能地早揭晚盖棚外的草帘覆盖物，白天棚上的草帘要尽可能放置在土墙之上，使它不要遮光，以最大限度地争取光照；同时，要注意作物定植的密度，畦北侧的密度应低于南侧的，否则，北侧的作物会因生长细弱导致结实率下降。

2. 温度

太阳光热是小型塑料拱棚的主要热量来源。由于塑料薄膜对棚内热量的散发有一定的阻隔作用，所以，不论晴天或阴天，棚内的气温和地温都比棚外高，但阴天时增温效果不如晴天明显。

派驻小红门公社基点的北京市农业科学研究所蔬菜室祝旅等人，在 1971 年 10 月至 1972 年 5 月，测定了半拱圆形小棚内外气温（表 3 - 4）。就小棚内气温情况看，冬季可以进行耐寒类蔬菜生产。半拱圆形小棚气温日变化情况见图 3 - 12。

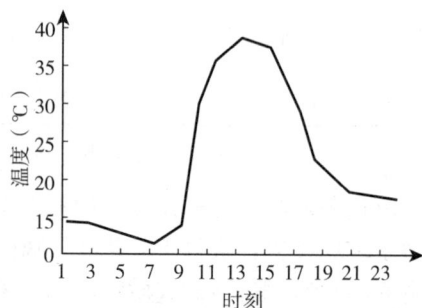

图 3 - 12　塑料薄膜小拱棚（改良阳畦）内温度日变化祝旅　1973

表 3-4　半拱圆形小棚内外气温比较

单位:℃

日期	最高温度					最低温度				
	棚内平均	棚外平均	内外相差	棚外极值	棚内极值	棚内平均	棚外平均	内外相差	棚外极值	棚内极值
10月26—30日	27.6	15.8	11.8	22.7	32.3	10.0	3.2	6.8	−0.3	9.0
11月	25.3	8.5	16.8	16.2	34.3	8.5	−0.6	9.1	−9.3	4.0
12月	20.7	3.3	17.4	7.9	29.6	5.8	−6.6	12.4	−12.3	0.6
1月11—30日	16.2	0.9	15.3	5.7	27.1	3.5	−8.7	12.5	−18.1	−0.2
2月	22.7	2.0	20.7	9.5	30.5	4.6	−6.3	10.9	−13.0	1.3
3月	29.7	12.5	17.2	21.8	46.0	8.9	0.7	8.2	−3.5	0.0
4月	32.2	20.9	11.3	27.8	44.5	14.4	8.4	6.0	−0.6	9.8
5月1—7日	29.0	23.7	5.3	26.9	36.6	12.4	11.0	1.4	6.5	8.8

注：测试地点为小红门五队。

半拱圆形小棚1—2月10厘米深处土壤日平均地温一般为4～5℃；3月日平均地温为10～11℃，3月中旬为9～11℃，下旬为14～18℃。

3. 湿度

塑料薄膜的透气性很差，或基本不透气。由于土壤水分的蒸发和植株叶片的蒸腾作用，小拱棚内的空气相对湿度要比棚外高。白天通风时，棚内的相对湿度为40％～60％，密闭时可达90％甚至饱和。因此，改良阳畦的小气候条件与露地相比是完全不同的，作为果类蔬菜秋延后栽培的关键之一，就是作物生长前期在露地条件下，后期进入覆盖畦内，适应不了环境条件的骤变，容易发生各种病害从而导致生产不易成功。因此，秋延后栽培定植，要控制浇水量和浇水次数，加强通风降湿工作，对作物进行逐渐锻炼，尽可能提高它对改变了的环境条件的适应性，控制某些病害的发展，才能得到较好的收成。

(二) 小棚的应用

小棚的小气候性能，决定其主要用于蔬菜促成栽培和早春育苗；冬季耐寒性叶类蔬菜和春提前及秋延后瓜果类蔬菜生产，其茬口安排如下：

1. 一年一茬

韭菜。

2. 一年二茬

秋冬茬生产耐寒叶类蔬菜，早春茬生产瓜果豆类蔬菜。该茬口特点是，最寒冷季节为耐寒叶类蔬菜活体贮存、分期收获期。2月下旬后，可定植喜温性瓜果类蔬菜。

北京郊区生产，一般是秋延后进行芹菜、生菜等越冬生产，越冬收获后，立即施肥整地，早春定植瓜果豆类蔬菜。另外，菠菜、香菜、小葱、青蒜等也可直播越冬生产。芹菜、生菜播种期为7月上旬—10月上旬，定植期为9月上旬—10月上旬，收获上市期为1—3月。

早春定植的番茄、黄瓜、菜豆、辣椒（甜椒）等喜温性瓜果类蔬菜，一般播种期在12月下旬至翌年2月上旬，定植期在2月下旬至3月下旬，收获上市期为4—6月。

3. 一年三茬

秋延后瓜果豆类蔬菜～冬耐寒叶类蔬菜～春提前瓜果豆类蔬菜。

北京郊区秋延后茬口瓜果豆类蔬菜，主要是生产黄瓜、番茄、菜豆。黄瓜、菜豆直播，番茄一般于7月下旬播种，25～30天苗龄定植。秋延后蔬菜收获上市期为9—12月。

冬季茬口耐寒类蔬菜，主要是直播小白（油）菜、小茴香、樱桃萝卜、茼蒿。播后60天左右收获上市。

春提前茬口瓜果豆类蔬菜，主要是栽植黄瓜、番茄、甜（辣）椒、矮生菜豆，一般播种期在 12 月下旬至翌年 2 月上旬，定植期为 2 月下旬—3 月下旬，收获上市期为 4—6 月。

4. 一年多茬

多茬栽培叶类蔬菜品种。如国营南郊农场鹿圈，中小棚选择茴香直播，一年可种 5 茬。直播小白菜、油菜等，或育苗栽结球生菜，一年可种 6～9 茬。

5. 育苗

尤其夏秋季节的设施蔬菜栽培，为确保作物的生长期，避免苗期受高温强光影响，多采取小拱棚遮阳育苗，主要培育芹菜苗、番茄苗等。

北京郊区塑料中小棚蔬菜栽培，由小型拱圆覆盖起步，改进到半拱圆形覆盖的改良阳畦兴盛发展，是由于这种设施具有如下的突出特点：

（1）扩大了冬春季菜田耕地的利用率 改良阳畦跨度大，没有传统阳畦东西两帮和南帮背阴部分不能种植的问题，使用面积与长度相同的老式阳畦相比增加约 1 倍。另外，老式阳畦用来育苗，一般冬季不能利用，需要充分晒土提高地温，熟化土壤。改良阳畦则不存在这一问题，明显很省工。

（2）降低了农业成本 据蒲黄榆十三队 1976 年单位面积造价看，一个改良阳畦的造价是 364.24 元，相同长度的三个老式联畦造价 340.20 元。但从利用面积造价看，改良阳畦每平方丈（11.11 米²）比老式联畦少 52.98 元。

（3）育苗效果好 1975 年东管头一队用改良阳畦育矮秧甜椒苗，12 月底播种，18 天左右出齐苗，而同期播种在老式阳畦内需 30 天左右才齐苗。早粉二号番茄于 1 月初播种，比老式阳畦提前 7～12 天齐苗。但用改良阳畦育苗必须加强保温措施，如每块草帘相压一半，等于双层草帘保温；并预备小型蜂窝炉预防寒流袭击。

（4）改良阳畦用料简单 建造便于取材，减少了阳畦风障、蒲席打造与材料支出、远途运输费用。每块草帘仅重约百斤[①]，半劳力或女劳力就可揭盖，劳动强度小。

（5）改良阳畦小气候性能好 一次覆盖可以多茬生产，薄膜利用率较高，除春季早熟育苗外，更加适合冬季蔬菜生产和保障市场供应。

四、中小棚高产栽培典型案例

（一）小拱棚韭菜高产栽培

20 世纪 60 年代中期以后，塑料薄膜小拱棚韭菜开始发展（图 3 - 13）。1973 年 12 月，朝阳区蔬菜办公室编印的《蔬菜生产经验汇编》记载了双桥公社东会生产队老根盖韭连获七年高产的经验。海淀区四季青公社远大七队小拱棚韭菜生产，是北京 20 世纪 80 年代前期冬春市场韭菜供应的主要产地，连年获得高产。特对两地栽培技术摘要如下。

1. 朝阳区东会生产队小拱棚老根盖韭高产

技术实施自 1966 年冬，该队就开始小拱棚

图 3 - 13 菜农在小拱棚收割韭菜　1984

---

① 斤，非法定计量单位，1 斤＝0.5 千克。——编者注

盖韭生产，1973年连续第7年用老根盖韭又夺高产，2.3亩小棚盖韭，1973年的第一刀（茬，下同）韭，1月20日始收，产1 206.5千克，收入1 423元，每千克1.18元；第二刀韭，收1 869千克；第三刀韭，收1 938千克；第四刀韭，4月下旬收获，收2 720千克。四刀共收获韭菜7 733.5千克，总产值5 562.1元，每千克平均0.72元。折合平均亩产3 362.4千克、亩产值为2 418.3元。

按照一般概念，韭菜只能盖三年，原因是韭菜有"跳根"现象，即宿根（葫芦）一年比一年往上生长，最后就人部露出地面，影响水肥吸收。所以3～4年需要移栽1次，否则就减产。他们连续盖韭，第七年仍能够获得较高产量，其原因是抓住了几个关键措施：

（1）夏养苗　盖韭能否获得高产，夏季养根是一个重要工作，养根的关键是肥料足，使根子在夏季积累足够的养分，1972年5月5日在韭菜行间开沟，每亩施炕土4 000千克，蹲苗，到6月5日，结合除草，松土一次，10月5日每亩随水浇氨水15千克，10月15日再每亩随水浇氨水15千克，10月25日第三次浇水每亩再随水浇氨水15千克。扣膜以后，不宜施用氨水，每亩追施尿素17.5千克。

（2）适时扣棚保温与培土　小拱棚扣膜时间为11月15日前后。立风障、扎拱架、扣膜，覆膜后要保障棚膜内温度平衡，使苗子生长一致，克服畦中心苗生长正常、畦四周苗子不见长的问题，应采取的措施是：一是防风保温，扣膜后要把膜的四边埋严，把棚两边的堵头和垄道水口堵好。二是防冻保温，在膜的四周挖防寒沟，宽17厘米、深66厘米，填上碎稻草，防止冻土的寒气侵袭；夜间加盖稻草苫保温。三是加强松土、培土以提高地温。在12月3日松土1次，12月11日、12月16日、12月21日再分别培土3次。

（3）割韭后深耕松土　1月20日，第一刀韭菜收割后，进行深中耕，把韭菜的烂根剔干净，以后每割一茬韭菜，中耕1次。深中耕一方面使土壤疏松，另一方面可以把可能发生的韭蛆剔除晒死，扣膜后如发现生蛆，可用杀虫剂灌根除治。

1973年冬，该队又扩大盖韭面积2.2亩。定植后，又把薄膜小棚的北畦埂改为打约67厘米高的土墙，发展成半拱圆覆盖的改良阳畦以增加光照，墙上放苫，防寒保温。

2. 四季青远大七队小拱棚盖韭

四季青公社蓝靛厂石佛寺生产队王进才等，1973年就用3亩老根韭菜进行小棚覆盖栽培，当年亩产达到3 306.5千克、产值1 988.8元，积累了丰富的小拱棚盖韭生产经验。1979年冬，四季青公社了解到北京蔬菜市场上偶尔可见的韭菜，多是从天津调进的，为满足首都市民冬天吃上韭菜的需求，公社立即投资拨款200万元，扩增发展300多亩大棚和小棚（宽1.7米、高1.3米），至20世纪80年代初，形成了以远大为中心的韭菜专业生产队，上千亩韭菜成方连片。远大大队第七生产队，1981年发展二年生小棚盖韭20亩，采取1.7米畦栽四行、每穴定植30～40株的株行距定植，获得了小棚盖韭平均亩产3 150千克（头茬收韭1 000千克、二茬1 400千克、三茬750千克），平均单价每千克1.54元，平均亩产值4 847元的丰产增收效果。他们采取的关键措施如下：

（1）重养根　冬春年度末茬韭菜收后开始养根。

一是重施肥。末茬韭菜收完后，撤膜，按行扒沟，沟深7厘米。然后每亩施皮肥200千克，再把土回填上。以后每隔7～8天再随浇水亩追施化肥20～30千克，至5月中旬止。自9月上旬至10月20日，再随浇水亩追施尿素80千克（分两次，第一次50千克，二次30千克）；随浇水亩追施氨水90千克（分三次，每次30千克）和追粪稀三次。

二是春秋两头勤浇水。末茬韭菜拦肥后至5月中旬止，每隔7～8天浇1次水，浇5～6次水。5月中旬至9月初为停止浇水阶段。9月上旬至10月20日期间，每隔3～4天浇1次水。此阶段共浇水11～12次。水肥猛攻，目的是使韭菜根部发达、营养积累于茎基部，更重要的是使土壤湿度加大，能够满足头茬、二茬韭菜的生长需要。

三是夏季重在防涝。5月中旬至9月中旬4个多月内，要严防内涝。雨季前6月要挖好排水沟，使之沟沟相通，保证夏季雨后不积水，这是防治疫病的重要措施。

四是防治病虫害。养茬期间，要及时治蛆。可随浇水灌杀虫剂治蛆，严重地区可采取穴灌杀虫药剂。一定要防治好疫病和蚜虫。

五是除草、打花割薹。及时除草，保持地里无草。北京地区8月上旬即进入抽薹期，为使韭菜养根，生产上采取三种管理方法：一是抽薹后未开花时，割韭薹上市出售，有利养根。二是等部分开花时，采韭菜花腌制，韭薹老了也无食用价值。三是留籽。一般8月下旬至9月上旬，把韭菜花打完，也可不打韭菜花使之成薹，韭菜薹可以起到防治韭菜倒伏的作用。

（2）盖膜后的管理　小棚韭菜一般于11月20日前后盖膜，晚上适当时间加盖草苫。

一是覆盖棚膜之后，适时进行深中耕。

二是中耕后适时扒沟晾出茎基部。用锯末加杀虫剂农药拌成毒饵，撒在茎基部防蛆治蛆。

三是随着韭菜的生长随时培土（上土）。共培3次土，土堆高度15～20厘米。

四是韭菜出苗后开始放风。放风量随着韭菜的长高而加大，以防止韭菜烂尖和发生白斑病（灰霉病）。

五是收获与浇水。小棚韭菜一般1月中旬收第一茬韭菜；2月中旬收二茬韭菜，1周后要浇水1次，并随浇水亩追施尿素40千克；3月中下旬收第三茬韭菜，收后撤膜，转入露地管理，"五一"前可收一茬露地韭菜，随后进入养根期。

（二）肖家河塑料中拱棚黄瓜早熟高产栽培

1974年秋冬，海淀公社肖家河试验站建塑料中拱棚1个，占地面积0.21亩，1975年1月17日沙床播种黄瓜，分苗于营养土方。2月21日黄瓜苗3～4片叶时定植，3月27日开始摘瓜，到6月6日拉秧，收瓜期71天，收黄瓜1 304.3千克，折合亩产6 210.5千克；产值849.43元，折亩产值4 045元。平均每株产瓜1.86千克，平均单价0.652元/千克，每株产值1.21元。

这一有墙的中棚早熟黄瓜，起到了改善北京4、5月淡季供应的作用。其主要措施如下：

1. 棚的结构

棚东西走向延长，棚北打1米高土墙，上宽27厘米，下宽47厘米，棚南北宽3.7米，棚内设三排木柱，前排高1米，中间高1.5米，后排高1.2米，立柱东西走向，用铅丝连接起来。每隔20厘米插一竹竿，做成拱形，上盖塑料薄膜及草苫。

2. 栽培管理

（1）重施肥　棚内按照长8.33米×1米宽作畦，每畦施105千克已发酵混合肥，70%鸭粪、30%猪圈粪，刨两边平地，畦栽两行，株距27厘米。见回头瓜时，随水追肥，亩追硫酸铵肥10千克。

（2）轻浇、勤浇水　前茬种芹菜地较湿，定植时不浇大水，每株苗浇一碗水（250克），地温不降低，利于幼苗生长。蹲苗后采瓜前，3月26日浇第一次水，此后每隔6～7天浇1次水，水量不要过大，以免降低地温，浇水均在上午拉开草苫后进行，遇阴天不浇水。

（3）保温与通风　定植后盖严薄膜，晚上盖草苫保温，促进缓苗。缓苗后浅耪1遍，3～4厘米深，插杆（1米高）蹲苗。谷雨后撤掉草苫，拉秧前不撤薄膜。

定植1周后，在棚顶部每隔3.33米开1个直径13厘米的圆洞，晚上挡住，白天打开。3月初黄瓜开花时，在后墙每隔8.33米开1个直径13厘米的圆洞，洞高距地面67厘米，里面斜插两根木柱，口朝上斜放1块玻璃，以挡住直吹风；3月下旬快摘瓜时，再每隔1个洞开1个。3月底，在棚顶原洞口北侧，再开1排洞，过些日子再在南边开1排洞，最后在最南面再开1排洞，四月中旬以后，天气渐暖，再加大洞口，直到每洞直径33厘米。从始至终坚持不从底部放风。

（4）防治病害　当发现霜霉病斑时，立即将病叶摘除并清出棚外，个别较严重的病株及时拔除。前期每隔10天打药1次，用800倍代森锌或代森铵和1 000倍甲基硫菌灵交替使用，共打药7次。

（三）小拱棚多茬口高产栽培

20 世纪 90 年代中期，国营南郊农场采用小拱棚（改良阳畦），一年三茬栽培莴苣、番茄、芹菜，取得了亩年总产蔬菜 1.15 万～1.35 万千克、亩产值 1.5 万～2 万元的好收成。

1. 一茬莴笋高产栽培技术

（1）阳畦育长龄苗　9 月下旬至 10 月上旬露地播种，10 月下旬至 11 月上旬将幼苗分到薄膜阳畦内。分苗后及时盖严膜，封好阳畦，夜间南口加盖草帘，防寒保温，以利缓苗，1 周缓苗后，开始放风，进行中耕松土。冬季阳畦温度管理，白天 7～12℃，夜间根据温度、苗情盖膜。阳畦北口风障根部不要封严，留个放风口以不冻苗为准，白天每天或隔天掀草帘均可，从分苗到 2 月中下旬定植前，施用百菌清 1～2 次防苗期病害。定植前 7～8 天炼苗，加大放风但不能冻苗，让其适应改良阳畦内温度，定植时苗子要达到株高 5～6 厘米，开展 10 厘米左右，6～8 片叶子，叶色深绿，根系发达，茎粗壮，无病虫害。

（2）施肥定植　2 月中下旬定植，头茬改良阳畦芹菜收获后，亩施 5～6 吨优质有机肥作底肥，然后整地作畦。改良阳畦一般 3～3.33 米宽，作畦 3 个，按约 1 米宽作畦，株行距 27～30 厘米见方。无风天气定植，随定植随浇水，定植后封严薄膜，夜间盖上草帘，1 周后开始放风。

（3）管理　缓苗后，棚内温度白天控制在 25℃左右，不要过高，及时通风排湿，中耕松土。团棵封垄后（定植后 25～30 天），浇起身水并随水追施硫酸铵，亩 30 千克。看天气情况，4 月上旬撤膜，撤膜后再浇水，随水追施硫铵，亩 30 公斤。整个生育期温度不可过高，适温范围 20～25℃，过高易徒长；浇水也不要太多太勤，否则也易徒长。

4 月中旬开始上市，亩产量 3～3.5 吨，亩产值 4 500～5 000 元。

2. 二茬番茄高产栽培技术

（1）选择优质抗病高产品种　佳粉 1 号、佳粉 2 号、佳粉 10 号、毛粉 802 等。

（2）培育壮苗　2 月上旬温室播种（也可阳畦），小拱棚分苗，培育壮苗。

（3）定植后管理　上茬完毕，亩铺施 5～6 吨有机肥，整地做小高畦定植。4 月中下旬定植，密度行距 50 厘米、株距 35 厘米。栽后再扣膜保温促缓苗，缓苗水后适时中耕蹲苗。注意通风，防温度过高而徒长，及时插架、打杈、中耕除草。第一穗果实长到核桃大小时，浇膨果水并随水追施硫酸铵，亩 30～40 千克；第二穗果实长到核桃大小时再浇水，并随水追硫酸铵每亩 40 千克。第三穗果坐果后闷尖。

整个生育期，注意防治番茄疫病、灰霉病和蚜虫、棉铃虫危害，药剂要交替使用。1995 年该茬番茄亩产量 4.5～5 吨，亩产值 5 000～6 000 元。

3. 三茬芹菜高产栽培技术

（1）播种育苗　采用西芹品种，一般于 7 月上旬播种，遮阳育苗。

（2）打改良阳畦土墙　根据定植日期早晚打墙。7 月上中旬播种的早茬栽培，土墙要在处暑至白露前后打完；7 月下旬 8 月上旬播种的晚茬栽培，土墙宜在秋分前后打完。打土墙的方法多为板打墙，也可采用铁锹铲土筑墙。打墙宜从畦内取土，使栽培床的土表低于畦外面地平面约 17 厘米。打墙结束后，精细整地，刨翻一次畦土，然后重施有机肥，粪土掺均匀并整平畦面准备定植。

（3）定植及水肥管理　9 月上旬，苗龄 4～5 片叶时定植，栽苗前 1～2 天，苗畦灌透水，挖苗时要多带土、少伤根，大小苗要分开，随起苗随栽。定植株行距：10～12 厘米见方，栽苗深度以不埋没心叶为宜，栽后立即浇水，隔 1～2 天浇第二次水，再隔 3～4 天浇第三次水，以促进缓苗。因土壤含水量不同，也可栽后灌 1 次大水。

缓苗后，灌 1 次透水，适时中耕松上、除草，蹲苗 7～10 天，促进根系发育。蹲苗结束后，一般隔 5～7 天浇 1 次水，保持土壤湿润，并随水追施硫酸铵提苗肥每亩 15 千克；当株高 30 厘米左右时，结合浇水每亩追施硫酸铵 20 千克，可连续追肥 2 次，到入冬后至小雪，改良阳畦保温性好，芹菜还继续生长，只是速度变慢些，再随水亩追施硫酸铵 15 千克，保证肥力充足，以后不再灌水。

（4）防寒保温管理　10 月上中旬扎好棚架，下旬气温逐渐下降，平均气温 10℃时，及时扣薄膜提高温度，11 月上中旬开始覆盖草苫，加强夜间防寒保温。正常情况下，11 月上中旬—12 月上旬草苫要早掀、晚盖，延长光照时间。12 月中旬至翌年 2 月天气寒冷，草帘要晚掀、早盖，加强保温，促进生长。10 月下旬至 12 月上旬放风口要大，放风时间要长；12 月中旬—翌年 2 月，随天气变冷外界温度下降，放风口要由大到小，放风时间由长到短，只在中午进行 1～2 小时放风换气。

（5）适时收获　1 月下旬至 2 月上旬上市，正值春节前后，鲜菜价格较高，效益好。3 月收获完毕，亩产量 4～5 吨；亩产值 5 000～7 000 元。

以改良阳畦为主体的中小棚蔬菜设施，其结构简单，可周年生产，投资少、收益高，颇受经济较差地区的菜农喜爱，发展速度快于其他设施。这种设施为解决北京冬春蔬菜淡季市场的叶类蔬菜和 5、6 月番茄的提早上市发挥了很大作用。

随着都市型现代农业的推进，北京 2008 年再次大力扶持日光温室、塑料大棚发展，改良阳畦逐渐退出蔬菜生产，尚存的一些中小棚，多用于林间食用菌遮阳栽培（图 3-14）或温室、大棚内多层覆盖保温（图 3-15）。

图 3-14　林下小拱棚遮阳食用菌栽培　2005

图 3-15　塑料大棚早春套小棚黄瓜栽培　1987

第二节　塑料大棚栽培

中国的蔬菜塑料薄膜大棚始于吉林省长春市。

1966 年 4 月，吉林省长春市郊区英俊公社福利大队第三生产队，搞了一个 50 米² 的平棚，棚高 1.5 米，用秫秸做骨架，人可以进到棚内管理黄瓜。由此，开启了中国塑料大棚用于蔬菜生产的第一步。北京的蔬菜塑料薄膜大棚兴起于菜农的生产实践，在政府支持和科技支撑中获得发展，因市场经济需求持续创新发展至今。

一、塑料大棚的兴起与发展

（一）塑料薄膜大棚的兴起

1. 在生产中兴起

北京丰台区《南苑乡志》记载，1967 年西铁匠营大队率先建立了塑料大棚，或许因蔬菜生产未能取得成功，未被社会广泛认可。

1971 年秋，北京建造了 4 个蔬菜塑料大棚。其中，丰台区南苑公社西铁营大队建造了不同规格的竹木结构塑料大棚 3 个（图 3-16），最大的为 1.2 亩，主要用于春番茄早熟生产并获得了成功。朝阳区小红门公社龙爪树十一队建设了 1 个 0.8 亩的竹木结构塑料大棚，覆盖栽培多年生大椒。自此，北京近郊菜区迈开了发展塑料薄膜大棚蔬菜生产的步伐，被认为是蔬菜塑料大棚兴起之年。

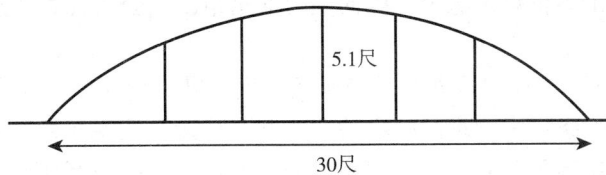

图 3-16　西铁营村竹木结构大棚示意图　祝旅　1972

1972 年底，郊区塑料薄膜大棚发展到 17 个；1973 年发展到 127 个；1974 年，钢材、混凝土材料始用于大棚建造，当年郊区塑料大棚发展到 770 个；1975 年，发展到 1 400 亩。

2. 在交流中提升

北京塑料大棚栽培初期应用于生产，人们对大棚在冬春季蔬菜生产中的作用、效益、抗风防寒能力等方面，思想顾虑较多，实践经验很少。为此，北京市蔬菜办公室于 1973 年 5 月 11 日—6 月 1 日，组织北京市农业科学研究所、朝阳区双桥公社试验站、朝阳区蔬菜办公室、朝阳区小红门公社小红门八队陈保刚、海淀玉渊潭公社试验站、丰台南苑公社西铁营村霍文海、卢沟桥公社生产组等社队干部和技术人员等 16 人，到长春、沈阳、辽阳、唐山等多个城市考察学习塑料薄膜大棚（简称"大棚"）和温室的蔬菜生产经验。

通过考察交流，消除了疑虑，解放了思想，考察组一致认为："这次参观真开眼界。咱们不敢想的，人家做了；咱们不敢做的，人家解决了。"长春市冬季气温－30℃，地冻四、五尺，大棚黄瓜可以在 4 月中旬上市。北京的气候，最冷才－20℃，用大棚生产黄瓜，只要下功夫掌握它，3 月中下旬上市完全有可能。黄瓜能解决，其他菜就更没问题了。考察组对大棚的结构、造型，大棚蔬菜品种、育苗、防风雪、防治病害、通风换气、栽培管理，以及钢筋水泥结构加温温室和不加温温室的造型、投资、用材、效益等方面有了新的认识，尤其"低温育苗技术"很受启发。北京郊区一直采用的是加温温室育苗，春大棚黄瓜采摘上市最早的双桥农场试验站为 4 月 9 日，沈阳市陵东公社东窑三队利用不加温温室为大棚黄瓜育苗，在当地的气候条件下，1 月 2 日播种，3 月 17 日定植于大棚，4 月 10 开始采摘黄瓜，仅比北京晚一天，到 5 月 19 日每亩已收 2 300 千克，瓜秧仍然很茁壮。1974 年春夏，北京市再次组织技术人员，赴东北考察学习营养土方育苗、双层膜覆盖、土锅炉加温等先进经验。

北京的科研、教学、生产单位的技术人员，分别参加了 1975 年吉林省长春市、1976 年山西省太原市、1978 年甘肃省兰州市召开的第一次、第二次、第三次全国塑料大棚生产科研协作会议，通过学习交流，吸取了有益经验。

这些活动，开阔了蔬菜科技工作者和菜农的眼界与思想，提升了对蔬菜塑料大棚的正确认识。

3. 在争论中发展

纵观北京郊区蔬菜塑料大棚的发展，政府主管者的认识和指导思想起到很大的促进作用。

1973 年 5 月，近郊菜区蔬菜塑料大棚处于迈步发展之初，需要的是政府的鼓励与支持。但在北京市蔬菜产销会议上，驻北京市农林局革命领导小组军代表指出，"关于冬季蔬菜生产的问题，近年来发展很快，尤其是进入 1973 年以来大家的积极性很高，但也要注意发展过多，特别是蔬菜塑料覆盖生产发展过多，是不是会影响全年蔬菜五大茬口的安排，或者影响粮食生产任务，值得考虑。而且塑料薄膜生产有它的局限性，瓜果豆类'三九'天不能生产，新年到春节期间不能供应市场。从品种来看，目前也比较单纯，春季以韭菜、黄瓜为主，其他品种就很少。因此，请区、社好好研究一下，要发展多少面积？多大比例合适？种什么品种好？要进行一些调查，以促进冬季蔬菜生产的稳步发展。"这是发展中应谨慎思考的问题。

在计划经济时期，蔬菜作为特殊商品，全年的蔬菜收购与销售价格受到国家总体计划的控制，随着薄膜覆盖蔬菜的发展，虽然能解决春提前、秋延后及冬淡季供应的问题，但必定造成蔬菜价格的相应提高，会不同程度地冲击菜价总体稳定。因而使得北京市蔬菜公司在大棚蔬菜产品作价时，常有压价现象发生。

1978年5月16日，在全市保"八九"月淡季蔬菜生产供应会议上，北京市委常委、市革委会副主任王宪，针对长期受自然条件影响难以解决的"八九"月蔬菜淡季现象，提出新的思路即："能否不搞露地蔬菜恋秋生产而用薄膜覆盖生产，双桥东柳大棚黄瓜亩产3万多斤，能不能研究用大棚提高单产，发展10万亩大棚，年产30亿斤蔬菜，就能满足市场供应……"这是北京市主管领导第一次对大面积发展蔬菜设施提出的大胆设想。

1978年10月下旬，按照蔬菜产销规划，北京市政府历史上首次下达了建设2 600亩大棚和260亩配套育苗温室的任务计划。近郊区"三区一社"的蔬菜基地，在政策扶持下迈开了大面积发展设施蔬菜的步伐。

1978年12月，党的十一届三中全会确立了"对外改革开放，对内搞活经济"的重要方针。针对"洋冒进"，国家提出注意解决国民经济长期比例失调问题，开展了"调整、改革、整顿、提高"等系列活动，以搞好综合平衡。在此形势下，1979年5月20日，全市召开保"八九"月蔬菜生产供应会议，北京市革命委员会农林组长指出，"农业生产的问题不少，一是'四人帮'极'左'路线流毒未肃清，束缚人们不敢想；在'农林牧副渔五业并举上'有片面思想，生产上片面强调粮食，畜牧业片面强调养猪；二是在农业生产指挥上，犯主观主义，有的领导瞎指挥，片面过分强调'三种三收'，在蔬菜生产方面，提出发展十万亩大棚，这是带有盲目性的口号和指标要求……"这导致北京设施蔬菜快速发展的步伐又变得迟疑起来，1979年10月，国家农业部引进的由计算机全自动控制的第一座现代化连栋温室，即四季青大型温室建成投产也未见报道。

1979年6月13—14日，北京市农林局组织近郊菜区菜农观摩塑料大棚生产，驻北京市农林局革命领导小组的军代表在座谈时说："目前近郊菜区有蔬菜大棚3 896亩（3 780个），数量不少，大棚生产和露地春播有矛盾，发展太多不好，如果不考虑经济收入是不对的，一个大棚亩产量达不到7 500千克、亩产值达不到1 500元，就不值得搞。搞大棚必须讲究结构，搞双层的、加温的，否则就不合适。搞大棚就要搞专业，才能搞好。"

1980年11月，中国农业工程研究设计院在调查北京等北方六城市蔬菜塑料大棚技术经济问题后，编印了报告"近期内对蔬菜塑料大棚应当采取巩固、提高的方针"。其文指出：1978年，全国有大棚8万余亩。此后一二年，不少地方反映，经营大棚风险太大，成本太高，有些城市大棚数量出现了急剧下降的趋势。蔬菜塑料大棚的经济效益应当肯定。发展蔬菜塑料大棚，骨架结构要符合坚固、实用、经济的原则，生产技术管理工作必须加强，要合理制定蔬菜价格政策、保证大棚巩固发展，采取有效措施、努力降低生产成本。

发展塑料大棚的思想认识问题即快与慢发展的争论，对郊区蔬菜设施规划的落实产生了些许影响，一直延续至20世纪80年代初期。到1983年，近郊菜区塑料大棚面积才发展到8 253亩，年增量不足1 000亩。

大棚蔬菜栽培，客观上为提早上市创造了有利条件，黄瓜、番茄的生产供应比露地栽培提前一个多月。北京市农业局统计的数字说明了大棚生产为市场供应带来的变化：1978年4月和5月黄瓜的采收上市量为54.5万千克和198万千克，1983年同期黄瓜采收上市量为156万千克和1 108万千克，分别增长1.86倍和4.6倍；番茄1978年5月和6月采收上市量为38万千克和1 189.5万千克，1983年同期上市量为578.5万千克和2 821.5万千克，分别增长14.2倍和1.4倍。可见，大棚蔬菜改善了4—6月的蔬菜供应，效果明显。鉴于此，自1986年"七五"开始，郊区蔬菜设施真正进入了政策持续扶持的快速发展阶段。

（二）大棚蔬菜高产栽培

1. 大棚蔬菜高产的提出

在北京郊区发展塑料大棚蔬菜生产过程中，怎样提高大棚单产和周年利用率？北京的科研、教学及推广单位，紧密配合生产主管部门制定了工作目标，各司其职，为大棚设施的快速发展提供了有力支持，促使大棚蔬菜生产与技术不断提高，单产逐渐提升。

1973年11月，北京市农科所蔬菜室驻朝阳区小红门公社基点的祝旅等科技人员，针对郊区塑料大棚发展迅速，但存在问题较多的现实，策划成立了由部分公社、试验站参加的"春季塑料大棚黄瓜早熟、丰产联合试验网"，并针对存在的问题安排了一定的实验项目，共同研究大棚覆盖材料及结构性能，总结栽培管理经验，以推动薄膜覆盖生产更快发展。

新成立的黄瓜大棚早熟、丰产试验网，于1974年4月8—9日、5月14—15日、8月6—7日在大棚黄瓜不同的生长发育期，召开了3次参观和经验交流活动。其中第三次交流会在北京市农业科学研究所（彰化）二楼会议室举行，由时任副所长陈杭主持。海淀区玉渊潭公社试验站，丰台区南苑公社西铁匠营大队，朝阳区小红门公社小红门大队和肖村四队，朝阳区双桥公社试验站和小寺大队、八里庄慈云寺生产队七个网点生产单位参加，另邀请海淀区四季青公社远大大队、丰台区南苑公社右安门二队、朝阳区双桥公社东柳大队、北京市塑料四厂等参会。北京市科学技术局、北京市蔬菜办公室、朝阳区农业局等领导到会指导。北京市蔬菜办公室杜一光到会发言支持。

北京市农业科学研究所蔬菜室祝旅，介绍了塑料薄膜在蔬菜生产上的应用情况，归纳出蔬菜大棚生产六个方面的优点：

①可以提早栽种蔬菜，提早上市。北京市大棚生产的黄瓜于4月上中旬开始上市，比露地早50多天，韭菜和茄果类蔬菜可比露地的提早上市30～40天。

②可以延长作物的生长期，提高单产。露地黄瓜一般亩产3 000～3 500千克，而大棚黄瓜一般亩产5 000千克；大棚生产的其他蔬菜，一般也都比露地的显著增产。

③可以抵御自然灾害。大棚可以抗御七、八级大风，小冰雹（黄豆大小）、暴雨、轻度霜冻、半尺厚的雪。同时，对病害也有一定程度的抑制和预防作用。

④可以为露地生产培育大苗、壮苗。

⑤建造简易，与小拱圆形覆盖相比投资少，可以降低早春菜的成本（表3-5）。

⑥大棚的覆盖空间大，便于栽培管理操作，改善劳动条件，深受菜农欢迎。

表3-5　1972年4月丰台区南苑公社西铁匠营大队三队大型拱圆形薄膜覆盖亩建造费用

材料	用量	单价（元）	总价（元）	折旧（年）	一年投资（元）
薄膜	90千克	5.8	522	3	174
柱子	125根	3.2	425	3	141.7
竹竿	55根	1.6	88	3	29.3
小竹竿	550根	0.1	55	3	18.3
草帘	80块	3.5	280	2	140
8号铅丝	50千克	0.8	80	3	26.7
细铅丝	10千克	1.0	20	1	20

（续）

材料	用量	单价（元）	总价（元）	折旧（年）	一年投资（元）
用工	55 个				
总计			1 470		550

注：与同期的小型拱圆棚（薄膜阳畦，栽培面积 110 米²）一年投资 119 元相比，大型拱圆棚薄膜覆盖栽培面积 110 米²，一年投资仅为 91.7 元。

会议提出了对塑料薄膜质量的改进意见，并就春季塑料大棚黄瓜早熟、高产栽培的技术关键，初步形成了如下共识：

①关于塑料大棚的构造：大棚中柱高 2.1～2.2 米，边柱不低于 1.5 米，棚宽不超过 15 米。这样的大棚操作方便，通风良好。

②选用适宜的品种："津研 1 号"黄瓜是适宜的高产品种。当年春季出现的高产塑料大棚（亩产 8～9 吨）大多是该品种。"津研 1 号"比"北京刺瓜"需要更高的温度和水肥条件，抗病性更强。"北京刺瓜"和"长春密刺"也适用于塑料大棚春季栽培，这两个品种早熟性好，温度控制应稍低些。

③营养土方育壮苗：60 天左右的壮苗，是获得早熟的措施之一。应当推广玉渊潭公社试验站运用营养土方培育壮苗的经验。营养土方的配制：园田土六成，腐熟马粪四成，再加 1% 过磷酸钙。黄瓜苗长到 4 叶 1 心之前，要用温度调控幼苗生长。

④提前扣棚膜提高地温：早扣膜适时增施腐熟有机肥，整地作畦；连续 3～4 天，每天清晨大棚内 10 厘米深处最低土温达 10℃，即可考虑定植。

⑤适宜定植期：单层塑料大棚春季黄瓜的适宜定植期，在 3 月下旬（春分前后），物候上表现为"柳树发绿，榆树开花"。定植后应在大棚外四周加围草帘，棚内加盖小拱棚。

⑥冷尾暖头定植：定植前，多关注当地的天气形势预报，选在天气变化的"冷尾暖头"时定植，较为安全。也就是在冷空气即将过境，气温开始回升的时候定植，让幼苗有一个缓苗期，以便增强幼苗的抗性。

⑦加强通风降湿防病：生长期间，注意加强放风换气、控制水分、降低空气湿度，以及配合打药，均是控制霜霉病的关键措施。

大棚黄瓜早熟、丰产联合试验网的建立，引导菜农迈开了大棚高产实践之步。

2. 大棚蔬菜高产的实践

北京市朝阳区双桥公社东柳巷生产大队，1974 年即第一年发展春大棚黄瓜生产，在技术员耿玉恒管理下，2.75 亩大棚黄瓜，平均亩产达到 7 700 千克。此后，连年获得丰产，1976 年 1.3 亩高产大棚，于 1975 年 12 月 22 日播种"长春密刺"，营养土方育苗，适当加温，1976 年 2 月 26 日定植，3 月 15 日始收，8 月 7 日拉秧。总生长期 230 天，其间采瓜期 146 天，日均收瓜 108.25 千克，首次创造了北京春大棚黄瓜亩产 15 805 千克的历史高产纪录。

双桥公社长营二队，1974 年发展塑料大棚试种青（甜）椒，亩产达到 11 115.5 千克。1975 年扩大为两个大棚，平均亩产 10 102.75 千克，收获期长达 188 天，日均收获青椒 53.75 千克。

这些高产栽培实践，通过全市的技术培训、参观交流，起到了普及大棚蔬菜生产技术、带动郊区发展蔬菜大棚的积极作用。

（三）大棚蔬菜高产栽培技术研究

北京蔬菜大棚经过最初几年的发展，已经证明其对于提早和延长供应期、提高产量、改进品质的明显作用。但一般大棚生产的主要问题仍是产量低，提高大棚栽培技术夺取高产和延长供应期成为蔬菜科技工作者的主要任务。北京市农业科学研究所大棚组科技人员，以卢沟桥、黄土岗、双桥、四季青公社为基点，对大棚黄瓜、番茄等果类蔬菜作物的高产栽培技术开展了研究。

1. 春大棚番茄技术

1977—1979年，北京市农业科学研究所大棚组王耀林等，在丰台区卢沟桥公社马连道基点，与一队的赵祯祥、石俊泉、六队的李志源等一道，就大棚番茄高产栽培，连续进行了3年试验研究与示范。1977年，在马连道一队开展大棚番茄试验，首创大棚番茄高产（图3-17），其亩产达到12 561千克。1978年又把马连道一队大棚番茄平均亩产提高到13 648千克，增产8.65%。在马连道六队2号大棚（长49.58米、宽12米），采取塑料薄膜温室育苗的方式，1977年12月18日播种"强力米寿"，1978年1月15日分苗于8～8.5厘米见方的营养土方中（猪粪4份、马粪3份、草炭3份混合，发酵腐熟过筛，和大泥割制而成），3月2日定植套栽于油菜大棚，亩密度4 000株，6个炉火加温，8月7日拉秧。其间，定植缓苗后显第1穗花蕾，到6月中旬第10穗花现蕾，6月23日摘心，共采摘10穗果。创造了春季大棚番茄亩产15 821千克的北京高产新纪录。

1979年，该队大棚番茄再获高产，平均亩产量稳定达到15 404千克。

在1978年高产生产试验中，王耀林等研究了番茄长期栽培的调节及生长发育情况，总结出大棚番茄高产的基本栽培技术：一是选用丰产品种，提早育苗、培育壮苗、适时定植；二是采用生长素，保花保果；三是做好水肥调节；四是采用双层膜保温、热风炉加温，控制大棚内光热条件；五是防治病虫害发生。并提出了制定塑料大棚番茄亩产10 000千克的栽培历程表。

2. 大棚黄瓜春秋两茬高产技术

1977—1978连续两年，王耀林还以马连道第六生产队的1号大棚进行春大棚黄瓜高产栽培技术试验研究。

1977年，采取春、秋两茬栽培方式，两茬生育期总计

图3-17 卢沟桥马连道六队春
大棚番茄 王耀林 1977

304天，其中采瓜期174天，创北京郊区春大棚黄瓜全年两茬亩产18 382.5千克的新纪录。以采瓜期计算，日均收瓜106.6千克。

1978年，同棚重复高产试验，春茬1月23日播种，采用南瓜嫁接，营养土方育苗，3月13日定植，亩密度5 000株。采瓜期为4月8日至7月30日计114天，亩收瓜15 490.5千克；秋茬7月14日播种"津研二号"，营养土方育苗，7月31日定植，采瓜期为9月8日至11月20日计74天，亩收瓜5 277.3千克。全年两茬生育期总计319天，两茬大棚黄瓜亩产再创新纪录达到20 767.8千克。其中采瓜期188天，日均收瓜110.5千克。这一日产水平，略高于双桥东柳巷大棚黄瓜单茬长季节栽培日产水平。

3. 春大棚前茬油菜高产技术

早春大棚里，抢种一茬叶类菜，对提高大棚的周年利用和解决市场的鲜菜供应是有现实意义的。这茬叶类菜的种植，品种以油菜为主，20世纪90年代及以前，种植面积大约占全市大棚面积的一半。然而，由于它的可生长期是受到严格限制的，如何在不影响下茬果类菜适时提早的前提下，又能使油菜的单产获得最佳效果，就不仅要求生产上掌握严格的播种、定植期，还必须研究大棚油菜的生长发育和产量形成的规律，从而为油菜的高产栽培，制定出科学的栽培管理措施。北京市农业科学研究所蔬菜室陈殿奎等人，在海淀区四季青公社对大棚油菜高产栽培的研究取得了初步成果，为大棚前茬利用提供了技术支撑。

他们采用改良阳畦育苗，前一年11月上旬播种，翌年2月8日定植于大棚内，苗龄4～5片叶时，到3月27日亩产达到3 001千克（表3-6）。

表 3-6　大棚油菜的产量发生变化

日期（月-日）	发育的叶片数	变化的单株重（克）	日增长量（斤/亩）	折亩产（斤）
3-3	6.5	3.8	—	350
3-6	7.5	7.0	99	648
3-9	8.4	9.9	89	914
3-12	8.6	12.1	68	1 117
3-15	10.1	15.3	99	1 412
3-18	10.3	17.2	58	1 588
3-21	10.5	28.7	354	2 651
3-24	12.0	48.2	600	4 451
3-27	12.5	65.0	571	6 002

该大棚种植油菜，从3月3日至3月27日，平均叶片数由6.5增加至12.5，共增加6片。而叶片数的变化大体上前期增长速度较快，从3月3日至3月15日的，叶片数由6.5增至10.1，增加数目是3.6片；3月15日至3月27日，叶片数由10.1增至12.5，叶片增加数为2.4片。平均单株生长量的变化则相反，前期增加较慢，从3月3日至3月18日亩产量从175千克达到794千克，平均日增长量近41.3千克；3月18日之后，产量形成迅速加快，至2月27日亩产达到3 001千克，9天里形成的生长量占总产量的75%，平均日增长量为245.2千克。如从3月21日算起，至3月27日6天里，形成的生长量大约占总产量的60%，产量高峰是3月21日至3月24日，每亩平均日增长量达300千克。这说明，北京大棚油菜产量的形成，主要在3月下旬这一段时间里。生长前期是叶片数增加较快期，要获得较好的产量，其收获期一定要掌握在产量高峰形成之后。

此外，油菜产量高峰的出现时间，与移栽时苗子的生育基础密切相关。定植时，壮苗、叶片数多的大苗，其后单株产量高；而苗子瘦弱、叶片数少的，其后单株产量也低。培育整齐一致的适龄壮苗是大棚油菜高产栽培的关键，定植时生理苗龄，不宜少于4片叶。

当油菜植株营养体达到一定大小后，影响日增长量变化的主要因素是温度和光照，当年春大棚油菜气象观测资料说明：当外界最低气温能够稳定在0℃，光照时数达到9～10小时时，日产量迅速增加；反之，最低气温低于0℃，则抑制生长时间长，产量高峰出现也不明显。因此，凡是早春采取适当的加温措施（图3-18），使棚内最低气温能够尽早稳定在0℃以上，则收获期也可相应提早。又因油菜喜冷凉气候，要避免高温呼吸消耗过旺，注意尽早通风，使棚内最高气温不超过25℃。

早春大棚油菜高产栽培，在产量高峰即将到来时，一定要保证肥水供给。

图 3-18　四季青大棚炉火加温早熟油菜栽培　1986

4. 秋大棚番茄栽培技术试验示范

20世纪70年代初期，蒲黄榆大队为了增加秋末冬初果类蔬菜供应，开始试验和推广塑料薄膜覆盖的秋延后番茄栽培。采用"早红1号""早粉2号"品种，于7月中旬干籽直播。经试验初步认定子母秧较好，育苗移栽易发生疯病（病毒病）。在播种番茄的同时，还要播种小白菜，起遮阳降温作用，幼苗高 5~7 厘米时间苗 1 次，7~8 片叶时定苗，9 月下旬覆盖薄膜，10 中下旬可以采收，至 11 月底拉秧。到 20 世纪 70 年代末期，朝阳区太阳宫、高碑店，丰台区卢沟桥，南郊红星公社等地，结合夏播露地番茄 9 月采摘供应的生产经验，开始了秋大棚番茄的高产技术探索。

5. 春大棚黄瓜温湿度调节的研究

1972—1973 年，针对京郊大棚春茬以黄瓜生产为主的情况，北京市农业科学研究所蔬菜室、气象室的科技人员，通过调查黄瓜栽培实例，分析了不同棚温的黄瓜生长情况后认为：黄瓜从定植到收获根瓜阶段，能正常生长、结瓜、长势良好的棚内温度，白天气温以 20~35℃为宜，适温持续时间每日至少应在 6.5 小时，维持 8 小时以上长势最好，少于 5 小时则生长不良；夜间温度保持在 13~15℃为最好，不能低于 10℃，低于 10℃的低温时间越长，对生长发育越不利。棚内地温调节：黄瓜定植后低温长时间低于 12℃，则下部子叶变黄发枯，温度回升后缓苗时间长；若地温在 12℃以上，即使遇到夜间气温过低，幼苗褪黄，叶缘黄枯，但在温度回升后，缓苗也会很快；13℃是黄瓜大棚栽培的低温界限。棚内空气湿度及土壤水分调节：空气湿度及土壤水分对黄瓜生长影响极大，过分干燥，植株供水不足，影响生长；较高的湿度比较适宜生长。晴天棚内适宜的空气湿度白天为 85%~90%，湿度超过 90% 时，夜间叶面形成露水滴，易生病害。在冷季通风量不能大的情况下，特别要注意控制土壤水分，一般在定植前使土壤保持适当水分，定植后控制浇水，不灌大水，效果较好。

（四）大棚蔬菜高产技术推广

1. 大棚蔬菜高产典型带动

1986—1990 年"七五"期间，为配合北京近郊菜区开展的商品化现代蔬菜基地建设，北京市农业技术推广站和北京市农业局蔬菜处于 1987—1990 年，连续四年开展春大棚黄瓜、春大棚番茄高产技术示范活动（图 3-19）。

图 3-19　春大棚蔬菜高产技术观摩　1988

高产点四季青乡常青大队（东冉村）龚万朴的加温大棚，采用了营养土育苗、炉火加温等早熟高产技术。1987—1989年，连续三年亩产、亩产值双过万。1990年，他仍采用"长春密刺"品种，1月10日播种，营养土方育苗；3月3日定植，大棚内两侧共砌简易火炉8个，在黄瓜定植前7～10天生火加温，定植后增设二层幕保温，每天6时、12时、18时、24时添火4次，使棚内气温保持在14℃以上，缓苗后随外界温度升高，逐渐减少添火次数，至4月底至5月初熄火（当年耗煤14吨、耗煤费840元）。1990年4月4日始收，5月1日前，亩收黄瓜为3 044.5千克、亩产值7 098元。至6月30日拉秧，亩总收黄瓜8 214千克，亩产值12 345元。可以看出，炉火加温，对大棚黄瓜提早采收增加效益有非常突出的作用。该炉火加温大棚黄瓜，总生长期170天，其中采瓜期87天，日均收瓜94.4千克。

此外，丰台区花乡榆树庄重点示范了电热线加温和多层覆盖早熟栽培技术，十八里店村重点示范了炉火加温、多层覆盖、抗病品种津研号等技术，东升前八家村重点示范了大面积种植津杂黄瓜大棚高产技术。

1987—1989年，建立市级春大棚黄瓜丰产示范基地96个，面积236.6亩，平均亩产达到7 311千克。参与高产竞赛的春大棚黄瓜示范点平均生长期稳定在152～159天，其中苗龄期为51～55天，定植后25天左右始收，采瓜期75天左右，日均亩收瓜75～104.5千克。

高产竞赛活动，促使近郊菜区春大棚黄瓜生产技术水平获得了提升。北京市农业局蔬菜生产统计报表显示，1986年近郊菜区春大棚黄瓜生产面积为4 000亩，至1990年发展达到6 191亩，增长近55%；平均亩产量由1986年的3 350千克提高到1990年的4 752千克，增产41%。春大棚番茄、茄子等栽培也有所发展。

2. 大棚蔬菜高产创建

北京市农业技术推广站自2009至2014年，先后组织郊区进行大棚黄瓜、番茄、辣椒、茄子四种蔬菜高产竞赛，六年设立春、秋大棚高产创建点275个，创建面积275.56亩，通过高产创建竞赛，使得大棚蔬菜水肥一体化灌溉技术、基质无土栽培技术、熊蜂授粉技术、绿色防控病虫害技术、设施环境调控和植株管理技术等，在郊区得到了普及，大棚蔬菜单产水平有了较大提升（表3-7）。

表3-7 北京市郊区2009—2014年春大棚蔬菜高产创建表

种类	项目	2009	2010	2011	2012	2013	2014	总计
	创建点数（个）	35	46	48	47	47	52	275
	创建面积（亩）	41.5	56	47.7	36.7	41.96	51.7	275.56
	创建单产（千克/亩）	7 415	7 902	9 022	8 782	8 799	9 467	—
	全市蔬菜单产（千克/亩）	3 108	2 991	2 954	2 916	2 860	2 740	2 928
黄瓜	点数（个）	15	16	16	12	13	12	84
	面积（亩）	17.3	22.9	18.9	11	12.5	10.5	93.1
	平均亩产（千克/亩）	7 635	7 730	10 937	11 023	11 086	11 860	—
番茄	点数（个）	20	22	11	13	12	15	93
	面积（亩）	24.2	27.3	14.3	11，2	10.2	14	101.2
	平均亩产（千克/亩）	7 257	8 331	9 541	9 765	9 417	9 961	—

（续）

种类	项目	2009	2010	2011	2012	2013	2014	总计
辣椒	点数（个）		8	10	12	15	15	60
	面积（亩）		5.8	6.5	7.5	12.42	12	44.22
	平均亩产（千克/亩）		6 559	4 783	4 907	6 234	7 604	—
茄子	点数（个）			11	10	7	10	38
	面积（亩）			8	7	6.84	15.2	37.04
	平均亩产（千克/亩）			7 013	7 841	8 355	8 832	—

资料来源：北京市农业技术推广站王铁臣提供。

注：高产创建蔬菜为黄瓜、番茄、辣椒、茄子；茬口为春茬、越夏茬、秋茬。

2009 年以来，大兴区榆垡镇小黄垡村朱永龙，连续参加北京大棚黄瓜高产创建活动，连年高产（图 3-20）。2011 年 1 月 10 日播种"日本青秀"脱蜡粉砧木，1 月 13 日播种耐低温早熟丰产"寒秀 3-6"接穗品种，嫁接育苗。3 月 5 日定植，综合应用"热宝"（加温材料）早春增温、提早定植、多层覆盖、膜下滴灌、水肥一体、移动遮阳网覆盖降温、落蔓夹盘蔓落秧、病害生态防控等综合技术，于 3 月 27 日始收，9 月 20 日拉秧，总生育期 253 天，其植株平均株高达到 8.44 米，节间 94.3 节，采瓜期为 177 天，平均日收瓜 105.2 千克，亩产达到 18 621 千克，亩收入 40 467 元。创造了北京塑料薄膜大棚黄瓜越夏长季节栽培的高产新纪录，并获得当年北京市该茬口黄瓜高产高效一等奖。

图 3-20a　塑料大棚春黄瓜越夏栽培　2015　　图 3-20b　小黄垡大棚春黄瓜越夏生长状况　2010

（五）大棚结构的探索与规范

塑料薄膜大棚，是农民在蔬菜生产实践中创造的，尤其在发展初期，农民创造了很多类型规格，均由竹木结构起家，结构不一，单个面积较大，高度空间小。

1974 年，北京市农业科学研究所农业气象室调查，郊区生产上应用的蔬菜塑料薄膜棚，有大、中、小三种类型，其中大型塑料薄膜棚的面积 1 亩左右，主要类型为拱圆形盖帘大棚（图 3-21）和拱圆形单层大棚（图 3-22）。其中拱圆形单层塑料大棚成为后来发展的主体设施。

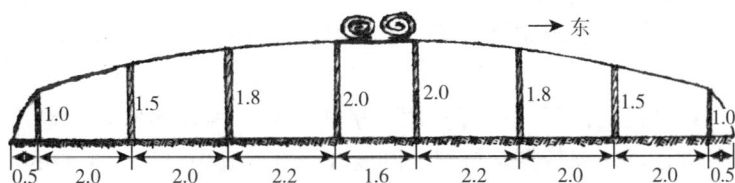

图 3-21　拱圆形盖帘薄膜大棚示意图　1974

→ 东

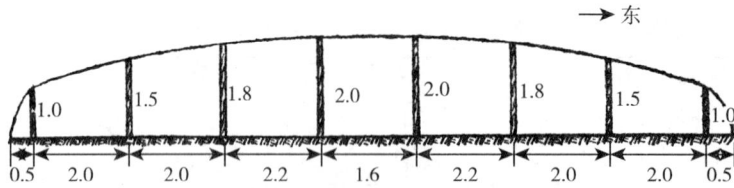

图 3-22 拱圆形单层薄膜大棚示意 1974

生产中，对大棚的覆盖面积，先进者始终在追求更大更高更利于机械化操作。1972 年春，朝阳区小红门建造了一个长 162 米、宽 25 米的竹木拱架大棚，面积 4 050 米²，合 6 余亩。北京市农业科学研究所驻小红门基地的科技人员，利用此大棚观察分析了大棚光照、温度、湿度的变化特点，掌握了大棚的基本性能。

1975 年春，海淀区玉渊潭公社八宝庄大队，建造了一座连接式四拱混凝土钢结构塑料大棚，覆盖面积 4.6 亩。大棚南北长 73 米、东西宽 42 米，东西向每 10 米为一拱（栋），由中间的 3 排立柱连接。立柱高 2.5 米，地上部 1.7 米，南北向每隔 4 米立一根，每两根立柱上架一个凹形洋灰槽，槽长 4 米，宽 30 厘米，高 20 厘米，棚上架月牙形骨架，南北向每隔 1 米为一架，跨度 10 米，安置在洋灰槽边上。骨架由上（直径 12 毫米）下（直径 16 毫米）两道钢筋，及竖向多根立柱组成剪子股花架加固，骨架中部上下间距为 30 厘米、两边间距 10 厘米。大棚中间最高点距地面 3.1 米。东西两边用钢筋与地面连接，边高 1.7 米。骨架上盖薄膜，膜上用稻草缠好的 8 号铅丝压住。南北向每隔 1 米压一道。大棚南北两边各有 3 扇门，顶部每拱有两排天窗，南北向每 6 米设一排窗口，两排交叉排列由木框制成。整个大棚用薄膜 520 千克，钢筋 13 吨，造价 1.3 万元。1975 年 1 月底动工，3 月 19 日完工，3 月 27 日投入生产使用。

1975 年秋，双桥公社率先建造了全钢架大型拱圆棚 3 个，其中最大的是管庄科技站钢架大棚，长 170 米、宽 40 米、高 4.7 米，内部仅有立柱 64 根，覆盖面积 10.5 亩。其余两个覆盖面积也在 5 亩以上。

大棚的发展，急需其结构相对规范。

1. 大棚结构选型

1976 年 4 月，国家农林部召开温室蔬菜生产会议，讨论并指出了塑料大棚结构存在的问题是结构不科学、不合理。主因是社队自筹自建，抗风、抗雪能力差，易坍塌；过去的经验没有科学化、完整化。参会的日本友人石本正一也提出了大棚用材的意见，认为钢筋材料不合理，以管材为好。对此问题，国家农林部组成调查组，调查了 9 个城市，60 多个单位，100 多座塑料大棚，并由中国农业工程研究设计院依据调查情况设计了七种规格的大棚图纸。

1976 年 12 月 13 日，国家农林部科技司副司长崔璇主持，在农林部招待所召开"蔬菜塑料大棚图纸审查会"，参加会议的代表是来自全国 24 个省份的代表，会议由中国农业工程研究设计院、北京农业机械学院、北京市农林局、吉林农业大学、内蒙古农牧学院、中国农业科学院蔬菜研究所等组成技术小组。农林部经济作物局刘运道、农业出版社和北京市塑料研究所的代表也参加了会议。讨论认为：塑料薄膜大棚结构不科学、不合理，是因为没有统一设计。造成大棚跨拱比大，弯曲度小，抗风、抗雪力差；不容易固定塑料薄膜，影响使用寿命；纵向连接、刚度、稳定性差；材料使用不合理，不太重视地基和基础；还有棚内钢材防锈，通风窗设置等问题。由此，北京郊区塑料薄膜大棚结构的选型开始起步。

中国农业工程研究设计院提出了"经济实用，多快好省，因地制宜，就地取材"的大棚设计思想。提出讨论设计塑料大棚的主要依据是材料的刚度和强度，其中刚度是主要的，借用民用建筑的荷载规范，又不完全一样。是否以抗 10 级风、每平方米抗 50 千克左右的雪载来设计，此标准是否合适，均要经过实践检验。会议确定：各地要根据条件建造样棚，宜选用北京塑料研究所的长寿塑料薄膜覆盖。要进一步修改图纸，使其更具广泛性，重点开展：①12 米跨度的钢筋大棚；②钢管架大棚；③悬梁吊柱大棚的三种棚型结构设计，并明确大棚建造施工的技术要求。

1977 年，海淀区东升公社大钟寺大队躺碑庙生产队，将大泥湾处的近 200 亩低洼易涝的土地改建成数十个钢结构塑料大棚（图 3-23），专门成立了大棚队。

1978 年，为发展大棚生产，北京市蔬菜办公室组织科研、物资经营、生产单位和四季青公社、双桥公社技术人员，赴太原市郊区参观学习钢架、半钢架结构大棚，总结太原和北京两地大棚发展经验，提出了北京发展塑料大棚的相关建议。当年 10 月，北京市委下达发展 2 600 亩塑料大棚、260 亩薄膜育苗温室的任务，年底郊区钢架结构大棚达到 630 个。如东升公社八家大队、塔院大队大力发展钢架大棚，获得东升公社奖励；清河村成立了"大棚专业队"。1979年春，四季青公社为适应专业化大生产的需要，进行体制改革，调整了大队规模和作物布局，建立起 8 个蔬菜生产大队。其中，将常青大队发展成为大棚蔬菜专业队，有塑料大棚 160 多栋（生产面积近 200 亩），温室 800 多间，是北京近郊区最大的蔬菜保护地专业队；还建立了远大韭菜专业队和以现代化温室为主的四季青园艺场等。

图 3-23　大钟寺大棚黄瓜已缓苗　1978

2. 大棚设计的曲折

1979 年 2 月 22 日、23 日，北京连降大雪，积雪厚度为 30～32 厘米，每平方米积雪重量 20～22.5 千克，每亩大棚负重 13～15 吨。郊区所建的 4 200 个竹木、竹木水泥、普通钢结构等不同类型的大棚，压坏 569 个，占比 13.5％。其中全钢架大棚压坏了 216 个，占比 34.3％。东升公社 140 个钢架大棚，压坏了 53 个。自然灾害的预防，有时会有很大的难度，大约 30 年后的 2007 年冬春降雪，也给郊区蔬菜大棚造成了损失（图 3-24）。

图 3-24　大兴小黄堡春大棚因雪灾受损　2007

大棚经受雪灾后，北京塑料大棚选型与定型设计正式展开，1979 年 7 月 5 日由北京市农林办公室、北京市科委、建委、计委、蔬菜办公室、农科院蔬菜所，北京市建筑设计院等相关单位讨论商定，由北京市农林办公室作为项目大棚委托方，委托北京市建筑设计院承担大棚图纸设计，样棚建在北京市海淀区农业科学研究所。同时，由北京市科学技术委员会下达试制"全钢结构大棚"的科研项目，成立有关单位参加的试验样棚设计协作组，由北京市农业科学院蔬菜研究所、北京市农林局蔬菜处负责，提出大棚设计参数。北京市建筑设计院按照协作组提出的要求和近郊菜区社队的不同需要，参考了国外的技术情况，于 1980 年初如期完成了设计，出图了三种不同类型的大棚，单栋大棚跨度分别为 8 米、10 米、12 米。设计的棚架采用薄壁镀锌钢管制作，能防止锈蚀，并可随意拆装，节省钢材。大棚设计有半自动开启的通风天窗和侧窗，内有半机械开启的二层保温幕装置；设计抗雪压30 千克，抗 10 级大风。

样棚建设单位北京市海淀区农业科学研究所派专人负责寻找建筑材料，按照设计做棚架时需订购壁厚 2 毫米、直径 70 毫米、60 毫米、51 毫米等规格的薄壁焊接钢管。这些建材也是国家建筑金属手册所列的产品。但在计划经济时期，样棚单位先后与北京市物资局、北京市金属公司、北京市科学器材公司以及北京木材厂等单位联系，均无薄壁钢管规格型号材料。北京市金属公司又于 1980 年 6 月召开的全国金属材料订货会上，积极争取货源，但全国竟无一家工厂生产此类产品，样棚只能停建。若改变大棚结构设计，还需要设计费 5 000～6 000 元，而资金无法解决。试验样棚协作组的参与单位北京塑料研究所，率先研制出了低密度聚乙烯长寿农膜（LDPE）和塑料大棚配件：即塑料压膜扁（绳）、二层幕滑轮、塑料 U 形卡等，并均已生产，后只得转用于普通大棚。这次对钢架大棚的设计定型，虽未能试制出试验样棚，但对推动北京钢架大棚的发展起到了积极作用。

1979 年 6 月 17 日至 7 月 20 日，中国农业工程研究设计院、中国农科院蔬菜所、中国农科院农业气象研究所、北京农业机械学院等组成"塑料大棚结构调查组"，又赴山西省太原市、天津市、吉林省长春市等地和北京近郊进行实地调查，具体测量每一座塑料大棚的结构组成（高、宽、占地面积、通风窗设置等并绘制棚型草图，同时调查主要蔬菜栽培管理情况），了解建造用材、造价以及使用情况和存在问题等。调查组在太原市参观了 15 个生产单位的"角钢屋脊型联栋温室（晋阳型温室）""钢架联栋塑料大棚""钢筋混凝土与竹木结构塑料大棚""'丁'字形钢架联栋塑料大棚""单栋管材拱形塑料大棚"以及"竹木结构塑料大棚"等。调查发现各地总计有 27 种棚型，了解到生产和管理单位希望解决如下两个问题：①塑料大棚结构应实现标准化，实现工厂化生产；②结构设计应考虑棚体的抗风、抗雪能力，便于排水，通风良好，防锈，不易磨损薄膜，空间大，适宜操作和机耕，最好无立柱，省材耐用，等等。

1980 年秋，中国农业工程研究设计院在调查北方六城市蔬菜塑料大棚后，按建造材料将各地的大棚归类划分为纯竹木结构、水泥与钢材或竹木混合结构、纯钢材结构三种，并针对大棚的骨架结构种类繁多，形式大小不一，材料没有统一的规格和质量标准的问题，完成了大棚设计，形成"蔬菜塑料大棚图纸审查会"纪要。并与中国农科院蔬菜所商定，新设计的塑料大棚样棚建在海淀区东升公社大钟寺大队。样棚由江西水稻插秧机厂生产，骨架为四分管，棚体较软，易摇动，持续使用了 12～13 年，薄壁管锈腐破裂。这是北京地区也是我国第一栋国产薄壁钢管大棚。

1981 年，北京郊区发展薄壁钢管装配式大棚不到 10 个，1982 年春季就达到 100 多个 50 多亩，此后进一步增加，如朝阳区该年投资 200 万元，购进 600 个（300 亩）组装式薄壁钢管大棚。

1985 年，南苑乡科技站在北京农学院李燕生指导下，利用西班牙产农膜，建造了双层充气膜棚室（图 3 - 25），并配有充气装置（图 3 - 26），保温效果虽好，但使用一年左右透光率就快速下降，与国产农膜质量尚有差距。此外，一次性投资很大，比一般大棚高 2～5 倍，且使用过程中维护成本高，故未能进一步推广应用。

图 3-25　南苑科技站薄膜充气温室　高世良　1986

图 3-26　双层薄膜温室充气装备　高世良　1985

3. 大棚结构规范与发展

大棚兴起从竹木结构起步，在经济发展推动下，经悬梁吊柱结构、混凝土（立柱）竹木结构、半钢架结构、向全钢结构大棚演进。在前期工作的基础上，1987 年 4 月，由北京市农业技术推广站组织专家团队，经郊区实地考察、讨论，确定了"菜田保护地建设"采用的竹木混凝土结构、钢架焊接大棚、薄壁管无柱装配式三种大棚结构类型的基本要求，以确保新发展的蔬菜大棚结构能够抵御不良天气损害。

（1）竹木混凝土结构大棚　骨架为竹木或水泥柱竹木组成（图 3-27），跨度一般为 12～15 米，以 12 米为适宜，高度由 1.8 米提高到 2.3～2.6 米，长度 45～50 米，边高最小不少于 80 厘米，以 1～1.1 米为佳；设六排或八排立柱、纵向每 3 米一根柱，加吊柱。

图 3-27　八排立柱竹木水泥结构大棚

（2）普通钢架（圆钢）大棚　大棚骨架为直径 12～18毫米的圆钢焊接而成（图 3-28），或钢管装配式结构。无立柱，跨度 12～14 米，高度 2.6～3.2 米，长度不大于 50～60 米，两边肩高 1～1.4 米；门为推拉式（或合页式），卷帘式通风，抛锚式固定压线，骨架涂防锈材料，带二层幕和灌水设备。

图 3-28　圆钢焊接"人"字形拱架大棚及门设置　朱志方

（3）镀锌管装配式大棚　大棚骨架为镀锌（热镀）钢管装配式结构（图 3-29），无立柱，用 1.5～2 毫米的薄壁管，跨度 8～10 米，以 10 米为宜，长度限 60 米以内，中高 2.8～3.2 米，两边肩高 1.0 米左右，门为推拉式（或合页式），抛锚式固定压线，棚顶双梁加固，拱架最好为双拱架（间距 1～1.2 米），双肩和棚顶用卷膜机放风（图 3-30），大棚内设置或留有二层幕装置（图 3-31）和灌水设备。

图 3-29　镀锌薄壁管装配式大棚群　1988

图 3-30　大棚手摇放边风装置　1986

图 3-31　装配式大棚二层幕卷放装置
朱志方　1986

　　北京 1986—1990 年"七五"期间，制定了近郊菜区现代化菜田建设扶持政策：每亩菜田建设投资标准为 5 000 元，市、区、乡和村三级投资比例为 4：2：4。其中市级投资部分的 30% 为无偿投入，70% 为无息贷款，还款年限自建成后的第三年开始归还，五年还清。这推动了郊区发展圆钢无柱结构大棚、镀锌管装配式无柱大棚、竹木混凝土有柱结构大棚设施的发展，并均以此标准进行验收。海淀区在此次现代化菜田建设当中，发展中小棚、大棚、温室蔬菜设施 2 408.9 亩。近郊菜区形成了多个以圆钢无柱结构大棚为主的百亩大棚群，如四季青公社常青大队、东升公社八家大队、塔院大队等钢架塑料大棚连片成方，甚为壮观。天安门前第一乡丰台区南苑乡的现代化菜田建设，主管农业的经理高世良和各村共同努力，推动建成现代化菜田基地 38 处、面积 4 750 亩。其中新建钢架大棚（包含购进沧州的镀锌管装配棚）373 亩，温室 13 880 间，保护地设施是未建之前的 10 多倍。南郊农场吴德正负责引进哈尔滨产的弧形扁钢骨架、沧州薄壁镀锌管骨架、鞍山厚壁钢管骨架塑料大棚，还自己焊接钢管骨架大棚，经试用和实践检验，鞍山园艺所亢树华负责制造的钢管骨架塑料大棚最为实用，主拱架用厚壁钢管，高 3 米，跨度 14 米，用钢材近 6 吨。

　　市场经济道路的提出和发展，使远郊新菜区蔬菜设施建设的积极性得到发挥。1993 年，顺义县北务镇建成塑料大棚 3 100 个，基本实现了全镇户均一个大棚。1996 年发展到 5 000 个，1997 年被市政府授予"京郊蔬菜第一镇"。1998 年底，该镇的蔬菜日光温室和塑料大棚发展到 8 000 个。农民通过发展设施蔬菜，逐渐富裕起来，其观念也逐渐改变。他们把蔬菜大棚看作"命根子"，哥儿们分家分大棚、嫁女配送大棚、先种大棚后生娃、大棚里安装电话等，使北务镇成为当时京郊闻名的"蔬菜大棚之乡"。

20世纪90年代至今，由于政策资金的持续扶持，单栋圆钢焊接或镀锌薄壁钢管组装式无立柱大棚和日光温室比翼齐飞，塑料大棚成为郊区蔬菜设施生产的主体。一些竹木混凝土结构大棚在生产上仍然发挥着作用，但最早的竹木结构塑料大棚已被淘汰。

塑料大棚大型化，利于机械化作业。2016年秋，北京大兴区庞各庄四季阳坤公司，在郊区首次创新建成了四个大型单拱钢架混凝土大棚，大棚长度160～210米，跨度达38～40米，脊高8米。最大的大棚覆盖面积达到12亩（图3-32）。之后密云云科基地也建造了用于食用菌栽培的大跨度塑料大棚（图3-33）。这种大型化大棚，其特点是立体空间大、栽培面积大，室内可以机械化作业，提高生产效率。房山、顺义等地区，也分别建造了不同规格结构的大跨度蔬菜塑料薄膜大棚，用于蔬菜栽培生产（图3-34）。

图3-32　大跨度塑料大棚　陈宇　2017

图3-33　大跨度钢架塑料大棚　2017

图 3-34　大跨度塑料大棚蔬菜无土栽培　杨明宇　2018

二、塑料大棚的结构与建造

塑料薄膜大棚，是指用塑料薄膜覆盖的一种大型拱圆棚。建造可繁可简，可采用竹木、混凝土、钢材等材料做成拱圆形骨架，以塑料薄膜为覆盖材料，跨度 10～15 米或更宽、高度 1.8～3.0 米或更高、长度不限，面积在 300 米² 以上的保护地设施，称为"大棚"。

塑料大棚的结构由基础、骨架、覆盖薄膜三大部分组成。

北京郊区的大棚最初为竹木结构，向铁木（竹）混合结构、竹木混凝土结构发展。目前，郊区以钢架或薄壁镀锌钢管结构为主，且多属于装配式结构，由生产厂家提供和施工，其建造过程不作详细介绍。这里仅以农户可以自己动手建造的竹木水泥结构大棚为例介绍：

（一）大棚的基础

大棚的基础关系到大棚的稳定性。因为大棚的重量是由其本身骨架和覆盖薄膜重量决定的，一般来说钢架大棚的重量每平方米为 5～10 千克；竹木拱架大棚的重量为每平方米 1～3 千克。北京大棚，骨架除自重外还受外力不定时的风压、雪载的侵袭，跨度 10 米以上的大棚，每平方米重量应不少于 25 千克，需要均匀地分布在大棚的每个立柱或接地点上。因此，大棚的基础要求较高，越是大跨度无柱型大棚对基础要求越高。

竹木、竹木混凝土结构大棚，其柱基就是大棚的基础，基础可用砖、石或混凝土墩做柱脚石，也可采用短"横木"绑在柱子下端一同埋入土中作为基础，以防大棚下沉或被拔起，立柱要埋深 60 厘米左右，埋土后夯实。

（二）大棚的结构

竹木结构、竹木钢材混合结构、竹木混凝土结构大棚，其中竹木结构是由立柱、拱杆、拉杆、压杆，即"三杆一柱"组成的大棚骨架，架上覆盖塑料薄膜而成的大棚。建造材料简单、规格不太严，易建造，成本较低。但大棚结构是由各部分共同组成的一个整体，建造时选料要适当，施工要严格。

1. 立柱

大棚的主要支柱，起着承受棚架、薄膜的重量和风压的引力、雨雪荷载的作用，因此，立柱要垂直或倾向于应力。由于竹木结构棚顶较轻，使用的立柱不必过粗，竹木立柱的直径 5～8 厘米；混凝土柱依水泥标号和工艺水平而定，钢筋混凝柱 8～10 厘米见方即可。一般设 4～6 排立柱，柱间相距

2米或3米。立柱顶部要穿孔或留孔，以便穿铅丝把拱杆固定牢。

2. 拱杆

大棚支撑棚膜的骨架，横向固定在立柱上，呈自然拱形。两端埋入地下，深30~50厘米。必要时拱杆两端加上"横木"，或间隔数杆加1根横木，以防拱杆拔起。大棚拱杆每间隔1米设1根，生产上可使用直径（粗头）4厘米左右、长4~6米的竹竿，用12号铁丝绑成适用棚架的长度做拱杆。

3. 拉杆

纵向连接大棚立柱、固定拱杆和压杆的"拉手"，起着使大棚整体加固的作用。拉杆要使用较粗的竹竿或木竿，距立柱顶端30~40厘米，紧密地固定在立柱上，各排立柱都应设立拉杆。

4. 压杆

扣上薄膜后，于两根拱杆中间压一根压杆，压在薄膜上，使棚膜绷紧不能松动。压杆可稍低于拱杆，使棚面呈瓦垄状，以利排水和抗风。应选用光滑顺直的直径2~3厘米的细长竹竿和18号铁丝连接而成或用8号铅丝、塑料压膜线代替压杆。压杆的两头埋入地下或在大棚的两侧设"地锚"，用以紧固压杆或压线。使用压杆时要采取措施以防止扎破棚膜。

制作竹木骨架大棚，还应注意在大棚的两端各设一个"活门"，当需要用门通风时，可把门拿下来横放在门口的底部，防止冷风由底部进入棚内吹袭蔬菜作物。也可在门下半部挂薄膜。

大棚骨架各部位名称见图3-35。

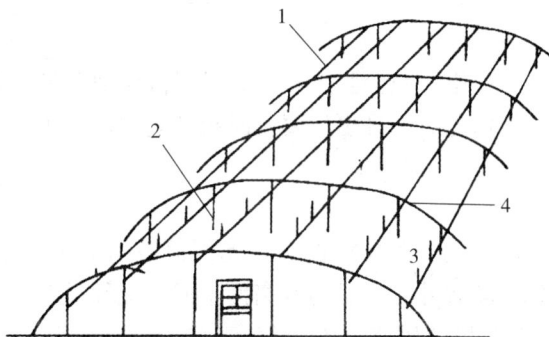

图3-35 单栋竹木结构大棚示意图
1. 拉杆（纵檩） 2. 立柱 3. 小支柱（吊柱） 4. 拱杆

（三）大棚的塑料薄膜

塑料薄膜是进行保护地蔬菜栽培的一种较为理想的覆盖采光材料。20世纪90年代之前，北京地区生产上使用的塑料薄膜有两种：一种是聚氯乙烯薄膜，70年代中期发生"毒膜"现象后，生产上已较少使用；另一种是聚乙烯薄膜和聚乙烯防老化膜，生产上大量应用。20世纪90年代开始，北京开始试验使用聚乙烯多功能膜（无滴保温长寿）、聚乙烯三层共挤无滴保温防老化膜、EVA三层共挤复合功能膜等新型农膜。

三、塑料大棚的性能与应用

（一）塑料大棚的性能

1. 光照

薄膜覆盖大棚内的光照，受季节、大棚方位和棚型结构、薄膜材料透光率的影响。

季节不同，光照强度不同。由冬至到夏至光照增强，由夏至到冬至光照减弱。

南北延长的大棚上午东侧强西侧弱，下午西强东弱，南北两头则相差无几，至于大棚内不同位置的水平照度一般比较均匀。东西延长的大棚，南北部透光率不同，两侧透光率相差较大，但东西两头相差不大。为了使棚内蔬菜作物生长一致，北京地区绝大多数采取透光比较均匀一致的南北向大棚。

棚架材料多少会影响光照，单栋钢材结构优于单栋竹木结构。有经济条件的，应采用钢架无柱结构大棚，差一些的可选用水泥立柱竹木结构大棚，在保证棚架坚固的基础上，尽量使棚架简化，材料粗细适中，以避免大量遮光。

不同农用透明覆盖材料的透光率不同（表3-8）。塑料薄膜在实际使用过程中，还受耐老化性、水滴附着状况、污染及黏尘性等影响，据北京市农业科学研究所气象室1973年在小红门公社小红门八队6亩的大棚覆盖1个月之后测定，在晴天条件下，总的透光率只有37.3%。

表3-8 玻璃与塑料薄膜透光率比较

单位：%

种类		不同光波长（纳米）下的透光率								
		350	400	450	500	550	600	650	700	750	800
塑料薄膜	聚乙烯	69.0	72.5	77.0	78.9	80.5	81.2	83.2	85.9	87.0	80.2
	聚氯乙烯	71.2	73.8	75.6	77.3	80.0	81.5	82.2	83.0	88.6	86.2
2毫米厚玻璃		64.0	85.5	87.0	88.4	88.0	86.9	82.6	82.0	78.0	75.2

资料来源：引自《北京市蔬菜生产技术手册》，1976。

因此，在上棚膜时要绷紧、拉平，减少膜上积尘；及时洗刷薄膜棚，防止尘土污染，注意通风防止结露；栽培时注意密度；双层覆盖时，日出后要及时拉开内层保温膜或幕等，这对提高早春低温更为重要。

2. 温度

覆盖下的大棚，棚内的温度变化受薄膜特性、有无外覆盖物的影响很大。膜外无覆盖物的情况下，大棚内温度的年与日变化，随着外界气温的升高而增温，随外界气温下降而降温。

1972—1974年，北京市农业科学研究所农业气象室，在小红门公社小红门、牌坊大队和南苑公社西铁营大队的大棚内测定，大棚内的温度一年中变化可分为春、夏、秋、冬四个季节（表3-9）。

自11月11日至翌年3月25日，大棚内温度条件属于冬季。棚内旬平均最低温度为-8~2℃，旬平均温度低于4℃，基本不能从事蔬菜生产，虽然2月下旬温度开始回升，此时也只能播种一些耐寒类蔬菜。

自3月26日至5月25日，大棚内的温度条件属于春季。棚内旬平均最低温度达到2℃至14.9℃，虽然温度在回升，耐寒类蔬菜可以生长，但前期仍偶有低温，可在3月下旬视天气情况定植喜温性瓜果类蔬菜。

自5月26日至9月5日，大棚内的温度条件属于夏季。月平均温度在20℃以上，是喜温性瓜果类蔬菜生长发育的最适时期。但5—6月，棚内最高温度可达50℃以上，如不及时放风降温，极易产生高温危害。5月中旬后，要形成昼夜"天棚"通风；7—8月大棚必须"天棚"覆盖、遮阳、全量通风和昼夜通风，方能使棚内外没有显著差异，保证瓜果类蔬菜正常生长，实现较长的收获期。

自9月6日至11月10日，大棚内的温度条件属于秋季。大棚内平均温度由高向低，种植喜温性瓜果类蔬菜可以延后生产，但要注意后期低温出现而发生冻害。11月中下旬以后，棚内夜温相继降至0℃或更低，进入冬季，喜温蔬菜不能再生长，只能种植耐寒的绿叶蔬菜或维持其越冬。

大棚采用加温、外加覆盖物或双层膜覆盖，可适当提早或延后栽培。

表 3 - 9　北京地区各类薄膜棚内的季节划分

	项目		春季	夏季	秋季	冬季
温度	候平均气温（℃）		10.1～21.9	≥22	21.9～10.1	≤10
指标	旬平均最高气温（℃）		17.1～27.9	≥28	27.9～17.1	≤17
	旬平均最低气温（℃）		4.1～14.9	≥15	14.9～4.1	≤4
自然季节	露地	起止日期（日/月）	6/4—25/5	26/5—5/9	6/9—25/10	26/10—5/4
		日数（天）	50	103	50	162
棚室内的季节	盖帘拱圆形大棚	起止日期（日/月）	26/2—20/4	21/4—10/10	11/10—30/11	1/12—25/2
		日数（天）	54	173	51	87
	盖帘全光玻璃温室	起止日期（日/月）	1/3—20/4	21/4—10/10	11/10—30/11	1/12—28/2
		日数（天）	51	173	51	90
	有土墙大棚	起止日期（日/月）	26/3—25/5	26/5—5/9	6/9—10/11	11/11—25/3
		日数（天）	61	103	66	135
	拱圆形单层大棚	起止日期（日/月）	26/3—25/5	26/5—5/9	6/9—10/11	11/11—25/3
		日数（天）	61	103	66	135

资料来源：引自北京市农业科学研究所情报资料室主编《蔬菜资料选编》，1974。

大棚内的温度昼夜变化，依天气情况而异。晴天变化较大，阴天变化较小。晴天日出后 1～2 小时棚内气温迅速升高，7—10 时气温上升最快，在不通风的情况下，平均每小时升温 5～8℃。中午 1 时左右棚内温度达最高点。下午 2—3 时以后棚温开始下降，平均每小时降温 5℃。夜间的温度变化情况和外界温度变化趋势基本一致，通常棚温比露地高 3～6℃。从日落至黎明前平均每小时降温 1℃，最低气温出现在黎明前（图 3 - 36）。

大棚内土壤温度变化，受大棚内气温影响，也有季节和日变化，但滞后于气温且相对稳定。在春分前后，土温一般能维持在 13～23℃，夜间温度在 10℃左右。北京若春分前定植喜温性蔬菜，必须采取增温、保温及提高土温的措施，使土壤温度维持在 10℃以上；清明至谷雨，棚内土壤增温效果明显，一般棚内外土温相差 3～8℃，最高相差达 10℃以上；6—9 月棚内 10 厘米地温可达 30℃或更多；10 月土温增加效果不明显；11 月上旬棚内浅层土温降到根系生长的最低界限；1 月中旬至 2 月中下旬为土壤冻结状态，至露地封冻时，密封的大棚内地温仍可在 0～3℃，最冷时地温在 -8～-3℃。所以春提早定植存在着土温较低的困难，解决的措施是提早扣棚、深翻晒土、加强中耕、减少灌水和多层次覆盖。

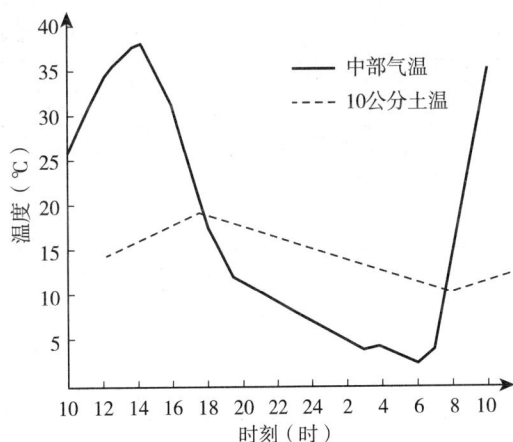

图 3 - 36　塑料大棚温度日变化　1973
注：1 公分≈1 厘米。

3. 湿度

塑料大棚内的空气湿度来源于土壤的蒸发和作物的蒸腾作用。由于塑料薄膜的透气性差，因此常使棚内出现高湿状况，在不通风的条件下，相对湿度常达 70%～100%（表 3-10）。一般情况下，棚温高时相对湿度低，棚温低时则相对湿度高。所以夜间的相对湿度高于白天，使薄膜上形成很多水珠，而白天随着气温的增高和通风，相对湿度又会降低。棚内相对湿度大，土壤蒸发量小，虽然能减少浇水，但因不能补充新水分，会影响肥料的分解与移动，使作物吸收水肥产生困难。棚内湿度过大是大棚内病害严重的诱因之一。因此，必须重视大棚内的湿度管理，如合理放风、中耕松土、灌水等互相配合，使大棚内湿度尽量降低。

表 3 - 10　大棚中部空气相对湿度（1973 年 3 月 20—21 日）

单位：%

时间	12：00	13：00	14：00	15：00	16：00	17：00	18：00	19：00	20：00	21：00	22：00	23：00
湿度	81	84	72	74	76	82	84	91	89	92	96	96
时间	24：00	01：00	02：00	03：00	04：00	05：00	06：00	07：00	08：00	09：00	10：00	11：00
湿度	94	98	98	95	95	95	96	95	96	89	77	73

注：晴天；白天天窗通风，通风差；大棚塑料薄膜为聚氯乙烯。

还应该注意到，大棚薄膜内壁吸附水滴一般呈微酸性，pH 为 6。但在刚刚施入有机底肥的大棚内水滴呈微碱性，pH 为 8，棚内有较重的氨味。笔者在朝阳区小红门公社龙爪树十一队薄膜温室内看到，水滴长时间滴落在黄瓜叶片的某一部位，则易产生灰褐色坏死斑。若水滴滴落在幼苗根部，时间长了，会引起沤根死苗。由此可见，在栽培管理上应加强通风换气，建造大棚或作畦时，要考虑不让水滴落在植株行上，而让其滴落在畦埂或畦沟内。

（二）塑料大棚的应用

大棚的结构及性能，决定了大棚栽培的应用方式。相较于露地，大棚栽培提早和延后了栽培作物的生长时间，怎样利用其获得高产高效是科学技术的主要任务。

20 世纪 70 年代，面对兴起的大棚主要用于栽培喜温性瓜果类的实际情况，就如何充分、有效地利用大棚地力、棚内光热条件，就如何合理安排茬次、搭配品种，提高各茬次及全年总产量，北京市农业科学研究所蔬菜室大棚组开展了调查与研究，总结出了一年一茬、一年二茬、一年三茬等栽培方式（表 3-11），以及大棚四周和间作、套种、轮作的蔬菜品种，实现了大棚蔬菜周年生产。有些茬口一直延续至今仍在应用，有些茬口还有所发展。

表 3 - 11　北京塑料大棚三茬栽培简表

月份		一	二	三	四	五	六	七	八	九	十	十一	十二
节气		小寒　大寒	立春　雨水	惊蛰　春分	清明　谷雨	立夏　小满	芒种　夏至	小暑　大暑	立秋　处暑	白露　秋分	寒露　霜降	立冬　小雪	大雪　冬至
旬		上中下	上中下	上中下	上中下	上中下	上中下	上中下	上中下	上中下	上中下	上中下	上中下
前茬	油菜										○阳畦	○塑料温室	
中茬	黄瓜	⊗塑料温室											
	西红柿	⊗塑料温室						（早熟种）（中晚熟种）					
秋茬	黄瓜							⊗ ×					

注：⊗土方育苗，○直播，×定植，△收获，⌒扣棚，＝＝苗期或生长期。

当前，在北京郊区蔬菜生产当中，大棚蔬菜栽培的主要方式如下：

1. 春大棚提前栽培

春提前是大棚生产的最主要形式。1975 年菜区大棚发展开始提速，生产上开始应用加温技术，多采用明火加温或管道加温（图 3 - 37）、小拱棚双层覆盖提早定植等措施（图 3 - 38）。至 1992 年春季，北京近郊区保护地总面积为 37 880 亩，其中大棚占 12 765 亩。栽培面积最大的是黄瓜和番茄，春大棚黄瓜为 6 680 亩、春大棚番茄为 3 850 亩。可以看出，大棚面积中大部分是进行春提前瓜果类蔬菜早熟栽培，这对春季市场供应是至关重要的。

图 3 - 37a　六郎庄春大棚明火加温黄瓜栽培　1988　　　　图 3 - 37b　大棚侧边加温火炉　1987

春大棚黄瓜早熟栽培，因采取的加温、保温措施不同，分为炉火或电热线加温、多层覆盖、单层大棚、抗病品种等技术。采用炉火或电热加温大棚，一般于 1 月中下旬在温室育苗，可于 2 月下旬至 3 月初定植；多层覆盖大棚 3 月中旬定植；单层大棚 3 月下旬定植。炉火加温大棚 3 月中下旬上市，多层覆盖大棚 4 月上中旬上市；单层大棚 4 月下旬收获上市，可连续供应到 6 月下旬至 7 月上中旬。炉火加温大棚比单层大棚将定植期提前了近 30 天，收获始期也提前了近一个月；多层次覆盖大棚始收期也较单层棚提早 15 天左右。春大棚番茄早熟栽培，单层大棚一般于 12 月下旬至 1 月上旬在温室中播种育苗，3 月中下旬定植于大棚内，5 月中下旬始收，一直可采收到 6 月下旬。如果采取炉火加温或多层覆盖措施，采收期也可提前到 5 月初。春大棚茄子早熟栽培；单层大棚一般于 12 月上旬育苗，多层覆盖式加温大棚可提前在 11 月中下旬养苗，3 月中下旬定植，5 月初至 5 月中下旬开始收获上市。

图 3 - 38　塑料大棚内加小拱棚双层覆盖保温　2018

近郊菜区春大棚炉火加温和多层覆盖栽培蔬菜，早熟效果良好（表 3 - 12）。

表 3－12　春大棚不同覆盖方式对黄瓜亩产（千克）、亩产值（元）的影响

不同覆盖方式比较	定植期	始收期	前期（5月10日前）产量	比CK增加百分比（%）	中后期（5月10日后）产量	比CK增加百分比（%）	亩总产量（千克）	比CK增加百分比（%）	前期（5月10日前）产值	比CK增加百分比（%）	亩总产值（元）	比CK增加百分比（%）	亩覆盖开支（元）	亩纯收入（元）	比CK增加百分比（%）
棚膜＋二层幕＋小拱棚	3月12日	4月11日	1 426	62.5	5 652.5	22.7	7 078.5	29.1	2 191.6	126.1	5 117.8	55.1	1 012.5	4 105.3	71.1
棚膜＋小拱棚＋地膜	3月16日	4月15日	1 460	66.4	6 436	39.7	7 896	44	1 937.4	99.9	5 116.4	55	1 068.8	4 047.65	68.7
棚膜＋小拱棚	3月16日	4月15日	1 376.6	56.9	5 133.4	11.4	6 510	18.7	1 801.44	86.6	4 500.8	36.4	956.3	3 544.5	47.7
棚膜＋地膜	3月25日	4月22日	946.5	7.9	5 040	9.4	5 986.5	9.1	1 060.95	9.4	3 670.6	11.2	1 012.5	2 658	10.8
单层棚膜CK	3月26日	4月26日	877.5		4 607.5		5 485		967.45		3 299.6		900	2 399.6	

资料来源：引自北京市农业技术推广站"菜田保护地建设项目总结"，1991。

注：丰台榆树庄，1989。

在春大棚提前利用方面，无多层覆盖和炉火加温的单层大棚，也可以在瓜果类蔬菜定植之前栽培一茬油菜，实现两茬高产。北京市农业技术推广站1988—1990 年连续三年在朝阳区十八里店乡小武基村组两亩大棚内，示范了单层大棚早春茬栽油菜、再种黄瓜的高产栽培技术，即"栽棵油菜—津杂黄瓜"，获得了较好效果，三年的前茬油菜平均亩产值1 120.5 元、后茬栽培抗病品种津杂黄瓜（图 3 - 39），平均亩产值 4 158.4 元，两茬合计平均亩产值 5 278.9元。此种种植方式的油菜，于第一年 11 月 11—15 日播种育苗，苗龄 70 天，翌年 1 月下旬至 2 月初 6～8片叶苗龄时定植，3 月 20—25 日收获完毕，整地定植津杂黄瓜，黄瓜需提前 40～50 天育苗。

图 3 - 39　十八里店春大棚抗病津杂黄瓜栽培　1987

2. 秋大棚延后栽培

秋延后生产也是郊区大棚综合利用的主要茬口，生产的蔬菜种类主要是番茄和黄瓜等蔬菜。

1979 年，朝阳区太阳宫、高碑店公社试种秋茬大棚番茄获得成功（图 3 - 40）。第二年，太阳宫公社扩大到 68 亩，平均亩产 1 500 千克，其中 20 亩高产试验棚亩产达到 2 313 千克。由于春大棚瓜果类蔬菜生长发育采摘期有限制，以及炎热夏季番茄易发毒病，秋大棚番茄一般于 7 月中旬 15 日前后播种育苗，或划沟散播于大棚。当苗子长到 3～4 叶 1 心时，8 月上旬定植，高密度栽培，每坨 2～3 株苗，8 月 20 日前后显花蕾时定苗，留 2 穗果于 9 月 15 日前后闷尖。待番茄果实发白青熟后，立冬前整穗果采收并进行贮藏，1 周后分批上市；此外，南郊农场科技站也开展了秋棚番茄生产试验。20 世纪 80 年代，这一种植技术在朝阳区南磨房、十八里店、将台、国营红星农场和丰台区卢沟桥等地有所发展。1983 年，近郊区种植秋大棚番茄达到 2 500 亩，自 10 月至 12 月上市番茄 473 万千克，改变了秋冬季节番茄"缺市"的现象。

20 世纪 90 年代中期以来，顺义北务地区调整瓜果菜茬口，使春大棚西瓜和秋大棚番茄相衔接，将秋大棚番茄播种育苗期由 7 月中旬逐步提前到 5 月底 6 月上旬播种，6 月中下旬早定植，加强及时管理，8 月下旬至 9 月初即可采摘上市，国庆佳节正处于收获盛期，单株可收获 5～7 穗（图 3 - 41）。

图 3 - 40　专家考察大棚秋番茄生长状况　1987

图 3 - 41　大棚秋番茄生长状况　2018

秋大棚黄瓜高产栽培，采用品种以秋瓜类型为宜，栽培时选择瓦垄畦，子母秧比移栽长得好。

3. 越冬耐寒类蔬菜生产

秋延后茬次完毕，还可进行耐寒叶菜冬春季生产。秋冬播种或定植油菜、青蒜、芹菜、香菜、小萝卜、菠菜、生菜、羊角葱等。自11月中下旬至翌年3月中下旬或4月初生产供应，20世纪70—80年代，多采取炉火加温早熟栽培，以不影响春茬蔬菜定植为前提。

4. 越夏长季节瓜果类蔬菜生产

近十年来，北京兴起的蔬菜栽培茬口，采用嫁接育苗，早春定植的瓜果类蔬菜，如茄子越夏平茬延秋栽培（图3-42），春大棚黄瓜可落秧管理，经遮阳降温、调控水肥、防止病虫害，越夏延至秋末拉秧。

图3-42 春大棚茄子越夏平茬延秋栽培 2011

5. 早春或夏季育苗

为早春露地蔬菜或秋延后蔬菜育苗（图3-43）。

图3-43 成寿寺大棚穴盘育苗 1987

6. 多茬栽培

利用叶类蔬菜较耐寒、苗期耐热的特性，在大棚内于2月下旬至11月上中旬直接播种小油菜、小白菜、茴香、茼蒿或定植生菜、油菜等蔬菜，一年可收获6～8茬蔬菜（图3-44）。

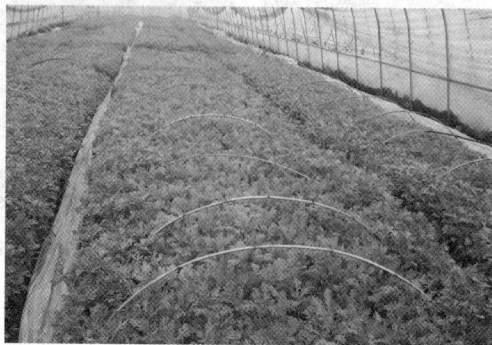

图3-44 塑料大棚秋冬茼蒿栽培 2010

四、塑料大棚高产栽培典型案例

（一）东柳生产队大棚春茬黄瓜高产栽培

朝阳区双桥公社东柳生产队，1974 年开始发展大棚蔬菜生产，他们加强岗位责任制，专人管理，战胜了早春低温、大风、连阴天光照不足等不利气象因素，使春大棚蔬菜产量不断提高，1976 年的高产棚亩产 15 805 千克，比露地提前 2 个月采收、产量提高 3～5 倍（表 3 - 13），采取的主要技术措施如下：

表 3 - 13 1974—1977 年东柳生产队春大棚黄瓜生产及高产概况表

年份	生产面积（亩）	平均亩产（斤）	其中高产棚			播种时间（月-日）	定植时间（月-日）	始采瓜时间（月-日）	拉秧时间（月-日）	生长期（天）	采收期（天）
			面积（亩）	大棚覆盖	亩产（斤）						
1974	2.75	7 700	0.76	单层	9 000	1 - 15	3 - 19	4 - 7	6 - 27	164	82
1975	5.3	12 050	1	双层	15 390	12 - 27	3 - 1	3 - 24	7 - 18	204	117
1976	8.4	12 200	1.3	双层	15 805	12 - 22	2 - 26	3 - 15	8 - 7	230	146
1977	9.2	12 613.5	1.3	双层	15 690	12 - 26	2 - 27	3 - 24	7 - 23	210	122

1. 施足底肥提地力

高产大棚黄瓜，全生育期 200～230 天，采收期长达 120～140 天，主蔓长 2.6～4 米，叶片数达 35～45，单株结瓜 17～22 条，单株产量平均 2.5 千克，最高 4 千克，单株根重 42.4 克。这样大的生长量，需要充足的养分供应。双桥公社东柳巷生产队以半腐熟的马粪、隔年发酵的麦秸、猪粪和人粪，经高温沤制成混合肥，冬前每亩铺施混合肥 12 500 千克，深翻 27 厘米晾垄并经冻融，早春提早扣膜化地，再深翻两次，先开沟宽 27～33 厘米，再亩沟施马粪 2 500～4 000 千克，捣细掺匀，搂平作畦后再开沟晒土，中午高温时翻晒土，逐渐回土，以提高地温，等待定植。

2. 选用优良品种

采用"长春密刺"良种。

3. 营养土方育适龄壮苗

（1）用营养土方育长龄苗 60 天苗龄用土 8～10 厘米见方，65 天苗龄用土 10～11 厘米见方。前一年 12 月下旬温室播种。育苗期间看天调温并变温管理，定植前 15 天低温炼苗，炼苗时保持"头寒脚暖"（详见第八章）。

（2）定植时成龄壮苗的标准 苗龄 60～65 天，叶片达 5～7 片或 6～8 片，叶面积约 500 厘米^2，带 3～3.3 厘米长小瓜纽，苗高 20 厘米左右，节短茎粗叶厚色深绿，根系发育好，须根露出土坨 2～3 厘米。

4. 合理密植

（1）合理密植 作畦宽 1.2 米双行密植，株距 17～20 厘米，每亩 5 700～6 200 株。

（2）炉火加温早定植 北京地区 7 月高温强光，常使瓜秧衰老病死。为延长收瓜期提高产量，采取了双层覆盖和炉火加温措施，抢早于 2 月底抓"冷尾暖头"定植，午后 4 时降温前封垵完毕，将收瓜始期提早到 3 月中下旬。

5. 定植后管理

（1）浇小水、勤中耕、促根系 定植到采瓜，在早栽密植下，以勤中耕、提温保水促早发为重点进行管理。成龄壮苗定植时正在开花坐瓜阶段，缺温缺水都易化瓜，定植时开沟溜水，水量以黄瓜土坨湿透、晴天苗子不萎蔫为限。定植后 5～7 天可不放风，新根喷出，龙须（生长点卷须）见动时浇缓苗水，使新根扎在水分适宜的土壤上。

缓苗水也切忌大水漫灌，以防沤根。缓苗后晴天一般不控水，以促为主，7～10天浇1次水。促中要有控，水后加强通风换气、降温炼苗。阴天则适当控水、防止徒长，增加中耕松土次数，以撒散表墒、提高地温。早中耕地发暖，勤中耕茎节短。定植到采瓜期间连续中耕3次，每次浇水后一定要及早中耕松土，根外宜深13～17厘米，根部宜浅不伤根。

注意调节秧果关系，及时摘除弱苗上瓜码，舍瓜发秧，及时采收根瓜避免坠秧，使秧瓜生长均衡。

（2）温度管理 春大棚黄瓜采瓜期间，采取"无光不增温，有光不放热"措施。在阴天光照弱时，白天维持20℃左右即可。天气放晴，及时关闭风窗蓄热提温，保持25～30℃，以利于光合作用，促进生长。前期注意及时揭盖大棚四周保温草帘和二层幕以增加光照，后期高温强光要减弱光照。放风口处，尽量避免强光不经薄膜直晒瓜秧根部。通风是调节大棚温湿度的主要手段，要"看天、看地、看秧"掌握风量大小和时间长短。5月10日前棚温降至10℃左右关闭风口；盛瓜期高夜温、高湿最易发展霜霉病，关风时间在15℃以下低温时进行，减少结露。浇水后更要增加通风降湿，早开风晚闭风。阴天、大风天都要注意加强通风，在有利霜霉病发展时期内，尽量降低湿度到85％以下，不使棚内结露。及时摘除植株下部老化无用叶片，绑蔓高度适中，保持棚的上下部气流通畅，有利通风透光散湿。

（3）无光不浇水，肥水要配合 浇水要和光温配合，"无光不浇水"，避免浇水后遇阴雨天。采瓜前期通风量小，需水量也小，可以5～7天浇1次水；盛瓜期需水多，通风量大，应3～4天浇1次水。每亩浇水量一般在15～20米³。因追肥浇水多，地面易板结，浇水后应进行浅中耕，划破地皮，虽然会伤表层毛根，但能改善通气条件促进根系发育和吸收肥水的能力，防止早衰。一般松土10次左右。后期土温高，秧子衰老，要适当控水，整个采瓜期一般浇水20～22次，采瓜前1天浇水，使水分攻瓜不攻秧。

肥水要配合，采瓜期要追肥15～16次，基本上每次浇水配合施肥，其中化肥12～13次，亩用量200千克；炕土2～4次，亩用量2 500～4 000千克；亩用350千克大粪面或粗肥3次5 000千克。并结合打药进行叶面喷肥，着重补充磷钾肥，共喷8次。尿素、磷酸二氢钾、高锰酸钾、硼砂交替使用。浓度前期0.05％～0.1％，后期0.1％～0.15％。

（4）以防为主、综合防治 重在通过增施肥料，控制适当的群体结构和秧果关系，使瓜秧发育健壮。进入采瓜阶段（4月）后，加大放风锻炼和掌握合理的水分，避免适宜发病的温湿度条件。

苗期防止病害：播种前对育苗房熏蒸消毒，还要对土壤消毒，每1万～1.2万米³土，用多菌灵（苯骈咪唑44号）50％可湿性粉剂250克或其他杀菌剂拌土消毒。出苗房之前，打药预防霜霉病和白粉病，用代森锌80％可湿性粉剂600倍液加农用型链霉素2 800倍，无病苗定植。

定植后，预防枯萎病，缓苗水前用多菌灵50％可湿性粉剂1 500克加水500倍液，或亩用550～750克敌克松原粉加水500～1 000倍液灌根，30天后再灌1次。枯萎病蔓延时，病区要适当控水，及时拔除病株。

霜霉病发生的时间和发展速度，对黄瓜采收期长短和产量影响最大，所以做好药剂防治霜霉病、白粉病和枯萎病很关键。重点是采瓜的前半期，夜间最低气温达到8℃以后，就要定期打药预防。温度高有白粉病时，用代森锌和允许使用的杀菌剂交替或三合一喷雾防治。点片发病时，要及时摘除病叶并打药封锁发病中心，病害严重时，进行高温闷棚控制。全期共打药16～17次。

（二）长营二队大棚青椒高产栽培

双桥公社长营二队，1974年在塑料大棚里试种青椒获得成功，在面积为0.8亩地的大棚里，收获青椒9 892.5千克，折亩产11 115.5千克。1975年他们扩大青椒面积，在两个大棚（2亩）栽培，从 5 月 16 日开始收获，到 11 月 21 日拉秧，共收获青椒 20 205.5 千克，平均亩产 10 103 千克，收获期长达 180 天，上市时间比露地青椒提早 1 个月左右，产值相当于露地的 4 倍。1977 年他们又扩大了青椒种植面积，也获得了较高的产量。北京市农业局在郊区培训并推广他们的高产栽培经验，提升了郊区大棚青椒栽培水平（图 3-45）。其高产技术要点如下：

1. 选用优良品种

1974 年试种"茄门"和"早丰"两个甜椒品种，比较结果显示"茄门"在大棚里种植表现好，从 1975 年以后全部采用"茄门"品种。

2. 培育长龄壮苗

青椒苗期长，为了达到早熟、高产的目的，可以采用温室与阳畦相结合的方式，前一年 10 月底至 11 月上旬播种于温室，分苗 3 次，翌年 3 月 20 日前后定植。苗龄达到约 130 天时，株高 17～20 厘米，70%～80% 植株显花蕾。

图 3-45　专家调查石景山八宝山村春大棚甜椒生长状况 1984

3. 安全定植，加强管理

（1）定植前准备　2 月下旬扣棚膜，1 周后整地，每亩铺施混合肥 5 000 千克，深翻 30 厘米，做成 1 米畦，开沟晒土。几天后，再亩施底肥 2 500 千克左右于沟内，掺匀，整平。当 10 厘米深地温稳定在 8℃以上时，即准备定植。

（2）定植时间方法　定植时间因当时天气情况和保温设备而定，单层大棚的定植时间为 3 月下旬春分前后，选在晴天上午进行。其做法是：1 米畦开两条沟，深度 8～10 厘米，株距 40 厘米，行距 50 厘米，每穴双株，每亩 5 000 株左右，定植后浇碗水，每株水量 1 千克，覆土封埯，分为 3 次封埯，4 月初完成封埯。

（3）温度管理　定植后不放风促进缓苗，棚内白天温度保持 35℃左右。如果棚内温度特别高，只能把南北门打开通风换气。4 月中旬后可开始撩底脚放风；5 月上旬，棚内温度已经很高，白天温度控制在 30℃以下，东西两边底脚全部撩开放风；5 月下旬始，要及时撤除薄膜，让青椒在露地条件下生产约 4 个月的时间。9 月下旬随着气温下降，为了延长收获时间和提高后期产量，进行第二次扣棚。此时白天温度还很高，夜间温度低，达不到青椒的要求，所以扣棚后白天要注意撩底脚放风，夜间封棚保温；到 10 月中旬，白天只开两个门通风换气，到 11 月上中旬拉秧。

（4）中耕及肥水管理　青椒从定植至拉秧，长达 7 个半月。5 月中旬始收，到拉秧时采收期近 160 天，亩产 10 000 多千克，需要充足的营养。当青椒缓苗后，浅中耕 1 次，提高地温，促进根系发育。定植后 10 天浇缓苗水，然后深中耕蹲苗，蹲苗结束后施一次肥，用硫酸铵和炕土，施在两垄青椒中间。待门椒长到有核桃大小时才浇第二次水（粪稀水），从缓苗水到第二次水相隔约 1 个月。浇完这一次水后还要勤中耕。一般前期浇水量要小，水要在上午浇完。进入雨季要看天浇水，做到小水勤浇。青椒开花结实期长达 6 个月之久，除施足底肥外，还要及时进行追肥，每次采用氨水（用固态化肥要埋施）和粪稀混合施用。每次每亩大棚施氨水 15 千克，做到水水有肥，即每次浇水都带肥。此外，结合每次中耕要进行培土，5 月下旬用大镑向青椒秧两侧培土，防止秧子倒伏，培土封垄后不再中耕。雨季之前要做好排水防涝工作。

（5）防治病虫害　棉铃虫防治，固定专人打药，当时采用杀虫剂，喷药 4 次。喷药的时间要早，定植后 15 天开始打药防治，效果显著。对青椒病毒病，定植后一旦发现病株要及时拔除，换上好苗补栽。

40 年后的 2014 年，怀柔区庙城镇孙史山村付振荣，在设施蔬菜高产竞赛生产中，采用"农大 24"品种、"格拉夫特"砧木嫁接、基施新型缓释矿物质有机肥、于 2014 年 4 月 8 日大苗定植、合理密植、三干整枝留果、水肥一体、膜下滴灌、喷涂"利凉"（遮阳涂料）降温、色板诱杀等综合配套技术，5月24日始收，采收期达到170天以上，亩产17 192千克、亩收入40 848元，夺得了当年度塑料大棚辣椒高产、高效冠军（图3-46）。

图3-46 大棚甜椒整枝打叶后的生长状况 徐进 2010

（三）马连道六队大棚春茬番茄高产栽培

丰台区卢沟桥公社马连道大队第六生产队，2号大棚面积0.89亩（49.58米×12米），1978年三茬生产，二茬为高架番茄，棚内生育期159天，植株平均叶片数38，节间平均长6.13厘米，平均株高2.34米，平均每穗结果2.5个，平均单株产3.75千克，高产株5千克以上。创造了北京郊区春大棚番茄高产新纪录，亩产达到15 821.4千克（表3-14），其中在露地番茄采收前的5月9日—6月20日亩采收3 687.7千克，占比23.3%；6月21日—7月20日亩采收8 728.1千克，占比55.2%；露地拉秧后的7月21日—8月13日亩采收3 405.6千克，占比21.5%。这对番茄提早及延后供应起到良好作用，主要技术如下：

表3-14 1978年马连道六队大棚2号大棚全年三茬栽培基本情况

茬次	作物	品种	大棚生育期（月-日）	天数（天）	亩产（千克）	亩产值（元）	备注
一	油菜	五月慢	1-21至3-16	55	2 071.5	494.6	1977年10月25日中棚育苗、苗龄88天，栽植密度10厘米×13厘米
二	高架番茄	强力米寿	3-2至8-7	159	15 821.4	2 413.08	定植时套栽于油菜行间
三	秋架豆	丰收一号	8-9至10-31	84	1 400	450	接架点豆9月17日扣棚9月29日始收
全年计	—	—	1-21至10-31	298	19 292.9	3 357.68	

1. 提早保温加温

提早扣棚。定植前10天，在大棚内加盖1层薄膜，形成双层覆盖。并生6个火炉加温，置于中间垄沟与棚边的3/5处，棚东、西两边各3个火炉，管道呈南北走向。定植后即在大棚四周加围草苫，保温防寒。

2. 培育长龄壮苗，早定植共生（套栽）

提早于1977年12月18日在塑料温室播种；1978年1月15日分苗于营养土方育苗（见育苗章节）；1978年3月2日定植油菜行间，番茄日历苗龄74天，苗齐、苗壮，苗高20～24厘米，7～8片叶，根系伸出土方，基本全部显蕾。

栽植密度每亩为4 200株，行距67厘米、株距23厘米。定植后浇水，加温，加盖一层薄膜，夜晚棚四周围草苫保温。这些措施，使棚内15厘米深地温达到12℃，油菜生长迅速，在不影响番茄生长的情况下，于3月16日收获油菜，共生期14天。

3. 采用生长素，保花促果

3月2日定植后，有个别植株陆续开花，自3月16日至6月23日，对1～10穗花坚持用15毫克/升的2，4-滴蘸花15次，效果良好，平均坐果率50％以上。也可用50毫克/升的番茄灵（对氯苯氧乙酸，防落素）喷花代替15毫克/升的2，4-滴生长素蘸花，同样能取得防落花提高坐果率的效果，喷花后3～4天花梗变粗，果实要在5～6天后才膨大，坐果均匀整齐，畸形果少。

蘸花或喷花应注意：生长素浓度2，4-滴为15毫克/升，或防落素50毫克/升为宜。选晴天上午喷花或蘸花，若温度忽高忽低会出畸形果，降低品质。坐果后要保证有充足的水肥条件和适宜的温度环境，促果肥大。

第一、二穗果充分发育，着色前的5月4日、5月10日、5月20日和6月6日分四批用4 000毫克/升乙烯利催熟。方法是用毛巾蘸药涂擦发白要转红色的果实，在乙烯气体作用下，果实很快由绿白转黄后变红，提前3～5天成熟采摘，能促进植株生长和上部开花坐果。

4. 水肥调节

（1）番茄高产栽培须在高水肥条件下进行　据日本资料每生产1万斤番茄，植株根系要自土壤中吸收氮、五氧化二磷和氧化二钾三要素的数量分别是17千克、4.75千克和26千克，并要大量的水分。1978年高产番茄大棚用肥量，远较一般露地高（表3-15）。

表3-15　1978年春大棚番茄高产栽培用肥量

肥料种类	施用方法	用量（千克）	备注
有机肥（马粪、猪粪）	基肥（沟施）	7 800	
腐熟骨粉		850	
钙镁磷肥		80	
人粪尿	追肥（随水施入）	10 000	面积0.89亩
		10 000	
碳酸氢铵	追肥（随水施入）	125	
尿素	追肥（随水施入）	67.5	
磷酸二氢钾	叶面追肥（喷施）	5	

（2）施用时间及方法　油菜收获后的3月17日及3月27日，分两次施入基肥，方法是：在行间开3条17～20厘米深的沟，先将基肥骨粉施入，同时加入钙镁磷肥，上面盖施优质混合粪，沟施肥后深刨掺拌3次，使肥料与土壤充分混合，并散湿、通气，疏松土壤，保墒提高土温，为番茄丰产打下物质基础。生长期间，结合灌水追施化肥，结合喷药同时叶面追肥。生长期间共灌水12次，3—4月各1次，6月6次，7月4次，基本保证了番茄高架栽培整个生育期对水分与营养的要求。

5. 病虫害防治

大棚高架栽培番茄，同露地番茄一样，主要受晚疫病和毒病危害。苗期：当时用65％代森锌可湿性粉剂600倍液、40％乐果*乳油1 000倍液防治1次。定植后亩用50％多菌灵可湿性粉剂1 500克，加拌细土500克混匀，撒布于植株四周杀菌。在气温低、湿度大，忽阴忽晴的情况下，要密切注

---

* 乐果，蔬菜禁用。——编者注

意晚疫病，坚持用代森锌、波尔多液防治或控制。棉铃虫，蚜虫、温室白粉虱等虫害，用杀虫剂防治。5—7月每隔7～10天喷药防治1次。

马连道大队，对春大棚番茄连续三年获得高产技术进行了总结，1980年1月刊载于丰台区农林局主编的《塑料大棚蔬菜生产技术经验汇编》第一辑首篇，供全区菜农学习参考。

其技术特色是利用"强力米寿"番茄不封顶的特性，插1.6～2.0米高架栽培，自3月16日至6月23日摘心计99天，连续开花坐果达到10穗，平均约10天顺序显蕾开花一穗。到8月7日拉秧，未成熟果实储存待熟。

生长期间，5月上旬前1～6穗显蕾至开花，一般需经18～19天；5月中旬后的4穗果要经14～17天。从始花至谢花要经5～9天，一般7～8天。从果实发育至转红成熟，与当时的温度、光照有密切关系。一般需经30～50天，前五穗果需经45～50天；以后随日照增强、气温升高，时间缩短，但也要经30～40天。

自开花到果实成熟，一般要经50～60天。每穗果采收延续时间一般为10～15天。

因此，进一步提高北京地区春大棚番茄单产，仍然需要在冬春季加温保温、提早定植，炎热夏季要遮阳降温，确保适宜密度和一定的单株结果穗、每穗坐果数、单果重，才能不断提高单产水平。

（四）朱永龙春大棚黄瓜越夏高产栽培

大兴区榆垡镇小黄垡村菜农朱永龙（图3-47），是北京春大棚黄瓜越夏生产能手。2009—2014年越夏黄瓜栽培均获得稳产高产，其中2011年亩产达到18 621千克，创造了北京越夏大棚黄瓜历史新纪录。2013年扩大种植面积到2.424亩，1月10日播种砧木、1月13日播种接穗；砧木1叶1心、接穗刚露出心叶时嫁接；2月26日提早定植，3月27日采收上市，9月12日采收结束，亩产15 263千克，亩产值38 890元，获得当年郊区春大棚黄瓜越夏高产竞赛一等奖。大兴区蔬菜技术推广站齐艳华等人就此进行了经验总结，主要技术要点如下：

1. 选择优良品种

采用的砧木是由日本引进的一代杂交、黄瓜嫁接专用砧木品种"日本青秀"；接穗品种是早熟性好、品质优、长势强、不封顶，主蔓结瓜为主，株型紧凑，叶量中等，耐低温、抗早衰、高抗霜霉病、枯萎病、角斑病、靶斑病的"寒秀3-6"。

2. 温室地热线基质育苗

温室育苗，电热线、基质、穴盘、嫁接技术相结合育苗（见第八章第四节）。嫁接可以改善黄瓜商品外观。定植苗龄标准：日历苗龄45～50天，3～4叶1心；无病无虫。

图3-47 给大棚越夏黄瓜整枝 2019

3. 多层覆盖

采取四层覆盖，定植后采用地膜、小拱棚、大棚幕、大棚膜四层覆盖保温。

4. 提早定植

（1）重施肥 整地前，亩施优质腐熟有机肥（稻壳粪）22米³、磷酸氢二铵60千克。方法：先将2/3的肥料漫撒在地表，旋耕1遍，使粪土充分掺匀；将剩余的1/3肥料施入定植沟，做成小高畦，上覆地膜，覆膜要平滑，以防滋生杂草。

（2）适期定植 定植前5～7天，苗床要加强通风，降温炼苗，使苗子敦实健壮，以适应定植后的田间环境。选择晴天定植，每畦进行双行定植，亩密度3 000株左右。定植深度需注意嫁接刀口位置要高于畦面，防止接口接触地表土受到侵染致病。定植后及时浇定植水，水量不要过大，以免地温下降，影响缓苗。定植后及时覆盖小拱棚，提高温度。

5. 定植后田间管理

（1）温度管理　为尽快缓苗，定植后闷棚不放风，尽快提高地温。棚内小拱棚每天上午及时打开、下午棚内温度降至 25℃时及时盖好。缓苗后依天气情况通风，保证棚内 24～28℃的时间在 8 小时以上。注意下午关闭风口时间，使夜间最低棚温维持在 12℃左右。定植后要适时对畦沟中耕松土，提高地温。6 月至 9 月的管理，应注意防雨、防病，通风降温。其间高温阶段要覆盖遮阳网（50%～60%遮光率）降温，创造适宜黄瓜生长的环境条件。

（2）植株调整　当黄瓜瓜蔓长约 30 厘米时开始挂线吊秧，绑蔓时要随手掐去卷须，摘除雄花及侧蔓，集中养分长好主蔓促进结瓜。春大棚黄瓜的植株生长旺盛，需定期落秧，为便于操作要采用黄瓜专用绑蔓夹，每株 2 个。

（3）落秧　当瓜秧长到 1.5 米左右时及时多次落秧，直至生长后期，每次落下的秧蔓按顺时针方向盘绕在根部，同时摘除卷须、病叶、老叶，功能叶片控制在 14～16 片之间，以利通风透光降温，减轻病害发生。

整枝应在晴天的下午黄瓜秧不易被折断时进行。

（4）肥水管理　黄瓜缓苗后到根瓜采收前，中耕促进根系发育，控制徒长。待根瓜坐住并开始发育，结束蹲苗浇根瓜水，结合浇水追施高钾冲施肥，亩 10 千克。根瓜采收之后，每 7～10 天浇 1 次水；进入结瓜盛期 5～6 天浇 1 次水，采瓜前浇水，不浇白水，水要带肥，每次亩施高钾冲施肥 10～15 千克，保持土壤湿润；阴天不浇水，高温季节浇水在傍晚进行。5 月上旬开始，追施 0.2%磷酸二氢钾进行叶面追肥，结合进行预防病害。

6. 病虫害防治

"预防为主、综合防治"。黄瓜易出现的病害有霜霉病、白粉病、细菌性角斑病等。进入结瓜期，每 7～10 天用药剂防治 1 次，使用 72.2%普力克（霜霉威）水剂 600 倍液、64%杀毒矾（恶霜·锰锌）可湿性粉剂 500 倍液交替预防。蚜虫、白粉虱等虫害，采用根用缓释农药施用法，定植时每株使用 1 片，整个生长期可不必进行打药防虫。

7. 应用新技术

朱永龙不仅采用了无土育苗、嫁接、多层覆盖等技术，还采用了相关省工省力辅助新技术。

（1）二氧化碳施肥　早春采用二氧化碳补充施肥。一是吊袋式，每次每亩用 20 袋，每次能维持 35 天左右。二是二氧化碳颗粒肥，每次每亩用 5 袋撒在地表，每次维持的时间为 15 天。

（2）膜下滴灌　节水，降低棚内湿度，减少了病害发生和打药次数。

（3）黄瓜专用绑蔓夹　用于黄瓜绑蔓和绕蔓，便于落秧，劳动强度低、重复使用成本低。

（4）黄板、双网覆盖　定植后及时在棚内悬挂黄板，规格为 25 厘米×40 厘米，亩悬挂 30 张；覆盖防虫网、遮阳网，有效地防止了蚜虫、白粉虱等虫害。

（5）黄瓜套袋　黄瓜纽长到 5 厘米左右时，给瓜条套上一个黄瓜专用套袋（图 3-48），使黄瓜在这件"外衣"的约束下生长。其好处：①防农药残留；②瓜条粗直美观均匀；③品味颇佳，口感鲜香脆嫩；④利于运输。

图 3-48　大棚黄瓜套袋　徐国明　2012

（五）秋大棚番茄高产栽培

1987 年，顺义县开始大力发展大棚蔬菜，以春茬番茄、秋茬黄瓜为主。进入 20 世纪 90 年代，因秋大棚黄瓜亩产值较低，仅为 2 000～3 000 元，因此开始尝试种植秋大棚番茄，经过几年的生产和摸索，他们初步掌握了秋大棚番茄的高产栽培方法。随着市场经济的发展，1995 年，李遂东营村杨树忠夫妇二人，打破近郊菜区计划经济下秋大棚番茄适宜播种期，由 7 月中旬提早到 6 月中下旬播种。这一革新，使种植的 2 亩秋大棚番茄，亩产达到 4 700 千克，为原播种期亩产量的 2 倍。采收期由过去 10 月中下旬（收后经贮存再上市）提早到 9 月中旬鲜货上市，正好满足国庆节期间供应，价格高（平均每千克单价 1.62 元），收入高（达到 15 300 元），扣除生产性开支 2 000 元，获纯收入 13 300 元，亩均纯收入 6 650 元。

目前，顺义北务、李遂地区，秋大棚番茄年栽培面积万亩左右，其高产技术要点如下：

1. 选择良种

1993 年前，采用果型、颜色、品质好，唯抗病性较差的"佳粉 2 号""佳粉 10 号"，1994 年试种抗叶霉、灰霉、晚疫病的"佳粉 15"和抗病毒"毛粉 802"，果型表现周正、粉果、品质好。1995 年 2 亩大棚改为"佳粉 15"和"毛粉 802"。目前采用的主要品种多是由沈阳引进的抗 TY、无限生长类型的"天丰一号"番茄。

2. 平畦遮阳育苗

秋大棚番茄育苗，处于高温季节，近郊菜区计划经济下多采用大棚内制作营养土方育苗，施肥整地平畦画方点播育苗，每穴 3～4 粒。播后，三水齐苗，分次间苗（用剪子剪），留成双株定植。

目前市场经济形势下，顺义多采用遮阳措施育苗，在菜田畦间、地头、棚内做苗畦、撒播，播后畦面上覆盖旧保温被或地膜，苗畦上插立拱架上盖薄膜、遮阳网，形成凉棚形式（图 3-49），以防雨、降温、通风，及时起苗（图 3-50），准备定植。

当年播种期为 6 月中下旬。此后，随着栽培条件与技术的发展，目前秋大棚番茄播种期已经提早至 5 月下旬至 6 月初。

图 3-49　地头遮阳育番茄苗　2017

图 3-50a　起大棚秋番茄裸根苗　2017

播种前，将种子用纱布包好，放在 200 倍的高锰酸钾溶液中浸 60 分钟，浸后多次淘洗，消灭种子表面病毒和病菌，晾干后即可播种。也可干籽播种，在播种和定植前对育苗畦土壤进行消毒。用药剂甲基硫菌灵（或多菌灵）每亩 1.5～2 千克，用土掺匀撒入苗畦中。

苗期防治蚜虫、白粉虱，减少虫害传毒，傍晚喷药。药液要适当加入"消抗液"以增加药效，分

图 3-50b 大棚秋番茄裸根苗 2018

别在 2 叶、4 叶、6 叶时喷施"抗毒剂一号"防治，浓度为 300～400 倍，连喷 3 次。并同期增喷矮壮素防止蹲秧，第 1 次浓度为 1 500 倍，第 2 次、第 3 次为 1 000 倍。

当苗龄达到 20～25 天，植株达到 3～4 叶一心时，无病无虫，即可定植。

3. 定植、浇水、中耕

秋大棚番茄高产栽培，应施足底肥，整地作畦（图 3-51）。1995 年杨树忠 2 亩大棚施鸡粪近 10 方，并掺进 30 千克磷酸氢二铵作底肥，保证整个生长期不脱肥。

土方育苗，定植后立即浇定植水，第二天或第三天浇第二次水，以促缓苗。小苗定植，要先浇水，水未渗或渗下后，立即插秧定植栽苗（图 3-52）。

图 3-51 大棚秋番茄整地做高畦 2017

图 3-52 大棚秋番茄水后裸根苗插秧定植 2018

秋大棚番茄前中期，高温炎热，易发毒病，要勤浇水、降地温，浇水后适时浅中耕松土除草（图 3-53），这是越夏秋番茄栽培管理的关键，直到第一穗坐果。

此外，要及时查苗补苗，宜早不宜晚；及时打杈、摘老叶、闷尖，9 月 15 日为定果期，此后开的花一律去掉，以减少养分消耗。

若遇大雨涝地，水渗后及时翻地散湿（图 3-54）。

图 3-53　适时浅中耕松土　2017

图 3-54　大棚秋番茄雨后翻地散湿　2018

4. 化学措施

定植后至开花前喷 2～3 次杀虫剂，重点防治蚜虫、白粉虱、茶黄螨等。8—9 月初重点防治棉铃虫，在幼虫蛀果前防治 1～2 次，使用当时允许的杀虫剂 40％乐果乳油 800～1 000 倍液防治。对叶霉病、晚疫病、灰霉病使用了 47％加瑞农 600～800 倍液，50％腐霉利（速克灵）1 000 倍液等轮换防治，并采用增抗剂预防病毒等措施。一般隔 7～8 天预防 1 次。

防徒长，生长前期喷施矮壮素，同时注意中耕松土。

及时蘸花，提高坐果率，当每穗 2～3 朵花将要开或半开时，用 5％2，4-滴蘸花，每支（2 毫升）兑水 7.5 千克，一般在早晨或傍晚喷花或蘸花（图 3-55）。

适期催红，当果实发白后，用 800～1 000 倍乙烯利涂抹催红，涂抹时要均匀一致。

水肥措施：生长中后期要控制浇水次数。当第一穗果核桃大小时，及时追肥浇水，亩施硫酸铵 25～30 千克、硫酸钾 10 千克；第二穗、第三穗果核桃大小，追肥 1～2 次。若更早播种的，较稀的密度株可留 6～8 穗果，每穗膨大时，均要随水追肥 1～2 次。

5. 降温与保温措施

定植后正值天气炎热期间，勤浇水浅中耕，大棚为天棚形式并覆盖遮阳网，做好排水防治暴雨涝地。9 月中旬以后，要注意提温、保温、放风。当夜温降到 15℃时要闭棚，白天温度控制在 25～30℃，夜间 15～

图 3-55　喷花保果　徐茂　2018

17℃。闭棚后，棚内湿度增大，不利于番茄生长，因此要注意放风。防风量要逐渐由大到小。一般在清晨，开顶缝放气排湿 30 分钟后闭棚，当棚内温度超过 32℃，棚内出现水汽时再放风，下午保持 25℃，随时注意排湿，减少夜间结露，控制病害发生。

10 月中旬后，要随时注意防霜冻，8℃以下时，要用草帘围住大棚四周底脚。11 月初立冬前，要全部采摘贮存，分级上市。

第三节　塑料薄膜温室栽培

一、塑料薄膜温室的兴起与变革

(一) 塑料薄膜温室的兴起

1970 年冬，北京市农业局在石景山公社下庄生产队召开现场会议，推广他们自力更生建造土温室、阳畦的创新经验。1972 年 6 月北京市农业科学研究所编印的《北京市蔬菜生产经验汇编》中"石景山公社下庄生产队土法创建'简易温室'"一文记载，下庄生产队，在塑料薄膜覆盖冬季蔬菜生产实验的基础上，认识到薄膜覆盖与传统的玻璃温室各具特点，就土法上马，将二者的结构优点相结合，反复试验并进行温室革新：①改烧煤灶为柴、煤两用灶；②改温室的玻璃窗框为半拱圆塑料薄膜覆盖，以稻草苫代替蒲席；③保留原温室的后土墙及屋顶。由此，率先创建了半拱圆塑料薄膜覆盖的土温室，称为"简易温室"（图 3-56）。这种薄膜土温室发展之初，南北跨度较小，一般为 3~4 米。

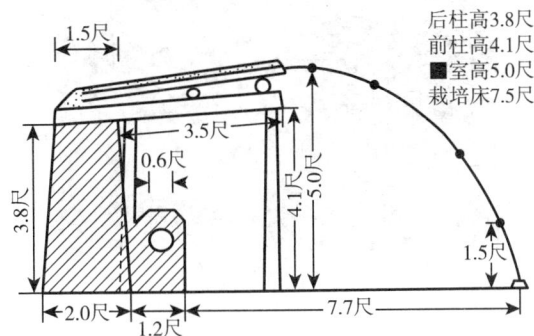

图 3-56a　石景山下庄队薄膜"简易温室"结构示意图　1970
注：1 尺≈33.3 厘米。

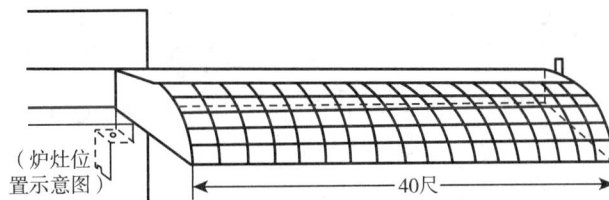

图 3-56b　石景山下庄队薄膜"简易温室"外观示意图　1970
注：1 尺≈33.3 厘米。

此外，菜区各主要社也积极对薄膜覆盖方式进行改革。1970 年寒冬，小红门公社龙爪树大队十二队，打墙挖土，在改良阳畦半拱圆方式的基础上，增加土屋面，形成了"仰头脸"式塑料薄膜土温室（图 3-57），种了黄瓜、番茄等，到 1971 年 4 月 2 日，采摘第一批新鲜黄瓜供应市场，受到工农兵的欢迎。1973 年秋冬，该社龙爪树十一队采用大型单斜面覆盖方式，建造了北墙高 1.4 米、南北跨度 7.7 米、东西长 100 米的单斜面薄膜温室，第一茬黄瓜元旦后拉秧，获得了 1 393 千克的亩产量。星火公社在改良式温室的基础上，将玻璃窗改成薄膜覆盖，形成了单斜面薄膜温室（图 3-58）。北京市农业科学研究所蔬菜技术工作者，对新发展起来的这些薄膜温室进行了调查研究与总结。新发展的薄膜温室，类似北京改良温室，跨度由小到大，达 5 米以上，空间较大，劳动操作方便，可设临时加温或固定烟道，保温性能较好，冬季可生产果菜或育苗。在造价方面，均较玻璃温室造价成本低。由此，郊区菜农依据自身情况，推动塑料薄膜温室的类型结构不断革新发展（图 3-59）。

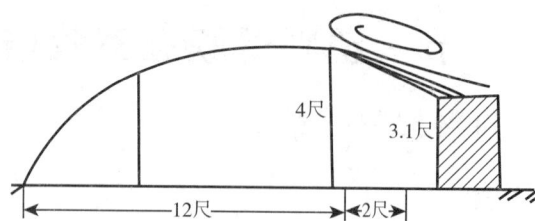

图 3-57a 小红门塑料薄膜温室（仰头脸）示意图 1972
注：1尺≈33.3厘米。

图 3-57b 小红门公社塑料薄膜温室外景 1973

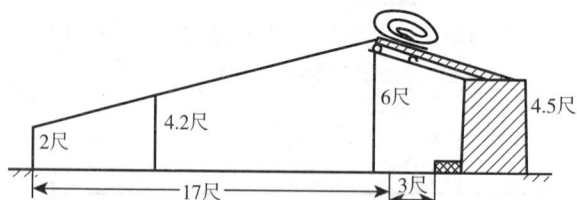

图 3-58 星火公社西口生产队大型单斜面薄膜温室示意图 1972
注：1尺≈33.3厘米。

图 3-59 小汤山三折式竹钢结构地热温室黄瓜栽培 1984

20 世纪 80 年代以来，卢沟桥公社太平桥三队、海淀区东升公社八家一队、朝阳区楼梓庄等生产队或村，均是京郊薄膜加温温室冬春季黄瓜的生产典型，经济效益良好。

1982 年冬，北京起步利用地热资源和工业余热，发展蔬菜薄膜温室生产。昌平县小汤山人民公社率先在大柳树村建成塑料薄膜温室一栋，面积 336 米²，利用井深 300 多米、出水温度为 48.5℃ 的地热井水，冬季给温室加热生产蔬菜，逐步发展成国内第一家地热特菜生产基地。北京农业大学园艺系张福墁曾以此为基点，开展了冬季蔬菜生产利用地热能源的研究。此外，海淀公社大石桥大队，利用清华大学电厂的余热，将 50 亩莲藕地改建成塑料薄膜温室，进行冬季蔬菜生产。

1986 年，北京发展现代化商品蔬菜基地，北京市农业技术推广站经组织专家学者到郊区实地考察、调研、讨论，确定了"菜田保护地建设"的塑料薄膜加温温室的结构及建造基本要求，以引导菜区蔬菜设施规范发展。

1. 冬季蔬菜生产温室

以拱圆形薄膜温室为主，加温用土火炉子；温室后墙高度不宜过高，为 1.7～2 米；墙体，采用三七砖墙。温室空间不宜过大，跨度不宜超过 5～5.5 米，最宽为 6 米。温室脊柱到前沿距离与脊柱高度之比以 2：1 为宜。

2. 蔬菜育苗温室

宜选用温室高度稍高、空间稍大的拱圆形薄膜温室，土火炉加温，或三折式温室（北京改良式温室基础上革新形成，前屋面分为顶窗、腰窗、地窗，典型代表是南苑乡双墙三折式薄膜温室），用锅炉暖气加温。温室后墙采用三七砖墙，高度 2 米；温室空间可稍大，跨度 6～7 米。温室脊柱到前沿距离与脊柱高度之比以 2：1 为宜。

生产或育苗的前后排温室之间的距离，为温室脊高（最高点）的 2.5 倍。

（二）日光温室的兴起与发展

20 世纪 50—60 年代的北京日光温室（不加温温室、改良阳畦），随着 20 世纪 70 年代塑料薄膜覆盖的推广应用，其前屋面玻璃覆盖也被拱形架和薄膜覆盖所取代，跨度增加，与加温温室逐渐趋同。这种塑料薄膜温室，由于不采取加温装置，仍称为不加温温室（或日光温室），但严冬季节仍不能生产喜温性瓜果类蔬菜，只能生产耐寒类蔬菜。为解决此问题，北京菜农和蔬菜工作者曾做了大量的工作。

1. 吸取辽南日光温室的经验

1955 年，辽宁鞍山郊区宁远屯农民郭景春，冬季不加温温室生产黄瓜获得成功。这对北京菜农依靠加温温室冬季生产瓜果类蔬菜有极大的诱惑力。

辽宁省蔬菜试验站，1957 年 12 月编印的"1957 年加温及不加温温室黄瓜、番茄栽培试验总结"材料中介绍：为稳定并探索黄瓜在不加温温室生产中的一系列栽培管理技术，1956 年 9 月 7 日、1957 年 2 月 2 日先后浸种催芽育苗第一茬、第二茬黄瓜，采用北京小刺、黑汉腿、金早生等黄瓜品种，于 1956 年 10 月 11 日、1957 年 2 月 19 日先后定植头茬、二茬黄瓜幼苗于不加温的北京改良式温室、鞍山式温室进行生产试验。结果是：秋冬头茬黄瓜 11 月 16 日始收，12 月 29 日拔秧，生育期计 112 天，3 个品种每平方米产瓜量分别为 1.82 千克、1.48 千克、1.24 千克。二茬黄瓜 4 月 8 日始收，6 月 3 日拔秧，生育期计 120 天，三个品种每平方米产瓜量分别为 8.37 千克、8.59 千克、8.41 千克。春季二茬黄瓜产量是冬季头茬黄瓜产量的 4.6 倍、5.8 倍、6.8 倍。试验数据表明：头茬黄瓜收获期正处于寒冬季节，生产不适宜，拉秧早、产量低；二茬黄瓜早春育苗，促成栽培产量高，生产可行。

鞍山市农业科学研究所，1959 年 12 月编印的"日光温室（冬季不加温）生产黄瓜调查研究总结"资料中介绍：为解决不加温温室冬季黄瓜生产的稳产问题，他们在宁远屯大队第一小队和青年队开展了日光温室冬季生产黄瓜调查，当年9月13日播种，到12月1日黄瓜受冻拔架，生育期总计78天。经分析研究，找出了不加温温室冬季黄瓜生产不能稳产的具体问题：

一是立冬后连续阴天，温室内得不到阳光、气温地温不足，造成黄瓜早期拉秧；二是霜霉病和白粉病普遍严重发生、防治不及时，形成危害，造成黄瓜早期拉秧。

上述内容是辽南日光温室多年来一直前茬种植韭菜、春茬生产黄瓜的根本原因。辽宁熊岳农业学校吴国兴1986年在《中国蔬菜》第2期上介绍"辽宁南部的日光温室蔬菜生产"一文中仍然依照此做法。值得欣慰的是，20世纪80年代中期前后蔬菜产销逐步放开，冬季气温逐年升高，菜农开始大胆探索，日光温室冬季喜温性蔬菜生产技术开始进步。大连瓦房店李永群，1985年10月29日播种、12月6日定植，1986年1月23日始收，到6月10日拉秧，实现了稳产高产，亩产达到9 615千克、亩产值19 230元的良好收成。此后，辽南、山东、河北等地也开始在蔬菜生产实践中发展日光温室生产。

2. 北京节能型日光温室的革新与进步

1976年10月28日，商业部编发的第27期《北方冬季的蔬菜温室可以靠日光不用煤火增温》简报中，通报了通辽市为了解决城市人民冬季吃不上新鲜蔬菜这个问题，大力推广塑料薄膜日光温室生产蔬菜的经验，取得了显著效果。1975年冬季，共生产芹菜、韭菜、香菜、茼蒿、荠菜、菠菜、菜花、莴苣等蔬菜35万千克，不但大大改善了通辽本地蔬菜供应情况，还支援外地12.5万千克。因此，北京郊区有关菜社曾前去通辽参观学习，但因北京温室冬季主要用于生产喜温性瓜果类蔬菜，不加温根本解决不了这一问题。

1986—1990年"七五"期间，北京开始大力发展远郊蔬菜基地，鉴于远郊经济条件的限制，学习辽南日光温室早春生产瓜果类蔬菜成为选择之一。1988年3月初，北京市农业技术推广站、平谷县和顺义县蔬菜办公室组织到辽南海城、瓦房店等地参观学习，当年秋季在平谷、顺义两县，采取抬高温室后屋顶仰角、加大温室采光角度、加厚墙体、加厚夜间覆盖物保温等措施，建设成59.3亩具有明显保温效果的日光温室。其中乐政务乡放光村劳动模范李广顺所建的日光温室，1988—1989年冬春开展了黄瓜生产试验，在北京地区取得了不用燃煤加温冬季生产黄瓜的首次成功。1990年10月，技术人员将其不加温生产黄瓜成功的经验发表在《蔬菜》杂志上，引领日光温室技术在郊区得以迅速推广应用（图3-60）。

图3-60a 平谷放光村节能型日光温室黄瓜栽培 1989

图3-60b 平谷有立柱节能型日光温室黄瓜栽培 曹之富 1990

图 3 - 60c　参观者考察顺义无立柱节能型日光温室
番茄栽培　曹之富　1994

图 3 - 60d　平谷无立柱节能型日光温室
黄瓜栽培　曹之富　1996

　　1988—1993 年，北京市农业技术推广站采取基地蹲点与生产调查相结合的措施，对北京传统温室、新型日光温室的结构、性能及冬季蔬菜生产开展了调查、研究、分析总结、再试验，与辽南日光温室和北京不加温温室结构相比较，逐步明确了北京原有温室（不加温温室）冬季不燃煤加温不能生产瓜果类蔬菜的两大根本原因：一是日光温室墙体薄，起保温结构的温室护围墙体无论是板打土墙还是砖墙或砖夹土墙，其厚度均低于北京冻土层 80 厘米，绝大多数墙体厚度维持在40～50 厘米，极少有达到 80 厘米及以上厚度的墙体温室。而 1976 年、1981 年两次出版且印刷 4次、销量达到 11.43 万册的《北京蔬菜生产技术手册》，介绍的温室或日光温室，其墙体厚度也均为 50 厘米左右。近郊菜区在设施蔬菜生产实践上，无论土打墙还是砖墙，50 厘米的墙体厚度达不到良好的保温效果，加以夜间外覆盖非双层覆盖，温室内严冬季节达不到喜温性蔬菜所要求的温度条件，故北京冬季瓜果类蔬菜生产一直采用燃煤加温措施。二是温室普遍采光角度小，温室的前屋面，无论先期采用玻璃还是后来的农膜覆盖，其平均采光角度多在 26°甚至更小，即温室脊高与脊高至温室前沿的距离之比远小于 0.6，这导致温室不加温在冬季晴天午间很难达到 36～38℃的高温，夜晚最低温度很难维持在 10℃。此外，后屋顶仰角过小，严冬阳光不能照射满整个温室，影响温室的蓄热和提温。

　　在试验新建日光温室过程中，革新加厚了温室墙体和提高温室中脊高度，并采取温室前沿防寒沟隔热和双层外覆盖保温措施，使得日光温室增温与保温性能提升。凡新建温室：因材料而异，墙体厚度应达到或大于 80 厘米冻土层的保温效果；温室脊高与脊高至温室前沿的距离之比为 0.6或应接近 0.6；按经济情况采用竹木水泥有立柱或钢架无立柱结构；后坡仰角达到 30℃以上；再配套设置温室前沿防寒沟，夜间前屋面用 4 层牛皮纸被和草帘或双层草帘覆盖。在严冬季节精心管理，温室气温平均可达到 16℃，最高温度可达到 36℃，最低温不低于 10℃，不燃煤加温完全可以生产黄瓜等喜温性蔬菜。此外，还可延伸用于花卉、西甜瓜、草莓、食用菌、水果等栽培用。在此基础上，制定形成了比较经济的北京长后坡、短后坡节能型日光温室，使生产上存在多年的问题变得非常简单。至 1990 年，郊区节能型日光温室发展到 894 亩，占郊区温室总面积的 1.7%；占远郊区温室总面积的 49%。

　　1991 年 10 月 8 日，北京蔬菜学会理事长徐顺侬主持召开了日光温室发展学术会议，经讨论明确了节能型日光温室的定义并形成会议纪要："日光温室是指以日光为主要能源的温室"。其类型包括生产果类菜和叶类菜两种，以烤火做短暂的辅助加温和地热线辅助加温的，也局限于日光温室。北京近年发展起来的日光温室，有其历史上的连续性，又有它的新特点。为了便于区分，避免混乱，称其为"节能型日光温室"较为确切（图 3 - 61）。

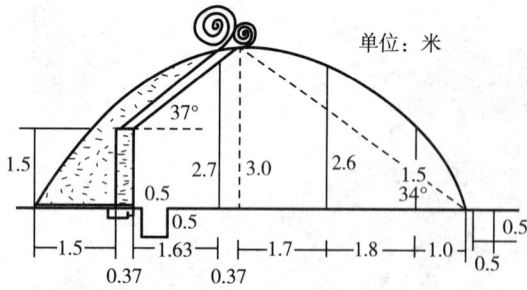

图 3-61a 北京长后坡节能型日光温室 1991

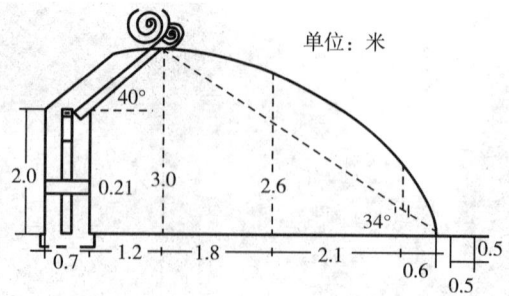

图 3-61b 北京短后坡节能型日光温室结构示意图 1993

北京节能型日光温室能够取得成功,大气候变暖是不可或缺的主要因素。竺可桢先生根据考古资料和历史文献的记载,1972 年绘制出了大陆地区近 5 000 年各个历史时期气候变迁曲线图,1400—1950 年属于第四寒冷期,这 500 余年间的气候波动,又可细分为 3 个冷期和 3 个暖期。1977 年北京市气象台根据北京地区近 500 年降雨资料,绘出了自 1470 年以来北京地区降水情况有 6 次大的起伏,形成 6 个少雨期和 6 个多雨期。将两者研究的结果相对照发现:虽然这个寒冷期中的冷、暖和少雨、多雨互相交错,但一般说来处于冷期中的气候以少雨(干旱、多风)为主,暖期气候以多雨为主。

20 世纪 80 年代中期以来,北京处于气候变迁的什么时期,尚待气象专家继续研究。但就北京地区记载的 1841—2019 年的平均温度变化来看(表 3-16,叶彩华),20 世纪 80 年代的年平均温度已经较 20 世纪 70 年代上升了 1℃有余,1986—1990 年的平均温度为 12.6℃。此后,年平均温度一直呈偏高稳定状态,年平均温度提高对日光温室得以成功起到了重要作用。

提升蔬菜生长的环境温度,是温室冬季不加温生产喜温性蔬菜成功的关键。

表 3-16 北京地区 1841—2019 年平均温度变化表(℃)

年度	平均温度	年度	平均温度
1841—1845	11.76	1942—1946	12.32
1846—1850	12.18	1947—1950	11.65
1851—1855	11.70	1951—1955	11.68
1859—1869	11.53	1956—1960	11.48
1870—1874	11.84	1961—1965	12.14
1875—1879	11.86	1966—1970	11.02
1880—1884	11.58	1971—1975	11.48
1886—1893	11.27	1976—1980	11.24
1894—1898	11.42	1981—1985	12.30
1899—1906	11.70	1986—1990	12.60
1907—1914	11.52	1991—1995	13.06
1915—1919	11.65	1996—2000	12.96
1920—1924	12.28	2001—2005	13.14
1925—1929	11.90	2006—2010	13.34
1930—1934	11.94	2011—2015	12.97
1935—1941	11.95	2016—2019	13.83

3. 北京节能型日光温室的发展

1985 年，北京市煤炭公司对菜区冬春季蔬菜生产用煤，核定供应指标为 10 万吨。"七五"菜田保护地建设，面积快速发展，煤需求量不断增加，至 1989 年供煤量指标已达到 12.4 万吨。1990 年，为了推进城市经济改革加快速度，煤炭公司实行了财政包干，这造成了蔬菜冬季生产的用煤指标难以持续增加。此时，北京日光温室冬季蔬菜生产的成功，给发展设施蔬菜生产带来了机遇。经连续 5 年的试验研究与生产检验，到 1993 年，北京节能型日光温室技术成果获得北京市科技进步奖二等奖。当年，郊区节能型日光温室发展至 5 860 亩。

1995 年，在"大力发展远郊，巩固提高近郊，充分利用外埠优势"的蔬菜生产方针指引下，北京已经初步建成了大兴县、延庆县两个南北菜园和通县、顺义县、平谷县东厢菜园。新发展的这些远郊菜区的蔬菜永久性保护地设施少，种菜技术水平低下。为推动郊区蔬菜生产向更高层次发展，充分利用北京科技优势，建设永久性蔬菜保护地设施，北京市农业局在平谷县东高村、顺义县沿河、大兴县礼贤、通县胡各庄，投资建设了四个蔬菜高科技生产示范园区，每个园区占地 400 亩，园区设置日光温室区、大棚区、试验室仓库区、露地及加工区，其中建设砖混结构节能型日光温室 100 亩（占地 200 亩）、钢架塑料大棚 75 亩（占地 100 亩），并配套排灌沟渠、道路建设，温室、大棚内实行暗管滴灌（以色列或国产节水灌溉设备）。由此，在科技园区的示范带动和资金政策扶持下，郊区日光温室进入迅速发展阶段（图 3 - 62）。

1995 年 10 月，北京市农业技术推广站与北京华悉轻质建材有限公司合作，开发了 GRC 聚苯复合板（规格 1 200 毫米×600 毫米×80 毫米），复合于 370 毫米普通砖墙外，在北京市建设工程质量检测中心进行了实验室构件传热系数测定，以探索可应用的新型保温建筑材料。在冷室温度为 -9℃，热室温度 18℃，控制室温度 20℃环境条件下，80 毫米厚六合牌 GRC 聚苯复合板与 370 毫米普通砖墙复合外保温的测试值表明：在不考虑边肋影响的情况下，该外保温复合墙体达到 1.4 米厚普通砖墙的保温

节能型日光温室

图 3 - 62 南郊农场日光温室
吴德正 20 世纪 90 年代

水平。这为轻质保温材料用于节能型日光温室的建造奠定了初步应用基础，也为节能型日光温室结构的新建材应用发展贡献了力量。

至 2000 年，郊区蔬菜日光温室达到近 10 万亩，占北京郊区蔬菜设施总面积 23.6 万亩的 42%；2012 年达到高峰值，节能型日光温室为 144 740 亩，占当年郊区设施农业面积的 50.6%。

（三）日光温室结构的改进

1. 新型专用日光温室

北京节能型日光温室，在严寒冬季生产喜温性瓜果类蔬菜获得成功并得到推广，由于多数温室结构以土墙为主、有立柱（图 3 - 63）、空间相对较小，非常经济实用。

之后，北京蔬菜研究中心陈殿奎等人在参照节能型日光温室结构参数的基础上，进行了新型结构及建筑材料的研究与持续革新。1999 年 7 月，向北京市农业局提交了新型保温建筑材料的 6 米跨日光温室、8 米跨育苗专用日光温室的结构设计图（图 3 - 64），以及外覆盖新型保温被和自动卷帘等装置。

图3-63a 密云十里堡节能型日光温室黄瓜栽培 1993

图3-63b 沿河园区节能型日光温室内景 1995

图3-63c 有立柱节能型日光温室黄瓜
栽培 徐国明 2009

图3-64a 新型6米跨生产日光温室内景 1999

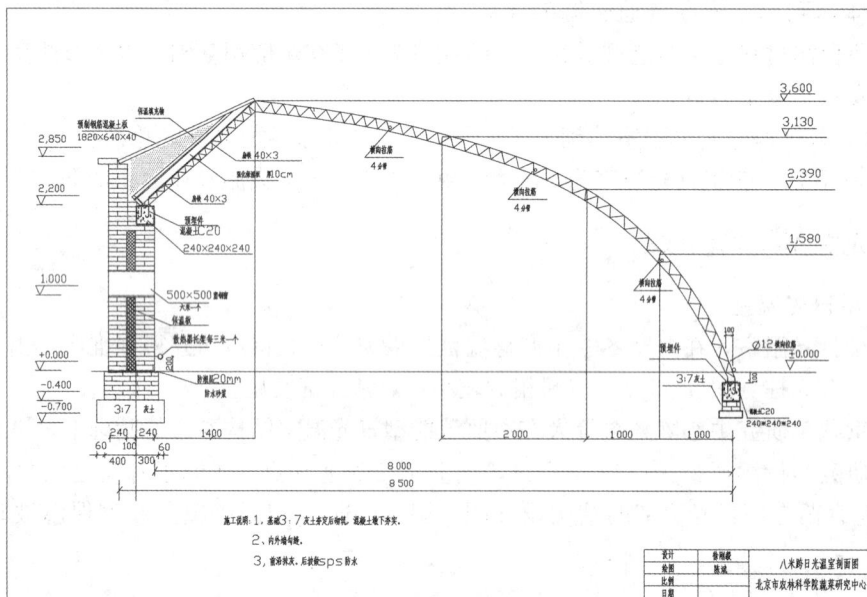

图3-64b 8米跨育苗专用日光温室结构设计图 1999

此后，随着骨架材料的进步，有立柱的日光温室大大减少，无立柱日光温室获得快速发展（图3-65）。目前，生产上以短后坡无立柱砖钢结构日光温室为主，与部分下沉式有后坡日光温室并存发展。发展过程中，日光温室的跨度渐变增大，也推动了机械化在温室的应用。

图3-65a 长子营无立柱日光温室辣椒栽培 2011

图3-65b 长子营无立柱日光温室绿菜花栽培 2011

2. 寿光下沉式日光温室引进

进入21世纪以后，一些菜农或企业引进了山东寿光下沉式日光温室。如房山区三鑫利源农业发展有限公司，企业负责人看见郊区日光温室发展很快，就认为种菜肯定能挣钱，于是改变经营煤炭为经营蔬菜，2001年，在缺乏技术人员指导和不太了解市场需求的情况下，承包青龙湖镇西庄户村350亩蔬菜基地，按照寿光下沉式大规模建造了下沉式日光温室70个（温室栽培床下沉50～90厘米；图3-66），每个面积为1 000米^2。当年秋冬以番茄生产为主，还种植了辣椒、黄瓜等。2002年早春番茄成熟后，由于种植的番茄是红果，但是北京市场对粉果的需求更大，造成滞销、积压、腐烂，未能获得盈利。此后，一部分温室出租、一部分温室闲置，缺少了正常的维护，加之所在位置的地下水位较高，夏季又遇到较大雨水，形成雨水倒灌温室的现象，大部分温室坍塌损毁，少部分逐渐废弃而退出生产，再后来成为市政绿化用地。

图3-66 房山首次引进山东寿光下沉式日光温室外景
徐凯 2002

此后，北京郊区一些菜农又不断改进，将温室后坡进一步缩短，坚持依靠数米宽的梯形土后墙和山墙提升温室的保温性能，并注重夏季温室前沿防雨排涝，减少了雨水倒灌损坏现象的发生，使下沉式日光温室在郊区也得到了发展，为北京冬季瓜果类蔬菜生产发挥了重要作用（图3-67）。

3. 密云大跨度下沉式砖钢结构日光温室

下沉式日光温室，其缺点是温室后墙用土建筑，占地多但土地利用率低；优点是建造投资少、很实用，最大的特点就是土墙厚、保温好。在精心管理的前提下，冬季瓜果类蔬菜生产比墙体薄的一些新材料温室，更加安全可靠。

2014年，密云开始发展砖钢结构下沉式大跨度日光温室（图3-68）。在下沉式日光温室

图3-67 大兴东段下沉式日光温室番茄栽培 2015

的基础上，保持并下沉1.2米，将纯土后墙改成砖混后墙，墙外披土保温，下宽上窄呈梯形状，披土底宽2.6米、顶宽约0.6米；温室采用无立柱拱架；扩大室内跨度达到12～13米。外覆盖保温被为厚度5厘米棉絮状成品的保温帘，采用电动卷帘机卷帘。至2018年底，该温室在密云区发展到了300余亩，并仍在继续发展。该基地长季节樱桃番茄栽培，2015—2019年连续四个年度，单株年收获稳定达到33穗果，为日光温室穗番茄栽培创出了新的纪录。

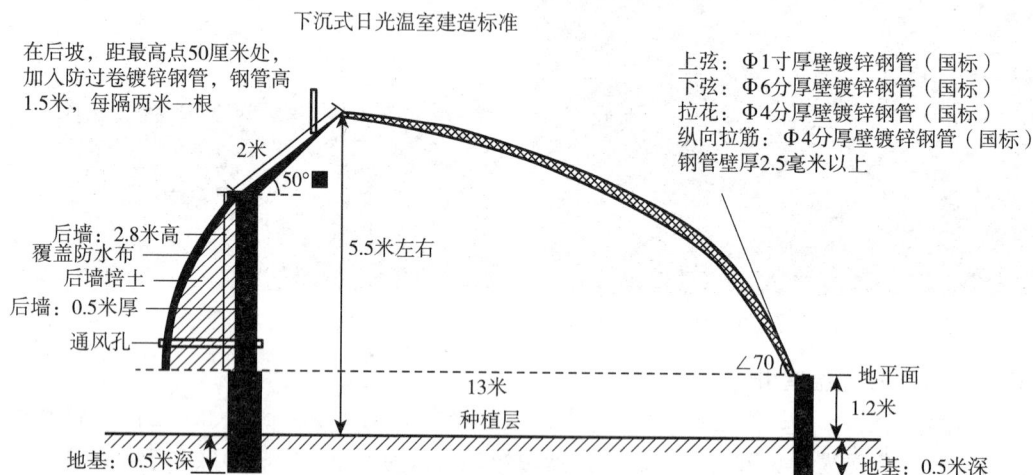

建造外跨为13米的半地下温室、温室需下挖1.2米，后墙0.5米厚、2.5～2.8米高；后墙及山墙地基共1.7米深、0.62米厚；前底脚地基深0.5米、0.5米厚。前底脚南墙高度1.2米，厚度0.37米，室内南墙底角留5～8厘米渗水沟。温室四周的墙要有15厘米的混凝土垫层，需上下打过梁。墙内5米一个组合柱，通风孔距地面40厘米高，通风孔直径40厘米。后屋面第一层木板，第二层铺苇帘，第三层铺十厘米花秸泥。第四层铺3～5厘米保温板，第五层铺铁网等保温材料铺完后用水泥抹顶，后坡总厚度达到30厘米以上。每栋温室前底角及东西山墙外侧必须设置深50厘米的防寒沟，沟内填充10厘米厚保温板。

图3-68a 密云下沉式日光温室示意 杨明宇 2015

图3-68b 密云下沉式大跨度日光温室内景 2018

图3-68c 密云大跨度日光温室黄瓜栽培 2016

4. 大兴大跨度下沉式育苗日光温室

2016年，大兴区庞各庄刘福娟，革新建造了下沉式大跨度日光温室，是北京郊区第一座跨度达16～18米的大跨度日光温室，利于农事操作机械化。主要用于冬季黄瓜、番茄等喜温性蔬菜生产和冬春蔬菜、西甜瓜育苗（图3-69）。

图 3-69a 大跨度育苗日光温室 齐艳花 2018

图 3-69b 大跨度日光温室多层覆盖黄瓜栽培 2017

温室下沉 0.9 米，跨度达到 16 米以上，长度不限，有立柱或无立柱。多层覆盖或电加热保证温度。生产型温室南沿设走道，育苗温室中间设硬化通道（0.9 米宽）。墙体：东西墙为土墙或砖墙，若砖墙上下均宽 0.75 米；北墙为土墙，上宽 2.5 米，下宽 10 米；温室脊高为 7 米。无柱温室骨架：M 形梁，上悬为内径 3.2 厘米空心钢管、壁厚 2.75 毫米，下悬为内径 2.0 厘米空心钢管、壁厚 2 毫米；上下悬连接为直径 14 毫米的钢筋，骨架共 142 片，间距为 0.8 米，两个间隙间一根压膜绳。内侧支柱：北墙有两排立柱，分别为直立柱和斜立柱，直立柱高 7 米，共 71 根，斜立柱高 7.3 米，共 142 根，立柱均为 8 根钢筋与水泥混合制作，方形，中空。外覆盖棉被厚 5 厘米，棚膜为 PO 膜，厚 0.1 毫米。整个棚膜分为 4 个部分：下风口 180 米²，采光面膜 2 080 米²，上风口面积 715 米²（厚 0.15 毫米），后墙护膜面积 910 米²。育苗温室前沿外侧设有排水沟。

目前，北京郊区节能型日光温室结构、建筑材料、配套装备仍然在发展之中，其核心是采光保温。

（四）日光温室高产栽培研究

1. 越冬番茄高产栽培

20 世纪 90 年代中后期至 21 世纪，中国农科院蔬菜花卉研究所以顺义区三高园区、昌平阳坊、小汤山等为试验点，比较了番茄日光温室春茬、秋冬茬、春秋两茬、冬春茬、越冬周年栽培的茬口，着重研究了日光温室番茄越冬周年长季节土壤栽培技术，筛选出"中杂 9 号、中杂 11、佳粉 15、卡鲁索（荷兰）、红冠 98（美国）"等适宜品种。初步得出北京日光温室番茄越冬周年长季节栽培，可当年 12 月始收、翌年 6 月下旬拉秧，采收 21～23 穗果，每穗坐果 1.91～2.38 个，单果重 101～155 克。并在 1999—2000 年，于昌平区阳坊驻军基地的日光温室开展了生产试验，7 月中旬播种，8 月初小苗定植，9 月初开花，11 月开始采收，到翌年 7 月底，亩产达到 21 822 千克。

2. 越冬黄瓜高产栽培

北京传统的设施黄瓜栽培，温室主要有秋冬茬和冬春茬，塑料大棚以春茬为主。为提高现代化大型连栋温室的产量，从 1999 年开始，中国农业大学园艺学院和北京市农业技术推广站在小汤山地热特菜基地，用基质槽培方式进行了水果型黄瓜无土栽培，总面积 0.5 公顷。于 8 月播种育苗，9 月定植，11 月初采收，至翌年 6 月底结束，生长期长达 10 个月，生产过程中采取各种措施，防止黄瓜早衰，平均亩产量达到了 16 002 千克，初步实现了北京连栋温室水果型黄瓜长季节无土栽培的高产高效。

2017—2018 年，中国农业大学在大兴区礼贤镇东段家务村张月强的下沉式日光温室（图 3-70）进行了越冬黄瓜长季节高产栽培理论研究与生产实践。该温室墙体基部厚度 3.5 米、顶部 1.5 米，温室脊高 4.5 米，跨度 8 米，长度 96 米，室内净栽培面积 672 米²。

图 3-70a　礼贤东段下沉式日光温室黄瓜补光栽培　2015

生产采用的黄瓜品种为寒秀 3-6，以北农亮砧南瓜为砧木进行嫁接育苗。砧木、接穗分别于 2017 年 9 月 4 日和 9 日播种，9 月 21 日采用顶插接方法进行嫁接，10 月 2 日定植，株距 25 厘米，行距 70 厘米，双行定植，每亩定植 3 666 株。11 月 8 日开始采收，第 1 个产量高峰期出现在 2017 年 11 月至翌年 1 月，日均产量达到 141 千克；2018 年 2 月植株有一段歇秧期，日均产量 68.7 千克；3 月以后产量开始回升，日均产量 100 千克左右，截至 2018 年 4 月 8 日，总产量为 18 500 千克，折合每亩产量 18 371 千克，日平均黄瓜产量 123 千克。

研究认为，目前北京日光温室越冬栽培黄瓜每亩产量要达到或超过 3 万千克，在理论上必须满足以下条件：

（1）目前市场普遍接受的华北型密刺类黄瓜品种商品瓜单瓜质量 150～250 克，170～200 克更受市场青睐，合理的源库关系是每形成 1 个商品瓜应保证 2.5 片功能叶，如果增加单瓜质量，则需要更多的叶片制造光合产物。

图 3-70b　礼贤东段日光温室越冬黄瓜高产植株结瓜状 2018

（2）在黄瓜的整个生育期，平均每长 1 片叶需 2.5 天，主要受温光水肥的影响，温度适宜需 1.5～2.0 天，深冬则需 7.0～9.0 天。

（3）结瓜期合理的功能叶片数为 12～14 及 3～5 条梯队瓜，开花雌花节位应在生长点下第 4～6 节。若多留叶片，靠近茎基部的叶片因见光差光合速率很低，基本属于无效叶。

（4）栽培结束时，单株叶片数应在 105 片以上，平均结瓜 40～45 条，即单株产量 8～9 千克。

（5）黄瓜全生育期应在 270～300 天，采瓜期应达到或大于 220～250 天。

（6）单瓜质量约 200 克时应及时采收，若超过 200 克还不采收，则影响梯队瓜生长。日均黄瓜产量为 130～150 千克，偶尔几天可采收 180 千克，每天约 25% 植株能够正常收获 1 条瓜。

（7）亩合理密植幅度应为 3 600～4 200 株，充分利用温室空间和光合有效辐射。

（8）综合管理措施非常重要，包括采用嫁接苗、利用秸秆生物反应堆和增施有机肥，改善土壤理化性质，合理的温光、水分调控和管理，以及促根壮秧和以生态调控为核心的病虫害全程绿色防控技术应用等。

二、塑料薄膜温室的结构与建造

塑料薄膜温室，是指用塑料薄膜覆盖采光的有护围墙体的中型拱棚，具有防寒、加温或不加温、透光的房屋。建造可繁可简，竹、木、混凝土、钢材做成一面坡或拱形骨架；土、砖、隔热等建材做成墙体；以塑料薄膜为覆盖材料，跨度5.5~8米或更宽、高度2~3米或更高、长度不限的保护地生产性设施。

（一）塑料薄膜温室结构

塑料薄膜温室构造形状，类似北京改良温室，是在改良阳畦、改良温室的基础上，保留后土墙及屋顶；前屋面用竹竿做成半拱圆形架，不需要玻璃采光那样的坚固木框、前檩、前柱等；用粗竹竿代替，不用或少用木材支撑，用薄膜代替玻璃覆盖形成的。郊区最早的竹木结构薄膜温室建造用材如表3-17。

表3-17 竹木结构薄膜温室建造用材表

主要材料	规格	亩用量
立柱	5.5尺×0.4尺	31根
腰柱	4.5尺×0.25尺	31根
边柱	4.5尺×0.2尺	31根
檩条	11尺×0.4尺	120根
柁	7.5尺×0.6尺	31根
竹竿	12尺×0.1尺	900根
聚乙烯农膜	0.1毫米	90千克
铁丝	8号	50千克
	16号	10千克
蒲苫	18.5尺×8.5尺	92块
炉灶		8个
瓦管		240节

资料来源：引自《北京市蔬菜生产技术手册》，1976；1米＝3尺。

1974年，北京市农业科学研究所农业气象室调查，菜区生产应用的蔬菜塑料薄膜温室主要为两种类型：加温温室Ⅰ和不加温温室Ⅱ（图3-71）。1978年在政府扶持育苗温室建设后，塑料薄膜温室在郊区开始百花齐放般迅速发展。

随着建筑材料不断革新，温室跨度由窄向宽、脊高由低向高、墙体由薄向厚，由火炉加温向暖气、热风炉、利用太阳能的日光温室转变。1986—1990年"七五"期间，因加温温室作为菜田保护地建设重点，经过科研人员的大量调查研究与讨论，选型定型了两种结构类型、三种规格的加温温室在郊区推广。但在实际建设当中，由于钢架结构的采用，多数温室基本取消了立柱，大空间无立柱温室与少量原有立柱温室迅速增多。两种温室介绍如下：

1. 冬季生产型温室

主要运用于冬茬果菜类生产，为单屋面拱形薄膜温室。后墙为三七砖墙，高度1.7~2米，前柱（屋脊柱）高1.7~2.0米；跨度一般不超过5~5.5米，最大为6米，栽培床跨度3.5~4.0米。后屋顶下走道及加温管道宽度为1.2~1.5米，后墙设通风窗，后坡（屋顶）为水泥构件，温室前拱架为

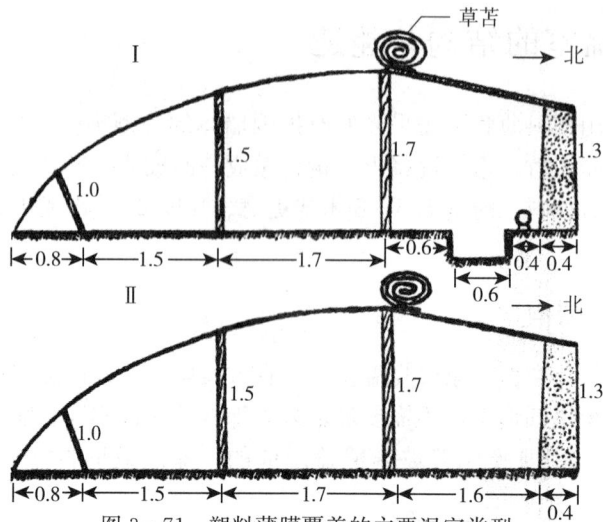

图3-71 塑料薄膜覆盖的主要温室类型

注：Ⅰ加温温室，Ⅱ不加温温室。

镀锌管装配式。前拱底角为40°以上，不超过70°，温室内采用土炉子或采暖设备加温，覆盖蒲苫做保温设备。温室空间较小，冬季易升温、保温，利于冬季喜温性蔬菜生长（图3-72）。

2. 养苗、生产两用温室

主要运用于先养苗、后进行春提前生产。有两种规格，一种为单屋面拱形薄膜温室，一种为三折式玻璃或薄膜温室（图3-73）。单屋面拱形薄膜温室：后墙为三七砖墙，高度1.8～2.0米，设通风窗，前柱（屋脊柱）高2.5～2.7米，屋顶（后坡）为水泥或其他构件。栽培床跨度6～7米，前拱架镀锌管装配式，前拱底角40°以上。煤火或采暖设备加温，蒲苫保温，温室内设二层保温幕装置和灌水装置。该温室空间大缓冲性好，完全可满足冬季幼苗期培育，利于立体多层育苗。

图3-72 拱形薄膜加温温室冬季黄瓜栽培 1988

图3-73 三折式薄膜育苗温室番茄栽培 1986

温室前后两排之间的距离，为温室脊高（最高点）的2～2.5倍。

（二）塑料薄膜温室的建造

塑料薄膜温室的结构由墙体、骨架、覆盖薄膜组成。

郊区竹木结构薄膜温室之后发展的竹木混凝土薄膜温室，其骨架用材见表3-18。采用土墙的温室仍参照第二章第四节板打土墙建造（图3-74）。

图 3－74 温室板打墙（干打垒） 1990

表 3－18 混凝土竹木结构塑料薄膜温室用料规格表

主要材料	规　格	亩用量	备　注
薄膜	0.1毫米	70千克	
毛竹		150根	
小竹竿	直径2～3厘米	200根	
水泥柁	12厘米×12厘米	41根	
水泥檩	8厘米×12厘米	123根	其他防寒
水泥中柱	12厘米×12厘米	41根	加温设备
水泥前柱	10厘米×10厘米	41根	同改良温
后柱	10厘米×10厘米	41根	室
铁丝	8号	7.5千克	

资料来源：引自《北京市蔬菜生产技术手册》第一版，1976。

自20世纪90年代以来，新的节能型日光温室的建造，京郊多采用混凝土钢架结构。其温室的效果如何，与结构、墙体厚度、透光保温材料相关。生产上，取得冬春季蔬菜高产的日光温室，绝大多数为土墙护围结构的日光温室，如2009—2010年的密云李德成黄瓜高产，2011—2012年的顺义徐振华的日光温室越冬黄瓜高产，2013—2014年的大兴礼贤张月强的下沉式日光温室越冬番茄高产等，均为土墙护围结构的日光温室。日光温室的三面护围土墙的板打墙建造法已经退出，均发展为机械施工夯实筑成。

一些园区，应用新材料的日光温室也不断出现（图3－75）。到目前为止，京郊蔬菜设施尚未发现仅使用新型材料建造的日光温室冬季生产喜温性蔬菜获得良好效果。当然，创新到应用需要过程。

日光温室墙体采用隔热材料复合建造，也有大量发展，多为装配式或焊接式结构，由企业承建，本章不做介绍。

图 3－75 延庆四海新型保温材料建造温室 2010

三、塑料薄膜温室的性能与应用

（一）塑料薄膜土温室性能

北京市农业科学研究所蔬菜室、气象室，1972—1974 年对近郊菜区塑料薄膜覆盖的加温、不加温两种土温室（中棚）进行调查，发现这两种薄膜温室的室内温度状况差异明显（表3-19）。

按照候平均气温≥22℃，旬平均最高气温≥28℃，最低气温≥15℃为夏季；候平均气温≤10℃，旬平均最高气温≤17℃，最低气温≤4℃为冬季；其间为春秋二季，划分得出（表3-20）：

Ⅰ类（加温）温室，室内没有冬季。

Ⅱ类（不加温）温室，室内从大雪至雨水，最冷在 0℃左右，冬季有 72 天。

当然，北京郊区 20 世纪 70—80 年代，主要应用的是加温温室，以保证冬春季节生产供应新鲜瓜、果类蔬菜，调剂市民需求。具体小气候如下：

表 3-19 北京地区加温与不加温薄膜温室不同时期温度

单位：℃

| 时期 | | 外界气温 | | 加温温室 | | 不加温温室 | |
月	旬	平均最高	平均最低	平均最高	平均最低	平均最高	平均最低
	上	22.1	9.4		17~18		15~16
10	中	19.5	7.2	30~35	15~16	30~35	13~14
	下	17.0	4.1		15~16		10~11
	上	13.7	1.9	33~34	15~16	33~34	9~10
11	中	10.1	—0.6	32~33	15~16	27~28	7~9
	下	6.5	—3.9	30~31	14~16	23~24	6~8
	上	4.5	—6.1	30~31	12~14	91~22	4~6
12	中	2.9	—7.6	28~29	11~13	19~20	2~4
	下	1.4	—9.1	27~28	9~11	17~18	1~3
	上	0.9	—9.7	26~27	9~10	17~18	0~2
1	中	1.4	—10.0	27~28	9~10	17~18	0~2
	下	1.9	—9.2	27~28	9~11	18~19	1~3
	上	2.6	—9.0	28~29	9~11	19~20	1~3
2	中	3.8	—7.4	29~30	11~13	20~21	2~4
	下	5.5	—5.4	31~32	13~15	21~23	5~6
	上	7.9	—3.9	31~32	14~16	25~26	6~8
3	中	11.1	—0.7	32~33	14~16	31~32	7~9
	下	14.1	1.5	34~35	15~16	34~35	9~10
	上	17.4	4.3		15~16		10~11
4	中	20.5	7.0	30~35	15~16	30~35	13~14
	下	23.0	9.0		17~18		15~16
	上	24.8	11.4		16~17		15~16
5	中	26.7	12.9	30~35	16~17	30~35	15~16
	下	28.5	14.5		15~16		15~16

注：不加温温室即日光温室。

表 3-20 北京地区薄膜温室（加温温室、不加温温室）室内季节划分

类型	项目	春季	夏季	秋季	冬季
露地	起止日期（日/月）	6/4—25/5	26/5—5/9	6/9—25/10	26/10—5/4
	日数（天）	50	103	50	162
加温	起止日期（日/月）	6/1—5/3	6/3—25/11	26/11—5/1	—
温室	日数（天）	50	265	50	0
日光	起止日期（日/月）	21/2—20/4	21/4—10/10	11/10—10/12	11/12—20/2
温室	日数（天）	59	173	61	72

1. 光照

不加温日光温室和加温温室，其结构无差别，室内光照冬季较弱，为 2.8 万～5 万勒（露地为 7.8 万～10万勒）；春季较强为 4.6 万～5.8 万勒（露地为 12 万～13 万勒）。栽培床前部光照强，床后部光照弱，仅为前部的 50%～80%。光照时数，初冬每天为 9.5 小时，严冬为 8 小时，春季可达 11 小时以上。

2. 温度

1 月晴天中午，不加温日光温室的最高气温可达 38℃。在寒冷季节，室内最低温度为 0℃ 左右（比露地高 10～20℃）。温度保持方面，平均气温最高为 25～27℃，最低为 3～5℃，平均地温 13℃。

加温温室，有火炉或锅炉补充加温，室内没有冬季，是较高级的设施类型。不加温日光温室，室内冬季 72 天。

3. 湿度

日光温室室内空气相对湿度较高（保温需要，通风量少），一般为 70%～90% 或更高；炉火加温温室的湿度，能控制在 50%～70%。

（二）节能型日光温室性能

结构决定性能，节能型日光温室由于提高了原温室的脊高，加大了采光角度；加厚了护围墙体，加以双层外覆盖和防寒沟严密防寒，使温室的小气候性能较不加温的日光温室（改良式温室、薄膜温室）有了较大提升，结构达到要求的温室内已无冬季。

1. 光照

北京市农业技术推广站 1991 年 1 月 9 日、26—27 日、2 月 21 日分别调查测定，顺义沙岭短后坡节能型日光温室无滴农膜覆盖，平均透光率为 73.8%；平谷东高村乡克头村长后坡节能型日光温室普通农膜覆盖，平均透光率为 54.2%，表明了温室的光照与透明覆盖材料有较大的相关性，应注意室内的膜面冷凝水滴和膜外污染。

1993 年 1 月上旬，在顺义县木林乡同一地点测定了 3 种不同类型的温室光照情况（表 3-21），表明了北京节能型日光温室的透光率有了明显提高，约提高 9%。

表 3-21 1993 年 1 月上旬温室室内光照情况比较

温室类型	6 日 光照度（勒）	7 日 光照度（勒）	8 日 光照度（勒）	9 日 光照度（勒）	10 日 光照度（勒）	候平均 光照度（勒）	比较（%）
加温温室	8 788	6 238	1 432	13 308	21 152	10 183.6	47.37
日光温室	9 180	6 673	1 377	12 885	21 243	10 271.6	47.78
节能型温室	10 207	7 108	1 411	19 733	22 500	12 191.8	56.72
外界	15 530	10 565	4 902	34 717	41 767	21 496.2	100

注：顺义木林，1993。

1989年1月21—30日在平谷放光村观察，节能型日光温室的室内最高温度与光照时数有密切关系（表3-22），当日照时数达到6小时以上时，室内温度就可以到30℃左右。1月22日为全阴天气，室内温度最高为16℃；1月28日是平谷县全年极端最低气温日，最低气温为−15.4℃，但全天无云，日照数8.3小时，中午室内达到33℃。

北京地区的冬季，晴天日照时数一般均可达到6小时以上，适时揭盖外覆盖物是保证室内温度的有效措施，北京地区冬季的光照条件是可以基本满足日光温室升温需求的。

表3-22　1月下旬日照时数对室温的影响

日期（日）	6—8时温度（℃）		14时温度（℃）		日照时数（时）	备注
	室外	室内	室外	室内		
21	−10.7	11	7.1	36	8.1	
22	−8	11.5	−0.3	16	0	全天阴
23	−11.4	9	1.8	30	7.4	
24	−9.8	11	2.3	28	6.1	
25	−8.9	11	6.5	31.5	6.1	
26	−7.3	11.5	−1.1	36	8.6	
27	−11	11	−1.5	30	8	
28	−15.4	10	−1.9	33	8.3	
29	−11	11.5	−1.8	27	6.8	小雪
30	−10.5	11	2.3	24	3.1	阴天

注：平谷放光村，1989。

2. 温度

节能型日光温室室内没有人工热源，温度变化取决于采光和保温情况。

（1）晴天室内温度变化规律　冬季晴天，一般早晨8：00时左右揭开双层覆盖物，室内温度短时下降，随即在9：00时前后开始升温，9：40—10：30时即可达到20℃，10：30—11：00可达到25℃，13：00前后可达到36℃左右。此后温度下降，长后坡节能型日光温室15：00下降到25℃，15：40左右下降到20℃以下；短后坡节能型日光温室温度下降时间较长后坡节能型日光温室要晚。当下降到16℃左右时，由于覆盖双层覆盖物保温，温室内温度进入缓慢下降阶段，夜间0：00时前后下降到13℃左右，到第二天6：00—8：00温度下降到10—13℃（图3-76）。

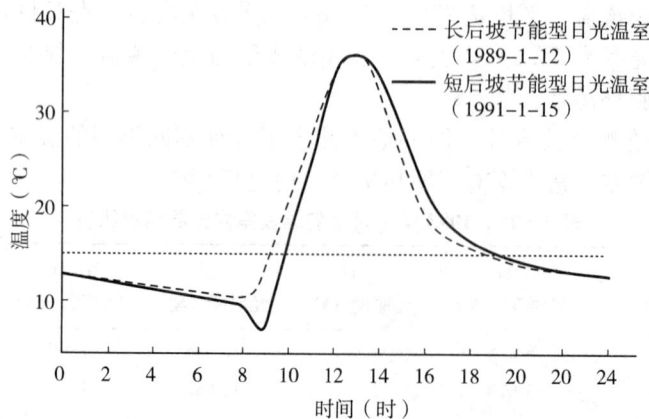

图3-76　节能型日光温室晴天室内温度变化曲线

在严冬季节，晴天日出后节能型日光温室从9：00左右到13：00前后为迅速升温阶段，每小时升温速度为 5.7～7.4℃；从 13：00—14：00 开始降温，进入迅速降温阶段，下降到 16.5℃需 3～5个小时，每小时下降速度为 4～6.8℃。16：00—18：00 时开始从 16.5℃下降到 24：00 的 13℃左右为缓慢降温阶段；从 24：00 至凌晨 3：00 为稳定维持阶段，温度在 10～13℃。在迅速升温及降温阶段的 7.5～9 个小时内，节能型日光温室可以保持 20℃以上的气温在 6 小时左右，25℃以上的气温为4 个多小时，30℃以上的气温为 3 个小时左右。昼夜温度变化特点为日出后至中午迅速升温，利于光合作用，下午短时间迅速降温，抑制呼吸消耗，覆盖后缓慢降温，利于光合营养物质运输，后半夜温度最低，呼吸消耗降低，其变化规律基本适应作物光合积累的生理需求。

（2）阴雪天气变化规律　冬季阴雪天，无直射光照的情况下，温度变化范围小。其他全天在 8～16℃之间。短后坡节能型日光温室最低温度低于长后坡节能型日光温室，最高温度基本接近，约在16℃，出现在 12：00—14：00，其余时间维持在 10～13℃。雪天室内温度范围在 7～13℃，低于阴天。短后坡节能型日光温室最低温度较阴天下降约 1℃，但时间很短；长后坡节能型日光温室最低温度与阴天基本没有变化，两种类型温室雪天的最高温度也出现在 12：00—14：00，但均较阴天低，长后坡低 3℃左右，短后坡低 5～6℃。连续阴雪天气，室内一般保持在 10℃左右，长后坡低于 10℃时间极短，多维持在 10～13℃，短后坡低于 10℃时间较长，约为 15 个小时，但从全天看多处在8.5～11℃，仅早晨揭开覆盖物后短时出现低于 8.5℃的气温。在没有阳光的阴雪天气，温室内保持低温，虽然光合产物少，但植物呼吸消耗也较低。只要注意保温，不使作物受冻，维持缓慢生长，晴天后就会迅速转入正常生长。

（3）严冬季节室内温度　年份不同，外界气温有异，但分别观察 1988—1989 年、1990—1991 年、1991—1992 年三个年度的节能型日光温室，冬季内部温度均能达到生产喜温性蔬菜黄瓜的基本要求，并取得了栽培的成功。1988—1989 年冬季，观察分析平谷县放光村李广顺长后坡节能型日光温室，从 12月 1 日至 2 月 28 日连续 90 天（其中有 27 个阴雪天）的温度记载分析，早晨 6—8 时，室外平均最低气温为−8.7℃，室内为 11.3℃，室内外温差 20℃；中午 14 时室外平均气温为 3.6℃，室内为 27.2℃，室内外温差 23.6℃。1990—1991 年度观察分析顺义沙岭短后坡节能型日光温室，从 1990 年 12 月下旬至1991 年 2 月底，旬平均气温 13.7～16.9℃，平均最高温度 22～31.5℃，平均最低温度 9.5～12.3℃。1991—1992 年度观察分析了密云县大辛庄长后坡节能型日光温室 11 月至翌年 2 月的室内气温，旬平均气温为 15.1～21.2℃，平均最高温为 21.5～35.6℃，平均最低温为10.7～13.2℃。

3. 地温

节能型日光温室室内地温相对比较稳定。1991 年严冬 1 月 8—9 日测定顺义沙岭短后坡节能型日光温室，5 厘米处地温稳定在 15～22℃之间，全天平均为 18.6℃；10 厘米处地温在 16～20℃之间，全天平均为 18.8℃。从 12 月下旬至翌年 2 月下旬连续观察早 7：30 和中午 1：30 的 10 厘米处地温情况见表 3−23。可以看出，在地温方面，完全能达到喜温性作物生长基本要求。

表 3−23　节能型日光温室冬季 10 厘米深处地温（℃）

年-月	上旬		中旬		下旬	
	7：30	13：00	7：00	13：00	7：00	13：00
1990 年 12 月	—	—	—	—	14.9	17.7
1991 年 1 月	15.4	19.9	16.4	19.4	16.6	19.4
1991 年 2 月	16.8	20	15.6	18.1	14.5	17.6

注：顺义沙岭（1990—1991）。

4. 内外温差

节能型日光温室由于在结构方面做了大的改进，增大了前屋面采光角度，加强了护围保温防寒结构，因此有较强的保温能力。

1989—1990年冬是30年来温度最低的冬天，1990年1月21—25日，观察李广顺长后坡节能型日光温室早7：30和中午1：30的室内外温度情况（表3-24），早晨揭蒲席时，室外气温平均—15.1℃，室内10.1℃，内外温差25.2℃，中午室外气温为—6.3℃，室内为34.7℃，内外温差达41.0℃。1月31日是北京地区30年来出现的第二个极端最低气温日，凌晨平谷气象站记载室外最低为—22.2℃，但该县日光温室内仍能稳定在9℃；中午外界回升到—13.2℃，室内已达到30℃。可以看出，短时间出现—20℃以下极端低温时，节能型日光温室防寒是没有问题的。这说明节能型日光温室采光、防寒、保温结构合理、效果良好，晴天越是寒冷，保温效果越明显，内外温差越大，这可作为判断节能型日光温室结构良好与否的指标之一。

表3-24　1990年1月长后坡节能型日光温室内外温差

单位：℃

日期（月-日）	7：30			13：20		
	室内	室外	温差	室内	室外	温差
1-21	11.2	—14.5	25.7	34.0	—7.1	41.1
1-22	10.0	—15.0	25.0	36.0	—3.9	39.9
1-23	10.0	—14.7	24.7	35.5	—6.8	42.3
1-24	9.0	—16.1	25.1	33.5	—7.6	41.1
1-25	10.3	—15.2	25.5	34.4	—6.3	40.7
平均	10.1	—15.1	25.2	34.7	—6.3	41.0

注：平谷放光村，1990。

1991年1月8日18：00至9日16：00，测定顺义沙岭短后坡节能型日光温室的室内外温差，每2小时测1次，共计12次，其差值为18.3℃（9日10时）至25.9℃（8日22时），全天平均温差为23.4℃。其节能型日光温室的结构性能略弱于长后坡型结构。

1991年12月至1992年2月测定密云县大辛庄长后坡节能型日光温室，室内旬平均温度与室外旬平均温度相差17.3～23.9℃（表3-25），旬平均温差为21.3℃。

表3-25　长后坡节能型日光温室内外冬季分旬温差

单位：℃

年-月	上旬			中旬			下旬		
	室内	室外	温差	室内	室外	温差	室内	室外	温差
1991-12	15.1	—2.2	17.3	16.0	—4.2	20.2	18.2	—5.7	23.9
1992-1	17.8	—5.0	22.8	18.9	—3.9	22.8	19.9	—2.1	22.0
1992-2	19.2	—4.0	23.2	20.1	—2.8	22.9	21.2	—2.5	18.7

注：密云大辛庄（1991—1992）。

据观测上述节能型日光温室的室内外温差情况，初步认为，严冬季节室外平均气温为—10℃时，室内仍可保持在10℃。而北京地区多年气温统计表明，12月至翌年2月各旬平均气温在—5.4～—1.2℃之间。凡采光、保温结构达到建造标准要求的日光温室，室内平均气温可达到16℃，能基本满足喜温性蔬菜开花结果的生理发育需要。若准备必要的应急加温措施，可保障冬季喜温性瓜果类蔬菜成功生产。

5. 连续阴雪低温天气

节能型日光温室的热源主要来自太阳光能，长时间连阴雪天形成的低温，对节能型日光温室的喜温性蔬菜生产影响较大。

从北京 1960—1990 年气象资料统计分析，将一日之内日照时间不足 3 小时的称为阴天，则连阴 3 天的发生频率为 63%，连阴 5 天以上的为 10%，连阴 7 天以上的为 6%。所以连阴 5 天以上的一般很少出现，但连阴 3 天一般年份均可出现，连阴时间越长，对节能型日光温室影响越大，但还没有影响到不可利用的地步。

1989—1990 年是北京近 30 年中连阴天最多的年份，该年度试验黄瓜生产虽然减产减收，但总的看还是成功的，也出现了较好的典型。如平谷县连花潭村齐广山 20 间节能型日光温室种植黄瓜，11 月 24 日播种，1 月 29 日始收，平均每亩产黄瓜 5 291.5 千克，亩产值 13 510.6 元；南太务村靳来银 7 间节能型日光温室，11 月 5 日播黄瓜，1 月 26 日始收，平均每亩产黄瓜 3 172 千克，亩产值 11 337 元；东高村乡克头村，第一年集中兴建大面积长后坡节能型日光温室，在经验缺乏、建筑时间偏晚、4 月中旬又发生大面积倒塌的情况下，全村 459 间节能型日光温室黄瓜于 11 月 23 日播种、2 月 23 日始收，总产黄瓜 24 572 千克，平均亩产为 2 275 千克，亩产值 8 190 元。

从上述情况看，连阴低温天气的发生，虽不以人的意志为转移，但如果建造的节能型日光温室能达到前述结构标准，加上精心管理，还是能够减轻其危害并获得高产高效的。若遭遇极端低温天气，可采取临时应急加温措施（图 3-77），确保不受冻害而正常生产。

图 3-77　极端天气室内燃烧加温块增温　徐进　2011

（三）节能型日光温室的应用

建造良好的节能型日光温室，可以替代加温温室用于 9 月至翌年 5 月喜温性瓜果类蔬菜生产或为春大棚和露地早春蔬菜育苗。

此外，还广泛用于设施食用菌、西甜瓜、草莓、花卉、水果的冬春季生产以及水产与养殖等。

四、日光温室高产栽培典型案例

（一）张月强日光温室越冬番茄高产栽培

北京市大兴区礼贤镇东段张月强，是实现越冬黄瓜、番茄高产高效栽培的典型人物之一，多次获得全市日光温室越冬番茄高产冠军（图 3-78）。2013—2014 年越冬番茄生产中，采用蔬菜水肥一体化灌溉技术、熊蜂授粉技术、绿色防控病虫害技术、设施环境调控和植株管理技术等，成功应对了当年北京地区冬春季的雾霾天气，至 2014 年 7 月 31 日，亩产达到 25 083 千克、亩产值 122 674 元，产量效益双创当年度北京越冬番茄栽培新纪录。

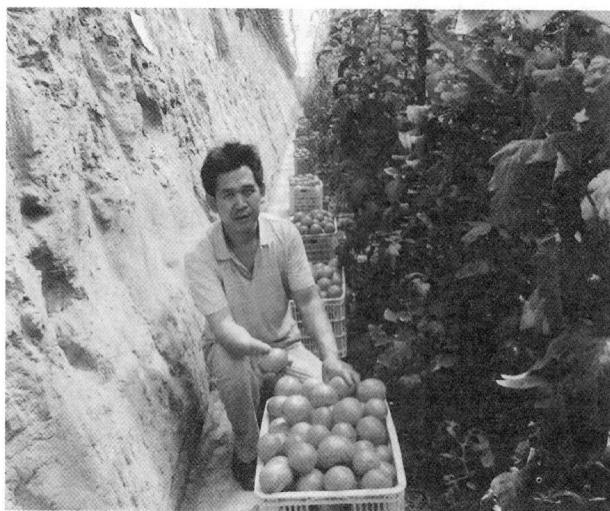

图 3-78　礼贤东段日光温室番茄丰收　徐进　2018

1. 下沉式土温室

温室为下沉式日光温室（图 3-79），长 95 米、内跨 7 米，其中北侧预留土质通道宽 0.5 米。东西山墙为土墙，顶宽 1.5 米，底宽 3 米；北墙为土墙，顶宽 2.5 米，底宽 5 米；温室脊高 4 米。温室骨架：M 形梁，无立柱，上悬为直径 2 厘米空心钢管，下悬为直径 1.4 厘米实心麻花钢，上下悬连接为直径 1 厘米钢筋，骨架共 100 片，间距为 0.95 米，每两片骨架之间有压膜绳（扁塑料材质）；外覆盖双层棉被，上层 5 厘米厚防水棉被，下层 5 厘米厚黑心棉；棚膜为 PO 膜。温室采光、保温效果良好。

图 3-79　礼贤东段下沉式日光温室外观　2017

2. 选择优良品种

选择的迪安娜番茄品种，从以色列引进。抗番茄黄化曲叶病毒病，早熟，粉果，无限生长，生长势强，果实硬，耐贮运，萼片平展、美观，连续坐果能力强，单果质量 220～260 克，适合秋延迟、越冬栽培。

3. 适期播种、嫁接育苗

2011—2013 年，北京市批发市场 1 月上旬到 6 月上旬番茄价格处于高位（图 3-80）。其播种期宜在 8 月下旬至 9 月上旬育苗，10 月下旬定植，采收期多处于高价位区间。

图 3-80 2011—2013 年北京批发市场番茄价格变化情况

番茄嫁接育苗，砧木品种为果砧 1 号，系北京市农林科学院蔬菜研究中心选育，具有抗枯萎病、根结线虫病等复合抗性，根系发达，生长势强，与接穗亲和力好。砧木与接穗于 8 月 27 日同日播种，砧木、接穗长至 5～6 片真叶时用贴接法嫁接。

4. 重施底肥

棚室消毒后重施底肥，每亩施腐熟稻壳粪 35 米³、三元复合肥（N-P-K 分别为 16-14-20）50 千克、微生物菌剂 60 千克。铺施肥料后旋耕 2 遍，深翻 30 厘米。定植前整地开沟埋入秸秆酿热，做成小高畦，大行距 80 厘米，小行距 60 厘米，垄高 20 厘米，膜下滴灌。

5. 先密后稀

栽培密度、果穗数、单穗留果数、单果重四要素需合理调节，才能提高单位面积产量。

10 月 17 日，嫁接番茄苗 4 叶 1 心定植，为做到翌年 1 月底进入采收期时，正值春节前后，可获得较高收益，张月强采用了高密度栽培，行距 70 厘米，株距 20 厘米，每亩种植 4 764 株，种植密度比常规亩种植 3 000 株增加了约 50%。当番茄第 2 穗果核桃大小时进行换头管理，打破顶端优势促进果实发育。1 月 30 日至 3 月 10 日为番茄第 1 穗至第 3 穗果采收期，当第 3 穗果采收结束后去弱留强，将番茄弱株去除，先密后稀，亩种植密度降到 3 350 株。

此外，采用番茄落秧技术，促进后期生长及坐果。番茄第 6 穗果采收结束后要及时进行落秧，4 月 6—16 日为番茄的落秧时期，落秧后继续开花坐果 6～8 穗，截至 8 月 3 日采收结束。

6. 保温增温、补光、降湿

（1）采光保温 使用透光好、升温快、保温性好的日本 PO 膜。同时采用双层保温棉外覆盖，保证了低温季节棚内最低温度大于 8℃，确保番茄不会因冷害而影响生长。

（2）秸秆酿热 秸秆发酵酿热，属于传统技术（图 3-81），能提高地温 3～4℃，同时也可增加室内二氧化碳的浓度。将秸秆铺设于开好的定植沟内，覆土起垄盖膜定植，每亩需作物秸秆 4 000 千克、秸秆生物发酵沟专用菌曲 8～10 千克。

图 3-81a　朝阳楼子庄加温温室黄瓜铺酿热物栽培　1988

图 3-81b　开挖酿热物沟　冯保军　2016

（3）增温增肥燃料　极端低温天气，采取增温措施。张月强采用大连市得益科技有限公司的日光温室增温增肥燃料块，极低温时每亩用增温块 8～10 块，提高室温 2～3℃。

（4）补光　冬春季遇雾霾天气时，张月强采用 LED 补光灯补光（图 3-82），延长有效照明时间，这改善了番茄植株长势，提高了坐果率和单果质量，增产 9.15％。

（5）电除雾　在日光温室内使用了大连亿佳田园环境科技有限公司的 3DFC-600 型温室电除雾设备产品，通过空间电场作用，达到了促生长和防病的作用，提高了蔬菜耐受连阴天的能力，减少了病虫害发生。

此外，整个生长期以"预防为主、综合防治"为植物保护方针，科学管理日光温室的通风、温度、水肥供应，应用熊蜂授粉，果穗柄防折环（图 3-83）、番茄落蔓夹、吊袋式二氧化碳施肥等新产品与新技术，风口处覆盖防虫网，棚内悬挂黄板，使得番茄全生育期没有明显病虫害发生，获得了高产。

图 3-82　补光灯补光处理　2015

图 3-83　番茄果穗防折环
司力珊　2015

（二）徐振华日光温室越冬黄瓜高产栽培

顺义区大孙各庄镇老公庄村徐振华的日光温室，为土墙竹木结构下沉 0.5 米的有柱日光温室（图 3-84），温室后墙高 2.3 米，底宽 1.6 米，上宽 0.8 米，山墙底宽 1.0 米，上宽 0.8 米；温室矢高 2.8 米，后坡屋面投影 0.75 米，仰角 33.7°，下地面走道宽度为 0.6 米；温室内部跨度为 6.9 米，长 118.7 米。

图 3-84　大孙各庄徐振华日光温室冬季黄瓜高产栽培　王铁臣　2012

严寒季节，温室能充分接受阳光；其墙体厚度达到或超过了北京冬季土壤冻土层深度，保证了温室正常蓄热后热量不流失。观测其性能，冬季外界极端最低温度在−16.2℃时，该温室内最低温度大于8℃，这为冬季黄瓜正常生产提供了基本条件。

2011年9月27日，播种"津优35"黄瓜做接穗；采用"东洋神力"南瓜砧木，黄瓜出土后5天播种，10月12日靠接法育苗。10月31日定植于日光温室（栽培面积791.29米^2），总株数3 914株，折合亩密度3 289株。2011年12月16日始收，2012年7月12日拉秧，黄瓜全生育期达到289天，其中采瓜期210天。黄瓜植株平均高度8.42米（最高9.5米、最低7.93米），单株叶片数平均达到89片；单株平均采瓜54条，共采收黄瓜29 909千克，折亩产25 047千克，折合每平方米产37.6千克，日均收瓜119.3千克。总收入97 200元，折亩产值81 120元。获得了2011—2012年北京市日光温室黄瓜高产竞赛第一名。

北京市顺义区种植业服务中心徐茂等，定期到田间开展植株性状调查，观测当地气候，核实生产档案记录，对该日光温室长季节黄瓜高产栽培措施进行分析，其关键技术是：

1. 品种选择

接穗品种为天津科润黄瓜研究所育成的"津优35"。品种叶片大小中等，瓜码密，瓜商品性好；具有早熟、丰产、耐低温、弱光、高温、高湿等特点，耐、抗病毒病，适应性强。砧木品种为"东洋神力"，由日本引进，白籽南瓜一代杂交砧木，与瓜类品种亲和性好，嫁接后生根多、坐瓜多、抗重茬、耐低温，耐热耐干旱，高抗霜霉病、枯萎病、白粉病、疫病，不早衰，综合性状好。

2. 瓦垄高畦定植

采用南北向作畦，栽培畦长6.2米。按1.2米大小距离做瓦垄式畦，畦面宽90厘米，畦沟30厘米；畦面上定植两行黄瓜，黄瓜行间距60厘米，株距30厘米，每行定植黄瓜19株，每畦定植黄瓜38株。黄瓜行间按照45°角度开窄深沟，冬季膜下沟内灌水。保证冬季黄瓜地温及控制高湿，定植水后4～5天，栽培畦上铺设白色透明地膜，地膜两侧用土封严。

3. 水肥充足

生产1 000千克黄瓜需纯氮2.6千克，五氧化二磷1.5千克，氧化钾3.5千克。要高产，必须保证营养充足。

整地时施足底肥，以稻壳粪和鸡粪为主，稻壳粪（雏鸡垫料）含有机肥量极少，主要起疏松、改良土壤作用，亩施入腐熟稻壳粪21米^3；腐熟鸡粪为底肥主体，亩施腐熟纯鸡粪19米^3；42%硫酸钾复合肥200千克。

生长期间追肥，注重氮肥和钾肥施用，并适时补充部分微肥即植物动力208、肥万钾、追肥伴侣。追施方法：除了缓苗水和根瓜水不带肥之外，次次随水带肥，2011—2012年全生育期追肥24次。冲霸·尖端根旺、双宝、海藻甲壳素等冲施肥交替随水冲施，3种肥每次亩用量分别为14.5千克、20千克、10千克；3个月后增加追施尿素，与冲施肥一起施入膜下沟内，亩每次5～6千克，累计亩施入50千克。交替喷施叶面微肥25次，其中植物动力208每次7袋，肥万钾每次7袋，追肥伴侣每次4袋。最寒冷的季节，应选择侧重于发根的叶面肥；稍暖的季节，或瓜花旺盛时，可选用侧重花果的叶面肥。

自定植到采收结束，共浇水26次，浇水总量达到900米^3，折合每灌溉1米^{3}水产出黄瓜33.23千克。浇水做到了定植水灌足、缓苗水适量，11月末至翌年1月上旬，灌溉一般间隔时间在15天左右，每次亩灌水量控制在30米^{3}左右；1月下旬至3月上旬，间隔10～15天，每次亩灌水量控制在25米^{3}左右。3月以后，间隔逐渐由每次10天左右调整为6～7天，亩灌水量增加至每次30米^{3}左右。冬季做到阴天不浇水；春季温度转暖后以晴天上午浇水为宜；进入夏季高温季节，则以傍晚灌溉为宜。

定植缓苗后和春季3月中旬，该温室进行了两次畦间浅中耕，松土深度为1～2厘米，主要目标是消灭畦间杂草危害，为黄瓜进入旺盛生长创造条件。

4. 温湿度管理

为满足黄瓜生长最适温度、湿度条件，根据不同季节变化以及植株生长状况，徐振华采取适时增减外覆盖材料，开闭温室风口等相关灵活措施，创造了日光温室黄瓜生长的适宜温湿度条件。

灌溉与高温闷棚每次浇水之后，马上提高棚温，进行高温闷棚。闷棚之前，首先要先放风再闷棚，闷棚温度控制在 35～40℃，若高于 40℃ 则必须及时打开风口控制棚温，并连续 2 天采取闷棚措施。

（1）温室风口的开风与关风管理　寒冷的冬季，不要求每天开风管理，一般 3～5 天开 1 次。要求上午开风，当棚温达到 28℃ 时，进行开风；温度下降到 22～23℃ 时，要及时关风。关闭之后，1 天之内一般不再开风。要求棚内温度保持在 28～35℃ 之间，保持时间越长越好。

（2）增加外覆盖保温材料　选用保温性好、无滴、耐老化、长寿 PVC 农膜，外覆盖选用稻草苫 1.5 层覆盖。当降雪来临前，棚面及时增加 1 层旧塑料膜，防止草苫因雪浸湿。揭、盖草苫管理方面，日出后 1 小时揭开草苫，日落前 1 小时盖回草苫，以翌日早晨室内温度不低于 10℃ 为宜，高点更好。温室前底脚张挂塑料裙帘，温室出入口内侧张挂阻风塑帘，增加侧山墙保温措施，减少贯流放热及人员进出时带来的寒流影响。

徐振华的日光温室长季节黄瓜生产，在植株 3～5 片叶和定植后 8～10 片叶时，使用了二次增瓜灵。病虫防治方面，前期及中期以防病为主，中后期重点防病、兼防虫害。该温室黄瓜植株综合性状有两个显著特点：一是黄瓜在长达近 300 天的生长过程中，没有病虫危害发生。二是全生育期黄瓜植株节间、茎粗与叶面积大小比例适宜，茎健壮而叶大小协调，叶色亮绿、叶厚度正常。这些特点表明，徐振华创造了一个有利于黄瓜生长的温室环境，从而获得了日光温室黄瓜的高产。

第四节　地膜覆盖栽培

地膜覆盖栽培，是塑料薄膜地面覆盖技术的简称，又称护根栽培，是用一定厚度的农用塑料薄膜紧贴在栽培畦（垄）面上的一种覆盖栽培新方式。地膜覆盖是农业栽培技术的一项重大改革，是我国传统农耕技术与现代农业新技术结合而形成的一种新的栽培技术体系。尤其对提升低温、无霜期短、少雨干旱地区的农作物生产水平具有重要意义，适应范围广、增产幅度大、经济效益高、发展速度快。

一、地面覆盖的兴起

（一）地面覆盖技术的提出与引进

1974 年，日本友人石本正一访问中国，国务院副总理华国锋接见其代表团时说，中国有 9 亿人，粮食必须达到自给自足，但目前是南方产量高，北方产量低，必须解决这个问题，这是中国农业的最大任务。北方光照好但水不足，是产量不高的主要原因。因此，必须实施水利工程。石本正一则提出：水利工程当然重要，不让水分白白跑掉也很重要，用地面覆盖防止水分蒸发是第一重要的，是发展中国农业的好办法。

1978 年春，石本正一又到中国的北京和东北访问，参观了不少地方，使他吃惊的是北京周围有很多的塑料大棚，在长春、沈阳、哈尔滨市郊也都见到了。他了解到是近几年来发展的，接着访问了一些蔬菜公社的试验站，走进大棚现场考察。他首先看到的是没有地面覆盖，又听农民说大棚种番茄、黄瓜经常生病，很难防治。当时他讲，主要是没有地面覆盖的原因。没有覆盖在日本是不可思议的。这样就使大棚内变成高湿的环境，容易生病。由此，石本正一产生了在中国推广地面覆盖的想法。当年秋，他在日本接待了中国农林部副部长朱荣的到访和考察，并介绍了地膜覆盖技术。

1978 年 10 月，北京农业展览馆举办"十二国农业机械展览会"，石本正一迫不及待地要求参展，因是农业机械展览而被拒之门外。他没有灰心更积极争取，通过中国农林部外事司协调和帮助获得了参展资格，在 3 个展台上展出了日本米可多化工株式会社生产的农用地膜、棚膜新产品，以及地膜覆盖机械等各种实物。

展览会期间，国家农林部科技局国际交流处，组织中国农业科学院蔬菜研究所、北京市农业科学院蔬菜研究所、东北农业大学、北京市塑料研究所，以及山西、甘肃、黑龙江、江苏省蔬菜研究所和吉林省农业厅蔬菜处等十余代表，并聘任王耀林为技术组长，农林部科技局副局长崔璇以农学会理事身份出席，在北京友谊宾馆和日本米可多社长石本正一、角田邦彦进行了地面覆盖的全面技术交流。石本正一通过放映录像、展示地膜样品，详细介绍了地面覆盖资材、覆盖效应、作用机理、操作技术、早熟高产效果等技术内容，在中国农业科学院情报所刘雅娴女士提早进行资料翻译准备情况下，顺利完成了地膜覆盖栽培的整套技术交流与引进工作，获取了日方 30 年试验研究的全部技术资料、地膜样品、覆盖机械。

参与地膜覆盖技术交流的成员一致认为：塑料薄膜地面覆盖栽培技术是适合我国低温、干旱少雨、无霜期短的"三北地区"气候特点的新技术，投资少、见效快，应用和发展前景广阔。经认真讨论，向农林部提出了"在我国尽快开展地膜覆盖栽培试验示范的建议"报告（该建议收编于《1978年北京十二国农机展汇编》），为全面正式自日本米可多化工引进地膜覆盖栽培技术迈出重要一步。展览会后，农林部科技司又委派北京市农业科学院蔬菜研究所陈殿奎先生，陪同石本正一到沈阳、吉林、黑龙江地区参观访问，继续就地膜覆盖的重要性及技术问题开展交流。这为 1979 年春在北京及全国各地鉴定地膜覆盖效果的试验示范奠定了工作基础。

湖南长沙塑料三厂，1978 年 11 月率先研制出聚乙烯透明地面覆盖的专用地膜（筒状非单幅收卷），厚度 0.015 毫米，并提供给 14 个省（自治区、直辖市）的 48 个单位覆盖生产试验。1979 年早春，北京市塑料研究所韩昌泰等试制成功厚 0.012 毫米、幅宽 50 厘米的筒状聚乙烯地膜，剖开后覆盖地面用于试验，这是北京最早生产的地面覆盖材料，促进并使地膜制造实现了国产化。由此，地膜覆盖栽培技术开始兴起并迅速发展。

（二）地面覆盖技术的验证

地面覆盖技术能在一定程度上改善近地面以及膜下土壤微环境，促使蔬菜作物提早萌发、加速生长、延长有效生育期、获得显著的早熟、高产效果。

1979 年春，北京市朝阳区农业科学研究所等单位，采用长沙塑料三厂的透明塑料地膜，首次在王四营公社官庄生产队、双桥公社东柳生产队、高碑店公社道家坟生产队、平房公社姚家园第二生产队、太阳宫小黄庄四大二队等 8 个单位的春播露地和春大棚、较大面积开展蔬菜地膜覆盖栽培试验，面积 30 亩。海淀、丰台两区也以塑料大棚、春播露地两茬口开展了地膜覆盖试验。三区试验面积总计 86 亩，鉴定了露地春播茄果、瓜、豆、叶类菜等 14 种蔬菜，其结果是所有覆盖地膜的试验均表现了明显的早熟、增产、增收。中国农科院蔬菜所科技人员与卢沟桥公社南蜂窝大队菜农李德旺等合作，开展了春大棚黄瓜地膜覆盖高产试验，也取得了早熟高产效果（图 3-85）。同年 6 月由农林部科技局国际交流处处长于明主持，在哈尔滨友谊宫召开的"全国农业新技术座谈会"上，发表了北京市丰台区南蜂窝"大棚地膜覆盖黄瓜早熟高产效果的初报"的试验研究报告，引起与会人员的高度重视。

图 3-85a 卢沟桥南蜂窝春大棚黄瓜
地膜覆盖栽培 1979

图 3-85b 塑料大棚黄瓜地膜
覆盖栽培 2008

图 3-85c 大棚茄子地膜覆盖栽培

图 3-85d 温室地膜覆盖茄子栽培 2017

1980 年，蔬菜地膜覆盖技术，由近郊三区扩大到近郊五区一场 37 个菜社，普遍开展了生产示范与应用，面积达到 6 440 亩，包括大、中、小塑料棚、温室、根茬、早春、春播、夏播、秋播各茬口的 23 种蔬菜。1981 年，各茬口进行地膜覆盖栽培的蔬菜达到 27 个种类，面积发展到 20 554 亩，占当年近郊五区一场全年蔬菜总耕地面积的 9.2%。其中，春播露地茬地膜覆盖栽培 17 220 亩，占实播面积 164 000 亩的 10.5%。面积较大的有：番茄 4 290 亩、占实播 17.5%；茄子 4 180 亩、占实播 25.2%；大椒 2 360 亩、占实播 28.1%；黄瓜 982 亩、占实播 6.7%；菜花 1 924 亩、占实播 27%；甘蓝 1 200 亩、占实播 8.1%；其他蔬菜覆盖面积较小。

三年验证期间，统计了 11 种蔬菜、102 块地、总面积 1 442.5 亩的产量，情况分析如下：

（1）地膜覆盖产量情况　每亩增产 500 千克以上的 71 块地，占 69.6%，不足 500 千克的占 31%，没有减产的地块。

（2）最高单产量增加幅度　茄子增加 2 259 千克，甜椒增加 1 350 千克，露地番茄增加 3 840 千克、大棚黄瓜增加 1 836 千克。

（3）平均亩产值增加　茄子 222.09 元、番茄 127.22 元、甜椒 158.7 元、大棚黄瓜 361.04 元。

（4）地膜覆盖前期增产增收显著　茄子前期增产 63.4%，统计的 9 种蔬菜前期产量平均增产 28% 以上，增收 48.84～406.66 元；后期产量增长低于 20%，增收效果不明显。

1979—1981 年连续试验鉴定，不论是小区重复对比试验或示范、推广应用的调查均证明，除去地膜在覆盖后短期内被大风刮跑的地块外，只要同品种、同样的栽培管理条件，盖地膜比不盖地膜的各种蔬菜，均没有发现减产或减收的地块。普遍表现产量产值增加明显，分期采收的茄果、瓜、豆等春菜的前期增产和增收效益更突出。夏、秋菜覆盖效益不如春菜大。由此，各级生产部门和科研单位明确肯定：蔬菜地膜覆盖栽培，是一项投资较小、增产效果良好，在北京郊区有很强的适应性和技术可行性，是值得加速大面积推广应用的新技术。

二、地膜覆盖的作用与效应

（一）地膜覆盖的作用

覆盖地膜后的耕作层温度与物理特性改变或保持，以及作物中下部光照的改善，使作物生长活力增强、发育进程加快、光合产物增加、早熟高产、质量提升，并可抑制和减轻某些逆境的影响。

1. 促进作物生长发育

（1）根系活力增强　盖膜后的根系数量、长度、鲜重、干重明显增多。5月下旬调查，番茄、黄瓜、大椒的根数分别增加9条、10条、17.5条；根系长度分别增加9厘米、4.75厘米、3.25厘米；鲜重分别增加15克、0.7克、0.5克；干重分别增加1.12克、0.175克、0.25克。鉴别作物生根系活动状态和吸收功能强弱的重要标志是伤流量的大小，测定南苑公社东罗园2队番茄和黄瓜的伤流量，覆盖地膜的番茄每小时1.12克，比不覆盖的每小时0.62克多0.5克，高出80.6%；覆盖地膜的黄瓜每小时为2.18克，比不覆盖的1.3克多0.88克，高出67.7%。王耀林等试验也表明：伤流量增加与地温变化呈正相关；伤流量的变化以上午为多，下午减少，以12时最多；伤流液中速效氮含量，覆盖地膜的硝态氮平均下降37.5%，氨态氮平均增加18.5%，但覆盖地膜的总摄取量均明显高于不覆盖的。

（2）光合作用旺盛　覆盖地膜后的作物功能叶的叶绿素含量高，光合作用旺盛。1981年对大椒功能叶的叶绿素含量测定，7月17日生长中期测定，覆盖透明膜的平均每平方厘米0.040 7毫克比不覆盖的0.031 9毫克多0.008 8毫克，增加27.6%；8月21日测定，覆盖透明膜0.054 3毫克、银灰色膜0.053 4毫克、黑色膜0.056 9毫克、绿色膜0.060 9毫克、黑白膜0.058 0毫克，较不覆盖地膜的0.041 9毫克，分别增加29.6%、27.5%、35.8%、45.3%、38.4%。大棚番茄上、中、下部叶片叶绿素含量，覆盖高于不覆盖0.6%～19%，平均增加7.9%；大棚黄瓜叶绿素含量平均增加5.3%。

（3）发育过程加快，早熟高产　覆盖地膜后的叶菜长得快、结球早；茄果、瓜、豆类蔬菜开花、坐果早而多。1980年5月25日，官庄队调查大椒开花数比不覆盖的多12个，坐果增0.2个；曙光17队番茄定植后18天，第一穗花序多0.75个蕾，多开1.5个花。

1981年，周庄子采用小高畦地膜覆盖栽培夏播黄瓜，黄瓜叶色深绿，生长旺盛，发育提前，采收早，到7月27日，覆盖区黄瓜株高26.3厘米，叶片数6.2片，最大叶面积为156.7厘米²，植株鲜重24克，植株干重为2.55克。而未覆盖区黄瓜：株高20.7厘米，叶片数5.6片，最大叶面积为123.8厘米²，植株鲜重18.3克，干重2.15克。

2. 提升作物抗逆性

（1）抑制杂草与避蚜　覆盖透明膜，只要坚持做到畦面平整、土细，膜紧贴地皮，膜四边、栽苗口及破烂处用土压紧埋严，杂草出芽后能被膜下高温烤死一部分，不死的也长不起来。反之在盖膜一个月后，杂草可能比不盖膜的还长得茂盛。采用黑色、半黑、绿色地膜，黑白双面地膜、银黑双面地膜、除草地膜等特殊地膜覆盖，可以达到理想的除草灭草与避蚜效果。

（2）增强作物抗病　北京市植物保护站调查数据分析，盖膜后的栽培环境条件改善，植株长得健壮，自身抗病力增强，又因相对湿度降低，不利一些病原菌的孢子发芽，并能错过感病适期，对茄果类菜病毒病的抑制效果尤其明显：辣椒、番茄病毒病发病率减少1.9%～18%，病情指数降低1.7%～20.7%；大棚和露地番茄的晚疫病、叶霉病发病率减少20%～26%，病情指数降低5.5%～13.9%；大棚黄瓜霜霉病的发病率减少43%～44%，病情指数降低11%～12%。

1980年朝阳区农业科学研究所调查大棚内空气相对湿度与发病情况，发现盖地膜后空气湿度降低，某些因空气湿度大易发生的病害则减轻。如黄瓜大棚在 5 月放风量加大后，中下旬棚内日平均相对湿度降低 8％～9％，霜霉病发病率则降低 10％～15％。1981 年官庄等地调查，覆盖地膜对茄子绵疫病也有抑制发生发展的作用，而对茄子黄萎病、黄瓜枯萎等病害则没有多大效果。覆盖地膜栽培是综合防治某些病害的一项有效措施。

1981 年，周庄子一队的小高畦地膜覆盖栽培夏播黄瓜，覆盖后有效地控制了土壤水分，防止了大雨、暴雨对土壤水分和根系的破坏，增强了植株抗逆能力，生长势强，于拉秧前 9 月 14 日进行调查：地膜覆盖地块死秧株率仅 7.3％，而不覆盖的，死秧株率 13.9％。

3. 蔬菜产品质量提升

覆盖地膜对提高蔬菜产品质量也有一定作用。在抗病性增强的同时，番茄病果减少，如蒲黄榆大队的地膜覆盖番茄生产，病毒病的病果降低 8％左右；南苑科技站番茄生产，病果减少了 21％；卢沟桥周庄子番茄生产，病果减少了 6％。此外，蔬菜产品含糖量有所增加，1981 年分析大椒含糖量，覆盖地膜的比不覆盖的增加 0.6％；覆盖地膜的番茄比不覆盖的含糖量提高 0.3％。

（二）地膜覆盖的效应

覆盖地膜以后，在外界温度较低的时期，太阳光透过地膜进入地表，能使土温迅速升高并得以保持；在薄膜的气密性阻隔下，向上蒸发的土壤水分与膜接触后又形成水滴重新落入土中，形成了一种小循环，有效地保持了土壤墒情；较高的土壤温度和较好的墒情，能促进土壤微生物的活动，加速有机质的分解，加以覆盖后，土壤疏松，不易板结，又能一定程度地防止雨涝、浇水的淋溶冲刷，利于提高土壤肥力。此外，地膜覆盖后还能增加作物的光照强度；改善或提高作物的抗逆能力，这为获取增产增收提供了保障。

1. 光照

以番茄生产为例，其光补偿点为 2 000 勒，饱和点为 70 000 勒。1981 年南郊农场（红星公社）科技站，对盖地膜和不盖地膜的露地番茄地块，从 5 月 13 日至 7 月 6 日，每日 8 时、14 时、18 时测 3 次，连续 13 天测定正面光照和反射光强，盖地膜的日平均光照度为 64 530 勒，不盖地膜的 63 510 勒，盖比不盖的多 1 020 勒；盖地膜的日平均反射光强为 7 810 勒，不盖地膜的 4 760 勒，盖比不盖的多 3 050 勒。早 8 时和晚 6 时观测说明，地膜覆盖的番茄早晨先进入光补偿点、下午晚出现光补偿点，即 1 天之内，盖膜的番茄有效光照时间比不盖的长；同时，盖地膜的有效光照强度总是处在较高水平。即使全天阴天，地膜覆盖也有改善作物光照条件的作用。

朝阳区农业科学研究所，1980 年 4 月 25 日，对已采收腰瓜的大棚黄瓜，离土表 30 厘米处测定反射光照强度（每隔 2 小时测 1 次），盖地膜的比不盖地膜的多 90～5 300 勒。1981 年该所又在官庄队离开地面 10 厘米、20 厘米、40 厘米、100 厘米处测反射光强度，盖地膜大椒地平均比不盖地膜大椒地分别多 1 350 勒、700 勒、550 勒、350 勒；盖地膜番茄地分别比不盖地膜番茄地多 750 勒、300 勒、300 勒、350 勒。

中国农业科学院蔬菜研究所王耀林、贾文微，1979—1981 年研究了大棚内的地膜覆盖光照结果认为：大棚中地膜覆盖，直射光差异不明显，而地面的反射光差异十分显著。大棚番茄地膜覆盖后，在两行番茄中间，自地表向上有 0 厘米、10 厘米、20 厘米、30 厘米、40 厘米 5 个叶层梯度，覆盖区与不覆盖区的直射光强度分布均匀、变化平衡；各叶层反射光变化却十分明显。覆盖区平均反射光高于不覆盖区 158.3％。其中，中下部更为明显，向上有逐渐减弱的趋势，在畦东侧测得的结果与行间变化规律相同。

地膜覆盖，使蔬菜作物中下部的光照增强，原因是太阳光直接或通过棚膜射到地面上，由于地膜本身或地膜下表小水珠的反射作用，改善、增强并延长了植株近地面光照度。整个生育期累计，盖地膜增加了大量有效光照。

2. 温度

覆盖地膜以后，太阳光透过地膜进入地表，由于地膜阻止了土壤水分蒸发所消耗的热量使地表温度迅速升高，并不断向下层土壤传导而使土壤耕作层增温。

(1) 地表温度　土壤表面温度在植株矮小时增温效果明显，在早 8 时前增温缓慢，增加 1～3℃；中午前后增温较快，增加 8～13℃；16 时以后仍比早 8 时前增温高，增加 3～5℃。

(2) 耕作层温度　土壤 0～20 厘米耕作层，地温的一般变化规律是：不论盖地膜与否，均随外界气温的升高而相应变化（表 3-26），1980 年 4 月上旬至 5 月上旬，外界旬平均气温由 8.6℃ 增到 17.8℃；覆盖地膜的耕作层由 11.8℃ 增至 19.9℃；不盖地膜的耕作层由 8.9℃ 上升至 17.2℃。

覆盖地膜总比不盖地膜的地温高，提升差值在 2.1～4.5℃ 之间；覆盖地膜的 4 月下旬土壤平均温度达到 17.1℃，而不覆盖地膜则延至 5 月上旬土壤平均温度达到 17.2℃，以适宜黄瓜根系生长要求，盖地膜的可提早 10 天定植。

春季在一定时期内，盖膜越早，耕作层土壤增温值越大，因此，采用地膜覆盖对春露地蔬菜提早定植争取早熟有着非常重要的意义。此外，作物枝叶生长遮阳情况、不同的畦式覆盖、季节与天气、土壤深度，其增温效果也有差异。

外界气温进入高温季节，盖地膜仍然比不盖地膜的土壤温度高，但对喜温性瓜、果、豆类蔬菜生长最关键的温度来讲已经不是问题，夏季地膜覆盖起到的主要作用是减轻雨水对土壤耕作层物理性状的破坏和对根系的损害。

表 3-26　北京春季露地蔬菜覆盖地膜对耕作层温度影响

单位：℃

月旬	处理	土壤深度					外界旬平均
		5 厘米	10 厘米	15 厘米	20 厘米	0～20 厘米平均	
4 月上	覆盖地膜	13.1	12.4	10.9	10.9	11.8	8.6
	不盖地膜	9.8	9.1	8.3	8.6	8.9	
	增温	3.3	3.3	2.6	2.3	2.1	
4 月中	覆盖地膜	16.6	15.1	14.3	14.2	15.1	9.3
	不盖地膜	11.5	10.6	10.1	10.2	10.6	
	增温	5.1	4.5	4.2	4.0	4.5	
4 月下	覆盖地膜	18.5	17.3	16.2	16.2	17.1	12.9
	不盖地膜	15.9	13.9	13.5	13.3	14.2	
	增温	2.6	3.4	2.7	2.9	2.9	
5 月上	覆盖地膜	21.6	20.3	19.2	18.6	19.9	17.8
	不盖地膜	18.0	17.5	16.8	16.5	17.2	
	增温	3.6	2.8	2.4	2.1	2.7	
7 月中	覆盖地膜	30.7	29.4	29.1	28.2	29.4	26.1
	不盖地膜	25.9	26.2	26.0	26.3	26.1	
	增温	4.8	3.2	3.1	1.9	3.3	

注：每日 8 时、14 时、18 时三次测定，旬平均值。

覆盖地膜后，一天之内的地温变化，最低温度出现的时间不一样，覆盖的早晨 8 时最低，16 时最高，然后又渐渐下降；不覆盖的早晨 4 时最低，16 时达最高峰后又逐渐降低。地膜覆盖与不覆盖的最大地温差出现在 14 时，相差 6.8℃。0—4 时覆盖地膜降温 2.8℃，不覆盖地膜降温 4℃，覆盖地膜比不覆盖地膜高 4.5～5.7℃，说明盖地膜后夜间降温慢，能保持较高地温的保温作用（表 3-27）。

10 厘米深最高土温出现在下午 3 时左右，土层越深，最高值出现的时间越往后推移，最高温度数值越低，地温的变化越趋于稳定。

表 3 - 27　一日内地膜覆盖对耕作层温度影响

单位：℃

时间	处理	土壤深度					外界温度
		5 厘米	10 厘米	15 厘米	20 厘米	0～20 厘米平均	
06：00	覆盖地膜	17	20	23	24	21	
	不盖地膜	14	13	18	19	16	13
	增温	3	7	5	5	5	
08：00	覆盖地膜	20.5	20	21	22	20.9	
	不盖地膜	17.5	17	18.5	19.5	18.1	18.5
	增温	3	3	2.5	2.5	2.8	
14：00	覆盖地膜	44	34	26.5	24	32.1	
	不盖地膜	30	25	25	21	25.3	30
	增温	14	9	1.5	3	6.8	
20：00	覆盖地膜	25	32	33	28.5	29.6	
	不盖地膜	26	24	24	24	24.5	23
	增温	—1	8	9	4.5	5.1	

注：1980 年 6 月 11 日。

（3）设施内土壤温度　北京市农业科学院蔬菜研究所陈殿奎、司亚平、韩天利等人，从 1979 年 3 月至 1980 年 7 月在塑料大棚、塑料温室内采用小高畦地膜覆盖栽培，试验观察温度情况，其结构也与露地覆盖地膜的效果趋于一致。

早春塑料大棚地膜覆盖栽培，定植后至 5 月下旬（黄瓜植株封垄前），太阳光直射条件下测定：地面覆盖 10 厘米深的土层日平均土温按旬统计，较不覆盖的土温提高 2.6～3.7℃；在一天当中，土壤增温值以 14 时为最高，增温 3.8℃；22 时次之，为 3.4℃；凌晨 6 时的增温值最小，为 2.4℃。黄瓜根系适宜生长的最低地温为 16℃，覆盖地膜的 3 月上旬的旬最低平均地温即达到 16.8℃，不盖地膜的旬最低平均地温为 14.8℃，相差 2℃；不盖地膜的地温直至 5 月中旬后才超过 16.8℃，较之覆盖区推迟两个月。在连续观测的 127 天中，晴天是 83 天，地面覆盖增温效果显著，日平均增温值为 3.3℃；阴云（雨）天气 44 天，地面覆盖增温效果明显下降，日平均增温值为 1.7℃。其结论是，地膜覆盖是解决春季大棚蔬菜栽培中地温不足的行之有效的措施，可使各类作物定植期提早 10 天左右。

冬季塑料改良温室地膜覆盖栽培，自 10 月 26 日温室定植黄瓜、10 月 30 日覆盖测定：秋冬季节 10 厘米深地温旬平均增温值为 0.3～0.8℃；一天当中土壤增温值相差不大，按旬统计，平均差值在 0.2℃；秋冬季节改良温室内无论覆盖地膜还是不覆盖地膜，其地温的变化趋势是逐旬下降，旬平均最高地温出现在 11 月上旬（覆盖区 21.7℃，不覆盖区 21.3℃），旬平均最低气温出现在 1 月上旬（覆盖区 16.2℃，不覆盖区 15.4℃）。但是，地面覆盖的旬增温值是以 1 月上中旬为最高，达到了 0.7～0.8℃，其余各旬的土壤增温值仅 0.3～0.5℃。这是由于 1 月以后，随着太阳高度角的升高，日射量增大，地面覆盖温度效应也相应增加的结果。

春季大棚与冬季薄膜温室覆盖地膜的土壤增温值相比，说明覆盖地膜的温度效应主要受日照影响，即随着日照强度和日照量的增加，裸露面蒸发量加大，而覆盖地膜阻止了土壤长波辐射和减少气化热损失的效果也越显著，土壤增温值增大。需要指明的是：不能单纯因为冬季温室地面覆盖的土壤增温值比较小，便以此认为冬季温室栽培地面覆盖作用效果不大。因为地面覆盖栽培对作物生长发育的影响，是它对土壤环境综合作用的结果。从温室的栽培产量实测来看，覆盖地膜较不覆盖地膜的产量差异是显著的。

3. 水分

地膜覆盖栽培后，有效地保持了土壤墒情，改善了田间的空气相对湿度。当然，土壤墒情变化与浇水量的大小、时间、土壤质地及深度等因素有关，但总趋势是地膜覆盖能使土壤含水量变化较为平缓。

（1）土壤保水能力 1980年四季青公社曙光17队的番茄，4月24日浇定植水，4月26日和5月13日各测1次土壤含水量，两次测定间隔17天，覆盖地膜的耕作层含水量由19.05%降至17.93%，失水1.12%。不覆盖地膜的19.21%降至15.21%，失水4%。覆盖地膜的比不覆盖的番茄地块含水量高2.72%。

从0~20厘米各层土壤含水量看（表3-28），覆盖地膜的均高于不覆盖的，不覆盖地膜的随土层加深含水量加大。二者含水量5厘米深差异最大，10厘米深其次，15厘米深两者几乎相等，20厘米时含水量相差无几。盖膜后对土壤水分的影响主要在0~15厘米的土层，这是由于毛细管水上升到地表后，不覆盖地膜的水分直接蒸发到大气中，故表层含水量减少；而覆盖后因地膜的阻挡作用，大大减少了蒸发，水汽在膜下积聚成水滴，返落土壤中再下渗，所以5~10厘米的土壤含水量高，能下渗到15厘米的水却较少。

表3-28 不同土壤深度的含水量表

单位：%

处理	含水量				
	5厘米	10厘米	15厘米	20厘米	0~20厘米
覆盖地膜	16.23	14.26	15.03	14.60	15.04
不盖地膜	12.65	13.04	14.98	14.10	13.69
增加	3.58	1.22	0.05	0.55	1.35

（2）田间空气湿度 覆盖地膜，因地膜的密闭性，使土壤水分由地表蒸发减少，能降低田间的空气湿度。1980年5月上旬至7月中旬，测得分旬的日平均田间空气相对湿度降低，其范围在12.1%以内，最高相对湿度减少1.7%~8.4%。田间湿度在6月上旬以前，降低幅度很小或基本无变化，6月中旬以后随着雨的季到来，降低幅度变得明显（表3-29）。这种田间湿度变化，不利于作物感病期的病菌孢子发芽，能减轻某些病对作物的危害。

表3-29 覆盖地膜对空气相对湿度影响表

单位：%

月	5月			6月			7月	
旬	上	中	下	上	中	下	上	中
盖地膜	48.3	56.6	56.5	61.7	71	65.1	74.2	78.8
不盖地膜	48.7	56.5	56.8	62.3	73.5	66	78.4	90.9
增减	0.4	0.1	−0.3	−0.6	−2.5	−0.9	−4.2	−12.1

4. 土壤物理性状

覆盖地膜的土壤疏松，高畦比平畦的效果好。

土壤的疏松程度，可用地表在压力的作用下开始下沉变形所需要的力量来表示。朝阳区农业科学研究所测定，覆盖地膜的小高畦每平方厘米压力是542克，不盖膜的小高畦每平方厘米压力是1 710克，平畦不盖膜的每平方厘米压力是3 611克。此外，在郊区选择了典型生产队，进行了土壤容重检测，覆盖地膜的土壤容重小而孔隙度大，高畦比平畦的土壤疏松（表3-30）。

表3-30　地膜覆盖对不同畦式土壤容重及孔隙度的影响

单位	土层深度（厘米）	容重（克/厘米³）			孔隙度（%）			备注
		覆盖	不盖	增减	覆盖	不盖	增减	
曙光8队	0～20	1.15	1.2	−0.05	56.65	54.94	1.71	
曙光17队		1.25	1.33	−0.08	53.2	49.93	3.27	
东柳队		1.26	1.38	−0.12	52.3	47.9	4.4	高畦
道家坟队		1.29	1.38	−0.09	51.3	48.05	3.25	
槐房种子站		1.19	1.27	−0.08	—	—	—	
平均		1.23	1.31	−0.084	53.36	50.21	3.15	
西冉五队	0～20	1.25	1.34	−0.09	52.86	49.34	3.52	
四季青温室队		1.35	1.41	−0.06	49.13	47.26	2.37	平畦
平均		1.3	1.375	−0.075	51	48.3	2.7	
高畦比平畦	0～20	−0.07	−0.065	0.007	2.63	1.91	0.45	

生产上覆盖地膜的比不覆盖的秧棵大、根系多而深，分布范围广；拉秧时反而盖膜的省力，用脚踩踏畦面时，下沉和松软感比不盖膜的明显，表明盖地膜后的土层比不盖的疏松；高畦又比平畦好，小高畦盖膜的最疏松，平畦不盖膜的土层最板结。原因是高畦盖膜后减少中耕、收获时踩踏、浇水不过畦面、下雨有膜承载等，使土壤下沉的机会大大减少，必然保持了疏松。

5. 土壤养分

覆盖地膜对耕作层土壤养分变化的影响。1979—1981年丰台、海淀、朝阳三大区的不少单位，都对土壤耕作层的三要素变化进行了多次化验分析，从朝阳区东柳、官庄、道家坟，海淀区四季青，丰台区赵辛店等八个单位的化验结果看：

（1）能加速有机物的无机化进程　1979年6月6日至7月27日从东柳生产队五次化验速效氮含量，覆盖地膜的从18.5毫克/千克增加到最高峰时为95毫克/千克，不盖地膜的由6.3毫克/千克增加到最高峰时为55毫克/千克，同样时间和施肥水平，覆盖比不覆盖含量增加27.8毫克/千克。

（2）盖地膜后的氮、磷、钾三要素，一般都比不盖的含量高　1980年四季青公社番茄地块测定全氮和速效氮、磷、钾，覆盖地膜的分别为0.078%和76.3毫克/千克、64.6毫克/千克、80毫克/千克，不盖的为0.058%和66.5毫克/千克、51.4毫克/千克、80毫克/千克。测定朝阳区官庄队黄瓜大棚的三要素，也是盖膜的含量高（表3-31）。

覆盖地膜后，在作物生育期间，土壤三要素含量均由低变高再下降，但其含量一般都比不覆盖的土壤含量高。可以认定：地膜覆盖后提升了土壤的保肥与供肥能力。

表 3-31　官庄黄瓜大棚地膜覆盖土壤养分变化表

调查月、日	速N（毫克/千克）			速P（毫克/千克）			速K（毫克/千克）		
	覆盖	不盖	+、−	覆盖	不盖	+、−	覆盖	不盖	+、−
4.15	112.8	107.3	5.5	37	39	−2	—	—	—
5.15	125.4	58.2	67.2	111.9	95.3	16.6	78	29.4	48.6
6.19	125.4	73.9	51.6	78	29.4	48.6	—	—	—

三、地膜覆盖方式与技术

（一）地膜覆盖方式

蔬菜地膜覆盖栽培，茬口很多，覆盖方式多种多样。但是，北京地区蔬菜生产采用的地膜覆盖方式主要为三种：

1. 小高畦覆盖栽培

小高畦地膜覆盖栽培（图 3-86），就是把塑料薄膜覆盖在预先做好的具有一定高度、宽度的畦面上，在高畦两侧挖孔栽植或播种蔬菜，这是应用最广泛的一种地膜覆盖形式，约占北京地区地膜覆盖栽培的 60％。还有一种是将小高畦做成瓦垄畦覆盖地膜（图 3-87），主要用于日光温室黄瓜栽培上，它可降低室内空气湿度，保持土壤水分和疏松度，对防病增产有明显作用。

图 3-86　番茄小高畦地膜覆盖栽培　1983

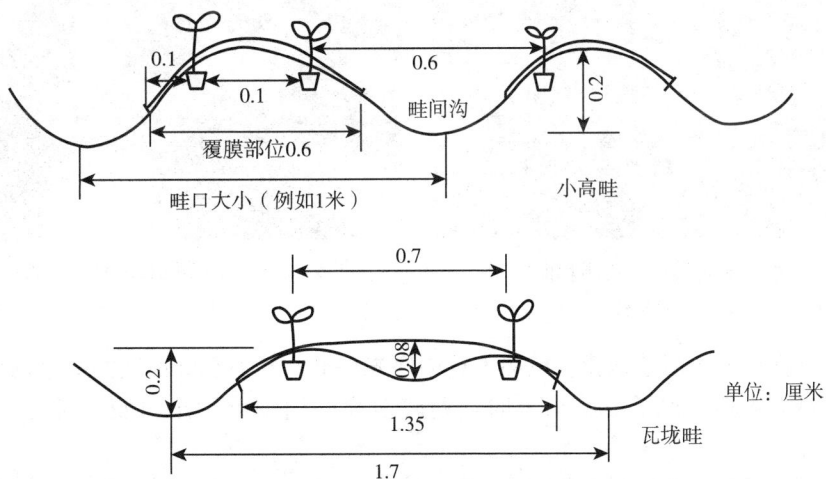

图 3-87　小高畦常用两种地膜覆盖示意图（米）　曹之富　1984

（1）小高畦的规格

①小高畦的高度。确定小高畦的高度要根据土质、地势、水位和降水量等因素综合考虑。沙质土壤，小高畦宜矮，以防干旱；而较为黏重的土壤，小高畦宜高些；地势高且干燥的地块，小高畦宜矮些，反之小高畦应稍高些以防涝害；水位较低的地方，小高畦宜矮，反之小高畦宜高些；降水量多的地区，小高畦宜高些，反之小高畦要矮些。

实践证明，北京地区春季天气寒冷，小高畦越高增温值越大，但小高畦过高则水分供应不良，故春季适宜的小高畦高度为10～20厘米。

北京的夏季炎热、多雨，因此，小高畦应高一点，防雨涝、防病，一般高度为15～23厘米，涝灾严重的地区可高到25厘米以上。

②小高畦的宽度。在生产实践中，有的蔬菜作物一畦一行如茄子（又称一垄一行），有的一畦二行（如番茄、辣椒），所以畦的大小不一致。但是，小高畦宽度受地膜本身宽度的限制，另外从节约用膜角度考虑，以覆盖宽60～70厘米的畦比较理想。这种宽度的畦有其优点：第一，一般瓜果豆类蔬菜所要求的株行距好安排；第二，便于抗旱和防涝。旱时浇畦间沟，水容易洇透小高畦盖膜部位的土壤，涝时也易排水；第三，比较节约地膜，降低成本；第四，畦面宽窄合适，作畦盖膜的用工量少，田间管理也方便。

（2）小高畦的作畦、播种、移栽

①作畦，盖地膜。按不同蔬菜品种、不同密度确定畦口大小后，即可拉线、踩印，定畦口。在一个畦内或中间开一沟施肥或靠两边的定植行上开两沟进行施肥，有机肥要腐熟，然后浇沟水。待水下渗后回土封好沟。把两条界线上的土取出填在两侧的施肥沟上，使两条界线间形成一个高矮、宽窄符合要求的小高畦，然后整形，使两侧低中间高，畦面呈拱圆形，界线处变为畦间沟。要将畦上的土拍碎，不要有土坷垃和坑洼。

扣膜应在播种或定植前7～10天进行，以利提高地温。用种子直播的，可按其要求密度算出穴距，再打孔点播。栽棵的，可按穴距要求，用打孔器或花铲挖坑栽苗。无论播种孔还是定植坑，皆在小高畦两侧（图3-88），距膜边10厘米处，使形成宽窄行便于通风透光和农事操作。

图3-88a　小高畦地膜覆盖两侧栽棵　　　　图3-88b　小高畦地膜覆盖两侧点播架豆　1982
吴德正　20世纪80年代

②先作畦，点播种子，后盖地膜。按照上述顺序先作畦，然后在畦面喷洒除草剂，整好畦后，即可按株距播种，然后盖膜。种子发芽出土时，划破地膜并用细碎潮土将膜孔盖好，使其自然长出膜外。

此法比较简便，但必须在播后出苗前，经常查苗、补苗，及时破膜放出幼苗。尤其是在高温、干旱季节采用此法危险性较大，稍不注意则种子被捂烂在土中以至造成重新播种，既误农时又费种子。因此，夏季一般不用此法。

③先栽苗，后做小高畦，再盖地膜（图3-89）。此法用于深栽作物如番茄、茄子等蔬菜。其做法是：平整地扇后，在畦内按计划栽苗的部位，挖两条深20厘米的施肥、栽苗沟，将底肥均匀施入沟内。开沟时起的土，往两沟中间堆放以便做成小高畦。栽完苗浇水，水下渗后即可在两畦界线处取土封好栽苗沟，整成小高畦。然后在畦的一头把地膜埋实，顺畦抻开膜，浮铺在畦苗之上，将膜拉

紧，对准苗基部撕破膜，将幼苗掏出，落下膜盖在小高畦上。整个畦的苗都掏出膜后，再将膜抻紧，四边用土压实，并用细碎潮土把栽苗处的膜孔盖严。若用除草剂氟乐灵可在未盖膜前喷药混土再扣膜。

图 3 - 89　番茄缓苗后再覆盖地膜　1987

此法的优点是作畦栽苗再盖膜的速度快，用工较少，利于抢季节抓时间。其缺点是不宜把畦的表面整得平整、光滑，地膜不能紧贴畦面，膜孔往往不能都对准苗基部，易造成膜孔大、苗倾斜，地膜不易抻紧，容易滋生杂草，薄膜易坏，易被风吹跑等问题。不提倡，应先作畦、铺膜、再定植蔬菜为好。

（3）小高畦地膜覆盖栽培的优缺点及适用范围　小高畦地膜覆盖栽培给作物创造了一个良好的土壤环境条件，对作物根系的发育起到积极的促进作用，从而使作物获得高产、增收的效果。各个季节栽培的茄果类、瓜豆类和部分叶菜（如莴苣、油菜、甘蓝类等）都可以采取这种形式（图 3 - 90）。但这种地膜覆盖方式只有护根栽培作用，对地上部分几乎没有保护作用。

图 3 - 90　小高畦黑色地膜覆盖防草　1984

小高畦地膜覆盖栽培，随着北京蔬菜设施面积的发展，已经成为应用最多最普遍的地膜覆盖方式，由于机械化育苗的发展，郊区主要的设施蔬菜园区，已经开始运用机械化一条龙作业，蔬菜定植与铺膜一次性作业完成（图 3-91），提高了劳动效率。

图 3-91　蔬菜机械整地铺膜定植一次完成　2016

2. 沟畦覆盖栽培

小高畦地膜覆盖栽培，在春季霜期内不能防止植株地上部分的霜冻危害，菜农对它加以改进，形成了沟畦覆盖形式（图 3-92），先当天膜、后盖地膜。即在小高畦上开小沟，平畦上开大沟定植，故称"改良式地膜覆盖"。大沟开的浅而苗子大时，需要斜栽，故又称"卧式栽培"。沟畦栽培方式很多，有小高畦沟栽（图 3-93）、沟种地膜覆盖栽培，有向阳坡平面、沟、坑畦式覆盖栽培等。就作畦与盖膜方式，沟栽覆盖分为两种。

图 3-92　改良地膜覆膜茄子栽培　1985

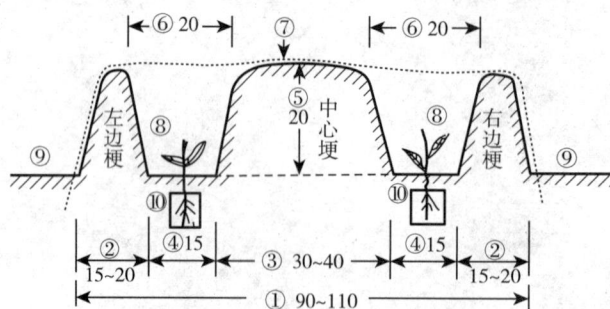

图 3-93　小高畦沟栽覆膜示意图　朱志方　1996

1. 畦宽　2. 边埂底宽　3. 中心埂底宽　4. 沟底宽　5. 畦高　6. 沟口宽　7. 地膜　8. 幼苗　9. 畦间沟　10. 苗坨

（1）单幅地膜顺畦沟覆盖　一般按 1 米宽做成马槽形畦，从两界线中间起土往两边放，挖成一个底宽 35~50 厘米、上宽 60~70 厘米、深 20~26 厘米的马槽形沟（图 3-94），沟内播种或定植栽棵菜苗。畦口的大小可随蔬菜作物而变化。

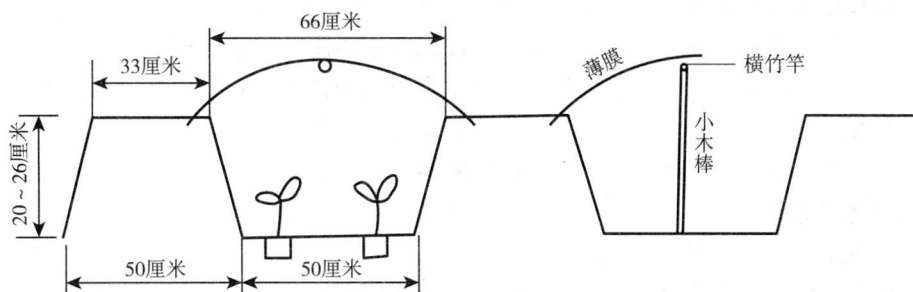

图 3-94　单幅地膜顺畦覆盖示意图　曹之富

（2）**地膜横跨沟畦覆盖**　与单幅地膜顺畦沟覆盖的区别在于畦埂要一大一小，一高一矮（图 3-95）。在大畦埂上取土压膜，小畦埂支撑薄膜。薄膜整体呈波浪状，利于采光和排水。

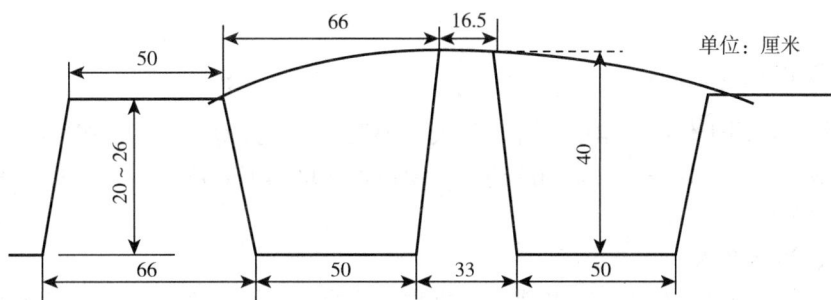

图 3-95　地膜横向跨沟覆盖畦示意图　曹之富

栽后浇水，在沟帮上面平扣地膜或在沟畦中间插竹竿，起拱 30 厘米高再扣膜，地膜四周用土压严。定植后 10～15 天，当气温增高，蔬菜顶端叶片触膜时，在其上端，开 2 厘米左右的孔，进行炼苗。几天后，将苗拎出膜外，用土压膜于地表。

（3）**优缺点及适用范围**　沟畦栽种地膜覆盖，对沟畦内的蔬菜有一定的保温、防寒作用，给蔬菜提供了一个较合适的环境条件。其增温效果明显，温差大，白天增温 10℃以上，晚上增温 4℃左右。沟畦内经常保持土壤和空气湿润。使喜温不耐霜冻的蔬菜比露地或小高畦地膜覆盖栽培的定植时间可提前 10～20 天，使种子或幼苗在霜期内正常发芽、出土、生长，有利于抢时间争季节，达到早熟增产。但是，这种地膜覆盖方式也有其不足之处，首先，作畦时耕作层大量的肥沃熟土被培到畦埂上，沟畦内沃土层变浅，不利根系生长。其次，植株生长的中、后期，部分枝叶、果实处在沟畦内，不但果实易烂，而且造成通风透光条件不良。

沟畦栽种地膜覆盖栽培形式，主要用于春季提早栽培。适用的蔬菜也较多，茄果瓜豆等许多蔬菜皆可采用这种方法。

（4）**注意事项**　采用沟畦栽种地膜覆盖栽培，应注意以下几点：

①改良覆盖与普通覆盖栽培要合理搭配，兼顾早上市、增产值和延长供应时间。

②改良覆盖应选用中早熟品种或中熟品种，以期达到早熟、丰收目的。

③改良覆盖的蔬菜，一般要求比普通覆盖早定植 10～15 天，适期早定植效果高。为此，必须相应提前育好菜苗，菜苗后期要注意炼苗，提高抗寒、抗逆能力，以适应改良盖的环境条件。施足有机肥，增施底肥。

④要注意风害和高温灼害。必须把膜扣严实，对高温灼害，主要采取适期早定植，浇足定植水，增加膜内湿度和适时打孔降温等措施。当膜内气温达 40℃以上，幼苗生长点和叶片正触膜时，即可打孔放风，如果天气正常，几天后，把苗拎出孔外，并用土封严定植孔，把膜压下。

⑤菜苗拎出膜外后，地膜不要撤掉，把天膜落下变成地膜，将沟畦逐渐培土为平畦，不仅可起增温保墒作用，还能降低雨季的田间空气湿度，减少病果和烂果的损失。

⑥定植前，必须喷洒除草剂防治杂草。雨季、注意排水防涝，喷药防病。

⑦田间管理要提前，改良覆盖番茄、茄子开花坐果早，而前期外界气温低、风多，因此，要沾生长素，保花、保果。

⑧在灭茬腾地时，应将残破地膜清理干净，严防污染。

3. 平畦地膜覆盖栽培

就是在平畦地面上，覆盖薄膜栽培蔬菜。

（1）平畦规格　根据所种植的蔬菜种类不同，需要不同的畦口大小，可灵活掌握。

（2）优缺点和适用范围　平畦覆盖是活茬最简单、用工最少的一种地膜覆盖形式。茄果瓜豆类栽培平畦覆盖较少。主要适用范围是：①某些栽种密度大、不便于起垄栽培、喜冷凉的蔬菜如洋葱、大蒜、早春小水萝卜、栽棵茎叶类菜等；②常年干旱、少雨、阳光充足的丘陵、坡岗、山地、沙土地及水源不足的地方。

（二）地膜覆盖基本技术

地膜覆盖栽培是不同于传统栽培的一种"促根、护根"栽培技术，它不是在传统栽培技术的基础上简单地盖一层薄膜，而是要采取一系列的适于地膜覆盖栽培的配套技术，才能发挥其应有的覆盖效应，取得理想的覆盖效果。

1. 施足底肥、浇足底水

地膜覆盖地温高，土壤微生物活动旺盛，有机物分解快，土壤速效养分增加，土壤保持较高的肥力水平，是获得早熟高产的关键。因此，底水要足，施肥要足，覆盖地膜后追肥困难，为防止中后期作物脱肥早衰，施肥量较一般田增加30％～50％；亩施优质腐熟有机肥5 000千克以上，适当加入三元复合肥亩30千克，为防止氮素肥料过多引发作物徒长，应减少氮素肥料使用量10％～20％，增加磷钾肥的施入量，精耕细耙，肥土充分混合，作畦起垄。

2. 整地作畦

（1）整地碎土　结合整地彻底清除根茬、秸秆、枯枝烂叶及残留地膜，在充分施入有机肥的基础上耕翻碎土，肥土要混合均匀，无大土坷垃，使耕层土壤表里一致，疏松肥沃。地面不平、土粒不细，影响覆盖效果。早春应早耙地镇压保墒，及时作畦（起垄）防止水分蒸发；土壤墒情不好，提前灌水造墒。

（2）作畦　为接收日光蓄热提高地温，地面覆盖因栽培蔬菜和目标而异，小高畦或垄，畦高10厘米左右，中间略高呈"龟背状"，平滑无坑洼，覆盖地膜易于贴紧地面、封严压实，防风固膜。高畦宽度：一般蔬菜、西甜瓜、花生等，畦面宽度55～65厘米，用幅宽为90～100厘米的地膜覆盖，覆盖度为60％～70％，步道（沟宽）30～40厘米。目前，应用量大的是幅宽100～200厘米的地膜。平畦、沟畦地膜覆盖，按实际需求规格作畦。

3. 覆盖地膜

早春地膜覆盖，应提早扣膜7～15天；沟畦、近地面覆盖，则应在播种或定植后及时覆盖地膜。

覆盖地膜，要讲究质量。注重作业的连续性，即施肥、整地、作畦（起垄）后立即覆盖地膜，防止水分蒸发不利于蓄水保墒。覆盖地膜的方式：有人工覆膜、畜力牵引简易覆盖机具覆膜、拖拉机牵引覆盖机覆膜等多种覆膜方式，要求地膜拉紧盖严，密贴于地面，才能充分发挥地膜覆盖效应。

覆盖地膜作业分为：先播种、定植，后覆盖地膜和先覆盖地膜后播种、定植两种方式。前者待出苗时人工开口放苗；后者是对定植苗覆盖后，将地膜开口套盖放苗，压严地膜。

4. 播种与定植

（1）播种　部分瓜类、豆类蔬菜及花生，可以采取先覆膜后播种的方法，即在地膜上的播种部位打洞或切开十字口，按要求深度播种，用湿土连同地膜一起封严定植孔；先播种后覆盖地膜，功效高不误农时，注意幼苗萌动出土及时破膜放苗，否则因地膜下高温会造成幼苗灼伤死苗；放苗后及时封严苗孔，防止滋生杂草。

（2）定植　瓜类、茄果类蔬菜等多采用育苗移栽的方法，可采用先覆膜后定植的方法，一般在覆膜后7天左右，待地温稳定上升时，按栽培的行株距开洞取土，栽苗培土，连同地膜一起压盖封严。也可采用先定植后覆盖地膜，将地膜先盖于定植后的幼苗上，在幼苗根际部位开口套盖过幼苗落至地表，拉紧地膜，在畦端及两侧覆土压盖地膜封严。

5. 水肥管理

在生育前期，底墒充足的可以适当减少灌水次数和灌水量，促进根系生长，在生育中后期，作物生长旺盛，蒸发量大耗水多，要增加灌水，并追施速效肥料，防止植株脱肥早衰，延长采收期提高产量。

注意放风炼苗，地膜覆盖栽培中，放风炼苗是很重要的一环。沟畦、小高畦矮拱棚、近地面地膜覆盖栽培，都要提前5～7天进行放风炼苗，否则会使幼苗受到寒害或被灼伤。

及时插架、绑蔓，由于地膜覆盖栽培以后，蔬菜生长快于露地栽培，因此，应及时做好插架、绑蔓等相应的工作，如果过晚，势必影响其生长。有些蔬菜要加固支架、围栏，防止因生长旺盛而出现倒伏塌秧现象。

6. 加强病虫草害防治

地膜覆盖，田间湿度降低，但仍有病虫害发生，要注意及时防治；膜下地表温度虽可达40～50℃，能灼伤杂草幼苗或抑制其生长，达到抑草和灭草效果，但地膜覆盖不紧、压盖不严，地膜未能与地面密贴，或因田间作业不慎造成地膜破洞裂开，都会发生大量杂草滋生，顶起地膜，不仅浪费土壤营养，而且，降低应有的地膜覆盖效应。

7. 地膜覆盖需要注意的普遍问题

蔬菜地膜覆盖必须解决下面的问题，才能取得良好的覆盖效果：

①整地前底水不足，底墒不够，后来浇水总是水量不足，且浇水时损坏地膜严重。

②作垄不平实，铺膜不紧贴地面，地膜透气严重。

③瓜果类蔬菜插架位置颠倒，应该在覆膜的垄背上插架，保持垄背疏松。垄沟作走道。生产上反插架较多，造成地膜损坏严重。

④除草剂使用不严格、效果差，也与作垄不平实、封闭不严有关。

⑤先作畦（垄）、后栽苗、再铺膜或先作畦、后铺膜、再定植（直播）的方法，应以实际情况决定。

四、地膜覆盖高产栽培案例

（一）露地平畦覆盖栽培油菜

平畦地膜覆盖主要用于莴笋（图3-96）、洋葱、大蒜等早春蔬菜。海淀区四季青公社西山大队六队为保障四月淡季蔬菜供应，连续两年露地覆盖油菜都获得了比较满意的结果。1981年种植露地覆盖油菜6亩，在精心的栽培管理下，又取得较好的收成。平均亩产4 295.5千克，亩产值418元，比1980年平均亩产1 894.5千克增加2 401千克，产值比1980年191.2元增加226.8元。主要措施如下。

1. 适时育苗

1980年11月中旬，采用阳畦育苗播种，品种为"五月慢"。育苗畦施底肥200千克，掺匀平畦，

图 3－96　平畦地膜覆盖栽培莴笋　1983

浇足底水。长 13.3 米、宽 1.7 米的阳畦用籽 75～100 克，播后覆土 0.5 厘米，及时盖玻璃保温。3～4 天小苗出齐后，再上一次土，适当拉缝放风，防黑根病。适当间苗一次，促小苗苗壮。1 月上旬逐渐掀去玻璃，2 月上旬早晚拉盖蒲席进行炼苗。定植时小苗达到 4 叶 1 心，株高 8～10 厘米。苗子苗壮、叶厚、深绿、根系发达。

2. 冬前整地施肥

前一年秋冬先平整好地，亩施 6 000 千克混合肥做底肥，然后旋耕两遍，做扇、平畦夹风障。

3. 平地盖膜

（1）及时定植　3 月上旬定植，要求定植前一天拉水洇苗，根部带土栽苗。要严格选苗，淘汰小、弱、病苗。长 8.3 米、宽 1.7 米的畦栽苗 15 行，株距 10 厘米，每亩栽 5.2 万～5.3 万株。

（2）平地覆盖薄膜　当天定植、浇水，当天平地覆盖地膜。六队全部用旧薄膜进行平盖，盖膜时压紧盖严，保障覆盖效果，促进提早缓苗和生长。

4. 加强田间管理

（1）防风　定植后 10 天左右已经缓苗，开始生长。此时要加强放风管理、防蹿苗。3 月下旬利用早晨或晚上无风天揭膜，盖膜到揭膜覆盖约 20 天。

（2）中耕蹲苗　揭膜后进行一次中耕，要求深度 5 厘米左右，然后适当进行蹲苗。

（3）肥水促长　蹲苗过后，开始加强水肥管理，4 月中旬连浇两次粪稀水，4 月下旬收获上市。

5. 植保工作

在育苗期和定植以后，各打一次防治虫害药剂。

（二）露地小高畦覆盖黄瓜栽培

夏播黄瓜对解决北京八九月蔬菜市场供应起着重要作用，夏播黄瓜的播种和生长正是炎热多雨季节，七八月降水多少，是影响产量的主要因素。为了克服雨涝威胁，1981 年，丰台区卢沟桥公社周庄子一队率先采用地膜小高畦覆盖栽培，种植 30 亩夏播黄瓜，遭雹灾后 7 月 4 日重新播种，播种期晚了 10 天，但平均亩产仍达到 3 212.75 千克，亩产值达到 614.67 元。

（1）栽培技术要点

①整地和覆膜。夏播黄瓜生长期 90 天左右，生长速度快、采收期集中，需肥量高，加之地膜覆盖后追肥困难，覆膜前应结合整地施皮毛杂肥做底肥，按四尺（133 厘米）做小高畦。畦高 15 厘米，畦面宽 70 厘米左右，畦沟宽 63 厘米，以利雨后及时排水。畦做好后，及时扣膜，用 80～90 厘米宽

的薄膜，每亩用膜12千克左右。

②开孔播种。夏播黄瓜地膜覆盖先扣膜后播种，播种穴要靠近小高畦的两边，播种穴以直径8厘米圆孔为宜，不宜过小，穴距33～36厘米，每穴播种3～4粒种子（最好催成小芽），再覆潮湿细土2厘米厚。播种后孔穴四周必须用细土封严，防止膜下热气从缝隙跑出烤伤幼苗。插架后绑蔓时，随绑随定苗、每穴留双株。

③栽培管理。播种后及时浇水，做到两或三水齐苗，水不宜过大，防土壤板结不利出苗。苗出齐后，在膜上再覆2～3厘米厚的土，可以控制杂草生长，又可降低地温、防止高温烤苗。地膜覆盖的夏播黄瓜栽培管理与未覆盖的夏播黄瓜相同，但地膜覆盖后，水分蒸发少，因而要适当控制浇水量。同时，要抓紧病虫害防治，病害主要是霜霉病和炭疽病；虫害主要是蚜虫和黄茶螨，要早期发现，及时喷药防治。

（2）技术注意要点

①夏秋高温干旱、多雨，一定要坚持先整地作畦盖地膜，后打膜孔播种，孔径要达到8～10厘米。不宜先点籽后盖膜。

②凡是用小高畦地膜覆盖法栽培蔬菜，不管用哪种做法，都必须把播种孔、栽苗孔用潮湿疏松的细土盖严，以防膜下热量散失，灼伤或烤死幼苗。苗孔透气也易滋生杂草。

③用种子直播的蔬菜，播后浇水注意不要淹到播种孔，否则盖膜孔的细土会变成泥块，形成"顶锅盖"现象，影响出苗。

④早春小高畦地膜覆盖，只是护根，地上部仍然受外界环境影响，所以，要掌握喜温菜在晚霜以后出苗、栽苗，防止地上部分受低温、霜冻的危害。

⑤用除草剂除草的，要在扣膜前施药，并注意防药害。

（三）改良地膜覆盖栽培蔬菜

小高畦地膜覆盖栽培蔬菜，由于菜苗露天，不抗霜冻、风害，不能过早定植。1982年，卢沟桥公社率先进行了番茄、辣（甜）椒、茄子、芸豆、冬瓜和结球甘蓝、花椰菜等七种蔬菜的改良地膜覆盖栽培示范推广（图3-97），面积317.5亩，取得了显著成效。自此，改良地膜覆盖栽培蔬菜在郊区迅速推广开来。

图3-97 卢沟桥改良地膜栽培甘蓝 1983

（1）小环境特点

①气温和地温。打孔前，增温效果显著，打孔后，仍有增温作用。4月初定植后至4月中旬打孔

前，改良覆盖处于密闭状态，增温效果十分显著。膜内日平均气温比普通覆盖增高 7.8℃、地表温度增高 6.5℃，0～20 厘米平均地温增高 1.5℃。并随改良覆盖覆膜天数的增加，增温效果越加明显。因此，要尽量适时早定植，在打孔前，使蔬菜争取有较多的生长天数，以提高改良覆盖的效果。打孔后，由于部分太阳辐射热，随着孔口增大，而不断向膜外散出，致使膜内增温效果降低、膜内的地表温度降低，0～20 厘米各层地温比普通地膜覆盖低 0.3～1.7℃，但比未盖膜的小高畦增高 1～1.4℃；膜内气温，因打孔后 5 月中旬前地膜未压向下面，呈悬空状态，仍比普通地膜覆盖增高 1.2～3.6℃，这对打孔后和拎出膜外的蔬菜生长，仍然有利。改良覆盖中午增温高，早晚增温低。4 月初至 4 月中旬调查，中午 14 时增温最多，其中地表温度增高 10.5℃，膜内气温增高 14.4℃，0～20 厘米平均地温增高 2.1℃；早晨 7～8 点时，地表温度增高 5℃，膜内气温增高 4℃，0～20 厘米平均地温增高 0.6℃。与普通覆盖相比，改良覆盖膜内气温晴天增高 7.7℃、阴天增高 3.7℃；地表温度晴天增高 4.8℃、阴天增高 3.3℃；0～20 厘米平均地温晴天增高 2℃、阴天增高 0.8℃。

②膜内空气相对湿度。4 月中下旬，连续 10 天观测，改良覆盖相对湿度为 88.50%，比普通盖的膜内湿度增加了 17.7%。

③防风效果。改良覆盖由于沟畦两侧沟帮和沟上的地膜作用，可减轻大风危害，如 5 月 1—2 日大风后调查，改良覆盖番茄幼苗折断率为 1%，普通覆盖为 4.2%。

④土壤水分。5 月上旬观测 0～10 厘米、10～20 厘米土壤含水量，改良覆盖比普通覆盖分别增加了 0.6% 和 1.6%。

（2）技术注意要点

①沟畦内沃土层较浅，因此，定植前多施有机肥，并深挖沟畦，使活土层加厚，这是高产增收的关键措施。

②作畦时，拍打畦埂、畦帮，防止塌帮压苗。

③覆膜后 10～20 天不宜管理畦内菜苗，因此，底水要浇足，苗子要健壮且不宜过大。

④掏苗出膜前，要有 5 天左右的刺膜炼苗过程，防止出现高温灼苗和风害闪苗。

（王树忠）

本章参考文献 ‹‹‹

鞍山市农业科学研究所，1959. 日光（冬季不加温）温室生产黄瓜调查研究总结 [Z]．[出版者不详：出版地不详]．

北京农业科学院蔬菜研究所，1959. 在蔬菜栽培上应用聚氯乙烯薄膜的方法 [J]．农业科学情况快报（4）：7-8.

北京市朝阳区农科所，1979. 塑料大棚蔬菜薄膜覆盖栽培试验简况 [J]．农业科技资料（6）：15-20.

北京市朝阳区双桥公社长营二队，1978. 春大棚青椒高产的栽培经验 [J]．农业科技资料（2）：22-23.

北京市朝阳区双桥公社东柳生产队，1978. 大棚春茬黄瓜亩产三万斤的栽培技术 [J]．农业科技资料（2）：1-7.

北京市农场局蔬菜处，南郊农场蔬菜办公室，1985. 春大棚黄瓜施稻草、鸡粪酿热物试验初报 [J]．北京蔬菜（1）：28-32.

北京市农科院蔬菜所，卢沟桥公社科技站，等，1982. 卢沟桥公社改良地膜覆盖蔬菜初见成效 [C]．北京蔬菜学会．北京蔬菜学会第三届年会论文摘要集：46-50.

北京市农林局，1972. 自力更生，积极发展冬季蔬菜生产 [J]．农林情况（15）：1-3.

北京市农林局，1980. 关于全钢结构大棚试验工作进展情况的报告：京农（菜）字第 7 号 [A]．

北京市农林局，北京市农科院，1976. 北京市蔬菜生产技术手册 [M]．北京：人民出版社．

北京市农业技术推广站，1993. 北京节能型日光温室研究与应用 [M]．北京：中国农业科技出版社．

北京市农业局革命领导小组，1971. 冬季蔬菜生产和秋菜贮存情况 [J]．情况简报（24）：1-3.

北京市农业局蔬菜处，1981. 北京市 1979-1981 年塑料薄膜地面覆盖栽培蔬菜引进技术应用总结 [J]．北京农业（增刊）（16）：1-3.

北京市农业局蔬菜处，1992．"七五"期间郊区现代化商品菜基地建设工作总结［M］//北京市农业局科学技术委员会．农业科技资料选编（八）．北京：［出版者不详］：57-65．

北京市农业科学研究所，1972．北京市蔬菜生产经验汇编［M］．北京：人民出版社．

北京市农业科学研究所，1974．北京市蔬菜生产经验汇编［M］．北京：人民出版社．

北京市农业科学研究所气象室，北京市农业科学研究所蔬菜室，1974．塑料薄膜棚的小气候性能及栽培经验［J］．科技资料选编（1）：169-181．

北京市农业科学研究所情报资料室，1974．蔬菜资料选编［M］．北京：［出版者不详］．

北京市农业科学研究所蔬菜室小红门基点，1973．京郊蔬菜塑料薄膜覆盖栽培调查简结［Z］．［出版地不详：出版者不详］．

北京市农业科学研究院蔬菜所气相室大棚组，1977．关于建造抗风大棚的结构问题［J］．农业科技资料（5）：80-82．

北京市农业生产资料公司革委会，1976．记一次改革阳畦现场会［J］．情况简报（4）：1-3．

北京市蔬菜办公室，1979．关于新建塑料大棚和二月份因雪压坏大棚情况的汇报：京（菜办）字第5号［A］．

北京蔬菜学会，1991．节能型日光温室研讨会纪要［C］．北京：［出版者不详］．

北京四季青公社科技办公室，1982．1980年春播露地蔬菜塑料薄膜地面覆盖应用试验初报［M］//北京四季青公社科技办公室．科学种田汇编（第四期）（1979-1981）．北京：［出版者不详］：1-7．

本书编委会，1975．蔬菜塑料薄膜覆盖设施栽培［M］//海淀区蔬菜办公室，海淀区农业科学研究所．蔬菜生产经验汇编．北京：［出版者不详］．

长春市郊区英俊公社福利大队，1976．塑料大棚蔬菜生产实践［M］．北京：农业出版社．

朝阳区农业局，朝阳区蔬菜办公室，1973．蔬菜生产经验汇编［M］．北京：［出版者不详］．

陈殿奎，1978．大棚油菜产量形式的初步观察［M］//北京市农业科学院蔬菜研究所．蔬菜科技资料选编：52-53．

陈一峰，1989．十八里店十二队春大棚黄瓜早熟丰产收益高［M］//农业部全国农业技术推广总站．农技推广资料（农用塑料大棚技术交流会资料选编）：33-37．

董四留，2001．北京志：农业卷·种植业志［M］．北京：北京出版社．

丰台区卢沟桥公社马连道二队，1977．大棚春茬黄瓜亩产三万斤的主要经验［J］．农业科技资料（5）：78-80．

丰台区卢沟桥公社马连道一队，1980．大棚西红柿连续三年高产的体会［M］//丰台区农林局蔬菜科，丰台区图书馆．塑料大棚蔬菜生产技术经验汇编：2-10．

高丽红，张振贤，眭晓蕾，等，2018．日光温室黄瓜越冬长季节栽培高产关键理论与技术［J］．中国蔬菜（10）：1-6．

海淀区蔬菜办公室，海淀区农业科学研究所，1973．蔬菜生产经验汇编［M］．北京：［出版者不详］．

海淀区四季青公社远大大队第七生产队，1982．小棚盖韭菜获得丰产［M］//北京市海淀区蔬菜学会．海淀区农业科技：蔬菜专辑（1979-1981）．北京：［出版者不详］．

亢树清，1983．地热温室试验初报［J］．北京蔬菜（6）：5-6．

亢树清，1983．京郊蔬菜塑料大棚现状及发展趋势展望［J］．北京蔬菜（5）：34-38．

亢树清，1987．北京蔬菜保护地现状与展望［M］//北京市农业局科学技术委员会．农业科技资料选编（三）．北京：［出版者不详］：49-54．

李曙轩，1990．中国农业百科全书：蔬菜卷［M］．北京：农业出版社．

辽宁省蔬菜试验站，1957．1957年加温及不加温温室黄瓜、番茄栽培试验总结［Z］．［出版地不详：出版者不详］．

刘步洲，刘宜生，1963．塑料薄膜覆盖对黄瓜早熟增产的效应［J］．北京农业大学科学研究年报（园艺部分）（1）：76-78．

刘步洲，周月娟，等，1962．黄瓜覆盖栽培早熟丰产问题的研究［J］．北京农业大学科学研究年报（园艺部分）（1）：14-17．

刘觉飞，1965．塑料薄膜覆盖种蔬菜［J］．农业科学技术参考资料（11）：14-15．

刘利云，1988．引进日本"设施园艺"试验示范初报［M］//北京市农业局科学技术委员会．农业科技资料选编（四）．北京：［出版者不详］：90-95．

卢沟桥公社太平桥三队，1983．春茬温室黄瓜生产经验［M］//丰台区农林局．丰台蔬菜（1982年经验选编）：35-37．

鲁仁庆，陶安忠，1983. 芹菜［M］. 北京：北京出版社．

马淑琴，1986. 大棚春黄瓜利用电热线进行土壤加温生产实验总结［J］. 蔬菜（6）：1-6.

南郊农场西玉顺大队，1982. 春大棚黄瓜丰产栽培经验总结［M］//北京市农业局. 北京农业（蔬菜专辑）：67-70.

聂和民，1959. 改良阳畦的结构性能及应用［J］. 园艺通报（4）：170-172.

聂和民，张福墁，等，1979. 塑料大棚蔬菜栽培［M］. 北京：北京出版社．

农业部科技局，农业部外事局，1979. 农业对外科技交流资料二十一［M］//哈尔滨市蔬菜研究所. 荷兰蔬菜技术考察. 哈尔滨：［出版者不详］．

农业部农业司，等，1991. 蔬菜生产发展现状及对策［M］. 北京：万国学术出版社．

齐艳华，2015. 设施蔬菜高产状元种植技术集锦［M］. 北京：电子工业出版社．

齐艳华，杨恩庶，等，2014. 北京市日光温室番茄产量再创新高栽培经验［J］. 中国蔬菜（11）：88-90.

全国蔬菜科研协作会议，1974. 全国蔬菜科研协作会科技资料选编［G］.［出版地不详：出版者不详］．

师惠芬，王志刚，吴远藩，1978. 蔬菜温室结构性能研究调查总结［M］//北京市农业科学院蔬菜研究所. 蔬菜科技资料选编：54-64.

四季青公社蓝靛厂大街生产队，1975. 改革阳畦情况简介［M］//北京市海淀区蔬菜办公室，等. 蔬菜生产经验汇编. 北京：［出版者不详］：28-34.

藤井健雄，1958. 关于蔬菜问题的报告［R］//中华人民共和国农业部. 日本农业技术访华团专题报告. 北京：［出版者不详］．

王德槟，吴肇志，等，1979. 塑料薄膜露地地面覆盖效果的初步观察［M］//中国农业科学院蔬菜研究所. 蔬菜科技资料：31-35.

王凤山，1982. 1979-1981年大棚西红柿秋延后栽培技术总结［M］//北京市朝阳区农业局，北京市朝阳区农学会. 蔬菜生产技术经验汇编：31-37.

王立权，刘海岩，等，1980. 近期内对蔬菜塑料大棚应当采取巩固、提高的方针［Z］. 北京：中国农业工程研究设计院．

王培元，1993. 北京农业生产纪事［M］. 北京：北京出版社．

王树忠，1995. 北京节能型日光温室结构及性能［J］. 中国蔬菜（3）：37-40.

王树忠，1999. 北京郊区蔬菜生产现状及展望［J］. 北京农业科学（S1）：1-5.

王树忠，黄自兴，1990. 北京冬季节能型日光温室生产试验初报［J］. 蔬菜（5）：4-7.

王树忠，王永泉，等，2019. 北京蔬菜设施园艺技术发展70年［J］. 蔬菜（9）：1-11.

王铁臣，孙桂芝，2013. 北京郊区日光温室越冬黄瓜高产栽培技术［J］. 蔬菜（13）：60-74.

王铁钤，1983. 塑料薄膜大棚西红柿二次换头三次结果的高产栽培技术［J］. 北京蔬菜（1）：31-33.

王耀林，1979. 大棚黄瓜全年亩产41535.7斤的主要栽培技术［M］//中国农业科学院蔬菜研究所. 蔬菜科技资料：204-209.

王耀林，吴毅明，1979. 塑料大棚番茄亩产三万斤的栽培技术及几项农业技术措施的分析［M］//中国农业科学院蔬菜研究所. 蔬菜科技资料：112-122.

吴国兴，胡素菊，1986. 辽宁南部的日光温室蔬菜生产［J］. 中国蔬菜（2）：24-26.

徐茂，王铁臣，孙桂芝，2013. 京郊日光温室长季节黄瓜亩产2.5万公斤生产关键技术［J］. 中国园艺文摘（7）：153-156.

杨明华，焦碧兰，孟庆儒，2008. 当代北京菜篮子史话［M］. 北京：当代中国出版社．

于德源，2014. 北京农业史［M］. 北京：人民出版社．

玉渊潭公社科技站，1977. 大棚蔬菜生产［M］//北京市海淀区农业科学研究所. 北京市海淀区农业科技资料汇编. 北京：［出版者不详］：7-8.

张福墁，1988. 再论地热能与设施园艺［J］. 蔬菜（S1）：12-16.

张福墁，2010. 设施园艺学［M］. 2版. 北京：中国农业大学出版社．

赵山普，曹之富，1989. 北京地区保护地蔬菜周年主要茬口安排［J］. 蔬菜（6）：31-32.

赵友福，谢荫明，1999. 京郊五十年［M］. 北京：北京出版社．

中共蒲黄榆大队党总支委员会，1972. 蒲黄榆大队蔬菜周年供应的经验［M］. 北京：农业出版社．

中国农科院蔬菜花卉所档案室，1960. 北京农业大学、北京化工研究院、上海化工厂：早春用塑料薄膜覆盖对番茄早
　　熟丰产及塑料薄膜在农业应用上的广阔前途［A］.［出版者不详：出版地不详］.

中国农业科学院蔬菜花卉研究所，2010. 中国蔬菜栽培学［M］. 2 版. 北京：中国农业出版社.

朱志方，1985. 蔬菜地膜覆盖栽培技术［M］. 北京：金盾出版社.

朱志方，1993. 塑料棚温室种菜新技术［M］. 北京：金盾出版社.

祝旅，王耀林，1983. 薄膜覆盖蔬菜栽培［M］. 北京：北京出版社.

第四章
>>> 蔬菜大型连栋温室栽培

连栋温室，是指两栋（跨）或两栋（跨）以上相同式样的双屋面（或拱圆屋面）通过屋檐处天沟连接起来的成为一个整体的温室。与同类型单栋温室相比，大型连栋温室（通常指每栋温室面积在1公顷以上的温室）的抗风雪能力强，单位面积建筑费用低，土地利用率高；侧壁少，散热面积小，节省能源；室内空间大，适宜机械操作。连栋温室一般采用南北走向，因而光照分布均匀，室内温度变化平缓。

现代大型连栋温室一般配置室内小气候环境调控仪器及装备，如加温、灌溉与施肥、强制通风、双重覆盖、补光装置以及环境自动控制系统等，可实现机械化、自动化、标准化生产和管理，是一种较为完善、科学的温室类型，也有人称其为"智能温室"。这类温室可创造农作物生长、发育所需的基本环境条件，从而获得蔬菜优质高产。

第一节　连栋温室兴起与发展

北京的连栋温室是在国家推进实现"四个现代化"目标的前提下，逐步发展起来的。

北京自20世纪70年代以来，大型连栋温室发展至今近50年，它的产生和发展，大致经历了以下过程。

①20世纪70年代，北京自力更生，设计与建造了巨山农场、玉渊潭连栋温室等，以保障蔬菜周年生产供应，迈开了自力更生实现农业现代化的步伐。

②生产、科研、教学等单位相关人员，出国学习，了解先进、成熟的大型连栋温室蔬菜设施技术及生产状况。

③20世纪80年代初，北京四季青引进了日本大型温室及成套设备试运行，由计算机控制温室环境，实现了变温生产管理，起到一定的示范效果。但由于延续土壤栽培，蔬菜单产低，加之计划经济下蔬菜价格长期稳定，生产燃煤成本高，导致大型温室除育苗外，蔬菜生产经济效益差。

④20世纪90年代，由计划经济转向市场经济，中以农场示范了大型薄膜连栋温室和以色列特色蔬菜品种及技术，一批勇于创新、开拓的领导者和有一定经济实力的国营、集体农场或农村，先后引进各类大型连栋温室，也出现了一些盲目引进或自建的大型温室。其中以发展特色蔬菜、西甜瓜、育苗、花卉等连栋温室企业，因生产的产品占有一定的高端市场而运行正常外，一些做"面子工程"或建设目标有异的大型温室，转行或废弃。

⑤政策的允许与扶持，带动了国产大型温室设计、制造业的发展。"九五"期间，国家科委实施了工厂化农业项目，中国农业大学承担了现代温室设计，在顺义三高园区建造了一栋单板机控制通风窗的智能温室。

⑥2012年，北京市农业技术推广站改进连栋温室环境的调控装备，采用岩棉无土栽培技术，使单产水平有了较大提升（图4-1），每平方米产出番茄达到30千克。由此，郊区连栋温室蔬菜生产开始从土壤栽培向无土栽培转变。

图 4-1 特菜大观园连栋温室番茄岩棉栽培 徐国明 2012

⑦2017 年，宏福农业连栋温室大中果番茄的长季节栽培，每平方米产量达到了 41 千克。至今，已连续运行 5 个种植季节，逐步实现了盈亏平衡并达到营利目的，掀开了大型连栋温室在京郊设施蔬菜生产上新的一页。

一、北京国产第一栋大型连栋温室

北京蔬菜大型连栋温室兴起于 20 世纪 70 年代之初。

1972 年 2 月，美国总统尼克松访华，想吃传统名菜"冬瓜盅"，需要玉渊潭供应有一定尺寸的冬瓜。这激发了玉渊潭公社的种菜热情，加以社队工业副业有收入高达 80% 的经济基础，由此提出了建设大型温室的设想。

1972 年 10 月，中国农业科技工作者代表团，考察了朝鲜平壤的龙城现代化大型温室蔬菜农场，并提出建议："温室蔬菜生产使蔬菜生产逐步走上工厂化，有利实现四化，标志着一个国家的农业生产水平，更重要的是解决了冬季蔬菜和蔬菜淡季问题，……应当有计划地在有些地区兴建一些大型温室蔬菜农场，如北京至张家口的沙城"。

1972 年 12 月 20 日，在北京市政府召开的冬季蔬菜生产会议上，海淀区提出了"玉渊潭公社计划投资 200 万元，建设大型温室种植蔬菜"的设想。1972 年 12 月 29 日，时任中共北京市委第一书记、市革委会主任吴德对建设大型温室进行了批示。由此，在北京市革委会农林组领导下，玉渊潭公社成立了"菜 01"工程筹建小组，由北京市农林局、北京市科技局、北京市建筑设计院、北京市农业科学研究所、海淀区农业局、巨山农场、玉渊潭公社等单位组成。筹建小组对我国各地的温室开展了大量的调研，考察了上海人工气候室和山东益都（青州，烟草所）、哈尔滨、沈阳、长春、北京市朝阳区双桥农场、香山植物园、丰台区西铁营等地的温室及供暖锅炉等建设，并多次讨论所建温室的面积大小问题。1973 年 7 月 26 日，北京市革委会农村组正式同意玉渊潭公社建设大型温室，先搞 30 亩。为此，1974 年 3 月 22 日至 4 月 20 日，由北京市农业科学研究所副所长袁平书带队，赴朝鲜考察学习龙城大型温室。

1974 年 11 月 28 日，北京市革委会计划委员会、农林组联合批复海淀区革委会，同意玉渊潭公社建设大型温室，建设面积 4 万米²，总投资控制在 380 万元以内，由公社自筹资金解决。批复后，玉渊潭公社党委立即召开扩大会议进行讨论，决心遵照市委"积极抓紧筹备工作，组织力量，尽快搞成设计，以求实现"的指示，在前期工作的基础上，重新成立了筹建小组，生产、科研、教学相结合，由清华大学（土建、暖通、锅炉、电气、机械、自动化 6 个专业参与）、北京建筑设计院、北京市农业科学研究所、华北农业大学等单位参与，与公社一起联合攻关，经清华大学全面设计和建筑设计院审查核对，并多方征求意见，在国家提出"全面实现四个现代化"的形势下，1975年3月完成了定型图纸设计，1975年冬巨山农场按照图纸建造了一座4.5亩特殊需求的小型蔬菜连栋温室（图4-2）。

图4-2　巨山农场连栋温室雪天外景　李乃光　1975

1975年8月18日，北京市革委会计划委员会、农林组、基建委员会联合下达了《关于海淀区玉渊潭公社新建大型蔬菜温室设计方案的批复》，并开始动工建设。

玉渊潭大温室，是国产第一栋大型连栋蔬菜温室，于1977年3月建成投产（图4-3）。温室长304米、宽63米，面积1.9公顷。其结构为连栋式轻型全钢结构，整体焊接，涂防锈漆，在巨山农场连栋温室的基础上考虑保温功能，柱高降低为2.25米、脊高降为3.3米、跨度4米、开间3米、屋面夹角26.34°，屋脊南北朝向，6毫米厚钢化玻璃，天窗和侧窗采用可控制电动启闭，天窗占玻璃屋面的1/4，侧窗占1/3。温室内有喷灌、通风、供暖装置，燃油锅炉加温。此外，还建成面积大小为2 520米^2，结构材料、内部设备相似，但屋脊延长方位为南北和东西各一栋的育苗温室，以开展对温室的建造方位与采光进行的观测研究。研究人员通过计算机模拟计算了不同纬度、屋面倾角、高跨比和不同面积的东西栋与南北栋连跨温室透光率，得出了初步结论。还开展了大型温室的小气候变化情况、适用于大型温室栽培的黄瓜与番茄品种的筛选、瓜果类蔬菜高产栽培技术的研究，以及温室蔬菜茬口安排与生产等工作。在建设期间，曾得到党中央及北京市委的大力支持。1980年7月，4万米^{2}连栋温室全部建成并投入生产运营。

图4-3　玉渊潭连栋温室内景　1977

玉渊潭大温室总投资实际达到460万元，是北京也是我国第一栋自行设计、自行施工的大型连栋温室，全部采用国产材料和国产自动化仪表设备，填补了国家蔬菜现代化大面积生产的空白，标志着我国发展现代化大型温室的成功起步。温室建成投产后，全国 29 个省（自治区、直辖市）都先后派人来京参观，兰州市、牡丹江市先后于 1978 年各兴建了一座 1 公顷的大型双屋面连栋温室。

二、北京引进第一栋大型连栋温室

北京市海淀区四季青蔬菜大型温室是北京也是我国第一座引进的计算机全自动控制的大型现代化连栋温室。

20 世纪 70 年代中后期，为保障城市蔬菜周年供应和推进 20 世纪末实现农业现代化，北京曾设想利用石景山区高井电站的余热，向东引到田村，沿线建设千亩蔬菜保护地。1978 年 12 月 26 日，国家农林部成套设备进口办公室和日本久保田铁工株式会社签订合同，引进其现代大型温室，并商定安排在北京市海淀区四季青公社。在摸索温室运营管理、操作实现机械化、自动化的条件下，提高温室利用率和单位面积产量，提高劳动生产率，减轻室内管理的劳动强度等方面的经验，同时吸取国外现代化温室建筑和成套设备的设计、施工技术，试用新型建筑材料。

1979 年 9 月，引进的大型蔬菜温室建成投产（图 4 - 4）。温室面积 2.2 公顷，分为两大两小四栋，其中育苗温室两栋，每栋为 0.1 公顷，室内有自动控制土壤加温系统；生产温室两栋，每栋约 1 公顷，温室南北长 156 米，东西宽 63 米，脊高 3.9 米；屋脊为多跨钢结构（10 连跨），跨度 6.3 米，51 个开间，开间柱距 3.05 米，屋面采用"聚丙烯酸树脂玻璃纤维强化板（FRA）"覆盖，温室内配有二层保温遮光幕布；自动卷帘通风，室内环境温度可以四时段变温控制，有自控喷灌浇水装置、二氧化碳（CO_2）发生器、农药蒸散设备，由锅炉和地热线供暖，整体控制系统为一套小型计算机控制，且带有自毁装置以防技术泄露，性能十分先进，使国人开阔了现代农业视野。

图 4 - 4　四季青连栋温室黄瓜栽培　1981

四季青大型温室引进建设时期，国家处于推进改革开放初期，国民经济开始贯彻"八字方针"，引进国外技术及设备被称为"洋冒进"，故温室建成投产后也未及时报道与宣传。该大型温室，因屋面透光材料老化速度快、透光率污染严重，计划经济下蔬菜价格很低，冬季加温生产费用较高，故经营难以盈利。

三、蔬菜大型连栋温室在效益争论中持续发展

玉渊潭、四季青等大型温室的先后建成，引领了北京及各地大型温室的发展，兴起了第一次引进建设大型温室的高潮。但冬春季节加温需燃油、燃煤投入，且蔬菜价格低收入少，造成温室生产无效益，引起了是否发展的争论。

1981年，北京琅山苗圃由美国引进的5 440米^{2}拱圆形屋面温室，是国内引进的第一座配置湿帘降温系统的连栋温室，推动了蔬菜设施水帘——排风扇降温技术的普及应用。

1985年，中国农科院蔬菜花卉所从罗马尼亚引进一座3公顷的大型蔬菜温室，用于蔬菜栽培研究与育种。同期，北京还引进了保加利亚大型蔬菜温室用于蔬菜育苗和水产养殖。

1994年8月，根据时任国家总理李鹏和以色列国总理拉宾1993年北京会谈精神，中以两国政府在北京签署了《中华人民共和国政府和以色列政府关于建立中以示范农场的谅解备忘录》，确立"中以示范农场"建在通州区永乐店国有农场，示范以色列赠送的1.24公顷连栋薄膜温室，跨度为28米、脊高5米，骨架为铝合金空心管；覆盖材料为高强度塑料薄膜，透光率达80%。燃煤锅炉加温，遮阳网和电风扇降温；光照、温度、湿度、灌水、施肥等因子，由一套计算机自动控制系统来调控，能始终维持温室内作物生长的最佳条件。

以色列薄膜温室内栽培的樱桃番茄、彩色甜椒等蔬菜和花卉品种，色、香、味、形具备，其产品备受市场欢迎（图4-5）。1995年10月开始示范，至1996—1997年冬春季节，全国各地有6万多人次参观学习，促进了大型温室再次引进的高潮。

图4-5　以色列薄膜连栋温室番茄栽培　王明堂　1996

1996年，北京朝阳区来广营乡引进了4公顷荷兰大型连栋温室，主体为钢架脊形双屋面结构，玻璃覆盖，脊高5米，跨度9米，内部各系统装备配套齐全，全自动控制。其温室特点是制造工艺先进，外观规整，防锈、密封、透光性好，适宜工厂化蔬菜生产（图4-6）。而且还聘请了荷兰专家驻场技术指导。

图4-6　朝来农艺园荷兰温室彩椒栽培　1997

1997年10月，昌平区小汤山特菜基地引进建成2栋法国双层薄膜充气温室（图4-7），每栋长160米、宽64米，柱高4米，脊高5.5米。结构为拱形钢架，双层充气膜覆盖，内设遮阳幕保温；

锅炉供暖，通风与灌溉自动控制。性能特点是保温好，但周围薄膜易损，需常年维护。

图 4 - 7　小汤山法国塑料薄膜充气温室建成　1997

北京国营巨山农场，1997 年执行农业部"948"项目，从美国引进建设成国内第一栋"几字形钢"聚碳酸酯板（PC 板）拱形连栋温室（图 4 - 8），引领了"几字钢"温室骨架的应用；温室供暖装备了地源热泵、太阳能集热装置、卧式双层钢体沼气发酵罐。

图 4 - 8a　巨山农场美国"几字形钢"连栋温室外景　李乃光　1998

图 4 - 8b　美国"几字形钢"拱圆连栋温室内景　李乃光　1998

"九五"和"十五"期间，北京市先后主持了国家重大科技产业工程项目——"工厂化高效农业产业工程"与"工厂化高效农业的示范工程项目",以推动大型连栋温室的设计与建造,促进郊区设施蔬菜产业的发展。在引进连栋温室设施设备的基础上,国产大型温室制造业,经不断消化吸收,获得了长足发展,源于北京市农机研究所的"京鹏温室",发展成了中国温室行业民族品牌企业之一。

20世纪80年代,北京先后从6个国家引进屋脊形、拱圆形连栋温室10套6.64公顷,占比为全国同期引进的35%,主要用于蔬菜生产与育苗,部分以试验研究为主,然而用于花卉与苗木的不足5%。20世纪90年代中后期到第二次引进高潮时,据北京市农业技术推广站、北京蔬菜中心不完全统计,2000年北京市共引进各款大型温室28.56公顷(表4-1),占全国同期引进的15%,其用途向特菜、花卉与苗木等方面拓展,尤其用于休闲观光的更是发展迅速。

表4-1 北京郊区"九五"期间引进大型连栋温室情况

引进单位	引进年份	温室制造	面积	建造费用(万元)	用途
中以示范农场	1995	以色列	15 000	赠送	蔬菜、花卉
小汤山特菜基地	1997	法国	20 000	700	特色蔬菜
房山韩村河	1997	美国	10 000	450	特色蔬菜
朝来农艺园	1996	荷兰	40 000		蔬菜
朝阳金盏	1997	美国	10 000	600	郁金香
小汤山国家科技园	1998	法国	10 000	420	特色蔬菜、瓜
小汤山国家科技园	2000	日本	10 000	350	蔬菜
昌平北七家	1998	美国	26 000	1 100	特色蔬菜
昌平长兴庄	1999	日本	26 000	1 100	特色蔬菜
通州宋庄	1997	荷兰	5 000	300	盆花、切花
巨山农场	1997	美国	2 000		特种蔬菜
延庆农场	1998	法国	2 000	80	切花
大兴芦城	1998	美国	6 600	300	特色蔬菜
顺义"三高"园区	1998	美国	18 000	810	蔬菜、花卉
东北旺苗圃	1997	美国	20 000	1 000	花卉、苗木
小汤山苗圃	1997	法国	30 000	1 100	花卉
大东流苗圃	1999	美国	30 000	2 600	林业苗木

21世纪以来,随着北京蔬菜设施的不断发展,北京京鹏、北京航丰公司、河北沧州温室制造厂、河北廊坊九天和上海都市绿色等多家温室制造企业,积极参与了北京郊区大型温室的建设。至2010年4月,郊区连栋温室发展到400公顷。

2012年,北京市农业技术推广站改进连栋温室环境的调控装备,采用岩棉无土栽培技术,使单产水平有了较大提升,每平方米产出番茄达到31.5千克;2017年,宏福农业连栋温室大果番茄的长季节栽培,每平方米产量达到了41千克,至今已连续运行5个种植季节,逐步实现了盈亏平衡并达到盈利,掀开了大型连栋温室在京郊设施蔬菜生产上新的一页。

至2019年,北京郊区大型连栋温室达到746.6公顷,主要用于蔬菜、花卉、科普、观光等。其中能用于工厂化蔬菜生产的接近20公顷左右,已经成为现代农业的设施生产类型之一。

第二节 连栋温室类型及性能

一、大型连栋温室的分类

大型连栋温室按其屋面结构特征,可以分为屋脊型连接温室和拱圆形连接温室两种类型;按其覆盖采光材料的不同，有玻璃、硬质塑料板材（PC板）或塑料薄膜等作为覆盖材料的温室，前两种覆盖材料主要用于屋脊型连接温室，后一种用于拱圆形连接温室，而塑料薄膜覆盖的拱圆形连栋温室又有单层和双层充气薄膜温室之分。

覆盖材料是整个温室的重要组成部分之一，理想的覆盖材料应是使用寿命长、透光、保温性好、强度高、质地轻、价格便宜、便于安装的材料。

二、大型连栋温室的结构

大型连栋温室，主要由钢筋混凝土、钢材骨架、透明覆盖材料构成。其建筑结构设计和制造，决定了温室的平面和空间规模，直接影响到进入温室的光照强弱、太阳辐射能的多少，可供作物生长的空间大小，作业方便与否和温室的坚固性和耐用年限。

（一）屋脊型连接屋面温室

连栋温室的骨架由钢架和铝合金构成，透明覆盖材料为4毫米厚平板玻璃、空心玻璃或塑料板材（PC板、FRA板）。温室屋顶主要为多脊连栋型（图4-9），多脊连栋型玻璃温室的标准脊跨度为3.2米或4.0米。

图4-9　小汤山多脊式连接温室　2019

1. 连栋温室的单元尺寸

（1）连栋温室跨度　跨度尺寸，随着材料的发展逐渐由窄变宽，脊高与檐高提升。郊区近几年建造的大型连栋温室，其跨度尺寸多为8米、9.6米。

（2）连栋温室开间　连栋温室开间通常为3米、4米、5米、6米或更多，目前以6米为多。

（3）连栋温室檐高　北京郊区连栋温室最初的高度为2.25米，目前常见的有4米、5米、6米或更高，这为作物长季节高产的生长发育提供了空间。

2. 基础部分

连栋温室基础和基础圈梁，主要材料是钢筋混凝土，由预埋件和混凝土浇筑而成，是连接结构与地基的构件。它必须将所有的温室载荷，如风载、雪载和作物载荷等安全地传到地基，故温室的基础设计和制作从根本上决定了温室的质量和使用寿命。

3. 钢架结构

钢架结构是温室的主体部分，常用钢材有普通钢材、镀锌钢材、铝合金材料，其设计是否科学、制作是否精良，都直接影响到连栋温室的质量和使用效果。在设计温室钢架结构时，通常必须考虑以下因素：①尽可能减少立柱、横梁、屋脊等结构件的遮光。②温室内有较大的作业区域，符合机械和自动化耕作、栽培、收获及内部运输等需要。③温室内有合适的自由空间高度。温室的高度会直接影响温室的通风、透光条件，也会直接影响蔬菜作物的生长发育。④必须考虑雨水、冷凝水的排除和收集（通过排水槽，也称"天沟"）。

连栋玻璃温室的结构件主要有两类：一类是柱、梁或拱架，多用矩形钢管、槽钢等制成，并经过热浸镀锌的防锈处理；另一类是门窗架、屋脊等为铝合金型材，并经抗氧化处理。这种门窗轻便美观，密封性好，且推拉开启省力。

（二）拱圆形连接屋面温室

连栋温室的骨架，材料同于屋脊型连栋温室，但其透明覆盖材料主要采用塑料薄膜，自重较轻，故适宜在降雪较少或无降雪的地区应用，可大大地减少结构安装件的数量，增大构件的间距。一般内部柱间距为 4.0 米或 5.0 米时，拱杆间距分别为 2.0 米或 2.5 米。跨度也有 6.4～9.0 米不等的多种规格。由于框架结构比玻璃温室简单，因此，用材少，建造成本降低。

由于塑料薄膜较玻璃保温性能差，因此提高薄膜温室保温性能的一个重要措施是采用双层充气薄膜覆盖。为了保持双层薄膜之间的适当间隔，常用充气机进行自动充气。但双层充气膜的透光度较低，因此在光照弱的地区和季节栽培喜光蔬菜作物时不宜使用。

三、大型连栋温室的性能

目前，大型连栋温室是北京郊区蔬菜生产上应用最先进、最完善、最高级的蔬菜设施，具备较强的环境调控能力，能创造适宜蔬菜作物生长的光照、温度、湿度、二氧化碳等条件，性能良好。

（一）光照

大型连栋温室全部由透明覆盖材料如塑料薄膜、玻璃或塑料板材构成，透光率高，光照时间长，且光照分布比单屋面温室均匀，为蔬菜作物尤其是喜温或喜光的果菜如番茄、甜椒、黄瓜等，提供了良好的光环境，即使在日照时间最短的冬季，也能满足园艺作物对光照的基本需求，仍能进行生产，且高产优质。

以小汤山现代化连栋温室为例，观测分析 2017—2019 年两个番茄生长季的光照情况，室内光照辐射总量呈先降低后增高的趋势，可分为 2 个阶段：第一阶段为 9 月上旬至翌年 1 月中旬，光照辐射总量逐渐降低，11 月中旬至翌年 1 月中旬，平均光照辐射量在 1 000 焦/（厘米²·天）以下；第二阶段为 1 月下旬至 7 月中旬，光照辐射持续增高，最高光照辐射量达到 2 354 焦/（厘米²·天）（图 4 - 10）。

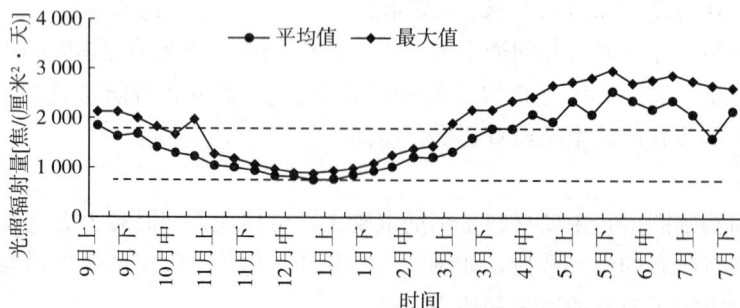

图 4 - 10 小汤山基地 2017—2019 年温室内光照辐射情况

在严冬弱光阶段，可采取降低密度、及时清洗玻璃、增加临时补光措施等方法改善室内光照条件。

（二）温度

大型温室有热效率高的加温系统，在最寒冷的冬春季节，不论晴好天气还是阴雪天气，都能保证作物正常生长发育所需的温度，在最冷的 12 月至翌年 1—2 月，夜间最低温不低于 12～15℃。地温也能达到作物要求的适温范围和持续时间。在炎热的夏季，采用内、外遮阳系统和湿帘风机降温系统，可保证温室内达到蔬菜作物对温度的要求。北京市顺义区台湾三益公司建造的 PC 板连栋温室，1999 年 7 月，在夏季室外温度高达 38℃时，室内温度不高于 28℃，保证了作物的良好生长，高产优质。

采用热水管道加温或热风加温，加热管道可按蔬菜作物生长区域合理布局，除固定的管道外，还有可移动升降的加温管道，因此温度分布均匀，作物生长整齐一致。

以小汤山现代化连栋温室为例，监测分析 2017—2019 年两个番茄生长季温室内外的温度变化情况，可划分为 3 个阶段。第一阶段：9 月上旬—9 月中旬，为通风降温阶段，白天宜采取加强通风、喷雾降温等方式降低室内温度。第二阶段：9 月下旬—翌年 4 月下旬，为加温保温阶段，采取夜间保温幕保温、暖气管道增温的措施，保证室内温度满足作物生长。第三阶段：5 月上旬—7 月上中旬，为通风降温阶段，外界温度显著上升，采取加大通风量、遮阳、高压喷雾降温等方式降低室内温度。自上年 9 月上旬—翌年 7 月上中旬番茄生产期间，室内平均温度变化范围为 17.4～31.8℃（图 4-11），除 6 月下旬—拉秧阶段的温度过高难以调控外，其余阶段均可保证番茄作物正常生长。

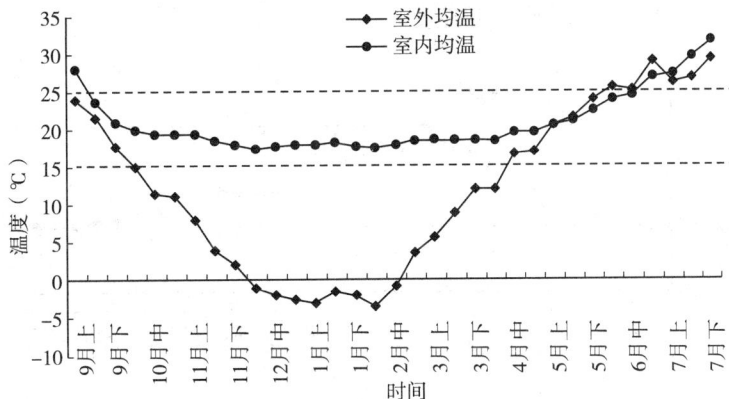

图 4-11　小汤山地区 2017—2019 年温室内外 24 小时平均温度变化

（三）湿度

在塑料薄膜连栋温室内，由于薄膜的气密性强，尤其双层充气结构，气密性更强，因此空气湿度和土壤湿度均比玻璃连栋温室高。连栋温室空间高大，蔬菜作物生长势强，代谢旺盛，叶面积指数高，通过蒸腾作用释放出大量水汽进入温室空间，水蒸气经常达到饱和。但因温室有完善的加温系统，加温可有效降低空气相对湿度，比日光温室因高湿环境给作物生育带来的负面影响小。

夏季炎热高温时，大型连栋温室内有湿帘风机降温系统，使温室内温度降低，而且还能保持适宜的空气湿度，为一些不适合高温干旱条件的蔬菜作物，创造了良好的生育环境。

仍以小汤山连栋温室为例，观测分析 2017—2019 年连续两茬番茄生产的室内空气相对湿度变化状况，从 9 月上旬至翌年 7 月下旬，室内平均湿度为 60.16％～81.69％，基本可以满足番茄相对湿度在 65％～85％正常生长要求（图 4-12）。9 月上旬—10 月上中旬和 4 月上旬以后，注意采取高压喷雾等措施增加室内湿度。

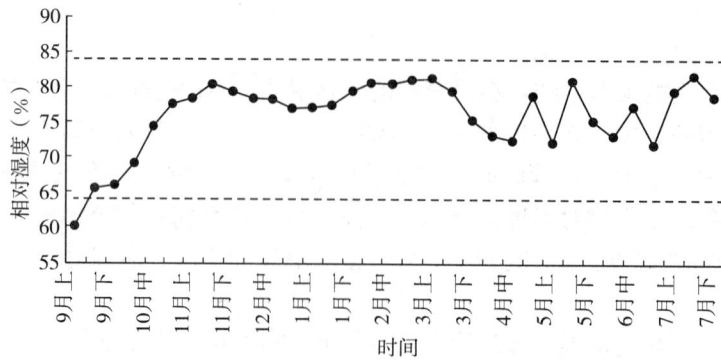

图 4-12　2017—2019 年小汤山温室内相对湿度变化

（四）气体

大型连栋温室的二氧化碳浓度明显低于露地，不能满足蔬菜作物的需要，白天光合作用强时常发生二氧化碳亏缺现象。据上海测定，引进的荷兰温室中，白天 10：00—16：00，二氧化碳浓度仅有240 毫克/升，不同种植区有所差别，但总的趋势一致，所以须补充二氧化碳，可显著提高作物产量。

北京郊区连栋温室番茄工厂化生产，均已采用燃气锅炉废气回收利用系统。连栋温室果类蔬菜生产二氧化碳浓度一般控制在 700 毫克/升以上。2018—2019 年小汤山特菜基地番茄生产监测表明，在9 月下旬—翌年 5 月上旬的加温季节，补施二氧化碳后，温室内平均浓度可达到 500 毫克/升，最高为 743 毫克/升（图 4-13），基本达到了调控要求。

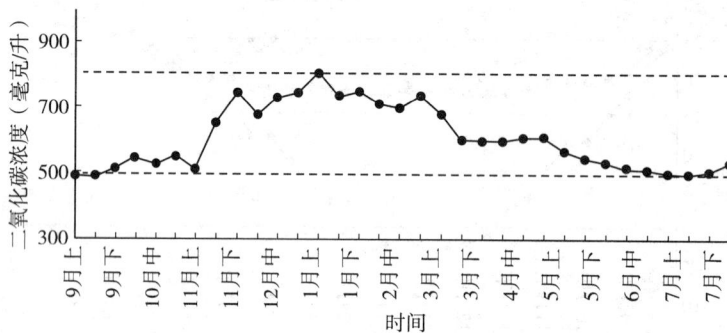

图 4-13　2017—2019 年温室内二氧化碳浓度变化

第三节　连栋温室小气候调控系统

北京地区大型连栋温室的环境调控系统，主要由加热、降温、通风、幕布、灌溉施肥、二氧化碳补充、补光等系统设备组成，以调节温室内的温度、湿度、气体、光照等小气候因子，满足栽培蔬菜作物生长之需要。

一、加热系统

大型连栋温室因面积大，没有外覆盖保温防寒层，只能依靠加温来保证寒冷季节蔬菜作物正常生产。北京地区一般生产瓜果类喜温性蔬菜的加温温室，应保证室内最低温度达到 18℃。

大型连栋温室加热，通常采用集中供暖分区控制，有水暖和热风加温等多种方式。

热风加热主要是利用热风炉，通过风机将热风送进温室加热。该系统由热风炉、送气管道、附件及传感器等组成。热风加热采用燃油炉或燃气炉进行加热，其特点是温室内温度上升速度快，但在停止加热后，温度下降也快，加热效果不及热水管道。一般小面积连栋温室加温多采用热风加热。水暖加温主要是采用热水锅炉，通过加热管道（片）对温室加温。该系统由锅炉房、燃煤（气）或电热锅炉、调节组、连接附件及传感器、进水及回水管道、温室内散热管等组成。

北京近几年新建的大型连栋温室，均采用了更加专业的加热系统。它有别于传统的温室加热方式，采用同程原理和并联方式连接加热管道，利用恒压器使管内压力一致，循环泵为每个区域供热，水平方向温度均匀，热源供热量能根据作物生长需求变化而变化；并可按照温室作物高度立体调节设置 2~3 层加温管道，每一层加热管道由一组四通阀和循环泵控制管道水温（图 4 - 14），给不同层的加温管道设置不同的温度，实现温度的分区分层控制，使温室内的热量供给与分配更加合理，有效节约了能源。其专业加热系统包括：

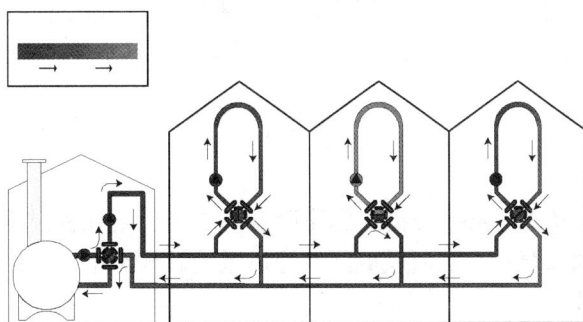

图 4 - 14　温室分控供热管道布置示意图　黄瑞清　2016

1. 热源

就是燃煤或燃气锅炉。1 蒸吨的热水锅炉相当于 0.7 兆瓦，供热能力为 0.7×10^6 瓦。北京地区一般连栋温室的热负荷指标为 100~150 瓦/米^2，1 公顷温室用热负荷按照 1.5×10^6 瓦计算，那么 2 蒸吨的锅炉（1.4×10^6 瓦）基本可以满足 1 公顷连栋温室的用热。北京地区温室热水锅炉的选用，从多年冬季生产看，每公顷连栋温室选用一台 2 蒸吨锅炉即可满足加热需求，这是居民住宅供暖的 2 倍量。大兴庞各庄宏福农业 5 公顷连栋温室选用 10 吨燃气锅炉，采用上述专业加热的方式，白天燃烧天然气产生二氧化碳气体补充施肥的同时，将热水贮存于蓄热罐中，晚间让热水通过管道循环，达到温室内加温降耗之目的。

2. 分水器组

主要由暖通循环泵、四通阀（三通阀）、阀门执行器以及水温传感器件组成。通过分水器组控制热水进入温室不同区或层的加温管道组以及热水循环速度。

图 4 - 15　连栋温室加温分层管道组设备　2017

3. 加温管道组

根据温室区域加温的需求，温室通常会设置 2 组或者 3 组独立的加温管道系统（图 4-15）。一组为主加温管道组，铺设于地表，兼有作为采收车轨道的功能；一组为辅助加温管道组，设置于植物间并可调节。为了考虑温室顶部的温度需求和融雪需求，会在温室顶部设置加温管道或者在天沟底部安装一组融雪管道。

4. 蓄热罐

主要功能是将白天温室补充二氧化碳时产生的热量储存起来，夜间用以温室加温，还可缓冲温室对热量的需求。

5. 压力罐

压力罐的内部气囊可自动伸缩调节加温管道系统内部的压力，保证加温系统稳定、高效运行（图 4-16）。

图 4-16 平衡压力罐
黄瑞清 2017

二、降温系统

在炎热的夏天，大型连栋温室必须降温。温室降温主要由以下几种设施设备来完成：①室内外的遮阳帘、幕系统。②侧窗和顶窗的自然通风或强制通风系统。③水帘——风扇冷却系统。④高压喷雾降温系统。⑤屋顶喷淋系统。

水帘——风扇冷却系统是常见的降温系统，通常在温室的一侧设置水帘，而另一侧设置排风扇，水分通过蒸发，吸收热量而汽化，通过排风机排出，从而达到降温之目的。需要注意的是，目前水帘和排风扇之间的距离不宜超过 50 米。

高压喷雾降温系统，是近几年建设的大型连栋温室主要的降温设备。将高压喷头安装遍布于整个温室上方（图 4-17），冷却降温更为均匀，好于水帘——风扇冷却系统。主要采用超高水压产生弥雾，喷雾工作压力为 100～200 个大气压，雾滴直径约 5 微米，雾滴在到达植物表面之前就被蒸发。高压喷雾用水量非常小，每个喷头每天用水约 5 升，覆盖栽培区域面积为 4.5～9 米^2，而且与计算机控制系统相连接，可完美地实现降温、加湿效果，自动调控温室内温、湿度。需要注意的是，应配备水过滤和净化处理装置和高压泵，配备能耐高水压的供水管。

图 4-17 连栋温室高压喷雾降温 王艳芳 2018

三、通风系统

温室必须及时与外界交换空气，以更好地利用外界的自然气候条件来调节温室内温度、湿度和二氧化碳浓度，从而改善温室内的小气候环境。

通风系统分自然通风和强制通风两种。

自然通风系统有侧窗通风、顶窗通风或两者相结合三种类型；强制通风，也称主动通风，即在温室的一个侧墙（高温期间与主风向相反方向）设置一排大功率的排风扇，在高温高湿时启动，进行强制通风。

大型连栋温室内，一般会配置环流风机，来保证温室环境的均匀性。环流风机配置数量的原则为：每小时的风量可以让整个温室空气循环两次。布置方式有两种，一是可以水平方向悬挂在温室复合梁下或者栽培槽底下，二是可以垂直方向悬挂在复合梁下。环流风机启动时间可以根据温室水平方向温湿度差值或者温度、湿度值进行设置。保证温室内空气充分流动，尤其是在温室窗户处于完全关闭状态，幕布系统处于展开状态时。使用空气内循环系统可以保证温室内的温度、相对湿度及二氧化碳的均匀分布，空气流动通畅，解决温室密闭带来的局部低温、局部湿度过高所造成的病害频发、作物受害而导致减产或者绝收问题，保证作物的正常生育，提高产量和品质。

四、幕布系统

大型连栋温室的帘、幕系统，具有双重功能，夏季可遮挡阳光，降低温室内的温度，一般可遮阳降温7℃左右；冬季可增加保温效果，降低能耗，提高能源的有效利用率，一般可提高室温6～7℃。

帘、幕系统可分为室内帘、幕系统和室外帘、幕系统。室外帘、幕系统仅起遮阳作用，主要适用于夏季高温、阳光强烈地区；室内帘、幕系统则具有双重功能，即在夏季用于遮阳，冬季用于保温。北京郊区新建的大型连栋温室，当前已经较少采用室外帘、幕方式，主要通过室内帘、幕和夏季屋面喷洒降温涂料来保持温室内的环境，克服了冬天室外帘、幕遮光问题。

用于制作帘、幕的材料较常用的一种采用聚酯纤维纱线编织而成，并按保温和遮阳的不同要求，嵌入不同比例的铝箔和聚酯薄膜。

五、灌溉和施肥系统

灌溉和施肥系统，要确保作物能及时获得适宜的水分和养分。该系统通常有手动、电动和自动3种工作方式，采用滴灌、喷灌或微灌，准确、均匀地将水和肥料送至作物根区或作物冠层。

完善的灌溉、施肥系统通常包括水源、贮液及供给设施、水处理设施、灌溉与施肥设备、田间网络管道、灌水器等，并设置废水（液）排放或收集系统。

六、二氧化碳回收利用系统

该系统由二氧化碳源、电磁阀、鼓风机、热水储存罐、气体输送管道组成。

温室中较常用的二氧化碳源有两种，一种是将煤油、天然气或沼气通过二氧化碳发生器充分燃烧而释放出二氧化碳；另一种是购买工业用液态二氧化碳并注入二氧化碳储气罐中备用。郊区近几年发展的大型连栋温室，多是利用锅炉燃烧天然气的尾气，经检测回收，将200℃以上的尾气降低至40～50℃，冷凝提纯处理后混合空气（图4-18），送进温室扩散补充施肥。

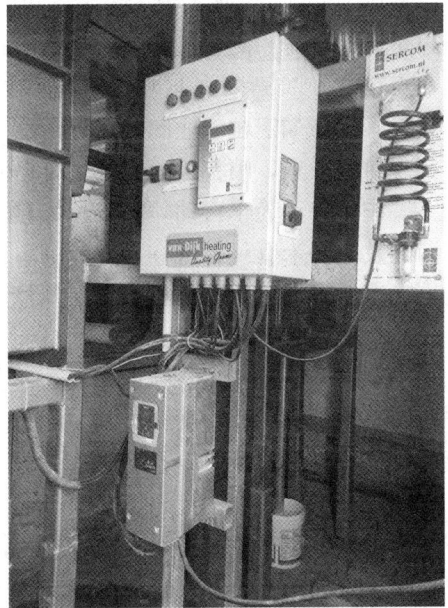

图4-18　二氧化碳补充设备-控制柜　2018

为及时检测温室内二氧化碳的浓度，需在室内设置二氧化碳气体分析仪。二氧化碳分析仪将测得的信号传至计算机，计算机将根据实测值和设定值及相关条件，发出关闭或打开输送装置的信号。

七、计算机环境控制系统

计算机环境控制系统是现代大型连栋温室的核心部分。温室的各个结构和设施设备的运行及其功能发挥都是通过计算机控制系统来实现的，通过温室计算机控制系统来尽可能达到作物生长和发育所需的最佳环境条件。

完整的环境控制系统包括控制器（包括控制软件）、传感器和执行机构。

计算机控制系统主要控制两大方面：环境控制和营养及水分控制。环境控制的气候目标参数包括光照、温度和二氧化碳浓度等；营养控制的参数包括营养液的浓度、酸碱度、灌溉量和灌溉频率，计算机通过灌溉首部的泵和阀门来达到其控制目的。

温室小气候的目标参数都采用闭环控制系统，要完成温室环境的闭环控制，需对室内外温度、湿度及控制设备的运行状态，如通风窗的开度等进行实时测量，并配置数据存储、输出、报警等功能。

八、常用及专用作业机具

大型连栋温室蔬菜生产，必须配备常用和省工、省力、便于操作的生产工具和机械化器械及设备。

1. 基质消毒机

消毒方法有物理消毒和化学消毒两种。物理方法包括高温蒸汽消毒、热风消毒、太阳能消毒、微波消毒等，其中高温蒸汽消毒较为普遍；采用化学方法消毒时，若对土壤消毒，应使液体药剂直接注入土壤到达一定深度，并使其汽化和扩散。

2. 药用喷雾机

在大型连栋温室中，使用人力喷雾施药难以满足规模化生产需要，需采用机械喷雾施药。荷兰温室多采用 Enbar LVM 型低容量喷雾机，可定时或全自动控制，无需人员在场，安全省力。每小时药液用量为 2.5 升，每台机具一次喷洒面积达 3 000~4 000 米²，运行时间约 45 分钟。为使药剂弥散均匀，需在每 1 000 米² 的区域内安装一台空气循环风扇。北京地区采用的喷雾机为 2 种，一种为全自动型喷雾机，如宏福农业园区引进荷兰 bogearts 全自动喷雾机，行进速度及行进路径可通过控制面板实现自由设置，喷头及喷雾量均可自由设置，喷雾机自带电池和水箱，使用不受管线限制，实现高效率操作。一种为半自动喷雾机，如北京市农业技术推广站引进的荷兰 Horticoop 手推式喷雾机，配备液桶及 100 米管线，可在一定范围内自由移动，配备轨道行走喷雾器，可人工手推在轨道上自由行走，喷雾量可通过调节喷头大小来调整。

3. 升降车（轨道车）

主要用于大型连栋温室工厂化果类蔬菜生产中的整枝、打叉、吊绳、果实采收等日常管理，轨道车操作简单容易，可实现单人轻松、独立运行。平台上带有 1 个脚踏开关，控制车辆启停的同时解放双手，实现自如操作。不同规格车辆可升高至 3~4.5 米（图 4-19a）承重 200 千克左右，实现高空作业。

4. 采摘运输车

大型连栋温室中应采用采摘运输车，满足果实大批量采收的需要，省时、省力，大大提高了果实的采收速度和采收质量（图 4-19b）。

5. 玻璃清洗机器人

主要用于大型连栋温室玻璃屋面清洗。北京宏福农业、供销合作总社、极星等农业园区引进了自走式全自动玻璃清洗机，可实现高效、稳定清洁。顶部清洁器可以通过一个平台安全轻松地移动到另一跨上，实现整个屋顶清洗无缝对接（图 4-20）。

图 4-19a　植株调整采收升降车　2019

图 4-19b　产品运输车运送产品　2019

图 4-20　屋面玻璃清洗机器人　杜莉雯　2018

6. 其他省力化器材

大型连栋温室生产中应用的其他器具包括：标准化落蔓钩，采用独特的 M 形外观及绕线方式，解决了工厂化生产条件下果类蔬菜落秧易弯折、效率低的问题；专业打叶工具，独特的外观设计可使切口平滑，切面小，下刀后不损伤下部植株；果柄防折环，加固番茄果柄，避免了果实在没有长到要求大小时折断，降低产量；专用黄带夹，根据生产需求用热镀锌铁丝做成独特造型，可方便快捷地安装黄带，稳固、不易掉，黄带夹可随时根据植株高度快速上下移动（图 4-21），提高了生产效率。

外遮阳涂料，喷涂后以保护膜方式附着在温室玻璃外表面，形成极好的白色涂层，反射太阳光从而起到遮阳降温作用。并配套遮阳涂料清除剂，可快速清除，操作方便无污染。

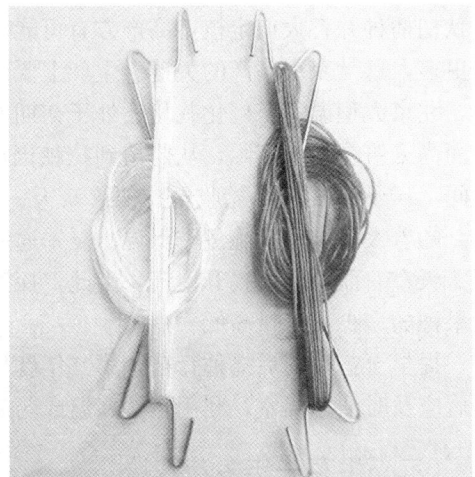

图 4-21a　番茄落蔓钩　王艳芳　2018

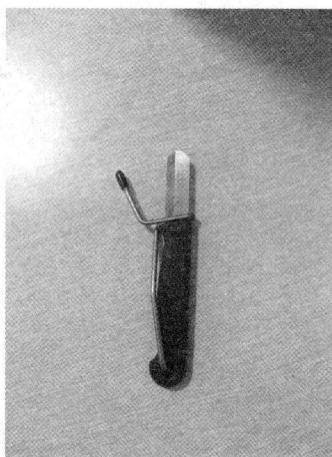

图4-21b 番茄打叶刀 王艳芳 2018

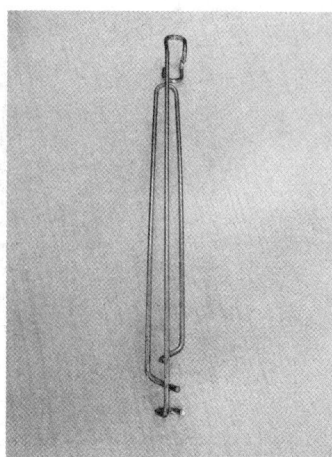

图4-21c 番茄黄带夹 王艳芳 2018

第四节 连栋温室蔬菜栽培案例

一、大型连栋温室的蔬菜茬口安排

北京地区的大型蔬菜连栋温室，适宜栽培的主要蔬菜有茄果类、瓜类、豆类、绿叶菜类、芽苗菜类和食用菌等，主要栽培的蔬菜是番茄、生菜；此外，更适宜培育蔬菜幼苗。

（一）番茄一年一茬栽培

大型连栋温室有加热系统，小气候环境可调控，无土栽培方式，根据近些年来的栽培实践，要获得蔬菜高产，就要尽可能延长果实采收期，茄果类蔬菜和黄瓜栽培相比，从播种到始收需要时间较长，宜采用长季节栽培，一年一茬。

北京地区到芒种节前后，进入高温季节，大型连栋温室番茄开花坐果难，且易发生着色不一致的现象，造成商品外观性欠佳。若制冷降温生产，则成本较寒冷时期加温为高。

采取传统生产茬口或荷兰茬口，温室番茄秋播越冬生产，很难获取较高的单产水平。若提至夏末或秋初播种并育大苗定植，高产方有可能。温室长季节番茄栽培到初冬，力争开花坐果达到6穗左右或更多，这是获得高产的关键。生产上要确保大中果型番茄定植后开花坐果穗达到30穗及以上。目前，北京大型温室工厂化栽培还处于初期发展阶段，番茄品种选择，播种、定植的季节茬口因学习荷兰而尚未符合本地实际，从定植到拉秧因经过严寒冬季，大中型果番茄≥11天一穗；从开花至拉秧期间≥10天一穗；从始收至拉秧约9天一穗，雨水至芒种封顶约8天一穗；炎热期间≤7天形成一穗。随着大型温室设施冬季保温、夏季通风、栽培技术的改进，有望将开花结果穗序时间进一步缩短至7天左右而大幅度提升单产。因此，探索夏季至初秋时段的光温资源利用，决定了工厂化番茄开花坐果穗的多少和产量高低。

提早至芒种前后播种育苗，第二年度暑期间拉秧的工厂化番茄长季节栽培茬口值得大胆实践。拉秧后应及时洁净温室，利用自然高温或药剂消毒，以备下年度茬口再生产。

（二）生菜一年多茬栽培

绿叶类蔬菜，一般对温度要求适应性较广，适合大型连栋温室栽培，可周年栽培。依据上市需求，流水线作业，每天或每周播种、定植、收获。

（三）育苗与生产轮作

大型连栋温室育苗休作期间，可进行叶类蔬菜栽培。

（四）市场需求安排茬口

种植草莓、水果、花卉，养殖可按照市场需求安排茬口。

二、大型连栋温室番茄长季节栽培技术

大型连栋温室是蔬菜生产最好的设施之一，北京地区一年一茬长季节栽培番茄，经过多年的生产实践，摸索出几项高产的关键栽培技术，特作介绍。

（一）品种选择

番茄越冬一大茬栽培，品种选择应具有以下特性：生长势强抗早衰、连续结果能力强、果实大小均匀一致、畸形果率低；耐低温弱光，综合抗逆能力强。在此基础上选择品质好的品种。

目前，郊区栽培的番茄品种有：中大果型 SV7845TH、佳丽 14、丰收 560 等；中果型 Cappricia（凯布瑞莎）、Forticia（佛缇雅）等；穗番茄 Juanita（朱妮塔）、DRC564、Tomary（特美瑞 72 - 191）、Florantino（佛伦缇诺）、ARuRu（阿鲁 72～193）等。

（二）培育大苗

大型连栋温室番茄宜采用岩棉塞播种、岩棉块育大苗。也可采用椰糠（粗：细＝3：7）或草炭、蛭石等基质育苗。番茄单秆壮苗一般标准为：苗龄 50～60 天，株高 50 厘米，茎粗 0.8 厘米，8～9片真叶，现花蕾，叶色浓绿，无病虫害。

1. 岩棉塞播种

同期播种接穗和砧木。播前种子用温汤浸种，再用清水浸泡 4～6 小时，捞出后用纱布包裹置于 28℃恒温箱中催芽，24～48 小时 70% 以上露白时即可播种。也可采用干籽直播。

播前，将岩棉塞用 EC 值为 1.5 毫西/厘米、pH 为 5.5 的完全营养液（表 4 - 2）浸泡 24 小时，以中和岩棉塞的 pH 并置换出岩棉塞中的有害物质，将种子直接播在岩棉塞中间的空穴中，每个岩棉塞播 1 粒，播种深度 1 厘米，然后用细蛭石（二级）覆盖，覆盖厚度不超过 1 厘米，以遮住岩棉塞孔隙即可，防止番茄根系扎入蛭石。盖上塑料薄膜保温保湿，待 60% 以上出苗后立即揭开塑料薄膜，开始转入正常管理阶段（图 4 - 22）。

图 4 - 22　岩棉塞番茄育苗　王艳芳　2017

表4-2 果类蔬菜岩棉专用营养液配方

离子	NH_4^+	K^+	Ca^{2+}	Mg^{2+}	NO_3^-	SO_4^{2-}	$H_2PO_4^-$	Fe^{2+}	Mn^{2+}	Zn^{2+}	B	Cu^{2+}	MO
浓度（毫克/千克）	20	340	210	60	220	80	40	2.5	0.8	0.33	0.33	0.15	0.05

2. 嫁接育苗

番茄长季节栽培，以嫁接苗为宜。为保证番茄成活率，一般在番茄接穗和砧木长有2~3片真叶、茎秆粗1.5~2.0毫米时进行小苗龄嫁接。采用45°套管贴接方式在遮光条件下进行，首先削切砧木，在子叶下方斜切一刀，削成45°斜面。选择适合植株茎粗的套管，套在切好的砧木上，套管留一半长度准备套接接穗；接穗留2~3片真叶，用刀片在第2或第3片真叶下方斜切一刀，切成45°斜面，使其尽量与砧木的接口大小接近。将削好的接穗苗套入套管内，保证切口与砧木苗的切口对准贴合在一起，嫁接完成后（图4-23），及时放入小拱棚中，保证湿度，并覆盖遮阳网。

图4-23 番茄小苗龄嫁接苗 王艳芳 2018

3. 分苗

分苗是指将穴盘中的岩棉塞幼苗移入岩棉块的过程。分苗前，将岩棉块先用pH为5.5，EC值为2.0毫西/厘米的完全营养液充分浸泡24小时，然后将岩棉塞幼苗自底部掰开后拿出（图4-24），塞入岩棉块空穴中，即完成分苗。

图4-24 移入岩棉块的幼苗 2014

连栋温室番茄生产，可选择单秆苗或双秆整枝苗。单秆苗在嫁接成活后8天左右可分苗移入岩棉块；双秆整枝苗，在嫁接成活后约8天时，在子叶上方摘心，约7天子叶叶腋处长出新的生长点后，将苗子移栽至岩棉块上完成分苗（图4-25）。分苗结束后生长约7天将育苗块均匀分开，增加植株营养面积，每平方米摆放20～22块，再生长20天左右，即苗龄50～60天，8～9片真叶时即可定植。

4. 苗期温度管理

播后苗期管理，白天温度20～28℃，夜间17～22℃（表4-3）；湿度70%～90%；水肥管理营养液EC值1.2～2.0毫西/厘米，pH5.5（表4-4）。要保持岩棉块相对含水量达到65%～85%，采用顶灌喷水岩棉块根部（图4-26），每次每株浇水量为50～100毫升，以产生回液为准。

图4-25 岩棉块双秆整枝苗 2016

图4-26 苗期喷水灌溉 2017

表4-3 果类蔬菜苗期不同阶段温湿度管理

阶段	温度（℃）		湿度（%）	岩棉含水量（%）
	白天温度	夜间温度		
催芽	28	28	＞90	—
播种至出苗	23	23	90～95	90
出苗至嫁接	25～28	18～20	85～90	80
嫁接至分苗	25～28	17～21	按时间调整	80～90
分苗至定植	20～23	18～21	70～75	60～80

表4-4 果类蔬菜不同时期营养液管理

阶段	灌溉液		填充基质	
	EC值（毫西/厘米）	pH	EC值（毫西/厘米）	pH
催芽	清水	清水	—	—
播种至出苗	清水	清水	1.5	5.5
出苗至嫁接	1.2～1.5	5.5	—	—
嫁接至分苗	1.2～1.5	5.5	—	—
分苗至定植	1.5～2.0	5.5	3.0	5.5

（三）定植后温室小气候管理

当幼苗具备定植条件后（图4-27），应及时定植到栽培基质上，初始定植密度为每平方米2.5株，也可适当增加定植密度。翌年1月中下旬至3月上旬，通过1～2次留杈增密的方式再增加密度。

定植前 2～3 天，按照所需的定植密度布置好岩棉条或椰糠条，然后用 EC 值为 2.5 毫西/厘米的完全营养液浇透基质，并保持 24～48 小时。定植前开袋，排出多余的营养液，然后即可以定植。

定植时，采用岩棉育苗的可将岩棉块直接坐在栽培基质上，注意栽培基质要平整，让岩棉块与基质完全接触，以利根系迅速下扎；若采用幼苗分苗至岩棉块，也可将分苗后的岩棉块提前放置于岩棉条上进行管理。定植后，做好温湿度等管理。

1. 光照管理

果类蔬菜成株期光照辐射量每天每平方厘米应达到 750 焦以上；叶类蔬菜光照需求较弱，每天每平方厘米 300～500 焦即可满足光合作用需求。从光照监测情况来看，果类蔬菜生产中 11 月中旬至翌年 1 月下旬，光照条件较差，宜采取清洗玻璃及临时补光措施。常见的补光措施有高压钠灯、LED 灯，生产上可采用顶部高压钠灯与植株间 LED 灯相结合补光（图 4-28）。北京宏福农业在大型连栋温室樱桃番茄生产上进行了补光试验（图 4-29），植株间补光强度为 100 微摩/（米^2·秒），红蓝光配比为 2：1，能促进品质和产量提升，但并没有增加果穗数。

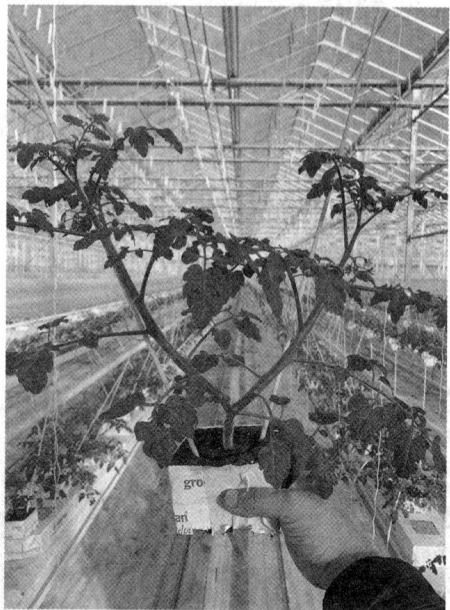
图 4-27 番茄大龄苗 杨夕同 2018

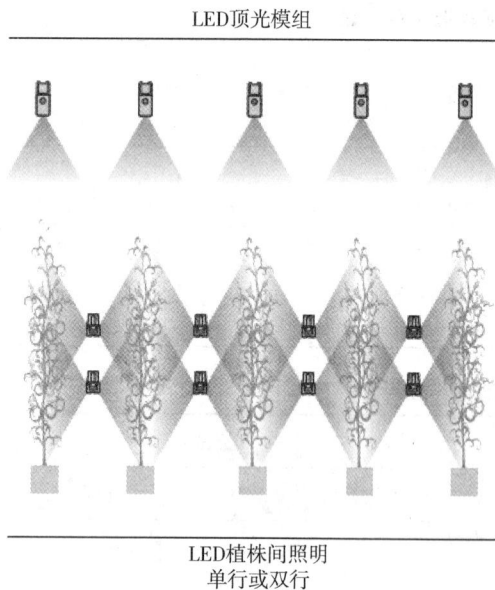

LED顶光模组

LED植株间照明
单行或双行
图 4-28 LDE 灯补光示意

图 4-29 番茄植株顶部 LED 补光 王艳芳 2018

2. 温度管理

适合果类蔬菜生长的理想 24 小时均温为 19～21℃，定植后至第一穗果坐果，白天温度 20～30℃，夜间温度 15～20℃；成株期果类蔬菜采用四段式温度管理，白天最高温维持在 18～27℃，傍晚快速降温以降低果实呼吸消耗，后半夜提温 2～4℃，日出后缓慢增温至最高温（图 4-30）。叶类蔬菜定植后通常白天 15～25℃，夜间 15～18℃。

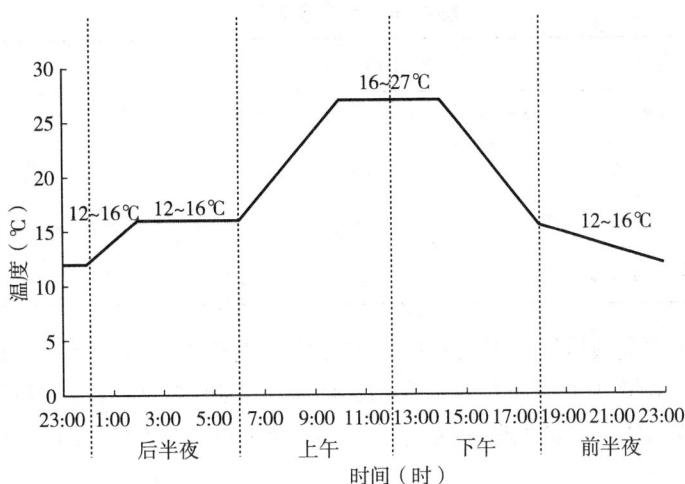

图 4 - 30 大型玻璃温室番茄栽培温度变化 王艳芳

3. 湿度管理

果类蔬菜整个生育期湿度控制在 65％～85％ 范围内，不同生育阶段最佳湿度控制指标见表 4 - 5。叶类蔬菜出苗后，湿度控制在 65％～75％ 为宜。可通过高压喷雾系统、天窗自然通风等措施实现室内湿度控制，在 1—3 月由于采取加温措施，温室内湿度降低，此时作物蒸腾量较大，湿度可满足生产；4—7 月由于持续开窗放风，室内湿度较低，需打开高压喷雾调节加湿；8—10 月由于作物植株较小，蒸腾量小，但因频繁开窗放风，室内也需进行加湿调节，11—12 月采取加温措施，同时植株蒸腾量显著增大，湿度基本可以满足生长，无需采取措施调节。

表 4 - 5 果类蔬菜不同生育阶段温室相对湿度控制指标

单位：％

生长阶段	24 小时平均湿度	白天	夜间
定植后 1 周内	85～90	80～90	85～95
定植 1 周至开花	70～80	70～80	80～85
开花至采收	80	75～80	80～85
采收开始至结束	80	75～80	80～85

4. 补充二氧化碳

大型连栋温室番茄生产，二氧化碳浓度宜为 700～800 毫克/升，多采用锅炉燃烧天然气产生的尾气经过冷却、净化后，由专用管道输送到温室（或液化储存按需供给），并通过温室自动控制系统控制进入温室的二氧化碳浓度，实现产量与品质的提升。当然，也可采取其他补充二氧化碳气体的方式进行补充施肥。

（四）水肥管理

1. 水质要求

无土栽培中对灌溉水要求较为严格，荷兰灌溉水源以雨水为主，北京地区连栋温室工厂化番茄生产灌溉水源多来自地下水及地表水。相比雨水，北京地区地下水、地表水富含多种高浓度矿物质和其他砂石物质，如 Mg、Ca（导致水质硬度过高）、HCO_3^-（导致 pH 升高）、Mn、B（存在中毒风险）等，使用前一般需要过滤和消毒。采用营养液回收利用的灌溉方式，一般要求水源要达到 1 级，其水源要求见表 4 - 6。

表4-6　北京水质分级

分级	EC值（毫西/厘米）	Cl⁻（毫摩/升）	Na⁺（毫摩/升）	HCO₃⁻（毫摩/升）	Fe（毫摩/升）	Mn（微摩/升）	Zn（微摩/升）	B（微摩/升）
Ⅰ级	<0.5	<1.5	<1.5	<4.0	<5.0	<8.0	<8.0	<30.0
Ⅱ级	0.5~1.0	1.5~3.0	1.5~3.0	4.0~6.0	5.0~10.0	8.0~15.0	8.0~10.0	30.0~70.0
Ⅲ级	>1.0	>3.0	>3.0	>6.0	>10.0	>15.0	>10.0	>70.0

生产中，施肥机接收电脑信号后将母液按一定比例与纯净水混合，达到预设的 EC 值和 pH，根据光辐射累积量确定灌溉量（番茄灌溉量 1 焦/厘米² ＝ 3 毫升/米²），通过田间管路准确施入植株根部，多余营养液通过栽培槽营养液回收系统进行收集，并经过处理再次利用。根据作物不同选择不同的营养液配方及灌溉策略。

2. 营养液配方管理

我国连栋温室番茄生产营养液配方可选用荷兰番茄工厂化生产的通用配方，生长周期内应根据植株长势变化、气候变化、营养液监测结果进行调整。以 2017—2018 年茬口小汤山特菜基地连栋温室番茄工厂化生产为例，番茄生长期间，根据生长时期及植株状态不同对营养液配方进行不断调整（表4-7）。

表4-7　小汤山特菜基地 2017—2018 年茬口连栋温室中型果番茄及樱桃番茄营养液配方变化

番茄类型	生育期	NO₃⁻态 N	NH₄⁺态 N	P	K	Ca	Mg	S	Mn	Zn	B	Cu	Mo	Fe	K/Ca
		浓度（毫摩/升）							浓度（微摩/升）						
大中型果	苗期	12.8	0.8	1	6.1	4.6	1.8	2	6.6	3.3	30	0.7	0.3	20	1.3
	开花坐果期	20.6	1.2	1.5	9.4	7.8	2.8	2.9	10.4	5.2	45	1	0.6	37.5	1.2
	结果前期	24.1	1.3	1.8	11.7	8.9	3	3.1	10.4	5.2	45	1	0.6	37.5	1.3
	结果中期	19.1	3.4	1.8	7.9	7.1	6.9	4.6	7.4	3.7	45	1	0.6	37.5	1.1
	结果后期	21	0.6	2.2	12.5	7.8	2	2.5	14.8	7.8	45	1.4	0.6	37.5	1.6
樱桃番茄	苗期	12.8	0.8	1	6.1	4.6	1.8	2	6.6	3.3	30	0.7	0.3	20	1.3
	开花坐果期	20.6	1.2	1.5	9.4	7.6	2.8	2.9	10.4	5.2	45	1	0.6	37.5	1.2
	结果前期	24.1	1.3	1.8	12	8.9	3	3.2	10.4	5.2	45	1	0.6	37.5	1.3
	结果中期	22.4	1.2	1.7	10.7	8.2	2.9	3	10.4	5.2	45	1	0.6	37.5	1.3
	结果后期	21	0.6	2.2	12.5	7.8	2	2.5	14.8	7.8	45	1.4	0.6	37.5	1.6

3. EC 与 pH 管理

在番茄不同生长阶段，适宜 EC 值有所不同，从子叶展平至第 1 花序现蕾，灌溉液 EC 值从 0.5 毫西/厘米逐渐升高至 2.0 毫西/厘米；第 1 穗果转色期（第 7 花序开花），EC 值以 2.0~3.0 毫西/厘米为宜。不同气候条件下，番茄成株期（即第 1 穗果开始采收后）灌溉液 EC 值不同（表4-8）。番茄生产过程中，每天需要对灌溉液和排出液的 EC 值进行监测，以确保 EC 值在合理范围内。排出液收集一般在温室的居中位置，收集测量时间一般为每天第 1 次排液之前。理想状态下排出液的 EC 值以 4.0~6.0 毫西/厘米为宜。

表4-8 不同气候条件下番茄成株期基质EC及灌溉液EC浓度建议

基质EC值（毫西/厘米）	寒冷气候	正常气候	温暖气候	炎热气候
<3.5	3.0	2.7	2.4	2.1
<4.0	2.9	2.6	2.3	2.0
<4.5	2.8	2.5	2.2	1.9
>4.5	2.7	2.4	2.1	1.8

为保证番茄植株的正常生长，生产过程中一般将灌溉液的pH调节至5.0～6.0。为确保植株根系的pH处在合理范围内，除需要保证灌溉液pH合适外，还需要每天监测排出液的pH，进而进行调整。pH调节可以采用直接和间接两种方式。直接调节可通过增加酸（HNO_3、H_3PO_4）、碱（KOH）来实现。间接调整可在保证N元素总量不变的情况下，用NH_4^+代替NO_3^-来降低植株根际的pH。

4. 灌溉管理

一般来说，灌溉策略应包括灌溉总量、灌溉起始和结束时间、灌溉频率3个方面。在不同气候、不同植株生长阶段，通过对以上3个方面的不断调整，实现对植株水肥管理的精准调控。灌溉总量即1天内供给植株的营养液总量，番茄成株期每天每株的需水量在1.5～2.0升。成株期灌溉总量可以依照光照辐射来确定，荷兰灌溉模型为温室内每平方厘米积累1焦光照辐射总量，每平方米灌溉量为3毫升。灌溉总量也可以根据基质含水量及排液量的监测数据进行调整。一般来说，在晴天条件下，结束最后1次灌溉后，基质含水量相比灌溉前增加5%～10%、排液或回液量达到30%较为适宜。番茄不同生长时期的灌溉总量有所不同（表4-9）。灌溉策略要根据植株长势随时进行调整。

表4-9 番茄定植后不同阶段的营养液灌溉总量参考

生长阶段	灌溉周期（天）	灌溉总量（毫升/株）	排液量百分比（%）
缓苗期（第1穗果坐果前）	7～10	50～100	0
开花坐果期（第1穗果坐果至第2花序开花）	7～10	300～500	10
第2穗果坐果至第3穗果坐果	7～10	500～800	20
第3穗果坐果至成株期	28～35	800～1 500	30
成株期	200～250	1 500～2 000	30

灌溉起始和结束时间对于调控番茄植株生长至关重要。在连栋温室工厂化生产条件下，番茄一般在日出后2小时左右开始第1次灌溉，日落前2小时左右结束灌溉。在不同气候条件下，灌溉起始和结束时间略有不同。停止灌溉时间晴天在日落前2小时结束，阴天在日落前5小时结束。

灌溉频率，即1天内的灌溉次数及每次的灌溉量。灌溉次数根据作物不同生长时期、不同季节有所不同。成株期灌溉可根据光辐射量来调整，理论值为每平方厘米达到80～100焦辐照量就需要灌溉1次，每次每株灌溉80～120毫升。一般冬天灌溉频率低、夏天灌溉频率高，生产中需根据实际情况灵活调整。

（五）植株调整

番茄工厂化生产过程中涉及吊秧、绕秧打杈、疏花疏果、打叶、落蔓、采收等环节植株精细化管理。

1. 吊秧绑蔓

在番茄株高30～40厘米时采用绕有绑蔓绳的落蔓钩辅助完成吊秧工作，在番茄茎基部进行绑蔓，随后每周进行绕秧来维持番茄的直立生长。每株双头植株分别用红色、黄色吊线绑蔓以进行区分（图 4-31）。操作过程为：提前将绕有吊秧绳子的落蔓钩按照不同颜色位置悬挂在温室中上部钢丝上，随后在番茄茎基部采用 8 字扣的方式系紧绳子（图 4-32）。后期随着植株的增粗，活扣可随之留出空间，防止勒紧植株，影响营养物质运输。操作中需注意避免绳子与茎秆发生摩擦，损伤茎表皮，造成感染；同时需注意留出绕秧的绳长，避免系得过紧没法绕秧，以系完后绳子轻微牵拉为宜。

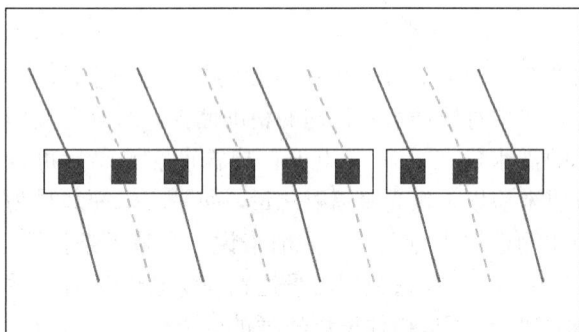

图 4-31　每株双头植株分别用红色（实线）、黄色吊线（虚线）绑蔓

图 4-32　8 字扣系法绑蔓　王艳芳　2018

2. 留杈增密

番茄定植后很快进入北京地区的冬季，光照条件较弱，故初始定植密度较低。而在翌年 2 月下旬光照条件明显转好时，生产中会采取提前留杈增密的方式，提高种植密度，以最大限度利用光照资源，提高单位面积产出率。为保证植株营养生长与生殖生长平衡，在 1 月中下旬左右，根据北京地区光照条件开始留侧枝，侧枝留取方式为隔一行留一行（图 4-33），以保证每一行每侧株数一致，使用蓝色吊线绑蔓，大番茄种植密度每平方米增加到 3.75 株。操作时需注意选取顶部花穗下面的叶片叶腋位置留取侧枝，以保证温室生产均一性；同时需注意提醒工人绕秧打杈时跳过留侧枝部位，若不慎打掉，需在下一个花穗下叶片叶腋处及时留出侧枝。

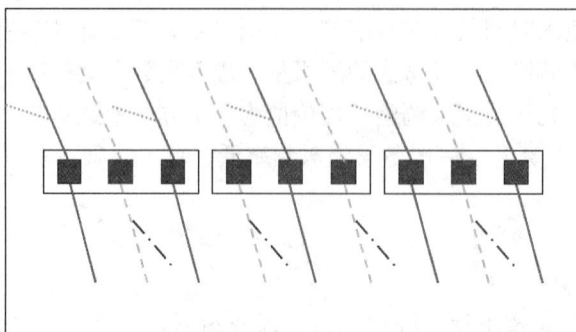

图 4-33　侧枝隔 1 行留 1 行用蓝色、紫色吊线绑蔓

留侧枝的时间可根据生产需求及气候变化而改变，如果环境条件适宜，小型果番茄可在 3 月上旬

进行二次留侧枝，密度每平方米增加至 4.2～4.5 株，留取方法以保持每行的每一侧、每条岩棉条上头数相同为准。

当植株出现机械损伤缺株时，需要留侧枝补充植株数量，这时应在距离缺失植株左侧最近的一株未留过侧枝的茎秆上留侧枝，保留的侧枝使用白色吊线绑蔓，以方便工人区分。

3. 绕秧打杈

绕秧也称为"盘头"，即顺时针（工人绕秧方向保持一致）方向将植株头部绕在吊绳上，定植后每周进行 1 次以保持番茄直立生长。绕秧打杈的操作顺序是：先绕秧后打杈，最后疏花。绕秧的同时要将叶腋间抽生的侧芽、侧枝全部去掉，避免养分消耗和植株间相互遮蔽。打杈时应从杈基部清除，以减少机械损伤，促进伤口愈合，并且尽量避免用手接触植株茎叶部，注意消毒，以防止病菌传染。在番茄营养生长过旺时，绕秧打杈需加一个步骤，即打掉生长点对面一片小叶，来降低叶片与生长点对营养的竞争。通过专业化操作工人培训，小汤山基地工人绕秧打杈操作效率达到每小时 900 株，还可通过进一步提高工人操作熟练度来提高效率。

4. 疏花疏果

为确保番茄果实大小一致、均匀整齐，提高商品性，在坐果初期将性状不一致、畸形或多余的小果疏去（图 4-34）。疏花疏果每周进行 1 次，需随之去除花前枝、花前叶。大型果番茄（200 克以上）每穗留果 3～4 个，中型果（100～150 克）番茄 5～6 个，小型果（10～20 克）番茄 10～15 个，留果数量根据植株长势、环境变化随时调整。摘掉与其他番茄不在一个水平面的番茄，如果出现复穗花视长势可去可留（图 4-35），经过培训及实践，小汤山基地工人疏花疏果效率为每小时 1 500 株，操作效率仍有待进一步提高。

图 4-34 番茄疏花疏果 杜莉雯 2019

图 4-35 番茄的复花穗 2014

5. 打叶

在环境条件及营养状况适宜的条件下，番茄每周平均生长 3 片叶，而番茄的功能叶片数量冬季为 9～11 片，夏季为 13～15 片，因此及时去掉番茄下部叶片可以改善植株下部的通风透光条件，减少养分损失。生产中每周打叶 1 次，每次打掉 2～3 片叶。采用专用打叶刀紧贴叶柄离层去掉叶片，以减少打叶造成的机械损伤，促进伤口快速愈合，降低病害感染的概率。小汤山基地工人打叶效率每小时 1 500 株，与荷兰平均操作效率基本持平。

6. 落蔓

随着时间推移，番茄植株的茎蔓长度可达 15 米左右，需在栽培过程中不断地进行落蔓，使植株生长点保持在吊挂系统下方20~30厘米的位置，便于工人操作管理。小汤山基地温室的吊挂系统距离地面4.2米，生产中保持番茄生长点在4米左右。需采用落蔓钩（图4-36）来辅助完成落蔓，落蔓钩挂在温室上部的铁丝上，可在铁丝上移动，落蔓时始终向右翻转挂钩即可。生产中工人每株每次仅需翻挂钩1~2次，落秧20~30厘米，每周落秧1次，方法简便快捷、节省人工。落蔓时应注意避免扭裂或折断茎蔓，并保持植株吊蔓高度一致，保证生长点相互间不会争光。小汤山工人落蔓效率每小时在1 500株，与荷兰平均每小时1 800株的效率相比差距较小，可进一步提高操作熟练度来提高工人操作效率。

7. 采收

采收时用采收剪贴齐果柄根部剪切，串收番茄要将果串平放在采收盒中。果柄不能超过整个果串的宽度。果柄过长，果实码放不整齐；过短，果柄的切口会损伤果实。一般采收盒需要码放两层。如果遇到过熟的果穗，应放在上层，防止挤压损伤。通过培训，小汤山温室工人采收效率达到每小时125千克。

图4-36 番茄落蔓钩 王艳芳 2018

（六）病虫害防治

病虫害防治是实现作物优质高产的重要一环，生产中根据主要病虫害发生季节（表4-10）进行针对性防治。连栋温室番茄工厂化生产病虫害防治系统，主要包括生物防治、物理防治、化学防治等在内的综合病虫害防治体系，有效避免作物生长过程中病虫害传播。生产过程中要坚持源头控制和综合防控的理念，以温湿度精准调控以及有益昆虫生态系构建为基础，充分发挥自然调控和生态调控优势，同时以科学化学防治作为必要补充，通过定期监测预警制定最佳防治策略，以达到有效防控病虫害、减少产量损失、保障产品安全的目的。

表4-10 连栋温室番茄工厂化生产各阶段主要病虫害发生情况

	1月	2月	3月	4月	5月	6月
主要发生	灰霉病	灰霉病	灰霉病	粉虱	粉虱、叶霉病	粉虱
轻度发生	叶螨、白粉病、病毒病	叶螨、病毒病	粉虱、病毒病	蓟马、病毒病	潜叶蝇、白粉病	白粉病

	7月	8月	9月	10月	11月	12月
主要发生	粉虱	未生产	粉虱	粉虱、蓟马	早疫病	灰霉病、叶螨
轻度发生	白粉病	未生产	病毒病	病毒病	粉虱、蚜虫、病毒病、白粉病	蚜虫、病毒病、白粉病

1. 物理防治

尽量减少人员参观，防止将病菌、有害生物带入温室。温室进出口设置更衣室、手脚消毒装置（图4-37）、风淋通道及缓冲间，参观人员及操作工人进入温室需更换参观服装和操作服，避免将外界病菌带入温室；采用黄带防治蚜虫、粉虱，蓝板防治蓟马，悬挂高度为距离植株顶端15厘米处，定期更换高度。

2. 生物防治

以天敌防治为主，辅以氨基寡糖素、寡雄腐霉菌等生物药剂防治。选用丽蚜小蜂、烟盲蝽防治粉虱类害虫；选用巴氏新小绥螨、智利小植绥螨防治螨类；选用天敌异色瓢虫防治蚜虫；选用天敌东亚

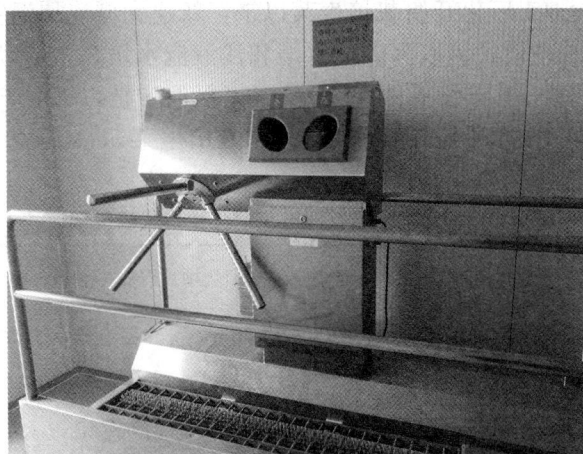

图 4-37　温室进口处消毒设备　2019

小花蝽、巴氏新小绥螨防治蓟马（表 4-11）。

表 4-11　连栋温室番茄工厂化生产中天敌释放方法

虫害	粉虱类		螨类		蚜虫		蓟马
天敌	丽蚜小蜂	烟盲蝽	巴氏新小绥螨	智利小植绥螨	异色瓢虫	东亚小花蝽	巴氏新小绥螨
使用方法	2 000 头/亩，7～10 天释放 1 次，连续释放 3～5次	1 000 头/亩，10 天释放 1 次，连续释放 2～3 次	1万头/亩，15～20 天后释放 2 万～3 万头/亩	9 000 头/亩，15～20 天释放 1 次，连续释放 2～3 次	2 000 头/亩，7～10 天释放 1 次，连续释放 3 次	1 000 头/亩，7～10 天释放 1 次，连续释放 2～4 次	1万头/亩，15～20 天后释放 2 万～3 万头/亩

3. 化学防治

针对主要病虫害必要时采用化学药剂防治（表 4-12），严格按照国家规定的标准执行，轮换用药，控制药剂的浓度、使用次数及安全间隔期。

表 4-12　连栋温室番茄工厂化生产主要病虫害化学防治措施

主要病虫害	灰霉病	早疫病	白粉病	叶霉病	粉虱	螨类	蓟马	潜叶蝇
防治方法	50％啶酰菌胺水分散粒剂 1 500 倍液或 40％嘧霉胺可湿性粉剂 600 倍液叶面喷施交替使用	50％异菌脲可湿性粉剂 1 000～1 500 倍液、80％代森锰锌可湿性粉剂 600 倍液交替使用	硫黄熏蒸	47％春雷氧氯铜可湿性粉剂 600 倍液或 10％苯醚甲环唑水分散粒剂 1 500 倍液交替使用	22.4％悬浮剂螺虫乙酯 1 500 倍液或 22％氟啶虫胺腈 2 000～3 000 倍液交替使用	5％阿维菌素 2 000 倍液或 43％悬浮剂联苯肼酯 3 000 倍液交替使用	5％阿维菌素 1 500～2 000 倍液或 240 克/升乙基多杀菌素悬浮剂 1 500 倍液交替使用	25％噻虫嗪水分散粒剂 3 000 倍液＋2.5％三氟氯氰菊酯水剂 1 500 倍液混合或 5％阿维菌素乳油 1 500～2 000 倍液交替使用

三、大型连栋温室生菜栽培技术

生菜因营养丰富、生熟食口味俱佳，受到北京市民的关注和喜爱。据不完全统计，北京生菜年需求量为 20 万吨，除了由北京的 0.53 万公顷（7.95 万亩）生菜田提供保障外，仍需河北张家口、承德等地 0.13 万公顷（1.95 万亩）季节性生菜作为补充。但常规生菜生产中，普遍存在产量和品质不高、秋冬淡季市场供应不均衡等突出问题。大型连栋温室生产环境可控，自 20 世纪 90 年代后期顺义区三高园区、海淀区锦绣大地工厂化开始栽培生菜以来，新建大型连栋温室生菜栽培得以持续发展（表4-13、表4-14），其栽培模式仍以深液流水培和浅液流水培为主，以小汤山特菜大观园为例，深液流栽培生菜，紧密排列茬口，连续播种、两次分苗、及时定植，年生产达到9～10茬，年产量每平方米达到了38.41千克，节水效果良好，每立方米水产出生菜56.9千克。其高产的关键栽培技术如下。

表4-13　北京市连栋温室工厂化生产代表性园区

序号	地点	企业（合作社）名称	生产面积（公顷）	种植作物	采用模式
1	昌平区小汤山镇	天通泰农业	0.8	生菜、芹菜等	深液流水培
2	昌平区小汤山镇	小汤山特菜基地	0.35	生菜	深液流水培
3	大兴区魏善庄镇	京东方科技公司	0.5	生菜、菜心等	浅液流水培
4	密云区穆家峪镇	北京极星农业	0.2	生菜	浅液流水培

表4-14　部分园区连栋温室生菜生产情况

园区	年份	栽培品种	年生产茬次（茬）	产量（千克/米²）
小汤山基地	2017	富兰德里、橡叶生菜等	9～11	38.41
	2018	富兰德里、橡叶生菜等	11	39.32
京东方基地	2017	生菜、菜心、京水菜等	13～14	25
	2018	生菜、菜心、京水菜等	14	25
极星农业园区	2018	Salanova系列	11～12	49.2

（一）品种选择

根据市场需求及气候特点，选择株型美观、适口性较好、耐高温、抗病的品种。北京郊区当前栽培的生菜主要品种为：

（1）奶油生菜　瑞克斯旺（中国）种子有限公司选育品种，叶片椭圆形，绿色，有光泽，叶肉厚，质地柔软，耐抽薹，叶球基部紧实，抗霜霉病。

（2）绿橡叶生菜　瑞克斯旺选育品种，外形美观，叶片松散，多汁而脆，耐热性好，适宜夏季种植。

（3）Crisp皱叶生菜　横滨植木株式会社选育品种，叶缘波状有缺刻或深裂，叶面皱缩，适口性好。

（4）芳妮散叶生菜　北京鼎丰现代农业发展有限公司选育品种，叶片散生、嫩绿色，叶面褶皱，叶缘波状，耐热性好，抗抽薹性较强。

（5）Roman意大利生菜　河北茂华种业有限公司中科茂华公司选育品种，叶片青绿色，叶肉厚，叶缘波状，叶面皱缩，心叶略抱合，半直立，适应性强，耐热、耐寒、耐抽薹。

（二）育苗

连栋温室工厂化生菜栽培，育苗采用的是海绵塞、人工培养块等育苗方式（图4-38），也常见采用干籽直播至穴盘育苗，当子叶展平后再分苗至聚苯乙烯EPS育苗板上，每平方米密度400株。当幼苗长到1～2叶时进行第一次分苗（图4-39），2～3片真叶时二次分苗至更大的育苗板（图4-40）。若经济及技术条件允许，可采取潮汐式育苗。

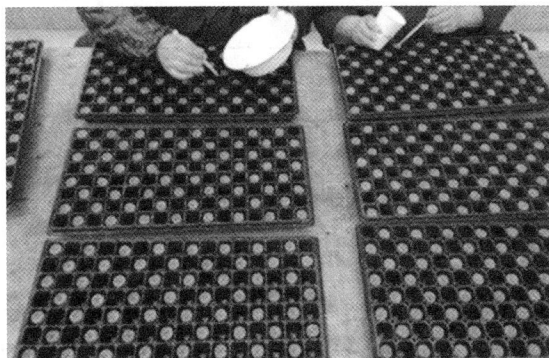

图 4 - 38　海绵塞播种　雷喜红　2018

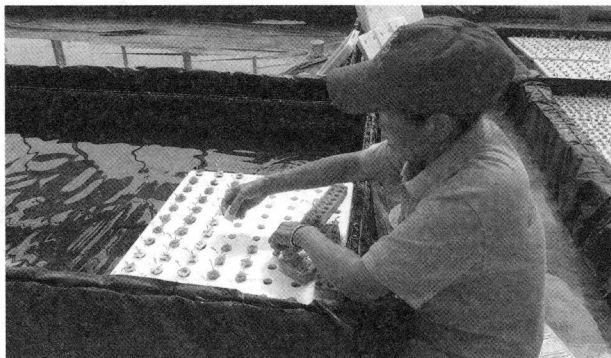

图 4 - 39　第一次分苗　雷喜红　2017

图 4 - 40　第二次分苗　雷喜红　2017

　　苗期管理，白天温度为 15～25℃，夜间 15～18℃；出苗阶段湿度控制在 90％以上，出苗后湿度 60％～75％即可。水肥管理，出苗前清水即可，出苗后 EC 值 1.2 毫西/厘米。

（三）温室环境调控

　　生菜幼苗达 4～5 片真叶时，要及时定植（图 4 - 41），定植密度每平方米 100 株。其后的生长状况不仅与室内温湿度密切相关，而且营养液温度及营养液水溶氧含量也影响着作物生长，水培生菜适宜的营养液温度为 18～22℃，水溶氧含量为每升 4～5 毫克。夏季高温，当营养液温度超过 30℃时，饱和水溶氧量会下降到 0℃液温时的 50％，如果没有氧气补充，根系周围容易缺氧造成烂根。需适时调整温室环境创造合适的液温条件，小汤山基地、京东方、极星农业园区均采用冷水机降温技术将营养液温度控制在合理的范围内；另外，小汤山基地采用了营养液循环及水泵或增氧仪的方式增加水溶氧含量。

图 4 - 41　叶菜定植　雷喜红　2017

生菜生产过程中，对室内温、湿度要求相对较低，按照指标进行温度、湿度调节即可（表4-15）。

表4-15　水培生菜温湿度管理指标

时期	白天温度（℃）	夜间温度（℃）	相对湿度（%）
播种至齐苗	20～25	15～18	90～100
齐苗至分苗	20～25	15～18	60～75
分苗至定植	15～25	15～18	60～75
定植至采收	18～23	13～18	60～75

（四）水肥管理

各园区采用不同的灌溉设备，小汤山基地采用水泵加工作液池的方式进行水肥循环管理，通过直接配备工作液来进行溶液浓度管理；京东方园区采用母液桶＋控制器＋工作液池的方式进行水肥循环管理；极星农业园区采用Priva施肥机、天通泰农业采用国产控制器＋比例施肥泵的方式进行营养液管理，多个园区均可实现营养液EC、pH的自动监测控制。

生菜定植1周内，EC应控制在1.5～1.6毫西/厘米，定植1周后，EC值控制在1.8～2.0毫西/厘米；采收前3～5天，EC可降低至1.5～1.6毫西/厘米，以减少产品中亚硝酸盐和硝酸盐含量。整个生长期营养液pH保持在5.5～6.5，保持水循环，增加水中氧气含量（表4-16）。

表4-16　深液流水培生菜EC、pH管理措施

时期	播种至分苗	分苗至定植	定植第1周	定植第2周至采收前3～5天	采收前3～5天至采收
EC（毫西/厘米）	清水	1.2	1.5～1.6	1.8～2.0	1.5～1.6
pH			5.8～6.5		

（五）病虫害防治技术

水培生菜虫害主要有蚜虫、潜叶蝇、白粉虱等，常见病害为茎腐病、霜霉病和褐斑病，生产中根据生菜适宜的温湿度进行环境调控，减少病虫害的发生概率。防治上采取物理防治和生物防治为主，化学防治为辅的综合防治措施进行绿色防控。

（1）农业防治　小汤山、京东方温室均设置水帘风机更好地调控温室环境，各园区均注意及时将病叶、残叶带到温室外处理。

（2）物理防治　小汤山、京东方、极星农业温室入口设立风淋间，进入生产区穿戴防护服及鞋帽，各园区温室上下通风口、出入口处均设置50目防虫网，定植后在植株上方20厘米处悬挂黄板、蓝板监测及诱杀害虫。

（3）生物防治　定植后采用色板监测或目测害虫种群发生情况，发现害虫即可开始防治。根据害虫种类，选用合适天敌品种进行防治或者安装含性诱剂的诱捕器进行诱杀。

（4）化学防治　各园区生产中均重点防治茎腐病、霜霉病、褐斑病等病害及蚜虫、潜叶蝇、白粉虱等虫害（表4-17）。

表4-17　生菜生产主要病虫害化学防治措施

主要病虫害	防治方法
茎腐病	初期喷洒80%乙蒜素乳油1 000～2 000倍液，或47%春雷霉素＋王铜可湿性粉剂600～800倍液喷雾防治，每隔7～10天喷1次，连防2～3次

（续）

主要病虫害	防治方法
霜霉病	初期用 75％百菌清可湿性粉剂 500 倍液，或 72.2％丙酰胺霜霉威水剂 600～800 倍液喷雾防治，每隔 7～10 天喷 1 次，交替用药，连防 2～3 次
褐斑病	初期喷洒 75％百菌清可湿性粉剂 500～600 倍液，或 70％代森锰锌可湿性粉剂 500 倍液，每隔 7～10 天喷 1 次，交替用药，连续防治 2～3 次
蚜虫	采用吡虫啉可湿性粉剂 2 000 倍液，或 50％抗蚜威可湿性粉剂 2 000～3 000 倍液喷雾防治，每隔 7～10 天喷 1 次，交替用药
潜叶蝇	8％阿维菌素乳油 3 000 倍液，或 10％高效氯氰菊酯 3 000 倍液进行防治，防治成虫应在上午 8：00～11：00 施药，防治幼虫应在 1～2 龄期施药，交替用药
白粉虱	0％吡虫啉可湿性粉剂 1 000～2 000 倍液，或 25％噻嗪酮（扑虱灵）可湿性粉剂 1 000～1 500 倍液喷雾防治，每隔 7～10 天喷 1 次，注意交替用药

（六）采收

生菜植株生长达到商品要求时，应及时采收（图 4－42），经包装、冷链运输上市。

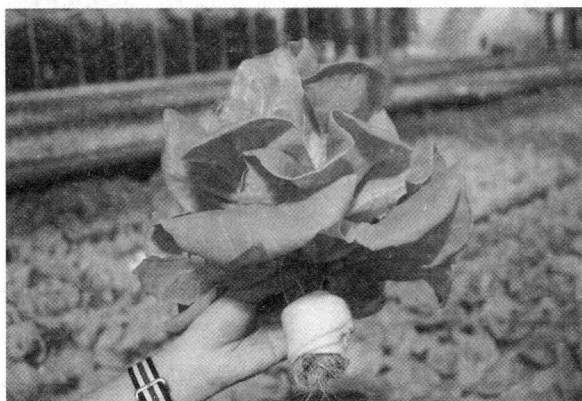

图 4－42　采收时包裹根部　徐丹　2018

第五节　连栋温室应用及发展前景

一、大型连栋温室建设中的问题

（一）北京地区非大型连栋温室蔬菜栽培适宜区

关于蔬菜栽培设施建设的区划问题，20 世纪 70 至 80 年代中期，中国农业科学院气象研究室、中国农业工程研究设计院、北京农业大学、中国农业科学院蔬菜研究所的专家曾经研讨，从生产成本效益方面分析，认为中国北纬 40°左右的区域，包括北京地区，并不是中国发展温室（含大型连栋温室）等蔬菜栽培最适宜的地区。

1990 年 10 月，中国农业科学院蔬菜花卉研究所张纪增先生在"缓解我国'三北'地区冬春鲜菜供应的新途径"一文中认为，我国蔬菜栽培可划分为四个不同层次区域：即北纬 32°～34°、北纬 35°～41°、北纬 41°～43°、北纬 44°～45°。其中北纬 35°～41°地区最适宜发展高效、节能、低成本的日光温室，而兴建大型温室是不符合国情的。因为这些地区冬季寒冷，要使室内的小气候环境能符合蔬菜植物正常生长发育的需要，比起在黄河流域，必定要消耗更多能源，大幅度增加运行成本，是"先天不足"。

但从近10多年来看，我国南方冬季进行大型连栋温室蔬菜生产，虽然不用耗能加温，但冬季阴天、光照不足现象时常发生，易导致蔬菜生长发育延期而不能准时采摘供应市场的需求。

（二）大型连栋温室设计与设备配套问题

一些温室的设计建造各行其是，设施设备硬件配套不标准，导致室内环境控制水平达不到蔬菜作物正常生长的要求，有的温室建设高度偏低，夏季降温能力差，有的温室遮光率高但缺乏补光设备等等，类似这样的问题的产生，是因为缺少设计、建设标准。当然，引进大型温室的确带动了国家尤其是北京地区温室设计和制造业的兴起和发展，这是它的社会经济效益的具体体现。目前，类似问题基本不存在了，国家已经有了设计标准。

（三）大型连栋温室覆盖材料与维护问题

四季青引进日本大温室，在温室使用的前三年，屋面采光的波纹板透光率逐年下降，是越冬栽培番茄色泽不佳、成熟缓慢和黄瓜叶色淡、叶薄、节瓜少，产量不高的主要原因。覆盖材料究竟用玻璃还是塑料材质？据中国农科院气象研究室在1983年7月4—5日对波纹板及室内的透光率进行的测定可知，板材的透光率并非日方保证的每年小于1%，而是以大于3.2%的速度大幅度减退。此外，不织布覆盖的年限与及时更换也存在问题。电子计算机控制失灵，四段温度调节器已坏，拖拉机损坏和零件不足等都需要更新和组织货源、维修等。大型温室基本都有这个问题，自建或引进的配套设备数量有限，更换不及时，影响生产。其核心设施设备的自主创新急需加强。

（四）大型连栋温室功能异化及非标准建设

20世纪90年代中后期以来，城市化发展导致蔬菜基地快速转移，北京朝阳区率先提出发展都市型休闲农业，朝来农艺园引进的荷兰大型连栋温室生产功能转变，异化用于市民休闲采摘和餐饮娱乐。此后，丰台区花乡新发展建造的大型连栋温室，随蔬菜产销政策完全放开和城市化进展，全部用于花卉交易、租摆和养护。昌平国家农业科技园区的大型连栋温室，由北京林业大学北林科技租用；顺义花卉大观园的大型连栋温室以花卉和南果为主，供游人参观采摘。真正用于工厂化蔬菜生产经营的大型连栋温室很少。

2008年，北京进入了设施农业新一轮发展时期，对大型连栋温室建设进行扶持，每平方米补贴200元。这一政策，刺激了郊区农民建设大型连栋温室的积极性，但对大型连栋温室的概念及建造标准认识不统一，自采管材焊接成大型温室外壳，其钢材骨架每平方米仅百元左右，形成了相当数量的没有相关配套设施和装备的塑料薄膜大型连栋棚室，仅能用于蔬菜春秋生产。

（五）大型连栋温室的蔬菜栽培问题

北京大型连栋温室蔬菜栽培，发展初期引进或自建的温室中，采用的是土壤栽培。一些温室曾经出现过以下问题：

一是四季青大温室采用滴灌浇水技术。科技人员曾在滴头滴水处剖开土层观察，发现滴水呈圆锥体状分布下渗，越深处湿润土向四周扩散的体积越大，底层水的盐分随毛管水上升到地表，水分蒸发后，使盐分积累在表层土壤中，易溶性盐分在土壤表层积累，形成一片白色盐碱。滴灌加地膜覆盖，是解决返碱问题的有效措施，当时尚没有意识到。

二是1986年1月，通过补偿贸易方式建成运营的中国农科院蔬菜所3公顷罗马尼亚温室，也采用土壤栽培，耕作3年后出现线虫危害，用随温室引进的高温蒸汽设备消毒，但温室内多处立柱间的土壤中残存的线虫无法杀灭，后用氯化苦熏蒸，才见到效果。

三是 2010 年之前，北京蔬菜连栋温室瓜果类蔬菜栽培，极少运用无土栽培技术。土壤栽培，单产低且效益差。2010 年北京人均 GDP 已经超过 1 万美元，参照荷兰 1978 年人均超过 1 万美元后开始发展温室无土栽培的经验，开始引进岩棉营养液蔬菜无土栽培技术并应用示范，单产较低的问题得到改观，目前仍处于革新、完善、提升过程之中。

二、大型连栋温室的社会及经济效益

发达国家大型连栋温室蔬菜生产的成功经验表明，工厂化蔬菜生产模式可打破农业生产受自然因素制约的瓶颈，具有农业资源高效集约利用的突出优势，改变的是农民"面朝黄土背朝天"的传统耕作方式，是提高蔬菜产量和生产效益的有效途径。

北京大型连栋蔬菜温室自兴起以来，为城市高端、特需和应急保障及都市型休闲农业开辟了新的出路，尽管蔬菜生产经济效益差，但社会效益良好，并出现了大面积连栋温室番茄单产水平提升的实质性进展，初步做到了盈亏平衡或微盈利。

（一）发展大型连栋温室社会效益良好

1. 农业现代化的体现

1975 年 1 月，第四届全国人大第一次会议上，提出了"本世纪内全面实现四个现代化"的宏伟目标。1977 年 3 月，北京市海淀区玉渊潭人民公社，通过社办工副业自筹资金，建成了中国第一座大型连栋蔬菜温室，当年 29 个省份的相关领导和技术人员到京参观学习。自此，发展大型连栋蔬菜温室成为农业现代化的重要标志。

20 世纪 90 年代中期，以色列赠送北京市永乐店乡"中以示范农场"的塑料薄膜大型连栋温室和特色蔬菜品种及基质栽培技术，获得了良好的示范效果，全国各地主管农业的领导和技术人员 6 万人次到场参观学习，揭开了各地引进或自建大型连栋温室发展现代农业的第二次高潮。

2012 年以来，随着连栋温室工厂化番茄单产的提升，郊区大兴宏福农业、密云极星等企业自筹资金，开始实践长季节工厂化番茄等蔬菜生产技术，正在向每平方米番茄（大中型果）单产 45～50 千克、60 千克（年提升 1 千克）的目标努力，期望大幅度提升土地产出率、资源利用率、劳动生产率，推进北京郊区现代农业的发展。

2. 农业科研的需要

要进行农业科学研究与教学，大型连栋温室是必需的设施。我国第一座玉渊潭大温室，1977 年 3 月投入生产后，北京市农业科学研究所蔬菜栽培研究室科技人员，对这种大型连栋温室内的小气候性能开展观察研究，获得如下结论：大型连栋温室采光良好，室内光照强度大、光照时间长，南北栋光照分布均匀、东西栋光照冬季最好；严冬锅炉供暖后，温度分布仍较均衡，室内温度相差为 2.5℃，10 厘米地温相差 0.8℃（表 4 - 18）。不加温条件下，局部差异不超过 2℃，最低气温略高于室外；大温室内离墙东 6 米、西 9 米，南 8 米、北 12 米的地带温度稍低，西北角温度最低。

表 4 - 18　1977 年 12 月 1—20 日玉渊潭大温室供暖后气温、地温比较

项目地点	气温（℃）		地温（℃）	
	平均最高	平均最低	平均最高	平均最低
18 跨中部	20.5	10.5	14.3	13.3
56 跨中部	20.0	10.2	15.1	13.4

（续）

项目地点	气温（℃）		地温（℃）	
	平均最高	平均最低	平均最高	平均最低
东北角	20.0	9.6	14.9	13.7
西北角	19.8	9.4	14.4	13.5
东南角	20.9	9.8	14.7	13.9
西南角	22.3	9.7	15.1	14.0
6点平均	20.6	9.9	14.7	13.6

近几年来，国家蔬菜工程技术研究中心，在大型连栋温室内打造了人工光植物工厂实验室，开展不同光质对蔬菜品质的影响，探索提升蔬菜品质的栽培措施。

3. 都市型休闲农业的需要

大型连栋温室广泛应用于科普示范、都市型观光休闲等方面有较大需求。

1997年，朝来农艺园引进4公顷适宜工厂化蔬菜生产的荷兰大型连栋温室，在市场经济发展情况下，率先改为"红太阳生态园"餐厅，成为北京城市居民的休闲观光之地，颇受市民青睐，当属北京"大棚房"的先例。此后，利用大型连栋温室进行观光休闲、采摘与餐饮、科普展览开始发展起来。

2012年2月18日，北京在小汤山举办"农业嘉年华"展览，服务于第七届世界草莓大会，以大型连栋温室作为主要展览场地，展示了农业风情和农业科技，成为北京市民早春休闲采摘购物的景点之一。

2019年4月9日，在北京延庆举办的世界园艺博览会"百蔬园"展区，利用大型连栋温室，展示了工厂化番茄生产过程，其内容受到参观者的好评，成为夏季休闲观光的又一景点。

4. 吸引劳动者从事蔬菜生产

北京农村的城市化、城镇化，造成农业劳动力不断转移和短缺，设施蔬菜生产的熟练劳动力越来越少，其精耕细作的技艺难以为继。而发展大型连栋温室工厂化蔬菜生产，则改变了"面朝黄土背朝天"的劳动模式，对年轻的农业从业者尚具有较大的吸引力，对于城郊型农业谁来种菜的问题是较好的解决途径之一。

（二）大型连栋蔬菜温室经济效益差

大型温室发展初期，不计温室建造费用，经营亏损基本是温室燃煤加热费用。

大型连栋温室栽培在中国完全属于新鲜事物，北京建造的第一栋国产或引进的大型温室，主要是外壳；无先进、实用的技术可供借鉴，一切从头开始，难免会遭受挫折甚至重大损失。尤其在发展前期，在众多技术环节中，未引进和未使用适宜温室长季节栽培、高产优质、符合北京消费市场需求的种类及品种，应用的栽培茬口、品种和栽培方式仍是延续传统土壤栽培，以秋冬茬和冬春茬生产为主，是难以获得成功的关键因素。

为提高产量和收入，玉渊潭大温室在冬春茬生产番茄的基础上，1978年试验增加夏播黄瓜茬口生产，1981年扩大到30亩，采用"津研4号"品种，6月中旬至7月初播种，8—9月淡季供应，最高亩产达到了4 666千克，亩产值超过1 700元。

玉渊潭大温室2栋60亩，当年的运行费用近50万元，其中折旧、能源是主要支出。折旧费用年约20万元；年供暖燃料重油3 000吨（含运费每吨60元，计18万元）；年维修及水电费约4万元，年生产资料开支6万元。蔬菜生产实际年收入为40万元，不含劳动力费用（当年人均收入1 450元）每年亏损约10万元。

四季青引进大温室建成投入使用后，1980 年首先对茄果类蔬菜做了适应性生产试验。1981 年起，每年种植两茬，品种为黄瓜、番茄相互轮作。三年的产量产值见表 4-19。

表 4-19　四季青大温室 1981—1983 年生产情况

年份	面积（亩）	亩产（千克/亩）	亩产值（元/亩）	均价（元/千克）	总产量（千克）
1981	33	6 712.5	7 513.58	1.1	221 520
1982	33	6 570.0	6 049.21	0.92	216 813.5
1983	33	5 069.5	4 586.42	0.904	167 299.5

在生产投入方面，大型温室加温，消耗能源多，从前一年 10 月至翌年 4 月，2.2 公顷温室 7 个月烧煤 2 600 吨，年支出燃煤费 8 万多元；年耗电开支 3.5 万元，至 1983 年耗电开支上涨至 4.5 万元。加以每年的生产资料、劳动力支出等，造成 1981 年亏损 7 万元，1982 年亏损 8.47 万元，1983 年亏损 14.99 万元。

进入 20 世纪 90 年代以来，加温燃煤费用每吨达到了 200 元以上，温室供暖费用达到 60 元左右。大型温室除蔬菜育苗、水果型黄瓜、番茄等特色蔬菜生产和高档花卉（蝴蝶兰、鲜切红掌）等产生效益以外，一般蔬菜种植只能按普通大棚栽培利用。

1996—2000 年"九五"期间，全国又兴起大型温室建造高潮，而前述的国家工厂化高效农业立项时，瞄准的是以色列、荷兰温室的种植方式，也进行了有益探索，但仍没能真正消化吸收大型温室高产栽培的关键核心种植技术即无土栽培技术，没能实现生产上单产水平的大幅度提升。因此，大型连栋蔬菜温室生产经营多处于亏损状态。

（三）宏福大型连栋温室番茄生产已显曙光

北京第一座单栋面积达到 5 公顷的大型连栋温室，2014 年在庞各庄建成。2016 年，北京宏福农业出资 2 亿元收购，开始用于番茄工厂化生产运营。

该温室是全套引进的荷兰设施和装备，第一生产年度由荷兰专家管理，长季节番茄无土栽培生产，历经三年的技术探索和营销市场开拓，其土地产出率、劳动效率、资源利用率和番茄长季节种植技术与产量水平都有了质的提升，盈亏平衡和微利已显曙光。

1. 长季节番茄生产供应情况

宏福大温室采用长季节生产，于 8 月播种育苗，大龄苗定植，樱桃穗番茄供货始收期约在 11 月下旬，采收期延续至翌年 6 月中下旬；大中果番茄 12 月初至翌年 1 月始收，6 月底 7 月上中旬采收结束。尤其 12 月至翌年 3 月的番茄收获供应，正与北京寒冷季节的喜温性瓜果类蔬菜淡季同步，所以价格高收益好。

2. 显著提高了劳动生产率、资源利用率、土地产出率

北京郊区设施蔬菜生产，劳动力管理设施生产面积约为 2 亩。宏福农业 5 公顷大温室番茄，劳动总用工 20 人，人均管理温室番茄栽培面积达到 2 500 米^2，劳动者田间操作管理效率增加约 50%。据北京市农业技术推广站统计，大型连栋温室平均每个劳动力生产番茄 78.46 吨；普通设施番茄生产，平均每个劳动力生产番茄 13.8 吨。前者劳动生产率是后者的 5.68 倍。

在资源利用方面，宏福大温室番茄生产，采用水肥一体化控制，营养液精细化管理，平均每立方水产出番茄 35.5 千克；普通设施番茄非水肥一体化栽培，平均每立方水产出番茄 25 千克。大型连栋温室番茄生产，水分利用率增加 42%。在肥料利用方面，大型连栋温室采用水肥一体化控制，每千克化学肥料产出番茄 70 千克；普通设施番茄采用水肥一体化控制，每千克化学肥料产出番茄 57 千克。前者肥料利用率是后者的 1.23 倍。

宏福大温室番茄长季节生产，大中果番茄生产每平方米产量达到 38～41 千克，较日光温室大中果每平方米 10～15 千克产量相比，土地产出效率增加约 3 倍。

3. 基本实现了盈亏平衡或微利

宏福农业总经理李朝阳对 5 公顷大温室运行盈亏平衡进行计算，确保室内最低温度 16℃，取暖燃料费支出为每平方米 65～70 元；温室按 20 年折旧计算，每年每平方米 280 元。2019 年该企业大型连栋番茄温室，小型果番茄产量稳定达到每平方米 16.5 千克、大中果番茄 38 千克，最好年份大中果型番茄产量达到了每平方米 40 余千克、穗番茄达到 20 千克，商品率达到 80% 左右。平均批发价大中果每千克 8～10 元，穗番茄每千克 15～20 元。每平方米的年销售收入达到了 220 元。不含温室折旧费用，年每平方米实际支出 186.1 元，基本实现了盈亏平衡且有微利。

4. 连栋温室番茄生产的主要问题

有关部门统计：近 3 年来全国已有 300 多公顷大型温室从荷兰引进，但是能够实现盈利的极少。主要表现是高产种植的关键技术缺乏，单产水平低，其次是市场销售价位低。

（1）生产采收时间不足　荷兰温室番茄供货期长达 9～10 个月，与之相比，北京地区的气候条件和设备条件与荷兰有很大差异，大型连栋温室长季节番茄会因夏季高温导致品质问题而拉秧，温室番茄栽培供货期，目前为 7 个月左右。怎样延长采收期，增加收获果穗数尚待解决。

宏福农业向全国一线城市和部分二线省会城市 200 余个直供超市供货，穗番茄每千克最高价为 60 元、最低价（6 月）16 元；大中果番茄每千克在 10～35 元变化，均呈现季节性差价。因夏季 7 月、8 月、9 月生产供货难以稳定数量与质量，效益未能进一步提升。

为此，2018 年宏福农业又在大庆地区新建了 5 公顷大型连栋温室，以错开生产茬口满足夏季市场需求，目前基本实现了效益稳定。

（2）温室番茄病害控制　缺少抗病尤其是抗高温品种，一旦早播，时常受高温影响，造成番茄黄化毒病等。生产上因栽培密度不大，患病则必须拔除病株，常常造成一定的产量损失。有效的病虫害控制措施有待完善。

三、大型连栋温室的运行管控

大型连栋温室蔬菜生产运营中，投入的成本主要来自劳动力费用、生产资料、能源消耗、设备维修维护、水费电费等方面。生产作物不同则成本投入不同，以温室长季节番茄生产为例，调查郊区 3 家农业园区长季节番茄生产，不含温室折旧的情况下，每平方米生产成本投入为 186.1～217 元（表 4-20）。

生产资料投入主要为投入种子（苗）、栽培基质、营养肥料、熊蜂、天敌、黄蓝带等植物保护产品，每平方米成本在 38.3 元；劳动力（工人及技术人员）每平方米成本 57.6 元；能源消耗主要在水、电、燃气加温方面，年生产水电等费用每平方米 13.8 元、燃气费 82.3 元；温室维修维护成本每平方米 7 元。3 家园区年生产运营实际成本每平方米 199.1 元。

表 4-20　2018—2019 年大型温室番茄园区生产投入情况

单位：万元；公顷

园区	种子（苗）（万元）	基质（万元）	肥料（万元）	熊蜂及植保药械（万元）	维修（万元）	燃气（万元）	人工（万元）	水电费等（万元）	合计（万元）	面积（公顷）
小汤山	18	27	26	5	40	128	93	70	407	2
宏福农业	60	40	80	18	20	370	300	42.5	930.5	5
极星农业	40	26	45	10	12	350	200	30	713	3.3
合计	118	93	151	33	72	848	593	142.5	2 050.5	10.3

大型连栋温室，蔬菜单产水平一定的前提下，盈利的关键在于生产投入成本和销售市场以及总体运营成本的控制。

1. 控制生产投入　北京市农业技术推广站小汤山特菜基地，自1997年引进2公顷法国薄膜充气大型温室以来，又建设了3公顷国产的玻璃和阳光板覆盖的大型温室，开展冬季蔬菜、花卉、南方水果生产示范，多年生产实践表明，大型连栋温室年度生产投入，不含设施建造费用，每平方米在250～300元，主要来自四方面的管理费用。

（1）劳动力成本　大型连栋蔬菜温室生产是工厂化蔬菜生产，是按照工业程序化进行的农业生产。从业者已从"面朝黄土背朝天"的劳动环境跃升至温室工厂内从业，由务农转为了工人。因此，劳动力工资支付是主要成本之一，按照国家公布的最低工资标准和适当激励劳动者积极性的原则，目前北京郊区每公顷大型连栋温室操作需工人5～6人，包含管理、技术、其他人员，每平方米年工资支出需60～70元。提升工人和技术人员的生产责任心和劳动数量与质量，推进多劳多得，是劳动力成本管理的核心。

（2）生产资料及维修成本　大型连栋蔬菜温室工厂化蔬菜生产的本质仍然是农业，每年要投入种子种苗、栽培基质、各种营养肥料、水电费用、植保药械产品、生物制剂或产品、物理防治产品、温室及装备的维修维护等。生产资料投入的高低和劳动者责任心相关，目前北京郊区可控制在每平方米年生产资料投入60～70元。在蔬菜产量一定的情况下，怎样降低生产资料的直接投入是必须考虑的重要内容。

（3）燃能成本　北京地区的大型连栋温室，目的是解决蔬菜周年生产供应和大幅度提高产量，但冬春寒冷季节较长，加温供暖投入是必需的支出。目前，郊区利用热电厂余热的方式供暖，成本相对较低，为每平方米54元，但可能实现的区域仅为房山区的窦店镇、琉璃河镇（华北燃电厂余热）。综合考虑供热装备与管道建造、加热燃能、二氧化碳利用等因素，设施蔬菜园区采用自主天然气锅炉供暖的方式，成本最低，每平方米52元；其次参与天然气统一供暖，每平方米为70元。采用空气源热泵供暖，综合成本每平方米87元；地源热泵供暖，综合成本每平方米92元；电热锅炉供暖，综合成本每平方米143元。多年的生产实践证明，北京的大型连栋温室供暖费用标准，一般为城市居民冬季取暖费用的2倍，煤改天然气后，每平方米为65～75元。

（4）折旧费用　因为建设者的目标差异、管理者整体素质差异、市场经济变化等情况不同，北京地区冬季能够进行瓜果类喜温性蔬菜生产的大型连栋温室，其造价高低也各不相同，2018年每栋（1公顷）现代化大型连栋温室及环境与水肥等配套装备的建设费用为1 300万～1 600万元，按20年折旧计算，每平方米年折旧费用为65～80元。当然，随着经济发展，连栋温室的建造成本也可能会水涨船高。

2. 定位市场与价格

北京属于中国超大型城市，有着不同水平的消费群体。大型连栋蔬菜温室，以生物防治保护作物为基础，水肥资源封闭循环利用，产品绿色安全，生产成本高，在产量不高的情况下仅是一种限量型产品，决定了它必然是高附加值的，出售时应是高价格，才能获取合理的利润。否则，生产就难以为继，产品市场定位必须准确。

（1）销售市场　选择市场前景好的蔬菜品种，采用不同的销售渠道，推进品牌销售。如宏福农业，打造了"宏福柿"品牌，对接国内各大城市的300多家高端超市、高档餐饮企业，并推进高铁客流鲜货进行销售；同时进入网上订购销售。其中型果番茄出库价格为每千克19.6元，樱桃番茄出库价格为每千克26元，比市售同品种产品高出约3倍，但仍有不错的销售市场，甚至还有某些团体消费市场尚待开发，到大型连栋温室观光、采摘，也是市民乐于消费的项目之一。

大型连栋玻璃温室生产的产品主要有两种销路，一是商超，进行订单式合作。这种销售方式对于产品的稳定供应有较高要求，而且根据用途对口感会有所要求。以番茄为例，鲜食类番茄品种要求甜度高、沙瓤、籽粒饱满、口感上乘，而对于切片类番茄则要求货架期长、硬度高。二是高端客户定制，此类销售模式多与电商、高档餐厅、商场等进行合作，对于产品的口感、外观均有较高要求。由于大型连栋玻璃温室内环境可控，并且采用无土栽培模式，因此生产的果蔬极少施用农药，生产过程较为安全，可以满足较高收入群体的消费习惯。

制定营销方案时，需先进行市场调研，定位于高中端消费市场，才能保证供需合理。当产量进一步提高后，则可面向大众供应。

（2）销售价格　农业是基础产业，这从根本上决定了农产品均价不可能过高。但是大型连栋温室栽培蔬菜，设施及装备成本高、能源消耗多、劳动和生产资料投入高，决定了其产品价格必须高于普通生产价格。而目前的蔬菜生产供应，其价格主要由个体菜农的产品所决定，因其难于计算劳动成本，蔬菜价格偏低，导致大型连栋温室的蔬菜产品价格不具备竞争优势，增强价格竞争优势的关键在于提高连栋温室蔬菜的单位面积产量。

目前，北京大型连栋温室工厂化番茄生产，大中型果番茄年产量每平方米已稳定在 40 千克左右，樱桃番茄每平方米已经接近 20 千克。因采取环境控制与无土栽培相结合的方式，番茄生长环境能够得到比较好的满足，水肥营养精准供应，病虫害隔离防控，且长季节生产供应，其产品质量一致、绿色安全。其销售价格若达到大中型果每千克 7.5 元、樱桃番茄每千克 15 元的价格，即可达到收支平衡或略有盈利的效果。

今天的北京消费市场，已不再是 20 年前的市场，较高消费群体对高价位的商品有着一定的需求。此外，还需要周年生产供应，大兴宏福农业温室大中型果番茄生产，要延长供应期并提升单产，在缺少抗性品种时，应将育苗场地从山东寿光转至河北坝上冷凉地区，夏季提早育长龄大苗（9 月上旬定植能达到现蕾），其采收期能提早 20 天左右，前期产量和总效益会有明显提升。

3. 综合运营管理

最近几年，北京郊区大型连栋温室的番茄生产，随着设施设备的完善和无土栽培技术的进步，单产水平得以提升，但控制或降低生产投入仍是实现平衡或盈利的主要因素，需从 3 个方面做起。

（1）扩大连栋温室生产规模　在温室设施设备成本投入方面，实行蔬菜单一品种的较大规模，可有效降低各种成本。以番茄生产的宏福农业和极星农业为例，宏福农业 5 公顷温室的年生产总成本为每米² 186.1 元，与极星农业 3.3 公顷多品种生产，每平方米年成本 217 元相比有所下降。一般情况下，大型连栋温室生产达到一定规模面积，利于降低设施设备的投资和年度生产成本。

（2）控制生产资料成本　生产资料如种子、肥料、农药等，成本较高。以种子为例，连栋温室长季节番茄生产，对品种的丰产性、抗病能力、抗早衰能力要求极高。国内育种尚不能支撑，主栽品种均为国外引进，进口种子价格合每粒人民币 7~10 元，且多数品种不抗黄化曲叶病毒病、褪绿病毒病，生产中发病率较高，无形增加了成本。此外，精准用肥，精量用药，都可以降低生产投入。也可以大胆探索国产品种的可行性。亦可采用优良品种扦插扩苗降低成本。

（3）建立规范管理制度　大型连栋温室工厂化蔬菜生产，人工管理成本是温室运营成本中弹性最大的一部分，管控不当则会造成人工成本激增。

为提升劳动者绩效，北京大型园区已对一线工人开展技术培训，把番茄田间管理分为绕秧打杈、打叶、落秧、疏花疏果、采收 5 个作业工种（表 4 - 21）。将 2016 年引进的"hotimax"x 系统，用于配置、管理工人，实时详尽记录工人工作的内容与时间，计件取酬，最大限度地调动了劳动者的积极性，实现了个别劳动环节操作效率已接近荷兰温室工人的水平。

此外，企业运营、市场销售、生产技术等部门，必须建立规范的管理制度，以提高效率，缩减劳动成本，节支增效。人员用工管理，重在调动其积极性。

表 4 - 21　国内外番茄植株管理主要操作环节效率对比

	绕秧打杈 （株/时）	打叶 （株/时）	落秧 （株/时）	疏花疏果 （株/时）	采收 （千克/时）
国内连栋温室工人操作效率	850	900	1 700	1 200	125
荷兰连栋温室工人操作效率	1 500	1 300	1 800	1 800	300

四、大型连栋温室发展前景与对策

大型连栋温室的发展，应由社会效益和经济效益来决定。

中国提出"两个一百年"奋斗目标，开启了全面建设社会主义现代化国家新征程，即走中国特色社会主义乡村振兴道路，而乡村振兴的关键是产业振兴。蔬菜大型连栋温室，能显著提高劳动生产率、土地产出率、资源利用率；能推动农业供给侧结构性改革、产出标准化的安全农产品、显著增强农业的质量效益和竞争力，可将"面朝黄土背朝天"的传统农民转变成现代工人，是振兴城郊型乡村产业的有效举措之一。

2018 年，北京人均 GDP 已经超过 2 万美元（人民币 14 万元）；2019 年，北京人均 GDP 已经达到 16.4 万元，其经济基础已经可以支撑郊区现代农业蔬菜连栋温室的发展。二是消费市场方面：当前较好的超市蔬菜销售普通番茄、黄瓜价格，淡季每千克均在 10 元左右或以上，特色蔬菜产品可达每千克 20 元左右或更高，销售价格已经能够支撑蔬菜连栋温室的发展（图 4 - 43）。三是北京的蔬菜连栋温室番茄单产每平方米年产量已经达到 40 千克并将继续提高。由此展望，蔬菜连栋温室产业在新的发展阶段大有可为。但是，面对大型连栋温室发展投资大、生产成本高之问题，政府应当正确引导并制定适宜其发展的政策。

图 4 - 43a　菜鲜果美番茄售价　2023

图 4 - 43b　菜鲜果美黄瓜售价　2023

（一）正确认识大型连栋温室的经济效益问题

农业生产效益取决于农产品价格。市场经济下，农产品遵循着经济需求规律，并受社会生产价格影响，级差地租也对价格影响极大。为保障社会安定，在农产品价格不高的情况下，国家长期以来坚持的是农业是一切行业的基础之原则，始终将社会效益如粮食安全、蔬菜保障供给放在首位。

北京的设施农业，亩收入增长也相对缓慢（表 4 - 22），亩产值仅从 2005 年的 0.79 万元增加至 2019 年的 2.43 万元。此外，蔬菜设施招标投资建筑费用居高不下且不断上涨，2018 年建造一栋

（亩）冬季生产瓜果类蔬菜的砖钢结构节能型日光温室需 15 万～25 万元或更高，钢架塑料大棚每亩造价也达到 5 万元左右。现代大型连栋温室蔬菜产业仍是基础产业，在高投入前提下，目前还做不到更高产量和获得较高效益。因此，管理者重视农业的经济效益但不能视作唯一的追求目标，大型连栋温室蔬菜生产效益问题，只能在发展中寻求不断提升和逐步解决。

从事农业行政管理者、科研、教学、生产与推广技术人员，都应该坚持正确的立场、观点、方法，履行正确的职责，管理、引导、服务、支持现代设施蔬菜产业发展，将持续增加农产品的产出作为职责目标，不应因当前的连栋温室工厂化蔬菜无效益或暂无效益而反对其发展。

表 4-22　北京市 2005—2019 年设施农业收入情况

年份（年）	占地面积（万亩）	总收入（亿元）	亩产值（万元）	年份	占地面积（万亩）	总收入（亿元）	亩产值（万元）
2005	23.47	16.82	0.79	2013	28.28	57.32	2.03
2006	26.75	21.11	0.79	2014	27.35	51.27	1.87
2007	27.03	28.12	1.04	2015	26.10	55.50	2.13
2008	25.58	28.17	1.10	2016	23.11	54.37	2.35
2009	28.14	33.91	1.20	2017	22.41	54.50	2.43
2010	27.48	40.72	1.48	2018	20.82	51.70	2.48
2011	27.92	45.58	1.63	2019	19.35	47.10	2.43
2012	28.59	51.98	1.82	15 年合计	382.38	638.17	1.67

注：本表数字来源于北京市统计局，徐晓东整理。

（二）公益性扶持建设蔬菜设施与装备

1952 年，北京郊区有耕地面积 607 911 公顷（911.8 万亩）；至 2008 年，郊区耕地面积已经减至 231 688 公顷（347.5 万亩）；2018 年，郊区耕地面积减为 213 730.7 公顷（320.6 万亩）。城市的扩展，使得数百万亩耕地被占用，这些耕地所贡献价值该怎样计算？2018 年，北京地区总产值为 30 320 亿元，人均 GDP 达到 14 万元（人均超过 2 万美元）；2019 年更上一层楼，北京人均 GDP 已经达到 16.4 万元。北京应该有能力扶持大型连栋蔬菜温室设施的发展，以企业为发展主体，让企业或农民合作社在具备土地和生产装备条件下从事蔬菜产品的生产经营，体现国家都市化现代农业水平。

20 世纪 70 年代，荷兰在全国范围内实行用资金替代土地、发展高效农业的措施，大型玻璃温室得以开始发展。1977 年，温室开始推广应用岩棉无土栽培技术，面积仅为 20 公顷；1978 年荷兰人均 GDP 超过 1 万美元后，无土栽培迅速发展，当年面积达到 30 公顷；1983—1992 年，荷兰政府加大支持力度，对发展温室生产的私有农户，均给予 50% 资助的直补政策，连栋温室面积迅速增多。1984 年发展至 1 200 公顷，其中岩棉栽培为 600 公顷。其后，蔬菜设施持续快速发展，达到万余公顷。荷兰蔬菜无土栽培的比例高达 90%，并且普遍采用岩棉基质营养液栽培模式，避免了水分流失或渗漏。直到 1993 年以后，政府依据实际情况调整了政策，降低了对设施园艺的建设补贴，加大了对提高单产技术研发的投入，荷兰不愧是世界公认的具有现代化农业体系的国家。

在北京耕地迅速减少的情况下，乡村要振兴，蔬菜产业需要先发展。在人均 GDP 增长的同时，北京推进"土地所有权、承包权、经营权"流转，坚持土地集体所有，将现代农业设施列为国家公益建设事项，完善乡村水、电、气（暖）、路、信息、物流链条，哪里有农民进行设施蔬菜生产，政府就应在那里将蔬菜种植所需要的设施、装备建设好，改善蔬菜劳动生产环境，让蔬菜经营者在工厂化、机械化、智能化条件下从事蔬菜产品生产，使蔬菜生产者乐于投入合规的生产资料，产出安全的蔬菜产品，保障安全供应并实现盈利。

此外，蔬菜大型连栋温室的建设用地、生产耗能、节水节肥减药、新品种选育、资源回收利用等适宜的扶持政策不可或缺。依靠级差地租保障蔬菜生产供应的思想，难以持续保障蔬菜产品的安全供应。

（三）集中科技力量提高大型连栋温室的单位面积产量

目前，连栋温室工厂化番茄的科研水平滞后于生产实践，北京郊区大型连栋温室番茄（大中型果）生产已经达到并稳定在每平方米 40 余千克，经济效益可实现盈亏平衡或微盈利。怎样进一步使其提高到 50～60 千克或赶上荷兰番茄生产水平？首先，需要继续提升温室的结构性能，而且还需探索调整生产茬口，利用幼苗期抗逆能力提早播种，前延生长期，使大中果番茄的采收果穗数增加，力争达到 30～35 穗或更多。其次，提高保果技术、植株调控、专用品种、水肥营养调控、防控病虫害等相关技术。这是科研、教学、生产等共同面对的重大科技任务，更涉及蔬菜高产栽培理论研究和勇于高产栽培实践，也是提高大型连栋温室蔬菜生产效益的前提。

不能简单地因经济效益低而否定蔬菜大型连栋温室的发展，唯有在实践中不断提高蔬菜大型连栋温室的单位面积产量和产品质量，才能实现高投入、高产出、高效益的完美统一，才能推进其持续发展。

（高丽红　李新旭）

本章参考文献 ◀◀◀

北京市海淀区四季青人民公社管理委员会，1984. 关于日本进口大温室生产情况的调查报告 [Z]. [出版地不详：出版者不详].

北京市计划委员会，1979. 关于四季青公社进口大温室国内配套部分基建计划的通知：京计基字第 56 号 [A].

陈殿奎，2000. 我国大型温室发展概况 [J]. 农业工程学报（1）：1 - 8.

陈殿奎，2001. 前进中的北京工厂化农业 [M]. 北京：中国科学技术出版社.

洪大起，1998. 关于引进国外大型温室设施的探讨 [J]. 农村机械化（4）：7 - 8.

胡元容，1980. 大型温室若干问题的探讨 [J]. 农业工程技术（6）：35 - 38.

刘步洲，陈端生，1989. 发展中的中国设施园艺 [J]. 农业工程学报，5（3）：38 - 41.

刘铭，张英杰，等，2010. 荷兰设施园艺的发展现状 [J]. 温室园艺（8）：24 - 33.

牡丹江市农业局，1979. 关于高寒地区双屋面连跨式大型温室设计技术的商榷 [Z]. [出版地不详：出版者不详].

农林部成套设备进口办公室，1979. 通知从日本进口蔬菜温室已签合同：农林（进办）字第 1 号 [A].

潘锦泉，等，1989. 我国引进的温室设施及国内温室的发展 [J]. 农业工程学报，5（2）：64.

师惠芬，张志勇，1986. 现代化蔬菜温室 [M]. 上海：上海科学技术出版社.

王树忠，等，2017. 北京现代化大型温室的现状与未来 [J]. 中国蔬菜（1）：1 - 5.

王树忠，王永泉，等，2019. 北京蔬菜设施园艺技术发展 70 年 [J]. 蔬菜（9）：1 - 11.

王志刚，郑大玮，张文庆，等，1980. 温室的建造方位与采光 [M]. 北京：[出版者不详].

吴远藩，1979. 荷兰型温室的特点及其在我国的初步应用 [M] //中国农业科学院蔬菜研究所. 蔬菜科技资料：177 - 181.

向士英，1988. 工厂化无土栽培蔬菜 [M] //北京市农业局科学技术委员会. 农业科技资料选编（四）. 北京：[出版者不详]：86 - 89.

玉渊潭大温室设计筹建小组，1973. 关于"菜 01"工程初步设想的汇报：大温室第 2 号 [A].

玉渊潭公社，等，1977. 玉渊潭大型蔬菜温室春季试种工作小结 [M] //北京市海淀区农业科学研究所. 农业科技资料汇编：7 - 8.

张福墁，2010. 设施园艺学 [M]. 2 版. 北京：中国农业大学出版社.

第五章

▶▶▶ 芽苗菜设施栽培

由植物种子（果实）发芽，或根、茎等营养贮藏器官培育（生长）成的幼嫩芽苗称为芽苗菜，前者一般也被称为"豆芽菜"。芽苗菜产品种类繁多、栽培方式不断拓展更新，因其营养丰富，口感鲜嫩，已成为广受人们喜爱的特色蔬菜之一。

芽苗菜生产技术从业者入行的经济和技术起点要求较低，在生产发展过程中，投资少、风险小、产品形成周期短，不施用化肥、农药，产品清洁无污染；复种指数较高，采用畦地栽培、密植囤栽、容器栽培、立体栽培等方式，可使设施栽培空间得到充分利用，易于生产技术的普及和创新；能周年生产上市，易获得较快、较高的生产效率和经济效益，可调动社会力量投资发展的积极性；为边远乡村、海岛、边防前哨、野外驻军或考察站、远洋货轮等解决吃菜难的问题提供了一种简便易行的生产方式，社会效益显著。鉴于此，芽苗菜产品种类不断增加，培育技术不断进步，人们对芽苗菜的认识也随之更新和扩展。

中国古代很早就发明了豆芽菜。劳动人民在生产实践中认识到一些植物的芽及幼嫩器官可供食用，并将这一类食品冠以"头""脑""梢""尖""芽""苗""娃"等名称，以示其食用部位之幼小、口感之清脆以及品味之佳良等特点，表明古人已对芽类蔬菜有了基本的认知。民间对芽类蔬菜逐步形成一些约定俗成的叫法，如娃娃萝卜菜（萝卜苗，湖南）、豌豆苗（北京）、香椿芽（安徽）、柳芽（北京，柳树枝条在初春萌发出的嫩芽）、豌豆尖（四川）、南瓜梢（云南）、花椒脑（河北，花椒树在春季萌发出的幼嫩芽叶；"脑"的字意有"物之精华"的意思）、枸杞头（江苏）、"佛手瓜尖"（即佛手瓜秧幼嫩的梢头）等。

1957年出版的吴耕民著《中国蔬菜栽培学》将芽菜定义为："使豆子或萝卜、荞麦等种子萌发伸长而作蔬菜，故名芽菜。"并指出："芽菜利用种子内所贮藏的养分，不必施用肥料，且一般不必播于土中即可进行弱光软化栽培。"上述定义除了用传统的蔬菜豆类种子发芽生产豆芽菜外，还包括用萝卜和荞麦种子所生成的芽菜。

1977年日本田村茂著《野菜园芸大事典》将芽菜解释为："芽菜是豆类和荞麦等的种子在黑暗中发芽的产物。"1982年出版的日文《软化・芽物野菜》（西垣繁一）一书中对芽菜做了如下的论述："温室栽培床栽培、密播，适当的温、湿度保证发芽，生产出柔软、多汁的植物幼芽、幼叶作为商品。"

1990年《中国农业百科全书・蔬菜卷》将芽菜明确定义为："豆类、萝卜、苜蓿等种子遮光（或不遮光）发芽培育成的幼嫩芽苗。"大豆、绿豆种子于发芽过程中胚轴伸长，子叶肥嫩，胚芽生长而不露，称"豆芽"；豌豆、蚕豆种子于发芽过程中胚轴不伸长，子叶收缩，由胚芽生长形成的茎与真叶，称"嫩苗"。

1994年，中国农业科学院蔬菜花卉研究所在前人定义的基础上，根据生产技术和种类的发展，对芽菜的定义又做了适当的拓展，并修订为："植物种子或其他营养贮存器官，在黑暗或光照条件下直接生长出可供食用的嫩芽、芽苗、芽球、幼梢或幼茎，均可称为芽苗类蔬菜，简称'芽苗菜'或'芽菜'。"

中国、日本两国学者对芽菜定义的论述最明显的特征，是将人们对传统芽菜的认知范围，进一步扩展到除豆芽以外的植物幼嫩器官。而实际上，民间早已将香椿芽、枸杞头、花椒脑、柳芽，甚至竹笋、芦笋等作为蔬菜食用；某些绿叶蔬菜植物生长到一定程度后，中下部茎叶组织老化，唯顶部茎叶幼嫩，百姓"掐尖"食用，如豌豆尖、马兰头等。这说明学者对芽苗菜赋予的新的释义，是符合客观实际的。

时至 20 世纪末，蔬菜研究人员统计得出，能够培育芽苗菜的植物，由最初的豆科植物，扩大到十字花科、菊科、禾本科等 20 个科、近 30 个属，"芽苗菜"已成为一个新的栽培蔬菜家族。

《中国农业百科全书·蔬菜卷》以及 2010 年出版的《中国蔬菜栽培学·第二版》都把"芽苗菜"列为按农业生物学分类的 14 类栽培蔬菜之一。

学者们对于芽苗菜的释义，是一种广义的视角，它对于蔬菜栽培研究、农业生物学分类研究具有开拓性的理论意义，也规范了后来芽苗菜的生产与发展。但按照中国的蔬菜商品分类方法以及人们的认知习惯，"芽苗菜"即是"豆芽菜"。

第一节　芽苗菜的生产发展

早在秦汉时期的《神农本草经》中已有："大豆黄卷，味甘平，主湿痹、痉挛、膝痛"的记载，这里的"大豆黄卷"就是晒干了的黄豆芽，当时主要作为药用。

宋代就有了用大豆生产豆芽作为蔬菜食用的记载，北宋·苏颂著《图经本草》（1061 年）上说："菜豆为食中美物，生白牙，为蔬中佳品。"

宋代孟元老所撰《东京梦华录》（1147 年）中的豆芽菜条目，是生产绿豆芽的最早记录。南宋的林洪（约 13 世纪中期）在《山家清供》中记载了温陵〔唐哀帝李柷（chù）的陵寝，在今山东省菏泽市定陶区〕人生豆芽的方法："温陵人，前中元（中元节，农历七月十五祭祀亡故亲人）数日，以水浸黑豆，暴之，及芽，以糠皮实（zhì，放置）盆内，铺沙及豆，用板压，及长，覆以桶。晓则晒之，欲其齐而不为风日侵也。中元则陈于祖宗之前，越三日出之，洗焯，渍以油、盐、苦酒、香料，可为茹（蔬菜），卷以麻饼尤佳，色浅黄，名鹅黄豆生。"

元代熊梦祥《析津志》中除开列家园种莳（栽种）之蔬，还特举出山野之蔬，其中就有黄连芽、木兰芽、芍药芽、青虹芽、洒花芽、槐芽、柳芽、椿芽、梨芽、段木芽等，指明在端午前俱可食，午节后食伤身。

明代高濂《遵生八笺》（16 世纪后期）上也载有"绿豆芽""寒豆芽""豆芽"等三种芽菜的培育方式，其培育原理延续下来，形成了芽菜的传统水淋生产方式。

新中国成立以来，直至 20 世纪 80 年代中期，芽苗菜生产的主体方式延续的仍是传统水淋方式生产豆芽菜（图 5-1）。此后，随着蔬菜产销政策变化和蔬菜生产技术现代化的发展，郊区芽苗菜生产由传统水淋生产方式向工厂化生产转变，生产品种由豆芽菜向新型绿化型芽苗菜转变。大规模现代化芽苗菜生产企业的建立，使北京郊区形成了若干传统的生产方式与现代化企业生产方式共存并行的芽苗菜类蔬菜生产发展的基本格局。

近十多年来，北京十大农贸市场的绿豆芽、黄豆芽年交易量稳定在 5 万～9 万吨，唯绿化

图 5-1　瓷缸发豆芽　林源　2009

型豌豆苗逐年增长，从 2008 年的 1 786.2 吨，猛增至 2019 年的 15 390.0 吨（表 5-1）。其主要原因应是：绿化型豌豆苗具有特有的香气，可以炒、煮、凉拌（图 5-2），更是涮火锅最可口的食材之一。销售量的增加，是市场需求旺盛的反映，同时也表明，设施芽苗菜至今仍是受市民喜爱的重要调剂蔬菜品种之一。

图 5-2　豌豆苗　2018

表 5-1　2008—2019 年北京十大农贸市场主要芽苗菜的交易情况

项目	2008 年		2009 年		2010 年		2011 年		2012 年		2013 年	
	总量（吨）	单价（元/吨）	总量（吨）	单价（元/吨）	总量（吨）	单价（元/吨）	总量（吨）	单价（元/吨）	总量（吨）	单价（元/吨）	总量（吨）	单价（元/吨）
绿豆芽	61 409.8	1 320	64 228.5	1 230	81 350.7	1 640	93 340.4	1 720	96 482.8	1 640	83 553.6	1 670
黄豆芽	57 503.6	1 310	55 853.9	1 240	75 911.4	1 490	85 390.6	1 400	85 791.4	1 420	78 776.6	1 450
豌豆苗	1 786.2	5 130	2 287.95	5 890	3 759.6	5 770	4 308.5	5 690	10 060.1	6 210	10 006.99	7 090

项目	2014 年		2015 年		2016 年		2017 年		2018 年		2019 年	
	总量（吨）	单价（元/吨）	总量（吨）	单价（元/吨）	总量（吨）	单价（元/吨）	总量（吨）	单价（元/吨）	总量（吨）	单价（元/吨）	总量（吨）	单价（元/吨）
绿豆芽	74 458.5	1 620	73 278.0	1 830	78 885.9	1 850	76 158.7	1 910	72 954.4	1 920	79 920.5	1 900
黄豆芽	71 290.9	1 480	72 809.6	1 710	76 271.1	1 690	62 908.7	1 700	55 524.7	1 690	78 721.6	1 740
豌豆苗	10 309.46	6 660	11 049.64	6 330	11 140.6	7 770	13 096.98	7 070	13 791.0	9 260	15 390.0	9 080

一、传统芽苗菜生产方式

长期以来，北京郊区人民延续前人的传统发豆芽方式培育黄豆芽、绿豆芽，其操作程序包括精选豆种、淘洗漂去嫩籽杂物、启动（泡豆）、萌发催芽、入缸（容器）培育、淋水管理、起菜漂洗、烹饪食用等步骤。这种方式多为市民、菜农所用，他们利用自有的生活器具，如缸、盆、瓦罐等，自产自食，或者挑至街头巷尾的菜摊、菜市售卖，后逐步形成作坊式小规模的商品生产模式。

除豆芽菜之外，民间尚有另一种传统的田间芽苗菜栽培，但只限于少数几个种类，仅在局部地区生产应用，如北京郊区菜社利用河沙作苗床，密集软化栽培豌豆苗；在温室、阳畦里囤栽香椿幼树生产香椿芽，或囤栽软化菜心，或囤栽韭根（大蒜）软化生产韭黄或蒜黄（图 5-3），以增加冬季蔬菜市场供应品种。

图 5-3　双墙温室墙间软化蒜黄　高世良　1988

1956—1985 年，北京市蔬菜产销实行统购包销政策，豆芽菜也是有计划生产和有计划供应的。如 1981 年 7 月 9 日北京市人民政府召开的蔬菜产销工作会议，提出保证 7 月下旬和 8—9 月的市场蔬菜供应，要把豆子按比例分到各区，根据蔬菜上市情况安排豆芽生产，也可以放给大型厂矿、学校、机关和饮食业，缺菜时发豆芽，补充餐桌上的花色品种。20 世纪 80 年代中期，处于城郊的农贸蔬菜市场周边，一些个体菜商或豆芽作坊开始将民间传统发豆芽生产方式向豆芽机生产方式转变。

二、绿化型芽苗菜生产方式

20 世纪 70 年代后期，日本、美国等国家，还有中国台湾省已先后在现代化温室及人工气候室中开展了芽苗菜商品化生产研究。此后，中国一些蔬菜科研单位在此基础上，相继开展了芽苗菜种类和栽培技术的研究开发，有力地推动了芽菜科研和生产的迅速发展。

1986 年 2 月，北京引进日本技术，在建国门外大街建成了第一座全封闭蔬菜植物工厂，采用无土栽培，连续多茬生产"贝格大根"萝卜苗，每茬产量稳定在每平方米 7 千克左右。中国农业科学院蔬菜花卉研究所王德槟先生组成新型芽苗菜课题组，开始对芽苗菜技术进行研究。1991 年首先开发出香椿芽纸床栽培技术，新的生产方法由香椿种子经萌发后长成芽苗食用，改变了谷雨前后从香椿树上采摘嫩芽食用的传统生产方法。为区别树芽香椿而改称为"芽苗香椿"。

在生产技术方面，相继开发出籽（种）芽香椿苗、豌豆苗、萝卜苗、荞麦苗、赤豆苗、蕹菜苗、苜蓿苗、花生芽 8 种芽苗菜。其中，豌豆苗成为大规模栽培的主栽品种；籽（种）芽香椿（不同于传统的树芽香椿）最具创新性。还系统地测定了 17 种芽苗菜种子的最大吸水量，提出了最适相对吸水量、最适浸种时间、催芽的最适温度指标，取得了 14 种芽苗菜产品 23 种营养成分分析数据。并研发出"移动式立体栽培架种植""苗盘纸床栽培""二段式播种""叠盘催芽""雾化喷淋""活体销售"等为核心技术的 8 种芽苗菜规范化生产技术及管理标准；对生产场地和传统栽培容器进行了创新，使豌豆苗、种苗香椿等多种新型芽苗菜生产在全国各地得到快速推广。

"九五"期间（1996—2000 年），北京市农业技术推广站主持北京市芽菜生产与开发，在郊区一些蔬菜重点村或蔬菜科技园区设点进行生产示范，其中小汤山特种蔬菜展示基地，利用 1 栋日光温室，面积 0.6 亩，自行设计制作阶梯式活动金属栽培架，使用轻质苗盘，示范推广绿化型芽苗菜培育技术，生产豌豆、萝卜、荞麦、香椿、花生、红小豆等 10 种芽苗菜产品，每平方米每茬产量可达到 3 千克左右，每年能生产 20～26 茬，累计每平方米平均年产量为 65.3 千克，亩产量 43 535.5 千克，售价每千克 8～20 元，亩产值达到 43.6 万元。

绿化型芽苗菜消费需求，从宾馆、饭店、酒楼向社区菜店扩展，促进了穴盘芽苗菜的生产和发展

（图 5 - 4）。

图 5 - 4a 穴盘绿化芽苗菜社区销售 徐国明 2011

图 5 - 4b 立体穴盘培育荞麦芽苗 2018

三、芽苗菜工厂化生产兴起

20 世纪 90 年代，日本芽苗菜工厂化生产已建立了严格的工艺流程和标准化的企业运作模式。此后，荷兰、美国等也开始工厂化芽苗菜生产，其品种主要有萝卜芽、白芥芽、苜蓿芽、独行菜芽、胡麻芽、紫苏芽、蓼芽、鹰咀豆芽等，其中，石刁柏、软化菊苣、苜蓿芽等芽菜产品在欧美蔬菜市场上占有重要地位。

由于芽苗菜所涉及的主要种类，对环境温度要求多属于半耐寒、耐寒或适应性广的蔬菜，尤其在产品形成期，一般不需要很高温度即可满足其生长要求。因此，更适合严寒冬季在高效节能型日光温室、连栋温室、专用厂房内，采用无土及立体工厂化生产，实现芽苗菜规模化、规范化、高效、周年生产。

1998 年，在中国农科院蔬菜花卉研究所的技术扶持下，北京市丰台区王佐镇成立了北京第一家专业化芽苗菜生产企业北京"绿山谷"芽菜有限责任公司。该企业逐步向规模化、工厂化发展，年生产芽苗菜产品目前已达到 200 多个，供应蔬菜超市、蔬菜市场和宾馆饭店，并致力于芽苗菜多功能开发。

2005 年春，为推进工厂化芽苗菜发展，北京市农业技术推广站与日本相关企业洽谈引进芽菜生产工厂，但北京东升方圆农业种植开发有限公司认为日方设备要价较高，应由浙江企业借鉴国外经验制造豆芽菜生产设备，由简单到复杂，自己创建豆芽菜工厂。

企业家的优点是说干就干，当年冬季，就在通州区聚富苑民族工业园区投资建成了北京第一家豆芽菜工厂化生产车间，并注册"东升方圆"品牌，迈开了北京工厂化芽苗菜生产的步伐。

2006 年 7 月，北京东升方圆农业种植开发有限公司牵头，联合北京市通州区质量技术监督局，起草制定了北京市地方标准《工厂化豆芽生产技术规程》（DB11/T 378—2006），该标准对工厂化豆芽生产的术语和定义、生产环境、生产设备、清洁消毒、生产技术、产品采收、检验、运输、从业人员、生产记录进行了规定，成为本市第一个关于工厂化芽苗菜的地方标准。

2012 年，北京中禾清雅芽菜有限公司在顺义区赵全营镇建立了智能化芽苗菜工厂，2014 年 4 月正式投产。

北京市郊芽苗菜工厂化的出现与发展，推动着芽苗菜产业向着技术与资金密集型的现代农业转变，这是北京市城郊型农业产业的具体体现。

第二节　芽苗菜的分类

依照芽苗菜的定义，根据芽苗类蔬菜产品形成所利用营养的不同来源，可将芽苗类蔬菜分为种芽菜和体芽菜两类。前者指利用种子中贮藏的养分直接培育成幼嫩的芽或芽苗（多数处于子叶展开或真叶"初露"期）；后者多指利用二年生或多年生作物的宿根、肉质直根、根茎或枝条中累积的养分，培育成芽球、嫩芽、幼茎或幼梢。种芽菜又可按栽培过程中不同光照条件及其产品绿化程度分为绿化型种芽菜、软化型种芽菜和半软化型 3 种类型。

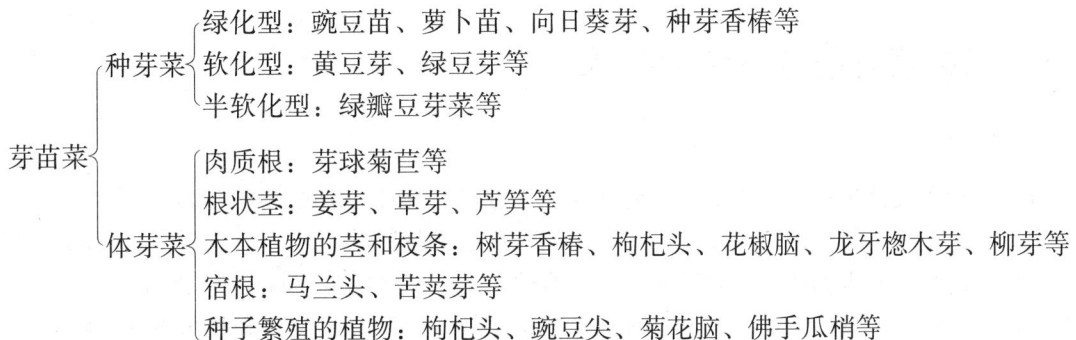

芽苗菜
├ 种芽菜
│　├ 绿化型：豌豆苗、萝卜苗、向日葵芽、种芽香椿等
│　├ 软化型：黄豆芽、绿豆芽等
│　└ 半软化型：绿瓣豆芽菜等
└ 体芽菜
　├ 肉质根：芽球菊苣等
　├ 根状茎：姜芽、草芽、芦笋等
　├ 木本植物的茎和枝条：树芽香椿、枸杞头、花椒脑、龙牙楤木芽、柳芽等
　├ 宿根：马兰头、苦荬芽等
　└ 种子繁殖的植物：枸杞头、豌豆尖、菊花脑、佛手瓜梢等

一、种芽菜

（1）软化型豆芽菜　豆芽菜由豆类种子培育而成，以鲜嫩的幼芽（下胚轴或胚根或未展开的子叶）供食，由于在黑暗环境下培育，因此幼芽呈乳白色或乳黄色。

（2）绿瓣豆芽菜（半软化型）　采用大豆种子进行沙培，采收前在弱光下绿化，其产品类似传统豆芽菜，但子叶（豆瓣）浅绿色，下胚轴较长、乳白色，属半软化型产品。

（3）绿化型种芽菜　它们中的多数以子叶微张或平展的芽苗供食，少数已具有真叶；子叶和真叶肥大，深绿色，下胚轴浅绿色或伴有红晕。

二、体芽菜

（1）宿根　宿根是某些二年生或多年生草本植物累积养分的营养贮藏根，在进入寒冷季节，地上部茎叶枯萎后可在地下安全越冬，翌年早春，利用宿根贮藏养分重新发芽生长。宿根类植物的体芽菜生产，多采用冬前挖出老根，在日光温室中密植栽培进行冬春季生产的方式，以嫩芽等产品上市。

（2）肉质根　肉质直根是一种变态根，由直根膨大形成肉质变态器官，并贮藏大量的营养物质。肉质根类植物的体芽菜生产，多采用设施软化栽培，冬春季上市其嫩芽、芽球等产品，如芽球菊苣等。

（3）根状茎　根状茎蔓生于土壤中，肥大呈不规则状，贮有丰富的营养，具有明显的节和节间，叶腋处长有腋芽，顶端有顶芽。根状茎类植物的体芽菜生产，多采用设施软化栽培，在冬春季或夏秋季上市其幼茎（假茎）。

（4）木本植物的茎和枝条　茎是植物地上部分的骨干，在茎的顶端和节上叶腋处都生有芽，人们便利用某些木本植物的茎和枝条自身贮藏的营养物质，在一定的光照和温湿度环境下迅速萌芽的特性，进行体芽菜生产。多采取设施密集囤栽，于冬春季上市其嫩芽或幼梢。

（5）种子繁殖的植物　一些用种子繁殖的植物，当其度过幼苗期，长成成株时，其植株的绝大部分由于纤维化而不堪食用，但这些植株生长点及其以上的一小部分，仍是柔嫩的可食部分，这些部分包括顶芽、未完全展开的幼叶、未老化的嫩叶及幼嫩的茎。

第三节　软化型种芽菜（豆芽菜）的培育

培育软化型种芽菜（豆芽菜）的工艺流程为：精选豆种→淘洗漂剔嫩籽杂物→启动→萌发催芽→容器培育→淋水管理→起菜漂洗→包装上市。

自然条件下，北京宜在春、秋两季培育，但若能配套加温或降温措施，可以做到四季培育生产与供应。

一、豆芽菜对培育条件的要求

（一）水分

水分是豆种子发芽过程中最主要的环境条件，其过程开始时首先由豆种子吸水，种皮膨胀，接着吸水增多，呼吸增强，豆种内原生质水合程度增加，逐渐由凝胶状态变为溶胶状态，酶的活性增强，使种子内贮藏的复杂有机物质，分解成简单的可溶性化合物，以供豆芽萌发生长的需要。

豆类种子蛋白质含量高，而蛋白质具有很强的亲水特性，因此豆类种子吸水量大，吸水速度快。豆种子发芽时所吸取水分为本身重量的 1 倍以上，例如大豆种子吸水量为其本身重量的 120%～140%。一般豆芽产品含水量达 75%～95%，每千克黄豆种子培育成黄豆芽吸水量为 4～5 千克，绿豆芽约 8 千克。

在豆芽菜培育过程中，需进行定时淋水，供给充足水分，以满足豆芽生长的需要。同时，淋水具有调节豆芽菜温度和气体环境以及排污等作用。但种子发芽后，水分过多或浸泡于水中会导致缺氧，影响豆芽生长甚至窒息而死亡。

（二）温度

黄豆、绿豆属于喜温作物，要求较高的温度；蚕豆则喜温和的环境条件。适宜的温度是培育优质高产豆芽菜的重要条件。豆种子发芽最适宜温度为 25℃，豆芽生长最适宜温度为 21～27℃。若温度过低，豆芽生长缓慢，需要天数长，产量较低；若温度过高，豆芽生长迅速，需要天数少，但豆芽胚轴细长，纤维多，品质差（图 5-5）。

图 5-5　科技人员观察烫豆浸种温度对豆芽生长影响　2009

（三）空气

豆种子吸水后，同时吸收空气中的氧气，开始了正常的生命活动，在其过程中，由于种子内部的呼吸作用而释放出 CO_2 和热：$C_6H_{12}O_6 + 6O_2 \rightarrow 6CO_2 + 6H_2O + 能量$。由此可见，氧气的多少在豆芽生育中起重要作用，充足的氧气会使豆芽菜呼吸加快，生长细弱，纤维多，品质下降。培育优质豆芽菜最适宜的气体成分为 O_2 10%、CO_2 10%、N_2 80%，即比一般空气成分要有较多 CO_2 和较少的 O_2，以降低呼吸作用，减少养分消耗，培育出胚轴粗壮、纤维少、质脆鲜嫩的优质豆芽菜产品。

（四）光照

优质豆芽菜要求质脆洁白，子叶乳黄。因此，豆芽菜培育必须采取避光措施，以创造有利于产品软化的零光照环境条件。

二、豆芽生长过程中的物质转变

豆类种子贮存有无机和有机两类物质。无机物含量少，主要是水和无机盐。有机物主要是碳水化合物、蛋白质、脂肪。但各种豆类种子所贮藏物质含量不相同（表 5-2），由表可见，大豆种子含蛋白质多，含脂肪、碳水化合物较少；而绿豆、蚕豆含碳水化合物多，含脂肪少。

表 5-2 大豆、绿豆、蚕豆种子主要贮藏物质成分比较

品种	碳水化合物（克/100 克）	蛋白质（克/100 克）	脂肪（克/100 克）
大豆	25.3	36.3	18.4
绿豆	61.8	22.9	1.2
蚕豆	48.6	28.2	0.8

资料来源：引自《中国蔬菜栽培学》，2010。

豆类种子在适宜环境条件下发芽后，种子内贮藏物质发生了变化，大豆种子中的脂肪在脂肪酶作用下，（即甘油三酯）降解成脂肪酸和甘油，再转变成糖。绿豆和蚕豆发芽后，种子贮藏的碳水化合物，在淀粉酶作用下，转变成糖，还原糖开始增加，多糖则相对减少，约有 1/2 脂肪和 2/3 淀粉消失，其中一部分养分消耗于胚轴的生长，伴随有大量维生素 C（抗坏血酸）形成。绿豆发芽后维生素 C 含量开始增高，含量最高的时间是在发芽的第二天，以后逐渐减少。如果在豆类种子发芽后 50 小时采收，那么维生素 C 含量最高，但此时下胚轴未充分生长，产量低。因此，要到下胚轴充分长成而真叶尚未伸出前采收为宜。另外，在豆芽生长过程中蛋白质的组成和质量变化不大，无新的氨基酸合成，只是谷氨酸稍有下降，天门冬氨酸有所增加。植酸含量和胰蛋白酶抑制剂活性在豆芽生产过程中显著降低。在豆种子中存在妨碍人体吸收的凝血素和不能被人体吸收的棉子糖、鼠李糖、毛类花糖 3 种寡糖，在豆芽生长中消失。

三、豆芽菜场地与设备的选择

豆芽菜的培育，多在民房、闲置厂房、专用车间进行（图 5-6）。其场地的选择，必须按照无公害生产标准对环境条件的要求，考虑当地气候和地理位置及生产规模等综合因素，确定与建造培育豆芽菜的场所，并选择相适宜的豆芽菜培育用具和设备。

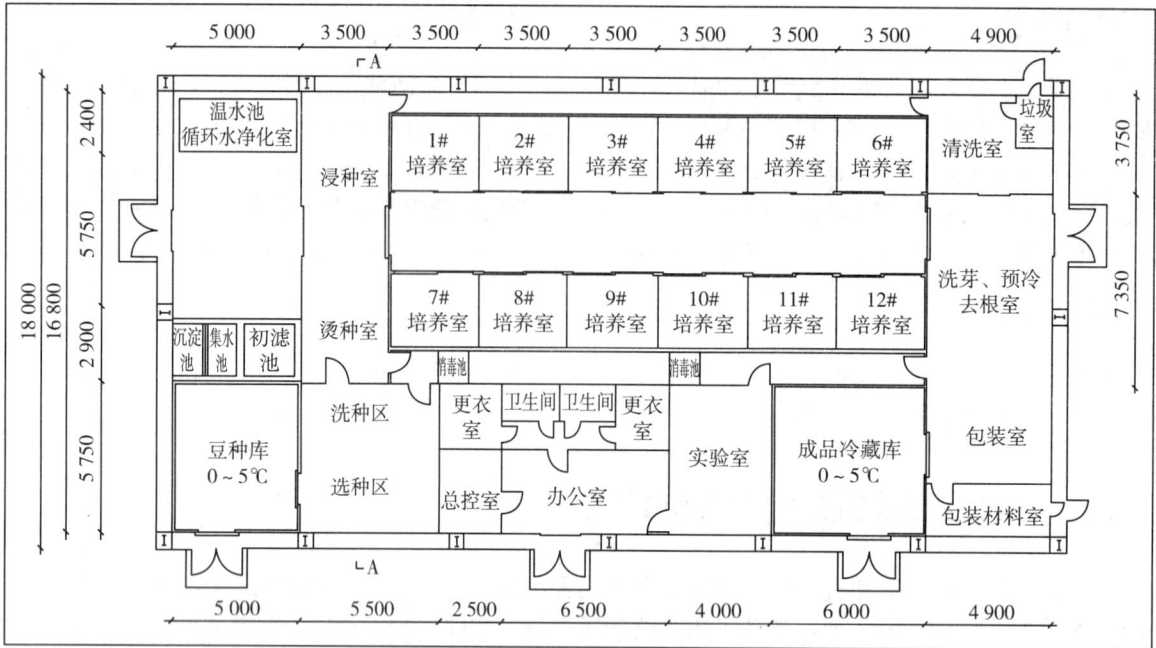

图 5-6　小型豆芽菜车间平面布置图　2010

（一）场地的选择

第一，要有充足洁净的水源和良好的排水设施，达到国家生活饮用水标准，即国家地下水质量标准Ⅲ类或地表水环境质量标准Ⅲ类的要求。

第二，由于豆芽菜生长过程是在黑暗环境下进行的，因此培育场所必须避免太阳光直射，必须具备遮光设施。

第三，为保证适宜温度，在冬春季要配备加温设施，在夏秋季节要有通风降温等设备。

第四，因豆芽菜鲜嫩、不易贮运，故培育场地，应选择交通便利，离销售地较近的地方。

（二）培育豆芽菜选用的容器

（1）水泥池或地槽　水泥池长宽各为 100 厘米、高 70 厘米，池底一侧设有排水孔，孔长 7～8 厘米、宽 5～6 厘米，用瓦片或塑料网纱堵塞排水孔，以调节排水量和防止豆芽外流。此规格水泥池，可一次投放黄豆种 25 千克或绿豆种 20 千克。

在夏季培育豆芽时，在沙质土壤挖地槽或地沟，一般长 200 厘米、宽 50 厘米、深 40 厘米，每次可投放黄豆种 13 千克、绿豆种 10 千克。

（2）木桶　方形或圆形，其桶底部一侧设一个排水孔，孔长宽均为 4～5 厘米。方形木桶长与宽各为 65 厘米、高为 75 厘米，一次可投放绿豆种 10 千克或黄豆种12.5 千克。

（3）陶瓦缸　上口直径和高分别为 80 厘米和 60 厘米，缸底一侧设一个排水孔，直径为 4～5 厘米，一

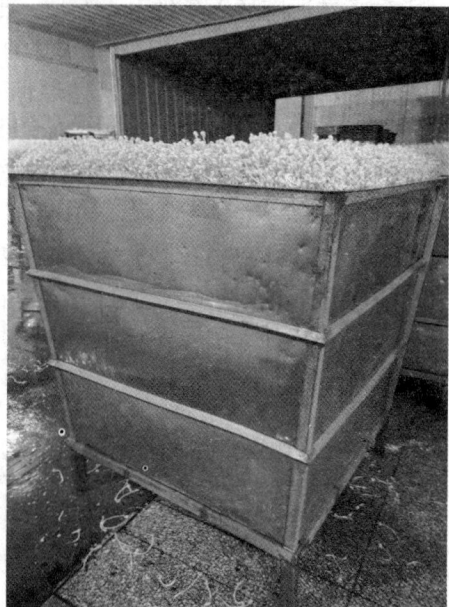

图 5-7　豆芽菜不锈钢孵化桶　东升方圆　2019

次可投放绿豆种7.5千克或黄豆种10千克左右。

（4）孵化桶 为倒梯形，不锈钢制成，桶上口与下口均为正方形，上口边长1.46米、下口边长1.23米、桶高1.52米，其容量可投放绿豆种或黄豆种90～110千克，生产豆芽产品为1000千克。孵化桶主要用于现代工厂化豆芽生产（图5-7）。

家庭或豆芽作坊培育豆芽，因条件差异，生产用具还需有贮水池或贮水缸、覆盖物（草包或蒲包、棉毯）、竹淘箩、筛篮、竹篮、塑料盆、金属盆等设施和设备，可以因地制宜选用。

（三）工厂化生产主要装备

20世纪80年代，国内一些企业开发了适宜餐厅、豆芽作坊或个体生产者使用的整体设备豆芽机，在北京郊区农贸市场周边率先应用。主要结构包括：育芽箱、水电设备和自控装置，可为豆芽菜生长提供稳定良好的温度、淋水、气体培育环境，改变了上千年来传统豆芽生产效率低、产品周期和质量不稳定的状况，推动传统豆芽菜生产开始进入工业化生产进程。北京诚达机电设备有限公司生产的ZYD系列2000新款全功能型控温控湿自动淋水豆芽机，每次生产豆芽数量150千克以上。绿豆每千克干种豆可出豆芽9～11千克，黄豆可出豆芽菜6～8千克。

此后，郊区发展起来的芽苗菜工厂，是由生产车间组成的流水生产线，实现了从豆种原料到豆芽菜成品自动化生产，并扩展到绿化型种芽菜，主要设备包括：

（1）紫外线消毒灯 在各个生产车间合理安放紫外线消毒灯，以减少细菌等微生物污染，保证芽苗菜工厂环境清洁；此外，还要配备移动式消毒液冲洗设备，确保生产器具在使用前彻底消毒。中禾雅清的芽苗菜工厂种子处理车间，采用了电场杀菌设备，利用3万～10万伏高压直流电为电场杀菌，不仅适用于杀死附于种子表面的真菌细菌，还能够消灭存活于芽苗表层的细菌。

（2）温汤浸种容器 主要采用500升塑料桶（图5-8）。塑料桶材料无毒无味、耐80℃高温，可进行种子洗种和热水浸泡消毒。

图5-8 洗种浸种 刘保平 2019

（3）环境调控设备 工厂化芽苗菜培育，应配备强制通风换气设备、加温和降温设备、遮光设备、计算机系统设备，实现智能自动化生产，保持生产培育室白天达到20～30℃，夜晚最低不低于16℃；昼夜空气相对湿度应保持在60%～90%，空气清新。

（4）淋水设备 配备自来水、贮水罐等水源处理装置，要有排水系统，生产培育室要配备自动喷淋、喷雾的淋水设备，定时喷淋（图5-9）。

图 5-9　水调节系统储水罐　断然　2018

　　（5）豆芽清洗、预冷设备　豆芽孵化完成后，经流水线作业设备进行清洗（图 5-10），去除 95% 以上的豆芽种皮和部分根须，装入塑料筐，传送至 0℃ 的冷水中冷却 3～4 分钟后，再进入冷库待市（图 5-11）。

图 5-10a　将豆芽放入清洗流水线　2022

图 5-10b　豆芽清洗去皮去根预冷流水线　王铭堂　2019

图 5-11　豆芽菜冷库保鲜待市

（6）自动计量包装机　实现豆芽自动称重、包装，包装为塑料袋小包装，每袋重量为 350 克。

四、豆芽菜主要产品的培育技术

（一）绿豆芽的培育技术

绿豆芽是由绿豆种子培育而成的，营养丰富，含有各种维生素和氨基酸，每 100 克鲜芽菜含维生素 C 30～40 毫克，为人们所喜爱。优质绿豆芽产品，芽身挺直、无弯曲、洁白、无病斑、无豆壳。绿豆芽生长过程可分为四个时期：①胚根生长期，种子吸胀萌动后，胚根伸出种皮，芽体长为种子长度的 1/2；②下胚轴生长期，幼芽长为种子长度的 2～2.5 倍；③胚根伸长期；④胚轴、胚根同时生长期。

1. 豆种选择

供培育绿豆芽的品种类型有明绿豆、毛绿豆和黑绿豆等，生产上一般多选用中型和小型籽粒品种。如高阳小绿豆（DO317）是培育绿豆芽优良品种之一，该品种为河北省高阳县农家品种。种子绿色、有光泽，百粒重 3.5 克左右，豆芽色白、清香脆嫩、高产。

在培育豆芽前，要进行绿豆种子发芽试验和种子纯度测定，以便准确地计算实际用种量。要挑选籽粒饱满、形状周正、色泽鲜艳的种子，剔除"硬实"、瘪豆、嫩豆、破碎及虫蛀的种子，忌用发芽势弱的陈旧种子。

2. 培育容器和用具消毒

在培育豆芽菜前，首先要对培育容器和操作用具进行消毒处理。其消毒方法有：用 0.1% 漂白粉或 4% 石灰水清洗消毒，并用清水冲洗干净；用开水烫洗；把洗净的容器及覆盖物在太阳光下暴晒。若用低毒低残留杀菌剂喷雾消毒，则在喷雾后半小时，用清水冲洗，直到无药味为止。

3. 豆种处理

豆种处理包括漂洗去杂、烫豆、浸豆等环节。

（1）漂洗豆种　把绿豆种子倒入塑料盆或陶瓷盆中，放清水冲洗，搓去豆种的泥土和杂质，捞出浮在水面上的瘪豆、嫩豆。

（2）烫豆杀菌　将经漂洗的绿豆种沥干，然后将绿豆种置于 55℃ 的热水中，不断地搅拌，保持恒温 15 分钟，然后让水温降到 30℃ 浸泡。烫豆可以杀死黏附在豆种皮表面的病菌，同时可以提高发芽势，促进豆芽健壮生长。北京天安农业有限公司开展烫豆试验，豆芽生产实践表明：绿豆烫种最适温度为 55℃，最适时间为 20 分钟；浸种最佳温度为 25℃，最适时间为 6 小时。

（3）浸豆　种子经烫豆消毒后，即进入浸豆阶段（图 5 - 12）。浸豆水温宜控制在 27～30℃，每小时兜底翻动 1 次。当豆粒已吸水膨胀表面无皱纹，极小部分豆粒种皮开始破裂时，就可结束浸豆，并用清水冲洗干净，然后进行催芽。

4. 催芽

催芽温度控制在 25～30℃，每隔 2～3 小时上下翻动和淋水 1 次。为防止豆芽腐烂病等的危害，促使绿豆芽脱壳，提高豆芽品质，当豆粒有 80% 以上胚根露出时，将豆种放入盛有 3.5%～4.0% 石灰水的缸中浸泡 1 分钟，随即用清水漂清。然后把发芽豆种轻轻平铺于培育容器中，厚度 10～12 厘米，然后浇水，盖好覆盖物。

5. 管理

绿豆芽生长适温为 21～27℃，而豆芽生长过程中由于呼吸作用所放出大量的热，可使温度迅速升高并超过适温。例如绿豆在发芽第 2 天，培育容器

图 5 - 12　浸豆车间

内最高温度达到 32℃，但浇水可使温度降低 6～7℃。每天浇水间隔时间，一般夏季每隔 3～4 小时浇 1 次，冬季每隔 6～8 小时淋浇 1 次，所用水的水温以 21～26℃为宜。当绿豆芽长到 1.5～2.0 厘米时（称为"扎根阶段"），要特别注意防止温度的剧烈变化，温度过高，易发生烂根现象，温度过低，则生长速度慢，不利于扎根，也易发病，所以此阶段更要精细管理，严格避免豆芽受热或受凉。

6. 采收

从浸豆到绿豆芽采收所需时间，一般为 5～7 天，当下胚轴长到 8～10 厘米，子叶未展开时，即可采收。生产上绿豆干种子 1 千克可产豆芽 8～10 千克。采收时不要折断下胚轴，包装好后，即可供应市场。

（二）黄豆芽的培育技术

黄豆芽由大豆种子培育而成，具有很高的营养价值，其蛋白质和矿物质含量均高于绿豆芽。优质黄豆芽产品芽身挺直、胚轴粗、质脆、鲜嫩。培育黄豆芽适宜温度为 21～23℃，若在高温季节培育黄豆芽则需要良好的降温设备，并应选用耐热性强的品种，如浙江梅青、常州牛皮黄等品种。为了便于黄豆芽的培育管理，生产上一般均避开高温季节，如上海、杭州等地培育黄豆芽时间主要是在 10 月至翌年 4 月。

1. 豆种选择

黄豆品种甚多，按籽粒大小可分为大粒种、中粒种和小粒种。用大粒种培育黄豆芽，胚轴粗壮、产量较低、品质较佳。小粒则发芽率高、下胚轴较细，产量高。用中粒种培育的黄豆芽介于二者之间。因黄豆种子种皮薄、含蛋白质、油分丰富，吸湿能力强，若在高温高湿条件下贮藏，则易发生霉烂，且发芽率低、发芽势弱。因此，若不在当年使用，则必须把黄豆种子贮藏于通风条件好，温度在 0～14℃，空气相对湿度在 65%～75% 的仓库。在培育黄豆芽前，需进行种子发芽率、发芽势及纯度的测定，为计算实际用种量和培育管理提供依据。为了培育优质高产的黄豆芽，应选用新收获的、色泽黄亮、籽粒鲜艳饱满、发芽率高和发芽势强的优质小粒豆种。

2. 豆种处理

（1）筛选与漂洗　去掉泥沙杂质和破碎或未成熟的种子，然后把豆种倒入塑料盆或陶瓷盆中，放入清水，搓洗种子，去掉泥土，捞出浮在水面的瘪豆、嫩豆及杂质。

（2）浸豆　黄豆的种皮薄而柔软，蛋白质含量高。豆种浸水后，种皮易皱缩，吸收速度比绿豆芽

快。其吸水量为本身重量的 82％，在 25℃水中浸泡 3 小时，吸收水量即达到干种子重量的 68.7％，黄豆芽的浸豆时间不宜过长，只要种子吸水基本达到饱和发胖、豆嘴明显突出即可，否则会影响发芽率和发芽势。浸豆时间长短与水温密切相关，一般在 25℃水中浸豆 2～4 小时，在 20℃以下水中 6～8 小时即可。

3. 催芽

把经过浸豆的种子冲洗净，捞起沥干，直接平铺于已经消毒的豆芽培育容器中，随即用覆盖物盖严。每个容器投放黄豆种数量较绿豆种数量增加 25％左右。也可将种子用透气性较好的布袋或纱布袋包好，放入豆芽培育容器中催芽，温度控制在 25℃左右，每隔 3～4 小时冲洗和翻动 1 次，当长出小芽 3～4 毫米时，再轻轻平铺于容器中，然后盖好覆盖物。

4. 培育管理

黄豆芽培育管理技术与绿豆芽基本相同。在豆芽培育室内，要做好遮光、防止光线射入。因黄豆芽耐热性较弱，所以对浇水要求严格。每天淋水次数与温度密切相关，当室温在 21～23℃时，每天淋水 6 次，室温在 25～28℃时，每天淋水 8 次。在寒冷天气，水温低于 20℃时，需加热水调节，用温水冲淋。当黄豆芽长到 1.5 厘米时，要特别注意防止受冷、受热或缺水，否则会引起伤芽，发生红根、腐烂和脱水现象。

5. 采收

当黄豆芽下胚轴长到 10 厘米左右，真叶尚未伸出时，即可采收供应市场。在良好的培育管理条件下，培育豆芽所需时间与温度密切相关，当室温为 10～15℃、21～23℃、28～35℃时，培育黄豆芽所需时间分别为 10 天、6 天、4.5 天。采收时要自上而下，轻轻将豆芽拔起，并放入水池或水缸漂洗，去掉种皮（豆壳）和未发芽及腐烂的豆粒，然后捞起沥干，包装上市。

（三）蚕豆芽的培育技术

蚕豆芽由蚕豆种子培育而成。优质蚕豆芽产品，芽长不超过 2.5 厘米，无"红眼"（红斑），芽脚（芽基部）不软、无烂豆粒、壳内（种皮内）无积水。

1. 豆种处理

培育蚕豆芽的豆种，一是要选择小粒型或中粒型、绿色或白色，皮薄、发芽快、出芽率高的品种；二是要选择籽粒饱满、芽嘴突出、发芽势强、产品口感与风味好的品种。生产上多采用上海市和浙江省的地方品种"红光青"和"田鸡青"等。

首先要进行选种，拣出虫蛀、破碎与烂豆。然后把豆种放入水中漂洗，捞出嫩种子和杂质。把经漂洗的蚕豆种子泡于水中。当蚕豆种子有 70％～80％浸胖、少数露出芽头时，即应结束浸豆。浸豆时间，在室温 20～30℃时，一般约需 48 小时，冬季宜适当延长，夏季可酌情缩短。浸豆过程中，每日需上下翻动和换水 3～4 次。

2. 培育出芽

把经过浸豆处理的豆种沥干，放入培育容器中。当有 50％～60％豆种露芽时，取出用清水浸泡 1～2 天，然后捞出沥干，重新置入培育容器，经 12～14 小时后，芽已基本出齐，此时再淋 1 次透水，排干后，盖好覆盖物，此后每隔 6～8 天，冲淋水 1 次，约经 24 小时，芽长即可到达 2.5 厘米的收获标准。

3. 采收

蚕豆芽生产周期，在温度 20～30℃时为 4～5 天，在 7～15℃时为 6～7 天。为了防止蚕豆芽过长，影响豆芽品质，必须及时采收，将蚕豆芽从培育容器中捞出，置入清水中，浸泡 4～8 小时后及时出售。一般每千克蚕豆干种子可生产豆芽约 2.2 千克。

第四节　绿化型种芽菜的生产

绿化型种芽菜，是指20世纪80年代后发展起来的采用苗盘纸床、立体无土栽培，在适宜光照（忌强光）条件下培育而成的绿化型芽苗产品，例如豌豆苗、萝卜芽、荞麦芽、黑豆芽、向日葵芽、种芽香椿等。它们中的多数以子叶微张或平展的芽苗供食，少数已具有真叶；子叶和真叶肥大，深绿色，下胚轴浅绿色或伴有红晕。

绿化型种芽菜在蔬菜保护设施内或专业化生产车间中可周年进行生产。

目前，北京郊区正在发展地面苗床栽培，用不织布铺衬或将地面硬化，上用木板做框或用塑料箱，其内加入栽培基质进行芽苗菜生产。优点是易于移动，方便管理和采收，相对芽苗菜其植株可略大一些，有人把这种略大一些的芽苗称为弱芽苗菜。

一、场地的选择

绿化型种芽菜要求生产场地必须符合无公害蔬菜生产标准，催芽期要求催芽室能经常保持20～25℃的温度；芽苗生长期要求栽培室能调控在16～30℃，白天不低于20℃，夜晚在16～18℃之间。除催芽期保持黑暗外，芽苗生长中后期应保持光照强度在2 000～40 000勒范围内。此外还要求具有良好的通风条件，并具有能经常保持基质湿润的喷雾和喷淋条件以及符合国家生活饮用水水质标准的水源条件。

生产场地必须具有日光能利用、水暖、炉火、小锅炉等加温设施，以及利用逆反通风（夜晚放风、白天封闭）、强制通风、空中喷雾、水帘、空调等降温设备。室内呈生产状态时光照强度应高于5 000勒（此区域称强光区）、高于2 000勒（中光区）或高于200勒（弱光区）。

二、生产设施与材料

1. 栽培架

栽培架主要用于立体栽培。一般栽培架的规格为：架高160～210厘米，每架4～5层或更高（图5-13），层间距50厘米，架长150厘米，宽60厘米，每层能放置6个苗盘，每架共计24～36个苗盘。

图5-13a　地热温室囤栽香椿　曹之富　2008　　　图5-13b　绿山谷芽苗菜生产车间　张桂琴　2018

图 5-13c 芽苗菜立体栽培架 断然 2018

图 5-13d 芽苗菜立体栽培架生长状况 断然 2018

2. 栽培容器

进行绿化型种芽菜立体无土栽培的容器要求结实牢固、耐用、不变形，而且要求可装容各种常用基质、能适度地保持水分，具有良好的通气状况。生产上多选用市售的蔬菜塑料育苗盘，其规格为长60厘米，宽25厘米，高3～5厘米。

3. 栽培基质

适于绿化型种芽菜立体无土栽培的基质必须具有洁净、无毒、质轻、吸水持水能力较强，透气性好，pH 适当，使用后其残留物易于处理等性状和特点。目前生产上以纸张作栽培基质主要用于种粒较大的豌豆、黑豆、向日葵、马牙豆（香草豌豆）以及荞麦、萝卜等种芽菜栽培；以珍珠岩作为栽培基质其性能最优，尤其适用于种子发芽期较长的香椿等种芽菜的生产。

4. 浸种与清洗苗盘的容器

浸种与苗盘清洗容器可采用陶、瓷、木、塑料、不锈钢等质料容器或砖砌水泥池，但忌用铁器，否则浸种时与其接触的豌豆等种子表面易呈黑褐色。

5. 喷淋器械

由于绿化型种芽菜采用苗盘纸床、立体无土这一特殊的栽培方式，尤其是纸床基质，其吸水、持水能力有限，加之从种子萌发到芽苗形成需持续保持床面湿润，因此必须均匀、少量、频繁地进行浇水，为此生产上需采用喷雾或喷淋，以少量勤喷（淋）的办法进行水分管理。

三、主要绿化型种芽菜栽培技术

适用于绿化型种芽菜栽培，已进行批量生产或大面积栽培的有豌豆苗、马牙豆（香草豌豆）苗、萝卜芽、荞麦芽、向日葵芽、黑豆芽、苜蓿芽、种芽香椿等不到 10 个品种。上述各种绿化型种芽菜的栽培技术大致相同，但由于香椿等种子发芽很慢，需分两次进行催芽，并采用珍珠岩作为基质，栽培技术上略有不同，因此又可分为一段催芽和二段催芽两种栽培管理模式。

（一）豌豆苗、萝卜芽、荞麦芽等栽培技术

豌豆苗、萝卜芽、荞麦芽分别由豌豆、萝卜和荞麦种子培育而成。豌豆苗富含氨基酸、纤维素，能通肠胃、消便秘；萝卜芽富含铁、胡萝卜素，可理气和中、消积食健胃；荞麦芽富含芦丁，具有降

血脂、降血压等保健功效。它们在栽培设施或保护地中一般均能做到周年生产和四季供应。

1. 品种与种子的选择

适于种芽菜生产的品种和种子应选择种子籽粒较大，芽苗生长速度快，下胚轴或茎秆较粗壮，抗种苗霉烂、生物产量高、产品可食部分比例大、纤维形成慢、品质柔嫩、货架期较长者。要求种子发芽率不低于95%，纯度达到95%～97%，净度在97%以上。豌豆多采用抗逆性较强、较抗种苗霉烂的粮用豌豆和香草豌豆品种，如山西的青豌豆、灰豌豆，河北、内蒙古、宁夏的褐豌豆、麻豌豆以及马牙豆等，一般不用菜用豌豆品种；萝卜应选用种子籽粒较大、抗病性强的秋冬萝卜品种，如陕西的国光萝卜、河北的石家庄白萝卜，北京的大红袍萝卜以及由日本引进的贝割大根等，忌用四季萝卜（小萝卜）品种；荞麦可采用山西、内蒙古荞麦以及种子籽粒较大的日本荞麦；向日葵宜选用籽粒较小的油葵（油用品种）；黑豆可使用赶牛粒黑豆等。

2. 种子的清选与浸种

种子的质量对种芽菜生长整齐度、产量及商品合格率影响极大。因此必须采用优质种子，并在播种前进行种子清选，剔去虫蛀、破残、畸形、腐霉、已发过芽的以及特小粒或瘪粒、未成熟种子，以提高发芽率、发芽势及抗霉烂能力。一般清选与浸种的要求和方法同黄豆芽和绿豆芽。

3. 播种与叠盘催芽

播种和叠盘催芽的质量与种芽菜栽培过程中种苗霉烂、芽苗生长整齐度以及产品质量和商品率关系密切。

播种前首先要对苗盘进行清洗和消毒，在清洗容器中浸泡苗盘，洗刷干净后置入消毒池，在0.2%漂白粉溶液或3%石灰水中浸泡5～60分钟（视种苗霉烂情况酌定），捞出后用清水冲去残留消毒液。然后在苗盘上铺一层基质纸张（大小应与盘底相应），随即进行播种。通常都采用撒播的方式，要求严格执行播种量标准，保持盘间一致，撒种均匀，随播种随剔出不正常种子，播种后不要磕碰苗盘。

豌豆、萝卜、荞麦、向日葵、黑豆等芽苗菜栽培采取一段催芽模式，即于浸种后立即播种，播完后在催芽室将苗盘叠摞在一起，并置于栽培架上，每6盘为一摞，其上下各覆垫一个"保湿盘"（苗盘铺1～2层已湿透的基质纸、不播种）。叠盘催芽时间约3天，期间应保持催芽室温度在18～25℃（表5-3），每天需进行一次倒盘和浇水，调换苗盘上下左右前后位置，同时均匀地进行喷淋（大粒种子）或喷雾（中小粒种子），喷水量一般以喷湿后苗盘内不存水为度。此外催芽室内应定时进行通风换气。叠盘催芽结束后，即可出盘，将苗盘移至栽培室进行绿化。

表5-3 几种种芽菜播种催芽主要技术指标

种芽菜种类	千粒重（克）	播种量（克/盘）	催芽最适温度（℃）	芽苗高（出盘标准）（厘米）
豌豆苗	150.9	500	18～22	1.0～2.0
萝卜芽	13.2	75	23～25	0.5（种皮脱落）
荞麦芽	27.5	150	23～25	2.0～3.0
向日葵芽	99.4	150	20～25	1.5
黑豆芽	171.9	350～500	23～25	1.0～2.0
种芽香椿	11.4	100	20～22	0.5

资料来源：引自《芽苗菜及栽培技术》，1998。

4. 出盘与出盘后的管理

当叠盘催芽的种子全部发芽、其种苗达到出盘标准（表5-3）应及时出盘。

初出盘时，为使种芽菜从黑暗高湿的催芽环境安全地过渡到直接光照和相对干燥的栽培室环境，在苗盘移入栽培室时应放置在空气相对湿度较稳定的弱光区过渡1天；然后再逐步通过倒盘移动苗盘位置，渐次接受较强的光照；至产品收获前2～3天，将苗盘置于直射光下，加强绿化，使下胚轴或茎秆粗壮，子叶和真叶进一步肥大，颜色转为浓绿，以提高产品的商品品质。

种芽菜出盘后所要求的温度环境虽不像叠盘催芽期间这样严格，但仍应根据不同种类对温度的不同要求分别进行管理（表5-4）。因此，栽培室最好能划分成单一种类栽培区，并能通过加温和降温设施进行温度调控。

表5-4　几种种芽菜生长适宜温度

种芽菜种类	最低温度（℃）	适宜温度（℃）	最高温度（℃）
豌豆苗	14	18～23	28
萝卜芽	14～16	20～23	32
荞麦芽	16	20～25	35
向日葵芽	16	20～25	30
黑豆芽	16	20～25	32
种芽香椿	18	20～23	28

资料来源：引自《芽苗菜及栽培技术》，1998。

由于绿化型种芽菜采用了不同于一般无土栽培的基质，基质吸水、持水能力较低，加之芽苗菜鲜嫩多汁，因此必须采取"小水勤浇"的措施，才能满足其对水分的要求。故生产上每天需用喷淋器械或微喷装置进行3～4次喷淋或雾灌（冬春季3次，夏秋季4次）。喷淋要均匀，先喷淋上层，然后渐次往下。同时还要喷湿地面，以经常保持室内相对空气湿度在85％左右。

种芽菜生产由于栽培环境较易调控，因此较少发生病虫害。但叠盘催芽期和产品形成期易引发种苗霉烂，应注意采用抗逆品种，提高栽培管理水平，严格进行水分和温度管理，栽培场所可用45％百菌清烟剂密闭熏蒸8～12小时；栽培容器可用0.2％漂白粉溶液或5％的明矾或2％的碳酸氢钠溶液浸泡5～60分钟；种子可用0.1％漂白粉溶液浸泡（浸种吸胀后）10分钟或3％石灰上清液浸泡5分钟进行消毒。

5. 采收与销售

绿化型种芽菜以幼嫩的芽苗为产品，其组织柔嫩、含水分多、极易脱水萎蔫，而产品本身又要求保持较高的档次，要及时采收（表5-5）。因此为提高产品的鲜活程度、延长货架期，必须尽量缩短和简化产品运输、流通时间和环节。如冷链系统还不很完善，宜以整盘活体销售为主、现场剪割采收为辅，将产品直接送至宾馆、饭店、超市或菜市场。收获上市的产品要求芽苗子叶平展、茎叶粗壮肥大、颜色浓绿，整盘生长整齐，无烂根、烂脖，无异味，不倒伏。

表5-5　几种种芽菜采收时芽苗高度、产量和生产周期

种芽菜种类	采收时芽苗高（厘米）	产量（克/盘）	播种到采收产品（天）
豌豆苗	10～15	500	8～9
萝卜芽	6～10	500～600	5～7
荞麦芽	10～12	400～500	9～10
向日葵芽	10～12	1 500～2 000	8～10
黑豆芽	10～14	2 000～2 500	8～10
种芽香椿	7～10	350～500	18～20

资料来源：引自《芽苗菜及栽培技术》，1998。

（二）种芽香椿的栽培技术

种芽香椿由香椿种子培育而成。由于香椿等种子发芽慢、催芽时间长，为减少种芽霉烂，需提前进行常规催芽，然后播种已露芽的种子再进行叠盘催芽（二段催芽）并采用吸水、持水力强的珍珠岩作为基质，其栽培管理不同于采取一段催芽的豌豆苗等。

1. 品种与种子的选择

香椿种子发芽率较低，一般达到60％发芽率即为优良种子，但作为种芽菜栽培要求发芽率达到80％以上，纯度97％以上、净度达97％。切勿采用隔年陈籽。生产上多采用湖南、湖北武陵山红香椿、陕西秦岭红椿，以及云南、山西红椿等品种。

2. 种子的清选与浸种

香椿种子具舌状膜质翅翼，种子清选时应搓去翅翼，进行簸选，并剔去果梗等杂物。种子最大吸水量为干种子重量的133.4％，浸种时间为24小时。

3. 播种与叠盘催芽

播种前将种子进行常规催芽，最适催芽温度为20～22℃，催芽时间4～5天，当60％种子"露白"（露芽）时，即可进入第二段催芽。取已经清洗消毒的苗盘，在盘底铺一张基质纸，其上铺1.5厘米厚湿润珍珠岩、刮平稍镇压后撒播已发芽的种子，播种量每盘100克左右（以干种子重量计），播完后移至催芽室进行叠盘催芽，催芽时间4～5天，期间应保持20～22℃的温度，每天只需进行倒盘、检查即可，除非珍珠岩十分干燥，一般不需浇水（喷雾），否则易因透气不足导致种芽缺氧而沤根、烂种。

4. 出盘与出盘后管理

当香椿种苗已定橛，高约0.5厘米时即可出盘，出盘后要浇1次透水（喷雾）至底层珍珠岩湿润时止。但浇水后基质珍珠岩不能"窝水"，盘底不得滴水。此后应每2～3天浇1次水，直至收获。栽培室温度最好控制在20～25℃。注意前中期应将苗盘置于散射光下，促进下胚轴增高，以使芽苗产品达到预期高度。

5. 采收与销售

种苗香椿产品形成周期为18～20天。当苗高达到7～10厘米，子叶平展、肥大，颜色深绿，心叶未长出时即应收获。多采取带根采收，小包装上市，每苗盘产量350～500克。

第五节　体芽菜的栽培

一、对环境条件的要求

体芽菜栽培需分两步进行：第一步是培育出壮硕的植物营养贮藏器官。这一生产环节一般在露地田间进行；第二步体芽菜的培育过程中，尽管种类较多，其所利用的营养贮藏器官也各不相同，但对栽培环境的要求仍有其共同性。

（一）温度

按体芽菜对生长温度的不同要求可将其分为喜温和喜冷凉两大类。喜温种类要求生长温度白天控制在20～27℃，夜间控制在15～20℃，如树芽香椿、花椒脑等。喜冷凉种类要求生长温度白天控制在15～18℃，夜间则在10～15℃，如枸杞头、马兰头等。对于在黑暗环境下进行软化栽培的体芽菜，则采用昼夜同一温度，如芽球菊苣10～12℃、姜芽20～25℃。

（二）光照

按体芽菜对光照的不同要求，可将其分为避光囤栽和见光囤栽二类。前者是将营养贮存器官假植在黑暗条件下，进行软化栽培，如芽球菊苣、姜芽等。产品大多呈现白、白黄或浅绿色，其组织柔嫩鲜脆。后者是将营养贮存器官密集囤栽或密植在正常的光照环境下保持良好的光照条件，其产品含有较多的叶绿素和花青素，大多数产品呈现鲜绿色或其他颜色，如树芽香椿、花椒脑、马兰头、枸杞头等。

（三）水、肥

对于利用肉质根或木本植物枝条进行软化栽培或密集囤栽的芽球菊苣、树芽香椿、花椒脑等体芽菜，由于其产品形成所需的养分全部依靠营养贮藏器官提供，并相应采用假植和密集囤栽的方式，因此保证水分供应比一般蔬菜的栽培显得更为严格，同时又要避免棚室内持续过高的相对空气湿度，以减少密集条件下较易发生的产品病害现象。假植软化和囤植栽培的体芽菜一般不需要再施用任何基肥或追肥，但必要时可以进行叶面追肥。

对于利用宿根等营养贮存器官进行密植、多年生栽培的枸杞头、马兰头等体芽菜，由于生长期长，产品多次、连续采收、消耗养分多，因此除必须保证日常良好的水肥管理外，在栽植前以及每年越冬或早春返青前，必须施入充足的优质腐熟有机肥。

二、场地的选择

避光软化栽培的场地可选择露地、阳畦、塑料大棚、日光温室，但必须用土埋或在囤栽畦床上用遮光材料进行简易覆盖，创造黑暗条件。地下室、宽敞的山洞也可以用来作避光软化栽培的场地，但必须具备通风和温、湿度调控条件。房舍、厂房作为避光软化栽培场地或车间，首先要考虑建立避光设施创造黑暗条件，同时还要考虑设置温、湿度调控装置及通风系统。

见光栽培（或囤栽）的体芽菜生产场地，根据各地不同的气候条件及不同季节，可选择日光温室、塑料大棚或露地。夏季露地栽培，可采用遮阳网覆盖技术。

三、主要体芽菜的囤栽技术

（一）香椿芽（树芽香椿）的囤植栽培技术

清代刘侗著《帝京景物略》记载："元旦进椿芽、黄瓜……一芽一瓜，几乎千钱。"可见温室香椿是北京历史悠久的特色栽培品种。

温室香椿栽培，是在露地培育出符合温室生产、矮化粗壮的苗木，以高密度囤栽至温室中，靠苗木肥大的顶芽（图5-14）和饱满的侧芽，以及茎中贮藏的养分生产香椿芽的技术。

1954年中华书局出版的孙可群编著的《黄瓜促成栽培法》一书中，简要介绍了香椿促成的栽培方法，一般多采用自母树萌发出来的小树（高约1.3米），落叶后掘出，放在露天，使它受寒冷而得到休眠，然后移至温室内，囤在已经翻松的烟筒附近。管理上，主要是浇水，随着黄瓜的生长，就能长得很好。嫩芽长出约7厘米长时，即可开始采收。北京菜农促成栽培香椿小树，多半以树的重量计算，其产量为每栽培小树10千克，可以采收嫩芽1千克。

图5-14a　温室囤香椿

资料来源：引自《北京市温室蔬菜生产情况介绍》，1955。

图5-14b　日光温室囤栽香椿的顶芽

曹之富　2008

1956年，北京出版社出版的北京市农林局编著的《北京市温室蔬菜生产情况介绍》一书中说，"温室栽培的香椿，常与黄瓜栽培兼用，是温室内的一种副产蔬菜，一般都栽在温室的炉火后面"，并详细介绍了温室促成香椿栽培法。也有个别菜农，利用玻璃温室主栽香椿，将温室后屋顶加宽，在火道后面留出1～1.3米宽的空间，作为专用囤香椿，一冬囤两批。

1988—1990年，北京市农业技术推广站在农业部"名、特"项目支持下，在郊区示范推广了香椿囤栽技术，无论作为温室主栽蔬菜还是副产品，其囤栽技术要点如下。

1. 类型品种

依据香椿嫩芽的颜色有红椿和绿椿两类。生产上应尽量选用嫩芽红（紫）色、香味浓郁、小叶和叶柄宽厚肥大、苗壮、无茸毛、有光泽、纤维少、质脆嫩、生长速度快、采收期早、侧芽萌发力强、单芽产量高的品种，如北京普通香椿、安徽太和红油椿，河南焦作红椿等。

2. 生长周期及囤栽季节

囤栽香椿的香椿生长周期划分为发芽期、幼苗期、苗木期、休眠及椿芽形成4个时期。

（1）发芽期　从种子萌动到胚根显露，在适宜温度下需经4～5天。

（2）幼苗期　从胚根显露到平均苗高10厘米，茎粗2.4厘米，第7～8片真叶展开，在日光温室条件下，需60～70天。

（3）苗木期　从定植到苗木自然落叶，在华北地区气候条件下，约需175天，这一时期是苗木枝条和芽苞等组织和器官逐渐充实、不断累积和贮藏养分的阶段。

（4）休眠及椿芽形成期　从苗木自然落叶至顶芽抽生，平均椿芽长度不超过15厘米，在性能良好的日光温室中及时密集囤栽，需40～60天。从采收顶芽至采收侧芽，可持续120天以上。

3. 栽培技术

（1）发芽期与幼苗期管理　选购上一年秋季采收的新种子，播种前搓去膜翅并进行清选，清选后的种子倒入50～55℃温水中，开始进行浸种，18～24小时后捞出种子用清水淘洗。待种子表面稍干后倒入容器中，置于20～25℃环境中催芽。4～5天后，当发芽率达60%以上时即可播种。

香椿播种时要求苗床10厘米地中最低温度稳定达到12℃，这对促进香椿幼苗迅速出土，保证苗齐、苗全、苗壮极为重要，否则极易导致育苗的失败。若采用日光温室、改良阳畦或塑料大棚育苗，一般可在终霜定植前60～80天进行播种。

香椿多采用"子母苗"育苗方式，即播种后不进行分苗，直接从播种床起苗定植到大田。采用密条播。在有条件的地区，若能采用纸筒或塑料苗钵播种育苗，则效果更好。

幼苗长有 2～3 片真叶时，应进行一次间苗，留苗株距 5～10 厘米。育苗期间白天棚室内温度应控制在 20～30℃，夜间在 12～18℃。出苗时可稍高，齐苗后宜稍低，定植前 7～10 天进行幼苗低温锻炼，使幼苗适应定植后较低的露地气温条件。

（2）苗木期的管理　由于香椿幼苗不耐霜冻，因此必须在春季晚霜过后定植。培育香椿苗木的地块，宜选择地势高且干燥、肥沃的沙质壤土。幼苗定植前应结合耕耙每公顷施入腐熟有机肥 60～75 吨、磷酸氢二铵 375～450 千克、硫酸钾 75～105 千克。施底肥后整平畦扇，做成 1～1.5 米宽平畦，每畦栽两行，行距 50～75 厘米，株距 20～26 厘米，每公顷栽苗 75 000 株左右。

定植前 1～2 天苗床先浇起苗水，然后起苗，一般起单株，带土移栽。栽植深度以稍深于茎干在原苗畦时的土痕为准。

定植后要连浇 2～3 次水，然后中耕。植株进入迅速生长期前，约在 7 月初应重施一次追肥，结合浇水每公顷施磷酸氢二铵或尿素 187.5～225 千克。进入 9 月以后开始控制浇水，以促进枝条充实，芽苞饱满，避免"倒青"，并降低"抽条"（枯梢）率。

苗木期香椿主要病害有根腐病、白粉病、叶锈病等。防治根腐病关键在于及时排涝。当少数植株发病时可用 50％代森锰锌可湿性粉剂 800 倍液进行浇灌。白粉病可用 15％三唑酮可湿性粉剂 600～800 倍液喷布防治。叶锈病可在发病初期用 15％三唑酮可湿性粉剂 600 倍液喷布防治。主要虫害有茶黄螨，可用 73％炔螨特 2 000 倍液进行防治。

（3）囤栽及囤栽期管理　香椿苗木在入冬前叶片开始枯黄，进入 11 月后开始陆续落叶。可在苗木落叶后，土壤上冻前起苗。起苗前先浇一次透水，供苗木充分吸水。刨挖时尽量多保留粗壮侧根并将根部泥土抖净，即可进行温室囤栽。若外界温度偏高，也可在温室后墙外挖沟或坑，进行假植 10～15 天，促进休眠后再囤栽。

囤栽前温室应进行彻底消毒，一般每 100 米³ 空间用硫黄粉 250 克，锯末 500 克混合熏烟，密闭 12 小时后通风。

囤栽深度以埋土至根颈部原土痕处或稍深为宜。囤栽时要注意保持畦面平整，以利浇水。囤栽香椿产品形成，主要依靠苗干内贮藏的养分，因此囤栽地块不要求施基肥。囤栽密度以每公顷 75 万～90 万株为宜（图 5 - 13）。

苗木囤栽后要随即浇一次大水，以浇透为度，顶芽采收盛期前因外界气温低，应尽量不浇水或少浇水。温室温度应控制在白天 18～27℃，夜晚 10～18℃，在此温度范围内，囤栽后经 45～60 天即可陆续采芽。

4. 采收

当椿芽长至 12～15 厘米，着色良好时即可采收。椿芽顶芽重量要比侧芽高 2 倍多，每株苗木除顶芽外，还能采收 2～5 个侧芽，大约每 50 株顶芽产量为 0.50～0.75 千克，顶芽侧芽合计产量为 1～1.5 千克。

温室椿芽从春节前后采收，一直可以收到 4 月底露地椿芽上市，此时便应停止采收。5 月初可将苗木挖起，剪去苗干只留 15～20 厘米高的干基。按行距 75 厘米，株距 25 厘米沟栽于露地，令其重新萌发一年生枝条，每株只保留一枝。田间管理同一年生苗木，至晚秋又重新形成二年生可囤栽苗木。每年依此法"平茬"更新，苗木存活率可达 90％左右，育一批香椿苗木，大致可连续使用 3～4 年。

（二）芽球菊苣囤植栽培技术

芽球菊苣是北京发展起来的一种软化特菜。20 世纪 80 年代后期，北京从欧洲引进了菊苣种子，开始试验种植，冬春季在阳畦内软化栽培（图 5-15）。1993 年，北京蔬菜研究中心李武将在荷兰研修学到的菊苣水培技术，经 2～3 年的试验生产后，使该技术成功商品化，其产品成为那个年代最昂贵的装箱礼品菜之一。

图 5-15　阳畦囤栽菊苣顶部覆盖黑白布　曹之富　2010

2007 年北京首城农业发展有限公司所属北京神州绿普农产品经纪有限公司，位于北京市房山区琉璃河镇南洛村，目前拥有 100 多亩土地，建有日光温室 50 栋，在河北省坝上还建立有机械化生产基地，采用工厂化水培囤植。2017 年，软化产品总量达到 12 吨，品牌注册"金玉兰"，采用黑色塑料薄膜为内包装（图 5-16），每箱净菜为 4 千克，装入保鲜泡沫箱中，是北京市场的热销产品。

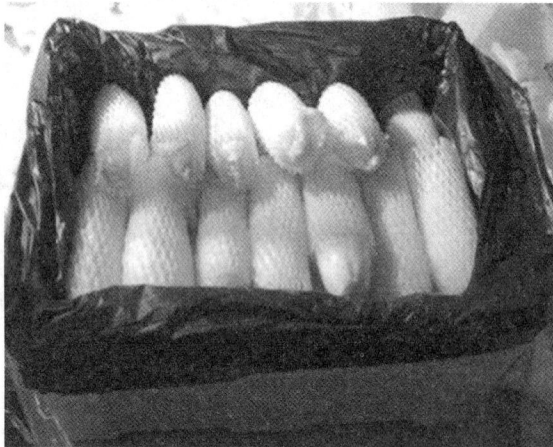

图 5-16　黑色膜包装上市　2008

菊苣的抗逆性极强，耐寒，株根在北京地区覆盖可露地越冬，夏季高温长日照下抽薹开花，宜在气候较凉爽地区栽培。收获直根后，在黑暗的条件下软化囤栽，保持湿润，温度 10～12℃时，需 30～40 天收获芽球；温度 18～20℃，20～25 天能形成白色芽球。其囤植技术如下：

1. 类型品种

用于软化栽培的菊苣，一般多选用软化后芽球为乳白色或乳黄色的品种，也可选用红色的品种，以丰富市场芽球菊苣产品的色彩。此外，还可按生产技术和市场需要，选用早熟品种或中、晚熟品种。目前生产上多采用由中国农业科学院选育的"中囤 1 号"等国产品种。

2. 生长周期及囤栽季节

芽球菊苣生长周期划分为发芽期、幼苗期、叶生长盛期、直根生长盛期和芽球形成期。①发芽期：指从播种后种子萌动到子叶出土，在适宜温度下只需 3～4 天。②幼苗期：指从子叶出土到幼苗长有 6～7 片叶，直根开始加粗，初生皮层破裂，需经历 20～25 天。③叶生长盛期：也称

"莲座"期，需经历 20～25 天，此期叶片数不断增加并迅速生长，叶片簇生在短缩茎上形如"莲座"。④直根生长盛期：也称"直根迅速膨大期"，需经历 35～45 天，此期叶片生长渐趋缓慢，直根迅速膨大并肉质化。⑤芽球形成期：指从肉质直根形成，切去叶簇至重新形成芽球，在通常条件下需经历 20～40 天。芽球菊苣由于春播易导致未熟抽薹，加之肉质直根形成需要冷凉的气候条件，因此一般都进行秋季或秋冬季栽培；肉质直根囤栽则多在冬春季，主要在日光温室、塑料大棚等设施内进行。

3. 栽培技术

培育芽球菊苣囤栽用肉质直根一般采用干种子直播。应选择地势高燥，具有良好排涝条件，土质疏松，富含有机质，土层深厚的沙壤土或壤土地块种植。夏季每公顷施 6 万～7.5 万千克腐熟有机肥，按 40～50 厘米做成小高垄待播。

北京地区多在 7 月下旬至 8 月初条播。种子应选当年采收的新种子。每公顷播种量为 2.25～3.75 千克。播种后覆土、踩实（镇压），立即在垄沟中灌水。

（1）水分管理　播后在幼苗出齐前连浇 3 次小水，至定苗共连浇 5 次水，以降低地温，保持土壤湿润，有利于促进苗齐、苗全、苗壮和减少苗期病毒病的发生。此后至肉质根迅速膨大前，应视雨量多少适当浇水，大致以土壤"见湿见干"为度，适当进行蹲苗。进入肉质直根迅速膨大期后，应增加浇水量和浇水次数，直至肉质直根充分膨大。收获前 1 周左右停止浇水。

（2）中耕间苗和定苗　菊苣进入 2～3 片真叶时应分别进行 1～2 次间苗，至 5～6 片真叶时进行定苗。定苗株距 20～27 厘米，每公顷留苗 9 万～10.5 万株。

（3）蹲苗和追肥　定苗后应进行一次施肥，在行间开深 12～15 厘米的沟，每公顷施入 3 000～3 750 千克腐熟的饼肥或 1.5 万～2.25 万千克腐熟的优质有机肥。施肥后浇一次大水，水后进行中耕，耕深 6～7 厘米，此后控制浇水，进行蹲苗，直到肉质直根进入迅速膨大期为止。

（4）病虫害防治　菊苣较少发生病虫害，但邻近温室、大棚地块多有白粉虱为害。可用黄板诱杀成虫，或用 25%噻嗪酮可湿性粉剂 1 500～2 000 倍液，或 2.5%联苯菊酯乳油 2 000～3 000 倍液分别进行防治。

（5）肉质直根的收获与贮藏　肉质直根一般在晚熟大白菜收获后，开始收刨。刨出的肉质直根切去地上部叶簇，留叶柄 3～4 厘米长，注意不要将根颈部生长点切去。收获后可就地将肉质直根堆成小堆，用切下的叶片盖好，进行临时贮放。

北京地区可利用萝卜窖、白菜窖进行贮藏，也可挖宽 1～1.2 米，深 1.2～1.5 米，东西延长的土窖贮藏。贮藏温度控制在 0～4℃，适当通风。贮藏期间应保证肉质根不严重失水，不腐烂，不受冻，不长芽。为了延长芽球菊苣的生产供应期，也可将肉质直根用保鲜袋分装，放入纸箱后再置于－1～1℃的冷库中存放。

（6）芽球形成期的管理　根据各地不同的条件和不同的季节，选择在温度能稳定保持在 10～12℃的场地。北京地区冬季多利用日光温室、早春多利用改良阳畦等作为囤栽场地。

囤栽前按 1.2～1.3 米宽筑囤栽畦床，畦埂宽 30～40 厘米，畦深约 30 厘米。将畦土挖松，不施底肥，整平，浇足底水待用。囤栽时可将肉质根分为大、中、小三级分别一沟接一沟地码埋，码埋时要求根际均匀相距 2～3 厘米，埋入深度以露出根头部生长点为度，码埋要求整齐，平整。码埋后将水管软管通到畦底部，由底部萌灌，水量要充足，浇水后 2～3 天在畦床上插小弓架，覆盖不透光的黑色塑料膜，以造成软化栽培必需的黑暗环境。

囤栽后床内气温宜控制在 8～14℃。在囤栽期间，若发现畦床内因空气湿度过大而引发霉菌生长，可在夜晚将覆盖的黑色膜揭开，适当进行"拉缝"通风。

4. 芽球采收

通常平均温度在 12℃时，囤栽后经 25～30 天即形成芽球产品。芽球呈炮弹形，长 8～12 厘米，最粗横径 4～5 厘米，上端鹅黄色，下端白色，抱球紧实，外叶长度不小于芽体长度的 1/2。收获时一手用小刀在根颈部与芽球交接处轻轻切割，另一手捏住芽球轻轻向另一侧推压即可。芽球采收后进行整修，剥去有瘢痕、破损的外叶，然后用塑料袋或塑料盒进行小包装。留下的残根可继续长出侧芽，但不再形成芽球，侧芽在长到 10～15 厘米时采收上市。用上述方法进行软化栽培，一般只能在 11 月中下旬至翌年 4 月中旬进行分期囤栽，分批上市。

5. 工厂化无土立体栽培

芽球菊苣除采用土壤囤栽外，北京已于 2007 年开始进行水培工厂化车间生产。

工厂生产以保温、隔热条件好，便于形成黑暗条件，并能良好通风的房舍、人防工事、冷库等改造后作为生产车间。厂房要求一年四季对温度具有一定的调控能力，常年能保持稳定的 8～14℃的室内温度。进行立体无土软化栽培要配备立体栽培架，制作栽培箱槽以及与箱槽配套的防锈扶持网片或网板，配备水循环处理设备及系统。

生产车间水培囤栽，一是菊苣根适时解冻，并须将肉质直根洗干净，除去老叶，从根头部以下留 13 厘米，切去尾根，使根部具有同一高度（图 5-17）；二是将切好的肉质直根插入悬挂有网板的塑料箱槽内，然后向箱槽内注入洁净清水，水位高 6～9 厘米，最佳水位应在直根的 1/3～1/2 之间（图 5-18）；温度、湿度及遮光的控制要严格，确保软化栽培形成优质产品。

图 5-17a　解冻菊苣贮藏根车间　关斌　2009

图 5-17b　菊苣根解冻后装入培育容器　关斌　2008

图 5-18　菊苣软化槽箱内保持适宜水位　徐凯　2008

第六节　芽苗菜的文化印记

芽苗菜始于民间，发展于民间，在餐桌上虽然不能与山珍海味、熊掌鱼翅相提并论，但它具有独特的民间色彩和乡土气息。芽苗菜作为一类食材，其独特的形态，娇嫩、多彩以及清香、滑嫩、多汁、甜脆的口感，被食客和烹饪大师们创造出了无数的美味佳肴，为平民百姓增添了几分乐趣；文人雅士则为它吟诗作赋，倾注无限的情感，使其成为中国传统饮食文化的一部分。

芽苗菜的生长和食用多与春天相关。

宋代苏东坡诗《惠崇春江晚景》："竹外桃花三两枝，春江水暖鸭先知。蒌蒿满地芦芽短，正是河豚欲上时。"这是苏东坡描写初春的一派景象：桃花开了，群鸭下水了，蒌蒿满地长新枝，芦芽儿又肥又嫩，河豚即将上市了。蒌蒿的嫩茎叶（江苏）和芦苇长出的新芽芦芽（河南）均是民间喜食的芽苗菜。

姜供食用的部分为其根（状）茎，俗称"姜块"，经软化栽培出的幼嫩姜芽，经烹饪制作佳肴"姜丝肉"是一道具有江苏特色的淮扬菜，香味、鲜味、口感嫩滑，广受人们喜爱。宋代刘子翚有《园蔬十咏·子姜》诗，"新芽肌理细，映日净如空，恰似匀妆指，柔尖带浅红"，实为对姜芽之妙喻。

明末清初思想家王夫之，一生爱姜，晚年隐居乡下，书记名："姜斋"，自号"卖姜翁"，著有《姜斋诗话》，其《卖姜词》中有："最疗人间病，乍炎寒。"姜具有祛寒、祛湿、暖胃之功效，王夫之以姜自诩（xǔ，夸耀），最疗人间病，语意双关，为讽世之作。

苏轼更熟悉姜芽，"后春莼苗滑如酥，先社姜芽肥胜肉"，也就是说，正月十五"上元节"至二月初二"花朝（花神节）"期间，湖中莼菜苗壮生长；春姜出芽，肥硕鲜嫩，可与肉媲美。

莼菜，多年生宿根性水生草本植物，以浙江西湖和江苏太湖的莼菜最为有名。历来民间以带有卷叶的嫩梢与冬笋、榨菜烹饪成莼菜羹，食之清香、圆融、鲜美滑嫩，至今仍为江浙等地的珍贵佳肴，市场还有莼菜罐头出售。

正因为如此，史上许多诗词巨匠争相去江南品尝莼菜羹，在那时似乎成了一种时尚，并吟诗作赋，抒发心中的情怀。

江苏人民出版社出版发行的《成语词典》中有一条成语"莼羹鲈脍"，也作"千里莼羹""莼鲈之思"，它出自一个历史典故。据《晋书·张翰传》记载，苏州人张翰在洛阳做官，"因见秋风起，乃思吴中莼菜莼羹、鲈鱼脍，曰：'人生贵适忘，何能羁宦数千里以要名爵乎？'遂命驾而归。"后来被传为为美食而辞官的一段历史佳话，"莼鲈之思"也就成了思念故乡的代名词。

南宋词人辛弃疾在送别滁州通判（州府的长官）范昂时，写下了一首道别词《木兰花慢·滁州送范倅》："老来情味减。对别酒，怯流年……晚秋莼鲈江上，夜深儿女灯前。"虽然道别时有些伤感，老友就要回到故里与家人团聚了，也算是一大安慰。

南宋词人葛长庚的《贺新郎·且尽杯中酒》更有意思："已办扁舟松江去，与鲈鱼、莼菜论交旧。因念此，重回首。"意思是说，他已经打算乘船前往松江，但又离不开鲈鱼和莼菜，就改变主意不去了。

豆芽菜是中国传统的菜肴。陈嶷，明代诗人，朝廷遍招天下有志之士考试应选，陈的应试题竟是《豆芽菜赋》，曰："有彼物兮，冰肌玉质，子不入于污泥，根不资于扶植，金芽寸长，珠蕤（ruí）双粒，匪绿匪青，不丹不赤，宛讶白龙之须，仿佛春蚕之蛰，虽狂风疾雨不减其芳，重露严霜不凋其实，物美而价廉，众知而易识，……"此文不但描述了豆芽菜的生长、形态，更描绘了它的品格与功用，形象生动，寓意"夫天下之味，适口者为佳。天下之事，无欲者为贵"。

"冰肌玉质""金芽寸长""白龙之须""春蚕之蛰（蛰伏）"，就是对豆芽形象的生动描写。豆芽的样子又像一把如意，所以人们又称它为如意菜。

立春时节，北京民俗习惯于吃春饼、春卷及"合菜"，豆芽菜便是主要的食材之一。"合菜"是黄豆芽和韭菜的完美结合，寓意"和和美美"，也被美其名曰"黄鸟钻翠林"。民间有歌谣："生根不落地，长叶不开花，市上有的卖，园里不种它。"既是童谣，又是谜语，形象地描述了豆芽菜的生长特点，读起来令人生趣。

当第一声春雷炸响，万物苏醒时，北京人就要吃"椒蕊黄鱼"了。此道菜中的椒蕊，即初春绽放的花椒树嫩芽，俗称"花椒蕊"。此道菜鱼鲜蕊香，兼有麻、辣、甜、咸、酸之风味，为京城名菜。

早春京畿市民们喜食的另一种芽菜是"柳芽"，即柳树吐出的第一批嫩芽。明代谢肇淛《五杂俎·物部三》："北方柳芽初苗者，采之入汤，云其味胜茶。"旧时柳芽曾经是穷苦人的救命野菜，每到春天总会去撸一把一把的嫩柳芽拿回去用开水焯后凉拌，还可以和玉米面混合蒸着吃。

每到春暖花开时，漫山遍野、房前屋后、家庭菜园里，苜蓿、马兰头、蒌蒿、豌豆、蕹菜、枸杞、紫苏等纷纷苗壮生长，可采摘其嫩芽、嫩茎叶食用。宋代陆游的《戏咏园中百草》诗云："离离幽（幽深茂密）草自成丛，过眼儿童采撷（xié，采摘）空，不知马兰入晨俎（zǔ，器具、砧板），何以燕麦摇春风。"诗中描画的是采摘马兰头的情景，其实表达的是春天人们采摘"野菜"的乡土风情，有滋有味。

（王永泉　张德纯）

本章参考文献 ‹‹‹

北京市农林水利局，1955.北京市温室蔬菜生产情况介绍［M］.北京：北京出版社.

蒋名川，1956.北京市郊区温室蔬菜栽培［M］.北京：财政经济出版社.

李曙轩，1990.中国农业百科全书：蔬菜卷［M］.北京：农业出版社.

刘利云，1988.引进日本"设施园艺"试验示范初报［M］//北京市农业局科学技术委员会.农业科技资料选编（四）.北京：［出版者不详］：90-95.

孙可群，1954.黄瓜促成栽培法［M］.上海：中华书局.

王德槟，张德纯，1998.芽苗菜及栽培技术［M］.北京：中国农业大学出版社.

向士英，1988.工厂化无土栽培蔬菜［M］//北京市农业局科学技术委员会.农业科技资料选编（四）：86-89.

张丽红，曹之富，1998.日光温室豌豆苗立体无土栽培技术［M］//北京市农业科学技术委员会.农业科技资料选编（十四）.北京：［出版者不详］：47-49.

中国农业科学院蔬菜花卉研究所，2010.中国蔬菜栽培学［M］.2版.北京：中国农业出版社.

第六章

>>> 食用菌设施栽培

食用菌是一类子实体肉质或胶质可供人们食用的大型真菌,在分类学上多数属担子菌门,少数属于子囊菌门,通常也称为"菇""蕈""菌""耳""蘑"。

食用菌生长速度快,生物转化效率高。其营养成分大致介于肉类和果、蔬之间,具有很高的营养价值。蛋白质含量虽不及动物性食品丰富,但也不像动物性食品那样,在含高蛋白的同时,伴随着高脂肪和高胆固醇。一般菇类子实体所含蛋白质占干重的 20%~40%,占鲜重的 3%~4%,所含氨基酸种类齐全,还含有较多的核酸和各种维生素,矿物质含量也较丰富,尤其含磷质较多,有利于调节人体的各项生理机能。

大多数食用菌属腐生真菌,不能进行光合作用,人工栽培时所需碳源来自木质素、纤维素,氮源和无机盐主要取自于木屑培养基的麸皮、米糠等生长基质,可在无光或弱光条件下生产,因而可充分利用闲置房舍、洞室等设施场所进行生产,其设施建造可简可繁,也可在现代化设施内工厂化生产而获得高产。食用菌是异养类生物,营养类型多,适应性广,能分解利用相应的有机物质,因而可充分利用木材(屑)、作物秸秆、家畜粪便、麸糠酒糟等原料进行生产,便于就地取材,生产成本较低。食用菌在特定的环境条件下生长发育,种类不同对温度要求不同,高温型食用菌可利用炎热夏季林荫自然条件,中、低温型食用菌,用水量小,能源消耗较少,便于对设施栽培的环境进行调控。在生产过程中,需要防止环境污染,并要不断地选择适应本地区的优良菌种并繁育保存。

第一节 食用菌栽培技术沿革与发展

中国食用菌资源丰富,开发利用的历史悠久。秦汉间的字书《尔雅·释草》(公元前 2 世纪)载:"中馗(大菌)、菌,小者菌。"郭璞注:"地蕈也,似盖,今江东名为土菌,也曰馗厨(菌名),可啖(吃)之。"东汉时期许慎撰《说文解字》(2 世纪初)载:"藬(藜)、木耳也。"唐代苏恭等撰《唐本草》(7 世纪 50 年代)中谈到"生桑、槐、楮、榆、柳等为五木耳,煮浆粥,安诸木上,以草复之,即生蕈尔",这是以孢子水浸法接种培养木耳的较完整的记载。

唐代韩鄂撰《四时纂要·三月》(9 世纪末或稍后),"种菌子:取烂构(构)木及叶,于地埋之。常以泔浇令湿,两三日即生。又法:畦中下烂粪,取构木可长六、七尺,截断碪碎,如种菜法,于畦中匀布,土盖,水浇,长令润。如初有小菌子,仰杷(杷,农具名,一端有柄,一端有齿)推之;明旦又出,亦推之;三度后出者甚大,即收食之。"这是人工培养食用菌方法的最早记载。虽然当时还不知道进行人工接种,更没有掌握人工分离菌种的方法,但是已经知道食用菌生长需要一定的湿度和温度条件,培养食用菌需要选择适当树种,而且还知道"如初有小菌子,仰杷推之",以帮助菌种扩散,促生大菌的方法。

宋元时代,浙江省台州地区是中国著名的蕈产地,可利用的有合蕈、松蕈、竹蕈、玉蕈等 11 种。南宋的陈仁玉为此著有《菌谱》一书,在《菌谱》中,特别记载有鹅膏蕈,书中说:"鹅膏蕈状类鹅子，久乃撒开，味殊甘滑。"

自宋、元之后，中国利用食用菌的种类已很多，一批关于食用菌的专著相继问世，如明代潘之恒的《广菌谱》、明代李时珍的《本草纲目》中菜部第二十八卷、清代吴林的《吴菌谱》等，表明了人们对大型真菌的观察和认识逐步深入并系统化。

北京地区的食用菌栽培，尚无查到更早的记载。清代末期到 20 世纪初，北京开始传播人工栽培洋蘑菇的技术。1898 年北洋官报局翻译出版了美国的《家菌长养法》和日本的《蕈种栽培法》。

1919 年出版的《新中国》杂志在介绍"旧京贩货种种"时称："进来菜园多栽鲜蘑，下街者论斤计价。"这表明了民国初期，北京地区已经引入人工栽培养蘑菇技术。因我国最初引入的洋蘑菇是四孢蘑菇，推测北京地区民国初年试栽的可能是四孢蘑菇。1935 年前后上海开始栽培双孢蘑菇，同年北京也出现由蘑菇种植场所栽培的上市商品。民国中后期，北京地区人工栽培的四孢蘑菇（Agaricus campestris L.）以"鲜蘑"的商品名称，登上蔬菜市场。1947 年，北平市政府统计室把鲜蘑正式列入夏季蔬菜名单。

新中国成立以来，北京市设施食用菌生产经历了自由种植、缓慢发展、快速发展和全面提升四个发展阶段。目前，设施食用菌生产已很常见，其中林地遮阳食用菌年生产每亩效益达 1.1 万～1.2 万元，林农在成林前期没有收入的问题得以初步缓解；大棚夏季蘑菇生产技术，突破了 6—10 月高温下生产难题，实现了食用菌周年生产和供应；同时，引进了新品种，丰富了北京生产供应的食用菌种类。2011 年，引进的双孢蘑菇工厂化设施设备和栽培技术，使每平方米单产达到 32.09 千克，接近了先进国家的生产水平。北京设施食用菌生产与技术，仍然在为企业与农民的增收发挥着极大作用。

一、自由种植阶段

新中国成立后，到农业社会主义改造完成阶段，土地属于农民个人所有，北京郊区只有少数个体户自由种植，培养一些洋蘑菇（双孢蘑菇）和平菇，产量很小，远不能满足市场需要。

二、缓慢发展阶段

（一）起步发展

1957 年，近郊国营南郊、西郊、东郊农场在上海市的大力协助下，学习了食用菌技术，引进了菌种，起步发展蘑菇生产。主要品种是双孢蘑菇。1957 年生产面积为 1 666.7 米²（1 米² = 9 尺²，下同）。1958 年发展到 2 777.8 米²。1959 年丰台、海淀、朝阳、昌平等区又发动各公社在蔬菜温室中附带生产，也获得成功。当时，郊区的双孢蘑菇生产总面积在 3 333.3 米² 左右。一般产量每平方米可收获鲜蘑 4.5～13.5 千克。

20 世纪 60 年代前后，北京近郊区人工栽培双孢蘑菇有所发展，但发展很缓慢。1960 年，北京市农业科学院蔬菜研究所宗汝静撰文《我国和苏联食用菌研究成果和现状》。文章在简要介绍了苏联食用菌研究成果后指出，早在公元 1313 年王祯著《农书》中就有香菇栽培的记载，木耳、银耳和茯苓我国早已栽培利用，洋蘑菇自 1932 年才在上海市有少量栽培……1960 年成立了上海市食用菌研究所……生产试验单位除在特建的栽培室外，也可在温室（上海食用菌研究所、河南农科院）、温床或冷床甚至露地（北京市农业科学院蔬菜研究所）栽培成功洋蘑菇，并且从试验中提出洋蘑菇栽培不畏散射光，不必强调完全遮光栽培的论点，这对郊区发展蘑菇生产起到了启发作用。

1968 年，北京市菜蔬公司崇文区菜站左安门菜窖建立蘑菇房（图 6 - 1），开始发展双孢蘑菇生产。

图 6-1a　左安门菜站蘑菇房外景　　图 6-1b　工人采摘双孢蘑菇　　图 6-1c　双孢蘑菇生长状
　　　　　1971

（二）推动发展

进入 20 世纪 70 年代，随着国际关系的变化，国内外交流增多，食用菌特需增加，为减少外汇使用并增加市场供应，北京市由商业部门牵头，推动食用菌生产发展。

1. 请进来

为满足特需和发展蘑菇生产，1971 年 11 月 16 日，崇文区菜站左安门五七菜窖邀请上海市嘉定县来人指导双孢蘑菇生产。其后，嘉定县技术人员又到蘑菇生产的小红门公社试验站、小红门大队第八生产队、龙爪树第八生产队和第十一生产队进行指导。小红门公社的相关社队还派人去左安门菜站五七菜窖参观学习。

2. 走出去

1972 年 4 月 14 日，北京市菜蔬公司、北京市农业局、北京市农业科学研究所及有关单位在崇文区菜站，共同分析了当时的食用菌生产情况，初步估计，北京市蘑菇特需和市场供应量当年约为 750吨。其中，特需蘑菇每年就需要 50 吨。为推进蘑菇发展，当年 4 月 19 日至 5 月 8 日，北京市菜蔬公司组织北京市农业局蔬菜处、北京市农业科学研究所蔬菜室、崇文区菜站等单位共 9 人，先后到武汉、南京、上海等地 16 个单位参观学习人工培植黑木耳、白木耳、蘑菇和蔬菜产销方面的经验。

考察后总结经验时，菜蔬公司负责人结合左安门菜窖当时种植的 177.8 米^2 双孢蘑菇正在采收并供应部分特需的实际情况，提出了"北京蘑菇生产要有计划地发展，逐步纳入国家计划"和"一特需、二市场、三出口"的蘑菇生产方针；建议生产安排要先解决蘑菇特需和市场需求，之后再安排外销出口生产；建议"抓好典型"，举办蘑菇生产培训班，交流生产经验；建议每年发展 3.3～5.6 公顷，3～5 年争取做到满足本市供应。在生产物资方面，北京市菜蔬公司还准备了蘑菇、木耳生产的菌种和锯末、木材培养料，以扩大面积。

3. 科技与服务

为发展食用菌生产，1972 年北京市农业科学研究所蔬菜室成立了食用菌课题组，以崇文区菜站左安门菜窖为基点，负责蘑菇生产技术研究和菌种生产。

当年左安门菜窖建有 1 333 米^2 蘑菇房，其中一间最小的菇房面积也在 110 米^2 之上。立体出菇床架为 6～7 层，层间采用自然通风。除蘑菇生产外，菜窖还开展菌种制种，提供优质蘑菇生产用种。此外，菜窖还进行木耳等试验生产。食用菌课题组以左安门菜窖基点为基础，调查了北京市蘑菇生产情况及栽培和菌种制备技术；收集了食用菌（黑木耳、银耳、平菇、金针菇、草菇等）品种资源，筛选出优良品种；改进培养料，研究总结菌种制种和高产栽培技术等，服务于朝阳、丰台、海淀的蘑菇生产。

1974 年 6 月，食用菌组先在左安门菜站建造半地下式蘑菇窖，地下深 90 厘米，地上高 110 厘米，窖内宽 233 厘米，南北墙厚 80 厘米，用湿土打成，墙上与窖顶均设通风孔。试验采用日本蘑菇品种，三层立体栽培，81 米² 共产菇 23.7 千克，平均单产近 0.3 千克。1975 年秋至 1976 年 6 月，在海淀区东升公社扩大利用半地下式土窖生产双孢蘑菇示范。土窖总栽培面积 183.2 米²，土窖地下部分深 0.8 米，南北宽约 3 米，东西长 16 米，立体栽培层距 0.6～0.7 米，架距 0.6 米，床架南北向排列。试验结果认为：这种半地下式土窖的保温性良好，窖温较稳定，空气湿度较高，较有利于蘑菇生长发育。试验于 8 月中旬播种，9 月下旬开始采收，共收新鲜蘑菇 877.5 千克，平均每平方米产菇 4.8 千克，其中一级菇占 80%。

1979 年，中国农科院蔬菜研究所成立了食用菌生产技术研究课题组，进行香菇及其他菇类的品种比较筛选和栽培试验。在品种方面，1974 年优选出高产、质优、抗逆性强的平菇新品种，后定名为"中蔬 10 号"，1981 年筛选出适合北京地区栽培的香菇品种"L. B 79017"。

4. 生产与管理

1972 年 9 月 20 日，为贯彻北京市副市长王磊"要把蘑菇生产抓一抓，搞上去"的指示精神，北京市第二商业局、北京市农林局、北京市第一轻工业局联合召开食用菌生产现场会议，要求各区县将食用菌生产列入议事日程，加强领导，指定专人负责。并于当年 10 月 5 日，成立了北京市"蘑菇生产协作组"，由北京市第二商业局负责，北京市菜蔬公司 1 人、北京市人民食品厂 1 人、北京市农林局 2 人组成。具体要求是：了解郊区食用菌生产情况，总结先进经验，组织技术交流，帮助社队解决食用菌生产问题等。

1972 年春，全市蘑菇生产面积仅为 640 米²。至 10 月中旬，蘑菇生产面积发展至约 8 000 米²，其中已经播种面积 3 526 米²，已经出菇面积 1 127 米²。蘑菇生产面积以大兴县红星公社为最大，左安门菜窖次之，朝阳、海淀、丰台均有生产。但蘑菇的发展始终受外贸出口订单的影响，难以稳定持续。

1972 年，怀柔、密云在认真贯彻"以粮为纲，全面发展"的基础上，开始发展黑木耳生产。至 1975 年，怀柔、密云两县有 23 个公社、251 个生产队和 9 所中学种植黑木耳，共备耳木 365 万千克（折干料数）。延庆、昌平、门头沟、房山、平谷五地有 10 个公社，当年也开始试验种植，共备耳木 10 万千克。

1980 年，郊区食用菌开始发展。海淀区外贸公司为扩大出口，因陋就简建立了香菇菌种制种站，当年就接种 2 万余瓶，压培养基菌块 300 米²。除供应四季青和温泉公社开展香菇生产外，自己还开展了香菇、平菇、滑菇等生产试验。还和温泉科技站协作，利用加压法促使香菇生长，产量曾达到每平方米 11.7 千克；温泉一队和北安河草场大队在温室内栽培香菇，都取得了好的生产效果。

据有关资料介绍，1980 年郊区食用菌总产量仅有 5 000 千克。

1981 年 10 月上旬，为支撑郊区食用菌生产发展，北京市农林办公室主任建议，由北京市农林科学院组成食用菌研究课题组，专门研究食用菌栽培相关技术问题。北京市农林科学院决定由植物保护所陈文良先生牵头组成食用菌课题组。由此，北京食用菌的科学研究工作开始全面起步。

1981 年 11 月，担任北京食用菌协会首届理事长的北京农业大学娄隆后先生在《北京农业》（增刊）第十七期，发表了《北京夏季草菇栽培技术和国外情况介绍》和《香菇及其锯末栽培法》，详细介绍了北京近郊区连续试种七年草菇并获得高产的荫棚栽培法和锯末栽培香菇的方法。1981 年 12 月，丰台地区食用菌栽培技术研究组，和丰台区科学技术协会、北京市食用菌协会一道，在卢沟桥大井七队召开了塑料大棚种植平菇现场会，这对 20 世纪 80 年代初期郊区食用菌发展起到了积极作用。

1982 年，北京市人民政府农林办公室将"食用菌优良菌种及栽培技术"列为农业科技示范推广项目，由北京市农科院植保所承担，重点推广平菇、凤尾菇、香菇栽培技术，以引导郊区食用菌生产发展。当年，丰台区食用菌生产总面积达到 5 000 多米²，产出鲜菇达到百吨。1983 年 11 月，丰台地区食用菌协会成立。南苑公社科技站，针对生产草菇采用老式的捆草把方式费工、产量较低的问题，在北京农业大学植保系主导下，利用蔬菜塑料大棚设施，开展了棉壳加碎草覆土、棉壳加碎草不覆土和老式稻草把作对照进行草菇栽培试验，其结果表明用棉壳栽培草菇是可行的。该公社槐房大队第七生产队用该方法栽培草菇，投料 550 千克，平均每 100 千克投料产鲜菇 32 千克。

1982 年 4 月至 1983 年，海淀区外贸菌种站，利用蔬菜温室开展了滑菇的塑料袋栽培试验，培养基料用 88％木屑、10％麸子、1％糖、1％石膏，含水量 60％，pH 中性。用聚丙烯塑料袋，袋厚 0.06 毫米（耐高温），每袋装湿料 2～2.5 千克。1983 年 1 月 3 日开始采摘鲜菇，试验取得了成功。

1985 年，朝阳区将台公社大陈各庄刘宝成，2 月初承包生产队 10 间蔬菜温室，用棉籽皮 1 750 千克，栽培平菇 82 米^2，至 7 月初先后采收鲜菇 1 420 千克；收入 2 812 元，扣除原料、菌种等费用 900 元外，纯收入 1 912 元。

总体看，北京郊区食用菌生产自 1957 年至 1987 年，这期间的 60—70 年代虽有所发展，但增长并不显著。进入 20 世纪 80 年代后，发展开始加快。

三、快速发展阶段

进入"七五"（1986—1990）以来，由于改革开放初见成效，人民生活水平提高，北京对食用菌需求提升。1987 年秋，食用菌生产正式归口到北京市农业局主管。1987 年北京市农业技术推广站牵头，同有关科研与教学单位合作，开始了食用菌技术开发，在农业部的领导下，组建了北方食用菌协作组（图 6-2），以通县、顺义、延庆、怀柔、大兴、昌平等县为食用菌开发重点，带动促进了郊区食用菌产业进入了快速发展期。

图 6-2 食用菌协作组成立 郝义德 1987

（一）建立食用菌生产基地

1987 年底以来，在京郊通州、顺义、延庆、怀柔 4 县正式建立食用菌生产基地 5 公顷，以平菇为主。1988 年食用菌总产为 1 060 吨，产值 276 万元。至 1989 年，基地县进一步发展，由 4 个扩大到5个县区；食用菌生产面积发展到7.9公顷，总产达到1 928吨，产值501万元。1990年基地食用菌总面积达到8.5公顷，总产突破了2 000吨，占到全市食用菌总产量的2/3；产值521万元，纯利312.8万元。1991年增加了高档菇香菇的投料比重，占比达到20%；食用菌总产量基本持平，为2 102吨。郊区食用菌生产发展表现为：

（1）总产由少到多，实现翻番　与1988年相比，1991年郊区食用菌总产量达到3 000吨，1997年增加至9 200吨，创产值4 500万元，创利税2 600万元。

（2）菇种由单一的平菇向多样化发展　1996年，平菇仍是主栽品种，发展了草菇、金针菇、香菇、滑菇、双孢蘑菇等高档品种，产量已稳定占全市食用菌总产量的19%左右。1989年花乡六圈林果队建立了双孢蘑菇基地，1990年就在9个区县建立双孢蘑菇种植场19个，种植面积达到1公顷多，产双孢蘑菇50多吨，产值40多万元。

（3）技术革新　在地下、半地下式塑料温室平畦栽培基础上，推广菌块（图6-3）、菌袋栽培，使亩装料由3吨增加到5吨以上，总结形成了一套适合京郊"袋栽墙式立体不脱袋两头出菇"的高产栽培技术。并使菇棚设施由全地下、半地下、地上房间等类型向日光温室、大棚发展，这减少了污染，增加了保水性，生物学转化率由原来的80%～90%提高到100%～130%。

图6-3　菌块栽培　郝义德　1989

（4）充分利用本地原料　1987年以前京郊食用菌生产的代用料主要以从外省购进的棉籽皮为主，为降低棉籽皮每千克0.3～0.4元的成本，经过平菇、香菇栽培的代料配方试验，选出了香菇栽培的代料配方：一是木屑78%、麦糠（米糠）20%、糖1%、石膏1%；二是棉籽皮20%，木屑60%、麦糠18%、糖1%、石膏1%。充分利用郊区来源广泛的木屑、玉米轴（粉碎）资源。1996年，本地原料投料量2 739.3吨，占比总投料量的32.98%。

（5）由分散引种、分散种植向统一供种、建立菌种繁殖体系发展　菌种生产由过去的农户分散引种、制种，改为由市、县级统一供一级种，规模化专业生产单位制售二级种，1988年在基地县建立了菌种厂7个，提供生产菌种130吨；1989年又在延庆、顺义、通县扩建三个二级菌种厂，实现了统一供应二级菌种。生产者自制三级种或购买半成品料。

（6）工厂化食用菌（双孢蘑菇、金针菇等品种）生产开始起步　1989年5月，在北京市农林办公室支持下，密云县建成了北京"生茂"食用菌工厂，设计日产双孢蘑菇2吨，开始工厂化生产食用菌的探索之路，这是北京第一家也是国内早期引进国外生产线并进行双孢蘑菇周年生产的工厂。建成之时，生产技术较为先进，基本解决了驻京外国使领馆和改革开放后外宾增加对双孢蘑菇旺盛需求的问题，企业盈利丰厚。

（二）白灵菇的兴起

白灵菇是"白灵侧耳"的别名，是商品名称。

白灵侧耳和阿魏侧耳均属侧耳科（Pleurotaceae）侧耳属（*Pleurotus*），有专家认为白灵侧耳是阿魏侧耳的变种，称为"白阿魏蘑"，或"白阿魏菇"，或"白阿魏侧耳"。由于野生阿魏侧耳自然发生于新疆伞形花科植物阿魏的根茎上，所以统称为"阿魏菇"。在南欧、中亚及北非也有分布。法国、德国的真菌学家曾进行详细的分类研究和遗传学方面的研究，1958年获得纯培养菌株；1974年法国利用纯培养菌丝栽培成功。1985年中国牟川静、陈忠纯均报道了人工培养驯化和人工栽培的方法，是一种很有开发价值的珍稀食用菌。1987年，牟川静、曹玉清、陈忠纯进行了阿魏菇的菌株采集分离、培养、驯化并将其定名为"白灵侧耳"。

1996年，通县从事有色金属生意的孔传广，去新疆昌吉州木垒哈萨克自治县做铜矿生意，发现当地人采摘的一种被称为"阿魏菇"的野生蘑菇，便产生了兴趣。他找到当时在新疆负责该蘑菇人工种植试验并获得成功的赵炳，商议与其合作引进北京开发种植，当年即购买上千袋到北京市通县宋庄试种，由赵炳负责技术指导。

1997年春节前，第一批白灵菇开始出菇（图6-4），但在外形上与新疆种植的差异较大，为掌状，原因不明。其后咨询中国科学院微生物所、著名真菌分类学家卯晓岚先生，针对资料上记载的阿魏菇菇型为柱状而提出研讨建议。1997年2月，在通县梨园招待所召开了第一次白灵芝阿魏菇生产开发研讨会（图6-5）。此后，卯晓岚先生将其商品名定为"白灵菇"，归为高档食用菌，开始进行大面积栽培。

图6-4　通州梨园白灵菇栽培成功　孔传广　1997

图6-5　白灵菇生产开发研讨　孔传广　1997

孔传广、赵炳1997年试种生产20万袋，1998年扩大面积生产40万袋，均获成功。1999年又扩大至60万袋，鲜菇产量达到120吨。人工种植的白灵菇外形类似杏鲍菇，菌柄长，呈柱状，吃起来口感也很好。他们将白灵菇送往广东、香港进行推广销售，用白灵菇做成了一道"素鲍鱼"，这给白灵菇的销售带来了转机，吸引了一批广州客户，首次出现了供不应求的局面，售价高达每千克120元，生产利润非常可观。当时在人民大会堂、钓鱼台国宾馆等国宴上也出现了白灵菇的身影。1998年，孔传广将白灵菇生产技术申请了发明专利，这是北京也是全国白灵菇生产的第一个发明专利，并注册了"白灵"牌商标。2001年成立北京金信食用菌有限公司，并开始进行白灵菇工厂化周年生产的尝试。同年，北京市农林科学院植保环保所研究员陈文良主持，承担了北京市科委"食用菌生产关键技术的研究"课题，与北京金信食用菌有限公司合作，重点开展了白灵菇、杏鲍菇等优良新品种选育及关键栽培技术研究，其成果获得了2004年北京市科技进步二等奖，助推了白灵菇产业的快速发展。随着产量的增加，除了鲜销，还开发生产了白灵菇罐头，2003年白灵菇罐头出口到日本，引领了白灵菇的产业化发展种植。

四、全面提升阶段

21世纪以来，在市场经济条件下，生产上加大了种植结构调整，尤其林下食用菌迅速发展，技术部门开展了食用菌高产创建评比工作（图6-6），加大技术支撑和推广力度，使郊区食用菌生产呈现出一派日新月异的全面提升发展景象，2010年全市食用菌总产量达到历史新高16.2万吨（表6-1）。发展的产品有平菇、草菇（图6-7）、香菇、毛木耳、双孢蘑菇、金针菇、杏鲍菇、鸡腿菇和白灵菇等20多个品种。此外，工厂化食用菌获得新突破，这保障了郊区食用菌生产持续发展。

图6-6　食用菌高产创建总结及培训　2015

图6-7　北京食用菌协会为草菇基地揭牌　2012

表 6-1 2007—2018 年北京市食用菌产量、产值

年份	产量（吨）	产值（元）
2007	124 909	63 689
2008	138 071	73 193
2009	140 436	98 263
2010	162 092	124 457
2011	158 249	122 308
2012	149 738	125 711
2013	142 736	117 476
2014	128 183	108 488
2015	138 432	117 257
2016	127 901	113 849
2017	122 832	104 282
2018	94 533	84 651

资料来源：数字来源于北京食用菌协会、北京市农业技术推广站。

（一）推广林地食用菌季节性高效栽培技术

林地食用菌栽培，是指在夏秋季节利用林地资源和树荫空间，配套相关简单设施，栽培食用菌的一种生产方式。

2007 年，为解决郊区"退耕还林"和"绿化造林"部分农民的致富问题，北京市农委下达"林地食用菌栽培技术的示范推广"项目，北京市农业技术推广站、北京市农林科学院植保环保所联合承担，在顺义、通州、密云、房山进行林地食用菌试验示范工作，利用已有速生人工林地的遮阳降温作用，采取不同覆盖栽培方式（图 6-8），使用少量的保温加湿设备，生产不同温型的食用菌，如香菇、平菇、木耳等，并开发新的林地适种食用菌品种——白灵菇、杏鲍菇。通过评比试验、茬口安排、栽培方式、棚型结构、节水增湿等关键技术试验研究，形成了林地食用菌栽培技术规程。该技术示范面积近 2 000 亩，平均亩效益为 8 500 元，做到了每亩林地摆放 7 000 个左右菌棒，每个菌棒出香菇 0.8～1.2 千克，价格为每千克 4～5 元，最高 10 元，每亩纯效益在 8 000～10 000 元。平菇每个菌棒出菇 1.5～1.7 千克，售价为每千克 2～3 元，亩效益 6 000～9 000 元；木耳每个菌棒出菇 1.5～2 千克，售价为每千克 2～4 元，亩效益 7 000～9 000 元。郊区推广应用面积达到 900 公顷。其中，房山区有 15 家企业和 500 多个农户，应用面积最多，达到 500 公顷；顺义区林下生产面积 180 公顷；通州区林下生产面积 100 公顷。

图 6-8a 昌平林下一面坡小棚灰树花栽培 邓德江 2010

图 6-8b 林地遮阳网小拱棚食用菌栽培 2008

（二）推广平菇栽培新技术

1. 平菇发酵料与短时高温处理技术

传统的平菇栽培对培养料的处理方式有生料、熟料和发酵料三种。生料栽培操作简单，省工省时，原料养分充足，产量较高，但其对原料洁净度及发菌技术要求较高，操作不当或环境温度偏高时易引起污染或烧菌，因此只适合低温季节栽培。熟料栽培安全可靠，应用广泛，可四季生产，但费工费燃料，成本高，对接种技术要求较高，需要无菌操作。发酵料栽培方式具有简便易行、成本低、成功率高等优点，得到了栽培户的认可，是目前应用最广泛的栽培技术。近两年，在发酵料栽培的基础上，经过大量的生产实践，又形成一套平菇发酵料加短时高温处理的技术（图6-9），该技术能进一步提高菌棒成品率，降低虫害的发病率，进而提高产量和生产效益，具有很好的推广前景。

图6-9a　发酵堆上设置通气孔　2015

图6-9b　平菇培养料正在发酵　2015

图6-9c　在发酵过程中进行翻料　2015

平菇发酵料加短时高温灭菌技术指的是平菇栽培料在进行发酵的基础上，短时高温灭菌4个小时的栽培方法。本方法成品率可以达到99％以上，而且节省灭菌时间和燃料成本。选取通风、排水良好、干燥的水泥地面，先把培养料预湿，完全浇透直至地面流出水，然后在水泥地面进行建堆，堆形大小要合适，底宽1.5～2米，顶宽1米，高0.6～0.8米，长度不限。当料内温度达到80℃时，保持24小时即可用人工或翻堆机进行翻堆。翻堆时一定要注意把内外培养料翻匀，使培养料完全发酵。生产实践表明，春夏季节全部发酵过程需要1周左右，冬季需要10天左右。发酵完成以后，培养料内20～30厘米处出现大量白色放线菌，并且伴有芳香味。因为发酵过程中水分散失，装袋之前需要重新调节水分，这时候水分调节到 60%～65% 为宜。一般采用宽 22 厘米、长 48 厘米的常压聚乙烯菌袋，两头用绳扎好，装湿料 3 千克左右。灭菌采用短时高温处理，使锅内温度达到 80～90℃，4 小时即可。自然冷却后出锅。

2. 平菇套环定位、整齐出菇技术

平菇出菇方式多样，有割袋口或卷袋口方式，有划口出菇方式，有套环出菇方式。实践证明，套环出菇效果较好（图 6-10），尤其适合高温季节的平菇生产。一是发菌速度快，菌丝健壮；二是由于定位出菇，菇型好；三是与割袋相比，裸露出菇面小，菌袋失水少；四是与划口相比，无效菇少，产量高；五是产量集中，生产周期缩短，病虫害感染概率降低。可提早 7～10 天发满菌，缩短了栽培周期；提高了菇的产量和商品性 5% 以上。注意做到：

图 6-10　平菇套环无纺布封口　2015

①选择一次注塑成形、硬度大、直径 5 厘米、圈高 2 厘米左右的套环。

②根据气温和市场行情确定制棒时间，最好分批制棒。

③根据菌袋长短，一头使用或两头使用均可，一般菌袋规格为宽 22 厘米、长 46～48 厘米的菌棒 20 天左右即可发满。

④菌丝成熟后，可适当拉大棚内温差，增加湿度，向地面、墙壁、空间喷水，保持相对空气湿度 80%～90%，切忌直接向幼蕾喷水，其他管理措施同常规管理。

3. 平菇定时雾化微喷技术

定时微喷（图 6-11），是通过控制器，在平菇大棚中，根据长势和天气情况，调整喷水频率和时间，在保证平菇生长需求的同时，起到省工、省水的作用。定时微喷系统主要包括水管（主水管和支水管）、自动控制箱（40 厘米×50 厘米）、微电脑定时开关、交流接触器、空气开关等，其中主水管直径为 32 毫米，支水管直径为 25 毫米，水管材质为 HDPE（高密度聚乙烯）。自动控制箱通过电磁阀控制水管，电磁阀规格应该比水管大，为 45 毫米。使用定时微喷技术，在保证了平菇处于相对稳定的温湿度环境的同时，还节省了人工成本和水资源。不仅如此，使用十字雾化喷头，出水均匀，雾化效果好，喷头带有防滴器，避免子实体表面积水的同时，也防止了喷头滴水造成的水资源浪费。

图 6-11　平菇栽培雾化微喷　2014

定时微喷喷头大概为每亩 90 个，主水管和分水管安装在菇棚内近棚顶 50 厘米处，喷头安装在出菇棒上方 1 米，分水管上每 2 米安装喷头 1 个，喷头按"品"字形排列。定时微喷装置可随意调整喷水时间，高温季节每昼夜喷水 7～8 次，低温季节每昼夜喷水 3～4 次，每次 5 分钟即可。定时微喷不宜喷水过多，湿度过大易造成平菇黄斑病；也不可喷水过少，湿度过小会造成减产。要勤喷少喷，使平菇处于一个较稳定的温湿度环境中。

（三）推广菇类新品种及配套技术

1. 耐高温香菇品种

通过品种比较，筛选出"武香一号""L18"等耐高温香菇品种。在林地及设施内生产，利用遮阳网、草帘、林木遮阳等降温措施，降低夏季高温期棚室内温度，创造适合香菇出菇的最佳温差、湿差等条件，解决因夏季高温不能出菇的问题，实现了 5—11 月有新鲜香菇供应；结合设施香菇地栽技术，提高了香菇品质和经济效益，2012 年推广面积达到 5 000 亩。

2. 长菌龄香菇品种

推广"168""808"等长菌龄菌种（图 6-12）。利用低温季节杂菌少、制棒污染率低的特点，在冬春低温季节生产菌棒，降低了生产风险；利用微喷设施使菌棒越夏生长，在早秋提前出菇、上市，提高销售价格 50% 以上，比常规季节生产亩增收 1 万～3 万元，2012 年推广面积达到 1 万余亩。香菇高产点平均亩产 12 吨，大兴区魏善庄镇李家场村卢兰淼亩产香菇 19 吨，产值超过 11 万元。

图 6-12a　香菇"808"　2011

图 6-12b　香菇"168"　2011

图 6-12c　香菇"939"　邓德江　2010

3. 耐高温食用菌新品种及配套技术

经品比试验（图6-13），筛选出耐高温平菇"西德89""猪肚菇"（又名大杯蕈）"秀珍菇"（属凤尾菇）等新品种。配套小型移动式制冷设备，在出菇前进行10～12小时低温刺激，创造有利于秀珍菇催蕾所需的温差，刺激秀珍菇整齐出菇，实现4—9月有鲜菇供应，每亩增收2万～3万元，给市民菜篮子增加了花色品种。并推广了国家食用菌产业技术体系研发集成的"两网（遮阳网、防虫网）一灯（诱虫灯）一板（黄板）一缓冲（缓冲间）"物理防虫配套技术（图6-14），使夏季30℃左右仍能正常出菇生产，并保证了食用菌产品安全，夏季的食用菌供应短缺得到有效解决。

图6-13 新品种比较试验 2010

图6-14 食用菌生产"两网一灯一板" 2012

此外，针对北部山区林地多、温度比平原偏低、当地果树枝条的废弃物多等情况，推广了高档食用菌"灰树花""茶树菇"（又称"茶薪菇、柳松茸"）等新品种及配套技术，增加了高档食用菌品种供应，满足了观光游览采摘新鲜美味食用菌需求，同时可以为农民亩增收0.8万元以上。

（四）创新菌菜（果）立体共生栽培

2009年开始，在栽培蔬菜作物的温室和大棚中进行了食用菌与蔬菜共生栽培技术研究，在蔬菜中间置放菌袋，既收菜果又收菌类（图6-15）。从品种选择、茬口安排、栽培方式、管理等方面开展了试验，成功栽培了平菇、香菇、猪肚菇等近10种食用菌。与传统栽培方式相比，共生栽培的食用菌出菇

图6-15a 桑葚与食用菌共生栽培 2006

图6-15b 小汤山特菜基地日光温室木瓜与灵芝共生栽培 曹之富 2006

期提早2～5天，单个菌棒产量提高10%以上；蔬菜成熟期提早10天以上，单株产量提高20%以上，营养品质得到明显改善。食用菌与蔬菜搭配生长，在色彩、形态和高矮等方面相映成趣，形成错落有致、层次嵌合的立体景观，提高了观光采摘性能。食用菌和番茄的采摘价格均高出传统种植模式。

（五）发展工厂化食用菌

21世纪以来，郊区开始大面积发展工厂化食用菌，通州区2001年建成了北京金信食用菌有限公司，以工厂化生产高档食用菌白灵菇为主，最高售价每千克120元。2002年北京冠华农业有限公司成立，工厂化生产金针菇，日产5吨。房山区2004年成立了格瑞拓普生物科技有限公司，工厂化生产白灵菇、金针菇，日产2.5吨。2007年成立了北京富勤食用菌科技有限公司，工厂化生产金针菇，日产25吨。北京市英良农业发展有限公司，也于2007年成立，以生产蟹味菇为主，日产2.5吨。2010年，北京正兴隆生物科技有限公司成立，以工厂化生产杏鲍菇为主，日产40吨。郊区先后建起20余家工厂化食用菌生产企业。

工厂化食用菌生产，提高了土地产出效率、资源利用率、劳动生产效率，是都市型现代农业的重要组成部分。以密云双孢蘑菇企业"生茂"食用菌工厂为例：进入21世纪后，因城乡一体化发展，县城建设迅速扩张，2001年5月，整个"生茂"双孢蘑菇工厂从县城长城环岛附近搬迁至十里堡镇靳各寨村南500米，占地35亩，生产菇房10间、建筑面积2 400米²。因其采用的堆肥生产工艺是自然发酵、菇房二次发酵模式，相对较为传统，堆肥质量不稳定，导致双孢蘑菇产量长期维持在每平方米7～10千克水平。

为提高工厂化双孢蘑菇单位面积产量，2010—2011年，北京市农业技术推广站对此进行设施升级改造，引进了荷兰双孢蘑菇关键控制设备，对其中的两个车间和整体培养料发酵方法等进行了改造和革新，建设了发酵隧道、提高了培养料发酵速度和发酵质量。改造后的菇房及环境采用电脑系统控制，出菇环境更适合双孢蘑菇生长。引进机械上料设备，形成机械化作业，使上料劳动强度降低、速度增加、质量提高；结合应用新品种，实现了双孢蘑菇60天一个生产茬次，每茬每平方米产菇达到32.09千克（图6-16），基本上达到了双孢蘑菇先进生产国家的平均产量水准，处于国内领先水平。

图6-16a 双孢菇生产菇房 2011　　　图6-16b 技术人员观察培养料发酵情况 2012

近些年来，北京新机场及冬季奥运会等城市经济建设，郊区耕地面积持续减少，加以禁烧等限制，食用菌产业进行了结构性调整和重组，郊区食用菌工厂化企业已由2012年的18家缩减至2016年的8家（表6-2），一些厂家已迁至周边地区。企业生产的菇种以金针菇和杏鲍菇为主，还有少量的海鲜菇、蟹味菇、姬菇、双孢菇等，年产量6.52万吨，仍占全市年食用菌总产量的51.0%，年产值5.13亿元，占全市年食用菌总产值的45.1%。2017年，北京市农业技术推广站对郊区10个食用

菌主产区县的统计数据表明，食用菌生产面积已减至约 1.65 万亩，但因技术水平的提升，总产量仍达到 12.28 万吨，并实现产值 10.43 亿元。2018 年设施食用菌总产量进一步降至 9.45 万吨，但仍然是郊区农民增加收入的主要方式之一。

表 6 - 2　2012 年郊区工厂化食用菌企业生产情况

公司名称	地址	生产菇种	年产量（吨）	年产值（万元）
北京富勤食用菌科技有限公司	通州区永乐店镇	金针菇	10 500	7 000
北京格瑞拓普有限公司	房山区窦店镇	白灵菇	1 825	5 000
		金针菇	12 775	8 500
		杏鲍菇	1 825	3 000
北京瀚海盛达国际生物技术有限责任公司	房山区石楼镇	姬菇	3 600	1 440
北京华绿生物科技有限公司	昌平区小汤山镇	金针菇	7 500	4 500
绿源永乐（北京）农业科技发展有限公司	通州区永乐店镇	杏鲍菇	8 250	4 950
		海鲜菇	2 700	2 700
北京太师庄种植专业合作社	密云区太师屯镇	双孢菇	156	269.5
北京维得鲜农业技术发展有限公司	大兴区长子营镇	海鲜菇	3 600	3 600
		蟹味菇	720	864
	门头沟区雁翅镇	金针菇	4 500	4 720
北京永长福生物科技有限公司	房山区大石窝镇	杏鲍菇	7 300	4 800
合计			65 251	51 343.5

第二节　食用菌设施类型及栽培方式

要形成营养丰富的食用菌子实体并期望获得高产，必须选择适宜的栽培设施和采取适宜的栽培方式。本文将北京郊区设施食用菌栽培类型及栽培方式介绍如下。

一、设施栽培类型

（一）平畦覆盖栽培

在室内外利用畦床栽培食用菌，气温低时覆盖塑料薄膜，称为平畦覆盖栽培（图 6 - 17）。适宜平畦覆盖栽培的食用菌有香菇、灵芝、平菇、双孢蘑菇等。畦栽投资少，方法简便，可以大面积生产，而且光照和通气条件好，菇体肥硕健壮；缺点是栽培期间易受自然不利条件的影响。京郊春季 4—5 月和夏秋 8—9 月林地均可进行平畦覆盖栽培。

平畦覆盖栽培，畦宽度以 0.6～1.2 米（一边或两边操作）为宜。根据气温、地下水位和易否积水，可分为深畦、浅畦、平畦、高畦覆盖栽培。畦向以东西向为好，尤其早春，便于畦北侧设立风障挡风聚热。畦做好后铺料前一天，向畦内浇些水，待渗完后再铺料，以免畦干吸收料内水分。还要在畦底和周围喷洒

图 6 - 17　平畦覆盖栽培

新鲜石灰水或 0.1% 高锰酸钾溶液消毒。

（二）半地下菇房栽培

半地下菇房也称为"半地下式土窖"（图 6-18）。20 世纪 70 年代前期，北京市农业科学研究所蔬菜室在郊区开展半地下式土窖生产蘑菇研究与推广。

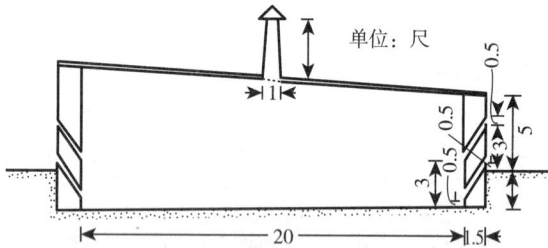

图 6-18a 半地下式菇房

资料来源：《北京市蔬菜生产技术手册》，1976。

图 6-18b 半地下式菇房菌砖平菇 1989

土窖的规格面积不一，地下部分一般深 0.8~1.2 米，小型的南北宽 2.5~3.3 米，大型宽可达 8~10 米，东西向延长，长度适中。土窖中间打隔断分为两个间以便于管理。南北墙设上、中、下三层或上下二层通气孔，南北墙上错开设置通气孔，每隔 2.5 米左右设置一个；窖顶设两排拔气筒，拔气筒纵向间隔 2.5 米左右。窖顶用两层塑料薄膜夹小麦秸秆和旧稻草保温、防雨。窖内南北向摆置床架，以利通风。每架三层，层距 0.6~0.8 米；床架宽 0.8 米，床架东西间距 0.6~0.8 米。

（三）菇房栽培

菇房指专用栽培双孢蘑菇或草菇的房屋式菇房（图 6-19）。20 世纪 60 年代后期至今，生产上一直未间断使用。房屋为东西走向，菇房与菇房的间距为 10 米。菇房规格不尽相同，多为东西长 30 米，南北宽 8 米，菇房前后墙体上要按房内过道正对位置开设宽 30 厘米、高 40 厘米的通风窗。内部棚顶可繁可简。简单菇房的房顶可用钢架或竹竿建架，用草帘盖实保温，上覆塑料膜。棚内菌床由竹竿或钢架搭建而成，菌床的规格一般长 7 米、宽 1.2 米、高 45 厘米。中间设过道，过道宽 60 厘米，地面铺设水泥。

图 6-19a 太师屯蘑菇房外景 2012

图 6-19b 太师屯蘑菇房内景 2012

（四）荫棚栽培

荫棚栽培是北京郊区食用菌越夏栽培的一种设施栽培方式。

20世纪70—80年代初，丰台区南苑公社连续七年栽培草菇，草菇播种后，在草堆上方用木柱、竹竿、草帘或苇帘搭棚遮阳降温，保证草堆的各个方面不被直射的阳光晒到，荫棚缝隙透过的阳光不要超过光照的1/10。为起到保温作用，还在草堆上盖上塑料布来防止水分快速蒸发。太阳落山后到第二天清晨期间，草堆附近空气相对湿度高，水分蒸发少时，每晚要把塑料薄膜打开通风。遇下雨时，特别是夏季暴风雨时一定要及时把草堆用塑料薄膜盖好盖严，并及时排除菇床周围的积水，防止因雨水的冲刷而不再出菇。随着遮阳覆盖材料的发展，遮阳网、黑白布（图6-20）、秸秆、生物覆盖等荫棚栽培成为常态。

图6-20　林地夏季黑白布荫棚栽培　2014

（五）温室栽培

1980年，海淀区温泉一队，利用种蔬菜的土温室空间栽培香菇。在77.7米² 的栽培块上，两个半月采收了100多千克，收入400元，仅有一名女记工员监管。以其收入所得减去温室用煤等费用后仍有剩余，相当于是以菇养菜。这种一室两用的栽培方法，既充分利用了温室的有效空间，又利用了蔬菜与菇类在生长条件上的相似之处，大大降低了生产成本，很适宜有温室的生产队推广。北安河公社草场大队温室内栽培的81米² 香菇，自1980年10月至1981年4月，采收香菇450千克，收入1 000元。

随着蔬菜节能型日光温室的发展，日光温室栽培食用菌成为常态（图6-21），其特点是夏季生产时要增加遮阳率为80%～90%的遮阳网覆盖，悬挂在温室上方1米左右的地方，以达到降温作用。

图6-21a　日光温室香菇栽培　2006

图6-21b　日光温室香菇斜置架式高产栽培　2013

（六）大棚栽培

与蔬菜大棚结构等同（图6-22）。目前多为镀锌钢管骨架棚，宽8～12米，脊高2.5～3.5米，长度根据场地及管理方面的原则而定，一般选长50米。棚两侧安装卷帘器。食用菌栽培大棚两端应设置缓冲间：正门2米×2米×4米，出口1米×1米×2米，用80目防虫网封闭，防止菇蚊、菇蝇等飞入危害生产（图6-23）。在缓冲间挂置两块粘虫板，用于捕杀飞入缓冲间的蚊虫。缓冲间使用时，正门和出口严禁同时开启，以免蚊虫随气流飞入棚内。棚内顶部设置微喷设施。棚外加盖塑料布和遮阳率80%～90%的遮阳网。离棚顶50厘米处安装水平遮阳网，以便降温。

图6-22a 塑料大棚食用菌遮阳覆盖栽培 2012

图6-22b 塑料大棚香菇栽培 2010

图6-23 大棚菇房进门设立缓冲间 贺国强 2012

（七）中小棚栽培

结构同于蔬菜中小棚。食用菌栽培主要在林地使用，圆拱形和一面坡的中小棚，规格为宽2米左右，高0.5～1.0米，长度以林地为准。材料为竹片、薄膜、铅丝和架杆。在棚中拉几条铅丝架，立式栽培平菇、木耳、香菇、杏鲍菇等品种。地栽食用菌需先作畦，覆土，扣棚。昌平区栽培灰树花（栗蘑）主要模式是一面坡小棚，其规格不一，多采用长2.5～3米、宽0.8～1.0米、高0.5～0.6米的规格。

（八）矿洞、山洞、闲置场地栽培

废弃矿洞和山洞里避光阴凉，一年四季温度都在10～25℃，非常适合菌类生长。房山区是本市煤炭的主产地，大安山乡、史家营乡、河北镇都是煤矿的高产区，在北京退出煤矿开采后，当地利用废弃的煤矿巷道开发新产业，其中之一就是蘑菇种植。从 2008 年开始，就陆续有乡镇开始利用矿洞种植猴头菇、双孢蘑菇、秀珍菇和海鲜菇等。2010 年，一个年薪几十万元的外企高级管理人员刘小愿，毅然放弃丰厚的收入，回到家乡密云县西田各庄镇坟庄村，在村南一处山洞里开始种植食用菌（图 6-24）。与大棚种植相比，山洞种蘑菇投资成本低、经济效益显著，还能填补夏季食用菌的空白。

利用废弃的煤矿、金属矿洞种菇，要在确定安全的同时，请专业人员来进行测定，确定洞内没有不良金属辐射、没有有害气体，以保证种植户的人身健康和出产蘑菇的品质优良，才可以利用。由于食用菌是好气性菌类，缺氧会影响其生长、要求洞内必须通风良好，除了要求洞高在 2 米以上，最好有相通的洞口能形成对流或者是在适当的位置开设通风口。不能开设通风口，就要备有风机，可以按每 300～500 米配备一个 2 500 瓦的风机，用来加强洞内空气的流通，但要注意风机要安置在距离蘑菇 5 米以上的地方，以免打开风机时，近处的蘑菇失水过多。在矿洞里种菇，还要接好电源，

图 6-24　密云山洞双孢菇栽培　2012

提供机器用电与日常劳作所需照明，一般每 10 米一盏 20 瓦的灯即可，这样也能同时满足一些弱光蘑菇品种的生长需求。还有水源，食用菌生长需要较高的湿度，所以必须解决生产用水问题，洞里有天然的蓄水池最好，如果洞内没有水，能够就近取水的也可以，水质要符合饮用水标准。

房山区石楼镇大次洛村闫石坡，利用闲置彩钢房种植夏季平菇（图 6-25）。2014 年种植"西德 89"品种 5 万棒，每棒 1.4 千克干料，每棒的生产和管理成本 3.4 元，每棒平均产量为 1.34 千克，均价每千克 6.2 元，每棒净收入 4.2 元，实现利润 21 万元。当年该户还出售菌棒 23 万棒，辐射带动 22 家农户实现了共同致富。密云个别农户还利用废弃的鸡舍栽培食用菌（图 6-26）。

图 6-25　房山石楼镇大次洛村彩钢房平菇栽培　2014

图 6-26　旧鸡舍香菇栽培　2013

（九）工厂化菇房栽培

工厂化菇房就是按照食用菌生长需要设计的封闭式厂房。食用菌工厂化生产，不同于一般的农作物设施栽培，它是在一个相对密闭的环境条件下，利用设施和设备创造出适合不同菌类不同发育阶段

的环境，实现"反季节"周年栽培。

按栽培菌类的特性和经验尺寸分隔成若干栽培库，单库面积36～64米²（图6-27），出菇库均分布在走道两侧，采用"非"字形排列（图6-28）。其方位并非传统坐北向南，而是南北通透。以长江为界，长江以南出菇库走廊长轴选择正南偏东15°，以求其通风。但北方建厂，一般在正南偏西15°左右，以求取暖。每24～30米设置一横过道，以免因为公共走道过长，中部出菇库出现缺氧情况，也便于人员走动。

图6-27　通州"杏鲍菇"工厂菇房　2012

图6-28　食用菌工厂菇房的中间走廊　2013

二、食用菌栽培方式

1. 斜置畦栽方式

斜置畦栽是香菇传统栽培模式（图6-29）。菌棒直接搭于地面铁丝上，畦床宽1.2～1.4米，高0.2～0.25米，长度视情况而定，一般不超过25米。菌棒转色脱袋后，斜置于畦床上。此外，平菇栽培也可采取此种方式。

图6-29　斜置架畦栽香菇　2012

2. 覆土栽培

有些食用菌需要进行覆土才能出菇，比如双孢蘑菇、鸡腿菇（图6-30）、长根菇、羊肚菌等；有些覆土出菇是为了提高其总产量，如工厂化生产杏鲍菇废菌棒的二次覆土出菇；还有些覆土先是为克服夏季高温难于出菇而采取的一种降温催菇的办法，后因产菇季节在气温较高的夏季，与常规栽培的产菇季节错开，有利于产品均衡供市，且鲜菇质量好，价格高，而管理劳工的投入因不必搬运菌筒浸水，节省人力物力，从而发展成为一种固定的栽培模式。

3. 墙式栽培

菌棒逐层码放，垒成墙式（图 6-31），为平菇的传统栽培模式，一般冬季码放 6～8 层，夏季码放 3～4 层。一般长度 45 厘米以上的菌袋采用两头出菇，40 厘米以下的一头出菇。

图 6-30　覆土栽培鸡腿菇　2012

图 6-31　平菇墙式袋栽两头出菇　2014

4. 立体栽培

在菇棚内搭 3～6 层的床架（图 6-32），层距 0.3～0.8 米，层底高 0.15～0.2 米，架宽 0.4～0.5 米，中间两排并拢，两边各设一排，两边操作道宽 0.6～0.7 米，主要用于培育花菇或增加平菇等菇类的单位面积栽培产量。

图 6-32　日光温室平菇立体栽培　2019

第三节　食用菌栽培基本技术

食用菌正常生长发育的基本生活条件，包括营养因子和环境因子两个方面。食用菌栽培生产的主要程序环节包括：选用适宜本地区的优良菌种、制备栽培种；采用适宜的培养料及制作技术；掌握栽培季节，创造适宜的发菌环境条件，采收及加工，等等。虽因菌类品种不同而有异，其关键技术措施有三个方面。

一、培养基（料）制作

培养基是指依据食用菌对营养、水分、酸碱度的要求配制成的培养料。培养基是食用菌生长发育的营养基础，也称为"基质"。制作基质应根据原材料与母种、原种、栽培种的差异而采取不同的原料和制作方法。

（一）培养基的原料

（1）碳源 构成食用菌细胞和代谢产物中碳素来源的物质。食用菌不能利用二氧化碳和碳酸盐等无机态碳，其利用的碳源都是有机物，如纤维素、半纤维素、木质素、淀粉、有机酸和醇类。制作母种培养基的碳源主要是葡萄糖和蔗糖；用作栽培种培养料的碳源主要是木屑、棉籽壳、玉米芯、秸秆等。

（2）氮源 能够被食用菌用来构建细胞或代谢产物中氮素来源的营养物质。食用菌菌丝体可以直接吸收氨基酸、尿素、氨和硝酸钾等小分子含氮化合物，但蛋白质类高分子化合物须经蛋白酶水解成氨基酸后才能被吸收。生产上常用的有机氮有蛋白胨、酵母膏、尿素、豆饼、麦麸、米糠和畜禽粪等。

（3）无机盐 构成菌体的成分，作为辅酶或酶的组成成分或维持酶的活性，还具有调节渗透压、氢离子浓度、氧化还原电位等作用。培养料中常添加钙、镁、硫、磷等，如磷酸二氢钾、磷酸氢二钾、硫酸镁等。

（4）维生素 如硫胺素（维生素 B_1）、核黄素（维生素 B_2）、泛酸、叶酸、盐酸等主要参与新陈代谢活动，促进养分转移和子实体的形成。马铃薯、麸皮、米糠中均含有丰富的维生素，配制培养基时不需另外添加。但维生素不耐高温，在 120℃ 以上时易被破坏，因此在培养基灭菌时需防止温度过高。

（5）水 各种食用菌的含水量都在 90% 左右。子实体的长大过程主要是细胞贮藏养料和水分的过程。食用菌生长发育所需水分大部分来自培养料，菌丝生长的培养料含水量在 55%～65%。

培养基所需常用原料可见表6-3和表6-4。

表6-3 常用食用菌培养料的碳氮比

培养料	碳含量（%）	氮含量（%）	碳氮比
杂木屑	49.18	0.10	491.80
栎木屑	50.40	1.10	45.80
稻草	42.30	0.72	58.70
麦秸	46.50	0.48	96.90
玉米粒	46.70	0.48	97.30
玉米芯	42.30	0.48	88.10
玉米粉	50.92	2.28	22.33
豆秸	49.80	2.44	20.40
野草	46.70	1.55	30.10
甘蔗渣	53.10	0.63	84.20

（续）

培养料	碳含量（%）	氮含量（%）	碳氮比
棉籽壳	56.00	2.03	27.60
麦 麸	44.70	2.20	20.30
米 糠	41.20	2.08	19.80
啤酒糟	47.70	6.00	7.95
豆 饼	45.40	6.71	6.77
花生饼	49.00	6.32	7.75
菜籽饼	45.20	4.60	9.80
马 粪	12.20	0.58	21.10
黄牛粪	38.60	1.78	21.70
奶牛粪	31.80	1.33	24.00
猪 粪	25.00	2.00	12.60
鸡 粪	30.00	3.00	10.00
菌 草	40.59	1.50	27.06

表 6-4 食用菌栽培基质常用化学添加剂种类、功效、用量和使用方法

添加剂种类	使用方法与用量
尿素	补充氮源营养，0.1%～0.2%，均匀拌入栽培基质中
硫酸铵	补充氮源营养，0.1%～0.2%，均匀拌入栽培基质中
碳酸氢铵	补充氮源营养，0.2%～0.5%，均匀拌入栽培基质中
氰氨化钙（石灰氮）	补充氮源和钙素，0.2%～0.5%，均匀拌入栽培基质中
磷酸二氢钾	补充磷和钾，0.05%～0.2%，均匀拌入栽培基质中
磷酸氢二钾	补充磷和钾，用量为 0.05%～0.2%，均匀拌入栽培基质中
石灰	补充钙素，并有抑菌作用，1%～5%，均匀拌入栽培基质中
石膏	补充钙和硫，1%～2%，均匀拌入栽培基质中
碳酸钙	补充钙，0.5%～1%，均匀拌入栽培基质中

（二）母种培养基的制备

食用菌母种，是指通过组织分离或孢子分离而得到的最初的菌种。因菌种分离获得的母种数量极少，必须进行扩大繁殖，才能满足生产的需要。但母种扩大繁殖次数又不能太多，一般可转管扩大繁殖 3～4 次，不要超过 5～6 次。因此，母种扩繁需要的培养基不同于生产所需的培养料。

1. 母种常用培养基配方

（1）马铃薯葡萄糖琼脂培养基（统称"PDA 培养基"） 去皮马铃薯 200 克（浸出汁），葡萄糖 20 克，琼脂 20 克，水 1 000 毫升。此培养基的养分较少，菌丝不会徒长，常用于多种食用菌母种的分离、提纯及转管。

（2）马铃薯综合培养基 去皮马铃薯 200 克（用浸出汁），葡萄糖 20 克，磷酸二氢钾 3 克，硫酸镁 1.5 克，琼脂 20 克，水 1 000 毫升，pH 自然。广泛用于菌种分离、培养和贮藏。

2. 母种培养基的配制方法

以配方（1）为例，选择优质马铃薯，去皮（挖去芽眼），切成薄片，称取 200 克，加入清水。由

于煮制过程中的损失，一般加水 1 500～2 000 毫升，先大火烧开后用文火煮 20 分钟，用 4～6 层纱布过滤取其汁液，加入琼脂并使其充分溶化，定容至 1 000 毫升，加入葡萄糖，搅拌均匀。

准备 18 毫米×180 毫米试管 100～120 支，趁热分装于试管中，装量为试管长度的 1/5～1/4。要避免营养液粘在试管口上，塞上棉塞。棉塞用未经脱脂的原棉制作。捆成 7 支或 10 支一把，再用牛皮纸将试管口包扎好，垂直放入高压锅内进行灭菌。在压力为每平方米 1.1～1.2 千克下保持 25 分钟，灭菌结束后待压力表自动降到零时打开锅盖，取出试管趁热摆斜面，斜面长度占试管长度的 1/2～3/5。

室温低时应在试管上盖上棉垫或毛巾进行保温，以免试管温度急剧下降导致管壁产生大量冷凝水。为确保质量，做好的培养基在常温下空白培养 2～3 天，未发现杂菌产生方可使用。

（三）原种培养基的制备

食用菌原种，是指由母种扩接到木屑或粪草或代料等培养基上而得到的菌种，可用于制作栽培种，也可直接用于接种栽培袋。原种培养基配方及制作方法如下：

1. 木屑种配方

①阔叶树木屑 78％、麸皮 20％、糖 1％、石膏粉 1％，含水量 60％。

②阔叶树木屑 63％、棉籽壳 15％、麸皮 20％、糖 1％、石膏粉 1％，含水量 60％。

③阔叶树木屑 63％、玉米芯 15％、麸皮 20％、糖 1％、石膏粉 1％，含水量 60％。

2. 谷粒种配方

①小麦（或大麦、燕麦）98％、石膏粉 2％。

②谷粒（或小麦、大麦、燕麦、高粱、玉米等）97％、碳酸钙 2％、石膏粉 1％，pH6.5～7.0。

3. 棉籽壳配方

①棉籽壳 78％、麸皮 20％、蔗糖 1％、石膏粉 1％，含水量 60％～65％。

②棉籽壳 77％、牛粪粉 20％、石灰 2％、石膏粉 1％，含水量 60％～65％。

4. 棉籽壳木屑混合配方

①棉籽壳 50％、木屑 32％、麸皮 15％、石膏粉 1％、蔗糖 1％、过磷酸钙 1％，含水量 60％。

②木屑 40％、棉籽壳 38％、麸皮 15％、玉米粉 3％、豆饼粉 2％、石膏粉 1％、蔗糖 1％，含水量 60％左右。

5. 制作方法

原种制备多使用 750 毫升的罐头瓶，或 850 毫升的专用塑料菌种瓶。根据制备菌种的种类选定配方，按配方要求分别称取各原料。先将糖、石膏粉等可溶性辅料溶于水，倒入混合好的其他原料中，充分搅拌均匀，闷堆 2 小时左右备用。此时用手紧握培养料，指缝间有水渗出但不下滴为宜。

谷粒培养基先将谷粒用清水洗净，浸泡 12 小时左右，使其充分吸水。谷粒泡好后放入锅内煮沸 30～50 分钟，以熟而不烂为度，捞出，控水，把石膏粉与谷粒拌匀备用。

配好的培养基，装入原种瓶后塞上棉塞，外面用一层牛皮纸包好；采用罐头瓶作为容器的，可用两层报纸和一层塑料封口膜封口。分装好的原种瓶应当天灭菌，采用高压灭菌，压力为每平方厘米 1.4～1.5 千克，灭菌时间为 1.5～2 小时，灭菌方法同母种。

（四）栽培种培养基的制备

栽培种，是指将食用菌原种转接到相同或相似的培养基上扩大培养而成的菌种，是直接用于生产的菌种。栽培种使用量较大，不易长期保存，因此制种的时间与数量要依据生产季节和生产量来决定。其配方与制作方法如下：

（1）棉籽壳培养基　棉籽壳 88％、麸皮或米糠 10％、石膏粉或碳酸钙 2％，含水量 60％左右。

（2）枝条培养基　枝条 77％、木屑 13％、米糠 8％、蔗糖 1％、石膏 1％，含水量 60％～65％。

（3）玉米芯培养基　玉米芯 78％、麸皮 20％、蔗糖 1％、石膏 1％，含水量 65％。

（4）粪草培养基　发酵麦秸/稻草 72％、发酵牛粪 20％、麸皮 5％、糖 1％、过磷酸钙 1％、石膏 1％，含水量 62％～65％。

（5）制作方法　目前生产上主要采用塑料袋作为制作栽培种的容器。常用直径 12～17 厘米、长 32～50 厘米的高压聚丙烯塑料袋或低压聚乙烯塑料袋。一般装料至距袋口 6～8 厘米处，用封口套环或扎绳进行封口。栽培种灭菌可采用和原种相同的高压灭菌方式，也可采用常压灭菌方式，100℃灭菌 8～10 小时，自然降温至 40℃以下后取出接种。

（五）生产料（栽培基质）的制备

1. 段木

段木树种的选择以树皮厚度适中、不易剥落、边材发达、能获得高产的树种为宜。常用的有麻栎、栓皮栎、刺槐、桑树、洋槐、榆树、槭树、黄连木、白杨、白桦等不含油脂类物质的树种；直径 6～8 厘米的小径木产量较高；砍伐时间在冬至至立春之间为好，砍树时要留下树桩萌芽再生，维持生态平衡。

砍后保留枝叶 10～15 天再剃枝；剃枝后锯成 1～1.2 米的段木，然后按"井"字形堆叠在地势高、通风向阳的干燥地方，每隔 10～15 天翻堆 1 次，以利干燥均匀。架晒时不能让阳光暴晒和淋雨，待段木两端变色，敲击声变脆（七八成干时）即可接种。一般用于接种木耳、香菇、灵芝等木腐菌（图 6-33）。

图 6-33　黑木耳接种后的段木　2017

2. 堆料

利用农作物秸秆（稻草、麦秸）和禽畜粪便，经堆制发酵后栽培食用菌的，称为"堆料"（也称"堆肥"）。堆料主要用于双孢蘑菇栽培。此外，大肥菇、草菇也可用堆草栽培。堆料配方及制作方法如下。

①稻草 500 千克、牛粪 500 千克、饼肥 20～25 千克、尿素 3.5 千克、硫酸铵 7 千克、过磷酸钙 15 千克、石膏粉 15 千克。

②玉米秸秆 2 500 千克、牛粪 1 500 千克、尿素 40 千克、过磷酸钙 50 千克、石膏粉 50 千克、钙镁磷肥 5 千克、石灰 30 千克。

③稻草 1 750 千克、大麦草 750 千克、猪粪（干）1 000 千克、菜籽饼粉 150 千克、石膏粉 75 千克、过磷酸钙 37.5 千克、石灰 10～15 千克。

干粪在堆料前 7 天用水拌湿，每 100 千克干粪加水 110 千克左右，拌湿前捣碎过筛，拌湿后做成方形堆，高度不超过1米，第3天翻堆一次。禾草在堆料前2～3天也要预湿，先将禾草截段，截段后边浇水边踩踏，使其吸足水分，其他饼肥在堆料前粉碎并密闭熏蒸2～3天，以杀死螨类和其他害虫。

建堆发酵一般在播种前30天左右进行。选择离菇房近、便于搬运、地势高、排水良好的水泥地，堆宽2米左右，堆高1.5米、长度不限。先用草料铺底，厚20～30厘米，草上撒一层粪料、粪厚5厘米，这样一层草、一层粪，顶层用粪肥全面覆盖。浇水时掌握"底层不浇水、中层少浇水，上层多浇水"的原则，直至料堆四周有少量水渗出为止。建堆完毕，堆中插一支温度计以便观察堆温。堆温上升至65～70℃后开始降温时进行第一次翻堆，常规的一次性发酵一般翻堆4次，分别在建堆后第6天、第11天、第15天、第18天进行，第21天进料。结合翻堆添加辅料，第一次添加石灰和石膏、第二次加50％的过磷酸钙，第三次加入余下的50％过磷酸钙。

若进行二次发酵，在第三次翻堆后3天，温度达到50℃以上时，培养料趁热搬入菇房，上架堆成厚15～18厘米的料层，然后紧闭门窗，菇房加热使料内温度在1～2天内升到57～60℃，维持6～8小时，然后通风降温到50～55℃，维持3～5天进行控温发酵，最后打开门窗通风换气降温。

3. 代料

利用农、林、工、副业的有机产品或下脚料，稍加搭配或加点辅助原料，就能满足食用菌生长发育的需要，代替传统的段木、粪草堆料来栽培食用菌，即为代料栽培。代料是目前大多数食用菌生产的主要栽培基质。根据菇种的不同，选用的原料也有一定差异，不过主料以木屑、棉籽壳、玉米芯为主，添加一定比例的麸皮、米糠、玉米粉、豆粉等。

如香菇主要采用木屑配方，木屑添加量78％、麸皮20％、石膏2％。树种以硬杂木为好，颗粒大小最好以粉碎的粗颗粒为主，再添加一些锯末屑，二者的比例约为3∶1。

平菇配方可采用与栽培种相似的棉籽壳或玉米芯配方，不同原料的出菇时间、产量、出菇周期有所不同，一般棉籽壳配方出菇较均衡，周期长，产量高，适合秋冬季生产。玉米芯配方出菇相对集中在头几潮，后期产量偏低，但原料成本较低。木屑配方出菇晚，周期长，但菇质较好。

因此，生产上农户往往根据几种主料价格波动或市场需求，配制棉籽壳、玉米芯、木屑等不同比例的混合配方。代料的制作工艺主要包括备料、称料、拌料、装袋、灭菌几个步骤。

二、灭菌、消毒、接种

栽培食用菌所用原料、工具、水、设施空间、设备等，存在着大量的微生物，其中相当部分是有害的，常导致菌种、栽培材料和培养环境的污染，易造成生产重大损失。因此，在食用菌生产中必须采取消毒措施杀灭或清除外表部分微生物，再通过灭菌措施全部杀灭细菌芽孢和霉菌孢子，确保灭菌对象彻底灭菌，以利于食用菌接种生产。

（一）消毒方法

1. 氧化剂

常用的氧化剂有高锰酸钾、过氧化氢、臭氧、过氧乙酸、漂白粉、二氧化氯等。用0.1％～0.2％浓度的高锰酸钾液作用10～30分钟，可杀死微生物营养体；2％～3％浓度的高锰酸钾液短时间作用可导致菌体和芽孢死亡。高锰酸钾水溶液暴露在空气中易分解，应随配随用。二氧化氯具有杀灭有害微生物的良好效果，是一种新型的消毒剂。

2. 还原剂

甲醛是常用的还原性消毒剂，商品福尔马林是含有37％～40％的甲醛溶液。5％的福尔马林可杀死细菌芽孢和真菌孢子。

3. 表面活性剂

（1）石炭酸　一般用 5% 的水溶液作消毒剂。配制时需先用热水溶化。

（2）来苏儿（甲酚皂溶液）　为棕色黏稠液体，甲酚含量 48%～52%，可溶于水，其杀菌力为石炭酸的 4 倍。

（3）新洁尔灭　为淡黄色胶体状，具有芳香味，易溶于水，具表面活性作用，消毒特点是快速、彻底、高效。

4. 其他消毒剂

（1）乙醇　70%～75% 乙醇的消毒力最强。过高或过低消毒效果都差。常用于接种前的手指消毒及不耐热制品的消毒。

（2）石灰　石灰有生石灰和熟石灰之分，4 份生石灰加入 1 份水，即成熟石灰，并放出热，具有杀菌作用。泼洒 2% 石灰水进行环境消毒。

（3）硫黄　硫黄常用于培菌室和出菇房等空间熏蒸杀菌。按体积每立方米用 15 克硫黄熏蒸，用作环境消毒。

5. 紫外线消毒

紫外线是波长 180～400 纳米的辐射线，作用于生物体时可导致细胞内核酸及蛋白质发生光化学变化而使细胞死亡。紫外线杀菌作用最强的波长是 250～265 纳米。由于紫外线为低能量的辐射线，对物体的穿透力差，因此其消毒作用仅适用于空气和物体表面，一般用于接种室或接种箱的辅助消毒。

紫外灯管的使用时限约为 4 000 小时，消毒的有效区域为灯管周围 2 米内，1.2 米以内消毒效果最好。一般 10 米³ 的空间，用 30 瓦的紫外线灯照射 20～30 分钟即可达到消毒的目的。

6. 巴氏消毒

也称"低温消毒法"或"冷杀菌法"，是一种利用较低的温度既可杀死食品中具有侵染性的微生物又能保持物品中营养物质和风味不变的消毒方法。

食用菌培养料的巴氏消毒，是指将培养料保持在 60～70℃ 一定的时间，杀灭有害微生物的过程。巴氏消毒法主要有两种：

①将液体加热到 62～65℃，保持 30 分钟。采用这一方法可杀死液体中各种致病菌的营养体，经消毒后残留的只是部分嗜热菌、耐热性菌以及芽孢等。

②将液体加热到 75～90℃，保持 15～16 秒。其杀菌时间更短，工作效率更高。

（二）灭菌设备与方法

1. 常压蒸汽灭菌

常压蒸汽灭菌的温度为 100℃，其热力穿透靠水蒸气凝聚时放出的潜在热，水蒸气凝聚收缩产生的负压，可使外层蒸汽又补充进来。因此，热力可以不断穿透到深处。

（1）常压蒸汽灭菌的优缺点　设备简单，投资较少，而且培养料的营养成分被破坏的程度低；缺点是灭菌时间长，燃料消耗多，达到 100℃ 后需要保持 10 小时以上才能保证灭菌效果。主要用于生产栽培基质的灭菌。

（2）常压蒸汽灭菌锅的制作　一般都是生产者自行设计搭建的灭菌灶（图 6-34），其结构分蒸汽发生器和蒸汽灭菌仓两部分，底部用蒸汽管相连。灭菌时将菌袋装入灭菌筐或叠放在常压灭菌仓（锅）内，袋与袋之间要留有空隙，使其均匀受热，这样便于蒸透。然后用旺火迅速升温到 100℃，连续蒸 10～12 小时。停火后一般再用灶内的余火焖一夜，即可达到灭菌效果。

图 6 - 34a　木林陀头庙砖房式灭菌灶　2013

图 6 - 34b　张镇后王会村简易灭菌灶　2016

图 6 - 34c　密云基地简易常压灭菌灶　2011

2. 高压蒸汽灭菌

（1）手提式高压灭菌锅　手提高压灭菌器属于小型高压灭菌设备（图 6 - 35），这种灭菌锅容量小，约 14 升，主要用于食用菌试管母种（一级种）培养基、无菌水等器具的灭菌，一般一次可以灭18 毫米×180 毫米的试管 120～150 只，灭菌时间短（30 分钟左右）。

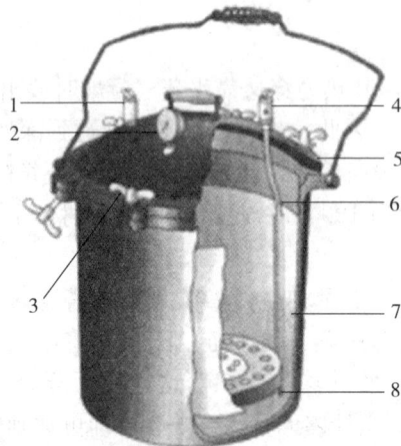

图 6 - 35　手提式高压灭菌锅　2013
1. 安全阀　2. 压力表　3. 紧固螺栓　4. 排气阀　5. 盖　6. 排气软管　7. 灭菌桶　8. 底架

（2）大型高压灭菌设备　压力一般可达每平方米 1.5～2 千克，温度 125℃以上。在此温度和压力下保持 2～3 个小时即可彻底灭菌。利用高压蒸汽设备灭菌时，应注意两点：一是灭菌罐内的菌种瓶排列密度须适当，使蒸汽畅通，无死角。二是灭菌罐内冷空气必须排尽，通蒸汽后，打开排气阀，随着罐内温度上升，锅内冷空气便逐渐排出。当有大量蒸汽从排气阀中排出时，再关闭排气阀。灭菌结束后，让其自然冷却。当压力指针回到 0 位时，打开罐盖 1/4 开度，利用余热烘烤棉塞，防止骤冷产生冷凝水。然后趁热取出，送入清洁的冷却室进行冷却。

3. 灼烧灭菌

耐热物品直接在火焰上灼烧进行灭菌。一般灼烧几秒至几十秒即可。只适用于一些金属物品，如接种铲、接种针、接种环等。

4. 干热灭菌

干热灭菌的设备是电热干燥箱，待灭菌的物品洗涤干净后晾干或擦干放入干燥箱，使温度缓慢上升至 65℃，再将温度提高到 160℃，保持 2 小时，即可达到灭菌的目的。灭菌结束后，待温度降至 45℃左右才能取出灭菌物品。适用于干热灭菌的物品主要有培养皿、试管、吸管、棉塞、滤纸等，干热灭菌温度不能超过 160℃，以防箱内纸、棉塞等纤维材料碳化变焦。

（三）无菌接种

将微生物移植到适宜其生长繁殖的培养基上称为接种。根据微生物移植操作粗放程度的差异，可将接种分为两类：在严格的无菌条件下进行的移植操作称为"接种"；在开放或半开放条件下进行的移植操作，称为播种。接种的工具、设备、方法如下。

1. 接种工具

转移菌种的过程中，需要使用专用的工具，称为"接种工具"。这些接种工具绝大部分用不锈钢丝锻制和用碳钢制造后进行镀镍处理，手柄处常用塑料浇注成形。

接种工具可以购买也可以自制。常用到的接种工具有接种刀、扒、铲、环、针、匙和镊等（图 6-36）。这些工具在使用时，需经过高压湿热灭菌或干热灭菌，也可以用酒精灯火焰充分灼烧接种端，以保证接种过程中不携带杂菌。

接种室内应配备有医用解剖刀、手术刀、酒精灯、搪瓷方盘、培养皿、广口瓶、试管架等接种辅助工具。

2. 接种设备

接种操作需要在无菌的环境中进行。一般菌种生产中可以采用接种箱（图 6-37）和超净工作台。大规模生产时，通常用接种帐或接种间。工厂化生产一般有专门的无菌接种室。

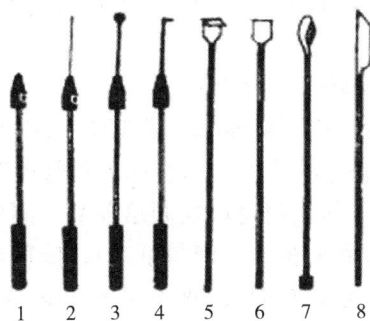

图 6-36　常见接种工具　2018

1. 接种棒　2. 接种针　3. 接种环
4. 接种钩　5. 接种锄　6. 接种铲　7. 接种匙　8. 接种刀

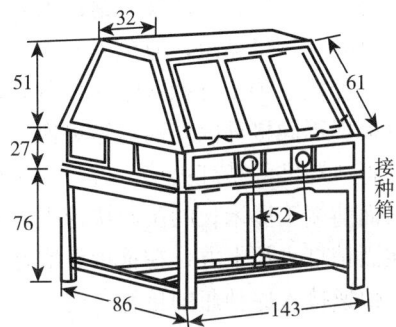

图 6-37　接种箱结构示意图　2018

（单位：厘米）

（1）接种箱　接种箱通常采用木质结构，有单人操作的，也有供双人操作使用的，一般前后观察窗均安装玻璃，便于操作。观察窗应保持70°倾斜面，且可开启，作为接种箱进出物品的通道。必要时，还可以在两侧留侧门。在观察窗下面的木挡板留2个操作孔，套上布套袖，用于操作人员将手臂伸入箱内接种。接种前，先用药物熏蒸并打开箱内的紫外线灯管进行消毒，然后关闭紫外线灯，点燃箱内的酒精灯，用酒精擦拭手后开始接种。接种箱容积要大小适宜，若单人操作，以一次能放入60～80只750毫升的菌种瓶为宜；若双人操作，以一次放入菌种瓶120～150只为宜。除接种器具外，接种箱内不要放置其他无关物品。

（2）超净工作台　也称为"净化工作台"（图6-38），是提供局部无尘、无菌工作环境的空气净化设备。按净化空气的气流方向不同，可分为水平层流式和垂直层流式；按操作台容量大小分单人作业式和双人作业式。

（3）接种帐　简易接种帐是采用塑料大棚膜制作而成的，样式类似我们日常生活中的蚊帐，规格有多种，小型的规格为6米²（2米×3米），较大的规格12～16米²[(3～4)米×4米]，还有更大一些的为30～40米²[(3～4米×10米]，大帐也可做栽培生产，接种帐高度在2～2.5米。接种帐可以自己制作，首先设计规格，考虑薄膜幅宽，再计算好薄膜用量。薄膜宜选用聚乙烯塑料大棚膜。接种帐的开门处应偏在一边，不要留在中央。经计算和裁剪，然后进行焊接，可见第九章设施覆盖材料。初次操作者，可用小块薄膜条练习几次，熟练时即可焊接成帐。

图6-38　超净工作台　2018

接种前一天，把灭菌的菌袋放进接种帐内冷却，晚上把接种工作人员的工作服、鞋、帽、洗手时所用的消毒药品、接种所用的工具及酒精棉球、离子风机等，连同接种工作台一并放进接种帐内，按照气雾消毒剂使用说明，晚上点燃药物进行消毒，翌日清晨即可接种。接种人员把外层衣服脱在接种帐外，进入接种帐后换上预先准备好的工作服、鞋、帽等，先打开离子风机，然后进行手臂和接种用具75％乙醇擦洗消毒，在离子风机无菌区内进行接种，解袋、打孔、塞种、扎袋、摆放运输，进行流水作业，动作越快越好。

3. 接种方法

接种需要在严格的无菌条件下进行，接种操作人员必须做到：接种空间一定要彻底灭菌；经灼烧灭菌的工具须贴在管或瓶壁上冷却后再取菌种，所取菌种也不得在火焰旁停留，以免灼伤菌种；菌种所暴露或通过的空间，必须是无菌区；菌种与容器外空间的通道口，须用酒精灯火焰灭菌；各种工具与菌种接触前都应经火焰灼烧灭菌；棉塞塞入管口或瓶口部分，拔出后不得与未经灭菌的物体接触；每次操作时间宜尽量缩短，避免因室内空气交换而增加杂菌。

（1）母种接原种　母种接瓶装原种培养基时，一般按母种转管的要求操作（图6-39），只是接种工具可根据不同接种内容而适当更换。接种者手持母种试管，用酒精棉球将试管擦2次，然后拔开棉塞，试管口对准酒精灯火焰上方，用火焰烧一下管口，把烧过的接种锄迅速插入种管内贴玻壁冷却，将斜面前端1厘米长的菌丝块挖去，剩余的斜面分成3～4段，将每段连同培养基一同挑出。另一个人在酒精灯火焰上方，在接种者取好菌种块的同时拔开原种瓶棉塞（塑料纸盖），接种者将菌种块取出，快速接入原种瓶的接种穴内，棉塞过火焰后塞好。1支母种转接原种不超过6瓶，接种块大于12毫米×15毫米。每接种完一支试管，接种锄要重新消毒，防止交叉感染。接种完后，立即将台面收拾干净，将各种残留物如试管、洒落的培养基、消毒用过的棉球等均清出室外，照前述方法进行第二轮接种。

（2）原种接栽培种　栽培种的接种和原种有一点不同，即原种接种用的是试管母种，而栽培种接

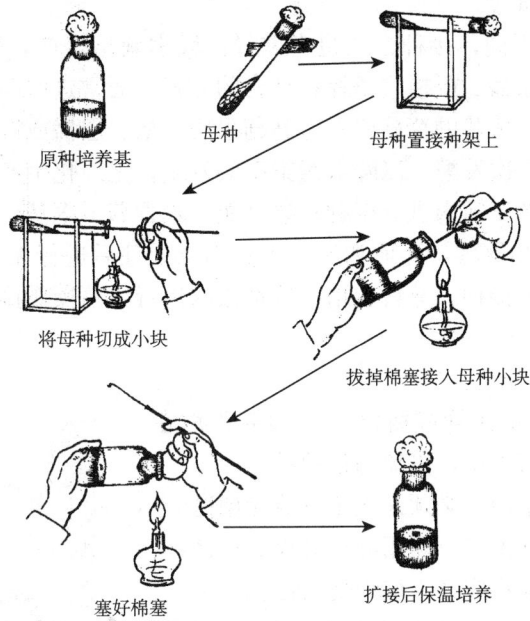

图 6-39 母种转接原种

种用的是原种。以瓶装原种接瓶装栽培种为例，在酒精灯火焰上方拔出原种瓶棉塞，将菌种瓶置于菌种瓶架上或 2 人配合接种，在酒精灯火焰上封口；用接种铲刮去瓶内菌种表面的老菌皮，再将菌种挖松并稍加搅拌，注意菌种应挖成花生米大小，不宜过碎，然后接种。若棉塞较大，不能全部拿在手里，可将菌种瓶塞放在经过高温灭菌的培养皿中，只将待接种瓶塞握在手里，也可和菌种瓶塞放在一起（图 6-40）。一瓶原种转接栽培种 30～50 个。

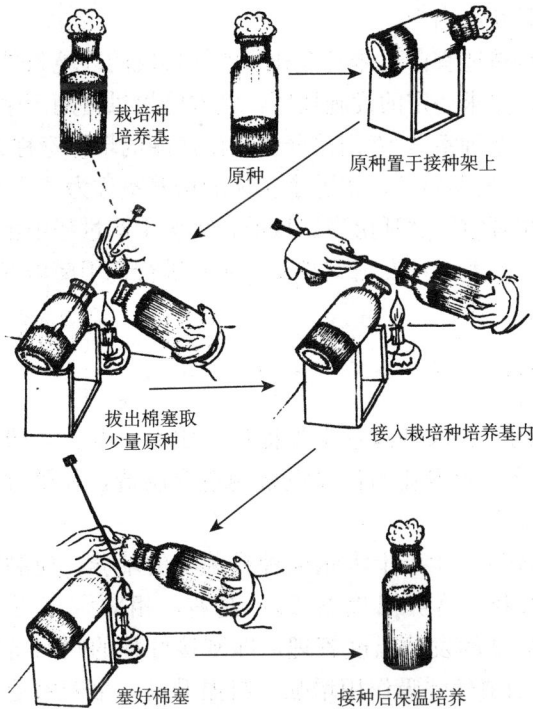

图 6-40 原种转接栽培种

（3）生产播种（接种） 食用菌生产播种，是在开放或半开放条件下将栽培种菌丝体移植至栽培床的操作，简便快速，处理量大。

根据栽培方式和菇种的不同，接种方式也有差异。段木栽培生产，采用穴播方式；畦栽的羊肚菌、竹荪、平菇等一般采用撒播、层播、条播相结合的方式，通常这些菌种的生长速度较快，菌丝健壮，生产管理方式相对粗放；床栽的草菇或双孢蘑菇采用穴播、层播或混合播种的方式，要求对环境进行消毒处理，培养料经过二次发酵，以降低污染率的发生；工厂化生产的金针菇、杏鲍菇或海鲜菇等，通常采用液体菌种在无菌车间内进行接种；袋（瓶）栽香菇、木耳、茶树菇等主要利用接种帐播种（图 6-41），帐内进行药物熏蒸，环境和接种工具消毒处理后进行无菌操作接种；平菇采用生料或发酵料栽培时可采用开放式接种，熟料栽培在接种帐内进行无菌操作接种。

4. 接种无菌操作要求

①接种空间一定要彻底灭菌。

②经灼烧灭菌的工具须贴在管或瓶壁上冷却后再取菌种，所取菌种也不得在火焰旁停留，以免灼伤菌种。

③菌种所暴露或通过的空间，必须是无菌室或无菌区。

④菌种与容器外空间的通道口，须用酒精灯火焰灭菌。

⑤各种工具与菌种接触前都应经火焰灼烧灭菌。

⑥棉塞塞入管口或瓶口部分，拔出后不得与未经灭菌的物体接触。

⑦每次操作时间宜尽量缩短，避免因室内空气交换而增加杂菌。

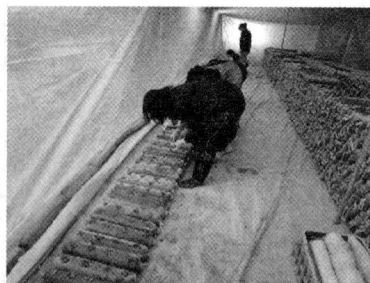

图 6-41　接种帐里香菇菌棒接种　2011

三、生长发育环境的控制

食用菌栽培生产的目标是获取高产。

食用菌接种后，利用或创造适宜菌丝体发育和子实体形成的环境条件十分重要。食用菌菌丝培养和子实体培养的两个阶段，都要求一定的设施场所，其次能提供食用菌生长发育所需要的条件。专门用于培养菌种的培养室称为"菌种室"，专门培养食用菌产品的培养室称为"栽培室"。培养菌丝的培养室称为"菌丝体培养室"（"发菌室"），培养子实体的培养室称为"子实体培养室"（简称"出菇室或菇房"），若耳类则称为"出耳室"（"耳房"）。目前，郊区生产过程中菌丝体和子实体的培养室多合二为一。当前，常用培养箱、培养室（发菌室或发菌库）进行食用菌培养，选择日光温室、大棚等作为菇房，其性能可见第三章。

（一）培养设施（设备）

（1）培养箱　培养箱是用于为菌种菌丝生长提供一定温、湿、光照条件的设备（图 6-42），种类很多，由专业的仪器设备制造商制造，栽培者依据自身条件选择适宜的培养箱即可。

（2）培养室（发菌室或库）　生产上大量菌种或菌棒的培养，应利用培养室（发菌库或发菌室）培养。培养温度在 25℃ 左右，相对空气湿度为 60%～70%。一般采用前高后低的发菌温度管理，即刚接好种的吃料定植期温度可偏高为 25℃，培养后期菌丝呼吸作用增强，料温升高，培养室温度应随之降低 2～3℃，以利于培养强壮菌丝。一般 3～5 天菌丝即可吃料，7～10 天菌丝即可封面。待菌丝封面后，要加强通风换气，保持室内空气新鲜，一般培养 25～35 天菌丝即可长满（图 6-43）。

图 6-42　菌种培养箱

（二）环境控制

1. 温度

大多数食用菌生长适温在 20～30℃（草菇等例外，表6-5）。一般菌丝体生长的温度范围大于子实体发育的温度范围。孢子产生的适温低于孢子萌发的适温。菌丝体耐低温能力往往较强，一般在 0℃左右只是停止生长，并不死亡，如菇木中的香菇菌丝体即使在 −30℃低温下也不会死亡，草菇的菌丝体在 40℃下仍能旺盛生长，50℃时就会逐渐死亡。

图6-43　长满菌丝的
香菇栽培种　2010

目前规模化栽培的大多数食用菌具有耐低温、怕高温的特点，高温期栽培难度较大。温度控制主要通过收放菇房遮盖物、风机水帘及雾化微喷进行。夏季生产时，为了降低菇房温度，通常在常规覆盖的基础上，在菇房南面，距离棚顶约50厘米处悬挂一层遮阳网，通过遮阳来进一步降低棚温；冬季棚温若低于5℃，菌丝难以生长，此时发菌应进行加温或将菌棒集中码垛，垛上覆盖塑料薄膜保温。低温期出菇管理，为了提高棚温，在中午阳光充足、温度较高时收起菇棚覆盖物增温，在降温前及时放下覆盖物进行保温，有条件的可以在温室北侧加装暖气。

表6-5　几种食用菌对温度的要求

单位：℃

	菌丝体		子实体	
	温度范围	最适温度	温度范围	最适温度
双孢菇	3～34	24～25	8～18 或 6～24	12～16 或 10～17
香菇	5～34	22～26	5～25 或 8～18	低温型 5～15、中 10～20、高 15～25
草菇	10～40	28～36	22～32	28～32
滑子菇	5～32	20～25	5～20	极早型 8～20、早生 8～18、晚生 5～15
平菇	5～35	20～25	10～34	15～25
凤尾菇	5～35	23～28	20～30	20～25
黑木耳	5～36	25～28	15～32	20～28
猴头菌	6～33	21～25	12～24	15～22

2. 湿度

食用菌的菌丝体生长和子实体发育阶段所要求的空气相对湿度不同（表6-6），大多数食用菌的菌丝体生长要求的相对空气湿度为65％～75％；子实体发育阶段要求的相对空气湿度为80％～95％。如果菇房或菇棚的相对湿度低于60％，侧耳等子实体的生长就会停止；当相对空气湿度降至40％～45％时，子实体不再分化，已分化的幼菇也会干枯死亡。但菇房的相对空气湿度也不宜超过96％，菇房过于潮湿，易导致病菌滋生，也有碍子实体的正常蒸腾作用，导致子实体发育不良，表现为只长菌柄，不长菌盖，或者盖小肉薄。

表6-6　几种食用菌对水分的要求

单位：%

食用菌种类	培养基的水分含量	相对空气湿度
双孢菇	60～65	88～90
香菇	60～65	80～87
草菇	60～65	80～90
平菇	60～70	80～90
凤尾菇	65～70	75～80
黑木耳	60～70	85～90
毛木耳	65～75	85～95
猴头菇	70	80～95

通常采用雾化微喷的方式调节菇房湿度。喷水次数掌握在阴雨天少喷或不喷，晴天干燥时多喷轻喷，一般每天喷2～3次。

3. 空气（氧气和二氧化碳）

一般菌丝生长期对氧气的需求量相对较小，对二氧化碳也不敏感，但随着菌丝体的生长，培养料中不断产生二氧化碳、硫化氢、氨气等废气，若不适当地通风换气，菌丝会逐渐发黄、萎缩或死亡。微量的二氧化碳（浓度0.03%～0.1%）对双孢蘑菇、草菇子实体的分化有利。但高浓度二氧化碳对猴头菇、灵芝、金顶侧耳、大肥菇的分化有抑制作用，将会推迟原基形成时间。当二氧化碳浓度达到0.1%以上时，即对子实体产生有害作用。如灵芝子实体在二氧化碳浓度为0.1%的环境中，一般不形成菌盖，菌柄分化成鹿角状分支，而猴头菇则形成珊瑚状分支，双孢蘑菇、香菇出现柄长、开伞早的畸形菇。二氧化碳浓度达到5%时，会抑制金针菇的菌盖分化，影响香菇、双孢蘑菇子实体的形成。生产实践中，经常通过调节二氧化碳浓度来调节和控制子实体的生长。

炎热天气要早晚掀开菇房东西方向的通风口或顶风口，使空气对流通风顺畅，下雨后或棚内湿度太大时也要掀开进行通风。气候干燥或大风天气则应减少通风或不通风，防止湿度下降。

4. 光照

食用菌在生长过程中与绿色植物不同，它没有叶绿素，不会进行光合作用，不需要直射光线。食用菌菌丝体生长不需要任何光线，一定的散射光可以促进某些子实体的分化、发育，如香菇、草菇等食用菌在完全黑暗条件下不形成子实体；平菇、灵芝等食用菌在无光下虽能形成子实体，但菇体生长畸形，只长菌柄不长菌盖，不产孢子。试验证明，平菇由营养生长转入生殖生长，必须适时地给予散射光并满足其降温要求（表6-7），才能促使子实体原基分化，缩短生育期，提高产量。但有的食用菌连散射光线也不需要，如双孢蘑菇、大肥菇及茯苓等，可以在完全黑暗的情况下完成其生活史。

光线还直接影响着食用菌子实体的色泽，光线不足时，草菇是灰白色的，黑木耳的色泽黄淡，各种菇的色泽不理想，商品价值降低。测量光线的简易方法，可以用书报来测，正常眼力能看见新体5号字为栽培食用菌所需的适宜光线。

表6-7　几种食用菌子实体形成对光照度的要求

种类	光照度（勒）
双孢菇	不需要光线
香菇	原基分化100，子实体生长300～800
草菇	50～100

（续）

种类	光照度（勒）
平菇	200～1 000
凤尾菇	100～300
灵芝	200～300
黑木耳	250～1 000
毛木耳	40～500
猴头菌	300～600

　　工厂化出菇房通常采用 LED 灯带进行补光，温室或大棚生产通常不需要额外补光，光照强度通过菇房覆盖物进行调节。

5. 酸碱度

　　pH 会影响细胞内酶的活性及酶促反应的速度，是影响食用菌生长的因素之一。不同种类的食用菌菌丝体生长所需要的基质酸碱度不同，大多数食用菌喜偏酸性环境，菌丝生长的 pH 在 3～6.5 之间，最适 pH 为 5.0～5.5（表 6-8）。大部分食用菌在 pH 大于 7.0 时生长受阻，大于 8.0 时生长停止。但也有例外，如草菇喜中性偏碱的环境。

　　栽培食用菌时必须使其在适当的酸碱环境条件下才能正常地生长发育。在食用菌的生产实践中，常利用控制 pH 来抑制或杀灭杂菌。食用菌分解有机物过程中，常产生一些有机酸，这些有机酸的积累可使基质 pH 降低；同时，培养基灭菌后的 pH 也略有降低。

　　因此在配制培养基时应将 pH 适当调高，或者在配制培养基时添加 0.2% 磷酸氢二钾和磷酸二氢钾作为缓冲剂；如果所培养的食用菌产酸过多，可添加少许碳酸钙作为中和剂，从而使菌丝生长在 pH 较稳定的培养基内。有些菇类后期管理中，也常用 1%～2% 的石灰水喷洒菌床。

表 6-8　几种食用菌对酸碱度的要求

种类	适合的 pH 范围	最适 pH
双孢蘑菇	6～8	6.5～7
香菇	4～7.5	4.5～6.5
草菇	6.8～7.8	6.8～7.2
平菇	5～6.5	5～6
黑木耳	4～7	5.5～6.5
猴头菇	2.4～7.5	4

第四节　工厂化食用菌栽培

　　工厂化食用菌栽培，是指在相对封闭的设施厂房中，按照菇类生长发育的要求，智能化控制环境小气候、机械化操作、立体化栽培，规模化、标准化、周年生产的一种栽培方法。而且因其在封闭设施内经高温灭菌，物理防治病虫，很少或不用化学农药，其产品安全放心。

工厂化食用菌生产，需要优良的菌种、无污染的堆料或代料基质供应，仅栽培生产由菇厂来完成，可促进食用菌制种、堆料或代料栽培基质的专业化发展。而菌种、堆料或代料生产、食用菌菇房栽培管理的专业化，利于生产与科研相结合，解决食用菌产业化生产发展中不断提升产量与品质的问题，提高食用菌产出率、资源利用率和劳动效率。工厂化食用菌，是北京郊区现代农业的组成部分。

一、双孢蘑菇工厂的设施、设备及工艺

1989年，密云农业局在北京市农林办公室支持下，率先引进了美国双孢蘑菇工厂投入生产，其单产水平达到并维持在每平方米7～10千克。2010—2011年，北京市农业技术推广站引进荷兰双孢菇生产技术，对该工厂生产设施、设备进行了升级改造，其单产水平提升到每平方米32.09千克。升级改造后的双孢蘑菇工厂基本情况如下。

（一）双孢蘑菇工厂的主要设施

双孢蘑菇工厂的选址，除考虑交通、水源、电力的便利性，远离污染源并具备处理生活和生产污水的能力以外，还需考虑后续产能扩大的可能空间。另外，双孢蘑菇栽培的设施不是临时建筑而是永久建筑，需要一些政府部门的许可并且符合有关强制性要求。主要设施应留有足够的通道，尤其是进料和出料的通道，即从二次发酵隧道进入出菇车间的通道。因此，一个标准的双孢蘑菇工厂的设施应当包括：出菇房、发酵隧道、冷库以及生活设施。因冷库和生活设施等为附属设施，需要一定的场地。这里主要介绍出菇房和发酵隧道部分内容。

1. 菇房设施

双孢蘑菇工厂的菇房，主要用途是为双孢蘑菇生长提供所需的外在条件，即温度、湿度和一定量的氧气供应，其保温性和坚实耐用性为首要要求。因建筑工艺，双孢蘑菇菇房早期为砖混结构，随着建筑材料的改进和土地使用政策保护，中后期菇房多采用彩钢板结构。其平面结构一般采用整栋双排结构、整栋单排结构和岩棉单体大棚式三种结构形式。但由于受到北京地区气候和土地资源条件限制，岩棉单体大棚和整栋单排结构在生产应用上不宜作为考虑选项。

整体双排结构的空调蘑菇房，采用整体式建筑。荷兰等3区制生产国家，一栋菇房内建4或4的倍数间菇房，近年来也有部分国内厂家引进了3区制生产方式，但目前国内大部分地区和北京地区采用二区制生产方式，一栋菇房内建6或6的倍数间空调蘑菇房，分两排布置，中间是公共走廊通道，蘑菇房专用空调装置可以安装在走廊内，走廊宽度一般为5～6米，每间空调蘑菇房占地为106.5～213米^2，实际栽培面积为247.8～495.6米^2，蘑菇房上料、卸料门装在两侧外墙上。采菇及管理的门设置在走廊侧的内墙上。其主要优势是：走廊通道内的温度波动较小，可减少开关采菇门时对菇房内温度的影响；避免采摘的鲜菇直接与室外高温接触，有利于鲜菇保鲜；两排菇房共用一个走廊，可节省部分建筑费用；菇房的设备都集中在公共走廊内，便于管理。

出于对环境控制的需要，一个大的出菇房通常是由几个小的单独的小房间组合而成，每个小房间的栽培面积约200米^2，单个菇房内摆放两组床架，每组床架6层（图6-44）。按照经济适用菇房的建设标准，最小单个菇房应当至少宽6米、长17.75米、高3.8米。两排菇房中间至少应当保留3～4米宽的通道，菇房两外侧各设置10米宽的进料场地，以方便连接设施和进料机。

（1）**菇房地面建造** 菇房地面涉及床架的摆放及承重，进料及采收双孢蘑菇的运输。因此在建造过程中，地面要平整光滑，并且能够承重，室内还要考虑到门的开关方便性。建造标准是地面15～20厘米厚以承重，铺5厘米厚的隔热层，防止热量的散失。地面的铺设和建筑应当与墙体分开建造。

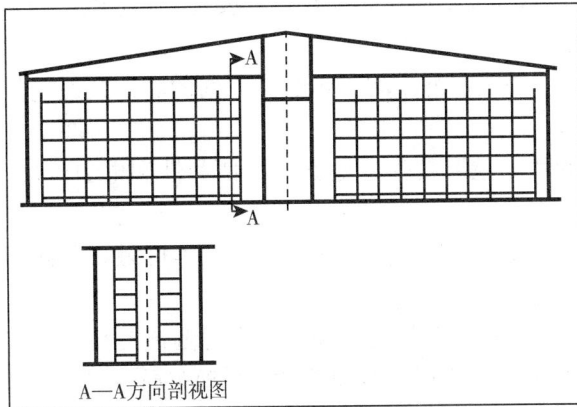

图 6-44a　菇房及栽培床架剖面图

图 6-44b　二区制菇房公共走廊　祥云兴隆　2019

（2）菇房墙体　菇房墙体的建造主要考虑保温性能，只有良好的保温性才能在降低能耗的同时，还能确保正常的生产秩序。双孢蘑菇在不同的种植阶段有不同的气候适宜条件，墙体建造上可选用多种材料，但其保温性能最起码要达到 0.7 瓦/（米²·℃）。主体用砖或其他材料，山墙和外墙需要 19 厘米或 20 厘米厚的保温材料，而内墙的保温材料一般用 14 厘米或者 15 厘米厚。保温材料用聚苯板，同时要考虑材料的阻燃性。

（3）菇房顶部建筑　菇房顶部和其他房屋建筑上的要求一样，采用水泥或彩钢处理，做好防水。同时保温材料也要运用在其中，保温材料的保温系数不能低于 0.35 瓦/（米²·℃）。

（4）栽培床架　出于对承重和消毒处理的需要，生产上一般推荐使用钢结构或铝合金结构的栽培床架。

2. 发酵隧道

发酵设施是制作双孢蘑菇生长的堆肥场所，发酵过程是整个生产环节最重要的也是最关键的步骤，决定了双孢蘑菇栽培所需的堆肥质量，其好坏直接影响最后的产出。

发酵隧道设计的发酵能力即整个工厂化生产的能力。在设计时要充分考虑人员和机械的配比，投资的大小、卫生控制的要求，以及二次发酵对整个设施的建筑要求。从目前的生产和理论研究可知道，在双孢蘑菇堆肥阶段以及其后的菌丝生长阶段，大约每吨堆肥需要通风能力达 150～200 米²/时。一个建造比较好的发酵隧道的发酵能力，可达到每平方米 900～1 000 千克，堆肥高度 2～2.2 米。当地面承重能力为 950 千克时，则需要对空气处理系统进行特别设计，并且在二次发酵过程中，投料的 1/3 重量会通过发酵而损失，即能够提供给双孢蘑菇菌丝有效生长的堆肥只有原始投料的 2/3。

图 6-45　蘑菇堆肥发酵隧道　魏金康　2011

（1）发酵隧道位置选择　建造发酵隧道（图 6-45），位置非常重要，要考虑到以下因素。

①远离污染源 在堆肥制造过程中，污染的风险来自两个方面，一个是外部的风险，如果离污染源比较近，则会对堆肥的品质造成严重威胁；另一方面在 2 区制生产模式下，发酵过程中，堆肥从一

次发酵隧道运送到二次发酵隧道时，因一次发酵过程属于前发酵，杂菌尚未得到有效处理，因此也存在极大的风险。为了控制这种风险，一次发酵隧道应该越远离出菇车间越好。当然生产实际中，如果达不到这种要求，则应引入负压系统，以降低生产的风险。

②与菇房的相对位置 要方便运输，在多数情况下，二次发酵车间与出菇房之间的联系是通过传送带完成的，这样就可轻易完成运输转换。

③与其他辅助设施连接的便利性 这里所讲的便利性，主要是指运输设施的便利性和电力设施、水分供应设施的相对距离或者便利程度。

④装填新料的便利性 在进入发酵隧道之前，新鲜的堆肥原材料基本不在当地或本区域，因此要充分考虑装填新料的便利性，以达到省工的目的。

⑤后续产能扩大的可能 在建造或设计一个项目时，都有一个长远的规划，发酵隧道提高了生产的效率和生产能力，如果需要进一步扩大规模，要充分考虑到扩展的空间并做出合理布局。

（2）发酵隧道的结构 发酵隧道的建筑质量很大程度上决定了它的功能。一个好的发酵隧道，基础是做好其地面及地面通风处理系统，地面通风处理系统与地面同宽，地面通风系统上面要做必要的承重处理，通风口也要相应地受到保护。隧道的地面设计要有水处理系统，利用虹吸使设施保持干净整洁。为了防止水分在压力下不规则地流动，地面通风处理系统的不同通风管道之间要分开，不同管道进行单独固定。

隧道的地面除安装有通风处理系统，而且还要方便培养料的转运，因此地面处理要能承重且光滑。

发酵隧道的外墙和顶部，所用建筑材料同样需要保温的考虑，保温性能良好则可减少能耗成本。建筑材料的热胀冷缩系数也要低，以免在发酵过程中，出现麻烦。墙体在建造时，要考虑墙面的垂直性和表面的光滑处理，以提升灭菌和减少运送堆肥的摩擦力。隧道顶部的建造需要防水处理。隧道门的建造重点注意保温性和封闭性。

地面通风处理系统风孔的高度取决于工作面和配套机械的设计，生产中应当按实际要求建造。

一个完整的发酵隧道，其外部一定有一个工作间，工作间建在隧道大门的外侧，其作用是为了改善工作环境，尤其是在填料过程和播种过程中。如果工作间在一个负压系统下，在播种或出料的工作程序中，将能极大地降低堆肥污染的风险。

（3）发酵隧道的保温 巴氏消毒和菌丝的培养过程都在隧道中完成，这对隧道的温度控制要求非常苛刻，因此需要隧道具备高标准的保温性能。由于两个不同阶段要在隧道中完成生产进程中的菌丝培养阶段，隧道内温度的变化和堆肥产生的热量，导致水分的蒸发，又遇到降温后变成冷凝水可能掉入堆肥中，对堆肥质量造成影响。因此，隧道的建筑结构、保温性能、处理冷凝水的能力一定不能成为堆肥品质的不良影响因子。

从二次发酵的过程来看，隧道良好的保温性能可以节省能量消耗的支出成本。从建筑标准上来看，其保温系数要求不低于 0.4 瓦/（米²·℃）。隧道地面是整个发酵隧道的关键所在，材料要用保温砖；墙体也要采用保温措施，以保证隧道内的最大热量；侧墙表面则要进行防潮和防湿处理，以免冷凝水掉入发酵料中，造成污染。

隧道内温度的变化频繁而且剧烈，在建筑材料的选择上一定要考虑选用热胀冷缩系数比较小的建筑材料。同样需要强调的是，即使巴氏消毒和菌丝培养不在同一隧道内进行，在隧道建造上也要保证保温和防水、防湿的标准。

（二）双孢蘑菇主要生产设备及用途

1. 生产设备

（1）装载机 主要用于堆肥建堆时运送各种物料，或堆肥完成特定阶段需要运送至其他生产场地，也可以用于装卸物料（图 6-46）。

（2）翻垛机　主要用于启动发酵后，为进一步使物料混合均匀，堆肥放置成堆后，进行翻垛处理的机械设备（图 6-47）。每小时处理堆肥能力 200 吨，移动速度 2 米/秒的机械相对较好。

图 6-46　堆料装载机　2013

图 6-47　堆料翻垛机　2011

（3）抛料机（图 6-48）　由两部分构成，一部分为物料车，一部分为抛料装置，可通过电机转速控制投料量和均匀程度，在堆肥进入发酵隧道时进行均匀投料可有效提升单位面积的堆肥重量，从而保证堆肥发酵质地的均一性。

（4）菇房头尾进料机（图 6-49）　主要用于堆肥在二次发酵隧道完成巴氏消毒和培养料处理环节后，将堆肥均匀地铺放在栽培床架上。

图 6-48　抛料机　2011

图 6-49　菇房头尾进料机　2011

（5）播种机（图 6-50）　用于堆肥运输至栽培床架工序完成后，将双孢蘑菇栽培种均匀播入堆肥中。

（6）翻转机（图6-51）　不仅可以放置播种机，同时可以倾斜一定的角度并固定，便于播种机使用之后的清洗。

图6-50　双孢蘑菇播种机　2011

图6-51　翻转机　2011

（7）覆土机（图6-52）　主要用于将泥炭均匀铺入双孢蘑菇发菌料面，覆土材料输送用进料头尾机，覆土时将其连接在进料头尾机前端。

（8）搔菌机（图6-53）　主要用于覆土工序结束后，双孢蘑菇菌丝完成覆土层的生长，在出菇前，需将双孢蘑菇菌丝进行打断，以刺激形成原基并形成菇蕾。

图6-52　双孢蘑菇覆土机　2011

图6-53　双孢蘑菇搔菌机　2011

（9）菇房出料机（图6-54）　主要用于双孢蘑菇栽培结束，将出菇结束后的废料从栽培床架移出菇房，为下一批物料投放做好准备。

（10）自动升降绞车（图6-55）　主要为进出料、覆土等工序环节提供牵引力，以完成铺料、覆土等生产操作。

图6-54 菇房出料机 2011

图6-55 自动升降绞车 2011

2. 环境控制设备

（1）蒸汽锅炉 为堆肥巴氏消毒、栽培环境温度提升、覆土消毒及棚室消毒等提供热能。

（2）制冷机组 用于生产中降温环节的需要，冷媒材料用乙二醇。

（3）一次发酵隧道风机 高压变频离心风机，每小时新风供应能力为9～15米³/吨堆肥，300米³堆肥，可选用进口风机5.5千瓦，国产风机7.5千瓦功率。

（4）二次发酵隧道风机 常（中）压变频风机，每小时新风供应能力为180～200米³/吨堆肥，每小时供风300米³/吨，可选用国产风机45千瓦功率。

（5）菇房空气处理系统 由空气过滤器、制热、制冷、除湿、低压低功率风机、送风管道总成，为菇房提供适宜温度和湿度的新风。

（6）空气过滤器 用于生产区域外部过滤，滤径小于10微米；生产区域内部过滤，滤径小于3微米。

（三）双孢蘑菇工厂生产流程

1. 堆肥制作

双孢蘑菇的堆肥制作，是将混合均匀配比好的各种原材料（稻草、牛粪等）进行堆置发酵的过程，按发酵过程分为一次发酵和二次发酵。

（1）一次发酵 主要是启动发酵进程，分为预湿、建堆、翻堆、进入发酵隧道、转仓、一次发酵进程结束等环节。预湿的目的是使堆肥含水量足够，以提供微生物活动所需的水分条件，初始含水量控制在73%～75%。完成预湿工序即进入建堆阶段，堆高控制在3.5米以下，并尽可能使堆型紧凑，以造成厌氧微生物的大量繁殖以启动发酵进程。启动发酵进程后要进行翻堆处理，以促使堆肥中各部分微生物菌群分布基本保持一致。当平均堆温超过45℃时，即可进入发酵隧道，进行有氧发酵，有氧发酵的控制结束指标为堆温上升至80℃后，温度下行，开始转入另外一条发酵隧道进行继续发酵（图6-56），一般在发酵隧道6～8天，可完成整个一次发酵过程。

图6-56 双孢蘑菇堆肥在隧道中发酵 魏金康 2011

（2）二次发酵　主要有 2 个阶段，巴氏消毒和堆肥菌群定向培养。二次发酵过程中，巴氏消毒的时间是 8～10 小时，料温控制在 57℃。巴氏消毒过程结束后，进行降温，降低气温至 45℃，从开始填料到巴氏消毒和降温培养，这一过程大约在隧道中花费 1 周。

2. 上料、播种

二次发酵阶段之后，当测试氨气的值在 0.01‰ 以下时，将料温降低至 25℃，准备上料播种，生产上要衔接好菌种的制种和培养阶段。如果菌种延迟几天，则很可能出现竞争性杂菌在堆肥内快速生长繁殖而危害双孢蘑菇菌丝生长的现象。播种用机械来完成。播种量掌握在 5 升/吨堆肥。

3. 菇房管理

（1）菌丝培养　播种后进入菌丝培养阶段最初的 1～2 个小时，温度可能会升高，需要进行通风处理，播种 7～9 天时，料温会上升，气温可以适当调低至 22℃ 或 23℃。播种完大约 14 天时，菌丝会长满整个培养料。

（2）覆土管理及搔菌　如果栽培过程顺利，播种后 14 天就可以覆土（图 6-57）。覆土材料是标准化公司生产的草炭土。在荷兰，覆土主要是用棕色草炭土和糖渣等废料混合土。国内工厂化栽培使用的是产自我国东北的草炭土。目前国内外大多采用的是 4 厘米的覆土厚度。在覆土和开始通风降温这一阶段（大约播种后 12 天）合适的温度应当在 25～27℃。覆土后 14～15 天至搔菌前，则应给予水分补充，最大喷水量在 10～15 升/米^2。

图 6-57a　正在搔菌的双孢蘑菇生长状况　2011

图 6-57b　正在覆土的双孢蘑菇生长状况　2011

如果搔菌时发现料面较干，可适当再喷些水。搔菌是将覆土层面上的菌丝全部拉断或扫断，再让菌丝重新连接长在一起的过程。这种方式能更好地刺激双孢蘑菇菌丝生长，改善覆土结构，促进二氧化碳含量的变化，打乱菌丝生长节奏，刺激其更好地扭结形成菇蕾。搔菌能促进菇密度比较均一，提升产量。

搔菌的最佳时间，应当在覆土后 7～9 天，太早搔菌，菌丝较弱，太晚则在覆土层已经形成了子实体，太早太晚搔菌均会影响产量。

（3）温度管理　子实体形成的最佳温度范围应当是 17～19℃，从营养生长阶段转向生殖生长阶段时，应当快速降温以刺激子实体的大量形成，如果温度高于 19℃，子实体的形成可能会减少。这一过程大约需要 3 天。但在冬季生产时，室温不能低于 12～14℃，一旦低于这个温度，则可能造成减产。

（4）相对空气湿度　原基分化和形成要求相对湿度范围是 87%～90%。但当气温降到 17～19℃区间时，较低的相对湿度能刺激形成更多的子实体。原基形成并长到米粒大小时，蒸腾速率需要提升，因此将相对空气湿度降低至 85%，加大通风量，才能促进其快速生长。另外，双孢蘑菇在这一生长阶段需要水分补充，隔天喷水以满足其生长所需。

（5）二氧化碳浓度与通风　影响原基形成的主要因素是二氧化碳浓度，二氧化碳的浓度直接影响原基形成的数量，进而影响到产量。具体的做法是将二氧化碳测量仪放置于床架中层离覆土面 20 厘米高的地方以监测其浓度。根据调查数据得知，高产的出菇车间二氧化碳浓度在 $0.7\%\sim0.9\%$。

在生产中，通风消除较高的二氧化碳含量，但不是单纯为了降低二氧化碳浓度而通风，而是取决于生产每根双孢蘑菇需要多少氧气，来计算需要多大的通风量，通过计算得知，当堆肥温度在 $16\sim18℃$ 时，1 米² 栽培面积需要 1 米³ 的新鲜空气，料温每增加 $1℃$，则需要通风能力增加 20%。举例说明，第一潮采收双孢蘑菇为 10 千克/米²，料温在 $18℃$ 的情况下，每平方米新鲜空气的供应量应当为 10 米³/时。

密云双孢蘑菇工厂的发展历程，在一定程度上反映了北京和我国双孢蘑菇工厂化发展的历史进程。

投产初期，处于 20 世纪 80 年代至 20 世纪末的双孢蘑菇黄金发展期，其产品相对稀缺，技术和产品处于垄断地位，竞争相对不激烈，单产水平低，但售价较高，发展相对较好。

进入 21 世纪，随着双孢蘑菇生产技术的扩散，菇农简易设施栽培的双孢蘑菇大量进入市场，导致了产品价格的下降。而工厂化双孢蘑菇生产企业的平均单产并未得到明显提升，基本与农户平均单产持平或略高，又因固定投资等生产成本问题，处于举步维艰阶段，大部分生产厂家，包括山东、辽宁一些企业均处于亏损或破产边缘。

2010 年至今，随着我国经济的发展，商业资本进入双孢蘑菇产业领域，全面引进了荷兰先进双孢蘑菇生产技术和管理经验，单产水平和总产能得到了大幅提升。密云双孢蘑菇工厂在这个时间节点的早期即 2010 年 9 月完成了荷兰生产线的引进与改造，其发酵隧道和标准化智能菇房依然为国内先进水平，与国际水平相当。

二、杏鲍菇工厂的设施、设备及工艺

通州区永乐店镇绿源永乐（北京）农业公司，成立于 2011 年，占地 67 公顷，是一个集食用菌工厂化种植、食用菌文化普及、观光采摘、休闲美食体验于一体的高科技杏鲍菇企业，工厂年产杏鲍菇 15 000 吨，是京津冀地区领先的食用菌龙头企业。其"朵朵鲜"品牌杏鲍菇，在北京鲜菇市场约占 30% 以上的份额，2012 年被评为工厂化食用菌知名品牌，也销往东北、西北地区，还出口到美国和泰国等地区。

（一）杏鲍菇工厂的主要设施

杏鲍菇的培养库（房），一般面积都比较大，通常使用 24 米宽的大跨度梁；库房高度，根据移动培养架层数及单架高度确定，最高层架上还需要有 140 厘米的净空间，以利于安装风道装置和便于叉车操作，同时可避免冬季频繁补充外界新鲜冷空气，引起库内局部培养环境出现温差而不能发育同步现象的发生，应增加培养库内的空间，提高库房的高度。因此，一般五层移动培养架单架总高度为 190 厘米，双架重叠高度为 380 厘米左右，其库房高度多控制在 5.2 米。如果使用 6 层移动培养架，培养库房高度设计为 6 米较适宜。

培养库房的面积大小，应通过企业日生产计划量来计算。日所需要培养库的面积＝日生产总量÷垛存放量×单元垛的投影面积×1.35（系数，垛与垛、堆与堆、行与行之间都需要间隔，包括叉车移动空间、四周空间等）。

因为定植模式不同，故移动式培养架结构的尺寸也有所差异。确定移动培养架尺寸后，即可按上述原理确定定植库、发热库、后熟库的面积。

接种后的塑料瓶置于周转筐内，机械手自动堆叠或者人工堆叠在托板上（瓶式栽培）；袋式栽培由于没有固定的体积，必须制作专门的栽培包承放架，放置周转筐。使用叉车移动至紧邻的另一座专用的培养库内，重叠培养（图6-58）。也有的从"天桥"传送带送到培养库，但"天桥"维护成本比较高。企业生产栽培包属于连续性生产，每日接种后进入培养库存在时间差，因此，国内培养阶段大多采用单库混合培养，培养环境难以得到控制。近年来，日本采用分库培养，即分成定植库和发热库。在定植期间，刚刚接种进入定植阶段，菌丝生物量较少，因此，还没有进入发热期，故制冷、加热等设备的配置可以低些，将有限资金用于加大发热库制冷设备的投入。其实，培养架从定植库移入发热库的过程，也是翻堆的过程，有利于单元塑料筐内栽培包得到同步培养与发育。

图6-58 菌棒培养库，叉车取放菌棒筐 2012

1. 培养库建造

工厂化企业多采用钢构和聚氨酯或聚苯乙烯彩钢夹心保温板作为培养库的墙体，也可以采用多层混凝土浇灌构筑。屋顶采用双层结构，夏季减少辐射，冬季提高库温。这些培养库房，长期运行，性价比较高，如考虑少投资，也可以采用单层聚苯板构筑厂房。

建造培养库，要先整平地基面，焊接培养架，再上聚苯板围墙。选择聚苯板厚度应达到10厘米或以上；屋顶的聚苯板厚度要选择达到20~25厘米。屋面色彩应考虑所处地理位置，北京平均气温低于20℃时间较长，宜使用深色彩钢保温板屋面。

2. 出菇库（房）

多采用24米宽大跨度钢构和彩钢夹心（聚氨酯或聚苯乙烯）保温库板构筑库体。围护结构一般由外表面层、保温层、内表面层等构成，内、外表面层材料应具有防水性、防湿性、不燃性和自熄性，化学稳定性好，强度高，不易开裂，使用年限长等性能。为了便于调节出菇库温湿度，通常使用挤塑板作为保温层，预埋进排水系统、消防等管道设施，浇灌水磨石地面（地面微侧向倾斜0.5‰）。按栽培菌类的特性和经验尺寸分隔成若干栽培库，单间面积36~64米³，出菇库分布在走道两侧，采用"非"字形排列。方位并非传统坐北向南，而是南北通透，北京地区一般正南偏西15°左右，以求防风保暖。每24~30米设置横过道，避免因公共走道过长，中部出菇库出现缺氧现象，也便于人员走动。

不同菌类出菇库，有不同的长、宽、高组合，每立方米出菇库内的空间都有最适宜存放量，也就是库容率。绿源永乐公司采用袋式栽培，培养库每立方米库容量约65袋（湿重82千克），出菇库每立方米库容量约40袋（湿重50千克）。瓶栽金针菇企业间工艺路线、库容量和填料量有所不同，培养库每立方米库容量大致范围在100~110瓶，出菇库每立方米库容量50~60瓶（图6-59）。

图6-59a　袋栽杏鲍菇出菇房出菇内景　2014

图6-59b　袋栽杏鲍菇出菇房出菇　2015

（二）杏鲍菇生产的主要设备及用途

1. 生产设备

（1）混合机　配方确定后，根据当日各种辅料的总用量，称取后，一次性倒入混合机预先混合，再分量量取，进入各批次搅拌机。

（2）过筛机　木屑是木腐型菌类的主要生产原料，但来自木器加工厂的木屑较混杂，使用前需要利用滚筒式或上下振动式过筛机除杂。

（3）搅拌机　国内使用的搅拌机类型较多，包括半沉式搅拌机、全沉式搅拌机和地面立式搅拌机。送料方式主要是动力送料，如液压翻斗车送料、铲车送料、传送带送料、从上往下落料等方式。此外，还有直接使用小斗车送料方式，适合半沉式或全沉式搅拌机。搅拌时，先倒入主料，再倒入混合后的辅料，打开加水系统，边搅拌边加水。

（4）装袋机　袋式栽培工厂无论大小，填料工艺基本相同，但是配置机械大小、功率、装袋速度有所差异。大型生产企业每日生产量以万计，使用大型冲压装袋机。搅拌后的培养料通过提升机源源不断进入上方输送机，控制落料孔的大小，将栽培料落入料斗，专人将薄膜袋套入八工位转盘式打包机的出料口，转换工位时，机构联动，自动落料，打孔棒插入，压板压实，打孔棒提升，旋转出包，取包，周而复始旋转；小型企业多采用脚踩式小型装袋机，填料时人工铲料、入料斗、人工套袋、双手抱紧，脚踩开关，旋转出料，缓慢后退。

瓶式栽培工厂采用装瓶机进行填料，机械化程度更高，不同菌类不同栽培厂家使用的容量不同，但其工艺流程基本相似，主要包括装瓶、打孔、上盖等过程，全部由机械完成。

（5）灭菌柜（锅）　栽培袋（瓶）填料后置于周转灭菌小车或周转筐，推入灭菌锅内灭菌。灭菌锅类型包括常压灭菌锅、高压灭菌锅和真空高压灭菌锅。其原理都是使用压力蒸汽灭菌，只是压力的高低不同。设施化栽培者多使用常压灭菌，大规模连续性工厂化生产只能使用高压灭菌锅。填料后的栽培袋（瓶）通过上架机推入灭菌小车，人工推入高压灭菌锅，或机械手置于钢制托盘，叉车托起送入方形高压灭菌锅灭菌。灭菌锅的形式具有多样性，有单门灭菌锅、双门圆形灭菌锅、双门抽真空高压灭菌锅、连续性灭菌锅及免锅炉灭菌锅等多种。灭菌锅的进锅门，使用严密的隔墙将填料车间分成有菌区和无菌区两部分（图6-60）。灭菌小车从一端进，另一端出，隔墙将填料车间分隔开。

图 6-60a　灭菌柜外部　2015

图 6-60b　灭菌柜内部　2015

（6）自动接种机　传统的栽培袋接种由人工操作（图 6-61），用人多、污染率高。连云港国鑫公司发明的袋栽固体接种机，是实现对栽培袋进行固体菌种自动化接种的设备，接种量可根据需要调整（20～40 克），接种效率每小时 4 300 袋左右。漳州兴宝机械有限公司还开发出香菇固体菌种接种机、杏鲍菇液体菌种接种机等（图 6-62）。

图 6-61　接种间人工接种　2015

图 6-62　杏鲍菇自动液体接种机　2014

（7）滚筒流水线　二冷间冷却后的栽培袋，使用下架机将周转筐置于流水线上，进入接种间，进行人工或者机械接种。流水线有"一"字形、"日"字形、"申"字形、"甲"字形等排列方式。

2. 环控设备

（1）空调净化箱　空调净化箱是用于补充新鲜空气和净化间内空气不断进行循环的箱体式设备。通常采用冷库板制作空调净化箱，有进风口、出风口、蒸发器、制冷主机（置于箱外）、进风量调节阀等。箱体内安装有初效过滤、高效过滤、蒸发器、离心风机等。使用保温风管和净化间连接。进入净化间工作前 1 小时开启，使净化间空气不断循环，达到空气净化的目的。

（2）FFU 层流罩[①]　FFU 设有初、高效两级过滤网。风机从 FFU 顶部将空气吸入，并经初、高效过滤器过滤。

---

① FFU 层流罩英文全称为（Fan Filter Unit），中文专业用语为风机过滤机组。

（3）臭氧发生机　臭氧灭菌速度比紫外线照射快3～5倍，比化学消毒剂快8～12倍，对于常见的霉菌等有害杂菌，灭菌效率高达98％以上。管道式臭氧空气消毒机采用管式臭氧发生器，比陶瓷片式臭氧发生器的寿命长10倍。运行费用低廉，还带有驱动臭氧扩散的装置，借助对空气的扰动，随气流扩散，全方位消毒，适用于冷却室、发菌室、出菇房、菌种室及采后分拣、包装盒储存等。

（4）制冷（加热）系统　采用冷水水冷机组，其工作原理是压缩机产生高温、高压的制冷剂（氟利昂禁用后改用四氟乙烷），通过壳管换热器，低温制冷剂经过壳管换热器，将冷冻水降温，需要降低的温度可系统调节，一般为 -2～5℃之间，冷冻水经过水泵送到每个房间，再通过房间内的风机盘管，对房间空气进行降温。系统有3个循环：冷却水循环、制冷剂循环、冷冻水循环。绿源永乐公司已将该系统成功运用于杏鲍菇工厂化的种植。

（5）通风系统　培养库通风换气系统有过滤正压送风系统、负压排气系统、直接送风系统等多种。

（6）加湿系统　分为两种类型，超声波雾化器和空气压缩雾化器。前者采用超声雾化电子振荡雾化加湿，但水质比较差、离子浓度过高时，使用寿命短。应使用纯净水（自来水通过反向渗透法制出），否则应时常更换喷雾头，维护成本很高。后者为射流式雾化器，雾化颗粒直径比超声波雾化器大些，漂浮空间较短。

（7）光照系统　为了提高鲜菇整齐度，采用风抑制和光抑制系统，促进丛状子实体整齐发育。通常使用行走式或固定式LED灯带及灯盏。

（8）内循环系统　冬季低温，培养库内制冷系统运转比较少，为了避免烧菌，必须安装大风量内循环风机或楼顶风机间歇360°旋转，促使库内空气扰动，减少上下栽培筐温差。但不能直接固定对着栽培瓶方向吹，否则有可能出现温差，影响同步性。最顶上的栽培瓶应倒置，否则将会出现栽培料面失水现象。

（三）杏鲍菇生产工艺流程

1. 配料

培养料是食用菌生长的营养物质基础，培养料配方直接影响食用菌产量、质量，影响栽培效益，甚至导致栽培成败。木腐生菌类主要栽培原料为木屑及棉籽壳、玉米芯等农作物下脚料。由于工艺的要求，有的原料需要经过长时间的喷淋、翻堆、发酵，改变其物理性状，才更适合被食用菌菌丝所利用。袋栽或瓶栽常用的杏鲍菇培养料的配方如下。

（1）棉籽壳60％，杂木屑25％，玉米粉12％，石灰粉1％，蔗糖1％，碳酸钙1％。

（2）杂木屑40％，棉籽壳33％，麦麸25％，蔗糖1％，碳酸钙1％。

（3）玉米芯45％，杂木屑20％，棉籽壳15％，麦麸17％，白糖1％，石灰粉1％，石膏1％。

（4）杂木屑56％，棉籽壳30％，麦麸12％，蔗糖1％，碳酸钙1％。

为了避免配料粉尘弥漫厂区，故室外原料堆场一般安排在下风口。堆场面积规划，由所栽培菌类配方中使用的量、日生产使用的量、堆积时间的长短、堆积方法等因素所决定。堆场做水泥地面，必须承受铲车碾压，注意利用排水系统集中收集水分，重复利用。由配料车将培养料运送至拌料处（图6-63）。

2. 拌料

拌料的目的是使配方各组分混合均匀一致，并调节合适的含水量。拌料的关键点主要有两个：一是搅拌促使原材料混合物和湿度的均一性，无死角，无干料块（图6-64）；二是确保在搅拌的过程中不致使原料酸败。因此，拌料时应注意做好以下几方面。

图6-63a 给配料车装料 2012

图6-63b 工人在运送配料车 2012

图6-64 搅拌机 2019

（1）针对不同原材料采取不同的调湿方法，木屑可以通过室外日晒雨淋，以促使其提高自身含水量；棉籽壳可在搅拌前浸入水池中，使其充分吸水，从而减少搅拌的时间。

（2）由于玉米芯含有丰富的糖质，搅拌时间长、不马上装料灭菌，容易引起酸败，所以应采用浸水短期预湿的方法使其增加含水量，减少搅拌时间。

（3）营养辅料如麸皮、米糠、玉米粉等极易酸败的物质，应先倒入主料搅拌调湿，在装料前半小时将营养辅料倒入搅拌，1.5小时内完成装袋（瓶），立即灭菌。

（4）高温季节，在搅拌机上方安装风扇，及时排除搅拌过程中产生的热量，以避免或减轻发热、酸败。

3. 装袋（瓶）

装袋（瓶）是指将培养料均匀地装入栽培用的容器（瓶或袋）中，然后在中央打直径1.5～2.0厘米的通气、接种孔。

（1）装料要求 ①每锅料在装袋（瓶）时，培养料的含水量必须均匀一致，准确掌握根据不同菇种和栽培原料确定含水量值，一般为63%～65%。②上紧下松，使培养料通气良好，发菌速度快。

③袋与袋之间装料松紧一致，使每袋（瓶）的装料量一致，每瓶重量误差在±20克之内。培养基质之间的孔隙度一致，确保菌丝发菌的均一性，从而保证出菇的均一性。

（2）装袋场地规划　不同规模企业使用的栽培容器规格不同，根据栽培规模，设置多台或单台高速装袋（瓶）机系统（图6-65）。如果是瓶栽模式，还需要有一定空间，用于存放塑料瓶。若企业设计规划比较好，每日生产量是定数，栽培周期是定数，采收完的栽培瓶，经过挖瓶工序，再由传送流水线回到装瓶车间，立即上流水线进行第2轮生产。

图6-65a　冲压装袋机装袋　2015

图6-65b　人工装袋　2015

4. 消毒灭菌

消毒灭菌是木腐菌工厂化生产中的重要环节（图6-66），消毒的目的是利用高温、高压将培养料中的微生物（含孢子）全部杀死，达到无菌状态。工厂化生产中消毒灭菌不彻底，是成品率低，甚至失败的主要原因之一。消毒灭菌应注意以下几点。

图6-66　工人推灭菌小车进灭菌柜　2015

（1）灭菌锅内的数量和密度按规定放置，如果放置数量过大、密度过高，蒸汽穿透力受到影响，灭菌时间要相对延长。

（2）在消毒灭菌前期，尤其是高温季节，应用大蒸汽或猛火升温，尽快使料温达到100℃。如果长时间消毒锅内温度达不到100℃，培养料仍然在酸败，消毒后培养料会变黑，pH下降，影响发菌和出菇。

（3）高压灭菌锅在保温灭菌前必须放尽冷气，使消毒锅内温度均匀一致，不留死角，培养料在

121℃保温1.5～2小时。

（4）如果培养料的配方发生变化，基质之间的空隙可能会变小或变大，消毒程序也要做出相应的修改，否则可能会导致污染或能源的浪费。

（5）采用全自动灭菌锅在灭菌结束后都有脱气过程，使锅内外压力平衡，便于锅门打开。应安装空气过滤装置使外界空气通过过滤装置回流到灭菌锅内，以免影响灭菌的效果。

5. 冷却

由于在冷却的过程中存在冷热空气的交换，这样栽培袋（瓶）就可能在冷却室中因冷空气回流带来的污染而受到污染。因此冷却室要求严格：

（1）冷却室必须进行清洁消毒　最好安装空气净化器，至少保持10 000级的净化度。

（2）冷却室中的制冷机应设置为内循环　要求功率大，降温快，在最短的时间内将栽培袋降至合适的温度，可减少空气的交换率，降低污染的风险。冷却过程经过缓冲道，一次冷却（一冷），二次冷却（二冷）。其冷却过程都是在净化空气下进行的。

（3）缓冲道　缓冲道是在接近密闭的环境内，高压灭菌锅和冷却之间的衔接过道。在侧墙上安装有空气净化器，一旦启动空气净化系统，外界空气通过过滤，进入空气净化器的后端与护墙间的储气间，在过道间形成正压，缓冲道（过道）双门灭菌锅后门一打开，大量蒸汽逃逸出来，此时，靠近灭菌锅门上方的轴流排气扇（单向）将蒸汽快速排尽。

（4）一冷（过滤新风冷却）　灭菌小车从双门高压灭菌锅后门拉出，经过缓冲道进入近似密闭的一冷库，利用数道过滤后的净化空气对灭菌小车上的塑料袋（瓶）对流降温，废气进入回车道，再排出。一冷过程始终维持一冷间的正压。

（5）二冷（强制冷却）　一冷后的灭菌小车风冷却后，再进入二冷间，依靠直冷式或冷风机制冷机组，强制冷却至常温，采用手工或机械手置于传送带上，送入净化接种间接种。灭菌小车（空）经过回车道，回到填料车间重复使用。

6. 接种

接种是食用菌工厂化生产的核心，也是最容易引起污染的环节，因此是食用菌工厂化生产中控制污染、确保成品率的关键环节。接种要求包括硬件与软件，应注意以下几方面。

（1）接种室必须有空调设备，使室内温度保持18～20℃。

（2）接种室的地面必须易于清理，最好用环氧树脂等无尘材料。

（3）接种时由于有栽培种传输至室外操作区域，所以室内必须保持一定的正压状态，且新风的引入必须经过高效过滤，室内保持10 000级，接种机区域保持100级。

（4）接种室必须安装紫外灯或臭氧发生器，对室内定期进行消毒、杀菌，紫外灯安装时注意角度和安装位置，使接种室消毒均匀周到。

（5）接种操作前后相关器皿、工具必须用75%的乙醇擦洗、浸泡或火焰灼烧。

（6）接种操作的过程中人员必须按无菌操作要求进行。人员进出都应该遵循净化间规程。为此，设有一更室、二更室、风淋间等（图6-67），其目的就是将进出人员的衣服、头发等所带杂菌数降至最低。

图6-67a　更衣室更衣　2014

7. 发菌培养

培养必须置于清洁干净、黑暗、恒温、恒湿，并且能定时通风的培养库中。大多数木腐菌培养阶段污染的主要杂菌有青霉、木霉、根霉、链孢霉等，危害很大。杂菌污染症状与原因主要有以下几个。

（1）同一灭菌批次的栽培袋（瓶）全部污染杂菌。原因是灭菌不彻底，或高温烧菌。

（2）同一灭菌批次的栽培袋（瓶）部分集中发生杂菌污染。原因是灭菌锅内有死角，温度分布不均匀，部分灭菌不彻底。

（3）以每瓶原种为单位，所接瓶子发生连续污染。原因是原种带杂菌。

（4）随机零星污染杂菌。原因是栽培瓶在冷却过程中吸入了冷空气或接种、培养时感染杂菌。

正常情况下（室温 18～20℃，料温 23～25℃），接种后发菌时间为 35 天左右，然后再经过 30～60 天的后熟培养，即可搔菌或催蕾出菇。

图 6 - 67b　风淋间消毒灭菌　2014

8. 出菇管理关键技术

（1）搔菌　当前生产上一般采用瓶栽的要进行搔菌，搔菌厚度 10 毫米。在菌丝长满瓶后，去除表面菌皮，重新封盖移入出菇房催蕾。袋栽一般都不进行搔菌。

（2）催蕾　杏鲍菇催蕾是获得优质高产的关键之一。催蕾菇房内保持温度 12～15℃，相对空气湿度 85%～95%，光照度 50～200 勒，注意通风，二氧化碳浓度 1% 以下，催蕾 3～7 天，刺激原基的形成。当袋内形成许多细小菇蕾时，开袋口进行出菇管理。也有先开袋口覆无纺布或薄膜进行催蕾的。

（3）育菇　育菇室内保持温度 15～18℃，空气相对湿度 85%～90%，光照度 50～500 勒，通风换气量控制二氧化碳浓度 2% 以下。当菇蕾长到花生米大小时，及时用锋利的小刀疏去畸形菇和过密菇蕾，一般每袋留 2～3 个健壮菇蕾。

（4）采收　采收时期根据客户要求，一般在菌盖平展，未弹射孢子前采收。采收应采大留小，分次采收，用锋利小刀收割，不影响小菇。工厂化生产只收一潮菇，病虫害相对较少。但在湿度大温度变化大时，子实体易受假单胞杆菌的侵害，会带来毁灭性的损失，应特别注意加强通风，调节合适的温湿度，保持菇房内温度恒定。

9. 包装与储藏

包装间应与出菇库连接，便于菌类采收后直接进入包装间，减少因运输过程出现温差而导致的结露现象或品质下降。采收后的鲜菇先进入预冷间快速预冷，预冷后进入包装间处理成商品（图 6 - 68），再进入冷藏间冷藏。但国内往往对预冷处理认识不足。

绿源永乐杏鲍菇工厂化生产，注重产品标准化，建立了产品的企业标准。从菌种、原材料，一直到产品包装出厂、运输、上货架的整个生产过程均有规范要求；制定了保证产品达到标准的三套文件：即生产工艺、操作规程、卫生防疫制度。不仅以国内行业标准为基础，而且尽量与国际先进标准接轨。其次抓工作标准化，使标准化生产工艺得到切实执行，用工作标准化来保证产品标准化。抓培训，抓过程，抓反馈，整个生产环节始终处于符合标准要求的稳定可靠状态。三是抓管理标准化，建立 ISO 9001 - 2000 质量管理体系和危害分析的临界控制点（HACCP）食品安全体系，强调满足顾客的需求，并争取以超越顾客期望作为管理原则，相继通过了绿色食品认证和三大管理体系认证。

图 6 - 68a　工厂化食用菌包装车间　2015

图 6 - 68b　工厂化食用菌采收包装车间　2020

第五节　食用菌高产栽培案例

一、香菇高产栽培案例

(一)林下大棚香菇栽培案例

怀柔区庙城镇北京中菌菌业有限公司成立于 2009 年，集菌种研发、菌棒生产、鲜菇销售于一体，拥有林下钢架大棚 400 多个，依托首都、辐射周边，带动河北承德地区的丰宁、围场、兴隆等县的 20 多个村庄，发展香菇种植 3 000 多亩。2010—2015 年该公司快速发展，运用"基地、合作社、农户"和"试验、生产、销售"为一体的运营模式，以怀柔庙城 500 亩基地为依托，注册资金 150 万元，成立了"森海"食用菌种植专业合作社，采取"统一菌棒生产、统一技术指导、统一质量标准、统一回收产品、统一销售渠道"的管理模式，吸纳 110 多户入社，社员以租用大棚、代加工菌棒、合作种植等方式，结成利益共同体，解决了种植户的后顾销售之忧，降低了种植风险。使基地种植面积由 500 亩增加到了 1 000 亩（图 6-69），年产鲜香菇突破 10 000 吨、产值突破 1 亿元。

通州区林下食用菌发展也较快，2012 年举办了第 18 届世界食用菌大会。该区永乐店镇绿源永乐食用菌产业园，有林地 200 亩，建有 66 栋春秋大棚，越夏生产灵芝、香菇、高温平菇、毛木耳、长根菇、猪肚菇、黄伞、鸡腿菇等 9 类 18 个菇种的食用菌（图 6-70），年产量可达 3 000 多吨，产品主要供应北京市场，并销往东北、西北地区，甚至出口到美国和泰国等地。

其林下大棚食用菌栽培技术要点如下。

(1)大棚结构规格　钢架结构大棚：设施长 50 米，内跨 8 米，拱高 3.3 米，钢架外覆盖普通棚膜，棚膜外覆盖遮阳率为 95% 的食用菌专用遮阳网。

(2)栽培茬口与季节　香菇 9—10 月扩繁原种，10—11 月制作栽培种，2 月下旬至 4 月上旬制作栽培袋，5 月中旬至 6 月上旬分批将发好菌的菌袋放入林地转色管理，8 月下旬至 11 月下旬采收 2~3 个潮次香菇，翌年 4—5 月采收 1~2 个潮次。高温平菇入棚栽培季节在 5—10 月；鸡腿菇入棚在 9 月；长根菇、毛木耳入地在 5 月；黄伞 3—4 月入地或 9—10 月均可；猴头菇在 4 月入棚或 9 月入棚。

(3)品种选择　林下栽培主要在夏秋高温季节，怀柔区香菇主要选用相对耐高温的优良菌种"168"，母种引自浙江庆元。通州区林下采摘为主，以多品种栽培见长，有灵芝、高温平菇、鸡腿菇、长根菇、毛木耳、黄伞、香菇、猴头菇等。

图 6-69 怀柔庙城王史山村林下大棚香菇栽培 2014

图 6-70 通州永乐店大棚遮阳灵芝栽培 2013

（4）栽培种及栽培菌袋配方

按照自己所栽培菇类选择栽培种配方，主要的品种如下。

①香菇栽培种配方：木屑 78%、麸皮 20%、石膏 2%，含水量 60%。

②香菇栽培菌袋配方：木屑 67%、麸皮 20%、棉籽皮 10%、石膏 3%，含水量 60%。

③高温平菇栽培种配方：主料为木屑，辅料为麸皮与玉米粉。

④高温平菇栽培菌袋配方：棉籽壳 45%、玉米芯 40%、麸皮 13%、石灰 2%，含水量 60%。

⑤鸡腿菇栽培种及菌袋配方：棉籽壳 78%、麸皮 20%、蔗糖 1%、石膏粉 1%，含水量 60%。

⑥猴头菇栽培种及菌袋配方：杂木屑 78%、米糠或麦皮 20%、蔗糖 1%、石膏粉 1%，含水量 60%。

（5）拌料及装袋 采用机械拌料方式，用大型装袋机，拌料后 8 小时内必须装袋灭菌，每小时每人装袋 200 棒。香菇菌袋规格 60 厘米×15 厘米×0.005 厘米，单袋投入干料 0.9 千克。封口机封口。

（6）灭菌及接种 常压灭菌，当锅内所有菌袋温度达到 100 ℃时，开始计时，常压维持时间 48 小时，单锅灭菌数量 10 000 袋。接种采用接种帐方式，接种帐消毒用二氧化硫气雾消毒剂。

（7）发菌管理 制棒期气温逐步回升，为了避免烧菌，采用"井"字形码放，每层 4 个棒，最高不超过 10 层，两堆之间留设过道 60 厘米。发菌室恒温管理，管理温度 24℃。期间注意倒垛和温度监测。

（8）出菇期管理 香菇、高温白平菇、毛木耳、黄伞、猴头菇等采用立棒栽培方式，棒斜依靠在铁丝上，摆放密度每平方米 25 棒。催蕾采用注水刺激方式。催蕾期，去除棚膜提升通风量，早晚通风一小时以上。成菇期棚内气温控制在 28℃以下，最高气温不超过 30℃，空间相对湿度维持在 85%，高温期全天提升棚膜、开启风机水帘，以达到最大通风。

（9）采收及转潮管理 各类食用菌子实体采收标准是即将开伞，即菌盖拉平或拉开菌膜。香菇采收以铜锣边为最佳，即开伞前及时采收。按照分级标准进行分级销售。转潮采用降低湿度，促使菌丝恢复 7～15 天时间，然后注水刺激第二潮菇的生长。

（10）产量及效益 各菇种产量不尽相同，一般采摘价格均相对较高。2015 年怀柔区大棚香菇平均亩产 12 吨，亩收入 84 000 元，亩纯收入 42 307 元。

（二）日光温室香菇越夏栽培案例

顺义区马坡镇毛家营村王秀丽，2008 年初开始种植香菇，通过多年生产实践，采用越夏栽培技术，450 米² 的日光温室（砖混结构、保温被覆盖）内放置香菇菌棒 8 000 棒，做到了安全越夏，成为北京地区日光温室种植越夏香菇的典型代表之一（图 6-71）。

图 6-71　顺义马坡镇毛家营村王秀丽日光温室越夏香菇栽培　2015

栽培措施上，采用斜立架式，品种选用"L18"，配方为：79％木屑、20％麸皮、1％石膏。亩投干料 9.6 吨，2014 年 12 月 15 日制棒，翌年 5 月 20 日开始采菇，共出菇 4 潮。至 2015 年，亩产量达到 5.6 吨，亩产值 56 000 元，亩效益达到 3.2 万元。其高产栽培技术要点如下。

（1）设施配套　栽培场所要尽量凉爽、湿润，因此日光温室除棉被外，上面盖遮阳网（距离棉被上方 50 厘米），或在棚前种植丝瓜、冬瓜等爬蔓作物。必要时在棚内安装风机水帘，夏季降温效果更好。

（2）茬口安排及品种选择　一般在 12 至翌年 1 月制棒，4 月转色管理，5 月底开始出菇，11 月上旬采收完毕。

选择耐高温型品种，如"L18""武香 1 号"。

（3）转色管理　待菌丝刚长满菌袋时，及时使用刺孔机械对香菇菌棒进行刺孔，以加快生理成熟和袋内转色。刺孔及菌棒搬运注意轻拿轻放，避免香菇菌棒产生袋内菇，影响产量和商品性。每个菌棒刺孔 100 个左右，孔深及菌棒中央。刺孔后的菌棒交叉斜靠于床架的铁丝上，菌棒与地面的夹角以不小于 75°为宜，菌棒之间间隔 10 厘米。转色期内将棚内温度控制在 15～25℃，空气相对湿度控制在 80％～85％，适当通风换气，适当保持散射光照。整个转色期约持续 20 天。

（4）出菇管理　当菌棒转色 4/5 以上，就可脱袋出菇。用小刀小心划破塑料袋，取出菌棒。将脱袋的香菇菌棒仍交叉斜靠于床架的铁丝上，菌棒与地面的夹角以不小于 75°为宜，菌棒之间间隔 10 厘米。

出菇期，温室温度最好控制在 10～22℃，昼夜保持 5～10℃的温差。进入夏季昼夜自然温差小，可借助于白天和夜间通风的机会人为地拉大温差。空气相对湿度维持在 90％左右。条件适宜时，3～4 天菌棒表面褐色的菌膜就会出现白色的裂纹，不久就会长出菇蕾。

春季雨水少，空气干燥，要防止空间湿度过低或菌棒缺水，以免影响子实体原基的形成。夏季日照时间长，高温高湿，注意降温。气温高于 20℃以上时，管理上要以降温为主，可采取加厚荫棚覆盖物，棚内喷水的方式。若气温高于 25℃闷热天气，棚膜四周全揭开，使空气流畅，使用双层遮阳网遮阳。同时白天应增加喷水次数，视气温情况向棚四周喷水降温增湿。出菇期相对空气湿度以 90％左右为宜。通常薄膜内呈一层雾状并有水珠说明湿度适宜。出菇期应加强通风，一方面降温，另一方面降低湿度，避免过湿造成霉菌侵害。

夏季气温高，香菇生长迅速，每天需采收 2～3 次。一旦菌盖已伸展，形成"铜锣"边时立即采收。每采完一批菇后，要清理残留的菇蕾及杂菌污染处。每采完一潮菇后，要通风 8～12 小时，让菌棒表面稍干，3～5 天后再进行喷水保湿管理。当采菇时留下的凹点处长出了白色菌丝，说明菌丝已恢复了。此时可再次注水催蕾出菇。

进入9月气温逐渐降低，空气温湿度变化较大。当夜间温度低于20℃时，放下塑料膜，以利保温、增湿。随时掌握天气变化，多风、干燥时增加喷水次数，保证空气相对湿度80%以上利于出菇。

（三）日光温室香菇越冬栽培案例

大兴区魏善庄镇大狼垡村吴文亮，2000年初开始种植日光温室越冬香菇（图6-72），通过多年生产实践，采用密植技术，450米² 的日光温室内放置香菇菌棒16 000棒，使香菇单位面积的产量大幅提高，是目前北京地区日光温室种植香菇的典型代表。该户利用保温被覆盖的砖混结构日光温室，采用斜立架式栽培，品种选用"L808"，配 方 为：78.5%木屑、20%麸皮、1%石膏、0.5%磷酸氢二钾。7月15日制棒，11月3日开始采菇，共出菇4潮。亩投干料28.6吨，2015年亩产量22.9吨，生物学效率80.25%，亩产值173 900元，亩效益118 500元。

图6-72　大兴魏善庄大狼垡村吴文亮
秋冬茬香菇栽培　2015

（1）生产安排及设施要求　一般在7月制棒，10月转色管理，11月底开始出菇，翌年4月上旬采收完毕。日光温室应具有一定保温性能，安装棉被。

（2）品种选择　选择低温型品种，如L808、0912。

（3）接种　制棒及发菌正处于7—8月，气温高，相对空气湿度大，杂菌多，一般菌棒接种在接种箱内完成，接种后的香菇要套袋，以降低污染率。

（4）发菌管理　可以在专用养菌室发菌，也可以直接在菇棚内发菌。在室内发菌时，控制室内香菇棒的数量及码放层数，两棒呈"井"字形叠放，最高不超过5层，且垛与垛间隔20厘米以上，以利通风散热。在窗户外搭遮阳棚，使阳光不直接射到窗户及室内。高温天气，上午7时关闭门窗避免外界热气流进入室内，傍晚时打开所有通风口，通风换气。

香菇菌棒在菇棚越夏发菌时，要求菇棚高3.5米左右，双层遮阳，第一层棉被，第二层遮阳网，距离第一层遮阳棚顶1米，覆盖双层遮阳网。棚内香菇棒的码放也是两棒"井"字形叠放，层数不超过5层，且垛与垛间隔20厘米以上。将菇棚内温度控制在28℃以下，高温时向棚顶外部喷水。上午7时后遮严菇棚，傍晚打开菇棚四周，以通风散热。

（5）转色管理　待菌丝长满菌袋时，使用刺孔机械对香菇菌棒进行刺孔，以加快生理成熟和袋内转色。每个菌棒刺孔100个左右，孔深及菌棒中央。转色期内将棚内温度控制在15~25℃，相对空气湿度控制在80%~85%，适当通风换气，适当保持散射光照。转色期间菌丝开始分泌出无色透明的水珠，逐渐变为淡黄色后变成棕褐色。当菌棒由白色转为茶褐色，标志着转色的结束。整个转色期约持续20天。

（6）出菇管理　当菌棒转色4/5以上，就可脱袋出菇。用小刀小心划破塑料袋，取出菌棒。将脱袋的香菇菌棒仍交叉斜靠于床架的铁丝上，菌棒与地面的夹角以不小于75°为宜，菌棒之间间隔10厘米。在整个出菇期中，可出4~5潮菇。每潮菇都要经过催蕾、育菇、采收和养菌四个阶段。从催蕾到采收大约需要15天的时间，秋冬季采收可持续5~7天，养菌大约要经过10天的时间。

香菇属于变温结实性的菌类，催蕾时需要保持一定温差。这个时期一般借助于白天和夜间8~10℃自然温差，空气相对湿度维持在90%左右。条件适宜时，3~4天菌棒表面褐色的菌膜就会出现白色的裂纹，不久就会长出菇蕾。

育菇时，日光温室的温度最好控制在 10～25℃，相对空气湿度为 85％～90％。随着子实体不断长大，呼吸加强，二氧化碳积累加快，要加强通风，保持空气清新，还要有一定的散射光。进入 12 月气温走低，白天要增加光照升温，如果光线强会影响出菇，可在温室内半空中挂遮阳网，晚上加保温帘。空间相对湿度低时，可向走道和空间喷雾，增加空气相对湿度。进入深冬管理的重点是保温增温，白天增加光照，夜间加盖草帘或棉被，有条件的可加温。一般在温度较高的中午通风，尽量保持温室内的气温在 7℃以上。

北京的冬季气温低，子实体生长慢，产量低，但菇肉厚，品质好。当子实体长到菌膜已破，菌盖还没有完全伸展，边缘内卷，菌褶全部伸长，并由白色转为褐色时，子实体已八成熟，即可采收。采收时应一手扶住菌棒，一手捏住菌柄基部转动着拔下。整个一潮菇全部采收完后，要大通风一次，晴天气候干燥时，可通风 2 小时；阴天或者湿度大时可通风 4 小时，使菌棒表面干燥，然后停止喷水 5～7 天。让菌丝充分复壮生长，待采菇留下的凹点菌丝发白，就给菌棒补水。补水方法采用注水针注水。补水后，将菌棒重新排放在畦里，重复前面的催蕾出菇的管理方法，准备出第二潮菇。第二潮菇采收后，还是停水、补水，重复前面的管理，一般可出 4 潮菇。

进入春季后，气候干燥、多风，这时的菌棒经过秋冬的出菇，由于菌棒失水多，水分不足，菌丝生长也没有秋季旺盛，管理的重点是给菌棒补水，此时补水应适当多些，补水量以使菌棒恢复到第一潮出菇前的重量为宜。经常向墙面和空间喷水，相对空气湿度保持在 85％～90％。早春要注意保温增温，通风要适当，可在喷水后进行通风，要控制通风时间，不要造成温度、湿度下降。

二、平菇高产栽培案例

（一）日光温室平菇越夏栽培案例

顺义区李遂镇牌楼村崔先恒，采用砖混日光温室越夏栽培平菇（图 6-73），2015 年种植"夏灰 1 号"品种 45 000 棒，每棒 1.3 千克干料，每棒生产管理成本 3.2 元，每棒平均产量 1.2 千克，均价每千克 7.0 元，每棒净收入 5.2 元，实现利润 23.4 万元。其栽培技术措施如下。

图 6-73 顺义区李遂镇牌楼村崔先恒越夏平菇栽培 2015

1. 设施准备

越夏栽培平菇，一般在春季 4—6 月制棒，5—9 月出菇。

夏季温度高，病虫害多，不利于平菇生长。因此出菇棚应提前消毒、灭虫后覆盖一层防虫网（包括通风口）；一层遮阳网，水平悬挂在棚外距棚顶 50～100 厘米处；棚内挂 3 盏杀虫灯（480 米² 菇棚）进行物理防控。一般每亩菇棚挂 20～30 张黄板，悬挂高度以距离子实体 20 厘米左右为宜。在进出口处，用防虫网拦隔一个缓冲空间，面积 10 米² 左右，四周用双层遮阳网覆盖，使内部保持黑暗，可有效预防菇蚊和菇蝇等害虫在人进出菇棚时飞入。

2. 培养料配制

采用熟料栽培或发酵料加短时高温处理。配方中减少麦麸、玉米面、米糠等用量，尽量不用尿素；石灰的用量要适当增加，以提高培养料的 pH；培养料的含水量一般要偏少。

3. 装袋与灭菌

高温季节使用小袋（17 厘米×33 厘米或 20 厘米×45 厘米的菌袋），以避免高温烧菌，缩短出菇时间，提高原料转化效率。菌袋常压灭菌 14 小时左右。

4. 接种

在接种帐或接种箱内进行无菌操作。采用发酵料短时高温处理的，可选择在早上气候凉爽、无风的天气采用开放式接种方式。

5. 发菌管理

发菌时尽量保持偏低的温度，培养环境要偏干、偏碱。"井"字形摆放，菌袋上下左右垛间应多放几支温度计，看菌袋垛间温度，气温高时应倒垛，降低菌袋层数。当气温超过 30℃时，菌袋最好贴地单层平铺散放，发菌地要加强遮阳，加大通风散热的力度，必要时可在菇棚上泼洒凉水促使降温，将菌袋内部温度控制在 32℃以下。当菌丝长满发透，手按菌袋硬挺结实、富有弹性，菌丝表面有淡黄色水珠分泌或出现团粒状的原基时，就要进行出菇期的管理。

每排摆放 3～5 层菌袋。袋与袋之间要间隔 1 厘米左右，以利于透气、散热。气温高于 25℃时，每层菌袋之间要用竹竿或塑料管隔开；温度高于 30℃时，码放高度最好不超过 5 层。480 米² 的标准菇棚，以 1.5 万～2.0 万袋为宜。

6. 出菇管理

出菇期采用雾化微喷方式加湿降温，保证空气相对湿度在 85％以上，保证空气流通。白天注意遮阳，晚上大棚两头及中间两旁薄膜全部揭开，让冷空气直接吹击菌袋，每天中午用井水（地下水）向棚顶、棚内空间、地面喷洒一次，以降低温度，拉大温差，促使菇蕾形成。

菇蕾形成后，喷水量要由小到大，通风口也应全部敞开，且要日夜通风。通风时切忌干热风直吹菇面。通风和喷水管理要机动灵活，雨天、雾天应加大通风、少喷水，以促进菇体迅速发育；若遇到大风天气，要多喷水，保持湿度，并适当减小迎风的通风口，防止菇体失水过快干枯。喷水后千万不能关闭通风口，防止菇体吸水后缺氧，以致营养输送受到阻碍，造成小菇发黄死亡。遇到高温干热天气时，温度突然升高和极端高温发生时常伴有干热风，从上午 10 时—下午 5 时应紧闭棚膜，中午前向大棚加厚的遮盖物上喷冷凉新鲜井水或自来水，使强光和高温透不过遮盖物。只开小口通微风，同时向墙壁上浇冷水，地面、菌袋上也不断地淋水，空间喷雾，以降低温度。傍晚开始通小风，夜间掀起薄膜通风，防止发生闷棚现象。若遇到高温高湿天气，短时间内菇棚内就形成高温高湿状态，极易暴发各种病虫害，一旦发生，很难解决。应每隔一定时间喷洒杀菌剂，抑制杂菌的发生；同时要搞好菇棚内外的环境卫生，将死烂菇彻底清除掉。

7. 采收

夏秋季平菇生长速度快，要及时进行采收。通常需要早晚各采收 1 次，采后将料面清理干净。

（二）日光温室平菇越冬栽培案例

怀柔区北房镇宰相庄村靳国岭，2014—2015 年日光温室秋冬茬种植平菇"8129""8106"，2014 年 8 月制棒，亩投料 45.02 吨，亩产量 75 吨，亩产值 333 500 元，亩效益 264 465 元，荣获当年北京市平菇高产高效竞赛第一名（图 6 - 74）。

顺义区张镇后王会村于仁东，自20世纪80年代开始在北京种植平菇，通过多年生产实践，率先成功应用发酵料短时高温处理技术，使平菇生产菌棒成品率大幅提高，2015年在半地下式日光温室层架栽培（图6-75），亩投料48吨，亩产量61.2吨，亩产值281 881.56元，亩效益161 881.56元。成为北京郊区种植平菇的典型代表。

图6-74　怀柔北房宰相庄村靳国岭
秋冬茬平菇栽培　2015

图6-75　顺义张镇后王会村于仁东秋冬茬
日光温室平菇栽培　2015

靳国岭、于仁东秋冬茬日光温室平菇，能取得优异成绩，在于他们采用了如下栽培技术措施。

1. 培养料配制

参考配方：棉籽壳35%、玉米芯50%、麸皮10%、玉米粉2%、石灰2%、尿素0.3%、食盐0.7%。配制培养料时将棉籽壳和玉米芯摊开提前预湿，麸皮、玉米粉、石灰充分搅拌，均匀撒在预湿好的料堆上，进行搅拌；尿素和食盐用适量的水溶化后撒在拌好的料堆上，再次把所有原料搅拌均匀。培养料含水量要适当提高（可以达到65%～70%），因为培养料通过几天的发酵，还要蒸发、消耗一部分水分。

2. 培养料发酵

北京地区秋冬季栽培平菇培养料发酵的适宜时间为8月上旬至10月中旬。配好的培养料在水泥地面上建堆，堆形大小要合适，底宽1.5～2米、顶宽1.2～1.5米、高0.8～1米、长不限。料堆过大容易引起厌氧发酵，培养料容易发酸、发臭；堆形过小则不利于升温发酵，导致培养料发酵不彻底。

堆好后，用铁锨将表面压平，用木棒或铁锨把在料堆上打孔到堆底，一般打四排，行距、孔距30～40厘米，过少会造成厌氧发酵，导致"酸败"，过多会使堆中心水分蒸发过快缺水，导致"烧料"。秋季2～3天料堆温度就可达70℃左右，在此温度下保持24小时后翻堆，翻堆时注意上、下、内、外翻匀，以便培养料充分发酵；特别要注意将表层和周围15～20厘米的料一定要翻到中间，这样不仅可以促进表层料发酵，而且可以有效杀死部分虫卵、幼虫。继续在料堆上打孔，一般翻堆后第2天温度就可再次达到65～70℃，保持24小时，再翻1次堆，保持24小时，散堆降温后，料温降至20～30℃时可进行装袋。发酵好的培养料呈浅褐色、伴有香味，料堆表面10～15厘米有大量的放线菌群，无氨味、臭味。发酵前调节pH8.5左右，发酵后pH为7.5左右。

3. 短时高温处理

料发好后装袋，通常选用22厘米×46厘米的聚乙烯塑料袋，装干料1.2～1.3千克，两端系口。菌袋入锅进行短时高温处理以杀灭杂菌孢子及虫卵。使锅内温度升至70～80℃时保持6～8小时。自然降温后出锅，也可密闭放在锅内3～4天后出锅。

4. 接种

开放式接种，棚内事先进行灭虫和消毒处理，尤其是 8 月接种、9 月出菇的菇棚要利用防虫网、杀虫灯、粘虫板等严格做好防虫措施，地面撒一层石灰防治杂菌，可再铺一层废旧的遮阳网保持地面的整洁。接种时两头接种，菌种掰成板栗大小，布满料面，用套环和一层报纸进行封口，与系口相比发菌速度加快，且不用进行刺孔增氧操作。

接好的菌棒摆放方法视棚温而定，温度在 25℃以上时菌袋单层摆放或两层"井"字形摆放，15～20℃时 4 层摆放，保温发菌，3～4 排留 40～50 厘米走道，既可增加空气流通，又便于发菌期管理。

5. 发菌管理

发菌时菌棒中插入温度计，随时观察温度，将棒内温度控制在 30℃以下，否则会出现高温烧菌现象。湿度控制在 60％～70％，湿度过大，易发生杂菌，过小易降低培养料水分。要结合实际情况调整温湿度，保证良好的通风条件，一般经过 25～30 天菌丝即可长满培养料。发菌环境，光线越暗菌丝生长越旺；菌丝生长期间忌直射光。发菌期间要及时检查封口有无破损，防止破损处害虫钻入。及时挑选、清理污染菌袋，使已污染、报废的菌袋远离栽培场地，并进行深埋。通常低温季节，对有少量污染的菌袋要降温发菌，通过低温处理可有效挽回污染袋，恢复正常出菇。

6. 出菇管理

菌丝发满后，采用码垛出菇，9 月出菇的码 4 层，每两层之间用竹片隔开，10 月以后出菇可码 6 层，不用竹片隔离。出菇期环境控制注意以下几点：

（1）温度　要求菇棚封闭性好，保温性能好。冬季室内温度晚上 0℃以上，白天 10～15℃。中午通过阳光的照射来提高棚温，晚上通过加盖棚顶的覆盖物来保持棚温，覆盖物可选用草帘，有条件的可用保温被。条件好的还可增加增温设施等。

（2）湿度　冬季出菇温室内由于室温较低，通风量较小，管理主要以保温为主，室内的水分蒸发较慢，因此要控制室内的喷水量。天气晴朗温度较高、通风量较大时，可 1～2 天喷 1 次水，阴雪天时可 2～4 天喷 1 次，喷水可选择在中午进行，保持棚内湿度在 85％～90％之间。切记不能在不通风的条件下喷"闭棚水"，以免造成菇体腐烂而死。此外，一定要在菇体表面的水分完全蒸发后才能关闭通风口。

（3）光照　光照是增加出菇温室温度的重要方式，其强度直接影响平菇的产量和质量。光照能使菇体颜色加深，有光泽，菇型端正，肉厚，柄短。冬季出菇时，可在每天上午 10：00 至下午 3：00 揭开棚顶的草帘，增加光照，提高棚温。如果光线过强，要间隔一段时间揭开草帘，以免过强的光照对菇体产生不利影响。

（4）通风　冬季出菇时，为了保持室内温度，通风往往不够，特别是半地下式的温室，由于通风不足，会形成菇蕾不分化或菌柄过长、菌盖小的畸形菇。当通风严重不足时，会造成幼菇二氧化碳中毒死亡。因此冬季出菇棚宜采取短时间、勤通风的方式进行。中午前后温度上升较快，进行通风并结合喷水，室外温度下降前（下午 3 点左右），关闭通风口。

7. 采收

冬季培养料的代谢速度比较慢，因此当平菇长到七至八成熟时，就可采收。防止过老或过大采收，造成培养料中的养分消耗过多，使转潮过慢。

8. 病虫害防治

冬季栽培平菇，在出菇后期易暴发黄斑病。黄斑病的治疗要以防为主，无论气温高低，每天都要定时通风，以供给充足的氧气，冬季温室内的空气湿度较大，要少打水，能保持菇体湿润即可。必须药物防治时，方法要得当，在出菇前与出菇后，料面没有菇的情况下可适当用药。发病初期施用 4 000 倍二氧化氯消毒剂喷雾效果较好。

（邓德江　胡晓艳）

本章参考文献 <<<

北京丰台区科协，北京丰台区食用菌协会，1988. 食用菌栽培技术问答汇编 [M]. 北京：[出版者不详].

北京市第二商业局革命领导小组，1973. 本市郊区鲜白蘑菇生产情况 [J]. 二商简报（16）：1-7.

北京市农科所食用菌组，1974. 蘑菇引种及栽培试验初报 [M] //北京市农业科学研究所情报资料室. 蔬菜资料选编. 北京：[出版者不详]：99-100.

北京市农林局革命领导小组，1973. 关于蘑菇和石刁柏收购问题的报告：京农革菜字第10号 [A].

北京市农业科学研究所，1974. 北京市蔬菜生产经验汇编 [M]. 北京：人民出版社.

陈卓雄，1983. 大棚床栽培凤尾菇 [J]. 北京蔬菜（5）：36-37.

姜华，1983. 滑菇的塑料袋栽培试验 [J]. 北京蔬菜（4）：29.

刘宝成，1983. 温室平菇丰收 [J]. 北京蔬菜（2）：33.

刘雪兰，1991. 北京市食用菌生产基地建设项目技术总结（1988-1990年）[M] //北京市农业局科学技术委员会. 农业科技资料选编（七）. 北京：[出版者不详]：123-132.

刘雪兰，等，1995. 北京市香菇代料高产栽培综合配套技术开发总结 [M] //北京市农业局科学技术委员会. 农业科技资料选编（十一）. 北京：[出版者不详]：111-119.

刘宇，耿小丽，陈文良，2006. 无公害白灵菇-杏鲍菇标准化生产 [M]. 北京：中国农业出版社.

娄隆后，1981. 北京夏季草菇栽培技术和国外情况介绍 [J]. 北京农业（增刊）（17）：6-9.

娄隆后，1981. 平菇的代用料栽培 [J]. 北京农业科技（6）：39-46.

王贺祥，2008. 食用菌栽培学 [M]. 北京：中国农业大学出版社.

温鲁，1984. 食用菌栽培基础 [M]. 北京：[出版者不详].

张凤华，1983. 用生料自制平菇、凤尾菇栽培种 [J]. 北京蔬菜（1）：57.

张平真，2013. 北京地区蔬菜行业发展史 [M]. 北京：中国农业出版社.

中共北京市委农村工作部，1960. 本市食用菌生产正在原有基础上进一步大量发展 [J]. 郊区农村情况（2）：2-3.

第七章

>>> 蔬菜设施无土栽培

无土栽培，是指利用营养液栽培作物的方法。由于不用自然土壤，作物完全在营养液中生长（或者用基质固定植株而浇灌营养液），所以称为"无土栽培"，又称"营养液栽培"或"水培"。中国蔬菜栽培学（第二版，2010）定义无土栽培是指"不用天然土壤，而用营养液或营养液加基质，或有机肥基质栽培植物，使之正常完成整个生命周期的种植技术"。

随着生产发展和研究工作的深入，无土栽培的概念不断有新的表述，但不使用土壤，植物在各种具有营养液的栽培装置中或充满营养液的基质中生长，这是无土栽培的核心。按照前述定义，芽苗菜、软化栽培也属无土栽培，已在有关章节介绍，本章主要介绍北京设施蔬菜中常用的主要蔬菜无土栽培技术。

蔬菜设施无土栽培，是现代农业中最先进的栽培技术之一。可依据作物生长发育的特点，选择适宜的栽培装置，在不同的蔬菜设施内监测调控环境因子使其正常生长发育，其优越性是土壤栽培不可比拟的，打破了"土壤是农业生产的基础"的传统农业概念，与传统农业相比，它具有以下优势：

（1）避免土壤连作障碍　蔬菜设施的永久化建筑和周年多茬次综合利用，同一种蔬菜频繁连作，极易导致土壤连作障碍，如盐渍化、酸化、土壤板结，线虫和土传病害发生严重。土壤栽培需要土壤处理、轮作换茬等措施，且有一定的局限性。而蔬菜无土栽培则可有效地解决这些问题。

（2）提高蔬菜产量　目前，北京郊区日光温室无土栽培的长季节穗番茄，单杆整枝已经连续收获33穗果；生菜深液流栽培，每平方米年产达到38千克；大型连栋温室番茄每平方米年产已经达到40千克。由此可见，无土栽培可大幅度提高蔬菜产量。

（3）改善蔬菜品质　茄果类及瓜类蔬菜，果实体积大而整齐，色泽鲜亮，番茄果实中可溶性固形物、可溶性糖、有机酸以及维生素C的含量显著增加；叶菜类鲜嫩可口，叶球紧实，大小一致。标准化生产，污染少且可控，产品绿色安全。

（4）节肥、节水、省工　无土栽培是通过营养液的科学管理来确保水分和养分的供应，提高了水分、养分利用效率，节肥、节水明显。不需要进行土壤耕作、施肥、除草等田间操作，省工。

（5）满足特殊需要　可在不适宜种植蔬菜的地方，如海岛、沙荒地、盐碱地、大型海轮、军舰，甚至在空间站上应用。栽培植物易造型，表现新颖、直观、生动，利于让人们了解植物生长发育、根系吸收、矿质营养等方面的基本知识。家庭庭院、阳台、屋顶等空间无土种植花卉、蔬菜，观赏、食用并举。

发展蔬菜无土栽培，一次性投资大，耗能高；营养液配制、调制技术要求高；某些叶类蔬菜产品硝酸盐含量高，废弃的营养液和某些栽培基质的无害化处理有待在发展中解决。

无土栽培技术有优点也有其缺点，数十年来人们对此技术褒贬不一。但因无土栽培工作者的不懈努力，又因其优点多于缺点，无土栽培已成为当今蔬菜设施栽培技术研究的主攻方向之一，是蔬菜栽培技术最先进、资本最集中的生产方式，尤其适合于蔬菜专业化、商品化、自动化连续生产，更是有中国特色的日光温室、大棚等设施实现蔬菜工厂化的关键技术。

无土栽培，冲破传统观念的束缚，在技术和观念上是一重大改革和进步。

第一节　无土栽培兴起与发展

人们无意识地进行无土栽培至今已有 2 000 多年的历史。

我国在 1 700 年前的汉末 3 世纪，南方水乡的"船户"就有利用葑田（又名"架田"，是菰即茭白的根系和茎多年聚结起来的"板块"，常浮于水面）种稻、种菜的图文记载。宋代已盛行豆芽菜栽培，利用盘碟种蒜苗、风信子、水仙花，利用竹筏草绳种水生蔬菜等。

但是，科学地进行无土栽培试验研究到今天大规模应用，至今还不到两个世纪。

1840 年，德国化学家李比希（Justus von Liebig）提出了植物的"矿质营养学说"；1859 年，德国科学家萨奇斯（J. V. Sachs）对石英砂栽培植物用的营养液进行了研究；1865 年他和克诺普（W. Knop）一起设计了一种水培植物的装置，配制出一种比较完整的克诺普（W. Knop）营养液并获得成功。这种利用含有矿质元素的溶液（即营养液）种植植物的方法被称为"水培"。

1929 年美国加州大学的格里克（W. F. Gericke）博士，用营养液配方种植一株番茄高达 7.5 米，收获番茄 14.5 千克。

第二次世界大战期间，蔬菜无土栽培开始应用。其后，无土栽培理论和技术日趋完善和成熟。1955 年，在荷兰第十四次国际园艺学会上，一些无土栽培的研究者发起成立国际无土栽培工作组，同时召开了第一次国际无土栽培会议。

20 世纪 70 年代后期至 80 年代，荷兰率先将蔬菜无土岩棉栽培技术与环境控制技术相结合，发展成为国家农业现代化的先进代表之一。

北京的蔬菜无土栽培，是在 1977 年提出蔬菜生产工厂化并列入国家蔬菜生产远景规划后起步的。始于蔬菜育苗，兴于特菜需求，虽起步较晚，但进步较快，跳跃式发展，经历了三个发展时期，现已应用于郊区设施蔬菜生产。

一、蔬菜无土栽培起步阶段

《北京科学技术志》（中卷）记载：北京郊区的蔬菜无土栽培，起始于 1978 年。北京市海淀区农业科学研究所在玉渊潭大温室进行了蔬菜砾石栽培试验，结果表明：砾石栽培的番茄平均单果重 84.3 克，土壤栽培的为 46.2 克；砾石栽培的含糖量是 8.8%～10%，土壤栽培的为 5.2%～7%，从此迈出了北京蔬菜无土栽培生产的第一步。

1979 年春，北京市海淀区农业科学研究所和玉渊潭、东升、海淀、四季青公社科技站，组成"蔬菜新法育苗"即无土育苗试验协作组，为各生产队集中催芽绿化蔬菜种子 500 多千克，似有取代早春阳畦播种旧法育苗的趋势。

1980 年春，玉渊潭公社科技站建成面积为 1 亩的蔬菜无土育苗工厂，为全社各大队集中催芽绿化作出较大贡献。当年，中国农业科学院蔬菜研究所和全国相关的科研、教学单位组成了"蔬菜工厂化育苗"攻关协作组。日本援建了北京市农业科学院蔬菜研究所一座 200 米² 的水培车间，启动了无土栽培技术研究工作。

二、无土栽培引进与创新发展阶段

1985 年 7 月 10 日，中国农业工程学会设施园艺工程专业委员会石家庄会议成立"无土栽培学组"，组织学者赴英国重点考察了英国温室生产及无土栽培。国际与国内的学术交流活动，促进了国家对此项工作的高度重视，"七五"（1986—1990 年）开始，经"八五"至"九五"期间，农业部、科技部先后把无土栽培、蔬菜工厂化列为重点攻关课题，组织全国攻关。同时，城市经济改革迈开了步伐，30 年统购包销政策保证市场供应形成的大路菜消费模式被打破，消费者对特色蔬菜的需求旺盛，刺激企业开始投资农业向高新技术发展，加以国产水溶性肥料的不断进步，推进了北京的蔬菜设施无土栽培进入新的发展时期。

北京郊区蔬菜无土栽培生产，兴于"七五"期间，标志事件是 1986 年北京长城科学仪器厂引进日本植物工厂、西局中日设施园艺场引进无土栽培技术、1988 年小汤山特菜基地引进日本水培叶类菜技术。所引进的日本蔬菜无土栽培技术，均以生产特色品种蔬菜为主，满足了当时市场部分需求。此外，中国农业科学院蔬菜花卉研究所"有机生态型无土栽培技术"研发成功，也助力了郊区不同经济条件者开展蔬菜无土栽培。企业建立大型连栋温室水培叶类蔬菜工厂的带动，使蔬菜设施无土栽培生产在郊区得以持续发展。

（一）引进发展无土栽培技术

1. 引进第一座植物工厂

1986 年 2 月 18 日，北京长城科学仪器厂和日本雪江堂株式会社、三友通商株式会社等合资引进的无土栽培植物工厂建成。工厂占地 289 米^2，栽培面积 378 米^2，是北京也是我国第一座全封闭蔬菜无土栽培工厂（中国科学院植物生理所早先建造的植物工厂供研究而不对外），由厂房和中央控制柜，栽培架、栽培床，供水、供肥、调温、通风、光线补充系统组成（图 7-1），采用营养液培植蔬菜。1988 年 5 月，北京市农业局《农业科技资料》记载的"工厂化无土栽培蔬菜"一文，介绍了该蔬菜植物工厂及生产技术，该工厂连续生产多茬"贝格大根"萝卜苗，每平方米产量稳定在 7 千克左右；生产茄子每千克用水 40 千克。自此，开启了国外现代化自控设施在北京从事植物无土栽培生产的先例。1986 年 3 月 2 日，中国食品报第 2 版报道了"北京建成无土栽培蔬菜工厂"。这一技术的引进，引起了轰动效果，拓宽了蔬菜栽培者的视野。

图 7-1a　植物工厂立体栽培　1986

图 7-1b　植物工厂补光生产　1986

2. 引进设施园艺无土栽培技术

1986 年 5 月，中日合作设施园艺场西局试验场引进的蔬菜无土栽培技术投入试生产（图 7-2）。其无土栽培的装备系统包括：营养液池、栽培床、液泵、管道及控制设备、营养液浓度（EC）和酸碱度（pH）测定仪等。该技术的示范成功，对推动郊区蔬菜无土栽培的发展带来了积极的作用。

图7-2　西局园艺场水培特菜　刘利云　1986

3. 引进豆瓣菜水培工厂

1988年10月，小汤山特菜基地的友好单位，日本岛根县无偿赠送给基地1 000米² 现代化温室及无土栽培设备，专用于生产特种蔬菜豆瓣菜（图7-3），以保障供应北京1990年亚运会及大型饭店特菜需求。

图7-3　小汤山特菜基地水培豆瓣菜内景　1987

（二）开发有机生态型无土栽培技术

1986—1990年，北京农业大学和中国农业科学院蔬菜花卉所无土栽培组等，参加了全国"无土栽培技术及配套的研究"专题，研究了滴灌基质袋培番茄，从1986年9月至1987年6月连续10个月长季节栽培，亩产达到5 166千克，而同一温室土壤栽培两茬番茄的总产量每亩3 950千克，无土栽培亩增产1 216千克。该方法一年可全部收回投资并有盈利，其"无土栽培设施和配套技术"成果于1992年获得农业部科技进步二等奖。

1990年秋，中国农业科学院蔬菜花卉所，在参与"无土栽培技术及配套设施的研究"基础上，根据无土栽培营养液需要具有一定文化水平并受过专门训练的技术人员来操作，配制营养液专用化肥硝酸钙、硝酸钾、硫酸镁以及微量元素肥料不容易获得且成本高，开始研究简化基质栽施肥技术。

他们采用了施肥效果与用营养液相当、养分含量充分、不带病虫卵、无污染、来源广和价格低廉的固体有机肥做基质，进行了番茄、黄瓜、甜瓜三种作物的消毒有机肥应用效果试验，试验面积200米²。结果表明：番茄试验消毒有机肥与土壤栽培相比增产78.95%，与营养液栽培相比增产61.18%；黄瓜施用消毒有机肥与日本烟草公司的自动控制系统营养液栽培相比增产63.04%，也比蛭石复合肥基质的产量高；甜瓜施用消毒有机肥比蛭石复合肥基质增产 17.65%。此后扩大生产番茄试验面积达到 10.8 亩（消毒鸡粪栽培面积为 6.6 亩、营养液栽培 4.2 亩），结果是亩单产增加 1 864 千克；产品维生素 C、可溶性固形物、糖的含量均有不同程度的提高。经过进一步试验研究和配套技术的完善，至"八五"期末，成功地开发出一种以高温消毒鸡粪为主，适量添加无机肥料的配方施肥来代替化肥配制营养液的"有机生态型无土栽培技术"，其技术成果（图 7-4）1996 年荣获农业部科技进步二等奖。

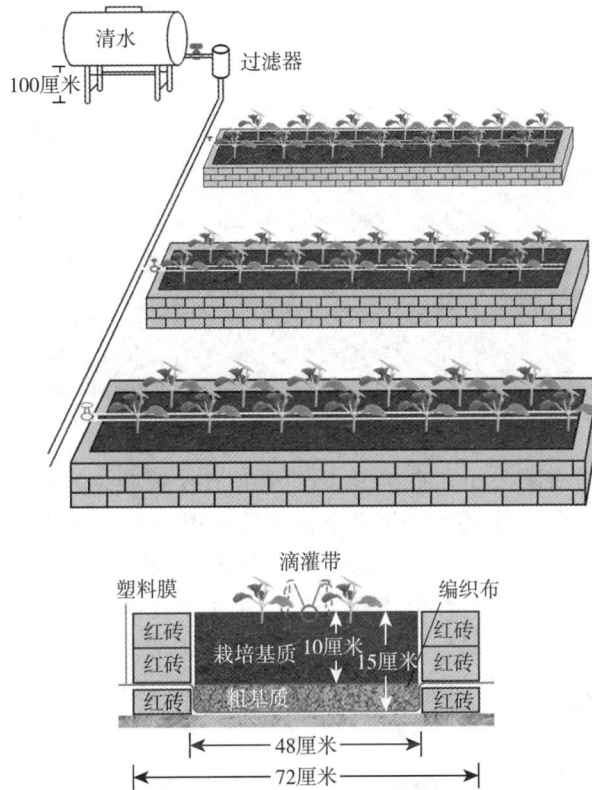

图 7-4　有机生态型无土栽培示意图

有机生态型无土栽培，采用的是槽培。基质槽多因地制宜选用易得的砖、木板、木条、塑料管（板）材等，作为槽的四周边框（图 7-5），保持基质不散落即可。由于技术简单实用，投资少、见效快，对郊区的菜农有一定的吸引力。1998 年，北京市农业局蔬菜处统计，郊区平谷、大兴、顺义、朝阳四地，应用有机生态型无土栽培的生产面积发展到 142.5 亩。

图 7-5　四季青有机生态型基质栽培黄瓜　1997

（三）发展叶类蔬菜无土栽培工厂

北京顺义顺鑫长青蔬菜有限公司，1994年4月开始，投资360万美元引进加拿大"深池浮板（深液流）种植技术"水培生菜（图7-6），建成了北京第一座大型温室水培蔬菜工厂，占地1.5万米²，成为集播种、育苗、成菜、包装为一体的工厂化流水线生产方式，当时实现了日产生菜10 000株，供应市场后受到广大消费者的欢迎，带动了企业发展蔬菜无土栽培的积极性。

图7-6　顺鑫长青进口深池浮板水培生菜车间　1998

北京锦绣大地农业股份有限公司，自主开发了深液流浮板栽培蔬菜技术，水面上漂浮板种菜固定植株、水下养鱼，植物与鱼共生。以此完全自主的知识产权，1999年11月建成了我国第一座国产叶类蔬菜无土栽培工厂（图7-7），占地近1.5万米²，采用营养液栽培、物理防虫、自动化系统控制温度和湿度的方法，做到了无公害蔬菜工厂化生产。并运用潮汐台培育生菜幼苗，定植后的生长发育时期，根据需求控制温度、湿度以及二氧化碳浓度，保障生菜正常生长。一株生菜苗经50多天的培育，成熟后每株菜的重量均在220克，这座无土栽培工厂也成为科学技术部"工厂化农业示范基地"。

图7-7　锦绣大地国产深池浮板水培生菜车间　2000

三、提升发展阶段

进入21世纪以来，随着北京经济高速发展，设施装备尤其是各种新型水溶肥的不断发展，支撑了蔬菜无土栽培技术的不断进步。岩棉、椰糠等基质栽培和营养液水培叶类蔬菜进一步发展至科普观光、大型连栋温室工厂化高产栽培、塑料日光温室、大棚栽培、科技研究等方面。

（一）促进科普观光发展

2002 年，北京市农科院蔬菜研究中心李远新等研发番茄树式栽培技术。在海淀区四季青蔬菜中心农场和房山区韩村河农业园（图 7-8），采用基质栽培，开展了草炭＋蛭石＋珍珠岩、玉米芯、秸秆、陶粒等不同的基质试验，筛选出陶粒是适用于番茄树式栽培的较好的基质。并研发成功水培番茄树和雾培番茄树栽培技术，为科学普及和观光起到了良好促进作用。

图 7-8　房山韩村河水培番茄树　刘伟　2006

番茄树式栽培技术，获得了北京市农委和北京市科委的立项支持。2003—2008 年，北京房山韩村河园区、北京门头沟碧琨种植园、顺义三高观光采摘生态园、通州永乐店南瓜主题公园、山东寿光菜博会主场馆等国内多个园区示范应用，并由番茄扩展到茄子、黄瓜、西瓜、丝瓜等多种作物，在国内掀起了一股蔬菜树的热潮，至今仍在观光园区广泛应用。

2007 年，北京市农业技术推广站曹华在昌平区北七家镇土沟村京城碧园合作社的 10 栋日光温室内，利用草炭＋蛭石＋珍珠岩，按体积 3∶2∶1 的比例配制成基质，每立方米基质加生物有机肥 25～30 千克，采用"绿东国创"营养液配方，无土栽培番茄树获得成功。2008 年 10 月时任中国科协主席邓楠等，到园内视察并给予好评。此技术模式陆续在北京通州区金福艺农科技园（图 7-9）、昌平区乡居楼农业庄园、大兴区自然绿农疗基地和怀柔区庙城镇王史山园区等观光园区应用，均取得了较好的观光示范效果。

（二）开展生产应用技术研究

1. 管道高产栽培研究

2008 年，针对立体柱式无土栽培叶类蔬菜生产宜观光而产出低的问题，采用北京绿东国创农业科技有限公司设计的产品，王树忠、商磊等人开展了设施立体管道层架式水培叶类蔬菜的生产探索。

生产装备由若干根一定规格的塑料管及配套管件制成，间隔排列，上有栽植穴孔，配有营养液池、自动定时供水、回水与排水等设备组成。管道直径为100 毫米 PVC 管，长度以操作方便为宜，在栽培管上按 12～20 厘米的孔距钻直径 3～5 厘米定植孔。栽培

图 7-9　金福艺农基质培番茄树　曹华　2015

管的两端用堵头或变径接头封闭或连接，并分别设进液口和回液口。回液口高度一般按栽培管径的2/3设置，回液管直径20～50毫米，进液管直径20～25毫米。对于高低错落布置的立体水培，可通过上下管的液位差实现自流循环供液，只要把营养液输送至最高栽培管的一端即可。

对比生产表明：非立体仅平面水培的乌塌菜，于3月27日定植，生长期40天，占地面积每平方米产出乌塌菜为3.36千克，单株重近50克。而立体多层（三层）水培油菜生产，层间隔为0.8米，于5月18日定植，生长期40天采收。其产量结果是：上层每平方米产出乌塌菜3.72千克，中层每平方米产出1.48千克，底层每平方米产出0.99千克。以种植面积计算平均每平方米产出2.06千克，其中、下层产量分别是上层平面产量的39.8%和26.7%；以占地面积计，每平方米产出乌塌菜6.19千克，是平面栽培的1.84倍。

在单株重方面，中、下层光照不足，上层单株重近44克，中层与下层单株重分别是上层的52.3%和46.7%。重复多茬次生产，仍趋一致性表现（图7-10）。但受光照影响较少的温室边缘立体水培，各层生长基本一致（图7-11）。

图7-10a 立体水培油菜层间生长差异 2011

图7-10b 立体水培生菜层间生长差异 2011

图7-11 大型温室边缘立体水培芹菜生长无差异 2011

北京春夏之际，光照很好，但立体层架生产仍然对蔬菜生长影响极大。一般生产若进行补光，投入产出极不合算。当时结论是：平面水培叶类蔬菜生产，提高单产只能增加茬次，提前另地育苗，前茬收后及时清理并定植，年度间增加并保证一定的茬次数是提高无土栽培叶类蔬菜产出率的关键。日光温室、大棚等设施，叶类蔬菜采取立体多层的层数及间隔距离仍需要探索。

2. 水培韭菜研发

北京市农科院蔬菜研究中心武占会，2013年开发成功水培韭菜技术及装备，首先在大兴区应用并逐渐推广至其他区县（图 7 - 12），为北京韭菜安全生产供应增加了新的生产方式，引领了水培韭菜的生产发展。

（三）促进了果类蔬菜长季节高产栽培应用

1. 大型连栋温室高产栽培

1999—2000 年度，中国农业大学设施园艺工程研究所和北京市农业技术推广站，分别承担了北京市科委"黄瓜工厂化生产高产稳产栽培技术开发研究"和北京市农委"现代化温室高产高效生产管理技术示范"课题。双方密切合作，以小汤山特菜基地大型连栋温室为基点，进行了黄瓜、番茄无土栽培生产技术研究与示范，水果型黄瓜"戴多星"每平方米产量达到 24.8 千克，经济效益显著。此后，小汤山特菜基地一直运用无土栽培进行番茄、黄瓜生产（图 7 - 13），起到了良好的生产示范作用。

图 7 - 12 密云基地水培韭菜 武占会 2017

图 7 - 13a 小汤山基质槽培水果黄瓜 曹之富 2006

图 7 - 13b 彩色甜椒基质栽培 2010

图 7 - 13c 宏福农业椰糠培番茄 2018

图 7 - 13d 水培散叶生菜 徐丹 2018

2012年12月至2013年11月，北京市农业技术推广站为推进郊区连栋温室蔬菜无土栽培发展，开展了番茄长季节岩棉栽培生产试验，首次实现了北京地区连栋温室番茄栽培每平方米30千克的产量新纪录。2016年，北京宏福集团农业公司5公顷大型温室，采用椰糠栽培番茄，2017年5月经专家组现场对长势状况进行评估，大型果番茄每平方米产量可达到41千克；2018年度大型连栋温室工厂化樱桃番茄达到36～37穗，产量接近20千克。水培叶类蔬菜栽培，大型连栋温室每平方米年产量达到38千克。

2. 日光温室、大棚栽培

2012年7月北京市农业技术推广站在顺义木林北京绿富隆合作社基地的大跨度日光温室内，开展了大果型番茄工厂化栽培技术探索。2012年8月6日育苗，2013年7月10日拉秧，截至6月20日，采收14穗果，亩产达到12 225千克，生产效果较好。

2015年，在密云基地、顺义木林和沿河特菜基地、小汤山特菜基地建立日光温室番茄、黄瓜无土栽培技术示范点4个，试验生产面积45.1亩，番茄平均亩产量达到8 971.2千克，单产每平方米13.5千克；生产1千克番茄耗水32.2千克，较上一年度2亩试验生产的用水降低30.8%。

在日光温室或塑料大棚内，采用无土栽培技术，按照大型温室的环境控制、栽培品种、茬口、水肥一体化供应、操作工艺进行生产蔬菜的栽培过程，俗称为"蔬菜工厂化栽培"。

2018年，郊区设施蔬菜无土生产面积达到2 100亩，基质栽培的蔬菜品种逐渐增多（图7-14）。

图7-14a 云科基地基质槽培番茄 2017

图7-14b 圣水头日光温室黄瓜基质栽培 2018

图7-14c 采育庙洼营基质槽培生菜 2018

图7-14d 采育庙洼营基质槽培马铃薯 王玉军 2019

第二节　无土栽培基质

无土栽培基质也称"人工土壤"，主要起固定和支持植物的作用，使植物能够保持直立而不至于倾倒。无土栽培离不开基质，即使用营养液循环方式栽培植物，育苗期间也需要基质。

一、基质的种类

无土栽培基质的种类很多。按照基质的来源，可分为天然基质和人工合成基质：如沙、砾石、草炭等为天然基质；而岩棉、陶粒等则为人工合成基质。按照基质的化学性质，可分为活性基质和惰性基质：所谓活性基质是指具有阳离子代换量或本身能供给植物养分的基质，如草炭、树皮等属于活性基质；所谓惰性基质是指基质本身不能提供养分或不具有阳离子代换量的基质，如沙、砾石、岩棉等就属于惰性基质，惰性基质可以避免营养液中营养物质组成含量以及 pH 变化，应在营养液培中使用。按基质配制方法，可分为单一基质和复合基质：所谓单一基质是指使用的基质是以一种基质作为生长介质的，如沙培、岩棉培都属于单一基质；所谓复合基质是指由两种或两种以上的基质按一定的比例混合配制成的基质。生产上为了克服单一基质可能造成的容重过轻、过重、通气不良或持水不足等问题，通常将几种基质混合形成复合基质来使用。按基质组分，可以分为无机基质和有机基质：如沙、岩棉、珍珠岩等均是以无机物组成的，称为无机基质；而木屑、稻壳、草炭等是以有机物组成的，称为有机基质。在生产实际中，通常把基质分为无机基质和有机基质。

（一）无机基质

1. 蛭石

蛭石是由云母类矿物加热至 $800 \sim 1\,400\,℃$ 时加热膨化而成的。它的颗粒由许多平行的片状物组成，片层之间含有少量水分。蛭石比重很轻，每立方米约为 80 千克；透气性好，总孔隙度达 95%，大小孔隙比约为 $1:4$，持水量为 55%。呈中性或碱性反应，具有较高的阳离子交换量，保水保肥力较强。使用新的蛭石时，不必消毒。蛭石一般含全氮 0.011%，全磷 0.063%，速效钾 501.6 毫克/千克，SiO_2 41.89%，Al_2O_3 16.82%，MgO 20.46%，CaO 0.79%，Fe_2O_3 11.42%。所含的 K、Ca、Mg 等矿质养分能适量释放，供植物吸收利用。

生产上用它作育苗、扦插和以一定的比例配制成复合栽培基质，效果都很好。无土栽培用蛭石的粒径应大于 3 毫米，用作育苗的蛭石可稍细些（$0.75 \sim 1.0$ 毫米）。蛭石的缺点是长期使用时，结构会破碎，孔隙变小，影响通气和排水。

2. 珍珠岩

珍珠岩由硅质火山岩经 $1\,200\,℃$ 高温燃烧膨胀制成，白色、质轻，且清洁、无味、无毒、无残留物，可改良黏重土壤。珍珠岩呈颗粒状，其容重每立方米为 $80 \sim 180$ 千克，粒径为 $1.5 \sim 6$ 毫米，孔隙度约 97%，空气容量为 $20.4\% \sim 57.7\%$，可容纳自身重量 $3 \sim 4$ 倍的水。珍珠岩不具有保水能力，易于排水，易于通气，在物理和化学性状方面比较稳定，pH 为 $6.0 \sim 8.5$，阳离子代换量小，几乎没有缓冲作用和离子交换性能，不易分解，但遭受碰撞时易破碎。珍珠岩可以单独用作基质，也可和草炭、蛭石等混合使用。珍珠岩的成分一般为全氮 0.005%，全磷 0.082%，SiO_2 74%，Al_2O_3 11.3%，Fe_2O_3 2%，CaO 3%，Mn 2%，Na_2O 5%，K 2.3%。生产上较常使用的珍珠岩颗粒大小为 $3 \sim 4$ 毫米。

3. 岩棉

农用岩棉的制造原料为玄武岩、石灰岩和焦炭，三者的用量比例相应为 $3:1:1$ 或 $4:1:1$，在

1 600℃的高炉里熔化，高速抽丝或喷成直径5～6微米的纤维，冷却后，加上黏合剂压成板块，即可切割成各种所需形状的岩棉块。

岩棉质轻，容重为每立方米70～90千克，总孔隙率高（97.2%）。浸水后岩棉的三相比为：固相2.3%，液相45.2%，气相52.5%，pH≥7。用它来作为栽培基质无菌无毒，不含有机物。压制成形后在整个栽培季节里保持不变，便于统一化、标准化管理。

岩棉空隙均匀，透气性较好，在栽培的初期呈微碱性反应，进入岩棉的营养液pH，最初会升高，经过一段时间，反应即呈中性，能稳定控制根系EC和pH，有利于植物根系的生长。

岩棉吸水性强，排渗性强，具有高持水性和低水分张力，即当岩棉吸足水，处于饱和状态时，岩棉块依其厚度不同，含水量自下而上急速递减，空气含量则自下而上递增。

岩棉具有低碳氮比和低盐基交换量的特性，含全氮0.084%、全磷0.228%。矿质成分中SiO_2占35.5%～47.0%，铝、钙、镁、铁、锰、钠、钾、硫等占53.0%～64.5%。这些主要成分多数是植物不能吸收利用的，化学性质稳定，属于惰性基质（表7-1）。

表7-1 岩棉浸水后不同厚度的空气含量

厚度（厘米）	干物质（%）	含水量（%）	空气含量（%）	孔隙度（%）
1.0	3.6	92	4	96
5.0	3.6	85	11	96
7.5	3.6	78	18	96
10.0	3.6	74	22	96
15.0	3.6	54	42	96

岩棉在园艺上的应用，最早于1968年始于丹麦，现在应用面积最大的则是荷兰，英国、比利时等国也在大力发展岩棉栽培，目前全世界无土栽培中，岩棉栽培的面积居第一位，被认为是无土栽培最好的基质之一。

岩棉在自然界不能降解，荷兰等国家有专业公司回收使用后的岩棉，并加工成为建筑材料。国内岩棉栽培面积很少，目前一般采用100厘米×20厘米×7.5厘米或120厘米×20厘米×7.5厘米规格的岩棉条栽培。其劣势是：①多依赖于进口，用后不能自行分解，无回收企业，处理成本高，易造成环境污染。②岩棉条体积小、储水量受限，如果出现长时间断水，对植株影响较大。③岩棉对灌溉的要求较高，容错低，浇水过多过少都会影响根系生长。

4. 沙

沙是沙培的基质，是无土栽培应用最早的一种基质材料。中东地区，美国亚利桑那州以及其他富有沙漠地的地区，都用沙做无土栽培基质。主要优点是价格便宜，来源广泛，栽培应用的效果也很好；缺点是持水性差、容重大，搬运和更换基质时比较费工。

沙的容重为每立方米1 500～1 800千克。沙的pH为6.5～7.8，持水量和碳氮比均低，没有盐基交换量。沙具有易于排水的特性，利于通气，但不易保存水分和养分。沙粒是惰性的，不同粒径的沙粒对植物生长发育有不同的影响，在无土栽培中沙粒的大小范围为直径0.5～3毫米。沙的粒径大小配合应适当，如太粗易产生基质持水不良，易缺水但通气条件较好；沙粒太细则保水力较强，但易在沙中滞水，造成通气不良。作为基质使用时应进行过筛处理，剔去过大的沙砾，并用水冲洗，除去泥土、粉沙。

作为无土栽培基质，沙粒不能是石灰岩质的，因为石灰质的沙会影响营养液的pH，还会使一些养分失效。

5. 砾石

砾和沙一样均为固体无土栽培基质，颗粒直径大于3毫米，其保存水分和养分的能力，均低于沙，但通气性优于沙。砾石的粒径范围为1.6～20毫米，其中总体积一半的砾石粒径为13毫米左右。

砾的原材料应不含石灰，否则和石灰质的沙一样，会影响营养液的 pH 和养分。

砾石本身不具有盐基交换量，保持水分和养分的能力差，但通气排水性能良好。砾石在早期的无土栽培中发挥了重要作用，在当今的深液流栽培中，仍作为定植填充物使用。但砾石的容重为 1 500~1 800千克/米³，给搬运、清理和消毒等日常管理带来很大麻烦。

6. 火山岩

火山岩由火山爆发、熔岩凝固而成，是一种次生矿物。它和珍珠岩基本相似，但较重，也不易吸水。在物理和化学性质上，是惰性的。容重为 0.7~1.0 克/厘米³，粒径为 3~15 毫米。

火山岩一般呈红褐色，为多孔蜂窝状的块状物，打碎后使用，结构良好，但持水力较差。常用它和草炭或沙混合种植盆栽植物，也可单独用作无土栽培基质，应用的效果均较好。

7. 陶粒

陶粒是大小比较均匀的团粒状火烧页岩，在 800~1 100℃高温下煅烧制成。外壳硬而较致密，色赭红。从切面看，内部为蜂窝状的孔隙构造，容重为 500~1 000 千克/米³，大孔隙多，能漂浮在水上，通气好，碳氮比低。pH 4.9~9.0，盐基代换量每 100 克为 6~21 毫摩尔。陶粒较为坚硬，不易破碎，可反复使用。颗粒大小横径为 0.5~1 厘米者居多，少数横径小于 0.5 厘米或大于 1 厘米。可单独用作无土栽培基质，也可与其他材料混合使用。

8. 炉渣

炉渣是锅炉烧煤后的残渣。炉渣的容重为 630 千克/米³，pH6.7，但未经水洗的炉渣 pH 较高。使用时炉渣必须过筛，选择大小适于无土栽培的颗粒，方可使用。适宜的炉渣基质应有 80% 的颗粒在 1~5 毫米之间。

炉渣不宜单独用作基质，在基质中的用量也不宜超过 60%（体积）。炉渣一般不含有机质，K 0.110%，Ca 1.56%，Mg 0.244%，Fe 1.76%，Mn 258 毫克/千克，Cu 34.6 毫克/千克，Zn 48.2 毫克/千克，B 38.6 毫克/千克，碱解氮 18.99 毫克/千克，有效磷 0.9 毫克/千克，速效钾 151.3 毫克/千克，全硫 3.41 毫克/千克，有效硫 0.29 毫克/千克。

9. 煤矸石

煤矸石是煤炭开采、洗选及加工过程中排放的废物，约占煤炭产量的 15% 或更多。据不完全统计，我国每年排放煤矸石 1.5 亿~2.0 亿吨，历年堆积量达 33 亿吨，占地面积约 22 万公顷，煤矸石比重 1.53 克/厘米³，容重 0.63 克/厘米³，碱解氮 3.3 毫克/千克，有效磷 7.7 毫克/千克，速效钾 5.1 毫克/千克，全硫 3.53 毫克/千克，有效硫 0.83 毫克/千克。

（二）有机基质

1. 泥炭

泥炭又称泥煤或草炭等，是煤炭的一种，是植物残体在浸水和缺氧环境下腐解堆积保存而形成的天然有机沉积物。它的有机质含量高，有植物生长所需的丰富的营养成分。

泥炭是沼泽形成和发育过程中的产物，是五千乃至一万年以前低洼地上，植物年复一年枯死，呈半腐烂状态，逐年堆积而成的有机质矿体。它不仅是宝贵的非金属矿产资源，又是具有潜在肥力的土地资源。

泥炭按其植物来源、分解程度、化学物质含量及酸化程度的不同，可分为两大类：一是草炭（sedge peat），另一是泥炭苔（peat moss）。

泥炭苔的植物来源是泥炭藓（sphagnum），其分解程度很低，具有很高的吸水力，大约可吸收自身干重 10 倍的水。因其来源为水苔类低等植物，并没有维管束（vascular bundle），靠每根水苔之间中空的部分传导水分，同时大量的自由空隙传导空气。一般而言，泥炭苔即使压缩得很紧，也会有 16%~18% 的自由孔隙，以便使氧气（空气）流通。泥炭苔酸化程度高，一般 pH 在 3.8~4.5 之间，不利于病菌的生长。泥炭苔中大约有 1.0% 的氮肥，无磷或钾。

草炭（sedge peat）的植物来源为莎草（sedge）或芦苇（reeds），是较高等的维管束植物。分解后草炭的 pH 在 5.5 左右。

另外根据泥炭的营养含量，分为三类：即低位泥炭（富营养泥炭）、中位泥炭（中营养泥炭）、高位泥炭（贫营养泥炭）。其中位泥炭因介于高低位两种泥炭之间，可用于无土栽培。

泥炭含大量的有机质和腐殖酸，其有机质含量达 50%～70%，个别的达 85%，腐殖酸含量 20%～40%。泥炭的含氮量一般为 1.5%～2.5%，个别的可达 2.8% 以上。

草炭含有的速效氮很少，磷钾的含量偏低，一般含磷 0.3%～0.5%，含钾 0.6%～1.5%。草炭的碳氮比（C/N）为 20 左右，因此能够改善植物的碳素营养。草炭多呈酸性至微酸性反应，一般 pH 为 4.5～6.5，东北、西北、华北地区的草炭 pH 为 4.6～6.6；南方各省的草炭 pH 为 4.0～5.5。

到目前为止，泥炭仍然被认为是园艺作物无土栽培最好的基质之一。

草炭具有高的持水量和阳离子交换量，具有良好的通气性。能快速分解，一般呈酸性，pH 常小于 5。每立方米加入 4～7 千克白云石粉，能使 pH 升至满意的种植范围。草炭单独用作无土基质效果受影响，而应与炉渣、珍珠岩、蛭石等其他基质混合使用，其用量为 25%～75%（体积），以增加容重，改善结构。

2. 锯末屑

锯末屑又称锯末，为木材加工的副产品。锯末容重小，具有较强的吸水、保水能力，是一种便宜且来源广泛的无土栽培基质。锯末屑容重为 0.19 克/厘米^3，总孔隙度 78%，大孔隙 34%，小孔隙 44%，pH 4.2～6.2。但锯末屑的 C/N 比值较高，因此在使用前要进行腐熟，腐熟时可加一定量的氮素，加氮量相当于每立方米基质 3 千克硫酸铵，腐熟时间应在 3 个月以上。作为基质使用时应注意树种：红木锯末应不超过 30%，松树锯末应经过水洗或经腐熟发酵 3 个月以上，以减少松节油的含量。其他树种一般都可用。加拿大的无土栽培广泛应用锯末，效果良好。锯末可连续使用 2～6 茬，但每茬使用后应加以消毒。锯末一般含有机质 85.2%，N 0.18%，P 0.017%，K 0.138%，Ca 0.565%，Mg 0.0977%，Fe 0.500%，Mn 93.1 毫克/千克，Cu 15.8 毫克/千克，Zn 102 毫克/千克，B 11.2 毫克/千克。

3. 刨花

刨花在组成上类似锯末，体积较锯末为大，通气良好，但持水量和阳离子交换量较低。刨花和锯末一样，具有高的碳氮比，在使用前应当进行腐熟，腐熟方法同锯末屑。含 50% 刨花的基质，栽培植物的效果良好。

4. 树皮

树皮是木材加工过程中的下脚料。随着木材工业的发展，世界各国都注意树皮的利用。树皮的理化性质与锯末屑基本相近，较耐分解，但通气性强些而持水量低些，它是一种很好的园艺基质，价格低廉。树皮有很多种大小颗粒可供利用，从磨细的草炭状物质至直径 1 厘米的颗粒。最常用的大小范围为 1.5～6 毫米直径的颗粒。一般树皮的容重接近于草炭，与草炭相比，它的阳离子交换量和持水量比较低，碳氮比则较高，使用前须进行腐熟，腐熟方法参考锯末屑，腐熟的时间应在 1 个月以上。在树皮中，阔叶树皮较针叶树皮的碳氮比高。新鲜树皮的主要缺点是具有高的碳氮比和开始分解时速度快，但腐熟的树皮不成问题。

树皮可单独用作无土栽培基质，但一般都与其他基质混合使用，用量占总体积的 25%～75%。

5. 稻壳

稻壳又称砻糠，为稻米加工的副产品。用作无土栽培基质时，通常先行炭化（不可用明火）后再使用，称为炭化稻壳。

炭化稻壳色黑，容重为 0.15～0.24 克/厘米^3，总孔隙度 82.5%，其中大孔隙 57.5%，小孔隙

25%，持水量 55%。含全氮 0.54%，全磷 0.049%，速效钾 6625 毫克/千克，代换钙 884.5 毫克/千克。未经水洗的炭化稻壳 pH 常达 9.0 以上，应经过水或用酸调节后使用，这样对作物生长比较安全。稻壳使用时应加入适量的氮，以调节其高碳氮比，在基质中的用量，不能超过总体积的 25%。

炭化稻壳通气性好，但持水孔隙度小，持水能力差，使用时需经常浇水。另外稻壳炭化过程不能过度，否则极易破碎。

6. 椰糠

椰糠也称为椰子壳纤维，是椰子加工工业的副产品。目前，椰糠是无土栽培应用越来越多的一种有机基质，椰糠容重为每立方米 90～120 千克，通气孔隙度为 25%～45%，具有较好的吸水及保水性能。栽培用的椰糠条，由不同比例的椰糠和椰块（30%椰块、70%椰蓉）压缩而成，近几年生产中应用时，为提高通气孔隙，增加了椰块比例（达到 70%）。长宽高规格一般为 100 厘米×20 厘米×8 厘米或 100 厘米×15 厘米×10 厘米。椰糠的理化性质与草炭相似，透气和排水性较好，保水和持肥能力也较强，又是一种可再生资源，开发应用前景非常广阔。

椰糠基质的优点是：①相较于成品的岩棉栽培条，椰糠条的成本更低。②椰糠是植物性材料，易于回收处理。③椰糠栽培条透气性与保水性可调整的范围更大。可根据需求采用不同椰块、椰蓉比例，缓冲性更强，能满足更加多样的现代温室灌溉策略。④椰糠基质在使用时的缓冲能力比岩棉更强。缺点是：①椰糠条在使用前期会固定营养液中大量的钙元素，使植物表现为缺钙，造成营养液配制环节中种植者对于钙元素用量的错误判断。②在使用时椰糠释放的丹宁会对营养液 pH、根系环境有较长期的影响。③椰糠产品标准化程度低，不利于标准化管理。

椰糠可以单独用作基质，也可与珍珠岩、蛭石、炉渣等混合，配制成复合基质。

7. 菇渣（棉籽壳）

菇渣是种植食用菌后的废弃培养料，经过堆沤腐熟处理，可用作无土栽培的基质，堆沤处理时间一般为 20～30 天。棉籽壳菇渣容重为每立方米 240 千克，pH 6.4，总孔隙度 74.9%。菇渣中矿质元素含量较高，棉籽壳菇渣一般含有机 50.8%，N 0.97%，P 0.252%，K 1.110%，Ca 1.86%，Mg 0.691%，Fe 0.556%，Mn 146 毫克/千克，Cu 13.0 毫克/千克，Zn 43.8 毫克/千克，B 11.5 毫克/千克。一般菇渣不单独用作无土栽培基质，通常与炉渣、沙、蛭石等混合配制成复合基质，种植作物的效果较好。

8. 农作物秸秆

农作物秸秆包括玉米秸、玉米芯、葵花秆和芦苇末等，都是农业废弃物，但经过适当的处理可用作无土栽培的基质，从而不但增加了基质的来源，而且大大降低了无土栽培基质的成本。在作物秸秆用作无土栽培基质方面，中国农科院蔬菜所做了大量的研究和技术推广工作。

玉米秸一般是把它粉碎后发酵或直接施于地里。若对其做适当的处理后能用作无土栽培基质，使用后还能返田改良土壤。处理方法是先粉碎再发酵，发酵时每立方米玉米秸中加入 3.0 千克硫酸铵（或尿素 1.5 千克），然后用水浇湿，使含水量达到 70%～75%，盖上塑料薄膜，发酵时间由环境温度和是否添加发酵菌来决定，夏天一般 20 天左右，冬天要延长。玉米秸一般 pH 为 7.5 左右，容重 0.13 克/厘米^3，总孔隙度 83.2%，含有机质 83.2%，N 1.06%，P 0.106%，K 1.070%，Ca 0.668%，Mg 0.392%，Fe 0.102%，Mn 49.4 毫克/千克，Cu 11.5 毫克/千克，Zn 17.5 毫克/千克，B 11.6 毫克/千克。

随着食用菌的发展，玉米芯绝大部分用来种蘑菇，种完蘑菇后一般就废弃不用了，因此用作基质成本很低，进行无土栽培 2～3 年后还可以还田改良土壤。未种过蘑菇的玉米芯用作基质的前处理方法同于玉米秸，种过蘑菇的处理方法也基本相同，只是加氮量可以适当减少。玉米芯作为基质，优势比玉米秸明显，因为玉米芯比玉米秸难分解，其种植作物后损耗量很小。

葵花秆也可用于制作基质，其处理和发酵方法同玉米秸，所不同的是葵花秆碳氮比较高，发酵时间要长于玉米秸。葵花杆一般 pH 为 5.7 左右，容重 0.15 克/厘米^3，总孔隙度 67.55%，含有机质 84.97%，N 0.772%，P 0.108%，K 0.862%，Ca 0.242%，Mg 0.348%，Fe 313 毫克/千克，Mn 20.8 毫克/千克，Cu 27.1 毫克/千克，Zn 9.16 毫克/千克。

腐熟的玉米秸、玉米芯和葵花秆应与炉渣、珍珠岩、蛭石等配制成复合基质，其栽培植物的效果较好。

9. 泡沫塑料

成分为有机质，但性质接近于无机基质。泡沫塑料主要是聚苯乙烯、脲醛等，尤以聚苯乙烯为最多。这些泡沫塑料可取自塑料包装材料制造厂家的下脚料。泡沫塑料的容重小，为 0.01~0.02 克/厘米^3。有些泡沫塑料可以吸收大量的水分，而有些则几乎不吸水。如 1 千克的脲醛泡沫塑料可吸持 12 千克的水，总孔隙度 82.8%，大孔隙为 10.2%，小孔隙为 72.6%，pH 为 6.5~7.0。泡沫塑料非常轻，用作基质时必须用容重较大的颗粒如沙、石砾来增加容重，否则植物难以固定。由于泡沫塑料的排水性能良好，它可以作为栽培床下层的排水材料，在屋顶绿化中，也是比较理想的底层排水材料。

二、基质的配制

（一）配制要求

1. 基质的适用性

基质的适用性是指选用基质的理化性质是否符合种植某种蔬菜的要求。一般来说，基质的总孔隙度在 75% 左右、气水比在 0.5 左右、化学稳定性强、pH 适中、无有毒有害物质时，都是适用的。基质的适用性还体现在虽然基质的某些性状会阻碍作物生长，但若这些性状是可以通过经济有效的措施予以消除的，则这些基质也是适用的。如锯末屑、树皮、作物秸秆等 C/N 较高的基质，经过一段时间的堆沤发酵，就可以用作无土栽培基质。

2. 理想基质的要求

无土栽培基质也称为"人工土壤"。自然土壤由固相、液相和气相三相组成。固相为支持植物，液相提供植物水分和水溶性养分，气相为植物根系提供氧气。土壤孔隙由大孔隙和毛管孔隙组成，前者起通气排水作用，后者起吸水持水作用。无土栽培基质的作用是代替自然土壤，因此理想的无土栽培基质应能满足如下要求：①适于种植众多种植物且能完成整个生长周期。②容重轻，便于搬运。总孔隙度大，达到饱和吸水量后，尚能保持大量空气孔隙。③吸水率大，持水力强，同时，过多的水分容易疏泄，不致发生湿害。浇水少时，不会开裂；浇水多时，不会黏成一团而妨碍植物根系呼吸。④不携带病虫草害。⑤不会因高温、熏蒸、冷冻而发生变形变质，便于重复使用时进行灭菌灭害。⑥本身有一定肥力，但又不会与化肥、农药发生化学作用，不会对营养液的配制和 pH 有干扰，也不会改变自身固有的理化特性。⑦没有令人难闻的气味。⑧不会污染土壤，本身就是一种良好的土壤改良剂，并且在土壤中含量达到 50% 时也不出现有害作用。⑨日常管理简便，pH 容易随意调节。⑩价格不高，用户在经济上能够承受。

（二）基质配方

基质的配比，生产上一般以 2~4 种基质相混合为宜。复合基质组成应做到容量适宜、透气保水，以适用各种作物生长为重，其次经济有效。

1. 北京郊区常用基质配方

（1）1∶1 的草炭、蛭石（沙）。

（2）1∶1 的草炭、锯末（树皮）。

（3）1∶1 的草炭、珍珠岩。

（4）1∶1的蛭石、珍珠岩。

（5）1∶1的椰糠、蛭石（珍珠岩）。

（6）3∶1的草炭、珍珠岩。

（7）1∶1∶2的草炭、蛭石、珍珠岩。

（8）1∶1∶1的草炭、珍珠岩、沙。

（9）1∶1∶1的草炭、珍珠岩、树皮。

（10）1∶1∶1的草炭、蛭石、锯末。

（11）2∶1∶1的草炭、树皮、刨花。

（12）3∶3∶4的玉米秸、蛭石、菇渣。

（13）3∶4∶3的玉米秸（芯）、菇渣、沙。

（14）5∶3∶1∶1的玉米秸、菇渣、蛭石、粗沙。

2. 育苗与盆栽基质

（1）加州大学用混合基质　0.5米³细沙（粒径0.05～0.5毫米）、0.5米³粉碎草炭、145克硝酸钾、145克硫酸钾、4.5千克白云石石灰石、1.5千克钙石灰石、1.5千克20%过磷酸钙。

（2）康奈尔大学用混合基质　0.5米³粉碎草炭、0.5米³蛭石或珍珠岩、3千克石灰石（最好是白云石）、1.2千克过磷酸钙（20%五氧化二磷）、3千克复合肥（N、P、K含量5-10-5）。

（3）中国农业科学院蔬菜花卉研究所盆栽基质　0.75米³草炭、0.13米³蛭石、0.12米³珍珠岩、3千克石灰石、1.0千克过磷酸钙（20%五氧化二磷）、有机生态型无土栽培专用肥8.0～12.0千克。

（4）草炭矿物质混合基质　0.5米³草炭、0.5米³蛭石、700克硝酸铵、700克过磷酸钙（20%五氧化二磷）、3.5千克磨碎的石灰石或白云石。

混合基质中含有草炭，当植株从育苗钵（盘）中取出时，幼苗植株根部的基质就不易散开。当混合基质中没有草炭或草炭含量小于50%时，植株根部的基质将易于脱落，因而在移植时，务必小心以防损伤根系。

如果用其他基质代替草炭，则混合基质中就不用添加石灰石，因为石灰石主要是用来提高基质的pH。

3. 有机生态型栽培基质

有机生态型栽培基质的原料资源，丰富易得，可因地制宜。加工处理简便，玉米秸、葵花秆、油菜秆、麦秸、大豆秸、棉花秆和椰壳、菇渣、蔗渣、酒糟以及锯末、树皮、刨花、中药渣等，均可使用。为调整基质的物理性能，可加入一定量的无机物质，如蛭石、珍珠岩、炉渣、沙等，加入量依需要进行调整，有机物与无机物之比按体积计可自2∶8至8∶2。混配后的基质容重在0.3～0.65克/厘米³，每立方基质可供净栽培面积6～9米³（即栽培基质的厚度为11～16厘米）。常用的混合基质有：4份草炭＋6份炉渣，5份沙＋5份椰子壳，5份葵花秆＋2份炉渣＋3份锯末，7份草炭＋3份珍珠岩，等等。

基质的养分水平，因所用有机物质原料不同，可有较大差异，以N、P、K三要素为主要：每立方基质内应含有全氮（N）为0.6～1.8千克，全磷（P_2O_5）为0.4～0.6千克，全钾（K_2O）为0.8～1.6千克。

有机生态型栽培基质更新年限，因栽培作物不同为3～5年。含有作物秸秆的混合基质，因在作物栽培过程中基质本身的分解速度较快，所以每种植一茬作物，均应补充一些新的混合基质，以弥补基质量的不足。

（三）基质混合

1. 基质用料选择

基质混合的总要求是：降低基质的容重，增加孔隙度，增加水分和空气的含量。

单一基质存在着投资成本、环境问题和能否满足作物生长等问题，因此基质发展的趋势是复合化。

有机基质养分齐全，肥效持久，但养分释放平稳缓慢，难以在作物养分需要的高峰期提供足够的养分，而且质量缺乏稳定性，批量间质量不均匀一致。如秸秆、树皮、锯末要测定碳氮比，一般要调整到30：1以下，否则在栽培过程中需要追施大量氮肥，并且分解迅速，容易板结。故单一使用有机基质不如与无机基质混合使用，依靠有机基质的团聚作用或成粒作用，能使不同的材料颗粒间形成较大的空隙，保持混合物的疏松，稳定混合物的容重，使混合基质有较好的理化性质，在水、气、肥协调方面优于单一基质，为作物的根系生长提供良好的环境。

一般无土栽培，应选择能够循环利用、不污染环境并且能够解决环境问题的有机与无机复合基质。不仅要从基质的物理、化学、生物学性质的角度考虑，还要从经济效益、市场需要、环境要求等因地制宜地选择基质。混合时，基质以选择2～4种混合为宜。

2. 基质的混合

混合基质时，若量少可在水泥地面上用铲子搅拌，量多则应用搅拌机或混凝土搅拌器。

干的草炭一般不易弄湿，混合前要提前1天喷水；也可加入非离子润湿剂，每40升水中加50克次氯酸钠，能把1米³的混合物弄湿。

混合基质技术指标应达到：栽培基质有机基质占40%～60%，C/N≤30；基质容重0.35～0.65克/厘米³，最大持水量240%～320%；总孔隙度85%，pH为5.8～6.4，总养分含量3～5千克/米³。

3. 混合基质检测

混合好的基质，使用时必须测定基质的盐分含量（电导度），以确定基质是否会产生盐害。基质盐分含量可采用电导仪测定基质溶液的电导率来测得。若需要进一步证明配制的混合基质的安全性，应从作物生长外观情况来判断基质是否对作物产生危害。在正常供水的条件下，作物幼苗定植后缓苗慢、作物叶片出现凋萎等现象，则说明该基质中的盐分含量可能太高，不能使用。

第三节　营养液配制

营养液是将含有植物生长发育所必需的各种营养元素的化合物，按一定数量和比例溶解于水中所配制而成的溶液。营养液的配制和管理是无土栽培技术的核心。无土栽培生产的成功与否，很大程度上取决于营养液配方和浓度是否合适，营养液管理是否能满足植物各个不同生长阶段的养分需求。不同地区的气候条件、水质、作物种类、品种等都对营养液的使用效果产生很大影响，因此要正确了解营养液的组成、配制、变化规律及其调控技术。

一、营养液的组成

（一）组成原则

一是营养液中必须含有植物生长所需的全部营养元素，无论是大量元素还是微量元素都必须根据作物种类、栽培条件进行合理调配。矿质营养元素种类要齐全，各种元素之间的比例要恰当，以保证作物的平衡吸收，满足作物生长发育的需要。

二是各种营养元素的化合物必须要求具有良好的溶解性，是根部可以吸收的状态。

三是营养液中各营养元素的数量和比例应符合植物正常生长发育需要，应保持化学平衡、均匀分布且不发生沉淀。

四是配制的营养液要具有适宜的总盐分浓度及酸碱度。

五是组成营养液的各种化合物，在栽培过程中应在较长时间内保持其有效状态。

六是组成营养液的各种化合物，在被根系吸收的过程中造成的生理酸碱反应是比较平稳的。
七是配制营养液所用水应是无污染水，不含杂质和有害物质。

（二）营养液配方

配方原料要求纯度高、杂质少。微量元素最好使用螯合态的微量元素，特别是铁元素；如果使用无机态的微量元素，最好是试剂级的品质。主要蔬菜作物的营养液配方见表 7 - 2 至表 7 - 7。

表 7 - 2　每 1 000 升番茄栽培营养液配方

肥料	微量元素含量（克）	大量元素含量（克）
螯合铁（含 10%Fe）	15	—
硫酸锰（含 28%Mn）	1.78	—
硼（含 20.5%B）	2.43	—
硫酸锌（含 36%Zn）	0.28	—
硫酸铜（含 25%Cu）	0.12	—
钼酸钠（含 39%Mo）	0.128	—
硝酸钙	—	680
硝酸钾	—	525
磷酸二氢钾	—	200
硫酸镁	—	250

表 7 - 3　黄瓜栽培营养液配方

	肥料	营养液元素浓度（毫克/升）	肥料用量（毫克/升）
大量元素来源	硝酸钙	氮 140 钙 160	900
	硫酸镁	镁 25	250
	磷酸二氢钾	磷 46 钾 56	200
	硝酸钾	氮 45 钾 127	350
	硫酸钾	钾 50	120
微量元素来源	螯合铁（含 10%Fe）	铁 1.0	10
	硫酸锰（含 28%Mn）	锰 0.3	1.07
	硼（含 20.5%B）	硼 0.7	3.40
	硫酸锌（含 36%Zn）	锌 0.1	0.276
	硫酸铜（含 25%Cu）	铜 0.3	0.120
	钼酸钠（含 39%Mo）	钼 0.5	0.092

表 7 - 4　甜瓜栽培营养液配方

单位：毫克/升

肥料	日本园式配方	山崎甜瓜配方	静冈大学配方
硝酸钙 [Ca（NO$_3$）$_2$·4H$_2$O]	945	826	944
磷酸二氢铵（NH$_4$H$_2$PO$_4$）	153	152	114

（续）

	肥料	营养液元素浓度（毫克/升）	肥料用量（毫克/升）
硫酸钾（K_2SO_4）	—	—	522
硫酸镁（$MgSO_4 \cdot 7H_2O$）	493	369	492

注：表内为大量元素配方。其微量元素能用配方（毫克/升）如下：

硫酸亚铁＋乙二胺四乙酸二钠（$FeSO_4 \cdot 7H_2O + Na_2EDTA$）13.9＋18.6；硼酸（$H_3BO_3$）2.86；硫酸锰（$MnSO_4 \cdot 4H_2O$）2.13；硫酸锌（$ZnSO_4 \cdot 7H_2O$）0.22；硫酸铜（$CuSO_4 \cdot 5H_2O$）0.08；过钼酸铵［$(NH_4)6Mo_7O_24 \cdot 4H_2O$］0.02。

表7-5　生菜栽培营养液配方

单位：毫克/升

肥料名称	肥料用量	肥料名称	肥料用量
硝酸钙	1 122	螯合铁	16.80
硝酸钾	910.0	硫酸锌	1.20
磷酸二氢钾	272	四硼酸钠	0.28
硝酸铵	40	硫酸铜	0.20
硫酸镁	247	钼酸钠	0.10

注：用草炭育苗可不加锰，否则加硫酸锰0.86毫克/升。

表7-6　蕹菜栽培营养液配方

肥料种类	用量
硝态氮（NO_3^-）	19.0毫摩/升
磷（$H_2PO_4^-$）	2.0毫摩/升
硫（SO_2^-）	1.0毫摩/升
铵态氮（NH_4^+）	0.5毫摩/升
钾（K^+）	11.0毫摩/升
钙（Ca_2^+）	4.75毫摩/升
镁（Mg_2^+）	2.0毫摩/升
铁	40微摩/升
锌	4.0微摩/升
硼	30微摩/升
铜	0.75微摩/升
钼	0.5微摩/升
锰	5微摩/升

表7-7　斯泰奈营养液配方

大量元素	用量（毫克/升）	微量元素	用量（毫克/升）
磷酸二氢钾	135	EDTA铁钠	6.44
硫酸钾	251	硫酸锰	2
硫酸镁	497	硼酸	2.7
硝酸钙	1 059	硫酸锌	0.5
硝酸钾	292	硫酸铜	0.08
氢氧化钾	22.9	钼酸钠	0.13

　　叶菜类作物所需要的基本配方列于表7-8。这些蔬菜所需要的微量元素浓度都是一样的，但大

量元素则需根据作物的种类，乘上不同的倍数，就是该作物所需要的浓度。例如，白菜和莴苣所需的营养液中的大量元素，可将表7-5至表7-8的硝酸钙、硝酸钾、硫酸镁和磷酸一铵的浓度乘1.5倍，菠菜等则需乘上2倍，芥菜等需乘2.5倍，就能配成该作物所需要的营养液（表7-9）。

表7-8 叶菜类营养液的基本配方

	化肥种类	浓度（毫克/升）
大量元素	硝酸钙 [Ca (NO₃) 2·4H₂O]	236
	硝酸钾（KNO₃）	404
	硫酸镁 [MgSO₄·7H₂O]	123
	磷酸一铵（NH₄H₂PO₄）	57
微量元素	螯合铁（Fe-EDTA）	20
	硼酸（H₃BO₄）	1.2
	氯化锰（MnCl₂·4H₂O）	0.72
	硫酸铜（CuSO₄·5H₂O）	0.04
	硫酸锌（ZnSO₄·7H₂O）	0.09
	钼酸钠（Na₂MoO₄·2H₂O）	0.01

表7-9 不同叶菜类栽培营养液的浓度

蔬菜种类	大量元素浓度为基本配方倍数	电导率（毫西）	pH
白菜、莴苣	×1.5倍	1.3	6.0
菠菜、苋菜、油菜、茼蒿、空心菜	×2.0倍	1.7	6.0
青梗白菜、芥菜、芥蓝、结球莴苣	×2.5倍	2.0	6.0

不同地方进行无土栽培生产时，由于配制营养液的水源不同，可能或多或少会影响配制的营养液，有时会影响营养液中某些养分的有效性或严重影响植物的生长。进行无土栽培生产之前，应对水质进行分析检验。表7-10为硬水地区的番茄浓液（母液）配方。

表7-10 硬水地区的浓液配方

	浓液配方
浓液Ⅰ	5.0千克硝酸钙溶解于100升水中
浓液Ⅱ	100升水溶解以下各种肥料： 8千克硝酸钾（KNO₃） 4千克硫酸钾（K₂SO₄） 6千克硫酸镁（MgSO₄） 600克硝酸铵（NH₄NO₃） 300克螯合铁（Fe-EDTA） 40克硫酸锰 MnSO₄·H₂O 24克硼酸（H₃BO₃） 8克硫酸铜 CuSO₄·5H₂O 4克硫酸锌 ZnSO₄·7H₂O 1克钼酸铵 [（NH₄）2MoO₄]
浓液Ⅲ	6升硝酸和3升磷酸加入水中，使总量达到100升

资料来源：英国农业部，1981。

表 7-10 中，磷和氮的不足部分由硝酸和磷酸供给，钙除了硝酸钙外，不包括水中含钙的浓度，这里 K/N 比值达 2.55，加酸后其比例会下降。浓液Ⅱ中没有磷肥，所需的磷主要从磷酸中供给（浓液Ⅲ）。

在种植番茄时，第一穗果开始膨大，此时对钾的需求量增加，营养液中应增加钾的浓度，同时也应提高电导度。在果实开始采收，也就是定植后第 8 周，浓液罐中的硝酸钙和硫酸镁的含量应该减少，这样可以促进更多的钾进入营养液系统。

如果所用的水含钙量很高，溶液中钙的含量不断积累，配制营养液时就应当减少硝酸钙的用量，如水中含有 120 毫克/升的钙，则硝酸钙完全可以不加，此时应增加硝酸钾 0.86 千克，减少硫酸钾 0.74 千克，如果 Ca^{2+}、Na^+、SO_4^{2-}、Cl^- 等在溶液中不断积累，营养液就应该全部更换。

在软水地区配制营养液应该增加硝酸钙用量，使钙浓度达到 120 毫克/升以上。同时碳酸盐的浓度低，因此配制营养液时酸的用量也减少了。但此时应该用磷酸二氢钾来增加磷，同时 K/N 比也比较合适，表 7-11 为利用软水配制的 1：100 营养液浓度配方。

浓液Ⅰ和Ⅱ稀释 100 倍后，它的浓度（毫克/升）为：氮 214、磷 68、钾 434、镁 59、钙 128、铁 4.5、硼 0.4、锰 1、铜 0.2、锌 0.09、钼 0.05。

表 7-11 中，氮可从硝酸中供应一部分，但数量很少，水中的钙没有计算在硝酸钙里。

表 7-11 软水地区的浓液配方（英国）

	浓液配方
浓液Ⅰ	7.5 千克硝酸钙溶解于 100 升水中
浓液Ⅱ	100 升水溶解以下各种肥料： 9.0 千克硝酸钾（KNO_3） 3.0 千克磷酸二氢钾（KH_2PO_4） 6.0 千克硫酸镁（$MgSO_4$） 300 克螯合铁（Fe-EDTA） 40 克硫酸锰 $MnSO_4 \cdot H_2O$ 24 克硼酸（H_3BO_3） 8 克硫酸铜 $CuSO_4 \cdot 5H_2O$ 4 克硫酸锌 $ZnSO_4 \cdot 7H_2O$ 1 克钼酸铵 $[(NH_4)_2MoO_4]$
浓液Ⅲ	10 升硝酸加入 100 升水中

（三）营养液浓度表示法

营养液浓度，是指一定重量或一定体积的营养液中，所含溶质（即元素或肥料）的数量。表示法有：肥料重量/体积（克、毫克/升）、元素重量/体积（克、毫克/升）、百万分比浓度、物质的量浓度等。目前常用间接表示法，即电导度（EC），电导度（EC）是溶液含盐量的导电能力，其单位名称为毫西门子，简称毫西/厘米（mS/cm）。

二、营养液的配制

营养液是无土栽培的核心。营养液的配制与使用是无土栽培的关键技术。

（一）配制原则

配制营养液之前应先测定水的 pH，并确定其是否含有重金属，北方硬水地区的水质，其 pH 常达到 7.5 以上，要用酸把它调整到 6.0，否则有部分元素会产生沉淀。

一般而言，每 1 吨水要下降 1 个 pH，需用 95％ 的浓硫酸 25～50 毫升。反之，pH 低于 5.0 时，要升高 1 个 pH 单位，每 1 吨水需加 40％ 的饱和氢氧化钠溶液 50～100 毫升。

在制备营养液的许多盐类中，硝酸钙最易和其他化合物起化合作用，如硝酸钙和硫酸盐混在一起容易产生硫酸钙沉淀，硝酸钙的浓溶液与磷酸盐混在一起，也容易产生磷酸钙沉淀。容易与其他化合物起化合作用而产生沉淀的盐类，在浓溶液时不能混合在一起，但经过稀释后就不会产生沉淀，此时完全可以混合在一起。

生产上的营养液，为了配制方便，一般都先配成 100 倍浓度的原液（浓缩液或母液），使用时再稀释成栽培营养液（直接用于作物种植）。因此就需要两个溶液罐，即 A 罐和 B 罐，A 罐盛硝酸钙溶液时，一般以钙盐为中心，凡不与钙作用而产生沉淀的化合物均可放置在一起溶解，如硝酸钙、硝酸铵钙、硝酸钾和螯合铁；B 罐盛其他盐类的溶液时，一般以磷酸盐为中心，凡不与磷酸根产生沉淀的化合物都可溶在一起，如硫酸钾、硝酸钾、磷酸二氢钾、硫酸镁、硫酸锰、硫酸铜、硫酸锌、硼砂和钼酸钠等。此外，为了调整营养液的 pH 范围，还要有一个专门盛酸（碱）的溶液罐，一般称 C 罐，酸液罐一般是稀释至 10％ 的浓度。若将所有的微量元素单独溶于一个 C 罐，就另外再设一个 D 罐盛酸液。

（二）营养液配制程序

（1）称量　按配方依次称取各种肥料，名物相符，称量准确。

（2）分罐　母液为 A、B、C 贮液罐。A 罐混合并溶解硝酸钙等钙肥；B 罐混合溶解硫酸、磷酸盐类以及其他微量元素；C 罐盛酸（碱）。

（3）母液配制　向贮液罐中加入最终体积 80％ 左右的水，检查酸碱度，调至微酸性（pH5.5～6.5）。分别溶解各种肥料，先用温水溶解 Na_2-EDTA 和硫酸亚铁，加入 A 罐中，然后溶解硝酸钙，加入 A 罐中，边加边搅拌。加入 B 罐中的肥料，先溶解硫酸镁，加入罐中，然后依次加入磷酸二氢铵和硝酸钾。硼酸用温水溶解后加入，然后分别加入其余的微量元素肥料。A、B 罐分别加水至预定体积，搅拌均匀后备用。

（4）工作营养液配制　母液稀释为工作营养液时，在加入各种母液的过程中，也要防止沉淀的出现。工作营养液的配制步骤为：①贮液池中放入 1/2～2/3 的清水，调整 pH 5.5～6.0。②量取 A 母液的用量并倒入贮液池，开启水泵并搅拌均匀。③量取 B 母液量，缓慢地倒进入口处，开启水泵并搅拌均匀。④最后加酸（碱）液，调整营养液 pH 5.5～6.0。

直接称量营养元素化合物配制工作营养液时，在贮液池中加入钙盐及不与钙盐产生沉淀的盐类之后，不要立即加入磷酸盐及不与磷酸盐产生沉淀的其他化合物，而应在水泵循环大约 30 分钟或更长时间之后再加入。加入微量元素化合物时也要注意，不应在加入大量营养元素之后立即加入。

配制工作营养液时，如果发现有少量的沉淀产生，就应延长水泵循环流动的时间以使产生的沉淀溶解。如果发现由于配制过程中加入化合物的速度过快，产生局部浓度过高而出现大量沉淀，并且通过较长时间开启水泵循环之后仍不能使这些沉淀溶解时，应重新配制营养液，否则在种植过程中可能会由于某些营养元素沉淀而失效，最终出现营养液中营养元素的缺乏或不平衡而表现出生理失调症状。例如微量元素铁被沉淀之后出现的植物缺铁失绿症状。

自动循环营养液栽培中，母液 A 罐、B 罐和 C 罐均用 pH 仪和 EC 仪自动控制。当栽培槽中的营养液浓度下降到标准浓度以下时，浓液罐会自动将营养液注入营养液池。此外，当营养液中的 pH 超过（降低）标准时，酸液罐也会自动向营养液池中注入酸（碱），在非循环系统中，也需要这 3 个罐，从中拿出一定数量的母液，按比例进行稀释后灌溉植物。

三、营养液的管理

营养液管理就是营养液配成以后至给予作物之间的管理技术。其中包括营养液配方的管理、营养液浓度与酸度的管理、氧气的增加、加液次数与加液量、营养液的补充与更新等几个方面，主要管理措施如下：

（一）营养液配方管理

作物的种类不同，营养液配方不同。即使同一种作物，不同生育期、不同栽培季节，营养液配方也应略有不同，也就是说要根据作物的种类、品种、生育阶段、栽培季节进行配方管理，才能减少一些生理性病害，节约水肥、降低成本、获得高产、高品质。

营养液配方，应考虑作物的生育阶段以及所需收获的器官是果实还是茎叶。叶菜类只有植物的营养生长阶段，而果菜类以果实收获为目标，不仅有营养生长阶段，还有开花结果的生殖生长期。即使同样是果菜类，考虑也不尽相同，如黄瓜、番茄、甜瓜的营养与生殖生长，番茄是吃成熟的果实，黄瓜是吃幼果，甜瓜是营养生长与生殖生长截然分开的作物，营养生长中途因打尖、拿杈而停止，只让结1~2个果实，直至成熟。营养生长期与生殖生长期元素间的比例应略有不同；一般情况下营养生长期的配方，氮的比例较高，以促进茎叶的生长，结果期应增加磷钾肥，以满足果实成熟的需要。

（二）营养液浓度管理

营养液浓度直接影响作物的产量和品质。

监测营养液浓度的变化，就要经常检查 EC 值。但电导率仪仅能测量出营养液各种离子总和，无法测出各种元素各自的含量。虽然营养液的组成是按作物养分吸收特性制定的，但时间长了，组成浓度也会有所改变。20 世纪 90 年代，北京市农科院蔬菜所刘增鑫研究提出了北京地区几种蔬菜营养液浓度的管理指标（表 7-12）。因此，每隔一段时间要进行一次营养液的全素分析，及时调整补充个别元素，以免出现缺素症状。没有条件的地方，也要经常细心地观察作物生长情况，有无生理病害的迹象发生，若出现缺素或过剩的生理病害，要立即采取补救措施。

表 7-12　几种蔬菜生育期营养液 EC 管理指标

种类	生育前期（毫西/厘米）	生育后期（毫西/厘米）
番茄	2.0	2.5
甜瓜	2.0	2.5~3.0
生菜	2.0	2.0~2.5
油菜	2.0	2.0
菜心	2.0	2.0
芥蓝	2.0~2.5	2.5~3.0

在开放式无土栽培系统中，营养液的电导度一般控制在 2~3 毫西/厘米。封闭式无土栽培系统中，绝大多数作物其营养液的电导度不应低于 2.0 毫西/厘米，当电导度低于 2.0 毫西/厘米时，就应给营养液中补充足够的预先配制好的浓溶液（即母液）。

英国温室园艺研究所曾进行番茄的长季节栽培，番茄在弱光条件下适宜较高的电导度，他们指出 EC 值在 2~10 毫西/厘米，番茄均能生长，然而 EC 值高于 4.0 毫西/厘米时番茄的总产量显著降低，但较高的 EC 值（小于 6.0 毫西/厘米）能有效地抑制植株过旺的营养生长。

北京市农业技术推广站在小汤山大型温室无土栽培番茄，不同生长阶段采用的 EC 值有所不同，从子叶展平到第 1 花序现蕾，灌溉液 EC 值从 0.5 毫西/厘米逐渐升高至 2.0 毫西/厘米；第 1 穗果转色期（第 7 花序开花），EC 值以 2.0～3.0 毫西/厘米为宜；番茄成株期（即第 1 穗果开始采收后）灌溉液 EC 值在不同气候条件下需求不同（表 7-13）。

番茄生产过程中，每天需要对排出液的 EC 值进行监测，以确保 EC 值在合理范围内。排出液收集一般在温室的居中位置，收集测量时间一般为每天第 1 次排液之前。理想状态下排出液的 EC 值以 4.0～6.0 为宜。根据 2016—2017 年茬口小汤山特菜基地连栋温室樱桃番茄工厂化生产排出液 EC 值的监测结果，排出液 EC 值在 3.50～5.50 毫西/厘米之间，符合生产需求（表 7-14）。

表 7-13　不同基质 EC、不同气候条件下番茄成株期灌溉液 EC 管理

单位：毫西/厘米

基质 EC	寒冷气候 EC	正常气候 EC	温暖气候 EC	炎热气候 EC
<3.5	3.0	2.7	2.4	2.1
<4.0	2.9	2.6	2.3	2.0
<4.5	2.8	2.5	2.2	1.9
>4.5	2.7	2.4	2.1	1.8

表 7-14　番茄不同生育时期适宜灌溉策略

生育时期	周期（天）	灌溉总量（升/株）	EC 值（毫西/厘米）		pH		排液量（%）
			灌溉液	排出液	灌溉液	排出液	
缓苗期（第 1 穗果坐果前）	7～10	50～100	2.0	3.5	5.2	5.2	0
开花坐果期（第 1 穗果坐果至第 2 花序开花）	7～10	300～500	2.5	3.5	5.2	5.2	10
第 2 穗果坐果至第 3 穗果坐果	7～10	500～800	2.8	3.9	5.2	5.3	20
第 3 穗果坐果至成株期	28～35	800～1 500	3.1	4.0	5.2	5.3	30
成株期	200～250	1 500～2 000	3.5	5.5	5.2	5.5	30

番茄无土栽培时高浓度管理比低浓度管理的果实糖度高；收获前提高营养液管理浓度，可以增加果实的糖度。

叶类蔬菜的 EC 值管理，以生菜为例，播种至分苗前，植株只需清水即可完成发芽过程。在分苗期，营养液 EC 值控制在 1.2 毫西/厘米；在定植期，定植 1 周内的幼苗，EC 值控制在 1.5～1.6 毫西/厘米，定植 1 周后，EC 值控制在 1.8～2.0 毫西/厘米。采收前 3～5 天，EC 值可降低至 1.5～1.6 毫西/厘米。

营养液浓度的变化不应太激烈，一般不宜超出配方的 10%，否则作物的生长就不会正常。EC 值太低时，应加入已配制好的母液。反之，如 EC 值太高，则应加清水进行调整。营养液中大量元素的比例是否合适，每两周应分析 1 次。微量元素 1 个月应分析 1 次，然后根据分析的结果进行调整。

(三) 营养液酸碱度管理

蔬菜作物土壤栽培的最适 pH 大部分都在 6.0～6.9 这一范围，营养液的 pH 一般要维持在最适 pH 范围，尤其水培，对于 pH 的要求更为严格。这是因为各种肥料成分均以离子状态溶解于营养液中，pH 高低直接影响各种肥料的溶解度，从而影响作物的吸收。尤其在碱性情况下，会发生直接影响金属离子的吸收而发生缺素的生理性病害。如生菜在 pH 8.0 的营养液中生长缓慢，全株黄化。油菜、芥蓝等叶菜类营养液的 pH 管理，在某种程度上显得比营养液浓度管理更为重要。

可通过酸碱中和的措施来调节。北京大型连栋温室番茄无土栽培，为保证植株的正常生长，一般将灌溉液的 pH 调节至 5.0～6.0。此外，还需要每天监测排出液的 pH，进而进行调整。pH 调节可以采用直接和间接 2 种方式。直接调节可通过增加酸（HNO_3、H_3PO_4）、碱（KOH）来实现。间接调整可在保证 N 元素总量不变的情况下，用 NH_4^+ 代替 NO_3^- 来降低植株根际的 pH。

叶类蔬菜生菜水培的生长最适 pH 是 5.5～6.5，当 pH＞6.5 时，用稀硝酸或磷酸调整，当 pH＜5.5 时，用 NaOH 或 KOH 溶液进行调整。

（四）营养液中氧气含量管理

水培的设施系统不同，则其营养液的供氧方式也不同，深液流法植物的根系浮在营养液中，吸收营养元素的同时也吸收氧。如根系供氧不足，植物就不能正常吸收营养元素，生长缓慢甚至死亡。营养液膜法，植物根系的上半部处在潮湿的空气中，下半部浸在营养液中吸收养分和水分，也能吸收部分氧。雾培法则能同时兼顾吸收营养元素、水分和氧，但对设备运转能力要求较高。因此在考虑循环利用营养液以满足根系对养分和水分吸收的同时，应该注意到只有营养液中氧的溶解度可以满足植物的需要时才能使作物生长良好。

营养液中的氧气含量受多种因素影响。无土栽培，作物根系所需要的氧气多从营养液中吸收，其根系对氧气吸收量（消耗量），除了因作物的种类有异外，也与温度的升高有关（表 7－15）。表中值表明营养液温度越高，根对氧气的需求量越大。以黄瓜为例，1 克根每小时在 100 毫升溶液中，温度为 20℃时耗氧量为 0.18 毫升，温度上升至 30℃时，则需 0.41 毫升，增加约 1.3 倍。

表 7－15　不同蔬菜耗氧量与温度的关系

单位：毫升/克

种类	耗氧量				
	15℃时	20℃时	25℃时	30℃时	35℃时
黄瓜	0.09	0.18	0.29	0.41	0.43
番茄	0.16	0.22	0.26	0.39	0.40
茄子	0.08	0.14	0.22	0.29	0.34
甜椒	0.12	0.19	0.26	0.38	0.42
草莓	0.26	0.30	0.36	0.41	0.51

此外，耗氧量与作物的生育期有关，网纹甜瓜夜温 23℃时，每株每天吸液量为 600 毫升，耗氧量在开花期每天为 170.2 毫升，果实出现网纹时为 516 毫升（吸液量 990 毫升/天），收获期耗氧量减至 422 毫升（吸液量为 810 毫升/天），耗氧量约为吸收营养液量的一半。

温度还与营养液溶氧量关系密切：营养液温度越高，营养液中饱和溶存氧气的浓度越低。如 20℃时营养液中氧的饱和溶氧量为 6.42 毫升/升（9.2 微克/毫升），30℃时则降至 5.34 毫升/升（7.6 微克/毫升），见表 7－16。

表 7－16　营养液温度与饱和溶氧量的关系

营养液温度（℃）	饱和溶氧量	
	毫升/升	微克/毫升
1	9.96	14.2
5	8.96	12.8
10	7.91	11.3
15	7.11	10.2
20	6.42	9.2
25	5.86	8.4
30	5.34	7.6
35	4.83	6.7

注：1 毫升/升≈1.4 微克/毫升，1 微克/毫升≈0.7 毫升/升。

目前，郊区主要通过发展不同的水培方法、控制环境温度、人工措施来增氧。

第四节　无土栽培方式及案例

蔬菜无土栽培，可以有多种分类方式，如按应用、设备机具、基质进行分类，可归纳如下：

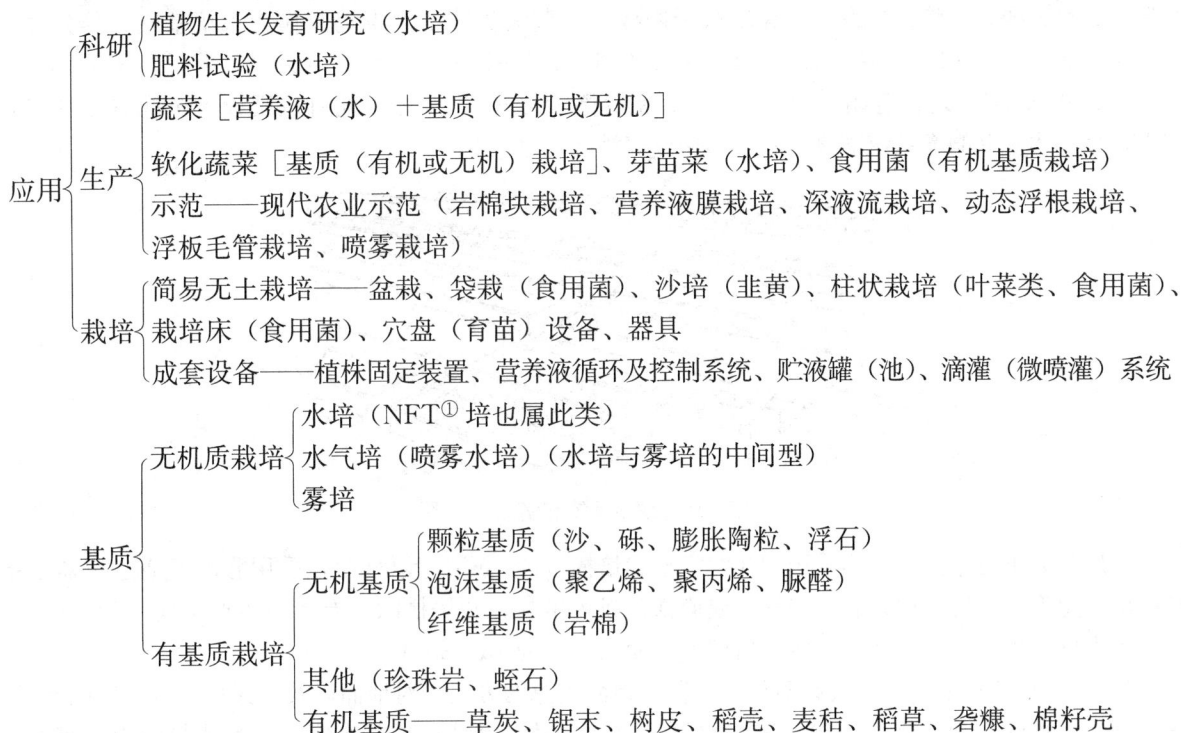

应用
- 科研
  - 植物生长发育研究（水培）
  - 肥料试验（水培）
- 生产
  - 蔬菜［营养液（水）＋基质（有机或无机）］
  - 软化蔬菜［基质（有机或无机）栽培］、芽苗菜（水培）、食用菌（有机基质栽培）
  - 示范——现代农业示范（岩棉块栽培、营养液膜栽培、深液流栽培、动态浮根栽培、浮板毛管栽培、喷雾栽培）
- 栽培
  - 简易无土栽培——盆栽、袋栽（食用菌）、沙培（韭黄）、柱状栽培（叶菜类、食用菌）、栽培床（食用菌）、穴盘（育苗）设备、器具
  - 成套设备——植株固定装置、营养液循环及控制系统、贮液罐（池）、滴灌（微喷灌）系统

基质
- 无机质栽培
  - 水培（NFT① 培也属此类）
  - 水气培（喷雾水培）（水培与雾培的中间型）
  - 雾培
- 有基质栽培
  - 无机基质
    - 颗粒基质（沙、砾、膨胀陶粒、浮石）
    - 泡沫基质（聚乙烯、聚丙烯、脲醛）
    - 纤维基质（岩棉）
  - 其他（珍珠岩、蛭石）
  - 有机基质——草炭、锯末、树皮、稻壳、麦秸、稻草、砻糠、棉籽壳

北京郊区发展蔬菜无土栽培生产，历史较短，生产上常见的主要有基质栽培、无基质栽培两大类型。

一、基质栽培

在容器或栽培床内装填一定数量的基质，浇灌营养液栽培作物的方法。基质主要是起固定和支持植株、并具有吸附营养液、改善作物根际透气功能的作用。作物根系通过基质吸收营养元素和氧气。基质栽培营养液的供应方法主要为滴灌。基质系统可以是开放式的，也可以是封闭式的，取决于是否回收和重新利用多余的营养液。在开放系统中，营养液不进行循环利用，而在封闭系统中营养液则进行循环利用。依据基质的组分，可分为有机基质、无机基质、混合基质三类。郊区应用这些基质的具体栽培方法如下。

1. 槽培

槽培就是将基质装入一定容积的栽培槽中以种植作物（图 7-14）。槽培法使用广泛而常见。栽培槽可简可繁，砖混结构、木板、红砖、塑料管（板）材等，最简单就是地上挖沟、上铺不织布再衬塑料布与土壤隔离即可成槽。总的要求是在作物栽培过程中能把基质维持在栽培槽内，而不能撒到槽外。

栽培槽建造时，规格大小和形状取决于不同作物田间操作的方便程度。如番茄、黄瓜等爬藤作

---

① NFT 指 Nutrient Film Technique 技术，它由营养液贮液池、泵、栽培槽、管道系统和调控系统构成。

物，通常每槽种植1～2行以便于整枝、绑蔓和收获等田间操作，槽宽一般为30～80厘米（内径宽度）。对矮生叶类菜可设置较宽较浅的栽培槽，进行多行种植，只要保证手能方便地伸到槽的中间进行田间管理就行。栽培槽的深度以10～15厘米（2～3层砖）为宜，槽的坡度至少应为0.4%，这是为了获得良好的排水性能，如有条件，还可在槽的底部铺设一根多孔的排水管。

基质准备好以后，即可装入槽中，布设滴灌管，营养液由水泵供给植株（图7-15）。有机生态型无土栽培系统，可将经过发酵、高温烘干制成的无菌无臭味的消毒鸡粪作为栽培基质（养分含量为：氮4.21%～5.22%、磷1.51%～2.30%、钾1.62%～1.94%、钙6.16%～7.68%、镁0.86%～1.34%、铁0.2%，还含有硼、锰、铜、锌、钼等微量元素），添加其他有机肥或无机配方肥料混合使用，用储水池和微灌系统灌溉清水而不用营养液。

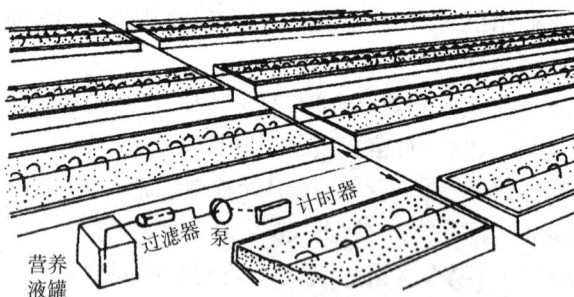

图7-15　槽培系统和滴灌装置图

工厂化果类蔬菜生产，多采用"几"字型栽培槽（Formflex栽培槽），采用彩涂卷通过机器设备挤压出一定形状，用于放置栽培岩棉块或椰糠条或种植袋，栽培槽除了要考虑生产上使用的便捷性，还要考虑安装以及使用寿命，一般栽培槽设计使用寿命为15～20年。

"几"字形栽培槽固定方式有两种，一种是地面支撑的方式，对地面以及支撑件都有一定的要求；第二种是吊挂的方式（图7-16），安装相对简单，但对温室结构负载有要求。番茄栽培槽一般槽间距1.6米，槽宽0.3米，高0.15米，栽培槽沿温室栽培方向有1:100的坡度，以便于营养液回收。

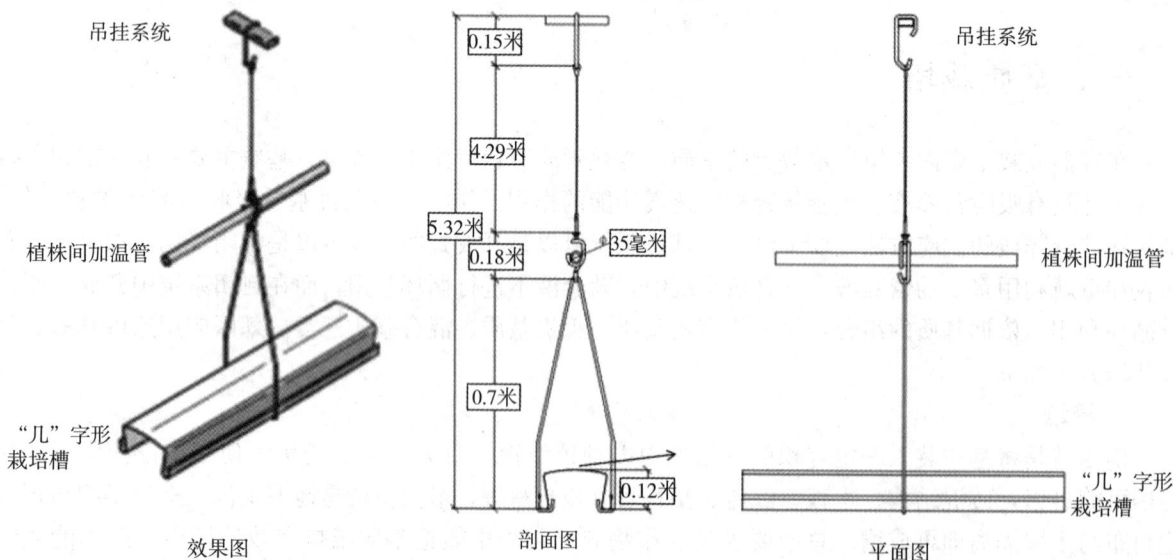

图7-16　"几"字形栽培槽结构示意图

2. 袋（桶）培

袋（桶）培法是将基质装在一定规格的塑料编织袋中的栽培法（图7-17）。也可将基质装在桶（图7-18）、箱、框等容积内，其他与槽培相似。袋子通常由抗紫外线的聚乙烯薄膜制成，这样可以使袋子至少使用2年。袋培的方式有两种：一种为开口筒式袋培，每袋装基质10～15升，种植1株番茄或黄瓜。另一种称做枕头式袋培，每袋装基质20～30升，种植2株番茄或黄瓜。

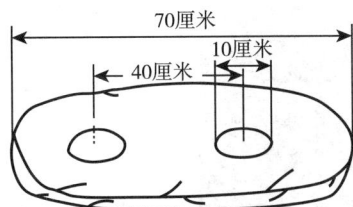

图7-17 枕头式袋栽定植穴示意图

图7-18 桶栽示意图

筒式袋培是将筒膜剪成35厘米长，用塑料薄膜封口机或电熨斗将筒膜一端封严后，将基质装入袋中，直立放置，即成为一个桶式袋，依据大小袋栽1～2株。枕头式袋栽是将筒膜剪成70厘米长，用塑料薄膜封口机或电熨斗封严筒膜的一端，装入20～30升基质，再封严另一端，依次摆放到栽培温室中。定植前，先在袋上开两个直径为10厘米的定植孔，两孔中心距离为40厘米。

在温室中排放栽培袋以前，温室的整个地面应铺上乳白色或白色朝外的黑白双色塑料薄膜，以便将栽培袋与土壤隔开，同时有助于冬季生产增加室内的光照强度。定植完毕即布设滴灌管，每株设置1个滴头。安装好滴灌系统（图7-19）。

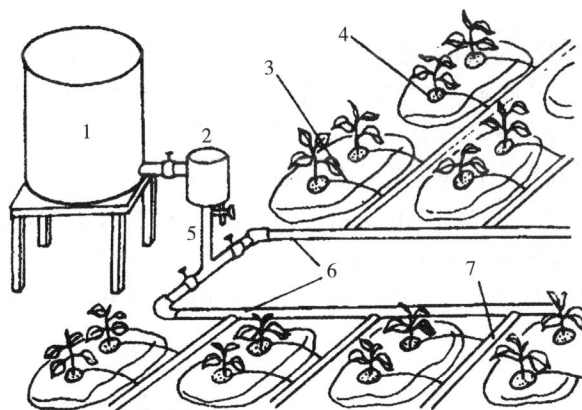

图7-19 番茄袋培滴灌系统示意
1. 营养液罐 2. 过滤器 3. 水阻管 4. 滴头 5. 主管 6. 支管 7. 毛管

无论是开口桶式袋培还是枕头式袋培，袋的底部或两侧都应该开2～3个直径为0.5～1厘米的小孔，以便多余的营养液能从孔中渗透出来，防止沤根。

3. 钵栽

在栽培钵（或盆）里填充基质种植作物，从钵的上部供应营养液，下部设排液管，排出的营养液回收于贮液器（池）内再利用的栽培方法。小汤山特菜基地为亚运会豆瓣菜供应任务完成后，为增加水培的特菜品种，利用原营养液供给的设备系统，将水培栽培槽床改建为立柱式钵栽，生产紫背天葵、油菜等叶类蔬菜，起到了叶菜无土栽培示范和观光科普的双重作用。

立柱钵栽由 10 个栽培钵上下串叠而成（图 7-20），栽培钵由高密度聚苯材料热模压制而成。栽培钵上口略向外倾斜，设置有 4 个栽植穴，后发展至 6 个。栽培钵中间有可以实现串叠的连接孔，孔径 50 毫米。栽培钵内衬垫无纺布，装入透气性、稳定性好的珍珠岩、蛭石和草炭混成的基质。立柱栽培的供液管路设置，是把供液支管顺着立柱行向布设在立柱上方，每个立柱设 4～6 根发丝管。将发丝管均匀分布在顶端栽培穴的四周，营养液流经栽培钵，一层层地湿润基质，最后经平面水培槽或地下管路，流回到贮液池中。

图 7-20　小汤山特菜基地立柱式栽培　1995

1999 年，在国家科委支持下，又对立柱串叠式钵栽进行了改进，形成了圆柱式家用阳台立体无土栽培设备。此后，墙面立体钵栽和多层无土栽培开始在观光区发展。但立柱栽培观赏采摘，应注意不能太高，间距要适宜，避免太高影响光照利用和采摘方便。

4. 岩棉、椰糠培

岩棉栽培都是用岩棉块进行育苗的。作物种类不同，育苗时采用的岩棉块大小也不同。一般番茄、黄瓜采用边长 10 厘米×10 厘米×6.5 厘米的岩棉块，除了上下两面外，岩棉块的四周应该用黑色塑料薄膜包上，以防止水分蒸发和盐类在岩棉块周围积累，冬季还可提高岩棉块温度。种子可以直播在岩棉块中，也可将种子播在育苗盘或较小的岩棉塞中（图 7-21），当幼苗第一片真叶开始显现时，再将幼苗移到大岩棉块中，如图 7-19 所示。也可在 2～3 片真叶时嫁接待成活后分苗，在播种或移苗之前，岩棉块用营养液浸透。由于岩棉不含作物需要的营养物质，因而种子出芽以后就要用营养液进行灌溉。育苗期间营养液的电导度应控制在 1.5 毫西/厘米以内，如幼苗徒长，则可适当提高电导度到 2.0 毫西/厘米。

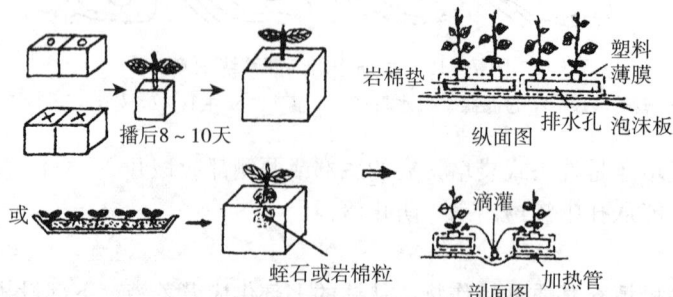

图 7-21　番茄岩棉、椰糠条块栽培育苗

定植用的岩棉条一般长 70～100 厘米，宽 15～30 厘米，高 7～10 厘米，岩棉条应装在塑料袋内。

定植前在袋上面开8厘米见方的定植孔,定植孔的个数根据定植密度而定。定植前要将温室内土地整平,为了增加冬季温室的光照强度,可在地上铺设白色塑料薄膜,以利于作物吸收反射光及避免土壤病害的侵染。

放置岩棉条时,要稍向一面倾斜,并在倾斜方向把包岩棉的塑料袋切2~3个排水孔,以便将多余的营养液排出,防止沤根,但排水孔不能开在定植孔的正下方。

岩棉栽培的灌溉系统采用滴灌方式。对于小规模岩棉栽培来说,滴灌系统可设计得简单一些,系统中只需要营养液罐、上水管、阀门、过滤器、毛管和滴头等简单设备即可。营养液罐架设到离地面1米的高度,营养液靠重力滴灌到岩棉中去。而对于大规模岩棉栽培来说,就需要增设pH传感器和控制仪、电导度传感器和控制仪、浓酸和浓液注入泵、电磁阀等设备。

在栽培作物之前,用滴灌的方法把营养液滴入岩棉条中,使之浸透。一切准备工作就绪以后,就可定植作物。岩棉栽培的主要作物是番茄和黄瓜。定植后即把滴灌管固定到岩棉块上,让营养液从岩棉块上往下滴,保持岩棉块的湿润,以促使根系在岩棉块中迅速生长,这个过程需7~10天的时间。当作物根系扎入岩棉垫以后,可以把滴灌头插到岩棉垫上,以保持根茎基部干燥,减少病害。

岩棉条里营养液的电导度一般控制在2.5~3.0毫西/厘米,当电导度超过3.5毫西/厘米时,就应该停止滴灌,而采用滴灌清水以洗盐;当电导度达到正常标准后,再恢复滴灌营养液。生产上也可采用加大营养液灌溉量的方式来洗盐,以降低岩棉基质里的含盐量。

椰糠条栽培基本同于岩棉条栽培。大型连栋温室岩棉、椰糠栽培详见第四章。

5. 沙培

沙是无土栽培中应用最早的一种基质材料,取材广泛,价格低廉。沙的不同粒径组成、物理性质存在很大差异,决定了栽培效果,粗沙透气好而持水力弱,细沙及粉沙相反。因此,沙作为无土栽培的槽培基质,使用中应注意沙粒不宜过细,以粒径0.6~2.0毫米为好。沙粒应均匀,不宜在大沙粒中加入土壤或细沙。沙子在使用前应进行过筛,剔除大的砾石,用水冲洗以除去泥土及粉沙。

20世纪80年代初,丰台区卢沟桥公社科技站,曾用沙培进行蔬菜生产试验。1999年,北京市农业技术推广站在特菜大观园日光温室内,进行了沙培甜瓜生产示范。建造了4米³营养液池和栽培沟槽以及回水槽,与滴灌相结合,组成无土栽培系统。营养液池、栽培槽用红砖和水泥砂浆砌成。挖沟成槽,栽培槽断面呈高为20厘米的倒三角形,用红砖将斜面拍实,砌红砖并铺上大棚塑料布,槽斜面深24~28厘米,夹角60°,槽长因设施而定,并有一定坡度;在槽的底角上方6厘米处铺设铁丝网,网上铺一层塑料纱窗布,布上铺沙厚10~13厘米成为沙培槽。当年生产甜瓜取得了较好的生产示范效果。

二、无基质栽培

无基质栽培法,包括水培和雾培。水培,即作物的根连续或断续地浸在营养液中吸收营养而生长发育,不需要基质的栽培方法。北京郊区大型连栋温室叶类蔬菜多以水培为主,其具体栽培方法如下。

(一) 水培

1. 营养液膜栽培

营养液膜栽培技术简称NFT(nutrient film technique)技术,它由营养液贮液池、泵、栽培槽、管道系统和调控系统构成。营养液在泵的驱动下从贮液池流出经过根系(0.5~1.0厘米厚的营养液薄层),然后又回到贮液池内,形成循环式供液体系(图7-22)。NFT技术营养液以浅层流动的形式在种植槽中从较高的一端流向较低的另一端,因这一层营养液很浅,0.5~1厘米,像一层水膜,故称之为"营养液膜技术"。它的一个显著特征是种植槽中的营养液是以 5～10 毫米的浅层状态流动，作物根系只有一部分浸泡在这一浅层营养液中，而绝大部分的根系是裸露在种植槽潮湿的空气里，这样由浅层的营养液层流经根系时可以较好地解决根系的供氧问题，也能够保证作物对水分和养分的需求。同时，NFT 生产设施中的种植槽主要是由塑料薄膜或其他轻质材料做成的，使设施的结构更为简单和轻便，安装和使用更为便捷。

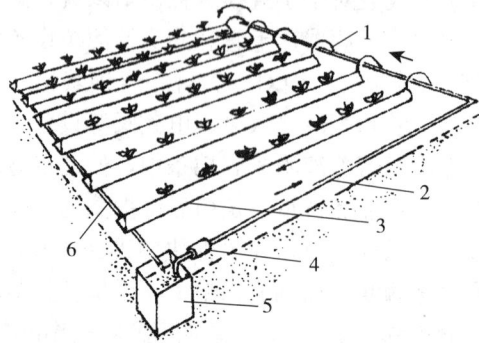

图 7-22　营养液膜系统的结构组成
1. 注入管　2. 出水管　3. 栽培槽　4. 泵　5. 贮液池　6. 回水管

　　根据栽培需要又可以分为连续性供液和间歇式供液两种类型。间歇式供液可以节约能源，也可以控制植株的生长发育，它的特点是在连续供液系统的基础上加一个定时器装置。从 NFT 原理又派生出不少 NFT 改良装置，如水泥固定栽培槽，可移动式塑料槽栽培和 A 形架管道栽培等。这些改良后的设施都为工厂化大规模生产提供了便利条件，也给提高单位面积的利用效率、稳产高产提供了可能。NFT 系统对速生性叶菜的生产较为理想，如果管理得当，产量也不低。适当扩宽栽培槽也可以种植番茄、甜瓜等高秆作物。

　　NFT 设施由种植槽、贮液池、营养液循环流动装置三个主要部分组成。也有的增加了浓缩营养液的自动供给装置，营养液加温、冷却和消毒装置等（图 7-23）。

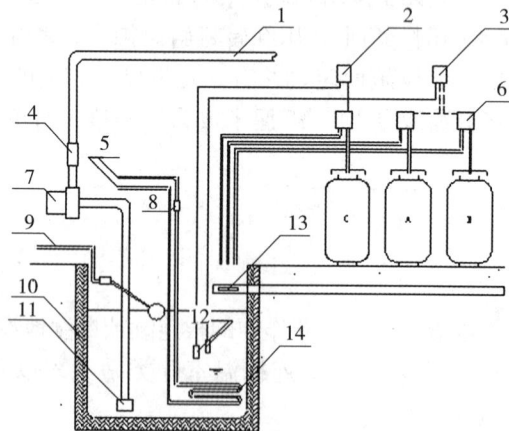

图 7-23　NFT 自动控制装置示意图
1. 供液管　2. pH 控制仪　3. EC 控制仪　4. 定时器　5. 暖气（冷水）管　6. 注入泵　7. 水泵
8. 暖气（冷水）控制阀　9. 水源和浮球阀　10. 贮液池　11. 水泵过滤网　12. EC 及 H 探头
13. 营养液回流管　14. 加温（冷却）管

　　（1）栽培槽　槽长常为 20 米左右，如果过长，作物在营养液流入处和流出处就会出现生长不一致的现象。槽底宽 25～30 厘米，槽高 20～25 厘米，槽的坡降为 1∶100～1∶75。槽中的营养液以浅层的形式流动，深度为 10～20 毫米，每分钟营养液的流量达到 2～4 升时，可满足大多数作物生长需求。

北京郊区生产上有两种栽培模式：一是支架苗床浅液流栽培模式，用铝合金材质或镀锌钢管材制作成床架式栽培苗床，苗床距地面高度为 50～100 厘米，栽培槽长 20～25 米，有一定坡度，宽 1.3 米，液深 0.5～1.0 厘米。栽培槽采用 EPS 固定板，槽床上铺 PE 银灰色防渗膜，植株通过聚丙乙烯漂浮板固定，定植密度为每平方米 24 株，营养液均通过水泵 24 小时持续供液，循环利用，京东方农业园区等采用此种方式。二是管道浅液流栽培模式，采用 PVC 材质或铝合金材料，管道扁圆形，宽 13 厘米，高 5 厘米，长 8～15 米，管道距离地面的高度为 50～100 厘米，有一定坡度。极星农业园区采用的是可移动式管道栽培床架。植株直接定植于栽培床架的定植孔中，定植密度一般为每平方米 25 株，营养液每 5 分钟供液一次，循环利用。

（2）贮液池（罐）　为了保证足够的营养液供给，必须配置贮液装置，有的建池，有的直接用罐。贮液池（罐）的位置一般设在地平面以下，这样做的好处：一是利于营养液从种植槽流回到贮液池（罐）里。二是有利于保持营养液温度，减少气温对液温的影响。贮液池（罐）容积的确定以确保作物生长之需为前提，大株作物如番茄、黄瓜等以每株 5 升计算，小株作物如沙拉莴苣、菠菜等以每株 1 升计算。营养液少固然可以节省建设成本，但液温易受气温的影响。因此，必须添加加温、冷却装置。反之，适当增加营养液总量有利于稳定液温，但建设投资也相应增加。

（3）营养液循环流动装置　主要由水泵、进回流管道和调节阀门等部分组成。

NFT 的优点：①由于塑料膜系一次性使用，所以不需要进行栽培槽消毒，生产操作容易。②根系呈网状，很发达，上部直接与空气接触，供氧充足。

NFT 的缺点：①营养液总量少，养分浓度变化大。②根际温度受室内温度的影响大。③系统封闭性强，根系密实度大，一旦发生根系病害，较容易传播甚至会蔓延到整个系统。④一旦停电或水泵出现故障不能及时循环供液时，很容易因缺水导致作物萎蔫。

2. 深液流栽培

深液流栽培，简称 DFT（deep flow technique）技术。DFT 系统所用的营养液的液层较深，一般可达 5～10 厘米。根系伸展到较深的液层中，由于液量多而深，营养液的浓度（包括总盐分、养分、溶存氧等）、酸碱度、温度以及水分存量都不易发生急剧变动，为根系提供了一个较稳定的生长环境，这是该技术的突出优点。营养液处于循环流动状态。流动不仅可以增加营养液的溶存氧，还可以消除根表有害代谢产物（最明显的是生理酸碱性）的局部累积，消除根表与根外营养液的养分浓度差，使养分能及时送到根表，更充分地满足植物的需要。

DFT 的优点主要表现在：① 设施内的营养液总量较多，营养液的组成和浓度变化缓慢，不需要频繁地调整浓度。② 床体中的热容量高，作物根圈温度变化不大，可以比较容易地进行加温或冷却。③ 营养液循环系统中有空气混入装置，很容易调节溶存氧，根部对养分的吸收率高。④ 可以在营养液循环过程中，对营养液浓度、养分、pH 等进行综合调控，保持营养液的稳定性。⑤ 营养液仅在内部循环，不会流到系统外，因此不会或很少对周围水体和土壤造成污染。⑥ 适生作物的种类较多，除了块根、块茎作物外，生长期长的果菜类和生长期短的叶菜类皆可种植。

DFT 的缺点主要表现在：① 由于需要的营养液量大，贮液池的容积也要加大。成本相应增加；② 营养液处于循环状态，水泵运行时间长，动力消耗大。③ 营养液循环在一个相对封闭的环境之中，一旦发生病原菌就有可能造成迅速传染甚至蔓延至整个种植系统。

DFT 设施的种类较多，使用的材料也各不相同，但基本的结构是由种植槽、定植板、贮液池、营养液循环系统等组成（图 7 - 24）。

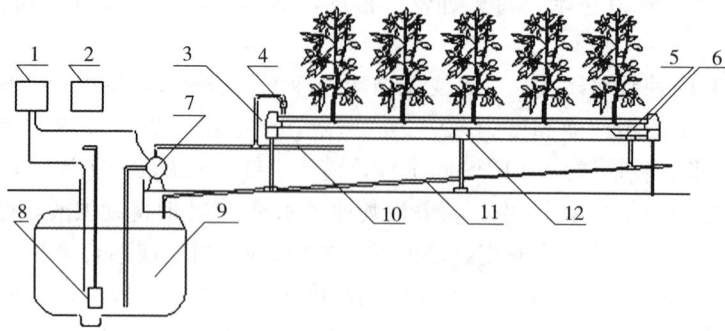

图7-24 深液流系统示意图

1.供液及液温控制盘　2.追肥控制装置　3.种植槽　4.空气混入器　5.液位调节器　6.定植板　7.水泵
8.水泵　9.贮液池　10.供液管道　11.回流管道　12.栽培架

栽培槽可以用硬质塑料制成的定型产品，也可以用硬质塑料板、木板、钢板或水泥预制件做成可拼装的镶嵌式预制块，安装时在水平地面上拼装起来，种植槽内再铺上一层塑料薄膜（图7-25）。

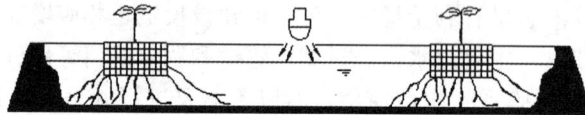

图7-25 深液流栽培槽示意图

北京郊区小汤山特菜大观园、天通泰农业园区等，采用支架槽式（铝合金床架液池）和地面槽式（砖砌液池）两种深液流栽培模式，支架槽式液池距地面高度为65厘米，液池长22.8米，宽2米，深20厘米，液深5～10厘米；落地槽式液池，地面砖砌成池，液池长22.8米，宽2米，深20厘米，液深10～15厘米。在液池床上铺双层黑白地膜防渗，营养液循环利用，植株通过漂浮板定植于栽培床上，定时开启供液系统或气泵，实现营养液循环利用。

每个池槽都有给液孔、排液孔，给液处装有空气混入器，排液处有液位调节器。

（二）雾（气）培

雾培，即喷雾栽培，又称气培，是利用喷雾装置将营养液雾化，直接喷射到植物的根系，以提供其生长所需的水分和养分的一种营养液栽培技术（图7-26）。植物的根系生长在黑暗条件下，悬空于雾化后的营养液环境中，封闭黑暗的条件是根系生长必需的，以免植物根系受到光照滋生绿藻。

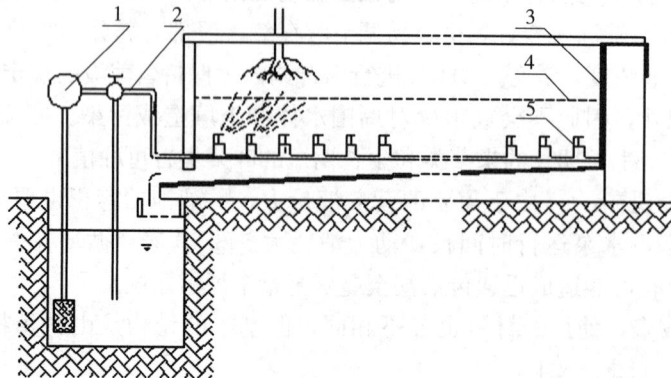

图7-26 喷雾栽培装置示意图（松井，1992）
1.水泵　2.供液管　3.聚乙烯板　4.不锈钢网　5.喷头

　　喷雾栽培技术较好地解决了营养液栽培技术中根系的水气矛盾，特别适宜于叶菜类作物的生产。由于是 A 形立体栽培，空间利用率可比一般栽培方式提高 2 倍以上。

　　雾培设施，由种植槽和供液系统两大部分组成。

　　制作种植槽材料有许多，如硬质塑料板、泡沫塑料板、木板和水泥预制板等。形状也有多种，如三角板形也称 A 形（图 7 - 27）、梯形（图 7 - 28）。

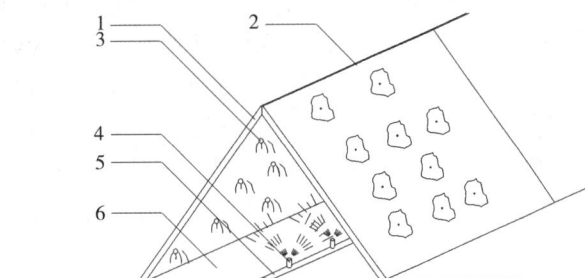

图 7 - 27　A 形喷雾培种植槽示意图（池田）

1. 泡沫栽培板　2. 塑料膜　3. 根系　4. 喷头　5. 供液管　6. 地面

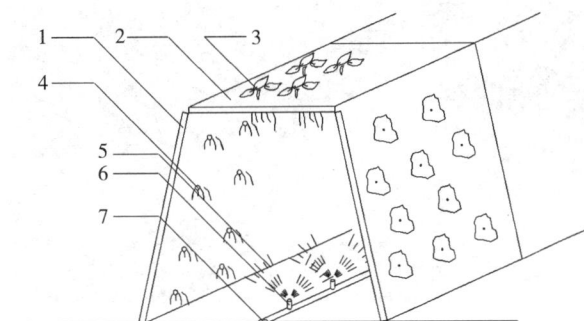

图 7 - 28　梯形喷雾培种植示意图

1. 泡沫侧板　2. 泡沫顶板　3. 植株　4. 根系　5. 雾状营养液　6. 喷头　7. 供液管

　　供液系统包括液池、水泵、管道、过滤器和喷头等，其中关键的部分是喷头和过滤器，过滤不好和喷头阻塞是影响喷雾效果的主要原因之一。利用超声气雾机可以把营养液雾化喷到作物根系上，既简化了供液系统，又可以杀灭营养液中的病原菌，对作物生长十分有利。此外，由于这种方式是以间歇喷雾的形式供液的，为了防止在停止供液时植株吸收不到足够的养分，必须注意要适当提高营养液浓度。

　　2012 年 12 月 19 日至 2013 年 4 月底，小汤山特菜大观园采用 A 形雾培叶类蔬菜（图 7 - 29），生产实验表明：芹菜、结球生菜不适宜在 A 形斜面高架进行气雾培；而气雾培散叶生菜，较常规栽培增产、增值分别为 181.2% 和 30.2%。目前看，气雾培方式还不适宜规模化蔬菜生产，可用于科普或观光休闲。

图 7 - 29　A 形架雾气培侧面　曹之富　2013

三、基质栽培生产案例

（一）顺义贾山村日光温室基质栽培番茄

2012年春，北京市农业技术推广站组织郊区20名设施蔬菜技术人员，去荷兰学习大型温室蔬菜现代化栽培技术。回国后，参与学习的区种植业中心副主任刘学鉴和木林镇贾山村北京绿富农果蔬产销专业合作社，将荷兰无土栽培技术应用于自己的大跨度日光温室内，为此，新建了半地下式砖钢结构日光温室，跨度13.5米，长55米，脊高4.2米，下沉1.2米，覆盖高透光率PO膜，墙体为37厘米砖墙。严寒时期，增加了隔热材料保温等措施，在京郊首次开展了基质栽培番茄生产试验，主栽品种为连栋温室无土栽培中表现良好的"佳丽14"，温室生长期为298天，试验生产结果较好（图7-30），截至2013年6月20日，全棚产量达到12 225千克。雷喜红等对此生产试验进行了技术总结。

图7-30 贾山日光温室基质袋培番茄长势 刘学鉴 2013

1. 基质栽培槽

夯实温室内地面，按照畦距1.4米，槽长55米、槽宽40厘米、槽高20厘米的规格，砖砌了8个东西向延长的栽培槽（畦）。

选择混合基质，草炭、蛭石、珍珠岩体积配比为3∶1∶1配制，提前3～4天在平整地面上用铁锹充分混合，灌装至70厘米×40厘米×10厘米栽培袋中，用订书钉封口。定植前1周摆放于栽培槽，用刀片开8厘米见方的菱形栽培孔，"品"字形排列，并插入滴箭。定植前1～2天浇透清水，浸透后在袋底钻回液孔2个，使基质不积水。每袋定植3株（约2.5株/米²），单株基质占有量约9升，定植总株数为2 100株。

2. 营养液配方

生产所用营养液配方，由北京市农林科学院蔬菜研究中心刘伟研究员提供，将全生育期配方分为定植至第3穗果、第3穗果至第12穗果，第12穗果至拉秧三个阶段（表7-17）。

根据对应阶段的营养液配方，准备好所有原料肥。配制时，按顺序分别配制A肥、B肥和C肥母液。配制前准备好带有刻度的100升白塑料桶，先在桶内加水60～70升，将A母液所需第一种肥料[Ca（NO₃）₂·4H₂O]准确称量后慢慢加入水中不断搅拌直至完全溶解，再依次加入第二种肥料（KNO₃）搅拌直至完全溶解，以此类推，待A液各种肥料逐一溶解后，加水定容至100升，通过水泵抽入施肥机A母液桶备用。B肥母液配制流程与A肥相同。C肥用玻璃烧杯直接量取所需磷酸加入水中搅拌，定容至100升后抽入C母液桶。在施肥机控制软件界面设定EC、pH及灌溉液稀释比例（100 倍），自动灌溉。

表 7 - 17　番茄营养液配方

化合物	定植—第 3 穗果	第 3 穗果—第 12 穗果	第 12 穗果—拉秧
A 液（千克）			
Ca（NO$_3$）$_2$·4H$_2$O	5.90	5.90	5.90
KNO$_3$	1.67	1.67	1.67
5Ca（NO$_3$）$_2$·NH$_4$NO$_3$·10H$_2$O	0.40	0.40	0.40
（DTPA - Fe 10%）	0.20	0.40	0.40
B 液（千克）			
MgSO$_4$·7H$_2$O	2.10	3.07	2.10
KNO$_3$	3.38	3.38	3.38
K$_2$SO$_4$	0.87	1.74	1.74
KCl	—	74	—
H$_3$BO$_3$	0.03	0.03	0.03
MnSO$_4$·4H$_2$O	0.022	0.022	0.022
ZnSO$_4$·7H$_2$O	0.002 2	0.002 2	0.002 2
CuSO$_4$·5H$_2$O	0.001	0.001	0.001
（NH$_4$）$_6$MO$_7$O$_{24}$·4H$_2$O	0.000 5	0.000 5	0.000 5
C 液（毫升）			
H$_3$PO$_4$	1 000	1 000	1 000
适宜的 pH	6.0（5.5~6.5）	6.0（5.5~6.5）	6.0（5.5~6.5）
适宜的 EC 值	2.5	2.6~3.0	2.6

注：100 升桶，100 倍母液肥料用量。

3. 营养液管理

生产期间根据天气、植株长势和基质湿度情况对营养液进行动态管理，定植至第 3 穗果灌溉 EC 为 2.5 毫西/厘米，第 3 穗果至第 12 穗果 EC 为 2.6~3.0 毫西/厘米，第 12 穗果至拉秧 EC 为 2.6 毫西/厘米。番茄适宜 pH 为 5.5~6.5 之间，通过 C 母液 1‰磷酸调控。一般在栽培过程中 pH 呈升高趋势，当 pH 小于 7.5 时，番茄仍可正常生长，但如果 pH 大于 8，就会破坏营养成分的平衡，引起铁、锰、硼、磷沉淀，造成缺素症，必须及时调整。

基本灌溉策略为：日出后 2 小时开始灌溉，日落前 2 小时停止灌溉，成株期晴天灌溉次数为 6~8 次，阴天灌溉次数为 3~4 次，日落前 5 小时停止灌溉，回液控制在 5%~10%，根据越冬低温情况适度减少灌溉，不同时期灌溉量如表 7 - 18。

表 7 - 18　基质栽培番茄灌溉量

日期	植株生长时期	日均浇水量（毫升/株）
8 月 6 日—9 月 20 日	苗期—定植	133.34
9 月 20 日—10 月 5 日	定植—开花	500.63
10 月 5 日—10 月 12 日	开花坐果期	1 000.17
10 月 12 日—11 月 27 日	第 1 穗果实坐果—成熟期	1 100.72
11 月 27 日—1 月 31 日	成株期（低温控苗）	500.34
2 月 1 日—6 月 30 日	成株期	1 120.64

4. 田间管理

（1）育苗及定植　栽培品种为佳丽14（美国圣妮斯公司生产），2012年8月6日播种，72孔穴盘基质育苗，育苗基质为2∶1∶1的草炭、蛭石、珍珠岩（体积比）混合基质，子叶展平后叶面喷施2‰的保利丰20-20-20＋TE水溶肥，7天喷施1次，2片真叶后肥料浓度提高到3‰，每周喷施2次，待秧苗3叶1心时分苗至8厘米口径营养钵以便嫁接，8月31日采用贴接方式嫁接，砧木为果砧一号，9月20日将秧苗定植于栽培袋，全棚定植总株数为2 100株。

（2）环境调控　以温度调控为核心，温度指标为白天25～28 ℃，最高不超过32 ℃；夜间15～18 ℃，最低不低于8 ℃。根据季节变化情况，9月为自然通风阶段，10月为自然通风逐渐转为保温阶段；11月至翌年3月为增温保温阶段；4月为自然通风阶段；5—6月为自然通风及强制降温阶段，主要通过风口调节、棉被卷放及遮阳网收放控制。冬季11月至翌年2月通过加厚棉被、外墙体安装5厘米厚挤塑聚苯乙烯保温板、温室前屋面外底脚盖旧棉被、太阳能及电辅助加热、地热线等保温增温措施。极端天气下，应用应急增温块和热风炉增温，冬季最低温保持在7.2 ℃以上，勉强达到最低温度需求。

光照方面，定期清理棚膜，保证透光率不低于70%。整个生育期保持光照1万勒以上，温室北侧配套LED补光灯具，根据光照监测数据必要时开启补光灯，保持全天光照时间长12～15小时。

（3）植株调整　番茄植株采用单杆整枝，定植1周左右开始吊秧，将吊蔓专用落蔓钩上部固定在温室吊线上，下部吊线固定在植株基部，落蔓钩可在铁丝上移动。吊秧完成后1周左右开始绕秧，绕秧时将番茄植株中上部按照顺时针方向缠绕至吊绳上，每次绕2～3圈，吊绳避开新开放花穗。绕秧后进行打杈操作，第1侧枝长至8厘米左右时去除，其余侧枝尽早从杈基部去除。

采用熊蜂授粉，每亩放置1箱熊蜂，每隔45天更换1次。当温室内20%的植株开花时释放熊蜂，每日检查"吻痕"，施药的前一天下午回收熊蜂，移出温室，避免施用杀虫剂。

也可采取开花时生长素处理，按照说明书浓度使用，促使其正常坐果。

每周进行1次疏花疏果，每穗果有50%的果实坐住时进行操作，及时摘除畸形果、虫咬果、病果，每穗留3～4个。番茄第1穗果实开始转色后进行摘叶，成株期每株番茄保留15片叶左右。摘叶时紧贴叶柄离层去掉叶片，以减少机械损伤，促进伤口快速愈合，减少病害感染的概率。当植株坐果至7穗果时开始进行落蔓，将番茄吊绳挂钩沿同一方向翻转放绳，落蔓20～30厘米，挂钩翻转放绳后向同一方向平移20～30厘米重新固定，避免扭裂或折断茎蔓，植株吊蔓高度保持一致。

（4）病虫害防治　整个生长期内坚持预防为主，综合防治。温室改造之初，修建了脚部消毒池，配备了专用手部和器械消毒机。8月空闲期高温闷棚2周，定植前3天采用异丙威和百菌清烟剂进行消毒。生产中，每亩悬挂黄板20张对粉虱等害虫进行监测和诱杀，并定期更换；及时查看病虫害发生情况；针对烟粉虱、灰霉病、晚疫病分别应用螺虫乙酯、戊唑醇等药剂进行防治，平均10天用药1次。除棚膜流滴造成室内湿度偏大，灰霉病、晚疫病、灰叶斑病零星发生外，未出现暴发性病虫害，保障了生产的顺利进行。

（二）顺义沿河日光温室基质槽培黄瓜

2014年秋，北京市农业技术推广站和顺义区种植业中心，在顺义沿河基地的日光温室（跨度9.36米、长64米），开展了基质槽培黄瓜生产示范（图7-31），于8月14日播种，9月14日定植、10月16日始收，2015年4月15日生产结束，全生育期214天、累计采收89次、用水122.8米³、用肥266.9千克、总产4 568.4千克。单方水产出黄瓜37.2千克。王铁臣对此生产进行技术总结如下。

图 7-31　沿河日光温室黄瓜无土栽培　王铁臣　2014

1. 栽培设备与基质

（1）栽培设备　采用北京"绿东国创"公司专利产品"果菜标准复合栽培"配套装备，包括栽培槽、基质袋（无纺布，图 7-32）、方形定植钵（图 7-33）、营养液池等。营养液池置于栽培区域中部地面以下，砖混砌筑、防水防渗漏，容积 3.5 米³。置放栽培槽的地面夯实平整，尤其槽体延长方向要保持水平，根据栽培畦槽距埋设好给水、回水管道网。

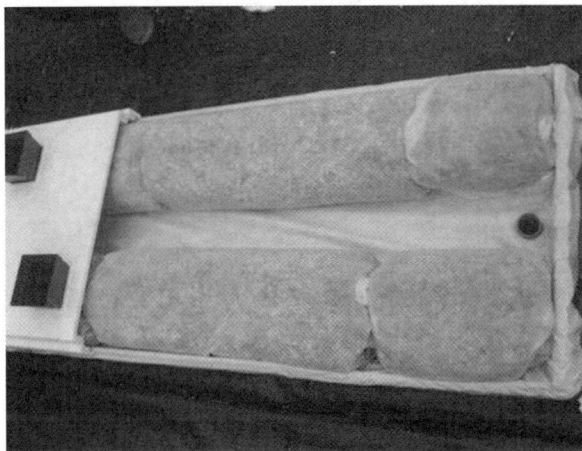

图 7-32　沿河日光温室基质袋槽培　王铁臣　2014

图 7-33　果类菜定植槽及槽内的定植钵　汪晓云　2018

（2）栽培基质　由草炭、蛭石、珍珠岩按体积比 5∶3∶2 混成。①混配：取一较大容积的容器（如 200 升容器桶），按照比例量取各种基质，人工多次倒堆，反复混拌使基质充分混合均匀。②装袋：混配均匀后用固定填充容器装袋，每袋填充量 30 升，填后用细绳扎口。③摆放：槽中并排摆放 2 排，靠向槽两侧，两排基质袋中间距 10 厘米左右，同时将基质袋上部抚压平整。④浸润：摆毕，将每槽末端的排液孔堵住或限位提高，启动灌溉系统向栽培槽中缓慢注入清水，将满时停止注水并使水保留在栽培槽中以浸润基质，槽中水量不足时及时补水，当基质袋基质全部浸湿后方可定植。

2. 营养液配制

（1）母液配制　用 3 个容积为 200 升的桶（黑色为佳），分别标记为 A、B、C 桶以配制母液，置于营养液池盖板之上，桶基部安装阀门通过弯头可向营养液池注肥。配肥采用"绿东国创"配套的 1 号肥、2 号肥、3 号肥，配制时将 3 个母液桶均加水至 2/3 位置。之后 A 桶溶入 1 号肥 40 份；B 桶溶入2号肥40份；C桶溶入3号肥4份，边搅拌溶解边加水定容到200升。也可购置单质肥料自行配制。

（2）工作液配制　因营养液池容积为3.5米³，每次配制工作营养液3米³。配制时，先向营养液池注入清水3米³（以水表计数），再依次注入A、B、C桶的1号肥、2号肥、3号肥母液各15升，配制期间营养液池水溶液要不停地搅拌。

3. 营养液管理与调节

（1）管理指标　pH全生育期调控在5.5～6.5之间。EC值苗期为0.8～1.0；定植后缓苗阶段为1.5；缓苗后至根瓜坐住为2.0～2.2；采收期12月中旬前及翌年3月之后为2.2～2.5；12月下旬至翌年2月下旬EC为2.5～3.0。

（2）调节方法　pH调节，取营养液池中营养液1升，测定其pH，然后用1毫米移液管分次加入浓硝酸，每加1次测定1次pH，直至pH达到5.5～6.5之间任意一值，然后汇总加入酸的总量，再根据营养池中营养液总量计算应该加入酸量，量取酸加到营养液池中并混匀，每次配制营养液时调节1次。EC调节方法与pH调节方法相同，若EC高于目标值、则滴定清水，若EC低于目标值、则同比例滴定A、B和C母液后进行调节。

4. 灌溉模式

营养液封闭循环利用，由定时器控制每次灌溉的起止时间。栽培槽末端排液孔有2厘米水位限位设置，以保障槽中留存一定营养液，时刻供给作物需求，限位高度可灵活调整。

（1）每次灌溉时长　根据栽培规模、栽培畦长及作物生长发育阶段和气候情况会有所不同，需定期观测调整。观测方法：启动灌溉水泵，开始计时，当营养液池回流液流量稳定时结束计时，所用时间即为灌溉时长。

（2）灌溉次数　依据田间长势和气候与天气情况灵活掌握，一般定植初期每天3～4次，营养生长阶段每天2～3次，采收期高温强光季节4次、低温季节1～2次。

5. 田间管理

（1）育苗　采用穴盘基质育苗。定植前5天将幼苗分苗至配套的方形定植钵中，钵内基质同栽培基质，分苗后浇透水，定植钵与土壤之间用塑料布隔离。

（2）定植　待秧苗根系将要露出定植钵底部网格时定植，定植时要确认定植孔下基质袋是否平整，将定植钵摆放到定植孔中并稍用力下按，使定植钵底部与基质袋良好接触（图7-34）。定植后3～7天人工从定植钵上方浇水，观察到每株苗的根系都已经扎进无纺布基质袋，即可采用自动循环供液。

图7-34　沿河日光温室基质槽培黄瓜定植后连续生长
王铁臣　2014

（3）温度管理　日光温室越冬管理的核心是保温增温。增温可采取功率为8.7千瓦的热风机，在温室东西两侧山墙的前底角位置各安装一台，高度1米，夜间11时和凌晨5:30分别启动两小时，可提高温度1～2.5℃。力争温室白天温度上限值提高至35℃左右，生长点温度超过35℃时可缓慢放风，下降至35℃以下时关闭风口；夜间前半夜保持15～20℃、后半夜10～15℃，地温保持15～25℃。

（4）植株调整　植株调整同于一般温室。盘秧落蔓先将缠绕在茎蔓上的吊绳松开，用手扶好黄瓜秧的中上部，顺势把茎蔓落于地面，切忌硬拉硬拽。盘秧时将下部的黄瓜秧围绕定植穴部位绕大圈盘好。盘绕茎蔓时，要顺着茎蔓的弯打弯，不要硬打弯或反方向打弯，避免扭裂或折断茎蔓。移位落秧，即将悬吊拉丝上的落蔓钩摘下，放线后再悬挂在左或右向的下一落蔓钩位置，以此类推，畦向尽头一株引向对侧悬吊拉丝。

落秧时秧不要落得过低，保持植株高度 1.5～1.7 米，维持功能叶片 12～15 片，并保证最下部叶片离地。结合落秧及时打老叶、保留功能叶。

（5）病害防治　主要有细菌性角斑病、细菌性圆斑病、霜霉病、白粉病、灰霉病、黑星病、蔓枯病。预防为主，病害发生时应采取化学药剂喷雾、熏蒸等。

（三）密云大跨度日光温室椰糠条栽培樱桃番茄

密云"云科"基地大跨度日光温室，东西净长 54 米，南北内净跨度 12 米，下沉 1.2 米，围护墙体为黏土砖砌成，北墙厚度 50 厘米，高度为 4.5 米，墙外披土，呈下宽上窄梯形状，墙基披土下宽 2.6 米、顶宽约 0.6 米；东西墙体厚度为 37 厘米，外披厚度 5 厘米聚苯板保温。温室脊高为 5.5 米。外覆盖保温为一层棉絮状成品保温被，采用电动卷帘机卷帘。

2015—2019 年，连续进行长季节椰糠条栽培樱桃番茄生产（图 7-35）。温室生长期长达 300 天，采收 32～33 穗果，单穗果平均重达到 147 克，每平方米产量达到 12.4 千克。

图 7-35a　支架端头番茄落秧盘秧状　2018　　　　图 7-35b　椰糠条两边番茄分秧落蔓　2016

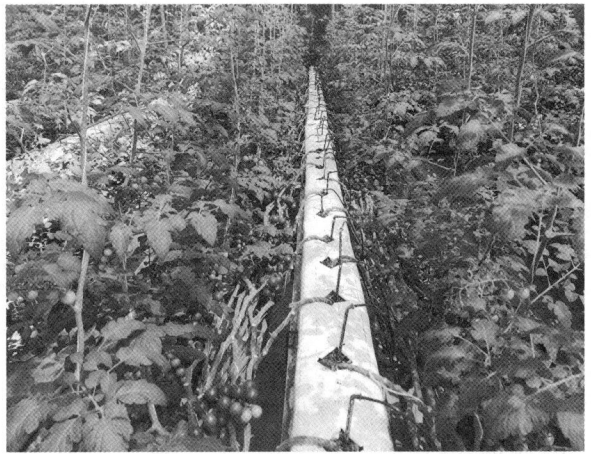

1. 栽培基质

定植前 3～5 天，将椰糠条放置在栽培支架上，按密度开定植孔后，先用清水浇透，再浇营养液湿润待植。椰糠条一般长度为 100 厘米、宽 15 厘米、厚 6 厘米。一般每条椰糠上面用小刀划"十"字形开孔 5 穴，定植 5 株。定植密度约 2.55 株/米^2。

2. 营养液配制

番茄营养液是"华夏"天农公司结合当地水质特点配制的专用肥料，菜农不用自己购料配制，只购买其配制好的 A 肥、B 肥和调酸液，用时分别倒入 A、B 母液罐即可，使用简便，易于操作。A 肥加入 A 罐，B 肥加入 B 罐，C 罐加入磷酸。每亩温室每月用肥料 40 千克，其中 A、B 肥各 20 千克。自定植至最后 33 穗成熟，10 个多月生长期需使用 A、B 肥料 400 千克。每千克配肥料产出樱桃番茄 20.0 千克。

3. 营养液管理

EC 值始终维持在 2.5～6 毫西/厘米之间；pH 维持在 6.5 左右。

基质栽培，水肥一体化灌溉，灌水次数及水量也要根据植株生长发育和天气情况而定，即看天、看基质、看庄稼。定植后至显蕾、开花、第一穗成熟，处于生长量少和天气由高到低过渡期，灌水次数和用水量相对较少。耗水最大的时期是植株显蕾开花和果实迅速成熟时期，同时外界温度提升，需水较多（表 7-19）。为保证水肥的正常供应，要做好日常对施肥机系统的维护，经常检查滴件是否有堵塞现象。定植后总灌水 165.5 米^3，每立方米水产出樱桃番茄 48.36 千克。

表 7 - 19　植株状态与灌水情况

生长时段	生长状态		时段（天）	浇水次数（次）	灌水时间（分钟）	灌水量（米³）	日均灌水量（米³）
	显蕾	果熟					
2016 - 9 - 20 至 2016 - 10 - 20	第 1 穗显蕾		31	74	100.5	8.4	0.27
2016 - 10 - 21 至 2017 - 1 - 4	第 10 穗显蕾	第 1 穗熟	76	197	404	33.6	0.44
2017 - 1 - 5 至 2017 - 3 - 8	第 17 穗显蕾	第 7 穗熟	63	227	454	37.9	0.60
2017 - 3 - 9 至 2017 - 6 - 5	第 33 穗显蕾	第 24 穗熟	89	377	791	65.9	0.74
2017 - 6 - 6 至 2017 - 7 - 20		第 33 穗熟	45	109	236	18.0	0.40
2016 - 9 - 20 至 2017 - 7 - 20	定植至 33 穗成熟		304	984	1 985.5	165.5	0.54

4. 田间管理

（1）高温加药剂灭菌　7月下旬至8月空闲期间，进行高温闷棚杀菌灭虫。定植前及时维护维修温室电路、设施、设备，保证正常使用，维护好营养液水肥一体化系统设备。

（2）定植　9月中下旬定植，不宜过晚。温室定植前要清洁卫生，定植时采取"铥霉灵"或其他药液浸泡幼苗根部，随浸随栽。

（3）植株管理　定植后及时挂好番茄吊绳，对个别番茄徒长苗及时进行拴苗。缓苗后，及时剪去植株底部发黄的叶和干叶片。整个生长期间，做到及时打叉、疏花，剪掉老叶片，绕头（图 7 - 36），落秧（放秧），去裂果和病果。植株生长点达到挂吊绳的铁丝高度时，应及时进行落秧。发育达到目的花序果穗时，上留 2 片叶掐尖封顶。定期放置熊蜂授粉。

（4）温度管理　日光温室在严冬季节，热源来自阳光，保温依靠护围结构，在外界低温情况下，怎样使夜间室内最低温度能够维持在 10～12℃ 是管理的关键。及时启用棉帘保温；掌握早上与下午、晴天、阴雪天、雾霾天卷起和落放时间；开、闭风口降湿降温与升温保温要根据温室的装备条件和作物、天气、温室环境来决定。通过操作人员的精心管理，严冬初春时段，该温室基本达到要求（表 7 - 20）。

每年 11 月下旬至翌年 2 月下旬寒冷季节期间，由于外界夜间温度很低，容易出现多次连续 2 天或 3 天，甚至连续 5 天的阴天，日光温室内最低温度易低于 10℃，极不利于根系生长，易发生死根现象，一定要备好临时增温灯和燃烧增温物资以备应急。

图 7 - 36　椰糠栽培番茄整枝绕秧　2018

表 7 - 20　樱桃番茄日光温室冬季及早春日温度状况表

单位：℃

时间阶段	室内最低温度	室内最高温度	室内日平均温度	室外最高温度	室外最低温度
2016 年 11 月 1—30 日	12.62	22.73	16.84	7.43	-3.23
2016 年 12 月 1—31 日	11.68	23.68	16.80	3.32	-8.26
2017 年 1 月 1—31 日	10.44	22.76	15.71	1.61	-11.00

（续）

时间阶段	室内最低温度	室内最高温度	室内日平均温度	室外最高温度	室外最低温度
2017 年 2 月 1—28 日	11.36	24.68	17.13	6.32	−8.64
2017 年 3 月 1—31 日	13.65	25.35	18.42	12.71	−2.39
2016 年 11 月 1 日至 2017 年 3 月 31 日	11.95	23.83	16.98	6.27	−6.69

5. 病虫害防控

日光温室番茄生产是从秋冬季节开始的长季节栽培，定植后不长时间，即进入寒冷季节，外部的环境条件不利于病虫害的传播发生，主要以防控为主。

定植后，适时挂好诱虫板并在生长期间及时更换诱虫板。定植至最后一穗成熟的生长发育 300 余天期间，要坚持一定施药次数，平均 8 天可防控 1 次。其中：定植后至立冬，做到平均 6 天防控 1 次；立冬至小满，外界环境不利于病虫传播，可平均 9 天防控 1 次；芒种前后至收获前，要平均 7 天防控 1 次。药剂喷雾和烟熏防病防虫相结合，可交替使用噻虫嗪、啶虫脒、阿维菌素、联苯菊酯、苯甲嘧菌酯、霜霉威、磷酸二氢钾（叶面）等药剂。

（四）延庆茂源广发塑料大棚基质栽培甜椒

延庆镇广积屯村北京茂源广发种植专业合作社，2019 年 3 月 6 日穴盘（72 孔）基质播种育苗，大棚基质栽培辣椒，棚室占地 400 米^2，顶部配备遮阳网，四面通风处均有防虫网。瑞克斯旺的水果型甜椒"红瑞祥""黄瑞祥""橙瑞祥"品种，外形美、口感好，单果重 60～90 克。4 月 26 日定植，日历苗龄 50 天，亩密度为 2 000 株；7 月 2 日始收，10 月 18 日结束采收，越夏一大茬亩产量 4 000 千克。

1. 基质栽培槽

采用 PVC 槽式栽培，栽培槽规格为高 18 厘米、宽 24 厘米，南北畦向，北高南低，坡度为 3‰，畦距 1.2 米。基质选择椰糠，细椰糠：椰糠块为 5∶5。两种基质用清水泡发后混合均匀，灌装至栽培槽内，灌溉首部应用比例施肥泵（以色列泰丰 2504），每个栽培槽内平行铺 2 条滴灌带，滴灌带直径为 15 毫米，出水口间隔 30 厘米，植株单行定植于 2 条滴灌带中间，株距 30 厘米，亩种植 2 000 株。

2. 营养液配方

用于施肥的营养液配方，主要是根据水果型甜椒对营养成分的吸收情况和灌溉水源的水质情况制定的。茂源广发生产中营养母液 A 和母液 B 提前配制好备用，配制 A、B 母液所需的原料及数量见表 7 - 21。同时采用 C 罐盛放稀释后的磷酸以调节营养液 pH，3 种母液罐容积分别为 500 升。采用比例施肥泵加时序开关可实现自动控制灌溉。

表 7 - 21　500 升辣椒营养液配方及用料表

化合物	用量
A 罐	
KNO_3	2.5 千克
$5Ca(NO_3)_2 \cdot NH_4NO_3 \cdot 10H_2O$	75 千克
Fe（ED）	1.5 千克
B 罐	

（续）

化合物	用量
$MgSO_4 \cdot 7H_2O$	32.5 千克
KNO_3	35 千克
KH_2PO_4	10 千克
H_3BO_3	112.5 克
$MnSO_4 \cdot 4H_2O$	112.5 克
$ZnSO_4 \cdot 7H_2O$	82 克
$CuSO_4 \cdot 5H_2O$	11 克
$(NH_4)_6Mo_7O_{24} \cdot 4H_2O$	7.5 克

3. 营养液管理

为保证灌溉的准确性，每天监测灌溉液及排出液的 EC 值和 pH，排出液量占灌溉液量的 10% 左右。辣（甜）椒适宜的营养液 pH 为 5.5～5.8，排出液适宜的 pH 为 6.0～7.0。

甜椒不同生育期对灌溉液及排出液 EC 值的需求不同（表 7 - 22），根系的木质化程度越高，对盐分的耐受性越差，甜椒的栽培过程中，需要精准控制营养液的 EC 值，尽量避免 EC 值的大幅度波动，灌溉液 EC 值一般小于 3.0 毫西/厘米。不同季节营养液的浓度也有差别，夏季温度高，降低营养液 EC 值 0.2 毫西/厘米，故采收期 EC 值控制在 2.8 毫西/厘米左右。

若 EC 值需要调整，可通过设置 A 桶、B 桶的注肥比例，注肥比例增加可提升 EC 值，反之则降低；若 pH 需要调整，可设置酸桶的注肥比例，注肥比例增加可降低 pH，反之则提升。

表 7 - 22　甜椒不同生育期对灌溉液及排出液 EC 值的需求

单位：毫西/厘米

植株生长时期	灌溉液 EC 值	排出液 EC 值
苗期	2.0	3.0～3.5
开花坐果期	2.3～2.5	3.5～4.5
第 1 穗果坐果至成熟期	2.5～2.8	3.5～4.5
采收期—拉秧	2.8～3.0	4.0～5.0

4. 灌溉策略

甜椒定植 3～4 天后开始恢复生长，每天滴营养液 2～3 次，基质空气相对湿度 60%～70% 较佳。苗期每天每株供液 80～120 毫升，定植后灌溉量逐渐增加，开花前日均灌水量为 300～500 毫升/株，从开花坐果期灌溉量增加至 700～900 毫升/株，第一层果实坐果—成熟期灌溉量为 900～1 100 毫升/株，采收期供液量逐渐增加至 1 100～1 200 毫升，阴天灌溉量减半（表 7 - 23）。

表 7 - 23　甜椒物候期与日均灌水量关系表

植株生长时期	日均浇水量（毫升/株）
分苗—定植	80～120
定植—开花	300～500
开花坐果期	700～900
第一层果实坐果—成熟期	900～1 100
采收期	1 100～1 200

5. 田间管理

（1）育苗　2019 年 3 月 6 日播种，采用 72 孔穴盘基质育苗。

（2）环境管理　甜椒属于喜温作物，对温度的要求较为严格，不同阶段对温度的需求有所差异。播种后催芽期温度要保持在 25～30 ℃，50％种子露白后就可以逐步降低温度，白天保持在 25℃左右，夜温在 16℃左右。定植后至开花坐果期对温度要求相对较高，尤其是夜间温度，尽量保持在 17～18 ℃，故采用大棚套小拱棚（跨度 1.2 米，高 1 米）加二道幕的三层覆盖保温方式。甜椒进入坐果期，需要逐渐降低夜温，促进植株由营养生长向生殖生长方向发展，夜温维持在 15～16 ℃为宜，白天最高温度控制在 25～30 ℃，温度超过 30 ℃通过开风口放风降温，24 小时平均温度控制在 18～24 ℃。甜椒对湿度的需求与温度有关，随着温度的升高，最适湿度也会相应升高，一般温室内空气相对湿度控制在 50％～85％。甜椒喜光但怕强光，光饱和点为 30 000 勒，光补偿点为 1 500 勒。在夏季生产阶段，采用了遮阳网（3 针，80％遮阳率）及棚膜喷洒涂料利凉（6 月 5 日喷涂，雨水自然冲刷）的方式遮阳降温，避免强光照导致果实日灼现象。

（3）植株调整　包括吊蔓、疏花疏果、打叶等操作环节，各环节尽量在晴天进行。①吊蔓：甜椒整枝方式采用 3 干整枝，在门椒位置留 3 个枝作为主生长枝，吊绳辅助生产，防止倒伏，又便于田间操作。②疏花疏果：生长前期门椒不留果，对椒开始留果，干上每节留 1 个果，每个主干留 2～3 个果实后人工疏掉其上面的 1～2 层果实，以平衡营养生长及生殖生长。采收期以后植株主干能够根据自身条件自然留果。为防止出现日灼果，每个侧枝留 1 个果、2 片叶，及时摘除其余叶片和花蕾。③打叶：甜椒植株门椒以下部位长出的叶子及时摘除。结果中后期，剪除植株下部的老叶、黄叶，改善光照条件，以期提高光合效率和果实外观质量。

（4）病虫害防治　甜椒常见病害有疫病、青枯病、叶斑病、黄化病毒病等，虫害有粉虱、蚜虫、蓟马、螨类等。"预防为主，综合防治"，生产中在棚室四周设置防虫网，内部张挂黄、蓝板等措施对粉虱、蓟马等害虫进行了有效的监测和防治。针对主要病虫害的发生，应及时采用甲霜·锰锌、甲基硫菌灵、多菌灵、吡虫啉、阿维菌素、乙基多杀菌素、虫螨腈等药剂防治，以防出现暴发性病虫害。

（5）采收　果实完全转色后及时采收，采收前期要适当提早采收，进入盛果期以后，可在果肉加厚时再采收；植株生长势弱时提早采收，生长势旺时适当延迟采收。采收过程中使用采收刀从果柄膨大处将果实切下，果柄膨大处有离层，断面易愈合不易感染，叶腋处不能留果柄，切口要光滑，防止果实受伤，轻拿轻放，装果实的采收箱内部要保持清洁卫生干爽。

（蒋卫杰　雷西红）

本章参考文献 <<<

北京市科学技术志编辑委员会，2002. 北京科学技术志：中卷［M］. 北京：科学出版社.

董四留，2001. 北京志·农业卷·种植业志［M］. 北京：北京出版社.

刘利云，1988. 引进日本"设施园艺"试验示范初报［M］//北京市农业局科学技术委员会. 农业科技资料选编（四）. 北京：［出版者不详］：90-95.

刘增鑫，1997. 常见蔬菜无土栽培实用技术［M］. 北京：中国农业出版社.

马太和，1980. 无土栽培［M］. 北京：北京出版社.

王久兴，王子华，贺桂欣，2000. 蔬菜无土栽培实用技术［M］. 北京：中国农业大学出版社.

向士英，1988. 工厂化无土栽培蔬菜［M］//北京市农业局科学技术委员会. 农业科技资料选编（四）. 北京：［出版者不详］：86-89.

中国农业百科全书总委员会蔬菜卷委员会，1990. 中国农业百科全书：蔬菜卷［M］. 北京：农业出版社.

中国农业科学院蔬菜花卉研究所，2010. 中国蔬菜栽培学［M］. 2 版. 北京：中国农业出版社.

第八章

>>> 蔬菜设施育苗

　　北京冬季漫长，历年终霜期都在谷雨前后，而大暑前后又进入高温多雨季节，在谷雨到大暑期间适合瓜果类蔬菜生长的时间只有两个多月。为充分利用这一段有利时间，京郊菜农的做法是在冬春季采用保护性措施，如阳畦（冷床）、温床、温室等进行育苗，成苗后移栽到露地或设施内，继续生长发育，从而获得早熟和丰产。

　　蔬菜育苗，是指移栽的蔬菜在苗床中从播下种子（扦插、嫁接）到成苗移栽的全部培育过程及操作技术。育苗是在特定的环境中，为幼苗生长提供良好的温、光、湿条件，而且也便于管理和培育壮苗，目的是提早播种、延长生育期、充分利用土地、缩短蔬菜在田间的占地时间，以便于合理安排茬口、提早上市、提高产量、延长产品供应期。

　　在中国蔬菜育苗的历史悠久，记载有关蔬菜育苗的史书始见于贾思勰《齐民要术》（6 世纪 30 年代或稍后），即有关于茄子育苗移植的叙述："著四五叶，雨时，合（和）泥移栽之。若旱无雨，浇水令彻泽，夜栽之。白日以席盖，勿令见日。"北方农民在培育瓜类蔬菜芽苗时，将种子播于盛有土和腐熟农家肥的瓦罐或苗盘中，夜间把它们放在室内温暖处，白天移至阳光下；或把瓦罐放于室外的粪堆中，依靠酿热催芽，形成了温床育苗。以后逐渐采用了简易的冷床（掘土坑）育苗，夜间盖以草帘保温等方法。

　　北京地区的蔬菜设施育苗，史料尚无明确记载，大约在 20 世纪 20 年代，风障畦、阳畦（冷床）、温床和温室（玻璃窗扇、纸窗覆盖）等蔬菜设施，已广泛应用于蔬菜育苗，供春早熟蔬菜栽培用。

　　20 世纪 50—60 年代，上述形式的蔬菜设施育苗，对蔬菜的早熟和增产发挥了很大的作用。此后，兴起的塑料小拱棚和以塑料薄膜代替玻璃窗框覆盖的阳畦用于了蔬菜生产和育苗。

　　20 世纪 70 年代，逐渐采用塑料中小棚或塑料温室等育苗方式。随着塑料棚室骨架的商品化生产，温室、塑料大棚、中棚等设施育苗迅猛发展，并成为蔬菜育苗的主要设施。蔬菜育苗技术体系不断完善，护根育苗即营养土方、育苗钵等育苗方法逐步替代了传统的挖土坨移栽方法。

　　20 世纪 80 年代中期，无土育苗技术、工厂化育苗技术开始推广。典型的是北京率先引进了蔬菜工厂化育苗技术，其主要设备是穴盘育苗精量播种生产线，种子丸粒化加工设备等。1986—1990 年，在京郊丰台区花乡、海淀区四季青乡、朝阳区将台乡建起了三家现代蔬菜育苗场。

　　北京市农林科学院蔬菜研究中心负责引进的花乡育苗场，是国内第一家工厂化育苗场，1986 年建成，正式投产运营后，商品菜苗产销量不断增加，1990—1993 年商品菜苗年销售量由 550 万株迅速发展到 1 000 万株。它的成功运作，表明中国蔬菜育苗进入专业化、机械化和商品化生产发展阶段。

　　1991—2000 年，国家农业部和科技部先后把穴盘育苗研究列为国家重点科研项目。北京随着蔬菜设施面积的迅猛发展和设施蔬菜栽培技术的不断提高，大力研究与推广了嫁接育苗等育苗新技术，支持远郊菜区建立了六家集约化育苗基地，加快了蔬菜现代育苗的进程。

　　进入 21 世纪以来，还研发并推广了"傻瓜式"育苗块。在设施蔬菜政策的持续扶持下，现代育苗企业获得了进一步发展，郊区穴盘苗年产量已达到 3 亿株左右（含草莓和甘薯苗）。

由上可知，新中国成立以来，北京蔬菜设施育苗走过了传统育苗、护根育苗阶段，正在向着现代化穴盘育苗技术阶段发展。

第一节　蔬菜传统育苗

传统育苗，是指 20 世纪 50 年代北京菜农沿用民国时期的风障畦、阳畦、温床、北京温室（暖洞子、土洞子）等传统设施进行蔬菜育苗。北京蔬菜传统育苗的标志，均是以园田土壤作为基本基质来培育蔬菜幼苗。

传统育苗是我国北方冬春季节蔬菜栽培普遍应用的育苗方式。20 世纪 70 年代以来，因对传统设施进行了改进，塑料薄膜设施的采光、增温、保温性能等均得到了提升，从而使育苗效率、幼苗质量均有所提高，并逐步研究、引进、改进、示范推广营养液育苗、电热育苗（亦称"快速育苗"）、基质育苗、穴盘育苗的设备和技术，为实现育苗专业化、机械化和商品化打下了基础。

一、传统育苗的特点

（一）管理精细、科学实用

北京蔬菜传统育苗沿袭历代菜农的经验，并加以改革和发展，形成了一整套因地制宜、独特、科学的育苗管理技术措施，例如：苗床浇足底水后播种、分期覆土保墒、适期分苗，苗期"二高二低"变温管理、定植前幼苗低温锻炼（炼苗、囤苗、蹲苗），以及根据天气变化等情况，用防寒、保温、增温等措施抵御自然灾害，用温度和水分管理调控培育适龄壮苗等，有效地保障了郊区春早熟蔬菜生产和市场供应。

（二）育苗方式多样

按照育苗设施类型不同，有风障畦育苗、阳畦育苗、温床育苗、温室育苗、塑料薄膜设施育苗；按照育苗是否采用护根措施划分，可分为床土育苗、容器育苗（营养盆钵、纸筒等）和营养土方育苗等。

（三）充分利用光、热资源，是一种节能型育苗方式

北京传统的育苗方法是以利用太阳光热和有机物酿热增温、保温为主，辅以人工短期加温，实施精细管理的过程。在较小的面积上播种，再通过移栽分苗扩大幼苗的营养面积培育适龄壮苗，供设施或露地栽培使用，是一种节能型育苗方式。

（四）育苗设施建造施工容易，成本低廉

如第二章所述，北京传统蔬菜育苗采用的设施、设备均取自农村易得而又廉价的土、木（竹）、作物秸秆、油纸等作为保温、增温和采光材料，建造施工容易，成本低廉，形成了不同类型的蔬菜育苗设施，功能各异，因而其育苗方法也各具特色。

（五）育苗自育自用，以手工作业为主

北京菜区所用蔬菜幼苗，多以农户为单位，自育自用，由于育苗分散不成规模、设施条件有限、操作管理以手工作业为主，所以育苗效率不高，所费劳力较多。

二、苗床和育苗设施

（一）苗床

苗床，是用于培育园艺作物幼苗的小块土地，可分为平畦、冷床、温床等。

1. 平畦

平畦是传统的至今仍常用的最基本的育苗床（图8-1）。主要用于春、夏、秋、冬周年蔬菜栽培生产或育苗。在平畦的北侧竖立挡风屏障，用于保护幼苗安全越冬，葱、洋葱等于秋季播种育苗，在露地越冬，翌春幼苗继续生长，也称为风障育苗；茄果类蔬菜春、夏季播种育苗，或采用遮阳措施。所培育的苗可分为土坨苗和裸根苗两种。

图8-1a　平整地苗苗床　谢满堂　1983

图8-1b　夏播芹菜地苗　2018

2. 阳畦（冷床）

阳畦苗床是保温苗床，曾经是北京冬春季节蔬菜最主要的传统育苗方式。早春育苗用的阳畦，必须在上年土冻以前挖好，如作为移植用的冷床，可在当年土壤解冻后修筑。冷床育苗管理的主要注意事项是提温、保墒、处理好高湿与低温的关系，防止沤根和猝倒病的发生。传统的阳畦育苗适宜于耐寒性蔬菜如甘蓝类、莴苣等播种和分苗，也适宜茄果类蔬菜的分苗和短苗龄的黄瓜、西葫芦等直播育苗（图8-2）。

图8-2　阳畦热盖育苗
王贵臣　20世纪70—80年代

3. 温床

温床是具有加温能力的苗床，也是北京传统的育苗方式之一。一是传统的温床为酿热温床，除利用日光提高床温外，在苗床的底部填充酿热物，如马粪、植物秸秆等，依靠酿热物逐渐分解释放的热量增加畦内土壤温度，满足蔬菜秧苗根系生长对温度的需求，当酿热物升温到30℃以上时铺上床土，此后1~2天即可播种。二是20世纪70年代末发展起来的电热温床（图8-3），将电热线铺设在育苗床（畦）表面，上覆约10厘米厚的培养土，再直接播种或培育蔬菜幼苗的苗床。电热温床内，地温比气温高，有利于育成壮苗，提高苗的质量，缩短苗期。

图8-3　电热床番茄分苗后状况　1986

4. 床土

蔬菜传统育苗需要良好的土壤条件。最适宜的育苗土由园田土、有机肥配成，是经过人工调制的混合土壤，一般称为"床土"，也称"培养土"。床土好坏，对培育蔬菜幼苗有很大影响，如果床土不适合，灌水后很黏、又很硬，则菜苗生长细弱不健壮，又容易得病。配制床土应选择没有病菌及害虫、富含有机质、结构良好疏松适度、干燥时土表不板结的土壤。

（二）育苗设施

传统的育苗设施，是指北京郊区的蔬菜传统设施，以及20世纪70年代后发展起来的蔬菜塑料薄膜覆盖设施。

1. 风障、荫障、荫棚

风障是挡风的屏障，由植物秸秆编制而成。它竖立于栽培畦的北侧，与栽培畦组成风障畦，主要用途是阻挡和削弱北风、西北寒风对菜畦的侵袭，能降低和稳定障前风速，改善小气候条件，增加畦内气温和地温。通常利用风障畦种植的蔬菜有越冬根茬菜，如根茬菠菜是头年寒露时节播种，翌年春分时节上市；韭菜头年夏至时节播种，翌年春分时节上市。也用于早熟春播菜如小水萝卜、小油菜、小白菜惊蛰播种，谷雨上市。

为了延长夏秋季蔬菜生长，克服高温多雨和病虫害带来的危害及增加中后期蔬菜作物生长发育所需的热量，北京的蔬菜生产曾主要利用荫障、盖苇（竹）帘等传统的覆盖方式培育裸根菜苗（如培育夏季茄子、秋冬芹菜等），具有减弱强光、降低床温等效果，还可防止强光、高温对育苗造成伤害。

在育苗畦上用竹竿等搭建支架，上覆苇（竹）卷帘，或高粱、玉米秸秆等即为荫棚。荫棚在日照强烈，或遇大雨时起到覆盖遮阳、防止大雨滴砸坏秧苗的作用。

荫障多用于生姜的幼苗及其生长旺盛期遮阳。荫障一般用细竹竿、植物秸秆等制成，插于生姜栽培畦的南侧，上部向北倾斜，形成阴影防止烈日暴晒。目前，随着新型遮阳覆盖材料的普及应用，荫棚夏季育苗较为常见（图8-4）。

图8-4a　夏播番茄育苗荫棚　2019

图8-4b　荫棚夏播番茄地苗　2019

2. 阳畦、改良阳畦

改良阳畦由传统阳畦经改造而成，有较高的后墙，内部空间增大，以玻璃窗扇或塑料薄膜替代玻璃窗框，温、光、湿、气等条件得到改善，而且操作管理也较方便。适宜于早春耐寒性蔬菜的播种育苗和喜温性蔬菜的分苗，目前已经很少见到了。

3. 温室

分为加温温室和日光温室。温室空间大，受光充足，保温好，操作管理方便。加温温室的温度可以人工控制，是传统育苗与冬季生产时使用的设施，相比日光温室更能满足各种蔬菜育苗的需求。温室适用于育早苗和大面积育苗，是北京蔬菜最主要的育苗设施（图8-5）。

图8-5a　加温温室育黄瓜苗　1988

图 8-5b　小汤山地热温室穴盘育辣椒苗　1990

4. 塑料薄膜棚

分为塑料小棚、中棚和大棚。中、小塑料棚可用于蔬菜早熟露地栽培的育苗或夏秋季播种育苗；塑料大棚内作平畦、半高畦或立架苗床，可用于早春各种蔬菜分苗（图 8-6），也可用于夏秋蔬菜播种育苗。早春塑料大棚育苗的优点是幼苗生育初期可在温室里得到较好的保护，后期能在塑料大棚苗床得到充分的锻炼，既可以提早育苗期，又有利于培育壮苗，且不影响早春温室蔬菜正常生产。

图 8-6a　花乡大棚育苗　1987

图 8-6b　大棚套中小棚育苗　1987

各种育苗设施的结构、建造、性能及使用方法，请参见第二章、第三章的有关部分。

三、蔬菜播种技术

精耕细作是中国蔬菜栽培的主要特点之一，更贯穿于播种和育苗这两个重要环节。

蔬菜播种是指将经过选择和处理的繁殖材料（播种材料），播栽于土壤或其他基质的全部作业过程及其操作技术。

蔬菜播种质量，关系到能否出苗以及出苗情况如何，所以播种是育苗的首要关键环节。播种苗床必须做到土壤肥沃疏松、床土平整、浇水足、覆盖好；播种时应抢晴天、抢上午、早覆盖（指苗床的覆盖保温）。为此，必须及时掌握天气情况和幼苗的生长发育情况，采取适当措施，在出苗期间保持出床良好的温度、水分和土壤条件，才能使幼苗出土后苗全、苗齐、苗壮。

阳畦播种以后，应立刻在苗床上覆盖玻璃窗扇，覆盖时要注意严密，夜间还要加盖保温覆盖物，以尽量提高床温。有加温设备的温室，在播种以前1～2天就应开始加温，在种子发芽期间要尽量保持苗床具有较高的温度。

（一）播种期

春季早熟栽棵菜设施育苗，一般可根据当地蔬菜幼苗的安全定植期，参考下述的苗龄标准，推算出适宜当地的播种时期。从播种时计算，番茄以育苗期50～57天的秧苗活力最强。早熟果菜类蔬菜幼苗的苗龄（指定植时的生理年龄）是：番茄初现花蕾，不宜带花、更不宜带果定植；辣椒已现花蕾；茄子已现花蕾，或少数幼苗已开花；黄瓜已具"四叶1心"（即第四片真叶已展开，第五片真叶初现）。

在北京地区春季栽培，老式阳畦育苗，通常于冬至节，传统方法是采用喷籽育苗播种。苗龄一般掌握：番茄80～90天（八叶一心，显花蕾）；茄子、辣椒为100～120天（茄子七叶一心，显花蕾；大椒十二叶一心，显花蕾）；黄瓜穴播，苗龄40～45天（三叶一心）。因此，可以根据某种蔬菜作物定植时期及培育适龄壮苗所需苗龄长短来确定播种期。

此外，还应该注意播种期对不同种类蔬菜生长发育的影响。例如：春季栽培黄瓜在春分以前播种育苗的，由于苗期处在较低的温度和较短的日照条件下，因而雌花的着生节位较低。播种期越早、雌花着生节位越低，雌花数目越多。但春分以后播种的，则雌花的着生节位相应升高，雌花的数目也显著减少。又如在设施内播种的甘蓝、洋葱等幼苗，若播种时间太早，则常由于苗龄长、植株大，一旦遇到较长时间的低温，便容易通过春化，定植后引起植株的未熟抽薹。

（二）播种量

蔬菜设施育苗大多先在播种床撒播，此后再分苗。其面积的确定一般应根据需苗数、播种方式、蔬菜种类等而定，需要考虑的原则是：既要充分利用育苗设施多出苗，又要防止幼苗过密而徒长。中、小粒种子蔬菜一般采用撒播法播种，可按每平方厘米苗床分布3～4粒有效种子计算；大粒种子蔬菜如黄瓜、豆类蔬菜多采用苗床等距点播。

在一般条件下，每亩定植面积所需用种量大致为：番茄20～30克，辣椒80～110克，茄子35～40克，黄瓜150～200克，甘蓝25～40克，南瓜250～400克。

（三）种子处理

适宜的温度、充足的水分和氧气是种子萌发的三要素。为提高蔬菜种子发芽率，缩短萌发时间，使出苗迅速整齐，传统育苗播种前通常采用温汤浸种（消毒）、催芽等方法。

1. 浸种

温汤浸种：用55℃左右温水浸泡种子15～30分钟，以防治种传真菌性病害。喜温性蔬菜一般浸种6～24小时，耐寒类甘蓝浸种3～4小时，芹菜浸种时间最长，需要36～48小时。如北京温室、大棚黄瓜育苗，一般在播种前三天把种子放在50～60℃的热水里搅拌，等到水温下降到20℃时停止，除去秕子，再继续浸泡4～6小时。

目前，根据蔬菜种子可能传带的病虫害，还可以选择酸处理或碱处理进行种子消毒。酸处理：用1%盐酸溶液或1%柠檬酸溶液浸泡种子40～60分钟，后用清水洗净，以防治种传细菌性病害。碱处理：使用10%磷酸三钠或2%氢氧化钠溶液浸泡种子30分钟，以防治种传病毒病。

2. 催芽

催芽因温度不同而有不同的催芽时间，一般喜温蔬菜控制在25～30℃，耐寒性蔬菜控制在15～25℃。其具体处理方法，与一般蔬菜作物栽培相同。如传统温室、大棚黄瓜浸种后，出水前搓1遍，捞出来晾一晾，宜散开，然后把种子用几层湿布包起来，放在瓦盆里，再盖上湿布，用棉被盖好放在温暖炕上或放在温室内的火道旁侧，盖上湿麻袋进行催芽（维持22~25℃）。有些菜农为了保持湿度均匀，在瓦盆里垫一些细沙，再把浸好的种子放在中间，然后放在温暖的地方进行催芽。每天早晚过1遍清水，利于发芽。过2~3天当芽长到6~7毫米时（图8-7），即可播种（抹芽）。若遇到阴天，或其他原因不能及时播种时，可将已催好芽的种子，放在10℃左右的冷凉地方以抑制芽的继续伸长生长。

目前，郊区育苗多采用催芽箱或催芽室催芽。

（四）播种方式

北京设施蔬菜的播种方法多种多样，多以传统的、精耕细作的人工播种为主。播种前先浇水，水渗透后再播种，然后再覆盖过筛的湿润细土，称为浇"暗水"播种；若先播种，再浇水，称为浇"明水"播种。具体采用哪种方法，应根据蔬菜种子大小、播种密度、播干种子还是播经过浸种催芽的种子而定。播种方式有三种：

图8-7　催好芽待播种的黄瓜种子　20世纪50年代

1. 撒播

在平整好的播种畦（风障畦）或苗床（阳畦、温室、温床）上按预定的播种量均匀地播撒种子，然后覆盖一层0.5~1厘米厚薄土，覆土要及时、均匀，防止晒芽或冻芽。多用于生长期较短，生长发育只需较小营养面积、栽培密度较大的绿叶菜类蔬菜，如菠菜、小白菜、茴香、香菜等；也用于育苗移栽蔬菜的苗床播种，如甘蓝类、葱韭类、茄果类蔬菜作物等。出苗后要进行间苗或分苗，拉大苗间距离，及时淘汰弱苗、畸形苗、杂苗以及不符合商品质量的苗。撒播的优点是土地利用率较高，但对整地、作畦、撒种、覆土等技术要求较严格，用种量较大，间苗、除草等田间管理较费工时。

2. 条播

在平整好的畦或苗床上按行距开小沟，并按预定的播种量在沟中连续撒种，然后覆土平沟，此法较少用于设施育苗移栽蔬菜的苗床播种。

3. 点播（穴播）

即在平整好的畦（阳畦、温床）、苗床（温室）上按行株距挖浅穴，或按行距开浅沟，然后按穴或按株距放种子一粒至数粒。点播多用于生长期较长的黄瓜、冬瓜、茄果类、豆类等蔬菜，均在催芽后点播，然后根据种子大小均匀覆土。在种子数量不多、需要节约用种时也多采用点播。点播突出的优点是节约用种，并在播种穴中可采取集中施肥等措施，以利于改善局部土壤条件，促进种子发芽和幼苗健壮生长。

点播是北京温室和阳畦育苗最常用的方法之一，最能体现传统设施育苗技术的精细、精准和良好的出苗效果。

以播种黄瓜种子为例，20世纪50年代北京海淀区四季青东冉村远大生产合作社二队等社队，阳畦育苗常采用"平畦抹芽法"，具体操作如下：

先整成平畦。播种前先浇底水，水量视土壤质地、播种时间早晚确定。水渗入后撒上一薄层过筛细潮土（提前备好），在畦面上用绳子或特制的划沟器，划成5~6厘米见方的方格（图8-8）。再在播种畦埂上跨畦搭一木板，人匍匐在横板上，用竹筷夹住已经萌发的黄瓜种子一粒，摆放在方格线的交叉处，然后用手抓一把过筛的湿润细土覆盖在每一粒种子上，呈圆锥状（图8-9），高1.5~2.0

厘米。播完后再薄薄撒上一层细土盖在圆锥状小土堆之间，厚约 1 厘米（图 8-10）。播后大约 3 天即可出土，在幼芽要突出地表即将要扬脖（子叶未张开前）的时候，再上一层细土，厚约 0.5 厘米，使圆锥状小土堆基本平齐（图 8-11），以防"戴帽"出土和漏风伤根影响子叶进行光合作用，并闭塞因幼苗出土带起的龟裂土缝。

图 8-8　播前划方格线　20 世纪 50 年代

图 8-9　黄瓜点播抹芽覆土　20 世纪 50 年代

图 8-10　播后撒一薄层湿润细土　20 世纪 50 年代

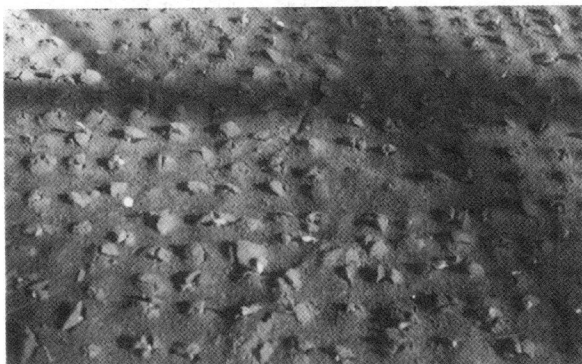

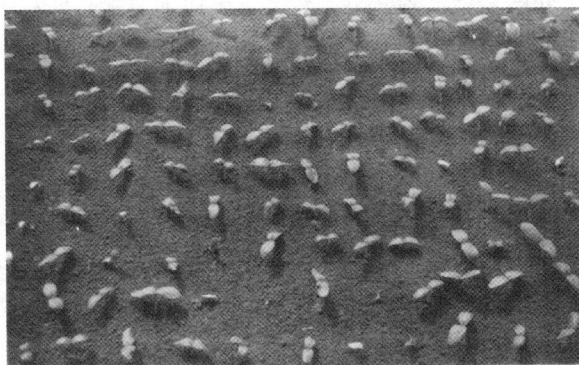

图 8-11a　黄瓜苗拱土时上土　20 世纪 50 年代　　　　图 8-11b　上扬脖土后出苗状况　20 世纪 50 年代

　　这 3 次上土，不但可以增加表土吸热面积，提高土温，促进种子早发芽，促进根系发育，还可以保持土壤水分，起到保墒作用。

　　播种时，要注意摆放的种子幼根一定要和畦土接触，利于根系迅速扎入土中（如有可能，种子排列的方向要尽量一致，保证黄瓜两片子叶展开后均为东西方向伸展，以使充分接收阳光）。

　　每畦播种完后，盖上玻璃窗扇，其间隙用稻草、蒲草填实，保温、保湿，利于幼苗出土，约经 6～7 天幼苗即可出土。一个播种畦可移栽两个分苗畦，定植 16 个栽培畦。

四、苗期管理

　　苗期管理是蔬菜设施育苗过程中又一个重要环节，包括播种后至分苗前管理和分苗后至定植前管理两个阶段。

（一）播种后至分苗期管理

1. 出苗期管理

　　出苗期是自播种至出全苗。迅速而整齐地出全苗，土壤温度是关键。

　　喜温蔬菜作物育苗的土温白天控制在 25～28℃，夜间为 18～20℃；喜冷凉蔬菜作物育苗白天控制在 20～25℃，夜间为 16～18℃。用普通育苗床育苗，夜间还需在设施外加草帘、纸被等覆盖物保温，白天揭开覆盖物见光。必要时进行人工补充加温。当幼芽大量拱土时，白天应及时对玻璃扇进行拉缝管理，通风换气，防止畦内高温烤坏幼芽。

2. 籽苗期管理

　　出苗至第 1 片真叶露心前为籽苗期。此期间的管理应以防止幼茎徒长为中心，适当降低夜间温度，喜温果类蔬菜作物降至 12～15℃，半耐寒蔬菜降至 9～10℃。但在普通育苗床育苗时，要注意夜间防寒。此期间一般不浇水，防止因浇水导致土温下降及发生猝倒病。

3. 小苗期管理

　　自第 1 片真叶露心至第 2、3 片真叶展开为小苗期。此期间根系和叶面积不断扩大，不易发生徒长。其管理原则是边"促"边"控"，喜温蔬菜作物白天温度控制在 25～28℃，夜间为 15～17℃；喜冷凉蔬菜作物白天以 20～25℃，夜间以 10～12℃为宜。随着外界气温的升高，应逐步加大通风量，延长幼苗见光时间，促进光合产物的累积。如播前底水充足，则不必浇水，可向床面撒一层湿润过筛的细土保湿。注意苗期病害的防治。

4. 分苗

　　分苗是育苗过程中的移栽，目的是为扩大幼苗的营养面积。因蔬菜作物种类不同，分苗次数取决于苗龄长短、育苗设备等条件，一般是1~2次，个别蔬菜如莴笋，苗龄过长，也可进行3次移植。不耐移栽的瓜类蔬菜作物一般在子叶期进行，茄果类蔬菜作物可以稍晚些，但最晚宜在花芽开始分化前移栽。分苗前3~4天要通风降温和控制水分。分苗前1天浇透水以便起苗时少伤根。分苗宜在晴天进行，先挖穴或开沟（图8-12），栽苗后浇水，再覆土，以利于土温提高。分苗时应注意尽量少伤根，将大、小苗分开移植。

图8-12a　温室分苗　20世纪50年代

图8-12b　中小棚甘蓝开沟分苗　1986

（二）分苗后至定植前管理

1. 缓苗期管理

缓苗期根系恢复生长要求较高的温度。喜温性蔬菜作物的地温不低于20℃，白天气温维持在25~28℃，夜间不低于15℃；喜冷凉性蔬菜作物可相应降低3~5℃。缓苗期间不放风，如果苗子经日晒后发生萎蔫现象，应适当遮阳，不久便可恢复。缓苗期间注意增温保湿，有利于加快缓苗。

2. 成苗期管理

分苗成活后至定植前为成苗期。此期间秧苗生长量大，如管理不当可能造成苗子徒长或老化。

秧苗成活后，表土如干燥可喷1次水，促进秧苗生长。这时的苗床管理仍以防寒、保温为主。进入旺盛生长期后，应控温不控水，即喜温果菜夜间温度控制在12~14℃，喜冷凉蔬菜作物控制在8~10℃。夜间保持较低的温度，既可防止徒长，又有利于茄果类蔬菜作物花芽分化及瓜类蔬菜的雌花分化。但较长时间的夜温过低，如番茄低于10℃，甘蓝、芹菜低于4~5℃，则番茄容易出现畸形果，甘蓝和芹菜易发生未熟抽薹。如果主要依靠控制水分来避免徒长，则易产生老化苗。到生长后期如果缺水，对幼苗生长及各种生理活性有严重的抑制作用，此时必须1次浇透，同时结合撒土保墒维持土壤适宜含水量。随外界温度逐渐升高，应加大放风量，后期逐渐通过夜间放风降低温度。弱光照也是造成秧苗徒长的主要原因之一，此期要通过拉大苗距来避免秧苗叶片之间相互遮阳。

中耕松土（扦苗）是成苗期的另一项重要管理措施。中耕在分苗后5~6天，浇过第二次水后待表土略干时进行。方法是在苗畦畦埂上横放一块木板，播种者匍匐在木板上，手持1根用竹或粗铁丝制成的扦子（挠子），把1株株苗子四周的土逐一轻轻扦松，深度4~5厘米，靠近宿土浅一些，远处深一些，同时把上层干土与下层潮土混匀，要特别注意在扦苗时，一定不能伤根，农民叫不能"动胎伤根"。这是一项需要特别仔细而又要有耐心且费力的操作。原北京农业大学园艺系聂和民先生在给学生讲课时说："中耕扦土的目的是在一定程度上破坏土壤毛细管，减少表层土壤水分蒸散，保持下层根系周围土壤湿润，土壤扦松后，又有利于土壤接受太阳光热而增温，这就叫锄头（扦子）底下有水，锄头（扦子）底下有火。"

3. 定植前的管理

此期内的管理主要是采用降温控水来加强对秧苗的锻炼。北京菜农采用的主要方法是采用适当降低苗床温度进行炼苗，以使秧苗在定植后能迅速适应本田或设施内的环境，加速缓苗生长，增强抗逆性。如经过6℃锻炼6天的黄瓜幼苗，在0~2℃致害温度40小时下未见萎蔫现象，而对照幼苗不足10小时便开始萎蔫。

（1）炼苗 于定植前5~7天逐渐加大通风量，特别是降低夜间温度，并停止浇水。如果是为露地生产培育秧苗，则到定植前3天左右如无霜冻，要昼夜都撤去覆盖物，达到完全适应露地环境的程度。在秧苗的锻炼期间，喜温性果类蔬菜作物夜间最低温度可达7~8℃，其中番茄和黄瓜可达5~6℃；喜冷凉的蔬菜作物可逐渐降到2℃，甚至短时间达到0℃。

定植前的锻炼也不能过度，否则也易出现老化苗，黄瓜表现为"花打顶"。

（2）囤苗 后期炼苗的一种方式，即在定植前将幼苗带土坨（营养土方）挖起，整齐地码放于苗床中进行假植（图8-13），土坨之间填以细土，待土方周围冒出新根以后定植。囤苗是为防止秧苗徒长，促进新根发生。番茄苗经过囤苗后，促进了根系的生长，抑制了营养生长，光合产物积累量增加，茎、叶组织的纤维素增加，含糖量明显提高。

图8-13 黄瓜苗囤苗倒苗
20世纪50年代

（三）病虫害及其防治

蔬菜设施（冷床、温室、塑料薄膜棚）育苗多处于低温（尤其是地温低、光照弱、通风不良、湿度大等）环境下，易发生猝倒病、立枯病、瓜类枯萎病等侵染性病害，还容易发生非侵染性（生理性）障碍。原华北农业科学研究所蒋名川先生在他所编著的《北京市郊区温室蔬菜栽培》（1956）中记载北京四季青合作社温室常见的黄瓜苗期病害："猝倒病，此病为苗期病害，当子叶两片伸展到真叶5~6片时，都有发生……因天气阴雪，发生的更严重，损失约30%。病状的表现，幼茎基部细隘倒下，根部有的变黄朽色。"

瓜类枯萎病引起黄瓜、冬瓜苗床中种子腐烂或死苗。番茄猝倒病危害幼苗，导致幼茎基部产生暗褐色水渍状病斑，继而绕茎扩展，逐渐缢缩成细丝状，至幼苗倒伏死亡。

非侵染性障碍有"沤根"和"烧根"。"沤根"的症状是：叶片变薄，在阳光下萎蔫，根呈锈色，不发生新根，最后腐烂，是苗床中低温、高湿引起的。"烧根"的症状是：苗矮，生长迟缓，叶片小，暗绿色，侧根短而少，先端呈枯萎状。这是由于黄瓜的根系对高浓度的肥料反应特别敏感，在施肥过多或施用未充分腐熟的有机肥时发生。

在蒋名川先生的著作中，对北京温室苗期病害的防治提出了几点简单而又经济的办法：一是用54℃热水浸种消毒；二是进行床土和温室内环境消毒，在播种或定植前用6％六六六可湿性粉剂配水150倍，每37米³（1 000立方尺）使用200克，制成溶液喷洒，消灭害虫；再用硫黄粉和锯末各250克混合熏烟关闭门窗熏蒸消毒，当时在其他合作社推广应用，取得相当好的效果。

在育苗管理方面，针对病害易发生的环境条件，防病措施主要围绕提高土温、增强光照、控制湿度来进行。阳畦（冷床）育苗最容易被病害侵染，常需采用防寒、通风与透光措施，比如拉盖蒲席（"翻席""搭窝棚""回席"）与玻璃窗扇（"拉活缝""拉死缝"），或者临时加温等，来调控畦内的小气候。北京温室的小气候环境比冷床优越，相关苗期病害发生较轻。

自从节能日光温室用于蔬菜生产后，蔬菜科技人员加强了对苗期病虫害防治的研究，在肯定前人研究推广的防治基础上，提出：①发展专用育苗设施，不与栽培成株混栽，避免病虫交叉感染，以培育"无虫苗（蚜虫、白粉虱）"。②在育苗设施内悬挂诱虫黄板。③在温室门、通风窗口增设防虫纱网等。请参见第十三章有关部分。

五、传统育苗设备与技术发展

（一）调查总结传统育苗设施及技术

20世纪50年代中期及后期，北京市郊区蔬菜栽培技术调查组、中国农业科学院蔬菜研究所的蔬菜科学工作者对北京、天津、旅大（今大连）三市的传统设施蔬菜栽培进行了深入的调查研究，其中蔬菜作物播种育苗是重点调查、总结的内容之一。如设施蔬菜的播种方法（撒播、点播、条播等）、苗期管理（水肥、温度、通风）及关键技术措施（分苗、囤苗、炼苗、定植）等，不但进行了全面、详细的描述，经过实地调查、观测、检测后，还对这些传统经验进行了研究分析，认为具有实用价值和一定理论意义。这些调查研究工作有效地促进了传统经验的迅速推广，促进了北京郊区设施蔬菜育苗与生产水平的提升。

（二）临时加温技术

为达到提高冬春寒冷低温季节育苗效果，尤其是防止遭遇极端低温和风雪灾害天气对幼苗的伤害，应在设施内采取临时补充加温的措施。

1. 阳畦加温育苗

阳畦加温在20世纪50年代就曾有应用。1972年冬季，东升公社躺碑庙生产队菜农，采用阳畦加温技术，在阳畦西头挖坑放置简易燃煤炉，阳畦东头竖立一烟筒出烟，中间连接4寸①粗的铁管烟道加温，每畦每天需蜂窝煤阴天7块、晴天3块，出苗后每天2块；1973年1月7日点播北京刺瓜，3月8日定植于大棚，4月15日采收，大棚亩产值达到了1 600元。

2. 发展加温温室育苗

北京温室蔬菜冬春茬（二茬）生产育苗历来就在加温温室进行。1975年早春，卢沟桥公社科技站建设了1亩玻璃温室，首次用于春播蔬菜育苗，温室长60米，每3米设置一个加温的明火土炉，为防煤气中毒，发明了软管呼吸法，用一根软管连接到温室外，呼吸室外空气。春季育苗量达到2万株，为代替阳畦育苗作出了示范。

采用煤火炉短期加温，达到了出苗快、苗齐、苗壮，投资少、效益高的效果，但因设备简陋，缺

---

① 寸：长度单位，10分等于1寸，10寸等于1尺。1市寸合1/30米。

少安全防范措施，在狭小的设施空间里，极易发生操作人员和菜苗燃气中毒现象。

（三）番茄扦插育苗

20 世纪 70 年代中期，探索了番茄扦插育苗技术。番茄扦插育苗，就是利用良好植株打叉时掰下的侧枝或带芽枝条，作为生产用苗的育苗方法。番茄扦插育苗可使种子繁殖变为营养繁殖，种子昂贵时，多用于秋茬栽培转入冬季设施栽培或冬春设施栽培转入春夏栽培时进行育苗。具体方法是：①扦插地准备，与蔬菜播种整地做法相同，做好育苗畦，扦插前一天灌一次水以利扦插。②插条的选择与处理，打叉时的侧枝或拉蔓时带芽枝条，要选择无病斑的健康粗壮枝条，剪成 10～15 厘米长，并将大部分叶片除去，只保留芽端的 2～3 片小叶片。将插条基部在 NAA（萘乙酸）的水溶液中浸 10 分钟即可扦插。③扦插，处理后的插条，按照 6～8 厘米的距离，垂直插在育苗畦内，扦插深度 5～6 厘米，使插条基部与土壤密切接触。④插后管理，扦插后立即灌水，此后要随时进行浇水，使土壤湿度保持在 80%～90%，这是插条成活的关键。夏季扦插，插后注意强光下适当遮阳，防止插条蒸腾失水过多。⑤带坨定植，一般扦插后 3～4 周，形成扦插苗，即可起苗带土坨定植。

（四）电热温床育苗技术

电热温床育苗是 20 世纪 70 年代中期在传统酿热温床基础上发展起来的，后又称"快速育苗""集约化育苗"（时称"工厂化育苗"）技术，是将电热线铺设在育苗床（畦）表面，其上覆盖约 10 厘米厚的培养土，再直接播种培育蔬菜幼苗的方法，也可直接摆放播种后的育苗盘（图 8-14）。北京近郊菜区 20 世纪 80 年代初开始推广此项技术。电热温床由主要由苗床、电热线、控温仪、交流接触器和空气开关等组成。

使用电热线增加地温，应使用控温仪控制温度，每台控温仪的直接负载最大电流为 10 安，故只能接二根 1 000 瓦的线（2 000 瓦），接线方法分单线接法和多线接法，在只使用 1～2 个电热畦做播种用时，可用单线接法。若用很多电热畦做分苗用时，需用多线接法，即需配用交流接触器，由控温仪控制接触器。

1978 年，北京市海淀区、丰台区、朝阳区的农科所等单位组织菜农去常州、无锡、上海等地学习考察用电炉丝加温的电热温床水稻育苗技术。当年冬季，海淀区农科所、朝阳区农业局蔬菜科等单位，在温室内建造了电炉丝加热的催芽室（包括出苗室）、温床绿化室，借助控温仪调整温度，开展了电热催芽、出苗、绿化育苗试验，其结果表明：电炉丝电热温床与绿化床修建费用成本较高，每平方米为252 元，且苗盘之间缝隙大，不利于保温，耗电量大。

1979 年，北京市科委下达海淀、丰台、朝阳区科委等单位"蔬菜育苗工厂化的研究"课题任务。全市共设立 9个新法育苗试验网点，试验研究了不同浸种时间、不同培养基质、不同加热温床等对幼苗苗龄、不同营养液配方的使用效果等。海淀区农科所还改进了电热催芽室、绿化床，试制成滚筒式多层育苗机等关键装备。试验育苗生产中，采用北京电线厂生产的塑料地热线给苗床加温，控温仪控制温度，直接在地热线温床播种育苗。这种方法成本低，程序简单，并完善了地热线加温苗床功率计算及铺设等方

图 8-14　番茄电热穴盘育苗　李常保　2018

面的技术，因此用电炉丝加温的催芽出苗室、绿化室被淘汰。北京市农科院蔬菜研究所研究了地温对果菜苗期的影响，并筛选出草炭、蛭石等保水性好的材料做基质，总结了地热线温床具备的优点和注意事项、育苗应采用的基质配方、浇灌磷酸二氢钾加尿素配合的简易营养液等关键技术。

1980年，北京近郊菜区地热线温床的蔬菜新法育苗试验网点增加到23个，并由试验研究转到生产上并推广应用；1981年春网点扩大到81个，共催番茄、茄子、大椒、黄瓜、冬瓜、西葫芦等种子2 500千克。这一"快速育苗"的生产实践与科研部门开展的试验研究，均证明了早春黄瓜、番茄、茄子、甜椒、辣椒、西葫芦、冬瓜等喜温性蔬菜和花椰菜、甘蓝、莴笋半耐寒类蔬菜，采用电热育苗比传统阳畦育苗的苗龄缩短30～80天，菜苗生长健壮，大部分能实现早熟丰产。

电热育苗解决了地温问题，所以可干籽直播，但是对种子品质要求较高。若种子品质差，瓜类蔬菜宜催芽播种，不分苗；茄果类和部分叶菜多采用干籽撒播，经20～30天长成两叶一心时进行分苗。此外，因地温较高，蒸发量较大，幼苗根系发达，吸收能力强，水分消耗多，所以浇水管理要及时，浇水量和浇水次数比阳畦育苗、温室育苗大而多，浇水时间也不受天气的影响，需要就浇。

自从1985年，京郊开始示范推广电热畦无土（营养液）育苗技术，使用炉渣、草炭等基质和营养液来培养壮苗（图8-15），秧苗粗壮，以取代土方育苗，解决营养土方育苗运输困难、苗质差、土传病害较重等难题，推进了蔬菜育苗专业化、机械化（图8-16）、商品化，电热线育苗、无土育苗、穴盘育苗相结合，使京郊蔬菜育苗开始向工厂化育苗转变。

图8-15a　温室炉渣育苗播种　1988

图8-15b　番茄无土育苗对比　1985

图8-16a　蔬菜育苗播种机　1986

图8-16b　大棚育苗自动喷雾　1986

利用与发展电热育苗期间，中国农科院蔬菜研究所顾智章、王德槟，北京市农科院蔬菜研究所师惠芬、刘增鑫，北京市农业技术推广站李耀华、阮雪珠等，在育苗设施设备的农用电加温线、农用控温仪、育苗架、育苗盘、育苗钵、发芽箱、无土育苗基质、育苗配套技术、育苗程序与模式等方面的探索研究，取得了重要技术进展。直至目前，电热育苗在蔬菜育苗中仍然发挥着重要作用。

（五）蔬菜壮苗及其指标的形成

蔬菜生产上，壮苗一般是指适龄壮苗。对于设施育成的用于早熟栽培的幼苗，苗龄更标志着提早生育的程度，苗龄是否适当将更显著地影响到以后植株的生长、早熟或产量。

壮苗是指生长健壮、无病虫危害、生命力强、能适应定植以后栽培环境条件的优质幼苗。壮苗的主要形态特征为：茎粗壮、节间较短，叶片较大而厚，叶色正常，根系发育良好，须根发达，植株生长整齐，果菜类蔬菜作物的壮苗还要求花芽分化早、花芽数多、花芽发育良好；幼苗定植以后抗逆性较强，缓苗快，生长旺盛。但从生产的角度看，壮苗的含义中还应该包括日历苗龄和生理苗龄，因为秧苗的大小，关系到蔬菜的产量和效益。

弱苗有徒长苗和老化苗两种。徒长苗的主要特征为：茎细、节间长，叶片薄、叶色淡，子叶或基部的真叶黄化脱落，根系发育差、须根少。徒长苗易患病害，抗逆性差，定植后缓苗慢，易引起果菜类蔬菜的落花落果，并严重影响产量或早熟性。老化苗的主要特征为：苗较矮小，茎细且已在一定程度上木质化，叶片小，叶色呈暗绿色且无光泽，叶片生长不舒展，根系发育差；定植后生长缓慢，并将导致果菜类蔬菜开花结果期延迟，产量降低。

科技人员在蔬菜壮苗指标方面开展了不少研究，认为可从苗龄、外观、壮苗指数来判断。在苗龄方面，北京蔬菜中心司亚平等人，结合山东、宁夏、辽宁的地方壮苗标准，研究认为以日历苗龄较为实用，茄果类和瓜类的苗龄评价标准，可分为冬春育苗和夏秋育苗两大类，冬春育苗大都要求苗龄较大，初现花蕾，日历苗龄比夏秋育苗多 20 天以上，生理苗龄多 1～2 片叶。

（六）示范应用改良阳畦、塑料大棚、薄膜温室育苗

这些类型的设施多是在传统设施的基础上经过改造而形成的，它的采光、保温、增温、育苗空间等都有了很大的改善，而农用塑料薄膜在设施上的普遍应用，是造成这种变革的主要原因。

20 世纪 70 年代中期开始推广改良阳畦育苗，1976 年 1 月 21 日北京市农业生产资料公司和北京市农林局，在朝阳区小红门公社召开了菜区相关人员参加的改良阳畦育苗现场会议，并组织他们参观了小红门公社牌坊大队第三生产队、第七生产队和小红门第八生产队用改良阳畦育出的番茄、黄瓜、茄子、大椒、小辣椒、结球甘蓝、莴笋、菜花等整齐、强壮的幼苗。海淀区四季青公社蓝靛厂大街生产队刘凤海，介绍了他们 3 年来用改良阳畦育苗的先进经验。

1977 年，四季青公社试验站进行了塑料大棚低温炼苗试验，获得较好效果。

1978 年，郊区开始建设育苗温室，发展温室育苗以取代阳畦育苗。育苗用塑料薄膜温室，其高度与跨度略大于冬季生产型温室。

第二节　护根育苗

蔬菜幼苗在苗床生长期间，根系的吸收表面超过叶片的蒸腾与同化表面之和达到 10 倍以上。一旦经过起苗、定植移栽，根系将损失 90% 以上的吸收表面，造成根系表面与叶表面比例的减小，从而导致幼苗水分供应失调，并使缓苗期延长。因此，生产上常常采用保护根系的育苗措施，以保证定植时蔬菜幼苗不伤根或少伤根，故称为护根育苗。

护根育苗，是指保护根系的育苗措施，如容器育苗（营养钵、纸筒或袋、盆育苗等），营养土方育苗等，是蔬菜传统育苗的主要方式之一。蔬菜作物中特别是瓜类、豆类蔬菜的根系，很容易发生木质化，断根后很难恢复，故不耐移植，因此这些蔬菜多采取护根育苗。护根育苗曾在北京设施蔬菜生

产中得到广泛应用，兴起后逐步取代了过往传统的挖土坨移栽方法。容器育苗的突出优点是：苗期营养条件好，在一定程度上减轻了床土温度低对根系的影响。定植时将幼苗从容器中磕出直接移栽，根系完好，缓苗快，作业又方便，甚至可以将容器苗置于床架上，进行立体育苗。20世纪50年代初，北京温室（土温室）育苗，就是将瓦盆黄瓜苗分列在玻璃或纸窗内3层台阶式木架上，以充分接受阳光（图8-17）。一般容器育苗可比床土育苗提早5～7天采收，增产20％左右。

图8-17　盆苗缓苗后摆上支架争取光照　20世纪50年代

一、育苗容器

（一）播种盆（钵、箱）

用播种盆（钵、箱）育苗，历史较久。播种盆（钵、箱）用陶土素烧加工制成，底部有孔，便于多余水分渗透。宜选用平钵，圆形，口广而较浅，口径大小不一，亦可方口形。以临分苗（移栽）前保持土壤水分不干为原则。一般规格是：高12厘米，内口径24厘米，可育苗26～27株（图8-18）；还有一种严寒天气利用的浅盆，高6厘米，内口径25～30厘米，可育苗50株。对于瓜类、茄果类等蔬菜育苗，通常宜采用直径较大、高度较高的盆钵或筒钵。

图8-18　播种盆育黄瓜籽苗　20世纪50年代

20世纪70年代，丰台区卢沟桥、海淀区四季青、东升等菜社，自制简易育苗箱，用1厘米厚的木板，钉合成育苗箱，形状一般长约60厘米、宽约30厘米，深5～6厘米，比较利于搬运。多用于黄瓜等育籽苗。

（二）纸制容器

分为纸杯、纸袋，主要用于移栽。一般用旧报纸卷成筒形，也有用纸浆直接压模而成，甚至有用胶泥或草泥制作的。塑料大棚栽培的黄瓜常用纸筒育苗。此法的护根效果较床土育苗起坨定植要好，取苗运输时根系损伤较少。但制作较费工，排筒（杯、袋）到苗床也较费时。纸筒（杯）高 8～10 厘米，直径 7～9 厘米。筒（杯）内装满培养土后放置于苗床，放置时要注意使高度一致（图 8-19），筒间间隙要用细土填上。在播种或分苗前要先浇透水，然后播种或分苗。覆土时要注意盖土严密，不要让纸杯边缘暴露出来，否则纸杯中土壤的水分，将通过纸的毛细管作用而蒸发损失，会导致杯中土干燥，幼苗生长不良。

图 8-19 将营养土装入纸筒 1988

（三）瓦盆、泥钵

主要用于移栽。小花盆一般内口径 13 厘米，高 10 厘米，盆底有直径为 1.5 厘米的小孔，每盆栽两株小苗。泥钵人工制作，其规格上口径一般为 8～10 厘米、高 8～10 厘米，可移栽 1～2 株小苗。

（四）营养土方

"营养土方"既可播种，又可移栽。是 1953 年从苏联传入，经东北农业科学研究所几年试用后在哈尔滨、长春等市生产示范推广起来的。该育苗方法是根据蔬菜苗期的生长发育特点以及对营养的要求，把肥料（有机肥料与化肥）、过筛园田土以及农药等按照一定的比例，调制混合而成的适合蔬菜幼苗生长发育的肥沃、无病菌和害虫的营养土，经加工制成营养土方。

二、盆苗培育

北京温室传统春茬栽培黄瓜、番茄等，主要采用盆苗。以黄瓜为例，栽培分为两茬或三茬，一般头茬（秋茬）以地苗（土坨苗）为主，二茬或三茬（春茬）温室黄瓜则采用育盆苗方式。其原因是头茬黄瓜生产占地，很难预计拉秧期，而黄瓜从播种到定植需要经过 35～50 天，为节约温室空间，便于苗期管理，形成了这一盆苗育苗方式。该育苗方式的苗期管理方法，基本等同于传统育苗，其关键措施为：

（一）播种期

温室黄瓜的栽培是从每年的秋分节前开始（9 月中旬）至翌年小满节前后结束（5 月中旬），将近

8个月的栽培时间。根据技术和栽培习惯不同，有生产两茬（指两个生长周期）的，也有生产三茬的。因此，播种期很不一致。一般头茬苗多分别在秋分、寒露、霜降三个节气内陆续播种，但也有延到立冬播种的。二茬苗多在前茬黄瓜拉秧前45天左右开始播种，一般多在小雪、大雪、冬至分别播种。第三茬苗多在立春、雨水、惊蛰节气内分别播种。也有些菜农由于中途黄瓜秧子坏了，则不受季节限制，随时都可以播种。

（二）籽苗床准备

随着外界气候的变化，温室育苗畦（床）的适宜位置，也要做出相应的改变。冬至以前育苗可以南北作畦，以充分利用栽培床的面积；冬至以后，外界气温严寒，室内靠前窗部位的温度，夜间和白天不同，并与其他部位的温度也有显著差异，因此苗畦应该东西向设置在栽培床的中央，以利温度一致，瓜苗生长齐整。

苗床一般为东西长3米、南北宽1米的平畦。先在畦面上均匀撒施腐熟、捣碎、过筛的有机肥（马粪）或大粪干15～20千克，细刨17～20厘米深，使土壤和粪混合均匀，然后搂平，踩1遍，以防止浇水后土壤下陷，搂平待播。

播种盆播种育苗，要提前准备好培养土。它的调制方法，是用床土掺加有机肥（传统有机肥是马粪或大粪干面）。调制时，应依据其黏质或沙质，可采用园田土80％～90％，添加腐熟混合粪10％～20％混配调制过筛而成。

育苗箱育籽苗，要准备好锯末或细沙。用锯末，材质要求严格，应选择果木或杨柳木锯末，将锯末过水后晾半干，在播种箱铺锯末2～3厘米厚，播前浇足底水，将黄瓜的芽摆正，上覆盖湿锯末厚约1厘米。播后育苗箱可随意搬动，出苗前，放在温度较高的温室中柱附近，促进出苗；出苗后，放在温度较低的地方，利于培育壮苗。锯末籽苗，播种2～3天后，子叶夹瓣黄绿时即可分苗。

黄瓜播种及籽苗的管理与传统蔬菜育苗相同。

（三）分苗

又称为移植、假植。黄瓜根系的再生能力差，移植时要注意尽量避免损坏根部。苗龄越大，根部越大，因此及早移植是非常重要的。温室春茬黄瓜的幼苗，在长出1～2个真叶的时候，往往秋冬茬黄瓜还在继续收获，难以及时定植，因而需要利用小花盆进行移植，以解决苗子大不好移植的问题。

一般先进的温室生产能手，移植掌握在子叶放展、第一个真叶刚刚放出尖的时候。移植前，将播种畦或播种盆先打一个透水，再适时起苗，起苗要仔细，注意多带宿土（土坨），不要碰坏土坨，移植在事先装好培养土小花盆里，使其快速恢复生长。

1. 准备假植用的盆土

常用20％～30％的充分腐熟的有机肥（马粪加人粪干面）和70％～80％的表土混合。调培营养土时，首先要把这些有机肥料充分发酵腐熟、捣碎、过细孔筛子，再和过筛的园田细表土混合均匀，过黏土壤可加细沙一半，使土疏松。要适时装盆。

2. 分苗（移栽、假植）

移栽装盆前，先在每个小花盆的盆底上垫放一小片厚纸或泥糊上，堵住底口，防止底土和养分流出，还可辨别浇水是否适量（浇水后以润湿纸片为适度）。移栽前，先装1～2厘米厚培养土，起苗挖苗时多带宿土，起苗后马上栽入盆中，每盆栽1株或2（大小相同，距离3～4厘米）株幼苗，宿土周围以培养土填起，用手指沿盆边轻按使土壤密结，中间稍高些，土面距盆沿约2.5厘米，即八成满为合适，移植后浇1次透水（图8-20）。

图 8-20a　黄瓜起苗、移栽　20 世纪 50 年代

图 8-20b　完成移栽的黄瓜盆苗　20 世纪 50 年代

（四）浇水管理

分苗后，经过 2~3 天，看哪个盆发干再补充点水，到第四天普遍点 1 次水（每盆浇水 85 克），然后把土面轻轻扦松进行"蹲苗"（图 8-21）。一直蹲到真叶（生长点）有铜钱大、颜色发黑、中午有些打蔫（萎缩现象）时再开始浇水（每盆浇水 90 克），每隔 1~3 天浇 1 次，每次都要湿润盆地的纸片。一般立冬以前的苗子每隔 1 天浇 1 次水，冬至以后的苗子每隔两天浇 1 次水；当第三片真叶出现后，立冬以前的苗子差不多每天都要浇水，冬至以后的苗子隔 1 天浇 1 次水。

图 8-21　黄瓜盆苗中耕松土　20 世纪 50 年代

（五）光照管理

移栽后，当小苗缓苗时（恢复生长），就要把盆苗摆上支架，尽量争取光照，并适时挪开间隔，使苗之间大约相隔 10 厘米，避免盆挨盆使小苗徒长。

当黄瓜生理苗龄达到三至四叶一心时（图 8-22），即可"磕盆"定植。

图 8-22　育成的黄瓜盆苗　20 世纪 50 年代

三、营养土方育苗

1974年春，北京市蔬菜办公室组织郊区菜农，从长春等地区引进了营养土方培育长龄壮苗技术，并发展成为京郊菜区获得塑料大棚黄瓜高产的重要技术措施之一。其优点：一是掺入了发酵腐熟的有机肥料，营养条件好，土壤疏松，利于幼苗根系生长发育，容易培育壮苗。二是可根据苗子大小，进行南、北向倒坨，变换光温条件，利于幼苗生长整齐。三是因培育的是长龄大苗，早熟，比地苗早上市1周左右。四是营养土方配制原料可就地取材、易得。营养土方除培育茄果瓜豆类蔬菜外，也可培育叶类蔬菜。由此，营养土方育苗取代了土坨育苗（图8-23），这里仅以黄瓜营养土方育苗为例介绍如下。

图8-23a　土坨黄瓜苗

图8-23b　营养土方生菜苗

（一）营养土配制

营养土配制，一般选用质地疏松，通气良好，肥沃且无病虫害的过筛的园田土和充分发酵腐熟的厩肥（马粪）、草炭、鸭粪、混合粪、大粪干、腐殖酸等有机肥料。

营养土经压制而成为营养土方，有方块和圆形块两种，其配料比例（特别是机制土块）较严格，要求最终压成的营养土方松紧适当，"坚而不硬、疏而不散"，既要疏松以保证根系的良好发育，又要在倒坨时不散坨，防止伤根。

用于蔬菜育苗的营养土，其配料比例一般为（按体积计算）：园田土2（瓜类）～4份（茄果类或甘蓝类），腐熟马粪等厩肥6～8份，若黏土可适量加入点陈炉渣灰。土块中的水分以掌握"捏之能成团"（含水量为20%左右）为度。

营养土配制时，每吨营养土要加入8～10千克过磷酸钙和少量的草木灰、石灰，园田土不要掺得过多，各种材料多少可根据园田土质地适当增减，并将肥、土过筛后掺匀（图8-24）。

图8-24　将过筛的园田土和混合肥料掺匀　1988

（二）制作营养土方

营养土方规格，一般为8～10厘米见方，高5～8厘米。其制作方法多以人工切块为主，也有机械轧制的，具体介绍如下。

1. 和泥法

以马粪和草炭为主的配方可采取和泥法。和泥时，将配制好的营养土平铺在畦池中，厚10厘米，加水和泥，抹平后切成8～12厘米见方的土块，并在土方中间用直径1.7厘米木棍或玉米轴扎成深3.3厘米的小孔（图8-25），及时播种或分苗（图8-26）。该方法简便易行、便于操作、边制作边使用，当年菜区高产社队应用较多。也可在使用前一年冬季制成，收藏备用，临用前浸透土块，进行回暖待播。

图8-25a　营养土平铺畦中加水和泥　1988

图8-25b　切割营养土方　1988

图8-25c　在切割好的营养土方扎播种穴　1988

图8-26a　营养土方人工按穴点播　1987

图 8-26b 黄瓜点播后覆土堆状 1988

2. 干踩法

配方中田土所占比例较大的一般生产，多采用此法。即将苗床整平、压实后，将已配好的营养土铺在育苗床面上，刮平、踩实、浇水，待水渗下后，切成土块待播。

3. 机制法

将营养土方按比例配成，适当掺水由营养方机压制而成（图 8-27）。机制营养土方为圆形，直径为 5～6 厘米。

图 8-27 南苑乡应用的制钵机 1986

营养土方可用于播种，也可用于分苗。

（三）育苗关键技术

营养土方育苗时，分苗和小苗期的管理需要注意以下几项关键技术：

1. 分苗（移栽）

黄瓜幼苗出土后 5～7 天，两个子叶将要展平时，及时移栽到营养土方中，用细干土把小孔盖严。此时为子叶期，养分来源于种子本身所贮存的养分，幼苗主根上几乎没有长出侧根，移栽不会大伤根。分苗时要轻捏苗，防止子叶期嫩茎因用力过大而被捏伤。

2. 倒苗（坨）

黄瓜幼苗是靠太阳光生长的，应尽量增加温室的光照时间，提高光照强度。所以要早拉、晚盖蒲席或草苫，并及时打扫窗面。在不影响温度的情况下，要尽量延长光照时间。由于温室各个部位受光不同，温度条件有差异，所以各个部位黄瓜幼苗生长大小不一样。为了使幼苗生长基本整齐，就要及时进行倒苗，以促进幼苗生长一致。

第一次倒苗要早，有利于提高地温。在苗一叶一心时开始第一次倒苗。以后每隔 7～10 天倒动 1 次。倒坨时将小苗放在温室中部，这个部位温度高，光照好，利于幼苗生长。大苗放在温室南部、东西部，这些部位温度较低，光照较差，抑制幼苗生长。

在倒苗时，坨与坨之间要留有空隙，利于提高土坨温度。随着幼苗生长，坨与坨之间距离逐渐加大，防止幼苗拥挤徒长（图 8-28）。

图 8-28　菜农正在给黄瓜苗倒坨　1987

3. 特殊天气管理

北京地区 12 月至翌年 1 月经常有阴天、雪天，在这样的天气下，要灵活掌握温度变化，白天温度比晴天时要低些，否则由于光照不足，温度高，幼苗易徒长。夜间温度也要适当低些。幼苗温度管理好坏对产量影响很大，黄瓜幼苗在一叶一心时就开始了花芽分化，白天温度 25℃、夜间 13～15℃ 是黄瓜雌花形成的适宜温度，所以在一叶一心后采取昼夜大温差的管理办法能促进黄瓜早结瓜、多结瓜，有利于早熟丰产。

4. 水分管理

营养土方育苗，苗期缺水不缺水主要看龙头，如果龙头发黑，中午打蔫时间长，营养土方上部发白，这说明幼苗缺水，应及时用喷壶浇水，以湿透为标准。一般要保持营养土方见湿见干，隔 1～2 天用喷壶喷 1 次水。

温室里的湿度不要太大，防止幼苗发生霜霉病。温度、湿度管理是通过炉火加温和放风来掌握的，放风要掌握由小逐渐加大。晴天大放，阴雪天小放，以降低湿度。

5. 长龄壮苗指标

温室营养土方培育春大棚瓜果类蔬菜长龄壮苗的要求是：黄瓜苗要达到根系多，茎粗壮，节间短，叶片厚、深绿，苗龄 60～65 天，6～7 片叶，普遍带有小花蕾；番茄苗达到七至九叶一心，普遍显蕾，苗龄为 70～80 天；茄子、辣椒苗达到 10～12 片叶，并带有小花蕾，苗龄为 90 天左右。

第三节　现代育苗

蔬菜现代育苗，是指在完全或基本上可人工控制的环境条件下，按照一定的工艺流程和标准化技术操作要求，进行批量或规模化生产蔬菜幼苗的方式。人们称其为工厂化育苗，也习惯称为机械化育苗。

现代育苗的重要特征，就是采取营养液或轻型材料为基质，代替床土（土壤）进行蔬菜育苗。

现代育苗技术，是美国20世纪60年代末研发出来、20世纪70年代发展起来的一项新的育苗技术，主要应用在蔬菜、花卉等园艺作物的育苗生产上。

穴盘育苗是现代育苗方式中的关键技术之一。穴盘育苗是指以穴盘为生产容器，在苗盘穴孔中，用草炭、蛭石、椰糠等轻质材料为育苗载体基质，采用机械化精量播种、适度规模化集中管理，一次成苗、分批生产的育苗方式。穴盘育苗的苗盘是分格室的，播种时一穴一粒，成苗时一室一株，每株苗的根系与基质能够相互缠绕在一起，使每株幼苗根系互不干扰、自行盘结在各自的穴孔内，并且根坨呈上大底小的塞子形，故美国把这种苗称为塞子苗，把这套育苗体系称为塞子苗生产。

1977年，海淀区四季青科技站开始试验蔬菜无土育苗。1987年，北京第一家蔬菜现代育苗场花乡育苗场正式投产，标志着北京现代蔬菜育苗发展进入新的阶段。

在近郊菜田锐减、远郊菜田大力发展的1997年，政府扶持建设了平谷县东高村、顺义县沿河和三高、大兴县青云店、通县宋庄、中以农场6个集约化育苗基地，每个基地占地30亩，建设了节能型育苗日光温室、播种车间以及配套用房，各配备了一套海淀区农机研究所提供的播种机及种子丸粒化设备、进口或国产的育苗架、育苗盘及微喷灌水设备。至1998年10月底，6家集中育苗基地和原先的花乡、四季青、将台乡三家育苗厂，蔬菜穴盘育苗量达到4 939万株。此后，随着城市建设占地加快，种植业结构调整，蔬菜基地不断变迁，蔬菜现代育苗有所收缩，新菜农多为自己育苗。

2005年，北京市农业技术推广站推广了"傻瓜式"育苗块育苗（图8-29），以解决新菜农不会育苗的问题。"傻瓜式"育苗块源于北京市农业科学院植物营养资源所邹国元等研发成果，将散装的基质原料通过调节水分与粒级配比后，和营养、黏结、保水等辅料进行充分混匀，进入压缩设备压制成型。使用时，只需用水分使其膨胀后，就可进行播种、分苗或扦插育苗。

图8-29a　怀柔孟家庄育苗块黄瓜苗　徐国明　2009　　　　图8-29b　育苗块育黄瓜苗　2010

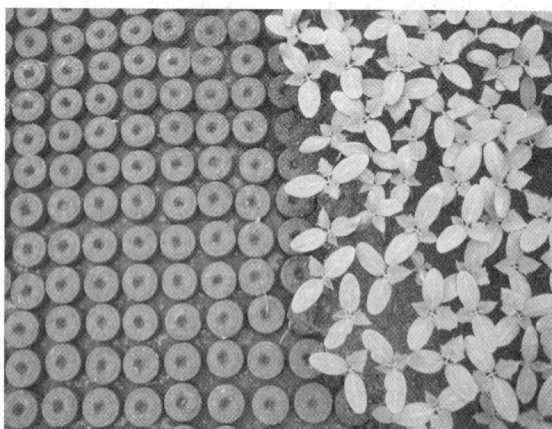

2008年，北京新一轮设施农业发展，促进一批民营育苗企业先后建立，穴盘育苗产业快速发展。至2019年，穴盘育苗量在50万株以上的瓜菜草莓集约化育苗场有130家，其中大兴采育"风采军辉"专业合作社（年产苗4 600万株）、顺义北京裕农优质农产品种植公司杨镇基地、北京通州大务"鑫福"农业育苗场等5家育苗企业，年穴盘育苗量均达到千万株以上，已走上了"品牌化经营、订

单化生产"的发展之路。北京郊区蔬菜现代育苗量已达到 25 500 万株（表 8-1）。轻基质穴盘育苗已经或正在取代蔬菜的传统育苗方式，由瓜果类蔬菜为主转向了瓜果类和叶类蔬菜齐头并进的发展局面。

据估算，我国 2019 年蔬菜种植需 6 000 亿～7 000 亿株幼苗，蔬菜种苗业是一个巨大的潜在市场，随着物流业的发展，远距离调运蔬菜秧苗已经基本实现，北京现代农业的发展和现代育苗业将迎来广阔的市场前景。

表 8-1　北京郊区及典型区与企业集约化蔬菜育苗情况

年度	全市集约化育苗情况（万株）					大兴区育苗情况（万株）	大兴国平合作社育苗情况（万株）
	总量	叶类菜	瓜果类菜	西甜瓜	其他蔬菜		
2010	3 000	680	1 300	50	970	942.61	80
2011	3 000	940	1 250	50	760	1 716.80	230
2012	6 500	1 927	2 860	200	1 513	2 300.88	340
2013	12 065	4 285	4 650	730	2 400	2 847.30	420
2014	18 020	6 780	7 560	800	2 880	2 793.50	670
2015	19 730	7 500	7 890	850	3 490	3 349.35	850
2016	22 680	8 980	8 650	1 000	4 050	5 100.20	920
2017	24 000	9 500	9 000	1 200	4 300	11 503	650
2018	23 500	8 500	8 000	1 500	5 500	9 237.46	540
2019	25 500	9 500	7 600	2 000	6 400	8 636.88	560

注：本表数据由北京市农业技术推广站、大兴区蔬菜技术推广站、国平合作社提供。

一、现代育苗的特点

以穴盘育苗为代表的蔬菜现代育苗，与千百年来菜农传统使用的土坨育苗相比较，有以下优点。

（一）省工、省力、机械化效率高

穴盘育苗采用精量播种，一次成苗；从基质混拌、装盘，至播种覆盖等一系列作业实现了机械辅助作业和自动控制。和传统育苗比较，苗龄可缩短 10～15 天，劳动生产率提高了近十倍。传统的营养土方育苗一名技术员只能管理 2.5 万～4.0 万株苗，而穴盘育苗人均管理可达 25 万～40 万株苗。由于苗期日常的浇水追肥、通风换气都实现了机械辅助作业，从而提升了劳动作业的效率。传统茄果类早春育苗平均每株土块苗重 400～500 克，每定植 1 公顷蔬菜 6 万株，相当于搬走了 30 吨重的土；而轻基质穴盘苗每株苗重只有 40～50 克，相当于传统育苗工作量的 1/10。

（二）节省能源，降低了能耗和运行成本

虽然穴盘育苗要购置设备，一次性投资较高，但运行过程中省工、省力、节能，使运行成本得到有效补偿。根据传统育苗与现代穴盘育苗每万株的能耗计算，现代穴盘育苗节省能耗可达 2/3；再加上用工成本的下降，总的育苗成本可降低 50%～60%。

（三）实现了育苗管理规范化

传统育苗技术是一代又一代的育苗人对技术的口口相传，而新的穴盘育苗方式使育苗生产实现专业化，技术实现规范化，生产过程实现了工厂化。

（四）适宜远距离运输和实现机械化移栽

由于轻基质穴盘育苗，苗盘是分格室的，播种时一穴一粒，成苗时一穴一株，而且植株根系与基质能缠绕一起，具有保水能力强，根坨不易散的特点，适宜异地育苗、远距离分散供苗，适宜机械化移栽。穴盘苗具有完好无损的根系和大量根毛，移栽后可迅速吸收水分和养分，无须缓苗，成活率通常可达到100％。

以美国加利福尼亚州为例，自20世纪70年代推广轻基质穴盘育苗以来，穴盘苗100％采用机械移栽作业。自2015年开始，北京市农业技术推广站赵景文等进行了大白菜、甘蓝等蔬菜穴盘幼苗机械移栽技术研究与示范，使今后更大规模的穴盘育苗发展迈出了第一步。

二、现代育苗的设施与装备

蔬菜现代育苗，是育苗技术发展到目前的高级形式，是在现代机械与装备条件支持下进行的。21世纪以来，现代育苗所需的精量播种机、行走式喷水车、移动式苗床、PS穴盘等配套装备，在浙江台州尤匡标等一批民营企业家的推动下，完全实现了国产化。在这里，仅将生产上主要的设施、装备与必要的资材介绍如下：

（一）工厂化育苗设施

主要有播种车间、催芽室、育苗设施和种苗包装车间、仓库等。

1. 播种车间

播种车间是进行蔬菜播种的主要场所。车间内的主要设备是播种流水线，或是用于播种的机械设备。播种车间的面积和高度，要根据生产规模、播种设备合理确定，使基质搅拌、播种、催芽、包装、搬运等操作互不影响。亦可与包装车间连为一体，便于种苗的搬运和车辆的进出。播种车间一般与催芽室、育苗设施相连接或安置在育苗设施内（图8-30），目前多用轻型结构钢和彩色轻质钢板建造，实现大跨度结构，提高空间利用率。

图8-30 特菜大观园精量播种流水线与催芽室 2013

2. 催芽室

穴盘育苗有别于传统育苗，大多数种子不用浸种催芽这一环节，而是将种子直接精量播种于穴盘中。但冬春季节，为了保证穴盘内播进的种子能快速萌动，一般将喜温性的瓜果类菜从播种车间运出来后直接用叉车送入催芽室。

催芽室多用密闭性、保温隔热性能良好的材料建造，常用材料为彩钢板，设计为小单元多室配置，每个单元以20米²左右为宜，面积大小以实际需求而定。催芽室主要技术指标为：温度和相对湿度可控制、可调，温度 20～35℃，相对湿度 75％～90％，气流均匀度 95％以上。主要配备加温、加湿系统、风机、新风回风系统、补光系统、自动控制系统，由铝合金散流器、调节阀、送风管、加湿段、加热段、风机段、混合段、回风口、控制箱等组成。

北京第一个现代育苗场花乡育苗场，在国外专家指导下，当时建造了一个使用面积 50 米² 的催芽室，内设加温装置，外墙体有保温层，高度 3.0 米，内设苗盘承载架，一次可码放 5 000 个苗盘，空间得到了充分利用。

催芽室的温度设定，因作物品种不同而不同。试验结果表明：在以草炭、蛭石为育苗基质采用干籽直播的条件下，适宜种子萌发的温度，番茄为 25℃恒温或 20～30℃变温；茄子为 30℃恒温或 20～30℃变温；甜椒为 30℃恒温；芹菜侧重于最终出苗率时，为 15～25℃变温，若侧重于出苗速率则为 20～30℃变温。催芽室湿度控制在 90％。催芽时间因作物品种不同而有一定差异，通常为 5～7 天。约 30％以上子叶拱出后，及时转入育苗车间床架上。

3. 培育车间

大型连栋温室，具备智能化控制条件，是工厂化育苗最适宜的培育场所，可称为育苗生产车间。1987 年，北京第一家现代化花乡育苗场当时利用补偿贸易，引进了 3 000 米² 保加利亚连栋玻璃温室作为育苗车间正式投产运营（图 8-31），并配套建设了自行设计的双层覆盖加温塑料大棚 16 栋（1万米²），以培育成苗。为提升塑料大棚内冬春季的防寒保温效果，在大棚四周增设了 70 厘米高的"三七"墙体。1989 年，朝阳育苗场的连栋温室育苗车间也投入育苗生产（图 8-32）。

图 8-31a　花乡育苗场生产车间
资料来源：引自《花乡乡志》，2011。

图 8-31b　小汤山育苗场建成投产　1989

图 8-32　朝阳育苗场建成投产　1989

北京郊区蔬菜工厂化育苗，主要以大型连栋温室、日光温室、塑料大棚作为幼苗绿化、生长发育和炼苗的车间。车间内设备的配置，要高于普通栽培设施，除了配置通风、降温和加温系统外，还应装备苗床、帘幕、补光、水肥灌溉、自动控制等相关装备，以满足种苗生长发育所需要的温度、湿度、光照、水肥等条件，保证种苗的高效生产。

（二）育苗环境的调控装备

育苗车间的小气候环境，关系到蔬菜幼苗的正常生长发育。其关键装备有温度控制设备、光照控制设备、湿度控制设备、二氧化碳补充设备、计算机设备与管理软件系统等。

1. 清洁能源加温设备

21世纪尤其是近10多年来，随着生态农业的发展，太阳能热源的充分利用，再加上2016年冬季北京禁止燃煤措施的执行，传统的燃煤加温已被取代，清洁能源燃油锅炉、燃气锅炉水暖供热和电热供暖（如电热风机、地热线增温）成为蔬菜设施主要的冬季加温形式。大型温室分层、分区立体加温，日光温室采用供热管道铺设在苗床下部、盘绕在室内的后墙等地方以使温度均匀一致。

20世纪80年代，花乡育苗场把16栋育苗大棚配置成高、中、低3个不同温度区，将供暖系统置于70厘米高的育苗床架下，供热管道距地面50厘米高，以保证所需温度。高温区大棚，平均每3.2米² 设置1节圆翼型供暖片，主要用于茄果类中喜温的茄子、青椒育苗，也提供日光温室2月中旬前后定植的番茄苗；中温区大棚，平均每4.2米² 设置1节圆翼型供暖片，用于小拱棚、大棚番茄生产育苗；低温区大棚，平均每6.4米² 设置1节圆翼型供暖片，用于3月中旬之后露地定植的菜花、甘蓝育苗。

2. 冷帘降温设备

在日光温室或大型连栋温室中，除开闭通风窗调节外，应采用水帘和风机相配合，分别安装于温室的两侧，主要用于夏季降温。一般情况下，目前水帘与风机的距离不能超过50米。

3. 保温及遮阳设备

在夏秋或冬春季育苗时，利用温室外遮阳系统，可有效降低温室内温度，减小光照强度，避免高温强光对蔬菜幼苗的伤害，冬春季可利用保温幕保温。遮阳网、保温幕可以直接覆盖在设施表面或覆盖在设施的支架上。大型温室设施，可采用机械设备管理遮阳网、保温幕，根据温室内温度和光照强度灵活打开和关闭。

4. 补光设备

连阴天和低温寡照环境条件，极易造成蔬菜秧苗徒长与滞长、花芽分化质量差、坐果节位提早或延迟等问题。采用人工补光，可有效减少低温弱光、雾霾对作物的影响，提高光合作用和植物抗逆性。补光灯最常用的冷光源是LED补光灯，补光的同时不会改变温室内温度，并且可根据不同作物需求调整光质、光强和光周期等。

5. 其他设备

有电除雾促生装备（图8-33）、二氧化碳发生装置、扰流风机、硫黄熏蒸器具等。

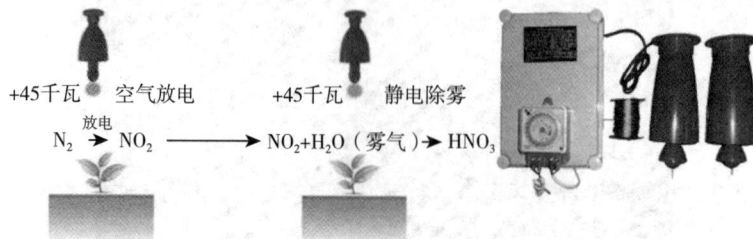

+45千瓦　空气放电　　　+45千瓦　静电除雾

$$N_2 \xrightarrow{放电} NO_2 \longrightarrow NO_2 + H_2O \text{（雾气）} \rightarrow HNO_3$$

图 8-33　静电除雾
杨恩庶，2013

（三）精量播种设备

1. 精量播种流水线

由基质搅拌、上料装盘、压穴、精量播种、覆土、喷淋灌溉六道工序设备组成整个流水线。工序间自动行进，一次完成。精量播种机是精量播种流水线的核心装备，常用的有滚筒式、真空吸附式等类型，此外还有震颤式、送料式等类型。播种由电动磁力开关控制，可对流水线播种速度、传动速度、喷水量等进行自动调节，一般每小时可播种 600～1 000 盘。

精量播种机因作业原理不同，播种器分为真空吸附式和齿盘转动式两种类型。所谓真空吸附式是利用真空原理，当真空抽气时，种子被吸附在吸嘴上、吸盘上或滚筒的孔穴上，送气时种子自动脱落，将种子准确地送入苗盘的播种穴里，自动连续作业，一次播种一行或一次播种一盘。真空吸附式播种器对种子大小和形状没有严格要求，播种之前不需对种子进行丸粒化加工。通常每小时播种200～400 盘、900～1 200 盘不等。像国内已引进的汉密顿（Hamilton）、布莱克默（Blackmore）以及国产的台州赛得林公司的精量播种机均属真空吸附式播种机。

20 世纪 80 年代，花乡育苗场选用的是 Ventura 研制的凹齿圆盘转动式精量播种机（图 8-34）。齿盘转动式播种器是一组受光电系统控制的凹齿圆盘组成的机器，播种前可根据苗盘孔穴数目和种子粒径来选换齿盘。正常作业时，当控制播种器的光电板被传送带上行走过来的苗盘遮挡时，磁力开关自动打开，于是位于种子箱内的齿盘定向转动，此时齿盘上的每个凹齿从种子箱里舀上一粒种子。苗盘的纵向行数与凹齿圆盘的片数相等，苗盘在传送带上行走速度与圆盘的转速保持同步，圆盘上凹齿间距与苗盘的孔距相等，所以齿盘凹齿所舀上的这粒种子在齿盘转动时能准确地落入苗盘的孔穴里。当苗盘离去之后，磁力开关关闭，齿盘停止转动，直至下一个苗盘出现。这样，在光电系统控制下，播种器周而复始地连续作业。齿盘转动式播种器工作效率高，每小时可播种600～1 000 盘。但该生产线精量播种作业时对种子粒径大小和形状要求比较严格，除十字花科作物外，大多数蔬菜种子形状不是圆球形，播种之前需要对种子进行丸粒化加工。

图 8-34a　丰台花乡育苗场播种流水线　1986　　　　图 8-34b　种子丸粒代和分级机械　1986

Ventura 精量播种生产线，通常配 4 名作业管理人员，生产线前端 1 人，负责把苗盘码放在传送带上；生产线中间操作人员负责监督检测精量播种机的作业质量；生产线末端操作人员负责把播种完毕的苗盘码放到叉车板上或拖车上；另外 1 个人则负责检查料箱基质和运送苗盘。为保证机械性能处于良好运行状态，育苗场配备了对机械和电十分熟悉的检修工 1 名。该生产线机器性能好，播种精度高，一穴一粒准确率可保持在 98% 左右，成苗率达 80%～95%。

北京市农业技术推广站，2011 年引进了意大利 MOSA 公司制造的 M-SNSL200 型全自动滚筒式播种流水线装备，安装在小汤山特菜大观园育苗车间旁侧，并与催芽室相衔接，可自动完成基质装盘、刷平、压穴、播种、覆土、喷淋、运送播种穴盘等全过程，播种滚筒在工作时，由电机带动滚筒转动，通过转换板中的负压孔与正压孔通孔配合，先在通孔中产生负压，将种子盒中的种子吸附在吸种孔上，转动到育苗盘上方时再通过滚筒内正压吹气，将吸种孔上的种子吹落到育苗盘的穴位中，然后滚筒内重新形成真空吸附种子，进入下一循环的播种。其优点是播种准确率高，圆形或丸粒化种子播种准确率≥97%，辣椒种子播种准确率≥95%，番茄种子播种准确率≥90%；播种速度快、效率高，每小时可达800～1 200盘。大兴长子营旭日蔬菜集约化育苗场使用国产的播种流水线播种（图8-35），年育苗量也达到1 000万株以上。

图8-35　长子营旭日育苗场播种流水线　2019

2. 手持或半自动播种机

小型育苗场，年穴盘育苗量低于1 000万株，宜采用手持式播种机或半自动式精量播种机。

（1）手摇式高效穴盘播种机　主要分两部分，根据穴盘型号，上面为一个带孔（分别为50孔、72孔、128孔等）的播种盒子，通过手摇将种子分布在托盘预置孔中，错开托盘位置则种子从孔中掉下，再通过下面的导管装置落入到穴盘种子孔。优点是轻便、快捷、精确和无障碍，长期作业不会疲劳。

（2）手持盘式播种机　盘式（平板式）播种机用带有吸孔的盘播种，通过自带电机真空泵在盘内形成真空，通过摇摆均匀吸附种子，再将盘整体转动到穴盘上方后，放开播种盘密闭孔，即可形成正压气流释放种子进行播种，然后回到吸种位置重新形成真空吸附种子，进入下一循环播种。台州赛得林机械有限公司在国内率先生产的平板式播种机，通过更换不同的盘式穴盘播种机面板来适合不同孔数规格的穴盘，每次循环可播种一整个穴盘。优点是播种速度高，一般为每小时180盘，熟练工每小时可达300盘，每台价格仅为2 000多元，性价比较高。缺点是特殊种子或过大、过小的种子播种精度不高，不同规格的穴盘或种子需要配置附加播种盘，且内置电机使得噪声大、盘片重，长时间操作劳动强度大。

（3）半自动播种机　包括半自动"翻盘式"穴盘播种机和半自动针式播种机。台州赛得林有限公司开发的气吸式半自动"翻盘式"穴盘播种机，采用机械手臂摆动式装置，播种速度为每小时200盘，播种精度大于95%，能根据种子粒径大小配备各种不同规格的苗盘，种子可回收。Agro Logistics公司制造的NS-30型针式半自动播种机（图8-36），播种速度为250～300盘/时，价格在8万元左右；浙江博仁工贸有限公司的2YB-ZX20播种机，播种速度为100～200盘/时。此类播种机，操作简便，性能稳定，工作效率高，适用于小型育苗场播种需求。

图8-36　NS-30型针式
半自动播种机

（四）育苗灌溉和施肥设备

灌溉和施肥是育苗生产的核心。其设备包含水处理设备、储水及供水系统、灌溉和施肥设备等。灌溉和施肥设备均设有电子调节器及电磁阀，通过时间继电器，调整时间程序，可以定时、定量进行自动灌水。灌溉系统还可以进行液肥喷灌和农药喷施，并可在控制盘上测出液肥/农药配比、电导率和稀释所需的加水量。

1. 灌溉设备

目前育苗生产上主要采用喷灌设备，个别园区应用潮汐灌溉育苗。喷灌有固定式和移动式两种形式。理想的现代育苗灌溉设备应达到以下要求：灌水均匀度高，压力、流量可调，可结合灌溉施入肥料、农药等，且控制用量性能良好，开启或停止时无滴状水形成。常用设备有：

（1）悬挂式移动喷灌车　现代集约化育苗时，最常用的水肥设备是悬挂式移动喷灌车（图8-37），通过移动速度均匀的悬杆上的雾化喷头（水滴200微米），形成均匀的水带，省人工，浇水效率高，平均可比人工喷淋用水效率提高15.7%，灌水速度提高50%以上，配合注肥器使用，可以满足生产过程中的灌溉、施肥及降温等需求。

图8-37　日光温室育苗悬挂轨道移动式灌溉　2018

（2）行走式喷水喷肥车　喷水车为地面或空间轨道行走，地面轨道为高标号水泥制成，尽量达到轨道表面光滑，为了行走式不出现颠簸，保证两臂喷水作业时能够平稳，轨道设在南北方向的通道上，臂上安装的喷头数量因育苗棚跨度不同分别为每侧7个（12米跨度的育苗棚）和每侧6个（10米跨度的育苗棚）。小规模育苗可人工喷水灌溉。

（3）潮汐灌溉装备　21世纪以来，黄瑞清率先在郊区引进了潮汐灌溉装备（图8-38），包括智能施肥机、循环水泵、供回液水池、漫沙过滤系统、紫外消毒等相关设备，使营养液从根部吸收，可

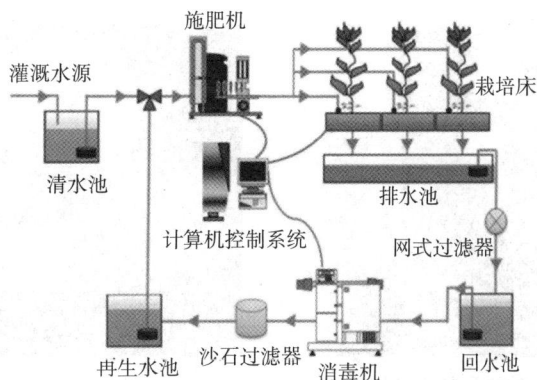

图8-38　潮汐灌溉育苗示意

保持植株叶片干燥，不易发生病虫害，同时营养液"零排放"，水肥利用效率高。潮汐灌溉，节省用工成本，提高生产效率，灌水均匀度高，有利于成苗整齐度。

2. 施肥装备

通过自动肥料施肥机，对多种不同作物的秧苗或滴、灌各区，使用不同肥料配比的营养液，进行自动选肥，定时定量灌溉。同时还可实现 EC/pH 实时精确监控，计算机根据设定的 EC/pH，自动调节肥料泵的施肥速率。

肥料配比机的种类很多，使用较多的是水流动力式肥料配比机，其原理是因水流而产生真空吸力作用，从而从原液桶内吸取一定量的肥料，按设计比例与水混合，以达到需要的肥料浓度。

（五）其他设备

1. 种子丸粒化设备

种子丸粒化加工是一项专门技术，20 世纪 40 年代美国率先将这项技术应用于蔬菜种子加工。它是利用对种子萌发不产生副作用的辅助填料和黏合剂，将其均匀地包裹在茄果类蔬菜、绿叶菜类的芹菜、莴苣等一批非圆粒化蔬菜种子表面，使其成为圆球形。种子丸粒化后便于精量播种，也可加入有助于种子萌发的药剂。

随着精量播种机的问世，种子丸粒化加工技术取得了较大突破，1982 年美国农业工程学会年会上明确提出"种子丸粒化加工作为今后发展方向"。北京农业大学工学院于 20 世纪 80 年代中期也招收了相关学科的研究生。国际上经过长期研究，已经筛选出了多种剂型的黏合剂和包衣剂。

20 世纪 80 年代，花乡育苗场引进了转锅转动成粒的种子丸粒化加工设备，一次可加工芹菜种子、莴苣种子 1.0 千克；番茄种子 1.5 千克；辣椒、茄子种子 2.0 千克。每一锅种子的加工耗时 2～3 小时。这种设备的操作程序并不复杂，操作人员经培训即能上岗。操作程序：将筛选过的种子直接放进一个倾斜转动的圆形锅中，转锅转动时种子在锅内定点转动，操作人员交替向种子上喷黏合剂和包衣料，种子在滚动过程中可以均匀地粘上一层包衣粉料，丸粒小球不断加大并形成光滑的表面。操作人员不停地、交替地喷包衣粉和黏合剂，丸粒小球不断加大，表面黏附的包衣料被压实，呈现了近乎圆球形。加工过程中操作人员针对种子成粒状况，随时调整转锅的倾斜角和转速，并严格掌握黏合剂和包衣料的投放量。当丸粒化种子良好成形后，将丸粒种子从锅中取出，筛出没有包上种子的空丸粒和包裹了两粒以上种子的大丸粒。然后将那些包裹上一粒种子的丸粒再送回转锅中二次加工，直至粒径大小达到要求后取出，放到车间里的风干机网盘上，在 40℃左右的温度条件下风干，1.5～2 小时完成丸粒种子的干燥。

花乡育苗场的种子丸粒化加工黏结剂选用的是阿拉伯胶，包衣粉选用的是 40 目（400 微米）的硅藻土，最外层用的是 70 目（180 微米）的硅藻土。粒径小的粉剂用在最外层，保证丸粒种子更光滑。

目前，北京蔬菜种子丸粒化研发和试验已经起步（图 8 - 39）。

图 8 - 39a 种子丸粒化小型加工转锅机	图 8 - 39b 丸粒化的生菜种子

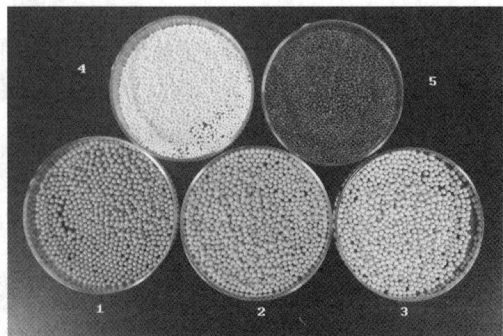

2. 基质搅拌装填设备

基质搅拌与装填是非常重要的生产环节，直接影响穴盘播种、幼苗管理以及秧苗的生长发育。其机械有可单独使用的半自动或全自动基质搅拌机、装填（盘）机、压穴机，和精量播种机相配套，完成精量播种作业。

（1）基质搅拌机　集约化育苗生产，靠人工处理育苗基质无法满足生产需求，郊区常见的有"赛得林 2YB-J10 基质搅拌机"，适用于混合各种基质配料，单次搅拌量可达 1 000 升，具有自动提升、出料、加湿等功能，可与播种流水线配套使用，也可自制基质简易搅拌机（图 8-40），可大大提高生产效率和搅拌的均匀度。

（2）基质装盘机　基质的装盘质量，直接影响到秧苗的出苗率。装盘机可以自动将育苗基质均匀地填充到穴盘中，解决人工装盘时因基质的物理特性和装盘环境，出现装不满、装不实，造成秧苗出苗率低等问题。基质装盘机从功能上可分为半自动、全自动基质填装机两种。

（3）基质压穴机　一种压穴作业的工具，通过压穴，使苗盘的穴孔基质呈圆锥形，深度一致，中心位置最深，利于播种时种子落于穴孔中心，使秧苗出苗后整齐一致。目前主要的设备有：手持压穴器、压穴机（图 8-41）。北京市智能装备中心研发的育苗穴盘辊式同步压穴机，由传送平台、打孔平台、电控系统和平台支架组成。

图 8-40　简易基质混合搅拌机　2018

图 8-41　辊式压穴机

3. 植保机械

主要有高效常温烟雾施药机、弥雾机、硫黄熏蒸器、臭氧消毒机等（图 8-42）。

图 8-42　高效常温烟雾施药机

1. 喷洒组件　2. 药箱组件　3. 机架　4. 机箱组件　5. 手推车　6. 无线遥控开关　7. 电缆盘与电缆

4. 辅助装备

各种因子传感器、数据收集、摄像头、育苗床架、计算机、室内轨道运输车（图 8 - 43）、苗床上运输车等。

图 8 - 43　温室内运输车轨道　2016

（六）配套资材

1. 育苗床架

20 世纪 80 年代花乡育苗场的苗床为固定式床架，支撑架为水泥构件，床面为竹制的竹帘，每个竹帘宽 1.5 米，长为 4.5 米和 5.5 米两种规格。12 米跨度大棚可码放 3 100 个育苗盘，10 米跨度大棚可码放 2 500 个育苗盘。

目前，郊区规模化集约化育苗场，多采用铝合金钢架移动式苗床。育苗床架的长度、宽度，可根据育苗设施的长宽、育苗数量、利于机械化操作来确定。为保证温度亦可配备铺设电热线、无纺布等。

2. 育苗盘

20 世纪 80 年代，穴盘因材质不同大致分为美式和欧式两种类型。美式盘大多为聚苯乙烯片材（PS）吸塑而成，而欧式盘是选用聚丙乙烯（PP）发泡注塑而成。国内花乡、双青两座育苗场选用的是 PS 穴盘，朝阳育苗场选用的是 PP 穴盘，相比较而言 PS 穴盘较适宜我国应用。

花乡育苗场开始运行的前几年选用的是美国 TLC Poly-form 公司生产的穴盘，盘长为 54.6 厘米，宽为 27.5 厘米，穴盘深度视孔大小而定。根据孔穴数量和孔径大小不同，国际上用于蔬菜、花卉育苗的穴盘分为 50 孔、72 孔、128 孔、200 孔、288 孔、392 孔、512 孔、648 孔 8 种规格（图 8 - 44）。

图 8 - 44　不同规格的育苗盘　1987

在我国北方，蔬菜设施栽培种植的人多喜欢栽大苗，所以春季西瓜、黄瓜苗选用 50 孔苗盘，番茄、茄子苗多选用 72 孔穴盘，青椒苗选用 128 孔苗盘，芹菜育苗选用 200 孔苗盘或 392 孔苗盘，快菜、娃娃菜、甘蓝、大白菜均选用 128 孔苗盘（表 8-2）。

表 8-2 Polyform 公司生产的进口苗盘相关参数

	72 孔	128 孔	200 孔	392 孔
苗盘自重（克）	150	165	190	195
基质盛载量（克）	3 800	2 600	2 300	1 500
最大持水量（克）	1 900	1 250	1 050	460

注：草炭：蛭石＝3：1，混配基质水分含量为 40%。

根据选用片材厚度，吸塑穴盘分重型、轻型和普通型 3 种，轻型盘自重 130 克左右，普通型自重 170 克左右，重型盘自重 200 克左右。购置轻盘比重盘可节省 30% 开支，但从寿命来看，重盘使用寿命较普通苗盘会延长 1 倍时间。通常伴随孔穴增加，选用的片材也随之加厚加重。

穴盘孔穴的大小即孔穴的营养体积，影响幼苗的生长发育速度和植株早期产量，试验结果证实，选用不同的穴盘，在相同日历苗龄条件下，由于植株根系的营养体积不同，故植株生态表现及早期产量都有较大差异，但总产量无显著差异（表 8-3）。

目前，郊区穴盘育苗多采用的是 50 孔穴、72 孔穴、105 孔穴、128 孔穴的穴盘。

3. 育苗基质

主要起固定作用，因蔬菜幼苗单株营养面积小，每个穴孔盛装的基质量很少，要育出优质的商品苗，必须选用理化性好的育苗基质，即选择透气性好、保水能力和离子代换能力强，植株固着性好，自身比重与 pH 适宜的基质。目前，从国内到国外，公认草炭、蛭石、珍珠岩、椰糠是蔬菜、花卉理想的育苗基质材料，其特性详见第五章。国内常用的舒兰草炭、灵寿的蛭石养分含量见表 8-4，作为育苗基质，不必添加任何肥料。目前，育苗所用基质已经商品化，育苗者可据实际情况选择。

表 8-3 营养体积对番茄苗形态数量性状的影响

苗盘	株高（厘米）	茎粗（毫米）	叶片数（片）	茎叶干重（克）	叶面积（厘米²）	现蕾（%）	早期产量（千克/亩）	总产量（千克/亩）
128 孔	11.2	3.0	4.6	0.139	27.1	20	621.4	5 934.4
72 孔	15.1	3.6	5.6	0.246	53.4	100	1037.4	6 355.1

注：苗龄为 65 天。

表 8-4 草炭、蛭石的养分含量

基质	有机质	全 N	全 P	全 K	速 N	P_2O_5	K_2O	Fe	Cu	Mo	Zn	B	Mn	pH
	（%）				（毫克/升）									
舒兰草炭	37.0	1.54	0.15	0.47	293.0	40.3	117.6	659.8	4.7	6.2	4.1	0.28	43.5	4.9
灵寿蛭石	0.92	0	0.034	3.6	17.8	36.4	93.6	4.0	0.5	0.7	0.3	0.04	2.5	7.1

三、苗期环境控制

蔬菜现代育苗不同于传统育苗，育苗期管理技术要求严格、规范，其中最关键的是环境控制，主要是适宜的温度、充足的水分和氧气管理。催芽室要求 90% 的相对湿度和适宜的催芽温度，成苗生产车间要求幼苗生长期间温度适宜，其控制可参照中国农业大学张福墁主编的《设施园艺学》温度指标进行（表8-5）。此外，苗盘位置的调整、边际补充水分、病虫害的防治、出苗前炼苗等，也需做到尽职尽责。

表8-5 蔬菜催芽室和育苗室的环境控制

种类	催芽室		育苗室适温	
	温度（℃）	时间（时）	白天（℃）	夜间（℃）
番茄	25~28	4	22~25	13~15
茄子	28~30	5	25~28	15~18
辣椒	28~30	4	25~28	15~18
黄瓜	28~30	2	22~25	13~16
甜瓜	28~30	2	23~26	15~18
西瓜	28~30	2	23~26	15~18
生菜	20~22	3	18~22	10~12
甘蓝	22~25	2	18~22	10~12
花椰菜	20~22	3	18~22	10~12
芹菜	15~20	7~10	20~25	15~20

20世纪80年代，花乡育苗场对育苗车间冬季的温度变化、穴盘选择、育苗天数、成苗状态开展了试验研究，结果见表8-6、表8-7、表8-8，供读者参考。通常情况下，北京平原地区最低温度1月也会出现-18~-16℃的低温，虽然大气候转暖，但历年冬春寒冷的育苗时节，棚室内的温度也会出现3~5次在10℃以下的最低温度状况，导致喜温蔬菜苗生长缓慢。

表8-6 北京花乡育苗场育苗大棚（高温棚）温度变化

单位：℃

时间	16：00	18：00	22：00	2：00	6：00	8：00	12：00	14：00
高温棚内	19.5	19.6	20.4	22.5	18.2	21.0	25.2	26.1
外界	0.7	-1.5	-5.8	-8.4	-10.2	-1.9	1.8	3.3
棚内增温	18.8	21.1	26.2	30.9	28.4	22.9	23.4	22.8

注：1988年1月25日至1月26日。

表8-7 北京花乡育苗场育苗大棚（中、低温棚）温度变化

单位：℃

时间	16：00	18：00	22：00	2：00	6：00	8：00	12：00	14：00
中温棚内	26.7	18.9	15.9	17.4	16.4	16.6	31.3	32.4
低温棚内			10.0	9.4	8.8	8.8	19.6	20.5
外界	4.7	-0.4	-1.7	-1.9	-4.0	-3.0	4.2	6.4

注：1988年2月8日至2月9日。

表8-8 不同穴盘育苗期、成苗标准与温度管理

种类	穴盘选择（孔）	育苗期（天）	成苗标准/叶片数	温度管理（℃）
	200	30~35	2叶1心	13~26
冬春季茄子	128	70~75	4~5	
	72	75~80	6~7	

（续）

种类	穴盘选择（孔）	育苗期（天）	成苗标准/叶片数	温度管理（℃）
冬春季甜椒	392	30～35	2叶1心	13～26
	128	75～80	8～10	
冬春季番茄	200	30～35	2叶1心	10～23
	128	65～70	4～5	
	72	65～70	6～7	
夏秋季番茄	200	18～22	3叶1心	18～28
夏播芹菜	200	60～65	5～6	15～30
结球甘蓝	392	30 左右	2叶1心	8～18
	128	70～75	5～6	
花椰菜	392	30 左右	2叶1心	8～18
	128	70～75	5～6	

21 世纪以来，北京郊区露地甘蓝类蔬菜、夏秋芹菜种植面积减少，392 孔和 200 孔的苗盘使用量极小。

穴盘苗作为商品苗，为便于成苗后运输，宜选用封闭式货车，夏季装苗选择早上或者晚上温度比较低时进行，冬季装苗注意保温，车厢内温度控制在 10～12℃为宜。出圃前 2～3 天施肥、用药，做到带肥带药出圃（图 8-45），装车时秧苗尽量不要带水。秧苗的包装可采用盒、箱、筐、保温箱等（图 8-46），番茄、辣椒、茄子等耐储运的秧苗也可以选择不带穴盘运输。

图 8-45a　出苗前用药剂水液蘸根　2016

图 8-45b　秧苗出棚前喷药预防病虫害　2017

图 8-46a　多层透气箱包装菜苗　2016

图 8 - 46b　三盘背靠背装筐运输　2016

四、现代育苗技术的引进与试验研究

(一) 蔬菜无土育苗探索

1977 年春，海淀区四季青公社科技站将水稻无土育秧的经验移植到蔬菜育苗，探索蔬菜湿润无土育苗。他们在塑料棚室采用煤炉加温，将装有萌动种子（津研 2 号黄瓜、玛娜佩尔番茄、九叶茄等）的木盆（长 60 厘米、宽 46.6 厘米），放在室内的木架上，通过烧煤加温，控制室内温度为 25～30℃，不超 40℃；利用喷雾器喷水，经常保持种子表面和木盆底部湿润，促使幼苗生长到 1～2 片叶时转移到塑料大棚中进行低温锻炼，整个育苗期 25～30 天，育苗时间短，露地定植后生产效果良好。

1978 年春，北京市农业科学院蔬菜研究所林欣立与四季青科技站协作，在温室内进行甜椒快速育苗试验，学习上海、浙江南方育苗经验，采用稻壳为基质，用营养液和清水喷洒。结果表明：该育苗法幼苗生长快、叶色深、现蕾早、苗龄短，早期产量高。1979 年后，北京逐渐发展草炭、蛭石作基质，形成了新的穴盘育苗技术，促进了工厂化育苗发展步伐。

(二) 蔬菜无土育苗技术推广

1985 年，北京市农业技术推广站在菜区推广地热线温床育苗的基础上，试验春、秋两茬蔬菜无土育苗，采用 2～3 毫米的锅炉炉渣、沙子或稻壳做基质，当年无土育苗栽培试验面积达到 20 亩，到 1987 年郊区蔬菜无土育苗达到 3 600 万株。

(三) 穴盘育苗生产模式探索

1986 年，北京市以丰台区南苑乡为重点，配置国产播种机、育苗盘等设备和草炭、蛭石等轻型基质。以育苗盘育小苗和营养土方育成苗相结合，初步形成了以村为中心的"集中育苗、统一供苗、分散经营"的育苗新模式，适应了当时菜农承包到户情况下的蔬菜育苗现代化发展需求。

(四) 引进工厂化育苗设备及技术

1986—1989 年，近郊菜区引进了美国与欧洲的机械化育苗设备，相继建成丰台区花乡育苗场（图 8 - 47）、四季青双青育苗场、北京蔬菜育苗示范站（又称朝阳区育苗场）并投产运营，促进了蔬菜现代育苗的发展。

图 8-47 花乡育苗场外景 1987

（五）穴盘育苗体系的建立和完善

穴盘育苗起步后，为建立一套适宜我国国情的蔬菜现代化育苗体系，科技人员开展了大量的技术完善工作：一是为实现育苗生产规范化管理、提高商品苗的质量，对商品苗生产企业的人才开展了大量培训；二是农业工程专家加快消化吸收，提升了主要育苗设施与设备的国产化水平和能力；三是育苗场规划从蔬菜生产经营规模实际出发，不宜过大，把它视为乡村一级服务体系，缩短商品苗运输距离；四是为适应我国蔬菜种植习惯，商品苗销售标准不宜过小，果类蔬菜育苗盘规格以选用 50 孔、72 孔和 128 孔为主，但采用机械化移栽的叶类菜，尽量选用 200 孔或 288 孔苗盘。

2010 年，北京市农业技术推广站在小汤山特菜大观园设立了工厂化育苗示范厂，围绕着育苗适度规模化、标准化、轻简化、智能化、生态化等目标，连续多年总结经验形成了环境控制、品种选育、基质、穴盘、肥料等投入品的标准化管理、种子丸粒化与机器播种、变温催芽、水肥一体、蹲苗炼苗、科学运输、生态植保、高效嫁接、品牌化经营等集约化育苗系列技术。通过技术引进、总结、集成创新，完善了北京市穴盘育苗技术体系，形成了《北京市蔬菜集约化育苗场建设标准》《蔬菜集约化穴盘育苗及嫁接技术规范》等 21 套技术操作规程。并经过连续几年开展嫁接育苗竞赛、培训育苗技术等活动，大幅度提高了北京郊区蔬菜现代育苗的技术水平。

五、第一座育苗场的引进、发展与思考

（一）工厂化育苗的提出与引进

北京第一座蔬菜育苗场的引进与建成投产，值得铭记的是蔬菜界知名专家时任北京市农科院蔬菜研究所所长陈杭研究员。

1977 年秋，农业部接待了首个美国园艺访华团（中美尚未建交），时任北京市农业科学院蔬菜研究所所长陈杭，作为全程陪团专家，陪同访问了我国多个大城市的高等院校、科研院所和当时的人民公社蔬菜生产基地，并与访华团专家建立了良好的业务联系。

1979 年秋，受美国园艺代表团团长所在的美国威斯康星大学的邀请，陈杭到美国开展了为期半年的访问和学术交流。她在访问加州萨林纳斯（Salinas）一座蔬菜商品苗年销售超亿株的现代化育苗场期间，看到的无论是精量播种车间一穴一粒的精量播种作业，还是育苗温室里整齐一致的菜苗，以及水肥一体化的喷水车在轨道上的行走作业，都使她感到震惊，蔬菜育苗工厂化生产节省了太多的劳动力，因此她决心把现代育苗技术引到国内来。

1980 年，陈杭回国后，多次向业内人士介绍美国推广应用的蔬菜轻基质穴盘育苗技术，经过严谨思考，她认为菜区掌握传统育苗技术的老一代"菜把式"越来越少，农业现代化是发展方向，大胆

提出了引进现代化育苗的技术建议，积极争取主管部门支持，以提升北京蔬菜现代化生产水平。

一是当年国家处于改革开放初期，国民经济正在调整，引进现代化设施需要外汇，对当时的财政支出来说有相当的难度。二是，北京蔬菜育苗已由阳畦发展到温室育苗，冬春季育苗环境有了较大改善，并正在推广电热线育苗（称为"工厂化育苗"），与传统育苗相比较，更有明显进步，符合当时的国情。三是人民公社集体所有制尚未改革，每个蔬菜生产队都有一名掌握蔬菜育苗的技术员，农民种菜不太可能花钱买苗。四是计划经济仍然存在，蔬菜产销季节差价较大，为实现提早上市，生产队技术员仍在追求育长龄大苗，而穴盘苗影响提早采收。客观上讲，20世纪80年代初，引进美国先进的育苗技术并付诸实施难度很大，仁者见仁、智者见智，赞同引进与不适合国情的观点并存，领导层面很难作出抉择。

1983年3月，北京市农科院蔬菜所陈殿奎受农业部派遣，赴美国加州大学农学院进行交流访问，他遵照陈杭"在美国学习期间要抽时间到蔬菜育苗场，学习一下美国的现代化育苗"的嘱托。访问期间，在合作导师的支持下，多次前往育苗企业参观学习，了解现代育苗的设施设备配置，主要蔬菜的苗期管理，商品苗的质量标准，售后服务以及穴盘苗的田间移栽等关键节点，并搜集资料，掌握关键技术。1984年4月回国后，向农业部做了汇报，获得部科教司主要领导对北京蔬菜现代化育苗技术引进的肯定和支持。

改革在深化，家庭联产承包责任制的推行和人民公社解体，近郊菜区个体菜农多数不会育苗，觉得干什么都比种菜强，种菜投资大、风险大（年年有灾），销售上管得又死，经济效益差，出现了不安心种菜的现象，菜农劳动力大量转移。而北京蔬菜市场供应又必须保证。为此，1984年7月，北京市委、市政府明确指出"作为首都，保蔬菜供给的稳定是保证首都安定团结的重大问题，是政治问题。"提出蔬菜生产要向专业化、商品化、现代化方向转变。市主要领导在陈杭提出的"引进蔬菜现代化育苗技术设备"建议上批示"同意引进"，费用由市、区、乡三级财政共同投资。至此，北京引进现代育苗设备及技术步入实施阶段。

现代育苗场建在何处？时任市长焦若愚提出宜安排在改革开放的典型菜社黄土岗乡（花乡），建议北京市农科院蔬菜所发挥专家优势，双方合作开展此项工作。之后，双方讨论确立了合作引进建设现代化育苗场。1984年12月27日，由黄土岗乡孙毓楼带队，北京市政府农林办公室生产处罗明耀、北京市农科院蔬菜所陈殿奎、北京市外贸局进出口公司业务员王海明，一行4人飞往美国，对美方推荐的育苗设备生产企业进行设备考察，确认了引进的主要设备：①凹齿盘转动式种子精量播种生产线及其配套的基质蒸汽消毒设备与育苗基质（草炭蛭石等）按配比的混拌装置；②种子丸粒化加工设备；③育苗穴盘；④穴盘苗的4座位田间移栽机1台；⑤Blackmore真空气吸精量播种机两台。

此外，欧洲共同体第一次对我国无偿援助的"北京蔬菜育苗"项目，即北京蔬菜育苗示范站（又称朝阳育苗场）于1989年建成，1990年春产蔬菜苗220万株。

（二）工厂化育苗的效果及经验

花乡育苗场投产运营后，商品苗产量逐年稳步上升，1987年育苗量300万株，1990年达到550万株，1992年为1 000万株（包括392孔的芹菜苗），逐步接近设计生产能力。

该育苗场春季育苗主要为日光温室、中小棚、大棚供苗，大约占商品苗总供给量的80%，产值占商品苗总收入的95%。因国内蔬菜种植者喜欢栽大苗，故春季番茄、茄子苗多选用72孔苗盘（营养面积每株4.5厘米^2），6~7片叶时出售；青椒苗选用128孔苗盘（营养面积每株3.4厘米^2），8片叶左右出售。夏秋季育苗主要播种茄子、番茄、甘蓝、菜花、大白菜等，一律选用128孔苗盘，4~5片叶时出售；芹菜育苗选用200孔苗盘（营养面积每株2.7厘米^2），6~7片叶时出售，或392孔苗盘（营养面积每株1.9厘米^2），4~5片叶时出售。春季商品苗销量最多的是番茄苗，最抢手的是青椒苗，夏秋季芹菜苗最畅销。事实说明，刚刚起步的现代育苗技术体系，受到菜农用户的欢迎。

蔬菜现代育苗的成败与发展，关键在于菜农能否接受和能否完全市场化，因此需要有良好的销售渠道。如何让菜农接受？为此，花乡育苗场组建了市场营销科，专门做远郊新菜区的市场开发。1986年初夏，设施设备安装调试完成后，开机播种育出40万株夏播茄子和甘蓝苗，组织召开了本乡用户现场会，免费向用户赠送穴盘苗试种，倾听用户反馈意见。1987年春苗播种前，又召开本乡农业公司经理人员会议，并宣布告知：1987年春季的供苗，用户需提前预订，凡交预付款者，苗款按五折优惠。正确的营销策略，为以后的产品销售开了好头。

商品苗的销售价格，借鉴了国外育苗企业的做法，即在测算产品销售收入的平均水平基础上，将商品苗的支出费用控制在商品菜销售收入的10%以内。前两年，72孔茄果类苗每百株4.9元，128孔茄果类苗每百株3.9元，甘蓝、菜花128孔穴盘苗为每百株2.9元。

销售过程中，帮助用户算经济账。在每年的商品苗订货会上，对来访客户宣讲，使菜农用户明白：自身不育苗而用穴盘苗，可实现省工、省力，节煤省电，避开了假种子的风险，能把更多时间节约出来用在蔬菜早市的销售上，一举多得。还提示菜农用户：将原来用作育苗的温室，改为种植一茬小油菜或早熟叶类菜，70天左右收获，其卖菜的收入可以抵消买穴盘苗的支出，实现收支平衡。宣讲很见成效，用过了穴盘苗的用户找上门来说："有了穴盘苗，终于从最忙的'冬三月'里解放出来，再不用半夜起来到温室看火了（添煤加温管理），有充裕时间到早市上卖菜了。"连续用过两年的细心用户反映："果菜穴盘苗始收期确实比传统的钵苗晚了5～7天，但穴盘苗根系发得足实，一旦开始采收，持续采收高峰时间长，总产量要高于'土方苗''钵苗'，产值大体持平（表8-9）。"

表8-9 穴盘苗与传统苗产量与效益调查

品种、场地	种植方式	育苗方式	播种期（年-月-日）	定植期（年-月-日）	种植面积（亩）	始收期（年-月-日）	亩产量（千克）	亩产值（元）
法国菜花汇通农场	露地盖地膜	穴盘苗128孔	1987-1-2	1987-3-25	16	1987-5-9	1 743	6 470
		改良阳畦传统苗	1986-10-31	1987-3-21	4	1987-5-4	1 692	6 180
七叶茄公社试验站	露地盖地膜	穴盘苗72孔	1987-1-31	1987-4-12	14	1987-6-8	2407	699.6
		改良阳畦传统苗	1986-12-27	1987-4-7	4.5	1987-6-1	2 311	689.2
双丰甜椒双青农场	大棚	穴盘苗72孔	1987-1-8	1987-3-28	1	1987-5-12	1 975	2 015.8
		温室土方苗	1986-12-25	1987-3-25	1	1987-5-6	1 852	1 886.4
佳粉2号番茄双青农场	大棚	穴盘苗72孔	1987-1-22	1987-3-24	1	1987-5-27	4 266	2 785.5
		温室土方苗	1986-12-10	1987-3-20	1	1987-5-24	4 148	2 698.9

注：调查时间为1987年春、夏，完成单位为四季青科技站。

由于使用了正确的营销策略，花乡育苗场销售一直较好。1990年3月，花乡看丹村就订购了182万株苗。1990年之后商品苗销售量进入了快速增长阶段，年售苗量稳定在800万～1 000万株，持续到了1995年后因菜田变迁而减少。

（三）工厂化育苗发展需要注意的问题

1. 生产规模小，设施设备没能充分利用

从精量播种机的利用情况来看：美国GH公司所选用的精量播种机与花乡育苗场属同一型号，

花乡育苗场的利用率从开始的每年60小时，提升至每年160小时。而GH公司的精量播种机年利用的工作时间达到2 400小时，企业配置2名机电保养维修人员，使播种机做到定时保养，全天候运行。

2. 劳动生产效率不够高

美国GH公司，1987年育出5茬苗，年育苗量1.5亿株，平均每个员工每年管理1.5万盘约600万株苗，苗盘平均为400孔；而花乡育苗场每年人均管理3 000盘约25万株苗，年均育1.2茬苗。但这也与使用不同孔穴的苗盘有关，美国采用小孔穴苗盘为露地叶类蔬菜育苗，而北京是采用大孔穴苗盘为保护地茄果类蔬菜育苗。

3. 设施设备投资大、耗能成本高

穴盘育苗成本较高的主要原因，除设施装备投资大以外，其次是因为升温、降温耗能和劳务费用均是重要支出。以燃煤为例：1986年京郊农用煤均价每吨27元，1990年取消了补贴的燃煤价每吨升至200元，育苗设施棚室冬春季育苗每亩耗煤20～30吨，换算之后，燃料费支出每100株达到3元。2017年郊区禁煤后，耗能成本进一步增加。而美国的育苗企业为了节省能耗支出，大都选择异地育苗，分散供苗，如加州中部太平洋沿岸的100多公里区域，因那里冬天不冷，夏天不热，数家亿万株产能的育苗场集中在这里。在适宜地域育苗是可行的。

4. 设备维护等技术人员配置缺乏

播种设备出现故障后漏播率提升，因此需要专业维护人员。国产蔬菜种子发芽率偏低，尤其青椒、茄子表现突出，花乡育苗场精量播种的穴盘苗出苗率只保持在60%左右，每批次播种时需多播一盘有一定穴孔数量苗盘的子苗，置于高温棚内，专门备用作为补苗，来提高成苗率，但是这样补苗耗时太大。国外育苗场对精量播种种子的活力和发芽率有严格要求，种子的发芽率检测低于90%的话，要对种子采用引发技术处理，发芽率提升至90%以上方可上机，只有芹菜的出苗率常低于80%，有附加补苗作业。

5. 发展仍需要注意的问题

（1）育苗场的经营规模要适度　目前存在的普遍问题是农户经营规模小，传统的一家一户分散经营的农户占主体，全部实现商业化供苗还有一段路要走。因此，育苗场的经营规模配置上不宜过大，否则会出现"大马拉小车"的现象。

（2）商品苗的品种定位要准确　以美国为代表的轻基质穴盘育苗是从大面积规模化种植的露地生产，实现机械化移栽作业而诞生的，育苗以288孔、392孔、512孔穴的苗盘为主，这样有利于降低商品苗的购苗成本。我国以及东亚地区穴盘育苗多以保护地供苗为主，尤其是对嫁接苗的需求量越来越大。进入20世纪90年代之后，茄果类蔬菜、小型甜瓜、绿菜花等设施栽培大量采用进口种子，价格昂贵，农民自己买籽育苗风险较大，而工厂化育苗由于设施条件好，管理技术水平高，农民愿意委托育苗或直接购买育苗场的苗。因此，北京大兴区"风采军辉"育苗场和山东等省份的育苗产业发展与此有直接关系，山东章丘"伟丽种苗"已走在现代育苗的前列。

（3）穴盘育苗相关标准化的建立　例如精量播种种子活力与发芽率标准、精量播种机一穴一粒的国家标准、育苗基质的理化标准、商品苗质量标准、喷水喷肥车的喷头质量标准、苗盘质量及孔穴的基质盛载量标准，以及工厂化育苗商品苗生产操作规程等。

（4）大中型育苗企业要注重专业技术人员的配置　大型育苗企业都需配置园艺、植保、土肥、机电方面的多学科的专业技术人员，由懂管理的专家来统管生产销售计划，并建立起一套科学规范的管理制度。

蔬菜穴盘育苗，属于高投入、高产出、高效益的现代农业。自北京第一座工厂化育苗场建成以来，现代育苗技术已经推广普及到了祖国大江南北，引领改变着传统的小而全的农业生产格局，社会效益显著，是现代农业的发展方向。尽管如此，在市场经济条件下，专业化、商品化的现代育苗产业

要持续发展，仍需要国家政策的大力支持，育苗者与用苗者才能实现双赢。

第四节　嫁接育苗

采用嫁接技术培育幼苗称为嫁接育苗。嫁接技术，是指将一种植物体的芽或枝条（称为接穗）接到另一种植物体（称为砧木）的适当部位，使两者接合成一个新植物体的技术。

据西汉汜胜之撰《汜胜之书》（公元前1世纪后期）记载："下瓠子十颗，……即生，长二尺许，便总聚十茎一处，以布缠之五寸许，复用泥泥之。不过数日，缠处便合为一茎。留强者，余悉掐去，引蔓结子。……"这种促进葫芦结大果实的嫁接（靠接）方法，是中国文献上有关蔬菜作物嫁接育苗的最早记载。只是后来历代的史书中，均未见有关嫁接育苗应用情况的记载。

北京郊区嫁接育苗生产的试验研究始于20世纪70年代。现查到的文字材料是1976年秋，北京市农科院蔬菜所在丰台区卢沟桥公社马连道二队温室中开展了秋茬温室嫁接黄瓜产量对比试验，自12月2日至翌年2月2日收获期共60天，嫁接苗与自根苗对照增产47.2%。

1977年春，马连道二队又采用"芽接"法嫁接黄瓜，大棚黄瓜亩产达到15 297.75千克，较自根苗增产46.08%。此后，中国农业科学院蔬菜花卉研究所翁祖信等，借鉴日本蔬菜嫁接育苗的经验，开始了嫁接方法、砧木选择、嫁接对蔬菜作物生长发育、熟性、抗病性等的影响的相关研究。1987年发表的《大棚黄瓜嫁接与防病增产的研究》一文中指出：嫁接防治黄瓜枯萎病以感病品种效果显著，防效达97.2%以上，抗病品种防治效果相对较低；胚斜面插接法、生长点斜插法和生长点劈接法的发病少，胚靠接法嫁接的发病较重。不同嫁接方法对总产量的影响不大，嫁接效果主要表现在早期产量上，早熟品种降低结瓜节位1.4节，增产93.2%。

1978—1979年春，海淀区东升公社大钟寺大队大棚专业队，采用南瓜做砧木，12月17日泡籽催芽，12月20日播在温室的播种箱（使用细沙），12月24日将南瓜子苗分入营养土方，当天浸泡津研二号黄瓜籽进行催芽，12月25日播黄瓜，12月30日嫁接。当年春大棚生产面积0.9亩，黄瓜亩产达到10 681千克，亩产值3 553.92元。

1986年春夏，中日设施园艺场引进展示的黄瓜嫁接育苗技术，大幅度提高了嫁接效率，促进了蔬菜嫁接苗的推广与应用。

1991—1995年，北京市农业技术推广站李红岭、陈一峰等，在借鉴日本和国内嫁接技术成功经验的基础上，改进形成黑籽南瓜断根顶芽斜插法嫁接黄瓜育苗技术，使每人每小时嫁接株数达到103株，且成活率、壮苗率均较高。通过大力推广，嫁接育苗技术在郊区逐渐普及开来。

20世纪90年代中后期，郊区种植业结构调整及蔬菜新品种的引进，导致了设施蔬菜根结线虫的发生和流行，解决土传病虫危害的嫁接措施显得非常必要。1997年9月，北京市农业局蔬菜处在平谷县马坊镇，召开了"蔬菜嫁接机（韩国技术长春生产）"育苗会议，区县蔬

图8-48　茄子嫁接植株与未嫁接植株对比　1997

菜管理和技术人员观摩了机械嫁接过程，参观了嫁接苗的生产现场，嫁接茄子根系发达，植株长势明显强于未嫁接植株（图8-48）。

21世纪以来，通过大力推广嫁接技术（图8-49），蔬菜嫁接育苗得到迅速应用和发展，尤其近

10多年来逐渐实现了嫁接苗的商品化。此外，嫁接黄瓜还明显提高了商品外观品质（图8-50）。北京郊区大兴礼贤建平育苗场，2008年建立，是北京市首家集约化嫁接苗育苗场，以生产嫁接茄子幼苗为主，也嫁接黄瓜、西甜瓜、番茄等，拥有自己的嫁接队伍，并能为其他育苗场提供嫁接服务，目前年育苗量达到600万株以上，其中嫁接苗近500万株。

图8-49　菜农在全市嫁接技术比赛现场　2013

图8-50　嫁接株（右1）与未嫁接株（左1、2）瓜条色泽　2009

蔬菜嫁接育苗，现今被广泛应用于北京郊区的设施黄瓜、西瓜、甜瓜、茄子、番茄等蔬菜栽培中，已发展成为现代蔬菜育苗的重要技术之一。

一、嫁接设备

（一）嫁接器具

嫁接时准备好酒精，用于为手和嫁接工具消毒，如嫁接刀片，嫁接切削器（图8-51），嫁接夹，顶插接还需要准备嫁接针。

专业嫁接还需要准备消毒棉球或消过毒的毛巾，用于擦掉手上、嫁接刀上沾到的基质；运送嫁接苗的托盘或者周转筐。

嫁接切削器适用于茄果类蔬菜作物，只完成秧苗的切削作业，有手动和气动两个类型。手动切削器体积小巧，便于携带，仅需大拇指动作就能驱动刀片弹出，完成切削。通过更换刀头座，实现切削角度变化为30°或45°，分别针对嫁接夹和硅胶套管固定方式。气动式切削器体积稍大，但切削速度更快速省力，可以显著提升嫁接效率和降低工作强度。

采用嫁接切削器进行切削操作（图8-52），切口整齐标准，利于接穗砧木互相吻合对接，即使是嫁接新手或年龄偏大的操作者，嫁接成活率也可以保持在90%以上。

图8-51　嫁接切削器　2016

（二）嫁接机械

目前，机械嫁接主要采用贴接，与人工嫁接相比具有速度快、切口一致、成活率高等优点，但因使用机械手臂抓取，故要求穴盘苗长势高度一致、根系成坨条件好、嫁接过程中不能散。采用的嫁接机械主要有以下几种类型。

1. 瓜类半自动嫁接机

适用于瓜类蔬菜穴盘苗嫁接，采用贴接技术（俗称"片耳朵"）时，1个人上苗。由气泵驱动，人工抓取砧木苗，由机器完成1片子叶及中心生长点的切削，再由人工上接穗苗完成夹持固定，然后机器完成接穗茎秆切削和砧木接穗切口的精准对接，最后由人工上夹固定嫁接苗，取出嫁接苗完成1个作业循环。砧木和接穗标准切角为20°和30°，嫁接速度为350株/时，成功率几乎为100%。

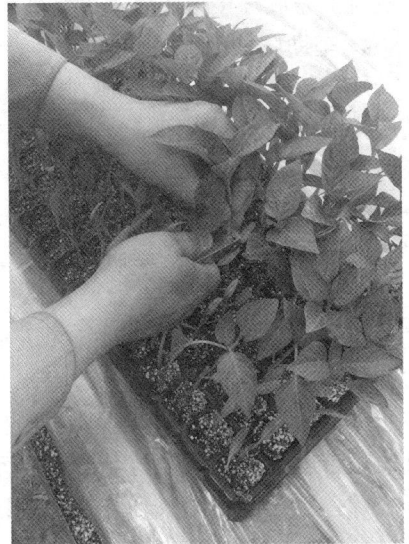

图8-52 使用嫁接切削器削切 2015

2. 茄果类半自动嫁接机

适用于茄果类蔬菜穴盘苗嫁接，采用贴接技术，同样由1个人上苗，机器完成接穗夹持和砧木夹持，然后完成茎秆的切削和切口精准对接，再由人工夹好固定嫁接苗，取出嫁接苗。砧木和接穗切角标准为20°～25°可调，嫁接速度400株/时，成功率100%（图8-53）。

图8-53 茄果类半自动嫁接机

3. 全自动嫁接机

适用于瓜类及茄果类蔬菜穴盘苗嫁接，采用贴接技术，需2个人上苗作业，只需将待嫁接秧苗放入指定的上苗工位，机器自动完成秧苗的夹持搬运、切口切削、切口对接和自动上夹作业。整套作业工序只需4秒，大大减少了切口在空气中的暴露时间，避免伤口氧化和失水，提高嫁接苗成活率。秧苗切口角度可调范围为20°～45°，嫁接速度可达800株/时或以上，嫁接成功率高于95%。并可通过人机交互控制系统完成嫁接速度和工作参数的调整，实现对嫁接作业的精确控制（图8-54）。

使用嫁接机还可平地直接撒播砧木育苗，用于瓜类断根嫁接育苗，给机器供苗时直接将砧木从地面根部切断，

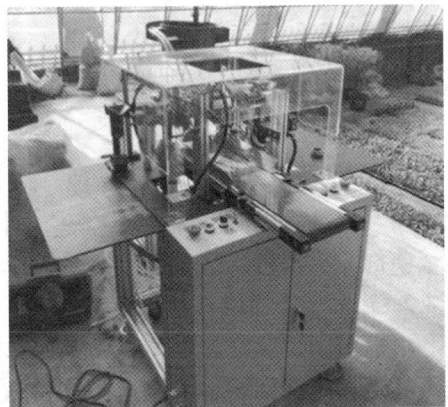

图8-54 全自动嫁接机

在机器上完成嫁接作业后，需要进行嫁接苗回栽作业。

4. 辅助嫁接流水线

嫁接流水线主要用于为嫁接工人提供作业平台，国内应用比较广泛的嫁接平台多由主体支架和输送层构成，最多分为四层。上面两层传送层分别放入砧木盘和接穗盘，传送带向前运行，各个工位工人按需求取下上层穴盘苗进行嫁接作业，然后将嫁接完成的苗盘放入第三层传送带运送出去，末端由一位工人负责装入多层育苗车。最底层是废料运输层，工人随时可将嫁接废料从操作台面直接投入底层通道，传送层将废料运输至末端的废料回收箱。引入流水线作业，可以减少搬运砧木、接穗苗盘和处理废料的用工量，提高嫁接效率。

北京农业技术推广站对嫁接流水线的最上两层进行了优化（图8-55），在上部两层输送带上加装了自动推盘机构和穴盘缓存平台，来保障每个嫁接工位时刻都有砧木和接穗苗盘。操作者只需从穴盘缓存平台上取苗盘，不需要站立取盘。当检测到任意穴盘缓存台面上的苗盘被取下，穴盘输送带就立即运行输送苗盘，自动推盘机构在传感器的指引下为作业人员推送苗盘。同时，在每个嫁接工位配备了气动式手持切削器辅助嫁接生产，使用该嫁接流水线生产效率与纯手工相比可提高2～3倍，提高了机械操作步骤的比例，减少了除嫁接操作外的用工，便于统一管理，节约生产成本。

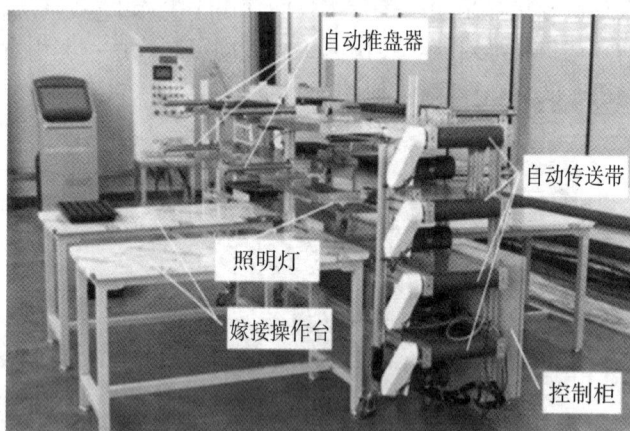

图8-55 特菜大观园自动推盘嫁接流水线设备 2013

二、嫁接技术

（一）嫁接准备

机械嫁接，主要采用贴接的方法，对砧木、接穗的苗子要求严格，需要长势基本一致的穴盘苗，因此要注意以下两点：

1. 砧木与接穗选择

接穗宜选择受市场欢迎的品种，砧木应选择抗性强、亲和力强的品种，砧木与接穗生长势应该大致相同，嫁接后成活率高，愈合快。嫁接前一天接穗和砧木浇透水，必要时水中可以加入一些保护性的杀菌剂。嫁接时，砧木和接穗的大小要匹配。

2. 砧木与接穗培育

根据不同嫁接方法的技术要求，砧木和接穗可以同期播种或错期播种（表8-10），同时还需根据蔬菜生长的不同特性，选取不同的穴盘规格、时间等来播种砧木和接穗，保证嫁接时苗子整齐一致。

表 8 - 10　主要果类蔬菜嫁接砧木、接穗适宜播期

接穗	砧木	砧木的播种期（相对于接穗播种期）			
		靠接	顶插接	劈接	贴接
黄瓜	南瓜	晚播 3～4 天	早播 1～2 天	—	早播 2～3 天
茄子	果砧 1 号	早播 3 天	—	早播 3 天	早播 3 天
	茄砧 1 号	早播 20～25 天	—	早播 20～25 天	早播 20～25 天
	托鲁巴姆	早播 25～30 天	—	早播 25～30 天	早播 25～30 天
辣椒	格拉夫特	与接穗同时播	—	早播 3～5 天	早播 3～5 天
番茄	果砧 1 号	—	—	—	早播 2 天

3. 嫁接时间

嫁接选择晴天的上午进行，嫁接场所提前用遮阳网覆盖、防止嫁接苗萎蔫。

（二）瓜果类蔬菜嫁接技术

主要采用贴接法和顶插接法。

1. 贴接法

俗称片耳朵，适合作物为黄瓜、番茄、茄子、甜辣椒等，嫁接的适宜苗龄见表 8 - 11。

表 8 - 11　四种果类菜适宜嫁接苗龄表

	番茄	黄瓜	茄子	甜辣椒
砧木	四叶一心	第一片真叶出现	三叶一心	五叶一心
接穗	三叶一心	子叶展平	二叶一心	四叶一心

嫁接流程：用刀片在砧木生长点上斜向下切削，连同子叶削掉一半，故俗称"片耳朵"；在接穗子叶下方 1 厘米处切出同样大小斜面，然后对齐砧木和接穗的切面，用嫁接夹固定，如图 8 - 56 所示。

图 8 - 56a　切削砧木　2018　　　　图 8 - 56b　切削接穗　　　　图 8 - 56c　嫁接完成　2018

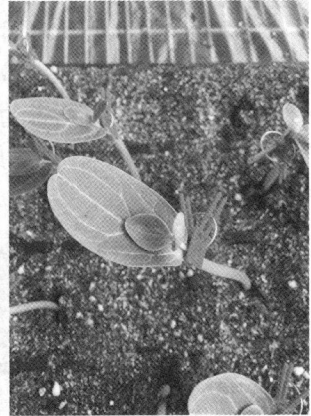

嫁接注意事项：砧木和接穗大小要匹配，贴接的茎部要求粗细一致；切削砧木时要连同生长点一起削掉，避免生出侧芽；黄瓜贴接时砧木和接穗不宜过大，否则茎秆中空，容易嫁接不活或假活；茄子贴接应选择砧木木质化之前，成活率较高。

2. 顶插接法

适合作物为黄瓜、西瓜等。嫁接的适宜苗龄，黄瓜砧木为子叶展平时，其接穗在子叶展平前。嫁

接流程见图8-57。

图8-57a　竹签斜插入砧木顶端

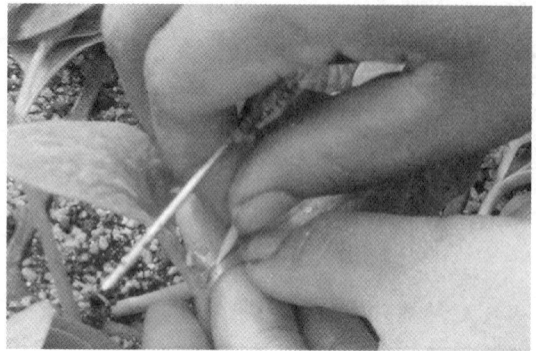

图8-57b　削好的接穗插入砧木插孔

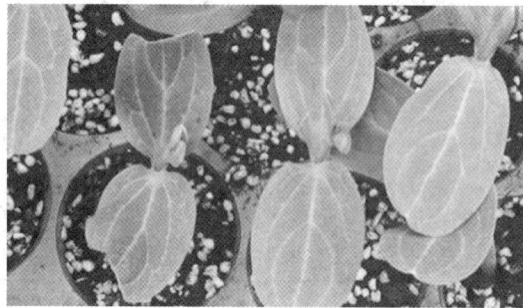

图8-57c　嫁接完成的瓜苗

嫁接注意事项：竹签插入茎部顶端时，以不透出为宜。切削接穗时，楔子形切口和接穗子叶方向一致。接穗插入砧木时，4片子叶方向一致，不要呈"十"字形。

（三）茄果类蔬菜嫁接技术

主要采用贴接法和劈接法。

1.贴接法

适合作物为番茄、辣椒、茄子。适宜苗龄，"五叶一心"。嫁接时，用刀片在砧木子叶上方约1厘米处及接穗真叶基部下方约1厘米处均呈30°角向上斜切1刀，切削面长约1厘米，两个切面尽量吻合。再将接穗切面与砧木切面贴合，并用扁口嫁接夹固定（图8-58），也可以使用新型硅胶套管固定（图8-59）。

图8-58a　削切砧木　2016

图8-58b　削切接穗　2016

图 8-58c　用嫁接夹固定　2016

图 8-58d　嫁接完成　2016

图 8-59　小苗龄嫁接套管固定　2017

2. 劈接法

适合作物为辣椒、茄子等。适宜苗龄，"五叶一心"。嫁接时，先用刀片在接穗真叶基部下方约 1 厘米处呈 45°角切削，将茎两侧削成楔形；其次在砧木子叶上方约 1.5 厘米处横切，再从茎中间向下纵切深约 1 厘米。再将切削好的接穗插入砧木切口内并对齐。用圆口嫁接夹固定，完成嫁接（图 8-60）。

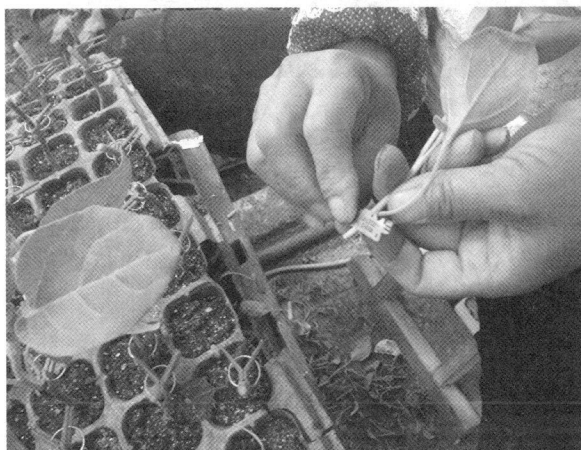

图 8-60a　切削接穗　2015

图 8-60b　切削接穗　2015

图 8-60c　削切砧木　2015

图 8-60d　嫁接完成　2015

三、嫁接后管理

（一）温湿度管理

嫁接好的穴盘苗，应及时补充水分，采用浸盘的方法使基质吸足水分，切忌从上向下淋水，以免感染伤口。

吸足水分的嫁接苗，要用薄膜覆盖（图 8-61），放置在搭好的小拱棚内，并使用遮阳网遮光。

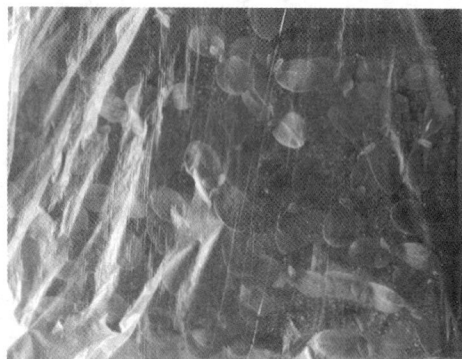

图 8-61a　嫁接后盖薄膜保湿　2016

图 8-61b　嫁接苗已成活揭开薄膜通风　2016

嫁接后的 3 天，确保嫁接苗的空气湿度保持在 90% 以上，可以在地面喷水保湿。在阴雨天可以早晚适当减少遮阳网的覆盖，使嫁接苗可以见到 20% 左右的光照；并提高小拱棚内的温度，保证棚内夜温在 15～18℃，白天温度在 25～30℃，高湿可以保护接穗不失水，防止萎蔫，高温可以促进嫁接苗伤口愈合。

嫁接后的第 4 天，开始逐渐通风透光，加大昼夜温差；遇阴雨天时，更要注意棚内的通风，防止棚内空气凝滞，不利于嫁接苗的生长。

生产中经常出现嫁接苗叶子黄化、落叶等现象，大都是嫁接后通风不良造成的。在穴盘的嫁接苗中，一旦出现此类现象应该立即适当加强通风，并补充少量氮肥，促进其生长，还可以喷施少量生长素类物质，如 20 毫克/千克萘乙酸等。

（二）成活后炼苗

嫁接成活的秧苗，在经过3～5天的适应性炼苗后，就可以随时移栽定植。因此，要提早准备定植条件，尽早定植，防止秧苗老化，影响定植的成活率。

（陈殿奎　曹玲玲）

本章参考文献 《《《

北京市科学技术志编辑委员会，2002. 北京科学技术志：中卷 [M]．北京：科学出版社．

北京市农科院，北京市农业局，1981. 北京蔬菜生产技术手册 [M]．北京：北京出版社．

北京市农林局，1974. 海淀区积极试验推广砂箱土块新育苗法 [J]．农林情况（3）：1-7.

北京市农业技术推广站，1986. 推广蔬菜工厂化育苗可行性的探讨 [J]．蔬菜（1）：1-4.

北京市农业技术推广站，1987. 蔬菜工厂化育苗推广总结（1984-1987）[Z]．[出版地不详：出版者不详]．

北京市农业局，1981. 近郊蔬菜新法育苗有较大发展 [J]．农业情况（30）：4-8.

北京四季青公社科技办公室，1982. 塑料大棚水暖土壤加温育苗试验 [M] //北京四季青公社科技办公室．科学种田汇编（第四期）（1979-1981）．北京：[出版者不详]：11-12.

曹玲玲，赵景文，等，2013. 北京地区蔬菜集约化育苗产业现状及发展建议 [J]．中国蔬菜（11）：10-12.

常义红，1993. 京郊蔬菜的几种主要育苗方法 [J]．中国蔬菜（5）：49-51.

朝阳区农业局蔬菜科，1982. 蔬菜新法育苗试验总结 [M] //北京市农业局．北京农业（蔬菜专辑）．北京：[出版者不详]：167.

陈殿奎，1990. 蔬菜机械化育苗发展现状与展望 [J]．中国蔬菜（1）：25-27.

陈殿奎，司亚萍，1992. 蔬菜穴盘无土育苗生产体系与技术管理 [J]．中国蔬菜（S1）：75-78.

陈桐花，1988. 蔬菜无土育苗新技术-炉渣营养液育苗 [J]．蔬菜（1）：27-29.

东升公社躺碑庙生产队，1973. 阳畦加温育苗试验 [M] //海淀区蔬菜办公室．蔬菜生产经验汇编．北京：[出版者不详]：70-72.

董四留，2001. 北京志·农业卷·种植业志 [M]．北京：北京出版社．

樊家村大队种子站，丰台区农林局蔬菜科，1983. 樊家村大队地热电线恒温育苗初步总结 [J]．北京蔬菜（1）：10-11.

高世良，1987. 南苑地区推广电热线蔬菜快速育苗 [J]．蔬菜（4）：20-21.

葛晓光，1987. 果菜壮苗指标研究的概况 [J]．中国蔬菜（1）：32-34.

海淀区农科所，1982. 蔬菜工厂化育苗 [M] //北京市海淀区蔬菜学会，等．海淀区农业科技：蔬菜专辑（1979-1981）．北京：[出版者不详]：76-107.

蒋名川，1956. 北京市郊区温室蔬菜栽培 [M]．北京：财政经济出版社．

李红岭，陈一峰，1997. 用黑子南瓜伤根顶芽斜插法嫁接黄瓜的育苗技术 [J]．中国蔬菜（2）：39-41.

刘宜生，王贵臣，1996. 蔬菜育苗技术 [M]．北京：金盾出版社．

南苑农工商联合总公司蔬菜公司，1986. 一九八六年电热线蔬菜育苗工作总结 [Z]．[出版地不详：出版者不详]．

师惠芬，等，1982. 果菜类快速育苗技术的研究 [M] //北京蔬菜学会．北京蔬菜学会第三届年会论文摘要集．北京：[出版者不详]：14-19.

四季青公社农科站，1977. 蔬菜"湿润无土育苗"试验 [M] //北京市海淀区农业科学研究所．北京市海淀区农业科技资料汇编．北京：[出版者不详]：1.

吴肇志，顾智章，王德槟，1982. 塑料大棚增加地温育苗在北京蔬菜生产上的应用 [M] //北京蔬菜学会．北京蔬菜学会第三届年会论文摘要集．北京：[出版者不详]：11-13.

张福墁，2010. 设施园艺学 [M]．2版．北京：中国农业大学出版社．

张忠书，周保峰，1982. 蔬菜育苗技术的改革 [M] //北京蔬菜学会．北京蔬菜学会第三届年会论文摘要集．北京：[出版者不详]：20-21.

邹祖绅，刘步洲，1956. 北京郊区阳畦蔬菜栽培 [M]．北京：农业出版社．

第九章

>>> 蔬菜设施覆盖材料

所谓覆盖材料，是指覆盖在地面、栽培畦、棚架、温室等蔬菜栽培设施上的覆盖物，主要用于防风、防寒、防冻、保温、增温、调节光照、防虫、保水等，为蔬菜作物营造一个较为适宜的生长发育环境，从而在"不时之时"获得一定的蔬菜产品，满足市场的"不时之需"。

蔬菜设施栽培覆盖材料及其应用技术，是人类在同低温、霜冻和风、雨、雪等自然灾害的长期斗争中，以及在开发利用农业资源的长期实践中逐步发展起来的。历代农民根据各地的自然资源、气候条件、栽培目的，采用在广大农村容易获得的材料，如作物秸秆、芦苇、蒲草、竹木、沙石、砖瓦、土等，再加上一般工业用材，如砖石、钢材、混凝土、油纸、玻璃等，将一般民房、窑洞、贮藏窖、井窖、栽培畦等加以改造，增加了保温层或防风、防寒覆盖物；适当加大采光面，或将其建在背风向阳之处，使其具有良好的保温和采光性能。到了近代，随着现代科学技术的发展，许多新型覆盖材料，如玻璃、农用塑料薄膜以及各种工业资材和技术等逐步被应用于蔬菜作物生产，对于防灾、减灾，挖掘蔬菜生产的内在潜能，进一步增加蔬菜产品的产量和花色品种，起到十分重要的作用。

第一节 设施覆盖材料的应用发展史简述

北京地区蔬菜栽培设施的覆盖材料种类多样，其分类方法也有多种：①以简易覆盖防护为主的地面覆盖材料，如作物秸秆、芦苇、苇毛、纸帽、沙石等。②按其用途来划分，有覆盖在阳畦、温室、塑料棚上以采光、保温、遮阳为主的材料，如油纸、玻璃、塑料薄膜、网纱等。③以防寒、保温为主的设施外保温材料，如蒲席、草帘、保温被等。④有特殊用途的覆盖材料，如反光材料、防虫网纱、彩色塑料薄膜等。⑤以覆盖材料对光线的透过程度划分，可分为透光材料、半透光材料和不透光材料。

应该说，北京地区设施蔬菜栽培上所采用的各种覆盖物，与多种形式的栽培设施相结合，加上农民在设施蔬菜生产过程中创造了许多独特的种植技术，三者巧妙地结合，利用太阳光热、有机物发酵热，合理安排茬口及间套作，就能够将适宜蔬菜种植的时期大大延长。在中国北方，甚至在寒冷地区或高寒地区的冬季，仍可生产种类多样的新鲜蔬菜，形成了中国设施蔬菜生产的突出特点。

据史书记载，中国蔬菜设施栽培起始于秦汉时期，北京地区蔬菜设施栽培则始于金代。

（一）金、元时期，风障以及马粪、树叶、稻草、麦糠等做覆盖物用于蔬菜软化栽培

金、元时期，北京蔬菜市场上已经有"韭黄"出售。这种韭黄是菜农利用风障畦或在"半坡屋"内用马粪、树叶、稻草、麦糠等做覆盖物，对韭菜进行软化栽培；另一种方法是利用马粪为酿热物在简易温室里生产出来的。元代著名农学家王祯在《农书·百谷谱·蔬属·韭》里记载："就旧畦内，冬月以马粪覆之，于迎阳处，随畦以蜀黍篱障之，用遮北风。至春，其芽早出，长可二三寸，则割而易之，以为尝新韭。"这里的"蜀黍篱"，是用"蜀（shǔ）秸"，即高粱的秸秆为骨干，再辅以稻草编制而成的风障，置于栽培畦的迎阳处，用以遮北风。栽培畦面上覆盖马粪是为保护越冬韭苗免受冻

害，至初春时节除去马粪，韭苗即可迅速生长。

（二）明代开始，蔬菜设施使用蒲席进行外保温，用纸窗采光

到明代时，北京地区蔬菜栽培设施和栽培方式有了进一步发展，按照其结构和使用功能可分为两类：一是纸窗采光、蓄火加温、半地下或地上式温室，主要用于冬春两季蔬菜栽培；二是利用酿热加温的地窖式简易温室，主要用来进行蔬菜的软化栽培。"半地下或地上式温室"和"地窖式简易温室"的保温采光覆盖材料是质地坚韧、透光性能好、原产于朝鲜的高丽纸，而温室的保温覆盖物是蒲席。制作蒲席的材料是秫秸、芦苇、蒲草和麻，因而明代负责宫廷蔬菜供应的"司苑局"还专门负责这些覆盖保温材料的采购。

（三）清代用"纸糊窗格"进行温室的采光和保温

清初，皇城内"丰泽园"设有夹风障的菜园。内务府的"会计司"所辖菜园，一律配给一定数量的蒲帘（即蒲席）和夹篱帐的秫秸（即夹风障和篱笆的秫秸）。冷床（阳畦）在这一时期开始出现，它是由风障畦演变而来的，是把风障畦畦埂加高、增宽，并覆盖蒲席等保温设备而成，可用于育苗或生产蔬菜。清代北京地区用于冬季生产蔬菜或花卉的温室类型多样，是在前朝"暖洞子""小洞子""火坑""火室"的基础上逐步改进而成的，一般采用"纸糊窗格"进行保温采光，同时还以"皆贮暖室，以火烘之"的方式来提高地温和室温。种植的蔬菜种类包括黄瓜、冬瓜、茄子、韭菜、芹菜、白菜、菠菜、香椿、茼蒿、芫荽及青蒜等。将玻璃用于庭院建造供观赏用的玻璃温室，始于清朝末期。

（四）民国时期首现玻璃窗扇采光保温

民国时期，北京地区的蔬菜栽培设施主要还是沿用明清时期的传统方式，但已经有所改进：在生产中主要使用一种纸窗温室，俗称"洞子"。它坐北朝南，比较低矮，东西北三面是土墙，土屋顶，南面安装纸糊的窗户，窗户和地面形成 70°～80°角。室内东西方向每隔 3 米为 1 间，每 4 间建半地下的火炉一座，并有烟道用于夜间加温。夜间窗户外加盖蒲席保温。20 世纪 30 年代，"改良温室"在丰台黄土岗一带出现。菜农对原有的纸窗温室结构逐步进行改良：玻璃窗扇分天窗和地窗、加大温室跨度和高度、火炉改装在北墙脚下，用瓦管连接而成火道。其结果是大大提高了室内采光、增温效果，加大了栽培空间，使温室的生产效率得到有效提高。温室生产出的产品也称"洞子货""熏货"，如黄瓜、番茄、菜豆、韭菜（韭黄、囤韭、青韭）、蒜黄、茄子、辣椒、香椿等。

（五）传统覆盖材料的调查、总结与推广

自新中国成立至 20 世纪 60 年代末期，北京的蔬菜科学工作者广泛开展了对北京传统的蔬菜设施生产的调查研究，重点对北京传统蔬菜栽培设施采用的多种覆盖物，如作物秸秆、芦苇、蒲草、竹木、沙石、砖瓦、土等覆盖材料等的应用特性、使用方法及效果进行调查、总结与推广。这些调查研究工作，有效地促进了先进经验的迅速推广，对刚刚建立起来的农村集体经济的巩固和发展，起到了很大的推动作用。

（六）新型设施覆盖材料的引进、研制和推广应用

从 20 世纪 60 年代末到 20 世纪 90 年代，由于中国塑料工业和化学工业的发展，塑料制品，特别是农用塑料薄膜广泛应用于蔬菜生产，作为塑料大、中、小棚和日光温室等的采光保温材料，使蔬菜设施的结构类型更趋多样化，建造成本进一步降低，生产水平进一步提高。到 20 世纪 70 年代后期，塑料薄膜地面覆盖栽培技术引入北京，因为具有增温、保墒效果良好，操作简单、投入低、经济效益显著等特点，首先在蔬菜生产上试验、示范和应用成功，以后扩大到其他农作物。

大量工业技术和资材用于栽培设施，使栽培设施及附属设备的结构、类型进一步优化，性能、功能全面提升。通过不断引进和研制，各种新的覆盖材料应用于蔬菜设施栽培，如各种功能性塑料薄膜（耐老化薄膜、有色地膜、降解薄膜等）、硬质塑料板材、遮阳网、保温被、聚丙烯酸树脂玻璃纤维强化板（FRA）等，有效地加强了对设施内栽培环境的调控能力，逐步实现高效和省力化管理。

第二节　传统覆盖材料的种类与应用

一、简易地面覆盖材料

简易覆盖材料是在蔬菜植株上或在栽培畦表面上，用作物秸秆、落叶、谷物皮壳、牲畜粪便、麦糠、芦苇花穗（苇毛）、沙石、泥盆、瓦盆等进行覆盖栽培的保护性覆盖材料。因其能够改变优化地面及作物周边的小气候环境条件，再结合适宜的栽培管理，使之能够达到较一般露地栽培早熟、高产和延长生长期的效果。由于简易覆盖材料取材方便、成本低廉、覆盖作业简便易行等优点，曾在蔬菜生产上被广泛应用。

（一）秸秆、枯草及马粪

北京及东北地区越冬蔬菜栽培上应用较多，覆盖后能使地表冻结程度减轻，保护越冬蔬菜不会因温度过低而冻死；覆盖能有效减少土壤水分蒸发，起到保墒、保温的作用；覆盖处理的地温高，解冻早，蔬菜等作物早发快长，与露地无覆盖区比较可达到早熟、增产的良好效果。

1. 秸秆、枯草

即在畦面上、垄沟下或在垄台上铺设 1 层作物秸秆或枯草，铺设厚度 4～5 厘米。其作用是蓄水保墒、抑制土壤水分蒸发流失，减少灌水次数，同时减少因水分蒸发导致的热损失。稻草等覆盖物相对柔软疏松，导热率低，阻止土壤热量向大气中扩散传导从而保持地温稳定；秸秆覆盖还有防止土壤板结、抑制杂草、降低湿度、防止病虫害等多种功能。

2. 马粪

初冬耕地封冻前，当外界气温降至 -5～-4℃时灌浇封冻水，待见干时，在畦面覆盖 1 层厚度为 4～5 厘米的马粪或碎草，保护萌动种子或幼苗安全越冬。翌年开春气温回升至 -3～-2℃时，在幼苗不遭受冻害的情况下，除去马粪等覆盖物，加强管理，促进幼苗健壮生长。20 世纪 60 年代以前，北京地区的马粪覆盖常与风障相结合，其提高地温、防风保墒，优化栽培微环境的效果更好。20 世纪 70 年代之后，随着农业机械的发展和作为畜力骡马的减少，马粪覆盖已经成为历史。

（二）麦糠

前已述，早在咸丰（1851）至同治（1862）年间，北京南郊瀛海庄（原南郊农场）一带，利用麦糠覆盖软化栽培韭菜。即通过特殊的覆盖栽培方法与环境调控，使覆盖的韭菜经过"闷白""捂黄""出绿""晒红""冻紫"等过程，从根到梢呈现白、黄、绿、红、紫 5 种颜色，因而得名"五色韭"。

（三）苇毛

苇毛覆盖源于天津。用芦苇未成熟的穗子（苇毛）编成"苇毛苫"，进行覆盖栽培。如苇毛不够也可以加入稻草编扎，于早春、晚秋或初冬寒冷时节，在傍晚 4：00—6：00 时，将苇毛苫直接覆盖在菜苗上，保温防冻，翌日待气温升高时，掀开苇毛苫立于植株北侧，任由日光照射除湿蓄热，待再次利用。苇毛苫的编织方法有两种：一是将苇毛向一个方向密排，为单面苇毛苫，宽 30～50 厘米，长 150～200 厘米，厚 3～4 厘米。单面苇毛苫多用于茄果类单行覆盖栽培。二是苇毛向两个方向密排，为双面苇毛苫，宽 80～100 厘米，长 150～200 厘米，多用于覆盖叶类蔬菜畦。双面苇毛苫全畦覆盖形式较单行覆盖好，白天揭起可以使土壤吸收热量，日落前覆盖，在苇毛苫下热量散发缓慢，全畦覆盖可以增加覆盖物下的湿度，有利于蔬菜生长，与单行覆盖相比，定植及收获期还可以提前，促进早熟增产，这种覆盖方式与风障结合效果更好，待天气转暖后除去覆盖物及支架，栽培管理同露地栽培。

20 世纪 50 年代，北京南郊农场学习天津苇毛覆盖技术并应用于蔬菜生产，直到 20 世纪 80 年代中期，红星农场瀛海分场仍然使用苇毛覆盖软化韭菜生产。随着菜田基地向远郊转移和新型覆盖材料以及节能型日光温室的兴起，苇毛覆盖蔬菜退出了历史舞台。

（四）纸帽、泥盆与瓦盆（片）

这种覆盖方式是在早春的傍晚，将纸帽、泥盆或瓦盆（片）扣在已定植的蔬菜幼苗上或挡在幼苗西北面，抵御夜间低温和北风的侵袭，营造较好的小气候环境条件。早晨揭开，置于秧苗北侧，利于避风保温，促进幼苗生长。泥盆或瓦盆覆盖进行韭菜软化栽培，则是白天扣盖泥盆瓦盆，避光软化韭菜，傍晚揭开降湿通风，提高软化韭菜质量。覆盖软化韭菜的瓦盆呈长筒状，高 30～35 厘米，直径 15～20 厘米。此外，还有用纸做成帽状，上面涂油，以树枝、竹片支撑盖于蔬菜幼苗上，四周用土压严防风，作用似瓦盆。在我国西北地区一些地方，这种覆盖形式随着社会发展而不断更新，土旧材料更新成了塑料材质。

二、栽培设施覆盖材料

（一）油纸

油纸是北京纸窗土温室的采光、保温覆盖材料之一。民国时期至 20 世纪 50—60 年代，北京蔬菜主要产区分布在城郊西南一带。蔬菜栽培的设施主要还是沿用明清以来的传统纸窗土温室栽培方式，但已经有所改进。温室坐北朝南，比较低矮，东西北三面是土墙，土屋顶，采光面用竹竿或高粱秆（裹纸）做成窗棂，在窗棂上面糊纸，称为"纸糊窗格"。一般采用东昌纸（一种纤维较粗、质地松软的白纸，也叫"毛头纸"）作为采光保温覆盖材料。糊好窗棂后，在纸上喷涂桐油，以防御烈风。纸窗纸要求容易黏着，颜色不能过浅或过深，以浅色中略带黄为好。窗户和地面夹角为 70°～80°。室内东西向长每隔 1 丈为 1 间，每 4 间建 1 座半地下的火炉，并有烟道，用于夜间加温。夜间窗户外加盖蒲席保温，俗称"洞子"。

（二）玻璃窗扇或玻璃片

玻璃窗扇是阳畦上的透明覆盖物，也用于改良阳畦、加温温室，是重要的传统保温覆盖材料。20世纪 30 年代前后，随着覆盖材料玻璃的革新应用，京郊菜农在阳畦加盖蒲席的基础上再加盖玻璃，充分利用太阳光的热能，使阳畦的性能进一步提升，成为北京蔬菜栽培的主要设施之一。部分农民又将阳畦土框的北框进一步加高，将玻璃面角度加大，形成了改良阳畦（戳玻璃、暖洞子等），用于早春蔬菜栽培，可以比露地生产提早供应 30～50 天。

玻璃窗扇用红、白松做成窗框，框的长度与阳畦土框的宽度（内径）相等或稍长。框宽 60 厘米（或宽 1 米），每扇窗框镶 3～4 块或 6～8 块玻璃，成玻璃窗扇；或在畦面上竖立木条支架，其上覆盖玻璃片采光保温。覆盖的面积可根据季节和应用方式确定是全畦覆盖、盖半畦或局部覆盖等。相比之下，覆盖玻璃窗扇会形成一定的阴影，而且除尘也较为费事，覆盖玻璃片虽然畦面光照较好，但操作时较为费工，且玻璃的损破率较大。

覆盖玻璃再覆盖蒲席进行栽培者称为"热盖"；只盖蒲席，不盖玻璃者称为"冷盖"，采用哪种方式覆盖，视其具体用途而定。

丰台《黄土岗村志》记载，1926年前后，开始将纸窗温室的窗户改成玻璃窗扇。在此基础上，各地对温室结构逐步进行改良：窗扇分天窗和地窗，加大温室跨度和高度，火炉改装在北墙脚下，用瓦管连接而成火道，增加散热面。其结果是大大提高了室内采光、增温效果，加大了栽培空间，使温室的生产效率得到有效提高。

（三）蒲席

又称盖席。是重要的传统设施外覆盖保温材料，用于阳畦、改良阳畦、温室、日光温室、大跨度有立柱的大棚作为外覆盖保温材料，其主要作用是防寒保温，保持和提高简易设施内温度，也可以作为围帘，早春围于塑料大棚北侧，有防风固棚、保持和稳定大棚温度、防止霜冻危害的作用；在中午高温强光下，设施内会出现高温伤苗现象，特别是在幼苗移栽后，为防止失水萎蔫，可短时间回盖蒲席，待强光高温过后重新揭开蒲席。

蒲席的覆盖作业：高的阳畦框多采用卷席的管理方法，斜面畦框多采用拉盖席的管理方法，阳畦覆盖蒲席的作业与覆盖的玻璃配合进行，根据外界气温变化灵活拉盖蒲席，目的是调控优化阳畦内小气候环境条件，使其适宜作物生长发育的要求。

拉盖蒲席的一般原则：在10月下旬至12月上旬，天气尚不太寒冷的季节，"早拉席，晚盖席"；在12月中旬至翌年2月上旬之间，是一年中最冷的季节，"晚拉席，早盖席"；待春节过后的2月中旬至5月上旬，天气转暖，"早拉席，晚盖席"。通过提前或延后拉盖蒲席的时间，调整阳畦内的温度，保障作物正常生长。

在拉盖席的管理中，还有一些特殊的覆盖保温或降温方法：如"翻席"，即在天气很冷的情况下，不允许拉开蒲席，但畦内的蔬菜已经微冻，就必须在正午时将蒲席在原来的位置上翻过来盖，让晒暖了的蒲席芦苇面向下，以提高畦温，同时使蒲草面由潮湿晒成干暖。如此反复翻盖几次，畦内温度微升，缓解蔬菜微冻状况，这种操作被称为"晒暖席"。"搭窝棚"，在清明时节，为避免育苗畦或囤苗畦内高温多湿而使幼苗徒长，将覆盖蒲席的南边折起几个窝棚（通气孔），便于通风换气，降低畦内的温度和湿度。"回席"，在春末夏初正午的时候，盖玻璃的阳畦内温度过高，有可能造成蔬菜作物徒长或发生幼苗灼伤，所以有时要盖上蒲席遮阳，避免高温，到下午两点钟左右再拉开蒲席。

蒲席的编织材料：一般是用芦苇50千克，蒲草40千克，线麻绳0.9千克，苘麻绳（大经绳）2.7千克，编织成长7.0～7.3米，宽2.2～2.6米，厚5～7厘米，一面为蒲草、另一面为芦苇的蒲席。蒲席重量75～90千克。

蒲席的编织工具：有翘刀、小轧刀等（图9-1）。

编织要按规定的长、宽，铺上等距离的8条大经，缚在两端横好的杉篙上（图9-2）。备好材料（图9-3），用人3个，1个人递草把（芦苇6～8根、蒲草5～7根），两个人编，每人掌握4道大经，随递随编（图9-4）。打蒲席时，要使每把蒲苇的蒲面在下、苇面在上，苇面不见蒲草，蒲面不见苇子。草把都是用小经（细麻绳）勒在大经上，每把都要勒紧，一尺内有9～11把蒲苇；每把在蒲席中间相接的甩头，

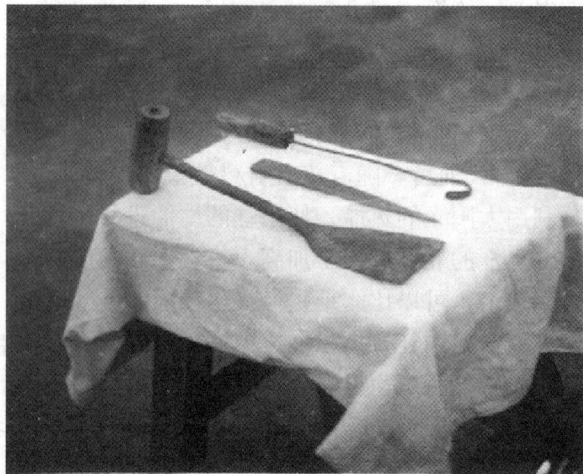

图9-1　编制蒲席的工具

互相交替呈"之"字形连接捆扎；两边要绷紧，勒之前草把一般直径 7 厘米，勒好后为 5 厘米，两头各有 2 个席爪（拉手）。蒲席长度视阳畦的长度、宽度及温室前屋面宽度及长度而定。为防雨湿蒲席和保持阳畦、温室屋面洁净透光性好，在蒲席两面可覆以塑料薄膜，以延长蒲席使用寿命。蒲席有损坏时，要及时修补（图 9-5）。

图 9-2　编织蒲席的材料（蒲草、芦苇、麻绳等）

图 9-3　编织蒲席铺八条大经

图 9-4　正在编织蒲席

图 9-5　修补蒲席

蒲席的储藏与保管：用后的蒲席要晒干，置于高且干燥处堆码成圆仓形或长形蒲席垛，固定防风，覆盖农膜，防雨防潮，保持通风干燥，可连续使用 3~5 年。

（四）草苫（帘）与纸被

草苫及纸被是最传统的外覆盖材料，目前生产上使用最多的是稻草苫，其次是蒲草、谷草、芦苇、山草等编制成的草苫，其宽度、长度、厚度基本等同于蒲席，规格大小可因设施覆盖的需要而定。草苫因其自身质轻、导热系数小，加之其间有许多层空气间隔，隔热保温效果良好，可使温室夜间热消耗减少 60%，保温效果一般为 5~8℃，但实际保温效果与草苫厚薄、编制的疏密程度、干湿程度、覆盖质量等都有关系。编制致密、质量高的草苫覆盖后，室内见不到透光，这种草苫较稀松透光草苫室内温度要高 1~2℃。稻草苫取材方便、造价低廉、能保障供应，但耐候性差，一般可以使用 3~4 年；在寒冷时节，在草苫下边附加 1 层纸被可提高保温效果。纸被一般由 4~6 层牛皮纸或废弃水泥袋缝制而成。据测试：增加 1 层由 4 层牛皮纸缝制成的纸被，可增加室温 3~5℃。纸被的保温效果虽然好，但投资相对较高，而且多雨雪地区易被雨水淋湿，降低保温效果，卷放费时费力，作业功效降低，如在草苫内外面覆以塑料薄膜，不仅可以防止被雨淋湿，还可有效解决草苫稀松保温效果差、防止稻草碎片积于前屋面而影响透光效果的问题。

据北京农业大学陈端生等 1989 年 11 月 27 日早 6：30 在平谷县马各庄测定结果：外界气温为 −14℃，薄膜与纸被之间上、中、下 3 个测点的温度分别为 3.1℃、3.3℃和−0.6℃；纸被与草苫之间上、中、下 3 个测点的温度分别为 −6.3℃、−4℃和−8.4℃，说明草苫的保温效果为 5.6～7.7℃。另据沈阳市在日平均气温−13.4℃的条件下测定：覆盖草苫的温室比不覆盖的增温 7.8℃，蒲草掺加芦苇的草苫保温效果高于稻草苫，保温能力可达 7～10℃。

草苫也可以用作早春大棚的四周围帘或温室外前底脚处加盖草苫，可以挡风防寒，增加保温效果（表 9−1），是一种成本低廉、操作简单易行的设施保温覆盖材料。

表 9−1　草苫和纸被的防寒效果（℃）

室内气温	室外气温			
	−0.8	−14.0	−15	−16.5
覆盖一层农膜	1.2	−7.5	−9.0	−11.0
膜上加盖草苫	4.8	1.2	−0.4	−0.9
膜上加盖草苫和纸被	10.1	7.7	6.7	5.3

（五）棉被、毛毡被

用旧棉絮、落花、包装布及牛羊毛下脚料等加工缝制而成，是重要的外覆盖保温材料；规格同草苫；该覆盖材料质轻、蓄热、保温性好，增温效果可达 10℃；但造价高，易吸水受潮，使用期为 6～7 年，如内外覆盖塑料薄膜防雨防潮可以延长使用年限，是高寒地区高效节能型日光温室的首选覆盖材料。

常见设施外保温覆盖材料的规格、用途、用量见表 9−2。目前，北京已有温室采用新型橡塑绝热保温被（芯材为高分子闭孔发泡材料），整体热阻值≥1.0，其保温芯材和保护面层均具备自防水功能，阻燃性能达到 B2 级标准，抗老化，其产品设计寿命≥12 年。

表 9−2　常见外保温覆盖材料的规格、用途、用量

名称	规格			用途	每亩用量（条）
	长度（米）	宽度（米）	厚度（厘米）		
稻草苫	6.0～8.0	1.2～1.5		温室大棚外保温	60～100
	2.5～4.0	0.6～0.9	3.0～4.0	小棚外保温	500～800
蒲草苫	6.0～8.0	1.5～2.0	4.0～5.0	温室大棚外保温	50～70
稻草帘	2.0	0.8～1.0	1.0	小棚外保温	600～750
蒲草帘	2.0～4.0	1.0～1.5	1.0	小棚外保温	200～600
纸被	6.0～8.0	1.2～2.0	0.2～0.3	温室外保温	50～100
棉被	5.0～8.0	2.0～4.0		温室大棚外保温	30～40
遮阳网	50.0～100.0	0.9～1.6		温室大棚遮阳覆盖	1 000～1 200
不织布	50.0～100.0	1.0～3.0	15～40	温室大棚内保温幕	1 000～1 200

资料来源：引自《设施蔬菜栽培》，郭素英，2001。

有关北京地区蔬菜传统栽培设施覆盖材料的应用方法及其图片，可参见本书第二章。

第三节　现代覆盖材料的种类与应用

一、设施透光覆盖材料

（一）玻璃

玻璃是北京蔬菜设施采光保温的主要覆盖材料。玻璃厚度一般为2～4毫米。玻璃透光、防尘、亲水性、保温性很好，线性热膨胀系数比较小。但缺点是质量大，要求支架坚固；不耐撞击，破损时容易伤害操作者和作物。

双层中空玻璃因中空隔热有良好的保温效果，多用于连栋大温室侧面墙体。

（二）农用塑料薄膜

农用塑料薄膜中的棚膜主要用于温室、塑料大棚及中小拱棚的覆盖及其他园艺设施覆盖，地膜主要用于地面覆盖，均作为保温透光材料或者保温防寒材料而兴起并发展。

1. 北京农用塑料棚膜的兴起与曲折发展

1957年3月，原华北农业科学院蔬菜研究室徐顺依利用日本友好人士提供的聚氯乙烯薄膜（当时称"玻璃布"），在郊区蔬菜露地、阳畦、日光温室栽培上进行了试验示范（图9-6、图9-7），其形成的结果《在蔬菜栽培上应用聚氯乙烯薄膜的方法》一文，发表在中国农业科学院《农业科学情况快报》1959年第四期上，开启了北京地区蔬菜设施新覆盖材料的应用尝试。

图9-6　聚氯乙烯薄膜蔬菜小拱棚覆盖栽培　徐顺依　1959

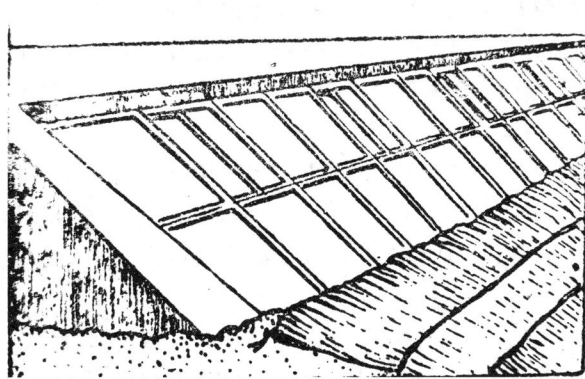

图9-7　聚氯乙烯薄膜蔬菜日光温室覆盖栽培　徐顺依　1959

1957年夏秋之际，日本农业技术访华团访华，来访的千叶大学教授、蔬菜专家、农学博士藤井健雄先生介绍了日本蔬菜研究近几年在寒冷季节利用"玻璃布"（Vinyl）进行覆盖栽培的新成就。他在《关于蔬菜问题的报告》中说："要提早收获就要培育壮苗，要培育壮苗就需要宽广的苗床。这工作自从农业用玻璃布制成后就很方便了。玻璃布不仅可透过与使用玻璃同样多的光线，而且轻便、结实。幼苗长大了就要移植到地里，但太早当然要遇到霜冻之害，这时就可用玻璃布来解决——玻璃布覆盖的小拱棚比普通露地菜田可提早15～20天定植，大拱棚则可提前30～40天定植。为了能更早移植，在大拱棚内再做小拱棚进行保温，定植期可以进一步提前。"藤井健雄先生说："农业用'玻璃布'在蔬菜种植方面还可用来采种时防雨，有专供农业用的玻璃布，一块玻璃布一般可以用三四年之久，太久了的还可利用它敷在地上抑制杂草生长，保护地温。"

1960年，北京农业大学园艺系蔬菜教研组刘步洲等，联合北京化工研究院、上海化工厂等单位，开展了"早春塑料薄膜覆盖对番茄早熟丰产及塑料薄膜在农业应用上的广阔前途"课题研究。1961—1962年，北京农业大学园艺系蔬菜教研组又开展了"黄瓜覆盖早熟栽培丰产问题"的研究。观察、测试了塑料薄膜的物理机械性能（抗张强度、伸长率、透光性等）、棚内小气候变化特征（温度、湿度变化，不同部位的光照强度，等等）、玻璃布覆盖下的黄瓜生态表现特点（植株的地上部和地下部生长，覆盖后雌、雄性比变化，等等）以及覆盖栽培管理技术，初步揭示了塑料薄膜覆盖促成黄瓜早熟丰产的成因及早熟丰产的关键技术。上述研究均形成了较为系统而全面的试验研究报告。当年，北京农业大学实验站的薄膜覆盖蔬菜试验，引起了北京郊区蔬菜生产的关注。

1964年春，北京市近郊菜区开始发展蔬菜小拱棚生产。当年，北京市塑料三厂开始生产少量聚氯乙烯薄膜。丰台区南苑公社西铁匠营大队薄膜覆盖的1亩菜豆，产量达到3 000千克，他们抓住这些薄膜覆盖生产试验初步成功的典型，及时召开现场会，组织干部、社员参观，逐步增强了菜农进行试验的信心。

1966年京郊供销社出售的农用塑料薄膜达到20吨。

郊区菜农们经过不断地试验、失败、成功，逐步认识到塑料薄膜具有保温、保湿、透光、可塑性强的特点，是一种能够促进早春蔬菜早熟丰产的可选用的重要覆盖、采光材料。

1970年冬，北京市农业局生产组主持，在石景山公社南下庄生产队召开了建造土温室和改良阳畦的现场会议，推广利用塑料薄膜覆盖材料代替玻璃覆盖的新经验，使农用塑料薄膜在北京设施蔬菜生产中由小拱棚覆盖应用向温室应用发展。

中国农业科学院蔬菜花卉研究所的档案室里，至今保存着一份档案材料，题为《小红门公社薄膜覆盖蔬菜栽培调查》。此材料由朝阳区小红门公社生产组和北京市农业科学研究所蔬菜室小红门基点共同完成，撰写时间是1972年8月。

文章的开头语说："朝阳区小红门公社从1964年开始利用塑料薄膜覆盖栽培蔬菜，通过不断总结经验，推广应用，这几年发展很快，增加了冬季蔬菜花色品种，保证了特需供应，成为解决冬春淡季蔬菜供应的有效措施之一。至1971年，全公社塑料覆盖面积已达10.7公顷。"这比1970年该社覆盖5.3公顷的面积增加了1倍。然而在塑料薄膜覆盖推广的过程中，也发现塑料薄膜本身存在许多亟待解决的问题：

（1）当时使用的是聚氯乙烯（PVC）压延薄膜，主要用于水稻育秧，幅宽只有1米，用在蔬菜栽培的拱圆形小棚上需要两幅拼接，一般用竹夹连接，但不抗大风，往往容易造成损失。

（2）薄膜棚内壁容易附着水滴，如通风不及时，极易形成水雾，影响透光，而且利于病害发生和蔓延。

（3）薄膜易受尘埃等污染，薄膜本身易老化，也是影响其透光的主要原因。

（4）使用过的废旧塑料薄膜如何处理难以解决，曾经发生过个别农民焚烧或填埋的事情，如处理不当，会对环境造成新的污染。

（5）价格问题。1971年，随着农用塑料薄膜的推广应用，薄膜的供应、回收及价格问题开始出现。当年底，北京市生产资料公司反映：工业生产部门为农业生产的农用薄膜，原来供应的每千克3.8元不生产了，塑料厂现在生产和供应给农业的薄膜每千克为5.8元，这样就加大了农业生产成本。对于旧塑料薄膜回收，上海、河北按原售价的70%～80%作价，而北京就办不到，按废品每千克0.4元回收。

塑料薄膜存在的价格及回收问题，国家和北京市有关部门与领导对此十分重视。

1972年8月，轻工业部在北京塑料二厂召开塑料薄膜应用座谈会，邀请北京市塑料薄膜生产厂家、部分农业生产单位、北京市农业科学研究所蔬菜室驻北京市朝阳区小红门公社基点的代表参加座谈，以推进农膜存在问题的解决。轻工业部会上介绍当时农业塑料薄膜的生产情况是：农业上使用的是聚氯乙烯（PVC）薄膜，主要用在水稻育秧上。1961年化学工业部颁布了PVC薄膜的标准，1965年又进行了修订。全国有700多家生产压延PVC薄膜，年产薄膜13万～14万吨。小红门公社基点科技人员在会议上反映了塑料薄膜在蔬菜生产上出现的问题，尤其是薄膜耐老化、旧膜回收利用问题。之后，北京塑料总厂的负责人到小红门公社，一起商讨了旧膜回收利用问题。

1973年3月，小红门基点又邀请北京市塑料总厂聂秀娟等实地参观考察塑料薄膜在蔬菜生产中的应用情况，随后双方立即开展了薄膜回收再利用工作。

1973年3月25日，英国工业展览在北京展览馆举行。展览期间，中英双方在北京友谊宾馆举行座谈，英国ICI公司、北京市农业科学研究所、北京塑料二厂、北京塑料机械厂等单位的代表参加。会议期间，轻工业部蒋震宇同志传达了一些重要信息：余秋里同志在1972年计划会议上，曾3次提出农用薄膜问题。并指示：一要发展农用塑料薄膜，不要只做小商品，花花绿绿的；二要关心农用薄膜的价格。蒋震宇还建议农业部门反映问题，提供使用情况，以引起领导重视。

1973年9月4日，轻工业部委托北京市塑料工业公司聂秀娟等主持，在北京市塑料二厂召开"软聚氯乙烯压延薄膜标准审定会"。北京、上海、沈阳、广州市等省市塑料厂和化工厂代表参加，北京市农业科学研究所及北京市朝阳区双桥公社的代表参加，驻小红门公社基点的祝旅在会议上介绍了北方地区蔬菜塑料棚生产迅速发展的情况和作用，希望用于蔬菜生产的塑料薄膜能抗7～8级大风、抗雪，每年能覆盖生产7～8个月；覆盖1亩塑料棚，要用150千克的薄膜，菜农的经济负担也是不小的；膜要耐用，能安全连续使用2～3年等建议。会议发表了新的软聚氯乙烯压延薄膜标准。在形成的会议纪要上，特别反映了代表们提出的薄膜老化是关系到产品质量的重要问题，各生产厂今后应重视研究该问题。建议轻工业部组织有关科研单位和生产厂，作为专门科研项目，研究薄膜老化问题，这促进了国家对农用棚膜应用与发展的重视。

2. 地面覆盖用塑料薄膜的兴起

北京塑料研究所于1978年10月参加"北京十二国农机展"的地膜覆盖技术引进座谈会后，于1979年早春试制成功0.012毫米厚、幅宽50厘米的筒状聚乙烯地膜，剖开后覆盖地面用于试验，这是北京最早生产的地面覆盖材料。这为北京迅速推广应用地膜覆盖技术奠定了基础。

地膜及其地面覆盖栽培技术，在中国的适应范围广、增产幅度大、经济效益高、发展速度快，是一项成功的新兴保护性栽培技术。

将厚度为0.01～0.015毫米的专用地膜覆盖在畦（垄）表面，用于栽培蔬菜的技术，亦称"护根栽培"或"促根栽培"法。它有提高耕层地温1～4℃、保水、保肥、保持土壤疏松等多种功能，能促进多种蔬菜种子萌发、加速生长、延长有效生育期，获得显著早熟高产的效果。地膜覆盖技术是我国传统农耕技术与现代农业新技术结合而形成的一种新的栽培技术体系，是我国农业栽培技术的一项重大改革，尤其在提升低温、无霜期短、少雨干旱地区的农作物生产水平方面具有重要意义。

自1979年开始，北京市农业局蔬菜处、科技处，把这项引进的技术正式列入农业专题研究计划，在近郊"五区一场"组织科研、生产单位成立"地膜覆盖栽培协作组"。首先，在朝阳、海淀、丰台三大区以大棚蔬菜和春播露地蔬菜为主，供试的蔬菜作物有：茄果类、瓜类、豆类及叶菜类共14种5.7公顷。结果显示：地膜覆盖有明显的促进早熟、增产和提高产值的效果。1980年，试验示范扩大至"五区一场"共计37个蔬菜合作社，面积达429.3公顷；涵盖大中小棚、温室、根茬、早春、春播、夏播、秋播各种茬口，扩大至23种蔬菜。1981年试验示范蔬菜种类达到27种，总面积达1 370.3公顷。试验示范结果显示：该项技术在北京郊区有很强的适应性和技术可行性。

蔬菜地膜覆盖的作用与效果显著，有关北京郊区蔬菜地膜覆盖的发展与覆盖方式，可参见本书第三章。

（三）农用塑料薄膜的种类及应用

1. 农用塑料棚薄膜种类

（1）聚氯乙烯（PVC）棚膜　自20世纪50年代中后期至70年代中后期，是北京郊区蔬菜设施应用的主要采光保温材料之一。制作加工方法：在聚氯乙烯树脂中加入增塑剂、耐候剂、稳定剂、润滑剂、流滴剂等功能性助剂，经压延而成的透明膜。它具有透光性好、易于黏结造型、能阻隔远红外线、保温性好等特点。缺点是自身比重大（1.3克/厘米³），覆盖成本高，一定重量农膜覆盖面积较聚乙烯农膜减少1/3；低温下薄膜变硬脆化，高温下农膜软化松弛，影响覆盖的牢固性；助剂析出附于表面易沾尘埃影响透光；废旧残膜不能燃烧处理，否则有毒气产生。主要品种有：

①普通PVC棚膜。不加耐老化剂，使用期仅4～6个月，可以生产一季作物，对树脂原料浪费大。

②PVC防老化膜。在原料中加入耐老化助剂，经压延而成，有效使用期延长至8～10个月，有良好的透光性、保温性和耐老化性。

③耐老化无滴农膜（PVC双防农膜）。具有防老化性及流滴性，其透光及保温性好，耐老化寿命达到12～18个月，无滴期可持续4～6个月，曾是生产上应用量大、应用面广的一种农膜。

④PVC耐老化无滴防尘膜。除具有耐老化、流滴的特性外，经处理的农膜外表面，减少助剂析出，减轻沾尘、提高农膜的透光率，适于高效节能日光温室在春茬作物上应用。PVC树脂原料加入助剂，可以制作地膜、加入色母粒制作有色农膜。

在应用聚氯乙烯（PVC）农业塑料薄膜棚膜的过程中，遇到的最大问题是"毒膜"问题。

1975年4月18日，石油化工部、农林部、轻工业部在北京塑料厂开会，针对北方20多个省市春季用塑料薄膜育苗中，发现蔬菜、水稻受到毒害，经初步分析是个别薄膜生产厂家在聚氯乙烯薄膜加工过程中，混入了不同含量的增塑剂"二异丁酯"挥发出的有害气体所致，给生产造成一定损失，使聚氯乙烯农膜发展受到一定影响。由此，国家农林部农业局致电北京，需要北京市农林局协助提供试验地和协助观察记载。北京市农林局将"毒膜"试验工作安排在海淀区玉渊潭公社科技站进行。

1976年春，北京市一些社队的设施覆盖塑料薄膜种植的黄瓜，叶片上出现黄白色斑点，并逐渐扩大成斑块，叶片坏死，后又蔓延到整株，直至死亡。多个社队开始向生产主管部门反映出现的类似问题。3月23日，北京市生产资料公司召开农商会议，经统计郊区已有22个大队发生"毒膜"危害情况，决定立即成立联合小组，由社队每个棚取膜5寸见方，编好号码，送化工厂化验。

1976年3月27日，丰台区蔬菜办公室发现黄土岗公社六圈4队、5队，樊家村新庄队，白盆窑2队，新发地2队、3队；南苑公社时村2队，右安门官园队，成寿寺大队；卢沟桥公社太平桥1队、2队、3队，菜户营2队，马连道1队、2队、3队、4队，卢沟桥4队，南蜂窝1队，万泉寺2队，等等，共有多个大队出现塑料薄膜棚内蔬菜植株生长异常，怀疑是农膜有毒问题。3月30日，海淀区四季青公社142亩，玉渊潭公社20亩，海淀公社24亩，东升公社15亩，总共约有200多亩出现"毒膜"问题。同日，朝阳区也发现有35个塑料大棚出现类似问题。截至1976年5月3日，北京市蔬菜办公室初步掌握全市有39.4公顷塑料大棚，用了有问题的塑料薄膜，其中朝阳92亩，丰台126.8亩，海淀372.9亩。中小棚也有一部分有问题，但表现出的危害程度有差异，黄瓜最为敏感，栽培芹菜、韭菜的棚没有出现问题。

北京市农业科学研究所农业环境保护研究室经过调查、检测，确认问题是由聚氯乙烯塑料薄膜中的增塑剂"二异丁酯"引起的，这种薄膜被菜农称之为"毒膜"。二异丁酯在常温、常压下，特别是在阳光下，从薄膜中挥发出来，扩散到塑料棚内，通过叶片的气孔、水孔进入叶肉组织的细胞内，破坏叶绿素和阻碍叶绿素的形成，致使新叶呈黄白色，老叶褪绿变黄，植株生长缓慢，矮化纤细，严重的则会死亡。不同塑料薄膜棚蔬菜作物受危害的程度不同，可能的原因多种多样：一是不同批次的塑料薄膜中添加的二异丁酯含量不同；二是不同种类蔬菜作物对二异丁酯的抗性表现各异，如油菜、花椰菜以及黄瓜抗性较差；三是不同塑料薄膜棚的管理如通风换气、温度控制差异等。

北京市政府对设施生产中出现的"毒膜"问题非常重视，有关部门指示对所有棚采取送样检测措施，对出现问题的大棚膜进行更换，对已造成的损失进行了赔偿。

（2）聚乙烯（PE）棚膜　由聚乙烯树脂经吹塑成膜。其质地轻（密度为 0.92 克/立方厘米）、柔软易造型、不沾尘、透光性好、无毒，适于各种棚膜覆盖，是北京自 20 世纪 70 年代末期以来主要使用的农膜品种。缺点是：耐候性差、保温性差、不易黏结。如果生产高质量的棚膜，需要加入耐老化助剂、无滴剂、保温剂等功能性助剂进行改性，才能达到生产上对棚膜的要求。目前用于生产棚膜的原料有高压低密度聚乙烯（LDPE）、线性低密度聚乙烯（L－LDPE）等多种原料，主要品种有：

①普通聚乙烯（PE）棚膜。原料不加耐老化助剂等功能性助剂，薄膜幅宽 2～7 米，厚度 0.07～0.12 毫米，每亩地覆盖需要薄膜 90～100 千克，安全使用期 1 年以上。薄膜内表面易积留水滴，遇振动水滴落下，薄膜透光性差，棚（室）内温度低、湿度大，易于发生各种病害，蔬菜生长不良，产量低、效益差。主要适用于塑料大棚和中小拱棚蔬菜春提前和秋延后栽培。一般在春季或秋季扣棚，使用 4～6 个月，生产一茬作物。随着功能性棚膜的推广普及，已逐步被淘汰。

②聚乙烯（PE）防老化农膜。在 PE 树脂中加入防老化助剂（如 GW－540）、受阻安等耐老化剂，经吹塑成膜，厚度 0.08～0.12 毫米，使用期延长至 12～18 个月，可以生产 2～3 茬蔬菜，不仅能延长棚膜的使用期，降低成本，节省能源，而且可以使栽培作物产量、产值大幅度提高，是目前设施栽培中应用的主要农膜品种。

③聚乙烯（PE）耐老化无滴膜（双防农膜）。在 PE 树脂中加入耐老化剂、流滴剂等功能助剂，经三层共挤工艺加工生产而成的复合农膜，同时具有耐老化性、流滴性、透光性，增温性也明显提高，流滴效果保持 2～4 个月，耐老化寿命延长至 12～18 个月，是目前性能较完全、应用范围较广的农膜品种，适于在节能型日光温室早春茬应用。

耐老化流滴膜包括聚氯乙烯防老化棚膜和聚乙烯耐老化流滴棚膜。薄膜透光性好、棚（室）内气温、地温高，水滴可沿薄膜内表面呈水膜状流下，棚（室）内湿度小，可减轻各种病害的发生和蔓延，可用于日光温室秋冬茬或冬春茬果类菜安全生产。薄膜厚度 0.10～0.15 毫米，每亩日光温室用膜量：聚氯乙烯膜 120～130 千克，聚乙烯膜 100 千克，薄膜幅宽 2～7 米，可根据棚（室）长宽热合黏结，安全使用期为 1～1.5 年，可生产 2～3 茬蔬菜。

④聚乙烯（PE）保温膜。在 PE 树脂原料中加入无机保温剂，经吹塑制成，这种覆盖材料能阻止远红外线向大气中的长波辐射，集聚温度于温室内，保温效果提高 1～2℃，在寒冷地区应用效果较好。

⑤聚乙烯（PE）多功能复合农膜。在聚乙烯树脂中加入耐老化剂、流滴剂、保温剂等功能性助剂，通过三层共挤的工艺流程，生产的多功能棚膜，具有耐候、保温、流滴等多种功能，有的能阻隔紫外光，抑制菌核病子囊盘和灰霉病分生孢子的形成，对于防治茄子、黄瓜的菌核病、黄瓜的灰霉病等病害有明显效果；使用期可达 12～18 个月。

（3）乙烯-醋酸乙烯共聚物（EVA）棚膜　对红外线的阻隔性介于 PVC 与 PE 之间，如果厚度都为 0.1 毫米的农膜，对 7～14 纳米红外线阻隔率，PVC 为 80%，PE 为 20%，而 EVA 为 50%，EVA 的保温性介于 PVC 和 PE 之间；EVA 具有弱极性，可与多种耐老化剂、流滴剂、保温剂、防雾剂混合吹制农膜，相容性好、色容性强，能延长无滴和防雾时间。EVA 的耐候性、耐冲击性、耐应力开裂性、可黏结性、焊接性、透光性及爽滑性等多种特性都明显强于 PE 树脂。

因此，用 EVA 树脂生产的农膜，保温性强于聚乙烯农膜，以 PE 和 EVA 为原料，分别加入耐候剂、保温剂、流滴防雾剂，通过 PE/EVA/PE 三层共挤的复合工艺制作农膜，保温性接近 PVC 农膜，明显高于 PE 农膜；其透光性、耐候性，以及流滴持续期等综合性能指标均超过聚氯乙烯农膜；用 EVA 农膜覆盖可较其他农膜覆盖增产 10% 左右，可连续使用 2～3 年，老化前不变形，易于回收、减少污染。

1995—1996 年，北京市农业技术推广站承担了全国农技推广服务中心的 EVA 多功能复合膜的试验示范任务，在顺义县沿河乡北京蔬菜高科技示范园区安排了新农膜试验示范，其产品为：北京市塑料研究所生产的 0.12 毫米和 0.15 毫米两种厚度的 EVA 无滴保温防老化膜，北京华盾塑料包装器材公司生产的 0.12 毫米厚的 PE 防老化膜，吉林省敦化市塑料一厂生产的 0.13 毫米厚的 PVC 无滴防老化膜，即四种供试农膜，其中 0.12 毫米厚的 EVA 多功能膜 1995 年 11 月 30 日扣棚，其余三种均为 11 月 14 日扣棚。

冬春生产中对四种棚膜的防老化性、无滴性和透光率进行了观测，结果如下：

①防老化性。到 1996 年 4 月上旬为止，除 PVC 无滴防老化膜有个别部位产生破损外，其余三种棚膜均完好。1996 年 7 月中旬，PVC 无滴防老化膜破损较严重，PE 防老化膜个别部位少量破损，而两种 EVA 多功能膜均完好。1996 年 10 月中旬，EVA 膜仍然较完好，继续使用，其他膜棚均更换了新膜。

②无滴性。自扣棚到 7 月上旬为止，三种无滴膜的流滴性均表现良好，没有点片结露现象，但三种膜均在早晨拉苦后棚内出现 1.5 小时左右的浓雾现象。

③透光性。四种棚膜的透光率测定结果表明：无论在晴天或阴天情况下，四种棚膜均是 EVA 多功能复合膜的透光率较高，其中以 EVA0.12 毫米厚膜透光率为最高（表 9-3），无滴膜晴天的透光率均高于阴天 10% 左右；PE 防老化膜的透光率晴天与阴天相近。

④试验结果。四种棚膜除 PVC 膜外，均生产一茬早春伊丽莎白甜瓜，1 月 3 日播种育苗，2 月 8 日定植。EVA0.12 毫米膜棚 4 月 16 日始收，亩产 2 100 千克，亩产值 2.4 万元；EVA0.15 毫米膜棚 4 月 19 日始收，亩产 1 700 千克，亩产值 1.9 万元；PE 膜棚 4 月 21 日始收，亩产 1 150 千克，亩产值 1.3 万元；PVC 膜棚 2 月 19 日定植的佳粉十五号番茄，5 月 2 日始收，亩产 3 750 千克，亩产值 7 000 元。EVA0.12 毫米膜棚此茬亩产值分别比 0.15 毫米膜棚、PE 膜棚、PVC 膜棚高 26.3%、84.6%、242.9%。作物的长势和产量产值说明 EVA0.12 毫米厚多功能膜优于其他三种棚膜。

综合看来，四种棚膜中，EVA0.12 毫米厚多功能复合膜的覆盖效果最好。它覆盖的温室内升温迅速，光照强，作物生长旺盛、粗壮、叶色浓绿、早熟且丰产。EVA 多功能膜吸尘较少、透光率下降慢、防老化性好。EVA 多功能复合膜的比重较 PVC 无滴防老化膜轻（与 PE 农膜接近），亩用量较少，再加上其单价又比 PVC 无滴防老化膜低，因此其亩成本可比使用 PVC 无滴防老化膜低 30% 左右，而其性能比 PVC 农膜和 PE 农膜均佳，因此它是一种较为理想的新型保护地覆盖材料。

（4）调光性农膜　应用不同质地薄膜对光线选择性透过的原理，使其具有不同的功能特性：

①漫反射薄膜。多用无机填料作为农膜的光散射剂，能使早晚光强度增强。中午光线变柔和、增加散射光，利于作物光合作用，避免棚温过高和防止作物发生灼伤现象。

②转光膜（光转换膜）。转光膜系将稀土元素络合物加入聚烯烃树脂中制成的光转换薄膜，其功效是：能把太阳光谱中的紫外光（340～380 纳米）转化为可见光谱中的橙红光（600～630 纳米），增加设施内光照强度，同时提高温度；优化和提升棚室内的光温条件，增强栽培作物的光合强度，提高产量，改进品质。北京海淀区东升乡后八家大队进行观察试验结果显示：转光膜有改善和优化栽培环

境、增产、提高产品质量的效果。

③叶菜专用紫光膜。在原料树脂中加入专用紫色母料、耐候剂、无滴剂、保温剂等，农膜呈蓝紫色，具有促进蔬菜营养生长、使其茎叶繁茂、形成优质蔬菜产品的功能，主要用于韭菜、芹菜、油菜、小葱、菠菜、茼蒿、白菜等蔬菜的覆盖生产，是叶类蔬菜大棚或中小拱棚栽培中的专用薄膜。薄膜厚度0.1～0.12毫米，每亩用量90～100千克。

（5）PO系（聚烯烃）多功能复合棚膜　PO系特殊农膜系多层复合高效功能性薄膜，是以PE、EVA优良树脂为基础原料，加入保温强化剂、流滴剂、防雾剂、光稳定剂、抗老化剂、润滑剂等系列高质量功能助剂，通过二层、三层、多层共挤工艺路线生产的多层复合功能膜。对PE及EVA树脂缺点进行改性，使其综合性能互补强化，达到PVC膜性能的水平。其主要特性是：

多层复合结构有较高的保温性和耐候性，高透光性，能达到PVC初始透光率水平，紫外光透过率高；通过采用先进的涂覆型工艺，使农膜的流滴性、防雾性持续期可与农膜寿命同步，流滴消雾期大幅度延长；对红外线透过率改性，可达到如PVC膜的保温效果；质轻，不沾尘，黏着性不强，适合作业性好；抗风和抗雪，有破洞不易扩大；不需要压膜线，只在肩部用卡槽压膜固定即可，省力但提高透光性，低温下农膜硬化程度低；燃烧不生成有害气体，安全。

但它的延伸性小，不耐磨，形变后复原性差。为防雾滴，覆盖后需喷布流滴剂。主要作为外覆盖材料，用于温室、塑料大棚，中小拱棚及其他简易覆盖设施，也可以作为棚室内的保温幕等。

（6）氟素薄膜（FTFE）　氟素农膜是由乙烯与氟素乙烯聚合物——聚四氟乙烯为基质（密度75克/厘米³）制成的。日本于1982年试销，1988年面市，1993年覆盖面积已达130公顷，与聚乙烯膜相比较，其特性是：

①超透光性和超防尘性。自紫外光至红外光的各波段透光率均高，可见光透过率达90%～93%，长期保持多年覆盖膜不变色，不污染，不老化，使用可达10年以上，使用12年后透光率仍能达到85%。因红外线透过率高，与农用聚酯膜相比保温性差，应注意改性。

②高强度，超耐候性。厚度0.06～0.13毫米、幅宽1.1～1.6米的膜，使用期10～15年；可在−100～180℃范围内安全使用，高温强光下与金属部件接触部位不变性；严寒冬季不硬化，不脆裂，耐药性强。因透光性好，遇强光高温期，要根据作物需求遮阳，防止因强光高温发生日灼病；为增加流滴性和防雾性，要对薄膜进行喷涂处理；氟素膜不能燃烧处理，用后专人收回，再生利用。

氟素膜主要用于大型连栋温室、日光温室、钢架大棚等设施的覆盖材料，因其材质薄，需要以框架的特殊方式固定，防止积雪大风、暴雨冰雹损坏。

北京蔬菜研究中心于20世纪80年代引进日本氟素薄膜覆盖温室，连续覆盖时间达到15年以上，透光效果保持良好。

北京地区功能性农膜已经普及，不加助剂的普通农膜（白膜）基本不再应用，目前在大棚蔬菜生产上应用量大且面广的农膜种类是聚乙烯（PE）防老化农膜及防老化无滴膜（双防农膜）；在日光温室上多用聚乙烯双防农膜、聚乙烯多功能复合农膜或乙烯-醋酸乙烯共聚物（EVA）功能性复合新材料；在现代智能化连栋温室、观光采摘温室等高档设施上覆盖PO系多层共挤多功能复合农膜。

③塑料棚膜的透光特性。塑料棚、温室多使用聚氯乙烯（PVC）膜、聚乙烯（PE）膜及乙烯-醋酸乙烯共聚物（EVA）膜等覆盖材料。表9-3列出不同覆盖材料紫外线、可见光和红外线光波段的透光特性：在可见光波段中，几种薄膜都有较好的透光能力，以玻璃为最佳，聚氯乙烯略好于聚乙烯膜，聚乙烯膜对紫外线的透过率高于聚氯乙烯膜，在近红外线区聚氯乙烯膜的透光率高于聚乙烯膜，而在远红外区，即热辐射区，聚氯乙烯膜的透过率明显低于聚乙烯膜，这是聚氯乙烯膜保温效果强于聚乙烯农膜的原因（表9-4）。

表9-3 塑料薄膜和玻璃对不同波长（微米）的辐射透光率（%）

项目		聚氯乙烯（PVC）	乙烯-醋酸乙烯共聚物（EVA）	聚乙烯（PE）	玻璃
试样厚度（mm）		0.1	0.1	0.1	3
紫外线	0.28	0	76	55	0
	0.30	20	80	60	0
	0.32	25	81	63	46
	0.35	78	84	66	80
可见光	0.45	86	82	71	84
	0.55	87	85	77	88
	0.65	88	86	80	91
红外线	1.0	93	90	88	91
	1.5	94	91	91	90
	2.0	93	91	90	90
	5.0	72	85	85	20
	9.0	40	70	84	0

注：上表系初始薄膜的透光率，未经沾尘、污染和附着水滴的新膜测试结果。

表9-4 聚乙烯、聚氯乙烯、乙烯-醋酸乙烯共聚物作为农膜用原料的特性比较

项目	聚乙烯		聚氯乙烯	乙烯-醋酸乙烯共聚物
	高压低密度聚乙烯	线性低密度聚乙烯		
密度	0.910～0.925	0.910～0.925	0.16～1.35	0.94
拉伸强度	良	优	优	良
撕裂伸长率	良	优	差	优
透明性	良	中	良	优
透光性：				
农膜应用早期	良	良	优	优
农膜应用后期	中	中	差	良
对红外线的阻隔性能	中	中	优	良
保温性	中	中	优	良
耐候性：				
未添加稳定剂	良	中上	极差	良
添加了稳定剂	优	优	优	优
成膜性	良	优良	差	良
加工性	优	优	差	优
薄型薄膜加工性	良	优	差	—
宽幅薄膜加工性	优	优	差	优
耐低温性	良	优	差	优
耐穿刺性	良	优	—	优
低温抗冲性	良	优	差	优
防尘性	良	良	差	良
防流滴性	中	中	良	良
黏结性	中	良	优	优

资料来源：引自《高效节能日光温室园艺：蔬菜果树花卉栽培新技术》，张真和。

2. 棚膜的应用与黏结

（1）塑料棚膜的选择　为了降低生产成本、提高效益，应根据经济条件、不同设施类型、不同蔬菜种类和栽培季节科学地选择使用塑料薄膜，以充分发挥薄膜的功能和达到事半功倍的效果。如一般温室与大棚生产，可选择聚乙烯普通农膜、聚乙烯耐老化长寿农膜、聚乙烯耐老化无滴农膜，节能型日光温室可使用聚氯乙烯防老化无滴膜、聚氯乙烯耐老化无滴防尘膜。一些高档园区宜应用近10多年来新开发的乙烯-醋酸乙烯共聚物（EVA）棚膜或PO功能复合棚膜，以替代聚氯乙烯薄膜。

（2）棚膜的黏结　棚膜是有一定规格尺寸的，生产上蔬菜设施覆盖面积大小不一，应根据塑料棚、温室覆盖面积，对覆盖薄膜进行黏结。塑料薄膜有遇热易熔的特点，可采用烙铁加热黏结，或用调温型电熨斗烫接。根据塑料薄膜类型不同，其黏结的温度也不同，一般聚氯乙烯农膜约130℃，聚乙烯农膜110℃，通常用100～200瓦电烙铁或200℃的电熨斗即可以满足需要。

黏结前，准备一块宽5～6厘米的平滑木方，其上钉铁窗纱，可使棚膜黏结更为牢固。欲黏结的两幅农膜间的接口处不能有灰尘或水滴，否则不易粘牢。黏结时，将两层农膜搭接好，置于窗纱上，在农膜待黏结部位盖上玻璃纸条，避免烙铁与农膜直接接触而发生粘连。然后用电烙铁（或电熨斗）沿黏结处压烫1～2遍，检查是否黏结牢固，注意随时调整温度，温度过高农膜易熔化，低温易脱落开裂。

聚氯乙烯农膜可以用专用的黏合剂黏合或用于农膜修补。

生产中若农膜破裂，可及时用透明塑料胶条（布）内外黏结。

（四）聚乙烯吹塑农用地面覆盖薄膜（地膜）的种类及应用

1. 普通透明地膜

透光性好，具有提高地温、保水保肥、保持土壤疏松等多种功能，是目前使用量最大、应用范围最广的主要地膜种类，约占地膜总量的90%以上。它不仅适宜我国北方干旱、低温寒冷的"三北"地区，而且适于黄淮地区、东南沿海、青藏高原及南方广大的农作区。以其制造原料不同可分为四大类：

（1）高压低密度聚乙烯（LDPE）地膜　以LDPE基础树脂为原料，经挤出吹塑成膜，柔软性、透光性、成形性好，地膜纵横向拉力均匀，厚度0.01毫米（2017年发布国家强制标准），幅宽为70～200厘米，覆盖后地膜易于与土壤密贴，压盖严实，不易被风吹损，每亩用量7～8千克；在我国广泛应用于棉花、粮食作物、花生、育秧水稻、蔬菜、西甜瓜、糖料、烟草、桑麻、药茶等多种经济作物，进行多种方式的地膜覆盖栽培。

（2）低压高密度聚乙烯（HDPE）地膜　以HDPE为原料，经挤出吹塑成膜。该地膜纵向拉伸强度大，横向则小，地膜质地脆滑，透光性及耐候性不如聚乙烯地膜，可以用于除花生以外的多种农作物（因其表面质硬光滑影响花生子房柄扎针入土而影响产量）。

（3）线性低密度聚乙烯（L-LDPE）地膜　简称线性膜。用L-LDPE树脂经挤出吹塑而成，该种地膜较聚乙烯地膜有更为良好的力学性能，其拉伸强度高于聚乙烯50%～75%，伸长率提高50%，耐冲击强度、撕裂强度高于聚乙烯地膜；但不足之处是地膜间易粘连，加工中要加入润滑剂，以便于作业。

（4）共混地膜　为了提高地膜覆盖性能，充分发挥不同树脂特性，克服其不足，根据栽培作物种类和不同地区的需要，将LDPE、HDPE、L-LDPE三种树脂中的两种或三种，按一定比例配合共混吹塑制造地膜，树脂优势互补，地膜实现薄型化、低成本，共混地膜强度较高、耐候性较好、易与畦面密贴、作业性改善，已在棉花、蔬菜、玉米、糖料、花生、西甜瓜等主要作物上大面积应用。

2. 有色地膜及功能性地膜

有色地膜及特殊功能性地膜的功能包括：增温、保温、降温、防病、避蚜、灭草、反光、透气以及耐老化易清除等多种功能。它能针对性地优化栽培环境，克服不利的自然环境条件，为作物生育创造更为优异的环境条件。

（1）黑色地膜与半黑地膜　黑色地膜是在原料中加入 3%～5% 的黑色母料，经挤出吹塑而成。可见光透过率在 5% 以下，灭草率在 100%，除草、保湿、护根效果明显。在欧洲地区，以及美国、日本等国家，为了有效防除杂草、节省除草用工，黑色地膜已广泛应用于番茄、莴苣、甜玉米、草莓、马铃薯、洋葱的地膜覆盖栽培，使用量约占总面积的 40%～50%。黑色地膜主要应用于人少地多劳动力紧张的地区，以及南方早春提高地温不是主要矛盾的地区。半黑地膜系加入少量黑色母料，经吹塑而成，除草效果、透光增温效果介于透明地膜与黑色地膜之间，根据地区、作物种类和杂草滋生状况可选择性应用。

（2）绿色地膜　可增加地膜下绿色光，减少可见光的透过，具有抑制杂草生长作用，对土壤的增温作用强于黑色地膜，可以应用于经济价值较高的作物，如草莓等。

（3）银灰色地膜　突出的特点是能反射紫外线，驱避蚜虫，减轻病毒病的危害和蔓延，主要应用于夏秋季节高温期防蚜、防病的抗热栽培，在西甜瓜、烟草、番茄、芹菜、结球莴苣、白菜上应用效果良好。

（4）银色反光地膜　吹塑制模中加入含铝母料、镀铝或复合铝箔制成银色反光地膜，对阳光反射率可达 70%～100%，具有反射强光、降低地温、隔热、灭草作用，覆盖番茄、苹果、葡萄，可增加近地面反射光，改善中下部光照条件，提高果实着色指数，增加糖度，提高品质。

（5）黑白双面地膜或银黑双面地膜　是双层复合地膜，有降地温、保湿灭草、护根、避蚜等功能。主要用于夏秋季节各种蔬菜、瓜类抗热栽培，与小拱棚配合使用，生产白菜、菠菜、结球生菜，能增加产量、提高品质、保障淡季蔬菜供应。

（6）配色地膜　地膜纵向由透明→黑色→透明不同颜色匹配组成，能有效调节根区生育环境，阻止高温或低温的不利影响，是根据气候与土壤温度变化设计的一种特殊地膜，用于蔬菜、西甜瓜、烟草效果很好。

（7）有孔地膜　为了使地膜覆盖栽培实现标准化和规范化，作业省力化，地膜在出厂前由厂家在地膜上按作物要求的行株距及适宜的孔径先行打孔，有孔地膜专用性强，因作物要求其行株距及孔径有所不同。

（8）除草地膜　在挤出吹塑制模中，原料内加入专用除草剂而制成，如加入扑草净的除草地膜，覆盖后地膜下表面的水珠会溶解地膜表面析出的除草剂，在地面形成药膜，能杀灭生出的杂草；除草地膜对作物有严格的选择性和专用性，主要应用于玉米、水稻等作物。

3. 耐老化易回收地膜

中国各级政府高度重视地膜回收和防止田间残留污染问题，早在 1983 年地膜推广初期，农业部与日本米可多化工株式会社合作进行耐候性易清除地膜的研究和开发，并在北京、大连、太原、南京布点试验且取得结果。

1987—1989 年，由国家经济委员会委员直接协调主持，中国石化总公司、轻工业部、农业部参加，与日本通商产业省、日本石油化学工业协会合作，实施了"中日合作研究开发特殊农用地膜项目"，日方有十五个大型厂家参与，旨在提高中国地膜质量，实现标准化生产，解决地膜强度低、难清除和残留污染问题，在北京、上海、哈尔滨、新疆石河子四个有代表性区域布点，持续进行 3 年田间鉴定试验，试验不同规格特性地膜百余种、经过近 400 次的试验观察，取得了大量的科学数据，提出了耐老化易清除地膜生产标准及适宜的地膜基础原料、耐老化剂、地膜加工工艺流程；为我国制定国家地膜标准、进行耐老化易清除地膜生产提供了重要的科学依据。

北京试验点设在顺义县马坡乡向阳大队，进行多品种地面暴晒试验及有作物覆盖试验（图 9-8），取得预期效果。

图 9-8 顺义马坡向阳村耐老化地膜试验 王耀林 1988

耐老化易清除地膜是选择适宜制造地膜的标准化树脂原料加入耐老化助剂，吹塑制造 0.012 毫米（12 微米）厚的耐老化地膜。该地膜厚度是耐老化易清除地膜的厚度下限，覆盖平均寿命可以达到 100 天，清除性达到 80% 以上，可以基本解决地膜土壤残留问题。试验证明：线性低密度聚乙烯树脂（L-LDPE）地膜的厚度对地膜耐老化寿命有着极为重要的影响。

4. 降解地膜

鉴于塑料废弃物对环境污染日趋严重，世界各国对降解塑料制品的研究开发成为热点，期望成为解决残膜污染的另一条途径。自 20 世纪 70 年代开始，中国科学院长春应用化学研究所、中国科学院上海有机化学研究所、天津轻工学院等单位开展了降解塑料的研究与开发，至 80 年代大连市塑料研究所、长春应用化学研究所、北京塑料所等单位开展了降解地膜的研究与开发。"八五"期间，国家把"光—生物降解地膜研究"列入重点攻关课题。

1991 年，北京市农业技术推广站承担农业部国际合作司下达的"可控光——生物降解地膜"试验任务，在丰台区卢沟桥乡科技站（岳各庄村）和王佐乡刘太庄村开展了地膜覆盖试验，应用美国 UDI 公司的 Scatt-Gilead 系统的六种光降解地膜覆盖茄子、甜椒、玉米；还有芬兰 BIODATA 公司的三种生物降解膜（添加生物淀粉）；加拿大努发公司四种光降解膜；上海产三种光降解膜进行了覆盖试验，结果表明：无论国外或国内的降解膜，均存在覆盖诱导期远大于 60 天或远不足 60 天发生降解、畦面地膜裂解而埋土部分不裂解等问题。

降解地膜，一般可分为光降解、生物降解及光-生物降解三种。中国对光降解地膜的基础理论和降解技术研究较为成熟，但尚存在一些问题有待解决：

①降解地膜的地上部分及埋土部分不能同步降解，埋土部分经过一季栽培利用后强度基本如初，清除时如呈现条带状，不能完全降解，还不能根本解决地膜残留污染问题，需要进行残膜回收。

②因中国气候条件复杂，不同区域温度、光照、降水、风力风向及灌水条件不同，同一地区不同年份的气候条件也有所差异，同一降解地膜，在不同区域或在同一地区不同年份覆盖，很难达到完全降解而取得理想的消除残膜污染效果。

③栽培作物种类不同，因植株矮小或高大对覆盖地膜的遮光环境、地温变化、雨水冲击都不尽相同，因此，地膜降解的诱导期因不同作物栽培环境的差异而难以控制。

④降解地膜较普通地膜成本要高，也会影响其普及和推广。

⑤降解地膜不能回收，宝贵石油资源不能再利用，是一种浪费。

鉴于上述原因，降解地膜尚未在我国农业栽培上大面积推广应用。

全国农业技术推广服务中心、中国塑料加工工业协会、中国农用塑料应用技术学会等单位，于2013—2017年在13个省市区30余种作物上试验了可以完全降解的地膜，其原料是聚乙烯光热氧化降解树脂（PBAT），加入功能性助剂，生产可控全生物降解地膜，其强度达到新制定的国家标准。而且，地膜降解破碎后在3~5年内可以达到完全降解程度，试验与跟踪观察在进行中，旨在从根本上解决地膜残留污染问题。

随着地膜覆盖栽培在农业领域广泛应用，因废旧地膜处理尚无有效措施，"白色污染"问题仍然存在。土壤中废旧残膜逐年积累，破坏土壤结构，影响作物根系生长，导致农田生态环境恶化，给农业可持续发展留下了隐患。

2016年，大兴区种植业服务中心在郊区率先开展地膜回收工作，从抓准源头、制定标准、增强意识、培育链条等多环节入手，依托财政资金支撑的导向作用，借助北京农业生产资料有限公司"首都农资"网点优势，搭建收集兑换平台16家，首创"政府＋平台＋网点＋农户"的地膜回收创新模式即"大兴模式"，并被正式列为北京郊区开展治理农田白色污染的借鉴模式。这种农民以废旧地膜兑换国标0.014毫米新地膜的方式，促使农民积极参与废旧地膜捡拾与回收，形成"使用—回收—资源化再利用"良性循环链，在66万亩地膜覆盖面积上，三年累计回收旧地膜3 469.3吨，发放新地膜1 541.65吨，覆盖9个乡镇、合作社26家、685个自然行政村、农户4 400人次。清洁地膜污染土地，回收率达到88.3%，有效地解决了地膜回收难的问题，改善了大兴农业农村生态环境，促进了农业绿色高效发展。2019年，该地膜回收成果获北京市农业技术推广三等奖。

5. 地膜覆盖方式及覆膜机具

地膜覆盖栽培技术在引进试验示范和大面积推广过程中，密切结合我国地形复杂、气候多变、农业耕作习惯不同和劳动力资源丰富的特点，在传统精耕细作的基础上，通过技术可行性研究和技术创新研发，形成了具有我国特色的地膜覆盖栽培技术体系。覆盖方式有：高畦、沟畦、高畦沟栽、高垄沟栽、阳坡深穴栽、低畦近地面覆盖栽培、高畦地膜＋小拱棚双膜覆盖栽培、地膜覆盖与小水暗灌覆盖方式等。

应用栽培茬口多样性，但起初主要应用于春栽夏收蔬菜和设施蔬菜，以后发展到越冬耐寒、半耐寒蔬菜、早春速生蔬菜、夏秋淡季蔬菜和秋播冬储蔬菜，根据气候特点和茬口安排，全年排开应用，可取得良好的经济效益与社会效益。

地膜覆盖机具的种类很多，有只进行覆膜作业的简单地膜覆盖机；作畦覆膜机是将作畦（起垄）并在其上覆盖地膜的两次作业同时完成的覆盖机；旋耕覆膜机是将土壤耕翻碎土、作畦整形、覆盖地膜的联合作业覆盖机；播种覆膜机将地膜覆盖机与播种机有机组合，播种、施肥、覆膜一次完成，在平畦或小高畦上作业，效率高、质量好；覆膜播种机由施肥、覆膜、地膜打孔、播种等多套装置组成，小型拖拉机覆盖地膜1幅、播种2行，大型拖拉机带动可覆盖3~4畦（垄），穴播6~8行，适应西北及东北地区大面积应用。

地膜覆盖机牵引动力有人工、畜力、拖拉机等。

地膜覆盖机具可将地膜展平、与土壤贴实、封严固定牢固，防止风吹揭膜，减少地膜破损，成功率高。机械化覆膜作业功效高，如人工牵引的覆盖机较手工覆膜提高功效3~5倍，畜力牵引的覆盖机可以提高功效5~8倍，小型拖拉机牵引的覆盖机可以提高功效10~20倍，大型拖拉机牵引的覆盖机可以提高功效20~60倍。机械化覆膜节省地膜，因覆盖作业地膜受力均匀，地膜充分展平能相对增加覆盖面积，实践表明：因覆盖度不同、地膜幅宽及厚度不同，机械化覆膜较手工覆膜每亩节省地膜0.4~1.2千克；覆膜作业成本降低，特别是大面积覆膜作业表现得更加明显；地膜机械化作业能按要求克服不良的气候条件、不误农时季节，覆盖好地膜并按时播种。

北京2BF-1型地膜覆盖机，是北京农业机械化研究所早期研制成功的地膜覆盖机，由手扶拖拉机或小四轮拖拉机牵引，完成作畦（垄）作业、同时覆盖地膜，培土压严地膜，2 人操作，功效为每小时 0.1～0.2 公顷。另外，与该机械同系列的还有北京 2BF‐2 型地膜覆盖机，大型拖拉机配带，一次完成 2 畦（垄）作畦与覆膜作业。目前，北京一些园区已经实现了机械整地、铺膜、定植等一体化作业。

6. 聚乙烯吹塑农用地面覆盖薄膜强制性国家标准

2017 年 12 月 11 日，工业和信息化部、农业部、国家标准委等三部委在北京联合召开了"聚乙烯吹塑农用地面覆盖薄膜强制性国家标准"发布会暨宣贯会，这意味着农用地膜生产和使用有了新的国家标准。

"聚乙烯吹塑农用地面覆盖薄膜强制性国家标准"是按照保护环境、节约资源的要求，对地膜的适用范围、分类、产品等级、厚度和偏差、拉伸性能、耐候性能等多项指标进行了修订，主要表现为"三提高一标示"，即提高了地膜厚度、力学性能、耐候性能和在产品合格证明显位置标示"使用后请回收利用，减少环境污染"字样。新标规定，地膜厚度不得小于 0.010 毫米，偏差不得高出 0.003 毫米，低出 0.002 毫米，另外，聚乙烯吹塑农用地面覆盖薄膜强制性国家标准不适用于降解地膜。

此次"聚乙烯吹塑农用地面覆盖薄膜强制性国家标准"的实施，有利于杜绝超薄地膜的泛滥，推动地膜回收利用，对于治理农田"白色污染"、改善农业生态环境、建设美丽乡村具有重要意义。

（五）硬质透光塑料板材

1. 聚碳酸酯（PC）阳光板性能特点

（1）透光性好 聚碳酸酯阳光板透光率最高可达 89%，可与玻璃相媲美，UV 涂层板在太阳光下暴晒不会产生黄变、雾化、透光不佳等现象，10 年后透光衰减仅为 6%，较聚氯乙烯薄膜、玻璃纤维硬质板透光率、衰变率低。

（2）抗撞击力强 撞击强度是普通玻璃的 250～300 倍，是钢化玻璃的 2～20 倍，有"不碎玻璃"之称，是蔬菜夏秋季节进行无公害蔬菜栽培的一种新型覆盖材料。

（3）防紫外线 聚碳酸酯阳光板一面镀有抗紫外线（UV）涂层，另一面具有抗冷凝处理，集抗紫外线、隔热防滴露功能于一身，可阻挡紫外线穿过，适用于特种花卉种植以及对防紫外线防护要求更高的环境。

（4）重量轻 比重仅为玻璃的一半，节省运输、搬卸、安装以及支撑框架的成本。

（5）阻燃 国家标准确认，PC 板为难燃一级，自身燃点是 580℃，离火后自熄，不会助长火势的蔓延。

（6）可弯曲性好 可依设计图在工地现场采用冷弯或热弯作业，便于造型成拱形或半圆形顶。

（7）隔音性好 聚碳酸酯阳光板有良好的隔音效果。

（8）节能性好 聚碳酸酯阳光板有更低于普通玻璃和其他塑料的热导率（K 值），隔热效果比同等玻璃高 7%～25%，夏天保凉，冬天保温，温室覆盖降低能耗，是优良的覆盖材料。

（9）温度适应性好 聚碳酸酯阳光板在 -40℃ 时不发生冷脆，在 125℃ 时不软化，在恶劣的环境中其力学、机械性能等均无明显变化。

（10）耐候性好 聚碳酸酯阳光板可以在 -40℃～120℃ 范围保持各项物理指标的稳定性。人工气候老化试验 4 000 小时，黄变度为 2，透光率降低值仅 0.6%。有效覆盖期一般在 10 年以上。

（11）防结露效果好 当室外温度为 0℃，室内温度为 23℃，室内相对湿度低于 80% 时，材料的内表面不结露。

主要应用于现代智能化大型连栋温室。

2. 玻璃纤维强化聚酯板（FRP 板）

以聚酯树脂为基础原料，加入玻璃纤维制成。质地轻、高耐候、耐冲击、保温好。使用期达 10 年以上。

3. 玻璃纤维强化聚丙烯板（FRA 板）

以丙烯树脂为主要原料，加入玻璃纤维，经特殊加工工艺制成。质轻、强度高、耐冲击，有一定的可弯曲度，容易施工作业；相对成本较高，后期易变黄影响透光。

4. 丙烯树脂板（MMA 板）

以丙烯树脂为原料，不加玻璃纤维制成。

塑料硬质透光板材，多用于大型连栋温室，一般使用 10 年以上，与玻璃比，质轻耐冲击、耐候性好，透光性随覆盖年限延长而衰减，一般亲水性差，需要喷涂流滴剂改进流滴透光效果。硬质塑料板材需要钢质框架加螺丝固定，密闭性与保温性差，易被风吹动，维修较困难。

二、设施半透光与不透光覆盖材料

（一）半透光覆盖材料

1. 遮阳网

一种新型覆盖材料，又称寒冷纱、遮阳网。1978 年，江苏省常州市武进第二塑料厂研发出可使用 3 年以上的优质塑料遮阳网，在江苏、上海、广东等地夏秋蔬菜上试验使用，显示出明显的优质高产效果。20 世纪 80 年代初，中国农业科学蔬菜花卉研究所从国外引进"凉爽纱"（遮阳网）样品。北京南郊农场也进行了夏季大棚黄瓜覆盖试验生产（图 9-9），进入 20 世纪 90 年代，由全国农业技术推广总站组织实施"遮阳网在蔬菜生产上应用研究与推广"项目，试验结果表明，遮阳网能克服夏秋时节高温强日、阴雨高湿的不良气候条件，使茄果类蔬菜延后供应，使夏秋蔬菜产量质量提高，为增加夏秋季节蔬菜淡季供应，和蔬菜夏秋季育苗提供了技术保障。

图 9-9 大棚夏播黄瓜遮阳网覆盖栽培 吴德正 1982

遮阳网是采用高压低密度聚乙烯（LDPE）、低压高密度聚乙烯（HDPE）、聚丙烯（pp）等树脂原材料，加入抗老化剂、色母粒等，经拉丝编织加工而成的网状织物。具有耐老化、耐腐蚀、轻便易造型等特点，覆盖后能起到降温、遮光、避雨、防风、防虫、防鸟、保湿防旱、保暖防霜等多种作用。

（1）降低光照强度 遮阳网直接作用是降低光照强度，根据不同作物和不同的遮光程度选择遮阳网。

（2）降低温度 遮阳网降低光照强度，减少地面的热辐射，从而可降低温度，一般黑色遮阳网可降低温度 3.7～4.5℃，白色遮阳网可降温 2～3℃。

（3）防暴雨　保护作物不受暴雨冲刷，防止土壤板结。

（4）防风　据测定，遮阳网遮阳防风效果可达到60％。

（5）防霜冻　低温下，近地面水汽因受低温影响易凝结成霜，对蔬菜造成冻害，遮阳网覆盖可防止地面热量散失，提高土壤温度，减轻冻害影响。

（6）防虫治病　遮阳网内，雨水不直接冲刷叶片，降低湿度，病虫害明显减少。

遮阳网有黑色、白色、银灰色、蓝色、黄色及黑与银灰两色间隔等多种颜色，按幅宽有90厘米、140厘米、150厘米、160厘米及200厘米等多种规格，以编织稀密程度分为每25毫米为1个密度区中，型号多样，如有扁丝12根（SZW-12型）、14根（SZW-14型）和16根（SZW-16型）等，透光率为40％～70％。

北京市农业技术推广站1991年在丰台西局、东管头、平谷王辛庄乡对SZW-8、SZW-10、SZW-12三种型号遮阳网进行了生产测试，结果表明：不同覆盖方式降温效果没有显著性差异，单层遮阳网覆盖的降温效果较好，地表温度与对照相比降低5.0℃；不同规格遮阳网其降温及遮阳效果有差异，黑色网的降温及遮阳效果比较好（表9-5）；北京郊区秋棚蔬菜生产应选用黑色SZW-8或灰色SZW-12的规格，以棚膜上覆盖遮阳网的覆盖方式为宜。

表9-5　不同规格、不同颜色遮阳网对棚内小气候的影响

气候因子	10厘米地温（℃）	5厘米地温（℃）	地表温度	地上50厘米气温（℃）	透光率（％）
黑色网SZW-8	27.0	28.7	32.6	32.2	34.3
黑色网SZW-10	26.8	28.6	31.4	31.7	19.0
黑色网SZW-12	26.2	28.0	31.9	30.6	16.1
灰色网SZW-8	29.6	31.2	34.8	33.7	39.2
灰色网SZW-10	28.9	30.9	34.9	34.0	36.0
灰色网SZW-12	29.0	30.5	34.9	33.6	30.4
CK	30.3	31.5	36.1	34.3	52.8

注：①观测日7月22日、30日、8月9日，晴天。
②日观测5次，9：00、11：00、13：00、15：00、17：00。

遮阳网主要用于蔬菜、食用菌、花卉苗木、药材等作物的生产及育苗。可根据需求，选择不同遮光率、不同幅宽、不同颜色的遮阳网，覆盖在温室、大棚及中小拱棚上，也可直接覆盖在作物上面。

2. 防虫网

20世纪90年代以来，防虫网作为新的覆盖隔离材料，能有效地阻止害虫进入棚内危害蔬菜作物，生产过程中实现不施农药或少施农药，达到防虫保收、优质高产、食品安全效果而受到广泛关注。1996年，全国农业技术服务中心将防虫网覆盖作为多样化栽培新技术开发项目，用于夏秋季速生补充淡季蔬菜生产效果显著，在生产上大量推广应用。

（1）防虫网的特性与规格质量　防虫网是由低压高密度聚乙烯树脂为主要原料，加紫外线吸收剂、耐候助剂、色母粒等，经加工拉丝编织而成的高强度、耐老化网状覆盖材料，它具有质地轻、强度高、抗拉力强、耐老化、抗腐蚀、耐高湿、无毒等特点。使用期可达3年。其产品多为白色，丝径0.2毫米左右，依据其孔径大小及细丝编制疏密程度分为20～90目8种规格，一般幅宽1.0～1.8米，可以适应不同覆盖方式的需要。

（2）防虫网的作用　阻止害虫进入棚内危害蔬菜作物，防虫效果显著。由于防止害虫进入，切断病毒病传播途径，能有效地防止十字花科蔬菜病毒病的感染和传播；银灰色防虫网对蚜虫有驱避作用；在塑料大棚、中小塑料拱形棚加盖防虫网覆盖，能有效地防止暴雨、冰雹对栽培作物的直接机械

损伤和对土壤的冲击，保护土壤结构不被破坏。防虫网有良好的防风减灾功能，据测定：25目防虫网全覆盖，风速较露地不覆盖减少15％～20％，而30目的防虫网，可减少风速20％～25％，对防止自然灾害、保障蔬菜安全生产发挥重要作用；防虫网对覆盖下的小气候产生明显影响，中午气温一般较露地高1～3℃，地温高0.5℃，早春可以防止霜冻危害。

（3）防虫网的覆盖方式　①全封闭式覆盖即将防虫网直接覆盖在温室、大棚（图9-10）、中小棚拱架外侧，封实固定，一般不再揭开，夏季栽培可再增加一层遮阳网（图9-11），至栽培结束；温室、大棚的门及通风口同样安装防虫网，用卡槽、压膜线固定，进出注意及时关闭。②防虫网帐覆盖。

图9-10　防虫网、遮阳网双网覆盖　2005

用竹竿、水泥柱或钢管作立柱，在其上用钢丝绳或8#铅丝连接并固定，其上覆盖遮阳网，在遮阳网上用压膜线、尼龙绳、铁丝固定，栽培空间扩大，可进行大面积蔬菜越夏防病防虫抗热栽培。

（4）防虫网覆盖栽培效果　设施上覆盖防虫网对蔬菜产品质量及产量的影响，与防虫网的规格质量、覆盖的设施结构类型、覆盖生产季节有关，其防病防虫效果明显（表9-6），可实现不施农药或者少施农药，节省施药用工，能抵御风雹灾害而增产（表9-7），而且保障蔬菜产品的安全卫生质量。

图9-11　防虫网覆盖栽培　司立珊　2005

表9-6　防虫网对蚜虫、小菜蛾的防治效果

蔬菜	虫名	对照		覆盖	
		第一次观察	第二次观察	第一次观察	第二次观察
菜心	蚜虫株率（％）	80		20	
	蚜虫数（头/株）	19.6		2.2	
芥蓝	小菜蛾（头/米²）	10	74	0	0
花椰菜	小菜蛾（头/米²）	265		0	

资料来源：引自《中国蔬菜栽培学》第二版。

表9-7　防虫网对菜心花叶病的防治及增产效果

栽培时间	处理	发病株数（％）	防效（％）	病情指数	产量（千克/公顷）	比CK±（％）
1987年11—12月	网棚937.5	8.0	88.23	2.8	12	66.9
	对照750.5	68.0	—	27.8	7	—
1988年9—11月	网棚607.5	2.33	106.20	95.3	1.0	12
	对照114.0	48.67	—	22.22	6	—

（续）

栽培时间	处理	发病株数（%）	防效（%）	病情指数	产量（千克/公顷）	比CK±（%）
1989年9—11月	网棚636.5	9.33	88.6	3.44	10	143.30
	对照372.5	81.33	—	46.22	4	—

资料来源：孙志鸿，1990。

（二）不透光覆盖材料

1. 新型 LS 铝箔反光遮阳降温、保温材料

该材料是大型连栋智能温室专用的遮阳降温、节能保温、透气降湿的一种新型、经特殊工艺设计制造的缀铝材料，由瑞典与中国合资，上海劳德维森园艺设备公司生产，由5毫米的铝箔条和5毫米的透明塑料膜经合成丝编织而成，具有保温、节能、控制湿度、防雨、防强光，进行光照时间调控等多种功能。瑞典劳德维森公司研制开发的 LS 缀铝反光遮阳保温膜，不同规格产品遮阳率分别达到30%、50%、70%及90%，其保温率可达到20%、30%、40%及50%，产品性能多样，规格多达50余种，在欧美国家及日本发展很快。目前，北京郊区随着大型连栋温室的增加，该材料使用也逐步发展起来。

在覆盖方式上，温室、塑料棚内可作为夏季反光或遮光降温覆盖使用，使短日照作物在长日照下生长良好；冬春季节保温节能覆盖，能保持室内温度；也可作为外遮光材料用于温室、大棚外部的反光降温、遮阳覆盖。

2. 园艺地布

覆盖在设施内地面的专用覆盖物。它透气性好、抗紫外线、抗霉变、有一定强度、耐磨、可以回收利用。园艺地布主要用于防止地面滋生杂草，特别是黑色的布防草抑草性能更佳，利于及时排除地面积水，保持地面清洁，有效防止土壤颗粒返渗至地面的作用，还能限制盆栽根系穿出盆底钻入地下，从而保证盆栽的质量。绝大部分地布均编织有单向或双向的标志线，在温室内或室外摆放花盆或安排栽培装置时，可以根据这些标志线来准确地进行安排。地布的规格：幅宽1～6米；长度1～1 000米；幅宽及长度可根据客户要求定做。颜色以黑色为主，其他绿色、蓝色、灰色等颜色可依据需要定做。地布重量为80～400克/米^2。

3. 泡沫塑料（聚乙烯低发泡保温片材）

蒲席是蔬菜设施生产中的重要防寒保温覆盖材料，但由于设施蔬菜的不断发展，蒲席供应远远不能满足生产的需要。近年苇塘减少，苇子又是造纸的重要原料，且蒲席体积大，笨重，遇雨、雪增重更是不易卷放管理，使用不当容易毁坏苗子，也不利于机械化作业。

生产上迫切需要寻找一种代用品，以适应生产的发展，泡沫塑料就是一种良好的代用品。它的保温效果好，体轻，不怕雨、雪，管理方便，便于机械化管理，而且原料来源丰富。1964—1966年，中国农业科学院蔬菜研究所及北京市郊的一些社队、天津市蔬菜研究所、开封市蔬菜研究所、太原市农林局、沈阳市蔬菜研究所、黑龙江省园艺研究所等单位在温室、阳畦上试用泡沫塑料。中国农业科学院蔬菜研究所开展的覆盖泡沫塑料对比试验表明：①与覆盖蒲席相比，泡沫塑料苫布温室内温度偏低，耗煤量、育苗效果、产量差异不大。②泡沫塑料苫布重量轻，容易卷放，维修方便。③防雨雪效果好。④可以安全使用3年，8年后观察，仍不硬化。⑤覆盖后易兜风，不易固定严实。⑥泡沫苫布售价较高。经总体分析认为可以在生产中替代蒲席作覆盖材料，但尚存在着质轻不易与棚膜紧密贴合，难以固定，保温效果与抗风性能不及蒲席等缺点。

4. 复合保温被、化纤保温毯

该材料是20世纪90年代，随着节能型日光温室的发展而发展起来的工业化生产的新型外覆盖材

料。其基础材质有棉花、纺织下脚料、牛羊毛及工业化纤，还有发泡塑料等作为隔热保温的填充物，外层用防水尼龙布（内层涂敷红外线阻隔剂、流滴剂或附着铝箔）缝制加工而成。

保温被有多种规格和性能。如"大棚复合保温被"系由多层不同材质复合加工而成，质轻、防水、隔热保温，有阻隔红外线辐射和提高夜间保温效果的功能，有效使用期5～9年，耐老化长寿，易收卷储藏，成为传统外覆盖材料的替代产品。另外还有"针刺棉保温被""腈纶棉保温被""不吸水保温被""牛羊毛保温被"等，因其材质及制作工艺不同而具有不同功能和特性，有效地克服了传统保温覆盖材料笨重，卷放费工、被雨雪浸湿后重量增加，保温性能下降，污染薄膜透光率下降，不能工业化、产业化生产等缺点。为设施蔬菜生产提供了阻隔红外线保温性好、重量适中、易于卷放，防风、防水、使用寿命长的外覆盖新材料，其中大部分实现了机械化收卷与覆盖作业，提高了功效。

2009年10月至2010年5月，北京市密云农业技术推广站联合中国农业大学等单位在其推广示范基地内，选取了土壤质地一致、结构完全相同的3个无柱式日光温室，进行了温室外覆盖物的比较试验。分别选用了普通针刺棉保温被〔从内到外依次是棉布、针刺棉、防水布，厚度6厘米，重1.59千克/米^2，传热系数2.058瓦/（米^2·℃）〕、普通针刺棉保温被＋8层牛皮纸被〔重2.29千克/米^2，传热系数1.574瓦/（米^2·℃）〕、加厚针刺棉保温被〔内外表层同于普通针刺棉，中间增厚填充物为针刺棉，厚度8厘米，重2.94千克/米^2，传热系数1.502瓦/（米^2·℃）〕作温室外覆盖材料。

从2009年12月2日至2010年2月28日观测温室的最低气温和地温看，加厚针刺棉保温被温室效果最好，最低气温都高于5℃，高于8℃的天数79天；最低地温都高于13℃，15℃以上的天数为74天。普通针刺棉保温被＋8层牛皮纸被温室次之，有1天最低气温低于5℃，高于8℃的天数77天；有4天最低地温在12～13℃之间，15℃以上天数为64天。对照普通针刺棉保温被温室，有6天最低气温低于5℃，5～8℃之间有18天，高于8℃的天数仅66天；有3天最低地温13℃，13～15℃之间的天数26天，15℃以上天数为61天。就黄瓜生长与产量结果看：加厚针刺棉保温被效果最好，黄瓜生长健壮，总产量较普通针刺棉保温被温室增产10.9％，且生长前期产量最高；较普通针刺棉保温被＋8层牛皮纸被覆盖温室增产9.1％。普通针刺棉保温被与普通针刺棉保温被＋8层牛皮纸被覆盖的温室产量差异不明显。这也说明，北京地区日光温室冬季喜温性蔬菜生产使用加厚保温被作为外覆盖材料非常必要。

第四节　新型覆盖材料的研发引进与应用

一、农用塑料薄膜的研发引进与应用

北京农用塑料薄膜的生产，始于20世纪60年代。到20世纪90年代，生产能力除满足本市需求外，还能向外地供应。农膜的生产与有效供应，为首都的"菜篮子"建设及设施保护地发展起到了重要作用。

1973年11月20日，北京市科学技术局农业组召开了由北京塑料总公司、北京塑料四厂、北京化学工业研究所、北京农业生产资料公司、北京塑料总公司、北京市农业科学研究所蔬菜室驻小红门公社基点、玉渊潭公社科技站等单位参加的农用塑料薄膜协作会议。此次会议就塑料薄膜生产情况、应用情况、存在的主要问题进行了交流，并提出今后塑料薄膜的主攻方向是提高PVC薄膜的防老化、耐低温性能研究，同时也要考虑薄膜新产品，如充气膜、宽幅薄膜、大型覆盖栽培经验研究等，拟成立一个协作组，列入1974—1975年重点计划项目。

1975年10月21日，轻工业部在北京市工商联合会召开"薄型耐老化多功能棚用薄膜的研究"鉴定会，北京市塑料研究所介绍了新研制的薄膜情况。

1976 年，功能性农膜研究与开发提上日程。特别是"毒膜"问题发生后，中国引进了高压聚乙烯成套装置并投产，塑料企业开始用国产聚乙烯原料生产农膜。1977 年聚乙烯农膜（PE）开始替代聚氯乙烯（PVC）农膜，成为郊区主要的农用覆盖材料，"毒膜"问题获得了彻底解决。又因为生产聚乙烯（PE）塑料薄膜采用的是吹塑工艺，幅宽比压延成型工艺的幅宽大，这给大型塑料薄膜设施如温室、塑料大棚建造等带来方便，聚乙烯农膜被迅速推广应用。

1976 年 5 月 21 日，北京市科学技术局（二处）召开了关于组织塑料薄膜老化的技术攻关会议并确定：重点抓农用塑料，特别是农业塑料薄膜的问题，由北京市科学技术局牵头会战组，组织北京市化学工业研究所、北京市塑料研究所、北京市农业科学研究所蔬菜室为核心组，把农膜的助剂、加工、使用结合起来，商定了研究目标，即聚乙烯薄膜（PE）要提高强度和透光率，使用期为 1 年，并确定玉渊潭公社科技站和卢沟桥公社马连道，作为不同配方和厚度的两种塑料薄膜应用的试验基点。

1973—1977 年，北京塑料研究所在北京市农林科学院蔬菜所驻卢沟桥公社马连道大队基点，进行了多种耐老化农膜配方的扣棚试验，并进行对比观察；同时，对广州老化所提供的红色、黄色、绿色、蓝色、紫色等多种 PVC 有色农膜试验材料开展扣棚试验观察，结果是除蓝紫色农膜能促进叶菜生长外，其他有色农膜对果菜类生产表现均不如透明农膜。

1978 年 10 月"北京十二国农机展"期间，中国引进了日本整套地膜覆盖配套技术。北京市塑料研究所参加技术引进座谈会议，并于 1979 年早春试制成功 0.012 毫米厚、幅宽 50 厘米的筒状聚乙烯地膜，剖开后覆盖地面用于试验，这是北京利用自行生产的地膜进行的覆盖栽培试验。

进入 20 世纪 80 年代，在农用棚膜和地膜的开发与国产化基础上，促进了树脂原料与农膜、地膜加工工艺的提升，农用覆盖材料进入新的发展阶段，主要特征为：①传统覆盖材料为现代工业化生产的农用覆盖材料所代替，农膜、地膜覆盖面急剧扩大，也有力地促进了农用塑料棚膜和地膜制造产业的飞速发展。②生产农用塑料棚膜和地膜的原料除聚氯乙烯（PVC）、聚乙烯（PE）外，又增加了保温性好、透光性、耐老化性较 PVC 和 PE 更为优良的乙烯-醋酸乙烯共聚物（EVA）树脂原料，用其生产的农膜、地膜开始应用于生产。③在普通农膜的基础上，农用塑料薄膜专业研究单位和生产厂家开始进行新型功能性农膜的研究和开发，形成的产品主要有：耐老化长寿膜、无滴防老化（双防农膜）膜、多功能复合农膜、保温膜、转光膜、调光膜、功能性专用农膜等系列化农膜，这些新产品广泛用于生产。

（一）耐老化功能性农膜的研究开发

20 世纪 70 年代中后期，北京市塑料研究所等开始从事 LDPE（低密度聚乙烯）的功能性棚膜的研究工作，到 1980 年，研制成功可以持续使用两年、厚度为 0.12 毫米的聚乙烯耐老化长寿薄膜。这种薄膜具有优良的抵抗大棚骨架的"热效应"特点，因此可以在中国绝大部分省市扣棚，连续使用24 个月而无老化毁坏现象发生。在北京、上海两地，分别同日本、法国、西班牙等国家的多家公司的 LDPE（低密度聚乙烯）和 PVC（聚氯乙烯）的长寿膜及功能性膜扣棚相比较，北京的 LDPE 长寿膜的耐久性优于国外公司的产品。

（二）多功能性农膜的研究开发

1983 年以后，中国开始从事其他功能性和多功能性薄膜的研究工作。北京市塑料研究所于 1984 年研制成功"耐老化遮阳薄膜"，1985 年研制成功厚度为 0.05 毫米的"薄型耐老化薄膜"。薄型耐老化薄膜除具有耐老化性能外，还具有阻隔远红外线、夜间保温性好、薄膜散射光透过率高、提高作物受光面积及减少病害等多种功能。1986—1990 年，北京市塑料研究所在前期研究成果的基础上，增加了薄膜防雾滴功能。除单层多种功能的薄膜外，还进行了多层复合的耐老化性能、机械性能、光线调节功能、防雾滴功能、保温性功能、减少病害等功能薄膜的研发。单层和复合多种功能性薄膜，其耐老化性通过北京农业大学、北京农业工程大学、中国农业科学院、北京市海淀区农业科学研究所、卢沟桥乡中日园艺设施试验场及外省市等多处田间扣棚应用，发现厚度为 0.05～0.06 毫米的多种功能膜，在田间扣棚 1 年；厚度为 0.07～0.08 毫米的多种功能膜在田间扣棚 1.5 年，其羰基增加甚微，宏观伸长保留率也都高于 50%。在华北、东北、西北、华东等地区农田实际应用都表现出良好的性能。机械性能方面，对于厚度为 0.05～0.08 毫米的棚膜来说，起始拉伸强度不应低于 25 兆帕。

普通 LDPE 棚膜（含 PE 耐老化农膜）的散射光透过率仅为 10%～20%，而多功能膜则高达 60%～70%。北京农业大学园艺系对棚内黄瓜叶片光合强度进行测试（注：按每平方米叶片每秒吸收 CO_2 的毫克数来表示），多种功能性棚膜较普通农膜提高 15% 左右，产量一般可增加 20% 以上。

防雾滴功能，通过加入表面活性剂可以调节水和薄膜表面的接触角，控制水滴的形状。通常的表面活性剂是一些含亲水基团的有机化合物，这些助剂在与 LDPE 共混并吹膜时，会迁移全薄膜表面，使膜面的浸润张力增大，减少了水与薄膜表面之间的接触角，使水均匀地分散在薄膜表面，成为一层水膜。但是由于助剂逐渐迁移，和棚内膜面凝聚水流下，薄膜内表面活性剂的含量大幅度减少，防滴性不能持久；加入阻渗物质或设计大分子的表面活性剂来解决。

在冬季和早春季节里，具有防滴性的多种功能性棚膜，光照强度要比普通农膜高得多。在距地面 1 米位置，可提高 18% 以上，而在距地面 10 厘米位置，可提高 70% 左右。

在保温性功能方面，针对太阳光到达地球表面的日照射能量，98% 集中于 0.3～3.0 微米的波长范围；而从地球表面又会不断将能量放出，98% 集中于 3～80 微米的波长范围，设计了理想棚膜的光线透过和阻透图谱。经实测国内外几种棚膜对远红外线的阻隔功能可以看出，北京开发的 0.05～0.08 毫米的两种薄型多功能性棚膜，不低于国外同类产品的性能。

减少病害功能：针对大多数菌株是由紫外线诱发型的有效上限波长 330 纳米导致的。北京农业大学植保系也针对多种薄膜，进行了不同病菌的繁殖和抑制试验测定，发现 200～360 纳米的波长是疫菌与灰霉菌菌原丝生长、繁殖的适宜波长。而多功能性薄膜可以达到推迟、减轻某些真菌病害发生，减少初菌量来源。对诱发菌落与孢子形成的某些其他真菌（如危害番茄的茄链格孢菌）起到抑菌作用。

北京市农业科学院植物保护所通过田间应用测试，韭菜使用普通农膜拱棚，各叶片上均有白点状的灰霉病斑，病级为 1 级（每叶片上有 1～5 个白斑）；而多种功能性薄膜拱棚内，韭菜叶片干净，无病斑发生，病级为 0 级。

（三）多层复合保温高透光棚膜的制造

北京市塑料研究所采用 LDPE、LLDPE、EVA（乙烯-醋酸乙烯共聚物）、EEA（乙烯-丙烯酸共聚物）、EMMA（乙烯-甲基丙烯酸甲酯共聚物）、IR 调节剂（红外阻隔剂）、T－1 高分子结晶改性剂、防雾滴剂、防老化剂和加工协调剂为原料，开展了三层复合保温高透光棚膜的制造工艺研究（图 9 - 12）。

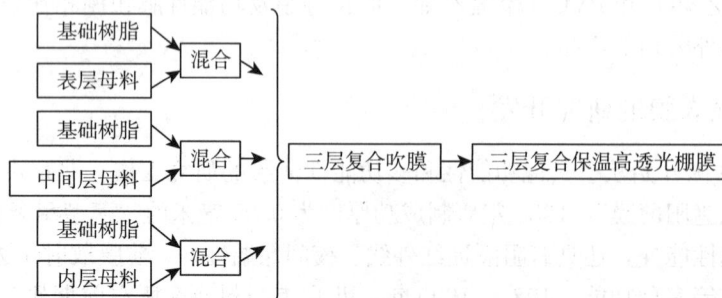

图 9 - 12　多层复合保温高透光棚膜制造工艺

通过功能性助剂、防老化助剂、防雾滴剂、红外线阻隔剂筛选合成、配比等试验，制造了三层复合保温高透光棚膜并进行了性能测试，获得了良好的效果。

以 EVA 和 LDPE、LLDPE 为主体原料，配合各种功能性助剂制成了多层复合保温高透光棚膜，是一种耐老化性好、无滴性持久、防尘、长久透光性优良、促进作物生长的新型棚膜。这种三层复合保温高透光棚膜，较之单层的多功能棚膜，无论是力学性能，还是功能性发挥，都具有无可比拟的优越性，已达到 20 世纪 90 年代初期国际同类产品的先进水平，并通过了国家级的验收和鉴定，成为一种更新换代 PE 和 PVC 无滴功能棚膜较好的覆盖材料。

这期间，北京华盾塑料公司还就开发多层复合新型农膜的树脂、助剂与加工质量的关系进行了研究，提出制造高性能功能膜必须注意：基础树脂应选用重包装级树脂（$MFR=0.2\sim0.8$）；EVA 树脂（红外阻隔率优于 PE 树脂，呈弱极性与防雾滴剂和保温剂的相容性好，耐寒性、耐冲击性、耐应力开裂性、可焊性、透明性比 PE 树脂高）；防老化剂应选用受阻胺光稳定剂 GW-540 与镍盐或紫外线吸收剂 UV-531 并用；防雾滴剂应选用北京产的两种型号（FY、PE-1）、新乡产胺类复合型、临安产胺类复合型助剂等 5 个型号；保温剂使用无机保温剂，应加强对有机物保温剂的研究；加工工艺方面，加大吹胀比可使农膜拉伸强度提高，薄膜厚薄可使助剂添加量发生 30% 左右的变化，冷却及收卷张力对薄膜外观有影响，农膜使用温度条件和树脂材料也有相关性。

二、其他覆盖材料的研发引进应用

根据生产的迫切需要，参照国外产品规格质量，研制并生产了遮阳网、防虫网和不织布（无纺布）并推广应用，极大地丰富了覆盖材料的种类，增加了覆盖材料的性能和应用范围。而作为聚氯乙烯防老化长寿无滴膜，因其保温流滴、透光易造型等特性明显强于聚乙烯农膜，所以在北京一些农业示范园区及北方地区节能型温室被当作首选的覆盖材料。

1980 年，北京市塑料研究所又研制成功可以连续使用两年，厚度为 0.12 毫米的农用耐老化长寿棚膜并投产；当年北京郊区引进了不织布；1982 年 11 月，农业部在武汉召开不织布（丰收布、无纺布）覆盖蔬菜推广应用会议，确定了北京、上海、黑龙江、湖北省为重点推广地区。1983 年中国农业工程设计院在朝阳区太阳宫乡进行了温室、塑料大棚二道幕覆盖试验，取得了较好的效果。经过不间断地试验推广，到 1989 年统计，郊区推广应用不织布面积达到 133.3 公顷左右。丰台、海淀、朝阳、昌平、顺义及农场系统等 6 个区县应用了不织布覆盖生产蔬菜，其中卢沟桥乡 1989 年推广面积已有近 6.7 公顷，四季青覆盖面积超过 3 公顷。新的世纪以来，尤其蔬菜育苗及无土栽培技术的应用，不织布在生产中已较为常见。

（王耀林）

本章参考文献 ◀◀◀

安志信，等，1994. 蔬菜节能日光温室的建造及栽培技术［M］. 天津：天津科学技术出版社.

北京农科院蔬菜所试验一站，1981. 农用玻璃钢蔬菜温室试验总结［M］//北京四季青公社科技办公室. 科学种田汇编（第四期）（1979-1981）. 北京：［出版者不详］：25-29.

北京农业科学院蔬菜研究所，1959. 在蔬菜栽培上应用聚氯乙烯薄膜的方法［J］. 农业科学情况快报（4）：7-8.

陈之群，彭杏敏，冯宝军，等，2010. 保温覆盖物对日光温室温度及黄瓜生长的影响［J］. 中国蔬菜（11）：41-44.

郭素英，2001. 设施蔬菜栽培［M］. 太原：山西科学技术出版社.

韩昌泰，1993. 中国农用聚乙烯多功能性棚膜新进展［J］. 农用塑料技术（9）：202-205.

韩昌泰，王国华，等，1997. 多层复合保温高透光长效无滴棚膜的研究开发［J］. 农用塑料技术（10）：116-122.

蒋名川，1956. 北京市郊区温室蔬菜栽培［M］. 北京：财政经济出版社.

刘步洲，陈端生，1989. 发展中的中国设施园艺 [J]. 农业工程学报（3）：38-41.

藤井健雄，1958. 关于蔬菜问题的报告 [R] //中华人民共和国农业部. 日本农业技术访华团专题报告. 北京：[出版者不详].

张真和，1995. 高效节能日光温室园艺 [M]. 北京：中国农业出版社.

郑静睦，张真和，李建伟，1994. 新型棚膜试验结果通报 [J]. 中国蔬菜（6）：37.

中国农业科学院蔬菜花卉研究所，2010. 中国蔬菜栽培学 [M]. 2版. 北京：中国农业出版社.

中国农用塑料应用技术学会，1998. 新编地面覆盖技术大全 [M]. 北京：中国农业出版社.

邹祖绅，刘步洲，1956. 北京郊区阳畦蔬菜栽培 [M]. 北京：农业出版社.

第十章
>>> 蔬菜栽培设施的环境及其调节

设施内环境调节是根据蔬菜作物对环境条件的不同需求，对影响蔬菜作物正常生长和发育的主要环境因子包括温度、光照、水分、养分和空气等进行调节和控制的过程，目的是力求创造适合蔬菜作物生长发育的环境条件，以最大限度地发挥其生产潜力，实现蔬菜的优质和高产。

农作物的生长发育及产品器官的形成，一方面取决于作物本身的遗传特性，另一方面又取决于生长发育所处的环境条件。遗传决定着蔬菜作物品种的生产潜力，而环境决定着这种潜力在多大程度上能得以实现。影响蔬菜作物生长发育的环境因子不是单独与作物发生关系，而是诸因素彼此关联，综合地对作物产生影响。

在中国漫长的蔬菜设施栽培发展历史中，人们很早就利用炉火加温生产瓜菜，利用温泉热生产韭黄。人们之所以首先关注温度因子在蔬菜生产中的作用，是为了能在露地不能生产蔬菜的冬季吃到新鲜蔬菜。随着蔬菜生产的发展，中国传统的风障畦、阳畦（冷床）、温床、简易温室等相继出现，并在蔬菜促成栽培中发挥了重要作用。与此同时，菜农逐渐懂得了在简易的保护地设施内进行温、光、水、气及养分调节的技术，积累了丰富的经验。

自17世纪大型温室在荷兰出现以来，环境调节技术经历了从单项环境因子的调节向多项环境因子的综合智能化控制方向发展的过程。

温度作为设施蔬菜栽培的首要环境因子，随着保护地设施的构造、规模、内部设备的不断发展，设施内的温度管理也在不断地发生变化。美国学者提出了作物生育需要一定的昼夜温差，即所谓的"温周期"的理论；日本学者通过研究，发现夜间变温管理比恒温管理更能提高果菜产量和品质，还可节省能源。随后，"变温管理"理论开始在设施温度调节方面得到广泛应用。与此同时，保护地栽培的温度调节仪器、设备也得到了快速发展。

光环境调节一直是保护地环境调节的重要内容。19世纪下半叶人工光源出现以后，人工补光技术开始在设施环境下加以应用。20世纪80年代后期，由于化学工业的发展，各类新型覆盖材料纷纷出现，如聚乙烯、聚氯乙烯等材料开始应用于设施生产中。同时随着计算机技术的发展，开始应用计算机进行温室光学特性的模拟研究，使温室光环境的研究更加深入和全面。

湿度调节也是设施环境控制的重要内容，总是与温度调节共同产生作用。湿度调节的措施包括：采用通风换气、加温、地膜覆盖、控制灌水量、使用除湿机等降低湿度，采用喷雾、喷灌、地面洒水和加湿器等增加湿度。

实际上保护地设施内的温、光、水、气、肥等环境因子总是相互交织、相互影响的，因此，综合环境调控对现代保护地生产极为重要。

温室作物高效生产管理模型的研究，近年来受到世界各国园艺专家的高度重视，荷兰通过对环境调控和栽培管理理论与技术的研究，建立了主导蔬菜栽培的专家系统Horti模型，模拟包括整枝方式、栽培密度、针对天气和植株生育状况的环境管理指标、不同生育阶段的水肥管理指标、病虫害预防和控制技术等。

北京温室的"水、火、风"调节，源于20世纪50年代中期的一批科技工作者对温室生产能手李墨林温室黄瓜高产经验的总结，至今仍有着实际的作用。中国设施环境调节技术开展较系统性的研究起步于 20 世纪 70 年代末至 80 年代初期，此后 20 多年来，中国学者对各种设施的方位、结构、构造、选材以及应用技术等因素与内部环境条件变化之间的关系进行了观察、分析和比较，基本明确了各种设施类型的环境特征及其与蔬菜作物生长发育之间的关系，进行了温室作物生长与温、光、湿、气等单项环境因子及其交互作用规律的研究。与此同时，研制、改进了各种设施环境调控技术及其调控设施与设备、仪器，并进行了有效的推广和应用。

20 世纪 90 年代中期以后，我国在引进国外大型现代温室的同时，又针对性地引进了相应的现代环境调控技术，并结合中国蔬菜栽培及其气候特点进行消化、吸收，这对提高中国设施的环境调控研究和应用水平，起到了较大的促进作用。

第一节　光照环境与调节

万物生长靠太阳。解决设施内的温度问题，首先取决于设施的采光结构、光照时间、光照强度，其次受设施覆盖和保温条件的影响。光质也影响作物的生长发育，包括光合作用、光周期反应、热效应和形态建成。

在温室蔬菜生产中，光照环境对作物产量和品质形成起重要作用，尤其是对喜光蔬菜的设施优质高产栽培，具有决定性的影响。例如 20 世纪 50 年代，蒋名川、师惠芬在"北京黄瓜温室性能的研究"一文中已明确指出：温室黄瓜的生产在同一品种、同一栽培方法下，冬季栽培和春季栽培以及长在温室前排（温室南部）和长在后排（温室北部）的黄瓜产量是相当悬殊的。其原因是设施光照的特点在三个方面影响了黄瓜产量：第一，冬季产量之所以低于春季，是因为冬天的日照时间比春天短，光的质量比春天弱，光照不足，影响了植物的光合作用。第二，为了保温，温室建筑北面是泥土筑成的墙壁和屋面，而且前排黄瓜植株需要遮阳，因而形成了温室内前、中、后排不同的受光量。第三，阴天光照不足，发生大量化瓜，影响了黄瓜产量。

一、光照环境特点

（一）光照度

园艺设施内的光照来源，主要是太阳能。光照强度的表示方法，多数习惯用光照度表示，单位为勒克斯（lx，下同），这是指人的眼睛所感觉到的明亮度，表示物体被照明的程度。目前国际上通常采用辐射通量密度表示太阳光辐射总量，即单位时间内通过单位面积的辐射能量，其中光合有效波段能被植物吸收并参与光化学反应的太阳辐射称为光合有效辐射。总辐射和光合有效辐射的单位均为瓦/米^2（W/m^2）或千焦/（米^2·时）[kJ/（m^2·h），下同]，或光量子通量密度为微摩/（米^2·秒）[μmol/（m^2/s），下同]，不同光强单位之间的换算比较复杂，可参照 1 瓦/米^2（W/m^2）= 3.60千焦/（米^2·时）[kJ/（m^2·h）] ≈4.56 微摩/（米^2·秒）[μmol/（m^2/s）] ≈250 勒（lx）进行换算。总的来看，用勒克斯（lx）表示的光强，不如用辐射能通量密度更能客观地反映"光"对植物的作用，因此一般将勒克斯（lx）单位转换成微摩/（米^2·秒）[μmol/（m^2/s）] 时，直接除以 50 即可，如 10 000 勒（lx）大约相当于 200 微摩/（米^2·秒）[μmol/（m^2/s）]。

设施内的光照强度比自然光弱，一方面是因为自然光透过透明覆盖材料后，会受到覆盖材料吸收、反射、覆盖材料内面结露的水珠折射等影响而降低透光率，另一方面季节、温室方位与屋面角度、骨架、设备及作物遮阳也会造成透光率降低。温室内的光照强度一般是露地的 55%～75%，因此在寒冷的冬、春季节或阴雪天，低温弱光是设施蔬菜生产中限制蔬菜产量提高的关键制约因子。

（二）光照时数

园艺设施内的光照时数，是指设施内受光时间的长短，主要受栽培季节的影响，一般夏季较长，冬季较短。同时，也因设施类型而异，塑料大棚和大型连栋温室，因全面透光，无外保温覆盖，设施内的光照时数与露地基本相同。但单屋面温室内的光照时数在寒冷季节一般比露地要短，因为在寒冷季节为了防寒保温，覆盖的蒲席、草苫、保温被的揭盖时间直接影响设施内受光时数。在寒冷的冬季或早春，一天内作物受光时间一般只有 6～8 小时。

（三）光质

园艺设施内光组成（光质）也与自然光不同，主要受透明覆盖材料性质的影响。北京主要的园艺设施多以塑料薄膜为覆盖材料，透过的光质与薄膜的成分、颜色等有直接关系。如为了增加薄膜寿命，在薄膜生产过程中加入了紫外线阻隔剂，从而使紫外线透过率降低，玻璃几乎阻隔了所有紫外线，影响花青素等合成，因此与露地栽培相比，设施内尤其是玻璃温室内栽培紫色茄子，着色困难；而紫光膜使紫光透过率增加，能够使绿叶类蔬菜显著增产。

（四）光分布

露地栽培作物在自然光下光分布是均匀的，而园艺设施内不同部位、距透明屋面的远近不同，光照条件也不同，所以分光分布是不均匀的。园艺设施内光分布的不均匀性，使得蔬菜作物的生长也不一致。

因此，蔬菜园艺设施内光照环境的调节和控制，主要围绕着增加光照和降低光照两个方面进行。

二、增加光照的技术

（一）改进园艺设施结构，提高透光率

1. 选择适宜的建筑场地及合理的建筑方位

确定的原则主要是根据设施生产的季节，当地的自然环境，如主要风向、周边环境（有否建筑物、有否大树、有否水面、地面平整与否）等。

（1）园艺设施建筑方位和季节对透光率的影响　在北京地区冬季温室的直接辐射平均透过率大小排序依次是东西单栋＞东西连栋＞南北单栋＞南北连栋。东西栋温室比南北栋直接辐射平均透过率高5%～20%（图 10-1）。夏季各温室的变化与冬季正好相反；春秋季的差异较小。无论建设方位如何，单栋温室比连栋温室的直接辐射平均透过率高。各类温室的冬至→夏至的直接辐射平均透过率变化与夏至→冬至的变化呈对称分布。

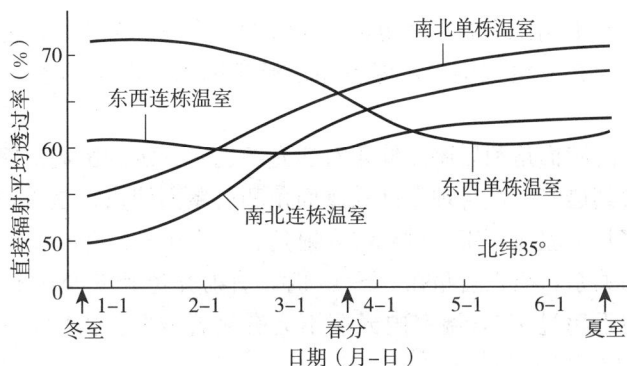

图 10-1　不同类型温室直接辐射平均透过率的季节变化　张福墁

（2）园艺设施建筑方位对光照分布的影响 东西延长的连栋温室其直接辐射平均透过率的横向分布不均匀，屋脊结构等造成阴影弱光带，透光率大小相差近40％；一般是中央位置的透光率高，东西侧面低10％左右。近几年在连栋玻璃温室中应用的新型覆盖材料漫反射玻璃，能将入射光线进行扩散反射和扩散透射，从而使直接辐射分散到一定的立体角范围内，形成散射辐射。散射辐射对于提高温室内部光照分布的均匀性和光能利用率是有益的（图10-2）。

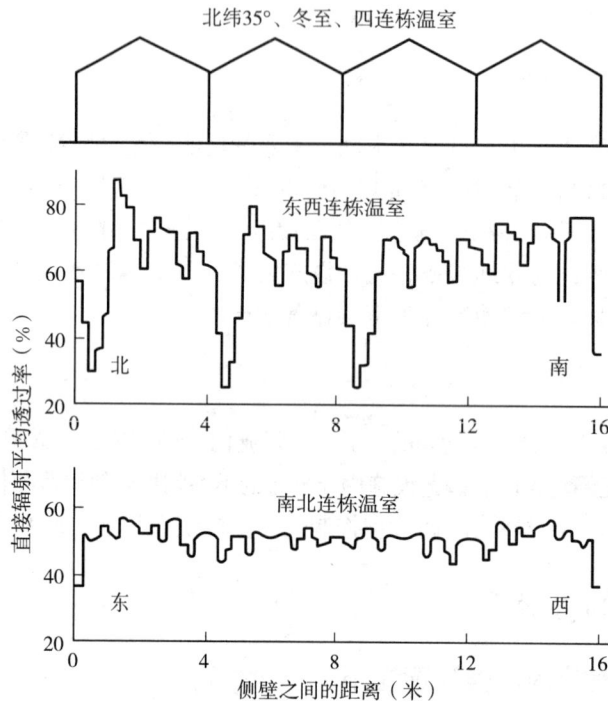

图10-2 南北与东西栋温室直接辐射平均透过率的横向分布

综上所述，北京地区的主要园艺设施，除单屋面日光温室建筑方位以东西单栋为主外，其余园艺设施如塑料大棚、连栋温室等经过生产实践表明，相对光照环境均是南北栋更好，有利于蔬菜生长均匀一致。同时，应避免在风口、南面有高大建筑遮挡地段建造园艺设施。

2. 设计合理的屋面坡度

单屋面温室主要设计好后屋面仰角、前屋面与地面交角以及后坡长度，这样做既保证透光率高也兼顾保温好。连接屋面温室的屋面角要保证尽量多进光，还要防风、防雨（雪）、使排雨（雪）水顺畅。

温室屋面倾角大小主要影响光线的入射角，从而影响透光率。劳伦斯研究过单栋温室玻璃屋面倾角与室内光强的关系，认为在一定范围内，温室屋面倾角越大，温室的透光率越高，同时也因季节而异。

单屋面日光温室，其前屋面角和后屋面仰角对透光率也有一定的影响。因此，对于我国特有的单屋面温室而言，为了增大其透光率，合理设计前屋面角和后屋面仰角，是必须考虑的。

屋脊东西延长的温室其南屋面，正午时光线入射角 θ（图10-3）为：$\theta = 90° - \beta - \alpha$。

由入射角与透光率的关系，当入射角在0°～45°时，直射光透光率变化不大（图10-4），所以只要温室屋面与阳光入射角不超过45°，温室内光照不会有显著减弱。因此，为保证有较高的透光率，要求 $\theta \leqslant 40°$，则有：$\beta \geqslant 50° - \alpha$。

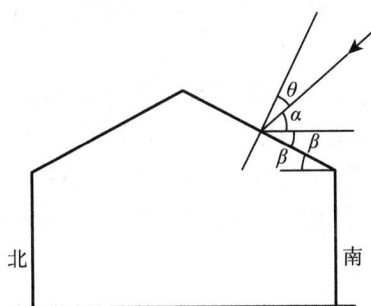

图 10-3　屋脊东西延长的温室正午屋面日光入射角

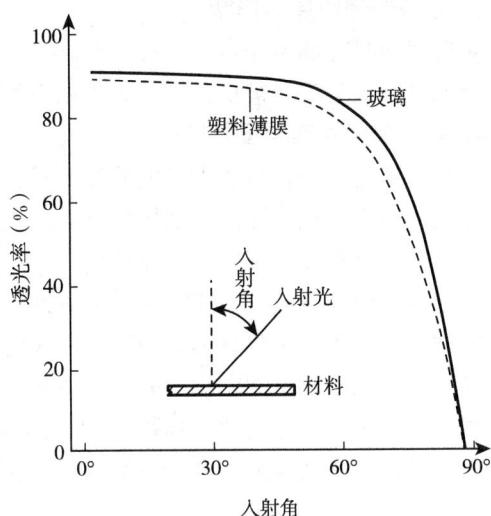

图 10-4　透明覆盖材料的透光率与入射角的关系

在北京地区（约北纬 40°），冬至日正午太阳高度角最低为 26.5°，则应使 $\beta \geqslant 23.5°$。实际为保证冬季每日 10:00—14:00 时间段内透光率较高，则屋面倾角还应更大，理想的情况应有 $\beta > 30°$。对于单屋面温室还应考虑前屋面底角，冬季太阳高度低，为使光线尽量多进入温室，应将前屋面底角适当加高，向南屋面与地面交角也相应加大（65°～70°）。

屋脊东西延长的单栋温室直接辐射平均透过率随着屋面倾角的增大而增加，连栋温室的直接辐射透过率在屋面倾角为 30°时达到最大值，然后随着屋面倾角的增大而减小（图 10-5）。温室内散射辐射透过率随屋面倾角的增大而减小，但变化不大，而且不受温室的建设方位和是否连栋影响。

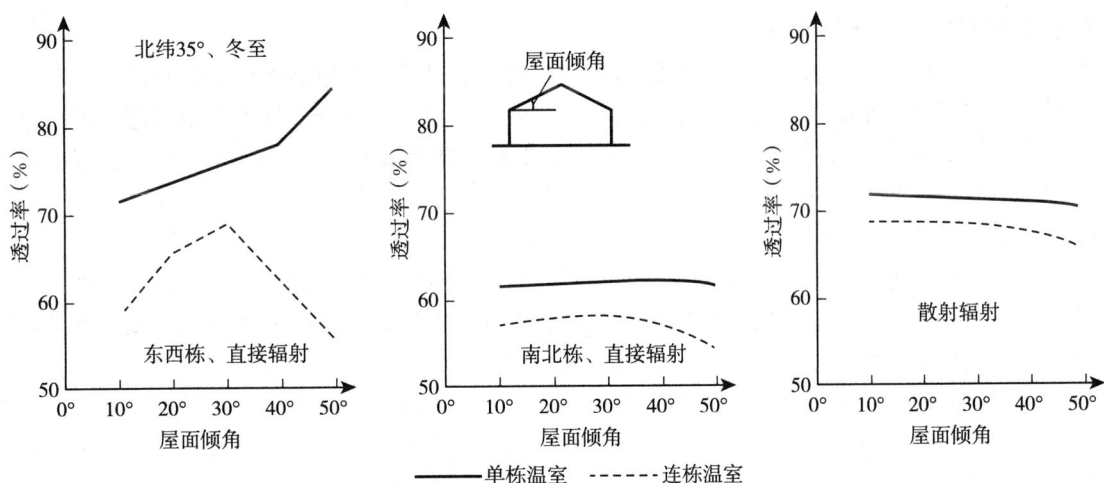

图 10-5　不同类型温室的屋面倾角与直接辐射和散射辐射的透过率

北京温室由传统温室发展到改良式温室、塑料薄膜温室、节能型日光温室，其采光前屋面与地平面所成的倾角也在变化。而决定采光倾角的大小是由温室结构的脊高与脊高到温室前沿距离之比值来确定的，比值愈大，平均采光角度就愈大；比值愈小，平均采光角度就愈小，升温就愈不利。北京节能型日光温室较之北京传统温室、北京塑料薄膜温室的平均采光角度有较大提升，其二者比值接近或达到 0.6 为宜，冬季室内晴天最高温度均可达到 36℃左右或更高。其次还有温室后坡的仰角，北京地区应该在 30°以上，以利冬季最短季节时温室全方位接受阳光。

3. 合理的透明屋面形状

对单屋面日光温室而言，生产实践证明，拱圆形屋面采光效果好于屋脊屋面，因此生产中一面坡和琴弦式日光温室已经被拱圆屋面日光温室所代替。

4. 减少骨架材料和设备遮光

园艺设施的结构材料和设备的遮光可使温室内光照强度降低10%左右，工程设计中应尽可能减小构件遮光面积，在保证温室结构强度的前提下尽量用细材，如果是钢材骨架，可取消立柱，来减少骨架、梁柱等材料的遮阳，改善光环境。

设施内骨架建材遮光面积与阳光入射角有关，入射角越小，建材遮光面积越小，当入射角为0°时，建材遮光面积等于建材本身的宽度；入射角增大时，建材遮光面积（Z）除宽度（G）外，还要加上厚度（P）的阴影（图10-6）。如太阳高度角为26°时，厚度的阴影是：$P \times \tan (90°-26°) = 2P$，约为厚度的2倍。中午前后，南北延长的设施因两侧墙部位入射角大，建材遮光面积也增大（20%~30%）。纬度越高，太阳高度越低，建材的遮光面积越大。

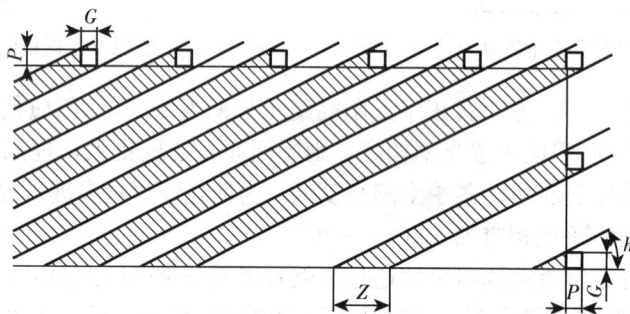

图10-6　骨架建材的投影
注：　G表示宽度，h表示太阳高度角，P表示厚度，Z表示遮光面积。

5. 保证相邻园艺设施合理的间距

东西延长的日光温室，为了保证相邻的温室内有充分的日照，不致被南面的温室遮光，相邻温室间必须保持一定距离。相邻温室之间的距离大小，主要应考虑温室的脊高加上草帘卷起来的高度，相邻间距应不小于上述两者高度的2~2.5倍，应保证在太阳高度最低的冬至时节前后，温室内也有充足的光照。南北延长的温室或塑料拱棚，相邻间距要求为脊高的1倍左右。

6. 选用透光率高且透光保持率高的透明覆盖材料

塑料薄膜是北京地区园艺设施普遍应用的覆盖材料，应选用防雾滴且持效期长、耐候性强、耐老化性强的优质多功能薄膜，防尘膜、光转换膜等。大型连栋温室，有条件的可选用玻璃，近几年散射光玻璃已广泛应用于温室建设中，这类覆盖材料可把太阳光中部分直射光转换为散射光，且其光透过率不受影响，从而使得温室作物冠层内部光强均匀分布。由于植物叶片光合作用随着光强升高而趋于饱和的特性，光强分布越均匀作物冠层光能利用率越高。据研究，应用散射光覆盖材料的Venlo型玻璃温室在番茄生产上可增产8%~10%，主要归因于散射光覆盖材料下光强分布更均匀、作物冠层上部叶片光合能力提升、叶面积指数增加；此外，晴天正午时分散射光覆盖材料可降低叶片温度、减少光抑制发生等，这些对于增产也有一定的贡献。如北京蔬菜研究中心通州基地建成的试验连栋玻璃温室就选用了漫反射玻璃作为覆盖材料。

（二）改进管理措施

1. 保持透明屋面干净清洁

使透明覆盖材料（塑料薄膜和玻璃等）的外表面少染尘，经常清扫以增加透光，内表面应通过放风等措施减少结露（水珠凝结），防止光的折射，提高透光率。

2. 增加光照时间

对于有不透明覆盖材料的设施，在保温前提下，尽可能早揭晚盖外保温和内保温覆盖物，增加光照时间。在阴天或雪天，也应揭开不透明的覆盖物，时间越长越好（同样也要在防寒保温的前提下），以增加散射光的透过率。双层膜温室，可将内层改为白天能拉开的活动膜，以增加光照。

3. 合理密植，合理安排种植行向

为了减少作物间的遮阳，密度不可过大，否则作物在设施内会因高温、弱光而徒长，作物行向以南北行向较好。

对日光温室而言，从适宜机械化作业角度出发，栽培行向应为东西行向，为保证透光，行距要加大，栽培床高度要南低北高、防止前后遮阳。建筑上除设法改进温室后排的光照条件外，在栽培技术上安排前排种植植株较矮的蔬菜、后排种植较高的蔬菜来避免植株遮阳，这样也能使温室冬季蔬菜生产产量获得进一步提高。

4. 加强植株管理

黄瓜、番茄等高秧作物应及时整枝打杈，及时吊蔓。进入盛产期时还应及时将下部老化的或过多的叶片摘除，以防止上下叶片互相遮阳。

5. 选用耐弱光品种

设施内光照一般只有露地光照的 60%～70%，因此设施栽培要进一步选择耐弱光的专用品种，以便在冬季温室生产获得高额产量。

6. 覆盖反光地膜

以增加植株下层光照。

7. 张挂反光膜

在单屋面温室北墙张挂反光幕（板），可使反光幕（板）前光照增加 40%～44%，有效范围达 3 米（表 10 - 1），但因为反光膜的作用，会减少墙体蓄热，降低温室夜间温度，所以采用该措施时要兼顾温度和光照，尤其在温度是作物生长限制因子的温室或栽培季节，要慎重选用。

表 10 - 1　温室反光幕的增光率

距后墙距离（米）	总平均（%）	地面 12 月平均（%）	3 月平均（%）	60 厘米高（%）
0	40	44.5	31.4	43
1	29.1	31.8	13.5	20.8
2	18.9	16	14.2	12.3
3	9.2	9.1	4.4	7.5

注：表中数据为 1998 年 12 月 19 日至 1999 年 3 月 25 日各节气日 12 次测定的平均值。

8. 采用有色薄膜

目的在于人为地创造某种光质，以满足某种作物或某个发育时期对该光质的需要，从而获得优质高产。但有色覆盖材料透光率偏低，只有在光照充足的前提下改变光质才能收到较好的效果，目前应用紫光膜生产绿叶蔬菜可获得明显增产提质效果。

（三）人工补光

人工补光的目的有二：一是光周期补光，用以满足作物光周期的需要。1% 的光照意味着 1% 的产量，尤其是在越冬栽培、外界光照很难满足成年植株的需求的情况下。以番茄为例，成年番茄植株满足生长光照积累量的需求是每天每平方厘米 700 焦，而最大产量的光照积累量每天每平方厘米需求高达 1 400 焦以上，而北方区域冬季光照每天每平方厘米在 500～800 焦（按照透光率 70% 计算），合理补光对番茄产量和品质会有很大的提高。如利用日光温室进行大蒜冬季栽培，使蒜头能够在春节期间上市，必须进行补光，以满足大蒜鳞茎膨大对光周期的要求。二是为了抑制或促进花芽分化，调节开花期，也需要补充光照。这种补充光照要求的光照强度较低，称为低强度补光。

另一目的是作为光合作用的能源，补充自然光的不足。据研究，当温室内床面上光照日总量小于100瓦/米² 时，或光照时数不足每天4.5小时，就应进行人工补光。因此，在北方地区冬季很需要这种补光措施，但这种补光要求光照强度大，为0.5万～1万勒，所以成本较高，目前北京地区多为试验研究，尚没有大规模应用。2018—2019年冬季，大兴庞各庄"宏福农业"大型连栋温室樱桃番茄补光试验，未能显示出增加生育速率（即开花穗序增加）的效果。

人工补光对光源有三点要求：

①要求有一定的强度和光照时间（使床面上光强在光补偿点以上和饱和点以下）。如采用高压钠灯补光，补光功率一般每平方米100～120瓦，根据作物的生长阶段和外界光照情况，每天补光时间4～16小时。

②要求光照强度具有一定的可调性。如采用LED补光可使作物补光方式更加灵活（图4-25），植株间补光可以在白天光照很好的情况下进行，使得底部叶片光合效率大大提高。LED灯补光一般补光设计量为有效光合辐射200微摩/（米²·秒），顶部LED灯100微摩/（米²·秒），结合植株间100微摩/（米²·秒）进行补光。

③要求有一定的光谱能量分布，可以模拟自然光照，要求具有太阳光的连续光谱，也可采用类似作物生理辐射的光谱。

人工光源按照发光原理可分为热辐射和放电发光两大类，在植物生产中已普遍使用的有白炽灯、荧光灯、金属卤化物灯和高压钠灯。最近几年，发光二极管（light-emitting diode，LED）和激光（laser diode，LD）也开始应用于温室蔬菜生产。各种植物生产用人工光源的分光特性和使用效率的对比见表10-2和表10-3。

表10-2 荧光灯、金属卤化物灯、高压钠灯及发光二极管的分光特性

项目	荧光灯				金属卤化物灯	高压钠灯	发光二极管	
	白色标准型	白色三基色	红色	蓝色			红色LED	蓝色LED
光合有效光量子流密度/［微摩/（米²·秒）］	100	100	100	100	100	100	100	100
光量子流密度/［微摩/（米²·秒）］								
300～400纳米	3.1	3.9	3.7	2.2	7.2	0.6	0	0
400～500纳米	23.2	15.8	65.3	3.9	18.4	5.1	0	96.1
500～600纳米	52.8	39.5	32.0	30.7	55.9	58.4	0.2	4.0
600～700纳米	24.8	45.4	3.7	66.5	26.7	38.6	99.9	0.2
700～800纳米	8.9	9.0	3.3	23.2	8.7	8.2	0.2	0.2
R/FR［（600～700纳米）/（700～800纳米）］	2.79	5.08	1.10	2.87	3.09	4.71	562	0.98
R/FR［（660±5）纳米/（730±5）纳米］	3.81	9.70	2.70	8.01	2.74	6.03	4 148	0.81
P_{FR}/P_R	0.76	0.79	0.69	0.76	0.77	0.78	0.67	0.82

表 10 - 3　各种人工光源的特性指标比较

人工光源	功率（瓦）	发光效率（米/瓦）	可视光比（%）	使用寿命（时）	标准价格（日元）
白炽灯	100	15	21	1 000	190
低压钠灯	180	175	35	9 000	29 800
高压钠灯	360	125	32	12 000	24 500
金属卤化灯	400	110	30	6 000	13 300
高频荧光灯	45	100	34	12 000	1 400
微波灯	130	38	30	10 000	30 000
红色 LED	0.04	20	90	50 000	10
红色 LD	0.20	35	90	50 000	500

热辐射光源的特点是结构简单、价格便宜，光照强度易于调节；辐射光谱主要在红外范围，可见光所占比例很小，发光效率低，且红光偏多，蓝光偏少；寿命短（1 000 小时）。因此不宜用作光合补光的光源，但可作光周期补光的光源。

气体放电光源中的荧光灯，光谱性能好，发光效率较高，寿命长。但功率小，满足一定光照强度所需灯具多，对自然光遮光大。因此，目前在补光中使用较多的是用于无遮挡自然光问题产生的组培室中的人工光照。

高压水银荧光灯易达到较高功率，寿命较长，但光色较差，发光效率略低于荧光灯，使用较少。金属卤化物灯，发光效率较高，功率大；光色好（可改变金属卤化物组成满足不同需要）；寿命较高（数千小时），使用较多。

高压钠灯发光效率高，功率大；光谱分布范围较窄，以黄橙光为主；寿命高（1.2 万～2 万小时），目前在园艺设施补光中使用较多。

低压钠灯发光效率很高，功率大；光色为单一的 589 纳米黄色光；寿命高（平均寿命 18 000 小时）。因其光色单一，很少单独使用，但可与其他光源配合使用。

LED 光源特点是单色性，波谱域宽仅±20 纳米左右；没有中、长波红外辐射的能量浪费，发热少，补光方式更加灵活，可实现近距离补光，提高光利用效率；辐射效率和光量子效率极高；具有多种光色器件，可按需要组合不同单色（如红＋蓝）的 LED 满足植物光合作用对光谱的需要；单体尺寸小，便于组合和使设备小型化；使用寿命长（5 万小时以上），后期运行成本较低。但价格高，尤其是蓝色 LED 价格较高。随着科技发展，LED 有望成为未来温室补光的主要方式，应用于集约化育苗和蔬菜植物工厂。

三、降低光照的技术

在夏季、晚春和早秋，光强和温度均较高，应采取遮光措施，既可降低设施内的光照强度，又可降低设施内的温度。遮光是蔬菜作物夏季设施栽培获得优质高产的关键技术之一，对弱光性植物尤为重要。遮光 20%～40% 能使设施内温度下降 2～4℃。初夏中午前后，光照过强，温度过高，超过作物光饱和点，对生育有影响时应进行遮光；在育苗过程中移栽后为了促进缓苗，通常也需要进行遮光。遮光材料要求有一定的透光率，较高的反射率和较低的吸收率。遮光方法有如下几种：①覆盖各种遮阳物，如遮阳网、无纺布、苇帘、竹帘等。②透明屋面喷涂遮光材料（如利索、立可宁、利凉等，也可以喷稀泥），既可遮光，又可降低室温，可根据需要选择不同浓度，遮光率可达 30%～55%，降低室温 2.5～5.0℃。

第二节 温度环境与调节

一、园艺设施内的温度环境特点

（一）园艺设施内温度的形成

北京改良温室是加温温室，冬季生产室内温度是有保证的（图10-7）。除加温之外，园艺设施内的热量，主要来源于太阳辐射，即使是加温温室，一般也只有在夜间或阴（雪）天太阳辐射热量不足时进行补充加温。白天太阳光线（波长300~3 000纳米）通过玻璃、薄膜等透明覆盖物射入地表面，使地面获得太阳辐射热量，通过传导逐渐提高土壤温度。当气温低于地温时，地面也释放热量（即通过辐射、传导或对流、乱流等）提高地表面之上的气温。另外，玻璃或薄膜能阻止部分长波辐射，使热能留在保护设施内，提高气温。这种透明覆盖物的增温作用，被称为"温室效应"。温室效应是指在没有人工加温的条件下，园艺设施内获得或积累太阳辐射能多于散失的能量，从而使保护设施内的气温高于外界气温的一种能力。

温室效应产生原因有两个，一是玻璃或塑料薄膜等透明覆盖物，可让短波辐射（320~3 000纳米）透射进园艺设施内，又能阻止设施内长波辐射透射出去（＞3 000纳米的热辐射）而失散于大气之中；二是保护设施为半封闭空间，内外空气交换弱，从而使蓄积的热量不易损失。根据荷兰布辛格（J. A. Businger）的资料，第一个原因对温室效应的贡献为28％，第二个原因为72％。因此，设施内白天温度高的原因，除了与覆盖物的保温作用有关系外，还与被加热的空气不易被风吹走有极大关系，由此可见严寒冬季温室等设施严密防寒保温措施极为重要。温室效应与太阳辐射能的强弱、保温比和覆盖保温材料等有关。

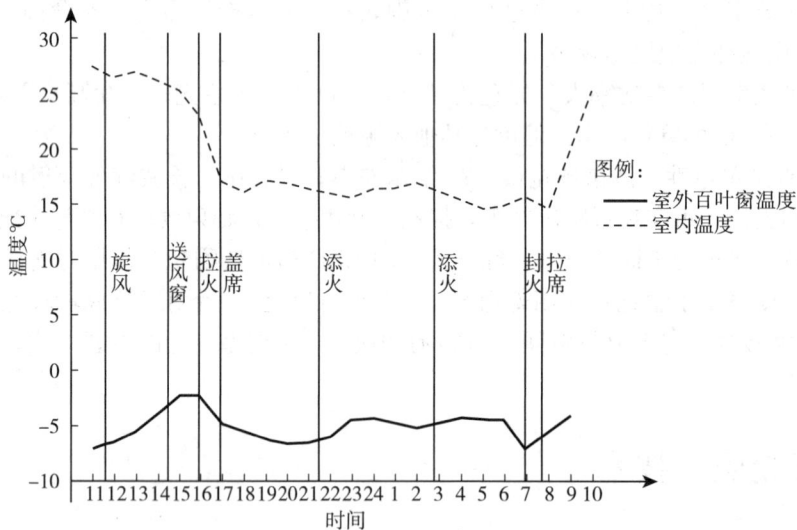

图10-7 温室内外昼夜温度变化表
（1955年2月19—20日测）

（二）园艺设施内的日夜温差

园艺设施内的日夜温差是指一天内最高温度与最低温度之差。其最高温与最低温的出现时间大致与露地相似，最高温出现在午后（14时），最低温出现在日出前，不同之处是设施内的日温差要比露地大得多。加温温室由于可以补充加温，温差较小，晴天一般在10~15℃，日光温室15~27℃。适宜的日温差对蔬菜作物生育是有利的。园艺设施日温差的形成，是由于白天设施内的空气和地面受太阳辐射而使温度逐渐升高，到 13 时左右达到最高点，之后随着太阳辐射量的减少，气温逐渐下降。夜间，当气温低于地温时，土壤中贮存的热则向空间释放，并在夜间通过覆盖物以 3 000～30 000 纳米的长波（红外）辐射向周围放热，直至日出前。因此，设施内的温度在日出前最低，日出后因太阳辐射使温度逐渐提高，从而形成了保护设施内的日温差。

没有保温覆盖和加温设备的园艺设施内还会产生"逆温"现象，一般出现在阴天后、有微风、晴朗的夜间。在有风的晴天夜间，温室、大棚表面辐射散热很强，有时棚室内气温反比外界气温还低，这种现象叫作"逆温"。其原因是白天增温了的地表面和植物体，在夜间通过覆盖物向外辐射放热，而晴朗无云有微风的夜晚放热更剧烈。另外，在微风作用下，室外空气可以从大气逆辐射补充热量，而温室、大棚由于覆盖物的阻挡，室内空气却得不到这部分补充热量，造成室温比外温还低。10 月至翌年 3 月容易发生逆温，逆温一般出现在凌晨，日出后棚室迅速升温，逆温消除。有试验表明，逆温出现时，设施内的地温仍比外界高，所以作物不会立即发生冻害，但逆温时间过长或温度过低时就会出问题。影响日温差的主要因素有：

1. 保温比

保温比是指设施内的土壤面积 S 与覆盖物及维护结构表面积 W 之比，即 $S/W = \beta$（保温比），最大值为 1.0。一般单栋温室的保温比为 0.5～0.6，连栋温室为 0.7～0.8。保温比越小，保护设施的容积也越小，相对覆盖面积大，所以白天吸热面积大，容易升温；夜间散热面积也大，容易降温，所以日温差也大。例如，在棚外气温为 10℃时，大棚的日温差约为 30℃，小拱棚却能达 40℃；在密闭情况下，小拱棚春天最高温度能达 50℃，大棚可达 40℃。

在设施栽培中，保持一定的日温差是重要的温度条件之一。在不加温的情况下，日温差是由太阳的辐射热和设施的保温性（即辐射收支差额）决定的。太阳辐射热随太阳高度、纬度和天气等条件不断地变化着，如果这些条件不变，即在一定纬度和季节里，园艺设施的日温差主要由其结构及保温性所决定。

2. 透明覆盖材料

覆盖材料不同，设施内的日温差也不同。如聚乙烯薄膜透过太阳辐射的能力优于聚氯乙烯，白天易增温，但聚乙烯透过红外线的能力也比聚氯乙烯强，故夜间易降温。因此，相同结构的园艺设施，覆盖聚乙烯薄膜的日温差要大于覆盖聚氯乙烯薄膜的。

（三）园艺设施的热收支

园艺设施是一个半封闭的系统，不断地与外界进行着能量与物质的交换。进入温室的热量为 Q_{in}，传出的热量为 Q_{out}，根据能量守恒原理，蓄积于温室系统内的热量 $\Delta Q = Q_{in} - Q_{out}$。当 $Q_{in} > Q_{out}$ 时，温室因得热而升温。但根据传热学理论，系统吸收或释放热量的多少与其本身的温度有关，温度高则吸热少而放热多。因此，当系统因吸热而增温后，系统本身得热逐渐减少，而失热逐渐增大，促使 Q_{in} 与 Q_{out} 向着相反方向转化，直至 $Q_{in} = Q_{out}$。温室或其他保护设施，便是通过上述方式调节自身温度，从而维持系统与外界环境的热平衡。由于系统本身与外界环境的热状况不断发生变化，所以这种平衡是一种动态平衡。

根据上述热量平衡原理，只要增大传入的热量或减少传出的热量，就能使保护系统内维持较高的温度水平；反之，便会出现较低的温度水平。因此，对不同季节以及不同用途的保护设施，可采取不同的措施，或保温，或加温，或降温，以调节控制设施内的温度。

1. 园艺设施的热量平衡方程

图 10 - 8 为温室等园艺设施系统的热收支模式图。图中箭头到达的方向表示热流的正方向。保护设施内的热量来自两方面：一部分是太阳辐射能，另一部分是人工加热量。而热量的支出则包括：①地面、覆盖物、作物表面有效辐射失热。②以对流方式，设施内土壤表面与空气之间、空气与

覆盖物之间进行热量交换，并通过覆盖物外表面失热。③设施内土壤表面蒸发、作物蒸腾，以潜热形式失热。④设施内通风、换气失热。⑤土壤传导失热。

综上所述，可写出园艺设施的热量平衡方程：$Q_r + Q_g = Q_f + Q_l + Q_c + Q_v + Q_s + Q_{s'}$。

以上仅是一种粗略的近似计算，忽略了室内灯具的加热量，作物生理活动的加热或耗热，覆盖物、空气和构架材料的热容等。图 10-9 所示为日光温室一天内的热收支状况，其中没有 Q_g（人工加热）一项，热量只来自太阳辐射。

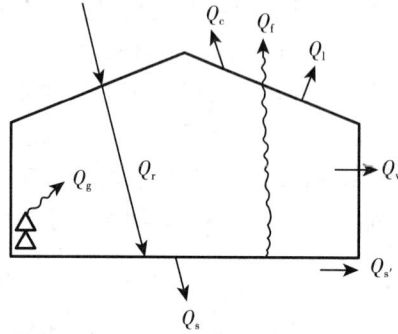

图 10-8 园艺设施内热量收支模式图

Q_r. 太阳总辐射能量 Q_f. 有效辐射 Q_g. 人工加热 Q_c. 对流传导失热（显热） Q_l. 潜热（直接由温差引起的传热称显热传热，由水的相变而引起的传热称潜热传热）失热 Q_v. 通风换气失热（显热和潜热） Q_s. 地中传热 $Q_{s'}$. 土壤横向传导失热

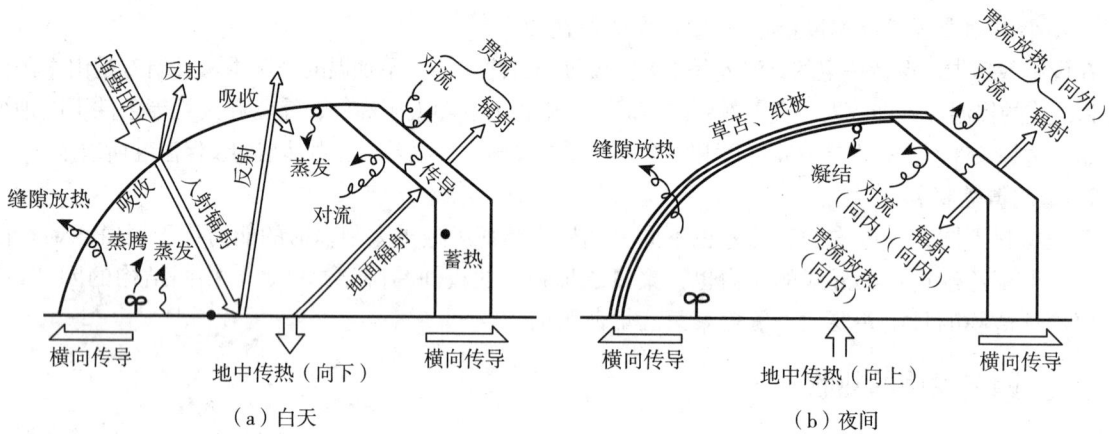

（a）白天　　　　　　　　　　　（b）夜间

图 10-9 日光温室热平衡示意图

2. 园艺设施的传热方式

园艺设施内热量主要是通过传导、对流和辐射三种方式进行传递的。

（1）传导传热　是由于设施内温度分布不均匀而引起的热量交换。如前所述，园艺设施内的温度分布是不均匀的，因此便有温差，热量便由高温区域向低温区域传导。

（2）对流传热　随着气体和液体的流动而引起的热量交换。园艺设施内通常存在两种气流，一种为上升气流，一种为下降气流。在环境控制中通风措施主要是通过对流传热方式将设施内的热量散失到外界，从而达到降低设施内气温的目的。

（3）辐射传热　由物体表面温度不均匀而引起的热量传递，称为辐射传热，即通过界面传热，是园艺设施内最主要的传热方式。如塑料拱棚、单屋面日光温室等在密闭条件下热量的损失主要通过透明屋面，因此，对结构相同的单屋面日光温室而言，夜间最低温度的高低与前屋面夜间保温措施密切相关。

3. 园艺设施的热支出（放热）

园艺设施内存在着热量的传导、辐射和对流。作为一个整体系统，各种传热方式往往是同时发生的，而且经常是连贯的，是某种放热过程的不同阶段，形成热贯流。

（1）贯流放热（Q_t）　如图 10-10 所示，把透过覆盖材料或围护结构的热量叫作设施表面的贯流传热量。这种贯流传热量是几种传热方式同时发生的，它的传热主要分为 3 个过程：首先保护设施的内表面 A，吸收了从其他方面来的辐射热和从空气中来的对流热，在覆盖物内表面 A 与外表面 B 之间形成温差，从而以传导方式，将上述 A 面的热量传至 B 面，最后在保护设施外表面 B 又以对流、辐射方式将热量传至外界空气中。

贯流传热量的表达式如下：

$$Q_t = A_w h_t (t_r - t_o)$$

式中：Q_t 为贯流传热量，千焦/时；A_w 为保护设施表面积，米^2；h_t 为界面材料的热贯流率，千焦/（米^2·时·℃）；t_r 和 t_o 分别为保护设施内、外气温。

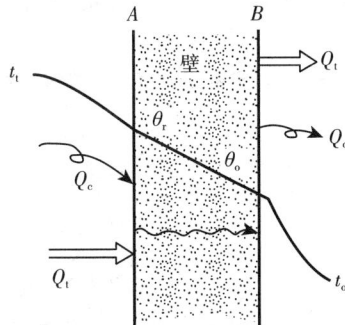

图 10-10　热贯流传热模式图
A. 设施内表面　B. 设施外表面

由上述贯流传热公式可知，贯流传热量 Q_t 就是由室内外温差引起的由室内流到室外的全部热量，与保护设施表面积、界面材料的热贯流率和设施内外温差有关。北京郊区的日光温室护围墙体厚度对能否满足冬季喜温性蔬菜生长至关重要，打土墙厚度一定要达到或超过当地冻土层厚度 80 厘米，新材料的应用要保证达到这一基本要求。表 10-4 列出了不同物质的热贯流率。热贯流率的大小，除了与物质的导热率 λ、对流传热率和辐射传热率有关外，还受室外风速大小的影响。风能吹散覆盖物外表面的空气层，带走热空气，使设施内的热量不断向外贯流。风速 1 米/时，热贯流率为 33.47 千焦/（米^2·时·℃）；风速 7 米/时，热贯流率约 100.42 千焦/（米^2·时·℃），增加了 3 倍。一般贯流放热在无风情况下是辐射放热的 1/10，风速增加到 7 米/时就为 1/3，所以保护设施外围的防风设备对保温很重要。

表 10-4　各种物质的热贯流率

种类	规格/毫米	热贯流率/ ［千焦/（米^2·时·℃）］	种类	规格/毫米	热贯流率/ ［千焦/（米^2·时·℃）］
玻璃	2.5	20.92	木条	厚5	4.60
玻璃	3～3.5	20.08	木条	厚8	3.77
玻璃	4～5	18.83	砖墙（面抹灰）	厚38	5.77
聚氯乙烯	单层	23.01	钢管		41.84～53.97
聚氯乙烯	双层	12.55	土墙	厚50	4.18
聚乙烯	单层	24.27	草苫		12.55
合成树脂板	FRP、FRA、MMA	14.64	钢筋混凝土	5	18.41
合成树脂板	双层	5.0	钢筋混凝土	10	15.90

（2）通风换气放热（Q_v）　保护设施内自然通风或强制通风，建筑材料的裂缝、覆盖物破损、门窗缝隙等，都会导致保护设施内的热量流失。温室通过通风传出的热量，在通风量较大时是温室向外传递热量的主要部分，尤其在夏季为降低室内气温采取大风量通风的时候，绝大部分室内多余热量是由通风气流排出室外的；而在冬季夜间温室密闭管理的情况下，由于存在各种缝隙，不能达到绝对的密闭，室内外仍有一定程度的空气交换，称为冷风渗透。冷风渗透量一般按通风换气次数计算，其表达式为：

$$Q_v = R \cdot V \cdot F(t_r - t_o)。$$

式中：Q_v 为整个保护设施单位时间的换气失热量；R 为每小时换气次数（表 10-5）；V 为保护设施的体积（米³）；F 为空气比热容，$F = 1.30$ 千焦/（米³·℃）。在温室结构和内外温差确定时，换气失热量与温室密闭性（冷风渗透量），也就是换气次数有关。因此缝隙大小和密闭性不同，其传热量差异很大。表 10-5 列出了温室、塑料棚密闭不通风时，仅因结构不严，引起的每小时换气次数。

表 10-5　温室密闭时每小时换气次数 R

单位：次/时

保护设施类型	覆盖形式	R
玻璃温室	单层	1.5
玻璃温室	双层	1.0
塑料大棚	单层	2.0
塑料大棚	双层	1.1

资料来源：张福墁，2010。

此外，换气传热量还与室外风速有关，风速增大时换气失热量增大，因此应尽量减少缝隙，注意防风。普通保护设施不通风时仅因结构不严，由缝隙逸出的热量为辐射放热的 1/10～1/5。

（3）土壤传导失热（Q_s）　土壤传导失热包括土壤上下层之间垂直方向上的传热和土壤水平方向的横向传热。但无论是垂直方向上上下土层之间的传热还是在水平方向上的横向传热，都比较复杂。垂直方向上的传导失热可以用土壤传热方程表示：

$$Q_s = -\lambda \frac{\partial T}{\partial z}。$$

式中：$\frac{\partial T}{\partial z}$ 为某一时刻土壤温度的垂直变化，其中 T 为土壤温度，z 为土壤深度，∂ 为微分符号；λ 为土壤的导热率，除与土壤质地、成分等有关外，还与土壤湿度有关，随土壤湿度增大而增大。

土壤中垂直方向的热传导仅发生在一定的层次，在 40～45 厘米深处，温室内土壤温度变化已很小，所以可以认为该深度以下热传导量很小。

土壤在水平方向上的横向传热，是园艺设施的一个特殊问题。在露地由于面积很大，土壤温度的水平差异小，不存在横向传热。而园艺设施由于室内外土壤温差大，横向传热便不可忽视。荷兰布辛格（J. A. Businger）认为，土壤横向传热占温室总失热的 5%～10%。

地中传热量的计算：一般白天室内热空气向土壤贮热，夜间则由土壤向空气散热，即地面传热量为负值。当温室夜间加温而气温高于地温时，仍由室内空气传热给土壤。地面传热量的大小还与外墙距离有关，距外墙越远，传热量相对减小。对不加温园艺设施而言，土壤蓄热量对维持夜间室内温度也具有重要作用。地中传热量的计算较复杂，一般可采用地面热流率估算值乘上地面面积求出。地面热流率是指每平方米、每小时经地面传入土壤（正值）或传出土壤（负值）的热量，其估算值见表 10-6。

表 10 - 6　地面热流率的估算参考值

单位：[瓦/（米²·时）]

室内外气温差 ($t_{内}-t_{外}$)（℃）	无保温覆盖		有保温覆盖	
	南方暖地	北方寒地	南方暖地	北方寒地
<10	23	17	17	12
10~20	−12	−6	−6	0
>20	0	+6	+6	+12

综上所述，园艺设施总的放热量（Q），是围护结构放热量（Q_t），即贯流放热，通风换气放热量（Q_v）和土壤传导放热量（Q_s）3 部分之和，即 $Q=Q_t+Q_v+Q_s$。在强风地区，Q 值还应增加 5%~10%。

（四）园艺设施内的温度分布

园艺设施内气温的分布是不均匀的，不论在垂直方向还是在水平方向都存在着温差。在寒冷的冬季或早春，边行地带的气温和地温比内部低很多。保护设施面积越小，边行低温地带占的比例越大，温度分布越不均匀。例如，长 50 米、宽 15 米的大棚，低温地带占 30%，如将其加宽 1 倍，则低温影响带约占 20%。如何克服保护设施内温度分布不均匀的问题，是管理技术上的重要问题。

温室、大棚内温度空间分布比较复杂，在保温条件下，垂直方向的温差上下可达 4~6℃，水平方向的温差则较小。温度分布不均匀的原因，主要是受太阳光入射量分布的不均匀、加温、降温设备的种类和安装位置、通风换气的方式、外界风向、内外温差及设施结构等多种因素的影响。

1. 太阳光的入射量

设施内的受光部位是随着太阳位置的变化而变化的，同时又因屋面结构、倾斜角度、设施方位和侧高的不同，再加上建材的遮阳而引起各部位透射率的差异，使设施内的不同位置在白天形成温差，这是入射量引起保护设施内温度分布不均的直接原因。

2. 设施内气流运动的影响

在一个不加温也不通风的温室内，气流的运动取决于设施内的对流和外界风向。近地面土壤层空气增温而产生上升气流，但靠近透明覆盖物下部的空气，由于受外界低温的影响而较冷，于是沿透明覆盖物分别向两侧下沉，此下沉气流在地表面内部水平移动，形成了两个对流圈，将热空气滞留在上部，形成了垂直温差和水平温差。室内外温差越大，保护设施内温度分布越不均匀。当风吹到保护设施上方时，在迎风面形成正静压，而背风面形成负静压。

密闭设施内往往在上风一侧形成高温区，在下风一侧形成低温区。这是因为在屋顶或棚面上风一侧形成负压，向外抽吸室内空气，在下风一侧形成正压，向室内压缩空气，使室内形成贴地面气流方向与外界风向相反的小环流，被加压的空气沿地面流向上风一侧所致（图 10 - 11）。因此，安装加温设备时在盛行风向的下风一侧，应多配置散热管道。

3. 加温技术的影响

包括加温设备的种类和安装位置。加温设备的种类有点热源、线热源和面热源之分。用炉火加温，炉子周围温度很高，高温集中在一个点上，为点热源；热水管道加温，热水通过铁管和暖气片，高温在一条线上，称为线热源；电热温床加温，加温电热线分布在一个面上，为面热源。这几种热源的温度分布均匀性的次序是：面热源＞线热源＞点热源。

加温设备的安置地点，对设施内温度分布的均匀性影响很大。图 10 - 12 显示了连栋温室内温度垂直分布的差异，进而引起番茄叶片叶温的差异。因此，园艺设施内加温时，为了使温度分布均匀，应遵循以下原则：

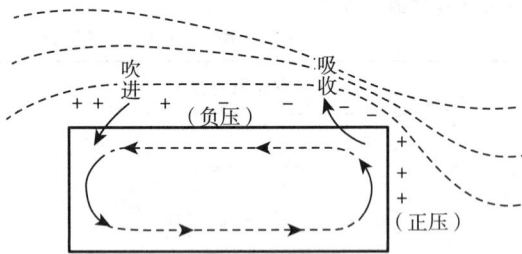

图 10-11a 由室外风引起的室内温度分布

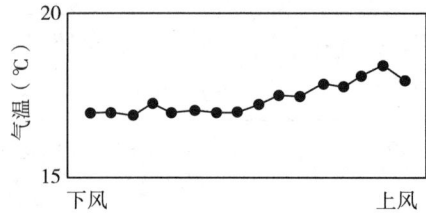

图 10-11b 由室外风引起的室内温度分布

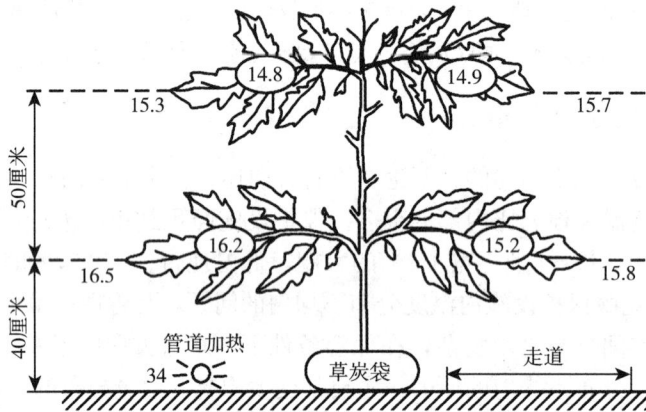

图 10-12 管道加温对温室内番茄叶温与周围气温的差异的影响（单位：℃）

（1）单屋面温室加温，透明屋面是主要的散热面，热源设在南侧，缓和了透明屋面的降温，温度分布趋于均匀。加温设备若设在北边，将导致温差增大。

（2）双屋面温室的加热管设在温室两侧墙的比设在中间的温度分布均匀。

（3）连栋玻璃温室为了使温度空间分布均匀，目前多采用3层立体加热系统，由地面、作物生长层和顶部融雪层3层加热系统构成，散热器分布也逐渐由线热源向面热源转化，将散热器由集中在天沟下过渡为均匀分散在栽培畦间，运输轨道同时也是散热管道。

4. 通风设备的种类和安装位置

自然通风的通风量是由窗口大小和窗口位置决定的。通风量大能减少温差，特别是能减少垂直温差，若窗口的位置不合适，容易产生无风区而增加温差。

强制通风的通风量比自然通风大，容易使垂直温差减小。强制通风一般是由一侧面吹向另一侧面的过道风，即从外边进来的低温空气开始向低流，逐渐被加热后向高流，在排气口前变高温，并在排气口附近与外边空气混合，温度边降边排出。由于这种水平气流的影响，上下形成了两个循环气圈。这种气流依风力的大小、进出口的位置以及气流与畦和栋的方向等而产生种种变化，影响了温度分布。

5. 园艺设施结构的影响

双屋面温室比单屋面温室温度分布均匀（图 10-13），这是由于双屋面温室受热面、散热面都比较均匀的缘故。单屋面温室因一面坡结构和加温与否，其温度分布不均匀。

6. 内外温差

保护设施内热源效率高时，能加大内外温差，导致贯流和辐射放热也加大，促进了对流，增加垂直温差。如果设施内热源能维持较大的内外温差，温度的分布层则继续发展，各部位的温差加大。

中午（加温）　　　　　　　夜间（加温）

中午（不加温）　　　　　　夜间（不加温）

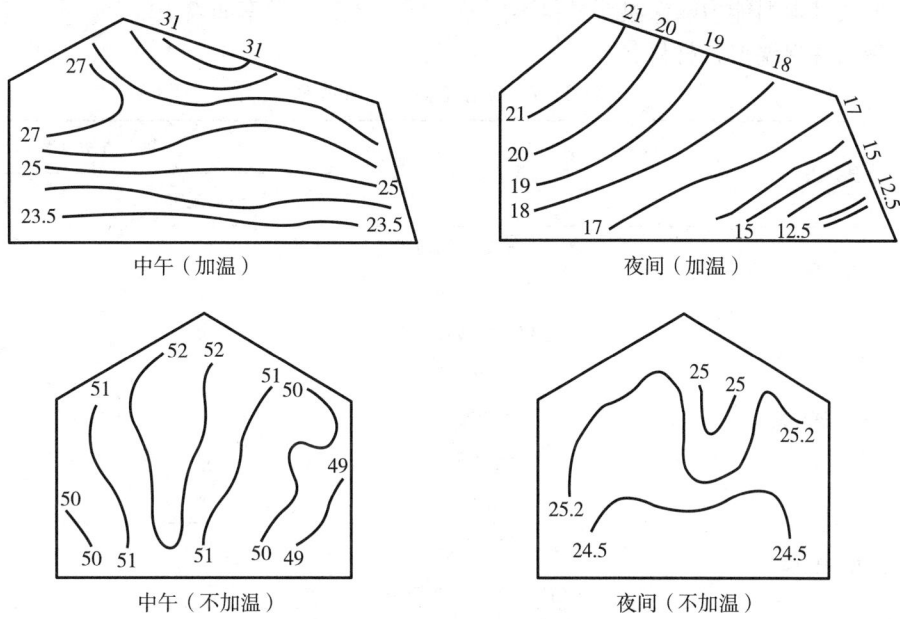

图 10-13　单、双屋面温室气温分布（单位:℃）

二、园艺设施温度环境的调节与控制

园艺设施内温度的调节和控制包括保温、加温和降温三个方面。温度调控要求达到能维持适宜于作物生育的设定温度，温度的空间分布均匀，时间变化平缓。

（一）保温技术

根据园艺设施内的热收支状况，保温措施的制定重点围绕减少贯流放热、通风换气放热和土壤的横向传导失热展开，同时白天要采取措施尽量加大室内土壤对太阳辐射的吸收率，对单屋面日光温室，还需要尽量增加白天北墙蓄热量等。具体保温技术可从以下几方面考虑：

1. 采用多层覆盖，减少贯流放热量

多层覆盖、采用隔热性能好的保温覆盖材料是最经济有效的、最实用的保温技术。

北京郊区蔬菜生产在应用加温温室传统设施和薄膜日光温室、大中小棚等设施生产期间，减少贯流放热量采取的有效措施是通过加厚墙体、运用各种保温建筑材料、外围设立风障、围障和设施外覆盖（传统的芦苇和蒲草、稻草制成的蒲席、草帘、现代新型保温被）等，增温保温效果明显。

塑料薄膜覆盖生产以来，为了提高蔬菜设施的保温性能，进一步提早和延晚栽培时期，还采用了不同的覆盖材料及发展多层覆盖的方法，取得了较明显的效果。保温覆盖使用的材料和方法，可归纳如下：

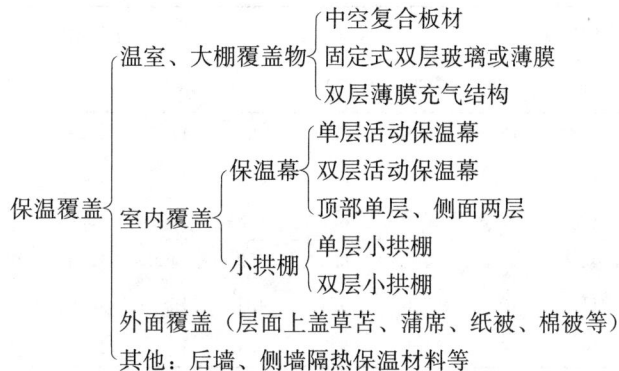

```
                              ┌ 中空复合板材
               温室、大棚覆盖物 ┤ 固定式双层玻璃或薄膜
              ┌              └ 双层薄膜充气结构
              │              ┌ 保温幕 ┌ 单层活动保温幕
              │              │       │ 双层活动保温幕
              │              │       └ 顶部单层、侧面两层
保温覆盖 ┤ 室内覆盖 ┤
              │              └ 小拱棚 ┌ 单层小拱棚
              │                      └ 双层小拱棚
              │ 外面覆盖（层面上盖草苫、蒲席、纸被、棉被等）
              └ 其他：后墙、侧墙隔热保温材料等
```

不同覆盖方式其保温能力随保温幕材料不同而不同，热量节省率如表 10 - 7 所示，实际应用可根据生产需要合理选择保温覆盖材料。

表 10 - 7　保温覆盖的热节省率

保温方法	保温覆盖材料	热节省率（％）	
		玻璃温室	塑料大棚
双层固定覆盖	玻璃或聚氯乙烯薄膜	40	45
	聚乙烯薄膜	35	40
室内单层保温幕	聚乙烯薄膜	30	35
	聚氯乙烯薄膜	35	40
	不织布	40	30
	混铝薄膜	30	45
	镀铝薄膜	45	55
室内双层保温幕	两层聚乙烯薄膜	45	55
	聚乙烯薄膜＋镀铝薄膜	65	65
外面覆盖	温室用草苫	60	65

资料来源：张福墁，2010。

温室大棚内套一层小拱棚，或在小拱棚外再盖草帘的保温方法，比较简单易行。一般可使小棚内气温提高 3～4℃。冬季或早春大棚内采用电热温床育苗，在电热温床外加盖小拱棚，在地温较高（20℃左右）的情况下，小拱棚内的气温比大棚内的气温高 10℃左右。在北京大兴地区早春大棚种植黄瓜、番茄、西甜瓜等喜温蔬菜，为了进一步提早上市，农民采用四层覆盖方式，即地膜、小拱棚、大棚及二道幕，可使定植期比普通大棚提前 7～10 天，如果小拱棚外再加一层腈纶棉或厚无纺布，还可以进一步提早定植时间，经济效益可观，近几年在北京郊区有一定的应用面积。

单屋面温室冬季最低温度与其前屋面保温覆盖方式和保温覆盖材料的质量密切相关。目前北京地区普遍应用的保温覆盖材料已由蒲席（草苫）、双层稻草帘转向了复合保温被、棉絮被等。根据生产实践，草苫、蒲席的重量每平方米应在 3.5 千克以上，保温被厚度在 3.0 厘米左右保温效果较好。不同材料的保温能力存在差异，中国农业大学（2010）研究了不同保温覆盖材料日光温室冬季保温效果，结果表明，与普通保温被相比，加厚保温被和在保温被下面增加纸被，可使冬季平均气温提高 0.5℃以上，最低平均气温提高 1℃左右，使 15 厘米土壤温度平均提高 0.5℃，而且外界温度越低，增温效果越明显，这对于冬季蔬菜安全生产非常重要（表 10 - 8）。此外，外覆盖若被雨雪打湿，保温能力显著下降，所以雨、雪天应在上面加盖薄膜。

表 10 - 8　不同保温覆盖物对日光温室冬季温度的影响（北京密云）

单位：℃

		平均气温			最低气温			平均地温			最低地温		
		CK	T1	T2	CK	T1	T2	CK	T1	T2	CK	T1	T2
2009 年 12 月	上旬	13.7	14.3	13.8	9.5	10.9	10.2	17.0	18.3	17.7	15.0	16.4	15.7
	中旬	13.5	14.2	14.1	9.0	9.9	9.7	17.2	18.6	18.7	14.6	16.0	15.6
	下旬	11.9	12.3	12.3	6.9	8.1	8.3	16.4	16.8	16.8	14.7	15.1	14.8
2010 年 1 月	上旬	8.5	9.7	9.4	4.2	6.3	5.3	14.6	15.4	14.9	13.2	14.2	13.4
	中旬	10.2	11.7	10.9	3.5	5.4	4.4	15.2	16.0	15.6	12.7	13.5	13.2
	下旬	13.5	14.6	14.2	4.9	6.5	5.4	17.5	18.2	18.2	13.3	14.1	13.8

（续）

		平均气温			最低气温			平均地温			最低地温		
		CK	T1	T2	CK	T1	T2	CK	T1	T2	CK	T1	T2
2010年2月	上旬	13.0	13.2	13.2	9.7	9.8	9.8	17.3	18.0	17.5	15.4	16.3	15.4
	中旬	13.1	13.8	13.9	7.3	8.9	8.6	17.2	17.8	17.4	15.0	15.2	15.2
	下旬	14.4	14.7	14.5	10.4	10.9	10.6	17.9	18.4	18.3	15.3	16.2	16.0
平均		12.4	13.2	12.9	7.3	8.5	8.0	16.7	17.5	17.2	14.4	15.2	14.9

注：CK 为普通保温被，单位面积质量为 1.590 千克/米²，传热系数为 2.058 瓦/（米²·℃）；T1 为加厚保温被，单位面积质量为 2.943 千克/米²，传热系数为 1.502 瓦/（米²·℃）；T2 为普通保温被＋4 层牛皮纸被，单位面积质量为 2.288 千克/米²，传热系数为 1.574 瓦/（米²·℃）。

2. 增大保温比

适当降低园艺设施的高度，缩小夜间保护设施的散热面积，有利于提高设施内昼夜的气温和地温。这在日光温室尤为重要，日光温室结构的区域性特点非常突出，在本地区适宜的结构参数到另一地区，尤其是纬度和气温差别大的地区不一定实用，如果照搬照抄，会造成浪费和生产的失败，因此应根据不同地区气候特点确定合适的温室跨度和高度，维持适宜的保温比，一般低纬度地区保温比相对较小，高纬度地区相对较大。

3. 增大地表热流量，增加土壤的蓄热量

可通过以下措施增加土壤蓄热能力，提高温室内温度。

①增大透光率，使用透光率高的玻璃或薄膜，正确选择保护设施方位和屋面坡度，尽量减少建材的阴影，经常保持覆盖材料干净清洁等。②土壤表面不宜过湿，有条件的话应该经常对过道土壤进行中耕，保持土壤疏松，增加蓄热。③在设施周边设置防寒沟，防止地中热量横向流出。在设施周围挖1 条宽 30 厘米，深与当地冻土层相当的沟，沟中填入稻壳、珍珠岩、发泡水泥、10 厘米保温板等保温材料。根据北京地区观测数据，有防寒沟的比无防寒沟的设施内 5 厘米地温可高出 4℃左右。单屋面温室多在前屋面内侧挖防寒沟，能更有效地阻止温室内土壤热量散失。

（二）加温技术

北京郊区的冬季蔬菜生产，虽然节能型日光温室发挥了在严寒冬季不用加温进行喜温性蔬菜生产的巨大作用，但也不时发生连续阴天时间过长，保温措施不能满足蔬菜作物生长的情况，因而节能型日光温室在严寒冬季采取少加温措施还是必要的。此外，现代化大型连栋温室秋冬春三季长季节生产，加温技术是必需的。

1. 加温目的与要求

当通过保温措施不能满足栽培作物正常生育对温度的要求时，需考虑加温技术，尤其对不能进行外覆盖保温的连栋温室更是必要。为了既能使保护设施内的作物正常生长发育，又能节省能源、降低成本、提高经济效益，在加温设计上必须满足如下要求：①加温设备的容量，应经常能保持室内的设定温度（地温、气温）。②设备和加温费要尽量少，北京地区现代化连栋温室进行喜温果菜越冬栽培的加温费占年生产运行费的 25%～30%，所以，必须考虑加温成本，否则难以获得经济效益。③保护设施内空间温度分布均匀，时间变化平稳，因此要求加热设备配置合理，调节能力强。④加温设备占地少，便于栽培作业。加温应考虑以下问题：

（1）最大采暖负荷的计算 在最寒冷的季节，为维持设计的室内外气温的温度差，在温室内需要增加的总加热量，为最大采暖负荷，其乘以安全系数就是加温设备必须具有的加温能力。因为采暖设备一定要具备这种能力，所以最大采暖负荷就成为确定采暖设备（锅炉等）容量指标的依据。在栽培期间，将每天的采暖负荷积累起来，为期间采暖负荷，这是估算栽培期间燃料消耗量的依据。最大采暖负荷可以用粗略估算法或逐项计算法算出。

①粗略估算法。温室的最大采暖负荷 Q（瓦/时）等于温室的表面积 F（米^2）、采暖负荷系数 U [瓦/（米^2·开）]、设施内气温 $t_内$ 与设施外气温 $t_外$ 之差（℃）以及保温覆盖修正项 $(1-f_r)$ 的乘积，即：

$$Q=FU(t_内-t_外)(1-f_r)。$$

采暖负荷系数 U 对全光玻璃温室可取 6.2，聚氯乙烯大棚取 6.6。保温覆盖的热节省率 f_r 的取值见表 10-7。

②逐项计算法。温室的最大采暖负荷 Q 等于围护结构耗热量（贯流放热）Q_t、漏风冷风渗透耗热量 Q_v 和温室地面传热量 Q_s 之和，即：$Q=Q_t+Q_v+Q_s$。

在强风地区 Q 值还应增加 5%~10%。

无论粗略估算法，还是逐项计算法，所用的室内与室外气温差均指室内设计气温与室外设计气温之差，为此有室内、外设计气温的确定问题。

③室内、外设计温度的确定。温室蔬菜生产多以黄瓜、番茄为主，因此室内设计温度常以它们要求的温度为准。黄瓜、番茄都是喜温作物，如果满足了它们的要求，基本上就能满足其他蔬菜作物对温度的要求。番茄、黄瓜的生育下限温度分别为 8℃ 和 10~12℃，因此温室设计的室内最低气温一般不低于 8~10℃。北方地区温室栽培的蔬菜，都要求能在春节前后上市，也就是最冷的 1 月能保证喜温蔬菜有适宜的生长温度，因此室温不能过低，一般确定室内的设计温度为 12~15℃。

关于室外设计气温，多采用数年一遇的低温，或用当地近 20 年中 4 年连续最低气温的平均值，也有使用保证率为 80% 的最低气温。

（2）不同加温方式的特点及其选择 传统的单屋面温室，过去大多采用炉灶煤火加温，近年来为了控制大气污染，冬季禁止燃煤，目前多采用燃油热风炉加温或地热水暖加温等。大型连栋温室，则多采用集中供暖方式的水暖加温，也有部分采用热水或蒸汽转换成热风的采暖方式，不论水暖还是热风加温，均不能使用燃煤作为燃料；也有用液化石油气或天然气经燃烧炉的辐射加温方式。

各种加温方式所用的装置不同，其加温效果、可控制性能、维修管理以及设备费用和运行费用等都有很大差异。表 10-9 给出了几种主要采暖方式的特点及其适用对象。另外，热源在温室大棚内的部位、配热方式不同，对气温的空间分布有很大影响，所以应根据使用对象和采暖、配热方式的特点慎重选择。不同采暖及配热方式的特点见表 10-10。

2. 加温管理技术

（1）热风采暖 从设备费用看，热风采暖是最低的。按每年设备折旧计算的费用，大约只有水暖配管采暖费用的 1/5，对于小型温室，其差额就更大。如果把热风炉设置在设施内，直接吹出热风，这种系统的热利用效率一般可达到 70%~80%，国外的燃油热风机，有的热利用效率可达 90%。

热风采暖系统有热风炉直接加热空气及蒸汽热交换加热空气两种，前者适用于塑料大棚，后者适用于有集中供暖设备的温室。供热管道除通过其外表面产生对流、辐射散热外，主要通过通风孔直接吹出热空气进行加热。供热管道大多采用聚乙烯薄膜制成。

暖风炉设置在温室大棚内时，要注意室内新鲜空气的补充，供给热风炉燃烧用的空气量，每送出 10 000 焦热量每小时约需 4.78 米^3 的空气。对于需要较高采暖温度的作物，用热风采暖时产量和品质不如用热水采暖好。

（2）热水采暖 热水采暖的热稳定性好，温度分布均匀，波动小，生产安全可靠，供热负荷大，大中型永久性温室多采用此方式。热水采暖系统中热水循环流动的动力有两种，即自然循环与机械循环。自然循环热水采暖系统要求锅炉位置低于散热管道散热器位置，提高供水温度，降低回水温度，以提高自然循环系统的作用压力，可用于管路不太长的小型温室。当管路系统过长，增加管径又不经济或锅炉位置不便安置过低的，为使热水采暖系统的作用压力大于其总阻力，就应改用机械循环装置。

表 10 - 9　采暖方式和特点

采暖方式	方式要点	采暖效果	控制性能	维修管理	设备费用	其他	适用对象
热风采暖	直接加热空气	停机后缺少保温性，温度不稳定	预热时间短，升温快	因不用水，容易操作	比热水采暖便宜	不用配管和散热器，作业性好，燃烧空气由室内补充时，必须通风换气	各种温室、大棚
热水采暖	用 60～80℃热水循环，或用热水与空气热交换，将热风吹入室内	因所用温度低，加热缓和，余热多，停机后保温性高	预热时间长，可根据负荷的变动改变温度	对锅炉要求比蒸汽的低，水质处理较容易	须用配管和散热器，成本较高	在寒冷地方管道怕冻，必须充分保护	大型温室
热气采暖	用 100～110℃蒸汽采暖可转换成热气和热风采暖	余热少，停机后缺少保温性	预热时间短，自动控制稍难	对锅炉要求高，水质处理不严格时，输水管易被腐蚀	比热水采暖贵	可作土壤消毒，散热管较难配置适当，容易产生局部高温	大型温室群，在高差大的地形上建造的温室
电热采暖	用电热温床线和电暖风加热采暖器	停机后缺少保温性	预热时间短，自动控制稍难	使用最容易	设备费用低	耗电多，生产用不经济	小型温室育苗温室地中加温辅助采暖
辐射采暖	用液化石油气红外燃烧取暖炉	停机后缺少保温性，可升高植物体温	预热时间短，控制容易	使用方便容易	设备费用低	耗气多，大量用不经济，有二氧化碳施肥效果	临时辅助采暖
火炉采暖	用地炉或铁炉、烧煤用烟囱散热取暖	封火时仍有一定保温性，有辐射加热效果	预热时间长，烧火费劳力，不易控制	较容易维护，但操作费工	设备费用低	注意通风，防止煤气中毒	土温室、大棚短期加温，目前北京地区禁用

温室中常用的散热器是铸铁圆翼形散热器，也可用四柱型暖气片和光面钢管，部分也用传热性能更好的钢串片散热器。

表 10 - 10　配热方式和特点

配热方式	方式要点	采暖方式	气温分布	作业性能	其他
上部吹出	从热风机上部吹出热风	热风采暖	水平分布均一，但垂直梯度大，上部形成高温区	良好	由于上部高温，热损失增大
下部吹出	从热风机下部吹出热风	热风采暖	垂直分布均一，但水平分布不均一	良好	
地上管道	在垄间和通道处设置塑料管道吹出热风	热风采暖（或热水蒸气交换成热风）	可通过管道的根数、长度、位置而自由地调节温度分布	必须注意保护管道	通常用末端开放型的管道
头上管道	一般在 2 米以上高度设塑料管吹出热风	热风采暖		良好	管道末端封闭，在下侧开小孔，向下方吹出热风较好

（续）

配热方式	方式要点	采暖方式	气温分布	作业性能	其他
垄间配管	在垄间地面上 10～30 厘米高处配管道	热水采暖或蒸汽采暖	若散热管配置不当，会产生温度的不均匀	较难	兼有提高地温的效果
周围叠置配管	在温室四周及天沟下面集中配置几根管道	热水采暖或蒸汽采暖	离管道 10 米以内距离处，水平、垂直温度分布都比较均匀	良好	由于管道层叠，散热效率下降，配管根数增加；因高温空气沿覆盖面上升，热损失变大
头顶上配管	在头顶上（一般 2 米以上高处）配置管道	热水采暖或蒸汽采暖	管道上部形成高温，下部形成低温	良好	为消除上部高温，必须用周围配管和垄间配管组合，热损失最大，有辐射加温作用

（3）土壤加温　温室、大棚冬春季地温低，往往不能满足作物对地温的要求。提高地温有 3 种方法，即酿热物加温、电热加温和水暖加温。酿热物加温过去酿热温床用马粪、厩肥、稻草、落叶等填入栽培床内，用水分控制其发酵过程产生热量的加温方式；近几年在日光温室越冬果菜生产中推广应用的秸秆生物反应堆技术也属于酿热物加温方式，其局限性是管理上凭经验掌握，产热持续时间短，难以根据作物需求进行控制。

①电热加温。使用专用的电热线，埋设和撤除都较方便，热能利用效率高，采用控温仪容易实现高精度控制等是其优点，但耗电多、电热线耐用年限短，所以一般多用于育苗床。

②水暖加温。在采用水暖加温的温室内，在地下 40 厘米左右深处埋设塑料管道，用 40～50℃温水循环，对提高地温有明显效果，并可节省燃料。

用水暖加热提高地温，停机后温度维持时间长，效果较好。但应注意与地上部加温适当分开控制，以免地下部加温过多，地温过高。另外，地中加温管道周围土壤温度的分布，有向下方扩展比向上方扩展快的趋势，所以管道不宜埋设过深。进行地中加温时，土壤容易干燥，灌水量应适当增加。

（三）降温技术

保护设施内降温最简单的途径是通风，但在温度过高，依靠自然通风不能满足蔬菜作物生育要求时，必须进行人工降温。根据保护设施的热收支，降温措施可从三方面考虑：减少进入温室中的太阳辐射能；增大温室的潜热消耗；增大温室的通风换气量。

1. 遮光降温技术

塑料拱棚和日光温室进行夏季生产时，通常在设施骨架上采用遮光率为 30%～80% 不等的黑色或灰色遮阳网遮阳降温，室温可相应降低 4～6℃。对于大型连栋温室，分外遮阳与内遮阳。前者在离温室大棚屋顶部 40 厘米左右高处张挂透气性黑色遮阳网，通过钢缆驱动系统，齿条副传动开启和闭合，遮光 60% 左右时，室温可降低 4～6℃，降温效果显著；但因外遮阳系统存在维护成本高及冬春季节遮光损失等问题，近几年新建连栋温室夏季多采用喷涂涂料遮光方法取代了外遮阳系统，在屋顶表面及立面玻璃上喷涂白色遮光物，如利索、立可宁、利凉等，但遮光、降温效果略差。室内在顶部通风条件下张挂保温兼遮阳的通气性 XLS 遮阳保温幕，这是由高反射型铝箔和透光型的聚酯薄膜各 4 毫米的条带，通过聚酯纤维纱线以一定方式编织而成，铝箔能反射 90% 以上太阳辐射，夏季内遮阳降温，冬季则有保温的效果。但在室内挂遮光幕，降温效果比挂在室外差。

2. 蒸发冷却技术

使空气先经过水的蒸发冷却降温后再送入室内，达到降温目的。

（1）湿帘风机法　在温室进风口内设 10 厘米厚的纸垫窗或棕毛垫窗，不断用水将其淋湿，温室另一端用排风扇抽风，使进入室内的空气先通过湿垫窗被冷却后再进入室内。一般可使室内温度降到湿球温度。采用湿帘风机降温，湿帘风机距离一般应在 40 米以内，空气越干燥，温度越高，湿帘降温效果越好。

（2）细雾降温法　在室内高处喷直径小于 0.05 毫米的浮游性细雾，用强制通风气流使细雾蒸发达到全室降温的效果，喷雾适当时室内可均匀降温，近几年北京地区新建连栋玻璃温室多采用此方法进行夏季降温。

（3）屋顶喷雾法　在整个屋顶外面不断喷雾湿润，使屋面下冷却了的空气向下对流，降温效果不如通风换气与蒸发冷却相互配合的好。湿垫排风法和屋顶喷雾法水质不好时，蒸发后留下的水垢会堵塞喷头和湿垫，需作水质处理，水质未处理时纸质湿垫会因为严重积垢而失效。

3. 通风换气降温技术

通风包括自然通风和强制通风。自然通风与通风窗面积、位置、结构形式等有关，通常温室均设有天窗（顶风口）和侧窗（侧风口），大型连栋玻璃或 PC 板材温室通风窗面积一般占到其覆盖面积的 30％左右；日光温室和塑料大棚都在落地处设 1 米左右的地裙，然后在其上部扒缝放风。日光温室顶部常采用扒缝放风或烟囱放风的方式，个别在后墙设有通风窗；有些特殊用途的在山墙设计湿帘与风机降温系统，以利于春夏季温度升高后，与前屋面下风口对流通风。大棚跨度超过 10 米时顶部也留有通风口，一般通过卷膜器卷膜放风。大型连栋温室因其容积大，当自然通风室内温度仍在 30℃以上时，需强制通风降温。

第三节　湿度环境与调节

一、设施内空气湿度的形成与特点

（一）形成

设施内的空气湿度是来自土壤水分蒸发和植物体内水分蒸腾，由于设施密闭，室内往往形成高湿环境。表示空气潮湿程度的物理量，称为湿度。通常用绝对湿度和相对湿度表示。绝对湿度是指单位体积内水汽的含量，以每立方米空气中水汽克数（克/米³）表示，是反映湿空气中水蒸气数量的参数。在调节空气的湿度（干燥除湿或加湿）时，需要确定对湿空气加入或减少的水蒸气数量，因此需掌握湿空气中水蒸气的数量及变化。相对湿度（RH）是指在一定温度条件下空气中水汽压与该温度下饱和水汽压之比（％）。相对湿度反映了湿空气中水蒸气分压力接近饱和水蒸气压力的程度，是衡量空气干燥或潮湿程度的一个参数。在某温度下，相对湿度越小，表明空气越干燥，吸湿能力越强，反之则较为潮湿，吸湿能力较小。如表 10-11 所示，饱和水蒸气压力随温度的升高而增大，也就是说当实际水汽压一定时，温度越高相对湿度就越小。

表 10-11　不同气温下的饱和水蒸气压力

t（℃）	e_s（帕）	t（℃）	e_s（帕）	t（℃）	e_s（帕）	t（℃）	e_s（帕）
0	610.8	8	1 072	16	1 817	26	3 360
2	705.4	10	1 227	18	2 063	30	4 242
4	812.9	12	1 402	20	2 337	35	5 622
6	934.6	14	1 597	22	2 642	40	7 375

在白天通风换气时，水分移动的主要途径是土壤→作物→室内空气→外界空气。早晨或傍晚温室密闭时，外界气温低，引起室内空气骤冷而发生"雾"。室内湿度条件与作物蒸腾，床面和室内壁面

的蒸发强度有密切关系。温室内水分运移模式见图 10 - 14。

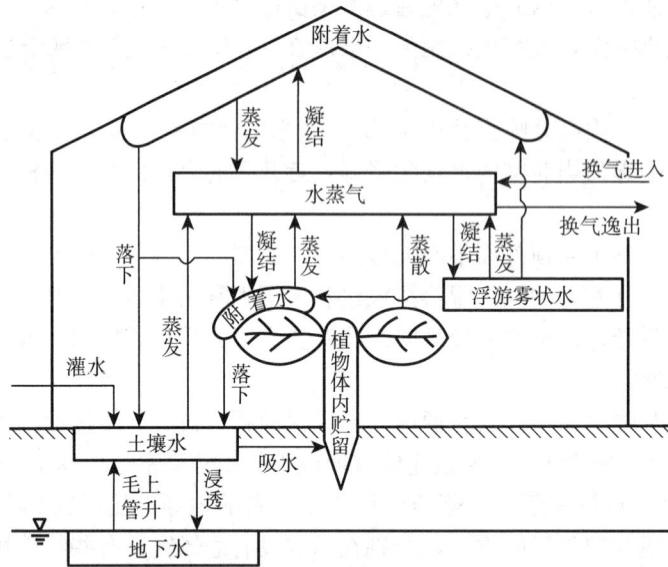

图 10 - 14　温室内水分运移模式图

（二）特点

与露地不同，由于园艺设施属于封闭和半封闭状态，其空气湿度具有明显的特点。

1. 高湿

设施内作物由于生长势强，代谢旺盛，作物叶面积指数高，通过蒸腾作用释放出大量水蒸气，在密闭情况下会使棚室内水蒸气很快达到饱和，空气相对湿度比露地栽培高得多。高湿，是园艺设施湿度环境的突出特点。

2. 具有明显日变化

园艺设施内空气相对湿度的日变化与温度的日变化趋势相反，夜间随着气温的下降相对湿度逐渐增大，往往能达到饱和状态；日出后随着温度的升高，相对湿度开始下降。因此，设施内的空气湿度日变化大。设施内空气湿度变化还与设施大小有关，一般情况是高大的保护设施空气湿度小，但局部湿差大；矮小的保护设施空气湿度大，但局部湿差小；空气湿度的日变化是矮小的比高大的设施变化大。空气湿度的急剧变化对蔬菜作物的生育是不利的，容易引起凋萎。

3. 结露

设施内空间由于受室外气候因子、室内调控方式、植物群体结构等的综合影响，存在着垂直温差和水平温差，也影响空气湿度的分布。在设施内部，其绝对湿度（指水汽压或含湿量）是基本相同的，但由于设施内部温度存在差异，其相对湿度分布差异非常大，因此在冷的地方就会出现冷凝水。冷凝水的出现与积聚，会使设施作物的表面结露。结露现象有以下几种：

（1）温室内低温区域的植株表面结露　当局部区域温度低于露点温度时就会发生。因此，设施内温度的均匀性至关重要，通常 3～4℃的温度差异，就会在低温区域出现结露。

（2）高秆作物植株顶端结露　在晴朗的夜晚，温室的维护结构向室外散发出大量的热量，导致高秆作物顶端的温度下降。当植株顶端的温度低于露点温度时，作物顶端就会结露。

（3）植物果实和花芽上的结露　植物果实和花芽上的结露常出现在日出前后，这是因为太阳出来后，室内温度和植株的蒸腾速率均提高，使棚室内的温度和绝对湿度提高。但是植物果实和花芽上的温度提高比棚室的温度提高滞后，从而导致室内空气中的水蒸气在这些温度较低的部位凝结。

（4）温室围护结构内表面结露　温室围护结构主要有墙体、屋面等，是构成温室空间，抵御环境不利影响的构件（也包括某些配件）。这部分构件直接与外界接触，温度较低，尤其是覆盖材料或保温幕的内表面易发生结露现象。

结露现象在露地极少发生，因为大气经常流动，会将植物表面的水分吹干，难以形成结露。

4. 濡湿

濡湿又称沾湿，园艺设施内产生濡湿现象的环境条件多为空气相对湿度高、水蒸气饱和差小，或绝对湿度高。作物沾湿是从屋面或保温幕落下的水滴、作物表面的结露、由于根压使作物体内的水分从叶片水孔排出"溢液"（吐水现象）、雾等4种原因造成的。

二、空气湿度的调节与控制

（一）空气湿度调节的目的

从环境调控角度来说，空气湿度的调控，主要是防止作物沾湿和降低空气湿度两个直接目的。防止作物沾湿是为了抑制病害，实际上作物沾湿如能减少2小时以上，即可抑制大部分病害。除湿目的可归纳为表10-12。

表 10-12　设施内除湿的目的

直接目的			发生时间	最终目的
大分类	序号	小分类		
防止作物沾湿	1	防止作物结露	早晨、夜间	防止病害
	2	防止屋面、保温幕上水滴下降	全天	防止病害
	3	防止发生雾	早晨、傍晚	防止病害
	4	防止溢液残留	夜间	防止病害
调控空气湿度	1	调控饱和差（叶温或空气饱和差）	全天	促进蒸发蒸腾、控制徒长、着花率增大、防止裂果、促进养分吸收、防止生理障碍
	2	调控相对湿度	全天	促进蒸发蒸腾、防止徒长、改善植株长势、防止病害
	3	调控露点温度、绝对湿度	全天	防止结露
	4	调控湿球温度、焓*	白天	调控叶温

＊焓是潜热与显热之和。

（二）降低湿度

降低湿度，一方面，可以在不改变温度（饱和水气压不变）的情况下，去除空气中的水蒸气含量或减少水蒸气蒸发进入空气中，例如通风换气、覆盖地膜、微灌、选择无滴膜、空气吸湿等；另一方面，可在不改变空气内水蒸气含量的情况下，提高温度（饱和水气压升高），例如加温除湿。

1. 通风换气

设施内高湿是密闭所致。为了防止室温过高或湿度过大，通风可以达到显著的降湿效果。一般采用自然通风，通过调节风口大小、时间和位置，达到降低室内湿度的目的，但通风量不易掌握，而且室内降湿不均匀。在有条件时，可采用强制通风，由风机功率和通风时间计算出通风量，便于控制。

2. 加温除湿

湿度的控制既要考虑作物的同化作用，又要注意病害发生和消长的临界湿度。保持叶片表面不结露，就可有效控制病害的发生和发展。

3. 覆盖地膜

覆膜前夜间空气湿度高达 95%～100%，覆膜后则下降到 75%～80%。

4. 选择合适灌溉方式

采用滴灌、渗灌或膜下暗灌，能够节水增温、减少蒸发、降低空气湿度。

5. 采用吸湿材料

在设施内张挂或铺设有良好吸湿性的材料，用以吸收空气中的湿气或者承接薄膜滴落的水滴，可有效防止空气湿度过高和作物沾湿，特别是可防止水滴直接滴落到植物上。如大型温室和连栋大棚内部顶端设置的具有良好吸湿性能的保温幕、普通钢管大棚或竹木大棚内部张挂的无纺布幕等，均能达到自然吸湿降温的目的。也可以在地面覆盖稻草、稻壳、麦秸等吸湿性材料，达到自然吸湿降温的目的。

6. 防止覆盖材料和内保温幕结露

在温室覆盖材料内侧的结露和随之产生的水滴下落，将沾湿室内的植物和地面，造成室内异常潮湿的状况，增加室内的水分蒸发量。为避免结露，应采用具有流滴功能的覆盖材料或在覆盖材料内侧定期喷涂防滴剂。过去我国的功能性薄膜的流滴持效期只有 3～5 个月，近几年推广的寿命和防雾滴同步的 PO 膜在北京得到了大面积应用，有效缓解了日光温室低温期的高湿问题。同时在构造上，需保证覆盖材料内侧的凝结水能够有序流下和集中。

7. 农业技术措施

适时中耕，通过切断土壤毛细管，阻止地下水通过毛细管上升到地表，蒸发到空间。通过植株调整，去掉多余侧枝、摘除老叶，可以提高株行间的通风透光，减少蒸腾，降低湿度。

此外，北京地区近几年推广的电除雾装置，对降低夜间温室空气湿度，减轻病害发生也取得良好效果，得到了一定面积的推广应用。

通过上述方法可降低空气中的相对湿度。但是，相对湿度降低意味着空气饱和差增大，这又加剧了水分通过蒸腾、蒸发向空气中迁移，因此设施内的湿度变化或水分迁移是在动态变化中不断进行的。

（三）增加湿度

大型园艺设施在进行周年生产时，到了高温季节还会遇到高温、干燥、空气湿度不够的问题，尤其是大型玻璃温室由于缝隙多，此问题更突出，当栽培要求空气湿度高的作物（如黄瓜、辣椒和网纹甜瓜）时，还必须加湿以提高空气湿度。加湿方式和效果：

（1）人工喷雾加湿　喷雾器种类较多，如电动喷雾加湿器、空气洗涤器、离心式喷雾器、超声波喷雾等，可根据设施面积选择合适的喷雾器。此法效果明显，常与降温（中午高温时）结合使用。

（2）湿帘加湿　主要是用来降温的，同时也可达到增加室内湿度的目的。

（3）喷雾系统　降温的同时可加湿。

（4）农业措施　改变浇水方式，将膜下滴灌改为明水灌溉，适当增加浇水次数，温室地面洒水等。

第四节　气体环境与调节

由于设施的特点，在生产过程中，室内的气体变化与露地明显不同。一方面，具体表现在光合作

用消耗的 CO_2 气体因不易与外界交流，明显不足；另一方面，有些有毒气体因不能及时放积累而影响作物生长。

一、CO_2 浓度的调节与控制

CO_2 是光合作用的原料，是蔬菜作物生命活动必不可少的。大气中 CO_2 含量为 0.35%～0.38%，温室内因光合作用在中午前后进行，而 CO_2 含量远低于这数字，只有 0.1% 左右，常成为产量形成的限制因素，特别是采用无土栽培方式的连栋温室。因此，向室内增加 CO_2，促进光合作用，从而大幅度提高产量的技术称为"CO_2 施肥"。据报道，采用 CO_2 施肥技术提高室内 CO_2 浓度，对于果菜与叶菜类蔬菜，可获得 20%～120% 的增产效果，根菜类蔬菜可增产 2 倍以上；CO_2 浓度对植物生理与形态也有一定的影响，在一定的范围内，提高 CO_2 浓度，可培育矮、粗、壮的蔬菜苗，根系也较发达。

（一）设施内 CO_2 浓度的特点

1. 设施内 CO_2 浓度变化

温室中 CO_2 的收支模式如图 10-15 所示，一天之中 CO_2 的变化规律是昼低夜高（图 10-16）。夜间，由于土壤微生物活动、有机质分解和植物呼吸，温室内 CO_2 不断积累，早晨揭苫前达到最高，超过 0.1%，揭苫后随着室内温度提高，植物光合作用不断加强，CO_2 浓度迅速下降，一般揭苫 2 小时后温室内 CO_2 浓度开始低于外界，如果不通风到正午时甚至可能降低至 0.01% 以下，通风后 CO_2 浓度有一定回升，但由于冬季通风量小，补充的 CO_2 数量有限，在盖苫前（16：00 左右），室内 CO_2 浓度始终低于外界，盖苫后 CO_2 浓度开始回升，第二天揭苫前重新达到高值。从 CO_2 的日变化规律可以看出，在低温季节进行设施栽培，日出 2 小时后设施内 CO_2 处于亏缺状态，对温室内生长的作物而言，此时光合作用的限制因素是 CO_2 不足，即植物处于 CO_2 的"饥饿"状态，此时补充 CO_2 可大大提高植物光合作物，提高产量。因此，采取通风换气或人为补充 CO_2 浓度，不但可以增产，还能达到早熟和改进品质的效果。

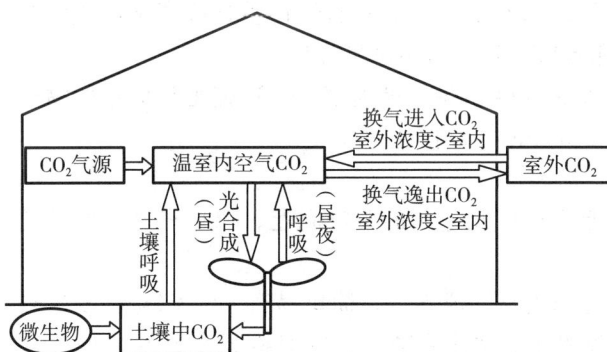

图 10-15　温室内和土壤中 CO_2 收支模式图

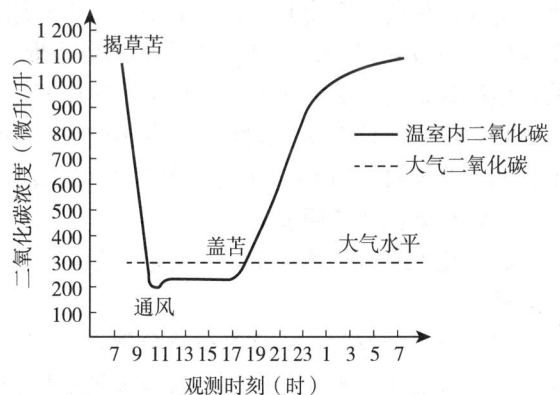

图 10-16　日光温室 CO_2 浓度日变化

资料来源：设施园艺学，李式军。

2. CO_2 浓度的分布

设施内各部位的 CO_2 浓度分布不均匀。以塑料大棚为例，塑料大棚横断面的中部与边区的 CO_2 浓度分布不均匀，使大棚中部黄瓜光合强度与边区的差异大，造成大棚中部为高产区、边区为低产区（表 10-13）。

表 10-13　塑料大棚各部位 CO_2 浓度、温度、光照度与黄瓜光合强度的关系

		时刻				
		08：00	10：00	12：00	14：00	16：00
CO_2 浓度（微升/升）		2 100	950	400	220	200
温度（℃）		22.0	28.5	32.5	30.5	30.0
光照度（勒）		26 000	36 600	50 000	43 000	23 500
光合强度	中部	4.25	2.80	0.28	0.57	
［（毫克/（分米^2·分）］	边部	1.13	1.7	0.28	0.28	

（二）设施内 CO_2 浓度的调控

1. CO_2 施肥浓度

从光合作用的角度来看，接近饱和点的 CO_2 浓度为最适施肥浓度，但是 CO_2 饱和点受作物、环境等多因素制约，实际操作中很难掌握，而且，施用饱和点浓度的 CO_2，在经济方面也不合算。通常 800～1 000 毫克/升作为多数作物的推荐施肥浓度，具体依作物种类、生育时期、光照及温度等条件而定，如晴天和温度高时施肥浓度宜高，阴天和冬季低温弱光季节施肥浓度宜低。CO_2 施肥浓度过高易引起作物生长异常，产生叶片失绿黄化、卷曲畸形和坏死等症状。Mortensen（1987）综合前人研究认为，CO_2 施肥浓度超过 900 毫克/升后，进一步增加收益很少，而且浓度过高易对作物造成损伤和增加渗漏损失，尤其是用碳氢化合物燃烧作为 CO_2 肥源，在产生高浓度 CO_2 的同时，往往伴随高浓度有害气体的积累，因此，适宜的 CO_2 浓度宜在 600～900 毫克/升之间。

2. 施用时间及作物的发育阶段

CO_2 施肥时间，必须在一定的光强和温度下进行，即在其他条件适宜，而只因 CO_2 不足影响光合作用时施用，才能发挥其良好的作用。一般温室在上午时随着光照的加强，CO_2 浓度因作物的吸收而迅速下降，这时应及时进行 CO_2 施肥。冬季（11 月至翌年 2 月）CO_2 施肥时间约为上午 9 时以后，一般在室内见光后 1 小时左右进行，春秋两季可适当提前。中午设施内温度过高，需要进行通风，可在通风前 0.5 小时停止，下午一般不施用。至于生育期中哪个时期施肥最好，随作物种类不同而变化，一般施用 CO_2 促进光合作用的效果取决于库的大小，在产品器官快速生长或产量形成的时期，施用效果较显著。例如，黄瓜采收初期开始施用比较合理，施用过早容易徒长。

日本设施栽培 CO_2 施肥时间与我国管理相似，而在北欧、荷兰等国家，CO_2 施肥常贯穿作物全生育期，全天候进行 CO_2 施肥，中午通风开窗至一定大小时自动停止。

3. CO_2 来源及施肥设备

CO_2 肥源及其生产成本，是决定在设施生产中能否推广及应用的关键问题。CO_2 来源有以下几种途径：

（1）有机肥发酵　依靠有机物分解产生 CO_2，肥源丰富，成本低，简单易行。但 CO_2 的发生较为集中，且发生量不便调控，北京地区越冬日光温室果菜栽培主要通过增施有机肥满足冬季 CO_2 供应，近几年结合应用秸秆生物反应堆和吊袋固体 CO_2 肥。

（2）燃烧碳氢化合物　依靠燃烧煤油、天然气或液化石油气等燃料获得 CO_2。燃烧 1 升煤油可产生 2.5 千克（1.27 米^3）CO_2 和 33 440 千焦热量。要求燃烧后气体中的 SO_2 及 CO 等有害气体不能超过对植物产生危害的浓度，因此要求燃料纯净，并采用专用的 CO_2 发生器。该法容易控制，但成本较高，北京近几年建成的单体面积 1 公顷以上温室开始应用此方法，温室采暖与 CO_2 施肥统筹考虑。

（3）液态 CO_2　作为酒精工业等生产的副产品，CO_2 经压缩为液态后盛放于钢瓶内，使用时打开阀门释放到温室内。为使 CO_2 在温室内均匀扩散，需采用管道输送，可采用 8～10 毫米直径的塑

料管，沿管长按每 $0.8\sim1$ 米的距离开设小孔，并在室内采用循环风机使空气流动，以促进 CO_2 的均匀扩散。这种方式使用简便，便于控制，费用也较低，适合附近有液态 CO_2 副产品供应的温室生产地区使用。

（4）化学药剂发生 CO_2　在 20 世纪 90 年代温室生产中广泛采用碳酸氢铵与硫酸反应产生 CO_2，是利用如下反应：

$$2NH_4HCO_3 + H_2SO_4 = (NH_4)_2SO_4 + 2H_2O + 2CO_2\uparrow。$$

实际使用中采用工业硫酸（浓度 92%），与碳酸氢铵的重量比例为 1∶1.5。目前已研制出专用的发生器，也有直接在塑料桶或瓷器等简易容器中反应的。该方法设备构造简单、操作简便、费用低，其反应副产物硫酸铵可作为化肥施用。

（5）CO_2 颗粒肥　山东省农业科学院研制的固体 CO_2 颗粒肥是以碳酸钙为基料、有机酸作调理剂、无机酸作载体，在高温高压下挤压而成，施入土壤后在理化、生化等综合条件作用下缓慢释放 CO_2。该类肥源使用方便、安全，但对贮藏条件要求极其严格，释放 CO_2 的速度受温度、水分的影响，难以人为控制。

（6）秸秆生物反应堆法　采用生物技术将秸秆转化为农作物所需的 CO_2、热量、有机和无机养料等物质，对促进冬季温室栽培蔬菜的生长发育和品质提高效果明显。据河北农林科学院经济作物所的研究表明，应用秸秆生物反应堆可以提高温室内 CO_2 浓度，使 10 厘米、20 厘米土温与对照相比分别提高了 $1.13\sim1.52℃$ 和 $1.71\sim2.01℃$，使温室越冬茬黄瓜前期产量提高 30.5%。

二、预防有害气体

（一）设施内常见有害气体及危害

大气中含有的气体成分比较复杂，有些气体对蔬菜作物有毒害作用，设施栽培的相对封闭环境，使有害气体的危害问题更加突出。常见的有害气体有氨（NH_3）、二氧化氮（NO_2）、乙烯（C_2H_4）、氟化氢（HF）、臭氧（O_3）等，若用煤火补充加温时，还常发生一氧化碳（CO）、二氧化硫（SO_2）的毒害。不加温的园艺设施其有害气体主要来自有机肥腐熟发酵过程中产生的氨气，或施肥方法不当，如尿素和碳酸氢铵施用过量又未及时盖土，在高温强光下分解时产生大量氨气；或有毒的塑料薄膜、管道挥发出的有害气体，如邻苯二甲酸二异丁酯 $[C_3H_4(COOC_4H_9)_2]$，在高温下易挥发出乙烯，对作物产生毒害作用。下面是园艺设施生产中几种常见有害气体及危害症状。

1. 氨气和二氧化氮

主要是肥料分解过程中产生的，特别是过量施用鸡粪、尿素等肥料的情况下易发生。当园艺设施内通风不良时，氨气在温室中积聚，浓度超过 40 微升/升大约 1 小时，就会产生危害。它主要侵害植株的幼芽，使叶片的周围呈水渍状，其后变成黑色而渐渐枯死。

2. 二氧化硫和一氧化碳

设施内进行煤火加温时，如果煤中含硫化物较多，燃烧后会产生 SO_2 气体；此外未经腐熟的粪便及饼肥等在分解过程中，也会释放出 SO_2。SO_2 遇水（或空气湿度大）时产生亚硫酸（H_2SO_3），它能直接破坏作物叶绿体。

CO 是由于煤炭燃烧不完全和烟道有漏洞缝隙而排出的毒气，主要对生产管理人员危害最大，浓度高时，会造成死亡。应当注意燃料充分燃烧，经常检查烟道以及强调保护设施的通风换气技术。在设施内燃烧煤、石油、焦炭，产生 CO_2 虽然能起到施肥的作用，但在燃烧的过程中也会产生 CO 和 SO_2 气体，对人体和蔬菜幼苗等均有危害。

过去以煤作为主要燃料进行温室加温时，常发生 SO_2 和 CO 危害，近几年随着环境保护要求，燃煤禁用，CO 对温室管理人员的危害问题基本得以避免。

3. 乙烯和氯

设施内乙烯气体来源于有毒的塑料薄膜或有毒的塑料管，当有毒塑料薄膜大棚内乙烯为 0.05 微升/升时，6 小时之后，对其反应敏感的黄瓜、番茄和豌豆等开始受害。如果其浓度为 0.1 微升/升时，两天之后，番茄叶片下垂弯曲，叶片发黄褪色，几天后变白而死。黄瓜受害症状与番茄相似。

4. 氟化氢和臭氧

随着城市工业化的发展，大气的污染日趋严重，也同样对园艺设施内的气体环境有不良影响，因大气污染而产生的有害气体主要有氟化氢和臭氧。氟化物对植物的危害首先表现在叶尖和叶缘，呈环带状，然后逐渐向内发展，严重时引起全叶枯黄脱落。此外地热温室由于水质原因受氟化氢的危害也是比较严重的。臭氧所造成的受害症状随植物种类和所处条件不同而不同。当臭氧浓度达到 0.05 微升/升，持续 1~2 小时后出现症状，一般受害叶面变灰色，出现白色的荞麦皮状的小斑点或暗褐色的点状斑，或不规则的大范围坏死。

（二）有害气体预防

1. 防止农药的残毒污染

限制使用某些残留期较长的农药品种，例如 1605、多菌灵、杀螟粉等，这些农药的残留期为 15~30 天。改进施药方法，如发展低容量和超低容量喷雾法，应用颗粒剂及缓解剂等，既可提高药效，又能减少用药量，缓解剂还可以使某些高毒农药低毒化。

2. 有机肥要充分腐熟，合理追肥

有机肥在腐熟过程中会产生大量 NH_3，在密闭条件下极易达到危害作物的浓度，在温室蔬菜作物定植初期特别容易发生 NH_3 中毒事件，主要原因是施入大量未完全腐熟有机肥所致。此外，追施氮肥要控制施入量，最好随水追肥，提倡水肥一体化管理，可以有效避免 NH_3 和 NO_2 气体中毒。

3. 防止大气污染

园艺设施建造选址应远离有污染源的地方，如工厂、矿山及化工厂等地，避免受到排放的工业废气的污染；塑料薄膜等透明覆盖材料要选择正规厂家产品，农用塑料化工厂要严格禁止使用正丁酯（C_4H_9）、邻苯二甲酸二异丁酯（DIBP）、己二酸二辛酯［$C_8H_{17}OOC（CH_2）_4CO\ OC_8H_{17}$］等原料，以免产生有害气体污染设施内的空气。

4. 防止地热水的污染

地热水的水质随地区不同而有差异，如有的水质中含有 HF、H_2S 等气体，常引起设施和器材的腐蚀、磨损和积水垢等，因此，在利用地热水取暖时尽量不用金属管道，而应采用塑料管道；不能用地热水作为灌溉用水，以免造成土壤污染。

三、通风换气

通风一方面可以排出有害气体，降低湿度减轻病害，另一方面又可以换入新鲜空气以补充 CO_2，同时通风还可以调控温室内的温度和空气湿度等，所以通风技术是园艺设施环境调控的重要措施，一举多得。

（一）自然通风

北京园艺设施目前多以单栋小型为主，所以主要靠自然通风，它是利用设施内外气温差产生的重力达到换气目的，效果明显。

1. 底窗通风型

从门和边窗进入的气流沿着地面流动，大量冷空气随之进入室内，形成室内不稳定气层，把室内原有的热空气顶向设施的上部，在顶部形成一个高温区。而在棚四周或温室底部和门口附近，常有1/5~1/4的面积受"扫地风"危害，造成秧苗生长缓慢，因此冬季及初春，应避免底窗、门通风。必须通风时，在通风口下部50厘米高处用塑料膜挡住，以避免冷空气直入危害。

2. 天窗通风型

开窗通风包括开天窗和顶部扒缝，天窗面积是固定的，通风效果有限不如扒缝的好。扒缝通风的面积可随室温和湿度高低调节，调节控制效果好。

3. 底窗（侧窗）、天窗通风型

天窗主要起排气作用，底窗或扒底缝主要是进气，从侧面进风，冷气流进入室内，将热空气向上顶，所以排气效果特别明显。春季通风时间极短或不通风，通风面积控制在2%~5%。随着外界温度的升高，开窗时间、面积要随之加长、加大。在5月中旬以后最高气温可达40℃左右，此时开窗或扒缝面积要占到围护结构总面积的25%~30%。

（二）强制通风

大型连栋温室，需进行强制通风。在通风的出口和入口处增设动力扇，吸气口对面装排风扇，或排气口对面装送风扇，使室内外产生压力差，形成冷热空气的对流，从而达到通风换气目的。强制通风一般有温度自控调节器，它与继电器相配合，排风扇可以根据室内温度变化情况自动开关。通过温度自动控制器，当室温超过设定温度时即开始进行通风。

1. 强制通风的方式

强制通风是用排风扇将室内空气排出或把外界空气吹入室内，强制地使室内外空气进行交换。前者称为排风方式，后者称为送风方式。另外，为了使室内空气均一化，也有用通风管道的管道通风。即使是强制通风，自然力也在起作用，强制通风大致分为以下几种方式：

（1）低吸高排型　即吸气口在温室的下部，排风扇在上部。这种通风方式风速较大、通风快，但是温度分布不均匀，在顶部及边角常出现高温区。

（2）高吸高排型　即吸气口和排风扇都在温室上部，这种配置方式往往使下部热空气不易排出，常在下部存在一个高温区域，对作物生长不利。

（3）高吸低排型　吸气口在上部，排风扇位置在下部。室内温度分布较均匀，只有顶部有小范围的高温区。如图10-17所示。

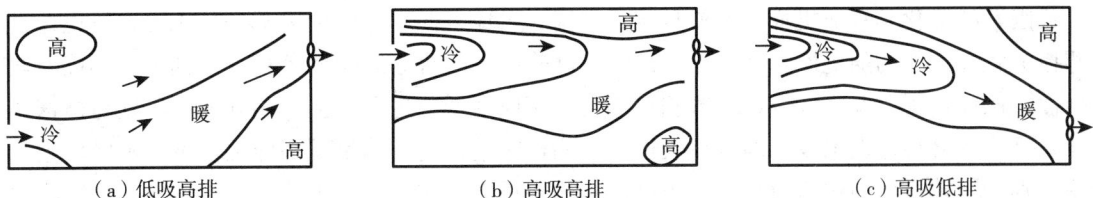

图10-17　强制通风方式示意图

（a）低吸高排　　　　　（b）高吸高排　　　　　（c）高吸低排

2. 强制通风的效果

强制通风的目的是要使设施内温度、湿度和气体环境得到迅速的改善，使不利的条件在较短的时间内变为有利的条件，比自然通风效果明显。由控温仪按照作物生长需要的温度和实际室内温度高低发出信号，排风扇自动开关，高温、高湿及有害气体随时排除，所以其产量比自然通风的高（图10-18）。

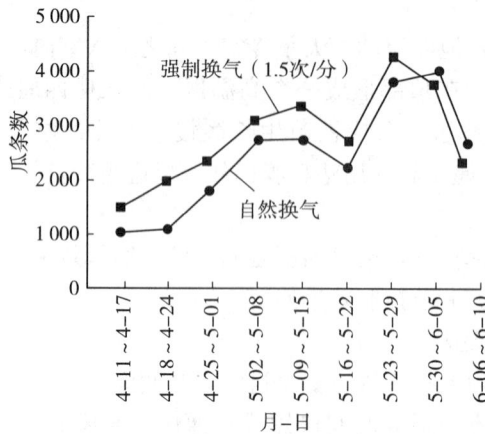

图 10-18 强制换气与自然换气的黄瓜产量（330 米²）

第五节　设施环境综合调控

一、综合环境调控概念与自动控制方法

（一）综合环境调控基本概念

所谓综合环境调控，就是以实现作物的高产、稳产为目标，把关系到作物生长的多种环境要素（如温度、湿度、二氧化碳浓度、气流速度、光照等）通过设施、设备及方法维持在适于作物生育的水平，而且要求使用最少量的环境调节装置（通风、保温、加温、灌水、施用二氧化碳、遮光、利用太阳能等各种装置），既省工又节能，便于生产人员管理的一种环境调节控制方法。

这种环境控制方法的前提条件是，对于各种环境要素的控制目标值（设定值），必须依据作物的生育状态、外界的气象条件以及环境调控措施的成本等情况综合考虑。因此设施蔬菜环境综合调控的实质是以创造作物生长发育的最佳环境，以获取最大生产效益为目的，根据环境因子间的互作规律，利用传感器、计算机等元器件所进行的设施蔬菜环境综合调控过程。该过程由于以下原因显得极其复杂：其一，植物对环境的定量需求存在着不定性，植物对环境具有抗逆性、耐受性与顺应性，其机理极为复杂，涉及生命的内涵、本质，直到今天也不能说已经全部明了。因此，环境因素的目标值并非固定不变，而是可以随着作物与环境的互作而发生变化，这就影响到控制实践中的目标值设定。其二，气象因素的变化具有随机性，室外日照、气温、风速（向）等气象因子变化无常，表现在设施内环境调控上就是干扰的随机性，其变化规律难以准确描述，势必影响调控精度。其三，环境因素间具有耦合性，例如，提高温室气温，空气相对湿度会相应降低，进而又会影响到地面蒸发与植株蒸腾强度，并且这些耦合规律也难以准确量化表达。其四，园艺设施结构呈现多样性，不仅不同设施几何尺寸千差万别，园艺设施的建筑材料与覆盖材料也相差很大，这些决定了传热特性各异，会影响到控制软件的通用性。诸如此类的"不定性""随机性""耦合性""多样性"等，决定了设施蔬菜环境调控的极其复杂性。这在控制学上亦称为复杂系统，迄今为止尚未确立这样的系统控制理论。因此，欲像工业过程一样对设施蔬菜环境进行精确调控是非常困难的。当然，也正因为作物对环境具有适应性、耐受性等特点，在一般情况下并非要求将环境调控到"精确点"，而是调控到一个"合适"的范围。实际上，这样一个"合适"的范围是随着园艺设施装备水平而变化的，如从塑料大棚、日光温室仅靠人工经验的环境管理，到现代化温室，再到人工气候室、植物工厂的环境调控，这一"合适"的范围由相对比较宽变得更"窄"或更加精确。

（二）自动控制方法

温室是园艺设施的高级类型，因其可以进行周年生产，故其环境调控难度大、技术水平高。大型连栋温室面积、空间大，结构复杂，故以此为例加以阐述。

自动控制的基本概念

所谓控制，就是为了实现某种目的、愿望和要求，对所研究的对象进行的必要操作。控制可分为人工控制和自动控制两种。利用人工操作的通称为人工控制；利用控制装置，自动地、有目的的操作（纵）和控制某一（些）设备或某一（些）过程，从而实现某一（些）功能或状态就称为自动控制。例如，温室保温幕帘可以用人工在日出后拉开，到日落时盖上。若采用光敏器件检测光照，通过相应的调节器和电动装置，当天黑时幕帘自动拉上，天亮后幕帘自动揭开，便实现了对幕帘的自动控制。

应用自动控制的生产过程系统，称为生产过程的自动化系统，简称自动控制系统。自动控制系统就其控制的对象或者控制的具体过程而言，种类繁多，通常有如下分类：

（1）按所控制的变量性质分类　可分为断续控制系统和连续控制系统。

①断续控制系统。由各种具有开关性质的元件（简称开关元件）组成的断续作用的控制系统，该系统的输入和输出变量均为开关量，常用的具有"接通"和"断开"两种状态的开关元件，主要有电磁继电器、接触器、半导体二极管和三极管以及数字集成电路（芯片）等。

②连续控制系统。连续控制系统不同于上述断续控制系统，其特点是该系统随时随地检测被控对象的工作状态，当发现被控量（也称输出量）与目标值具有一定的偏差时，系统便会自动进行调整。连续控制系统虽然结构较复杂，但其控制精度和快速性以及可靠性均优于断续控制系统，因而会大大提高劳动生产率和产品的品质。

（2）按控制系统有无反馈分类　可分为开环控制系统和闭环（反馈）控制系统。所谓反馈是指将系统的输出信号或该系统中某个环节的输出信号，返送到该系统的输入端，再与输入信号一同作用于该系统本身的过程。

①开环控制系统。没有反馈的控制系统称为开环控制系统，对于这种系统，给定一个输入量，便有一个相应的输出量。例如，温室保温幕开启和关闭，光敏元件判断日出或日落，一旦发出执行命令，便会一次性地完成幕帘的开启或关闭的控制任务，并不对控制结果进行检测。

②闭环控制系统。具有反馈的控制系统称为闭环控制系统，在这种系统中，借助反馈将输出量与目标值相比较，产生使输出量与目标值相一致的调节动作。如温室自动供热系统，要通过温度敏感元件检测出室内的实际温度值，并与目标温度值相比较，得出温度偏差信号，借助于相应的调节装置和执行机构调节加温装置，使室内温度改变，而后再进行新一轮的检测和调节，从而保证室内温度在期望的范围内。

温室环境控制采用何种系统，应通过技术经济比较确定。通常对操作次数较少，不存在精度要求的可采用开环控制；对精度要求较高，干扰作用强，操作频繁的环境参数，如加温、降温等，从技术和运行经济上考虑要求较严格的控制参数，应采用闭环控制。

二、设施环境自动控制系统及应用

（一）自动控制系统构成

自动控制装置尽管多种多样，但均必须由传感器、调节器和执行器三大部分构成。

（1）传感器　传感器是由具有一定物理特性的敏感元件，如热敏电阻、湿敏电阻及相应的测量变换电路等组成。它能够检测各种环境参数，并转换成某一特定信号（电压、电流、气压或机械位移等），送至调节器，如温度传感器、湿度传感器及 CO_2 传感器等。

（2）调节器　调节器是自动控制装置的核心部件，它将传感器送来的实测值与目标值相比，检出偏差，再按照已经确定的运算规律算出结果，并将结果用特定的信号（电量、电气接点的通断、气压等）送至执行器，实现预定的控制和调节。计算机在自动控制系统中主要起到调节器的作用。

（3）执行器　执行器是一些动力部件（电动、气动、液动等），它接收调节器发送来的特定信号，去改变调节机构（如电磁阀门、窗扇等）的位移，自动地调节某一参数的状态。

由于实际的自动控制系统是由多种元器件和设备组成的，种类繁多，为了能清楚地表明各部分的功能、相互联系和信号的流向，通常用方框图表示系统的组成。功能相同的一个或一组元器件、设备或某一个过程称为一个环节，用方框表示，方框间的带箭头联络线表示两个相关环节间的相互作用和信号的传递方向。

图 10-19 所示为一温室热水采暖的自动控制系统，这里被调节参数或被调节对象是室内温度，用 X_{sc} 表示，温度的目标值用 X_{sr} 表示。被调节参数 X_{sc} 经传感器的测量和转换反馈给输入端与目标值 X_{sr} 之差称为偏差，用 e 表示（$e=X_{sr}-X_{sc}$），这一偏差 e 将引起调节机构发生动作，使得 X_{sc} 发生变化，这种循环持续到 e 减少至零为止。

应用方框图有助于了解系统的组成和相互联系，为分析系统提供了方便，并且应用方框图还可以揭示在物理特性方面不同的系统的相似性。

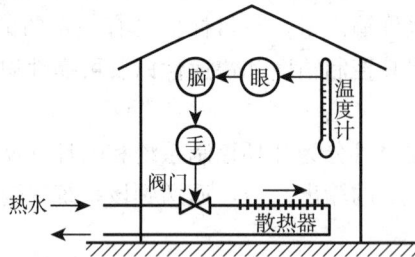

（a）自动控制系统示意图

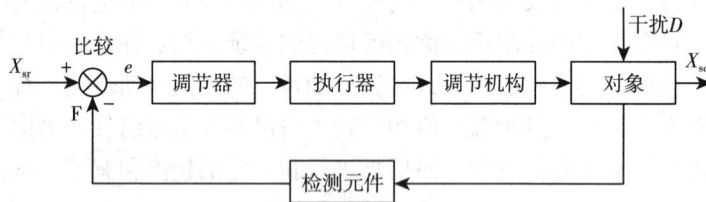

（b）自动控制系统方框图

图 10-19　温室热水采暖的自动控制系统

（二）设施环境计算机综合调控

如前所述，在温室环境调控方面，计算机主要起到"调节器"的作用。只不过在温室环境调控系统中，环境因素众多，关系复杂，加之作物对环境的要求又因时因地而变，这就要求此"调节器"具有强大的"比较""计算"功能，而计算机具备这些功能，因此，计算机在温室环境调控中起到重要作用。20世纪60年代，荷兰人首次将计算机用于温室环境调控，50多年来，在计算机温室环境调控的软硬件设施、技术方面取得了突飞猛进的发展。尽管计算机可以在温室环境调控方面发挥巨大作用，但温室生产对象是具有生命的蔬菜作物，其生长发育的管理需要根据蔬菜种类、生育阶段、天气、土壤等适时采取必要的环境管理与技术措施。也就是说，需要将计算机功能与管理者的经验、技术很好结合起来，互相取长补短，才能获得作物的优质高产。图 10 - 20 所示为计算机温室环境综合调控系统的结构。具体来说，在温室环境综合调控系统中计算机可以发挥以下几项功能：

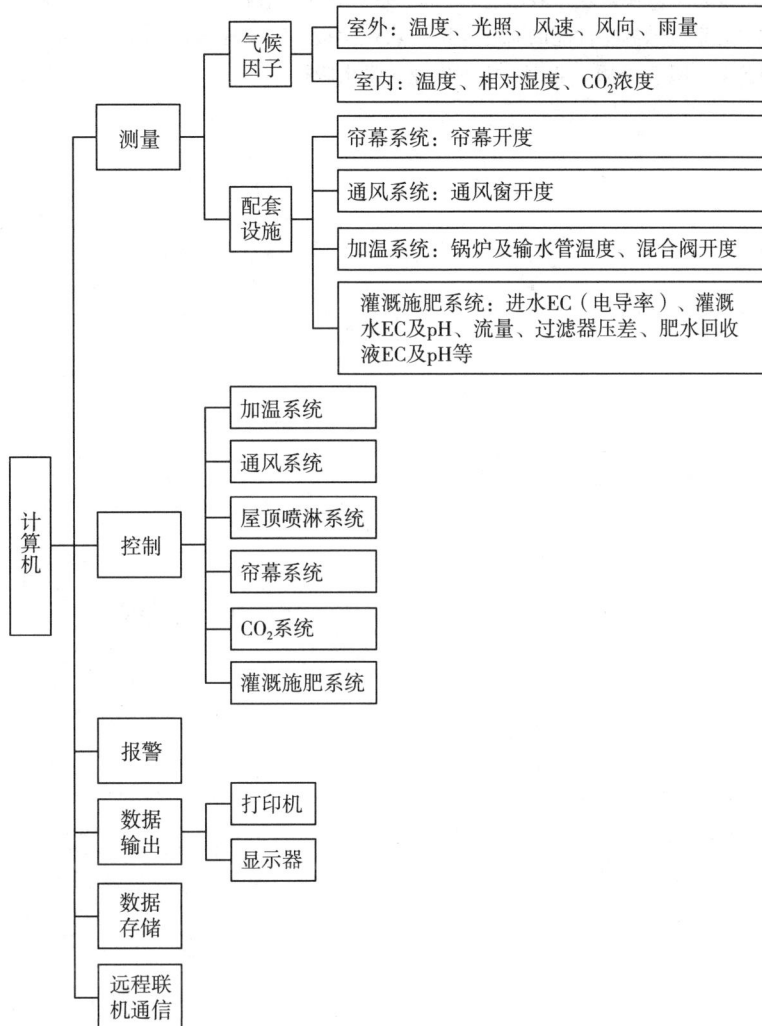

图 10 - 20　现代大型连栋温室计算机环境综合调控系统

（1）调控环境　一般都采用通用型的程序结构，能适合多种使用情况，程序中一般只规定控制的方法（如比例控制、差值控制等），即根据几个环境要素相互关系规定一些计算的关系式，以及根据计算结果对各种机器进行控制的逻辑。各种具体环境要素的设定值，由用户根据要求事先输入计算机中，并根据现场情况及时变更。例如，该系统对室温的调节是通过天窗和两层保温幕的开关，以及水暖供热管道的开关来实现。

（2）紧急处理　当某一环境参数，如室温超出用户设定的最高温度或最低温度时，系统自动报警、现场亮指示灯，并在中心管理室的主机监视器屏幕上显示故障内容或红色符号，停电时对数据的保护等。

（3）数据采集处理　该系统能随时以图表方式，用彩色打印机打出温室内外环境要素值及环境控制设备的运行状态，输入的设定值等。计算机温室环境综合调控系统的作用发挥得好坏，取决于栽培者对数据分析处理的能力。

（张振贤）

本章参考文献 <<<

蒋名川，1956.北京市郊区温室蔬菜栽培［M］.北京：财政经济出版社.

邹祖绅，刘步洲，1956.北京郊区阳畦蔬菜栽培［M］.北京：农业出版社.

蒋名川，师惠芬，1957.北京黄瓜温室性能的研究［J］.农业学报，8（3）：330-345.

张福墁，2010.设施园艺学［M］.2版.北京：中国农业大学出版社.

第十一章

>>> 设施蔬菜施肥

从总体来看，一是蔬菜作物产量高，吸肥力强、喜肥多钙，尤其喜钾、喜硼，单位面积上对氮、磷、钾、钙、镁的吸收量，均高于小麦和水稻作物。二是蔬菜作物种类繁多，产品器官各异，根系吸收能力不同，发育时期也各不相同，对所需肥料种类、数量及质量要求也不同。三是蔬菜作物根系的阳离子交换量比禾本科作物高出许多。盐基代换量大的蔬菜根系优先吸收钙、镁等二价阳离子，盐基代换量小的根系优先吸收钾、铵等一价阳离子，因此，蔬菜作物含钙较多。施肥时要注意适当补充钙、镁等元素。四是蔬菜属喜硝态氮的作物，以硝态氮为主时生育状况良好；铵态氮施用过多，易发生生理障碍或生育不良现象。因此，土壤与施肥是蔬菜作物赖以生存的基础。

设施蔬菜，相较露地蔬菜种植，因其具有较长的适宜生长期，其产量更高，因此需要补充更多的营养。

土壤中无机盐类浓度，一般用土壤浸出液电导率（EC值）来表示，并作为施肥依据之一。但因植物根系对盐类离子吸收的选择性，长期施用同种肥料易造成难以吸收盐类离子的过量积累，单凭EC值评价土壤肥力水平有很大缺陷。肥沃的土壤应该是土层疏松深厚，有机质含量高，保蓄（供应）水、养分的能力强，且微生物活动旺盛的土壤。而肥沃的土壤则是多年养地施肥的结果。

第一节　设施蔬菜施肥与发展

蔬菜施肥，是指在蔬菜生长发育期补充适当种类和数量营养元素的措施。

北京地区的蔬菜施肥，据史料记载西晋初年担任幽州最高军政长官的是范阳方城人张华（传说今北京大兴区的张华村即为其故里），在其所著的《博物志》中，扼要地介绍过自己家乡幽燕地区蔬菜栽培的施肥专业技术："烧马蹄、羊角成灰，春夏散着湿地，生罗勒。"即把马蹄、羊角烧成灰烬，有助于罗勒的生长。

北京自元大都建立以来成为全国的政治、军事、经济和文化中心，蔬菜产业就开始兴盛，元代王祯（1271—1368年）《农书·农器图谱·田制门》记载的"圃田"节中"惟务多取粪壤，以为膏腴之本。"大意是说：务必多方开辟肥料来源，这是培肥土壤的根本。

到明代时，包括今北京地区在内的顺天府是首都，居住人口渐渐稠密。人多排泄的粪便也多，因此有机肥料来源充足。在总结种植芜菁的丰产经验时，明末学者徐光启（1562—1633年）曾说过"北人种菜，大都用干粪壅（音拥，用干粪培根）之，故根大；南人用水粪，十不当一。"这里的"干粪"即是指经过晾晒、充分腐熟的粪干。

王祯《农书》和明代徐光启《农政全书》，都重视菜园的土壤肥力，认为"凡退下一切禽兽毛羽……之物，最为肥泽。和之为粪，胜于草木。"

到清代时，北平城近郊区菜农除自己积肥之外，还到"粪场"去购买粪干和粪稀，较大的"粪场"有两个，一个位于现在骡马市大街的梁家园一带，一个位于现在左安门内的龙潭公园附近。民国时期，为适应菜田对粪肥的大量需求，正式登记开办粪厂的有 400 多家。民国十九年（1930 年），北平市还成立了粪业协会。

史料记载这些菜园的肥料种类，也应是当时北京设施蔬菜主要使用的肥料种类。

1904 年，化学肥料硫酸铵传入中国。随着也传入了定量分析等研究方法，对提高我国科学施肥的水平起到了重要的作用。

20 世纪 30 年代，北平郊区开始使用化学肥料（硫酸铵），和农家肥料相比，肥效快，农者称之为"肥田粉"。但因它是舶来品，不能自产，谈不上生产应用。

民国二十八年（1939 年），中华书局出版的陆费执编著的《蔬菜园艺》肥料节中记载："氮素肥料施于植物为效甚速，用于叶、花、根蔬菜，发育迅速、柔软多汁，收效尤钜（巨）。蔬菜栽培以人粪尿、油粕、厩肥为多。人粪尿含氮颇富，需发酵腐熟施用；油粕为大豆、芝麻、棉籽等榨油之糟粕，性质多属干燥，用时须打成小片堆积之，略灌以水，其上加以遮盖，约过半日，再取而捣之成末，乃可施用；厩肥、堆肥为大宗肥料，其中马粪尤有酿热之功，为温床所不可少者。"还介绍了厩肥制造堆肥的方法。磷酸肥料，分有机体与无机体两种，有机体如骨粉、麸糠、鱼粕等；无机体有磷酸一石灰、磷酸二石灰、磷酸三石灰等，并介绍了其功效。钾质肥料，又名茎肥，主要介绍了草木灰。

新中国成立后，北京温室、阳畦蔬菜仍延续使用着民国时期的传统肥料种类：人粪尿、大粪干、马粪、厩肥、油粕、羊角、马蹄、皮毛杂肥等。随着国家化学肥料工业的快速发展，北京郊区的设施蔬菜施肥，经历了由传统的有机肥料阶段、有机肥作底肥和化肥做追肥阶段、肥料种类多样化的三个发展阶段。

一、有机肥料施用阶段

20 世纪 50 年代，北京郊区菜农设施蔬菜的施肥，完全是有机肥料（表 11 - 1），选用有机肥料时，遵循着都市废物利用、来源丰富、价格低廉的原则，如第二章第四节温室已述，温室蔬菜生产主要施用的是马粪、人粪干、羊蹄、鸡毛、麻酱渣等有机肥杂肥。北京阳畦蔬菜，主要使用的肥料为鸡毛、混合粪、人粪干、人粪尿等。海淀东冉村一带的阳畦，施用基肥数量比其他区多，长 13.33 米、宽 1.67 米的育苗畦，基肥施马粪为 350 千克、大粪（混合粪）250 千克；栽培畦基肥为大粪干 350千克（表 11 - 2）。

表 11 - 1　温室施用肥料成分表

名称	氮素	磷（P_2O_5）	钾（K_2O）
马粪	0.78	0.70	1.07
人粪干	1.80	1.87	0.69
羊蹄	14.80	0.22	3.78
鸡毛	13.38	0.44	0.12
麻酱渣	6.05	4.58	0.36

资料来源：引自《北京市郊区温室蔬菜栽培》，1956。

表 11 - 2b 阳畦蔬菜几种主要肥料一般使用量

单位：千克

肥料种类 及名称	基肥用量				追肥用量
	一般用量	最高用量	与其他肥料 混合时用量	常与混合施 用肥料名称	
鸡毛	2.5～4	4～5	4～5	人粪干、混合粪	
混合粪	35～40	75	50	鸡毛	15
人粪干	15～20	25	15～20	鸡毛	
猪毛			7.5	人粪干	
硫酸铵					0.25～0.375
人粪尿					15
麻酱渣					1～2

资料来源：引自《北京市郊区阳畦蔬菜栽培》，1956。

注：阳畦规格为 20 尺×5 尺/畦，尺为长度单位，10 寸等于 1 尺，10 尺等于 1 丈。1 市尺合 1/3 米。

温室、阳畦蔬菜施用的有机肥料，大多属于迟效性完全肥，肥效发挥分解的难易程度与土质、地下水位高低有关。例如，南苑右安门一带地下水位高的微碱性土壤，多用鸡毛、皮革、蹄角等难以分解的杂肥；而东冉村一带地下水位较低的地方，多用马粪、人粪尿等易分解的粪肥为主。东郊区（现为朝阳区）的鬼王庵、东直门、六里屯等产菜地方，有多年施用人粪尿（粪稀）的习惯，除用粪稀作追肥外，还利用粪稀拌草厩肥（或炉灰）作基肥。饼肥是油料作物种子经榨油后剩下的残渣，可作基肥或追肥。

马粪是设施栽培的重要肥料，施入后可以使板结的土壤变得疏松，以利于根系发育，并可以增加土壤的保水力，使土壤保持湿润有利于水分的供给；马粪有助于提升土壤温度，促进微生物活动并释放出二氧化碳气体，利于促进作物进行光合作用。其次是人粪干，为速效肥料，无论基肥、追肥或者是配制育苗营养土，都是必需的肥料。

马粪、厩肥、混合粪、人粪干等肥料主要用作基肥。四季青温室生产合作社获得高产的原因之一，就是大量使用优质肥料作基肥，其改良温室秋冬第一茬黄瓜生产，一般每间温室（栽培面积约 11 米²）施用马粪 150 千克、人粪干 100 千克（折合亩施马粪 9 吨、人粪干 6 吨）。冬春季第二茬温室黄瓜的每间施肥量，因前茬土壤内存留余肥，其用量仅为第一茬施肥量的一半。

追肥，主要是用羊蹄、人粪干、人粪尿、麻酱渣或饼肥浸泡发酵的液体肥料，按照一定的浓度来使用。羊蹄角浸液渣滓物含量少、肥效显著，具体浸泡方法是：施用前 7～10 天，每间温室用羊蹄角 1～2 千克，加水 6～7 倍浸泡在水缸或大瓦盆中，放在温室的火道上，约 10 天后，即出现泡沫、色泽发灰，证明已经发酵腐熟。取出浸泡原液，加清水稀释 11～12 倍，即可随灌溉追肥。

基肥在播种或定植前施用，以供整个生育期的需要。追肥是在蔬菜生长最盛时期，即黄瓜、番茄果实增长最快时和其他类蔬菜产品器官膨大前追肥。

二、有机肥作底肥、化肥作追肥阶段

进入 20 世纪 60 年代，随着化肥厂的建成投产，北京氮肥产量逐渐增加，到 20 世纪 90 年代中期的 30 多年期间，在有机肥种类和数量发生变化的同时，逐渐形成了以有机肥作底肥、化肥作追肥的设施蔬菜施肥方式，并延续至今。

（一）有机肥种类变化

20 世纪 50 年代末至 60 年代，北京郊区为保证城市居民蔬菜供应，积极扩大蔬菜种植面积。菜田耕地由 1958 年的 25.64 万亩猛增到 1959 年的 58.06 万亩，1960 年进一步扩大到 61.70 万亩。

为解决菜田大面积发展中肥料不足的问题，1960 年 7 月北京市政府组织开展了城肥下乡活动。先后掏挖化粪池 2 900 多个（图 11-1），收集粪便 3.1 万吨，清淘厕所积肥 6.32 万吨，运出垃圾 9 万吨，支援了近郊蔬菜生产用肥。随着近郊蔬菜基地的建设与集中，进入了菜田开始大量使用城市垃圾肥作肥料的年代。

图 11-1　全国劳模崇文清洁队时传祥淘粪倒入运粪车　1960

肥源不足，用炉灰消纳化粪池稀粪，掺拌积肥，就成了菜田施肥的最好选择。当时，在城郊边的关厢，开辟了多个积肥场，由菜农进驻加工积肥，然后由社队自己运回作肥料，一举多得。如红星人民公社，1961 年秋就在左安门外关厢，辟地 60 亩，成立了积肥专业队，由各大队（分场）抽人，共有农民 120 多人常驻积肥队，各自积肥自用；四季青人民公社组织菜农，到市内相关单位淘粪积肥（图 11-2）。菜农进城淘粪积肥，大大减轻了城市环卫清洁队的运输压力。此后，环卫清洁队负责清洁城内老式人工掏的茅房粪便，由运粪车直接运到菜田旁的粪坑，作为追肥用。1963 年，据市环境卫生处统计，运到近郊的城市垃圾有机肥为 63 万吨，供应粪稀 47 万吨；各公社自掏粪稀 19 万吨，粪水 13 万吨；掏下水道污泥 1 万吨。加上生产队自己拉运的垃圾，城肥量约占郊区积肥总量的 60%。

图 11-2　四季青社员到商业部宿舍化粪池淘粪肥　1962

城肥的具体使用方法是：菜农接纳城市固体垃圾并过筛，再接纳环卫清洁队运出的粪稀或自淘茅厕的粪便、化粪池的稀粪，与固体垃圾沟拌（掺拌）沤制后，作为固体肥料施入菜田，每亩施用量为 $3 \sim 4$ 米^3 或更多。

随着城市建设的发展，平房改楼房，水冲厕所增多，城市粪稀越来越稀。楼房集中供暖，大锅炉取代小煤灶，焦化严重，炉灰变炉渣，加上各积肥场使用的撞筛孔眼大小差异，有的过筛不认真，焦砟和小碗片、玻璃片，都漏下混入到肥料中施进了菜田。1972 年，海淀区农业局在玉渊潭公社调查表明：炉灰碱性较强，与粪稀拌在一起堆肥，反而使粪稀中的速效氮含量损失 21％；加上城市垃圾不分类都往郊区拉，其中砖头、炉渣、煤核、碎玻璃、石头、沙子等等大于 1 毫米的颗粒占 44.6％。经过连续多年使用此肥，菜田土壤结构被破坏，土壤黏粒含量减少，石、渣等含量增加，质地变粗，造成漏水、漏肥，不经旱也不抗涝，地力下降，无法挽回。大雨过后，表层土里的焦砟和小碗片或碎玻璃片，显露地面十分明显，赤脚踩裸露菜地，都会感到扎脚。菜田薅草时，有时就会出现薅刀（韭镰）碰着焦砟和碗片而"跳刀"现象。菜田土壤被人戏称"干炸丸子（炉焦砟）熘肉片（残留小碗片）"，导致近郊菜田单产开始下降，每年种植的 20 万亩左右的番茄、茄子、辣椒、黄瓜、冬瓜、西葫芦、菜豆、大白菜 8 种蔬菜，平均单产由 1970 年的 4 993.5 千克降低至 1979 年的 2 636.5 千克。到了 20 世纪 80 年代初，因地膜覆盖技术的推广，一些菜田未能及时清理残膜，土壤中的"熘肉片"变成了"残留薄膜"。

1978 年，北京市农科院蔬菜研究所对近郊获得高产栽培的黄瓜大棚进行了土壤检测，其结果表明：高产点土壤质地肥沃（表 11 - 3），大量施用有机肥是高产的重要原因。

表 11 - 3　1978 年京郊高产栽培黄瓜大棚土壤营养状况

检测大棚	取样时间 （年-月-日）	有机质 （％）	碱解氮 （毫克/千克）	有效磷 （毫克/千克）	速效钾 （毫克/千克）
东柳 4 号大棚	1978 - 03 - 19	7.5	80.16	244.4	304
西冉 2 号大棚	1978 - 05 - 26	6.5	124.1	153.2	140
马连道 2 队	1978 - 03 - 17	11.5	163.0	128	272
西冉 3 号大棚	1978 - 04 - 20	8.5	140.2	190.6	400
蓝靛厂大棚队	1978 - 03 - 16	6.2	98.3	224	182
远大一组大棚	1978 - 05 - 26	6.5	86.1	114.4	120

1980 年，北京市农业科学院土壤肥料研究所张有山等对朝阳、海淀、丰台三个菜区的高、中、低三种不同肥力水平的 400 多块菜地的养分状况进行了调查，以当时认为亩产 5 吨蔬菜需要氮 $13.5 \sim 20$ 千克、磷 $4.375 \sim 6.5$ 千克、钾 $21.65 \sim 29.75$ 千克的观点分析：只有 30％的地块养分符合上述需要量，70％地块均有不同程度的差缺。其中缺磷的地块占 46％，缺钾的地块占 52.7％。地力和蔬菜高产要求相比，还很不足。土壤有机质含量较高，但土壤全氮含量不高，反映出菜地有机质的质量不高，释放供氮的能力低。其主因与菜地中大量施用炉灰垃圾（伴有没有燃烧尽的煤屑）有关，只有施用优质有机肥才是提高菜地土壤肥力水平的根本途径。

针对城肥质量下降、菜田土壤肥力变差的问题，1981 年 3 月和 11 月，北京市政府决定"一亩菜田十只鸡"，自 1982—1985 年，在近郊菜区发展蛋鸡 200 万只，一律安排在菜田社、队，由集体饲养或组织联营（图 11 - 3），少占地、多积肥，为菜田提供有机肥。同期，郊区畜牧养殖也开始规模化发展，如卢沟桥东管头村，1982 年兴建了 1 个现代化猪场和 2 个种猪场、1 个 10 万只蛋鸡场。菜田养殖业发展，促进菜区开始转向施用畜禽粪便为原料的有机肥作底肥的新时期。

图 11-3a 二路居 10 万只规模养鸡场

图 11-3b 二路居的北京填鸭场

(二) 化学肥料迅速增长

20 世纪 50 年代，北京发展农业互助合作时期，除有机肥外，郊区菜农开始试验化学肥料，品种是"卜内门肥田粉（硫酸铵）"。当时商业部门以无偿供应、有效再买、无效赔偿作物损失等形式向农民推广。

除硫酸铵外，还有过磷酸石灰。但因受进口数量的限制，国家对化肥采取的是重点供应方针，因而北京郊区设施蔬菜施用化肥，仅处于试验施用阶段。到 20 世纪 50 年代中后期，郊区农业发展很快，固体肥料氮肥等供应严重不足。1958 年 4 月，北京市建立第一家化肥生产企业北京化工实验厂，1959 年 11 月，北京化工实验厂年产 4 万吨碳酸氢铵的一期工程生产车间正式投产。同年，北京炼焦化学厂建成年产 1.5 万吨硫酸铵工段。从此，化肥生产开始了从无到有、从少到多、从低水平到高水平的发展过程。首都钢铁公司还利用副产品制成了液态氮肥（即氨水，含氮量在 17% 左右）。进入 20 世纪 60 年代，北京近郊菜区蔬菜生产开始普遍施用氮素化肥作追肥。为解决菜区氨水的拉运工具问题，北京市农林局加工制作了氨水罐车 15 辆，分配给朝阳、大兴、通县使用，每天拉运氨水 45 吨。因氨水售价低（每千克为 0.14 元，而硫酸铵为每千克 0.44～0.50 元），很受菜农欢迎。由于氨水的碱性，菜田长期施用，到 20 世纪 70 年代，郊区菜地地下害虫迅速减少。

化学肥料，是重要的农业生产资料，是一种特殊商品，在数量不足的计划经济时期，菜田用肥遵循着国家按计划分配的原则。尤其 20 世纪 70 年代至 80 年代，经营计划属性更加突出。同期，郊区大力发展县办小型化肥厂。

1980 年，郊区共有氮肥厂 11 个，小磷肥厂 7 个，生产各种化肥 70 万吨，其中碳酸氢铵产量达到 42 万吨，从数量上缓和了供需矛盾，氨水随着化肥种类与数量的满足而逐渐停止使用。此后，全国化肥出现供大于求现象。优质肥料磷酸氢二铵、二元复合肥和三元复合肥开始进口，因增产效果显著，深受农民欢迎。农业增产关键是"一靠政策二靠天，三靠美国磷二铵"广泛流传。到 1990 年，北京每年自产尿素已达 20 多万吨，郊区全年施用化肥共 62.7 万吨，其中氮素化肥占 77%，磷、钾肥占 23%；平均亩耕地施用化肥达到 101.3 千克。此后，化学肥料开始向长效、多元型发展，到 1995 年，郊区耕地平均亩施用化肥维持在 99 千克，与 1990 年基本持平。

随着化学肥料数量增多，以化肥作追肥的施肥方法逐渐形成。

(三) 设施土壤地力增强

1990 年，经过多年的有机肥种类变化和菜田迁移远郊，北京市土肥工作站调查了平谷县峪口、大兴县长子营、顺义县北小营、通县胡各庄四个乡镇新菜田基地中的塑料大棚蔬菜施肥状况，显示出均施用以有机肥作底肥、化肥作追肥（表 11 - 4）的施肥方法。

表 11 - 4 1990 年北京远郊区大棚蔬菜施肥情况和产量

蔬菜作物名称	有机肥（千克/亩）	化肥用量（千克/亩）			化肥养分比例	产量（千克/亩）
		纯氮	P_2O_5	K_2O	N：P_2O_5：K_2O	
大棚春黄瓜	5 513	41.4	20.4	0.5	1：0.49：0.01	4 409
大棚春番茄	3 031	19.2	18.44	0	1：0.96：0	3 911

1997 年，北京市土肥工作站对保护地土壤肥力进行了测试研究，其土壤养分平均含量为：有机质 2.25%，全氮 0.123%，碱解氮 99 毫克/千克，有效磷 243.5 毫克/千克，速效钾 198.8 毫克/千克，有效铁 26.92 毫克/千克，有效铜 2.98 毫克/千克，有效锌 5.74 毫克/千克，有效锰 8.01 毫克/千克，硝态氮 88.8 毫克/千克。统计分析，土壤养分含量随保护地年限的增加而增加（表 11 - 5）。

表 11 - 5 保护地菜田土壤养分按年限测试统计表

年限	全氮（%）	有机质（%）	碱解氮（毫克/千克）	有效磷（毫克/千克）	速效钾（毫克/千克）
1～5	0.100	1.79	264.5	177.0	
6～10	0.121	2.22	89.1	359.6	210.0
11～15	0.143	2.29	114.3	269.2	229.7
>15	0.190	3.70	171.0	584.3	497.4

三、肥料种类多样化施肥阶段

20 世纪 90 年代中期以来，尤其是进入 21 世纪之后，新型有机肥料、化学肥料的品种增加、数量充足，设施蔬菜生产逐渐形成了以商品有机肥作基肥、水冲肥作追肥的水肥一体化设施蔬菜施肥新阶段。

（一）商品有机肥兴起

自 20 世纪 80 年代菜田养鸡以来，北京市畜牧养殖业迅猛发展，现代化、集约化、规模化的饲养方式取代了过去的农户分散养殖方式。而鸡粪的处理显得非常有必要，由此开始了加工有机肥的实践探索。

1986 年，北京市海淀区农业科学研究所白纲义，在房山良乡建设了高塔工艺加工有机肥示范场，利用人粪尿、畜禽粪便加工有机肥。但当时因加工成本较高，产品销售困难而停产。此后，近郊菜区及远郊顺义俸伯、平谷区峪口等鸡场，采用生产设备简单、加工效率高的膨化工艺处理鸡粪，生产商品有机肥。但膨化鸡粪的加工过程，臭味比较大，生产环境差，鸡粪有时并不能完全腐熟，在设施蔬菜上施用偶有烧苗现象。到 20 世纪 90 年代中期，膨化鸡粪加工逐渐减少，而发酵工艺加工鸡粪则逐步发展起来。

1996 年，北京市土肥工作站为解决鸡粪加工有机肥的问题，与湖北省相关单位合作，成立"北京农乐公司"，在全市率先开展工厂化发酵处理畜禽粪便加工有机肥技术的开发与推广。先后在密云西田各庄镇、密云北庄镇、顺义张喜庄、昌平南口镇、大兴礼贤镇、良乡农业职业技术学院、大兴凤河营、怀柔北房镇、房山城关镇、大兴南各庄等地建设了有机肥塔式发酵加工示范厂。此后，针对塔式发酵时其机械设备容易腐蚀的问题，科技人员借鉴天津农民塑料大棚发酵有机肥的机械化操作经验，将北京的塔式发酵逐渐改为卧（槽）式发酵池，采取三维式搅拌翻动设备及生产工艺（图 11-4）。这一改进使以鸡粪、猪粪、牛粪为发酵原料的商品有机肥生产在京郊获得快速发展。

图 11-4a　槽式有机肥发酵设施设备　1998

图 11-4b　槽式有机肥发酵设施设备　1998

这期间，北京市农林科学院土壤肥料研究所在大兴留民营指导建设了槽式发酵处理鸡粪与沼渣生产有机肥示范场；中国农业科学院土肥所指导顺义北郎中村采用达摩滚桶发酵工艺，处理猪粪生产有机肥示范场；北京市轻工研究所在通州种猪场采取条垛翻抛工艺，处理猪粪生产有机肥示范场。

一些企业，如顺义美施美生物技术有限公司在顺义牛栏山、顺义俸伯采用槽式发酵工艺，处理以鸡粪为主要原料的有机肥生产厂；北京嘉博文生物技术公司在怀柔喇叭口门采用槽式发酵工艺，处理以鸡粪为主要原料的有机肥厂；北京德圃园生物技术公司在通州于家务采用槽式发酵工艺，处理以鸡粪、猪粪和人粪尿为主要原料的有机肥加工厂；大环公司在朝阳、顺义利用牛粪养蚯蚓，同时生产销售蚯蚓肥的有机肥厂。

随着科技发展，1998 年全市各类规模化养殖场达到 1 455 个（不包括个体农户零散养殖），鸡粪的粪便处理多为直接晾晒或烘干，生物发酵的有发酵池、直接堆腐、塔式发酵方法。养殖业为郊区蔬菜种植提供了充足的有机肥源，优质有机肥不足和质量不一等情况发生了根本性改变。郊区设施蔬菜施用有机肥已经形成了以商品鸡粪为主的态势，粪稀逐渐消失（表 11-6）。1997 年调查郊区设施菜田，种植果类菜单季亩投入纯氮 20.0 千克、五氧化二磷 6.8 千克、氧化钾 1.5 千克，有机肥每亩投入 2 149 千克，亩产量 3 347 千克。

表 11-6　1997—1999 年郊区保护地菜田有机肥施用种类变化情况

年份（年）	调查点数（个）	粗肥（%）	稀粪（%）	鸡粪（商品有机肥）（%）	厩肥（%）	牛粪（%）	猪粪（%）	活性肥（%）
1997	89	3	4	70	1	7	15	0
1998	151	23	6	56	5	2	7	1
1999	223	1	0	77	10	0	10	1

21 世纪以来，随着城市经济的发展和人民生活水平的进一步提升，生产安全蔬菜、绿色蔬菜、有机蔬菜的需求更加紧要，因此促进了增施有机肥料。因而，商品加工有机肥厂发展到 30 多家，比

较大的有机肥厂有顺义美施美生物科技有限公司、北京雷力农用化学有限公司、北京凯茵有机肥生产有限责任公司、大兴一特有机肥厂等。2006 年开始，北京市财政每年拿出 2 000 万元，对菜农减少化学肥料而使用有机肥料给予补贴 250 元/吨（市场价 400 元/吨），每年在全市补贴推广有机肥 8 万吨。当年，正式登记的商品有机肥料生产企业就达 14 家。到 2018 年，北京财政共发放有机肥补贴 9 亿多元，累计推广商品有机肥 300 多万吨，累计推广面积 410 万亩。

2011 年，北京市土肥工作站对郊区 96 个温室、大棚蔬菜的施肥情况调查表明：其中使用鸡粪的菜农仍最多（图 11 - 5），占 57.40%。

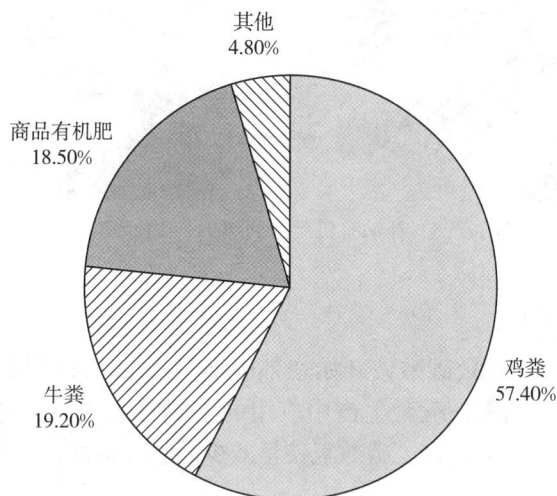

图 11 - 5　2011 年设施蔬菜有机肥不同品种施用所占百分比图

2018 年，对郊区 50 个设施菜田监测点的耕层土壤肥力进行测定，其养分综合指数为 84.2，与2010 年设施检测点综合养分指数 62.7 相比，地力提升较多，表明郊区设施蔬菜菜田地力达到高肥水平（表 11 - 7）。

表 11 - 7　2018 年设施菜田监测点土壤肥力情况

肥力等级	面积所占比例（%）	有机质（克/千克）	全氮（克/千克）	碱解氮（毫克/千克）	有效磷（毫克/千克）	速效钾（毫克/千克）	养分综合指数
高	9.3	42.7	2.7	267.6	314.3	588.8	100.0
较高	70.6	19.7	1.5	141.5	240.5	275.6	87.0
中	19.2	16.7	0.8	68.7	107.0	143.7	67.8
较低	0.8	13.0	0.9	67.1	51.6	64.1	45.7
低	—	—	—	—	—	—	—
平均	100.0	21.2	1.4	138.7	220.3	277.8	84.2

注：50 个点代表面积 7 490 亩。

2019 年，北京市农业农村局等部门联合下发了京政农发〔2019〕83 号《北京市推广应用有机肥工作方案（试行）》，决定每年拨出 1 亿元用于补贴推广应用有机肥（图 11 - 6）。尽管如此，因郊区耕地锐减，粮食作物面积很少，养殖业又退出，城市人口粪便无法利用等原因，造成生产有机肥原料严重短缺，期望在设施蔬菜生产上用有机肥替代化学肥料的难度较大。

图 11-6　补贴有机肥送到地头　齐艳华　2019

(二) 化学肥料种类多样

20 世纪 90 年代中期，国产长效碳酸铵开始在郊区推广。进入 21 世纪以来，国家化学肥料工业进一步快速发展，水溶性化肥增多，蔬菜生产中应用的主要有氯化钾、磷酸氢二铵、尿素、碳酸氢铵、硫酸钾、复合肥等。其中，氯化钾、碳酸氢铵呈减少趋势；硫酸钾、复合肥呈增加趋势；磷酸氢二铵、尿素、硫酸铵呈平稳状态。

2011 年，调查京郊菜农使用的化学肥料品种有：复合肥、硫酸钾、磷酸氢二铵、过磷酸钙、钙肥、尿素、硫酸镁、叶面肥等，与 1999 年相比，菜农几乎不再使用碳酸铵、硫酸铵（图 11-7）。滴灌专用肥、水冲（溶）肥等高浓度复合肥在保护地蔬菜生产中发展很快，水肥一体化方式已成为设施蔬菜园区的常见施肥方式。

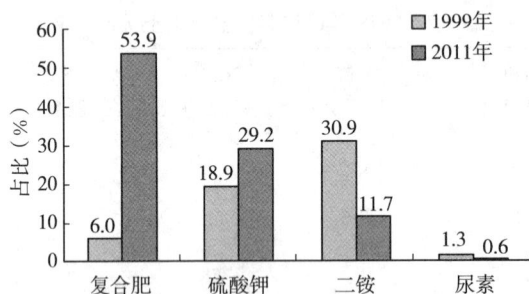

图 11-7　北京市设施蔬菜主要化肥品种施用农户比例变化

当前，北京郊区的设施蔬菜施肥，仍然坚持有机肥作底肥，以商品有机肥为主导，不断开发作物秸秆制肥方法，并运用生物肥以提升菜田地力。利用多样化的新型肥料品种，逐渐形成了以复合肥、硫酸钾、磷酸氢二铵为主，中量元素钙肥、镁肥及叶面肥等为补充的设施蔬菜施肥方式，保证了设施蔬菜的周年高效生产。

随着有机肥的变化，水肥一体化施肥将成为设施蔬菜普及发展的主要施肥技术。

第二节　设施土壤环境的特点

蔬菜设施如温室和塑料拱棚内温度高，空气湿度大，光照较弱，而作物种植茬次多，生长期长，故施肥量大，根系残留量也较多，因而使得土壤环境与露地土壤很不相同，具有下列特点。

一、设施内土壤盐分不易淋洗而造成积累

由于园艺设施是一个封闭（不通风）或半封闭（通风时）的空间，自然降水受到阻隔，土壤受自然降水自上而下的淋溶作用几乎没有，使土壤中积累的盐分不能被淋洗到地下水中。此外，由于设施内温度高，作物生长旺盛，土壤水分自下而上的蒸发和作物蒸腾作用比露地强，根据"盐随水走"的规律，也加剧了土壤表层较多盐分的积聚，如图 11-8 所示。

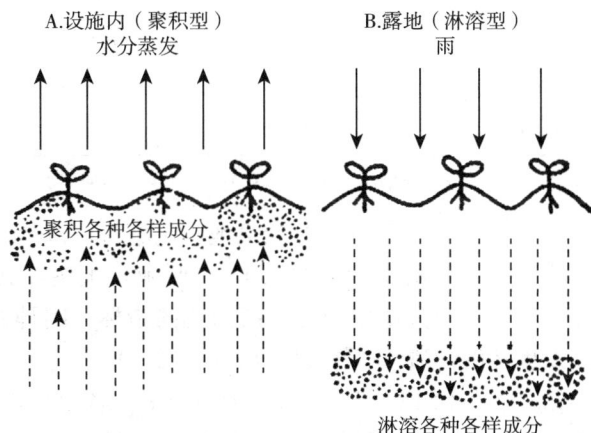

图 11-8　自然土壤与设施土壤的差别
资料来源：引自《设施园艺学》，张福墁。

二、次生盐渍化现象明显，N、P、K 养分不平衡

设施生产为了获得更多收益，施肥量高于露地生产；同时在冬、春寒冷季节，土壤温度比较低，施入的肥料不易分解和不易被作物吸收，也容易造成土壤内养分的残留。中国农业大学对日光温室冬春茬和秋冬茬黄瓜需肥规律的研究结果表明，秋冬茬黄瓜对速效养分的吸收量仅为冬春茬黄瓜的30%左右，但生产者盲目认为施肥越多越好，往往采用加大施肥量的办法以弥补地温低、作物吸收能力弱的不足，结果适得其反，易造成盐渍化现象，并随年限而加重，见图 11-9。

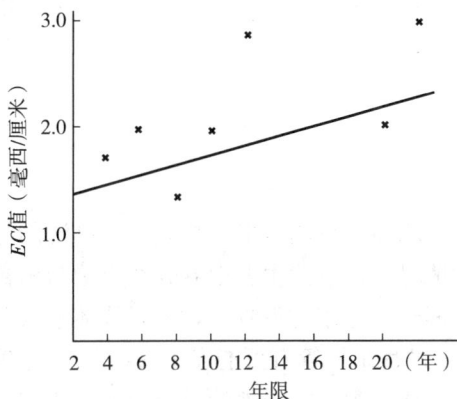

图 11-9　园艺设施使用年限与土壤盐类浓度的关系
资料来源：引自《设施园艺学》，张福墁。

北京市土肥工作站1999年调查郊区顺义、平谷、昌平、延庆、大兴、通县、朝阳、海淀、丰台9个区县348个设施蔬菜生产点，进行取土样化验3 480项次，分析其土壤含盐量（表11-8）。从表中可以看出：无论设施年限长短，设施内土壤全盐量均高于设施外露地。此外，随着设施栽培年限加长，盐分增加率呈上升趋势。

表11-8　棚内外土壤全盐量（％）随棚龄变化列表

棚龄（年）	土壤含盐量		差值	增加率
	棚内	棚外		
1～5	0.236	0.161	0.075	46.6
6～10	0.210	0.168	0.042	25.0
11～15	0.249	0.186	0.063	33.9
>15	0.216	0.152	0.064	42.1

注：此表调查1～5年的点面积占31.0％；6～10年的点面积占27.6％；11～15年的面积占27.6％；15年以上的面积占13.8％。

根据土壤全盐量的分析，种植年限大于15年的老菜地，土壤0～25厘米层次的全盐含量有明显的提高，其中全盐含量增加最大的土壤层次为表层（0～5厘米）土壤，其次为5～10厘米土层和10～25厘米土层。如果按照0.24％的含盐量作为轻度盐渍化的指标，则种植年限大于15年的菜地，土壤表层（0～5厘米）已经发生轻度盐渍化（图11-10）。

检测土壤各层次的电导率，种植年限6～10年的保护地土壤，各个层次电导率比1～5年的新菜地土壤有所降低，原因可能与新菜田投入状况跟不上、但蔬菜对养分的吸收比较多有关；而11～15年以及16～20年的保护地土壤各层次电导率则不断升高（图11-11）。其中在各个土壤层次上，变化最大的是0～10厘米土层，老菜地（大于15年）比5～10年历史的新菜地高出1倍。

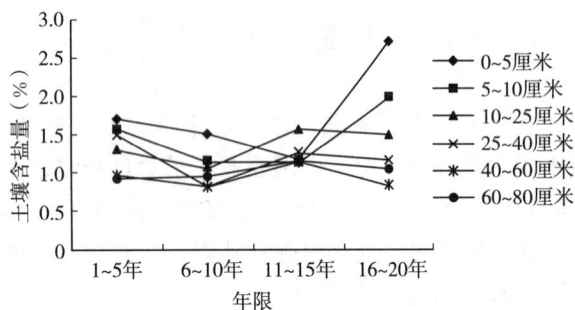

图11-10　郊区设施蔬菜土壤不同年限下
土壤含盐量变化　1997

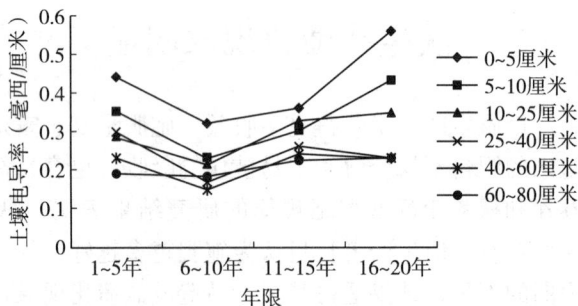

图11-11　郊区设施蔬菜土壤不同年限下
土壤电导率变化　1997

三、土壤酸化

设施菜田土壤发生酸化的主要原因，是硝酸根、盐基离子淋洗的严重发生和大量盐基离子随植物被移出土壤。在没有外界干扰的情况下，自然生态中养分在土壤与植被之间的闭合循环里并不导致土壤酸化。设施蔬菜生产体系的土壤养分经作物吸收后，又以残体形式归还土壤，土壤中的酸碱收支基本保持平衡（图11-12），在这个过程中尽管有可能发生一些质子的释放，但土壤本身的缓冲性，使得土壤溶液的酸碱变化非常微弱。在人为干扰强烈的设施农田土壤中，水氮投入过量，作物收获后收获物和残体被移出系统外，两种因素共同作用的结果，导致设施菜田酸化潜势增大，土壤酸化过程显著加快。

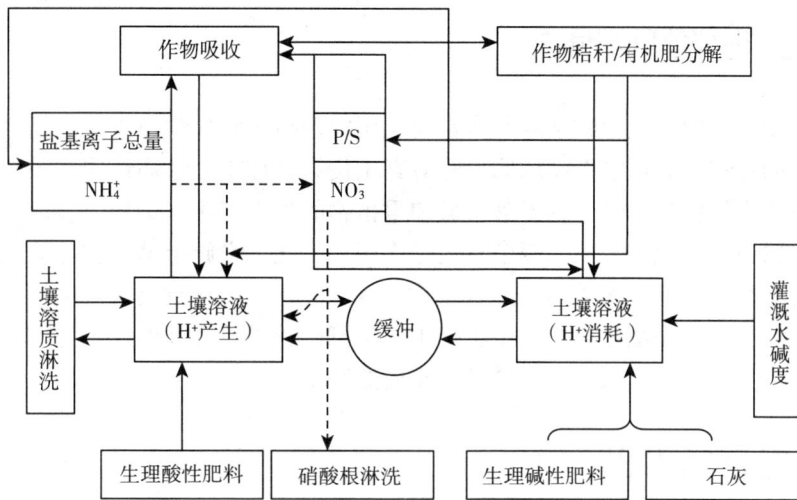

图 11-12 设施蔬菜生产体系土壤的酸碱平衡 王敬国

土壤酸化的结果，除因 pH 过低直接危害作物外，还会加速土壤盐基离子（Ca^{2+}、Mg^{2+}、K^+、NH_4^+）的淋失，导致土壤养分库的损耗，造成土壤养分贫瘠并降低作物产品品质。日本的试验表明，连续施用硫酸铵、氯化铵时 pH 下降最明显。

四、连作障碍

设施栽培是一种集约化栽培方式，为了便于规模化生产和产业化经营，栽培作物的种类比较单一，往往连续种植当地技术水平高和产值高的作物，而不注意轮作换茬。久而久之，土壤中的养分失去平衡，某些营养元素严重亏缺，而某些营养元素却因过剩而大量残留于土壤中，同时使相同致病菌累积，作物连作时由于作物根系分泌物质的自毒作用和根系分泌物的相对单一，使土壤微生物多样性受到破坏，最终产生连作障碍。

五、土传病虫害难以绝迹

设施内的环境温暖湿润，为土壤中的病虫害提供了越冬场所，土传病、虫害严重，使得一些在露地栽培可以消灭的病虫害，在设施内难以绝迹。例如根结线虫过去在北京露地难以越冬，不是主要病害。20 世纪 90 年代后期，由于温室内引种芦荟，根结线虫随芦荟种苗引入北京，目前已经成为北京设施生产的主要病害之一，温室土壤内一旦发生就很难消灭。黄瓜枯萎病的病原菌孢子是在土壤中越冬的，设施土壤环境为其繁衍提供了理想条件，发生后也难以根治。虫害也是如此，由于温室适温时间长于露地，繁殖代数增加，所以，设施作物的病虫害明显高于露地。

六、土壤有机质含量高

设施栽培条件下，为了获得高产，有机肥的投入量要远远高于露地。对北京等环渤海湾地区设施果菜生产有机肥的投入量调查结果表明，设施黄瓜、番茄亩产 10 吨以上种植户有机肥（农家肥）的投入量基本在每亩 10 米³ 以上，加上夏季土壤消毒作物秸秆的投入等，设施土壤有机质含量总体高于露地，平均为 3%。日本设施菜地土壤有机质含量可高达 8%。沈阳农业大学园艺系研究证明，蔬菜产量和易氧化有机质含量呈显著正相关（$r=0.763$）。

七、土壤生物学障碍明显

在设施蔬菜作物土壤中，微生物学障碍常常与土壤物理障碍和化学障碍伴随发生。例如，植物根系分泌中化感物质的存在，有可能帮助病原生物对寄主侵染，加重其致病作用。一些作物根系分泌的化感物质可能通过改变作物根际微生物群落组成加重植物的自毒作用。例如，黄瓜分泌的肉桂酸和香豆酸对黄瓜枯萎病原菌、尖孢镰刀菌的侵染有促进作用。因此，设施土壤生物环境处于微生态失衡状态，具体表现为土壤病原生物及相关不利因素超平衡状态的存在，导致土壤微生物区系失衡和线虫区系失衡。微生物和线虫区系失衡是设施菜田土壤生物学障碍的主要表现形式，与土壤其他性状存在各种复杂的关系，并不是某一个或某几个因素简单作用的结果。

八、土壤重金属累积

设施蔬菜作物生产中普遍存在有机肥和化肥施入量大，农药和生长调节剂应用普遍，有的地方滥用现象时有发生，特别是有些有机肥（如鸡粪）含有重金属，常造成土壤中重金属的积累。中国农业大学对环渤海湾不同年限日光温室土壤重金属含量的调查结果表明，锌和铜是环渤海湾日光温室土壤污染潜在风险最大的重金属元素，磷肥和钾肥投入可能是导致锌和铜污染的主要因素。虽然砷和镉含量低于土壤重金属污染的阈值，但二者随种植年限的增加呈显著升高趋势，需引起重视，防止突破阈值。

第三节　设施土壤环境的调节

一、深翻土壤

设施菜田土壤因化肥过量投入导致土壤次生盐渍化，土壤板结严重；同时为了降低劳动强度，温室土壤旋耕机得到了普遍应用，但目前使用的旋耕机翻地深度一般只有20厘米左右，导致设施菜田熟土层厚度逐年减少，蓄水保墒能力明显下降，土壤质量降低，很难满足蔬菜高产栽培对土壤的要求。因此设施菜田土壤环境调控，首先需要进行土壤深翻。

深松（深翻）土壤，可以从多方面改善土壤环境条件，深翻有以下优点：

一是深翻结合施有机肥可改善土壤结构和理化性状，促使土壤团粒结构形成，使土壤中水、肥、气、热得以改善，增加了土壤好气性微生物数量和矿物质的有效分解，培肥了地力。促进蔬菜根系生长，使植株生长更健壮、叶片大而厚、叶色浓，增加蔬菜叶片的光合作用，使蔬菜长势良好，为高产奠定基础。实践证明，深翻土壤与未深翻土壤相比，蔬菜增产幅度一般在10%以上。二是增加耕作层厚度，打破犁底层，促进根系深扎，提高植物抗逆性和对水肥的利用效率。三是可以将深层土壤翻至表层，浅层土壤翻到深层，从而将大量的病原物埋入深层土壤，降低了其危害，确保植物生长状况良好，防止（减少）农药污染，降低生产成本，确保蔬菜产品质量安全，实现绿色生产。四是深翻可将大量杂草及其种子翻到深层，一方面腐烂后变为肥料，改善土壤结构，促进植物生长；另一方面大大减少杂草危害，确保植物生长养分供给。

二、合理轮作，种植填闲作物

轮作对于保持和提高土壤肥力，防治病虫害发生，提高土地利用率、克服连作障碍及提高蔬菜产量和质量等均具有重要作用。设施蔬菜轮作可以采用菜/菜轮作、菜/粮轮作、菜/果轮作和水/旱轮作等方式。轮作作物的确定，除考虑市场需求和经济效益以外，还特别要考虑前后茬作物的互补性，要考虑作物抗病性的互补、根系营养吸收的互补性、土壤不同层次营养利用的互补性、根系分泌物的互补性等。

北京地区相对固定的蔬菜设施，以轮作为主。秋冬、冬春茬口种植不同作物，也可在主要茬口轮作基础上，不施用任何肥料，间作种植一茬 30～45 天速生菜如樱桃小萝卜、小油菜、小白菜等，充分利用上茬盈余的养分。对于日光温室一大茬栽培模式来说，利用夏季 7—9 月 3 个月的休闲期种植玉米、甜玉米和葱是比较适宜的，在冬春茬蔬菜收获后定植一茬玉米或甜玉米，并秸秆还田，有利于克服土壤次生盐渍化、抑制土传病害。

或通过遮阳网覆盖种植 1～2 茬速生叶菜如耐热菠菜、大叶茼蒿等，能显著降低土壤养分含量，缓解次生盐渍化，提高土壤微生物多样性，对恢复地力、减少生理性病害和病菌引起的病害都有显著作用。

三、增施优质有机肥和作物秸秆

优质有机肥因其肥效缓慢不易引起盐类浓度上升，还可改进土壤的理化性状，疏松透气，提高土壤氧含量，利于作物根系生长。需要注意的是规模化养殖场的有机肥盐分含量有逐年增高趋势，选择有机肥时需要特别注意。设施内土壤次生盐渍化的盐分主要以硝态氮为主，占到阴离子总量的 50% 以上。因此，降低设施土壤硝态氮含量是改良次生盐渍化土壤的关键。已有的研究表明，施用作物秸秆对改良设施土壤次生盐渍化效果显著，这是因为作物秸秆的碳氮比均较大（豆科作物的秸秆除外），施入土壤以后，在被微生物分解过程中，能够同化土壤中的氮素。据研究，1 克没有腐熟的稻草可以固定 12～22 毫克无机氮。在土壤次生盐渍化不太重的土壤上，按每亩施用 300～500 千克稻草较为适宜。在施用以前，先把稻草切碎，一般应小于 3 厘米，施用时要均匀地翻入土壤耕层。也可以施用玉米秸秆，施用方法与稻草相同。施用秸秆不仅可以防止土壤次生盐渍化，而且还能平衡土壤养分，增加土壤有机质含量，促进土壤微生物活动，降低病原菌的数量，减少病害；最近几年稻壳鸭粪作为优质有机肥得到广泛应用，其有助于调控土壤碳氮比、减少氮肥淋洗。

四、平衡施肥

平衡施肥能够减少土壤中的盐分积累，是防止设施土壤次生盐渍化的有效途径。配方施肥是设施蔬菜生产的关键技术之一，不但可以平衡供应养分，还可减少次生盐渍化。近年来，对设施栽培主要蔬菜的配方施肥技术进行了大量研究，获得不少的配方，包括以土壤养分平衡法和土壤有效养分校正系数法为基础的配方施肥技术，下面只介绍 N、P、K 大量元素配方施肥方案和技术。

（一）土壤养分平衡法

蔬菜配方施肥是基于目标产量养分需求，在施用有机肥的基础上，根据蔬菜的需肥规律、土壤的供肥特性和肥料效应，提出氮、磷、钾和微量元素肥料的适宜用量以及相应的施用技术。

$$\frac{计划产量}{施肥量} = \frac{计划产量吸肥量-（有机肥供肥量+土壤供肥量）}{肥料的有效养分含量×肥料利用率}。$$

式中：计划产量施肥量是指在一定的计划产量条件下，需要施入土壤氮、磷、钾化肥的数量，具体计算方法省略。

计划产量吸肥量是指在一定计划产量条件下，作物需要吸收的营养元素总量。

$$\frac{计划产量}{吸肥量} = \frac{计划产量（或目标产量）}{100}×每生产 100 千克产量所需吸肥量。$$

土壤供肥量是指在不施肥条件下土壤能够提供给蔬菜的各种养分含量，通常需要进行不施肥处理试验，在获得了无肥处理产量以后再按以下公式计算：

$$土壤供肥量 = \frac{无肥区产量}{100} \times 每生产100千克产量所需吸肥量。$$

有机肥供肥量是指施入土壤中的有机肥料对当季蔬菜的供肥量，一般可先把施用有机肥料的数量确定下来，并根据其氮、磷、钾养分的含量和它们的当季利用率，先算出施入有机肥料所能提供的氮、磷、钾数量，余下的用化学肥料来补。具体计算方法如下：

$$有机肥料供肥量 = 有机肥料施入量 \times 有效养分含量 \times 利用率。$$

（二）土壤有效养分校正系数法

土壤有效养分校正系数法，是在土壤养分平衡法的基础上提出的。在土壤养分平衡法中，获得土壤供肥量参数，需要在田间布置缺氮、缺磷和缺钾试验，并分别通过不施氮、磷和钾试验区的产量及蔬菜的100千克经济产量吸肥量，分别计算出土壤的氮、磷和钾的供肥量。而用土壤有效养分校正系数法可以不用上述试验，通过土壤养分测定和土壤有效养分校正系数来计算出土壤的供肥量。计算公式如下：

$$计划产量施肥量 = \frac{计划产量吸肥量 - 有机肥供肥量 - (N_s \cdot 0.15 \cdot r)}{肥料的有效养分含量 \times 肥料利用率}。$$

式中：计划产量施肥量、计划产量吸肥量、有机肥供肥量的计算方法与上述的计算方法相同；N_s 代表土壤的有效养分测试值，以 mg/kg（毫克/千克）表示；0.15 为从土壤养分测试值转换成每亩土壤耕层有效养分含量的千克数；r 代表土壤的氮、磷、钾的有效养分校正系数。

根据现有的资料，暂定为：土壤碱解氮的校正系数为 0.6，有效磷（Olsen 法）0.5，有效钾 1.0。

（三）北京郊区设施黄瓜平衡施肥技术

1. 黄瓜养分需求量

黄瓜的养分需求特性与品种、气候条件、养分供应及生育时期有很大关系。1976 年《北京市蔬菜生产技术手册》列出：生产 1 000 千克黄瓜产品需要吸收氮 1.7 千克、磷 1.4 千克、钾 2.6 千克。2010 年 7 月中国农业大学张福锁主编《设施园艺学》黄瓜配方施肥技术提出：生产 1 000 千克黄瓜需吸收氮 1.9～2.7 千克、五氧化二磷 0.8～0.9 千克，氧化钾 3.5～4.0 千克。其需求量至今仍是需要研究的问题，中国农业大学陈清综合有关资料提出，黄瓜对氮、磷、钾养分的吸收比例一般在 1：（0.2～0.6）：（0.8～1.5）。各生育时期内养分需求不同，一般在初花期和盛瓜期养分需求量较高。不同产量水平黄瓜氮、磷、钾需求量（表 11-9）。

表 11-9 不同产量黄瓜商品所吸收的氮、磷、钾量

养分吸收	目标产量（吨/公顷）					
	<40	40～80	80～120	120～160	160～200	>200
氮（N）	160	240～300	320～480	480～600	600～680	680～700
磷（P_2O_5）	40	40～80	80～120	120～160	160～180	180～220
钾（K_2O）	180	180～260	260～350	350～440	440～520	520～650

注：每生产 1 000 千克黄瓜所吸收的氮、磷、钾量依次为 3.5 千克、1 千克、4 千克。

2. 施肥的原则

（1）以有机肥为主，合理施用 C/N 比高的有机肥，来培肥地力，改善土壤质量。

（2）以基肥和追肥相结合的分配原则，在养分需求临界期和最大效率期，按养分需求分次追施，每次追氮量不超过 6 千克/亩。

（3）施肥与合理灌溉紧密结合，减少养分损失，提高养分利用效率。采用膜下沟灌、滴灌等，每次每亩灌溉 15～20 米^3，沙壤土 10～15 米^3。

3. 施肥技术方案

氮、磷、钾化肥的具体施用，可根据不同蔬菜品种的需肥规律和有关栽培措施来定。以黄瓜为例，施肥前期以控为主，保证后期生长。一般有机肥和磷、钾肥全部作基肥施用，也可用氮肥的 10%～20%、钾肥的 20%～30%作底肥施用。其余氮、钾肥在初花期和结瓜期按养分需求分次追施。一般结合灌溉和采收每 7～10 天追肥 1 次。当有机肥亩用量小于 2 000 千克，土壤养分测定含量低时，秋冬茬和冬春茬黄瓜结瓜期的氮钾肥分 6～8 次追施，越冬长季节分 14～16 次追施。有机肥亩用量超过 2 000 千克，基肥可不施氮、钾化肥，推荐施肥量在初花期和结瓜期分次追施。以下是不同产量水平黄瓜的推荐施肥量，仅供参考：

（1）产量水平 4 000～6 000 千克/亩　有机肥（风干基）800～2 000 千克/亩；氮肥（N）25～30 千克/亩，磷肥（P_2O_5）2～12 千克/亩，钾肥（K_2O）30～35 千克/亩。

（2）产量水平 7 000～10 000 千克/亩　有机肥（风干基）2 000～3 000 千克/亩；氮肥（N）35～40千克/亩，磷肥（P_2O_5）15～20 千克/亩，钾肥（K_2O）35～40 千克/亩。

（3）产量水平 11 000～13 000 千克/亩　有机肥（风干基）3 000～5 000 千克/亩；氮肥（N）45～55千克/亩，磷肥（P_2O_5）20～25 千克/亩，钾肥（K_2O）40～45 千克/亩。

（4）产量水平 14 000～16 000 千克/亩　有机肥（风干基）3 000～5 000 千克/亩；氮肥（N）50～60千克/亩，磷肥（P_2O_5）25～30 千克/亩，钾肥（K_2O）45～50 千克/亩。

五、膜下灌溉

设施土壤次生盐渍化不是整个土体的盐分含量高，而是土壤表层的盐分含量超出了作物生长的适宜范围，这是由于土壤水分的上升运动和通过表层蒸发使土壤盐分积聚在土壤表层。通过合理灌溉降低土壤水分蒸发量，有利于防止土壤表层盐分积聚。漫灌和沟灌由于灌水量大，土壤湿润面积大，加速了土壤水分的蒸发，易使土壤盐分向表层积聚，而滴灌和渗灌则可防止土壤下层盐分向表层积聚，是较好的灌溉措施。近几年，膜下滴灌、膜下沟灌代替漫灌，有效缓解了土壤次生盐渍化的发生。

六、土壤消毒

正常情况下土壤中病原菌、害虫等有害生物和微生物与硝酸细菌、亚硝酸细菌、固氮菌等有益生物在土壤中保持一定的平衡，但连作时由于相同致病菌的积累及作物根系分泌物质的相对单一，土壤中微生物多样性的平衡状态被打破，土壤成为病虫害及杂草传播的主要媒介和病虫害繁殖的主要场所，许多病菌、虫卵和害虫在设施土壤中生存或越冬传播。因此，不论是苗床用土、盆栽用土还是栽培土壤，使用前都应彻底消毒。具体措施如下。

（一）太阳能消毒

太阳能消毒技术是指在高温季节通过较长时间覆盖塑料薄膜提高设施的密闭环境和土壤温度，杀死土壤中包括病原菌在内的各类有害生物，可避免药剂消毒所造成的土壤有害物质残留、理化性质破坏等弊端。该技术因操作简单，经济实用，对生态友好等诸多优点而得到普遍应用。太阳能消毒的关键技术要点包括：①在气温较高、太阳辐射较强烈的炎热高温夏季 7—8 月给土壤覆盖薄膜。②保持土壤湿润以增加病原休眠体的热敏性和热传导性能。③使用较薄的地膜以减少投资，增强效果。

太阳能消毒通常可使被处理土壤30厘米以内土壤温度达到36~60℃，但其消毒效果受气候影响较大，消毒期间太阳辐射偏低将影响消毒效果。

（二）药剂消毒

药剂土壤消毒，根据药剂的性质，将化学、生物制剂通过土壤点穴注射、土表喷施、设施内熏蒸等方式，施用到土壤中以杀死土壤中的病原菌、地下害虫、线虫、杂草种子等具体措施。现举几种近几年北京地区常用药剂为例说明。

1. 甲醛（40%）

用于温室土壤或育苗床土消毒，杀灭土壤中的病原菌，同时也杀死有益微生物，使用浓度50~100倍。使用时先将温室土壤或苗床内土壤翻松，然后用喷雾器均匀喷洒在地面上，再稍翻一翻，使耕层土壤都能沾着药液，并用塑料薄膜覆盖地面保持2天，使甲醛充分发挥杀菌作用后揭膜，打开门窗，两周后甲醛散发出去才能使用。

2. 硫黄粉

用于温室及床土消毒，消灭白粉病菌、红蜘蛛等，一般在播种前或定植前2~3天进行熏蒸，熏蒸时要关闭门窗，熏蒸一昼夜即可。

3. 氯化苦

主要用于防治土壤中的线虫，将床土堆成高30厘米的长条，宽由覆盖薄膜的幅度而定，每30厘米^{2}注入药剂3~5毫升至地面下10厘米处，之后用薄膜覆盖7天（夏）至10天（冬），以后将薄膜打开放风10天（夏）至30天（冬），待没有刺激性气味后再使用。本药剂使用后也同时杀死硝化细菌，抑制氨的硝化作用，但在短时间内即能恢复。该药剂对人体有毒，施药人员需要做好防护并在使用时通风，使用后密闭通风口保持室内高温，以提高药效，缩短消毒时间。

氯化苦比较常用，属于危险化学品，其使用方法是在田间布点开穴，用土壤注射器向地下注射氯化苦原药（图11-13），深度为15厘米，然后立即覆盖地膜，密闭熏蒸15天，揭开地膜，待药液挥发后定植。在施药技术、专用施药机械、工具养护等方面有严格要求，要点如下：

（1）施药量　在防治草莓重茬病害时，每平方米使用30~50克。重茬年限越长，使用量越高。

（2）土壤条件　旋耕20厘米深，充分碎土，捡净杂物，特别是作物的残根。因为氯化苦不能穿透病残体的内部，不能杀灭残体内部的病原菌，这些病原菌很容易成为新的传染源。

图11-13　药剂注射到土壤中

（3）施药方法 用手动注射器将氯化苦注入土壤中，注入深度为15～20厘米，注入点距离为30厘米，每孔注入量为2～3毫升，注入后，用脚踩实穴孔。施药时，土温至少达5℃。

（4）覆膜熏蒸 施药后，立即用塑料膜覆盖，膜周围用土盖严压实（图11-14）。地温不同，覆盖时间也不一样。低温（5～15℃）为20～30天；中温（15～25℃）为10～15天；高温（25～30℃）为7～10天。

注意事项：施药前，先准备好农膜，做到边注药边盖膜，防止药液挥发或跑气漏气。用药过程，要随时观察，发现漏气及时补救并密闭严实，否则影响药效。

4. 石灰氮（氰胺化钙）

石灰氮作为一种高效的土壤消毒剂，其分解的中间产物氰氨和双氰氨对土壤中的微生物和昆虫具有很强的杀灭和驱避作用。20世纪50年代郊区曾作为肥料少量应用。近10年，用石灰氮防治土传病害的研究在设施蔬菜生产中得到了快速发展。Bourbos（1997）的研究表明，采用石灰氮结合高温日晒闷棚，对土壤中的镰

图11-14 注射后盖严并压实农膜

刀菌的有效杀灭率可达到99%以上，可有效控制黄瓜设施栽培中枯萎病的发生，对根结线虫的防治效果也能达到85%以上。使用方法是将氰胺化钙全面均匀撒在土表后，通过小型翻耕机械或人工翻耕使其与表土混合均匀，如能混合秸秆或稻草效果更佳，一般每亩石灰氮用量为60千克，秸秆600千克。药剂与土壤、秸秆混合后灌水覆膜，保持土壤有一定湿度使氰胺化钙颗粒分解。施用氰胺化钙后10～20天即可播种或定植。一般选择夏季高温、光照最好的一段时间进行处理较为适宜。北京地区在6—8月休闲季节进行土壤消毒处理最为理想。操作规程如下：

（1）清洁地块 将选定田块内上茬作物收获后的遗留物清理干净，焚烧、深埋或放置到远离种植区域的地方。

（2）均匀撒施 将稻草或麦秸（最好粉碎或铡成4～6厘米小段，以利翻耕）或其他未腐熟的有机物均匀撒于地表（图11-15），亩用量600～1 200千克；并均匀撒施石灰氮40～80千克/亩（图11-16）。

图11-15 向地表均匀撒施作物秸秆或未腐熟有机肥

图11-16 向地表均匀撒施石灰氮

（3）深翻　用旋耕机或人工将有机物和石灰氮深翻入土壤，深度30～40厘米为佳。翻耕应尽量均匀，以增加石灰氮与土壤颗粒的接触面积（图11-17）。

图11-17　用旋耕机深耕土壤

（4）作畦　作高30厘米左右，宽60～70厘米的畦（图11-18）。

图11-18　起垄作高畦

（5）密封地面　用透明的塑料薄膜将土壤表面密封起来（图11-19）。

图11-19　起垄后用地膜盖严密封地面

（6）灌水　从薄膜下往畦里灌水，直至畦面湿透为止。保水性能差的地块可再灌水1次（图11-20）。

图 11 - 20 在膜下灌水湿透畦面

（7）封闭温室 将温室完全封闭，注意温室出入口、灌水沟口不要漏风，这样的状况持续 20 天左右。

（8）打开棚膜，揭地膜 打开温室通风口，揭开地面薄膜（图 11 - 21），再翻耕土壤，等待7～14天后可播种或定植作物。

图 11 - 21 膜下浇水后 20 天揭开地膜

上述 4 种药剂在使用时都需提高室内温度，使土壤温度达到 15～20℃ 以上，10℃ 以下不易汽化，效果较差。此外，多菌灵、百菌清、波尔多液、威百亩、溴甲基等也可消毒。

5. 蒸汽消毒

蒸汽消毒是土壤热处理消毒中最有效的方法，它以杀灭土壤中有害微生物为目的。大多数土壤病原菌用 60℃ 蒸汽消毒 30 分钟即可杀死，多数杂草种子，需要 80℃ 左右的蒸汽消毒 10 分钟才能杀死。土壤中除病原菌之外，还存在很多氨化细菌和硝化细菌等有益微生物，若消毒方法不当，也会引起作物生育障碍，必须掌握好消毒时间和温度。

在土壤或基质消毒之前，需将待消毒的土壤或基质疏松好，用帆布或耐高温的厚塑料布覆盖在待消毒的土壤或基质表面上，四周要密封，并将高温蒸汽输送管放置到覆盖物之下。每次消毒的面积与消毒机锅炉的能力有关，要达到较好的消毒效果，每平方米土壤每小时需要 50 千克的高温蒸汽。

七、土壤次生盐渍化改良

土壤次生盐渍化，是指由于不合理的人为措施引起耕作土壤盐渍化的过程。蔬菜设施内土壤盐渍化，是其密闭高温下的水分运动方式和集约化多肥栽培造成的。

（一）发生次生盐渍化的症状

当设施内的土壤晾干时，表面有一层白色结晶返盐；当土壤湿润时，表面有一层紫红色或砖红色的胶状物（图 11-22），表现为土壤较硬，板结，不易耕作。

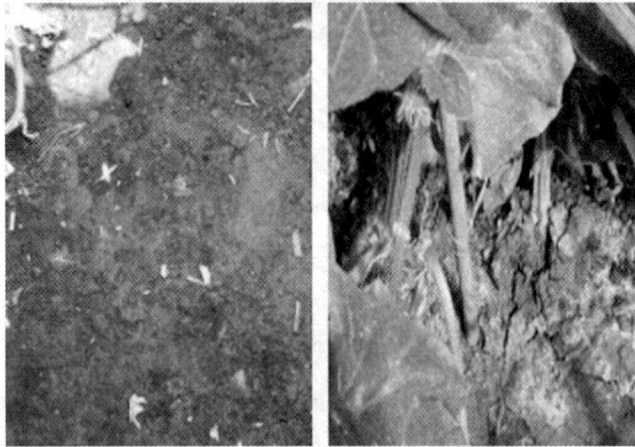

图 11-22　发生土壤盐渍化的状态

（二）次生盐渍化对作物生长的影响

土壤次生盐渍化，外界盐分浓度过高，使作物在苗期不能很好地吸收水分和养分，移栽秧苗时缓苗慢，死苗率高，作物发育迟缓，易感病，进而导致产量下降，质量降低。

（三）设施土壤次生盐渍化防治措施

1. 因地制宜选择适宜作物

若设施年限时间较长，出现了白斑、砖红色斑或紫红色斑，且土壤较板结，可选择耐盐的芦笋、甜菜、西葫芦；避免种植不耐盐的菜豆、胡萝卜、洋葱、草莓作物，缓解盐害对作物的影响，以减少经济损失。待土壤盐分恢复至正常水平后，再继续栽种计划的作物。

2. 合理施肥

（1）化肥　计算当季目标产量作物所需的总养分，令所投的肥料养分不超过作物吸收带走的养分，减少土壤中盈余的养分，避免这些盈余的养分以盐的形式存在土壤中。因此，合理施用化肥是减缓、防治土壤次生盐渍化发生的最直接、最有效的措施。化肥致盐能力：氯化铵（NH_4Cl）＞氯化钾（KCl）＞硝酸铵（NH_4NO_3）＞尿素 $[CO(NH_2)_2]$ ＞硫酸铵 $[(NH_4)_2SO_4]$ ＞硫酸钾（K_2SO_4）。建议尽量不选用含氯离子的化肥。

（2）有机肥　对于新建设施菜田，以熟化土壤为主，可以选用禽类粪肥，如鸡鸭粪；老的设施菜田，则尽量少用或不用禽粪（如鸡鸭粪），选用畜粪（如牛猪粪），选用秸秆类堆肥；种植或定植前 15～30 天施用有机肥，避开盐分高峰期，避免死苗；每茬每亩基施的有机肥用量不应超过 5 米³ 或 2 000 千克。

3. 作畦定植

瓦垄高畦定植，盐分集中分布在垄的顶部和顶部中轴线沿线附近（黑色部分），作物定植应在垄两侧至低盐区域；高平畦，盐分则集中在畦的中部黑色部分，作物应定植在高平畦"两肩"的低盐区域（图 11-23）。

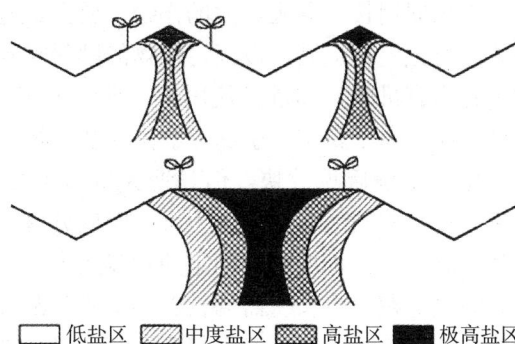

□ 低盐区 ▨ 中度盐区 ▩ 高盐区 ■ 极高盐区

图 11-23　秧苗定植部位：上图为瓦垄高畦；下图为高平畦

4. 采用地膜覆盖

生产中采用地膜覆盖可减少土壤表面水分蒸发、提高地温、防止土传病害的传播，也可降低土壤表土盐分。

5. 使用土壤调理剂

选择市面上改良效果较好的土壤调理剂，按产品说明使用。

6. 休闲期轮作除盐

设施土壤栽培，条件允许时，可以采取高温季节休闲期间轮作叶类蔬菜除盐。

第四节　设施蔬菜的施肥方法

蔬菜施肥，是指在蔬菜生长发育期或提前补充适当种类和数量的营养元素的措施。施肥常与翻地、浇水、防病、中耕等作业相结合，要了解肥料的种类及特性，采取正确的施肥方法即作基肥还是追肥，在设施作物出现缺素症状时能及时应对。

一、设施用肥料的种类及特性

（一）有机肥料

俗称农家肥，主要是来源广泛的植物和（或）动物残体，种类繁多，多为农业生产过程中产生的废弃物，是经过加工发酵腐熟的含碳有机物质。大多数有机肥是迟效性完全肥，一般宜作基肥，完全腐熟的也可作追肥。

郊区设施蔬菜，目前使用的有机肥料主要是植物秸秆、畜禽粪便。此外，还有少量的海肥类（植物性海肥、动物性海肥和矿物性海肥）、腐殖酸类有机肥（腐殖酸铵、腐殖酸钾、腐殖酸钠及腐殖酸复合肥）和传统有机肥。

使用有机肥，可以消纳有机废弃物、保持生态平衡、培肥土壤，能显著增加土壤有效养分含量和微生物种类与数量，提高土壤阳离子代换量，增加对重金属等的吸附固定，提升土壤自净能力，减少土壤中有害物质对农产品质量的危害。

要根据土壤肥力决定用量，高肥力地块，要减少有机肥用量；低肥力地块，适当增加有机肥用量。沙壤土要增加有机肥用量，以改善土壤的理化性状，增强保肥、保水性能。

要根据有机肥料的特性施肥，秸秆类有机肥有机物含量较高，适宜作底肥，用量可大一些，但氮磷钾养分含量相对较低，微生物分解秸秆还需要消耗氮素，在施用时需要与氮磷钾化肥配合。粪便类有机肥料的有机质含量中等，氮磷钾养分含量丰富，应少施、集中使用，宜作底肥使用，也可作追肥。

要根据作物需肥规律施肥，生长周期长、需肥量大的作物，要大量施用有机肥作基肥深施。若有机肥和磷、钾作底肥，后期应该注意氮、钾追肥，以满足作物的肥料需求。

有机肥施用需注意：勿过量施用有机肥，如过量使用也会导致危害，如发生烧苗现象，土壤磷、钾养分大量聚集而不平衡，土壤硝酸根离子聚集，引起作物硝酸盐含量超标，等等。有机无机生物肥要搭配施用，化肥养分含量高，施入土壤后见效快，但长期大量施用会造成土壤板结、盐渍化等问题；有机肥养分全，可促进土壤团粒结构的形成，培肥土壤，但养分含量少，释放慢，到了蔬菜生长后期难以供应足够的养分；生物菌肥可活化土壤中被固定的营养元素，刺激根系的生长和吸收，但它不含任何营养元素，也不能长时间供应蔬菜生长所需的营养。有机肥配合化肥、生物菌肥施用，效果比单独施用好，生产中要合理搭配使用各种肥料。这里仅介绍菜农可自制的常见有机肥料如下：

1. 厩肥

牲畜粪尿与垫料混合堆沤腐解而成的有机肥料。农村通常称其为"圈肥"或"栏粪"。其成分因垫圈材料种类和用量、家畜种类、饲料优劣等条件而异。据测定，厩肥平均每吨含氮（N）5 千克、磷（P_2O_5）2.5 千克、钾（K_2O）6 千克。

制作方法是：在畜、禽进圈前，铺一层强吸附性的垫料物质（如秸秆、锯末、草炭），再向垫料上撒微生物制剂，粪便被垫料吸附后自然发酵而分解。一层垫料一层粪便，可以达到一年至一年半棚圈内不清粪。当厩肥出圈后，一般需要贮存，以进一步腐熟。腐熟后的厩肥比较松散、均匀，宜作基肥施用。

2. 堆肥

分为常温堆肥和高温堆肥。堆肥制作简单，对改良设施土壤效果显著。

常温堆肥的制作方法：农家日常自然堆肥法，在地上（或粪坑）将畜禽粪便、作物秸秆等材料分层堆，上面盖一层泥土，在自然状态下缓慢堆制，堆腐过程温度变化幅度小，不超过50℃，但需较长时间才能腐熟。

高温堆肥的制作方法：主要用于秸秆类堆制，一般采用接种高温纤维分解菌，设置通气装置或倒堆，迅速提高堆体温度，较快腐熟而成。高温堆肥还可杀灭病菌、虫卵、草籽等有害物质。1954 年夏天，华北农业科学研究所陶辛秋，以蔬菜残茎废叶和作物秸秆为原料，高温堆制有机肥，并在郊区推广应用。当时的具体方法是：利用结球甘蓝外叶和根部 2 500 千克，麦秸秆 1 000 千克（不切断），土 500 千克，半腐熟的堆肥 500 千克，水 850 千克（分两次用）。采用通气式地面堆积方式，选择地势高不积水的地点，在地面挖通气沟呈"＋＋"状，沟深约 33 厘米，宽约 27 厘米，沟口两头做成斜坡状。在"＋"中央竖立一束长的秫秸秆作为通气孔。沟上面横铺 2～3 层秸秆以后，就在上面用甘蓝废叶、根及麦秸秆掺混堆积约 33 厘米厚，再加半腐熟的堆肥一层 6～7 厘米厚，上土 3 厘米厚，踏实后泼水。如此，层层上堆，随堆随用脚踏紧，泼水时下层少浇，上层多浇，堆 10 层后高约 1.5 米，用水约 600 千克。最外层用泥糊封。自 7 月 10 日开始堆积后，至 7 月 13 日内部温度就达到 75℃，就可以拔去中央竖立的长秫秸以便通风。至 8 月初，温度逐渐下降后，全堆也已经塌下去约 50 厘米，将堆顶糊的泥土挖开，泼水约 250 千克，再加泥土糊封。再过 20 天，将全堆翻捣 1 次，这时堆内根叶已经腐烂，麦秸也变成柔软的棕红色；半月后，又翻捣 1 次，这时已成为良好的堆肥，用泥土糊封待用。

蔬菜残株废叶，由于含水较多，堆积不得法就不容易产生高温，若与麦秸秆等粮食作物秸秆混合堆积，就可以达到 70℃左右的高温，杀灭其中的病菌、虫卵、草籽等有害物质。实际堆制中，将蔬菜残茎废叶与作物秸秆掺混堆积，用人粪尿（或畜粪）分层撒泼在秸秆和园田土上，可避免材料干湿不均、腐熟不匀、温度不高的缺点和减少氮素的损失。其次，堆积时每堆材料用量不能太少，如果太少堆内温度升不高。秋冬季堆肥，应选择遮风向阳的地点，采取下挖半坑式堆肥，并将北面及西面通气沟的喇叭口堵塞，坑上部用泥土糊封厚些。如没有麦秸，可用切成约 15 厘米长的玉米秸秆或秫秸，与蔬菜残株废叶掺混堆积，虽在冬天，也完全可以获得高温堆肥的成功。

高温堆肥，方法多样，至今仍然是解决绿色蔬菜生产肥源不足的有效措施。

（二）化学肥料

化学肥料是采用提取、机械粉碎和化学合成等工艺加工制成的无机盐态肥料（也称为化学肥料），又称矿物肥料、矿质肥料、无机肥料。目前，化学肥料种类很多，主要是氮肥（硫酸铵、碳酸氢铵、氨水、硝酸铵、氯化铵、尿素）、磷肥（过磷酸钙、磷矿粉）、钾肥（硫酸钾、氯化钾）、微肥、复混肥料等。因产品不同，特性也各不相同，如硫酸铵不宜与草木灰碱性肥料混用、碳酸氢铵极易挥发、氯化铵易加重次生盐渍化、硝酸铵肥料易燃烧等。因他们均系工业化产品，并且一些产品已不再生产应用，新的产品层出不穷，故不再做详细介绍。

（三）生物肥料

狭义的生物肥料，是指微生物肥料，简称菌肥，又称微生物接种剂。广义的生物肥料泛指利用生物技术制造的、对作物具有特定肥效的生物制剂。其有效成分可以是特定的活生物体、生物体的代谢物或基质的转化物等，这种生物体既可以是微生物，也可以是动、植物组织和细胞。主要功能和作用有：提高土壤肥力；有利于植物生长和增产。此外，还能增强植物抗病虫害的能力，增强植物的抗逆性，提高化肥利用率，减轻环境污染。目前，郊区设施蔬菜使用的主要有两种，即农用微生物菌剂、复合微生物肥料，均为企业产品。这里仅介绍一种北京市土肥工作站引进并可自制的生物肥料"堆肥茶"，适宜于设施蔬菜使用。

"堆肥茶"是将堆制腐熟的有机肥，经过浸泡、通气发酵而制成的液体肥料，适宜有机和绿色蔬菜生产，北京已有菜田开始在生产中应用。

1. 堆肥茶的作用

"堆肥茶"作为一种肥料，除提供植物必需营养外，其作用具有：①因富含微生物，可促进有益微生物和昆虫的生长，活化土壤环境。②促进有机物质转化，提高土壤有机质含量、改良土壤，减少土壤污染。③有助于提高土壤保水能力和促进作物生长激素的生成。④抑制病菌，减轻病虫害，可改善植物果蔬产品的口感风味。

2. 堆肥茶的制作

（1）挑选优质堆肥 经高温发酵彻底杀灭杂草种子和病原微生物的富含有益微生物和养分的腐熟有机肥，均可制作堆肥茶，散发着好闻气味的堆肥最好，如蚯蚓堆肥就是制作堆肥茶的优质材料。

（2）准备制作堆肥茶的设备 可向专业公司购买堆肥茶制作的专用设备（图 11-24），也可用一些日常生活设备替代。主要包含：一个大的塑料桶、一个气泵、几米长的通气管、一个通气头、一个能够调节气量的阀门。另需要用于搅拌的棍子，一些无硫的糖蜜，过滤堆肥茶的尼龙网，以及装堆肥茶和渣的备用桶。

（3）制作堆肥茶 切忌在无通气设备的条件下制作，制作过程中，如果不连续通气，好氧微生物很快就会耗尽氧气，堆肥茶就开始变得黏稠、厌氧菌增多。

制作时，宜用井水直接泡制。如果用城市自来水制作，需要先将自来水在桶内通气 1 小时以除去氯气。否则氯气能杀死水中的微生物，影响堆肥茶的制作。

制作时，在空桶中装少于半桶的堆肥，放水（堆肥与水比例为1：10 左右），不加盖，利于通气。将通气头置于桶底部（埋于水底），将气阀门挂在桶边缘，开动气泵。检查通气，待通气运行正常后，加入少量无硫糖蜜。用木棍将水、堆肥和糖蜜充分搅拌均匀，每天搅拌

图 11-24 堆肥茶制作桶
1. 鼓气泵 2. 塑料管
3. 装堆肥的尼龙袋 4. 气泡石

几次。

每次搅拌后，检查通气头是否居桶底中央，保证整桶水处处有氧气供应。一般制作 2～3 天后，堆肥茶就制作好了，除去通气设备。静置 10～20 分钟后过滤，将滤液放入另外的桶或直接装入喷雾器进行喷雾施肥；堆肥茶的滤渣富含有益细菌和真菌，可立刻放回原来或另外的堆肥制作桶中，也可立刻施入土壤。

如果认为还要继续通气，可再添加适量糖蜜，否则没有足够养分会使处于活跃状态的有益细菌进入休眠状态。

制作堆肥和堆肥茶过程中，如果有异味散发，则意味着效果不好，应该加强通气和搅拌。若通气良好，制作得好的堆肥茶有一股甜香和泥土气味。

3. 堆肥茶的施用

堆肥茶可以广泛应用于大田作物、蔬菜、花卉和果木等农林作物，在作物长出第一片真叶时喷施效果好。一般在春季施用 1 次即可，可根据植物的健康状况，决定施用堆肥茶的次数和用量。如果田园中有益昆虫数量不够，可以 1 个月喷洒堆肥茶 1～2 次。

（1）施用方法　可以选择叶面喷洒或灌根。叶面喷施可以选择傍晚进行，每亩喷 3～4 升，雾化喷湿植物表面，堆肥茶中加入表面活性剂、黏着剂有利于提高喷施效果，如果喷后下雨要补喷 1 遍。灌根可通过人工或者滴灌设备滴到作物根部，每亩 10 升，如果采用滴灌设备灌根，可以先灌少量水润洗管道，再向水中加过滤纯净的堆肥茶，灌完后再用水清洗滴灌管道。如果人工灌根，对堆肥茶的过滤不做严格要求，堆肥茶中的杂质能为作物提供更多养分与活性物质。

（2）注意事项　制作好的堆肥茶成品，有效期短，要在制成后 1 小时内使用完。若放置 3～4 个小时，由于缺氧，肥效会大大降低，时间过长，有益细菌失去活力，堆肥茶会变质。严禁施用气味不好的堆肥茶，避免它含有的厌氧生物产生的低浓度乙醇，损伤植物的根系。

（四）气态肥料

二氧化碳气态肥料及施肥技术试验研究，在中国起始于 20 世纪 70 年代。大气中的二氧化碳浓度约 300 毫克/升，适当提高二氧化碳的浓度可增强蔬菜的光合作用，获得优质高产。蔬菜设施在密闭情况下，室内二氧化碳浓度常降至 70～135 毫克/升，对蔬菜的光合作用不利。

二、设施蔬菜的施肥方式

设施蔬菜施肥，人工与机械施肥并用，保持传统的施肥方法，发展新的施肥技术，郊区目前使用的具体方式有：

（1）铺施　多用于底肥，人工或抛肥机将有机肥料均匀抛撒在菜田土壤表面，翻耕入土。

（2）沟施　人工或播肥机，在翻好地以后，起垄，开沟，把肥料撒入沟中，然后覆土。

（3）穴施　在蔬菜苗定植穴中施放肥料，或在植株边挖穴施入肥料，然后覆土；或播种播肥同时进行。

（4）拌种　把一些对种子无毒害作用的肥料溶解于水，然后用肥料水拌种，阴凉风干以后就播种，生物肥、微肥多采用这种方式。菌肥拌种，可将种子表面用水喷潮湿，然后将种子放入菌肥中搅拌，使种子表面均匀粘满菌肥即可播种。

（5）蘸根　把一些对蔬菜苗无毒害作用的肥料溶解于水，然后用育好的蔬菜苗根部蘸肥料水数分钟后再去定植，生物肥、微肥等多采用这种方式。

（6）叶面喷施　将肥料按要求的浓度溶解在喷雾器中，直接喷到蔬菜植株上，有时在喷药同时加入肥料，实现打药喷肥一体化操作。若用尿素、磷酸氢二铵等做叶面肥，其使用浓度一般为 2%～

3%为宜；磷酸二氢钾做叶面肥，浓度一般为 0.3%左右。

（7）掺施　做床式或盘式育苗时，可将肥料拌入育苗基质或土中堆置，再做成苗床或装入育苗盘或营养钵。

（8）气态扩散　这里专指二氧化碳气态肥料施用法，是 20 世纪 90 年代初兴起的设施蔬菜的施肥方式，可采用化学反应、干冰、有机物燃烧、二氧化碳颗粒、二氧化碳液体、微生物分解等方式提供二氧化碳。施肥方法很多，这里仅介绍简单易行的农民易用的化学反应施肥法，即利用强酸与碳酸盐进行化学反应产生碳酸，而碳酸化学性质不稳定，在低温条件下也能分解为二氧化碳和水的方法。

1989 年，北京市土肥工作站黄玖勤、丰台区农业科学研究所张雪珍等，分别在顺义北小营和丰台卢沟桥东管头村的温室和大棚内，开展了二氧化碳施肥技术试验与示范，利用稀硫酸和碳酸氢铵反应产生二氧化碳：

$2NH_4HCO_3 + H_2SO_4$（稀）$= (NH_4)_2SO_4 + 2CO_2 \uparrow + 2H_2O$。此后，这成为 20 世纪 90 年代初期以来北京郊区设施蔬菜最常用的二氧化碳施肥方法，至今还有零星应用。

化学反应产生的二氧化碳作为气肥使用，生成的硫酸铵作土壤肥料。稀硫酸可以用工业硫酸配制，碳酸氢铵是化肥，所以原料来源广，成本低廉，操作方法简单，应用效果好，无污染。

实际操作方法如下：将浓硫酸与水按 1∶3 比例稀释，待稀释溶液冷却后将其倒入反应容器中。起初，是在温室、大棚内挖 20 个小土坑作反应容器，坑内垫衬塑料布，俗称反应坑（图 11-25）。后改为小塑料桶、玻璃缸或玻璃瓶等做反应容器，将称好的碳酸氢铵用纸或塑料袋包好，在袋上扎几个孔，一同投入反应容器中即可。施用一段时间后，容器内再加入碳酸氢铵，若无气泡放出，则说明碳酸氢铵和硫酸的反应已完全，需再更换稀硫酸。废液是硫酸铵水溶液（含硫酸铵 25%～31%）可稀释后作追肥用。每亩标准大棚（容积约 1 300 米³）每次使用 2.5 千克碳酸氢铵，可使二氧化碳浓度达到 0.09%左右。

图 11-25　二氧化碳施肥的反应坑　蔬菜处　1990

20 世纪 90 年代初，北京市土肥工作站与有关企业合作，制定试验方案，经上百次试验与改进，在国内率先研制成功二氧化碳发生器（图 11-26），其特点是集硫酸与碳酸氢铵于一体，反应产生的二氧化碳气体，通过输气管道均匀地施放于密闭温室大棚内，反应后的副产品硫酸铵便于收集和再利用，可通过控制碳酸氢铵和硫酸的供给量来控制二氧化碳气体的浓度。此外，就不同蔬菜作物、增施时期、增施时间、浓度用量、增施与灌水等开展研究，在京郊 14 个区县通过大量对比试验与示范，进行了大面积推广应用，并被吉林、黑龙江、天津、河北等地引用。中国农业电影制片厂还制作一部影片进行宣传，1991 年被全国土肥总站列为重点推广技术，被国家科委列为重点科研成果在全国推广。

目前，在郊区日光温室、大棚中，菜农常用的多是吊袋二氧化碳施肥方法（图 11-27）。

图 11-26　温室内的二氧化碳发生器　蔬菜处　1990

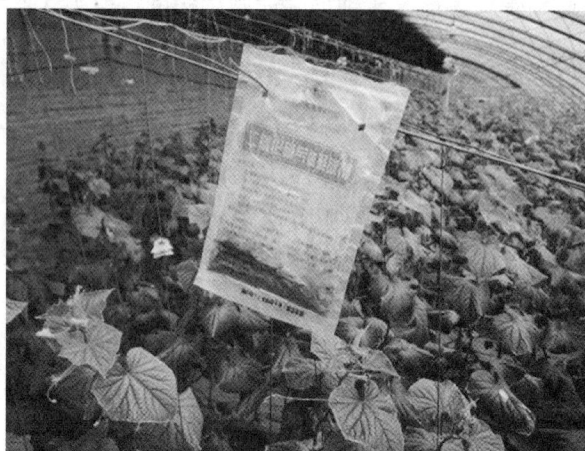

图 11-27　温室吊袋二氧化碳施肥　2019

三、设施蔬菜缺素的应对

氮磷钾三种元素，是植物生长需要吸收最多的大量元素，归还比例（植物残茬）不到 10%，土壤中含量又少，所以需要大量以肥料形式补充。其他元素则需要根据不同作物进行适当供应。

设施蔬菜无土栽培时，易发生作物营养失调症，其发生原因很多，既与作物本身营养特点有关，又受环境的影响。营养失调诊断是通过外形长势、基质和植株分析或其他生理生长指标测定的，对植株营养状况进行客观判断，用以指导施肥或改进其他管理措施。这里仅就通过外形诊断，来判定蔬菜作物营养失调症，并提出相应的施肥对策。

（一）氮（N）

氮是植物体内蛋白质、辅酶、磷脂、叶绿素、某些植物激素、维生素、生物碱等重要有机化合物的组成成分，也是核酸、核苷酸等遗传物质的基础。氮对植物生命活动以及作物产量和品质均有极其重要的作用。

作物缺氮，首先表现在下部叶片黄化，逐渐扩展到上部叶片。失绿的叶片色泽均一，一般不出现斑点或花斑。有些作物如番茄、油菜和甜玉米等，缺氮时会引起花青素的积累，茎、叶柄和老叶还会出现红色或暗紫色。缺氮，还会导致植株生长迟缓。

氮素过量会引起蔬菜作物徒长。

缺氮防治，一般用尿素 1.0%～1.5% 进行叶面喷施（但缩二脲含量不能超过 2%），最好是下午 4 点以后，由于蒸腾作用较小，叶面气孔张开，吸收较快，5 小时即可吸收 40%～50%，24 小时吸收 60%～70%。

（二）磷（P）

磷是核酸、核蛋白、磷脂、植素、三磷酸腺苷等重要化合物的组成成分；磷参与碳水化合物代谢、氮代谢和脂肪代谢。此外，磷还能通过增加原生质的黏度和弹性，调节可溶性糖和磷脂含量等措施提高作物的抗逆性和适应能力。

作物缺磷时会生长缓慢，叶小，分枝或分蘖减少，植株矮小。糖分运输受阻，糖分大量积累于叶片中，有利于花青素（糖苷）的形成，因此许多植物的茎叶呈现典型的紫红色症状，作物缺磷的症状首先出现在老叶。

虽然缺磷会对作物造成不利影响，但是磷过剩也会对作物造成伤害，主要表现为作物营养生长停止、过分早熟，导致减产；大量施用磷肥将诱发锌、铁、镁缺乏症。

缺磷防治，用0.2%～0.3%磷酸二氢钾喷施。

(三) 钾 (K)

钾是重要的品质元素。钾不仅参与作物的碳氮代谢，促进光合作用，还参与蛋白质的合成，调节细胞的渗透压和气孔的开闭，并能激活多种酶。钾还参与作物体内糖类的形成和运输，增强植物抗逆性，改善产品外观，增加果实甜度和籽粒饱满度，延长产品贮存期等。

钾供应不足会使作物茎秆细弱，易倒伏和抗旱、抗冻能力差。作物缺钾的症状首先表现为老叶，从叶尖和叶缘开始黄化，俗称"黄金边"，严重时有坏死斑点，有时叶缘焦枯。由于叶中部比叶缘生长快，整片叶子常形成杯状弯曲或褶皱。

一般土壤不会出现钾过剩的现象，钾过剩主要是由于钾肥施用过多引起的。钾过量会阻碍植株对镁、锰和锌的吸收从而出现缺镁、缺锰或缺锌的症状。

缺钾防治，用0.2%～0.3%磷酸二氢钾，或用1%～1.5%的硫酸钾，或用5%～7%的草木灰浸出液（加水后搅拌，静置15小时过滤再用）喷施。

(四) 钙 (Ca)

钙是细胞壁的重要组成成分，能稳定细胞膜结构，调节膜的透性和有关的生理生化过程，在植物对离子的选择性吸收、生长、衰老、信息传递以及植物的抗逆性等方面有重要作用。钙还能促进细胞的生长以及根系的伸长，参与第二信使传递，调节渗透作用，参与离子和其他物质的跨膜运输。因此钙能增强作物抗病能力，改善作物品质，延长贮藏期。

钙在植株中很难移动，供应不足会使植株生长受阻，节间较短，且组织柔软。缺钙首先表现在幼嫩组织，植株的顶芽、侧芽、根尖等分生组织易腐烂死亡；幼叶卷曲畸形，叶缘变黄逐渐坏死。常见的缺钙症状：甘蓝、莴苣、白菜叶焦病，芹菜裂茎病，番茄、辣椒、西瓜脐腐病，等等。钙过剩，土壤易呈中性或碱性，引起微量元素（铁、锰、锌）不足，叶肉颜色变淡，叶尖出现红色斑点或条纹斑。

缺钙防治，可及时采用0.5%的氯化钙或硝酸钙溶液进行叶面喷施。一般每隔3～7天喷1次，连续喷2～3次（视症状轻重而定），可达到控制病情的防治效果。

(五) 镁 (Mg)

镁是叶绿素和植酸盐（磷酸的贮藏形态）的重要组成成分，镁的主要功能是合成叶绿素并促进光合作用，同时参与合成蛋白质，活化和调节酶促反应。

由于镁在韧皮部中的移动性强，因此缺镁症状首先出现在老叶上。当植株缺镁时，其突出表现是叶绿素合成受阻，叶片脉间失绿，严重时形成褐斑坏死，有时叶片也呈红紫色。镁过剩，叶尖萎凋，叶片组织色泽表现为叶尖处淡色，叶基部色泽正常。

缺镁防治，以叶面喷施硫酸镁为宜，浓度1%～2%，连续2～3次。

(六) 硫 (S)

硫是半胱氨酸和甲硫氨酸的组成成分，因此也是蛋白质不可缺少的组成成分。硫还是许多挥发性化合物的结构成分，如可以使大蒜、大葱和荠菜具有特殊气味。

如果缺硫，植物蛋白质合成受阻导致失绿症，其外观症状与缺氮很相似，但缺硫症状往往先出现在幼叶。作物缺硫时一般出现如下症状：植物发僵，新叶失绿黄化。双子叶植物老叶出现紫红色斑；禾谷类植物缺硫导致开花和成熟期推迟，结实率低，籽粒不饱满。硫过剩，则作物叶缘焦枯。

缺硫防治：用 1%～1.5%的硫酸钾喷施。

（七）铁（Fe）

铁是叶绿体形成过程中不可缺少的元素，许多重要氧化还原酶中都含有铁，铁在光合作用、呼吸作用和氮代谢等过程中起着重要的作用。

由于铁在植株中较难移动，植物缺铁症首先从上部幼叶开始显现，具体表现是作物新叶叶片的叶脉间出现网纹状均匀失绿症，根系生长受阻，严重时叶片发白并出现坏死斑点，并逐渐枯死。铁过剩，则易引起作物缺锰症。

缺铁防治，以 0.1%～0.2%的硫酸亚铁或柠檬酸铁作叶面肥喷施。

（八）硼（B）

硼具有促进生殖器官的长成和发育，影响花粉的萌发和花粉管的伸长，促进体内碳水化合物运输的作用；具有调节酚代谢及木质化的作用；具有提高豆科作物根瘤菌固氮能力的作用。

缺硼，会导致生长点受抑制，叶片变厚、变脆、皱褶、叶脉木栓化，根系粗、根毛少，生殖器官发育受阻，如花椰菜褐心病、芹菜茎折病等。硼过剩，先叶尖、叶缘黄化后，全叶黄化，并落叶，由成熟叶开始产生病症。

缺硼防治，用 0.2%～0.3%硼砂或硼酸喷施。控制氮肥用量，防止过量施用氮能引起硼的缺乏。

（九）锰（Mn）

锰参与叶绿素的形成过程，是许多酶的活化剂，与作物的光合、呼吸以及硝酸盐还原作用关系密切。锰还能促进种子萌发和幼苗生长，对根系生长也有影响。

缺锰，叶片失绿发黄并出现杂色斑点，而叶脉保持绿色，如豌豆杂斑病、菜豆皱叶病。锰过剩，作物在锰过剩的情况下会出现异常的落叶现象。

缺锰防治，叶面喷施 0.2%～0.3%的硫酸锰或氯化锰，并加入 0.3%的生石灰，每 10 天 1 次，连喷 2～3 次。

（十）铜（Cu）

铜参与植物体内氧化还原反应和光合作用，对花器官的发育、氨基酸活化和蛋白质合成有促进作用。

缺铜，禾本科作物植株丛生，顶端逐渐发白，通常从叶尖开始，严重时不抽穗，或穗萎缩变形，结实率降低或籽粒不饱满，甚至不结实。果树缺铜，顶梢上的叶片呈叶簇状，叶和果实均褪色，严重时顶梢枯死，并逐渐向下扩展。铜过剩，叶肉组织色泽较淡呈条纹状。

缺铜防治，一般用 0.1%～0.2%的硫酸铜进行叶面喷施。

（十一）锌（Zn）

锌是叶绿素合成的必需元素，参与生长素的代谢过程，是某些酶的组成成分或活化剂，参与光合作用，促进蛋白质代谢。锌对生殖器官发育和受精作用也有影响。

缺锌，生长素的合成受阻，致使顶端生长受抑制，导致节间缩短，出现小叶簇生或缩茎病，也会出现从新叶开始叶脉间不均与失绿症状。在农业生产中缺锌的现象十分普遍，如蔬菜新叶皱褶、生长停止等。锌过剩，叶尖及叶缘色泽较淡随后出现坏疽，叶尖有水渍状小点。

缺锌防治，用 0.1%～0.2%的硫酸锌喷施，生育期间连续喷施 2～3 次，间隔时间 5～7 天。

（十二）钼（Mo）

钼是硝酸还原酶的组成成分，对氮代谢有重要作用，参与根瘤菌的固氮，促进植物体内有机化合物的合成，在受精和胚胎发育中也有特殊作用。

缺钼，植株矮小，生长缓慢，首先植物中部和较老叶片失绿，且大小不一和出现橙黄色斑点，严重缺钼时叶缘萎蔫，有时叶片扭曲呈杯状，老叶变厚、焦枯，以致死亡。

缺钼防治，钼肥一般选择钼酸钠和钼酸铵，用 0.05%～0.1%钼酸铵喷施。

（十三）氯（Cl）

氯具有对作物叶片气孔调节和抑制病害发生等作用，还参与光合作用，适量氯有利于碳水化合物的合成和转化。

缺氯，作物叶片凋萎，根系生长慢，根尖粗。对氯不敏感的蔬菜可施用氯化铵、氯化钾含氯化肥来补充，宜提早作基肥深施，也可作追肥采取穴施或条施的方式。

（贾小红）

本章参考文献 ◀◀◀

白纲义，赵杨景，梁惠英，1983. 京郊菜地土壤主要营养元素的收支状况［J］. 蔬菜（2）：28 - 30.

北京农业大学，1961. 蔬菜栽培学：下卷［M］. 北京：农业出版社.

北京市第二商业局，北京市农林局，1976. 关于一九七六年第一季度化肥分配计划的通知：二商革（业二）字53号，京农革肥字第1号［A］.

北京市农林局，北京市农科院，1976. 北京市蔬菜生产技术手册［M］. 北京：人民出版社.

北京市农林水利局，1955. 北京市温室蔬菜生产情况介绍［M］. 北京：北京出版社.

北京市人民政府农林办公室，1982. 关于安排一九八二年菜田养鸡生产计划的通知：京政农49号［A］.

贾海燕，石延霞，谢学文，等，2016. 氰氨化钙土壤消毒对黄瓜根腐病及土壤病原菌的控制效果［J］. 园艺学报（11）：2173 - 2181.

董四留，2001. 北京志·农业卷·种植业志［M］. 北京：北京出版社.

黄玖勤，等，1994. 保护地蔬菜二氧化碳施肥技术研究与推广［M］//北京市农业局科学技术委员会. 农业科技资料选编（十）. 北京：［出版者不详］：62 - 67.

黄玖勤，杨帆，1990. 京郊蔬菜保护地二氧化碳施肥效果明显［J］. 蔬菜（4）：28 - 29.

蒋名川，1956. 北京市郊区温室蔬菜栽培［M］. 北京：财政经济出版社.

蒋名川，谢淑珍，1985. 蔬菜施肥［M］. 北京：农业出版社.

李曙轩，1990. 中国农业百科全书：蔬菜卷［M］. 北京：农业出版社.

叶美叶，1982. 番茄施用腐酸复合肥的效果［M］//北京蔬菜学会. 北京蔬菜学会第三届年会论文摘要集. 北京：［出版者不详］：70 - 71.

张福墁，2010. 设施园艺学［M］.2版. 北京：中国农业大学出版社.

张雪珍，1982. 从土壤状况看蔬菜生产［M］//北京市农业局. 北京农业（蔬菜专辑）. 北京：［出版者不详］：92 - 94.

张有山，1983. 北京菜地使用城市垃圾情况调查［J］. 北京蔬菜（5）：31 - 34.

中国农业科学院蔬菜花卉研究所，2010. 中国蔬菜栽培学［M］.2版. 北京：中国农业出版社.

中国农业科学院蔬菜研究所，1959. 北京、天津、旅大的蔬菜早熟栽培［M］. 北京：农业出版社.

邹祖绅，刘步洲，1956. 北京郊区阳畦蔬菜栽培［M］. 北京：农业出版社.

第十二章

>>> 设施蔬菜灌溉

菜田灌溉，是指采取人工引水补充菜田水分，以满足蔬菜生长发育需要的管理措施。设施蔬菜灌溉，是将露地菜田灌溉管理措施引入蔬菜设施并保障设施蔬菜获取优质高产的灌溉方法。

水分对于作物的生长发育极其重要。栽培蔬菜，需要丰沛而稳定的水源。设施蔬菜栽培的小气候环境有别于露地菜田，其灌溉技术既与露地蔬菜灌溉相同而又有一定区别，掌握正确的灌溉措施非常必要。科学的灌溉可以明显改善设施内小气候，调节设施内土壤温度与空气湿度，稀释或溶解土壤的盐分及营养，满足蔬菜生长需要；不适当的灌溉，则会造成病害蔓延、根系腐烂或植株徒长、结果延迟、品质下降等问题。

中国蔬菜栽培的历史悠久，其灌溉经验也极为丰富。西汉农学家氾胜之在"区种瓠法"中就提出了"遥润"这一十分科学的灌溉技术。北魏农学家贾思勰所著《齐民要术》一书，在《种芋》《种瓜》等篇中提出了"旱则浇之"的灌溉原则。

北京自元大都建立而成为中国的政治、军事、经济和文化中心，随着城市消费需求的发展，蔬菜产业开始兴盛，"治蔬千畦，可当万户之禄"。种菜的"圃田"（图12-1），分布于大都城内及四郊和城西南（金代中都南郊、金代中都皇城遗址）。菜园的经营规模和田间布置，大致可以从同一时代王祯（1271—1368年）《农书·农器图谱·田制门》的"圃田"节中得知其梗概：圃田，"种植蔬果之田也。……其田缭（音辽）以垣墙，或限以篱、堑（音欠）。负郭之间，但得十亩，足赡（音善）养数口，若稍远城市，可倍添田数，至半顷而止。结庐于上，外周以桑……内皆种蔬，先作长生韭一二百畦，时新菜二三十种。……虑有天旱，临水为上；否则量地凿井，以备灌溉。"这段话的意思说到，专门种植蔬菜的菜园可以在四周筑上围墙，或者隔着篱笆和水沟。……可以在里面盖起房舍，周围种上桑树，里面都种上蔬菜……选择菜园要考虑天旱，邻近水源，必要时打井灌溉。由此可见，北京自元代开始作为全国政治经济中心以来，菜园灌溉，一直是以井灌方式为主。

井灌，即凿井取水灌溉。水井的起源相当古老。《周易大传》中就有"井"卦。战国时期，燕蓟地区已有可汲水的瓦井工程。1956年，考古工作者在宣武门以西的象来街豁口东西两侧到和平门一带，发现古瓦井151座，其中36座属于战国时期，115座属于汉代。1965年，在宣武区陶然亭、姚家井、广安门大街北线阁、白云观、宣武门内南顺城街、和平门外海王村等处，又发现古瓦井65座。分布最为密集的是宣武门东至和平门一线以南一带。古瓦井分布如此之密集，有的地方在20平方米的范围内竟然出现了4座井，除提供生活饮用水以外，应有相当数量的井属于为灌溉住宅附近的园圃而开凿的水井。这些古瓦井之遗迹地带，近代仍是以砖井（砖砌的水井）灌溉

图12-1 元代圃田示意图
资料来源：引自王祯《农书》。

栽培蔬菜的著名菜区。北京的菜园，除京西玉泉山下以外，均为旱地打井，汲水或挖沟送水入田浇灌。

关于汲水工具，一直延续着以辘轳、桔槔等汲水工具为主。

据《物原》记载，"史佚始作辘轳"，说明早在公元前1 100多年前已经发明了辘轳。春秋时期，辘轳汲水已经在中国北方地区流行，辘轳由辘轳头、支架、井绳、水斗等部分构成，井上竖立井架，利用轮轴原理，上装可用手柄摇转的轴，辘轳头轴上绕绳索，绳索一端系水桶，摇转手柄，使水桶一起一落，提取井水。北京近郊菜区汲水灌溉使用的辘轳，一直沿用到20世纪50年代或更晚一些（图12-2）。

图12-2 汲水辘轳

资料来源：引自《黄土岗村志》，2010。

《庄子·天地篇》记载，春秋时已出现了专门从井中汲水的工具桔槔。桔槔也是一种极为古朴的用于浅水井的汲水工具（图12-3），在地下水充足、泉水自流可见的城郊地区菜园应用，老北京俗称为"吊杆打水"。明代文坛宗师人物李东阳，在其《西涯十二咏·桔槔亭》中，曾记述利用桔槔和人工渠道浇灌菜田的动态情景："野树桔槔悬，孤亭夕照边。闲行看流水，随意满平田。"

图12-3 桔槔

资料来源：引自《北京地区蔬菜行业发展史》张平真，中国农业出版社，2013。

北京设施蔬菜的灌溉，自元代北京"御苑"修建的"花房""窖花室""窖花半屋"地下或半地下式保护地栽培，以及民间的风障、阳畦和"土室"式的保护地蔬菜栽培，到明、清的土温室（火室）等保护地蔬菜，尚未查到相关文献记载其具体的灌溉方式。

民国期间，记载了菜田灌溉用水车汲水，城郊出现了机井。在寒冷季节，北京阳畦、北京温室蔬菜育苗或生产，采用的方式是挑水送到温室水缸中存储，待水温稳定后用浇壶或桶灌溉蔬菜。

1949 年，北京和平解放，统计郊区有土井、砖井、石井 1.58 万眼，机井不足 10 眼。提水辘轳 8 000 部。井灌面积约 8 万亩，其中菜田 3.8 万亩。菜田作畦打埂，栽培床筑成平畦，俗称"四平畦、慢跑水儿"，好浇。此后，蔬菜灌溉进入了迅速发展时期。

第一节 设施蔬菜灌溉的发展

新中国成立后，蔬菜灌溉快速发展，由传统的人力、畜力提水灌溉，迅速发展到机械化灌溉。在城市经济发展用水增多、大气降水量减少的形势下，由于水资源短缺并伴随化学肥料的不断进步，北京设施蔬菜灌溉由传统灌溉阶段逐渐走向了现代节水灌溉阶段。

一、设施蔬菜传统灌溉阶段

20 世纪 50 年代以来，人民政府为发展农业生产，保障城市蔬菜供应，主要是开发利用浅层地下水，先后发展土井、砖石井（大口井，也称筒井）、管井（口径小于 500 毫米的井，有竹管井、水泥管井、铁管井）灌溉，一些地区还开挖水柜（柜长 400 米、底宽 2~3 米、深 2~3 米，边坡比 1：1；柜内每隔 20 米打一眼深 10 米左右可以自流的竹管井）。汲水工具，由戽斗、吊杆、辘轳传统汲水工具向机械提水演变。初级合作社时期，逐渐淘汰了辘轳，大力推广水车（铁制）提水。1951 年，北京市建立新式农具推广站，专门推广提水工具解放式水车，替代笨重低效的"大八卦"水车，1952—1953 年，北京市农林水利局在近郊菜区推广新式水车 1 256 挂，大力改善了菜区灌溉条件。

元代时期，水车在北方已有应用："下轮置于车旁岸上，用牛拽转轮轴，则翻车随转"汲水，但未见京畿菜园用水车灌溉的相关记载。水车是铸铁结构，由框架、转盘、链轮、链条、皮钱、水簸箕、水管子组成，工作原理是转盘外圈像个大齿轮，带动链轮，链轮上挂着链条，整个链条每间隔 67 厘米左右，装 1 个皮钱，当链条在水管里面往上旋转时将水提到簸箕里流向垄沟进行浇地。人力推水车像推磨一样，50 年代初，毛主席曾多次到郊区考察，有一次在朝阳区大鱼池村还帮农民推水车。水车可用畜力提水，用布把牲畜眼蒙上，围着井转圈拉水车。

高级合作社转人民公社时期，开始发展锅驼机（柴油机）、电动机井提水。1956 年丰台桥梁厂支援农业，支援了黄土岗乡（现花乡）第一台提水工具锅驼机（柴油机）。1957 年底，北京郊区共有机井达到 198 眼，均集中在朝阳、海淀、丰台蔬菜生产区域。

北京郊区的菜农，对于蔬菜栽培具有相当丰富的经验，尤其灌溉技术，比如"看天看地看庄稼""粪大水勤"等浇水方法，都是其丰富经验的反映。

到现阶段，北京温室、阳畦蔬菜，其灌溉方式分为两种：一种是延续民国时期的将水挑到蔬菜温室的贮水缸内，待水温稳定后用浇壶或桶灌溉，这是寒冷季节温室、阳畦采用的最传统灌溉方法；另一种是发展机井提水后人工引水到温室灌溉，寒冷季节主要用于韭菜灌溉，番茄、茄子等喜温蔬菜，春秋两季气温较高需水量大时，多采用这一方法。

温室栽培黄瓜等，寒冷季节最忌灌水过量，而要用浇壶灌溉法。浇壶的水容量，事先需要加以计算，大的浇壶可容水 10 千克，小的只容水 3 千克，一般多用 6 千克的。育苗用的浇壶，因为苗子小，浇水少，小一点的比较适用。灌溉成株用的浇壶（图 12-4），能容 6~7.5 千克。因为温室灌水十分细致，每次浇水前，都要计算

图 12-4 浇壶

资料来源：引自《北京市郊区温室蔬菜栽培》，1956。

一下，究竟一壶水浇多少株才合适，决不能草率行事。栽培黄瓜，一般是用这种灌溉方法（图 12 - 5）；除韭菜外的其他蔬菜，当冬季日照短、土温低时，也用浇壶灌溉方法进行灌水。

图 12 - 5　用浇壶浇黄瓜定植水　20 世纪 50 年代

阳畦育苗播种或栽培，全畦灌溉，每畦每次浇大水 150 千克、浇小水 75 千克左右；移栽或定植，则采用铁桶或浇壶进行沟灌或穴灌，通过灌水来控制地温下降。

1954 年，四季青蔬菜合作社用抽水机把水吸上来，通过地下 70 厘米深的水道（瓦管连接），将水送进温室内部的水池内，水池中做一出水孔，不用水时可以塞住，大大节省了挑水到温室的劳动力，且随时都可取用。引水灌溉逐渐成了冬季韭菜和早秋晚春喜温性蔬菜的灌溉方式。

二、现代节水灌溉阶段

人民公社时期，农田水利快速发展，20 世纪 60 年代初，商品菜田基地开始集中，浅层地下水源开发加快，新建和扩建灌渠，充分利用河水和城市生活污水；打机井，修旧井；架设输电线路，增添电力排灌设备。到 1962 年，在"调整、巩固、充实、提高"八字方针指引下，建成了朝阳区、海淀区、丰台区和大兴县红星人民公社的"三区一社"商品蔬菜生产基地，菜田由新中国成立初期的 3 万余亩发展到 21 万多亩。1963 年，这些菜田基地基本上实现了电力机井排灌，平均每 50～60 亩菜田就有 1 台电力抽水机。

20 世纪 60 年代中期，由于田间水利工程尚不完全配套，土地平整比例很低，用水无计划，管理无办法，水资源浪费比较严重。1972 年，天大旱，北京降水量仅 445.3 毫米，且当年 7 月 19 日前的 9 个多月中，雨量稀少为 50 年内罕见。为解决地面水不足的问题，北京郊区开始开发深层地下水，从此蔬菜生产开始探索并发展节水灌溉技术。

（一）地下管道输水灌溉

地下管道输水灌溉，是用管道代替明渠，埋在地下一定深度，通过管道上分水、放水、控制闸阀等建筑设施，以低压方式向下级渠道或田间输送水流的灌溉方式。优点是渠道占地少、输水损失少、速度快。1972 年随着利用深层地下水的发展，开始建设地下输水管道，海淀、丰台、朝阳区发展较快。1974 年全市已有 8 地修建了地下管道，总长度达 100 多公里，其中海淀区最多，达 48 公里。1975 年加快建设速度，到 1977 年末全市地下输水管道达到 532.98 公里。其中丰台、海淀、朝阳三区共建 253.13 公里，占 47.5%。1979 年末全市公路达到 787.47 公里。此后，又遇连年干旱，地下水位持续下降，水库蓄水减少，水资源更趋紧张，为节约用水和提高单井效率，兴建并推广了群井汇流工程。1989—1990 年，丰台区黄土岗菜社草桥村投资 50 万元，使用机井 28 眼，建压力罐 28 个（图 12 - 6），安装水龙头 728 个，地下管道长达 21 870 米，2 119 亩耕地菜田全部用上了管道灌溉；

白盆窑村投资 106 万元，用深井 30 多眼，地下管道总长达到 37 074 米，水龙头 730 个，3 341 亩土地全部实现了管道灌溉。

图 12-6　管道灌溉压力罐
资料来源：引自《花乡乡志》，2011。

（二）设施蔬菜滴灌的兴起

20 世纪 70 年代以来，蔬菜塑料温室、塑料大中小棚迅速增多。蔬菜设施栽培的作物灌溉，均为沟灌或畦灌方式（图 12-7），而采用沟灌方式到生产后期随高畦的变低，又自然演变成了畦灌。设施蔬菜的沟灌与畦灌方式，延续至今仍在广泛应用。

图 12-7　六郎庄春大棚黄瓜畦灌水稳苗定植　1985

1974 年 5 月，来访墨西哥总统埃切维利亚和周恩来总理商定，派其子阿尔尼罗率领该国水利资源部比尼亚工程师来北京讲授滴灌技术，并赠送北京一套滴灌设备，率先在蔬菜和果树生产上试验应用。由此，北京开始探索喷灌、滴灌等现代农业高效节水技术。

1975—1978 年，北京市水利科学研究所在海淀区玉渊潭公社大型连栋温室、东升公社露地、朝阳区双桥公社管庄科技站塑料大棚及露地进行了黄瓜滴灌与畦灌对比试验，结果是滴灌可节水 50% 左右，增产 20%～50%；黄瓜形状端正，颜色好，上市价格一般比畦灌黄瓜高 6%～7%。1978 年 4—6 月管庄科技站的大棚黄瓜生产采用滴灌，滴灌 35 次、用时 80 小时，总耗水量 80 吨；畦灌总计 13 次，总耗水量 195 吨，滴灌用水只相当于畦灌用水的 41%。

蔬菜滴灌比传统的畦灌省工，但当年缺少水过滤设备，北京地下水又偏碱性、易产生严重堵塞现象，故未能发展起来。

（三）设施蔬菜水肥一体化推广

20 世纪 80 年代，塑料软管灌溉技术已是日本设施园艺普遍采用的灌溉方式。

1970—1978 年，北京为满足城市生活及工业用水，连年开采地下水，累计亏损达到 12.78 亿米³，造成地下水位大幅度下降。1980—1984 年农田灌溉用水量占全市年总用水量的 2/3。

1981 年，缺水严重，丰台区黄土岗公社五个观测井的水位又下降 3～4 米，降到了 10 米以下，其中黄土岗村水位最深，下降到 16.5 米以下。当年 8 月，国务院召开京津用水紧急会议，明确指示官厅、密云水库停止向津冀供水。北京农业发展开始进入以供定需的水资源使用新时期，蔬菜节水栽培势在必行。

1986 年，中日设施园艺场在卢沟桥乡西局村建成。引进的示范日本黑色单壁塑料软管灌溉技术（图 12 - 8），是利用管道输水或机井水送到田间 2～8 吨的压力罐或水塔中，加压至 193.13～490.33 千帕（0.2～0.5 千克/厘米²），由塑料软管及三通、旁通、堵头连接，即可实行大面积节水灌溉，凡有管道输水设备的均可使用。

图 12 - 8　日本友人斋藤（左三）在西局日本大棚内指导铺设滴灌软管　1986

灌溉面积较小的可采用简易的贮水器如塑料大桶、铁桶、水缸、水泥槽等来蓄水，其容量为 0.5 米³ 左右。将贮水器架高 0.5～1.5 米，用微型泵将井水不断注入贮水器中，以落差产生的压力将贮水器内的水不断输入软管中而自流喷出灌溉（图 12 - 9），若与施肥、施药相结合，在安装文丘里施肥器时要使箭头方向与水流方向一致，以便吸入肥料、农药，实现水肥一体。该软管滴管技术在试验场 60 多亩地上试验应用，全年各茬口蔬菜几乎都采用了膜下滴灌或地面微喷灌溉方式，取得了良好效果，尤其在保护地应用效果更好。

图 12 - 9　日光温室重力滴灌蓄水器　2008

这一滴灌节水技术首先在卢沟桥乡开始推广，当时没有外汇进口日本软塑料滴灌管，乡政府就购置国产滴灌管分发给有现代化菜田基地建设的村使用，灌溉面积达到320亩。此后，在近郊区主要菜乡开始推广应用蔬菜滴灌节水技术（图12-10）。1988年，郊区设施蔬菜软管滴灌面积达到400多亩。1989年春，北京市农业技术推广站进口日本塑料软管滴灌管41.5万米，设施蔬菜滴灌面积发展到1 100余亩。

图12-10 技术管理人员观摩四季青温室番茄滴灌栽培 1989

经连续几年的生产证明，塑料软管灌溉技术是蔬菜生产中省水、节能、高效、增产的节水灌溉技术，在设施蔬菜生产中采用它，能够克服冬春季节薄膜覆盖设施内环境密闭带来的湿度大、蔬菜病害易发且严重的生产难点。这一设施蔬菜配套技术，对水资源紧缺的北京地区意义重大。由此，1991年北京市农林办公室将《保护地蔬菜塑料软管灌溉节水栽培技术》列为推广项目，开始在全市大力推广应用。

北京市华盾塑料包装器材公司，在设施园艺场日方和国家农业部的促进与帮助下，参照北京试验场日本滴灌软管，仿制出四种规格的不同宽度、厚度、孔径、孔距的系列产品，并在郊区召开订货会议进行推广，同时生产了与软管配套的零部件，以方便菜农配套使用。中国农业工程设计院等单位，也仿制了日本塑料软管带及配套的零配件和施肥器。这使软管灌溉设备填补了国家软管灌溉的空白，为推广应用软管节水栽培技术创造了条件。

北京郊区设施蔬菜生产应用塑料软管滴灌技术，面积在逐年增加（表12-1）。到1995年，经北京市农业局统计，全市主要菜区的设施蔬菜软管滴灌面积已经发展到11 000亩。同期，新成立的中以农场和小汤山法国充气温室栽培均展示了以色列节水滴灌技术（图12-11），受到了广泛好评。平

图12-11 小汤山连栋温室内使用微灌 杨明华 1998

谷县东高村和通县胡各庄蔬菜科技园区，也配备了以色列"耐特菲姆"公司的滴灌设备和技术；顺义县沿河和大兴县礼贤蔬菜科技园区则配备了国产滴灌设备（图 12-12），促进了设施蔬菜节水灌溉技术的应用。1997 年北京市农业局和北京市农机局嘉源公司合作，在海淀区八家村、昌平区蔬菜办公室试验站、平谷育苗场、怀柔赵各庄四个基点，安排了新型重力滴灌设备试验，示范了设施蔬菜重力滴灌节水技术。

图 12-12　滴灌安装试水　吴德正　1997

表 12-1　1986—1994 年塑料软管灌溉示范推广面积表

年份（年）	1986	1987	1988	1989	1990	1991	1992	1993	1994
推广面积（亩）	60	130	264	1 144	1 580	2 238	4 000	4 648	6 040
历年累计（亩）	60	190	454	1 598	3 178	5 416	9 416	14 064	20 104

资料来源：北京市农业技术推广站《保护地蔬菜塑料软管灌溉节水栽培技术》，1994。

水肥一体化灌溉是指在蔬菜灌溉的时候，将肥料溶解在水中，浇水的同时也是施肥的过程。其关键是在灌溉系统中增加施肥设备，如压差式施肥罐、文丘里施肥器、施肥机、重力灌等，通过设备将肥料配成水肥混合液，由低压管道系统与安装在末级管道上的灌水器，以较小的流量，均匀、准确地直接输送到作物根部附近的土壤表面或土层中，从而达到精确控制灌水量和施肥量。主要方式包括滴灌施肥、微喷施肥等。

21 世纪以来，随着国家化肥工业的发展和各种新型水溶肥料的出现，管道堵塞问题，得到了解决，京郊开始推广应用以微灌与施肥为核心的水肥一体化节水技术。先后在 10 个区县建立水肥一体化节水技术示范区近百个，最为先进的节水技术即痕量灌溉也开始在植物的需求，以极其微小的速率，均匀、适量、连续地为植物根系供水（营养液）的技术。痕量灌溉是按毫升每小时计算的，其出水量是滴灌的 1‰～1%。当前，设施蔬菜示范园区大部分装备了精良的节水设备（图 12-13）。

图 12-13　温室球茎茴香痕量灌溉　曹之富　2008

2001年，北京市蔬菜中心研究明确了亏缺灌溉能提高樱桃番茄果实的可溶性固形物含量、糖酸比、维生素 C 含量，水分含量明显提高。

2008 开始，灌溉自动化控制技术开始起步发展，代表性产品有中国农业机械化研究院联合多家单位研制的 2000 型温室自动灌溉施肥系统。与人工控制方式相比，自动灌溉施肥系统具有节省水、肥、能源、杀虫剂、人工等优点，并可基本消除在灌溉过程中人为因素造成的不利影响。目前，北京市一些菜田已经使用了随机灌溉管理系统（图 12 - 14）。

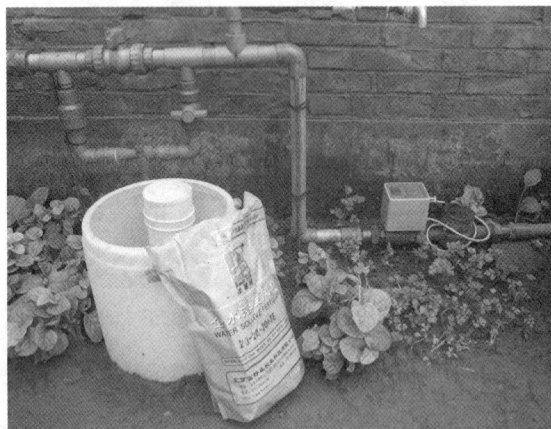

图 12 - 14　刷卡随机灌溉管理设备　2010

2013 年，北京市农业技术推广站在房山区农业科学研究所基地的蔬菜日光温室，安装了京郊第一套设施蔬菜无土栽培营养母液配制的 A、B、C、D 溶液罐（图 12 - 15），以展示蔬菜工厂化栽培水肥一体化技术。同时，测墒灌溉、随机灌溉、膜面集雨等高效节水技术也开始在郊区应用。

图 12 - 15　水肥一体的母液配肥罐　2013

2015 年，北京市农业技术推广站调查 97 个设施蔬菜节水示范点，加权计算灌溉每立方米水产出蔬菜产品 37.5 千克，每千克化肥产出蔬菜 44.6 千克，分别较上一年提高 6.5% 和 5.2%。

2016 年，郊区设施蔬菜节水面积达到 25.8 万亩，节水 1 412.9 万米³（表 12 - 2）。

表 12 - 2　2016 年郊区蔬菜节水技术覆盖面积及节水效果

类型	节水技术	应用面积（万亩）	亩均节水（米³）	总节水（万米³）
设施蔬菜	微灌	15.4	71.6	1 104.4
	覆膜沟灌	10.4	29.8	308.5
露地蔬菜	微灌	1.3	17.7	23
	覆膜沟灌	10.6	7	74.3
	喷灌	0.4	13.7	5.1
合计		38.1	139.8	1 515.3

（四）蔬菜灌溉技术研究与推广

1. 蔬菜耗水指标研究

节水增产是农业灌溉技术的重要目标。1973 年以后，北京市水科所即开始对蔬菜田间耗水量与灌溉用水量开展研究。首先对郊区 27 种主要蔬菜田间耗水量测试，然后依照一年内多种蔬菜种植情况和茬口安排，分为五种典型组合，得出全年耗水量，最后得出综合茬口每亩全年耗水量为 955 米^3。不同水文年综合茬口全年毛灌溉用水量每亩分别为：丰水年 791 米^3、平水年 854 米^3、枯水年 917 米^3。这证明以往采用传统灌溉方式实际用水量浪费 15％ 左右，节约这部分水量是完全可以做到的。1982—1984 年，北京市水科所丁正熙开展的"北京地区主要蔬菜田间耗水量及灌水指标研究"成果，获得 1986 年北京市科技进步三等奖。该研究以北京市西郊彰化灌溉试验站为基地（地下水埋深 20 米），研究确定了番茄、黄瓜、大白菜亩产量和田间耗水量的关系，并给出了灌溉方案。综合其研究结果平均值，番茄亩灌水 520 米^3、亩产 5 474 千克，每立方米水产出番茄 10.53 千克；黄瓜亩灌水 361 米^3、亩产 2 025 千克，每立方米水产出黄瓜 5.6 千克；大白菜亩灌水 350 米^3、亩产 8 765 千克，每立方米水产出大白菜 25.04 千克。

2. 微灌节水指标研究

1979—1981 年在四季青大温室，进行了微灌灌水指标研究，《运用回归正交法求番茄滴灌指标》一文，刊入联合国《国际灌溉书志》。

3. 膜面集雨研究示范

设施蔬菜膜面集雨技术，是指利用园艺设施膜面的集水效应，将雨季降水蓄积起来，配套雨洪设施和灌溉施肥设备，在旱季或缺水时用于设施蔬菜生产的灌溉方法。2005 年，北京市农业技术推广站王克武等开始探索膜面集雨高效利用技术（图 12-16），先后在郊区建雨洪利用设施 500 处，总蓄水能力达 2 020 万米^3；引进了新型膜面集雨材料，如 PP 模块（图 12-17）、防渗土工膜、透水软管等，建造的集雨池具有施工速度快、方便拆卸回收、收集水质好等优点，雨季能起到集雨作用（图 12-18）。

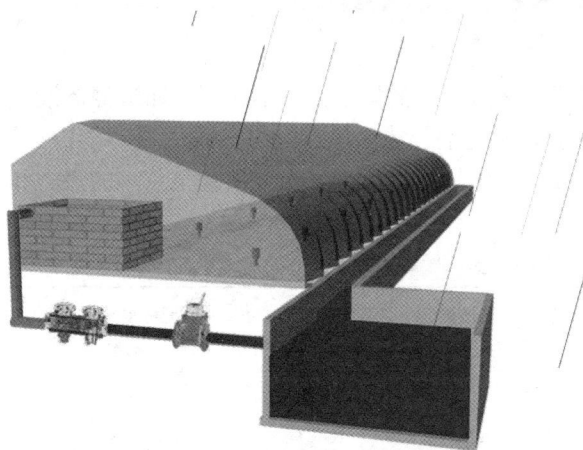

图 12-16a　膜面集雨示意图

图 12-16b　小汤山特菜基地温室膜面集雨　2009

4. 灌溉后水的去向研究

2006 年 9 月至 2007 年 12 月，中国农业大学和北京市农业技术推广站，在顺义大孙各庄短后坡节能型日光温室（长 71 米、跨度 7 米、脊高 3.5 米）的冬春茬及秋冬茬两大茬口黄瓜生产上进行了不同灌溉方式（畦灌、滴灌、渗灌）的灌溉水去向分配研究，结果见表 12-3。

数据结果初步明确了不同茬口、不同灌溉方式的全生育期的渗漏量（渗漏到 1.2 米以下，黄瓜根系不能利用）占总灌水量的比例：冬春茬渗漏量占比为41％～52％，秋冬茬渗漏量占比为54％～62％。

图12-17a　新型膜面集雨材料建造集雨池　2012

图12-17b　蔬菜设施膜面集雨池建造新型材料　2012

图12-18　下雨时雨水流进集雨槽　2010

　　数据结果客观反映了滴灌、渗灌的节水效果：滴灌、渗灌的渗漏量占比基本相同，而畦灌渗漏量占比高于滴灌、渗灌约10％，滴灌、渗灌较畦灌节水明显；滴灌、渗灌增产效果显著。

　　从数据结果来看，植物蒸腾水分是必需的，土壤蓄水变化占比很小，日光温室蔬菜节水的潜力和关键在于控制渗漏，其次是控制土面蒸发（表12-3）。

表12-3　不同灌溉方式对灌溉水的分配及产量的影响

茬口	处理	灌水量（毫米）	渗漏量（毫米）	土面蒸发量（毫米）	蒸腾量（毫米）	土壤蓄水变化量（毫米）	单产（千克/公顷）	每公顷每毫米水量形成的产量［千克/（毫米·公顷）］
冬春茬	畦灌	779.45	408.79a	135.94a	217.83a	16.89a	110 643c	14.20c
	滴灌	563.59	230.02b	86.37b	229.96a	17.24a	123 771b	21.96b
	渗灌	509.5	211.35b	54.94c	223.67a	19.54a	128 132a	25.15a
秋冬茬	畦灌	441.45	273.34a	67.14a	74.23a	26.74a	45 526b	10.31b
	滴灌	341.25	185.95b	48.44b	84.19a	22.67a	50 564a	14.79a
	渗灌	320.73	172.49c	42.27b	78.85a	27.12a	51 858a	16.20a

　　注：表中数据采用LSD方差分析方法，同一行不含相同字母表示差异显著，小写字母表示不同处理间的差异显著性（P＜0.5）。定植到缓苗水所有处理相同，即冬春茬240毫米、秋冬茬131毫米。

第二节 设施蔬菜的灌溉方法

北京设施蔬菜生产的灌溉方法有地面、地上、地下三种，主要应用的是地面和地上两种方法，地下灌溉（渗灌）极少。

一、地面灌溉

（一）畦灌

传统的灌溉方式，用田埂将菜田土地分割成一系列长方形小畦，灌水时，水引入畦田后，在畦田上形成很薄的水层，沿畦长方向移动，在流动过程中主要借重力作用逐渐湿润土壤，至今仍是常见的灌溉方法。

（二）沟灌

在作物行间开挖灌水沟，水从输水沟进入灌水沟后，在流动的过程中，主要借助毛细管作用垂直湿润土壤，也是最主要的灌溉措施，有一定株行距或宽行距种植的蔬菜，多采用该方法（图 12 - 19）。

图 12 - 19a 番茄沟灌 2017

图 12 - 19b 黄瓜平畦灌溉 2016

1. 覆膜沟灌

在地膜覆盖栽培技术的基础上发展起来的一种节水型地面灌溉方法。它是将地膜平铺于沟中，沟全部被地膜覆盖，灌溉水从膜上（膜上沟灌）或膜下输送到田间的灌溉方法（膜下沟灌，图 12 - 20）。覆膜沟灌适于高畦双行栽培的蔬菜，如黄瓜、番茄、辣椒和茄子等茄果类蔬菜（图 12 - 21）。尤其适宜灌溉水下渗较快的偏沙质土壤，可大幅减少灌溉水在输送过程中的下渗损失。膜下沟灌适宜

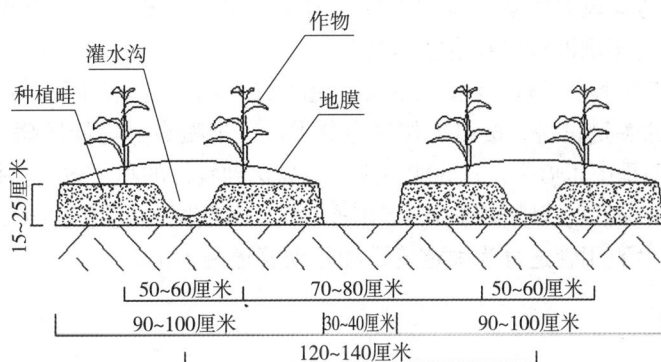

图 12 - 20 覆膜灌溉畦示意图 2008

在水分下渗较慢的偏黏质土壤上应用，地膜覆盖可以减少土壤水分蒸发。覆膜沟灌通过采用适宜的整畦做沟方式，在灌水沟上覆膜，改变灌溉水湿润土壤的方式，有效控制土面蒸发，可较常规沟灌节水20%左右。除此之外，覆膜沟灌可以提高地温，有一定的增产效果。

图 12-21　软管送水膜下沟灌　2010

2. 交替沟灌

在起垄栽培条件下，交替灌溉畦沟的控制作物灌溉的灌溉方式（图 12-22）。可造成部分区域干燥、部分区域湿润，使不同区域的根系经受一定程度的水分胁迫锻炼以激发其吸收补偿功能，并诱导作物气孔保持最适宜的开度，以减少蒸腾损失的作用。利用作物水分胁迫时产生的根信号对气孔的有效调节功能及光合的滞后效应，达到减少灌水量又不牺牲作物产量、提高作物水分利用效率的目的。隔沟交替灌溉可与常规沟灌联合应用，如定植后或苗期采用常规沟灌，后期再采用隔沟交替灌溉。交替沟灌适用于单行栽培的蔬菜。需注意蔬菜苗期并不适于交替沟灌，因为此时蔬菜根系较浅，且分布范围较小，如果采用交替沟灌有可能造成水分亏缺，影响生长。

二、地上灌溉

（一）喷灌

地上灌溉，是指利用水泵加压将灌溉水通过喷头喷射到空中，分散成细小的水滴，像雨水一样均匀地落下，补充土壤水分不足的一种灌溉方法，适宜菠菜、油菜等密植叶类蔬菜。喷灌的灌水均匀度一般可达到 80%～85%，水分有效利用率为 80% 以上，较畦灌、沟灌等节水 30%～50%。同时还具有节省劳力、少占耕地、提高产量等优点；但喷灌的缺点是一次性投资较高，易受风力影响，易增加设施内空气湿度造成病害发生，其次喷灌难以与根部施肥相结合。

图 12-22　大棚蔬菜隔沟灌溉　2010

喷灌系统一般由水源工程、首部系统、输配水管道系统和喷头组成。喷头装在竖管上或直接安装于支管上，是喷灌系统中的关键设备。按照工作压力分类，可把喷头分为低压喷头、中压喷头和高压喷头。目前国内使用最多的是中压喷头，它的能耗小，容易达到较好的喷灌效果。按照结构形式分，可把喷头分为旋转式喷头、全圆散射式喷头和喷洒多孔管三类，目前国内应用较普遍的是旋转式喷头。

根据使用条件可将喷灌用管道分为固定管道和移动管道两大类。

（二）滴灌

滴灌是指通过低压管道系统和安装在末级管道上的特制灌水器，将水或水肥混合液以较小的流量

均匀、准确地直接输送到作物根部附近的土壤
表面或土层中的灌溉方法（图12-23）。滴灌具
有节水、节肥、省工、高效、环保等诸多优点，
一般可节水50％左右，节肥30％左右；减少灌
溉水的深层渗漏和地下水硝酸盐污染；降低空
气湿度，减少作物病害；有利于保持良好的土
壤结构，防止土壤退化；节省人工；有利于提
高作物产量和品质。但滴灌一次性投入较高，
容易造成盐分积累、局部盐渍化等。

滴灌主要由水源工程、首部枢纽工程、输
配水管网和灌水器四部分组成。

图12-23　温室番茄微灌配肥桶随水供肥　2013

（三）微喷

微喷是介于喷灌和滴灌之间的一种灌溉方法，是指利用水泵加压将灌溉水通过微喷头或薄壁多孔
式微喷带以细小水滴或水流的方式喷射，补充土壤水分不足的一种灌溉方法。微喷主要由与滴灌相同
的水源工程、首部枢纽、输配水管网，配置上微喷头或微喷带组成。

微喷头适合密植的蔬菜和苗床，单个微喷头的流量一般不超过每小时250升，喷洒射程小于7
米，按照结构和工作原理，微喷头可以分为射流式、离心式、折射式和缝隙式四种，生产中常用射流
式和折射式。

微喷带在生产中有两种方式，一种是膜下带式微喷，即将地膜覆盖在微喷带上，灌溉水喷到地膜
上后再流到土壤中，适用于茄果类蔬菜、生菜和甘蓝等成行栽培的叶类菜；一种不覆盖地膜
（图12-24），直接由微喷带上微小的出水口将雾化的灌溉水喷洒到作物植株及其附近土壤，适于撒
播密植的叶类蔬菜或者苗床。带式微喷较畦灌、沟灌等节水35％以上。

图12-24　大棚生菜微喷　2009

三、地下灌溉

目前，地下灌溉的主要方法为渗灌。

渗灌是将渗灌管埋在地下，灌溉水通过渗灌管管壁上的微孔向外渗出，借助土壤的毛管作用实现
对作物根层土壤补水的一种灌溉方法。渗灌主要适用于地下水较深、地下水及土壤含盐量较低、灌溉

水质较好、湿润土层透水性适中的地区。具有耗能低、灌水质量好，蒸发损失小，少占耕地便于机耕等优点，但也存在地表湿润差、地下管道造价高、容易淤塞、检修困难等缺点，迄今仍限于小范围使用。张树森等人试验结果表明日光温室渗灌比沟灌节水 50.7%～70%，比管灌节水 43.1%，比滴灌节水 11.9%。

地下灌溉的供水方式可分为管道式渗灌、明沟式渗灌、暗沟式渗灌。渗灌主要由水源、首部枢纽、输配水管网和渗水部分（渗灌管）等组成，水源、首部枢纽和输配水管网同滴灌。渗灌管的埋深则主要取决于作物种类和土壤质地，一般埋于地面下 30～40 厘米，渗灌毛管的流量每小时 2～3 升。

1994 年，海淀区四季青乡科技站郭继坤曾引进美国渗灌技术，其设备器材主要包含滤水器、水泵、压力罐、输水管道、配套管件、控制系统，渗灌管由 80%废旧汽车轮胎、20%聚乙烯、添加剂为原料压制而成。设施蔬菜渗灌节水试验，效果明显。但亩投资较高，渗水管每米 5 元，每亩投资总计 18.74 万元，故未能推广应用。

第三节　设施蔬菜的灌溉原则

一、蔬菜的灌溉原则

设施蔬菜的灌溉应遵循"少量多次"原则，依据蔬菜生长发育的需水规律进行灌溉，同时要看天（天气条件）、看地（土壤状况）、看作物（作物生长发育）进行合理灌溉，提高灌溉水的利用效率。

（一）依据天气条件进行灌溉

秋、冬、春三个季节，气温变化不同，浇水量也应当有所差别。至于灌溉时间，设施蔬菜以上午为好。如果下午灌溉，易使室内湿度过高，影响蔬菜生长，甚至引起病害。

晚秋、冬季以及早春，外界光照弱，设施内温度低，作物生长缓慢，蒸腾蒸发量较小，应少灌或不灌水，如需灌溉，灌水量要少，且时间尽量选择在晴天上午或中午，以免造成土温大幅度下降，室内空气湿度加大，从而引起寒害。3 月以后，随着光照增强、温度逐渐上升、作物生长加快，蒸腾蒸发量增大，灌水量应逐渐增大，同时缩小灌溉间隔期。炎热夏季多雨季节，防雨降温，要小水勤浇；若高温干旱，适当增加灌水量和次数，以降低地温，促进作物生长。9 月以后，外界温度逐渐下降，光照减弱，作物生长变慢，根据作物生长情况，要减少单次灌溉量，延长灌溉间隔期。

（二）依据土壤状况进行灌溉

依据土壤质地：沙壤土透水能力强但保水能力弱，要减少单次灌溉量，加大灌溉次数，小水勤浇，防止灌溉水深层渗漏造成无效消耗；黏土保水能力强，可以适当增加单次灌溉量，减少灌溉次数。

依据土壤墒情：蔬菜作物生长发育较好的土壤含水量为田间持水量的 60%～80%，在生产中可以取 10 厘米深的土，手抓成团，齐腰放下，落地散开，说明土壤含水量适宜；如土壤抓不成团，说明土壤含水量过低，需要进行灌溉；如果手抓土壤出水，落地不散，说明土壤含水量过多。也可以借助土壤水分探测仪等指导灌溉。

依据土壤温度：夏季高温干旱季节，地温高，要及时补充水分，且浇水量要大，可起到降低地温、通气的作用，需注意不能在中午气温高、地热的时候进行灌溉；冬春寒冷季节大幅降温前要根据土壤墒情进行适当灌水，有利于地温保持。

同样的土壤，还要考虑不同样的蔬菜，例如黄瓜需水量最多，菜豆就少些。

（三）依据蔬菜生育期需水规律灌溉

1. 依据生育时期灌溉

同一种蔬菜，不同生育期需水量是不同的。在其生长过程中，需水量最多的时期，就是人类对蔬菜所需要的那一部分器官生长最旺盛的时期。器官还未到形成的时期，是不需要供给大量水分的时期。

种子萌芽期要求充足的水分，以供种子吸水膨胀，促进萌发和胚轴伸长，此期间如土壤水分不足，播种后种子较难萌发，或虽能萌发，但胚轴不能伸长而影响及时出苗。因此，应在充分灌水或在土壤墒情好时播种。

幼苗期植株蒸腾量小，需水量不大，但根群分布浅，且表层土壤不稳定，易受干旱的影响，栽培上应小水勤浇，保持一定的土壤湿度。

根、茎、叶菜类蔬菜，营养生长旺盛期和养分积累期是一生中需水量最多的时期。但必须注意在养分贮藏器官尚未开始形成的时候，水分不能供应过多，以抑制叶、茎徒长，促进产品器官的形成。当进入产品器官生长旺盛期后，应勤浇多浇。

瓜果类蔬菜，开花结果期对水分要求严格，水分过多，易使茎叶徒长而引起落花落果；水分过少，植物体内水分重新分配，水分会由吸水力较小的部分（如幼芽、幼根等）大量流入吸水力强的叶子中去，也会导致落花落果。因此，在开花期应适当控制灌水，促进根系深扎。进入结果期后，尤其在果实膨大期或结果盛期，需水量急剧增加，并达到最大量，应当供给充足的水分，便于果实迅速膨大与成熟。

2. 依据蔬菜种类灌溉

不同种类蔬菜对水分的需求不同，一般根系发达、叶片有缺裂、蜡粉和茸毛的蔬菜抗旱能力强，可以少浇水，如西瓜、南瓜、胡萝卜等；相反，叶面积大、组织柔软、根系相对不发达，而蒸腾作用又旺盛的蔬菜，抗旱能力弱，需要充足的水分供应，如黄瓜、辣椒、生菜等。

3. 依据生理现象灌溉

番茄、黄瓜、胡萝卜等叶色发暗，清晨叶缘无"吐水"现象，中午略呈萎蔫，则表现为缺水，需立即灌水；如果叶色淡，中午毫不萎蔫，茎节拔节，说明水分过多，不宜灌溉。

二、蔬菜作物的灌溉制度确定

灌溉制度是指根据作物全生育期的需水规律所制定的灌水次数、灌水时间、灌水定额（每次灌溉的用水量）和灌溉定额（全生育期总灌水量）等。

（一）灌溉制度的参数

（1）灌水定额　单位面积的土地上单次灌溉的用水量。常用的单位有立方米或毫米/亩。其换算关系为 $1 \text{米}^3/\text{亩} = \dfrac{1\text{米}^3}{667\text{米}^3} = 1.5 \times 10^{-3} \text{米} = 1.5 \text{毫米}$ 。

（2）灌溉定额　单位面积的土地上某一作物全生育期的总灌溉量。单位为立方米或毫米/亩。

（3）灌水周期　两次灌水之间的时间间隔，单位为天。

（4）灌水次数　某一作物全生育期内总共灌水的次数，单位为次。

（5）灌水时间　单次灌水所持续的时间，单位为分钟或小时。

（二）灌溉制度制定

灌溉制度随作物种类、品种、土壤、气象、灌溉条件、设施条件以及农业技术措施而不同。因此，确定作物的灌溉制度时，必须结合具体情况分析而制定。

1. 灌水定额的确定

灌水定额是指一次灌水单位面积上的灌水量。灌水定额与土壤质地密切相关，一般土壤水库存贮水量为：黏土＞壤土＞沙土。在不同质地的土壤上要使相同作物获得相同的产量，总的耗水量不会相差太大，理论上黏土的灌水定额最大，依次是壤土、沙土。灌水定额的确定可采用如下方法之一。

（1）根据土壤适宜水分含量计算灌水定额　灌水定额的计算公式为：$W = 0.1p \times h \times \gamma \times (\theta_后 - \theta_前)$。

式中：

W：灌水定额（毫米）。

p：土壤湿润比（％）。

h：计划湿润层深度（厘米）。

γ：土壤容重（克/厘米^3）。

$\theta_后$：灌溉后计划达到的土壤含水量（％），也称为灌溉上限。通常是田间持水量或田间持水量的$80\% \sim 90\%$。

$\theta_前$：灌溉前作物根系分布层的平均土壤含水量（％），一般约为田间持水量的60%，也就是开始灌溉的土壤含水量下限或灌溉起点。

（2）根据水面蒸发量确定灌水定额　水面蒸发量是指自由水面的蒸发量，一般用蒸发皿测定。水面蒸发量具有气象要素"综合器"的作用，其测定值除了包含温度、湿度、风速和太阳辐射对蒸发力的综合影响外，还包括了平流等气象要素的影响，无论在尺度大的农田上，还是在尺度小的农田上都可以使用。因此，蒸发皿和小型蒸发器被广泛用于农田蒸发量的估算方面。

据原保忠等（2000）的研究，日光温室内栽培番茄采用膜下滴灌，保持滴灌带下15厘米深处较高的含水量（-20～-15千帕），番茄的耗水量与置于温室内作物冠层高度的蒸发皿水面蒸发量基本一致。因此，在对日光温室番茄进行灌溉时，可利用蒸发皿的水面蒸发量来指导灌溉。

将直径20厘米的蒸发皿悬挂在作物冠层同高的位置，并向蒸发皿中加入20毫米的水，24小时后将剩余的水倒入量筒，即可知道过去24小时内的水面蒸发量，也就大体知道了这段时间作物的耗水量。实际生产中，可以预先设定灌溉周期，比如说7天进行1次灌溉，然后根据过去7天的总水面蒸发量来确定灌溉量。

（3）根据作物耗水量确定灌水定额　蔬菜作物的耗水量，包括蒸腾作用和土面蒸发两个部分。蒸腾作用是作物通过主要分布于叶片的气孔将水分散发到空气中的过程。土面蒸发是指作物之间的土壤表面将水分散发到空气中的过程。在不考虑深层渗漏和径流的前提下，灌溉水主要是通过蒸腾作用和土面蒸发消耗掉的。因此可以根据作物的耗水量来确定灌溉量。

2. 灌水周期的确定

灌水周期是指两次灌水之间的时间间隔。作物相同又生长发育一致时，主要取决于土壤质地，不同质地的土壤，由于土壤水库存贮水量的差异，灌溉频率应该是沙土最大，壤土次之，黏土最小，灌水时间间隔也就是黏土最大，壤土次之，沙土最小。

实际生产中可利用张力计（负压式土壤湿度计）测定土壤水吸力，并根据作物和生育时期确定灌溉的起点。

张力计由陶土头、腔体、集气室、真空表等部件组成。陶土头是仪器的感应部件，具有许多微小的孔隙，陶土头被水浸润后，将孔隙中的空气排出。这时陶土头仅允许水的进出，但阻止空气通过。当充满水且密封的张力计插入水分不饱和的土壤时，土壤水吸力将水透过陶土头吸收到土壤中，集气管中的水面下降从而形成真空，随着水的流出真空体积越来越大，负压越来越大，直到负压和土壤水吸力相等的时候达到平衡。因此，通过真空表的读数就可以知道相应的土壤水吸力的大小，从而对土壤的干湿程度作出判断。

生产中利用张力计可以方便地确定灌溉日期，即当张力计的读数达到作物的灌溉下限时开始灌溉。需要注意的是张力计的陶土头埋设位置应与作物主要根系分布位置一致，可以随着作物的生长调整张力计的埋设深度。

3. 一次灌水延续时间的确定

灌水的延续时间，可以根据已经设计好的灌水定额，结合实际灌水器流量来确定。灌水时间的确定公式如下：

$$t = \frac{W \cdot Se \cdot Sr}{\eta q} 。$$

式中：

W：灌水定额（毫米）。

t：一次灌水延续时间（时）。

Se：灌水器间距（米）。

Sr：滴灌毛管间距（米）。

η：灌溉水利用系数，即一般滴灌和喷灌选取 $0.9 \sim 0.95$。

q：灌水器流量（升/时）。

举例：日光温室番茄栽培，采用滴灌施肥。宽窄行作畦，宽行距为 0.9 米，窄行距为 0.5 米，每行番茄 1 行滴灌带，滴头间距为 0.3 米，灌水器流量 2 升/时。若设定某次灌溉灌水定额为 9 米³/亩（相当于 $\frac{9\,米^3}{667\,米^3} = 13.5 \times 10^{-3}$ 米 $= 13.5$ 毫米），灌溉水利用系数为 0.95，则一次灌水需用时间则为：

$$t = \frac{W \cdot Se \cdot Sr}{\eta q} = \frac{13.5\,毫米 \times 0.3\,米 \times \dfrac{0.9\,米 + 0.5\,米}{2}}{0.95 \times 2(升／时)} = 1.5\,小时。$$

4. 灌水次数的确定

灌水周期确定了，灌水次数也就相应确定。累计作物不同生育时期的灌水次数，即为作物全生育期或全年的灌水次数。

5. 灌溉定额的确定

全生育期内各次灌水定额之和就是灌水总量，也称灌溉定额，单位为米³/亩或毫米。

三、主要蔬菜的需水规律及灌溉

（一）设施黄瓜

1. 黄瓜需水规律

黄瓜属于浅根性作物，对于土壤深层水分吸收能力差，再加上地上部叶片多、叶片薄、叶面积大等，蒸腾量大，具有喜湿、不耐旱的显著特点。黄瓜不同生育期对水分需求有所不同。幼苗期和根瓜坐瓜前土壤湿度一般应控制在相对含水量的 $60\% \sim 70\%$，若湿度过大，容易造成幼苗徒长。结果期黄瓜需水量最大，适宜的土壤湿度为相对含水量的 $80\% \sim 90\%$，若湿度过小，容易引起植株早衰和产量降低，且畸形瓜比例增加。另外，黄瓜根系呼吸强度大，浇水过多或雨后田间积水又容易发生沤根，故此时应注意排水。

2. 黄瓜灌溉制度

北京地区日光温室春茬黄瓜一般 12 月底至翌年 1 月上旬育苗，2 月初至 2 月下旬定植，大棚春茬黄瓜育苗和定植期要推迟 1.5 月左右。日光温室秋茬黄瓜一般 8 月初左右定植，也可采用直播，大棚秋茬黄瓜定植日期提前 1 个月左右。

设施黄瓜采用滴灌技术，春茬黄瓜定植后及时滴灌 1 次透水，一般灌水 20～25 米³/亩，根据墒情状况，在苗期和开花期各滴灌 1～2 次，每次灌水 6～10 米³/亩，结瓜期滴灌 12～15 次，每次灌水 8～12 米³/亩，拉秧前 10 天停止浇水；秋茬黄瓜定植后一般灌水 20～25 米³/亩，根据墒情状况，苗期和开花期各滴灌 1～2 次，每次灌水 8～12 米³/亩，结瓜期滴灌 8～10 次，每次灌水 6～7 米³/亩，拉秧前 10 天停止浇水。

温室秋冬茬长季节栽培黄瓜，定植时灌水 12～15 米³/亩，缓苗后开始滴灌施肥，每 5～9 天 1 次，每次灌水 5～8 米³/亩；根瓜坐住后每 5～7 天滴灌 1 次，灌水 6～8 米³/亩，春季随着气温的升高和蒸发量的增加，灌溉间隔时间要逐渐缩短，用量适当增加。

（二）设施番茄

1. 番茄需水规律

番茄植株生长茂盛，蒸腾作用较强，而番茄根系发达，再生能力强，具有较强的吸水能力。因此，番茄植株生长发育既需要较多的水分，又具有半耐旱植物的特点。番茄不同生育阶段对水分的要求不同。一般幼苗期生长较快，为培育壮苗，避免徒长和病害发生，应适当控制水分，土壤相对含水量在 60%～70% 为宜。第一花序坐住果前，土壤水分过多易引起植株徒长，造成落花落果。第一花序坐果后，果实和枝叶同时迅速生长，至盛果期都需要较多的水分，应经常灌溉，以保证水分供应。在整个结果期，水分应均衡供应，始终保持土壤相对含水量 60%～80%，如果水分过多会阻碍根系的呼吸及其他代谢活动，严重时会烂根死秧，如果土壤水分不足则果实膨大慢，产量低。在此期间，还应避免土壤忽干忽湿，特别是土壤干旱后又遇大水，容易发生大量落果或裂果，也易引起脐腐病。

2. 番茄灌溉制度

北京地区日光温室春茬番茄一般在 12 月中旬育苗，翌年的 1 月底或 2 月初定植，大棚春茬番茄一般在 1 月中下旬播种育苗，3 月中旬定植。日光温室秋茬番茄一般在 7 月底 8 月初育苗，8 月底 9 月初定植，翌年 1 月拉秧，大棚秋茬番茄定植日期提前 1 个月左右。

设施番茄采用滴灌技术，春茬番茄定植后及时滴灌 1 次透水，一般灌水 20～25 米³/亩，根据蹲苗需要和墒情状况，在苗期和开花期各滴灌 0～2 次，每次灌水 6～10 米³/亩，坐果期滴灌 8～11 次，每次灌水 8～12 米³/亩，拉秧前 10～15 天停止浇水；秋茬番茄定植后一般灌水 20～25 米³/亩，根据蹲苗需要和墒情状况，苗期滴灌 0～2 次，每次灌水 8～12 米³/亩，开花期滴灌 0～1 次，每次灌水 6～8 米³/亩，坐果期滴灌 5～8 次，每次灌水 6～7 米³/亩，拉秧前 10～15 天停止浇水。

秋冬茬番茄长季节栽培，定植时灌水 12～15 米³/亩，缓苗后开始滴灌施肥，5～7 天滴灌 1 次，每次灌水 5～7 米³/亩，一穗果膨大后每隔 7～9 天滴灌 1 次，每次灌水 5～8 米³/亩，春季随着气温的升高和蒸发量的增加，灌溉间隔时间要逐渐缩短，灌溉量逐渐增多。

（三）设施辣（甜）椒

1. 辣（甜）椒需水规律

辣（甜）椒是茄果类中较耐旱的作物，植株本身需水量虽不大，但由于根系浅、根量少，对土壤水分状况反应十分敏感，土壤水分与开花、结果关系密切，水分过多或过少均会影响生长。辣椒既不耐旱也不耐涝，只有土壤保持湿润才能高产，但积水会使植株萎蔫。一般大果类型的甜椒品种对水分要求比小果类型辣椒品种更严格。各生育期的需水量不同，苗期植株需水较少，以控温通风降湿为主，移栽后要满足植株生长发育应适当浇水，初花期要增加水分，着果期和盛果期，需供应充足的水分，如土壤干旱、水分不足，极易引起落花落果，影响果实膨大，果实表面多皱缩、少光泽，果形弯曲。灌溉时应做到畦土不积水，如土壤水分过多、淹水数小时，植株就会萎蔫，严重时成片死亡。

2. 辣椒灌溉制度

日光温室春茬甜（辣）椒一般在 12 月中下旬播种育苗，翌年 2 月中旬定植，大棚春茬一般在 1 月中旬播种育苗，3 月底或 4 月初定植。日光温室秋茬甜（辣）椒一般在 7 月中下旬育苗，8 月底至 9 月上旬定植，大棚秋茬甜（辣）椒育苗和定植日期较温室提前 1 个月左右。

设施甜（辣）椒采用滴灌技术，春茬甜（辣）椒定植后及时滴灌 1 次透水，一般灌水 20～25 米³/亩，根据蹲苗需要和墒情状况，苗期滴灌 0～2 次，每次灌水 6～10 米³/亩，开花期滴灌 1～3 次，每次灌水 6～10 米³/亩，坐果期滴灌 3～6 次，每次灌水 8～12 米³/亩，拉秧前 10～15 天停止浇水；秋茬甜（辣）椒定植后一般灌水 20～25 米³/亩，根据蹲苗需要和墒情状况，苗期滴灌 0～2 次，每次灌水 8～12 米³/亩，开花期滴灌 1～2 次，每次灌水 6～8 米³/亩，坐果期滴灌 3～4 次，每次灌水 6～7 米³/亩，拉秧前 10～15 天停止浇水。

（四）设施茄子

1. 茄子需水规律

茄子枝叶繁茂，结果多，需水量较大。但对水分要求随着生长阶段不同而有差异。门茄形成以前需水量少，门茄迅速生长以后需水多一些；对茄收获前后需水量最大，要充分满足水分需要。茄子缺水时植株生长量小，落花现象严重，产量明显下降，品质变差。茄子又怕涝，水过多，植株易徒长和发病。

2. 茄子灌溉制度

日光温室春茬茄子一般在 12 月中下旬播种育苗，翌年 2 月中旬定植，大棚春茬一般在 1 月中旬播种育苗，3 月底或 4 月初定植。日光温室秋茬茄子一般在 7 月中下旬育苗，8 月底至 9 月上旬定植，大棚秋茬茄子育苗和定植日期较温室提前 1 个月左右。

设施茄子采用滴灌技术，春茬茄子定植后及时滴灌 1 次透水，一般灌水 20～25 米³/亩，根据蹲苗需要和墒情状况，苗期滴灌 0～2 次，每次灌水 6～10 米³/亩，开花期滴灌 0～2 次，每次灌水 6～10 米³/亩，结果期滴灌 8～10 次，每次灌水 8～12 米³/亩，拉秧前 10～15 天停止浇水；秋茬茄子定植后一般灌水 20～25 米³/亩，根据蹲苗需要和墒情状况，苗期滴灌 0～2 次，每次灌水 8～12 米³/亩，开花期滴灌 0～2 次，每次灌水 6～8 米³/亩，结果期滴灌 5～7 次，每次灌水 6～7 米³/亩，拉秧前 10～15 天停止浇水。

（五）设施结球生菜

1. 结球生菜需水规律

生菜叶片多，叶面角质层薄，水分蒸腾量很大。在营养生长时期，土壤水分以维持田间持水量的 80%～90% 为宜，低于 70% 时，对产量和品质均产生不良影响。当长期在 95% 以上高湿条件下时，病害重或贮藏期间易脱帮。空气相对湿度以 65%～80% 为宜，过高、过低均对生长、结球不利。发芽期和幼苗期需水量较少，但种子发芽出土需有充足水分；幼苗期根系弱而浅，天气干旱应及时浇水，保持地面湿润，以利幼苗吸收水分，防止地表温度过高灼伤根系。莲座期需水较多，掌握地面见干见湿，对莲座叶生长既促又控。结球期需水量最多，应适时浇水。结球后期则需控制浇水，以利贮藏。

2. 结球生菜灌溉制度

日光温室春茬结球生菜一般于 12 月底至翌年 1 月初育苗，1 月底至 2 月初定植。大棚春茬生菜育苗和定植期要推迟 1.5 个月左右。日光温室秋茬结球生菜一般 9 月底定植，翌年 1 月收获。大棚秋茬结球生菜定植和收获期较温室提早 1 个月左右。

设施结球生菜采用滴灌技术，春茬结球生菜定植后及时滴灌 1 次透水，一般灌水 20 米³/亩，根据墒情状况，苗期滴灌 1～2 次，每次灌水 6～10 米³/亩，发棵期滴灌 1～2 次，每次灌水 6～10 米³/亩，结球期滴灌 2～3 次，每次灌水 8～10 米³/亩；秋茬结球生菜定植后一般灌水 20 米³/亩，根据墒情状况，苗期滴灌 1～2 次，每次灌水 8～10 米³/亩，发棵期滴灌 1～2 次，每次灌水 6～8 米³/亩，结球期滴灌 2～3 次，每次灌水 6～7 米³/亩。

（六）日光温室草莓

1. 草莓需水规律

草莓根系浅，喜湿，叶表面蒸发量大，要求充足的水分。草莓在不同的生长发育期，对水分的要求是不一样的。花芽分化期要求水分较少，土壤含水量要求为相对含水量的 60%，开花期要求水分不低于相对含水量的 70%。果实生长和成熟期要求水分最多，要求为相对含水量的 80% 以上。果实采收后，植株进入旺盛生长期，也要求土壤含水量在相对含水量的 70% 左右。生长期缺乏水分时，植株矮、叶片小、叶柄短。开花期水分不足时，花期缩短，花瓣卷于花萼内不展开而枯萎。浆果膨大时水分不足，果实变小，品质变劣。但土壤含水量过多时，抑制根系的呼吸，会引起根系死亡，叶片变黄、萎蔫、脱落或果实腐烂，引起植株发病。

2. 草莓灌溉制度

目前，北京地区日光温室草莓一般在 8 月中下旬定植，第二年 1 月中旬至 5 月底采收。

日光温室草莓采用滴灌技术，定植后及时滴灌 1 次透水，一般灌水 15～20 米³/亩，花芽分化期滴灌 6～8 次，每次灌水 5～6 米³/亩，越冬期滴灌 12～16 次，每次灌水 3～5 米³/亩，盛果期滴灌 8～12 次，每次灌水 6～8 米³/亩，尾果期滴灌 4～6 次，每次灌水 5～7 米³/亩。

（七）设施西瓜

1. 西瓜需水规律

西瓜叶蔓茂盛，生长迅速，产量高，果实中含有大量的水分，是需水量较多的作物。根据西瓜不同时期的需水特点，适时适量供水。一般苗期土壤相对含水量控制在 65% 左右，伸蔓期为 70%，而果实膨大期为 75%，不宜大于 80%。西瓜一生需水关键期有两个阶段：一是雌花现蕾到开花期，此时如果水分不足，雌花蕾小，子房瘦小，影响坐果。二是在果实膨大期，若此时缺水，则果实甚小，易出现扁瓜、畸形瓜，严重影响产量与品质。虽然西瓜需水量大，但根系不耐水涝，在 1 天左右的水淹环境下，根部就会腐烂，易造成全田死亡，所以要选择地势较高，排灌水方便的地块栽植。

2. 西瓜灌溉制度

日光温室春茬西瓜一般在 1 月上中旬育苗，2 月上中旬定植，5 月上中旬开始收获，大棚春茬西瓜定植和育苗均推迟 1.5 月左右。

采用膜下带式微喷技术，定植后及时微喷灌 1 次透水，一般灌水 25 米³/亩，苗期微喷灌 1 次，灌水 8～10 米³/亩，抽蔓期微喷灌 1 次，每次灌水 10～14 米³/亩，膨大期微喷灌 3～5 次，每次灌水 10～16 米³/亩。

第四节　设施蔬菜的微灌节水

北京郊区设施蔬菜节水灌溉，目前主要是采用微灌设备，组装成微灌系统，将有压水输送分配到田间，通过灌水器以微小的流量湿润作物根部附近土壤的一种局部灌溉技术，包括滴灌和微喷灌。

一、微灌系统组成

蔬菜节水微灌系统，主要由水源工程、首部枢纽、输配水管道系统和尾部微灌灌水器（喷头）等设施设备组成。

（一）水源工程

节水灌溉系统必须要有足够的水源保障，河流水、湖泊水、水库水、池塘水和井水等都可以作为灌溉水源，为保证供水，必须修建或配备相应的引（汲）水、蓄水、沉淀和过滤作用的设施工程。

设施蔬菜微灌，对水质的净化与处理要求较高，灌溉水中不能含有造成灌水器堵塞的污物和杂质。必须修建蓄水池、沉淀池，过滤设备要安装在输配水管网之前。在水泵出口安装过滤器，依据实际情况可选择旋转式水沙分离过滤器、沙石过滤器、筛网式过滤器、组合式过滤器，进一步净化水质。

（二）首部枢纽

为了方便管理和操作，一般将控制设备、加压设备、计量设备、安全保护设备、施肥设备等集中安装在整个灌溉系统的开始部分，因此称为首部枢纽或系统。作用是从水源提水增压并处理成符合灌溉要求的水送到输配水管网中去。并通过压力表、流量计等测量设备监测系统运行情况。

加压设备主要由水泵、动力机等组成，计量设备由水表、压力表等组成，控制设备由球阀、闸阀等组成，安全保护设备由过滤器、安全阀、逆止阀、进排气阀等组成，施肥设备由施肥罐、施肥器等组成。

（三）输配水管道系统

其作用是将首部枢纽处理过的灌溉水输送分配到田间每个单元和喷头（灌水器）上去。一般分为干管、支管、毛（竖）管三级管道。干管和支管起输水、配水作用，竖管是微灌系统末级管道，安装在支管上，末端接喷头。

管道与连接件，多采用黑色塑料材质的管道和管件。通常干、支管多用聚氯乙烯硬管，末级毛管多采用聚乙烯半软管。微灌连接件是连接管道的部件，亦称管件。主要有三通、弯头、堵头、接头、闸阀等部件。

重力滴灌容器，材料要求强度高、无毒、易移动，宜选用深色的聚乙烯塑料桶，可防止绿藻滋生，提高水温。容器体积，应根据温室种植面积确定，一般长50米、宽8米的日光温室选2米^{3}为宜。安装储水容器高度，以底部距输水管路1.4米以上为宜。容器位置，位于设施中部有利于提高灌水均匀度。

（四）灌水器

灌水器指的是位于输水管路末级毛管上，利用一定的构造将灌溉水的压力改变，并以水滴、水流或水雾等形式将水分配到作物根部附近或叶面的装置，包括滴头、滴灌带、微喷头等。因灌水器结构和水流的出流形式不同又可分为滴水式、漫射式、喷头式和涌泉式等，其相应的灌水方法称为滴灌、微喷灌和涌泉灌。

1. 滴头

滴头的作用是将有压水流形成一滴一滴的水滴滴入土壤，滴头常用塑料压铸而成，工作压力水头约10米，流道最小孔径在0.3~1毫米之间，流量在0~1.2升/时范围内。滴头是滴灌系统的关键部分，根据其耗能原理，其基本型有微管式、孔口式、涡流式和压力补偿式滴头等。

2. 滴灌带（管）

滴灌带是将滴头与毛管制造成一个整体，兼具配水和滴水功能，按结构分为：内镶滴灌带和薄壁滴灌带。其滴头孔口直径为0.5~0.9毫米；管直径为10~16毫米；管壁厚为0.2~1.0毫米；工作压力为50~100千帕。优点是使用方便，缺点是孔口较小，铺设在地面上的滴灌管妨碍田间其他农事操作。

3. 微喷头

即微型喷头，其作用与喷灌喷头基本相同，只是微喷头一般工作压力较低，湿润范围较小，有射流旋转式、折射式、离心式和缝隙式。

二、微灌水溶肥

微灌水溶肥，是指可以完全溶于水的单元、多元固体或液体复合肥料，一般含有 N、P、K 等作物生长所需的营养元素，还可添加腐殖酸、植物生长调节剂等。广义上讲，水溶肥料是经水溶解或稀释，用于节水灌溉施肥、叶面施肥、无土栽培、浸种蘸根等用途的固体或液体肥料。水溶肥料种类见表 12-4。

表 12-4　用于灌溉系统的水溶肥料种类表

常用的单元肥和二元水溶肥	氮肥类	尿素、磷酸尿素、硝酸钾、硫酸铵、碳酸氢铵、氯化铵、氮溶液、硝酸铵、磷酸氢二铵、磷酸二氢铵、聚磷酸铵、硝酸钙、硝酸镁、硝酸铵钙
	磷肥类	磷酸、磷酸二氢钾、磷酸尿素、聚磷酸铵、磷酸氢二铵、磷酸二氢铵
	钾肥类	氯化钾、硝酸钾、硫酸钾、磷酸二氢钾
	中微量元素肥料	硝酸钙、硝酸铵钙、氯化钙、硫酸镁、氯化镁、硝酸镁、硫酸钾镁、硼酸、硼砂、硫酸铜、硫酸锰、硫酸锌、钼酸钠、钼酸铵、螯合锌、螯合铁、螯合锰、螯合铜
水溶性复混肥		大量元素水溶肥、中量元素水溶肥、微量元素水溶肥、有机水溶肥、氨基酸水溶肥、腐殖酸水溶肥

水溶性复混肥作为新型环保型肥料，使用方便，可喷施、冲施，和喷灌、滴灌结合使用。

水溶肥使用时需要注意：避免直接冲施造成烧苗伤根等，应采取二次稀释使肥料均匀，应尽量单用或与非碱性农药混用，避免金属离子起反应产生沉淀，造成叶片肥害或药害；避免过量灌溉，以施肥为主要目的进行灌溉时，达到根层深度湿润即可，避免浪费流失。

三、水肥一体化技术

(一) 覆膜沟灌施肥

包括膜下沟灌和膜上沟灌施肥技术，适于高畦双行栽培的番茄、黄瓜、辣椒和茄子等瓜果类蔬菜。覆膜沟灌施肥技术投入成本低，应用效果显著，特别是不具备微灌条件的地区，菜农可应用该技术（表 12-5）。

表 12-5　覆膜沟灌施肥技术模式

操作步骤	操作要求
整地作畦	膜下沟灌施肥：作畦面宽 60 厘米、高 10 厘米的小高畦，在畦上开灌水沟。黄瓜沟宽 55 厘米、深 15 厘米。番茄沟宽 40 厘米、深 10 厘米。将地膜覆盖在灌水沟上，并用竹竿将地膜撑起。 膜上沟灌施肥：做宽 50 厘米，深 10 厘米的缓坡沟，将膜铺于灌水沟上，并在沟内定植作物的位置用竹竿扎孔
输水软带铺设	选择直径 100 毫米的线性低密度聚乙烯软带作为主管，主管上正对每个灌水沟处开孔，通过接头接出直径 40 毫米、长 50 厘米的软带
定植	膜下沟灌施肥：苗子定植于沟坡距底部 2/3 的位置。 膜上沟灌施肥：将苗子定植于缓坡沟底部的两侧

（续）

操作步骤		操作要求
灌溉操作		灌溉时应根据出水量打开一定数量的支管，并将不用的支管折叠。待先打开的支管灌完后，先将后面待灌的支管打开，再将已灌完的支管折叠
施肥操作	肥料选择	对肥料要求不严格，一般的冲施肥即可。采用施肥罐时应避免堵塞施肥罐的出水口
	施肥装置	由支架、施肥罐、阀门等组成。施肥时将施肥罐放到支架上，将软管连接到输水主管路上，将肥料放入施肥罐内，加水溶解，打开施肥罐底部的阀门，通过重力作用将水肥液注入水中，可通过调节阀门调节注肥速度
注意事项		作物定植前要喷除草剂，以防膜下或沟内长杂草，也可用黑色地膜防草

（二）滴灌施肥

滴灌施肥应做成小高畦，畦面平整以利于水肥的均匀分布。将苗子定植于滴孔附近可以保证蔬菜苗期根系浅时得到充足的水肥。选择滴灌专用的全水溶肥料可以保证效果且省时省力，也可自己购买一些原料（购买工业级的原料以保证较好的溶解性），根据作物营养需要的比例和所用原料的养分含量配置滴灌肥。系统的日常维护至关重要，每次要清洗过滤器、休闲季节打开滴灌管的堵头进行清洗，可以有效防止滴灌管路的堵塞。

滴灌施肥技术模式包括整地作畦、管路铺设、定植、灌溉施肥操作、灌溉施肥制度和系统维护等操作细节，见表12-6。

表 12-6　滴灌施肥技术模式

操作步骤		操作要求
整地作畦		小高畦，畦高15～20厘米，宽60厘米
滴灌带（管）铺设		根据株距选择相应滴头间距的滴灌管（带），一般30厘米。每畦面中部铺2条滴灌管（带），间距40厘米
定植		定植前先灌溉，检查跑冒滴漏。将苗子定植于滴头附近
灌溉操作		先将支管的控制阀完全打开，再打开主阀门。结束时先切断动力，然后立即关闭控制阀
施肥操作	肥料选择	要求：全水溶性、全营养性、弱酸性，各元素间不发生拮抗 产品：商品滴灌肥或者尿素、硝酸钾、硝酸铵、磷酸氢二铵、硫酸钾、氯化钾、磷酸二氢钾、硝酸钙、硫酸镁等
	肥料准备	全水溶肥料可随时溶解。溶解性差的肥料可在施肥前一天溶于水中，施肥时用纱布（网）过滤后将上面清液倒入施肥容器
	压差式施肥罐	施肥罐与主管上的调压阀并联，进水管通至罐底，拧紧罐盖，打开进水阀，待注满水再打开出水阀，调节主管阀门以调节施肥速度。每亩温室选择体积为16升的施肥罐即可
	文丘里施肥器	文丘里施肥器与主管阀门并联，将事先溶解好并混匀的肥液倒入敞开的容器，将吸头放入肥液，吸头上安装过滤网，吸头距容器底部10厘米以上。打开吸管上阀门并调节主管上的阀门以调节施肥速度
	注意事项	①浓度控制，一般1米^{3}水加入0.4～1.0千克肥料纯养分。②施肥前先灌水10～20分钟，施肥后清水冲洗管道5～10分钟
系统维护		①每次灌溉结束清洗过滤器。②定期清理施肥罐底部残渣。③根据水质定期将所有滴灌管尾部敞开，加大水压将滴灌管内的污物冲出。④如发生轻微堵塞，可在作物休闲期用30%稀盐酸溶液注入滴灌管，20分钟后清水冲洗

（三）重力滴灌施肥

包括储水容器选型、布置、输水管路和灌水器选型、灌溉施肥操作、灌溉施肥制度、系统维护等重力滴灌施肥的各个操作细节见表12-7。

表12-7　重力滴灌施肥技术模式

操作步骤		操作要求
整地作畦		小高畦，畦高15～20厘米，宽60厘米
储水容器		聚乙烯桶，2米³，深色不透光以避免滋生绿藻，容器应位于设施中部，底部距地表1.2米以上
输水管路和灌水器		输水支管直径40毫米以上，水质较好的地区选择出水量低的灌水器，水质较差的地区选择出水量高的灌水器
灌溉操作		先打开储水容器的上水阀，待上水至2/3桶时即可打开出水阀进行灌溉
施肥操作	肥料选择	同滴灌施肥技术模式
	肥料准备	同滴灌施肥技术模式
	直接施肥	将全水溶肥料或者提前溶好的肥料上清液直接倒入储水容器，然后打开上水阀向储水容器中加水
	压差式施肥罐	施肥罐安装在储水容器的进水管上，与进水管上的调压阀并联，调节进水管阀门以调节施肥速度
	文丘里施肥器	文丘里施肥器在储水容器的进水管上，与进水管上的阀门并联，打开吸管上阀门并调节进水管上的阀门以调节施肥速度
系统维护		①储水容器支架底部应垫木板，防水满后下陷。②平时盖好桶盖，避免杂物进入。③定期打开桶底部的排污阀排出污物。④定期清洗出水口处的过滤器
灌溉施肥制度		参见滴灌施肥技术模式

（四）带式微喷施肥

包括微喷带选型、布置、施肥设施选择、灌溉施肥操作、灌溉施肥制度和系统维护等微喷施肥的各个操作细节见表12-8。

表12-8　带式微喷施肥技术模式

操作步骤		操作要求
整地作畦		小高畦，畦高15～20厘米，宽60厘米
微喷带铺设		根据株距选择微喷带，每畦面中部铺1～2条微喷带，铺设条数视带宽和孔间距而定。一般折径40毫米，孔距25厘米，斜3孔，铺设2条为宜
定植		定植前先灌溉，检查是否有跑冒滴漏。将苗子定植于出水孔附近
灌溉操作		先将支管的控制阀完全打开，视当地水源压力确定水量、近远端均匀度，选择一次灌溉或分区域灌溉
施肥操作	肥料选择	要求：全营养性、弱酸性，各元素间不发生拮抗。 产品：商品冲施肥或者尿素、硝酸钾、硝酸铵、磷酸氢二铵、硫酸钾、氯化钾、磷酸二氢钾、硝酸钙、硫酸镁等
	肥料准备	水溶肥料可随时溶解。溶解性差的肥料先将肥料置于化肥池（桶）底部，可在施肥前一天将其溶于水中
	施肥容器	容积1吨以上的池子或水桶
	吸肥设备	吸程6米，流量每小时6米³的自吸泵
	注意事项	①肥液浓度控制，一般1米³水中加入0.4～1.0千克肥料纯养分。②施肥前先灌水10～15分钟，施肥后清水冲洗管道5～10分钟

（续）

操作步骤	操作要求
系统维护	①定期清理施肥罐底部残渣。②定期检查自吸泵叶轮有无杂物缠绕，保证泵正常工作。③如微喷带发生漏水，可将漏水处剪掉，用直接连接修补

（五）自动化灌溉施肥

设施蔬菜自动化灌溉施肥系统，其装备主要有自动化灌溉施肥机、配肥罐、紫外消毒机、滴灌系统、压力补偿阀门、滴头（滴箭）等。在灌溉施肥系统中，肥料均匀注入水中非常重要，目前采用的方法主要有水力驱动式肥料泵法、电驱动肥料泵法。

水力驱动式肥料泵法是通过水流流过柱塞或转子，将液体肥料带入水中，注肥比率可以进行准确控制。电驱动肥料泵法是通过电驱动肥料泵将液体肥料施入田间的方法，这种方法简便，泵的价格低，运行可靠，在有电源的地方即可使用。电驱动肥料泵型号较多，小到每小时注入几升肥料液，大到每小时注入几百升肥料液。

灌溉和施肥系统的控制，配备电子调节器及电磁阀，通过时间继电器，调整成时间程序，可以定时、定量地进行自动灌水。无土栽培中可以定量供液，并能自动调节营养液中各种元素的浓度。在寒冷季节，可以根据水温控制混合阀门调节器，把冷水与锅炉的热水混合在一起，以提高水的温度。

目前，北京大型连栋温室的无土栽培水肥控制，多采用荷兰PRIWA营养液自动控制系统或荷兰骑士集团的水肥一体化自动控制系统及相关设备。其系统硬件包含蓄水罐（用于储存纯净水及回收营养液，密闭、黑暗环境可抑制藻类滋生，保障植物用水和肥水混合的纯净度）、反渗透处理设备、智能营养施肥机、母液储存罐、紫外线消毒机、灌溉泵组、灌溉阀组、滴灌（箭）、过滤装置等。在蔬菜栽培过程中，采用封闭式管理，通过对回液进行收集、紫外消毒、元素检测，通过智能营养施肥机，按照20%～30%的比例加入新的营养液中，与岩棉（或椰糠）基质栽培系统相配合，除了植物吸收以及植物蒸腾必要损失外，都被回收再循环利用，最大限度节省温室生产所需水分和肥料的同时，实现了对环境的零排放。

2017年北京市农业技术推广站大型连栋温室番茄生产，自动化灌溉施肥系统的应用，其水分产出率及肥料产出率分别较普通日光温室生产提高90%和80%以上。

（程　明）

本章参考文献 《《《

北京农业大学，1961. 蔬菜栽培学：下卷［M］. 北京：农业出版社.

北京市农林局蔬菜处，1964.1964年北京市蔬菜生产情况：092-001-00242［A］//北京市农业局，北京市档案馆.
　北京：［出版者不详］.

北京水利学会，等，1980. 北京水资源问题学术讨论会总结报告［J］. 北京水利科技（1）：21-29.

丁正熙，陆苏，1986. 西红柿、黄瓜、大白菜灌水指标研究［J］. 北京水利科技（2）：29-35.

东升公社北下关大队上园队，1975. 温室黄瓜滴灌试验［M］//海淀区蔬菜办公室. 蔬菜生产经验汇编. 北京：［出版
　者不详］：14-16.

董四留，2001. 北京志·农业卷·种植业志［M］. 北京：北京出版社.

高振奎，1992. 北京水利志稿：第二卷［M］. 北京：［出版者不详］.

蒋名川，1956. 北京市郊区温室蔬菜栽培［M］. 北京：财政经济出版社.

将名川，1957. 中国蔬菜的灌溉方法和灌溉技术［J］. 农业科学通讯（6）：309-311.

康跃虎，2004. 实用型滴灌灌溉计划制定方法［J］. 节水灌溉（3）：11-14.

李曙轩，1990. 中国农业百科全书：蔬菜卷 [M]. 北京：农业出版社.

梁飞，2017. 水肥一体化实用问答及技术模式、案例分析 [M]. 北京：中国农业出版社.

刘利云，1994. 保护地蔬菜塑料软管滴灌节水栽培技术推广应用 [M] // 北京市农业局科学技术委员会. 农业科技资料选编（十）. 北京：[出版者不详]：50-61.

史文娟，康绍忠，王全九，2000. 控制性分根交替灌溉：常规节水灌溉技术的新突破 [J]. 灌溉排水，19（2）：32-35.

于德源，2014. 北京农业史 [M]. 北京：人民出版社.

原保忠，2000. 滴灌条件下日光温室环境要素及作物耗水规律研究 [D]. 兰州：兰州大学.

岳福洪，1999. 中国农业全书：北京卷 [M]. 北京：中国农业出版社.

张福墁，2010. 设施园艺学 [M]. 2版. 北京：中国农业大学出版社.

张平真，2013. 北京地区蔬菜行业发展史 [M]. 北京：中国农业出版社.

张一帆，王俊英，2017. 北京都市型现代农业的演进与发展 [M]. 北京：中国农业出版社.

中国农业科学院蔬菜研究所，1959. 北京、天津、旅大的蔬菜早熟栽培 [M]. 北京：农业出版社.

朱志方，王友田，1993. 对中日合作设施园艺成果的评估 [J]. 农用塑料技术（9）：86-88.

邹祖绅，刘步洲，1956. 北京郊区阳畦蔬菜栽培 [M]. 北京：农业出版社.

第十三章
▶▶▶ 设施蔬菜病虫害防治

在蔬菜设施栽培中，对蔬菜作物造成危害的病原菌或害虫种群多种多样。它们的繁殖扩散、完成生活周期，以及危害植株的症状表现、危害程度等，与露地栽培均有较大的不同。在露地栽培中，病虫害的生存和消长规律是受季节变化影响的，而在密闭或半密闭的栽培设施（温室和塑料棚）中，不受或很少受到外界环境的影响，所形成的特定小气候的环境条件一般比露地优越，一方面对蔬菜作物的生长发育较有利，另一方面这些因素对病原菌、害虫的生长繁殖也有利，并且栽培设施通常是病虫的越冬场所，它们世代叠加，周年危害，甚至成为一些露地蔬菜作物病虫害的菌源、虫源。

本章所记述的设施病害，包括侵染性病害和非侵染性病害。侵染性病害是指由真菌、细菌、病毒、线虫等寄生物侵染或寄生于蔬菜植株所引起的病害。它们寄生在设施的内壁或土壤里，或由工（农）具、种苗、肥料、操作人员带入设施内；半封闭设施的通风窗、换气口则是病虫随内外气体交换传入的途径；非侵染性病害是指由不良环境因素，如日光、温度、营养、水分、空气等不适引起的生理性障碍。

蔬菜虫害是指昆虫、螨类或某些软体动物等，危害蔬菜作物的某些器官组织，阻碍其生理过程，从而造成减产和质量下降的病害。

在中国古代，农作物病虫害的防治是一个比较薄弱的环节，蔬菜栽培中病虫害防治也不例外，文献中也很少提到这方面的问题。虽然早在东汉（2世纪）的《四民月令》曾提到瓜虫的防治，但方法简单。南北朝后魏《齐民要术》（6世纪30年代或稍后）提到用灰防治甜瓜病害，用牛羊骨诱杀甜瓜的蚁害，用调整播种期以避开蔓菁的害虫危害等，都有一定功效。《齐民要术》后，文献中很少提到这方面的内容。

中国近代是病虫害防治从传统技术防治时期向科学防治的过渡时期。尤其从清末民初开始，农业教育兴起，农业研究机构成立，科学工作者翻译了不少病虫害防治方面的理论书籍，并开展了农业措施、杀虫器械、植物杀虫药剂、混合药剂、化学药剂、害虫天敌、作物病害、防治技术的研究，推动作物病虫害防治走向了科学防治时期。

北京的农用药械生产与使用，始于20世纪40年代初期，开始生产的是单管式手动喷雾器，数量很少，蔬菜发生病虫害就喷洒烟草水、苦树皮水防治，防治虫害主要靠人工捕打（捉）。

1939年（民国二十八年），陆费执编著的《蔬菜园艺》中关于黄瓜促成栽培法：介绍了北京温室黄瓜等瓜果蔬菜的病虫有"露菌病（霜霉病）、炭疽病和守瓜、地蚤"，防治方法也较简单，药剂防治露菌病（霜霉病）可喷射波尔多液，还可喷射除虫菊、石油乳剂（杀虫杀螨用的矿物油乳剂）30～40倍液等。

1946年，国民政府农林部在北平先农坛北门福长街建立试验工厂，生产鱼藤粉、杀蚊蝇药水。但品种少，数量小，在农业生产上发挥的作用不大。

第一节　设施环境与病虫害

蔬菜栽培设施是一个既有利于蔬菜作物生长发育，也有利于病虫发生发展的微环境。

一、光照弱

设施内的光照强度比自然光弱。由于设施采光材料的性质不同，如玻璃、塑料薄膜等对光的穿透、吸收、反射能力不同，又容易被灰尘、水滴所污染，因而投入设施内的光质和光量都会受到影响；支撑设施骨架的架材断面遮阳，或设施建筑物的方位、角度不合适都可降低太阳光的入射率，温室内的光照强度一般是露地的 $55\%\sim75\%$。在传统的"北京温室"里光照问题尤其突出。北京温室一般比较低矮，窗框为木质，宽厚，在栽培畦上形成较大面积的阴影，因此在寒冷的冬、春季节或阴雪天的设施蔬菜生产中，低温弱光是限制蔬菜产量提高的关键制约因子，也因此使某些喜光蔬菜生长瘦弱，对病虫危害的抗性降低。

进入 20 世纪 70 年代，透光性好、质轻的农用塑料薄膜开始成为设施的主要覆盖材料，使得设施结构发生了根本变化：透光性好、空间变大、取消立柱，建筑构件轻巧坚固，基本解决了室内光照度低的问题。

二、温差大

在栽培设施里，其小气候的另一特点是昼夜温差大，尤其设施外无覆盖物的塑料棚更为明显。在较暖和的晴天可能出现中午 $40\sim45℃$，夜间最低可能在 $0\sim5℃$ 的情况。加温温室温差较小，晴天一般在 $10\sim15℃$，日光温室 $15\sim27℃$。过大的温差容易使蔬菜作物受到高温或低温伤害。

三、湿度大

由于蔬菜设施常处于封闭和半封闭状态，加上设施内作物生长势强，代谢旺盛，通过蒸腾作用释放出大量水蒸气，在密闭情况下会使棚室内水蒸气很快达到饱和，空气相对湿度比露地栽培高得多；由于蔬菜生长需要大量水分，灌溉较为频繁，而且室内潮湿空气的排出和室外干燥空气的流入，也受到建筑物上通风窗换气的限制。因此，在密闭的塑料棚里，晚间经常保持 90% 左右的空气相对湿度。这样大的持续高湿不但对大多数蔬菜作物生长不利，而且为多种病害的发生和蔓延提供了条件。在北京温室中，前排黄瓜霜霉病的发病率比中后排高，原因之一是前排湿度比中排高 5%，比后排高 15%。前排晚上湿度低，昼夜温差大，叶片上常积有露珠，给病菌蔓延造成良好的条件。

蔬菜设施的湿度具有明显日变化。夜间，设施内空气相对湿度随着气温的下降逐渐增大，往往能达到饱和状态；日出后随着温度的升高，相对湿度开始下降。因此，设施内的空气湿度日变化大。空气湿度的急剧变化对蔬菜作物的生育不利，容易引起凋萎，对病害的抗性降低。

四、气流缓慢

在密闭的温室或塑料棚里，空气的横向流动几乎为零，纵向运动也远不如露地活跃。非密闭设施里的气流，有时也会处于相对静止的状态。缓慢的气流会严重地妨碍蔬菜作物叶片吸收 CO_2 进行光合作用，或因通风不良而造成植株下位叶片早衰、发病或发生落花落果现象。

上述设施内的环境因素是在有限的空间里形成的。一方面在这个空间里，温度高、湿度大，是病原物和害虫滋生、繁衍的"温床"。种植者希望连年种植几种高产值蔬菜，一般很少进行轮作倒茬，使得病原物、害虫积累，更易加重病虫危害。另一方面这个有限的空间，受外界气候影响较小，这又给消灭病、虫提供了有利条件。种植者可以有多种途径，采用多种方法，在发病早期将病害控制住，把害虫控制在经济阈值以下，争取最大的产量，获得优质的产品。

五、易积累有害气体

栽培设施的相对封闭环境，使有害气体的危害问题十分突出。常见的有害气体有氨、二氧化氮、乙烯等，它们来源于大气之中，通过通风窗（口）、门进入室内；若用煤火补充加温，还常产生一氧化碳、二氧化硫气体；不加温的设施内有害气体还来自有机肥腐熟发酵过程中产生的氨气，或施肥方法不当，如尿素和碳酸氢铵施用过量又未及时盖土，在高温强光下分解时产生大量氨气。氨气在温室中积聚，浓度超过 40 微升/升大约 1 小时，就会侵害植株的幼芽，使叶片的周围呈水渍状，其后变成黑色而渐渐枯死；误用有毒的塑料薄膜、管道可挥发出有害气体，如邻苯二甲酸二异丁酯。它们通过叶片的气孔、水孔进入蔬菜植株叶肉组织的细胞，破坏叶绿素和阻碍叶绿素的形成，致使新叶呈黄白色，老叶褪绿变黄，植株生长缓慢，矮化纤细，严重的则会死亡。

设施内有害气体含量超过一定的量，是蔬菜作物发生生理性障碍的原因之一。

六、易于病害发生与加重

据北京农科院植物保护研究所李明远先生调查，20 世纪 80 年代初期，设施蔬菜病害危害加重原因有三个方面：

一是蔬菜栽培设施为某些蔬菜病害提供了适宜的流行条件：设施内的温度高，风力减小，同时提高了空气湿度，使原来在露地不发生或发生很轻的病害日趋严重起来，如各种蔬菜的灰霉病、菌核病的流行。

二是蔬菜设施的发展为一些蔬菜病害提供了大量的越冬菌源、毒源，如番茄晚疫病。栽培设施使晚疫病可以在番茄上越冬，从苗期到果实成熟期一年四季都会受到晚疫病的危害。设施栽培的发展还为一些蔬菜病毒病的传毒昆虫提供了越冬场所。

三是栽培设施建设投资大，建成后难于拆换，一般仅栽培黄瓜、番茄、辣（甜）椒、芹菜等少数经济价值较高的蔬菜，造成年年重茬，促使病原物在土壤中积累，土传病害十分严重，其中最突出的是黄瓜枯萎病，有的连作大棚，病株率可达 80%。此外，番茄、韭菜的灰霉病，番茄、黄瓜的菌核病，番茄的晚疫病，黄瓜炭疽病，番茄病毒病等病害在保护地发生日趋严重，都与设施栽培不易轮作有关。

第二节 设施蔬菜病虫害发生与发展

新中国成立以来，北京郊区设施蔬菜病虫的发生与防控，随着蔬菜设施的发展和菜田的变迁，历经了病虫种类由少到多、由简单到复杂，又由复杂到简单和由近郊到远郊，从局部到大面的发展过程。病虫优势种群由单一寄主型逐渐向多寄主型发展，发生危害程度随着防治技术的不断变化和进步，经历了由轻到重、由重变轻的波动变化发展过程。大致可划分为三个阶段：

一、设施蔬菜病虫害相对稳定阶段

20 世纪 50—60 年代，北京蔬菜以露地生产为主，菜农先期采取的是"两菜一粮"或"一菜两粮"的三大季栽培方式，故蔬菜病虫害难以越冬，总体危害较轻。设施蔬菜虽然发展较快，但总面积很小，温室蔬菜、阳畦蔬菜的主要目标是调剂冬春淡季蔬菜市场品种。

在这时期，北京温室、北京阳畦均为上一年秋冬季建设、翌年春夏季拆除，据资料记载，温室、阳畦蔬菜发生的病害有：黄瓜苗期猝倒病、霜霉病、白粉病、炭疽病、毒素病（图 13－1）、灰霉病（烂脑袋）、黑点病；番茄叶霉病、斑枯病、毒素病、日烧病；辣椒毒素病、炭疽病；茄子绵疫病；菜豆角斑病、锈病、炭疽病；韭菜叶腐烂病、疽病、根部腐烂病、干尖；芹菜腐烂病、斑点病等。虫害有蚜虫、红蜘蛛、蝼蛄、韭蛆、黄守瓜等，总体上病虫害较轻。

图 13－1a　黄瓜花叶病毒病　2018

图 13－1b　辣椒病毒病

图 13－1c　番茄蕨叶病毒病　2017

20 世纪 50 年代，在温室黄瓜生产上郊区菜农有"四怕"：即怕黑毛（也称跑马干，即霜霉病）、怕白毛（白粉病）、怕砂龙（也称火龙，红蜘蛛）、怕腻虫（蚜虫）。至今，霜霉病、白粉病、红蜘蛛、蚜虫仍在设施黄瓜、甜瓜、草莓等作物上不时发生危害（图13-2）。

图13-2a 黄瓜白粉病 2019

图13-2b 草莓白粉病（果实受害状 2012）

1961年，北京市蔬菜办公室编印的《北京市种菜基本知识展览会技术参考资料》中，介绍了郊区蔬菜12种主要病害和12种虫害，其他病虫，尚未形成较大危害。1962年，郊区蔬菜基地有计划地集中于"三区一社"，即朝阳、海淀、丰台三区和南郊红星人民公社，并相对稳定下来，导致设施蔬菜病虫有所增多，但因面积不大，总体上仍相对稳定。

在温室蔬菜、阳畦蔬菜病虫害防治方面，防蚜虫用含有效成分3%的鱼藤精，配水1 000倍施药；防治红蜘蛛，用石灰硫黄合剂。蔬菜病害防治方面，菜农自己配制"石灰硫黄合剂""波尔多液""铜皂液"。

1953年，北京市农林局资料记载：近郊菜区硫黄粉使用量1951年为4.5千克，1952年为160.8千克，1953年前九个月使用量达到800千克。硫酸铜使用量1952年为358千克，1953年前九个月用量达到750千克。这反映了当年温室、阳畦蔬菜用药防治病虫的情况。

1956年，原华北农业科学研究所试制成功代森锌杀菌剂。1957年郊区蔬菜生产开始推广有机硫农药"代森锌"和"什来特"，用以防治黄瓜霜霉病、炭疽病及其他蔬菜病害。华北农业科学研究所翁祖信等，用进口和国产代森锌液进行防治黄瓜霜霉病效果研究，并依据试验效果提出了药剂防治措施，在郊区保护地蔬菜生产上推广应用。

防治器械方面，菜农施药的主要药械是单管式喷雾器和手摇喷粉器，以手动器械为主。菜农大多已经掌握了几种主要蔬菜害虫的防治办法；对常见设施蔬菜黄瓜露菌病（霜霉病）、白粉病、炭疽病等，均能使用药剂预防。

20世纪50—60年代，北京设施蔬菜面积相对较少，从分散种植过渡到基地种植，病虫害种类均为本地病害，数量少且相对稳定，防治重在预防。20世纪60年代中期前，化学农药还比较单一，用一些土办法解决了温室蔬菜病虫危害问题，获得了较好的防治效果。

此后，随着国家化学工业的发展，各种杀虫、杀菌新品种农药不断出现，农药开始由传统农药向新农药转变，铜皂液逐渐被杀菌剂所取代，使用者逐渐减少，有机氯、有机磷、有机硫药剂在蔬菜上逐渐应用，预防效果也有了较大提高。

二、设施蔬菜病虫害加重发生阶段

20世纪70—80年代，是塑料薄膜覆盖设施快速发展时期，由于设施蔬菜能够改善和增加冬季和早春淡季蔬菜生产与供应，面积增加但远不能满足需求。一是造成设施蔬菜生产不易轮作倒茬，土壤中病原物逐渐积累，加重了土传蔬菜病害的发生。二是年年秋冬建造翌年夏初拆除的土温室、阳畦开始减少，砖钢材料的固定设施增加，设施内有较高的温度和较高的相对湿度，在促进作物生长发育的同时，也为某些蔬菜病害的流行创造了有利条件。三是蔬菜设施为一些蔬菜病害（番茄晚疫病）和昆虫（白粉虱）提供了良好的越冬场所。蔬菜设施小气候与耕作条件的改变，造成设施蔬菜的黄瓜枯萎病、冬瓜疫病、茄子黄萎病、菌核病、灰霉病、温室白粉虱、根结线虫病等新的病虫种类先后发生，白粉虱、茶黄螨等逐渐成为主要害虫。因此，该时期是设施蔬菜病虫发生与加重时期。

（一）病虫种类增加

1971年12月，农业出版社出版了北京市农科所编写的《蔬菜病虫害防治手册》，书中收集了近郊菜区蔬菜病害49种、害虫26种；防治农药杀虫剂11种、杀菌剂17种。蔬菜病、虫害已较1961年12种主要病害和12种虫害有了显著增加。

1984年，北京市植物保护站孟晓云编著的北京蔬菜栽培技术知识丛书《蔬菜病虫害防治》，介绍了郊区常发的蔬菜病害已增加到36种，虫害增加到15种。当年海淀区蔬菜办公室张治超，在青龙桥大队槐树居生产队发现了温室促成早熟辣椒茎基或茎秆部遭受病菌侵染，造成植株饥饿性青蔫致死。病株先呈病斑后成病段，阻滞植株地上部与地下部的养分与水分、无机盐的运输和交换，最终引起死秧。经北京农业大学鉴定为辣椒菌核病。

1988年，发表在《蔬菜》第5期《北京蔬菜病害发生现状与展望》一文中说：郊区蔬菜常见病害已增加到37种，设施蔬菜黄瓜霜霉病、白粉病、炭疽病，番茄的叶霉病、晚疫病、早疫病不仅严重发生而且造成较大的经济损失，如番茄灰霉病，在冬、春温室内流行，可造成每亩近1 000元的损失。一些尚未普遍发生的病害如黄瓜枯萎病、角斑病，番茄灰霉病、溃疡病，蔬菜疫病、韭菜灰霉病等，在远郊新菜区保护地内呈现加重发展趋势并造成了危害。加重发生的典型病虫害有：

1. 番茄晚疫病

20世纪70年代之前，番茄晚疫病仅在京郊秋季温室中发生，因冬季番茄生产少，危害范围小，病原菌越不了冬，番茄生产的病原菌都来自当年的马铃薯。随着塑料薄膜覆盖设施的快速发展，番茄一年四季均有生产，病原菌直接经夏番茄传给秋番茄，再传给冬番茄及翌年的春大棚番茄，再加上温室、阳畦春夏拆除，经过一冬春的积累，病原菌数量很大又传到露地。遇1976年、1977年、1979年的适合的天气条件，造成了全市番茄晚疫病大流行，产量损失达30%以上。1984年，黄河先生根据北京地区番茄晚疫病发生的特点，提出了连续3个高湿旬（旬平均相对湿度超过75%）就会造成疫病流行。北京市植物保护站关勤祜等，根据1980—1989年的田间调查和测报方法研究，提出了番茄晚疫病发生期预测指标：即连续3天空气相对湿度≥75%，则5～7天后田间出现中心病株。至今，在保护地内因湿度、温度问题，仍然不时产生晚疫病危害，给设施蔬菜生产造成损失。

2. 温室白粉虱

1976年，北京近郊菜区普遍发生，成为设施蔬菜危害性较大的害虫之一，且年趋严重。1977—1980年，北京市海淀区农科所、中国农业科学院蔬菜研究所，对白粉虱进行田间调查和笼罩饲养观察，研究了中华草蛉的生物学特性及其防治白粉虱技术，比较了赤座霉菌防治白粉虱不同菌种的差异。到1981年，北京市植物保护站罗维德等基本弄清了白粉虱上一年11月至翌年3月在温室内繁殖3代，4月至10月在露地繁殖6代的发生规律，其喜阴凉背风，炎热干旱不利繁殖，冬季室外自然气温下不能越冬。白粉虱具有寄主广泛、繁殖速度快、传播途径多、抗药力强、世代重叠、各虫态同时存在的特点。综合防治办法：在农业措施上，应及时清除温室中残茎、杂草，销毁粉虱的越冬寄主；用高温或药剂熏蒸消毒，无虫温室育苗，摘除粉虱群集的老叶，提倡单一种植或混作不利于粉虱的寄主作物。在药剂防治上，每亩用敌敌畏 250～500 克熏蒸；用 2.5% 溴氰菊酯乳油、10% 氯苯醚菊酯等喷雾。在生物防治上，用丽芽小蜂寄生，用草蛉捕食或用赤座霉菌孢子悬浮液喷雾。此外，还可用黄板诱杀等措施来控制其危害。

3. 番茄病毒病

1978 年，番茄病毒病严重发生，发病面积占全市番茄总面积的 89%，严重发病的占 50% 之多，个别地块无收成。至 20 世纪 80 年代初，此病一直严重影响北京市场的番茄供应。北京市科协组织专家，为番茄"打个翻身仗"献计献策。中国科学院、中国农业科学院及市属科研、推广单位，都参与了此项工作攻关。研究了毒原分化（包括 TMV、CMV 病毒及其株系）、发生规律和防治措施，培育出了抗病品种，并在生产上推广应用间作玉米，阻挡蚜虫的传毒，覆盖银灰色塑料薄膜驱避蚜虫、应用防虫纱网覆盖、用弱毒疫苗接种等。一定程度上起到了遏制病害的作用。目前设施番茄病毒病控制得较好。

4. 韭菜疫病

海淀区四季青人民公社，1978 年建立起韭菜生产专业大队，1 400 多亩塑料大中小拱棚韭菜连片栽种，前两年长势很好。1980 年 5 月以后部分韭菜出现了成片发黄、生长缓慢的现象，6 月至 7 月上旬又趋于正常，进入 8 月以后，情况急转，植株不仅生长缓慢，而且表现为大量的烂茎，大面积韭菜田呈现出一片枯黄。北京市农业科学院植物保护研究所魏世义等和四季青公社王进才等，1980 年 8—9 月，对远大 7 个生产队，15 块韭菜地共计 366 亩进行了普查：病田率为 77.8%；病株率 2%～61.4%，平均为 19.5%。其中发病率在 30% 以上的有 5 块地 109 亩，占普查田块的 33%。严重的地块不能进行冬季生产，有的不得不改种其他菜，先后毁种了 102 亩。此后，他们经调查研究，将该病菌确认为烟草疫霉菌（*Phytophthora nicotianae*），确认该韭菜疫病与气候条件降雨多少、栽培方式（养茬覆盖与不覆盖）、连茬与否等有关。他们提出了以栽培防病为基础，以药剂防治为主要手段的综合防治策略：即冬春细致平地，彻底消灭涝洼坑；设计并挖好田间排涝系统，因地制宜，做到日降水量 100 毫米以上田间不积水；韭菜养茬地和片地之间每年要按比例，有计划地轮换；育苗一定要选择地势高且干燥，3 年以上未种韭菜的地块；移栽时用 50% 甲霜铜600 倍液蘸根；开展品种选纯复壮，或引进抗性较强的新品种。辅以药剂防治，7 月中旬前后，用 300 倍乙磷铝或 0.1%～0.2% 的硫酸铜液浇 1～2 次，并可适当加入杀虫剂兼治韭蛆。经 1981—1982 年大面积落实这一防治措施，郊区韭菜绝大部分解除了病态，消灭了毁种现象，这片韭菜也获得了新生。

5. 灰霉病

危害设施蔬菜种类最多的主要真菌病害。北京市农林科学院植物保护研究所李明远等，1980 年 3 月 18 日在四季青公社引进的日本现代化大温室内调查，发现黄瓜病得一塌糊涂。瓜条烂，叶子、卷须、茎秆都烂，烂后病部都长出浓密的灰霉，打药不管事，轻轻一动，病菌孢子像灰尘一样扑面而来，被害瓜占 46.1%，死秧达 2.4%。同温室内的番茄也有发生，较黄瓜发病晚 10 天左右，调查时已烂了三四百斤。同年 4 月 2 日，又在南苑公社樊家村调查时发现莴笋灰霉病。4 月 9 日，在太阳宫公社八大队一小队也发现番茄灰霉病。据了解此病开始发生到结束至少有 3 年之久。经鉴定为灰霉病（*Botrytis cinerea*）。当年及以后，灰霉病已经成为京郊设施蔬菜的一大病害（图 13-3），危害寄主超过 50 种，甚至保存在冰箱里的蔬菜也会被灰霉病搞得面目全非。此后，张石新和李明远先生针对危害最重的番茄灰霉病，先后研究提出"局部二期联防"和"一换二轮"关键技术，研发出了"保果灵"复配剂，对番茄灰霉病防控发挥了重要作用。

图 13-3a　黄瓜灰霉病

图 13-3b　茄子灰霉病

图 13-3c　草莓灰霉病

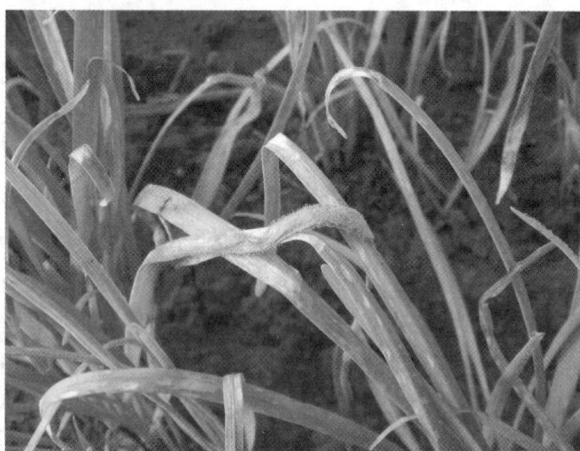

图 13-3d　韭菜灰霉病

6. 茶黄螨

1972年秋，李明远发现四季青公社西山大队仅有的几株茄子，茎部表面木栓化，果实开裂，怀疑是病毒病，经中国农业科学院蔬菜研究所翁祖信鉴定为茶黄螨危害。1976年，该虫在北京暴发，引起大量茄子裂果。自此连年发生，辣椒、甜椒造成生长点破坏，损失严重。受害的蔬菜扩展到番茄、黄瓜、西瓜、菜豆、香瓜茄（人参果）等蔬菜。生产上只要及时发现，并使用阿维菌素、哒螨灵等杀螨剂就可以控制。

（二）防治药械不断发展

随着农药化学制造业的进步，20世纪70年代中期前后至80年代末，先后新开发和引进各类农药品种，一些高效、低毒、低残留的新农药开始推广应用。新增杀菌剂有托布津、百菌清、多菌灵、甲霜灵、速克灵、异菌脲、代森锰锌、三唑酮、甲基托布津等。新增杀虫剂辛硫磷、杀螟松、西维因、杀螟杆菌、滴滴混剂（杀线虫）、杀虫双、二嗪农、杀灭菊酯、溴氰菊酯等。氟乐灵、除草剂一号、扑草净等除草剂开始在菜田推广应用。这保障了设施蔬菜生产的正常发展。

为保障蔬菜产品安全，1973年北京市农林局、北京市第二商业局联合发出《关于在蔬菜上停止使用"666""DDT"的通知》，蔬菜生产开始禁用有机氯农药。

1976年5月，北京市组织成立"防止有机农药污染领导小组"，以磷代氯，逐步压缩并停止使用有机氯农药。

到1984年，北京全面停止了"666"、滴滴涕等有机氯农药，主要使用乐果、马拉硫磷、敌百虫、溴氰菊酯等化学药剂防治虫害。

在防治器械上，该时期主要使用"工农-16型"等背负式手压喷雾器，1973年，引进国外超低容量喷雾技术。1974年，怀柔县农机厂与有关单位合作，研制成"东方红18型"超低容量喷雾机和以干电池为动力的手持超低容量喷雾机，可以喷弥雾、喷粉，很快为农民所接受。20世纪80年代，施药器械逐渐由手动向电动喷雾器过渡（图13-4）。

图13-4　电动喷雾器施药　1986

（三）形成了以农业措施为基础的综合防治技术

1975年国家制定了"预防为主、综合防治"的植物保护方针。随着病虫的增多，北京逐步建起了蔬菜病虫测报组织体系。到1982年，建立健全了病虫档案，制定了测报调查历，做到了测报调查对象、时间、方法、项目、仪器、报表、分级标准的七统一。部分设施蔬菜病虫病（病毒病、霜霉病、晚疫病、叶霉病、灰霉病、菌核病等）被列为重点检测对象。

郊区菜农和科技人员，针对设施蔬菜发展加重的病虫危害，开展了大量的试验研究和防治工作，发展出新的蔬菜病虫害防治技术，推进和保障了设施蔬菜的不断发展，逐渐形成了以农业措施为基础的综合防治技术。这些技术具体有：选用抗病品种；种子处理；无病种苗；施足底肥；土壤处理；深耕轮作；加强栽培管理；加强病虫测报；重在药剂喷雾除治等，这保障了郊区设施蔬菜的正常生产和发展。

三、新的病虫害入侵与防治阶段

1992年以来，市场经济道路的提出和发展，使北京的蔬菜产销除大白菜外其余品种全部放开，国内蔬菜市场大流通逐步形成。同期，近郊蔬菜生产基地向远郊转移，种植业结构调整，大量引进国内外"名特优稀"蔬菜新品种等，为病虫大范围传播提供了条件，许多新的病虫入侵发生并传播。

（一）新的病虫种类入侵

20世纪90年代中期，北京市植物保护站调查鉴定，郊区保护地蔬菜病害达到350余种，其中真菌病害250余种，细菌病害20余种，病毒病害50余种，寄生性种子植物和线性虫害10余种，生理性病害近 20 种。设施蔬菜害虫近 50 种，常见害虫 10 余种。此后，新的病虫开始不断入侵传播并产生危害。

1. 美洲斑潜蝇

1994 年，该检疫性害虫在海南、广东省普遍发生，广西、福建、江苏等 6 个省份也有发生。1995 年 1 月，农业部在海南省三亚市召开了各省（自治区、直辖市）农业厅（局）参加的美洲斑潜蝇检疫防治现场会。会议要求各级农业部门，结合当地实际，抓紧组织落实，有效封锁、控制美洲斑潜蝇的传播危害。

斑潜蝇为蔬菜毁灭性害虫，虫体微小、繁殖力强、幼虫潜叶取食，严重危害 100 多种蔬菜、花卉、棉花、烟草等经济作物，许多国家把它列为重要检疫对象。

1995 年，北京郊区已有斑潜蝇虫害发生。1996 年夏，此虫害普遍发生，并迅速发展、蔓延，海淀、丰台、平谷等区县均有斑潜蝇严重危害造成绝收的棚室和地块。7 月 11 日，为保障夏菜正常生产，全市召开了应急处理现场会议，并印发《关于控制美洲斑潜蝇蔓延发展的应急措施》的通知，要求各区县菜办、植保站密切配合，立即行动，在 10 天内对全市菜田进行一次虫害普查，根据受害程度，采取果断措施，轻者去叶打药，重者拉秧集中掩埋。在控制美洲斑潜蝇蔓延、发展的应急时期，北京市财政局支出风险基金 100 万元，确保了强制拉秧造成损失的补助和农药防治的应急支出。经郊区 9 个重点蔬菜生产区县的共同努力、协调行动，统一喷药防治面积达到 228 930 亩次，基本控制住了害虫的发展和蔓延。

此后，北京市植物保护站联合中国农业科学院植物保护研究所、生物防治研究所和计算中心、农业部植物检疫实验所、北京市农业科学院植物保护研究所共同攻关，系统研究了斑潜蝇生物、生态、行为学特点，明确了京郊潜叶害虫种类与发生、危害规律和种群规律，提出了切实可行的"防治技术和综合防治"的模式。

2. 西花蓟马及其传播的番茄斑萎病毒

2003 年 6 月，北京郊区发现大量新型蓟马，经中国农业科学院蔬菜花卉研究所张友军鉴定为西花蓟马，可危害 82 科 1 000 多种植物，在国际上排在对农作物影响最大的十种病毒的第二位。此病毒主要危害各种果菜类蔬菜，引起叶片及果实挫伤，影响蔬菜的品质及产量。该害虫抗药性强、繁殖快、较难根除，条件适合时会很快形成种群危害。2016 年又发现这种蓟马（实际还包括其他种类的蓟马）可作为介体，传播番茄斑萎病毒，造成辣椒、莴笋和番茄等蔬菜严重损失。目前虽然该病在北京发生尚不普遍，但因缺乏抗病品种，而且根除传毒介体蓟马又很困难，因此存在暴发的可能。

3. 根结线虫

根结线虫是京郊发生危害最重的设施蔬菜病害之一。20 世纪 70 年代初，下放到北京市农科所的植物保护工作者陈品三就对它有所调查和研究，发现北京共有四种根结线虫：花生根结线虫、北方根结线虫、南方根结线虫、爪哇根结线虫，当时危害较重的是密云县的花生根结线虫，蔬菜生产上能见到的根结线虫很少，零星发生。1980 年，李明远到黄土岗公社樊家村调查时在黄瓜苗上发现，黄瓜苗生长缓慢甚至不长，拔出矮化苗用水冲掉泥土，看到幼根上长了疙里疙瘩的东西。同期，南苑、十八里店、小红门、东北旺等公社严重危害。大白菜、番茄、毛豆、茴香、胡萝卜等也有零星发生。经鉴定为南方根结线虫侵染所致。为此，北京市植保站和丰台区植保站开展了阿维菌素等药剂处理土壤的防治技术试验示范，取得了一定效果。

20 世纪 90 年代后期，节能型日光温室发展普及，为根节线虫平稳越冬提供了条件；市场经济的发展，蔬菜流通十分活跃，为根结线虫传播提供了机会；加上郊区农业开始推进结构调整，一些区县掀起了种芦荟热，导致从南方引进芦荟种苗在日光温室里种植，芦荟种苗根系携带的南方根结线虫病，污染了许多日光温室，根结线虫病广泛扩散传播，寄主不断增多，几乎所有双子叶蔬菜都可受害，每年数万亩蔬菜遭受毁灭性损失。北京市植保系统调查，除新发展设施外，几乎全部都有发生，中等发生面积达 15 万亩左右，较重发生面积近 5 万亩。2005 年通州大运河蔬菜配送基地重度发生，根结线虫重病温室连续种植 3 茬番茄都拉秧，黄瓜根本种不了（图 13-5）。顺义北务镇几个蔬菜种植村，几年时间瓜类蔬菜已经不能种植，栽培番茄每茬亩施用 600～800 元农药处理土壤，仍减产 1 500 千克以上，亩损失在 4 000 元以上。

图 13-5a　根节线虫为害的黄瓜根系　2011

图 13-5b　根结线虫为害的黄瓜植株

北京市植物保护站联合中国农业大学、中国农业科学院、北京市农林科学院相关专家和区县植保站，开展了根结线虫种类、分布、世代、发生动态、生物学调查和多项防治技术、防治产品和防治设备的研究，开发出了分子检测试剂盒，明确了优势种，摸清了侵染循环和发病规律；研发出臭氧消毒、太阳能蒸汽消毒等设备和生防真菌以及辣根素生物熏蒸剂等。设施蔬菜生产上，选用抗病新品种和瓜类抗性砧木新品种，结合各种防治新措施，制订了栽培技术规程，有效解决了困扰多年的设施蔬菜根结线虫病防控问题。

4. 烟粉虱传播的番茄黄化曲叶病毒

2000 年，白粉虱、烟粉虱在北京、天津、河北大暴发。有人描述其发生之多为："粉虱飞舞呈雾状""迎面扑人"。茄子、黄瓜、番茄、西葫芦、苜蓿以及各种中药材深受其害，两种粉虱的危害开始主要是排泄物污染果实影响上市。21 世纪初，我国南方（最早为台湾）发现烟粉虱可传播一种毁灭性病害——番茄黄化曲叶病毒，可以引起南瓜的银叶病，使南瓜减产。2009 年 7 月下旬，北京市农业科学院植物保护研究所李明远先生，在大兴长子营镇发现烟粉虱特别严重。两周后发现大棚番茄植株矮化，叶片黄化卷曲。8 月下旬定植日光温室的番茄生长缓慢，植株瘦弱，落花落蕾，叶片黄化卷曲。以后 3 个温室又出现类似问题，随病情加重，症状越来越像番茄黄化曲叶病病毒，植株矮化，叶片黄化，果实僵化不长。经北京植物病理、昆虫学会十多位专家会诊，鉴定为黄化曲叶病毒病，北京市果类蔬菜创新团队和北京植物学会及时向政府提出了防控建议。

此病是由一种单组分双生病毒浸染所致，主要危害番茄、青椒、烟草、菜豆、苦苣菜等数十种植物。主要由带毒 B 型烟粉虱危害传播和带毒种苗远距离人为传播，缺乏有效的防治技术。2002 年，此病传入我国南方，2005 年秋在广西番茄主产区百色市田阳镇大面积暴发，同年传入江苏省、浙江省一带，2007 年传入河南和山东，2008 年在全国多个省市蔓延。

为控制此病蔓延，北京市农业局组织了全市多层次、大规模、多形式的应急专题技术培训，明晰番茄黄化曲叶病毒病的来源、症状、传播、危害、发生规律以及防治措施，烟粉虱特征、寄主和防治策略等应急防控技术。抓住了烟粉虱冬季和早春仅在设施内危害的最有利时机，连续开展灭虱清园行动，最大限度消灭此病的传毒媒介——烟粉虱。结合抗病品种、无病虫苗、栽培防病为基础的防治传毒介体烟粉虱的全程防控，使番茄黄化曲叶病毒病得到了一定程度的控制。尽管如此，目前生产上若稍有失误，仍可造成严重的损失。

5. 番茄褪绿病毒

2010年，李明远、陈殿奎等在朝阳蟹岛园区，发现抗番茄黄花曲叶病毒的一些品种会发生叶片黄化现象。此后这种情况越来越多，包括山东寿光也有大量这种病害。经人鉴定是由烟粉虱传播的番茄褪绿病毒所致。但番茄褪绿病毒给番茄产量造成的影响比番茄黄化曲叶病毒要小，即仍可坐果，但产量和品质下降。目前，遗憾的是对于番茄褪绿病毒，除了防治传毒介体——烟粉虱减轻发病外，尚无抗病品种可用，给秋冬茬番茄产量和品质带来严重的困扰。

（二）防治药械继续进步

1. 新增防治药剂

20世纪90年代，近郊菜区设施蔬菜生产应用的新增杀菌剂有：代森锰锌、异菌脲、速克灵、敌克松、硫黄、硫酸铜、波尔多液、农抗120、农用链霉素、甲基菌灵（甲基硫菌灵）等。杀虫剂有：杀螟松、倍硫磷、杀虫双、鱼藤、菊乐合脂（速杀灵）、洗衣粉、敌马合剂等。

进入21世纪以来，国产农药迅猛发展，大量国产杀虫剂、杀菌剂、生长调节剂相继推广普及应用于设施蔬菜病虫防治，如国产百菌清、甲霜灵、霜脲锰锌、吡虫啉、阿维菌素、溴氰菊酯、高效氯氰菊酯等药剂种类更加丰富齐全，防治蔬菜真菌、细菌、病毒病和根结线虫、鳞翅目害虫等生物农药品种增多，为进一步推动蔬菜全程绿色防控提供了实践保障。

2. 研究开发新型烟雾剂

烟雾剂又称烟剂，是指有效成分经引燃加热后，能挥发或升华，并能弥漫于空气中的制剂。

20世纪80年代初，中国农业科学院植物保护研究所依据百菌清农药燃点低、性能稳定、便于加工制成烟雾剂的特点，制成百菌清烟雾片剂用于防治设施蔬菜病虫害试验。烟雾剂属于保护剂。

1982年，"黄瓜主要病害综合防治技术示范推广"被列入国家"六五""七五"重点科技攻关专题，其中一项关键技术措施就是试验、示范、推广百菌清烟剂防治设施栽培黄瓜霜霉病。中国农科院蔬菜研究所主持，除在外地设置5个试验示范点外，与北京市植物保护站张秋芳合作，重点安排在朝阳区将台公社孙家坟大队、海淀区东升公社明光寺二队及六郎庄大队、丰台区卢沟桥小井二队等6个点进行试验示范，面积10亩，试验设计为50%百菌清烟雾剂熏棚，以75%百菌清可湿性粉喷雾作为对照棚。1985年扩大试验示范面积达到17.3公顷。两年的试验示范结果证明：对黄瓜霜霉病的防治效果良好，而且对白粉病、炭疽病效果也很好。1984北京市朝阳区将台公社科技站调查，对炭疽病的防效为92.0%，未发生白粉病，或白粉病轻微发生。

采用烟雾剂熏蒸，药剂在蔬菜植株上分布均匀，不易造成设施内高湿环境，省工，无须机械设备。

3. 系列粉尘剂及器械的研制

农药粉剂是个通俗的说法，也是一个泛称，主要针对外观呈粉状的农药制剂而言，具体可分为普通粉剂（使用时用一些填料混匀后直接喷粉使用）、可湿性粉剂、可溶性粉剂、可乳化粉剂、微胶囊粉剂，后三者均应兑水稀释后喷雾使用。

1995年，北京市植物保护站在推广中国农业科学院植物保护研究所的保护地粉尘施药专利技术的单一粉尘品种基础上，开发形成了设施蔬菜病虫系列粉尘品种：百菌清、速克灵、灭霉灵、异菌脲、叶霉净、农利灵、加瑞农和灭蚜、敌托、乙锰、乙多、丁酮、克露粉尘。

20世纪90年代初，北京市植物保护站开始在郊区试验示范推广粉尘施药新技术，引进以色列、日本、天津大学的喷粉药械（图13-6），并与中国农业大学、中国农业科学院植物保护研究所共同研制开发出喷射力强、分散均匀、操作轻巧、性能稳定、不残存药粉的便携式新型喷粉器，在顺义县投入生产，极大地提高了病害防治效果，显著减少了施药次数，基本取代了20世纪60年代的喷粉器。

图 13 - 6a 日本常温烟雾机
20 世纪 90 年代

图 13 - 6b 手动-电动喷雾机
20 世纪 90 年代

2012 年，北京市植保站与天津大学合作，在原先高效常温烟雾施药套机基础上进一步优化，将电机、风机、喷嘴一体化，研制成了 BT2008 - I 型自控臭氧消毒常温烟雾施药套机（图 13 - 7），套机具有电动行走功能，可进行常温烟雾施药，对棚室、空气和土壤等进行消毒灭菌。

图 13 - 7 行走式超高效常温烟雾机套机 2018

针对北京及各地菜农设施实际情况，在自控臭氧消毒常温烟雾施药套机基础上，继续改进与优化，进一步成功开发了具有广泛适用性的背负式超高效常温烟雾施药机。该机产生的药剂雾滴颗粒为最优粒径，均匀度更高，其突出优点是：节省烟剂用量；节水，较普通施药可节水近 20 倍；施药均匀，施药时间短，用途广，等等。

（三）防治技术进一步提升

北京郊区的设施蔬菜病虫害防治技术，一直坚持"以农业防治为基础、化学药剂防治为主"的原则。推广普及符合设施蔬菜生产特点的病、虫防治用烟雾剂、粉尘及施药技术，与喷雾技术相结合，结合应用新的杀虫、杀菌药剂和栽培防病、生态防病、物理防病措施相结合，使郊区设施蔬菜主要病虫害基本得到了有效控制。

第三节　设施蔬菜病虫害的综合防治

目前，北京郊区设施蔬菜病虫害的综合防治，采取的技术主要包含农业防治、生物防治、物理防治和化学防治四个方面。方法上仍然以化学防控为主，辅以农业防控、物理防控、生物防控等病虫害防治技术。此外，政府应当做好植物检疫工作。

一、农业防治

为防治农作物病、虫、草害所采取的农业技术综合措施，调整和改善作物的生长环境，以增强作物对病、虫、草害的抵抗力，创造不利于病原物、害虫和杂草生长发育或传播的条件，来控制、避免或减轻病、虫、草的危害。

（一）轮作和间套作

北京温室设施蔬菜生产，重点在冬季，瓜果类蔬菜需求高于叶类蔬菜，因此很难避开连作或单作的方式。为此，北京节能日光温室长季节一大茬栽培黄瓜、番茄模式，可在夏秋季换茬期间，进行一茬填闲作物的种植，填闲种植不施用任何肥料，仅间作种植一茬速生菜，如樱桃小萝卜、小油菜、小白菜等，日光温室冬春茬蔬菜收获后，亦可定植一茬玉米或甜玉米，并秸秆还田。秸秆还田，有利于克服土壤次生盐渍化、抑制土传病害。

北京塑料大棚番茄或延秋辣椒，还采用间作或套种玉米，使瓢虫、草蛉等捕食性天敌数量增多，蚜害减轻，并可减少有翅蚜迁飞传毒，降低病毒病发生，还使番茄上棉铃虫、辣椒上烟青虫蛀果率下降。

（二）土壤耕作

北京郊区的春秋塑料大棚蔬菜，多采取秋后初冬或夏秋换茬期间进行土壤深翻措施，将遗留在地面上的病残体、越冬（夏）的病原物翻入土中，经冻融或高温、晒垄、作畦（垄）、中耕等作业，杀灭土壤寄居菌（如菌核、软腐）的效果显著。此外，采取高垄栽培可减轻霜霉病、疫病和细菌病害发生危害。

（三）选用抗病（虫）品种

选用抗病（虫）品种是防治病（虫）害最经济有效的方法。北京温室、塑料大棚栽培在面积不大的时期，一直使用传统黄瓜品种"北京大刺、北京小刺、汶上刺瓜、长春密刺"等。自塑料薄膜覆盖设施发展且面积扩大以来，培育并推广了一大批抗病、优质的设施蔬菜良种，如引进适宜设施栽培的抗霜霉病、白粉病，耐枯萎病、疫病的"津杂1号、津杂2号、津杂4号、中农5号、中农1101、中农16、中农26、津优35"等黄瓜品种；推广抗烟草花叶病毒（TMV）和叶霉病的"佳粉1号、佳粉2号、佳粉10号、佳粉15、仙客5号、仙客6号和中蔬7号、中蔬8号、中蔬9号"等番茄品种。

20世纪90年代引进的适宜秋大棚生产番茄品种"毛粉802",叶背密生银灰色绒毛,对蚜虫、白粉虱有一定忌避作用。抗黄化曲叶病毒的串番茄京丹绿宝石、京丹8号、千禧以及大番茄浙粉702和2010年以后引进的较抗叶霉病的粉妮娜、迪安娜番茄新品种,起到了好的作用。

(四)培育无病虫种苗

选用无病虫种子、种苗和无性繁殖材料,对预防多种病虫害发生非常重要,特别是保护地蔬菜栽培。采用营养钵和草炭、蛭石等基质育苗、种子和苗床土药剂消毒,嫁接育苗(详见育苗)、加设防虫网、培育无病虫壮苗,避免混栽,防止病虫交叉感染。

(五)嫁接育苗

请参见第八章。

二、生物防治

生物防治是利用一种生物抑制另外一种生物的方法。

北京郊区20世纪80年代中期开始引进生物防治制剂,针对一些难防的蔬菜病害开展了田间药效试验和使用技术研发。1980—1981年,北京市农业科学院植物保护研究所黄克慧等人,在四季青公社常青大队温室和东升公社大棚,对中国农业科学院土壤肥料研究所从土壤中分离所得农抗120(一种吸水刺孢链霉菌变种)产品进行防治黄瓜、西瓜、甜瓜白粉病试验,其防病效果达到90%以上,增产明显(增22%~24%),对人畜安全,可以代替托布津。1983年,农抗120由江苏宜兴生物农药厂投产。此后,农抗120在京郊用于温室、大棚防治黄瓜霜霉病和黄瓜、西瓜枯萎病、瓜类白粉病、炭疽病、番茄早疫病、晚疫病,叶类蔬菜灰霉病,白菜黑斑病,是在生产上得到认可的生物防治措施。

北京市海淀区农业科学研究所、中国农业科学院蔬菜花卉研究所,对白粉虱进行田间调查和笼罩饲养观察,研究了中华草蛉的生物学特性及其防治白粉虱技术,比较了赤座霉菌防治白粉虱不同菌种的防治差异。

京郊还试验了武夷菌素(BO-10)防治瓜类白粉病,番茄叶霉病、灰霉病,黄瓜白粉病、黑星病,韭菜灰霉病。

20世纪90年代中后期,以虫治虫、以菌治虫和抗生素治虫,以及利用昆虫信息素诱杀害虫(图13-8),京郊蔬菜害虫生物防治技术有了新的发展。主要方法包括下列方面:

(1)以菌治虫 是以病原微生物及其代谢产物防治害虫的方法。如利用座壳孢菌防治温室白粉虱;浏阳霉素防治红蜘蛛;利用虫螨克

图13-8 信息素害虫诱捕器 2019

(阿维菌素)防治双翅目、同翅目、鞘翅目、鳞翅目害虫、害螨和根结线虫,尤其在防治严重危害京郊数十种蔬菜的危险害虫美洲斑潜蝇方面起到了决定性作用。

(2)以虫治虫 是以食虫昆虫防治害虫的方法。20世纪90年代,京郊使用农业措施和科学用药方法,保护和助增天敌,人工繁殖和释放天敌,先后试验应用广赤眼蜂防治棉铃虫、烟青虫、菜青虫,用丽蚜小蜂防治温室白粉虱,烟蚜茧蜂防治桃蚜、瓜蚜等。目前,设施蔬菜用异色瓢虫防治蚜

虫、巴氏钝绥螨防治红蜘蛛较为常见（图13-9）。

图13-9a 挂巴氏钝绥螨防治红蜘蛛 2016   图13-9b 挂异色瓢虫防治蚜虫 2019

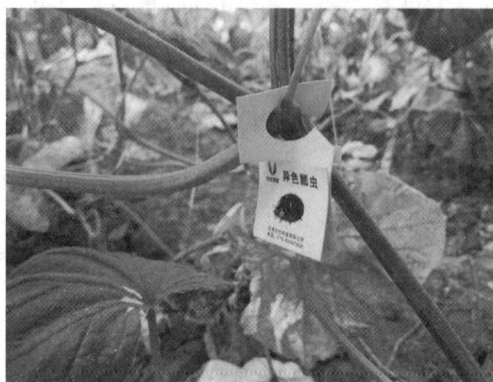

（3）以菌治病 是利用病原微生物及其代谢产物防治病害的方法。京郊用特立克制剂（木霉真菌）防治蔬菜灰霉病和早疫病等；用农药链霉素、硫酸链霉素、新植霉素防治黄瓜、番茄、大白菜、菜花、甘蓝角斑病、黑腐病、斑点病等细菌性病害；用中生菌素防治大白菜软腐病，辣椒疮痂病，黄瓜角斑病，菜豆细菌性疫病。一段时间为解决大白菜软腐病防控问题，在京郊连续几年大面积推广应用了菜丰灵、新植霉素等拌种技术，取得了一些效果。

三、物理防治

物理防治是利用简单工具和各种物理因素，如光、热、电、温度、湿度和放射能、声波等防治病虫害的措施。设施蔬菜生产常用的方法简介如下：

（一）防护栽培

夏秋季覆盖遮阳网、防虫网和塑料薄膜，进行降温、防虫、防雨降湿控病栽培，是实现安全蔬菜生产的有效途径。其中30~40目的防虫网，主要安装在温室门窗和塑料棚通风口，设置防虫网的塑料温室、塑料大棚的瓜果菜生产，可阻断粉虱、蚜虫、斑潜蝇、棉铃虫等害虫侵入和发生危害。也可单独设置防虫网覆盖蔬菜生产（图13-10）。覆盖防虫网与培育无虫苗等措施结合，可以实现无化学农药或少药生产。

（二）诱杀和驱避

利用害虫趋光性，以黑光灯、双波灯、高压汞灯诱集夜出性害虫。如频振式杀虫灯，既可诱杀害虫，又能保护害虫天敌，北京市植物保护站在郊区推广应用达到8 200个。黄板诱

图13-10 大棚侧风带覆盖防虫网 2016

捕粉虱、蚜虫、潜叶蝇等害虫，2005年已在郊区设施蔬菜生产中应用。在塑料大棚、温室上覆盖银灰色遮阳网或田间挂一些银灰色的条状农膜，覆盖银灰色地膜对有翅蚜虫、蓟马等传毒昆虫的忌避作用良好，又可减轻病毒病的危害。

2005年，北京郊区开始推广色板诱杀灭虫，在蔬菜定植后随即悬挂不同色板（图13-11），监测

害虫发生动态或诱杀害虫。黄板主要诱杀和监测蚜虫、斑潜蝇、白粉虱、烟粉虱、部分蓟马成虫等；蓝板主要诱杀和监测部分蓟马；紫黑色板诱杀或监测韭菜蛆成虫等。

图 13-11　挂蓝、黄板监测并诱杀害虫　2011

（三）高温灭菌

1. 温汤浸种

这是北京个体菜农的传统方法，将准备播种的黄瓜种子（最好先用凉水湿润一下）放在碗或盆中，倒入 55~60℃ 水，边倒水边不断搅拌，使种子受热均匀。搅拌待水温降至 30℃ 左右时，浸泡 3~5 个小时，捞出淋干，洗去种皮外的黏状物，阴干后用湿布包好放在温度适宜的地方（暖炕、催芽箱）进行催芽。硬皮种子也可用 70℃ 热水进行高温浸种。

2. 高温闷棚

多用于塑料大棚黄瓜栽培。具体做法：选择晴天上午关闭风口，封棚密闭提温，使生长点部位温度逐渐达 45~46℃，坚持 1.5~2 小时，闷棚中要经常检查，通过通风调节温度，达到闷棚时间后，开始通风降至常温，使其逐渐恢复常态。闷棚完成后，一方面是黄瓜叶背面水渍状病斑及"黑毛"明显减少，老病斑干枯老化，5~7 天无发展，病势显著减缓；另一方面，抑制徒长，促进结瓜，叶片肥厚深绿，瓜条明显增长。

1975 年春，海淀区四季青平庄三队大棚、双桥农场东柳生产队春季塑料大棚黄瓜大面积应用此法，证明高温闷棚能起到三个作用，一是调节秧果关系，增强抗病力。生长点生长受到抑制，叶片变厚，叶色变深，比较抗霜霉病。二是继高温之后大放风，可使大量水汽散出，降低棚内湿度。三是塑料大棚内的虫蝇、粉虱、蚜虫等害虫被大量杀灭。

据称，黄瓜塑料大棚栽培采用"高温闷棚"方法防治霜霉病是从中国东北传到北京的，有一定效果。为了验证此方法的可行性，20 世纪 70 年代初期，中国农业科学院蔬菜研究所翁祖信等进行了"高温闷棚"试验。试验在小红门公社进行，闷棚前一天浇底水，最高气温控制在 40℃ 左右，时间 1.5 天以上，形成了一个高温高湿的环境，观察人员在棚内都感到气闷。以后通风降温、降湿。经闷棚后 2~3 天观察，霜霉病病斑明显干枯，呈黄褐色，霜霉病得到有效控制。在闷棚结束时曾采取病株样本带回实验室分析，但限于当时的条件，没有观察到高温对病菌孢子活力的影响。

霜霉病病菌在 16~24℃，空气相对湿度为 80% 以上，叶面结露或有水膜 6 小时以上，是该病发生的适宜条件。因此，经过高温闷棚处理，在 40℃ 左右的高温下，病菌的生活力会受到抑制，通风降湿更是抑制传播的重要因素。闷棚前的浇水，是为避免黄瓜植株生长点在干热条件下发生萎蔫、干枯。

在无蔬菜作物栽培的设施内，在太阳辐射较强烈的夏季炎热高温季节，通过采光提高温室内气温和土壤温度，来杀死室内空间表面和土壤中包括病原菌在内的各类有害生物（图 13-12）。土壤栽培时，要注意覆盖地膜；要保持土壤疏松、湿润，以增加病原休眠体的热敏性和热传导性能；闷棚时间要尽可能延长，可使处理土壤 30 厘米以内土壤温度达到 36～60℃。无土栽培时，要将室内清洁干净，可与土壤处理和化学农药相结合进行高温闷棚。

图 13-12　炎热夏季换茬空隙高温闷棚消毒　2018

（四）人工防除

在设施蔬菜栽培期间，及时摘除初发病的叶片、果实或拔除中心病株，可避免病原物在田间扩大蔓延。

四、化学防治

化学防治是使用化学药剂（杀虫剂、杀菌剂、杀螨剂、杀鼠剂等）来防治病虫、杂草和鼠类危害的防治方法。化学防治在病虫害综合防治中占主导地位，但长期使用性质稳定的化学农药，不仅会增强某些病虫害的抗药性，降低防治效果，还有可能污染农产品和生态环境。设施蔬菜生产，要坚持科学的防治方法，尽量减少化学药剂的副作用。

（一）产前化学防治

1. 温室消毒

原华北农业科学研究所蒋名川先生在他所编著的《北京市郊区温室蔬菜栽培》中提到海淀区四季青蔬菜生产合作社、丰台区的太平桥农业生产合作社、万泉寺农业生产合作社、海淀区永青农业生产合作社等，都开始应用这一温室消毒技术，同样取得了良好效果。

（1）药剂喷射　当上茬作物拉秧后或在温室搭建好、新茬蔬菜定植前的三四天，先用 6% 可湿性"666" 500 克，加水 50 千克后喷雾，把没有作物的温室内屋顶、墙壁、玻璃、走道和栽培床喷上药（种黄瓜栽培床上不喷药），然后关好门窗，密闭维持一定时间。

（2）药剂熏蒸　在喷射药剂消毒的当天傍晚，再进行硫黄熏蒸灭菌，每 20 间温室用硫黄粉 500 克、雄黄（二硫化二砷）250 克、"666" 125～187.5 克。把三种药剂和锯末 1 千克充分混合掺匀，平分为 20 份，放在 20 个容器内。装盆时首先把分好的熏蒸物放入一部分，然后放进几个燃烧着的红煤球，再把剩下的熏蒸物放在红煤球上，这时烟雾就开始四散，人即退出，把温室门窗关闭，放下蒲席，直到第二天把门窗、蒲席全部打开通风，然后整地、作畦。

定植之前对温室、塑料大棚全面消毒，给蔬菜提供一个洁净的生长环境，是防止作物生长前期病害发生的有效措施。该项技术，一直沿用至今，不同的是所用农药在保留传统农药的同时，不断用新的高效、低残留或无残留农药来取代高残留农药。

2. 设施土壤处理

20 世纪 90 年代以来，随着土传病害的发生与侵染危害，温室蔬菜产前防治，又增加了土壤处理新技术，方法详见第十一章。

（二）产中化学防治

北京温室蔬菜生长期间的病虫害化学防治，传统防治方法以喷射化学农药为主，并和药剂熏蒸相结合，由早期的雄黄、铜皂液、石灰硫黄合剂、波尔多液等向着新型化学农药杀菌、杀虫剂产品转换，目前，蔬菜熏蒸设备已经发展为自动控制的电热熏蒸器设备（图 13 - 13）。熏蒸不增加设施内湿度，克服了化学农药喷雾的弊端，还能减小劳动强度，提高功效，是一种好的防治措施。

图 13 - 13　电热自控熏蒸器 2019

在熏蒸、喷粉、喷雾的基础上，还形成了粉尘防治方法，其具体的防治技术介绍如下。

1. 喷雾防治

喷雾防治是设施蔬菜最常见的防治措施，所用化学药剂种类，随着蔬菜安全生产及化学制造业的发展而不断变化更新。由传统的波尔多液、铜皂液渐变为当前的新型药剂。

（1）喷射波尔多液　防治黄瓜霜霉病、白粉病、炭疽病。

配制方法：用硫酸铜 500 克、生石灰 500 克、水 100～120 千克配制。因蔬菜种类、生长时期及预防病害种类的不同，配合量也有差别，但配制方法一样。即先按照规定的数量把硫酸铜、生石灰和水用量都称好，然后用一半的水化硫酸铜，用少量水把生石灰泡开，再用一半的水泡石灰。最后将石灰水和硫酸铜水搅拌好，同时倒在一个大桶内，随倒随搅拌。倒时要掌握硫酸铜水压在石灰水上，同时两液要同时倒完，然后即可喷治。

（2）喷射铜皂液　防治或除治黄瓜霜霉病、白粉病、炭疽病和番茄叶斑病等。

传统配制方法：用硫酸铜 31.25 克，肥皂 125～156 克，阿姆尼亚水（氨水）15.6～18.8 克、水 20～30 千克配制而成。配制时，先把肥皂切成小薄片，煮化，再倒入应当兑水量的一半，继续加火。另把硫酸铜轧碎成粉状，等到肥皂水滚开时，把硫酸铜粉慢慢撒入锅里，随撒随搅，使硫酸铜全部溶化后将阿姆尼亚水倒入，过 2～3 分钟即成。

1954年，原华北农业科学研究所王培田等研究改进了铜皂液配制方法：将硫酸铜31.25克压碎，在250克沸水中化开。将187.5克肥皂切碎，放在盛有4.5千克水的锅里煮化，至水沸腾时，将硫酸铜溶液徐徐倾入翻滚的水花上，同时用力搅拌，至呈蓝色乳状液体时，即成为铜皂原液。应用时，加凉水25千克搅匀，用喷雾器喷射。也可将原液盛入水缸、瓷盆或木桶中（避免使用铁器）并盖好，可长期贮存备用（20天左右搅动1次不使沉淀）。贮藏后的原液应用时，需先加温至半开或沸腾时，再加入凉水5倍搅匀即可。该配制方法不用阿姆尼亚水，解决了旧法不能即刻使用和不能长期贮藏的问题。

注意应在发病前每6～10天喷1次。打药要仔细，叶片上下都要打到，雾滴要细要匀。不能和石灰硫黄合剂混合使用或相连着使用，至少要间隔20天。如果温室内黄瓜秧发现红蜘蛛、蚜虫，可在35千克铜皂液里加含3％鱼藤精兼治。

（3）喷射石灰硫黄合剂　防治红蜘蛛和黄瓜白粉病。

配制方法：配合量为生石灰500克、硫黄粉1千克、清水5千克。先把生石灰放入锅内，逐渐加入少量热水发热化开，调成石灰乳，后慢慢倒入均匀调湿的硫黄粉糊，用急火煮1小时左右，随煮随搅，等到液体变成香油状的橙红色，冷却取其澄清液备用，防治红蜘蛛、白粉病用浓度为0.1～0.2波美度的比重即可；防治茄子、豆类的红蜘蛛用0.3波美度的比重，每隔10天左右喷1次。

使用时不要和波尔多液、铜皂液同时使用或相连使用，要间隔20天以上。

（4）喷射硫黄粉悬浮液　防治黄瓜白粉病。

配制方法：硫黄粉31.25克，加水5千克的比例（1：160），将硫黄粉包于粗布中，在水中用力揉搓，使之成为良好的悬浮液，即可喷射。每次用药，隔2～3天连续喷射2次，完全可以抑制白粉病的发生。

2. 烟雾施药防治

烟雾剂又称烟剂，是指有效成分经引燃加热后，能挥发或升华，并能弥漫于空气中的制剂。烟雾剂早被应用于社会生产、生活的各个方面。农用烟雾剂是专门用作防治农作物病虫害的一种农药制剂。

在中国传统蔬菜设施生产中，利用烟雾剂进行温室消毒、防止病虫害已有较长的历史。1956年出版的《北京市郊区温室蔬菜栽培》一书中就有记载：在前茬蔬菜收获之后，要用硫黄粉和锯末混合起来熏烟温室消毒。每330米³用药和锯末各250克，放下蒲席，经过一昼夜后，然后打开。用这种消毒方法效果很好，四季青社在每次收获之后，都要消毒一次。这种方法推广到其他合作社，也都得到相当好的效果。

硫黄对白粉菌科的真菌孢子具有选择毒性，因此多年来用作该科病害的保护性杀菌剂。硫黄对螨类也有选择毒性，所以也常用于杀螨。

20世纪80年代初，中国农业科学院植物保护研究所依据百菌清农药燃点低、性能稳定、便于加工制成烟雾剂的特点，制成百菌清烟雾片剂用于防治设施蔬菜病虫害试验。

1986年，北京市植物保护站和丰台区农业科学研究所，在卢沟桥万泉寺、太平桥村村在春大棚播种前、定植前连续熏蒸两次空棚室，苗期与生长期每10天熏蒸1次（病重时7天）。傍晚时熏蒸，将棚密闭，药粉均匀分堆，多点放置于棚室人行走道。由里向外用暗火点着药粉，至烟散尽后开始通风。试验表明，百菌清烟雾剂对番茄晚疫病、叶霉病、灰霉病、黄瓜霜霉病有效，异菌脲烟雾剂对番茄灰霉病有效。进入20世纪90年代以来，中国农业科学院蔬菜花卉研究所、植物保护研究所研发的烟雾剂产品在郊区温室、塑料大棚蔬菜快发展。如45％百菌清烟雾剂（安全型），使用方便，便于点燃。点燃后形成的烟雾剂颗粒细微，在设施内的空间呈弥散状态。施放烟雾的时间最好在早晨之前或傍晚日落放蒲苫之后进行，密闭棚室过夜，第二天早晨打开设施，正常从事农事操作。

烟雾剂施放量，如45％百菌清烟雾剂（安全型），每亩用药量200～250克（4～5盒），每7～10

天施放 1 次，可有效防治黄瓜霜霉病、白粉病、炭疽病，番茄早疫病、晚疫病、灰霉病、叶霉病等。

烟雾剂防病具有以下几方面的优点：①药剂在蔬菜植株上分布均匀，叶背也容易着药，所以防效高。②不宜造成温室、塑料棚内高湿环境，因而也不利于发病。③省工，无须机械设备。④在温室或塑料棚内黄瓜霜霉病发病初期，开始熏烟为好。

3. 粉尘施药防治

农药粉尘是指加工成比农药粉剂更细的农药粉粒，中国农业科学院植物保护研究所屠豫钦 20 世纪 80 年代中后期主持研发粉尘药剂，自 1987 年试验成功后，到 20 世纪 90 年代在设施蔬菜栽培上施用得到了发展。

粉尘施药是在设施内条件下形成飘尘，增加在室内空间悬浮的时间沉积于蔬菜作物体表，以防治病虫。该种施药方法具有不用水、药量少、重量轻、劳动强度低的特点，而且对设施的密闭程度要求不高，易于实施。粉尘药剂与烟雾剂相比，需要施药器械。郊区菜农多采用的是"丰收 5 型"或"丰收 10 型"手摇喷粉器，排粉量调至每分钟 200 克左右。喷粉时由里向外，操作人倒着走，手持喷粉器，喷粉管平直或稍上仰，去掉喷管的鱼尾罩，管口对着前方的空间，均匀摇动把柄喷粉（图 13 - 14）。施药人员要戴口罩和风镜，粉尘要保持干燥，一般宜在早晨或傍晚施药，避免在光照条件下植株表面产生的拒附作用，降低植株吸附药剂量。粉尘施药后至少需要静止 1 小时，再打开设施进行农事操作。

图 13 - 14a　大棚番茄粉尘施药　孙金旺　2020　　　　图 13 - 14b　缓冲间喷辣根素液消毒

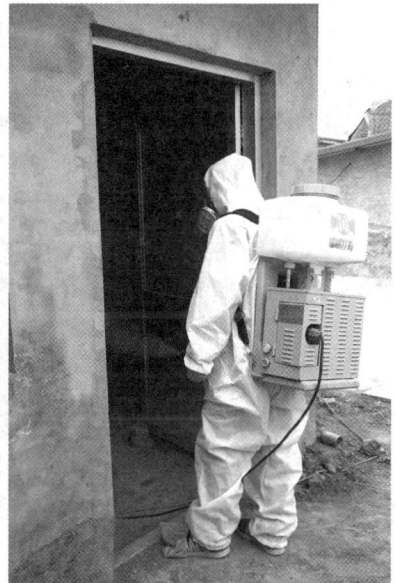

第四节　设施蔬菜病虫害绿色防控技术

2013 年，北京市植物保护站经过长期的生产实践，研究、总结提出了以病虫源控制为核心的理化诱控、生物防治、生态调控、科学用药等有机结合的蔬菜病虫害全程绿色防控体系即"北京市蔬菜病虫害绿色防控技术"。

2013 年中国农业出版社出版《蔬菜病虫害绿色防控技术手册》载：蔬菜病虫绿色防控技术是将农业防治、生态控制、生物防治、物理防治以及科学用药几种综合防治技术措施中的单项防治技术进行集成，根据作物种类、生产方式、病虫种类、防治基础和技术目标制定的因地制宜、简便易行的绿色防控组装与集成的配套技术。

2017 年，北京蔬菜病虫全程绿色防控技术及经验，被农业部向全国推广，各地正式启动了果、菜、茶病虫全程绿色防控示范基地试点建设。

2018 年北京市植物保护站起草了《蔬菜病虫全程绿色防控技术规程》并开始实施。该规程被定义为：优先采取生态控制，生物防治和物理防治等环境友好型技术措施，控制蔬菜病虫害的行为。

为减少化学农药使用量，降低食品的安全风险，北京大兴区农业技术创新服务中心，为适应蔬菜生产减药、减肥、节水、安全、绿色要求和消费市场需求，开展对病虫的产前预防、产中综合防控、产后残体除害处理的全程绿色防控试验，建立起了"产前园区的田园清洁、培育无病虫苗、棚室表面和土壤消毒的全面预防；产中健康管理与多措施配合，常温烟雾高效施药的针对性药剂防控；产后对带病虫蔬菜残体快速除害处理"的设施蔬菜病虫全程绿色防控技术体系，将过去针对一病一虫防治的复杂技术简化为通用防治技术模式，保障了设施蔬菜全程绿色技术的有效落实。

一、产前病虫源头控制

（一）清洁田园

彻底清除蔬菜园区、基地和菜园（菜棚）周边的蔬菜残体等和可能传带病虫的杂草等，包括棚室内掉落的病叶、病果等。

（二）无病虫育苗，购买无病虫种苗

育苗应对种子进行消毒处理，宜选用 0.1％稀盐酸浸种防治细菌性病害，预防病毒病害宜选用 0.3％磷酸三钠浸种处理；真菌病害宜采用 20％辣根素水乳剂 8 000 倍液浸种处理。育苗棚室在出入口、通风口提前设置好防虫网。育苗提前五天，将苗盘和育苗基质用 20％辣根素 3 000～5 000 倍液喷洒后密闭熏蒸消毒。育苗前一天，对育苗棚室进行熏蒸消毒，用 20％辣根素水乳剂 1 升/亩并兑水 3～5 升，采用超高效常温烟雾施药机进行对空施药，密闭熏蒸 12 小时后即可育苗。出苗前最好根据不同蔬菜可能传带的病虫采用超高效常温烟雾机针对性施药防治 1 次，确保万无一失。

（三）棚室熏蒸消毒

棚室蔬菜 70％左右为气传性真菌病害和小型害虫，如霜霉病、白粉病、灰霉病、叶霉病、早疫病、晚疫病、斑枯病和烟粉虱、蚜虫、斑潜蝇、蓟马、红蜘蛛等，是前茬蔬菜拉秧时残存在棚膜、墙壁、地面、立柱等上面的，所以种植前必须进行棚室消毒。具体操作是：在做好移栽定植的所有前期准备后，临近定值的前一天傍晚 19：00—21：00，用 20％辣根素水乳剂 1 升/亩兑水 3～5 升，采用超高效常温烟雾施药机退行对空施药对移栽定值棚室进行熏蒸消毒，密闭熏蒸 12 小时后即可定值。消毒时对缓冲间也需同时进行密闭熏蒸消毒。炎热夏季也可采用高温闷棚，消毒灭菌。

（四）土壤消毒

蔬菜根结线虫病、枯萎病、黄萎病、根腐病、疫病、茎基腐病、青枯病等土传病害和一些地下害虫都残存在土壤中，移栽定植前必须处理掉。具体操作是：借助滴灌系统，在施好肥、整好地、做好垄、铺设好滴灌管、覆盖好薄膜后，提前 1～2 天将土壤用清水滴湿透，再用 20％辣根素水乳剂 3～6 升/亩，用 20 倍以上清水稀释，再通过施肥罐和滴灌系统缓慢均匀滴入土壤，辣根素滴灌结束后，再滴少量清水将滴灌管中的药液滴净，辣根素将随湿润的土壤均匀扩散，杀灭土壤中的各种病虫，盖膜密闭（图 13 - 15），熏蒸 4 天后即可移栽定植。注意压膜土壤和走道需用较浓的辣根素药液泼浇消毒。如果没有滴灌条件，可在整理好地后提前 1～2 天浇清水将土壤湿透，再用 20％辣根素液均匀喷洒，再覆膜密闭熏蒸，辣根素亦随湿润的土壤扩散分布，4 天后即可移栽定植。

图 13-15a 借助微灌滴入辣根素药剂

图 13-15b 滴入药剂后覆盖薄膜熏蒸土壤消毒 2017

二、产中病虫综合防控

(一) 设置消毒池 (垫)

为防止操作者进入棚室时将外部病菌随鞋底传入，在土壤消毒前或同时在棚室门口设置消毒垫或消毒池 (图 13-16)，定期浇注消毒液或辣根素液或稀盐水，进棚时必须对鞋底进行消毒。

图 13-16a 进道口设置消毒池 2017

图 13-16b 温室进门口设置消毒池 2017

(二) 设置防虫网

如前所述，为防止棚室熏蒸消毒后棚外的害虫传入棚室内，在棚室熏蒸消毒前需提前在棚室门窗 (图 13-17)、通风口设置好防虫网。防控小型害虫一般选择 30～40 目防虫网，预防传播番茄黄花曲叶病毒病的烟粉虱务必选用 50 目以上的防虫网。

（三）配备遮阳网

蔬菜病毒病多在高温干燥条件下流行，发病后没有什么有效的防治办法，遮阳网是高温季节用作遮挡强光照射，降低生产温度的防护措施，可有效预防病毒病发生，可根据蔬菜生产的实际需要选择不同类型的遮阳网覆盖。

（四）挂色板监测和诱杀

在蔬菜定植后随即悬挂几张色板监测害虫发生动态，黄板用作监测蚜虫、斑潜蝇、白粉虱、烟粉虱、部分蓟马成虫等；蓝板用作监测部分蓟马；紫黑色板监测韭菜蛆成虫等。

（五）药剂防治

如生长期发生病虫达到需要防治程度，可根据不同蔬菜病虫发生情况针对性进行施药防治，用背负式超高效常温烟雾，按照选定的农药说明书依据棚室生产面积计算农

图 13 - 17　温室纱窗门帘防止飞虫　2017

药用量，用 3～8 升水稀释，进行常温烟雾、喷雾、喷粉施药（图 13 - 18），一般矮生蔬菜如芹菜、油菜、生菜、草莓等每亩 3 升药液即可，高秧蔬菜如番茄、黄瓜、架豆等每亩 5～8 升药液即可。施用微生物农药对环境湿度要求较高，建议在傍晚棚室关闭前施药。

图 13 - 18　手摇式喷粉器施药　2012

三、产后植株残体无害处理

蔬菜收获后的菜秧、病果、烂叶等植株残体，是病虫传播的最大传染源，要切断传染源必须进行除害处理。具体方法是：将不要的菜秧、病果、烂叶等植株残体和塑料棚、温室内的杂草集中堆起来用塑料布捂起来，四周压实，用注射器向内注射辣根素水乳剂，1 米³ 植株残体注射 20％辣根素水乳剂 15～20 毫升，密闭堆沤 5 天以上，可就地杀灭所带病虫。灭虫后可以直接还田利用也可继续堆肥（图 13 - 19）。

"绿色防控"的内涵和"预防为主、综合防治"的植保方针是一致的。目前，化学防治仍是主要防控措施，非化学防治措施尚有不足，对外来入侵生物的防控针对性不够强，如番茄褪绿病毒、番茄斑萎病毒的传播，靠"绿色防控"很难完全遏制。此外，辣根素长期使用，是否会造成抗药性，怎样利用生态平衡，降低农产品的安全风险，开发新的植物生态防控药剂，仍是蔬菜植物保护科技工作者需要不断探索的课题。

（郑建秋）

图 13-19　用塑料布捂起来的植株残体，四周封严实灭菌　2017

本章参考文献 ‹‹‹

北京农业科学研究所，1971. 蔬菜病虫害防治手册［M］. 北京：农业出版社．

北京市海淀区农科所，1982. 利用中华蛉防治温室白粉虱试验总结［M］//北京市海淀区蔬菜学会，北京市海淀区蔬菜办公室. 海淀区农业科技：蔬菜专辑（1979—1981）. 北京：［出版者不详］：144-148.

北京市科学技术志编辑委员会，2002. 北京科学技术志：中卷［M］. 北京：科学出版社．

北京市农科所植保室菜病组，1974. 黄瓜死秧原因及防治研究［M］//北京市农业科学研究所情报资料室. 蔬菜资料选编. 北京：［出版者不详］：64-70.

北京市农科院植保室，1976. 黄瓜枯萎病防治研究［J］. 农业科技资料（4）：25-26.

北京市农林局，1961. 农业生产手册［M］. 北京：［出版者不详］．

北京市农林局，1963. 农作物病虫防治基本知识［M］. 北京：［出版者不详］．

北京市农林水利局，1955. 农作物病虫防治知识［M］. 北京：［出版者不详］．

北京市农业局科教处，1981. 温室白粉虱生物学观察取得较大进展［J］. 北京农业（增刊）（6）：23-24.

北京市农业科学院，北京市农业局，1976. 北京蔬菜生产技术手册［M］. 北京：人民出版社．

北京市农业科学院情报室，北京市农业科学院植保室，1977. 温室白粉虱的发生与防治［J］. 农业科技资料（5）：87-88.

北京市农业生产资料公司，1969. 农药汇编［M］. 北京：［出版者不详］．

北京市蔬菜办公室，1962. 北京市种菜基本知识展览会技术参考资料［M］. 北京：［出版者不详］．

北京市植保站，1987. 利用烟雾剂系统防治保护地蔬菜病害［M］//北京市农业局科学技术委员会. 农业科技资料选编（三）. 北京：［出版者不详］：95-102.

董四留，2001. 北京志·农业卷·种植业志［M］. 北京：北京出版社．

都倚，芳文，1981. 蔬菜上利用银色地面薄膜及银色条带防治蚜传病毒病［J］. 北京农业科技（3）：23-24.

黄仲生，杨玉茹，朱晓丹，1983. 京郊保护地黄瓜主要病害及其防治［J］. 北京蔬菜（6）：10-14.

黄仲生，张腾福，范永华，等，1991. 保护地黄瓜栽培及病虫害防治［M］. 北京：北京科学技术出版社．

蒋名川，1956. 北京市郊区温室蔬菜栽培［M］. 北京：财政经济出版社．

李常保，柴敏，李季，等，2010. 北京番茄黄化曲叶病毒病的发生及分子检测［J］. 中国蔬菜（1）：33-35.

李明远，1989. 保护地蔬菜病害的发生与防治［J］. 蔬菜（1）：25-29.

李明远，李固本，裘季燕，1987. 北京蔬菜病情［M］. 北京：中国科学技术出版社．

李曙轩，1990. 中国农业百科全书：蔬菜卷［M］. 北京：农业出版社．

李耀华，郑宝玲，等，1994. 蔬菜生产技术［M］. 北京：中国农业出版社．

孟晓云，张秋芳，李明远，等，1985. 蔬菜病虫害防治［M］. 北京：北京出版社．

石宝才，1997. 美洲斑潜蝇的习性与防治［J］. 蔬菜（4）：22-23.

司亚平，郭来珍，1984. 大棚秋番茄病毒病综合防治方法的初步试验［J］. 北京蔬菜（5）：20-24.

屠予钦，1991. 防治保护地蔬菜病虫害的粉尘法施药技术［J］. 蔬菜（4）：16-18.

王立新，赵玉芹，魏世义，等 1982.1981 年韭菜疫病发生规律及防治［M］//北京四季青公社科技办公室. 科学种田汇编（第四期）（1979—1981）. 北京：［出版者不详］：16-22.

王培元，1993. 北京农业生产纪事［M］. 北京：北京出版社.

魏世义，1983. 京郊保护地番茄的主要病害及其防治［J］. 北京蔬菜（4）：22-24.

翁祖信，何礼远，1957. 黄瓜霜霉病的化学防治试验简报［J］. 农业科学通讯（4）：221-222.

杨玉茹，黄仲生，1984. 京郊蔬菜线虫病害及其防治探讨［J］. 北京蔬菜（5）：24-25.

张芝利，2000. 关于烟粉虱大发生的思考［J］. 北京农业科学（S1）：1-3.

张治超，1985. 京郊大椒发生菌核病［J］. 北京蔬菜（2）：19-20.

赵光华，2010. 番茄黄化曲叶病毒病防控技术措施［J］. 蔬菜（4）：22.

中国农业科院蔬菜花卉研究所，2010. 中国蔬菜栽培学［M］. 2 版. 北京：中国农业出版社.

朱国仁，1991. 塑料棚温室蔬菜病虫害防治［M］. 北京：金盾出版社.

朱国仁，张芝利，沈崇尧，1992. 主要蔬菜病虫害防治技术及研究进展［M］. 北京：中国农业出版社.

邹祖绅，刘步洲，1956. 北京郊区阳畦蔬菜栽培［M］. 北京：农业出版社.

附录一

》》》北京发展蔬菜生产的方针政策

蔬菜是一种季节性很强的农产品，集中表现为生产的周期性和季节性。周期间衔接不好，一般情况下就会出现商品的积压或脱节，严重时就出现淡季或旺季。中国人对蔬菜商品的要求表现在：市场数量充足、供应均衡、花色品种多样、营养丰富、卫生安全。蔬菜商品一般鲜嫩易腐，不耐贮运，再加上其生产过程中易受自然灾害的影响以及经营数量大等因素，使得蔬菜商品在从生产到消费的过程中产生了许多错综复杂的问题和矛盾，其中最基本的矛盾是蔬菜生产的季节性与消费的均衡性要求之间的矛盾。这些问题和矛盾如果解决不好，往往使蔬菜的产销处于一种被动的局面，难以做到生产者、经营者和消费者都满意。

正因为如此，做好蔬菜的生产和流通就显得极其重要。在蔬菜"产"和"销"这一对矛盾中，一般说来"产"是矛盾的主要方面，"产"的目的是消费。当"产"和"销"发生矛盾时，常由分配或流通来调节，从这个意义上讲，流通对生产也有反作用。

中共北京市委、北京市人民政府对蔬菜的生产、消费、流通十分重视，认为是关系国计民生的大事。遵照党中央和国务院的指示，把蔬菜生产放在郊区副食品生产的首位，确定了发展蔬菜生产的方针，在不同的历史时期，制定了相应的政策和规定，以适应新形势的要求，并在这个过程中，逐渐了解和认识北京蔬菜产、销的特点及规律，在蔬菜商品生产基地建设、市场建设、放开搞活流通、政策扶持等方面创造了许多宝贵的经验，使蔬菜产销体制不断完善，蔬菜市场日渐繁荣，基本满足了不同消费者的需求。

第一节 关于蔬菜生产体制

一、生产经营体制的演变

（一）蔬菜生产互助合作

1949—1957年，新中国成立后的国民经济恢复时期，北京为恢复发展农业生产，满足大中城市居民的基本需要，解决蔬菜个体生产与供求矛盾日趋突出问题，在土地改革基础上，加强了对蔬菜生产的管理。首先是保护、扶植郊区农民发展蔬菜生产，规定菜农合法的包括电力水井、温床、暖室等，不论是原有或新设，一律保护其所有权；其次，组织生产互助组、合作社，有了简单分工，既有利于提高劳动生产率，也解决了菜区农民"顾了生产，顾不了上市"的矛盾。中共中央在《关于农业生产互助合作社的决议（草案）》中指出：农业互助合作运动要根据生产发展的需要和可能，采取积极发展，稳步前进的方针。决议规定了自愿互利、典型示范、国家帮助的原则，反对急躁冒进，强迫命令和放任自流的错误。要把农业互助合作运动当作一件大事去做。推动北京郊区蔬菜生产实施合作化，由自给自足的个体小农经济，走向集体所有制，商品蔬菜生产有了一定的发展，蔬菜生产逐步适应经济建设和城市人民对蔬菜的需要。

（二）蔬菜生产集体化

1957年9月至10月，党的八届三中全会通过了《全国农业发展纲要（修正草案）》（又称农业四十条，下同），提出了未来十二年的奋斗目标。中共北京市委根据农业四十条精神，为减少郊区雨涝灾害和扩大水浇地，与广大干部群众当年急于改变落后面貌的强烈愿望相吻合，掀起一个大规模的农田水利建设高潮，以实现"大跃进"。大规模兴修农田水利，要求把土地、劳动力、资金等在大范围内统一使用，要求突破原来的农业生产合作社的界限。1958年9月20日，北京郊区农村实现了人民公社化，以支撑国家全面的社会主义建设。1962年，扩大的中央工作会议发出《关于进一步改变农村人民公社基本核算单位问题的指示》，同年9月，《关于进一步巩固人民公社集体经济，发展农业生产的决定》和《农村人民公社工作条例（修正草案）》审议通过，经过整风与整顿，人民公社体制由"一大二公"逐渐调整为"政社合一，三级所有，队为基础"的集体经济体制并得以稳定下来，郊区蔬菜实现了严格有计划生产，基本上较好地保障了城市人民的需求。

（三）蔬菜生产责任制

1978年12月，党的十一届三中全会开启了中国具有深远历史意义的伟大转折。农村集体经济下的有计划生产被打破，北京蔬菜生产先后实行了联产承包责任制、包干到户责任制、适度规模化经营、健全乡村合作经济组织等方式，出台了一系列政策规定。蔬菜生产与发展社会主义市场经济相结合，推动着北京蔬菜生产加快向都市型现代农业发展。

二、北京市颁布的相关政策、规定

1949—1991年北京市颁布的相关政策、规定如下。

1949年5月31日，北平市军事管制委员会公布《关于北平市辖区农业土地问题的决定》（以下简称《决定》）。其后，又对《决定》的土改政策内容做了若干补充，规定：……供给城市人民蔬菜而经营的园艺不能动；一切科学技术设备的农田不动，包括电力水井、温床、暖室等，不论是原有或新设，一律保护其所有权。

1950年4月11日，北京市人民政府发布《关于对农民及农业经营者发展生产奖励办法》，颁布了6条规定：……国有土地使用者，为增产而添置的技术设备（如水井、温床、暖室等）统归其私有。如市政或工业建设必须收用时，应由政府或需用者予以公平合理之补偿。

1951年11月5日，北京市人民政府依法惩办了阜成门外菜市场的菜霸黄兰田、右安门菜市场的菜霸钟子荣，以及其他菜市场的菜霸张鹤亭等5人，这对促进菜市场秩序的好转以及稳定菜价起到了积极作用。

1951年12月15日，中国共产党中央委员会向党内印发了《关于农业生产互助合作的决议（草案）》。北京市委贯彻中央决议，在京郊农村有组织、有计划地开展了互助合作运动。互助合作有了简单分工。开展互助合作有利于提高劳动生产率，尤其对近郊当时均为个体分散经营、露地蔬菜栽培为主、有少量风障、阳畦和温室（暖洞子）栽培的蔬菜生产影响更为明显。

1952年春，北京市近郊区在群众自愿的基础上，经中共北京市委郊区委员会和所在区委批准，试办了10个农业生产合作社，其中两个是蔬菜生产的高级社。

1952年11月，李墨林成立了海淀区第一个高级合作社："李墨林温室生产合作社"，并被推选为社长。

1952年4月，北京市人民政府郊区工作委员会《关于开展菜区互助合作运动的几点意见》中指出："菜区产品的推销是很重要的问题。目前菜区试订了一些结合合同，虽然执行中有些问题，农民还是愿意和供销社订合同的，这对巩固互助组大有好处。"

1953 年，近郊区农业生产合作社发展到 63 个，入社农户 1 004 户，其中高级社 16 个，菜区农业生产合作社占 20 个。温室发展到 4 679 间，比 1952 年增加 37.97%，阳畦达 32 252 个，增加 27%。当年农业社普遍增产增收。菜区农业生产合作社生产的蔬菜统一拉运、出售，节约了人力，并解决了卖菜难问题，蔬菜生产基本做到自给。

1953 年，农业生产合作社由点到面逐步推广，近郊区农业生产合作社发展到 63 个，入社农户 1 004 户；其中高级社 16 个，菜区农业生产合作社占 20 个。

1954 年 2 月，中国共产党北京市委员会农村工作委员会提出北京市郊区发展农业生产合作社五年计划。计划指出："分期、分批建立新社，逐步扩大老社，有计划、有领导、有步骤地进行发展社的工作，做到迅速前进，稳当不乱。"计划在第一个五年计划结束时，菜区应先合作化。

1956 年 2 月，郊区农业实现了完全社会主义合作化。

1958 年 9 月，北京市委贯彻中共中央通过的《关于在农村建立人民公社问题的决议》精神，兴办起人民公社，城近郊区农村走上了政社合一的集体经济有计划发展蔬菜生产之路。

1979 年 4 月 8 日，中共北京市委召开农村工作会议，针对郊区农业发展实际，明确"贯彻多劳多得，决不搞平均主义"。生产队开始实行"包工到作业组，联产计酬，超产奖励"的生产管理办法。标志着北京郊区农业生产责任制的改革揭开了新序幕。

1982 年，中共中央 1 号文件指出，实行包干到户以后，"经营方式起了变化，基本上变为分户经营、自负盈亏。但是，它是建立在土地公有制基础上的，农户和集体保持承包关系，……所以它不同于合作化以前的私有的个体经济，而是社会主义农业经济的组成部分"。此后，包干到户责任制在全国大面积推开。

1985 年 7 月，北京市委农村工作部发出《关于完善和发展农业生产责任制，防止农业生产萎缩的意见》，要求在坚持统分结合、双层经营的基础上，具备条件的地区要积极引导土地适当集中，加强以工补农与社会化服务，提出"通过扩大土地经营规模，提高农业机械化水平和技术水平，来提高农业劳动生产率"的意见，开始推行适度规模经营。

1991 年 1 月，中共北京市委、市政府进一步作出了《关于加强乡村合作社建设，巩固发展集体经济的决定》，统一了对乡村合作经济组织的性质、地位的认识，规范了合作社名称，健全了机构，规定了乡村合作社的职能和主要任务：负责统分结合、双层经营，搞好各业责任制。

第二节　关于蔬菜统购包销

一、推行蔬菜产品统购包销

蔬菜生产的互助合作化有效地促进了蔬菜生产发展，但因生产者自由种植，自行定价出售，往往造成蔬菜季节上的产销不平衡，菜价波动大等问题。为了保障供应和减少蔬菜商品流转环节，使生产者节省人力物力，消费者吃到新鲜蔬菜，北京市制定了产销直接见面的合同办法，以解决个体农民自销价高，生产合作社交售国家价低的矛盾。

签订蔬菜产销合同是促进菜农合作化和对自由市场、私营菜商的社会主义改造，使蔬菜产销逐步走上计划化和解决当时北京市蔬菜供应产销矛盾的有效办法。

1957 年，北京市在蔬菜产销合同基础上，形成了统购包销的蔬菜产销体制。它的主要特点是：生产上国家对郊区社队实行指令性的计划，社队依据下达的计划安排种植面积、作物茬口和上市日期；经营上由国营商业统一购销；价格上执行物价部门事先制定的固定价。这在当时的社会经济条件下，对于促进蔬菜生产发展和保障供应发挥了良好的作用。这一时期北京市蔬菜播种面积由 1956 年的 1.5 万公顷迅速增加到 1958 年的 2.8 万公顷，居民人均每天消费量由 300 克上升到 600 克。

1985 年 5 月 10 日，北京蔬菜产销打破统购包销，实行市场调节；放开供应菜农的粮食和食油的价格；取消近郊乡镇企业税收负担与蔬菜生产挂钩的办法。

二、北京市颁布的相关政策、规定

1954—1997 期间，北京市颁布的有关政策、规定如下。

1954 年 5 月 10 日，北京市供销合作总社与彰化农场签订了"蔬菜定价包销合同"，根据合同规定的价格定价包销蔬菜。对彰化农场全年计划生产的 625 万千克蔬菜，规定了上市规格、质量等要求。

1955 年 5 月 1 日，经北京市人民委员会批准，北京市第三商业局正式成立了蔬菜统购统销企业北京市菜蔬公司。

1955 年 5 月 9 日，《1955 年北京市蔬菜工作经营方针任务》中指出：对农业生产合作社实行产销结合合同，对个体农民实行预购，以解决个体农民自销价高，生产合作社交售国家价低的矛盾；加强对私营菜商、菜贩的社会主义改造，对批发商实行公私合营，对坐商及摊商实行经销形式，并重点培养联购联销的典型。

1955 年 5 月 12 日，《北京日报》一版刊登了《市供销合作总社及所属郊区各社和农业生产合作社正积极签订蔬菜产销结合合同》的报道，并在当日一版发表了《大力推行蔬菜产销结合合同　逐步增强城市蔬菜产销的计划性》的社论。

1955 年 6 月 12 日，北京市第三商业局在《关于今后蔬菜经营方案》中提出：为解决蔬菜供应不平衡的矛盾，进一步密切产销关系，拟于 1956 年开始实行蔬菜定产、定购、定销的"三定"工作。

1956 年北京市人民委员会农村水利委员会发出《1956 年北京市蔬菜产销平衡方案》（以下简称《方案》），《方案》就全年供应计划、播种面积、平衡淡旺季等问题做了明确阐述。

1957 年 2 月 27 日，北京市委农村工作部《关于蔬菜产销问题的报告》指出：……1955 年农业社、菜贩、菜蔬公司全部签订合同，三方都满意……一方面没有个体菜农进城了，另一方面由于菜贩全部组成联购联销组也不再下乡采购，形成了由菜蔬公司统一收购，统一分配到零售环节，实际上形成了蔬菜的统购统销。

1957 年 4 月 30 日，北京市副食局发出《关于加强蔬菜市场和蔬菜价格管理的通知》，自 5 月起，把蔬菜列为第二类物资*，取缔自由市场，不许私自卖菜，规定所有蔬菜全部经由国营蔬菜市场出售，从而开始全面推行蔬菜的统购包销体制。

1957 年，北京市菜蔬公司与 157 个农业合作社（纯菜社 58 个）签订产销合同，蔬菜货源达 5.2 亿千克，占全市上市蔬菜总量的 85%。

1980 年 8 月 27 日，北京市人民政府农林办公室、财贸办公室发出《关于坚决制止社队私卖商品菜的通知》（以下简称《通知》）。《通知》指出，为了全面贯彻执行国家对商品菜的统购包销政策，搞好首都的蔬菜生产和供应，集体生产的商品菜必须交售给国家，坚决制止私分私卖商品菜行为。

1984 年 5 月 1 日，经中国共产党北京市委员会、北京市人民政府批准，"丰台区蔬菜农商联营公司"正式成立并开始营业。这是蔬菜产、供、销改革的一种尝试。联营是把农、商联为一体，减少国家补贴，保证蔬菜的品种和数量，增加菜农收入，提高商业经营效益。

1997 年 10 月起，北京市蔬菜产销供应价格完全由市场调节。

---

* 第二类物资指"由物资供销企业经营的物资"。——编者注

第三节　关于蔬菜生产基地建设

一、建设蔬菜生产基地

建立足够面积的稳产高产的商品蔬菜生产基地是保证蔬菜供应的首要条件。20 世纪 50 年代中期，国家制定了"大城市郊区农业生产应以生产蔬菜为中心"和"就地生产、就地供应"的方针。1957 年，农业部要求各农业和服务部门按照当地的土壤、气候、栽培技术、水源条件、消费水平来确定菜田面积，并采取相应的措施，积极促进商品菜基地建设。

北京市在建设蔬菜生产基地方面，主要采取了以下措施：把蔬菜生产基地建设的规划纳入城市的总体规划；明确定位近郊、远郊和农区 3 个层面上的商品菜基地（露地和设施蔬菜生产基地）；建立城市基本菜田保护区，并立法加以保护。

1962 年，以近郊朝阳、海淀、丰台三区和大兴县红星人民公社为主，加强菜田水利建设、大力增施有机肥料、添置生产设施（温室、阳畦），建设蔬菜商品生产基地达到 21.6 万亩，总产蔬菜 9.3 亿千克。

1975 年前后，在近郊为主的基础上，在部分远郊县发展"四辣"生产基地和大白菜调市生产基地。

1986 年，北京市政府提出，建设首都现代化的商品菜基地，是落实中央书记处关于首都建设方针的四项指示的重要措施，是发展农业现代化的重要组成部分，具有深远的战略意义。

1995 年，基本形成了以远郊为主体的蔬菜生产基地。在建设蔬菜基地中，除用于商品菜的生产外，开始建立蔬菜科技示范园区，以扩大现代农业技术，提升设施农业技术在建设都市型现代农业中的重要作用。

21 世纪以来，随着北京城市建设的发展需要，近郊菜田由 20 世纪 80 年代的超过 20 万亩降至 2 万～3 万亩，且转移至近远郊接合处，传统的蔬菜产区退出了蔬菜生产；新开发的远郊蔬菜基地也随着城乡统筹的一体化发展，不断发生着变迁和转移。

二、北京市颁布的相关政策、规定

1952—2006 年，北京市颁布的有关政策、规定如下。

1952 年 11 月 14 日，北京市人民政府批复北京市农林局 1953 年农村生产计划时指出：应明确郊区的农业生产方针是，大量发展园艺（蔬菜和干鲜果），远郊可发展经济作物，山区大力发展林业和畜牧业。

1962 年，北京市人民委员会确定朝阳区、海淀区、丰台区和大兴县红星人民公社 23 万亩菜田为近郊商品菜生产基地，增加昌平县、通县、国营长阳农场和团和农场为调市商品菜基地。

1979 年 4 月 8 日，中共北京市委召开农村工作会议，提出北京的农业要坚持为大城市服务的方针，迅速把郊区建设成首都现代化的副食品生产基地。

1986 年 10 月，北京市人民政府印发京政发（1986）133 号文件，确立了郊区现代化商品菜基地建设的目标：按照专业化、商品化、现代化的要求，建设和改造商品菜生产基地，逐步实现蔬菜良种化、育苗专业化、栽培标准化、田间作业机械化、排灌科学化等。调整菜田布局，划定近郊基本菜田 17 万亩，发展远郊新菜田 7 万亩（常年菜田 4 万亩、季节菜田 3 万亩），使全郊区调市商品菜面积达到 24 万亩，全年上市商品菜达 10 亿千克，加上外埠调入，每天人均供应蔬菜保持 500 克左右。

1995 年，北京市人民政府提出"大力发展远郊，巩固提高近郊，充分利用外埠优势"的蔬菜生产指导方针。全市菜田面积发展到 80 万亩，其中基本菜田发展到 65 万亩。蔬菜保护地总面积发展到 13.7 万亩，节能型日光温室开始大面积推广应用。远郊蔬菜基地面积已占菜田总面积的 80% 以上，近郊区菜田面积比例下降到 20% 以下。全面完成了京郊蔬菜基地战略性转移，形成了三个功能不同的层次格局：第一是近郊朝阳、海淀、丰台、石景山老菜区 10 万亩高标准菜园，以生产优质、高档、鲜细菜为主；第二是远郊通县、顺义、大兴、平谷、延庆新菜区 45 万亩基地，以发展大宗商品菜为主，形成周年生产供应和优势特色生产；第三是怀柔、密云、昌平、房山、门头沟五县区 10 万亩菜园，以地销菜生产为主，解决当地吃菜需求。

1995 年 6 月 29 日，北京市农业局以京农菜字（1995）第 42 号文件，向北京市政府农林办公室报送了"关于建设蔬菜高科技示范园区的请示"及其"蔬菜高科技示范园区建设方案"的附件。请示的具体意见是拟在平谷、顺义、通县、大兴四县各建一个高科技示范园区，每个园区占地 400 亩。同时北京市政府又将区县投资的中以农场、朝阳区来广营、怀柔赵各庄、昌平小汤山列为北京市蔬菜高科技园区。

1996 年 5 月 21 日，北京市农业局（1996）第 16 号文件《关于印发全市蔬菜重点项目工作具体安排意见的通知》把"蔬菜科技示范园区项目实施意见及要求"列为重点工作，对蔬菜科技示范园区建设的主要内容进一步提出了具体要求：一是完善园区规划；二是要搞好主要基础设施建设，蔬菜温室建设以发展节能型温室为主；三是示范园区要突出科技含量、拥有技术特色；四是净菜上市、定点直销。

2006 年 4 月 24 日，北京市农业委员会、市科学技术委员会等 8 个单位联合下发《关于发展设施农业的意见》，以进一步发挥和扩大设施农业在建设都市型现代农业中的重要作用。发展目标："十一五"期间，以温室、大棚等为主的各种类型农业设施预计发展总面积在 20 万亩以上。按区县发展状况，主要发展的区县是大兴、通州、房山、顺义、昌平、密云和平谷等。全市每年集中连片具有一定规模、以温室和大棚为主的设施农业面积在 3 万亩以上。

第四节　关于蔬菜商品流通体系建设

一、建设商品蔬菜的流通体系

商品蔬菜流通是将蔬菜产品销售到消费者手中的过程和必经环节，其流通方式和渠道，与蔬菜产销体制密切相关。

在新中国成立初期的蔬菜自由购销时期，其产品由个体菜农或农业生产合作社在交易市场把蔬菜卖给商贩或消费者，这种流通方式是一种短距离、封闭式、单向的自由交易，价格由买卖双方议定，随行就市。

到蔬菜统购包销时期，蔬菜产品由国营商业统一包销，和上一时期相比，在流通渠道上有了很大的不同。

进入 20 世纪 80 年代中期，蔬菜产销体制的改革打破了国营商业独家经营的局面，出现了国营、集体、个人多渠道的流通方式，搞活了市场，方便了市民。

20 世纪 90 年代初，北京蔬菜市场全面开放，积极建立市场机制，价格放开，多渠道经营并存，发展以批发交易市场为中心，批发市场、农贸市场与零售商业相结合的市场网络。这种经营灵活的流通机制，有利于货畅其流，供应均衡，稳定市场，稳定价格。这一时期，北京市政府在政策上鼓励多渠道筹资，多方兴建批发市场，实行"谁兴办，谁管理，谁经营，谁受益"的原则，调动了各方面的积极性。尽管蔬菜批发市场建设有了很大发展，但基础较差，远满足不了蔬菜商品流通的需要。

北京实施"菜篮子"工程后，蔬菜市场发生了深刻变化，积极推动流通方式的创新，如连锁经营、配送中心、直销市场、早晚市场等，逐步改变市场基础设施、流通方式、市场管理落后的局面。蔬菜供应由"自求平衡"转向"全国调剂"，最终融入了全国大生产、大流通、大市场的体系。

二、北京市颁布的相关政策、规定

这期间，北京市颁布的有关政策、规定如：

1949 年 2 月 22 日，成立了北平市供销合作总社，将保证蔬菜供应和稳定蔬菜价格作为基本政策。

1951 年 12 月，北京市供销合作总社成立了第一家社会主义集体所有制的蔬菜批发企业天桥菜站，推动蔬菜经营市场进入多渠道自由购销阶段。

1953 年 10 月，北京市供销合作总社成立了北京市菜蔬经理部，负责天桥、广安门、阜成门和朝阳门等"四大菜站"的经营蔬菜购销业务，仍以介绍产销双方成交为主，手续费降至 4%。

1954 年 1 月，北京市菜蔬经理部统一管理城郊 18 个蔬菜批发市场，上市的蔬菜要一律通过市场菜站收购或介绍成交，统一规定市场批发价格，禁止场外交易。其经营比重上升到 40%。

20 世纪 70 年代，北京市政府几次召开会议，讨论解决近郊菜区马车、拖拉机进城问题，决定专门调拨 40 辆"130"汽车给郊区菜区，有利蔬菜上市及时，保证新鲜，也有利于市容整洁和交通管理。一辆 130 汽车可顶替 2~3 辆马车，提高了运菜效率。

1985 年 5 月 14 日，北京市农产品购销体制改革正式出台。此后仅几个月时间，农村生产单位和城市 1 800 多个消费单位、零售门店建立了产销直挂关系，直供各类农产品价值达 2.3 亿元。近郊农村新建蔬菜批发市场 8 个，蔬菜集散点 59 个，城乡集市贸易成交额 3.2 亿元，比上年增长 1.1 倍。

1986 年，大钟寺农副产品批发市场成立，是北京农民办起的第一家农贸批发市场。

1986 年 3 月，全市除建有 1 200 多个国营蔬菜商店，还涌现出了 88 个集贸市场、315 处个体售菜摊群、8 处生产单位办的批发市场、59 处蔬菜集散点，产销直挂和直线流通发展很快，小商贩购销活跃，打破了国营商业独家经营，增加了蔬菜生产者收入，方便了消费者买菜。

1988 年 5 月 16 日北京丰台新发地农产品中心批发市场成立。

1991 年 4 月，北京市人民政府发出《关于加快集贸市场建设的决定》，鼓励按照"政府决策、统一规划、多方兴建、统一管理"和"谁建设谁受益"的原则，投资建设集贸市场。

1992 年底，建设的城乡集贸市场总数达到 960 个，其中城市 673 个，农村 287 个；年成交总金额达 55.3 亿元，其中蔬菜交易额 16 亿元。

第五节　关于蔬菜生产激励政策

蔬菜生产和其他农作物生产相比较，所投入的生产资料，包括工业资材、设备、设施、劳动力等要高得多，对于个体劳动者来说，甚至企业，要从事某些新的生产技术试验和开发，往往苦于缺少启动资金支持。北京市政府在发展蔬菜生产的各个历史时期，都把制定激励、扶持生产发展的政策给予了足够的重视，并投入大量资金在蔬菜生产基础设施、生产资料、价格等方面帮助菜农发展生产。1996 年为新增蔬菜保护地 2 万亩和发展 5 000 亩设施滴灌的任务，总投入 3 500 万元。2018 年，发放有机肥补贴 9 亿多元，累计推广商品有机肥 300 多万吨，推广面积 410 万亩。北京市制定的这些激励、扶持政策很多。比如：

1957 年，蔬菜生产发展较快，为发展生产实行了重点发放预购定金（90 万元），优先供应商品肥料（共 2 785 万千克），扶持发展新菜田 5.9 万亩，阳畦 3 万个。

1961 年，中共北京市委为稳定发展蔬菜生产，菜田占耕地 44.9 万亩，提高种菜积极性，增加菜农人年均口粮并要保证达到175千克。其中，150千克为基本口粮，25千克作为奖励粮。

1971年8月，北京市针对近郊菜粮间作等问题作出决定，明确菜田菜区粮食生产定量不定销、超产不超购，保证菜农吃到口粮210千克……

1980年4月3日，中国共产党北京市委员会、北京市人民政府召开蔬菜产销会议，号召菜区社队认真贯彻以菜为主的方针，为鼓励近郊社队搞好淡季蔬菜生产，8—9月收购蔬菜实行价外补贴10%～60%，并对完成任务的社队发给奖金。

1987—1990年，北京市近郊蔬菜生产逐步转向以生产春秋和冬季多品种细菜为主，积极发展保护地生产。建设现代化菜田政策：每亩菜田按5 000元标准投入，市、区、乡和村（队）三级投资比例为4∶2∶4。市投资部分的30%为无偿投入，70%为无息贷款，还款年限自建成后的第三年开始归还，5年还清。

1988年，北京市规定，对全面完成调市蔬菜合同的生产单位，按照合同交售金额的10%给予奖励。

1989年1月20日，北京高登企业有限公司致函北京市农林办公室生产处并市农业局蔬菜处："根据市政府要求，为保证蔬菜生产的需求，特别是冬季生产的需要，为解决首都元旦、春节市场供应……首先保证北京蔬菜生产的需要，共售给蔬菜生产单位农膜510吨，需补贴127.5万元，其中已拨付100万元，尚差27.5万元。请审核拨付。"北京市农林办公室生产处于1989年3月6日就此函批示："经与有关部门审核，请市农业局蔬菜处与前项拨款统一算账，补齐差价款。"

20世纪90年代初期，北京市对郊区蔬菜生产设立菜田耕地保证金，补助蔬菜基地的开发与建设；设立蔬菜生产风险金，对自然灾害及滞销给菜农带来的损失给予补贴；此外，还设立了蔬菜生产服务补助金、生产资料补助金等，其中1986—1992年，市财政每年安排1 500万元用于蔬菜服务体系建设。

1996年北京市人民政府下达了新增蔬菜保护地2万亩和发展5 000亩设施滴灌的任务。总投入3 500万元。其中砖墙钢架温室500亩，每亩补助1万元；普通日光温室7 500亩，每亩补助3 000元；钢架大棚2 000亩，每亩补助1 000元；中小棚（含竹木大棚）10 000亩，每亩补助500元。

1996年6月12日，北京市发展计划委员会《关于下达1996年郊区菜田保护地滴灌工程投资补助计划的通知》指出，为了加强北京市"菜篮子"工程建设，进一步提高郊区蔬菜生产水平，引导和推动菜田节水工程的发展，市政府计划1996年新发展菜田保护地滴灌工程5 000亩，每亩市补助2 000元，市补助共计1 000万元。

1999年1月21日，北京市人民政府农林办公室、北京市财政局1999年7号文件《关于扶持设施农业发展的意见》指出：鼓励建造大跨度、无柱型日光温室和钢架大棚。砖结构日光温室每亩奖励或贴息2 000元；土木结构日光温室每亩奖励或贴息1 500元；钢架大棚每亩奖励或贴息1 000元；重点支持实行企业化经营管理，注重效益，单位面积10亩以上，设施科技水平高的连栋式自控温室，每亩奖励或贴息3万元；按照区域化布局、专业化生产的原则，对新发展的以设施农业为主的专业乡、专业村择优给予奖励。

2006年开始，北京市财政每年拿出2 000万元，对菜农使用有机肥每吨给予补贴250元（市场价每吨400元），每年在全市补贴推广有机肥8万吨。当年，正式登记的商品有机肥料生产企业就达14家。

2008—2012年，北京提出每年新建设施农业面积2 666.67公顷左右。对百村万户一户一棚设施主体建设，中高档温室亩补贴4万元，简易温室亩补贴2万元，钢架大棚亩补贴1.5万元。

2018年，北京财政共发放有机肥补贴9亿多元，累计推广商品有机肥300多万吨，推广面积410万亩。

2019年，北京市农业农村局、北京市财政局下发了京政农发〔2019〕83号《北京市推广应用有机肥工作方案（试行）》，决定每年 1 亿元用于补贴推广粮食蔬菜生产施用有机肥。

第六节　实施"菜篮子"工程

一、实施"菜篮子工程建设"

为缓解中国副食品供应偏紧的矛盾，农业部于 1988 年提出建设"菜篮子"工程。一期工程建立了中央和地方的肉、蛋、奶、水产和蔬菜生产基地及良种繁育、饲料加工等服务体系，以保证居民一年四季都有新鲜蔬菜吃；二期工程要求加大基地建设，向区域化、规模化、设施化和高档化发展；紧紧依靠科技进步，全面提高产品质量，进一步加强"菜篮子"系统工程建设，做好蔬菜等"菜篮子"主要产品的市场供应保障和价格基本稳定工作。

北京"菜篮子"工程建设既面临着诸多有利条件，同时也面临着生产、消费、流通等方面发生重大变化所带来的一系列新情况新问题。因此，进一步强化抓好"菜篮子"系统工程建设的紧迫感和责任感，切实采取有效措施，保障首都市场供应和价格基本稳定，更好地满足人民群众日益增长的生活需要。

自 20 世纪 90 年代初，北京市组织实施"菜篮子"工程以来，已过去 20 余年。实践证明，"菜篮子"工程建设对北京发展蔬菜等副食品生产，保证市场供应，改善和提高市民的生活水平发挥了十分重要的作用。

二、北京市颁布的相关政策、规定

这期间，北京市颁布的有关政策、规定如：

1994 年 3 月 30 日，北京市人民政府市长办公室决定，成立市"菜篮子"和粮棉油工作领导小组；确保粮食种植面积和总产量不减少，扩大菜田种植面积；制定适应市场经济发展的有关政策，保持副食品生产供应的长期稳定发展；对粮、油、蛋、菜等要有足够的储备。

1995 年 3 月 28 日，中国共产党北京市委员会、北京市人民政府召开农口区、县、总公司领导干部工作会议。传达中央农村工作会议精神，强调稳定粮食生产，加强"菜篮子"建设，确保副食品的有效供应。

1996 年 6 月 12 日，北京市发展计划委员会《关于下达 1996 年郊区菜田保护地滴灌工程投资补助计划的通知》指出，为了加强北京市"菜篮子"工程建设，进一步提高郊区蔬菜生产水平，引导和推动菜田节水工程的发展，市政府计划 1996 年新发展菜田保护地滴灌工程 5 000 亩，每亩市补助 2 000 元，市补助共计 1 000 万元。

2010 年，北京市发布《关于统筹推进本市"菜篮子"系统工程建设保障市场供应和价格基本稳定的意见》京政发〔2010〕37 号文：为深入贯彻落实《国务院办公厅关于统筹推进新一轮"菜篮子"工程建设的意见》（国办发〔2010〕18 号）要求，进一步加强"菜篮子"系统工程建设，做好蔬菜等"菜篮子"主要产品的市场供应保障和价格基本稳定工作，结合本市实际，提出如下工作意见。

总体思路：着眼于稳步提高"菜篮子"主要产品自给率、控制率、合格率及应急保障能力……

目标任务：①加强生产基地建设。根据本市都市型现代农业功能定位，突出区域特色……，大力发展设施农业，重点发展日光温室，提升京郊冬淡季蔬菜生产能力；重点建设一批设施农业标准园、蔬菜标准示范园、现代化蔬菜育苗场。②合理规划布局批发市场和零售网点。③打造新型流通体系。④确保"绿色通道"畅通有序。⑤增强储备应急供应能力。⑥加大市场监测监管力度。⑦提升产品质量安全。主要产品质量安全抽检合格率力争实现 100%。

2017年1月，国务院办公厅印发了〔2017〕1号《"菜篮子"市长负责制考核办法》的通知。考核直辖市、计划单列市和省会城市等36个城市"菜篮子"市长负责制落实"菜篮子"产品生产能力、市场流通能力、质量安全监管能力、调控保障能力和市民满意度五个方面。这对北京设施蔬菜生产能力有积极的促进作用。

当我们漫步在北京的城乡农贸市场上，蔬菜、副食商店，或者超市里，都会感受到改革开放给蔬菜市场带来的一派生机，比起以往老百姓的菜篮子确实更丰富了。蔬菜市场的繁荣首先表现在货源充足、供应均衡。由于蔬菜商品全国性流通的局面已经形成，以及北京塑料棚、日光温室、大型连栋温室等设施蔬菜生产的迅速发展，加上外地调剂、发展蔬菜贮藏加工等措施的应用，解决了生产的季节性和消费的均衡性之间的矛盾。其次是生产供应的花色品种增多，常年日应市的种类逐渐达到140余种，各种时令蔬菜、名特优蔬菜、"西洋菜"，以及加工制品、山野蔬菜应有尽有、琳琅满目。再次，蔬菜商品质量大大提高。各种蔬菜商品经过整理、分级、清洗、包装，看起来新鲜、水灵，可食率高，商品蔬菜的农药残留检测合格率常年保持在96％以上。蔬菜市场的这些变化，一方面反映了北京市民生活水平因国家经济腾飞而提高，另一方面也证明了北京实施"菜篮子"工程建设取得的显著成效。北京基本达到了多年来为之奋斗的生产者、消费者、经营者、领导者"四满意"的目标。

北京蔬菜市场发生的深刻变化，主要是由于实施"菜篮子"工程后，使得蔬菜生产实现了由"就地生产，就近供应"，到"放开产销体制和价格改革"的变革；由主攻数量保供应，到主攻质量提高供应水平的转变；蔬菜商品流通由"提篮小卖，自产自销"，转向"大进大出，批发成交"；蔬菜供应由"自求平衡"转向"全国调剂"，最终融入了全国大生产、大流通、大市场的体系，这是北京蔬菜产销体制上进行的一场重大变革带来的新景象。

第七节　蔬菜生产发展方针及政策调整

一、1949—1956年自由产销时期

中华人民共和国成立初期，为了恢复和发展国民经济，国家对农业生产资料和商品经营没有统一的规定和限制，北京近郊区农民可以根据自己的意愿，从事蔬菜生产，把蔬菜卖给商贩或消费者。

北京市由国家直接经营蔬菜业务是从1951年后逐步开始的，当时由市供销合作总社在天桥、广安门、阜成门等地设立菜站，经营蔬菜的批发业务。但此期的蔬菜供应量不能满足居民的基本需要。

针对存在问题，北京蔬菜生产和供应采取"发展生产、保证供应，稳定价格"和"以当地生产为主，外来调剂为辅"的方针，把增产蔬菜作为城市的首要任务。

二、1957—1985年统购包销时期

1957年4月30日，北京市副食局发出《关于加强蔬菜市场和蔬菜价格管理的通知》，自5月起，把蔬菜列为第二类物资，取缔自由市场，不许私自卖菜，规定所有生产出售的蔬菜全部经由国营蔬菜市场，从而开始全面推行蔬菜的统购包销体制。

统购包销时期，蔬菜生产、供应以生产有计划、市场无竞争为鲜明特色。但在蔬菜旺季上市时，产销双方矛盾尖锐。北京为加强蔬菜生产和供应工作，执行"就地生产，就地供应，划片包干，保证自给，必要时支援外地"的方针。

三、1986—1992 年放管结合（双轨制）时期

北京市于 1985 年 5 月 3 日，制定了《关于改革北京蔬菜供销体制的意见》，决定从 5 月 10 日取消统购包销，进行了农民自产自销、农商联营、大管小活等形式的改革试点；在生产计划管理上由单一的指令性计划改为指令性与指导性相结合的计划体制。

1988 年农业部提出建设"菜篮子"工程。一期工程建立了中央和地方的肉、蛋、奶、水产和蔬菜生产基地及良种繁育、饲料加工等服务体系，以保证居民一年四季都有新鲜蔬菜吃。

但是，改革进行到"放管结合"的阶段，还有一些深层次上的问题并未得到解决，例如：政府的财政补贴越来越多。1985 年北京市补贴超过 8 300 万元，1988 年 9 400 万元，1989 年上升到 1.15 亿元；菜生产基础设施差，单产低；蔬菜产、供、销一体化和菜农组织化程度低；蔬菜批发交易市场的建设落后于蔬菜生产的发展和产品流通的需求；等等。这些问题客观上要求进一步深化改革。

四、1993—1997 年蔬菜市场转型时期

农业部组织的全国"菜篮子"工程，北京的蔬菜生产、经营基本放开，多种经营并存，价格随行就市，实行市场调节。

蔬菜市场呈现出持续供销两旺的局面，总体上达到了数量充足、供应均衡、品种多样、质量改善、价格稳定，基本上满足了城乡居民生活从温饱向小康迈进的初始阶段需要。

1992 年，北京取消了蛋票、肉票，1994 年又取消了粮票制度，这标志着经济短缺时代的结束。此后，北京的蔬菜产销形势出现了新特点：由卖方市场变为买方市场，价格平稳，供需基本平衡，甚至出现了地区性、季节性过剩；社会要求蔬菜商品由数量型向质量型转变；产品质量尤其是安全卫生质量有待提高；产业化程度低，尤其是产后环节薄弱等深层次上的问题的出现，是蔬菜产业发展到一定阶段后的必然结果。

1995 年农业部提出建设好新一轮"菜篮子"工程，加大基地建设，向区域化、规模化、设施化和高档化发展。紧紧依靠科技进步，全面提高产品质量，大力发展农民合作购销组织和贸易、工业、农业，生产、加工、销售一体化，以逐步实现农业产业化。

五、1998—2019 年市场经济下的都市型现代农业发展期

进入 21 世纪，北京市人民政府明确了将都市型现代农业作为北京农业的发展方向，进一步提出了"生产、生活、生态"多功能服务首都的都市型现代农业发展思路。

综上所述，北京制定的蔬菜生产的发展方针是：立足于本市，充分利用外埠优势。在不同历史时期，北京对发展蔬菜生产政策的调整大致如下。

1953 年——郊区生产以蔬菜为中心。

1963 年——计划产销。

1964 年——以销定产，产大于销。

1985 年——生产实行指导性计划。

1986 年——稳定提高近郊，大力发展远郊，充分利用外埠优势。

1988 年——实施"菜篮子"工程。

1994 年——增加蔬菜设施生产，依靠科技进步。

1998 年——实现郊区型农业向都市型现代化农业转变。

在蔬菜生产政策调整过程中，北京市颁布的相关政策、规定如下。

1953 年 2 月，北京市农林局局长周凤鸣在劳动模范大会上提出："北京郊区的农业生产，必须采取供应城市需要与市政建设密切配合的方针，要高度地发挥土地与劳动的潜在力，有计划地发展蔬菜、牛、羊、乳、肉类和水果的生产。"

1953 年 12 月，中共中央批转了中央农村工作部《关于大城市蔬菜生产和供应情况及意见的报告》，提出了"大城市郊区的农业生产，应以生产蔬菜为中心"的方针，开始加强对蔬菜生产的管理。

1956 年 1 月 21 日，北京市农林水利局召开蔬菜生产计划会，布置全年蔬菜生产指标。针对生产、供应的季节矛盾，提出某些菜要按照市场需要，排开种植，做到均衡生产。下达到各区的蔬菜种类共 21 项，分春播、夏种、秋播三大类别……决定增加早春阳畦和风障栽培，并多种夏末秋初的快熟菜，保证 9—10 月内市场供应。郊区蔬菜实现有计划生产。

1957 年，郊区推行改水浇地为"三大季"菜地（一年两菜一粮）；改"三大季"菜田为纯菜田；老菜田积极扩大复种指数，多种赶茬菜；大量发展旱地种植蔬菜，增种"大路蔬菜"。

1959 年 7 月，中共北京市委召开郊区五级干部会议，提出了"要贯彻'自力更生为主，外援为辅'的副食品生产方针，城乡并举，大搞副食品生产，近郊菜区要'以菜为纲'，扩大蔬菜生产……"

1964 年北京市蔬菜生产确定为"以销定产，产大于销"的方针，"面积稍有调整（即适当压缩），减 7（月）保 8、9（月），品种多样，排开播种，多种葱蒜和马铃薯"。

1965 年北京市人民委员会提出"稳定面积，稳定数量，稳定价格和努力降低生产成本，提高质量，调整品种，进一步解决旺季和淡季供应矛盾。"

1969 年 9 月，北京市明确了近郊"以菜为主、保菜增粮"的生产方针。

1975 年 12 月 10 日，《北京日报》发表新华社记者的调查报告，题为《北京市的吃菜问题怎样解决?》，文章归纳了北京市的蔬菜生产和供应经验：①端正路线、加强领导。②政策落实，计划产销，逐步建成"以近郊为主，远郊为辅"的 17 万亩商品菜生产基地，实行计划种植，计划上市，"以需定产，产大于需"，"统购统销"，大力推广蔬菜先进栽培技术。③店、队挂钩，农商协作，全市有 55% 的副食品商店与生产蔬菜的队挂钩。

1977 年 10 月 23 日，北京市革命委员会蔬菜领导小组召开扩大会议。根据中共中央 1975 年 20 号文件关于"近郊区农业生产要以蔬菜为主"的精神，将北京市确立的近郊区"以菜为主，保菜增粮"的方针，调整改为"以菜为主，全面发展"的方针。

1979 年 4 月 8 日，中共北京市委召开的农村工作会议指出，在蔬菜生产上贯彻"立足本市，近郊为主，远郊为辅，外地适当调剂"和"近郊农业以菜为主"的方针。

1982 年 3 月 9 日，中共北京市委、北京市政府发出《关于进一步改进首都蔬菜产销工作的决定》，要求进一步贯彻近郊区农业以菜为主的方针，继续贯彻执行蔬菜"以需定产，产大于销""以本市生产为主，外地调剂为辅""近郊为主，远郊为辅"的方针，要坚持"多一点比少一点好"的原则，认真抓好规划，建设稳定的蔬菜生产基地。

1985 年 5 月 5 日，北京市人民政府转发市蔬菜领导小组《关于改革蔬菜产销体制的试行办法》。改蔬菜的指令性计划为指导性计划，适当调整菜田布局；取消统购包销，实行以合同定购为主的多渠道、多形式的购销；理顺购销价格，实行市场调节；等等。

1986 年 10 月，北京市人民政府印发京政发〔1986〕133 号文件，批转《"七五"期间郊区现代化商品菜基地建设意见》，确立北京市蔬菜生产的方针是："立足本市，稳定提高近郊，大力发展远郊，充分利用外埠优势。"

1990 年 2 月 22 日，北京市人民政府召开全市蔬菜生产工作会议。会议提出"立足本市，稳定提高近郊，巩固发展远郊，利用外埠调剂，保证首都市场供应"的方针。强调要保证市场供应，不仅生产要现代化，加工、贮存也应现代化，为市场增加更多的蔬菜品种。

1994 年 10 月 13 日，中共北京市委、北京市人民政府召开北京市蔬菜产销工作会议。强调丰富首都蔬菜市场，要立足于本市，扩大蔬菜种植面积，增加蔬菜保护地，依靠科技进步，提高劳动生产率。

1999 年，北京市政府农林办公室、北京市财政局 7 号文件《关于扶持设施农业发展的意见》指出，发展设施农业是京郊实现农业现代化的重要途径，是富裕农民的重要手段。扶持原则是"突出农民致富、突出高新技术、名特优新品种发展、新建农业设施"。

2001 年中国共产党北京市委员会、北京市人民政府明确了将都市型现代农业作为北京农业的发展方向，进一步提出了"生产、生活、生态"多功能服务首都的都市型现代农业发展思路。

2005 年 11 月 3 日，北京市农村工作委员会发布《关于加快发展都市型现代农业的指导意见》，提出发展的总体目标：实现郊区农业单一功能向多功能转变；由单一生产型向生产、生活和生态型多功能转变；实现郊区型农业向都市型现代化农业转变，提升农业的现代化水平。

2006 年 4 月 24 日，北京市农业委员会、市科委等 8 单位联合下发《关于发展设施农业的意见》，为进一步发挥和扩大设施农业在建设都市型现代农业中的重要作用，进一步发挥和扩大设施农业在新农村建设中的支撑作用，生产更多、更优质的农产品，更好地满足市场需求促进农民增收，特提出此扶持意见。

2008 年北京市人民政府 30 号文件《关于促进设施农业发展的意见》指出：郊区蔬菜生产应不断由大路菜向细菜发展，由生产功能向安全、生态、休闲、观光等多功能发展，由露地蔬菜向设施保护地蔬菜发展，由传统农业向都市型现代农业发展。

（祝　旅　王树忠）

本附录参考文献 ◄◄◄

北京市农村经济研究中心，2010，北京市农村改革发展 60 年大事记（1949—2009）［M］. 北京：中国农业出版社.

北京市农业合作经济史编辑部编，1990. 京郊洪流；北京市农村合作经济史资料记事［M］. 北京：［出版者不详］.

北京市蔬菜公司，1986. 当代北京的蔬菜商业大事记：第三分册（1979—1985）［M］. 北京：［出版者不详］.

王培元，1993. 北京农业生产纪事［M］. 北京：北京出版社.

岳福洪，1999. 中国农业百科全书：北京卷［M］. 北京：中国农业出版社.

祝旅，1994. 依靠科技进步　促进蔬菜生产［J］. 科学中国人（3）：9.

祝旅，2010. 中国蔬菜的生产、流通与消费［M］//中国农业科学院蔬菜花卉研究所. 中国蔬菜栽培学. 2 版. 北京：中国农业出版社.

附录二

设施蔬菜名人录

蔬菜栽培学家

蒋名川

蒋名川（1903—1996）河北省怀来县人。中国共产党党员。1935年毕业于南京金陵大学农业专修科。

1949年后，任华北农科所推广委员会主任及蔬菜室副研究员，中国农业科学院蔬菜研究所栽培研究室主任，研究员。1957年曾出席在苏联莫斯科召开的国际蔬菜会议，在会上宣读了中国蔬菜灌溉论文。同年到尼泊尔考察，带回了瑞士雪球花椰菜品种，试种成功后经繁育推广成为新中国早期早熟花椰菜主栽品种。

蒋名川先生毕生致力于蔬菜栽培技术研究，重视理论联系实际，总结推广群众经验，提出以蔬菜"长相"决定栽培技术措施的方法。

1950年，他对北京郊区的蔬菜品种及栽培方法进行了调查总结。20世纪50—60年代，他还对天津、旅大等地区的保护地蔬菜生产进行调查总结和推广，这对新中国成立初期的城市郊区蔬菜生产和科技发展起到重要的促进作用。1955年，荣获"全国科学普及工作积极分子"称号，受到中央领导同志的接见。60年代，他主持全国大白菜肥料试验。70年代，系统地总结分析了北京地区26年的气象变化规律及其与大白菜产量丰歉的关系，为北京郊区的大白菜生产作出了成绩。

蒋名川先生撰写或主编了《北京蔬菜品种及其栽培方法》《怎样增产洋葱》《番茄》《北京市郊区温室蔬菜栽培》《中国的韭菜》《黄瓜》及《大白菜栽培》等专著或科普书籍。参加了《中国蔬菜栽培学》的编写；参加了《中国百科全书·农业卷》《中国农业百科全书·蔬菜卷》《中国蔬菜栽培学》等大型学术专著的部分章节、条目的撰写或编审工作，发表过多篇有关蔬菜栽培的研究报告，先后对先秦、秦、汉、唐、宋、元、明、清各个历史时期种植蔬菜的种类、来源、种植方法等进行了详尽考证，并用现代科学观点进行分析研究，发表了多篇论文。他的这些研究成果，被汇集入《中国蔬菜栽培学》一书。他对中国蔬菜和设施蔬菜栽培的发展作出了贡献。1962年蒋名川被中国科普作家协会评为优秀农林科普作家。

50年代初，蒋名川积极响应党和政府的号召，深入生产实际。在北京、天津郊区农村广泛调查农民蔬菜生产经验，搜集了大量的第一手材料，同时进行了分析研究，把经验上升为理论，使之形成能进一步指导蔬菜生产的科学技术。其中以黄瓜"长相"决定栽培技术是典型的一例。蒋名川说：黄瓜生产者"要学会怎样和黄瓜说话"。意思是生产者要掌握在不同栽培环境条件下，黄瓜生长发育过程中，各器官的种种表现和变化（即"长相"），如：黄瓜子叶叶片薄而黄，并带有结露水珠时，是由于浇水量过大所致；子叶先端枯黄，并呈干燥状，是水分不足的表现；黄瓜真叶面积较小、叶色深、节间短时，生长慢，是温度低、水分少而表现出的"长相"。此外，还有叶状、花色及瓜形等多种

"长相"。根据"长相",采取相应的栽培措施,以保黄瓜的优质高产。他掌握的蔬菜栽培技术是中国蔬菜精耕细作栽培的典范。这些经验,不仅促进了蔬菜生产的发展,而且对以后的科学研究及生产实践也有重大意义。

1956年出版发行的《北京市郊区温室蔬菜栽培》是蒋名川先生编著的最具有影响力的著作。该书由农业部所组织的北京地区郊区蔬菜栽培技术调查组在实地调查总结中编写的有关蔬菜温室栽培的专著,后被译成俄文由苏联莫斯科出版社出版。

它概括地叙述了"北京温室(一面坡加温温室)"在蔬菜生产和产品在市场供应中的作用,在中国的发展史;详细地介绍了北京地区温室种类、构造、性能、小气候特征及建筑图样、材料、单价和经营管理的方法;系统而浅显地记载了温室栽培的黄瓜、番茄、韭菜、冬瓜、香椿的品种、生物学特性及其在生长发育各阶段上的栽培技术和病虫害防治方法。尤其是书中附有近50张历史图片,生动而形象地表达了温室蔬菜生产中的关键技术,如温室类型、温室加温炉灶的建造方法、黄瓜播种方法、韭菜的软化栽培方法等。

《北京市郊区温室蔬菜栽培》一书总结的北京温室建造技术及管理经验、主要蔬菜栽培技术、病虫害防治方法,是北京地区历代菜农温室蔬菜栽培经验总结和传承,经蒋名川先生上升到理论的高度用通俗易懂的语言进行阐述,很受当时农业生产合作社及农业技术人员的欢迎,甚至到了20世纪70年代的"北京温室"蔬菜栽培技术中,仍然发挥着很大作用。

蒋名川一生坎坷,青年时期深受军阀混战及天灾之苦;后期又经历"文化大革命"等运动。但他从未动摇过为振兴中国蔬菜栽培事业而奋斗的决心。他热爱蔬菜事业,更热爱我们伟大的祖国和中国共产党。经过多年的努力追求,他于1990年,已经87岁高龄时加入了中国共产党。

蔬菜园艺教育家

刘步洲

刘步洲(1923—1993)河北省丰南县人。北京农业大学园艺系教授,蔬菜园艺教育家。中国共产党党员。

1946年毕业于北京大学农学院农艺系。先后在北平市政府农林实验所、河北省保定农事试验场从事农业技术工作,后到保定高级农业学校任教。

1951年到北京农业大学任教,曾任园艺系科研秘书、蔬菜栽培教研室主任。曾任中国农业工程学会常务理事,北京市海淀区政治协商会第一届、第二届、第三届常委。

刘步洲一生从事蔬菜设施园艺学的教学与科研工作,在中国农业高等院校率先开设"蔬菜保护地栽培学"和"设施园艺学"课程。几十年如一日,在教学与科研的同时,紧密与京郊农业生产相结合。20世纪50年代,参与了北京郊区蔬菜保护地生产调查,主编出版了《北京市郊区阳畦蔬菜栽培》(1956)、《蔬菜塑料大棚的结构与性能》(1982)等专业著作,并发表多篇论文;主持编写的《蔬菜栽培学·保护地栽培》于1992年被评为农业部部级优秀教材。刘步洲是《中国农业百科全书·蔬菜卷》"保护地栽培"部分主编。

刘步洲先生到北京农业大学任教不久,适逢农业部组织有关人员对中国农业及农民经验进行调查,他积极参与了这一活动,深入北京市郊区农村、农户,进行调查研究。为获得第一手材料,白天他在田间与农民一起劳动,晚上深入农户进行访问调查,请一些老农口授他们的宝贵经验,并加以记录、总结。经过一年多的深入调查,他得到了丰富的材料,回校后经仔细加工、整理,作为主编编撰了《北京郊区蔬菜栽培》一书,1956年由农业出版社出版,成为当时农业院校的师生和蔬菜生产人员主要的参考书,50年代,全国进行高等院校院系调整以后,北京农业大学率先成立了蔬菜专业。刘步洲认为要解决蔬菜的周年均衡供应问题，必须大力发展蔬菜的保护地生产，这也是世界上发达国家的经验，他克服种种困难，建立起中国高等农业院校第一个"蔬菜保护地栽培教研室"，从事相关的教学和科研，为新学科的建立做了大量工作。刘步洲还十分重视教材的建设，他主持组织了相关教材的编写工作。1961年8月由刘步洲主编全国高等农业院校统编教材《蔬菜栽培学·保护地栽培》（下卷）出版发行。1987年在刘步洲组织领导下，该书进行了第二次修订，体现出农业工程的特色，内容也更加丰富。该书受到从事蔬菜保护地栽培教学、科研和生产工作者的欢迎，各高等农业院校的本科生、研究生一直作为主要教材或参考教材沿用至今。1992年2月荣获农业部首届农科本科部级优秀教材奖。

刘步洲一生从事教学工作，忠诚党的教育事业，培养了大批学生。他十分热爱自己的本职工作，一直坚持课堂教学，终生奋斗在教学第一线。自1951年到北京农业大学园艺系任教后，他年年承担教学任务。他对教学兢兢业业。由于他生产经验丰富，讲课理论联系实际，生动活泼，因而非常受学生欢迎。刘步洲虽然是国内外知名度很高的教授，但他从来不摆架子。在校内无论是研究生还是大学生的课程，他都一丝不苟。在校外，许多生产单位请他讲课，他有求必应。仅在1979年就到过13个大中城市做学术报告、专题讲座20多次。"文化大革命"结束后，北京农业大学迁回北京，昔日的蔬菜保护地教学用温室已面目皆非，只剩下框架，无法使用。当时刘步洲已年近六旬。为了创造教学条件，他和工人及年轻教师一起，起早贪黑修复温室。经过1个多月的艰苦劳动，破旧的温室焕然一新，大学生有了教学的现场，研究生有了试验的条件。当时刘步洲还担任蔬菜栽培教研室的主任，为恢复和重建蔬菜专业的教学基地，他到处奔波，争取经费，与全专业的教师们共同努力，终于使蔬菜栽培学和保护地栽培学的课程走上了正轨。在恢复研究生招生制度后，刘步洲积极招收研究生。尽管当时经费不足，教学和科研条件还不完善，但他克服种种困难，先后培养了9名硕士生，其中有7名出国深造，学有所成，目前已经是国内外设施园艺界的后起之秀。

1984年，他受中央农村政策研究室委托，组织专家在山东、河南、山西等地对蔬菜保护地栽培的发展进行考察，写出了《关于发展我国蔬菜保护地生产的几点建议》。在"六五"期间，他参与了解决北京8—9月蔬菜淡季生产综合技术的科研项目，获1985年北京市科技进步二等奖。"七五"期间主持农业部《蔬菜无土栽培技术及设施配套》的科研项目，获得1992年农业部科技进步二等奖。

20世纪80年代，他作为北京市蔬菜顾问团成员，关心北京蔬菜的生产供应与蔬菜保护地发展，多次建言献策，并参与京郊蔬菜生产考察和指导，特别是对北京蔬菜保护地基地的建立、设施配套、生产技术予以帮助。20世纪90年代初，他身体力行，以海淀区海淀乡科技站为基点，研究日光温室的相关问题，他和北京市农业技术推广站共同组织并主办了节能型日光温室学术交流会议，在北京地区发展节能型日光温室的工作中起到了重要作用。

全国农业劳动模范

李墨林

李墨林（1911—1975）原籍河北省安新县大阳村。中国共产党党员。

李墨林出生于一个雇农家庭。9岁开始为人帮工，14岁到1932年，先后在天津当过铁匠铺学徒，在原籍和北京永定门火车站当过装卸工，在地主家当过雇工。1932—1942年，在北京木樨地温室富户于成龙家打工，学习温室技术，从事温室蔬菜生产。

北京解放以后，他积极参加村里的工作和土地改革运动，努力发展生产。1951年10月带头组织温室生产互助组。1952年11月和魏福庆（曾是海淀区人民代表）、任焕文、任焕英等温室把式（精通某种技术的人）一道，成立了海淀区第一个高级社"李墨林温室生产合作社"。1954年6月，合作社与其他

3个社合并，成立"四季青蔬菜生产合作社"，李墨林任社长，共有社员55户，土地325亩，温室发展近200间。1956年合作社温室发展到1 080间。1958年8月，他参与了四季青人民公社的组建工作，此后任公社副主任兼温室队党支部书记。20世纪50—60年代，他多次被评为区、市级农业劳动模范。1957年2月，又被评为全国农业劳动模范。

1959—1965年任北京市政治协商会第二届、第三届委员。1964年12月当选第三届全国人民代表大会代表。1966年2月，当选北京市贫下中农协会副主席。

李墨林是中国共产党教育下新型中国农民的优秀代表。他衷心热爱和拥护中国共产党，坚持走共同富裕的道路。自觉执行党的政策，顾全大局。1952年冬，曾在市场上坚决抵制私商哄抬物价，按国家牌价出售鲜菜。1954年春节前，他代表社员们将精心挑选的温室新鲜黄瓜和番茄送到中南海献给毛主席。

李墨林多年从事"北京温室"蔬菜生产，刻苦钻研技术，具有丰富的实践经验和高超的技艺。只要他一走进温室，脱掉上衣，来回走一遍，哈口气一看，就知道应该怎样进行水、肥和温度管理。譬如黄瓜秧子尖发黑，就是渴了，应该赶快浇水；叶子发黄，就是饿了，要马上施肥。所谓"黄瓜要绑，茄子要榜"，是指黄瓜秧子在长到5片叶时，就开始绑蔓，随着秧子长大，每隔一片叶子绑一道，很有规律地使每4片叶中间长出一条黄瓜。20世纪50年代初，他还筛选出适合温室生长的优良品种"北京刺瓜"，成为温室黄瓜生产的主栽品种，并推广到全国各地用于设施蔬菜栽培。

他多次对合作社温室结构和设施进行改进，把原来年年打墙、年年拆墙的土墙温室改建成砖墙固定温室400多间；多次到京郊交流温室蔬菜经验和指导温室蔬菜生产，所在的温室合作社还陆续派出50名技术员跋山涉水，远去西安、青海、安徽、太原、河北、包头等地以及东北地区传播北京温室蔬菜栽培和管理技术；为《北京市郊区温室蔬菜栽培》一书的编辑出版提供了宝贵经验和技术资料。他在农业科技人员帮助下，总结了温室蔬菜生产经验和技术，出版了《温室蔬菜栽培》一书，为普及推广北京温室蔬菜技术起到了很好的作用。此外，还拍摄了科教电影《温室黄瓜》。

"一带芦帘卷锦屏，轻轻护住暖房春。外边是朔风如刀枯野草，里边是热风拂面发新椿；黄瓜红柿天天长，韭菜青葱密密生；寒冬能结夏秋果，真不愧名不虚传四季青。感谢英雄李墨林。"这首诗是著名戏剧家田汉在20世纪50年代参观四季青农业生产合作社温室后写的，是歌颂四季青温室的，表达了对"温室生产能手"李墨林深深的敬佩之情。

李墨林把整个身心都放在温室生产上。遇到天气变化，不论刮风下雪，不论白天黑夜，他坚持查看温室情况，确保蔬菜不受损失。有一次温室的一块玻璃坏了，他就把家里的窗玻璃卸下来装在温室上，自己家的窗户则拿张白纸糊上，说："这也冻不死人。"他的儿女们常说："我们当儿女的在他心里根本不算什么，茄子、黄瓜才是他的心尖儿。"

李墨林常说："当干部的千万不能'拔尖儿'！干部的一举一动，群众都看得清清楚楚。你怎么走，他怎么跟。"这是他的心里话。村里安装电灯，李墨林让电工先安装社员的，再安装自己的。有什么好处他总是先想着大伙儿，有什么困难他总是冲在前面，社员都打心里佩服李墨林。他们都说："李主任的品德一等一，我们服气！"

李墨林经常出差，但到底去过多少地方，坐过多少汽车、火车，出差多少次、多少天，谁也说不清。为什么？因为他从来不报销。只要是在市内开会，李墨林要么靠步行，要么就骑一辆旧自行车。有一次，他开会住在西苑大旅社，但他惦记着社里的生产，晚上步行回去，也不向大会要车。1960年1月李墨林去哈尔滨传播温室技术，回来时哈尔滨市的同志特意给他买了卧铺票，他硬是把卧铺票退了，坐硬座返回。李墨林说："过去是先为家，后为国。现在是先为国，后为家。国家就是我的家，国家强了，家也就强大了。社也是这样，家就是社，社搞不好，家也就无法存在。"

北京市劳动模范

李广顺

李广顺（1929—　）是北京市平谷县放光村一名普通农民。1984年实行农村家庭联产承包责任制以来，他承包了村南的100亩土地，办起了京郊第一个经济作物生产联合体。在当时，承包这么大面积的土地，不仅在平谷，就是在北京也尚属首例。当年，他邀请北京市农业技术推广站的专家做指导，搞了多项作物种植、新品种引进试验。采用地膜覆盖栽培甘蓝、番茄、无籽西瓜技术，获得了成功。地膜覆盖的蕃茄每亩纯收入比一般种植增收50%以上。参与联合体的每个劳动者年收入达到七八百元以上，比一般劳动者多拿了两三百元。由此，他被评选为1984年度北京市劳动模范。

自此，他越干越有劲，迅速成长为温室、大棚蔬菜的技术骨干。请专家、找技术，勤奋肯干，生产过程中按照有关专家要求认真记录每个品种的生长习性、特点、气温和地温变化，示范先进技术，为大面积推广提供了典型案例。1986年，他积极承担市、县两级技术部门开展的冬季小拱棚（改良阳畦）种植草莓的生产技术试验，运用"春香"品种，三元复合肥20千克作底肥，起小高垄栽培，株距20厘米，行距35厘米，密度9 500株/亩，10月3日定植，10月18日扣膜，11月初加盖草帘，12月中旬加双层草帘覆盖和地热线补温，1987年3月上旬改为单层草帘覆盖，4月中旬去草帘，1987年1月24日始收，6月16日采摘结束，亩产1 179千克，亩收入15 002元，小拱棚种植草莓获得了成功，填补了北京乃至中国北方冬季生产草莓的生产空白，并将产品全部卖给了当时的长城、香格里拉等京城20多家饭店和专卖店。同时，还进行了温室黄瓜、伊丽莎白甜瓜、香椿等新品种的栽培试验并获得成功。

1988年春，他随同市、县两级技术单位到辽宁省海城等地参观学习后，在专家指导下，率先建设了31间土后墙、土屋顶（长后坡）的日光温室，较原先温室加厚了墙体，在温室覆盖物草苫之下增加了多层牛皮纸覆盖和防寒沟。11月18日播种育苗、12月22日定植、1989年冬1月23日春节前采摘上市，5月1日拉秧，总产3 936.5千克、总收入16 821.53元，冬季不加温生产黄瓜取得了成功，他成为北京郊区日光温室冬季不加温生产喜温性瓜果类蔬菜成功的第一人。这一成功，促进并带动了郊区日光温室开始发展，再次被评选为1989年北京市劳动模范。

李广顺总自嘲是一个"不安分"的人，在比较效益的前提下，他为北京郊区的设施蔬菜园艺产业作出了重要成绩和贡献，创造了多个"第一"，是值得学习的人。

北京市蔬菜管理与技术专家

何三晋

何三晋（1932—2011）籍贯浙江省。中共党员。1954年毕业于北京农业大学果树蔬菜专业。

何三晋在岗工作40年，一直从事自己所学的蔬菜专业领域的工作，在不同部门的岗位上，工作认真负责，刻苦钻研，任劳任怨。曾任丰台区政府科员、副科长、北京市农业局副处长、蔬菜办公室主任、副局长、副总农艺师，北京市蔬菜领导小组副组长，北京市人民政府蔬菜办公室主任。1980年，北京市人民政府组建专家顾问团，他曾任第1届至第3届蔬菜顾问团副团长。

20世纪50年代，在丰台区政府农林局工作期间，经常深入生产实际，从事蔬菜技术推广，组织区科技人员，建立人员与地块固定的蔬菜丰产示范点（田、组）。1958年冬，组织科技人员编写了丰台区以蔬菜作物为主的《丰产栽培经验》，是丰台区第一本农业技术资料，为丰台区的蔬菜发展起到了作用。1959年，经调研撰写了"南风窝四队菜田劳动管理经验的调查报告"，被北京市委批转推广。

自1961年以来，何三晋在北京市农工委、北京市农业局工作任职，从事蔬菜生产规划的制定与产销协调工作，成为市政府分管领导得力的专业技术参谋。在计划经济与改革迈向市场经济年代，为北京市蔬菜产业发展，解决首都蔬菜市场的均衡供应上作出了成绩。

自20世纪70年代，北京开始大力推动农用薄膜在蔬菜生产上的应用，1971年蔬菜塑料大棚开始发展，科研单位在基点开始进行探索试验。1973年春，他在北京市农业局蔬菜处任职期间，推动并筹备召开了"文化大革命"开始以后的第一次北京市蔬菜生产、科技经验交流会议，编印了《北京市蔬菜生产经验汇编》；针对菜区建起的127个（130亩）蔬菜大棚、起步阶段产出效益不够好、菜农对发展大棚蔬菜种植存在疑虑和发展速度比较迟缓的情况，向市政府领导请示并得到批复，组织了生产、科技人员一行16人到长春东北等地进行实地考察学习。通过现场实地的参观交流，学习了大棚建造结构与抗风性能的关系、大棚黄瓜品种的选择、大棚蔬菜育长龄壮苗的育苗技术，以及采用营养土方育苗基质的配制等。使考察人员开阔了眼界，坚定了发展大棚蔬菜的信心。北京市农业局蔬菜处又通过一系列研讨座谈，并为大棚建造筹备提供资材，还委托北京市蔬菜研究所定期召开大棚生产技术交流活动。一系列卓有成效的措施，促进了近郊菜区社队学习和发展蔬菜大棚的积极性，使京郊大棚蔬菜生产进入了快车道。1978年春，京郊大棚蔬菜种植面积达到了3 200亩，当年他在撰写的文章中谈道：大棚蔬菜不仅面积快速增长，效益也迅速提升，在科技部门的全力支持下，双桥农场东柳生产队黄瓜高产大棚创亩产1.65万千克，卢沟桥公社马连道大队一小队番茄创亩产1.504万千克的纪录。

1973年夏至1975年冬，何三晋参与了我国自行设计建筑的第一栋连栋温室——北京巨山农场的3 000米^{2}温室建造的全过程。1974年3月22日至4月20日赴朝鲜对平壤龙城已投产的13.5公顷大型温室进行了为期4周的技术考察，撰写出了《龙城大型温室考察报告》中的栽培技术部分。这为筹建巨山温室和北京玉渊潭大型连栋温室建设提供了技术支持。巨山温室于1975年冬季建成投产，他作为技术顾问指导了温室蔬菜生产。该温室前后运行了20余年，为解决北京特需蔬菜生产供应发挥了重要作用。

1978年农林部下达北京从日本引进现代化温室全套设备，安排在海淀区四季青公社进行生产试验。为此，他于1978年8月下旬至10月初带队赴日40天，考察了日本大型温室的建造结构、配套设施与生产运行。在对日本现代温室引进过程中，主持了引进方案制订，温室设计的审定，最终完成了对22 000米^{2}现代大型温室对日谈判的全过程等具体工作，并撰写了1万字的《日本蔬菜温室考察报告》。

何三晋同志在我国大型温室建设、现代化大型温室引进和北京蔬菜设施园艺发展中，付出了辛苦，作出了贡献。

中国国际科学技术合作专家

石本正一

石本正一（1925—2000）出生于中国大连，是日本千叶县米可多化工（株）社长，《日本塑料薄膜地面覆盖栽培研究会》事务局局长。中日友好人士。

1978年10月，在北京全国农业展览馆举行的"北京十二国农业机械展览会"期间，在农牧渔业部科技局国际交流处的组织和参与下，石本正一先生与中方相关专业技术人员进行座谈。他认为："地膜覆盖栽培技术特别适合于在中国北方推广使用。中国北方春季雨水较少，气温较低，而在地面上覆盖上地膜，就可以提高地温，减少土壤中水分的蒸发，利于作物生长发育……，最终达到增产的目的。"展会结束后，石本正一先生向中方无偿提供了日本30年的农用地膜的全部技术资料、地膜样品、覆盖机具，图纸与样机，并向农牧渔业部提出："在中国尽快开展地膜覆盖栽培试验示范的建议报告。"他的建议得到中国政府的积极支持。1979年，在石本正一先生的指导下，中国开始了以蔬菜作物为主，涉及粮、棉、油、烟、糖、瓜、果、药、茶、麻等广泛的栽培领域、遍布全国30个省份的地膜覆盖技术试验研究和推广。

截至2014年，中国地膜覆盖面积已达3.8亿亩，占全国18亿亩耕地的22%，覆盖作物40余种。"地膜覆盖技术"是1949年以来应用范围广、适用作物种类多、发展速度快、增产增收效果明显、其他技术难以替代的早熟高产新技术。

石本正一先生是推进中国地膜覆盖技术的核心人物，他25年如一日，以全部的心血和精力，投入中国地膜覆盖技术引进、试验研究与示范推广的全过程。1984年中国地膜覆盖栽培研究会在北京成立，他被聘为荣誉顾问，并捐赠1 000万日元作为研究基金；他出资与农业部合作在北京、上海、沈阳、大连建立"中日合作设施园艺试验农场"；他还无偿提供设备、装置、仪器，在北京和宁夏建点，合作进行"黄土沙漠综合节水灌溉技术研究开发项目"，努力推进节水抗旱农业的发展；他还针对中国树脂原料、农膜制造业、农业发展的问题，多次上书有关部委领导，提出多项合理化建议，大部分被采纳实施。

石本先生一生，百余次来华进行技术交流，自费带领日本专家、学者、工程技术人员到中国26个省份，传播地膜覆盖栽培技术、地膜制造工艺和覆盖机械制造技术。他身背小黑板，不辞辛劳、跋山涉水、深入农业生产第一线，手把手传播技术。

在日本，他出资接待中国赴日考察团组13批61人次，安排赴日研修人员7批21人次，组织日本专家12人次来华讲学，有力地促进了中国地面覆盖技术的发展。

在推广地膜覆盖栽培的过程中，普遍出现了残留地膜对土壤造成污染问题。1983年石本正一先生向农业部、轻工部提出立项开展"耐老化易清除地膜生产与田间试验"研究。项目在北京、南京、太原及大连进行。项目的研究结果证明，使用耐老化且易清除地膜是解决残膜污染的有效途径。

1985年9月5日，北京市的"中日合作设施园艺试验农场"项目建在北京丰台区卢沟桥乡西局村。石本先生无偿提供所有大棚、中小拱棚设备资材、农膜地膜、优良品种、农药化肥、农机具等，并派遣专家来华指导。项目实施10年，在农用薄膜、设施结构、蔬菜新品种、多层覆盖、嫁接技术、节水灌溉、番茄延后栽培、NFT营养液栽培、产品分级加工包装等10个方面新技术引进、消化吸收获得成果。对北京蔬菜设施结构改进提升、丰富蔬菜品种、展示新型农膜地膜及发展现代设施园艺技术都产生重要影响。

由于石本先生的积极运作，促成了"中日合作研究开发特殊农膜"项目实施。由国家经委牵头，组织中国石化总公司、轻工部塑料加工协会、农业部等单位与日本通产省下属 15 个大型树脂原料、薄膜加工企业进行合作，在中国进行耐老化特殊农膜的研究开发，试验仪器设备、农膜料、人员培训、有关技术资料由日方提供。农膜耐老化田间试验由北京、上海、石河子及哈尔滨 4 个有代表性的地区承担。北京试验项目在北京顺义县马坡乡向阳大队实施。通过 4 个实验点连续 3 年对 80 多个地膜材料的试验结果的数据分析，提出中国地膜应使用的树脂牌号、助剂种类、加工工艺流程等科学数据。实施该项目的意义在于：①为制定国家地膜新标准提供依据。②为彻底解决地膜残留土壤问题提出可行途径。③明确了农业地膜树脂原料质量规格，促进地膜制造工艺进步。④规范了地膜覆盖田间测试标准。⑤推动新型功能性地膜产品的研制与开发。⑥提出了中国用塑料大棚多功能农膜质量稳定化的建议。

为表彰石本正一先生对中国地膜覆盖栽培及设施园艺发展作出的杰出贡献，1986 年，石本正一先生荣获"中国农牧渔业部国际科技合作奖"；1993 年，石本正一先生荣获中国国家科委、国务院外国专家局授予的"中国国际科技合作奖"；1997 年，为纪念石本正一先生 100 次来华进行技术交流，农业部部长刘江向石本先生赠送石本正一半身青铜像一尊。

1999 年石本正一先生荣获中华人民共和国国务院颁发的"中华人民共和国国际科学技术合作奖"。该奖旨在奖励外国友好人士为增进中外科技合作与友谊、为中国科技事业作出重要贡献的外国科学家。

石本正一先生说："我要使地膜覆盖栽培技术在全中国普及应用，这是我最大的愿望和安慰。"

（王树忠　祝　旅　陈殿奎　王耀林）

附录三

>>> 北京蔬菜生产相关统计表

附表1 北京设施蔬菜栽培主要品种应用进展情况

种植年代	黄瓜	番茄	辣椒、茄子、豆、西葫芦	其他类蔬菜
民国时期	刺瓜	普通种（红）、粉红番茄、磅德罗萨	甜椒：柿子椒。 茄子：五叶茄、六叶茄（紫圆）。 菜豆：洋芸豆（云扁豆）	白帮、青帮油菜；瓢儿菜；塌古菜；紫菜薹、大叶芥菜；伏地韭、归绥韭（马莲韭）；芹菜；茼蒿；茴香；四缨、五缨、锥子把、算盘子小萝卜；白皮、紫皮蒜；结球、花叶生菜；莴苣笋；叶里藏花、顶头风豌豆；高脚白、鸡腿白葱
1950—1959	北京大刺、北京小刺、北京刺瓜	武魁二号（农研152）、秃尖粉（顶头凤）、苹果青、粉红甜肉、红柿子、美国大红、农大23	甜椒：三道门、四道门、铁把黑、小青椒（辣）。 茄子：五叶茄、六叶茄。 菜豆：红芸豆、黑法兰豆。 冬瓜：一串铃冬瓜	小白口、仙鹤白小白菜；白帮、青帮、青白帮小油菜；油菜心；油菜薹；紫菜薹；广东菜薹；瓢儿菜；乌塌菜；茴香（小茴香）；茼蒿；四缨、五缨、六缨（锥子把）小萝卜；樱桃萝卜；白根、青根（马莲韭）、红根（铁丝苗）韭菜；花叶生菜（散叶莴苣）；团儿生菜（结球莴苣）；鲫瓜笋；尖叶、圆叶菠菜；芥蓝；盖菜；棒儿、细皮白、大糙皮芹菜；菜用豌豆（白皮种）；高脚白小葱；金刚腿花椰菜；普通香椿；洋蘑菇
1960—1969	新增：津研一号	新增：红瓦伦特、农大24、北京早红、北京10号、矮红早熟、早粉1号、早粉2号	新增甜椒：小矮秧、早丰、茄门甜椒。 新增菜豆：嫩荚、矮生棍豆	新增韭菜：钩头韭。 新增油菜：五月慢。 新增菜花：瑞士雪球、荷兰雪球
1970—1979	新增：津研二号、长春密刺、津研四号	新增：特罗皮克、强力米寿	新增甜椒：世界冠军、同丰16、同丰37	新增：汉中冬韭

（续）

种植年代	黄瓜	番茄	辣椒、茄子、豆、西葫芦	其他类蔬菜
1980—1989	新增：新泰密刺、山东密刺、津杂1号、津杂2号、农大12、农大14、秋棚1号、中农5号、碧春、保丰	新增：双抗2号、佳粉1号、佳粉2号、佳粉10号、强丰、中蔬4号（鲜丰）、中蔬5号	新增甜椒：甜杂1号、甜杂2号、中椒2号、双丰、海花3号、海花1号。 新增茄子：七叶茄、九叶茄	新增芹菜：上海大芹、津南实芹、春丰芹菜、嫩脆西芹、佛罗里达西芹、根芹。 新增韭菜：791韭菜。 新增稀有蔬菜小品种：红樱桃萝卜、鲜食白萝卜；结球生菜大湖659、凯撒；绿秀花绿岭、哈依姿、紫甘蓝红亩；芜菁、紫甜菜、牛蒡、蕹菜、落葵；豆瓣菜；三七；木耳菜；软化菊苣；苦菊；石刁柏；紫背天魁；薄荷；切菊花；等等
1990—1999	新增：津杂4号、春香、津春3号、津优3号、中农7号、秋棚2号。 新增水果黄瓜：戴多星、北京101、北京102	新增：毛粉802、佳粉15、中杂7号、中杂9号、大红番茄144。 新增樱桃番茄：日本拍拍、京丹一号等	新增甜椒：甜杂6号、双丰甜椒、中椒11。 新增彩色甜椒：玛奥、黄贵人、红水晶、黄玛瑙、橙水晶、绿水晶、紫晶、白玉。 新增茄子：西安青皮、布利塔。 新增西葫芦：早青一代、一窝猴、阿太一代	新增稀有特色蔬菜：荷兰豆；球茎茴香；香芹；结球生菜皇帝、奥林匹亚；西芹高优它、文图拉；红苋菜；紫苤蓝；菊花脑；罗勒；佛手瓜；芦笋；韩国大根萝卜；五寸人参胡萝卜；等等。 新增芽苗菜：豌豆苗、苜蓿芽、萝卜苗、荞麦苗、香椿苗等
2000—2009	新增：津优10号、中农16、中农26、中农202、北京203、北京204。 新增水果型品种：戴安娜、京研迷你2号、迷你5号	新增：硬粉8号、仙客5号、仙客6号、欧盾、佳粉17、蒙特卡罗、金棚1号、合作928、思诺克、欧亚奇、欧盾、中杂11、中杂12。 新增樱桃番茄：红太阳、丘比特、新星、千禧、绿宝石、京丹8号、京丹9号	新增甜椒：红苏珊、金多乐、娜拉、京椒20、中椒108、农大3号、海丰25、海丰长剑。 新增茄子：京茄1号、京茄6号、京茄20、园杂2号。 新增西葫芦：绿宝石	新增食用菊花：北农白菊、北农黄菊、紫菊
2010—	新增：中农大22、津优35、北农佳秀、寒秀3-6、金胚98、金胚99、日本青秀。 新增水果型品种：绿精灵、金童	新增：迪安娜、粉妮娜、瑞粉882、浙粉702、浙粉701、欧冠、佳丽14、汉姆9、金棚5号、金棚10号、金棚11、金冠58、绿亨108、粉秀（台湾）、百利、天丰、天赐、农大3号、中研998、仙客8号、京番308、京番309、京彩6号、草莓番茄（日）、原味1号、桃太粉、普罗旺斯、粉红太郎、粉贝贝。 新增穗番茄：圣女果、福斯特	新增甜椒：国禧105、红塔2号、国福308、京甜3号、海杂5号、海丰1052线椒、螺丝椒、农大24、中椒107、洛椒326、鼎优、亮剑、迅驰。 新增茄子：京茄18、硕源黑宝、农大长茄、海丰长茄、娜塔莉	小油菜、小白菜、四季萝卜、菠菜等已良种杂优化； 生菜、小葱、小茴香、韭菜等叶类蔬菜品种已经商品化

注：种植年代在1960—1969年以及之后的主要品种只列出了新增部分

附表 2 北京设施蔬菜科技成果一览表

序号	成果名称	奖励级别及等级	年份	获奖单位	主要完成人
1	塑料薄膜地面覆盖栽培技术	北京市科技成果二等奖	1981	北京市农业局蔬菜处等	朱志方等
2	温室白粉虱生物学观察和防治实验	北京市科技成果三等奖	1981	北京市植物保护站等	罗维德等
3	蔬菜工厂化育苗	北京市科技成果三等奖	1982	北京市农业科学院蔬菜研究所等	师惠芬等
4	保护地黄瓜节能新品种—农大 12、农大 14（育成）	北京市科技进步三等奖	1986	北京农业大学	朱其杰等
5	2SYG－1900 型蔬菜工厂化育苗成套设备	北京市科技进步二等奖	1987	北京市农业机械研究所	奚书敏等
6	蔬菜工厂化育苗—果菜类育苗技术的示范推广	北京市科技进步二等奖	1988	北京市农业技术推广站、北京蔬菜研究中心等	李耀华、师惠芬、阮雪珠等
7	大棚秋番茄高产稳产栽培技术	北京市科技进步三等奖	1989	北京市南郊农场蔬菜办公室	詹则中、周延年、吴德正等
8	蔬菜机械化育苗设备引进与配套技术研究	北京市科技进步二等奖	1990	北京市农林科学院蔬菜研究中心	陈殿奎、司亚平、何伟明等
9	低温地热温室栽培技术	北京市科技进步三等奖	1990	北京农业大学	张福墁、赵玉萍、常月帆等
10	春大棚黄瓜丰产技术示范推广	北京市星火科技三等奖	1991	北京市农业技术推广站	王树忠、陈一锋、赵山普等
11	20%百菌清烟剂试验研究	北京市科技进步三等奖	1992	北京市植物保护站等	李国强、李金良、赵婴荣等
12	北京节能型日光温室技术试验研究与示范推广	北京市科技进步二等奖	1993	北京市农业技术推广站等	王树忠、陈端生、曹之富等
13	保护地蔬菜二氧化碳施肥技术研究与推广	北京市星火科技二等奖	1993	北京市土肥工作站等	黄玖勤、杨帆、吴建繁等
14	保护地黄瓜一代杂交种"春香"	北京市科技进步三等奖	1994	北京市农林科学院蔬菜研究中心	王秀生、齐永涛、欧阳新星等
15	以农业措施为主的温室白粉虱持续治理技术研究	北京市科技进步三等奖	1995	北京市农林科学院植保环保研究所、中国农业科学院蔬菜花卉研究所	朱国仁、王军、张芝利等
16	京郊保护地蔬菜综合栽培技术开发与利用	北京市星火科技一等奖	1995	北京市农业局蔬菜处等	杨明华、郑建秋、杨福钢等
17	香菇代料高产栽培综合配套技术开发	北京市星火科技二等奖	1995	北京市农业技术推广站等	刘雪兰、郝义德、邓德江等
18	2BSXP－500 型工厂化蔬菜穴盘育苗精密播种机	北京市科技进步三等奖	1996	北京市海淀区农业机械研究所	李振芬、张既维等
19	北京新型日光温室的设计及果菜高产栽培	北京市科技进步二等奖	1997	北京市农林科院蔬菜研究中心	陈殿奎、刘明池、徐刚毅等

（续）

序号	成果名称	奖励级别及等级	年份	获奖单位	主要完成人
20	美洲斑潜蝇防治技术研究	北京市科技进步二等奖	1997	北京市农林科学院植物保护环境保护研究所、北京市植保站等	石宝才、罗维德、路虹等
21	美洲斑潜绳发生测报与综合防治技术的研究	北京市科技进步一等奖	1998	北京市植物保护站、中国农业科学院植物保护研究所等	郑建秋、雷仲仁、薛领等
22	LW-4型连栋日光温室	北京市科技进步三等奖	2001	北京市农业机械研究所	白洪涛、卜云龙、何峰等
23	新型节能日光温室与连栋塑料温室	北京市科技进步三等奖	2001	中国农业大学水利与土木工程学院电子电力工程学院等	黄之栋、马承伟、卢朝义等
24	温室番茄高产稳产规范化栽培体系与技术开发研究	北京市科技进步三等奖	2001	中国农科院蔬菜花卉研究所	张志斌、蒋卫杰、刘伟等
25	蔬菜有机生态型无土栽培体系与技术开发研究	北京市科学技术奖二等奖	2002	中国农业科学院蔬菜花卉研究所	蒋卫杰、刘伟、余宏军等
26	现代化连栋温室环境智能化控制系统的研究	北京市科学技术奖三等奖	2003	北京市农业机械研究所	杨仁全、张晓文、周增产等
27	天敌昆虫工厂化生产及生防技术研究	北京市科学技术奖二等奖	2004	北京市农林科学院植物保护环境保护研究所等	张帆、郭建英、罗晨等
28	白灵菇和杏鲍菇优良新品种选育及关键栽培技术研究	北京市科学技术奖二等奖	2004	北京市农林科学院植物保护环境保护研究所	陈文良、刘宇、孔传广等
29	北京工厂化农业关键技术研究与示范推广	北京市科学技术奖二等奖	2005	北京市农林科学院蔬菜研究中心	陈殿奎、李远新、王永健等
30	温室甜椒全季节高产栽培技术研究	北京市科学技术奖二等奖	2005	中国农科院蔬菜花卉研究所	张志斌、贺超兴、蒋卫杰等
31	温室生产智能控制与管理技术研究与应用	北京市科学技术奖二等奖	2005	北京农业信息技术研究中心等	赵春江、乔晓军、李远新等
32	日光温室黄瓜优质高产理论基础和栽培技术研究	北京市科学技术奖三等奖	2006	中国农业大学	张福墁、高丽红、任华中等
33	设施蔬菜根结线虫病综合治理技术研究与应用	北京市科学技术奖二等奖	2010	北京市植物保护站、中国农业大学等	郑建秋、简恒、卢志军等
34	生菜周年安全生产关键技术研究与应用	北京市科学技术奖二等奖	2013	北京农学院、北京市植物保护站、北京市优质农产品产销服务站等	范双喜、郑建秋、常希光等
35	拟长毛钝绥螨和巴氏新小绥螨规模化繁育与田间应用技术研究	北京市科学技术奖三等奖	2014	北京市植物保护站等	郭喜红、徐学农、董杰等
36	毁灭性土传病害综合治理技术体系的构建与创新	北京市科学技术奖二等奖	2015	中国农业科学院植物保护研究所等	曹坳程、王秋霞、冯洁等

（续）

序号	成果名称	奖励级别及等级	年份	获奖单位	主要完成人
37	设施蔬菜重要害虫配备式天敌增效控害技术研究与应用	北京市科学技术奖二等奖	2019	北京市农林科学院、中国农业科学院蔬菜花卉研究所等	王甦、王少丽、郭晓军等
38	保护地黄瓜病害粉尘防治新技术推广	北京市农业技术推广三等奖	1990	海淀区农业科学研究所	宋美庭、申彩霞、温秀清等
39	蔬菜卧式栽培技术的大面积推广	北京市农业技术推广三等奖	1991	朝阳区农业科学研究所	陈桐花、王凤山、佟亚坤等
40	京郊食用菌生产基地建设及综合配套技术开发	北京市农业技术推广一等奖	1991	北京市农业技术推广站	郝义德、刘雪兰、张增康等
41	保护地蔬菜塑料软管灌溉节水栽培技术	北京市农业技术推广三等奖	1995	北京市农业技术推广站	刘利云、朱志方、张雪珍等
42	北京地区保护地黄瓜嫁接育苗和配套栽培新技术的示范推广	北京市农业技术推广二等奖	1996	北京市农业技术推广站	李红岭、陈一峰、陈海鹰等
43	多功能农用塑料薄膜在蔬菜生产上的应用推广	北京市农业技术推广二等奖	1998	北京市农业技术推广站	曹之富、王育、张丽红等
44	大棚蔬菜周年多茬口高效益综合技术示范与推广	北京市农业技术推广二等奖	1998	北京市农业技术推广站等	李红岭、王萍、司立珊等
45	秋大棚番茄延长供应期高产栽培技术开发和推广	北京市农业技术推广二等奖	1998	顺义县蔬菜办公室、北务镇、李遂镇、大孙各庄镇蔬菜产销服务站	李树江、张显伟、徐茂等
46	保护地蔬菜粉尘施药技术开发与推广应用	北京市农业技术推广奖二等奖	1999	北京市植物保护站等	师迎春、郑建秋、赵山普等
47	西瓜、甜瓜周年栽培技术研究与推广	北京市农业技术推广奖二等奖	1999	大兴县农科所、庞各庄镇政府	刘国栋、陈宗光、田凤良等
48	保护地番茄新品种佳粉15和中杂9号推广	北京市农业技术推广二等奖	1999	北京市种子管理站等	赵青春、李季、赵玉承等
49	蔬菜无土栽培技术与开发推广	北京市农业技术推广奖一等奖	2000	北京市农林科学院蔬菜研究中心	刘增新、李武、刘伟等
50	设施西瓜早熟栽培集成技术推广	北京市农业技术推广二等奖	2003	北京市农业技术推广站等	邓德江、刘国栋、曾雄等
51	保护地黄瓜、番茄管理专家系统开发与应用推广	北京市农业技术推广奖二等奖	2004	北京农业信息技术研究中心、北京市农林科学院蔬菜研究中心	赵春江、乔晓军、司亚平等
52	温室节能技术与高效安全生产技术的集成与推广	北京市农业技术推广奖一等奖	2008	北京市农业机械研究所、北京京鹏环球科技股份有限公司	杨仁全、周增产、吴松等
53	早春小拱棚茄子嫁接栽培技术推广	北京市农业技术推广奖二等奖	2008	北京市大兴区人民政府蔬菜办公室等	刘国栋、赵光华、石克强等

（续）

序号	成果名称	奖励级别及等级	年份	获奖单位	主要完成人
54	顺义区大棚春西瓜、秋番茄高效种植技术推广	北京市农业技术推广奖二等奖	2008	北京市顺义区种植业服务中心等	申荣文、刘学鉴、徐茂等
55	林地食用菌栽培技术的示范推广	北京市农业技术推广奖二等奖	2009	北京市农林科学院植物保护环境保护研究所、北京市农业技术推广站等	刘宇、王守现、邓德江等
56	设施黄瓜、番茄高产高效技术试验示范与推广	北京市农业技术推广奖一等奖	2010	北京市农业技术推广站等	王永泉、王铁臣、王铭堂等
57	养分缓释型育苗基质的研发与推广	北京市农业技术推广奖二等奖	2010	北京市农林科学院植物营养与资源研究所、北京市京圃园生物工程公司等	邹国元、左强、王甲辰等
58	设施农业深耕机械化技术示范与推广	北京市农业技术推广奖二等奖	2010	北京市农业机械试验鉴定推广站、北京市顺义区农机具研究所等	张加勇、刘晓明、刘文华等
59	食用菌高效生产关键技术集成与推广	北京市农业技术推广奖二等奖	2010	北京市农业技术推广站等	韦强、邓德江、黄杰等
60	设施农业高效节水技术研究与示范推广	北京市农业技术推广奖一等奖	2013	北京市水科学技术研究院、中国水利水电科学研究院、中国农业大学等	吴文勇、马福生、宝哲等
61	设施蔬菜根结线虫病综合治理技术研究与应用	北京市农业技术推广奖一等奖	2013	北京市植物保护站、中国农业大学、北京市农林科学院蔬菜研究中心等	郑建秋、简恒、卢志军等
62	设施西甜瓜新品种选育与周年配套栽培技术试验示范推广	北京市农业技术推广奖二等奖	2013	北京市农业技术推广站等	曾剑波、穆生奇、张雪梅等
63	食用菌优良品种及高效栽培技术推广应用	北京市农业技术推广奖二等奖	2013	北京市农林科学院植物保护环境保护研究所、房山区种植业服务中心等	刘宇、王守现、王兰青等
64	大兴区设施蔬菜高产高效技术集成与推广	北京市农业技术推广奖三等奖	2013	大兴区蔬菜技术推广站等	齐艳华、杨恩庶、刘国栋等
65	北京市设施蔬菜生产机械化关键技术集成创新与推广	北京市农业技术推广奖一等奖	2016	北京市农业机械试验鉴定推广站、北京市顺义区农机具研究所等	秦贵、张艳红、刘晓明等
66	蔬菜集约化穴盘育苗技术集成与推广	北京市农业技术推广奖二等奖	2016	北京市农业技术推广站、北京农业智能装备技术研究中心等	曹玲玲、赵景文、马伟等
67	主要果菜嫁接及高效配套技术应用推广	北京市农业技术推广奖二等奖	2016	北京市农业技术推广站	李红岑、王铁臣、徐进等
68	食用菌提质增效技术集成示范与推广	北京市农业技术推广奖二等奖	2016	北京市农业技术推广站、密云区农业技术推广站等	邓德江、胡晓艳、魏金康等

（续）

序号	成果名称	奖励级别及等级	年份	获奖单位	主要完成人
69	草莓优质种苗繁育技术研究与示范推广	北京市农业技术推广奖三等奖	2016	北京市农业技术推广站	宗静、齐长红、杨恩庶等
70	番茄基质栽培技术集成与推广	北京市农业技术推广奖一等奖	2019	北京市农业技术推广站、密云区农业服务中心等	李红岺、李新旭、冯宝军等
71	番茄集约化育苗新技术集成与推广	北京市农业技术推广奖二等奖	2019	北京市农业技术推广站、北京农业智能装备技术研究中心	曹玲玲、赵立群、曹彩红等
72	京冀设施食用菌产业关键技术集成及应用	北京市农业技术推广奖二等奖	2019	北京市农林科学院植物与环境保护研究所、河北师范大学等	王守现、刘宇、宋爽等
73	大兴区设施瓜菜高效微灌技术优化研究与推广	北京市农业技术推广奖二等奖	2019	大兴区农业技术推广站、大兴区青云店镇农业技术推广站等	哈雪姣、曾烨、李晨等
74	地膜回收模式创新及其应用	北京市农业技术推广奖三等奖	2019	大兴区蔬菜技术推广站等	杨恩庶、齐艳华、王松等
75	塑料大棚番茄高产栽培	农牧渔业部技术改进二等奖	1980	中国农科院蔬菜研究所	王耀林
76	地膜覆盖技术的引进、试验研究和应用	农牧渔业部技术改进一等奖	1983	中国农科院蔬菜研究所、北京市农科院蔬菜所、北京市农业局等	王耀林、陈殿奎、朱志芳等
77	蔬菜育苗工厂化——控温快速育苗设施及其配套技术	农牧渔业部科技进步一等奖	1985	中国农科院蔬菜研究所、北京市农林科学院蔬菜所等	顾智章、吴肇志、师惠芬等
78	中蔬10号平菇的推广及栽培技术的改进	农牧渔业部科技进步三等奖	1985	中国农科院蔬菜花卉研究所	耿莲美、张金霞、张淑杰等
79	大棚黄瓜主要病害综合防治技术	农牧渔业部科技进步二等奖	1986	中国农科院蔬菜花卉研究所	翁祖信、张弓弨、张松林等
80	日本设施园艺设备及其配套技术的引进、消化和推广	农业部科技进步三等奖	1989	中国农科院蔬菜花卉研究所、北京市农业技术推广站等	王耀林、刘利云等
81	塑料棚蔬菜生产配套技术推广	农业部科技进步二等奖	1990	全国农业技术推广总站、北京市农业技术推广站等	张真和、赵山普等
82	塑料地膜污染农田防治机制的研究	农业部科技进步三等奖	1992	北京市农业技术推广站等	朱志芳等
83	无土栽培设施和配套技术	农业部科技进步二等奖	1992	北京农业大学	刘步洲、张福墁等
84	光降解地膜的农业效果、降解机理及质检指标	农业部科技进步三等奖	1994	中国农科院蔬菜花卉研究所、北京市农业技术推广站等	张志斌、王耀林、朱志方等

（续）

序号	成果名称	奖励级别及等级	年份	获奖单位	主要完成人
85	北京节能日光温室蔬菜综合技术推广	农牧渔业丰收奖二等奖	1995	北京市农业技术推广站	曹之富、林源、徐国明等
86	30％百菌清、10％二甲菌核利和22％敌敌畏三种保护地烟剂研究与开发	化工部科技进步二等奖	1996	北京理工大学、中国农科院蔬菜花卉研究所等	剧正理、朱国仁等
87	日光温室蔬菜高效节能栽培技术开发	农业部科技进步二等奖	1996	全国农业技术推广总站、北京市农业技术推广站等	张真和、王树忠等
88	芽苗菜及其规范化生产技术	农业部科技进步二等奖	1997	中国农科院蔬菜花卉研究所	王德槟、张德纯、王小琴等
89	节能日光温室黄瓜枯萎病、灰霉病和番茄灰霉病的综合防治技术	农业部科技进步三等奖	1997	中国农业科学院蔬菜花卉研究所、北京市农林科学院蔬菜研究中心等	李宝栋、朱国仁等
90	日光温室优化设计及综合配套技术	农业部科技进步三等奖	1997	中国农业大学等	张福墁、周长吉、陈端生等
91	秋大棚番茄稳产、高效延长供应期配套技术示范推广	农牧渔业丰收奖二等奖	1998	北京市农业技术推广站等	赵毓承、李季、郑建秋等
92	PE、PVC耐候功能膜开发研究与推广应用	农业部科技进步三等奖	1998	全国农业技术推广中心、北京市农业技术推广站等	李建伟、曹之富等
93	保护地蔬菜综合丰产技术	农牧渔业丰收奖二等奖	2003	北京市农业技术推广站	司立珊、曹华、吴宝新等
94	资源高效利用型设施蔬菜安全生产关键技术研究与应用	中华农业科技奖一等奖	2011	中国农业大学等	张振贤、张志斌、高丽红等
95	蔬菜集约化育苗技术体系的建立与应用	中华农业科技奖一等奖	2015	中国农业科学院蔬菜花卉研究所、全国农业技术推广服务中心等	尚庆茂、梁桂梅、李平兰等
96	喷灌技术	全国科学大会奖	1978	北京市水利科学研究所、水利部水利水电科学研究院	
97	聚乙烯地膜及地膜覆盖栽培技术	国家科技进步奖一等奖	1985	中国农科院蔬菜所、北京市农科院蔬菜所等	王耀林、陈殿奎、朱志芳等
98	塑料棚蔬菜生产配套技术推广	国家科技进步奖二等奖	1991	全国农业技术推广总站、北京市农业技术推广站等	张真和、赵山普等
99	保护地早熟、抗病、丰产黄瓜新品种"中农5号"的育成	国家发明奖三等奖	1995	中国农业科学院蔬菜花卉研究所	方秀娟、韩旭、顾兴方等
100	日光温室蔬菜高效节能栽培技术开发	国家科技进步奖二等奖	1997	全国农业技术推广总站、北京市农业技术推广站等	张真和、王树忠等

（续）

序号	成果名称	奖励级别及等级	年份	获奖单位	主要完成人
101	芽苗菜及其规范化生产技术	国家科技进步奖三等奖	1999	中国农业科学院蔬菜花卉研究所	王德槟、张德纯等
102	保护地番茄新品种中杂9号和中杂8号的育成	国家科技进步奖二等奖	2000	中国农业科学院蔬菜花卉研究所	高振华、李树德等
103	工厂化农业（园艺）关键技术研究与示范	国家科技进步奖二等奖	2007	沈阳农业大学、北京市农林科学院蔬菜中心等	李天来、陈殿奎、张福墁等
104	重大外来入侵害虫—烟粉虱的研究与综合防治	国家科技进步奖二等奖	2008	中国农业科学院蔬菜花卉研究所	张友军、吴青军等
105	重大蔬菜害虫韭蛆绿色防控关键技术创新与应用	国家科技进步奖二等奖	2019	中国农业科学院蔬菜花卉研究所、全国农业技术推广服务中心等	张友军、魏启文、于毅等

附表3　1957—1984年实行统购包销城市蔬菜产销情况

年份	供应城市人口（万人）	近郊商品菜耕地面积（亩）	近郊商品菜播种面积（亩）	本市商品菜收购量（万斤）	收购价（元/斤）	人日均食菜量（斤）	本市商品菜销售量（万斤）	销售价（元/斤）	人日均食菜量（斤）
1956	318.6	100 663	223 806	59 204	0.036 5	0.51	72 000	0.042 1	0.62
1957	330.8	105 703	257 995	82 174	0.035 6	0.68	86 678	0.053 5	0.72
1958	329.5	130 432	308 127	96 177	0.034 0	0.80	95 190	0.049 9	0.79
1959	380.2	225 313	355 877	137 870	0.035 6	0.99	141 226	0.051 0	1.02
1960	420.9	222 000	498 890	165 852	0.035 0	1.08	158 491	0.045 4	1.03
1961	422.2	215 092	482 336	155 419	0.038 9	1.01	153 641	—	1.00
1962	402.5	230 267	489 841	203 934	0.037 8	1.39	1 875 574	0.038 9	1.26
1963	407.5	210 118	460 967	184 959	0.041 0	1.24	164 631	—	1.11
1964	417.4	186 340	382 202	150 991	0.037 5	0.99	137 118	0.045 7	0.90
1965	425.5	186 779	376 235	177 038	0.034 4	1.14	148 977	0.040 6	0.96
1966	422.3	150 712	331 874	154 570	0.034 9	1.00	152 116	0.041 6	0.99
1967	418.0	149 633	325 403	165 446	0.034 3	1.08	157 082	0.044 3	1.03
1968	419.2	145 894	312 693	158 758	0.034 1	1.04	156 147	0.041 0	1.02
1969	384.2	155 673	349 834	142 863	0.033 9	1.02	138 010	0.044 3	0.98
1970	372.5	164 308	354 787	170 145	0.034 0	1.25	149 360	0.038 5	1.10
1971	372.9	173 393	365 609	165 137	0.035 0	1.21	147 686	0.042 3	1.09
1972	380.8	173 132	385 411	165 130	0.036 8	1.19	154 480	—	1.11
1973	401.7	173 852	387 676	169 884	0.038 4	1.16	162 647	—	1.11
1974	406.5	177 550	394 226	179 073	0.037 5	1.21	174 382	0.044 0	1.18
1975	410.5	190 683	404 732	192 033	0.040 1	1.28	182 852	0.046 3	1.22
1976	494.4	196 777	432 753	208 267	0.037 9	1.15	202 130	—	1.12
1977	493.3	226 253	493 232	212 989	0.037 1	1.18	203 445	0.042 2	1.12
1978	493.7	237 346	508 569	197 951	0.040 5	1.09	210 847	0.048 3	1.17

（续）

年份	供应城市人口（万人）	近郊商品菜耕地面积（亩）	近郊商品菜播种面积（亩）	本市商品菜收购量（万斤）	收购价（元/斤）	人日均食菜量（斤）	本市商品菜销售量（万斤）	销售价（元/斤）	人日均食菜量（斤）
1979	493.9	230 784	472 266	217 364	0.041 0	1.20	212 723	0.046 7	1.18
1980	498.3	216 261	438 614	204 232	0.048 0	1.12	209 142	0.056 6	1.15
1981	510.2	222 033	449 663	208 645	0.055 7	1.14	219 910	0.061 5	1.20
1982	521.3	233 979	477 707	243 175	0.059 7	1.33	247 609	0.064 4	1.23
1983	534.0	236 879	478 915	234 469	0.063 2	1.28	235 404	0.071 7	1.17
1984	542.7	226 429	474 488	237 160	0.058 0	1.21	259 393	0.097 0	1.32
1985	553.0	191 925	322 668	193 066	0.076 5	0.97	186 053	0.140 0	0.86

资料来源：本表数字是根据北京市农业局蔬菜处统计表、北京市菜蔬公司购销存月报表整理形成。

附表 4　1949—2019 年北京郊区耕地、蔬菜生产、农村居民人均收入情况

年份	郊区耕地面积（公顷）	蔬菜播种面积（万公顷）	蔬菜产量（万吨）	蔬菜播种面积单产（千克/公顷）	耕地化肥施用量（万吨）	农村居民家庭人均年纯收入（元）
1949	531 017.0	0.8	10.5	13 845	0.004	—
1950	553 677.0	1.0	16.1	16 260	0.005	—
1951	564 731.0	1.1	25.6	23 520	0.01	—
1952	607 911.0	1.4	29.2	21 585	0.01	—
1953	596 686.0	1.6	46.3	28 800	0.03	—
1954	589 840.0	1.7	46.6	27 390	0.08	—
1955	581 894.0	2.0	59.1	29 985	0.10	—
1956	572 678.0	2.3	67.5	29 445	0.21	136.2
1957	532 618.0	2.8	89.3	31 935	0.20	135.8
1958	492 829.0	3.3	102	31 350	0.34	125.0
1959	445 797.0	5.6	122.9	22 125	0.66	110.3
1960	434 850.0	9.2	31.6	14 340	0.97	76.6
1961	437 423.0	6.9	129	18 795	0.86	109.0
1962	444 763.0	5.7	161.1	28 140	1.3	175.9
1963	446 715.0	4.8	148.2	30 570	1.5	150.5
1964	447 192.0	4.0	115.4	29 100	1.7	141.8
1965	446 534.0	3.6	134.4	37 530	2.5	—
1966	444 901.0	3.2	116.0	35 805	3.2	—
1967	444 452.0	3.3	132.6	40 035	3.1	—
1968	443 566.0	3.1	21.4	39 300	3.1	—
1969	443 911.0	3.4	122.1	35 955	3.8	—
1970	440 883.0	3.6	144.8	40 710	4.8	—
1971	440 306.0	3.7	139.9	37 605	4.8	—
1972	440 390.0	4.1	145.9	35 220	6.2	—
1973	438 738.0	4.2	144.0	34 350	7.5	—
1974	437 015.0	4.3	156.3	36 720	8.1	—

（续）

年份	郊区耕地面积（公顷）	蔬菜播种面积（万公顷）	蔬菜产量（万吨）	蔬菜播种面积单产（千克/公顷）	耕地化肥施用量（万吨）	农村居民家庭人均年纯收入（元）
1975	435 699.0	4.6	156.3	33 825	11.2	143.9
1976	434 115.0	4.8	173.9	35 895	11.4	148.6
1977	432 169.0	5.5	173.6	31 650	10.2	162.0
1978	429 234.0	5.6	164.5	29 205	11.6	225
1979	426 880.0	5.4	181.3	33 330	11.3	250
1980	425 800.0	5.1	175.9	34 362	12.3	308
1981	424 618.0	5.5	172.8	31 422	11.2	361
1982	423 840.0	5.9	208.3	35 235	12.0	430
1983	422 870.0	5.7	199.1	35 059	12.0	519
1984	421 741.0	5.8	218.0	37 736	10.7	664
1985	420 563.0	5.4	204.0	37 599	8.2	775
1986	418 909.0	5.8	222.7	38 311	9.1	823
1987	417 714.0	6.0	241.1	40 050	10.0	916
1988	415 865.0	6.3	271.3	42 724	10.6	1 063
1989	414 486.0	6.8	331.0	48 815	11.8	1 231
1990	412 715.0	7.0	356.1	50 517	14.4	1 297
1991	411 177.0	7.3	368.4	50 277	14.4	1 422
1992	408 857.0	7.5	381.4	50 878	14.4	1 569
1993	405 563.0	7.8	418.8	53 564	14.9	1 855
1994	402 214.0	9.1	350.0	38 362	19.8	2 422
1995	394 395.0	9.1	397.3	43 714	18.8	3 208
1996	343 922.0	8.8	403.2	46 044	18.9	3 563
1997	342 362.0	8.9	408.8	46 128	19.7	3 762
1998	341 057.0	9.0	403.8	45 002	19.3	4 029
1999	338 384.0	9.2	419.8	45 402	19.0	4 316
2000	329 248.0	10.4	466.3	44 918	17.9	4 687
2001	291 610.0	11.3	491.0	43 378	15.7	5 274
2002	274 711.0	11.5	507.4	44 180	14.9	5 880
2003	259 860.3	10.8	486.7	44 870	14.3	6 496
2004	236 437.2	9.1	444.1	48 812	14.5	7 172
2005	233 400.9	7.9	373.1	47 355	14.8	7 860
2006	232 575.0	7.1	341.2	47 748	14.8	8 620
2007	232 187.3	7.0	340.1	48 517	14.0	9 559
2008	231 688.0	6.8	321.3	47 121	13.6	10 747
2009	227 170.4	6.8	317.1	46 303	13.8	10 942
2010	223 779.4	6.8	303.0	44 861	13.7	12 368
2011	221 956.2	6.7	296.9	44 444	13.8	13 742
2012	220 856.2	6.4	279.9	43 673	13.7	15 365

（续）

年份	郊区耕地面积（公顷）	蔬菜播种面积（万公顷）	蔬菜产量（万吨）	蔬菜播种面积单产（千克/公顷）	耕地化肥施用量（万吨）	农村居民家庭人均年纯收入（元）
2013	221 157.3	6.2	266.9	43 052	12.8	17 101
2014	219 948.8	5.7	236.2	41 085	11.6	18 867
2015	219 326.5	5.4	205.1	37 800	10.5	20 569
2016	216 345.4	4.7	183.6	38 688	9.7	22 310
2017	216 345.4	4.2	156.8	37 473	8.5	24 240
2018	213 730.7	3.6	130.6	36 254	7.3	26 490
2019	—	3.1	111.5	35 750	6.2	28 928

资料来源：数据源于北京市统计局；栏中 2009—2019 年农村居民家庭人均年纯收入系"农村居民家庭人均可支配收入"。

（王树忠　王永泉）

图书在版编目（CIP）数据

北京蔬菜设施园艺 / 王树忠主编. -- 北京：中国
农业出版社，2024. 10. -- ISBN 978-7-109-32547-0

Ⅰ. S626

中国国家版本馆 CIP 数据核字第 20247HY986 号

北京蔬菜设施园艺
BEIJING SHUCAI SHESHI YUANYI

中国农业出版社出版

地址：北京市朝阳区麦子店街 18 号楼

邮编：100125

责任编辑：李　夷　刁乾超　　文字编辑：常　静

版式设计：李　文　责任校对：张雯婷

印刷：北京通州皇家印刷厂

版次：2024 年 10 月第 1 版

印次：2024 年 10 月北京第 1 次印刷

发行：新华书店北京发行所

开本：889mm×1194mm　1/16

印张：38.25　插页：26

字数：1227 千字

定价：268.00 元